DICTIONNAIRE TOPOGRAPHIQUE

DU

DÉPARTEMENT DE LA HAUTE-LOIRE

COMPRENANT

LES NOMS DE LIEU ANCIENS ET MODERNES

RÉDIGÉ

PAR M. Augustin CHASSAING

ARCHIVISTE-PALÉOGRAPHE, JUGE AU TRIBUNAL CIVIL DU PUY

COMPLÉTÉ ET PUBLIÉ

PAR M. Antoine JACOTIN

ARCHIVISTE DU DÉPARTEMENT DE LA HAUTE-LOIRE
CORRESPONDANT DU MINISTÈRE DE L'INSTRUCTION PUBLIQUE POUR LES TRAVAUX HISTORIQUES
LAURÉAT DE L'INSTITUT

PARIS

IMPRIMERIE NATIONALE

MDCCCCVII

DICTIONNAIRE TOPOGRAPHIQUE

DE

LA FRANCE

COMPRENANT

LES NOMS DE LIEU ANCIENS ET MODERNES

PUBLIÉ

PAR ORDRE DU MINISTRE DE L'INSTRUCTION PUBLIQUE

ET SOUS LA DIRECTION

DU COMITÉ DES TRAVAUX HISTORIQUES

Par arrêté en date du 22 février 1904, le Ministre de l'instruction publique et des beaux-arts a ordonné la publication du *Dictionnaire topographique du département de la Haute-Loire,* par MM. Augustin CHASSAING et Antoine JACOTIN.

M. A. BRUEL, membre du Comité des travaux historiques et scientifiques, a été chargé de surveiller cette publication en qualité de Commissaire responsable.

SE TROUVE À PARIS

À LA LIBRAIRIE ERNEST LEROUX,

RUE BONAPARTE, 28.

DICTIONNAIRE TOPOGRAPHIQUE

DU

DÉPARTEMENT DE LA HAUTE-LOIRE

COMPRENANT

LES NOMS DE LIEU ANCIENS ET MODERNES

RÉDIGÉ

PAR M. Augustin CHASSAING

ARCHIVISTE-PALÉOGRAPHE, JUGE AU TRIBUNAL CIVIL DU PUY

COMPLÉTÉ ET PUBLIÉ

PAR M. Antoine JACOTIN

ARCHIVISTE DU DÉPARTEMENT DE LA HAUTE-LOIRE
CORRESPONDANT DU MINISTÈRE DE L'INSTRUCTION PUBLIQUE POUR LES TRAVAUX HISTORIQUES
LAURÉAT DE L'INSTITUT

PARIS

IMPRIMERIE NATIONALE

—

MDCCCCVII

INTRODUCTION.

PREMIÈRE PARTIE.

GÉOGRAPHIE PHYSIQUE ET POLITIQUE DU DÉPARTEMENT.

Le département de la Haute-Loire est situé entre les 1er et 2e degrés du méridien de Paris, à l'est, et traversé par le 45° degré de latitude. Il est borné au nord par les départements du Puy-de-Dôme et de la Loire, à l'est par ceux de la Loire et de l'Ardèche, au sud par ceux de l'Ardèche et de la Lozère, et à l'ouest par ceux de la Lozère et du Cantal. Sa superficie totale est de 496,225 hectares et il a environ 70 kilomètres dans sa plus grande largeur, du nord-ouest au sud, et, dans sa plus grande longueur, de l'ouest à l'est, à peu près 105 kilomètres.

Suivant la statistique agricole annuelle, dressée en 1906, la superficie des terres labourables est de 221,677 hectares, celle des prés naturels et pacages de 126,822 hectares, celle des vignes de 4,769 hectares, celle des bois de 73,563 hectares, celle des vergers, pépinières et jardins de 9,818 hectares, et enfin celle des territoires non agricoles, carrières et mines, de 57,073 hectares : soit au total 493,370 hectares. Les 2,503 hectares formant la différence entre ce total et la superficie précédemment indiquée se partagent entre les routes et chemins et surtout les cours d'eau, rivières et ruisseaux, au nombre de plus de 480, et qui, d'après le dernier relevé de l'administration des Ponts et Chaussées, actionnent 1,786 moulins.

L'ensemble de ce département, dont l'altitude moyenne est de 900 mètres, est montagneux et raviné. Son système orographique présente plusieurs chaînes, allant de l'est à l'ouest, séparées entre elles par des vallées profondes, au fond desquelles coulent la Loire et l'Allier.

Au point de vue géologique, on peut le diviser en trois grandes sections répondant à peu près aux circonscriptions administratives des arrondissements actuels : l'arrondissement du Puy, dans lequel prédominent les terrains volcaniques avec leurs formations phonolitiques et basaltiques ; celui de Brioude, qui se compose principalement de calcaires purs et de grès tendres appartenant à l'époque tertiaire, et enfin celui d'Yssingeaux, où l'on rencontre un grand massif granitique. La diversité même du règne minéral a donné lieu à l'exploitation de nombreuses carrières et, pour ne parler que des plus importantes, nous citerons les houillères de Langeac, les granulites de Dunières, de Lapte et du Pont-de-Lignon, les psammites de Blavozy, les grès houillers de Sainte-Florine et les fours à chaux d'Espaly-Saint-Marcel et de Barlières, près Brioude.

La température de la Haute-Loire est des plus variables et la hauteur annuelle des pluies, qui est au Puy de 66 centimètres, atteint jusqu'à 180 centimètres dans les hautes régions du mont Mézenc. Les hivers y sont le plus souvent très rigoureux, le printemps se signale par d'assez fortes gelées et, en été, de violents orages, accompagnés de grêle, sont à craindre.

Sa population, qui s'élevait, en 1856, à 300,994 habitants, atteint, d'après le recensement de 1906, 314,770 habitants. Elle s'adonne en grande majorité (8 p. 100) aux travaux agricoles et consacre environ deux tiers de l'étendue du sol réservé à la culture proprement dite à la récolte des céréales et l'autre tiers à celle des plantes sarclées, fourragères ou alimentaires. Depuis l'invasion phylloxérique, la culture de la vigne a été généralement abandonnée dans l'arrondissement du Puy, alors que dans celui de Brioude elle tend, au contraire, à s'accroître.

La fabrication de la dentelle à la main a été, pendant de longues années, la source principale de prospérité de ce pays, mais de nos jours cette industrie manufacturière est en décroissance. La région avoisinant le département de la Loire se livre particulièrement au moulinage des soies ou à la métallurgie; des papeteries ont été créées à Monistrol-sur-Loire, Tence et Saint-Didier-la-Séauve, des verreries à Mège-Coste, près de Sainte-Florine, des malteries au Puy et de nombreuses scieries à Brioude, Craponne-sur-Arzon, le Monastier et Villeneuve-d'Allier. Quant au commerce, le département importe des objets de toute nature et n'exporte que des produits de l'agriculture, animaux, grains et fourrages.

DEUXIÈME PARTIE.

LES NOMS DE LIEU.

I. NOMENCLATURE DU DICTIONNAIRE.

Il existe pour le département de la Haute-Loire deux dictionnaires des lieux habités, l'un publié par Deribier, en 1820, et l'autre dû à H. Malègue et dont la dernière édition a paru en 1888. Mais ces œuvres, déjà incomplètes au moment de leur apparition, contiennent, en outre, de nombreuses inexactitudes, provenant de documents erronés ou d'une connaissance insuffisante des règles philologiques. Il importait donc de procéder à une revision minutieuse des lieux habités pour en dresser une nouvelle nomenclature, de rechercher les localités disparues et de relever les bois, montagnes, rivières et ruisseaux qui entrent pour une si large part dans la toponymie historique. Pour atteindre ce but, on a eu recours aux cartes de Cassini, de l'État-Major et des Ponts et Chaussées ainsi qu'aux plans cadastraux, obligeamment complétés jusqu'à nos jours par les secrétaires de mairies.

A ces données générales, qui ont le mérite d'une authenticité certaine, on a cru devoir ajouter certains vocables de lieux-dits, rappelant par leur conformation l'habitation de l'homme. Les uns, de l'époque gallo-romaine, sont terminés en *-iacus* (*Lioussac*), d'autres appartiennent à la période gallo-franque (*Viallevieille, Villevieille,* etc.), et d'autres sont d'origine romane (*les Chazaux,* etc.). Bien que n'impliquant pas toujours l'idée de lieux habités, on a aussi admis les noms se rattachant à un souvenir religieux comme *la Croix-des-Regardins, la Croix-du-Bail, la Croix-du-Cornet, la Croix-du-Mauvais-Tuchin, la fontaine Saint-Ferréol, la fontaine Sainte-Marguerite, la fontaine Saint-Firmin, la fontaine Saint-Guignafort, Saint-Albe, Saint-André, Saint-Cire, Saint-Domnin, Sainte-Apollonie, Saint-Georges, Saint-Haon, Saint-Hippolyte, Saint-Jean, Saint-Pierre, Saint-Saturnin.* Enfin, à cause de leur évident intérêt pour l'histoire et l'archéologie, on a cru devoir recueillir les dénominations relatives à des croyances ou des superstitions populaires, telles que *le Château des Sarrazins, les Cuves des Sarrazins, la Pierre des Fades, le Pré des Fades, la Tuile des Fées,* etc.

Ces divers éléments forment la base essentielle de ce dictionnaire, dont les articles ont été rédigés à l'aide d'actes provenant des sources les plus variées, dépôts publics ou collections particulières.

II. ORIGINE DES NOMS DE COMMUNES.

Depuis que l'érudition moderne a nettement déterminé les règles de critique qui permettent d'étudier avec sûreté les origines, la signification et la transformation des noms de lieux, on a pu se rendre compte de l'importance de ce genre de recherches pour les sciences historiques et philologiques. Nous croyons donc utile de classer les vocables des communes de la Haute-Loire d'après leurs désinences caractéristiques ou leurs formes spéciales, en nous inspirant des méthodes consacrées par l'expérience.

A.

§ 1. Noms d'origine gauloise ou gallo-romaine.

On rencontre un assez grand nombre de noms d'origine gauloise, formés quelquefois
de mots simples, tels que Arlet, *Arlate*, Brioude, Brives et Vieille-Brioude, *Brivas*,
Cohade, *Colide* et Goudet, *Godit*, mais le plus souvent dérivés d'un radical latin, terminé
par les suffixes celtiques *oialos* et *acos* qui, sous la domination romaine, se transformèrent en *ogilum, oiolum* et *acus*.

Les premières désinences, *ogilum* et *oiolum*, ont donné les noms suivants : Chanteuges, *Cantogilum*; Chassagnolles et Chassignolles, *Caucinogilum*; Couteuges, *Cultoio-
lum?*; Séneujols, *Senoiolum*; Venteuges, *Ventoiolum?*

Le suffixe *acus*, ajouté à des gentilices ou à des cognomina romains, entre dans
la composition de quarante-trois noms communaux, terminés de nos jours en *ac, as,
at*, ou *ec* : Agnat, *Agnacus?*; Alleyrac et Alleyras, *Alayracum*; Aubazat, *Albazacum*;
Autrac, *Autracus?*; Bauzac, *Bausacus*; Blanzac, *Blanzacum*; Blassac, *Blassacus*; Cerzat,
Sarazacus; Ceyssac, *Celsiacus*; Chadrac, *Chadracus?*; Champagnac, *Campaniacus*; Cha-
niat, *Chamnhacus?*; Chaspuzac, *Chaspuzacus*; Chavagnac, *Cavaniacum*; Chilhac, *Chis-
liacus*; Cussac, *Cussacus*; Domeyrat, *Almeyracus?*; Ferrussac, *Ferrusacum*; Grazac,
Grasacus; Josat, *Joiacus?*; Langeac, *Langiacum*; Lantriac, *Lanturilacus*; Le Monastier,
Calmilliacus; Lissac, *Lissacus*; Lubilhac, *Lubiliacus*; Mazerat, *Maraziacus*; Mazeyrat,
Maceriacus; Paulhac, *Pauliacus*; Paulhaguet, *Pauliacum*; Pébrac, *Piperacus*; Polignac,
Podoniacus; Reilhac, *Reliacus*; Retournac, *Retornacus*; Sanssac, *Sanssacum*; Solignac (2),
Sollempniacus; Tailhac et Taulhac, *Tauliacus*; Torsiac, *Torsiacus?*; Vergezac, *Verge-
sacum*; Vissac, *Viziacus*; Yssingeaux, *Isingiacus*.

§ 2. Noms d'origine romaine.

Les noms de la période romaine se présentent sous les formes les plus variées.
Tantôt on les rencontre avec les désinences *us, ius* ou *ium*, sans aucun développement
de suffixe, comme dans : Auvers, *Auvercius*; Bas, *Bassius*; Berbezit, *Berbezinus*; Blavozy,
Blavosium; Bournoncle, *Burnunculus*; Charraix, *Carasius*; Landos, *Landocius*; Lapte,
Laptus; Loudes, *Lodesius*; Thoras, *Thorascius*.

D'autres fois ils se composent d'un gentilice, avec la désinence du datif pluriel : Ally,
Alis; Bains, *Bintis*; Cayres, *Cairis*; les Vastres, *Lavastris*; — ou de l'accusatif pluriel :
Barges, *Barias*; Vazeilles (2), *Vallilias* et *Vascillas*.

Ces noms se terminent aussi par le suffixe latin *anus* : Lempdes, *Lendanus*, et Tence, *Tencianus*; — ou le suffixe *o*, au génitif *onis*, tels que : Auzon, *Alzo*; le Brignon, *Brinio*; Chadron, *Cadro*; Chambezon, *Chambezo*; Coubon, *Cobo*; Vézézoux, *Vezedo*.

§ 3. Noms d'origine gallo-franque.

Il n'existe, dans la toponymie communale, aucun nom de lieu de rapportant au souvenir des barbares qui s'établirent en Gaule sous le Bas-Empire, ni au langage des Francs.

Le nom commun *mons*, synonyme du mot français « montagne », se trouve seulement combiné à un nom de personne dans Montfaucon, *Mons Falconis,* et joint à un adjectif, à une époque très probablement postérieure à la période romane, dans : Beaumont, *Bellus Mons;* Montclar, *Mons Clarus;* Montregard, *Mons Regardus;* Montusclat, *Mons Ustus.*

Le mot latin *vallis*, pris dans le sens de « vallée », a servi pour désigner Vals (2) et il est accompagné d'un adjectif qualificatif dans : Bonneval, *Bonna Vallis* et Valprivas, *Vallis Privata* — ou précédé de l'article roman : Laval, *Vallis;* mais, dans ces divers cas, nous estimons que ce vocable ne saurait être antérieur à l'époque mérovingienne.

Le nom commun *villa*, qui remonte au moins aux temps carolingiens, pour désigner un vaste domaine rural, se retrouve dans le nom de Villeneuve (2), *Villanova* et dans celui des Villettes, *Vialeta,* pour *Villeta,* diminutif de *villa.*

§ 4. Noms d'origine romane.

(Ordre civil.)

Plusieurs de ces noms remontent peut-être à la période romaine et certainement aux origines du moyen âge. Nous mentionnerons d'abord ceux dont l'étymologie rappelle une particularité topographique ou autre, et qui ne nous sont parvenus le plus souvent qu'avec d'importantes altérations dues à l'influence de la langue vulgaire : Aiguilhe, *Aculea,* de la conformation du rocher qui avoisine cette localité; Beaulieu, *Bellus locus,* allusion à l'agrément du site; Chazelles, *Chazellas,* diminutif de *casœ,* les petites maisons; Collat, *Collatum,* bâti sur la crête de la montagne; Croisance et Cronce, *Crosancia,* pour indiquer un carrefour; Cubelles, *Cubellœ,* de l'emplacement de ce lieu en forme de coupe; Esplantas, *Plantati,* localité plantée d'arbres; les Estables, *Stabulœ,* écuries ou bergeries pour les troupeaux nombreux en cette région; Fontannes, *Fontanæ*, les sources; le Mas, *Mansus*, pour désigner une habitation rurale; le Monteil, *Montilium*; le Pertuis, *Pertusium*; le Puy, *Podium*, la montagne; Riotord, *Rivus Tortus*, le ruisseau sinueux; la Voûte (2), *Volta*, pour rappeler les lacets des cours d'eau qui traversent ces localités.

Les localités suivantes tirent leurs vocables du règne végétal : Bessamorel, *Bessamaurellus*, le pré de Morel; Chassagnes, *Cassanias*, du mot languedocien *casse* qui signifie « chêne »; Fay, *Fagus*, le hêtre; Prades, *Pradas*, Pradelles et *Pratellas*, deux noms de forme romane, certainement du mot latin *pratum*, le pré.

Les suffixes *etum* et *eta*, ajoutés à des noms de végétaux, entrent dans la composition des noms de lieux suivants : Boicet, *Boicetum*; le Bouchet, *Boschetum*; la Chomette, *Chalmeta*; Freycenet (2), *Fraxinetum*; Rauret, *Rouretum*; et le Vernet, *Vernetum*, formés sur les noms anciens du bois, du chaume, du frêne, du chêne rouvre et de l'aune.

§ 5. Noms d'origine romane.

(Ordre ecclésiastique.)

L'onomastique communale a emprunté à la religion chrétienne un grand nombre de vocables, dont les uns appartiennent à des noms communs et les autres à des noms de saints.

Dans la première catégorie nous citerons le mot *monasterium*, dont les diminutifs *Monastrelium* et *Monastrolium* ont fourni Monistrol (2), et *Capella* qui, de nos jours, a donné la Chapelle (3); on doit aussi attribuer à une même origine le nom de la Chaise-Dieu, *Casa Dei*.

Les noms de saints entrent dans la composition de soixante-huit vocables communaux : Saint-André, *Sanctus Andreas*; Saint-Arcons (2), *Sanctus Arconcius*; Saint-Austremoine, *Sanctus Austremonius*; Saint-Beauzire, *Sanctus Baudelius*; Saint-Berain, *Sanctus Benignus*; Saint-Bonnet, *Sanctus Bonitus*; Saint-Christophe (2), *Sanctus Christoforus*; Saint-Cirgues, *Sanctus Cyricus*; Saint-Didier (3), *Sanctus Desiderius*; Saint-Éble, *Sanctus Ebulus*; Sainte-Florine, *Sancta Florina*; Sainte-Marie, *Beata Maria*; Sainte-Sigolène, *Sancta Segolena*; Saint-Étienne (4), *Sanctus Stephanus*; Saint-Ferréol, *Sanctus Ferreolus*; Saint-Front, *Sanctus Fronto*; Saint-Geneys, *Sanctus Genesius*; Saint-Georges (2), *Sanctus Georgius*; Saint-Germain, *Sanctus Germanus*; Saint-Géron, *Sanctus Gereo*; Saint-Haon, *Sanctus Abundus*; Saint-Hilaire, *Sanctus Hilarius*; Saint-Hostien, *Sanctus Ustianus*; Saint-Ilpize, *Sanctus Ilpidius*; Saint-Jean (3), *Sanctus Johannes*; Saint-Jeure, *Sanctus*

Georgius; Saint-Julien, *Sanctus Julianus;* Saint-Just, *Sanctus Justus;* Saint-Laurent, *Sanctus Laurencius;* Saint-Maurice (2), *Sanctus Mauricius;* Saint-Pal ou Saint-Paul (4), *Sanctus Paulus;* Saint-Paulien, *Sanctus Paulianus;* Saint-Pierre (2), *Sanctus Petrus;* Saint-Préjet (2), *Sanctus Prejectus;* Saint-Privat (2), *Sanctus Privatus;* Saint-Quintin, *Sanctus Quintinus;* Saint-Romain, *Sanctus Romanus;* Saint-Vénérand, *Sanctus Venerandus;* Saint-Vert, *Sanctus Verus;* Saint-Victor (2), *Sanctus Victor;* Saint-Vidal, *Sanctus Vitalis;* Saint-Vincent, *Sanctus Vincentius.*

Il faut naturellement comprendre dans cette catégorie les communes de Blesle, *Blesilla,* dont l'adjectif *Sancta* a disparu, et Sambadel, forme altérée de l'ancienne dénomination *Sanctus Baudelius.*

§ 6. Noms d'origine française.

La féodalité, qui a laissé des empreintes si profondes dans l'histoire des diverses provinces appelées à contribuer à la formation territoriale du département de la Haute-Loire, n'a pourtant fourni à la toponymie communale que de très rares vocables. On ne peut, en effet, attribuer à cette période que le nom de la Mothe, *Mota.*

C'est aussi de la seconde moitié du moyen âge et postérieurement au xie siècle que datent les appellations de Malvalette, *Mala Valeta,* la mauvaise vallée, et celle de la Sauvetat, *Salvitas,* qui rappelle la sauvegarde concédée aux habitants de cette localité.

§ 7. Noms changés.

Les événements politiques ou religieux ont amené des changements assez fréquents dans les vocables communaux. C'est ainsi que, suivant leur coutume, les Romains substituèrent le nom du peuple de Velay, *Civitas Vellavorum,* à celui de la capitale de cette province, *Revessione,* dénommée plus tard Saint-Paulien, *Sanctus Paulianus.* A la fin du xiiie siècle, Grazac, *Grazacum,* adopta le nom du château féodal d'Allègre, *Allegrium,* qui domine cette localité. Les noms de *Bassacus, Pallegiagus, Cariacus* et *Podenciagus,* dérivés, comme *Grazacum,* d'un radical et du suffixe *acus,* ou de son équivalent *agus,* se transformèrent en *Bellus Mons,* Beaulieu; *Mons Regardus,* Montregard; *Sanctus Baudelius,* Saint-Bauzire, et *Sanctus Mauricius,* Saint-Maurice, tandis qu'*Anicium* devenait *Podium,* le Puy, et *Gavaretum? Sanctus Desiderius,* Saint-Didier.

La forme romane, d'ordre civil, *Chalmas-Ellarias* disparaissait aussi pour faire place à celle d'ordre ecclésiastique *Sanctus Justus,* Saint-Just. En 1487, une ordonnance royale

prescrivait de changer le vocable de *Comps* en latin *Cumæ*, c'est-à-dire « les vallons »,
par celui de la Vaudieu, pour éviter les propos « de plusieurs maldisans » à l'égard des
religieuses Bénédictines qui avaient élevé un couvent dans cette localité. Enfin, de nos
jours, la commune de Saint-Just-près-Chomelix, *Sanctus Justus,* a obtenu l'autorisation
de reprendre son ancienne appellation révolutionnaire de Bellevue-la-Montagne.

TROISIÈME PARTIE.

GÉOGRAPHIE HISTORIQUE DU DÉPARTEMENT.

Lors de la division administrative de la France, en 1790, le Velay, l'Auvergne, le
Gévaudan, le Vivarais et le Forez furent appelés à concourir à la formation du département de la Haute-Loire. Mais, alors que le Velay fut entièrement englobé dans la
nouvelle circonscription territoriale, on n'emprunta aux autres provinces qu'un certain
nombre de paroisses. Sans tenir compte de l'importance de ces démembrements, nous
croyons utile de retracer sommairement la géographie historique de chacune de ces
provinces, avant que la monarchie ne les ait indissolublement confondues dans l'unité
française.

§ 1. Velay.

Période gauloise et gallo-romaine. — Antérieurement à la conquête de la Gaule par les
Romains, le Velay faisait partie de la confédération des Arvernes, avec lequel, suivant
les *Commentaires de César,* il lutta pour l'indépendance gauloise. Plus tard, lorsque pour
assurer son empire Rome eut définitivement brisé les liens de fédéralisme qui unissaient
les Arvernes aux Vellaves, ces derniers, au dire de Strabon, devinrent un peuple indépendant. Après la mort d'Auguste, le Velay fut compris dans l'Aquitaine gauloise, et sa
capitale, *Revessio,* aujourd'hui Saint-Paulien, comptait au nombre des cités tributaires.
Cette situation politique, qui existait au iiᵉ siècle lors de l'établissement des tables de
Ptolémée, se perpétua jusqu'au milieu du iiiᵉ siècle, époque à laquelle cette province
devint une colonie et fut élevée au nombre des cités indépendantes. C'est du moins ce
qu'on peut conjecturer de l'inscription du *Prefectus coloniæ,* encastrée dans les murs de
la cathédrale du Puy, et de celle d'Étruscille, qu'on voit de nos jours à Saint-Paulien
et qui mentionne l'existence de la *civitas Vellavorum libera.*

On croit généralement que, vers le milieu du IVe siècle, cette province fut rattachée à la 1re Aquitaine, dont le chef-lieu était Bourges. Mais aucune preuve authentique n'est venue corroborer cette supposition, et les Vellaves se dérobent aux investigations historiques, pour ne reparaître seulement qu'au déclin de l'empire romain, en délivrant Brioude de l'invasion des Bourguignons. Leur autonomie fut de courte durée, et l'on a tout lieu de penser qu'ils passèrent sous le joug des Goths dès 475, puisqu'ils ne furent point incorporés au royaume de Bourgogne, dont ils étaient les voisins.

Période franque. — En 507, après la bataille de Vouillé, le Velay fut soumis à la domination franque et, lors du partage de cette monarchie en 511, il fut compris dans le royaume d'Austrasie, qui échut à Thierry Ier, l'aîné des fils de Clovis. Il demeura austrasien jusqu'en 717, année dans laquelle Eudes, duc de l'Aquitaine neustrienne et de Toulouse, s'en empara et le soumit à sa domination et à celle de ses successeurs pendant soixante et onze années.

Sous la dynastie carolingienne, Pépin le Bref se rendit maître d'une partie de l'Aquitaine, dont le Velay; et, au moment du partage temporaire de l'empire franc entre Charlemagne et son frère Carloman (768-771), cette province reconnut l'autorité du premier de ces princes. Comprise alors dans le royaume d'Aquitaine, elle fut successivement possédée par Louis le Pieux, Pépin Ier, Pépin II et Louis le Bègue, qui la réunit en même temps que l'Aquitaine au domaine royal, en 877.

C'est à l'époque carolingienne que remonte la circonscription administrative du comté de Velay, désigné parfois, dans les textes originaux, sous le nom de *comitatus,* mais le plus souvent sous celui de *pagus,* expression employée par César, Tite-Live et Pline pour indiquer les subdivisions de la *civitas* gallo-romaine, mais qui, à partir du Ve siècle, sert à qualifier un territoire gouverné par un comte et dont les limites sont semblables à celles de l'ancienne cité. L'existence du *comitatus Vallavensis* nous est révélée par titres seulement en 886, et celle du *pagus Vellaicus* en 950. Ce *pagus* était lui-même divisé en dix vigueries, *vicariæ,* administrées par des viguiers, lieutenants du comte, chargés de la levée de l'impôt.

Nous allons indiquer, par ordre alphabétique, la composition de chacune de ces vigueries, en mentionnant les lieux habités compris leurs circonscriptions :

1° La viguerie de Bas, *vicaria Bassensis,* qu'on trouve citée entre 962 et 1080, avait sous sa dépendance les villages des Aulanais, c[ne] de Lapte, Bas, Confolent, c[ne] de Bauzac, le Crozet, c[no] de Bas, Flaminges, c[ne] de Saint-Pal-de-Mons, Libeyres, c[ne] de

Grazac, Planchard, c^ne de Rosières, Sarlanges, c^ne de Retournac, Valprivas et Véros, c^ne de Grazac. On doit faire dépendre de cette viguerie le village de Grazac, que le cartulaire de Cluny fait figurer dans l'*aicis Bassensis;*

2° La viguerie de Bouzols, *vicaria de Bozols,* dont faisait partie, en 1031, le village de Sériès, c^ne de Coubon;

3° La viguerie de Chapteuil, *vicaria de Capitolio,* à laquelle étaient rattachés, en 1016, les Engouyoux, c^ne de Laussonne, Neyzac, c^no de Saint-Julien-Chapteuil, et le Ponteil, c^ne de Saint-Pierre-Eynac;

4° La viguerie de Craponne, *vicaria Craponensis,* dont dépendait, en 955, le Vernet, c^ne de Craponne;

5° La viguerie de Notre-Dame du Puy, *vicaria Sanctæ Mariæ,* dont dépendaient Monnet, c^ne de Lantriac, et Lantriac, ainsi que les villages de Malafosse, c^ne de Coubon, et Crouziols, c^no de Monastier, mentionnés dans l'*aicis Aniciensis,* en 876 et 939.

6° La viguerie de Saint-Paulien, *vicaria de Vetula civitate,* qui comprenait Grazac (Allègre), Chadernac, c^ne de Céaux-d'Allègre, le Chambon, commune de Vorey, la Chaud, c^ne de Saint-Geneys-près-Saint-Paulien, Fix-le-Bas, c^ne de Fix-Saint-Geneys, et Nolhac, c^ne de Saint-Paulien, est citée entre 946 et 998;

7° La viguerie de Saint-Pierre-Duchamp, *vicaria de Campo Valarino,* s'étendait, en 960, jusqu'au village de Mans-Haut, c^ne de Roche-en-Régnier;

8° La viguerie de Solignac-sur-Loire, *vicaria de Solemniaco,* est signalée, en 996, à propos du village de Farigoules, c^ne de Bains;

9° La viguerie de Tence, *vicaria Tencianensis,* dont relevaient, en 970, le village de Freycenet, c^ne de Tence, et celui de Villette, c^ne de Dunière, en 998;

10° La viguerie d'Yssingeaux, *vicaria de Issingaudo,* existant en l'an 1000, et à laquelle appartenait la Fayette, c^ne d'Yssingeaux. Le cartulaire de Cluny signale, en 1079, les villages du Bouchet, c^ne de Lapte, et Versilhac, c^ne d'Yssingeaux, dans le *territorium Singaudense,* le mot «territoire» employé dans un sens beaucoup plus restreint qu'au temps de Grégoire de Tours et non comme un synonyme de *pagus.*

Période féodale. — Malgré sa réunion au royaume de France en 877, le Velay passa sous la suzeraineté des comtes d'Auvergne en 893, et, à partir de 963 jusqu'en 1229, sous celle des comtes de Toulouse, qui s'en emparèrent et le donnèrent en fief aux comtes d'Auvergne. La royauté s'efforça, il est vrai, d'affirmer à plusieurs reprises son autorité sur cette province, puisque, en 929, le roi Raoul abandonna une partie de ses prérogatives à l'évêque du Puy Adalard, que Louis VII, en 1165, s'éleva contre les oppressions féodales, et que Philippe-Auguste, en 1218, confirma les libertés consulaires de la ville du Puy. Mais jusqu'au traité de paix signé, le 12 avril 1229, entre Louis IX et Raymond VII, comte de Toulouse, par lequel ce dernier céda à la France tous ses droits sur le comté de Velay, on peut dire que l'influence monarchique y fut bien plus nominale que réelle.

Période royale. — L'annexion du Velay à la couronne mit fin aux luttes sanglantes et séculaires dans lesquelles les vicomtes de Polignac et les évêques du Puy se disputèrent, avec une égale ardeur, la suprématie du pouvoir temporel. La royauté encourageait du reste ouvertement les efforts de l'Église contre la noblesse féodale, car cette habile tactique, tout en ménageant les faibles forces dont elle pouvait disposer, devait naturellement favoriser les idées d'autonomie et d'agrandissement du domaine royal.

Philippe le Bel fut le premier à tirer parti de cette situation, en obtenant en 1307 de l'évêque Jean de Commines d'être associé à l'administration de la ville du Puy, moyennant une faible indemnité pécuniaire, assignée sur la ville d'Anduze, en Languedoc. A leur tour, Philippe V en 1321, Philippe VI en 1343, et Charles V en 1360 réduisirent la circonscription administrative et judiciaire du Velay au profit de l'Auvergne et du Forez, sans que l'évêque du Puy, qui pourtant se qualifiait du titre de comte de cette province du Velay, ait formulé aucune protestation. L'unité monarchique était fondée et, sous son autorité souveraine, nobles, prêtres et vilains s'efforcèrent de concourir à son maintien et à son développement, tout en sauvegardant de précieux privilèges, grâce au fonctionnement régulier des Etats particuliers de la province.

§ 2. AUVERGNE.

Période gauloise et gallo-romaine. — L'origine des Arvernes remonte aux âges les plus reculés. L'historien Tite-Live les mentionne déjà à la fin du VIe siècle avant J.-C. comme ayant pris part à l'émigration des Gaulois transalpins dans la haute Italie. Unis étroitement aux Allobroges, ils purent ranger sous le commandement de leur roi Bituit la plupart des petits peuples de la Gaule chevelue, pour s'opposer à l'invasion des troupes romaines du consul Fabius Maximus. Le désastre qu'ils éprouvèrent, en l'an 121 avant J.-C., sur les bords du Rhône, n'abattit point leur courage, et ils mirent à profit l'inaction de Rome en infligeant, l'an 60 avant J.-C., une sanglante défaite aux Éduens, leurs rivaux dans la suprématie des confédérations et les alliés de l'envahisseur. Leur victoire sur les Éduens précéda seulement de quelques années l'entrée de César dans les Gaules et la résistance opiniâtre de Vercingétorix qui ne put sauver son pays de la domination romaine.

Comprise dans l'Aquitaine politique d'Auguste, l'Arvernie fut une des 60 cités entre lesquelles se partagèrent alors les trois Gaules, et, au IV° siècle, la notice des provinces la désigne sous le nom de *Civitas Arvernorum,* vaste territoire qui renfermait entre autres la ville de Brioude.

· En 475, peu avant la disparition de l'empire romain, cette province qui, pendant quatre années, avait lutté avec avantage contre l'invasion des Wisigoths, dut se soumettre au joug de ces barbares, à la suite d'un traité conclu entre le roi Euric et l'empereur Nepos.

Période franque. — Pendant cette période, les destinées politiques de l'Auvergne furent les mêmes que celles du Velay, et, de même que cette province, elle appartint successivement au royaume d'Austrasie, au duché et au royaume d'Aquitaine, dont elle ne se sépara que pour former un comté indépendant.

Sous la domination franque, elle conserva le cadre géographique établi par les Romains et qui comprenait quatre *pagi :* le *pagus Arvernicus,* chef-lieu Clermont; le *pagus Tolorncnsis,* chef-lieu Turluron; le *pagus Telamitensis,* chef-lieu Tallende; et le *pagus Brivatensis,* chef-lieu Brioude. Nous bornerons nos développements au seul *pagus Brivatensis,* puisque les trois autres ne furent pas appelés à concourir à la formation du département de la Haute-Loire.

Ce *pagus,* dénommé aussi *comitatus Brivatensis,* était divisé en sept vigueries, savoir: Brioude, Chanteuges, Saint-Beauzire, Saint-Georges-d'Aurac, Rageade, Nonette et Usson. Nous ne nous occuperons pas des vigueries de Nonette et d'Usson qui sont étrangères à la Haute-Loire, et, pour les autres, au lieu d'indiquer chacun des noms des localités comprises dans ces circonscriptions, nous avons cru devoir les grouper sous les noms modernes des communes actuelles de ce département:

1° La viguerie de Brioude, *vicaria Brivatensis,* dans laquelle on trouve des lieux habités appartenant aux communes d'Agnat, de Beaumont, de Bournoncle-la-Roche, de Brioude, de Chabreuges, de Chaniat, de Fontannes, de Javaugues, de Mercœur, de la Mothe, de Paulhac, de Paulhaguet, de Saint-Beauzire en partie, de Saint-Didier-sur-Doulon, de Saint-Géron, de Saint-Hilaire, de Saint-Ilpize, de Saint-Just-près-Brioude, de la Vaudieu, de Vergongheon, de Vieille-Brioude et de Villeneuve-d'Allier.

2° La viguerie de Chanteuges, *vicaria de Cantoiolo,* dont dépendaient les communes d'Auteyrac, d'Auvers, de Chanteuges, de Chassagnes, de Jax, de Langeac, de Mazeyrat-Crispinhac, de Saint-Privat-du-Dragon, de Siaugues-Saint-Romain et de Vissac.

3° La viguerie de Saint-Beauzire, *vicaria Cheriacensis,* dont relevaient les communes d'Espalem, de Lorlanges et de Saint-Beauzire en partie.

4° La viguerie de Saint-Georges-d'Aurac, *vicaria de Aurato,* qui confinait avec celle de Chanteuges et qui comprenait les communes de Cerzat, de Josat, de Saint-Éble, de Saint-Georges-d'Aurac et de Reilhac.

5° La viguerie de Rageade (Cantal), *vicaria Radiatensis,* dont faisaient partie les communes d'Ally, de Chazelles et de Cronce.

Période féodale. — Lorsque Charles le Chauve eut consacré l'hérédité des fiefs par le capitulaire de Quiersy-sur-Oise, les comtes d'Auvergne, qui jusque-là n'avaient été que les dépositaires d'une partie des prérogatives royales, devinrent les véritables rois de cette province. Leur autorité s'exerça d'abord sur l'entier territoire de l'ancienne *civitas Arvernorum,* auquel vint temporairement s'adjoindre, à la fin du ix° siècle, la province du Velay, et définitivement, au commencement du xi° siècle, la partie du Bourbonnais dépendant du diocèse de Clermont.

Au milieu du xii° siècle, une portion de la Limagne fut détachée du comté d'Auvergne pour former le dauphiné de ce nom, avec Vodable pour capitale, et vers la fin de ce même siècle les évêques de Clermont, après des luttes dont l'histoire a conservé le souvenir depuis l'année 863, parvinrent à faire reconnaître leur pouvoir temporel sur la ville épiscopale.

Période royale. — L'intervention armée de Louis VI, de Louis VII et de Philippe-Auguste pour mettre un terme aux sanglants démêlés qui désolèrent cette province sous leur règne eut pour résultat d'amener, en 1213, la confiscation du comté d'Auvergne au profit de la couronne. Bien que cette mesure n'ait pas été appliquée dans toute sa rigueur, puisque la régente Blanche de Castille restitua au comte Guy II quelques-uns de ses anciens domaines, la «terre d'Auvergne», devenue l'apanage d'Alphonse de Poitiers, frère de Louis IX, forma, vers le milieu du xiii° siècle, la sénéchaussée d'Auvergne et le bailliage des Montagnes. Après la mort du comte Alphonse, elle resta la propriété de la monarchie jusqu'en l'année 1360, où elle fut érigée en duché au profit de Jean, duc de Berry, fils de Jean II. En 1400, ce duché passa, par le mariage de

Marie de Berry, dans la maison de Bourbon et fit retour au domaine royal en 1531, en suite de la confiscation des biens du connétable de Bourbon.

Quant au dauphiné d'Auvergne, qui comprenait entre autres les fiefs de Lempdes et de Vieille-Brioude, après avoir été possédé par les comtes de Clermont, il passa en 1436 dans la maison de Bourbon-Montpensier, en 1627 dans celle d'Orléans, et en 1660 dans celle d'Orléans-Bourbon, qui le conserva jusqu'à la Révolution.

§ 3. Gévaudan.

Période gauloise et gallo-romaine. — Au temps de César, le pays de Gévaudan, occupé par les *Gabali*, était, ainsi que le Velay, un des clients de la puissante Arvernie. Il prit une part active à la lutte de l'indépendance gauloise et fournit un important contingent à l'armée du chef arverne.

Après la reddition d'Alésia et la pacification de la Gaule, les Gabales furent compris parmi les quatorze peuples ajoutés par l'empereur Auguste aux Ibéro-Aquitains pour former l'Aquitaine politique, et *Anderitum* (Javols), leur ville principale, devint le chef-lieu de la *civitas stipendiaria Gabalorum*.

Jusqu'au commencement du v⁵ siècle, le Gévaudan n'apparaît seulement que par les mentions géographiques de Strabon, de Pline, de Ptolémée et de la notice des provinces. En 408, lors de la grande invasion germanique, Javols fut détruite et le pays entièrement ravagé. En 472, il tomba au pouvoir des Wisigoths et faisait partie du royaume d'Alaric II au moment de la bataille de Vouillé.

Période franque. — Pendant cette période, l'histoire du Gévaudan n'offre rien de particulier, et ses destinées furent les mêmes que celles du Velay et de l'Auvergne. Les rois d'Austrasie y régnèrent à partir de 511 et, après eux, les ducs et rois d'Aquitaine, jusqu'au moment où le capitulaire de Quiersy-sur-Oise en fit un comté indépendant.

Sous la dynastie mérovingienne, cette province était déjà administrée par des comtes amovibles, signalés par Grégoire de Tours en 561. Les comtes avaient des viguiers sous leurs ordres, notamment à Grèzes, chef-lieu d'une viguerie, la *vicaria Gredonensis*, à laquelle était rattachée la ville de Saugues.

Périodes féodale et royale. — Le cartulaire de Brioude fournit la première mention des comtes héréditaires du Gévaudan dès l'année 955. (Cf. D. Vaissette, *Histoire gén. de Languedoc*, éd. Privat, t. IV, p. 139.) Ce même recueil permet d'établir, contrairement aux assertions de dom Vaissete, que ces comtes, aux x⁰ et xi⁰ siècles, n'étaient pas issus des comtes de Toulouse. Ils formaient eux-mêmes une famille distincte, connue depuis 892 et qui vint se fondre par alliance dans la maison de Provence et de Barcelone, à laquelle succédèrent les rois d'Aragon.

Dans les commencements du xii⁰ siècle, le Gévaudan fut partagé, croyons-nous, en trois grands fiefs : le comté de ce nom, qui passa successivement aux comtes de Toulouse et aux évêques de Mende, avant son annexion au domaine royal en 1266; la vicomté de Grèzes, que les rois d'Aragon, derniers possesseurs, cédèrent à Louis IX en 1258, et la châtellenie de Saugues, advenue au milieu du xi⁰ siècle à la maison d'Auvergne, et qui tomba en 1151 dans celle de Mercœur à la suite du mariage d'Anne d'Auvergne, fille de Guillaume IX, dit le Vieux, avec Béraud VI, seigneur de Mercœur.

Nous nous occuperons plus spécialement de la châtellenie de Saugues, parce que son entier territoire, de nos jours représenté par le canton de ce nom, fut rattaché au département de la Haute-Loire. Elle forma, à son origine, une terre cléricale qui servit d'apanage aux cadets de la famille de Mercœur. Puis, à la suite d'événements que nous passons sous silence pour éviter des longueurs inutiles, elle fut tour à tour possédée par les maisons de Joigny (1318-1336), d'Auvergne (1339-1436) et de Bourbon-Montpensier (1442-1527). Après la confiscation des biens du connétable de Bourbon, François I⁰ʳ s'empara de cette seigneurie, mais la vendit deux ans après, en 1529, aux ducs de Lorraine. Elle échut ensuite aux ducs de Vendôme (1602-1712), aux Bourbon-Conti (1712-1772), au roi Louis XV en 1772, lors de la cession du duché de Mercœur à la France, et fut comprise dans l'apanage du comte d'Artois en 1773. Ce fut seulement en 1778 qu'elle revint définitivement à la couronne.

§ 4. Vivarais.

Période gauloise et gallo-romaine. — Par leur situation sur la limite même de la Narbonnaise et de l'Aquitaine ethnographique, on s'est demandé à laquelle de ces deux provinces pouvaient appartenir les *Helvii* ou habitants du Vivarais. Les uns, avec Strabon, les placent en Aquitaine, alors que d'autres, avec Pline et Ptolémée, les rattachent à la partie de la *Gallia bracata* occupée par les *Tectosages* et qui forma la province Narbonnaise sous l'empereur Auguste. Sans avoir la prétention de résoudre ce problème historique, nous croyons devoir faire observer que l'opinion du géographe grec semble en désaccord avec les *Commentaires de César,* qui affirment nettement que la chaîne des Cévennes séparait autrefois les Arvernes et leurs clients les Vellaves du pays des Helviens. On peut objecter que ces derniers combattirent sous les ordres du roi auvergnat Bituit pour sauver les Allobroges, et qu'ils furent en outre compris dans la liste des contingents de Vercingétorix. Mais il n'en reste pas moins établi qu'après la victoire du consul Fabius Maximus, en 121 avant J.-C., ils se donnèrent au vainqueur et que, malgré les contingents qu'ils durent fournir à Vercingétorix, leur pays n'en servit pas moins de facile passage aux légions de César se rendant à Gergovia pour briser le dernier effort de l'indépendance gauloise.

On attribue à Auguste la fondation ou tout au moins l'agrandissement d'*Alba Helvia* (Aps), la capitale de la *civitas Albensium* qui fut entièrement détruite en 405, lors des invasions barbares. Nous retrouvons ensuite le Vivarais, en l'année 470, au moment où il cessa de faire partie de l'empire romain pour passer entre les mains d'Euric, roi des Wisigoths, qui le transmit à son fils Alaric II.

Période wisigothique, bourguignonne, austrasienne et carolingienne. — La mort d'Alaric II, tué à la bataille de Vouillé, n'apporta aucun changement dans le sort du Vivarais, et Théodoric, roi des Ostrogoths, qui régna de fait sur les Wisigoths sous le nom de son petit-fils Amalaric, le conserva jusqu'en 517. A cette date, les Bourguignons, qui possédaient déjà le Dauphiné, la Savoie et une partie de la Provence, s'en emparèrent, et ce ne fut que vers 548, à la fin du règne de Théodebert Ier, qu'il fut annexé au royaume d'Austrasie, dont il subit les vicissitudes, avant de tomber au pouvoir de la dynastie carolingienne.

Lors du partage de la succession de Louis le Débonnaire (840), il échut à Lothaire Ier avec toute la France orientale et, après le traité de Verdun (843), il fut attribué à Charles le Chauve, puis à son fils Louis le Bègue.

Ce fut sous les Carolingiens que prit naissance le comté de Viviers, *comitatus Vivariensis*, qui, à l'exemple du Velay et de l'Auvergne, se subdivisa en plusieurs vigueries, dont celle de Pradelles, aujourd'hui chef-lieu de canton du département de la Haute-Loire.

Période féodale. — On peut assigner l'origine de la féodalité dans le Vivarais à l'époque de son annexion au royaume de Provence, c'est-à-dire à l'année 879. Cette annexion a donné lieu à une controverse qui jette une grande obscurité sur l'histoire de cette province pendant la période qui nous occupe. Tous les auteurs s'accordent à reconnaître que, de 878 à 928, le roi Boson et son fils, Louis l'Aveugle, restèrent maîtres du Vivarais. Mais dom Vaissete affirme qu'à la mort du dernier roi de Provence, il passa sous la domination des comtes de Toulouse, qui se le partagèrent avec les comtes de Valentinois, à la fin du xiᵉ siècle. D'autres, au contraire, prétendent que ce pays, ayant été cédé vers 933 par Hugues de Provence à Rodolphe II, roi de Bourgogne, dut nécessairement devenir terre d'empire, puisque, après Conrad le Pacifique et Rodolphe III, il échut à Conrad II le Salique, empereur d'Allemagne, élu roi d'Arles en 1033. Les contradicteurs de l'historien du Languedoc ajoutent que les empereurs se contentèrent d'y exercer une souveraineté purement nominale et que l'un d'eux, Frédéric II, se désista de toutes ses prétentions, en 1214, au profit des princes d'Orange qui, eux-mêmes, en firent l'abandon à Charles Iᵉʳ d'Anjou, frère de Louis IX, en 1257.

Sans chercher à concilier des opinions aussi contradictoires, nous nous bornerons à ajouter que la réunion du Vivarais au domaine royal ne fut définitive qu'après l'accord signé à Vincennes, le 2 janvier 1308, entre Philippe le Bel et l'évêque de Viviers, par lequel ce dernier s'engagea à soumettre au roi de France le temporel de son église et celui de ses vassaux.

Période royale. — Le Vivarais n'opposa aucune résistance lors de son annexion à la monarchie. Ses évêques, fiers de se voir attribuer le titre honorifique de comtes de Viviers, qui s'était éteint à la fin du règne de Charles le Chauve, furent les premiers à empêcher les manifestations séparatistes de l'esprit féodal. L'institution d'États particuliers apporta un précieux concours à l'œuvre d'assimilation, qui fut seulement troublée par les excès sanglants des guerres religieuses.

§ 5. Forez.

Période gauloise et gallo-romaine. — Lorsque César entreprit la conquête de la Gaule, les *Segusiavi* faisaient partie de la Celtique transligérine, et leur pays comprenait le Forez, le Lyonnais, le Beaujolais et les rives de la Saône jusqu'à Mâcon. Ils étaient les clients des Éduens et par conséquent les rivaux des Arvernes. Obligés néanmoins de s'associer aux efforts de Vercingétorix, luttant pour l'indépendance gauloise, ils furent battus par les troupes romaines dans les plaines de Saint-Haon-le-Vieux et acceptèrent la loi du vainqueur. Malgré sa défection, la *civitas Segusiavorum* compta au nombre des soixante cités libres du temps d'Auguste, ainsi que l'attestent plusieurs inscriptions et les mentions de Strabon et de Pline. Lors de la fondation de la colonie romaine de Lyon par Munatius Plancus, en 43, cette cité ne perdit qu'une faible portion de son territoire et conserva *Rodumna, Mediolanum* et Feurs qui représente le Φόρος Ἐγουσιανῶν de Ptolémée.

IMPRIMERIE NATIONALE.

Au iv⁰ siècle, le Forez appartenait à la première Lyonnaise, et vers 474, au moment de la disparition de l'empire romain, il passa avec cette province sous la domination des Bourguignons.

Période bourguignonne et franque. — Jusqu'à la fin du xii⁰ siècle, le Forez suivit les variations politiques de la ville de Lyon, qui reconnut d'abord l'autorité des rois bourguignons, et échut en 534 à Childebert, roi de Paris, lors du partage du royaume de Bourgogne entre les trois rois francs. Cette ville fut comprise dans le nouveau royaume de Bourgogne ou d'Orléans, constitué en 561 en faveur de Gontran, deuxième fils de Clotaire I⁰ʳ, et que Clovis II réunit à la couronne en 628. Après la mort de Clovis II, elle passa, de 656 à 670, à l'un de ses fils, Clotaire III, dont le frère Childéric II fut appelé à recueillir la succession. Dès lors, Lyon et le Forez restèrent l'apanage des princes qui se succédèrent sur le trône de France depuis Thierry III jusqu'à Louis IV (673-954).

Sur la fin de cette période, et dès le milieu du viii⁰ siècle, on vit apparaître en Forez des comtes amovibles, représentants du pouvoir central.

Période féodale. — Après la mort de Louis IV et à la suite du mariage d'une fille de ce roi avec Conrad le Pacifique, roi d'Arles, vers 955, le Lyonnais et les provinces qui en dépendaient furent séparés de la monarchie française, pour devenir un fief de l'empire d'Allemagne. Mais, alors que le Lyonnais resta attaché jusqu'en 1269 à la suzeraineté lointaine des empereurs germaniques, le Forez cessa d'être confondu à cette province à la suite d'une sentence arbitrale du pape Alexandre III qui, à la sollicitation de Louis VII et pour mettre un terme aux conflits sanglants des archevêques de Lyon et des comtes de Forez, décida que ces derniers relèveraient dorénavant des rois de France.

Sous leur dépendance, qui cessa seulement en 1363, le Forez eut à subir de nombreux changements dans sa délimitation. Du côté du Lyonnais, il fut démembré au profit du diocèse de Mâcon et des sires de Beaujeu qui s'établirent dans le pays du Jarez; et, au sud, les évêques de Valence empiétèrent sur son territoire. Il compensa ces pertes aux dépens de l'Auvergne et du Velay, et, lorsque nous étudierons la circonscription judiciaire du Velay, nous verrons que cette province contribua pour une large part à son agrandissement.

La mort tragique du dernier descendant mâle des comtes de Forez eut pour conséquences de faire passer ce fief dans la maison de Bourbon, et, au décès de Suzanne de Bourbon, femme du connétable, divers arrêts du parlement de Paris l'adjugèrent

à Louise de Savoie, mère de François Ier, qui en fit don à la couronne de France
en 1531.

Période royale. — Après son union à la monarchie, le Forez fut possédé par divers
membres de la famille royale, à titre de douaire. Nous le trouvons successivement entre
les mains de Henri III, alors duc d'Anjou, en 1566; d'Élisabeth d'Autriche, veuve de
Charles IX, en 1574; de Louise de Lorraine, en 1592; de Marie de Médicis, en
1611, et d'Anne d'Autriche, en 1643. Il ne fut définitivement incorporé au domaine
royal qu'à dater de 1666.

Dans les pages qui précèdent, nous avons essayé de résumer l'histoire des anciennes
provinces qui contribuèrent, en 1790, à la formation du département de la Haute-
Loire. Nous allons maintenant retracer à grands traits leurs circonscriptions militaires,
judiciaires, financières et ecclésiastiques.

§ I. Circonscriptions militaires.

La direction des forces militaires qui appartenait, à l'origine, aux baillis et sénéchaux, passa successivement, à partir du xive siècle, entre les mains de lieutenants généraux, de lieutenants du roi et de gouverneurs. Lors de la division de la France en
douze grands gouvernements militaires par François Ier, le Languedoc, qui comprenait
alors les provinces de Gévaudan, de Velay et du Vivarais, devint, ainsi que l'Auvergne,
le siège de l'un de ces gouvernements, tandis que le Forez resta attaché à celui du
Lyonnais. Vers 1574, dans le Velay et le Gévaudan, et en 1614, dans le Vivarais, la
royauté créa des gouverneurs particuliers, véritables lieutenants des gouverneurs généraux du Languedoc.

§ II. Circonscriptions judiciaires.

1. *Velay.*

Le bailliage de Velay, institué vers l'année 1273 et qui ressortissait au sénéchal de
Beaucaire, avait, à ses débuts, une étendue égale à celle du diocèse du Puy. En 1293,
vingt-sept communautés en furent distraites pour former la viguerie de Montfaucon et,
en 1321, la baronnie d'Allègre, comprenant les villages d'Allègre, de Céaux, de la
Chapelle-Bertin, de Félines, de Monlet, de Saint-Badel, de Saint-Just-près-Chomelix,

de Saint-Léger, de Saint-Pal-de-Murs et de Varenne-Saint-Honorat, ainsi que les mandements de Cereix, de Saint-Paulien et de Saint-Privat-d'Allier furent incorporés au bailliage d'Auvergne. De plus, en 1343, une sentence du bailli royal du Velay reconnut les droits de supériorité et de ressort du comte de Forez sur les villages ou châteaux de Chalencon, de Rochebaron, de Saint-Pal-de-Chalencon, de Tiranges et de Valprivas. Enfin, en 1360, les paroisses de Fix-Saint-Geneys, de Mauriac, de Saint-Berain, de Saint-Jean-de-Nay, de Vazeilles-Limandres, de Vergezac et du Vernet furent rattachées au duché de Berry et d'Auvergne, devenu l'apanage de Jean, duc de Berry. Les démembrements opérés au profit de l'Auvergne et du Forez furent en partie compensés par l'annexion successive au bailliage du Velay de divers mandements du Vivarais, comprenant dix-sept paroisses de cette province.

Quant à la viguerie royale de Montfaucon, elle fut établie en vertu de l'acte de partage intervenu, en octobre 1293, entre Armand de Retourtour, seigneur dudit lieu, et le roi Philippe le Bel. Au xiv⁰ siècle, cette justice devint l'un des deux sièges du bailliage de Velay, et, en 1689, lors de la création du présidial du Puy, elle reprit son nom de viguerie royale qu'elle conserva jusqu'aux dernières années qui précédèrent la Révolution.

Voici la nomenclature des localités comprises dans le ressort de chacun de ces bailliages et dont les noms imprimés en italique sont étrangers au département :

I. Bailliage du Velay, ressortissant au sénéchal de Beaucaire.

Aiguilhe, Alleyrac, Alleyras, Araules, Arlempdes, Bains, Barges, Bas, *le Béage,* Beaulieu, Beaune, Blanzac, Blavozy, Boisset, Borne, le Bouchet-Saint-Nicolas, le Brignon, Brives-Charensac, Cayres, Ceyssac, Chadrac, Chadron, Chamalières, *Chanéac,* Chaspuzac, Chaudeyrolles, Chénéreilles, Coubon, *Cros-de-Géorand,* Cussac, *Devesset,* Espaly-Saint-Marcel, les Estables, Fay-le-Froid, Freycenet-Lacuche, Freycenet-la-Tour, Goudet, Grazac, La Farre, Landos, Lantriac, Laussonne, Lissac, Loudes, Malrevers, Malvalette, le Mas-de-Tence, Mézères, le Monastier, le Monteil, *Montréal,* Montusclat, Moudeyres, Ouïdes, Ours-Mons, le Pertuis, Polignac, Pont-Salomon, Pradelles, Présailles, le Puy, Queyrières, Raucoules, Rauret, Retournac, Riotord, Roche-en-Régnier, Rosières, *Saint-Agrève,* Saint-Arcons-de-Barges, Saint-Christophe-sur-Dolaison, Saint-Didier-d'Allier, Saint-Étienne-Lardeyrol, Saint-Ferréol-d'Auroure, Saint-Front, Saint-Georges-Lagricol, Saint-Germain-Laprade, Saint-Jeure, *Saint-Julien-Boutières,* Saint-Julien-Chapteuil, Saint-Julien-d'Ance, Saint-Julien-Molhesabate, Saint-Maurice-de-Lignon, *Saint-Pierre-des-Macchabées,* Saint-Pierre-Duchamp, Saint-Pierre-Eynac, Saint-Quintin-Chaspinhac, *Saint-Romain-le-Désert,* Saint-Vidal, Saint-Vincent, Salettes, Sanssac-l'Église, la Sauvetat, Séneujols, Solignac-sous-Roche, Solignac-sur-Loire, Taulhac, Tence, Valprivas, Vals-près-le-Puy, Vernassal, les Villettes, *Villevocance, Vocance,* Vorey.

II. Bailliage de Montfaucon, ressortissant à la sénéchaussée de Beaucaire.

Aurec, Bauzac, Bessamorel, le Chambon, Champclause, la Chapelle-d'Aurec, Dunières, Lapte, le Mazet-Saint-Voy, Monistrol-sur-Loire, Montfaucon, Montregard, *Rochepaule*, *Saint-André-des-Effangeas*, Saint-Bonnet-le-Froid, Saint-Didier-la-Séauve, Sainte-Sigolène, *Saint-Jean-Roure*, *Saint-Julien-Vocance*, *Saint-Martial*, *Saint-Martin-de-Valamas*, Saint-Pal-de-Mons, Saint-Romain-Lachalm, Saint-Victor-Malescours, *Vanosc*, Yssingeaux.

Un édit d'octobre 1558 annexa au bailliage du Velay une sénéchaussée, qui fut supprimée en avril 1559, sur la demande du syndic de la province du Languedoc et des habitants de la ville de Nîmes. Rétablie en juin 1560, «pour cognoistre de toutes les matières tant civiles et criminelles que des convantions d'entre les habitans de la ville du Puy et bailliage de Vellay», elle ne cessa de subsister qu'en 1789. Son ressort s'étendit primitivement sur toutes les communautés comprises dans le bailliage, mais, en 1606, toutes les paroisses du diocèse de Viviers, sauf Fay-le-Froid, en furent distraites au profit du bailliage de Villeneuve-de-Berg. Le parlement de Toulouse jugeait souverainement les appels en matière civile de cette juridiction, devant laquelle étaient portées «les appellations» des baillis de Velay et de Montfaucon et celles de la plupart des justices seigneuriales.

En octobre 1689, Louis XIV supprima les deux bailliages de la province et incorpora à la sénéchaussée du Puy un siège présidial, afin de simplifier les formalités judiciaires et, ajoute l'édit royal, pour retirer de la vente des nouveaux offices «un secours considérable et nécessaire dans l'estat présent de nos affaires».

A la veille de la Révolution, ces tribunaux jugeaient sans appel jusqu'à concurrence de 2,000 livres et ressortissaient au Conseil supérieur de la ville de Nîmes, auquel une ordonnance d'août 1771 avait attribué la compétence judiciaire du parlement de Toulouse.

Voici l'énumération des localités comprises dans leur ressort, à la fin du xviiiᵉ siècle :

III. Sénéchaussée et siège présidial du Puy,
ressortissant au conseil supérieur de la ville de Nîmes.

Aiguilhe, Alleyrac, Alleyras, Araules, Aurec, Bains, Bauzac, Beaulieu, Bessamorel, Blanzac, Blavozy, Borne, le Bouchet-Saint-Nicolas, le Brignon, Brives-Charensac, Cayres, Ceyssac, Chadrac, Chadron, Chamalières, le Chambon, Champclause, la Chapelle-d'Aurec, Chaspuzac, Coubon, Cussac,

Dunières, Espaly-Saint-Marcel, les Estables, Fay-le-Froid, Freycenet-Lacuche, Freycenet-la-Tour,
Goudet, Grazac, Landos, Lantriac, Lapte, Laussonne, le Mazet-Saint-Voy, Mézères, le Monastier,
Monistrol-sur-Loire, le Monteil, Montfaucon, Montregard, Montusclat, Polignac, Présailles, le Puy,
Queyrières, Raucoules, Rauret, Retournac, Riotord, Roche-en-Régnier, Rosières, Saint-André-de-
Chalencon, Saint-Bonnet-le-Froid, Saint-Christophe-sur-Dolaison, Saint-Didier-d'Allier, Saint-Didier-
la-Séauve, Sainte-Sigolène, Saint-Étienne-Lardeyrol, Saint-Front, Saint-Georges-Lagricol, Saint-
Germain-Laprade, Saint-Haon, Saint-Hostien, Saint-Jean-Lachalm, Saint-Jeure, Saint-Julien-Chapteuil,
Saint-Julien-du-Pinet, Saint-Julien-Molhesabate, Saint-Martin-de-Fugères, Saint-Maurice-de-Lignon,
Saint-Pal-de-Mons, Saint-Pierre-Duchamp, Saint-Pierre-Eynac, Saint-Romain-Lachalm, Saint-Victor-
Malescours, Saint-Vidal, Saint-Vincent, Salettes, Sanssac-l'Église, la Sauvetat, Séneujols, Solignac-
sous-Roche, Solignac-sur-Loire, Taulhac, Tence, Vals-près-le-Puy, Vergezac, Vernassal, Vorey, la
Voûte-sur-Loire, Yssingeaux.

2. *Auvergne.*

Pendant la féodalité, les justices seigneuriales remplacèrent celles des anciens comtes,
mais, sous Philippe-Auguste, la monarchie chercha à s'emparer des prérogatives judiciaires. En Auvergne, ses tentatives furent couronnées de succès, puisque dès 1236
on constate avec certitude l'existence d'un bailli, dénommé parfois connétable. Sous
Alphonse, comte de Poitiers (1241-1271), cette juridiction fut divisée en vingt-six
prévôtés, puis, vers 1305, en trente-deux, parmi lesquelles Auzon, Brioude, Langeac
et Paulhaguet; ces prévôtés existaient en 1360, lorsque le bailliage prit le nom de
sénéchaussée de Riom ou d'Auvergne.

Après le retour du duché d'Auvergne à la couronne, l'érection de trois présidiaux à
Aurillac, Riom et Clermont, en 1551, apporta de notables changements aux circonscriptions judiciaires. De plus, par lettres royales de septembre 1554, confirmées par
arrêts du Conseil d'État de 1643 et du parlement de Paris du 25 août 1780, les
châtellenies de Saugues et du Malzieu en Gévaudan furent détachées de la sénéchaussée
de Beaucaire pour être réunies à celle d'Auvergne. Cette dernière, après ces adjonctions,
eut dans son ressort les localités suivantes du département de la Haute-Loire.

IV. Sénéchaussée de Riom ou d'Auvergne,
ressortissant au parlement de Paris.

Agnat, Allègre, Ally, Arlet, Aubazat, Auteyrac, Autrac, Auvers, Auzon, Azerat, Beaumont,
Beaune, Bellevue-la-Montagne, Berbezit, la Besseyre-Saint-Mary, Blassac, Blesle, Bonneval, Bournoncle-la-Roche, Brioude, Céaux-d'Allègre, Cerzat, la Chaise-Dieu, Chambezon, Champagnac, Chanaleilles, Chanteuges, la Chapelle-Bertin, Charraix, Chassagnes, Chassignolles, Chastel, Chazelles,

Chilhac, Chomelix, la Chomette, Cistrières, Cohade, Collat, Connangles, Couteuges, Craponne-sur-Arzon, Croisance, Cronce, Cubelles, Desges, Domeyrat, Espalem, Esplantas, Félines, Ferrussac, Fix-Saint-Geneys, Frugères-les-Mines, Frugières-le-Pin, Grenier-Montgon, Grèzes, Javaugues, Josat, Jullianges, Laval, Lorlanges, Lubilhac en partie, Malvières, Mazerat-Aurouze, Mazeyrat-Crispinhac, Mercœur en partie, Monistrol-d'Allier, Monlet, Montclard, la Mothe, Paulhac, Paulhaguet, Pébrac, Pinols, Prades, Reilhac, Saint-Arcons-d'Allier, Saint-Austremoine, Saint-Beauzire, Saint-Berain, Saint-Christophe-d'Allier, Saint-Cirgues, Saint-Didier-sur-Doulon, Saint-Éble, Sainte-Florine, Saint-Étienne-près-Allègre, Saint-Étienne-sur-Blesle, Sainte-Eugénie-de-Villeneuve, Saint-Geneys-près-Saint-Paulien, Saint-Georges-d'Aurac, Saint-Géron, Saint-Hilaire, Saint-Jean-de-Nay, Saint-Julien-des-Chazes, Saint-Just-près-Brioude en partie, Saint-Laurent-Chabreuges, Saint-Pal-de-Murs, Saint-Paulien, Saint-Préjet-Armandon, Saint-Préjet-d'Allier, Saint-Privat-d'Allier, Saint-Privat-du-Dragon, Saint-Vénérand, Salzuit, Siaugues-Saint-Romain, Saugues, Tailhac, Thoras, Vabres, Vals-le-Chastel, Varennes-Saint-Honorat, Vazeilles-Limandres, Vazeilles-près-Saugues, Venteuges, Vézézoux, Vissac.

Dans la liste qui précède, nous n'avons pas compris les paroisses de la Haute-Loire relevant du ressort du duché de Montpensier pour les cas ordinaires prévus par un règlement de l'année 1614, et, pour les cas royaux, de la sénéchaussée d'Auvergne. Voici les noms de ces localités : Lempdes, Léotoing, Lubilhac en partie, Mercœur en partie, Saint-Just-près-Brioude en partie, Saint-Vert, Torsiac et Vieille-Brioude.

3. *Gévaudan.*

L'origine du bailliage du Gévaudan date de la charte de paréage, signée en février 1307 entre Philippe le Bel et Guillaume Durand, évêque de Mende. Ce bailliage, dont le siège était à Marvejols et qui ressortissait au sénéchal de Beaucaire, avait sous sa dépendance les communautés suivantes, aujourd'hui englobées dans le département de la Haute-Loire :

Chanaleilles, Croisance, Cubelles, Esplantas, Grèzes, Monistrol-d'Allier, Prades, Saint-Christophe-d'Allier, Saint-Préjet-d'Allier, Saint-Vénérand, Saugues, Thoras, Vabres, Vazeilles-près-Saugues, Venteuges.

Ces localités, moins Saint-Christophe-d'Allier et Saint-Vénérand, étaient comprises, dès 1325, dans le mandement de la sirerie de Mercœur, régie antérieurement et jusqu'en 1312 par la coutume d'Auvergne, quoique dépendant de la sénéchaussée de Beaucaire. Nous venons de voir qu'elles furent annexées sans exception à la sénéchaussée de Riom, en 1554.

4. *Vivarais.*

Le bailliage du Vivarais établi à Boucieu-le-Roi, en 1285, fut administré jusqu'en
1320 par le bailli du Velay. En 1565, son siège fut transféré à Annonay et, en
1606, étant devenu insuffisant pour les besoins de la province, Henri IV en établit un
second à Villeneuve-de-Berg, pour le bas Vivarais, et y rattacha les paroisses du
Vivarais jadis du ressort du bailliage du Velay [1].

Par édit de mai 1780, ces deux bailliages furent supprimés et remplacés par la
sénéchaussée de Villeneuve-de-Berg. Sur les instances pressantes des États particuliers
de la province, le Roi consentit, en 1781, à établir une seconde sénéchaussée à Annonay. Voici les noms des localités du département de la Haute-Loire ressortissant des
bailliages et, plus tard, de la sénéchaussée de Villeneuve-de-Berg :

Arlempdes, Barges, Chaudeyrolles, la Farre, Pradelles, Saint-Arcons-de-Barges, Saint-Étienne-du-
Vigan, Saint-Paul-de-Tartas, les Vastres et Vielprat.

5. *Forez.*

Le bailliage de Montbrison remplaça, à la fin du xiii⁰ siècle, la sénéchaussée du
même nom, dont l'existence est prouvée par titres depuis 1190. Créé par les comtes de
la province, il conserva son autonomie féodale jusque sous le règne de Philippe le Bel,
qui l'annexa en 1313 à la sénéchaussée royale de Lyon. Au cours du xiv⁰ siècle, il
appartint tour à tour à diverses juridictions et ne fut définitivement rattaché au parlement de Paris qu'en 1465. En 1531, lors de la réunion du Forez à la couronne, il avait
sous sa dépendance trente châtellenies. Un édit royal institua, en 1771, un second bailliage à Bourg-Argental. Celui de Montbrison, auquel vint s'adjoindre en juin 1637 un
présidial, comprenait dans son ressort les paroisses suivantes du département de la
Haute-Loire :

Bas, Boisset, Chénéreilles, Riotord, Saint-Ferréol-d'Auroure, Saint-Julien-d'Ance, Saint-Just-
Malmont, Saint-Pal-de-Chalencon, Tiranges et Valprivas.

§ III. Circonscriptions financières.

Pendant plusieurs siècles, l'administration civile de la France se confondit avec son
administration financière, et les baillis ou sénéchaux furent à la fois magistrats, gou-

-----

[1] Cf. plus haut, page xx.

verneurs et percepteurs de l'impôt. Mais leurs attributions financières, déjà restreintes par la nomination en 1355 de commissaires généraux, furent encore réduites dans les pays d'États, comme le Gévaudan, le Velay et le Vivarais, par ces assemblées provinciales. Ce furent elles, en effet, qui furent chargées du vote et de la répartition de l'impôt et qui confièrent à des collecteurs, pris à tour de rôle parmi les habitants des bourgs, le soin de recueillir les deniers publics et d'en faire compte aux receveurs des diocèses.

Le rattachement du Languedoc à la cinquième généralité, établie par les États généraux de Tours en 1484, et, plus tard, la création de la généralité de Montpellier, sous les règnes de François Ier et de Henri II, ainsi que la nomination des intendants et de leurs subdélégués, achevèrent l'œuvre des commissaires généraux et des États particuliers des provinces, et les baillis et sénéchaux durent se confiner dans leur rôle purement judiciaire.

La généralité de Montpellier exerçait son autorité sur onze diocèses de la province du Languedoc, divisés en vingt-sept subdélégations de l'intendance, parmi lesquelles le Puy, Mende et Aubenas. La subdélégation du Puy avait une circonscription égale à celle de sa sénéchaussée, celle de Mende comprenait entre autres les quinze paroisses ressortissant à la sénéchaussée d'Auvergne, et les dix communautés énumérées plus haut dans le ressort du bailliage de Villeneuve-de-Berg faisaient partie de la subdélégation d'Aubenas.

La province d'Auvergne appartenait, au milieu du XIVe siècle, à la généralité de la Langue-d'Oïl. En 1558, elle forma une généralité spéciale, ayant son siège à Riom et administrée par un général des finances. Cette généralité fut répartie en sept élections, savoir : Clermont, Riom, Issoire, Brioude, pour la Basse-Auvergne, et Aurillac, Mauriac et Saint-Flour, pour la Haute-Auvergne. Les élections se subdivisaient elles-mêmes en subdélégations, ou contingents de paroisses, administrés depuis 1705 par un subdélégué. Leurs limites, contrairement à celles des élections, furent des plus variables jusqu'en 1789.

L'élection de Brioude fut presque entièrement comprise dans le département de la Haute-Loire, ainsi qu'on peut le voir par l'énumération suivante, dans laquelle les noms des communautés étrangères à ce département sont imprimés en italique :

Agnat, Allègre, Ally, Arlet, Aubazat, *Auriac*, Autcyrac, Autrac, Auvers, Beaumont, Beaune, Bellevue-la-Montagne, Berbezit, la Besseyre-Saint-Mary, Blassac, Blesle, *Bonnac*, Bournoncle-la-Roche, Brioude, Céaux-d'Allègre, *Celoux*, Cerzat, la Chaise-Dieu, Chaniat, Chanteuges, la Chapelle-Bertin, *la Chapelle-Laurent*, *Charmensac*, Charraix, Chassagnes, Chastel, Chavagnac-Lafayette, Chazelles, Chilhac, Chomelix, la Chomette, Cohade, Collat, Connangles, Couteuges, Cronce, Desges, Domeyrat, Espalem, Félines, Ferrussac, Fix-Saint-Geneys, Fontannes, Frugières-le-Pin, Grenier-

Montgon, Javaugues, Jax, Josat, Langeac, *Leyvaux*, *Laurie*, Lorlange, Lubilhac, *Massiac*, Mazerat-Aurouze, Mazeyrat-Crispinhac, *Molèdes*, *Molompize*, Monlet, Montclard, la Mothe, Paulhac, Paulhaguet, Pébrac, *Peyrusse*, Pinols, Prades, *Rageade*, Reilhac, Saint-Austremoine, Saint-Beauzire, Saint-Berain, Saint-Cirgues, Saint-Didier-sur-Doulon, Sainte-Eugénie-de-Villeneuve, Saint-Étienne-près-Allègre, Saint-Étienne-sur-Blesle, Saint-Geneys-près-Saint-Paulien, Saint-Georges-d'Aurac, Saint-Géron, Saint-Ilpize, Saint-Jean-de-Nay, Saint-Julien-des-Chazes, Saint-Just-près-Brioude, Saint-Laurent-Chabreuges, *Saint-Mary-le-Plein*, Saint-Pal-de-Murs, Saint-Paulien, Saint-Préjet-Armandon, Saint-Privat-d'Allier, Saint-Privat-du-Dragon, Salzuit, Sembadel, Siaugues-Saint-Romain, Tailhac, Vals-le-Chastel, la Vaudieu, Vazeilles-Limandres, le Vernet, Vieille-Brioude, la Voûte-Chilhac.

L'élection de Clermont fournit au département de la Haute-Loire deux collectes, Chambezon et Torsiac, et celle d'Issoire vingt et une, savoir : Auzon, Azerat, Bonneval, Champagnac, la Chapelle-Geneste, Chassignolles, Cistrières, Craponne-sur-Arzon, Frugères-les-Mines, Jullianges, Laval, Lempdes, Léotoing, Malvières, Sainte-Florine, Saint-Hilaire, Saint-Jean-d'Aubrigoux, Saint-Vert, Saint-Victor-sur-Arlanc, Vergongheon, Vézezoux.

Quant au Forez, son administration financière fut d'abord confiée aux baillis, puis à des receveurs généraux, et enfin à une chambre des comptes dont le fonctionnement fut régularisé par ordonnance de Guy VI, comte de Forez, du 12 septembre 1333, et qui avait sous ses ordres des prévôts chargés de recevoir les redevances des vassaux dans les châtellenies. En 1542, cette province fut rattachée à la généralité de Lyon, qui fut plus tard partagée en cinq élections : Lyon, Montbrison, Roanne, Saint-Étienne et Villefranche.

Le département de la Haute-Loire a emprunté, lors de sa formation, les villages de Bas, Boisset, Chénéreilles, Malvalette, Saint-Julien-d'Ance, Saint-Pal-de-Chalencon, Tiranges et Valprivas à l'élection de Montbrison, et ceux de Riotord en partie, Saint-Ferréol-d'Auroure et Saint-Just-Malmont à celle de Saint-Étienne.

§ IV. Circonscriptions ecclésiastiques.

Contrairement aux circonscriptions de l'ordre civil, les circonscriptions ecclésiastiques restèrent immuables jusqu'en 1789 et, après avoir adopté l'unité territoriale de la *civitas* romaine, l'Église s'efforça de conserver les *pagi* de l'époque mérovingienne et les *comitatus* de la période carolingienne dans les divisions connues au moyen âge sous le nom d'« archidiaconés » et qui furent subdivisées en archiprêtrés.

Antérieurement à la Révolution, le territoire du département de la Haute-Loire était réparti entre six diocèses : Clermont, Lyon, Mende, le Puy, Saint-Flour et Viviers.

I. DIOCÈSE DE CLERMONT.

Le diocèse de Clermont s'étendit à toute l'ancienne *Civitas Arvernorum*, jusqu'au moment où le pape Jean XXII lui enleva plusieurs de ses archiprêtrés pour former le diocèse de Saint-Flour. Après son démembrement, il fut divisé en 15 archiprêtrés, dont l'archiprêtré d'Ardes, qui fournit au département de la Haute-Loire les paroisses d'Autrac et de Torsiac, et celui de Livradois qui lui abandonna les communautés de Bonneval, la Chapelle-Geneste, Jullianges, Malvières, Saint-Jean-d'Aubrigoux et Saint-Victor-sur-Arlanc.

II. DIOCÈSE DE LYON.

Le diocèse de Lyon était partagé, avant 1789, en vingt archiprêtrés, parmi lesquels l'archiprêtré de Montbrison, comprenant Boisset et Chénéreilles, et celui de Saint-Étienne, dont dépendait Saint-Just-Malmont, trois paroisses rattachées au département de la Haute-Loire.

III. DIOCÈSE DE MENDE.

Antérieurement à la Révolution, le diocèse de Mende englobait dans sa circonscription l'entière province du Gévaudan et se divisait en quatre archiprêtrés : les Cévennes, Barjac, Javols et Saugues. Voici les noms des communautés distraites de ce dernier archiprêtré au profit du département de la Haute-Loire : la Besseyre-Saint-Mary, Chanaleilles, Croisance, Cubelles, Esplantas, Grèzes, Monistrol-d'Allier, Prades, Saint-Christophe-d'Allier, Saint-Vénérand, Saugues, Thoras, Vabres et Venteuges.

IV. DIOCÈSE DU PUY.

Le diocèse du Puy avait la même étendue que la *Civitas Vellavorum* dont le territoire, ainsi que le fait observer fort justement M. Longnon, forma un *pagus* unique. Sa division en trois archiprêtrés semble remonter à la fin du IXe siècle et aucun texte ne mentionne d'archidiaconés. Chacun de ces archiprêtrés englobait dans ses limites un certain nombre de vigueries de la période carolingienne : l'archiprêtré de Monistrol-sur-Loire, le plus important des trois, comprenait les vigueries de Bas, de Chapteuil, de Tence et d'Yssingeaux, celui de Saint-Paulien les vigueries de Craponne-sur-Arzon, de Saint-Paulien et de Saint-Pierre-Duchamp, et celui de Solignac-sur-Loire les vigueries de Coubon, de Notre-Dame du Puy et de Solignac-sur-Loire. Les pouillés du diocèse du Puy des années 1383, 1516 et 1726 démontrent la stabilité de ces circonscriptions ecclésiastiques, dont nous donnons ci-dessous le complet dénombrement, en indiquant en italique les noms des communautés étrangères au département.

1. *Archiprêtré de Monistrol-sur-Loire.*

Araules, Aurec, Bas, Bauzac, Beaulieu, Bessamorel, Brives, Chamalières, le Chambon, Champclause, la Chapelle-d'Aurec, Chaspinhac, Dunières, les Estables, *Estivareilles*, Freycenet-Lacuche, Freycenet-la-Tour, Grazac, *Jonzieux*, Lantriac, Lapte, Laussonne, *Marlhes*, *Merle*, Mézères, Monistrol-sur-Loire, Montfaucon, Montregard, Montusclat, Raucoules, Retournac, Riotord, *Rosier*, Rosières, Saint-Bonnet-le-Froid, Saint-Didier-la-Séauve, Sainte-Sigolène, Saint-Étienne-Lardeyrol, Saint-Ferréol-d'Auroure, Saint-Front, Saint-Germain-Laprade, Saint-Hostien, Saint-Jeure, Saint-Julien-Chapteuil, Saint-Julien-du-Pinet, Saint-Julien-Mollhesabate, Saint-Maurice-de-Lignon, Saint-Pal-de-Mons, Saint-Pierre-Eynac, Saint-Quintin, Saint-Romain-Lachalm, Saint-Victor-Malescours, Saint-Voy, Tence, la Voûte-sur-Loire, Valprivas, Yssingeaux.

2. *Archiprêtré de Saint-Paulien.*

Allègre, *Apinac*, Beaune, Bellevue-la-Montagne, Boisset, Borne, Céaux-d'Allègre, la Chapelle-Bertin, Chomelix, Craponne-sur-Arzon, Félines, Fix-Saint-Geneys, Lissac, Monlet, *Montarchier*, Polignac, Saint-André-de-Chalencon, Saint-Geneys-près-Saint-Paulien, Saint-Georges-Lagricol, *Saint-Hilaire*, Saint-Jean-de-Nay, Saint-Julien-d'Ance, Saint-Léger, Saint-Marcel, Saint-Maurice-de-Roche, Saint-Pal-de-Chalencon, Saint-Pal-de-Murs, Saint-Paulien, Saint-Pierre-Duchamp, Saint-Vidal, Saint-Vincent, *Sauvessanges*, Sembadel, Solignac-sous-Roche, Tiranges, *Usson*, Varennes-Saint-Honorat, Vazeilles-Limandres, Vernassal, Vorey.

3. *Archiprêtré de Solignac-sur-Loire.*

Alleyras, Bains, le Bouchet-Saint-Nicolas, le Brignon, Cayres, Ceyssac, Chadron, Chaspuzac, Cussac, Goudet, Landos, Loudes, le Monastier, Présailles, Rauret, Saint-Berain, Saint-Christophe-d'Allier, Saint-Christophe-sur-Dolaison, Saint-Didier-d'Allier, Saint-Haon, Saint-Jean-Lachalm, Saint-Martin-de-Fugères, Saint-Privat-d'Allier, Saint-Rémy, Salettes, Sanssac-l'Église, Séneujols, Solignac-sur-Loire.

V. DIOCÈSE DE SAINT-FLOUR.

Le diocèse de Saint-Flour, démembré de celui de Clermont en 1317, était divisé en cinq archiprêtrés : Saint-Flour, Aurillac, Blesle, Brioude et Langeac. Lors de la formation du département de la Haute-Loire, on emprunta seulement aux archiprêtrés de Blesle, de Brioude et de Langeac un certain nombre de paroisses, mentionnées dans l'énumération suivante :

1. *Archiprêtré de Blesle.*

Blesle, Chambezon, Espalem, Grenier-Montgon, Léotoing, Lubilhac, Saint-Étienne-sur-Blesle.

2. *Archiprêtré de Brioude.*

Agnat, Ally, Auzon, Azerat, Beaumont, Berbezit, Bournoncle-la-Roche, Brioude, Champagnac, Chaniat, Chassagnes, Chassignoles, la Chomette, Cistrières, Cohade, Collat, Connangles, Domeyrat, Fontannes, Frugères-les-Mines, Frugières-le-Pin, Javaugues, Josat, Laval, Lempdes, Lorlange, Mazerat-Aurouze, Mercœur, Montclar, la Mothe, Paulhac, Paulhaguet, Saint-Beauzire, Saint-Didier-sur-Doulon, Sainte-Florine, Saint-Étienne-près-Allègre, Saint-Géron, Saint-Hilaire, Saint-Ilpize, Saint-Just-près-Brioude, Saint-Laurent-Chabreuges, Saint-Préjet-Armandon, Saint-Vert, Salzuit, Vals-le-Chastel, la Vaudieu, Vergongheon, Vézézoux, Vieille-Brioude.

3. *Archiprêtré de Langeac.*

Arlet, Aubazac, Auteyrac, Blassac, Cerzat, Chanteuges, Charraix, Chastel, Chavagnac-Lafayette, Chazelles, Chilhac, Couteuges, Cronce, Desges, Ferrussac, Jax, Langeac, Mazeyrat-Crispinhac, Nozeyrolles, Pébrac, Pinols, Prades, Reilhac, Saint-Arcons-d'Allier, Saint-Austremoine, Saint-Cirgues, Saint-Éble, Sainte-Marie-des-Chazes, Saint-Georges-d'Aurac, Saint-Julien-d'Ance, Saint-Privat-du-Dragon, Siaugues-Saint-Romain, Tailhac, Vissac, la Voûte-Chilhac.

VI. DIOCÈSE DE VIVIERS.

Dix paroisses du diocèse de Viviers ont été rattachées au département de la Haute-Loire, savoir : Chaudeyrolles et Fay-le-Froid, de l'archiprêtré de Boutières, et Arlempdes, Barges, La Farre, Pradelles, Saint-Étienne-du-Vigan, Saint-Paul-de-Tartas et Vielprat, de l'archiprêtré de Sablières.

CRÉATION DU DÉPARTEMENT.

En exécution d'un décret de l'Assemblée nationale en date du 11 novembre 1789, les députés du Velay furent chargés de s'entendre avec les représentants des pays limitrophes pour arriver à la délimitation d'un département, car leur province, ayant à peine 100 lieues carrées de superficie, était insuffisante pour former une circonscription administrative d'une étendue conforme aux prescriptions légales. Il fallait donc songer à s'agrandir au détriment des voisins, et la tâche était d'autant plus difficile que chacun tenait à conserver son ancienne autonomie.

Pour donner satisfaction à l'Auvergne, on dut formellement reconnaître que le Velay était distrait à son profit du Languedoc, concession qui eut pour conséquence de placer la Haute-Loire sous la dépendance du Puy-de-Dôme au point de vue de la cour d'appel et du commandement militaire.

Le Gévaudan ne consentit à oublier qu'il n'avait «aucune liaison de commerce, aucun rapport de culture et de production et moins encore de mœurs et d'habitudes» avec le Velay, qu'à la condition de devenir lui-même un département. Saugues, la capitale du Haut-Gévaudan, ne s'était pas associé à ces protestations et avait même réclamé avec instance son rattachement au Velay, malgré les vives oppositions des paroisses circonvoisines, enchaînées à sa fortune politique.

Du côté du Forez, on ne rencontra aucune difficulté sérieuse, car cette province, appelée à former avec le Beaujolais et le Lyonnais l'immense département de Rhône-et-Loire, ne pouvait se plaindre d'un amoindrissement de territoire.

Le Vivarais se montra aussi réfractaire aux propositions des commissaires, et Pradelles s'éleva avec force contre son annexion au Velay.

Les députés ayant enfin accompli leur mission, l'Assemblée nationale, dans ses séances des 26 et 29 janvier 1790, ratifia leurs décisions et décréta la constitution définitive du département du Velay, auquel une autre délibération législative, du 26 février suivant, donna le nom de «département de la Haute-Loire», et qui devait comprendre trois districts et trente-deux cantons.

Avant même de connaître l'issue des débats parlementaires, une commission de seize membres, composée des députés de la province et de délégués de la ville du Puy, de Montfaucon, d'Yssingeaux, de Saint-Didier-la-Séauve et de Brioude, se réunit au Puy le 27 janvier 1790, «pour convenir des limites des districts du département du Velai». Les débats furent certainement orageux, puisque deux commissaires se refusèrent d'assister jusqu'à la fin de la séance. Après avoir rejeté les demandes des villes de Craponne, Saint-Didier, Tence et Pradelles tendant à obtenir d'être chefs-lieux de district, la commission décida que ces chefs-lieux seraient établis au Puy et à Brioude et que, pour la partie méridionale du département, les villes de Monistrol-sur-Loire, de Montfaucon et d'Yssingeaux alterneraient entre elles pour l'administration civile, mais que le siège du tribunal serait définitivement attribué à l'une d'elles. On procéda ensuite à la division du département en trois districts et trente-deux cantons et à la répartition des 252 communes, dont 129 avaient appartenu à la province d'Auvergne, 90 à celle du Velay, 15 à celle du Gévaudan, 10 à celle du Vivarais et 8 à celle du Forez. Voici comment fut faite cette répartition.

I. DISTRICT DU PUY.

(16 cantons.)

I. *Canton d'Allègre* (5 municipalités). — Allègre, Céaux-d'Allègre, Fix-de-Velai, Monlet, Vernassal.

II. *Canton de Cayres* (4 municipalités). — Le Bouchet, Cayres, Saint-Jean-Lachalm, Séneujols.

III. *Canton de Craponne* (6 municipalités). — Beaune, Chomelix, Craponne, Pont-Empeyrat, Saint-Georges-Lagricol, Saint-Julien-d'Ance.

IV. *Canton de Fay-le-Froid* (6 municipalités). — Champclause, Chaudeyrolles, les Estables, Fay-le-Froid, Saint-Front, les Vastres.

V. *Canton de Goudet* (5 municipalités). — Arlempdes, Goudet, Saint-Martin-de-Fugères, Salettes, Vielprat.

VI. *Canton de Loudes* (7 municipalités). — Chaspuzac, Loudes, Saint-Jean-de-Nay, Saint-Rémy, Saint-Vidal, Sanssac, Vazeilles.

VII. *Canton du Monastier* (6 municipalités). — Chadron, Freycenet-Lacuche, Freycenet-la-Tour, Laussonne, le Monastier, Présailles.

VIII. *Canton de Pradelles* (8 municipalités). — Coucouron, Landos, Pradelles, Rauret, Saint-Arcons, Saint-Étienne-du-Vigan, Saint-Haon, Saint-Paul-de-Tartas.

IX. *Canton du Puy* (7 municipalités). — Ceyssac, Coubon, Polignac, le Puy, Saint-Germain, Saint-Marcel, Saint-Quintin.

X. *Canton de Roche* (6 municipalités). — Arzon, Chamalières, Roche, Saint-Maurice, Saint-Pierre-Duchamp, Vorey.

XI. *Canton de Rosières* (6 municipalités). — Beaulieu, Chaspinhac, Mézères, Rosières, Saint-Vincent, la Voûte.

XII. *Canton de Saint-Julien-Chapteuil* (6 municipalités). — Lantriac, Montusclat, Saint-Étienne-Lardeyrol, Saint-Hostien, Saint-Julien-Chapteuil, Saint-Pierre-Eynac.

XIII. *Canton de Saint-Paulien* (5 municipalités). — Borne, Lissac, Saint-Geneix, Saint-Just, Saint-Paulien.

XIV. *Canton de Saint-Privat* (4 municipalités). — Alleyras, Saint-Didier-d'Allier, Saint-Privat, le Vernet.

XV. *Canton de Saugues* (14 municipalités). — Chanaleilles, Croisance, Cubelles, Esplantas, Grèzes, Monistrol-d'Allier, Saint-Christophe-d'Allier, Saint-Préjet-d'Allier, Saint-Vénérand, Saugues, Thoras, Vabres, Vazeilles, Venteuges.

XVI. *Canton de Solignac* (5 municipalités). — Bains, le Brignon, Cussac, Saint-Christophe, Solignac.

II. DISTRICT DE BRIOUDE.
(9 cantons.)

XVII. *Canton d'Auzon* (8 municipalités). — Agnat, Auzon, Azerat, la Brousse, Champagnac-le-Vieux et quartier de la Chaux, Chassignolles, Saint-Hilaire, Vézézoux.

XVIII. *Canton de Blesle* (8 municipalités). — Autrac, Blesle, Bousselargues, la Chapelle-Allagnon, Espalem et Lubilhac, Grenier et Montgon, Saint-Étienne-sur-Blesle, Torsiac.

XIX. *Canton de Brioude* (13 municipalités). — Beaumont, Brioude et quartier de Saint-Laurent, Cougeat, Javaugues, Lugeac, la Mothe et paroisse de Vialle, Paulhac, Saint-Beauzire, Saint-Ferréol-de-Cohade, Saint-Just, la Vaudieu, Vieille-Brioude.

XX. *Canton de la Chaise-Dieu* (17 municipalités). — Berbezit, Bonneval, la Chaise-Dieu, la Chapelle, la Chapelle-Bertin, Cistrières, Connangles, Félines, Jullianges, Laval, Malvières, Murs, Saint-Badel, Saint-Léger, Saint-Pal, Saint-Vert, Saint-Victor.

XXI. *Canton de Langeac* (18 municipalités). — La Besseyre-Saint-Mary, Chanteuges, Charraix, Chazelles, Croux, Desges, Ferrussac, Langeac, Mazerat, Nozerolles, Paulhac, Pébrac, Prades, Reilhac, Saint-Arcons, Sainte-Marie et Saint-Julien-des-Chazes, Tailhac.

XXII. *Canton de Lempdes* (10 municipalités). — Bournoncle, Chambezon, Frugères, Lempdes, Léotoing, Lorlange, la Roche, Sainte-Florine, Saint-Géron, Vergongheon.

XXIII. *Canton de Paulhaguet* (26 municipalités). — Aurouze, Auteyrac, Censac, Cerzat, Chassagnes, Chavagnac, la Chomette, Collat, Couteuges, Domeyrat, Fix-d'Auvergne, Flaghac, Frugières, Jozat, Mazerat, Montclar, Paulhaguet, Saint-Didier, Saint-Éble, Saint-Étienne-sur-Allègre, Saint-Georges-d'Aurac, Saint-Prejeix, Salzuit, Siaugues-Saint-Romain, Vals-le-Chastel, Vissac.

XXIV. *Canton de Saint-Ilpize* (5 municipalités). — Ally, Blassac, Mercœur, Saint-Ilpize, Saint-Privat.

XXV. *Canton de la Voûte* (9 municipalités). — Arlet, Aubazat, Chastel, Chilhac, Cronce, Peyrusse, Saint-Austremoine, Saint-Cirgues, la Voûte.

III. DISTRICT DES VILLES DE MONISTROL, YSSINGEAUX ET MONTFAUCON.

(7 cantons.)

XXVI. *Canton de Bas-en-Basset* (3 municipalités). — Bas-en-Basset, Tiranges, Valprivas.

XXVII. *Canton de Monistrol* (5 municipalités). — Bauzac, la Chapelle, Monistrol, Sainte-Sigolène, Saint-Maurice-de-Lignon.

XXVIII. *Canton de Montfaucon* (6 municipalités). — Dunières, Lapte, Montfaucon, Montregard, Riotord, Saint-Julien-Molhesabate.

XXIX. *Canton de Saint-Didier* (6 municipalités). — Aurec, Saint-Didier, Saint-Just, Saint-Pal-de-Mons, Saint-Romain-Lachalm, Saint-Victor.

XXX. *Canton de Saint-Pal-en-Chalencon* (4 municipalités). — Boisset, Saint-André, Saint-Pal-en-Chalencon, Solignac.

XXXI. *Canton de Tence* (6 municipalités). — Araules, le Chambon, Saint-Bonnet-le-Froid, Saint-Jeure-de-Bonas, Saint-Voy-de-Bonas, Tence.

XXXII. *Canton d'Yssingeaux* (6 municipalités). — Bessamorel, Glavenas, Grazac, Retournac, Saint-Julien, Yssingeaux.

REMANIEMENTS DU DÉPARTEMENT.

Malgré ses nombreuses imperfections résultant de l'inégalité des nouvelles circonscriptions cantonales et de la multiplicité des unités administratives, si nuisible à la marche des affaires, l'organisation du 27 janvier 1790 entra immédiatement en vigueur dans le département de la Haute-Loire. Le pouvoir central rejeta les demandes séparatistes des communes de Frugères-les-Mines, de Sainte-Florine et de Vergongheon, qui auraient voulu être rattachées au département du Puy-de-Dôme, et refusa de donner satisfaction à la ville de Pradelles, qui ne cessait de réclamer son incorporation à celui de la Lozère. Sur le rapport du député Cazes, la Constituante rectifia les limites des départements de Rhône-et-Loire et de la Haute-Loire et, par un décret du 8 mars 1792, attribua à ce dernier les communes limitrophes de Riotord et de Saint-Ferréol-d'Auroure.

La loi organique du 17 février 1800, instituant les préfectures et arrondissements, n'apporta aucune modification à cette situation; mais, pour se conformer aux prescriptions légales du 29 janvier 1801, prescrivant de réduire le nombre des justices de paix, un décret des consuls, du 28 octobre 1801, créa deux cantons au Puy et un à Pinols et supprima ceux de Lempdes, de Roche-en-Régnier, de Rosières, de Saint-Pal-de-Chalencon, de Saint-Privat-d'Allier et de la Voûte-Chilhac. En vertu d'un autre décret du 30 janvier 1802, le siège de la justice de paix de Saint-Ilpize fut transféré à la Voûte-Chilhac.

Dès son entrée en fonctions, le conseil général de la Haute-Loire formula de nombreuses plaintes contre la délimitation du département et exprima des vœux réitérés pour obtenir la réduction du nombre des communes, en réunissant les petites aux grandes. Les doléances de cette assemblée n'aboutirent qu'à de très rares remaniements dans les circonscriptions communales, qui ne modifièrent pas sensiblement le cadre géographique et administratif de 1790. Voici le tableau de la composition actuelle des trois arrondissements, des vingt-huit cantons et des deux cent soixante-cinq communes du département de la Haute-Loire, avec le chiffre de leur population d'après le recensement de 1906.

I. ARRONDISSEMENT DU PUY.

(14 cantons, 115 communes, 147,103 habitants.)

1° CANTON D'ALLÈGRE.

(7 communes, 7,756 habitants.)

Allègre, Bellevue-la-Montagne, Céaux-d'Allègre, Fix-Saint-Geneys, Monlet, Varennes-Saint-Honorat, Vernassal.

2° CANTON DE CAYRES.

(7 communes, 5,387 habitants.)

Alleyras, Cayres, le Bouchet-Saint-Nicolas, Ouïdes, Saint-Didier-d'Allier, Saint-Jean-Lachalm, Séneujols.

3° CANTON DE CRAPONNE-SUR-ARZON.

(6 communes, 8,363 habitants.)

Beaune, Chomelix, Craponne-sur-Arzon, Saint-Georges-Lagricol, Saint-Jean-d'Aubrigoux, Saint-Julien-d'Ance.

4° CANTON DE FAY-LE-FROID.

(6 communes, 7,536 habitants.)

Champclause, Chaudeyrolles, Fay-le-Froid, les Estables, Saint-Front, les Vastres.

5° Canton de Loudes.
(9 communes, 8,115 habitants.)

Chaspuzac, Loudes, Saint-Jean-de-Nay, Saint-Privat-d'Allier, Saint-Vidal, Sanssac-l'Église, Vazeilles-Limandre, Vergezac, le Vernet.

6° Canton du Monastier.
(11 communes, 13,330 habitants.)

Alleyrac, Chadron, Freycenet-Lacuche, Freycenet-la-Tour, Goudet, Laussonne, le Monastier, Moudeyres, Présailles, Saint-Martin-de-Fugères, Salettes.

7° Canton de Pradelles.
(12 communes, 11,077 habitants.)

Arlempdes, Barges, la Farre, Landos, Pradelles, Rauret, Saint-Arcons-de-Barges, Saint-Étienne-du-Vigan, Saint-Haon, Saint-Paul-de-Tartas, la Sauvetat, Vielprat.

8° Canton du Puy Nord-Ouest.
(9 communes, 18,976 habitants.)

Aiguilhe, Ceyssac, Chadrac, Espaly-Saint-Marcel, Malrevers, le Monteil, Polignac, le Puy (en partie), Saint-Quintin-Chaspinhac.

9° Canton du Puy Sud-Est.
(8 communes, 19,601 habitants.)

Blavozy, Brives-Charensac, Coubon, Ours-Mons, le Puy (en partie), Saint-Germain-Laprade, Taulhac, Vals-près-le-Puy.

10° Canton de Saint-Julien-Chapteuil.
(8 communes, 11,439 habitants.)

Lantriac, Montusclat, Queyrières, le Pertuis, Saint-Étienne-Lardeyrol, Saint-Hostien, Saint-Julien-Chapteuil, Saint-Pierre-Eynac.

11° Canton de Saint-Paulien.
(7 communes, 6,734 habitants.)

Blanzac, Borne, Lissac, Saint-Geneys-près-Saint-Paulien, Saint-Paulien, Saint-Vincent, la Voûte-sur-Loire.

12° Canton de Saugues.

(14 communes, 11,658 habitants.)

Chanaleilles, Croisance, Cubelles, Esplantas, Grèzes, Monistrol-d'Allier, Saint-Christophe-d'Allier, Saint-Préjet-d'Allier, Saint-Vénérand, Saugues, Thoras, Vabres, Vazeilles-près-Saugues, Venteuges.

13° Canton de Solignac-sur-Loire.

(5 communes, 6,705 habitants.)

Bains, le Brignon, Cussac, Saint-Christophe-sur-Dolaison, Solignac-sur-Loire.

14° Canton de Vorey.

(7 communes, 10,426 habitants.)

Beaulieu, Chamalières, Mézères, Roche-en-Régnier, Rosières, Saint-Pierre-Duchamp, Vorey.

II. ARRONDISSEMENT DE BRIOUDE.

(8 cantons, 107 communes, 73,369 habitants.)

15° Canton d'Auzon.

(12 communes, 12,422 habitants.)

Agnat, Auzon, Azerat, Champagnac, Chassignolles, Frugères-les-Mines, Lempdes, Sainte-Florine, Saint-Hilaire, Saint-Vert, Vergongheon, Vézézoux.

16° Canton de Blesle.

(10 communes, 4,501 habitants.)

Autrac, Blesle, Chambezon, Espalem, Grenier-Montgon, Léotoing, Lorlange, Lubilhac, Saint-Étienne-sur-Blesle, Torsiac.

17° Canton de Brioude.

(15 communes, 13,129 habitants.)

Beaumont, Bournoncle-la-Roche, Brioude, Chaniat, Cohade, Fontannes, Javaugues, la Mothe, Paulhac, Saint-Beauzire, Saint-Géron, Saint-Just-près-Brioude, Saint-Laurent-Chabreuges, la Vaudieu, Vieille-Brioude.

18° CANTON DE LA CHAISE-DIEU.
(13 communes, 8,903 habitants.)

Berbezit, Bonneval, la Chaise-Dieu, la Chapelle-Geneste, Cistrières, Connangles, Félines, Jullianges, Laval, Malvières, Saint-Pal-de-Murs, Saint-Victor-sur-Arlanc, Sembadel.

19° CANTON DE LANGEAC.
(15 communes, 13,558 habitants.)

Auteyrac, Chanteuges, Charraix, Langeac, Mazeyrat-Crispinhac, Pébrac, Prades, Reilhac, Saint-Arcons-d'Allier, Saint-Berain, Saint-Éble, Sainte-Marie-des-Chazes, Saint-Julien-des-Chazes, Siaugues-Saint-Romain, Vissac.

20° CANTON DE PAULHAGUET.
(20 communes, 9,932 habitants.)

La Chapelle-Bertin, Chassagnes, Chavagnac-Lafayette, la Chomette, Collat, Couteuges, Domeyrat, Frugières-le-Pin, Jax, Josat, Mazerat-Aurouze, Montclard, Paulhaguet, Saint-Didier-sur-Doulon, Sainte-Eugénie-de-Villeneuve, Saint-Étienne-près-Allègre, Saint-Georges-d'Aurac, Saint-Préjet-Armandon, Salzuit, Vals-le-Chastel.

21° CANTON DE PINOLS.
(9 communes, 4,134 habitants.)

Auvers, la Besseyre-Saint-Mary, Chastel, Chazelles, Cronce, Desges, Ferrussac, Pinols, Tailhac.

22° CANTON DE LA VOÛTE-CHILHAC.
(13 communes, 6,790 habitants.)

Ally, Arlet, Aubazac, Blassac, Cerzat, Chilhac, Mercœur, Saint-Austremoine, Saint-Cirgues, Saint-Ilpize, Saint-Privat-du-Dragon, Villeneuve-d'Allier, la Voûte-Chilhac.

III. ARRONDISSEMENT D'YSSINGEAUX.
(6 cantons, 43 communes, 94,298 habitants.)

23° CANTON DE BAS.
(8 communes, 11,142 habitants.)

Bas, Boisset, Malvalette, Saint-André-de-Chalencon, Saint-Pal-de-Chalencon, Solignac-sous-Roche, Tiranges, Valprivas.

24° Canton de Monistrol-sur-Loire.

(6 communes, 16,522 habitants.)

Bauzac, la Chapelle-d'Aurec, Monistrol-sur-Loire, Sainte-Sigolène, Saint-Maurice-de-Lignon, les Villettes.

25° Canton de Montfaucon.

(7 communes, 12,048 habitants.)

Dunières, Montfaucon, Montregard, Raucoules, Riotord, Saint-Bonnet-le-Froid, Saint-Julien-Molhesabate.

26° Canton de Saint-Didier-la-Séauve.

(8 communes, 19,149 habitants.)

Aurec, Pont-Salomon, Saint-Didier-la-Séauve, Saint-Ferréol-d'Auroure, Saint-Just-Malmont, Saint-Pal-de-Mons, Saint-Romain-Lachalm, Saint-Victor-Malescours.

27° Canton de Tence.

(6 communes, 14,559 habitants.)

Le Chambon, Chénéreilles, le Mas-de-Tence, le Mazet-Saint-Voy, Saint-Jeure, Tence.

28° Canton d'Yssingeaux.

(8 communes, 20,878 habitants.)

Araules, Beaux, Bessamorel, Grazac, Lapte, Retournac, Saint-Julien-du-Pinet, Yssingeaux.

LISTE ALPHABÉTIQUE

DES PRINCIPALES SOURCES

OÙ L'ON A PUISÉ LES RENSEIGNEMENTS CONTENUS DANS CE DICTIONNAIRE.

I. — MANUSCRITS.

Alleyras. — Titres de ce prieuré : archives de la Haute-Loire.

Archives nationales. — Les documents consultés appartiennent principalement aux séries J., JJ., M., P., Q., R., X.

Armorial d'Auvergne, Bourbonnais et Forez : Bibliothèque nationale, ms. fr., 22,297.

Augustines de Vals. — Titres de ce prieuré : archives de la Haute-Loire.

Aveux et hommages du comté de Forez : Archives nationales, P. 490-494.

Aveux et hommages transmis par les trésoriers de France de Riom : Archives nationales, P. 499.

Bénédictines de Vorey. — Titres de ce prieuré : archives de la Haute-Loire.

Cadastre de Bellecombe : cabinet de feu M. le docteur Charreyre, à Yssingeaux.

Cadastre de Bonnefont : cabinet de feu M. G. Giron, au Puy.

Cadastre de la baronnie de Queyrières : cabinet de feu M. le docteur Charreyre, à Yssingeaux.

Cadastre de la vicomté de Polignac : archives de feu M. Eyraud-Reynier, au Puy.

Cadastre de Mercœur : communication de feu M. H. Vinay, au Puy.

Cadastre de Villeneuve-Corsac : cabinet de feu M. H. Vinay, au Puy.

Cadastre du bas mandement de Chapteuil : archives municipales de Saint-Julien-Chapteuil.

Cadastres du mandement de Bonnas : archives de la Haute-Loire et cabinet de feu M. le docteur Charreyre, à Yssingeaux.

Cadastre du mandement de Bouzols : cabinet de feu M. H. Vinay, au Puy.

Cadastre du mandement de Chalencon : cabinet de M. Paul Le Blanc, à Brioude.

Cadastre du mandement de Fay-la-Triouleyre : cabinet de feu M. H. Vinay, au Puy.

Cadastre du mandement de Freycenet-Latour : archives de feu M. F. Experton, au Monastier.

Cadastre du mandement de Glavenas : cabinet de feu M. le docteur Charreyre, à Yssingeaux.

Cadastre du mandement de Laval-Emblavés : archives de feu M. Arnaud, à Saint-Vincent.

Cadastre du mandement de Lignon : cabinet de feu M. le docteur Charreyre, à Yssingeaux.

Cadastre du mandement de Saussac : cabinet de feu M. le docteur Charreyre, à Yssingeaux.

Cartulaire d'Ainay : bibliothèque publique de la ville de Lyon.

Cartulaire de l'abbaye de Mazan : archives de l'Ardèche.

Cartulaire du chapitre de Saint-Julien de Brioude : Bibliothèque nationale, ms. lat., 17078.

Cartulaire du prieuré d'Azerat, copie : archives de la Haute-Loire.

Cartulaire du prieuré de Saint-Martin-de-Tence : archives du Rhône.

Censier général de l'évêché du Puy : archives de la Haute-Loire.

Chaise-Dieu (La). — Titres de cette abbaye : archives de la Haute-Loire et Archives nationales, S. 3297-3302.

Chamalières. — Titres de ce prieuré : archives de la Haute-Loire.

Chapitre de l'église cathédrale du Puy. — Titres : archives de la Haute-Loire.

Chartreuse de Bonnefoy. — Titres : archives de la Haute-Loire.

Chartreuse de Brives. — Titres : archives de la Haute-Loire.

Chartrier de Chamblas : archives de M. A. Lacombe-Tharin, au Puy.

Chartrier de Cumignac : archives de M. le marquis du Crozet.

Chartrier du Thiolent : archives de M. le baron O. de Veyrac, au Puy.

Chazes (Les). — Titres de cette abbaye : archives de la Haute-Loire.

Compois de Chambonnet : cabinet de feu M. le docteur Charreyre, à Yssingeaux.

Compois de la ville du Puy : archives municipales du Puy.

Compois de Villeneuve-de-Corsac : cabinet de feu M. H. Vinay, au Puy.

Compte de Bernard Lobeyrac : archives de feu M. Eyraud-Reynier, au Puy.

Compte de Bertrand Flotenc, de Brioude : archives municipales de Riom.

Compte du fouage des prévôtés de la basse-Auvergne : cabinet de M. F. Boyer, à Volvic.

Cordeliers du Puy. — Titres de ce couvent : archives de la Haute-Loire.

Département des décimes de 1516 : Archives nationales, G⁸⁸ 1 et 2.

Doüe. — Titres de cette abbaye : archives de la Haute-Loire.

Estime générale d'Yssingeaux : cabinet de feu M. le docteur Charreyre, à Yssingeaux.

Evêché du Puy. — Titres : archives de la Haute-Loire.

Fois et hommages rendus dans la généralité de Riom : Archives nationales, P. 499 à P. 503².

Greffe de Saint-Ilpize : Archives nationales, Z². 4142-4151.

Hommages de la seigneurie de Solignac : cabinet de feu M. le marquis de Polignac, à Kerbastic.

Hôpital Notre-Dame, du Puy. — Titres : Hôtel-Dieu du Puy.

Insinuations du bailliage du Velay, par A. Boyer : archives de la Haute-Loire.

Inventaire des archives de Bouzols : Archives nationales, P. 1856.

Inventaire des archives de la seigneurie de Vals-le-Chastel : cabinet de M. J. Lachenal, à Brioude.

Inventaire des titres de la seigneurie de Mercœur : Archives nationales, O. 21050, nunc R¹.* 1143.

Inventaire des titres de la seigneurie de Pradelles : Archives nationales, P. 1446.

Inventaire des titres de la seigneurie du Villard : Archives nationales, P. 1860.

Jacobins du Puy. — Titres de ce couvent : archives de la Haute-Loire.

Jésuites du Puy. — Titres de ce collège : archives de la Haute-Loire.

Léotoing. — Titres de cette seigneurie : Archives nationales O. 20956, nunc R¹. 1045.

Liève de la rente de Foussier : cabinet de feu M. le docteur Charreyre, à Yssingeaux.

Liève de la seigneurie de Rilhac : cabinet de M. J. Lachenal, à Brioude.

Liève d'Espalem : cabinet de M. J. Lachenal, à Brioude.

Minutes Aleil (Vincent) : archives de feu M. le marquis de Boysseulh, à Poinsac.

Minutes Audré : cabinet de M. A. Giron, à Paris.

Minutes Arcis : archives de la Haute-Loire.

Minutes Barret : archives de la Haute-Loire.

Minutes Beysseyre (Antoine) : minutes de Mᵉ Tixier, notaire [à Saugues.

Minutes Boyer (Antoine) : archives de la Haute-Loire.

Minutes Boyer (Jacques) : archives de la Haute-Loire.

Minutes Brunel (Antoine) : archives de la Haute-Loire.

Minutes Chalvon (Jacques) : archives de M. Million, avocat au Puy.

Minutes Chappon : cabinet de M. C. Falcon, à Espaly-Saint-Marcel.

Minutes Chauvin (Vital) : archives de la Haute-Loire.

Minutes Costavol : archives de la Haute-Loire.

Minutes Demans (Charles) : archives de la Haute-Loire.

Minutes Dolezon (Jacques) : archives de la Haute-Loire.

Minutes Dompnin : archives de la Haute-Loire.

Minutes Duclaux : archives de la Haute-Loire.

Minutes Girard (Blaise) : archives de la Haute-Loire.

Minutes Guérin (Jean) : cabinet de feu M. H. Vinay, au Puy.

Minutes Guèze : archives de la Loire.

Minutes Lestang (Henri de) : Archives nationales, ZZ. 359.

Minutes Lestrade : Bibliothèque nationale, ms. lat., nouv. acq., n°ˢ 1222-1224.

Minutes Maltrait (Jean) : archives de la Haute-Loire.

Minutes Maurin (Guillaume) : archives de la Haute-Loire.

Minutes Maurin (Raphaël) : archives de l'Hôtel-Dieu du Puy.

Minutes Pelisse : archives de la Haute-Loire.

Minutes Peyre (Jean de) : archives de la Haute-Loire.

Minutes Peyret (Claude) : minutes de Mᵉ Tixier, notaire à Saugues.

Minutes Pradier (Pierre) : archives de la Haute-Loire.

Minutes Richon : archives de la Haute-Loire.

Minutes Rivière : archives de la Loire.

Minutes Robert (Antoine) : archives de la Haute-Loire.

Minutes Sobrier (Artaud) : archives de la Haute-Loire.

Monastier Saint-Chaffre. — Titres de cette abbaye : archives de la Haute-Loire.

Montregard. — Titres de ce prieuré : archives de la Haute-Loire.

Obituaires de Bas et de Bauzac : archives de feu M. le vicaire général Urbe, au Puy.

Obituaire de Brioude : cabinet de M. Paul Le Blanc, à Brioude.

Obituaire de Mazerat-Aurouze : archives de la Haute-Loire.

Plumitif de la cour de Bouzols : archives de la Haute-Loire.

Plumitif de la cour de l'évêque du Puy : archives de la Haute-Loire.

Poésies des troubadours : Bibliothèque nationale, ms. fr., 854.

Polignac. — Titres de ce prieuré : archives de la Haute-Loire.

Registres des enquêtes de la cour de Bessamorel : archives du Rhône.

Registre du greffe d'Arlet : Archives nationales, Z² 54-58.

Registres paroissiaux de Beaune : archives de la commune.

Registres paroissiaux de Chaudeyrolles : archives de la commune.

Registres paroissiaux de Mercœur : archives de la commune.

Registres paroissiaux de Mézères : archives de la commune.

Registres paroissiaux de Monistrol-sur-Loire : greffe du tribunal civil du Puy.

Registres paroissiaux de Pradelles : archives de la commune.

Registres paroissiaux de Saint-Clément : archives communales de Pradelles.

Registres paroissiaux des Estables : archives de la commune.

Registres paroissiaux des Vastres : archives de la commune.

Registres paroissiaux de Tence : greffe du tribunal civil du Puy.

Roche-en-Régnier. — Titres de cette baronnie : Archives nationales, P. 1360² à P. 1402¹.

Rôles de la capitation : archives de la Haute-Loire.

Saint-Agrève du Puy. — Titres de cette église collégiale : archives de la Haute-Loire.

Saint-Georges de Saint-Paulien. — Titres de cette église collégiale : archives de la Haute-Loire.

Saint-Georges du Puy. — Titres de cette église collégiale : archives de la Haute-Loire.

Saint-Pierre-la-Tour du Puy. — Titres de cette abbaye : archives de la Haute-Loire.

Saint-Pierre-le-Monastier du Puy. — Titres de ce prieuré : archives de la Haute-Loire.

Saint-Vosy du Puy. — Titres de cette église collégiale : archives de la Haute-Loire.

Terrier de Chazaux : cabinet de feu M. le docteur Charreyre, à Yssingeaux.

Terrier de Chomelix-le-Haut : cabinet de feu M. C. Rocher, avocat au Puy.

Terrier de Digons : cabinet de M. Paul Le Blanc, à Brioude.

Terriers de Grazac : cabinet de feu M. le docteur Charreyre, à Yssingeaux.

Terrier de Jean de Coubladour : cabinet de feu M. H. Vinay, au Puy.

Terrier de Jean Durianne : archives de la Haute-Loire.

Terrier de la baronnie d'Agrain : archives de la Haute-Loire.

Terrier de la chapelle de Notre-Dame de Chalencon à Chamalières : archives de la Loire.

Terriers de la commanderie de Bessamorel : cabinet de feu M. le

docteur Charreyre, à Yssingeaux, et archives du Rhône.

Terrier de la commanderie de Charbonnier : cabinet de feu M. A. Vernière, à Ménétrol.

Terriers de la commanderie de Devesset : archives du Rhône.

Terriers de la rente de Chaïlhans, copie : cabinet de feu M. le docteur Charreyre, à Yssingeaux.

Terrier de la Roche[-sur-Conbon] : cabinet de feu M. le docteur Charreyre, à Yssingeaux.

Terrier de la seigneurie de Blesle : cabinet de M. Paul Le Blanc, à Brioude.

Terrier de la seigneurie de Meyronne : archives de M. Tixier, notaire à Saugues.

Terrier de la seigneurie de Montregard : archives de la Haute-Loire.

Terrier de la seigneurie de Saint-Didier : archives de la Haute-Loire.

Terriers de la seigneurie de Vals-le-Chastel : cabinet de M. Paul Le Blanc, à Brioude.

Terrier de la seigneurie de Verchères : cabinet de feu M. le docteur Charreyre, à Yssingeaux.

Terrier de la vicairie de Saint-Nicolas de l'église de Saint-Quintin : cabinet de feu M. H. Vinay, au Puy.

Terrier de la vicomté de Polignac : archives de la Drôme.

Terrier de Pébulit : archives du Rhône.

Terrier de Piassac : cabinet de M. Paul Le Blanc, à Brioude.

Terrier de Pierre de Licques : archives de M. Roche des Breux, au Puy.

Terrier de Pierre du Bois : archives de Mᵐᵉ la marquise de Châteauneuf-Randon.

Terrier de Pons de Céaux : archives de la Haute-Loire.

Terrier de Pons Ravoux : archives de la Haute-Loire.

Terrier de Roche-en-Régnier : archives du Rhône.

Terrier des Bordes : archives de feu

M. le comte de Choumouroux, à Yssingeaux.

Terrier des Grèzes : cabinet de M. J. Lachenal, à Brioude.

Terriers des mandements de Fraysse-Bas et de Loucéa : archives de la Haute-Loire.

Terrier des reconnaissances féodales au profit des seigneurs pariers de Saint-Just-Malmont : archives de la Haute-Loire.

Terrier de Vertamise : cabinet de feu M. le docteur Charreyre, à Yssingeaux.

Terrier de Volhac : archives de la Haute-Loire.

Terrier du Chambou de Blau : cabinet de M. J. Lachenal, à Brioude.

Terrier du chapitre de Saint-Gal de Langeac : Archives nationales, Q¹* 513.

Terrier du doyenné de Brioude : archives de la commune.

Terriers du fordoyenné de Brioude : archives de la commune.

Terrier du mandement de Saussac : cabinet de feu M. le docteur Charreyre, à Yssingeaux.

Terrier du mandement du Monastier : archives de la commune.

Terrier du prieuré de la Vaudieu : cabinet de M. J. Lachenal, à Brioude.

Terrier du prieuré de Prades : cabinet de M. Paul Le Blanc, à Brioude.

Terrier du prieuré de Saint-Blaise de Gensac : archives de la Haute-Loire.

Terrier du prieuré de Saint-Julien-de-Châteauneuf en Boutière : cabinet de feu M. le docteur Charreyre, à Yssingeaux.

Terriers du prieuré de Solignac-sur-Loire : archives de la Haute-Loire.

Titres de Saint-Vidal : archives de la Haute-Loire.

Université Saint-Mayol du Puy. — — Titres : archives de la Haute-Loire.

II. — Imprimés.

Acta sanctorum. Voir Bolland.

Almanach de la ville de Lyon pour l'année 1767. Lyon, 1767, in-8°,

2ᵉ partie, état par ordre alphabétique des provinces de Lyonnois, Forez et Beaujolois.

Baluze. Histoire généalogique de la maison d'Auvergne, 1708, 2 vol. in-fol.

Bernard (A.) et Bruel (A.). *Recueil des chartes de l'abbaye de Cluny*, 1876-1906, 6 vol. in-4°.

Bertrand-Roux. *Description géognostique des environs du Puy-en-Velay*, 1823, in-8°.

Bolland, etc. *Acta sanctorum*, recueil hagiographique dont le premier volume a été publié en 1643, in-fol.

Bouquet (Dom). *Recueil des historiens des Gaules et de la France*, dont le premier volume a paru en 1738, in-fol.

Boyer (Dom Jacques). *Journal de voyage*, publié par M. A. Vernière. 1886, in-8°.

Bruel (A.). *Pouillés des diocèses de Clermont et de Saint-Flour*, publiés dans le tome IV des *Mélanges historiques*, 1882, in-4°.

Calendrier d'Auvergne curieux et utile pour l'an de grâce 1762, in-8°.

Carte administrative du département de la Haute-Loire, dressée par le service des Ponts et Chaussées, 1879-1888, in-fol.

Cartulaire de Brioude. Voir Doniol (H.).

Cartulaire de Chamalières-sur-Loire en Velay. Voir Chassaing (A.) et Jacotin (A.).

Cartulaire de l'abbaye de Saint-Chaffre-du-Monastier. Voir Chevalier (U.).

Cartulaire de Saint-Sauveur-en-Rüe. Voir Charpin-Feugerolles (comte de) et Guigue.

Cartulaire de Sauxillanges. Voir Doniol (H.).

Cartulaire des Hospitaliers du Velay. Voir Chassaing (A.).

Cartulaire des Templiers du Puy-en-Velay. Voir Chassaing (A.).

Cartularium Piperacensis monasterii. Voir Payrard (l'abbé).

Cassini. *Carte de France*, 1744-1788, in-fol.

Charpin-Feugerolles (comte de) et Guigue. *Cartulaire de Saint-Sauveur-en-Rüe*, 1881, in-4°.

Chassaing (A.). *Cartulaire des Hospitaliers du Velay*, 1888, in-8°.

— *Cartulaire des Templiers du Puy-en-Velay*, 1882, in-8°.

— *Spicilegium brivatense*, 1886, in-4°.

Chassaing (A.) et Jacotin (A.). *Cartulaire de Chamalières-sur-Loire en Velay*, 1895, in-8°.

Chevalier (U.). *Cartulaire de l'abbaye de Saint-Chaffre du Monastier*, 1884, in-8°.

Chroniques d'Étienne Médicis, bourgeois du Puy, publiées par M. A. Chassaing, 1869-1874 2 vol. in-4°.

Coustumes du hault et bas pays d'Auvergne, 1511, in-8°.

Deribier. *Dictionnaire topographique de la Haute-Loire*, 1820, in-8°.

Devic (Dom) et Vaissette (Dom). *Histoire générale de Languedoc;* édition Privat, 1872-1892, 15 vol. in-4°.

Dictionnaire des lieux habités du département de la Haute-Loire. Voir Malégue (H.).

Dictionnaire topographique de la Haute-Loire. Voir Deribier.

Doniol (H.). *Cartulaire de Brioude*, 1863, in-4°.

— *Cartulaire de Sauxillanges*, 1864, in-4°.

Éléments de statistique générale du département de la Haute-Loire. Voir Malégue (H.).

État-Major. *Carte de France.*

Gallia christiana, t. II, 1715, in-fol.

Grégoire de Tours. *Historia Francorum.*

Juenin. *Nouvelle histoire de l'abbaie royale et collégiale de Saint Filibert et de la ville de Tournus*, 1733, in-4°.

Lascombe (A.). *Répertoire général des hommages de l'évêché du Puy*, 1882, in-8°.

Lecoq (Henri). *Époques géologiques de l'Auvergne*, 1867, 5 vol. in-8°.

Mabillon. *Annales ordinis S. Benedicti*, 1703-1739, 6 vol. in-fol.

Malégue (H.). *Dictionnaire des lieux habités du département de la Haute-Loire*, 2° édit., 1888, in-8°.

— *Éléments de statistique générale du département de la Haute-Loire*, 1872, in-8°.

Mangon de la Lande. *Essais historiques sur les antiquités du département de la Haute-Loire*, 1826, in-8°.

Marrier (Martin) et Duchesne (André). *Bibliotheca cluniacensis*, 1614, in-fol.

Mémoires d'Antoine Jacmon, bourgeois du Puy, publiés par M. A. Chassaing, 1885, in-4°.

Mémoires de Jean Burel, bourgeois du Puy, publiés par M. A. Chassaing, 1875, in-4°.

Notitia provinciarum et civitatum Galliæ, édition Guérard.

Papire Masson. *Descriptio fluminum Galliæ quæ Francia est*, 1618, in-8°.

Payrard (L'abbé). *Cartularium sive terrarium Piperacensis monasterii*, 1875, in-8°.

Pouillés des diocèses de Clermont et de Saint-Flour. Voir Bruel (A.).

Saugrain. *Nouveau dénombrement du royaume*, 1735, in-4°.

Spicilegium brivatense. Voir Chassaing (A.).

Tablettes historiques de la Haute-Loire, 1870-1871, in-8°.

Tablettes historiques du Velay, 1872-1878, 7 vol. in-8°.

Valois (Adrien de). *Notitia Galliarum*, 1675, in-fol.

Vernière (A.). Voir Boyer (Dom Jacques).

EXPLICATION

DES

ABRÉVIATIONS EMPLOYÉES DANS LE DICTIONNAIRE.

---

a. acq.	acquisitions.
adm.	administrative.
affl.	affluent.
anc.	ancien.
ann.	annuaire.
Arch. nat.	archives nationales.
arr. arrond.	arrondissement.
auj.	aujourd'hui.
bibl.	bibliothèque.
Bibl. nat.	bibliothèque nationale.
brev.	bréviaire.
Briv.	Brivatensis.
c.	cote ou carton.
camp.	campagne.
cart.	cartulaire.
cat.	catalogue.
ch.	charte.
chap.	chapelle.
chât.	château.
chr.	christiana.
chron.	chronique.
civ.	civil.
c^{ne}	commune.
col.	colonne.
coll.	collection.
$comm^{ie}$	commanderie.
c^{on}	canton.
coust.	coustume.
dét. détr.	détruit, détruite.
dict.	dictionnaire.
dioc.	diocèse.
éc.	écart.
éd.	édition.
ét.	état.
év.	évêché.
f.	ferme.
f^o	folio.
fr.	français.
Gall.	Gallia.
gén.	général.
géog.	géographie.
homm.	hommage.
h.	hameau.
hist.	histoire, historique.

hospit.	hospitaliers.
i.	isolé.
ibid.	*ibidem.*
id.	*idem.*
instr.	instrumenta.
l.	liasse, après une indication de fonds ; lieu, après un nom de lieu.
lat.	latin.
lay.	layette.
lib.	librum.
liv.	livre.
loc.	localité.
mérov.	mérovingien.
m^{in}	moulin.
monn.	monnaie.
mont.	montagne.
ms.	manuscrit.
n.	nouveau, nouvelle.
n^o	numéro.
not.	notitia.
n^{re}	notaire.
obit.	obituaire.
p.	page.
parl.	parlement.
plum.	plumitif.
rec.	recueil.
reg.	registre.
riv.	rivière.
r^o	recto.
ruiss.	ruisseau.
s.	siècle.
s^e	sainte.
spic.	spicilegium.
s^t	saint.
stat.	statistique.
t.	tome.
tabl.	tablettes.
terr.	terrier.
top.	topographie.
trés.	trésor.
tuil.	tuilerie.
v.	vers.
v^o	verso.
vill.	village.

DICTIONNAIRE TOPOGRAPHIQUE

DE

LA FRANCE.

DÉPARTEMENT

DE LA HAUTE-LOIRE.

A

ABATTOIR (L'), m. i., cne de Brioude.

ABRESSE (MOULIN-DE-L'), mᶦⁿ sur la Voirèze, cⁿᵉ de Blesle.

ABOULIN, h., cⁿᵉ de Saint-Christophe-d'Allier. — *Locus de Abolenco*, 1408 (prieuré d'Alleyras). — *Habolinc*, 1623 (Cl. Peyret, nʳˢ).

ABREUVOIRS (LES), h., cⁿᵉ d'Araules. — *Abreuvoir* (cad.).

ABRIAL, f., cⁿᵉ de Couteuges.

ABRIÈS-BAS, f., cⁿᵉ des Vastres. — *Mansus de Abrigiis Subteriortbus*, 1444 (év.). — *Habriès-Bas*, 1674 (ét. civ.).

ABRIÈS-HAUT, h., cⁿᵉ de Fay-le-Froid. — *Villa quæ dicitur Obrigas, in pago Vellaico, mansus de Abrigas*, v. 980 (cart. du Monastier, n° 168). — *Brias*, 1344 (Monastier-Saint-Chaffre). — *Mansus de Abrigiis Superioribus*, 1464 (Ardèche, C. 624). — *Abriges-Hautes*, 1517 (Soc. d'agric., XVIII, 523). — *Abrias*, 1624 (ét. civ.). — *Abriès-Haut*, XVIIIᵉ s. (Cassini).

ACHAT, h., cⁿᵉ d'Espalem. — *Villa Aciag*, XIᵉ s. (cart. de Brioude, ch. 79). — *Apchiat, Apchat*, v. 1730 (terr. d'Espalem). — *Achac*, XVIIIᵉ s. (Cassini).

ACHAUD, vill., cⁿᵉ d'Aubazac. — *Mansus de Champs*, 1460 (Bibl. nat., ms. lat., n. acq., 1222, f° 168 v°).

— *Chaulm, Chaulin*, 1613 (Mercurial). — *Achau*, 1625 (terrier du Chambon de Blau). - -*Lachaud*, 1880 (carte adm.).

ACHON, mont. et h., cⁿᵉ d'Yssingeaux. — *Le suc d'Apchon*, 1635 (terrier de Saussac).

ACHON (L'), ruiss., affl. du Bellecombe, à l'ouest d'Achon, cⁿᵉ d'Yssingeaux. — *Riu Apcho*, 1359 (Rhône, H. 2632).

ADIAC, chât. et vill., cⁿᵉ de Beaulieu. — *Adiac*, v. 1115 (cart. de Chamalières, n° 153). — *Grangia de Adiaco*, 1238 (Gall. christ., II, inst., c. 774). — *Adyacum*, 1342 (coll. César Falcon). — *Adiat*, 1534 (év.).

ADRET (L'), f., cⁿᵉ de Monistrol-d'Allier. — *Mansus dels Adreyts*, 1324 (chartrier du Thiolent).

AFFOULHOT, f., cⁿᵉ des Estables.

AGATS (LES), m. i., cⁿᵉ de Domeyrat.

AGES (LES), f., cⁿᵉ de Saint-Just-près-Brioude.

AGES-BAS (LES), h., cⁿᵉ de Monistrol-sur-Loire.

AGES-HAUTS (LES), h., cⁿᵉ de Monistrol-sur-Loire. — *Agii*, 1431 (év.). — *Aegii*, 1469 (Rivière, nʳˢ). — *Las Aghas*, 1507 (év.). — *Le domaine des Ages*, 1614 (Mᵐᵉ Leblanc, nʳˢ).

AGIER, l. détr., cⁿᵉ de Retournac. — 1736 (Haute-Loire, B. 49).

Agiers (Les), f., c^{ne} de Montusclat.

Agizoux, vill., c^{ne} de Solignac-sur-Loire. — *Agitzaus*, 1253 (Rhône, Chantoin, I, 3). — *Ajusos*, 1352 (prieuré de Solignac). — *Agisosc*, 1371 (*idem*). — *Agizos*, 1386 (homm. de Solignac). — *Adjuzos*, 1425 (Rhône, Saint-Jean-la-Chevalerie). — *Gizos*, 1431 (*idem*). — *Azuzos*, 1513 (J. Boyer, n^{re}). — *Agissous*, 1568 (Doleson, n^{re}). — *Aguzoux*, 1570 (Benoît, n^{re}). — *Agisoux*, 1586 (Sigaud, n^{re}).

Agnat, c^{on} d'Auzon. — *Agniac*, XIIIe s. (obit. de Br.). — *Aunhac*, 1300 (la Chaise-Dieu, Champagnac-le-Vieux). — *Aignac*, 1379 (compte de B. Flotenc). — *Agnhac*, *Annhanc*, XIVe s. (terr. des Grèzes). — *Augnhac*, 1401 (spic. Br.).

En 1789, Agnat faisait partie de la province d'Auvergne, de l'élection et subdélégation de Brioude et du présidial de Riom. Son église paroissiale, diocèse de Saint-Flour et archiprêtré de Brioude, était consacrée à saint Julien; le seigneur temporel présentait à la cure.

Mine de cuivre concédée le 29 nov. 1831.

Agnat (Moulin-d'), mⁱⁿ sur le Cros, c^{ne} d'Agnat.

Agnès (Ravin-des-), affl. de l'Ance, c^{ne} de Saint-Préjet-d'Allier. — *Ravin des Aymes* (cad.).

Agrain, f., c^{ne} de Moudeyres. — *Calma dicta Montes*, 1344 (Monastier). — *Le domaine d'Agrel* ou *Chamonteilz*, 1688 (Surrel, n^{re}). — *Agreilh*, 1695 (capitation).

Agrain, chât. et mⁱⁿ sur le Pain-Blanc, c^{ne} d'Ouïdes. — *Willelma d'Agren*, 1150 (hôtel-Dieu, B. 297). — *Castrum de Agran*, 1219 (Baluze, mais. d'Auv., II, 86). — *Castrum d'Agrein*, 1226 (*ibid.*, II, 87). — *Dominus de Agrenno sive Agrenio*, 1280 (la Chaise-Dieu, liasse Thoras). — *Castrum de Agreno*, 1327 (prieuré d'Alleyras). — *Castrum de Agrennio*, 1453 (J. Rocher, n^{re}). — *Agrain*, 1506 (Médicis, II, 303). — *Vicaria S. Petri in castro d'Augrein*, 1516 (Arch. nat., G^{3*}, 1, f° 446 v°). — *L'esglise ou chapele de S. Pierre d'Agrein*, 1545 (terrier d'Agrain).

Aguilac, l. détr., c^{ne} de Cubelles. — *Aguillac*, 1259 (Thiolent). — *Casalia de Agulha*, 1301 (*idem*). — *Les bois de l'Agulha*, 1564 (*idem*).

Aguinet, lieu détr., près Chau, c^{ne} de Vorey. — *Aguirellus*, 1172 (cart. de Chamalières, n° 162). — *Mansus d'Agirel*, 1311 (Arch. nat., P. 1399[1], c. 783). — *Mansus de Aguirello*, 1340 (Arch. nat., P. 1397[2], c. 590). — *Aguiret*, 1490 (*idem*, c. 583).

Aiglet, f., c^{ne} de Saint-Front. — *Aiglet*, *Aiglinet*, *Aygluet*, 1344 (Monastier). — *Eyglet*, 1695 (capitation). — *Eygles*, 1888 (Malègue).

Aiglet, rocher, c^{ne} de Saint-Front. — *Lo puey d'Ayglet*, *succus d'Aygluet*, *puey d'Eygluet*, 1344 (Monastier-Saint-Chaffre). — *Le ranc las Ayglos ou Aygles*, 1646 (cad. de Bonnefont).

Aiguelle (L'), affl. du Lembron, c^{ne} de Saint-Julien-d'Ance. — *La Vacheresse* (cad.).

Aigue-Morte (L'), affl. de l'Arzon, c^{nes} de Beaune et de Chomelix.

Aigues (Les), h., c^{ne} d'Yssingeaux.

Aigue-Salade (L'), m. i., c^{ne} de Saint-Julien-Chapteuil. — *L'Aigue-Sallade*, 1685 (cad. de Chapteuil-Bas).

Aiguilhe, c^{on} nord-ouest du Puy. — *Aculea*, 1175 (hosp. du Velay). — *Hospitale S. Nicholai de Aculea*, 1212 (hôtel-Dieu, B. 608). — *Acuillia*, 1226 (*ibid.*, B. 131). — *Agulia*, 1227 (*ibid.*, B. 134). — *Eccl. S. Nycholay apud Acculeam*, 1267 (*ibid.*, B. 612). — *Agulea*, 1285 (év.). — *Agulla*, 1298 (*ibid.*, B. 353). — *Castrum de Acu*, 1309 (Arch. nat., P. 1394[2], cote 110). — *L'Aguille*, 1394 (Arch. nat., X^{2A} 12, f° 233). — *Aguilhe*, 1506 (Médicis, II, 299). — *Agulhie*, 1524 (*idem*, I, 177). — *Agulhe lez le Puy*, 1598 (Galien, n^{re}). — *Eguille*, 1630 (La Velleyade, 61).

En 1789, Aiguilhe faisait partie de la province du Velay et de la subdélégation et sénéchaussée du Puy, et était un fief du chapitre cathédral de cette ville.

Aiguilhes, m. i., c^{ne} de Laussonne.

Aiguille-Saint-Michel, c^{ne} d'Aiguilhe. — Dyke volcanique surmonté d'une église construite en 965 et dédiée à saint Michel. — *Praealta silex quæ... Acus vocatur*, 962 (Gall. chr., II, 755). — *Rupes B. Michaelis sive Aculeæ*, 1409 (Saint-Mayol). — *Le rocher de Saint-Michel*, 1778 (Faujas de Saint-Fond).

Ailes du Mégal (Les), plateaux boisés, c^{ue} d'Araules. — *Nemus Alarum*, 1370 (év.). — *Nemus de Alis*, 1392 (év.). — *Codercum app. las Alas de Meygal*, 1451 (Pradier, n^{re}).

Ailhac, vill., c^{ne} de la Chomette. — *Alhac*, 1387 (Arch. nat., Z². 4144, p. 167). — *Aliac*, 1459 (Arch. nat., ZZ. 359, p. 14). — *Mansus d'Alhat*, 1463 (*idem*, p. 87). — *Ailhat*, 1612 (terrier de la Vaudieu). — *Alliat*, XVIIIe s. (Cassini).

Air (L'), vill., c^{ne} d'Auvers. — *Mansus de Lerm*, 1474 (Bibl. nat., lat., n. acq., 1224, f° 74). — *Lermum*, 1505 (Thiolent). — *Lern d'Auvers*, 1588 (terrier d'Auvers). — *L'Herm*, 1620 (Duclaux, n^{re}). — *Lher*, 1750 (terrier des Binières). — *Lair*, 1888 (carte adm.).

Air (L'), écart, c^{ne} de Bauzac. — *Ler*, 1780 (ét. civ.).

Air (L'), vill., c^{ne} de Boisset. — *Lerp*, 1293 (Arch. nat., P. 491[1], cote 13). — *Lerm*, 1419 (Loire, A. 89, f° 240). — *Lerpm*, 1420 (*idem*, f° 237 v°.) — *L'Air*, xviiie s. (Cassini). — *L'Herm*, 1820 (Deribier).

Air (L'), vill., c^{ne} de Ferrussac. — *Lerm*, 1349 (Arch. nat., Z². 54, p. 59). — *Lermp*, 1367 (*idem*, p. 182). — *Lermum*, 1502 (Arch. nat., Q. 513, f° 132). — *Lair-du-Cros*, xviiie s. (Cassini). — *Lair*, 1888 (carte adm.).

Air (L'), f., c^{ne} de Langeac. — *Lerm*, xve s. (Bibl. nat., fr., 22297, p. 177). — *Boria seu Metaria de l'Erm*, 1477 (Thiolent).

Air (L'), h., c^{ne} de Laval. — *Mansus de Lerm*, 1449 (terrier de Clavelier).

Air (L'), vill., c^{ne} de Pébrac. — *Lerm*, v. 1198 (cart. de Pébrac, n° 54). — *Mansus de Lerm*, 1461 (Bibl. nat., lat., n. acq., 1223, f° 3). — *Lerm-de-Pébrac*, 1560 (Thiolent).

Air (L'), f., c^{ne} de Saint-Étienne-près-Allègre. — *Lair*, 1888 (carte adm.).

Air (L'), ruiss., affl. de l'Ance, c^{nes} de Saint-Pal-de-Chalencon et de Saint-Julien-d'Ance.

Air (L'), vill., c^{ne} de Siaugues-Saint-Romain. — *Mansus de Lerm, par. de Selgue*, 1461 (Bibl. nat., lat., n. acq., 1222, f° 201 v°). — *Lerm-Jone*, 1568 (Arch. nat., Q. 513, f° 212).

Air (L'), m. i., c^{ne} d'Yssingeaux.

Alambre, mont., c^{ne} des Estables. — *Alambretum*, xie s. (cart. du Monastier, n° 28). — *Mons Alambra*, 1263 (Monastier-Saint-Chaffre). — *Nemus d'Alambre*, 1344 (*idem*). — *Alambra*, 1618 (Papire Masson, flum. Galliæ, 3). — *Lambre*, 1644 (Coulon, riv. de France, I, 245). — *L'Ambre*, 1778 (Faujas de Saint-Fond, 362).

Albes-Peyres, l. dét., c^{ne} de Saint-Pierre-Duchamp. — *Villa quam nominant Albas Petras in territorio de Malos Yvernatis*, v. 1037 (cart. de Chamalières, n° 213). — *Ad Albas Peiras*, 1213 (*id.*, n° 326).

Albine, h. et m^{in} sur l'Estantole, c^{ne} de Vézézoux.

Albosse, m. i., c^{ne} de Chadrac.

Alexis, f., c^{ne} de Freycenet-la-Tour.

Aleysson, h., c^{nes} de Saint-Jeure et de Tence. — *Aleysso*, 1507 (év.). — *Aleisson*, 1693 (ét. civ.).

Alibert, lieu dit, c^{ne} de Léotoing. — 1295 (spic. Briv.).

Alibert (Moulin-d'), m^{in} sur le Ram, c^{ne} de Beaulieu.

Alibert (Moulin-d'), m^{in} sur le Lavaux, c^{ne} de Retournac.

Alicot, lieu dit, c^{ne} de Langeac. — 1250 (spic. Briv.).

Aligier (Suc de l'), montic., c^{ne} des Estables. — *Al suc de Laligier*, 1263 (Monastier).

Alinhac-Bas, vill., c^{ne} d'Yssingeaux. — *Aliniac*, 1262 (év.). — *Lignac*, 1274 (homm. de l'év.). — *Alignac*, 1285 (*idem*). — *Alinhacum*, 1523 (est. gén. d'Yssingeaux). — *Linhiac, Alinhac*, 1600 (M^{ce}-Leblanc, n^{re}).

Alinhac-Haut, h., c^{ne} d'Yssingeaux.

Alixandras, l. dét., c^{ne} de Saugues. — *Mansus d'Alixandras*, 1327 (Lozère, G. 98).

Allagnon (L'), riv., prend naissance dans le département du Cantal, entre dans le département de la Haute-Loire par la commune de Grenier-Montgon, arrose les communes de Blesle, Torsiac, Léotoing et Chambezon et se jette dans l'Allier près de Lempdes. — *Ad Ellenionem*, 823 (cart. de Conques, n° 460). — *Aqua d'Alanho*, 1288 (Arch. nat., P. 1376[1], c. 2631). — *La ribeyra d'Alanhyo*, 1341 (terrier de Charbonnier, f° 143 v°). — *Ripperia d'Ailegnon*, 1372 (Arch. nat., P. 1376[1], c. 2633). — *Alanio*, 1618 (P. Masson, descr. flum. Galliæ, p. 37). — *Le Laignon*, 1644 (L. Coulon, riv. de France, 1re part., p. 265). — *Alagnon*, xviiie s. (Cassini).

Allagnon (Moulin-d'), m^{in}, c^{ne} de Sainte-Florine.

Allard, f., c^{ne} de Lempdes.

Allègre, arr. du Puy. — La ville et ses faubourgs s'appelaient Grazac et le château Allègre. — *In pago Vellaico, in vicaria de Vetula Civitate, in loco ubi vocabulum Grazaco*, 946 (cart. de Sauxillanges, ch. 431). — *Graziacum*, v. 1090 (la Chaise-Dieu, Usson). — *Grasac*, 1142 (cart. de Pébrac, ch. 77). — *Gradac*, 1144 (hôtel-Dieu, B. 125). — *Grasacum*, 1164 (Médicis, I, 76). — *Alegre*, v. 1217 (templiers du Puy). — *Fraternitas de S. Agracio apud Alegrium*, 1222 (Estiennot, fragm. hist. Aquit., IV, 169). — *Ecclesia de Grazat*, 1263 (Martène, thes. nov. anecd., I, 1118). — *Alegrium*, 1288 (hôtel-Dieu, B. 342). — *La paroisse d'Aleigre*, 1398 (compte de Berthon Sannadre). — *Allègre*, 1439 (Baluze, mais. d'Auv., II, 147). — *Allegrium*, 1484 (*id.*, II, 230). — *Le lieu de Grazat, faulxbourgs d'Alegre*, 1567 (J. Chalvon, n^{re}). — *Alaigre*, 1620 (Odo de Gissey, 118).

En 1789, Allègre dépendait de la province d'Auvergne, de l'élection et subdélégation de Brioude et du présidial de Riom. Son église paroissiale, diocèse du Puy et archiprêtré de Saint-

Paulien, était dédiée à saint Martin; l'évêque en était le collateur.

Dans le château, chapelles consacrées à saint Laurent et à saint Yves.

Allègre était qualifié de seconde baronnie d'Auvergne; les châtellenies de Chomelix-le-Haut, de Combret, des Ignes, de Saint-Just-près-Chomelix (Bellevue-la-Montagne) et de Villeneuve en dépendaient; érection en marquisat du 30 juillet 1576.

Péage supprimé par arrêt du Conseil du 26 octobre 1744.

Allègre (La Foraine-d'), c^ne supprimée par ord^ce du 1er septembre 1825 et réunie à celle d'Allègre.

Allemance, h., c^ne de Beaulieu. — *Allemence*, 1880 (carte adm.).

Allemance, vill., c^ne de Félines. — *Alamanciœ*, 1163 (cart. de Chamalières, n° 72). — *Alamansas*, 1275 (spic. Briv.). — *Alamanssiœ*, 1388 (la Chaise-Dieu, doyenné). — *Alamances*, 1583 (*idem*, Connangles). — *Allemansses*, 1669 (Arch. nat., P. 502, cote 109).

Allemances, h., c^ne de Chamalières. — *Alemances*, 1549 (Chamblas). — *Allamanses*, 1571 (Cl. Girard, n^re).

Allemancette, vill., c^ne de Félines. — *Alamansetas*, 1334 (la Chaise-Dieu, Jullianges). — *Allemanssites*, 1669 (Arch. nat., P. 502, cote 109).

Allemande (L'), coulée basaltique, à Pranlary, c^ne de Taulhac. — *Lo ranc de Prallavi*, 1341 (Saint-Agrève). — *Territorium de Lalamanda*, 1491 (Saint-Agrève).

Allentin, vill., c^ne de Vergezac. — *Alenten*, 1316 (Haute-Loire, E.). — *Alanten*, 1335 (J. de Peyre, n^re). — *Locus de Alantenio*, 1427 (Rhône, H. 2233 *bis*). — *Alantelh*, 1480 (Pelisse, n^re). — *Allantes*, 1534 (év.). — *Lanten*, 1535 (Chamblas). — *Alantel*, 1573 (A. Boyer, n^re). — *Alenteilh*, 1633 (Barret, n^re). — *Lantin*, 1851 (carte Giraud).

Alleret, chât. et f., c^ne de Saint-Privat-du-Dragon. — *In vicaria de Cantoiole, in villa Alareto*, 970 (cart. de Brioude, ch. 147). — *Aleret*, 1440 (Arch. nat., JJ. 177, n° 14). — *Alaret*, 1470 (la Chaise-Dieu, Saint-Vert). — *Le chasteau d'Alleret*, 1612 (terrier de la Vaudieu).

Alleret (Moulin-d'), m^in, c^ne de Saint-Privat-du-Dragon.

Alleyrac, c^ne du Monastier. — 1130 (Saint-Georges du Puy, inv^re). — *Villa d'Aleirac*, 1309 (Arch. nat., P. 1398², cote 676). — *Alayrac*, 1327 (Arch. nat., P. 1397¹, cote 588). — *Alayracum*, 1392 (Arch. nat., P. 1402¹, cote 1208). — *Aleyra-*

cum, 1472 (Saint-Georges du Puy). — *Aleyrac*, 1517 (hôtel-Dieu).

Église érigée en annexe vicariale le 22 mars 1826.

Succursale érigée le 3 juillet 1843.

C^ne créée par ord^ce du 18 août 1835 et démembrée de celle de Salettes.

Alleyras, c^on de Cayres. — *Alairac, ecclesia d'Alairas*, 1253 (prieuré d'Alleyras). — *Alayras*, 1288 (spic. Briv.). — *Villa de Alayraco*, 1327 (prieuré d'Alleyras). — *Parochia de Aleyratio*, 1360 (*idem*). — *Ecclesia B. Martini de Aleyracio*, 1500 (*idem*). — *Le prieur d'Aleiras*, 1506 (Médicis, II, 306). — *Aleras*, 1527 (prieuré d'Alleyras). — *Prioratus regularis S. Martini Aleyrassii*, 1534 (*idem*).

En 1789, Alleyras était compris dans la province du Velay et dans la subdélégation et sénéchaussée du Puy. Son église paroissiale, diocèse du Puy et archiprêtré de Solignac-sur-Loire, était dédiée à saint Martin; le séminaire du Puy, qui présentait à la cure, avait remplacé comme présentateur, postérieurement à l'année 1677, le prieur de la Voûte-Chilhac.

Alliance, h., c^ne du Pont-Salomon.

Allier (L'), riv., affl. de la Loire, prend sa source dans la forêt de Mercoire (Lozère), entre dans le département de la Haute-Loire par le Nouveau-Monde, c^ne de Saint-Haon, et en sort près de Vézézoux, c^ne d'Auzon, après avoir traversé le département du sud-est au nord-ouest. — *Flumen Flavaris* [var. *Elaver*], *quem Elacrem vocitant*, 580 (Greg. Turon., hist. Fr., V, 34). — *Flumen Ilario*, 847 (cart. de Brioude, ch. 190). — *Flumen Elavio*, 891 (*idem*, ch. 60). — *Elarius*, IXe s. (Bouquet, VI, 635). — *Fluvius Halerii*, 936 (cart. de Brioude, ch. 337). — *Fluvius Elerius*, 962 (*idem*). — *Aleris flumen*, Xe s. (P. Labbe, nov. bibl. ms., II, 419). — *Hylaris flumen*, 1025 (ch. de fond. de la Voûte). — *Fluvius Aleyr*, 1096 (cart. de Sauxillanges, ch. 702). — *Alexis fluvius*, XIe s. (bibl. Cluniac., 1819). — *Fluvius Ilerius*, XIe s. (cart. du Monastier, n° 273). — *Fluvius Hileris*, XIIe s. (rec. hist. de Fr., XII, 53). — *Alerius fluvius*, XIIe s. (*id.*, XII, 316). — *Riba d'Aler*, 1217 (hôtel-Dieu, B. 304). — *Aqua quæ voc. Aliger*, v. 1250 (spic. Briv.). — *Aqua d'Alyer*, 1267 (*idem*). — *Aqua Alerii, aqua Aligeri sive de Eler*, 1278 (la Chaise-Dieu, le Bouchet-Saint-Nicolas). — *Aligerius*, 1284 (Baluze, mais. d'Auv., II, 133). — *Fluvius d'Elier*, 1304 (Thiolent). — *Flumen Elerii sive Eligeris*, 1307 (la Chaise-Dieu, Saint-Privat-d'Allier). — *Fluvius*

Alligeris, 1327 (Baluze, mais. d'Auv., II, 159). — *Riperia Alierii*, 1344 (J. de Peyre, n^re). — *Le Fluvy d'Alier*, 1428 (Arch. nat., Z². 4150, p. 142). — *Flumen Alligerii*, 1460 (Arch. nat., ZZ. 359, p. 18). — *La rivière d'Aillier*, 1448 (spic. Briv.). — *Elaver*, 1618 (P. Masson, desc. flum. Galliæ, p. 32).

Allier (L'), h., c^ne de Dunières. — *In arce d'Aneria (aice Duneria) et in arce quæ dicitur Aligerio*, v. 1020 (cart. du Monastier, n° 254). — *Locus de Lalier*, 1500 (Rhône, D. 182).

Allières (Les), m^in sur la Senouire, c^ne de Mazerat-Aurouze. — *Las Alieyras*, 1433 (la Chaise-Dieu, Mazerat-Aurouze). — *Les Alheres*, 1461 (*idem*). — *Moulin-des-Alières*, xviiie s. (Cassini).

Allignon (Moulin-), m^in sur la Dège, c^ne de Pébrac.

Allirols (Les), écart, c^ne de Coubon. — *Lous Alirolz*, 1547 (Savin, n^re). — *Les Eyrolz*, 1607 (Robert, n^re). — *Les Alyrolz*, 1644 (év.). — *Les Allirols*, 1707 (cad. de Bouzols).

Allot, f., c^ne de Frugières-le-Pin. — *Terra d'Alau* (l'impr. porte *Alan*), 1287 (spic. Briv.). — *Mansus d'Alau*, 1295 (Cumignac). — *Allot*, 1670 (Arch. nat., P. 500², cote 104). — *Hallat*, 1869 (Malègue).

Fief mouvant de la baronnie d'Aubusson.

Ally, c^on de la Voûte-Chilhac. — *Aly*, 1307 (J. Lachenal, l'église de Brioude, p. 70). — *Ali*, 1352 (spic. Briv.). — *Alis*, xvie s. (pouillé de Saint-Flour, par A. Bruel, p. 231).

En 1789, Ally était compris dans la province d'Auvergne, dans l'élection et subdélégation de Brioude et dans le ressort du présidial de Riom. Son église paroissiale, diocèse de Saint-Flour et archiprêtré de Brioude, était sous l'invocation de la Nativité de la Vierge; le prieur de la Voûte-Chilhac présentait à la cure.

Maison de l'O. de Cluny, relevant du prieur de la Voûte-Chilhac.

Ally (Moulin-d'), m^in sur la Dège, c^ne de la Besseyre-Saint-Mary. — *Le Moulin de Fardou*, 1749 (terrier du Besset). — *Moulin d'Aly*, 1855 (état-major).

Alvier, vill., c^ne d'Azerat. — *In Brivatensi..., ad Alverio*, v. 1011 (cart. de Brioude, ch. 31). — *Alver*, 1256 (spic. Briv.). — *Alveyr*, 1429 (terr. du doy. de Br.). — *Alvier*, 1439 (la Chaise-Dieu, Azerat). — *Alveir*, 1453 (terr. du ford. de Br.). — *Auvier*, 1471 (Bibl. nat., ms. lat., n. acq., 1224, f° 29). — *Alvier*, 1651 (Vie des SS. d'Auv.). — *Albarius, qui vicus Brivati proximus est*, 1654 (AA. SS., oct., VII, 1120). — *Pagus Alveyrii*,

1654 (*idem*, 1122). — *Alivier*, xviiie s. (Cassini). — *Alevier*, 1888 (Malègue).

Alzon (L'), affl. du Panis à Chauvel, c^ne de Croisance. — *Rivus d'Also*, 1499 (terrier de Thoras). — *Ruiss. de Verreyrolles ou d'Alzon*, 1888 (carte adm.).

Amargiers, vill., c^ne de Landos. — *Terra domus de Boscheto quam tenent Amargerii*, 1256 (Rhône, la Sauvetat, I, 5). — *Amalgerii*, 1311 (cart. de Tence, f° 17). — *Los Amargers*, 1344 (J. de Peyre, n^re). — *Los Amargiers*, 1507 (év.). — *Les Amarziès*, 1820 (Deribier).

Amavis, vill., c^ne d'Yssingeaux. — *Mansus d'Amavis*, 1314 (év.).

Ambert, vill., c^ne de Mercœur. — *Villa Amberg*, 1025 (dom Fonteneau, vol. XXVIII). — *Mansus d'Embert*, 1464 (Arch. nat., ZZ. 359, p. 99). — *Ambert*, 1683 (ét. civ.).

Amblard, dom., c^ne de Couteuges. — *Les Amblards*, 1564 (Vals-le-Chastel). — *Emblardz*, 1670 (Arch. nat., P. 499, cote 740). — *Amblart*, xviiie s. (Cassini).

Ambron (L'), riv., prend naissance au nord de la commune de Roche-en-Régnier, arrose les communes de Saint-Pierre-Duchamp et de Saint-Georges-Lagricol et se jette dans l'Ance à Saint-Julien-d'Ance. — *Le Lembron*, 1880 (carte adm.).

Amouroux (Les), h., c^ne de Léotoing. — *Terra quam excolit Johannes Amoros*, 1295 (spic. Briv.).

Amousies (Les), écart, c^ne de Léotoing. — *Les Amoizis*, xviiie s. (Cassini).

Ampilhac, colline, c^ne de Langeac. — *Anpilhac*, v. 1250 (spic. Briv.). — *Inpilhac*, 1502 (Arch. nat., Q. 513, p. 169). — *Les forches d'Ampilhac*, 1521 (Arch. nat., Q. 513, p. 226).

Ampilhac, vill., c^ne de Vernassal. — *In Capiliaco*, 1025 (spic. Briv.). — *Ampillac*, 1234 (hôtel-Dieu, B. 610). — *Pinthacum*, 1345 (Saint-Georges de Saint-Paulien). — *Ampilhac*, 1347 (la Chaise-Dieu, Vazeilhes). — *Ampilhacum*, 1477 (prieuré de Polignac).

Anazac, vill., c^ne de Saint-Paulien. — *Anezac*, 1283 (év.). — *D'Anesaco*, 1283 (év.). — *Anazac*, 1285 (Haute-Loire, E.). — *Mansus d'Anasac*, 1301 (hôtel-Dieu, B. 640). — *Nasat*, 1408 (compois du Puy).

Ance (L'), riv., prend naissance sur la Margeride, c^ne de la Panouze (Lozère), entre dans le département de la Haute-Loire au sud de Verreyrolles et se jette dans l'Allier à Monistrol-d'Allier, après avoir arrosé les communes de Croisance et de Saint-

Préjet d'Allier. — *Ripeyra d'Ansa,* 1526 (A. Besseyre, n^re).

Ance (L'), ruiss., prend naissance au sud-est de Forges, c^ne de Siaugues-Saint-Romain, et se jette dans le Javoulx près de la Romanelle. — *Rivus d'Ansa,* 1461 (Bibl. nat., m. lat., n. acq., n° 1222, f° 209 v°). — *Le rif d'Anse,* 1466 (*idem,* n° 1223, f° 272 v°). — *Rivus d'Ance,* 1493 (terrier du Cluzel, f° 113).

Ance (L'), riv., prend sa source dans les montagnes du Forez, traverse les communes de Saint-Anthême et de Viverols (Puy-de-Dôme), entre dans le département de la Haute-Loire au nord de Pontempeyrat, arrose les communes de Craponne, Saint-Julien-d'Ance, Saint-André-de-Chalencon, Tiranges et Bauzac et se jette dans la Loire au-dessus de Lioriac. — *Ancia,* v. 986 (cart. de Chamalières, n° 109). — *Flumen Ansa,* 1293 (Arch. nat., P. 491¹, c. 13). — *La rivière d'Anse,* 1569 (terrier de Notre-Dame de Chalencon).

Ance-la-Blanche, h., c^ne de Saint-Préjet-d'Allier. — *Mansus d'Ansa la Major,* 1307 (Lozère, G. 757). — *Ansa Blancha,* 1526 (A. Besseyre, n^re). — *Ance-la-Blanche,* 1623 (Cl. Peyret, n^re).

Ancette, vill., c^ne de Bas. — *Anceta,* 1497 (obit. de Bas). — *Anscta,* 1510 (*idem*).

Ancette, vill., c^ne de Bas.

Ancette, vill., c^ne de Saint-Julien-d'Ance. — *Villa quæ Ancia appellatur,* 958 (cart. de Chamalières, n° 218). — *Anseta,* 1293 (Arch. nat., P. 491¹, cote 13); — 1447 (terrier de Piassac).

Ancette (Moulin-d'), m^in sur l'Ance, c^ne de Saint-Julien-d'Ance.

Anderes, l. dét., c^ne de Saint-Étienne-Lardeyrol. — 1408 (Chamblas).

Andrable, h., c^ne de Valprivas. — *Andable,* 1213 (cart. de Chamalières, n° 334).

Andrable (L'), ruiss., affl. de la Loire, près du Vert, prend sa source dans le département de la Loire, entre dans celui de la Haute-Loire à l'ouest du Besset et arrose les communes de Valprivas et Bas. — *Riv. d'Andable,* 1540 (terrier de Chalencon).

Andreujols, vill., c^ne de Saugues. — *Villa d'Androiol,* 1259 (Thiolent). — *Androiols,* 1294 (*idem*). — *Andrueiol,* 1327 (Lozère, G. 98). — *Andreughol,* 1458 (Bibl. nat., m. lat., n. acq., 1222, f° 64). — *Andregoli,* 1527 (A. Besseyre, n^re). — *Andrejouls,* 1528 (Thiolent). — *Andreuge,* 1888 (carte adm.). — *Andruejols,* 1888 (Malègue).

Andrillon, écart, c^ne de Grazac.

Andriol, f., c^ne de Fay-le-Froid.

Andruejolet, h., c^ne de Saugues. — *Mansus de Andruiolet,* 1291 (Thiolent). — *Andrugolet,* 1327 (Lozère, G. 98). — *Andrejuolets,* 1377 (tabl. du Velay, 1876-77, 300). — *Androgeletz,* 1527 (A. Besseyre, n^re).

Angelane, vill., c^ne de Lorlange. — *Anghalone,* 1493 (terrier de Blesle).

Angelard, vill., c^ne de Malvalette. — *Angelars,* 1317 (Arch. nat., P. 1400³, cote 990). — *Engelard* (cad.).

Angelbaud, m. i., c^ne de Laussone. — *Engelbaud* (cad.).

Anglade (L'), h., c^ne de Cubelles. — *Mansus de Anglada,* 1291 (Thiolent). — *Anglata,* 1464 (Bibl. nat., lat., n. acq., 1223, f° 184 v°). — *Langlada,* 1475 (*idem,* 1224, f° 80 v°). — *Langlade,* 1888 (carte adm.).

Anglard, vill., c^ne d'Alleyras. — *Anglars,* 1253 (prieuré d'Alleyras). — *Los Anglars,* 1256 (Thiolent). — *Locus de Anglaris,* 1528 (A. Besseyre, n^re).

Anglard, vill., c^ne de Chavagnac-Lafayette. — *Mansus d'Anglars,* 1431 (la Chaise-Dieu, Mazerat-Au rouze). — *Los Anglars,* 1490 (terrier du Cluzel).

Anglard, h., c^ne de Venteuges. — *Mansus d'Anglars,* xiie s. (cart. de Pébrac, n° 46²⁵); — 1466 (Bibl. nat., n. acq., 1223, f° 82).

Anglars (Les), l. dét., c^ne de Chanaleilles. — *Mansus dels Englars,* 1274 (Lozère, G. 99).

Angles (Les), h., c^ne de Saint-Christophe-d'Allier. — *Locus de Angulis,* 1457 (J. Rocher, n^re).

Anjanaire (L'), ruiss., affl. de l'Ance à la limite des communes de Solignac-sous-Roche et de Retournac.

Anterif, écart, c^ne de Laval. — *Mansus de Anterivest,* 1307 (la Chaise-Dieu, Saint-Vert). — *Mansus de Anterius,* 1322 (*ibid.*). — *Entérif,* 1888 (carte adm.). — *Entérisse,* 1888 (Malègue).

Antignac, l. dét., c^ne de Saint-Préjet-d'Allier. — *Territorium app. d'Antinhac,* 1499 (Thiolent).

Antone (Camp d'), c^ne de Salettes. — *Ruine d'Antone,* xviiie s. (Cassini). Plateau et vestiges d'antiquités romaines.

Antonianes, vill., c^ne de Monistrol-sur-Loire. — 1285 (homm. de l'év.). — *Domus Sancti Antonii,* 1309 (év.). — *Antonana,* 1326 (év.). — *Anthonianas,* 1431 (év.). — *Anthonyanas,* 1507 (év.). — *Antouniannes,* xviiie s. (Cassini). — *Antonianne,* 1888 (Malègue).

Antreuil, vill., c^ne de Craponne-sur-Arzon. — *Locus d'Antreulx,* 1447 (terrier de Piassac). — *An-*

treulz, 1548 (P. Gallien, n^{re}). — *Entreux*, 1695 (capitation). — *Antreux*, 1745 (Haute-Loire, B. 58).

Antreuil, écart, c^{ne} d'Yssingeaux. — *Molendinum de Antrolio*, 1359 (Rhône, H. 2632). — *Antrolhium, Antruls*, 1441 (Rhône, Bessamorel). — *Antrollyum*, 1447 (*ibid.*).

Anviac, vill., c^{ne} de Saint-Paulien. — *Anveac*, 1263 (Martène, thes. nov. anecd., I, 1116). — *Amveyac*, 1301 (hôtel-Dieu, B. 640). — *Anviac*, 1625 (Brunel, n^{re}).

Aoust (Moulin-d'), mⁱⁿ sur le Javoulx, c^{ne} de Saint-Arcons-d'Allier.

Apilhac, vill., c^{ne} d'Yssingeaux. — *Apillac*, 1028 (cart. de Chamalières, ch. 48). — *Villa quæ vocatur Appiliacs*, v. 1100 (cart. de Cluny, ch. 3792, I). — *Appilliacs*, v. 1100 (*idem*, ch. 3792, II). — *Ecclesia de Apilias, S. Martinus de Apilliac*, v. 1100 (*idem*, ch. 3792, IV). — *Apilac*, v. 1100 (*idem*, ch. 3792, XIII). — *Apiliacum*, v. 1100 (*idem*, ch. 3896). — *Apyliac*, 1303 (prieuré de Grazac). — *Appilhacum*, 1343 (tabl. du Velay, 1870-71, p. 103). — *Molendinum d'Apilhac*, 1359 (Rhône, H. 2632). — *Apilhat*, 1383 (év.).

Araby, h., c^{ne} de Saint-Préjet-d'Allier. — *Ansa d'Arbo*, 1274 (Lozère, G. 99). — *Ance-d'Arbon*, 1589 (Thiolent).

Araules, c^{on} d'Yssingeaux. — *Aradulas*, 1366 (la Chaise-Dieu, sacristain). — *Auraulas*, 1380 (*idem*). — *Aradulæ*, 1390 (év.). — *Le lieu d'Aroles*, 1454 (Arch. nat., JJ. 182, n° 56, p. 34). — *Eraules*, 1616 (Duclaux, n^{re}). — *Prior S. Marcellini d'Araules*, 1708 (Gall. christ., II, col. 746).

En 1789, Araules faisait partie de la province du Velay et de la subdélégation et sénéchaussée du Puy. Son église paroissiale, diocèse du Puy et archiprêtré de Monistrol-sur-Loire, était sous le vocable de Notre-Dame; le prieur présentait à la cure.

Arboulet (L'), f., c^{ne} de la Chapelle-Bertin. — *Larboutel*, xviiie s. (Cassini). — *Larboulet*, 1888 (carte adm.).

Arbousset (L'), rocher et m. de camp., c^{ne} d'Espaly-Saint-Marcel. — *Arbotsel*, v. 1180 (hôtel-Dieu). — *Arbocel*, 1258 (Saint-Agrève). — *Rupes d'Arbosel*, 1331 (Saint-Mayol). — *L'Arbousset*, 1824 (Deribier, stat.). — *Larbousset*, 1888 (Malègue).

Arbre (L'), f., c^{ne} de Chanteuges. — *Mansus de Arbore*, 1396 (la Chaise-Dieu, Chanteuges) —

Mansus de l'Arbre, 1459 (Bibl. nat., lat., n. acq., 1222, f° 104).

Arbre (L'), vill., c^{ne} de la Chapelle-Bertin. — *Mansus del Arbre*, 1465 (la Chaise-Dieu, Mazerat-Aurouze). — *L'Abre*, 1548 (P. Gallien, n^{re}).

Arbre (L'), f., c^{ne} de Montusclat. — *Locus de Arbore, par. S. Frontonis*, 1533 (Dompnin, n^{re}). — *L'Arbre*, 1546 (Savin, n^{re}). — *L'Abre*, 1696 (cad. de Montusclat).

Arbre (L'), l. dét., c^{ne} de Saint-Haon. — *Mansus del Arbre*, 1278 (la Chaise-Dieu, Bouchet-Saint-Nicolas).

Arbre (L'), loc. dét., près Courteuge, c^{ne} de Saint-Just-près-Brioude. — *Villa quæ dicitur Arborenc*, v. 1000 (cart. de Brioude, ch. 138). — *Arbor*, 1161 (spic. Briv.). — *L'Arboret*, 1322 (coll. P. Le Blanc). — *Mansus del Abre*, 1429 (terrier du doy. de Br.). — *Le Mas-de-l'Arbre*, 1553 (*idem*).

Arbre (L'), l. dét., près Ceyssaguet, c^{ne} de la Voûte-sur-Loire. — *La borie de l'Arbre*, 1532 (Haute-Loire, E.).

Arbre-de-Claudettes (L'), c^{ne} de Beaulieu.

Arbre-de-Courant, signal, c^{ne} de Chamalières.

Arbre-de-la-Sise, mont. et signal, c^{ne} de Laval.

Arbre-de-Maigret (L'), c^{ne} de Saint-Éble. — *L'Abre app. de Maigret*, 1352 (homm. de Vissac).

Arbre-de-Montroux (L'), c^{ne} de Saint-Préjet-d'Allier. — *Arbor de Monte Rogi*, 1327 (Lozère, G. 98). — *Arbor de Montroz*, 1377 (Thiolent).

Arbre-des-Ouvetres (L'), c^{ne} de Lantriac.

Arbre-Redon (L'), bois, c^{ne} de Pinols.

Arbres (Les), vill., c^{ne} de Monlet. — *Lous Abres*, 1585 (Johany, n^{re}).

Arbres (Les), h., c^{ne} de Saint-Just-Malmont.

Arbre-Saint-Jacques, c^{ne} du Puy. — 1230 (inv^{re} de Saint-Mayol). — *Arbor app. de Sancto Jacobo*, 1358 (chap. N.-D.). — *L'Arbre-Saint-Jacme*, xvie s. (Médicis, II, 11).

Arbre-Saint-Vosy (L'), près Bellevue, c^{ne} du Puy. — *Ad arborem S. Evodii*, 1250 (Saint-Agrève).

Arcelet, h., c^{ne} du Chambon. — *Honor d'Arcellet*, v. 1172 (hospitaliers du Velay). — *Grangia d'Arcelet*, 1296 (*idem*).

Archaud, vill., c^{ne} de Vergezac. — *Archauls*, 1256 (év.). — *Mansus d'Archalm*, 1316 (Haute-Loire, E.). — *Archaulm*, 1535 (Chamblas). — *Archamp*, 1573 (A. Boyer, n^{re}).

Archer (Scie-de-l'), scierie sur le Veyron, c^{ne} de Saint-Julien-Mollbesabate.

Archère (L'), affl. de l'Allier au nord-ouest de Cissac, c^{ne} de Saint-Ilpize.

Archinaud, vill., c^ne de Chadron. — *Archinauc*, 1346 (Haute-Loire, E.). — *Archinaut*, 1389 (plumit. de Bouzols). — *Archinault*, 1547 (Chaulet, n^re). — *Archinaud*, 1561 (Savin, n^re).

Ancis, chât., c^ne de Rosières. — *Château d'Espoutus*, xviiie s. (Cassini).

Ancis (Les), vill., c^ne de Vielprat. — *In Arcis*, 1310 (la Chaise-Dieu, Saint-Paul-de-Tartas). — *Locus de Arciciis*, 1484 (Arcis, n^re).

Ancisses (Les), f., c^ne du Chambon. — *Larcisse*, 1888 (Malègue).

Andaillon, m. i., c^ne de Tiranges.

Ardemais, h., c^ne du Pertuis.

Ardemès, mont., c^ne de Bessamorel. — *Ardeinere*, 1878 (carte adm.).

Ardenne, mont. près Orzilhac, c^ne de Coubon. — *Ardona*, 1518 (terrier de Coubladour). — *Le suc de las Fourches d'Ardenne*, 1707 (cad. de Bouzols).

Ardenne, montic., c^ne de Pradelles. — *Campus de Ardena*, 1402 (Arch. nat., P. 1399¹, cote 751). — *Ardenne*, 1778 (Faujas de Saint-Fond, 379).

Ardenne, mont., c^ne de Saint-Front. — *Mansus ad Alpem, juxta ecclesiam Sancti Frontonis*, 1039 (cart. du Monastier, n° 229). — *Le Serre d'Ardenne*, 1869 (Malègue).

Ardennes, écart, c^ne de Malrevers. — *Ardena*, 1342 (coll. César Falcon). — *Lardene*, 1573 (A. Boyer, n^re).

Ardennes (Les), m. i., c^ne de Chanteuges.

Ardennes (Les), vill., c^ne de Saint-Julien-Chapteuil.

Ardonèze, écart, c^ne de Vorey. — *In garayto d'Ardonessa*, 1333 (Arch. nat., P. 494¹, cote 16). — *Ardonesse*, 1888 (Malègue).

Andur, h., c^ne d'Yssingeaux. — 1343 (homm. de l'év.).

Areste, h., c^nes de Sainte-Florine et de Vézézoux. — *Arestes*, 1888 (Malègue).

Arestel, m. i., c^ne de Vergongheon.

Arfeuille, vill., c^ne de la Chaise-Dieu. — *Arfolha*, 1323 (la Chaise-Dieu, Connangles). — *Aurifolium*, 1343 (ibid., Belluc). — *Auriffoleum*, 1389 (ibid., la Chapelle-Geneste). — *Arfeulhie*, 1615 (ibid.).

Argentière (L'), h., c^ne de Freycenet-Lacuche. — *Fons Argenteria*, 1224 (chartreuse de Bonnefoy). — *Mansus de Fonte Argenteira*, 1528 (cad. du Monastier). — *Foant Argenteyra*, 1571 (Nicolas, n^re). — *L'Argenteyre*, 1638 (Demans, n^re). — *L'Argentière*, 1695 (capitation).

Argentières, vill., c^ne de Beaune. — *Argenterias*, 1286 (Arch. nat., P. 1397², cote 560). — *Mansus d'Argenteyras*, 1311 (Arch. nat., P. 1398¹, cote 650). — *Argenteyres*, 1571 (A. Boyer, n^re). — *Argentayres*, 1695 (capitation).

Argentières (Moulin-d'), m^in sur l'Arzon, c^ne de Beaune.

Argentoleyres, l. dét., c^ne de Saint-Jeure. — *Argentoleyras*, 1343 (J. de Peyre, n^re). — *Argentoulleyras*, 1548 (Rhône, H. 2634).

Arlempdes, chât. ruiné, c^on de Pradelles. — *Arlemde*, 1215 (templiers du Puy). — *Harnempde*, 1248 (Baluze, mais. d'Auv., II, 87; Martène, vet. script., I, 1302). — *Arlempde*, 1259 (Monastier). — *Castrum Arllempdii*, 1267 (Médicis, I, 80). — *Arnempde*, 1299 (cart. de Mazan, f° 89). — *Capella B. Jacobi castri d'Arlempde*, 1320 (J. de Peyre, n^re). — *Castrum de Arlempdiaco*, 1327 (hospit. du Velay). — *Arlende*, 1342 (J. de Peyre, n^re). — *Arlemdi*, 1347 (hospit. du Velay). — *Locus Arlendi*, 1403 (Baluze, mais. d'Auv., II, 612). — *Ecclesia S. Petri de Arlempdio*, 1463 (V. Chauvin, n^re). — *Arlande*, 1778 (Faujas de Saint-Fond, 58a).

En 1789, Arlempdes dépendait du Virarais et du bailliage de Villeneuve-de-Berg. Son église paroissiale, diocèse de Viviers et archiprêtré de Sablières, était sous le vocable de saint Pierre.

Arlet, c^on de la Voûte-Chilhac. — *Arlate Vico*, viie s., triens mérovingien, dont l'attribution ne repose que sur l'analogie du nom. — *Arlet*, v. 1260 (Arch. nat., J. 1031, n° 2). — *Ecclesia B. Petri Arleti*, 1367 (Arch. nat., Z². 54, p. 182). — *Arret*, 1464 (Bibl. nat., ms. fr., 11491, f° 365).

Avant 1789, Arlet faisait partie de la province d'Auvergne, de l'élection de Brioude, de la subdélégation de Langeac et du présidial de Riom. Son église paroissiale, diocèse de Saint-Flour et archiprêtré de Langeac, était dédiée à saint Pierre; l'abbé de la Chaise-Dieu présentait à la cure.

Église érigée en succursale le 12 mars 1826.

Armand, h., c^ne de Montclard.

Armand (Moulin-d'), m^in sur le Vourzac, c^ne de Sanssac-l'Église.

Armandon, h., c^ne de Saint-Préjet-Armandon. — 1516 (Vals-le-Chastel).

Armenauds, h., c^ne de Lantriac. — *Hermenaud*, 1528 (Lardeyrol). — *Armenault*, 1541 (Savin, n^re). — *Herme-Hault*, 1707 (cad. de Bouzols).

Arnaud, écart, c^ne d'Yssingeaux.

Arnaud (Moulin-), m^in sur le Ramel, c^ne de Bessamorel.

Arnauds (Les), h., c^ne de Beaulieu. — *Lous Arnaultz*,

1474 (Pratlavi, nre). — *Lous Arnaudz*, 1571 (A. Boyer, nre).

ARNAUDS (Les), vill., cne de Tiranges. — *Arnaud*, 1879 (carte adm.).

ARNISSAC, vill., cne d'Araules. — *Arnassac*, 1314 (év.). — *Arnhassac*, 1314 (év.). — *Arnissacum*, 1481 (Pelisse, nre). — *Arnissac*, 1507 (év.).

ARNOULD, loc. dét., cne de Charraix. — *Mansus d'Arnolti*, 1351 (Thiolent). — *Arnolt*, 1456 (Bibl. nat., lat., n. acq., 1222, f° 37 v°).

ARNOUS (Les), h., cne de Grazac.

ARNOUX, vill., cne de Beaux. — *Villa de Arnosc*, v. 1158 (cart. de Chamalières, n° 70). — *Arnos*, 1271 (év.). — *Arnoc*, 1507 (év.). — *Arnouc*, 1605 (Barry, nre).

ARQUEJOLS, vill., cne de Rauret. — *Arcogiæ*, 1456 (la Chaise-Dieu, Saint-Paul-de-Tartas). — *Arqueujas*, 1507. — *Arcojas*, 1511 (Maurin, nre).

ARQUEJOLS (L'), affl. de l'Allier, cnes de Saint-Paul-de-Tartas et de Saint-Étienne-du-Vigan.

ARSAC, vill., cne de Chaudeyrolles. — *In villa quæ dicitur Arsiaco, in arce (aice) Soltronense*, v. 860 (cart. du Monastier, n° 71). — *Mansus de Arssaco, Arssat*, 1464 (Ardèche, C. 624). — *Arsac*, 1616 (ét. civ.).

ARSAC, vill., cne de Coubon. — *In villa Arciaco, quæ est in pago Vellaico*, v. 987 (cart. du Monastier, n° 149). — *Arssac*, 1346 (Haute-Loire, E.). — *Arsacum*, 1389 (plumit. de Bouzols).

ARSAC, vill., cne de Saint-Jean-Lachalm. — *Aorsacum*, 1226 (Saint-Agrève). — *Apzac*, 1408 (compois du Puy). — *Mansus de Absac*, 1425 (J. Rocher, nre). — *Abzacum*, 1482 (Rhône, H. 2749). — *Locus de Apsaco*, 1527 (A. Besseyre, nre).

ARSAC, h., cne d'Yssingeaux.

ARSAC (MOULIN-D'), cne de Saint-Jean-Lachalm.

ARTAUD, f., cne de Bauzac. — *Artaut*, 1553 (ress. de Montfaucon).

ARTAUD, h., cne du Monastier. — *Artault*, 1547 (Chaulet, nre). — *Arthaud*, 1621 (André, nre).

ARTAUD, h., cne de Tence. — *Artaut*, 1693 (ét. civ.).

ARTIAS, chât. ruiné et vill., cne de Retournac. — *Artigiæ*, v. 1040 (cart. de Chamalières, n° 221). — *Articas*, v. 1040 (idem, n° 223). — *Castrum d'Artias*, 1254 (Arch. nat., P. 1398³, cote 738). — *Artizias*, 1266 (Arch. nat., P. 1397³, cote 597). — *Ecclesia B. Dyonisii d'Artias*, 1279 (Arch. nat., P. 1399², cote 814). — *Castrum d'Artis*, 1318 (Arch. nat., P. 494¹, cote 12). — *Artigas*, 1321 (Arch. nat., P 494¹, cote 23). — *Artyas*, 1335 (Arch. nat., P. 1398¹, cote 657). — *Arthias*, 1383 (Rhône, E. 9). — *Vicaria cappellæ d'Artiers, membrum et subjecta ecclesiæ parrochiali de Retornaco*, 1405 (Arch. nat., P. 1399¹, cote 761). — *Arties*, 1476 (Arch. nat., P. 1399¹, cote 792). — *Artiac*, 1878 (carte adm.).

ARTIGES, h., cne de Saint-Just-près-Brioude. — *Artiga ou Artijas*, 1281 (J. Lachenal, l'égl. de Br., p. 38 et 44). — *Artigas*, 1339 (Bibl. nat., lat. 14377, p. 189). — *Mansus d'Artighas*, 1429 (terrier du doy. de Br.).

ARTILLÈRE (MOULIN-DE-L'), min sur la Dore, cne de Malvières.

ARTITES, vill., cne de Retournac. — *Villa de Artigetas*, v. 1016 (cart. de Chamalières, n° 282). — *Villa de Artietas*, v. 1021 (idem, n° 283). — *Artigietas*, xiie s. (idem, n° 144). — *Arthietas*, xiie s. (idem, n° 173). — *Artytas*, 1335 (Arch. nat., P. 1398¹, cote 657). — *Artitiæ*, 1398 (Arch. nat., P. 1397³, cote 615). — *Artites*, 1490 (Arch. nat., P. 1397², cote 583). — *Artitte*, 1878 (carte adm.).

ARTUCS, écart, cne de Malrevers. — *Boria d'Artut*, 1391 (év.). — *Artuc*, 1555 (cad. de Mercœur). — *Artus*, 1598 (Gallien, nre).

ARTUS, m. i., cne de Beaulieu.

ARVANT, gare, cne de Vergongheon.

ANVANT, vill., cne de Bournoncle-la-Roche.

ANZAC, vill., cne de Saint-Pierre-Duchamp. — *Villa de Arciaco*, 947 (cart. de Chamalières, n° 226). — *Arssac*, 1265 (Arch. nat., P. 494¹, cote 36). — *Arsac*, 1318 (Arch. nat., P. 494¹, cote 12). — *Arsacus*, 1406 (terrier du Bois).

ANZALIER (L'), loc. dét., cne de Prades. — *Mansus de Larzalier*, 1499 (Thiolent).

ANZALIER (L'), loc. dét., près Auriac, cne de Saint-Front. — *Terra de Manso de Arzilerio quæ tenetur ab abbate Mansiadæ*, 1359 (Rhône, H. 2632).

ANZALIER (L'), h., cne de Saint-Julien-du-Pinet. — *Arzilarium*, 1021 (cart. de Chamalières, n° 58). — *Larziller*, 1300 (év.). — *Larzilher*, 1314 (év.). — *Larzalier*, 1888 (Malègue).

ANZILHAC, vill., cne de Beaux. — *Arzilhac*, 1271 (év.). — *Mansus d'Arsilhac*, 1314 (év.). — *Arsilhacum*, 1382 (év.).

ANZON, chât. ruiné et vill., cne de Chomelix. — *Arusum, Aursum*, 1096 (cart. de Chamalières, n° 210). — *Castrum de Arzo*, 1212 (lay. du Trés. des ch., I, 105). — *Castrum de Arzonio*, 1267 (Médicis, I, 79). — *Aragon*, 1314 (Arch. nat., P. 1398³, cote 708). — *Molendinum de Arsone*, 1373 (év.).

Ancienne chapelle dédiée à saint Julien de Brioude.

Village distrait, par loi du 18 avril 1867, de la commune de Saint-Pierre-Duchamp et uni à celle de Chomelix.

Arzon (L'), riv., prend sa source dans les bois de Viviers, cⁿᵉ de Médeyrolles (Puy-de-Dôme), entre dans le département de la Haute-Loire à l'est de Chomat et se jette dans la Loire à Vorey, après avoir arrosé les communes de Saint-Jean-d'Aubrigoux, Craponne-sur-Arzon, Beaune, Chomelix, Saint-Pierre-Duchamp et Bellevue-la-Montagne. — *Aqua d'Arzo*, 1311 (Arch. nat., P. 1398¹, c. 650). — *Aqua d'Arso*, 1404 (terrier de Chomelix). — *Riperia d'Arson*, 1461 (Arch. nat., ZZ. 359, p. 35).

Arzon-Bas, mⁱⁿ sur le Pradal, cⁿᵉ de Villeneuve-d'Allier.

Arzon-du-Milieu, scierie, cⁿᵉ de Villeneuve-d'Allier.

Arzon-Haut, mⁱⁿ sur le Pradal, cⁿᵉ de Villeneuve-d'Allier.

Astier, f., cⁿᵉ du Chambon.

Astiers (Les), dom., cⁿᵉ d'Allègre. — *Les Astien*, 1888 (carte adm.).

Astiers (Les), écart, cⁿᵉ de Connangles. — *Loz Astiers*, 1570 (J. Chalvon, nʳˢ).

Astiers (Les), vill., cⁿᵉ de Laussonne. — *Locus doux Astiers*, 1528 (cad. du Monastier). — *Astier*, 1888 (Malègue).

Astiers (Moulin-des-), mⁱⁿ sur la Borne occidentale, cⁿᵉ d'Allègre.

Astorgs (Les), l. détr., cⁿᵉ de Chomelix. — *Mansus doux Astorgues*, 1404 (terrier de Chomelix). — *Los Astors*, 1551 (P. Gallien, nʳᵉ).

Astur, l. dét., cⁿᵉ de Saint-Georges-d'Aurac. — *Le lieu d'Astur*, par. de Flaghac, 1455 (la Chaise-Dieu, Mazerat-la-Brequeille).

Ateliers (Les), m. i., cⁿᵉ de Mazerat-Aurouze.

Aubagnat, vill., cⁿᵉ de Frugières-le-Pin. — *Albaniaco* (cart. de Brioude, tabl., clxxvii). — *Albaignat*, 1328 (Vals-le-Chastel). — *Albagnat*, 1669 (spic. Briv.). — *Aubagnac*, 1888 (carte adm.).

Aubaigne (L'), ruiss., prend sa source dans la commune de Rozier (Loire), entre dans le département de la Haute-Loire au nord de Lavoux et se jette dans la Loire au-dessus de Lestagies, cⁿᵉ de Bas. — *Riv. dou Baygua*, 1511 (obit. de Bas).

Aubaron, chât. et f., cⁿᵉ de Fix-Saint-Geneys. — *Albaro*, par. *Sancti Juliani de Finis*, 1458 (Bibl. nat., ms. lat., n. acq., n° 1222, f° 89).

Aubaron (Moulin-d'), mⁱⁿ sur le Javoulx, cⁿᵉ de Fix-Saint-Geneys.

Aubazac, cᵒⁿ de la Voûte-Chilhac. — *Parochia d'Obazac*, 1338 (spic. Briv.). — *Oubazac*,

Oubbazac, Obbazac, 1379 (compte de Bertrand Flotenc). — *Aubouzat*, 1401 (spic. Briv.). — *Parochia de Albazaco*, 1460 (Bibl. nat., ms. lat., n. acq., 1222, f° 168 v°). — *Aubaziacum*, 1467 (Bibl. nat., ms. lat., n. acq., 1223, f° 319 v°). — *Prior de Obrazaco*, xvi° s. (Pouillé de Saint-Flour, par A. Bruel).

En 1789, Aubazat faisait partie de la province d'Auvergne, de l'élection de Brioude, de la subdélégation de Langeac et du présidial de Riom. Son église paroissiale, diocèse de Saint-Flour et archiprêtré de Langeac, était sous le vocable de saint Préjet; le prieur de la Voûte-Chilhac présentait à la cure.

Prieuré de l'O.. de Cluny, relevant du prieuré de la Voûte-Chilhac.

Aubazac (Moulin-d'), mⁱⁿ sur la Virlange, cⁿᵉ d'Esplantas.

Aubazaguet, vill. et mⁱⁿ sur la Cronce, cⁿᵉ d'Aubazac.

Aube (L'), f., cⁿᵉ de Saint-Just-Malmont.

Aubenas? (Les), l. détr., cⁿᵉ des Estables. — *Mansus delz Albennas qui est in territorio delz Estables*, 1229 (Bonnefoy).

Aubenas, chât. et f., cⁿᵉ de Tailhac. — *Mansus d'Albenaz*, 1486 (terrier de Tailhac). — *Albenas*, 1505 (Thiolent).

Aubènes (Les), f., cⁿᵉ de Saint-Georges-d'Aurac. — *Las Albenas*, 1379 (Arch. nat., Z². 4143, p. 26). — *Las Albenes*, 1455 (la Chaise-Dieu, Mazerat-la-Brequeille). — *Les Aubeines*, xviii° (Cassini). — *Les Aubennes*, 1888 (Malègue).

Aubépin (L'), f., cⁿᵉ de Moudeyres. — *Mansus qui dicitur Albespino*, v. 1030 (cart. du Monastier, n° 227). — *L'Albespi*, 1344 (Monastier).

Aubépin (L'), mine de lignite, cⁿᵉ de Saint-Front.

Aubépin (L'), affl. de la Gagne, cⁿᵉˢ de Saint-Front et de Lantriac. — *Ruisseau des Vaux* (cad.).

Aubépin (Moulin-de-l'), mⁱⁿ sur l'Aubépin, cⁿᵉ de Moudeyres.

Aubépine (L'), h., cⁿᵉ de Saint-Just-Malmont. — *Albepinetum*, 1324 (mém. de la Diana, VII, 254).

Aubérat, vill., cⁿᵉ de Saint-Privat-du-Dragon. — *Johannes Ramont alias Aulberas*, 1466 (Arch. nat., ZZ. 359, p. 101). — *Auberas*, 1625 (terrier du Chambon de Blau).

Aubeyrac, h., cⁿᵉ de Blesle. — *Albeyrac*, 1493 (terrier de Blesle).

Aubiat, dom., cⁿᵉ de Langeac. — *Albiac*, 1486 (terrier de Tailhac).

Aubignac, vill., cⁿᵉ de Bellevue-la-Montagne. —

Albinac, 1252 (templiers du Puy). — *Albiniac*, 1263 (Martène, thes. nov. anecd., I, 1119). — *Dal Byniac*, 1263 (hôtel-Dieu, B. 615). — *Del Binhac*, 1355 (terrier de Pons Ravoux). — *Aubunhacum*, 1482 (J. Boyer, n^{re}). — *Albinhat*, 1550 (P. Gallien, n^{re}). — *Aubigniat*, 1616 (Rhône, H. 2153, f° 968). — *Aubigna*, xviiie s. (Cassini).

Aubignac, vill., c^{ne} de Monlet. — *Albinhacum*, 1482 (Pelisse, n^{re}). — *Aulinhac, Aulbiniat*, 1573 (communic. de M. E. Grellet de la Deyte). — *Aubignac*, xviiie s. (Cassini).

Aubignac, l. dét., c^{ne} de Rauret. — *Albignac*, 1296 (homm. de l'év.). — *Albinhac*, 1507 (év.). — *Aubiniat*, 1668 (ét. civ.).
Aqueduc et débris romains.
Fief vassal de l'évêché du Puy.

Aubournac, h., c^{ne} de Céaux-d'Allègre. — *Oubournas*, 1672 (communic. de M. E. Grellet de la Deyte). — *Aubornac*, 1698 (Rochette, n^{re}).

Aubusson, chât. dét. et vill., c^{ne} de Mazerat-Aurouze. — *Ecclesia de Albucio*, 1078 (spic. Briv.). — *Castellum de Albutione*, 1091 (*idem*). — *Dominium d'Albusson*, v. 1250 (*idem*). — *Albuso*, 1293 (*idem*). — *Castellania de Albussonio*, 1366 (Baluze, mais. d'Auv., II, 345). — *La chapelle Sainct-Jehan d'Albusson*, 1456 (la Chaise-Dieu, Mazerat-la-Brequeille). — *Aubusson*, 1511 (coust. d'Auv., f° 81 v°).

Auchamp, f., c^{ne} de Saint-Didier-sur-Doulon. — *Mansus d'Altchamp*, 1310 (Cumignac). — *Le Champ*, 1888 (carte adm.).

Audi, chât. ruiné et dom., c^{ne} de Solignac-sur-Loire. — *Boschetum alias Audy*, 1464 (prieuré de Solignac). — *Oudy*, xviiie s. (Cassini).

Audi (L'), ruiss., affluent de gauche de la Loire, c^{ne} de Solignac-sur-Loire. — *Rivus voc. Audus*, 1426 (Rhône, H. 2233 bis). — *Rivus de Mussico*, 1464 (prieuré de Solignac). — *Le ruysseau d'Oudy*, 1626 (Brunel, n^{re}). — *La Mussie*, 1880 (carte adm.).

Audinet, écart, c^{ne} de Brives-Charensac. — *Odinetus Orfeves insulæ Doæ*, 1505 (Domnin, n^{re}). — *Molendinum vetus Doæ*, 1512 (*idem*). — *Le Moly de Doe*, 1515 (cad. de Villeneuve-de-Corsac). — *Audinet, aultrement le Molin vieulx de Doe*, 1546 (Savin, n^{re}). — *Oudinet-lès-Charanssac*, 1597 (Gallien, n^{re}).

Audon (L'), ruiss. qui prend naissance à Jalasset, c^{ne} de Bains, passe à Vourzac et se jette dans la Borne vis-à-vis des Estreys, c^{ne} de Polignac. — *Rivus voc. d'Audo*, 1307 (Haute-Loire, E.); — 1345 (J. de Peyre, n^{re}, reg. D, f° 38 v°). — *Le ruiss.*

d'Audon, 1599 (Doleson, n^{re}). — *Ruiss. de Vourzac*, 1861 (état-major).

Audonès (L'), affl. de l'Allier près de Jonchères, c^{ne} de Rauret. — *Le ruisseau d'Audonnès*, 1622 (aveu par A. Mazet). — *Le Ravin-de-Jonchères*, 1888 (carte adm.).

Augeac, vill., c^{ne} de Bains. — *Aughacum*, 1462 (V. Chauvin, n^{re}). — *Aughac*, 1585 (Johany, n^{re}). — *Oujac*, 1597 (Gallien, n^{re}). — *Oughac*, 1599 (Doleson, n^{re}).

Augier (Moulin-d'), m^{in} sur l'Orcheval, c^{ne} de Présailles. — *Le lieu de Dugier*, 1547 (Chaulet, n^{re}). — *Le Moulin de la Narce sur le ruiss. d'Orcival, avec une maison app. dous Augiers*, 1699 (cad. de Vachères).

Augiers (Les), vill., c^{ne} de Saint-Jeure. — *In villa quæ dicitur Adalgeriis, quæ est in Vellaico*, v. 1025 (cart. du Monastier, n° 215). — *Mansus deus Autgeyrs*, 1314 (év.). — *Los Augiers*, 1507 (év.). — *Les Ougiers*, 1695 (capitation).

Aulagnier (L'), m. i., c^{ne} d'Araules. — *Loulagner* (cad.).

Aulagnier (L'), h., c^{ne} de Riotord. — *Homines de Lolanhier*, 1461 (Rhône, H. 1180). — *Lolanier*, xviiie s. (Cassini). — *Laulagnier*, 1879 (carte adm.).

Aulagnier-Grand (L'), vill., c^{ne} du Mazet-Saint-Voy. — *Terra de Aulanherio*, 1343 (Rhône, H. 1016). — *Loulanier*, 1507 (év.). — *Laulanher-Grand*, 1553 (ress. de Montfaucon).

Aulagnier-Petit (L'), h., c^{ne} du Mazet-Saint-Voy. — *Laulanhier-Petit*, 1608 (cad. de Bonnas).

Aulagnières (Les), h., c^{ne} de Dunières. — *Ollæ Nigræ*, 1368 (chartr. de Lardeyrol). — *Las Aulanheris*, 1375 (la Chaise-Dieu, Saint-Étienne-Lardeyrol). — *Aulanhiers*, 1553 (Rhône, D. 185). — *Les Olanières*, xviiie s. (Cassini). — *Les Aulagnères*, 1888 (Malègue).

Aulanais (Les), vill., c^{ne} de Lapte. — *In pago Vellaico, in vicaria Bassense, villa quæ dicitur Aulanetis*, v. 1080 (cart. de Cluny, ch. 3568). — *Homines deus Aulainhes*, 1314 (év.). — *Locus doux Aulanhes*, 1468 (Rivière, n^{re}). — *Los Aulhaneys, los Aullanes*, 1507 (év.). — *Les Ollaneis*, 1695 (capitation). — *Les Oulanais*, xviiie s. (Cassini). — *Aulannis*, 1888 (Malègue).

Aulanier (L'), écart, c^{ne} de Grazac. — *L'Aulanhes*, 1326 (év.). — *Laulanier*, 1888 (Malègue).

Aulanys, h., c^{ne} de Montregard. — *Aulanhetum*, 1466 (Rivière, n^{re}). — *Aulanhe*, 1469 (*idem*). — *Oulani*, 1695 (capitation). — *Olany*, xviiie s. (Cassini). — *Aulagny*, 1820 (Deribier).

Aunac, vill., c^{ne} du Brignon. — *Aunac*, 1238 (Saint-Vosy). — *Terra d'Aunac quæ est versus Solemniac*, 1256 (év.). — *Ounac*, 1518 (G. Maurin, n^{re}).

Aunac, m. i., c^{ne} de Saint-Just-près-Brioude.

Aunas, h., c^{ne} de Chamalières. — *Onnas*, 1264 (hôtel-Dieu, B. 7). — *Mansus d'Onas*, 1490 (cad. de Mézères). — *Aunas, Honnas*, 1507 (év.). — *Ounas*, 1558 (Vacharel, n^{re}). — *Onnas*, 1571 (Cl. Girard, n^{re}).

Aunas, h., c^{ne} de Vorey.

Aupinnac, vill., c^{ne} de Saint-Pierre-Eynac. —*Alpinnac*, 1210 (hôtel-Dieu, B. 197). — *Alpinhac*, 1333 (Arch. nat., R². 39). — *Mansus de Alpinhaco*, 1387 (év.). — *Alpinhacum secus Lardeyrolium*, 1478 (la Chaise-Dieu, Saint-Étienne-Lardeyrol). — *Ompinhac*, 1561 (Savin, n^{re}). — *Opinhac*, 1629 (Demons, n^{re}).

Aurac-Lafayette, m. i., c^{ne} de Saint-Georges-d'Aurac.

Aurec, c^{on} de Saint-Didier-la-Séauve. — *Ecclesia S. Petri de Auriaco*, v. 1030 (La Mure, ducs de Bourbon, III, pr., 16). — *Prior de Aurecyo*, 1299 (les Olim, III, 2). — *Mandamentum d'Aurec*, 1317 (Arch. nat., P. 1400³, c. 990).— *Castrum Aureaci*, 1322 (Arch. nat., P. 494¹, c. 44). — *Auriacum supra Litgerim*, 1405 (Drôme). — *Auriec*, xvi⁰ s. (Médicis, II, 343). — *Ourier*, 1569 (terrier de Saint-Didier). — *Aurec-Nerestang*, 1674 (Haute-Loire, B. 29).

En 1789, Aurec faisait partie de la province du Velay et de la subdélégation et sénéchaussée du Puy. Son église paroissiale, diocèse du Puy et archiprêtré de Monistrol-sur-Loire, était dédiée à saint Pierre; le prieur présentait à la cure.

Aurelle (Moulin-d'), mⁱⁿ, c^{ne} de Saint-Quintin-Chaspinhac. — *Molendinum de Peyrederiis*, 1489 (Richon, n^{re}).

Aurelles, h., c^{ne} de Jullianges.

Auriac, f., c^{ne} des Estables.

Auriac, f., c^{ne} de Saint-Front. — *Mansus d'Aureac*, 1321 (cart. de Mazan, f° 103). — *Hæreditas de Aureaco*, 1451 (*idem*, f° 53).

Auroure, vill., c^{ne} de Saint-Ferréol-d'Auroure. — *Duos Roures, per. S. Fereoli*, 1396 (homm. de Solignac).

Aurouze (L'), affl. de la Senouire, c^{nes} de Jax et de Mazerat-Aurouze. — *L'Ourouze* (cad.).

Aurouze, mont., c^{ne} de Léotoing. — *Mons d'Auroza*, 1295 (spic. Briv.).

Aurouze, chât. dét. et vill., c^{ne} de Mazerat-Aurouze. — *Castrum de Aurosa*, 1078 (spic. Briv.). — *Auroza*, 1341 (terrier de Charbonnier). — *Auroze*, 1511 (coust. d'Auv., f° 81 v°).

Aussac, h., c^{ne} d'Alleyras. — *Mansus d'Aussac*, 1343 (év.). — *Homines de Aussaco*, 1513 (prieuré d'Alleyras).

Auteyrac, loc. dét., c^{ne} de Cohade. — *In villa quæ dicitur Altariaco*, 934 (cart. de Brioude, ch. 2). — *Territorium d'Alteirac*, 1453 (terrier du ford. de Br.). — *Le terroir d'Aulteyrat*, 1605 (terrier du chap. de Br.). — *Le terroir d'Auteyrat sive du Fond du Breuil*, 1742 (terrier du doy. de Br.).

Auteyrac, c^{on} de Langeac. — *Autariacum*, 1078 (spic. Briv.). — *Ecclesia de Alteraco*, 1127 (cart. de Pébrac, n° 11). — *Ecclesia Alteriaci*, v. 1128 (idem, n° 12). — *El Mas d'Altairac*, xii⁰ s. (idem, n° xlvi-53). — *Aultayrac, Autayrat*, 1379 (compte de B. Flotenc). — *Aulteyrat*, 1398 (compte de B. Sannadre). — *Alteyrac*, 1401 (spic. Briv.). — *Parochia B. Mariæ de Alteyraco*, 1467 (Bibl. nat., lat., n. acq., 1223, f° 322 v°). — *Auteyrac*, 1587 (Sigaud, n^{re}).

En 1789, Auteyrac faisait partie de la province d'Auvergne, de l'élection de Brioude, de la subdélégation de Langeac et du présidial de Riom. Son église paroissiale, diocèse de Saint-Flour et archiprêtré de Langeac, était sous le vocable de Notre-Dame.

Par décret du 28 juin 1810, le chef-lieu de la succursale d'Auteyrac a été transféré à Sorlhac.

Auteyrac, lieu, près Longe-Sagne, c^{ne} de Pradelles. — *Autairat*, 1289 (Arch. nat., P. 1398¹, cote 652). — *Autayrac*, 1336 (Arch. nat., P. 1398², cote 669). — *Affare de Autayraco prope Pratellas*, 1347 (Rhône, E. 8).

Auteyrac, vill., c^{ne} de Saint-Julien-Chapteuil. — *Autcyrac*, 1328 (homm. de l'év.). — *Alteyracum*, 1521 (coll. C. Falcon). — *Aucteyrac*, 1546 (Savin, n^{re}).

Auteyrac, vill. c^{ne} de Saint-Martin-de-Fugères. — *Villa d'Altairac*, 1309 (Arch. nat., P. 1398², cote 676). — *Mansus de Autayraco*, 1342 (Rhône, E. 8). — *Auteyracus, Aucteirat*, 1473 (Maltrait, n^{re}). — *Alteyrac*, 1478 (Arch. nat., P. 1362², cote 1115). — *La Mecterie d'Aulteyrac rière Vachières*, 1616 (Eymar Barry, n^{re}).

Auteyrac, l. dét., c^{ne} de Sembadel. — *Mansus de Altayrac, situs in parochia de Sambadel*, 1275 (la Chaise-Dieu, Saint-Allyre).

Auteyrac, l. dét., c^{ne} de Venteuges. — *Calma de Alteyraco*, 1459 (Bibl. nat., lat., n. acq., 1222, f° 131 v°). — *Habitantes d'Alteyrac*, 1466 (idem, 1223, f° 290).

Auteyrac (Le Mas-d'), f., c^{ne} de Cayres. — *Altairac*,

Altayrac, 1308 (év.). — *Autayrac*, 1344 (J. de Peyre, n°°). — *Locus de Alteraco*, 1490 (Servant, n°°).

Autinac, f., c°° de Chaudeyrolles. — *Autinhac*, *Outinhat*, 1464 (Ardèche, C. 624). — *Outinhac-lez-Arsac*, 1654 (ét. civ.).

Autrac, c°° de Blesle. — *Ecclesia S. Juliani de Autrac*, 1185 (spic. Briv.). — *Ecclesia de Aultrac*, xiv° s. (A. Bruel, reg. de G. Trascol, 112). — *Auctrat*, 1398 (compte de B. Sannadre). — *Autrac*, 1401 (spic. Briv.). — *Antrat*, 1493 (terrier de Blesle). — *Cura S. Juliani d'Austrat*, xvi° s. (Pouillé de Clermont, 784).

En 1789, Autrac faisait partie de la province d'Auvergne, de l'élection et de la subdélégation de Brioude et du présidial de Riom. Son église paroissiale, diocèse de Clermont et archiprêtré d'Ardes, était sous l'invocation de saint Julien; l'abbesse du monastère de Blesle présentait à la cure.

Autras (Les), h., c°° de Léotoing. — *Les Autracz*, 1516 (la Chaise-Dieu, Chambezon). — *Les Aultratz*, 1614 (Arch. nat., R⁴. 1045). — *Les Autras*, xviii° s. (Cassini). — *Autrac*, 1855 (état-major).

Auvergnasse (L'), m. i., c°° de Saint-Jeure.

Auvergnat, m. i., c°° de Saint-Didier-la-Séauve.

Auvergnes (Les), f., c°° de Chanteuges. — *Pierre Auvergne*, 1443 (spic. Briv.). — *Petrus Auvernhe*, 1457 (Bibl. nat., lat., n. acq., 1222, f° 49). — *Les Auvergny*, xviii° s. (Cassini).

Auvernat, loc. dét., c°° de Javaugues. — *In... vicaria [Brivatæ], in villa quæ dicitur Alvernago*, 956 (cart. de Brioude, ch. 27). — *Mansus dal Vernhiac*, 1274 (Cumignac). — *Mansus del Vernhac*, 1298 (spic. Briv.). — *Jehan Auvernhat*, 1443 (idem).

Auvers, c°° de Pinols. — *Mansus d'Alvers*, 1459 (Bibl. nat., lat., n. acq., 1222, f° 115 v°). — *Auvercium*, 1505 (Thiolent). — *Auvers*, 1511 (coust. d'Auv., f° 80). — *Anvers*, 1888 (Malègue).

En 1789, Auvers faisait partie, au temporel et au spirituel, de Nozeyrolles, qu'il a remplacé comme chef-lieu de commune, en vertu d'un décret du 1ᵉʳ novembre 1900.

Auvige, écart, c°° de Chamalières.

Auzat, vill., c°° de Villeneuve-d'Allier. — *Aozac*, 1326 (Bibl. nat., ms. fr., 14377, p. 6). — *Auzac*, 1379 (Arch. nat., Z². 4143, p. 3). — *Mansus de Ausac*, 1380 (idem, p. 71). — *Auzat*, *Ausat*, 1460 (Arch. nat., ZZ. 359, p. 26 et 28).

Auze (L'), ruiss., prend naissance dans la commune de Mazoires (Puy-de-Dôme), arrose la commune de Torsiac et se jette dans l'Allagnon au-dessous de Léotoing.

Auze (L'), ruiss., prend naissance à Valaugeon, c°° d'Araules, limite les communes de Saint-Jeure et d'Yssingeaux et se jette dans le Lignon au Pont-de-l'Enceinte. — *Ausa*, 1276 (Saint-Chaffre). — *Aqua d'Aussa*, 1359 (Rhône, H. 2632). — *L'Auza*, 1515 (terrier de Choumouroux, f° 13). — *Auzé*, xviii° s. (Cassini).

Auzepis (Les), loc. dét., c°° de Vissac. — *Mansus d'Ausepy*, 1372 (homm. de Vissac). — *Le Mas des Auzepis*, 1379 (idem).

Auzon, arr. de Brioude. — *Castrum Also*, xi° s. (cart. de Sauxillanges, n° 113). — *Vicaria de Alson*, xi° s. (idem, n° 677). — *Ecclesia S. Laurentii Alsonensis*, 1117 (Gall. christ., II, c. 267). — *Archipresbiter de Ozun*, xii° s. (Bibl. nat., ms. l. 9085, f° 50 v°). — *Castrum d'Alzo*, *Alsos*, 1206 (spic. Briv.). — *Ausonium*, 1220 (idem). — *Alzonium*, 1252 (idem). — *Oson*, 1258 (Arch. nat., J. 190ᵇ, n° 61). — *Domus Dei de Auzonio*, 1293 (spic. Briv.). — *Ozon*, 1358 (Arch. nat., JJ. 86, n° 182). — *Aulzon*, 1379 (compte de B. Flotenc). — *Auzon*, 1401 (spic. Briv.). — *Alzon en Auvergne*, 1412 (idem).

En 1789, Auzon, ville avec titre de baronnie, était compris dans la province d'Auvergne, l'élection et subdélégation d'Issoire et dans le ressort du présidial de Riom. Son église paroissiale, diocèse de Saint-Flour et archiprêtré de Brioude, était dédiée à saint Laurent; le chapitre de Clermont présentait à la cure.

Auzon (L'), riv., prend sa source au nord de la commune de Champagnac, traverse la commune de Saint-Hilaire et se jette dans l'Allier à Auzon.

Avène (L'), ruiss., prend naissance au sud de Frouges, c°° de Rageade (Cantal), entre dans le département de la Haute-Loire, non loin des limites des c°°° d'Ally et de Saint-Austremoine et se jette dans l'Allier au nord-est de Saint-Cirgues. — *Le rifz d'Avene*, 1613 (Mercurial). — *La Veine*, 1880 (carte adm.).

Avining (Moulin-), m°° sur l'Arzon, c°° de Bellevue-la-Montagne.

Avits (Les), h., c°° de Coubon. — *Locus doux Avitz*, 1522 (Sobrier, n°°). — *Lous Avytz*, 1568 (Savin, n°°).

Avouac, h., c°° du Monastier. — *Villa cui vocabulum est Avojaco*, 840 (cart. du Monastier, n° 58). — *Avoacum*, 1484 (Arcis, n°°). — *Avohac*, 1602 (Robert, n°°). — *Avoac*, 1785 (Julien, n°°).

Avards (Les), h., c^ne de Beaulieu.

Avas (Les), m. i., c^ne de Saint-Jeure.

Azalabres (Les), loc. dét., c^ne de Montclard. — *Casales vulg. app. los Azalabres*, 1281 (spic. Briv.).

Azanières, vill., c^ne de Blanzac. — *Azeneyras*, 1273 (titres de Saint-Vidal). — *Villa de Azeneriis*, 1306 (tabl. du Velay, 1875-6, 510). — *Asineyras, Aszineyras, Eszineyras*, 1345 (terrier de Pons Ravoux). — *Azeneyres*, 1638 (Barret, n^re).

Azerat, c^on d'Auzon. — *Ecclesia de Azorag*, v. 1011 (cart. de Brioude, ch. 6). — *Azeracus, Arezacus*, 1156 (spic. Briv.). — *Azerac*, 1256 (*idem*). — *Aseracum, Aserat*, 1397 (*idem*). — *Azerat*, 1401 (*idem*).

En 1789, Azerat faisait partie de la province d'Auvergne, de l'élection d'Issoire, de la subdélé-gation de Lempdes et du présidial de Riom. Son église paroissiale, diocèse de Saint-Flour et archi-prêtré de Brioude, était sous le vocable de saint Jean-Baptiste; l'abbé de la Chaise-Dieu présentait à la cure.

Mine de cuivre concédée le 29 novembre 1831.

Azinières, vill., c^ne de Saint-Georges-d'Aurac. — *In vicaria de Aurato, in villa Asinerias*, v. 1000 (cart. de Brioude, ch. 92). — *Asinaires*, 1263 (Arch. nat., J. 190^b, n° 61, f° 54 v°). — *Aseneras*, 1301 (coll. J. Lachenal). — *Decimæ de Asineriis*, 1437 (Gall. christ., II, col. 428). — *Mansus de Azineriis*, 1451 (la Chaise-Dieu, Mazerat-Aurouze). — *Azenieres*, xve s. (Bibl. nat., ms. fr. 22297, p. 170). — *Azenyères*, 1602 (A. Robert, n^re). — *Asinière*, 1888 (carte adm.).

Fief vassal de la baronnie d'Aubusson.

B

Babiol (Mas-de-), m. i., c^ne de Laussonne.

Babonnès, vill., c^ne de Thoras. — *Mansus de Babones*, 1279 (Thiolent). — *Mansus de Babonesio*, 1398 (H^te-Loire, E.). — *Babonesium*, 1526 (A. Besseyre, n^re). — *Baubonès*, 1622 (Peyret, n^re). — *Babonnès*, 1623 (terrier de Vazeilhes). — *Babonets*, 1888 (carte adm.). — *Babonnet*, 1888 (Malègue).

Babony, vill., c^ne de Blesle. — *Baborie*, 1820 (Deribier). — *Baboris*, 1888 (Malègue).

Bacalaine, m. i., c^ne de Saint-Jeure.

Bac-de-Saint-Arcons, m. i., c^ne de Chanteuges. — *La Baraque de Saint-Arcons* (cad.).

Bachas (Le), f., c^ne de Sainte-Sigolène. — *Le Bacha*, 1888 (Malègue).

Bachas (Le), f., c^ne des Vastres.

Bachas-de-la-Peyre (Le), f., c^ne de Montusclat.

Bachasse, f., c^ne du Chambon.

Bachassoux (Les), f., c^ne de Saint-Pal-de-Mons.

Bacon, m. i., c^ne de Saint-Étienne-près-Allègre.

Bacon, m. i., c^ne de Saint-Julien-du-Pinet. — 1622 (Brunel, n^re).

Baconnet, f., c^ne de Langeac. — *Locus de Baconet*, 1481 (Arch. nat., Q. 513, f° 57). — *Baconnay*, 1860 (état-major). — *Bacconet*, 1888 (Malègue).

Bacou, m. i., c^ne de Mazerat-Aurouze. — *Bacon*, 1888 (Malègue).

Bacouneyrou (Mas-de-), f., c^ne du Monastier. — 1785 (Th. Julien, n^re).

Badal (La), m^in sur le Javoulx, c^ne de Vissac. — *Le Molin de la Badal*, 1479 (Bibl. nat., lat., n. acq., 1224, f° 238 v°).

Badet, m. i., c^ne de Dunières.

Badet, m. i., c^ne de Montregard.

Badial (La), h., c^ne de Cistrières. — *Labadial*, 1820 (Deribier).

Badie (La), f., c^ne de Saint-Berain. — *Mansus de la Badia*, 1460 (Bibl. nat., lat., n. acq., 1222, f° 156). — *Labadier*, 1820 (Deribier).

Badinens (Les), h., c^ne de Dunières. — *Badinenc*, 1469 (Rivière, n^re). — *Bardinenc*, 1553 (Rhône, D. 185). — *Le Badinenc*, 1615 (*idem*). — *Le Badynenc*, 1627 (Delafont, n^re). — *Le Badinens*, 1888 (Malègue).

Badiou, écart, c^ne de Rosières.

Badioux (Les), vill., c^ne de Laussonne. — *Locus de Badinis*, 1448 (Monastier). — *Locus doux Badioux*, 1508 (terrier de Coubladour).

Baffoun, vill., c^ne de la Chaise-Dieu. — *Basfourn*, 1446 (Arch. nat., S. 3298).

Bafoulet, m^in sur le Doulon, c^ne de Saint-Didier-sur-Doulon. — *Moulin-Barquantou*, xviiie s. (Cassini).

Bafoy, f., c^ne de Saint-Just-Malmont.

Bagatelle (La), m^in, c^ne de Salzuit.

Bage, m^in sur la Senouire, c^ne de la Chapelle-Bertin.

Bagues (Pierres de), mont., c^ne de Vézézoux.

Baile, m^in sur le Montorgue, c^ne de Montclard.

BAILLALÉES (LES), h., c^{ne} de Saint-Front.

BAINS, c^{on} de Solignac-sur-Loire. — *In pago Vallaico, in villa quæ dicitur Bintis*, 985 (cart. du Monastier, n° 136). — *Ecclesia de Bains*, 1105 (cart. de Conques, n° 475). — *Oppidum Ebais*, xiie s. (Martène, vet. script., VI, 1199). — *Bais*, 1217 (templiers du Puy). — *Castrum d'Esbais*, 1267 (Médicis, I, 80). — *Ebayns*, 1329 (J. de Peyre, n^{re}). — *Apud Esbayns*, 1333 (hôtel-Dieu, B. 461). — *Bayns*, 1335 (J. de Peyre, n^{re}). — *Prioratus S. Fidis de Bains, ord. Conchiensis*, 1394 (la Chaise-Dieu, Saint-Remy). — *Prioratus de Balneis*, 1471 (*idem*, Saint-Didier-d'Allier). — *Baings*, 1571 (A. Boyer, n^{re}).

Patois : *Boyes*.

En 1789, Bains était compris dans la province du Velay, la subdélégation et sénéchaussée du Puy. Son église paroissiale, diocèse du Puy et archiprêtré de Solignac-sur-Loire, était dédiée à sainte Foi ; l'évêque du Puy avait remplacé comme collateur, vers l'année 1762, les Jésuites qui eux-mêmes avaient succédé aux droits du prieur, en 1619.

BAISSAC, vill., c^{ne} de Craponne-sur-Arzon. — *Mansus de Baisac*, v. 1142 (cart. de Chamalières, n° 21). — *Villa de Baisaco*, xiie s. (*idem*, n° 250). — *Ad Avezacum*, 1213 (*idem*, n° 322). — *Beyssacum*, 1447 (terrier de Piassac). — *Beyssac*, 1452 (Arch. nat., P. 1397³, cote 605).

BAISSAC, vill., c^{ne} de Malvières. — *Baysac*, 1277 (la Chaise-Dieu, Malvières). — *Bayssacum*, 1351 (*ibid.*). — *Beissac*, 1888 (carte adm.).

BAISSAT, écart, c^{ne} de Saint-Beauzire. — *Beissat*, 1878 (carte adm.).

BAJASSE (LA), f., c^{ne} de Vieille-Brioude. — *Domus leprosorum de ponte de la Bajassa*, 1161 (Gall. chr., II, inst., c. 134). — *Ecclesia B. Mariæ Magdalenæ Bajassæ*, 1326 (spic. Briv.). — *Prioratus domus canonicorum Bajassiæ, ord. S. Augustini*, 1330 (coll. J. Lachenal). — *La Baghasse*, 1612 (terrier de la Vaudieu). — *Le prieuré conventuel S.-Jean de la Bajasse*, 1623 (Tauret, n^{re}). — *La maladrerie de la Baiasse*, 1713 (coll. J. Lachenal).

Prieuré de l'O. de Saint-Augustin soumis à l'évêque de Saint-Flour et dont la chapelle était sous le vocable de saint Jean. Par lettres royales données à Versailles, en septembre 1737, ce prieuré fut supprimé et uni à l'hôtel-Dieu de Brioude.

BAJASSE (MOULIN-DE-LA), mⁱⁿ sur la Senouire, c^{ne} de Vieille-Brioude.

BAJOUX, f., c^{ne} de Monistrol-sur-Loire. — *Les Bajoux*, 1693 (ét. civ.). — *Bajou*, 1737 (*idem*).

BALAIS, m. i., c^{ne} de Saint-Ferréol-d'Auroure. — *Balay* (cad.). — *Les Balays*, 1879 (carte adm.).

BALAYE (LA), h., c^{ne} du Pertuis.

BALAYES (LES), vill., c^{nes} d'Araules et de Champclause.

BALAYES (LES), f., c^{ne} de Dunières.

BALAYES (LES), h., c^{ne} de Grazac. — 1695 (terrier de Chabrespine).

BALAYES (LES), f., c^{ne} du Mazet-Saint-Voy.

BALAYES (LES), h., c^{ne} de Raucoules.

BALAYES (LES), f., c^{ne} de Tence. — *Mansus de las Balayas*, 1324 (cart. de Tence, f° 2 v°).

BALAYES-DE-MARNHIER (LES), f., c^{ne} de Montregard. — *Las Balayas*, 1556 (terrier de Montregard).

BALDASSET, lieu dit, c^{ne} de Pébrac. — *Territ. del Baldasset in pertin. loci de Piperaco*, 1463 (Bibl. nat., ms. lat., n. acq., n° 1223, f° 93).

BALDEYRAC, l. dét., c^{ne} de Venteuges. — *Territorium de Baldeirac, juxta rivum de la Bastida*, 1466 (Bibl. nat., lat., n. acq., 1223, f° 305 v°).

BALE, loc. dét., c^{ne} de Chassignolles. — *Mansus de Bale*, 1358 (spic. Briv.).

BALIBAUD, m. i., c^{ne} de Saint-Paulien. — *Bahibaud* (cad.). — *Bayban*, 1872 (Malègue).

BALIER, loc. dét., c^{ne} de Mazerat-Aurouze. — *Mansus de Balier*, 1454 (la Chaise-Dieu, Mazerat-Aurouze). — *Baleyr*, 1463 (*idem*).

BALISTRE, vill., c^{ne} de Champagnac. — *Mansus de Balestre*, xive s. (terrier des Grèzes).

BALISTROUX, f., c^{ne} de Champagnac. — *Balistrousse*, 1888 (Malègue).

BALOUTIER, m. i., c^{ne} de Saint-Julien-Molhesabate. — *Balioutier*, 1879 (carte adm.).

BALZAC, vill., c^{ne} de Saint-Géron. — *In Balziaco*, v. 1010 (cart. de Sauxillanges, n° 672). — *Balsac*, 1291 (spic. Briv.). — *Balssac*, 1587 (Sigaud, n^{re}).

BALZAC, l. dét., près la Mahuche, c^{ne} de Saint-Vénérand. — 1780 (cad. de Vabres).

BANCEL (LE), f., c^{ne} de Chaudeyrolles. — *Territorium del Bancel*, 1464 (Ardèche, C. 624).

BANCEL (LE), h., c^{ne} de Dunières. — 1269 (homm. de l'év.). — *Locus del Bancel*, 1468 (Rivière, n^{re}). — *Lou Bansel*, 1553 (ress. de Montfaucon). — *Bancel*, 1888 (Malègue).

BANCILLON, mⁱⁿ sur le Javoulx, c^{ne} d'Auteyrac. — *Moulin de Bouchilhon*, xviiie s. (Cassini). — *Banchillon*, 1869 (Malègue). — *Bansillon*, 1880 (carte adm.).

BANCILLON (LE), vill., c^{ne} de Saint-Ilpize. — *Lo Bansilho*, 1339 (Bibl. nat., ms. fr., 14377, p. 189). — *Mansus del Bancilho*, 1385 (Arch. nat., Z². 4144, p. 55). — *Lo Banssilion*, 1464 (Bibl. nat., ms. fr.

11491, p. 365). — *Le Bancilion,* 1625 (terrier du Chambon de Blau). — *Banchillon,* 1888 (Malègue).

BANDILLON, h., c^ne de Tence.

BANIÈRES, vill., c^ne de Chastel. — *Banhieyres,* 1486 (terrier de Tailhac). — *Bannière,* 1869 (Malègue).

BANNAT, vill., c^ne de Couteuges. — *Mansus de Banat,* 1469 (Bibl. nat., ms. lat., n. acq., 1223, f° 377).

BANQUE (LA), h., c^ne d'Araules.

BANQUE (LA), f., c^ne de Queyrières.

BANS (LES), lieu dit, c^ne de Mézères. — *Le lieu doux Bans,* 1553 (terrier de Liques).

BAPAUMES, lieu disparu, c^ne de Bellevue-la-Montagne. — *Batpalmas,* 1222 (Martène, thes. nov. anecd., I, 897).

BAR, mont. à cratère, c^ne d'Allègre. — *Bar,* 1163 (hospit. du Velay). — *Bar,* 1268 (Arch. nat., P. 493², cote 104). — *La Montagne de Bard,* 1824 (Deribier, statist. 74).

BARANDONS (LES), h., c^ne du Chambon.

BARANTAINE, h., c^ne de Saint-Jeure. — 1773 (ét. civ.).

BARAQUE (LA), écart, c^ne d'Auvers.

BARAQUE (LA), écart, c^ne de Bellevue-la-Montagne. — *Les Baraques-de-Touzet,* 1888 (carte adm.).

BARAQUE (LA), écart, c^ne de Cayres.

BARAQUE (LA), m. i., c^ne de Collat.

BARAQUE (LA), m. i., c^ne de Croisance.

BARAQUE (LA), écart, c^ne de Cussac. — *Les Baraques-de-Malpas,* 1880 (aff. jud.).

BARAQUE (LA), h., c^ne de Fontanes.

BARAQUE (LA), m. i., c^ne de Frugières-le-Pin.

BARAQUE (LA), m. i., c^ne de Léotoing.

BARAQUE (LA), écart, c^ne de Lorlange.

BARAQUE (LA), m. i., c^ne de Mazeyrat-Crispinhac.

BARAQUE (LA), m. i., c^ne de la Mothe. — *Les Baraques,* 1888 (Malègue).

BARAQUE (LA), f., c^ne de Pébrac. — *La Mayso,* 1478 (Bibl. nat., lat., n. acq., 1224, f° 194 v°). — *Le lieu de la Maison,* 1774 (terrier de Pébrac). — *La Baraque de Saint-Victor,* 1888 (Malègue).

BARAQUE (LA), écart, c^ne de Roche-en-Régnier. — *Baraque-de-Retournac,* 1888 (Malègue).

BARAQUE (LA), m. i., c^ne de Saint-Éble.

BARAQUE (LA), m. i., c^ne de Saint-Geneys-près-Saint-Paulien.

BARAQUE (LA), m. i., c^ne de Saint-Julien-du-Pinet.

BARAQUE (LA), m. i., c^ne de Saint-Paul-de-Tartas.

BARAQUE (LA), m. i., c^ne de Saint-Paulien. — *Les Baraques,* 1888 (Malègue).

BARAQUE (LA), m. i., c^ne de Saint-Romain-Lachalm.

BARAQUE (LA), écart, c^ne de Saint-Vénérand. — *Les Baraques,* 1888 (Malègue).

BARAQUE (LA), m. i., c^ne de Saint-Vincent. — *La Baraque-du-Breuil,* 1888 (carte adm.).

BARAQUE (LA), m. i., c^ne de Valprivas. — *Les Baraques,* 1879 (carte adm.).

BARAQUE (LA), écart, c^ne de Vernassal.

BARAQUE (LA), m. i., c^ne de Vieille-Brioude.

BARAQUE (MAS-DE-LA), écart, c^ne de Saint-Jean-Lachalm.

BARAQUE (MAS-DE-LA), m. i., c^ne de Salettes.

BARAQUE-BASSE (LA), m. i., c^ne de Saint-Georges-d'Aurac. — *La Baraque,* 1888 (Malègue).

BARAQUE-CHAPUIS (LA), m. i., c^ne de Saint-Jean-de-Nay.

BARAQUE-D'ALLÈGRE (LA), m. i., c^ne de Saint-Paulien.

BARAQUE-DE-BARTHOMEUF (LA), écart, c^ne d'Espalem. — *La Baraque,* 1888 (Malègue).

BARAQUE-DE-BAYON (LA), m. i., c^ne de Saint-Privat-du-Dragon.

BARAQUE-DE-BERGOUGNOUX (LA), m. i., c^ne de Saugues.

BARAQUE-DE-BUGEAC (LA), m. i., c^ne de Grèzes.

BARAQUE-DE-CÉNAC (LA), m. i., c^ne de Saint-Didier-sur-Doulon. — *Baraque-de-Sénat,* 1888 (Malègue).

BARAQUE-DE-CHAI (LA), m. i., c^ne de Couteuges.

BARAQUE-DE-CHASSIGNOLLES (LA), écart, c^ne de Chassignoles.

BARAQUE-DE-CHASTRETTE (LA), écart, c^ne de Saint-Hilaire.

BARAQUE-DE-CHAZAL (LA), écart, c^ne de Lubilhac.

BARAQUE-DE-CHOUMAS (LA), écart, c^ne de Saint-Préjet-d'Allier. — *Baraque-de-Chaumat,* 1888 (carte adm.).

BARAQUE-DE-COLLANGES (LA), m. i., c^ne de Loudes.

BARAQUE-DE-CORDES (LA), écart, c^ne de Bains. — *La Baraque-de-Vigouroux,* 1882 (aff. jud.).

BARAQUE-DE-DELHY (LA), m. i., c^ne de Loudes.

BARAQUE-DE-GLIZENEUVE (LA), écart, c^ne de Lubilhac.

BARAQUE-DE-JACAROU (LA), m. i., c^ne de Loudes. — *Baraque-de-Lanthenas,* 1869 (Malègue).

BARAQUE-DE-JENZAC (LA), m. i., c^ne de la Vaudieu.

BARAQUE-DE-LA-BOMBERIE (LA), écart, c^ne de Saint-Privat-du-Dragon. — *La Baraque-de-Bayon,* 1888 (Malègue).

BARAQUE-DE-LA-CHAMP, autrement DE-LA-FAYETTE, m. i., c^ne de Venteuges. — *Baraque-de-la-Fagette,* 1888 (Malègue).

Baraque-de-la-Croix (La), écart, c^ne de Saint-Hilaire.

Baraque-de-la-Fage ou de-Montagnac, m. i., c^ne de Venteuges.

Baraque-de-la-Vigne (La), écart, c^ne de Tailhac.

Baraque-de-Laurillou (La), m. i., c^ne de Couteuges.

Baraque-de-Lugeac (La), m. i., c^ne de la Vaudieu.

Baraque-de-Margoton (La), écart, c^ne de Blesle.

Baraque-de-l'Enceinte (La), écart, c^ne de Grazac.

Baraque-de-Passevite (La), m. i., c^ne de Saugues.

Baraque-de-Prentegarde (La), m. i., c^ne de Saugues.

Baraque-de-Recoules (La), m. i., c^ne de Grèzes.

Baraque-de-Robert (La), m. i., c^ne de Salettes.

Baraque-de-Roux (La), m. i., c^ne de Vabres.

Baraque-de-Servières (La), écart, c^ne de Blesle.

Baraque-des-Esperens (La), m. i., c^ne de Saugues. — Esperens, 1888 (Malègue).

Baraque-des-Innocents (La), m. i., c^ne de Saint-Géron.

Baraque-des-Treize-Vents (La), écart, c^ne de Lubilhac.

Baraque-de-Vauzelle (La), écart, c^ne de Lubilhac.

Baraque-du-Bateau-d'Allier (La), écart, c^ne de Saint-Vénérand.

Baraque-du-Bois (La), écart, c^ne de Roche-en-Régnier.

Baraque-du-Bois-Noir (La), m. i., c^ne de Félines.

Baraque-du-Cros (La), m. i., c^ne de Saugues.

Baraque-du-Lanier (La), m. i., c^ne de la Vaudieu.

Baraque-du-Maréchal (La), écart, c^ne de Léotoing. — Baraque-de-Ratapey (cad.)

Baraque-du-Pin (La), écart, c^ne de Saint-Hilaire.

Baraque-du-Plot (La), écart, c^ne de Saint-Vénérand.

Baraque-du-Pont (La), écart, c^ne de Léotoing.

Baraque-du-Pont ou de-Masset, m. i., c^ne de Venteuges.

Baraque-du-Treize (La), m. i., c^ne de Paulhaguet.

Baraque-Fouillon (La), écart, c^ne de Saint-Hilaire.

Baraque-Haute, écart, c^ne de Bellevue-la-Montagne.

Baraque-Haute (La), m. i., c^ne de Saint-Georges-d'Aurac.

Baraque-Journet (La), écart, c^ne de Loudes. — La Baraque-du-Lougé (cad.).

Baraque-Neuve (La), m. i., c^ne de Saugues.

Baraque-Ostalier (La), écart, c^ne de Saint-Hilaire. — Baraque-Francolon.

Baraque-Robert (La), écart, c^ne de Saint-Hilaire.

Baraques (Les), h., c^ne de la Chapelle-d'Aurec.

Baraques (Les), h., c^br de Domeyrat. — La Baraque (cad.).

Baraques (Les), h., c^ne de Fay-le-Froid.

Baraques (Les), m. i., c^ne de Saint-Bonnet-le-Froid.

Baraques (Les), h., c^ne du Mazet-Saint-Voy. — La Baraque, 1888 (Malègue).

Baraque-Sabatier (La), écart, c^ne de Saint-Hilaire. — Baraque-Baganet.

Baraques-de-Fournet (Les), h., c^ne de Tence.

Baraques-du-Pont-Cervier (Les), écart, c^ne de Cohade.

Baraquette (La), écart, c^ne de Roche-en-Régnier. — La Baraque-de-Dignac, 1869 (Malègue).

Barasson, écart, c^ne de Beaux.

Barbanson, f., c^ne de Mazerat-Aurouze.

Barbary, m. i., c^ne de Saint-Vincent.

Barbaste, lieu dit, c^ne de Solignac-sur-Loire. — Barbasta, 1218 (templiers du Puy). — Lo cher de Barbasta, 1238 (Saint-Vosy). — Nemus de Barbasta, 1386 (homm. de Solignac).

Barbaste (La), c^ne de Saint-Front. — La Barbaste, pierre plantée qui sépare les mand. de Bonnefont et du Mezenc, 1646 (cad. de Bonnefont).

Barbatte (La), écart, c^ne de Cistrières. — La Barbathe, 1888 (Malègue).

Barbesude (La), m. i., c^ne de Présailles.

Barbeyre (La), dom., c^ne de Polignac. — Fontagiers, 1505 (Haute-Loire, E.). — La Barbeyre, 1695 (capitation). — Fontagier, autrement la Barbeyre, 1784 (jacobins).

Barbières (Les), f., c^ne de Montfaucon.

Bard, vill., c^ne de Bournoncle-la-Roche. — In.. aice (Brivatensi), villa cujus vocabulum est Barro, 922 (cart. de Brioude, ch. 30). — Villa Barrus (Bibl. nat., lat. 17078, p. 20 v°). — Bar, 1353 (coll. J. Lachenal). — Mansus de Bars, 1429 (terrier du doyenné de Br.). — Bardz, 1610 (terrier du chap. de Br.).

Bard, m. i., c^ne de Saint-Jeure.

Bard, vill., c^ne de Saint-Julien-Chapteuil. — Bar, 1296 (homm. de l'év.)

Barde (Lou), bois, c^ne de Saint-Ilpize.

Bardet, f., c^ne du Monastier.

Bardet (Moulin-de-), sur le Cougoussac, c^ne de Pinols.

Bardissons (Les), écart, c^ne de Grazac. — Les Bardissoux, 1888 (Malègue).

Bardy, m. i., c^ne du Pont-Salomon.

Barge (La), chât. ruiné, c^ne de Saint-Jean-Lachalm. — La Baria, 1179 (hospit. du Velay).

Bargeasse (Le), affl. du Chassidon, c^ne de Saint-Etienne-du-Vigan.

Bargelioux, h., c^ne de Saint-Just-près-Brioude. — *Bregelioux*, 1820 (Deribier).

Barges, c^on de Pradelles. — *Barias*, 1234 (la Chaise-Dieu, Saint-Paul-de-Tartas). — *Barges*, 1258 (cart. du Monastier, n° 450). — *Bargas*, 1270 (la Chaise-Dieu, Saint-Paul-de-Tartas). — *Baries*, 1281 (*idem*). — *Locus de Bargiis*, 1462 (V. Chauvin, n^re). — *Barges, par. de Saint-Arcons*, 1563 (Raph. Maurin, n^re).

En 1789, Barges faisait partie de la province de Vivarais et du bailliage de Villeneuve-de-Berg. Au spirituel, il dépendait de la paroisse de Saint-Arcons-de-Barges.

Église érigée en succursale, par ordonnance royale du 3 juillet 1843.

Barges, h., c^ne des Vastres. — 1696 (état civ.).

Barges (Le), affl. de la Méjeanne, c^nes de Barges et de Saint-Arcons-de-Barges.

Bargette (La), lieu détr., c^ne de Saint-Pal-de-Murs. — *Apendaria de la Bargeta*, 1275 (spic. Brivat.).

Bargettes, vill., c^ne de Landos. — *Villa quæ dicitur Bargitas, in pago Vellaico*, 954 (cart. du Monastier, n° 92). — *Villa de Barietis*, 1097 (*idem*, n° 243). — *Bariettas*, 1256 (év.). — *Barjetas*, 1281 (la Chaise-Dieu, Saint-Paul-de-Tartas). — *Villa quæ vocatur Bargetum*, 1290 (Martène, ampliss. coll., II, c. 1305). — *Bargetas*, 1507 (év.). — *Bargetes*, 1587 (Sigaud, n^re).

Barlet, vill. et mine d'antimoine, c^ne de Langeac. — *Villa quæ Bertlenus vocitatur*, v. 1130 (cart. de Pébrac, n° 33). — *Bertle*, xii° s. (*idem*, n° 46^45). — *Berle*, xii° s. (*idem*, n° 27). — *Mansus de Barle*, 1458 (Bibl. nat., lat., n. acq., 1222, f° 86).

Concession du 25 juillet 1849.

Barlet (Le), affl. de la Méjeanne, c^ne d'Arlempdes. — *Le Coulombs*, 1888 (carte adm.)

Barlhot, m. i., c^ne de Domeyrat.

Barlière, m. i, c^ne de Vals-près-le-Puy.

Barlières, vill., c^ne de Bournoncle-la-Roche. — *In comitatu Brivatensi, villa quæ dicitur Berlerias*, 935 (cart. de Brioude, ch. 158); — 976 (cart. de Sauxillanges, ch. 82). — *Barleyras*, 1453 (terrier du fordoyenné de Br.). — *Barlière* (cad.).

Barlières, écart, c^ne de Connangles. — *Berleriœ*, xv° s. (la Chaise-Dieu, Connangles). — *Berleyras*, 1462 (*ibid.*). — *Barlière*, 1888 (carte adm.).

Barnafre, f., c^ne de Champelause.

Barnet (Peu de), mont., c^ne de Ferrussac.

Barnier, m^in sur la Borne, c^ne de Lissac.

Barnus (La), pagésie à Montmoirac, c^nes d'Autrac. — 1493 (terrier de Blesle).

Baronette, écart, c^ne de Chamalières.

Barques (Les), m. i., c^ne d'Aurec.

Barral, m. i, c^ne de Rosières.

Barral, m. i., c^ne d'Yssingeaux.

Barral (Moulin-de-), m^in sur le Lignon, c^ne d'Yssingeaux.

Barrande, f. et m^in sur le Pontajou, c^ne de Saugues.

Barraux (Les), f., c^ne de Vissac. — *Lous Barrals*, 1576 (terrier du Cluzel). — *Les Barreaux*, 1888 (Malègue).

Barray, h., c^ne de Saint-Julien-Molhesabate. — *Barrey*, 1879 (carte adm.).

Barret, h., c^ne du Pont-Salomon. — *Baret*, 1888 (Malègue).

Barret, vill., c^ne de Saint-Georges-d'Aurac. — *Baret*, 1513 (la Chaise-Dieu, Mazerat-Aurouze).

Barret, écart, c^ne de Saint-Pal-de-Mons.

Barret, chât. et f., c^ne de Sanssac-l'Église. — 1250 (Saint-Mayol, invent.). — *Barret*, 1346 (J. de Peyre, n^re). — *Locus de Barreto*, 1506 (Haute-Loire, E.).

Barrets (Les), f., c^ne de Langeac. — 1502 (Arch. nat., Q. 513, f° 200).

Barreyre (Moulin-de-), m^in sur la Semène, c^ne de Saint-Didier-la-Séauve. — *Moulin-Barreire*, 1879 (carte adm.).

Barribas, vill., c^ne de Monlet. — *Villa de Barribac*, 1263 (Martène, thes. nov. anecd., I, 116). — *Mansus de Baribac*, 1375 (Arch. nat., S. 3299, n° 2). — *Barribacum*, 1375 (la Chaise-Dieu, liasse Barribas). — *Barribat*, 1531 (*ibid.*). — *Baribas*, 1561 (Médicis, I, 507). — *Bariba*, xviii° s. (Cassini).

Barrière (La), vill. détr., c^ne de la Chapelle-Geneste. — *Mansus de la Barreira*, 1373 (la Chaise-Dieu, la Chapelle-Geneste).

Barrière (La), m. i., c^ne de Lempdes.

Barriol-de-Pleyné, m. i., c^ne de Tence.

Barriols (Les), vill., c^ne de Saint-Julien-Chapteuil. — *Bairuel*, 1210 (templiers du Puy). — *Barruol*, 1473 (év.). — *Baruol*, 1507 (év.). — *Barriol*, 1535 (Savin, n^re).

Barris (Les), h., c^ne de Saint-Maurice-de-Lignon. — *Les Barry*, 1888 (Malègue).

Barris (Les), h., c^ne d'Yssingeaux. — *Clausi del Barri*, 1312 (év.).

Barrot, h., c^ne de Queyrières. — *La Champ de Baraud*, 1820 (Deribier).

Barry, f., c^ne d'Araules. — 1639 (Haute-Loire, E.).

Barry, h., c^ne de Grazac.

Barsende, f^me et porte du bourg de Polignac. —

Fons Bercenda, v. 1070 (cart. de Pébrac, n° 3). — *Al portal de Barsenda*, 1369 (coll. César Falcon).

Bartaillat (Le), affl. de l'Allier à la limite des c^nes de Saint-Ilpize et de Brioude. — *Rivus de Bertellat*, 1460 (Arch. nat., ZZ. 359, f° 10).

Barthalard, bois, c^ne de Saint-Ilpize.

Barthe (La), écart, c^ne de la Besseyre-Saint-Mary. — *La Bartha*, 1539 (Thiolent). — *Le mas de la Barte*, 1749 (terrier du Besset).

Barthe (La), m. i., c^ne de Domeyrat. — *Labarthe*, 1888 (carte adm.).

Barthe (La), écart, c^ne de Jullianges. — *Les Barthes*, 1888 (Malègue).

Barthe (La), f., c^ne de Pinols. — *Mansus de la Barthe*, 1486 (terrier de Tailhac).

Barthe (La), f., c^ne de Saint-Front. — 1695 (capitation).

Barthe (La), terroir boisé près Servissas, c^ne de Saint-Germain-Laprade. — *La Bartha pavoroze*, 1568 (Savin, n^re).

Barthe (La), m^in sur le Ceroux, c^ne de Vieille-Brioude.

Barthe-Redonde, f., c^ne de Présailles.

Barthe-Redonde (Petit-), f., c^ne de Présailles.

Barthes (Les), bois, c^ne de Ferrussac.

Barthes (Les), bois, c^nes de Freycenet-la-Tour et de Moudeyres. — *Territorium de las Bartas*, 1524 (cad. du Monastier). — *Le boys des Barthes*, 1568 (Nicolas, n^re).

Barthes (Les), f., c^ne des Vastres. — *Les Bartes*, 1888 (carte adm.).

Barthes (Les), houillère, c^ne de Vergongheon. — Concession du 11 février 1829.

Barthol, m. i., c^ne de Domeyrat. — *Barlhot*, 1872 (Malègue).

Barthol, m. i., c^ne de Saint-Préjet-Armandon. — *Berthal*, 1888 (Malègue).

Barthomeuf (Moulin-), m^in sur la Ramade, c^ne de Ferrussac.

Barthoumiau, f., c^ne de Champclause.

Bartoux (Côte de), mont., c^ne de Vézézoux.

Bartouys (Le), affl. du Malaval, c^ne d'Ouïdes.

Bary (Le), m. i., c^ne du Monteil.

Bas, arr. d'Yssingeaux. — *Territorium Bassense*, 940 (cart. de Chamalières, n° 106). — *Vicaria Bassensis*, 962 (cart. de Cluny, n° 1131). — *Parrochia de Basso*, 986 (cart. de Chamalières, n° 109). — *Vicaria Bazensis*, xe s. (cart. du Monastier, n° 172). — *Vicaria Bassiensis*, v. 990 (*idem*, n° 163). — *Bas*, 1001 (cart. de Chamalières, n° 103). — *Parochia Basii*, 1497 (obit. de Bas).

— *Bassa opidulum, Bassa vicus*, 1618 (Papire Masson, descr. flum. Galliæ, 7 et 14). — *Bas en Forez*, 1743 (Haute-Loire, B. 56). — *Bas en Basset*, 1767 (Alm. de Lyon).

En 1789, Bas était compris dans la province du Forez, la généralité de Lyon et le bailliage de Montbrison. Son église paroissiale, diocèse du Puy et archiprêtré de Monistrol-sur-Loire, était dédiée à saint Tyrse; l'évêque du Puy était collateur.

Bas-Pré, m. i., c^ne de Saint-Julien-d'Ance.

Basselles, h., c^ne de Saint-Julien-Chapteuil. — 1296 (homm. de l'év.). — *Bascelas*, 1347 (J. de Peyre, n^re). — *Locus de Bassellis*, 1472 (Maltrait, n^re). — *Basseales*, 1507 (év.). — *Bassialles*, 1534 (év.). — *Bacelles, par. de S^ct Andéol de Chapteulh en Vellay*, 1542 (Sàvin, n^re). — *Bassealles*, 1685 (cad. de Chapteuil-Bas).

Basset, vill., c^ne de Bas. — *Basset*, 1295 (coll. Chaleyer). — *Bassetum*, 1431 (Loire, A. 89, f° 211).

Basset, f., c^ne de Montregard. — *Basset de Monregard*, 1695 (capitation).

Basset (Moulin-du-Petit-), m^in sur le Trifoulou, c^ne de Montregard.

Bastarsonne (La), affl. de l'Allier à Lomenède, c^ne de Villeneuve-d'Allier.

Bastet, écart, c^ne de Saint-Vincent.

Bastide (La), f., c^ne d'Azerat. — *La Bastida*, xive s. (terrier des Grèzes).

Bastide (La), affl. de l'Allier près la Côte-Rouge, c^ne d'Azerat. — *Rivus de Gozealgue*, 1439 (la Chaise-Dieu, Azerat).

Bastide (La), lieu détr., c^ne de Céaux-d'Allègre. — *La Bastida*, 1375 (la Chaise-Dieu, liasse Barribas). — *La Bastide*, 1759 (tabl. hist. du Velay, 1875-6, 214).

Bastide (La), mont., c^ne de Chambezon. — *Mons de la Bastida*, 1433 (la Chaise-Dieu, Chambezon).

Bastide (La), h., c^ne de Cronce.

Bastide (La), chât. et h., c^ne de Fix-Saint-Geneys. — *Castrum de la Bastida*, 1321 (spic. Brivat.); — 1385 (*ibid.*). — *Labastide* 1888 (carte adm.).

Bastide (La), h., c^ne de Grèzes.

Bastide (La), h., c^ne de Léotoing. — *Le Mas de la Bastide audessoubz le chastel de Leothoing*, xve s. (Arch. nat., R^4. 1106, n° 342). — *La Bastidde*, 1520 (la Chaise-Dieu, Chambezon).

Bastide (La), f., c^ne de Pinols. — *La Bastide*, 1364 (Arch. nat., Z^2. 54, p. 169).

3.

Bastide (La), vill., c⁰ᵉ de Retournac. — *A[d] Basti-dam*, v. 1213 (cart. de Chamalières, n° 326). — *Villa de la Bastida*, 1336 (Arch. nat., P. 493², c. 118). — *La Bastia*, 1401 (terrier de Pierre du Bois). — *Bastida en Rovoure*, v. 1450 (Arch. nat., P. 1397², c. 582).

Bastide (La), m. i., cᵉᵉ de Saint-Just-près-Brioude. — 1603 (Chanvon, nʳᵉ).

Bastide (La), vill., cⁿᵉ de Saint-Pal-de-Murs. — 1610 (la Chaise-Dieu, Saint-Pal-de-Murs).

Bastide (La), lieu détr., cⁿᵉ de Saint-Paulien. — *Mansus de la Bastida*, 1276 (Saint-Mayol). — *Via qua itur de Sosde versus Bastidam*, 1355 (terrier de P. Ravoux).

Bastide (La), vill., cⁿᵉ de Saint-Préjet-d'Allier. — *Villa de Bastida*, 1259 (Thiolent). — *Mansus de la Bastida*, 1291 (la Chaise-Dieu, Bouchet Saint-Nicolas).

Bastide (La), loc. détr., cⁿᵉ de la Vaudieu. — *Les chezaux de la Bastide*, 1612 (terrier de la Vaudieu).

Bastide (La), h., cⁿᵉ de Ventouges. — *Mansus de Bastida*, 1327 (Lozère, G. 99). — *La Bastida*, 1460 (Bibl. nat., lat., n. acq., 1222, f° 194).

Bastide (La), chât. et dom., cⁿᵉ de Vielprat. — *Bastida*, 1462 (V. Chauvin, nʳᵉ).

Bastide (La), vill., cⁿᵉ de Vorey. — *Mansus de la Bastida*, 1333 (Arch. nat., P. 494¹, c. 16). — *Las Bastidas*, 1347 (J. de Peyre, nʳᵉ). — *La Bastia*, 1400 (terrier du Bois).

Bastides (Les), m. i., cⁿᵉ de la Chaise-Dieu.

Bastides (Les), f., cⁿᵉ de Saint-Front. — *La Bastide de Mezenc*, 1605 (A. Robert, nʳᵉ). — *Les Basties de Mezenc*, 1636 (état civ.). — *Las Bastyes*, 1646 (cad. de Bonnefont). — *Les Bastides*, xviiiᵉ s. (Cassini).

Bastides (Les), h., cⁿᵉ de Saint-Pierre-Eynac. — *Bastida*, 1386 (év.). — *Locus de Bastidis*, 1516 (Delaigue, nʳᵉ). — *La Bastide*, 1544 (Savin, nʳʳ). — *Les Bastides*, 1546 (idem).

Bastidette (La), h., cⁿᵉ de Saint-Préjet-d'Allier. — *La Bastideta*, 1291 (la Chaise-Dieu, Bouchet-Saint-Nicolas). — *Bastideta*, 1526 (A. Besseyre, nʳᵉ).

Bastie (La), h., cⁿᵉ du Chambon. — *Bastia*, 1281 (tit. de Bronac). — *La Bastia*, 1314 (év.). — *Las Bastias*, 1320 (homm. de l'év.). — *La Bastida*, 1507 (év.). — *Bastida*, 1510 (Rhône, D. 161). — *La Basthie de Bonnas*, 1608 (cad. de Bonnas). — *La Chevance app. de la Bastie*, 1616 (Rhône, H. 2153). — *La Bastide de Bonnas*, 1654 (Gérentes, nʳᵉ). — *Labatie*, 1820

(Deribier). — *Labatie de Cheyne*, 1869 (Malègue).

Bastorgue, lieu détr. et bois, cⁿᵉ d'Arlet. — *Bastorgne*, 1360 (Arch. nat., Z². 54, p. 144).

Bataille, m. i., cⁿᵉ des Estables.

Bataille (La), vill., cⁿᵉ d'Araules. — *Batailla*, 1281 (tit. de Bronac). — *La Batalhia*, 1455 (Pradier, nʳᵉ). — *La Bataillia*, 1507 (év.). — *La Batailhe*, 1608 (cad. de Bonnas).

Bataille (La), lieu dit, cⁿᵉ de la Mothe. — *La Batalha*, xivᵉ s. (terrier des Grèzes).

Bataille (La), m. i., cⁿᵉ du Mazet-Saint-Voy.

Bataillère (La), lieu dit, cⁿᵉ de Siaugues-Saint-Romain. — *In pertinenciis loci de Selgue, in territorio de la Batalheyra*, 1462 (Bibl. nat., lat., n. acq., 1223, f° 60).

Bataillet, f., cⁿᵉ de Mazeyrat-Crispinhac. — *Batalheyr*, xiiiᵉ s. (terrier de l'hôpital de Langeac). — *Mansus de Batalher*, 1459 (Bibl. nat., lat., n. acq., 1222, f° 121 v°).

Bataillet, h., cⁿᵉ de Valprivas. — *Villa de Batailleu*, 1243 (Arch. nat., P. 493, c. 121). — *Mansus de Batailhet*, 1334 (Arch. nat., P. 493¹, c. 38). — *Bathalyer*, 1420 (tabl. du Velay, 1877-8, 365). — *Batalhiet*, 1499 (obit. de Bas).

Bataillière (La), lieu dit, cⁿᵉ de Saint-Georges-Lagricol. — *La Bathalieyra, las Bathallieyres*, 1569 (terrier de N.-D. de Chalencon).

Batailloux, h., cⁿᵉ de Saint-Hostien. — *Lous Bathaloux*, 1561 (Savin, nʳᵉ).

Batarel, lieu détr., cⁿᵉ de Laussonne. — *In villa que dicitur Batarellis*, v. 990 (cart. du Monastier, n° 148). — *Le Mas del Batarel*, 1300 (homm. de l'év.). — *Terra voc. del Batarel*, 1353 (Monastier). — *Le boys app. del Battarel*, 1621 (Nicolas, nʳᵉ). — *Terroir app. lou Batarel*, 1707 (cad. de Bouzols).

Bateau (Le), m. i., cⁿᵉ de Chénéreilles.

Bateau (Le), h., cⁿᵉ de Léotoing. — *Les Bateaux ou la Nau*, 1820 (Deribier).

Bateau (Le), m. i., cⁿᵉ de Saletes.

Bateau (Le), m. i., cⁿᵉ de Solignac-sur-Loire. — *Le Battau*, 1808 (état des succurs.).

Batelarre, h., cⁿᵉ de Tence.

Batelier (Le), écart, cⁿᵉ de Chamalières. — *Les Bateliers*, 1888 (Malègue).

Batelière (La), m. i., cⁿᵉ de Saint-Just-Malmont.

Batezard, h., cⁿᵉ de Saint-Jeure.

Batiasse, m. i., cⁿᵉ de Saint-Jeure.

Batie (La), m. i., cⁿᵉ d'Araules. — *Labatie*, 1878 (carte adm.).

Bâtie (La), chât. ruiné et f., cⁿᵉ de Chaudeyrolles. —

Mansus de Bastida, 1284 (cart. de Mazan, f° 27). — *Bastida*, 1396 (Arch. nat., P. 1397², c. 545). — *Bastida de Fayno*, 1464 (Ardèche, C. 624). — *Labatie*, 1820 (Deribier).

Batie (La), h., cᵉ de Sainte-Sigolène. — *La Bastia*, 1314 (év.). — *La Bastie*, 1655 (état civ.). — *Labatie*, 1820 (Deribier).

Batifol (Le), mⁱⁿ sur le Betzousseire, cᵉ de Chastel.

Batisse (La), f., cᵉ d'Autrac.

Batuzat, h., cᵉ de Saint-Beauzire. — *In comitatu Brivatensi, in villa cui vocabulum est Batusaco*, 881 (cart. de Brioude, ch. 263). — *Locus de Batuzac*, 1445 (terrier de Faugères). — *Batusat*, 1878 (cart. adm.).

Bau (Lous), bois, cᵉ de Mézères. — *Lo Bosc*, 1553 (terrier de Liques).

Baubac, h., cᵉ de Polignac. — *Baubas*, 1695 (capitation). — *Beaubac*, 1888 (Malègue).

Baubeyrac, bois, cᵉ de Séneujols. — *Vayceyra voc. Bolbayrac*, 1271 (Jacobins). — *Boubeyrac*, 1637 (coll. C. Falcon).

Bauche (La), f., cᵉ de Tence. — *La Boscha*, 1343 (Rhône, H. 1016). — *Labauche*, 1820 (Deribier).

Bauche (La), vill., cᵉ de Vergezac. — *La Baucha*, 1287 (Saint-Georges du Puy). — *Robert de Bauche*, 1347 (hospit. du Velay). — *Bauchia, La Bauchia*, 1371 (la Chaise-Dieu, Saint-Remy). — *Beauche*, 1820 (Deribier).

Baudéac, f., cᵉ des Vastres. — *La Sanheyra de Boudeac*, 1464 (Ardèche, C. 624). — *Beaudéac*, xviiiᵉ s. (Cassini). — *Beaudac*, 1888 (Malègue).

Baudet, vill., cᵉ de Tence. — 1692 (état civ.). — *Beaudet*, 1820 (Deribier).

Baudor, f., cᵉ de Tence. — *Boudor*, 1695 (capitation).

Baulie, mⁱⁿ, cᵉ de Rosières. — *Baulhie*, 1714 (cad. de Laval-Emblavès). — *Beaulio*, 1888 (Malègue).

Baume (La), chât., cᵉ d'Alleyras. — *Villa quæ dicitur de Balma*, xiiᵉ s. (cart. de Pébrac). — *La Balma*, 1234 (idem). — *La Balme*, 1527 (Thiolent). — *Ung chasteau app. la Baulme*, 1585 (Burel, 584). — *Le château de la Baume de Vabres*, 1724 (L'Ouvreleul).

Baume (La), écart, cᵉ de Bauzac.

Baume (La), lieu dit, cᵉ de Saint-Arcons-d'Allier. — *Territ. voc. de la Balma*, 1460 (Bibl. nat., ms. lat., n. acq., n° 1222, f° 162 v°).

Baume (La), ruiss., affl. de la Loire, près de la Va-

renne, cᵉ de Chadron, arrose les cᵉˢ du Brignon et de Solignac-sur-Loire.

Baume (La), chât et h., cᵉ de Solignac-sur-Loire. — *Balma*, 1352 (prieuré de Solignac). — *Fortalicium Balmæ*, 1357 (tabl. du Velay, 1874-5, 65). — *La Balme*, 1568 (Doleson, nʳᵉ). — *La Baulme*, 1585 (Johany, nʳᵉ). — *La Baume*, xviiiᵉ s. (Cassini). — *La Beaume* (état-major).

Baume (La), l. détr., cᵉ de Thoras. — *Mansus de la Balma*, 1301 (Thiolent). — *La Balme*, 1537 (idem).

Baumes (Les), f., cᵉ des Estables. — *Les Beaumes*, 1743 (état civ.). — *Les Beaumes-de-Veyssier*, 1771 (idem).

Bauzac, cᵉⁿ de Monistrol-sur-Loire. — *Ecclesia de Bausaco*, 923 (cart. de Chamalières, n° 118). — *Ecclesia S. Johannis da Bausaco*, 997 (idem, n° 120). — *Ecclesia S. Johannis Baptistæ de Bausac*, 1096 (idem, n° 102). — *Bausachium*, 1175 (idem, n° 124). — *Bauzac*, xiiᵉ s. (idem, nᵒˢ 78 et s., rubriques). — *Castrum de Bausac*, 1267 (Médicis, I, p. 80). — *Ecclesia de Bauzaco*, v. 1343 (cart. du Monastier. app., n° 452). — *Locus de Bosaco*, 1346 (Arch. nat., P. 4903, col. 229). — *Bausac de la Brousse*, 1506 (Médicis, II, 304). — *Bouzac en Vellay*, 1609 (A. Robert, nʳᵉ). — *Beauzac*, 1888 (Malègue).

En 1789, Bauzac faisait partie de la province du Velay et de la sénéchaussée et subdélégation du Puy. Son église paroissiale, diocèse du Puy et archiprêtré de Monistrol-sur-Loire, était sous le vocable de saint Jean; le prieur de Chamalières en était collateur.

Bauzac (Les Piles-de-), pont ruiné sur la Loire et écart, cᵉ de Solignac-sur-Loire. — *Molendinum de Bosac*, 1464 (prieuré de Solignac). — *Pont de Solignac*, 1644 (L. Coulon, riv. de France, I, 246). — *Le domaine de Bauzac*, 1785, (Julien, nʳᵉ).

Bauzit, écart, cᵉ de Vals-près-le-Puy. — *Bausic*, 1253 (invent. de Saint-Mayol). — *Bauzic prope Anicium*, 1346 (J. de Peyre, nʳᵉ). — *Bausic*, 1506 (Médicis, II, 301). — *Locus de Bousico*, 1516 (G. Maurin, nʳᵉ). — *Abouzit*, 1531 (Dompnin, nʳᵉ). — *Abausic*, 1533 (Médicis, I, 358). — *Bousic*, 1565 (Doleson, nʳᵉ). — *Bouzit*, 1581 (idem). — *Beauzic*, 1720 (Saugrain). — *Bougie*, 1888 (Malègue).

Bavat, vill., cᵉ de Saint-Arcons-d'Allier. — *Mansus de Bavat*, 1452 (Bibl. nat., lat., n. acq., 1222, f° 6).

Bave (La), ruiss., prend sa source dans les montagnes du Luguet (Puy-de-Dôme), sépare les départements du Puy-de-Dôme et de la Haute-Loire, arrose les c^{nes} d'Autrac, Blesle et Torsiac et se jette dans l'Allagnon, au-dessus de Brugeilles.

BAYLE, h., c^{ne} d'Aurec.

BAYLE, h., c^{ne} de Raucoules.

BAYLE (MOULIN-DE-), mⁱⁿ sur le Chaudet, c^{ne} du Chambon.

BAYLE (MOULIN-DE-), mⁱⁿ sur l'Auzon, c^{ne} de Chassignolles.

BAYLE (MOULIN-DE-), mⁱⁿ sur le ruiss. du Monteil, c^{ne} de Saint-Haon.

BAYON, f., c^{ne} de Montfaucon.

BAYON (LE MAS-DE-), f., c^{ne} de Saint-Didier-la-Séauve. — *Bezanjon?* 1290 (homm. de l'év.). — *Mansus de Bessanio*, 1309 (év.). — *Bezanho*, 1343 (év.). — *Terra de Besongho*, 1454 (hôtel-Dieu, B. 700). — *Les Mats-de-Bayon*, 1820 (Deribier).

BAYSSAILLE, h., c^{ne} de Queyrières. — *La Beyssache*, 1861 (état-major). — *Bessaille*, 1879 (carte adm.).

BAYT, mont., c^{ne} de Rosières. — *Passus voc. Bayns*, 1273 (hospit. du Velay). — *Mons voc. de Baystz*, 1383 (év.). — *La commune app. de Bahits*, 1714 (cad. de Laval-Emblavès).

BAZIC, f., c^{ne} de Fay-le-Froid.

BAZAN, m. i., c^{ne} de Saint-Ferréol-d'Auroure. — *Bazau*, 1888 (Malègue).

BÉADE (LA), affl. de la Gourgueure, c^{ne} d'Auvers.

BÉALA (LA), m. i., c^{ne} de Saint-Ferréol-d'Auroure. — *La Biéla* (cad.). — *Piala*, 1879 (carte adm.).

BEAUFORT, chât. ruiné, c^{ne} de Goudet. — *Castrum de Belfort*, 1247 (Rhône, la Sauvetat). — *Castrum Bellifortis*, 1267 (Médicis, 1, 80). — *In castro Bellifortis, capella ad hon. b. Mariæ Magdalenæ*, 1389 (cordeliers). — *Castrum Bellifortis Godeti*, 1450 (prieuré de Goudet). — *Castrum Bellifortis de Godeto*, 1463 (Chauvin, n^{re}). — *Châteauviel*, 1824 (Deribier, stat., 297).

BEAUJEU, chât. détr. et h., c^{ne} du Chambon. — *Beljoc*, v. 1021 (cart. de Chamalières, n° 49. — *Castrum de Beljoc situm en Tensanes*, 1259 (Rhône, D. 159). — *Castrum de Belijoc*, 1282 (tabl. du Velay, 1876-7, 535). — *Castrum de Bellojoco*, 1328 (cart. de Tence, f° 4 v°). — *Bellioc*, 1343 (Rhône, H. 1016). — *Capella B. Agathæ martiris situata in loco et prope castrum Belli joci*, 1529 (Rhône, D. 169).

BEAUJOUR, m. i., c^{ne} de Rosières.

BEAULAIGUE, h., c^{ne} de Montregard. — *Beo Laygua*, 1466 (Rivière, n^{re}). — *Beaulaigua*, 1556 (terrier de Montregard). — *Beoulaigue*, 1574 (Guèze, n^{re}).

BEAULIEU, lieu dit, près Saint-Ilpize. — *Pulcer Locus*, 1385 (Arch. nat., Z². 4144, p. 10). — *Belloc, par. S. Ilpidii*, 1460 (Arch. nat., ZZ. 359, p. 19). — *Bellus Locus*, 1471 (*idem*, p. 142).

BEAULIEU, l. détr., c^{ne} de Saugues. — *Mansus de Belloloco*, 1327 (Lozère, G. 98). — *La chapelle Nostre-Dame*, 1516 (Arch. nat., G^{s*} 2, f° 597 v°). — *Beaulieu*, XVIIIe s. (Cassini).

Ancien pèlerinage transféré depuis une trentaine d'années à l'église de Paulhac (Lozère). [Communication de M. de la Bilherie.]

BEAULIEU, c^{on} de Vorey. — *Ecclesia S. Mariæ de Basuc*, 1119 (Chifflet, hist. de Tournus, 402). — *S. Maria de Baisam*, 1179 (Juénin, nouv. hist. de Tournus, 175). — *Capellanus de Bello Loco*, v. 1181 (hospit. du Velay). — *Castrum de Bello Loco*, 1220 (Gall. ch., II, 711). — *Bellioc*, 1255 (tabl. du Velay, 1876-7, 523). — *Ecclesia de Belloc*, 1272 (hôtel-Dieu, B. 326). — *Prioratus Belliloci Vallis Ablavensis*, 1304 (*idem*, B. 366). — *Belluoc*, 1408 (compois du Puy). — *Belhoc*, 1561 (R. Maurin, n^{re}). — *Le prieuré de Nostre-Dame de Beaulieu en Vellay*, 1573 (A. Boyer, n^{re}). — *Le prieuré de Notre-Dame de Beaulieu en Laval-Emblavès*, 1610 (Robert, n^{re}). — *Boulheu*, 1631 (Brunel, n^{re}).

En 1789, Beaulieu dépendait de la province du Velay, de la subdélégation et sénéchaussée du Puy. Son église paroissiale, diocèse du Puy et archiprêtré de Monistrol-sur-Loire, était consacrée à Notre-Dame; le prieur de Beaulieu présentait à la cure.

BEAUMAT, h., c^{ne} de Saint-Didier-la-Séauve. — *Balmatus*, 1470 (terrier de Saint-Didier de Joyeuse). — *Bomat*, 1553 (ress. de Montfaucon). — *Balmat*, 1563 (terrier de Saint-Didier).

BEAUMONT, c^{on} de Brioude. — *In villa quæ dicitur Bello Monte*, 907 (cart. de Brioude, ch. 214). — *In... vicaria Brivatensi, in loco qui vocatur Bellomons*, 918 (*idem*, ch. 43). — *Ecclesia de Bello Monte*, 1120 (Gall. chr., II, instr., col. 133). — *Belmont*, 1341 (terrier de Charbonnier). — *Beulmont*, 1379 (compte de B. Flotenc). — *Beaumont*, 1398 (compte de B. Sannadre). — *Belmond*, 1453 (terrier du fordoy. de Br.). — *Beaulmont*, 1511 (coust. d'Auv., f° 70 v°).

En 1789, Beaumont était compris dans la province d'Auvergne, l'élection et subdélégation de Brioude et le présidial de Riom; il était régi par le droit écrit. Son église paroissiale, diocèse de Saint-Flour et archiprêtré de Brioude, était consacrée à saint Hilaire; le chapitre de Brioude présentait à la cure.

BEAUMONT, vill., c⁰ᵉ de Saint-Victor-sur-Arlanc. —
Castrum de Belmont, de Bellomonte, 1173 (hist.
de Languedoc, VIII, pr., col. 297).

BEAUNE, cᵒⁿ de Craponne-sur-Arzon. — *Capellanus
de Beune,* 1275 (spic. Brivat.). — *Parochia ecclesiæ B. Juliani de Benne,* 1326 (Arch. nat., P.
1398¹, c. 632). — *Beanes,* 1452 (Arch. nat., P.
1360², c. 864). — *Belna, Balne,* 1484 (*idem*). —
Beaulne, Beaunes, 1513 (*idem*). — *Beaune,* 1514
(*idem*).

En 1789, Beaune faisait partie de la province
d'Auvergne, de l'élection de Brioude, de la subdélégation de la Chaise-Dieu et du présidial de
Riom. Son église paroissiale, diocèse du Puy et
archiprêtré de Saint-Paulien, était dédiée à saint
Julien; le baron de Roche-en-Régnier présentait
à la cure.

BEAUNE, vill., c⁰ᵉ de Saint-Arcons-d'Allier. — *Mansus
de Benne,* 1452 (Bibl. nat., lat., n. acq., 1222,
f° 6). — *Beaune,* 1469 (*idem,* 1223, f° 360 v°).
— *Beaulne,* 1570 (terrier de Vissac).

BEAUNE, chât. détr. et vill., c⁰ᵉ de Saint-Étienne-du-
Vigan. — *Beune,* 1258 (Monastier). — *Beuna,*
1271 (Arch. nat., P. 1381, c. 3329). — *Benna,*
1289 (Arch. nat., P. 1398¹, c. 652). — *Le lieu
de Beaune,* 1382 (Hist. gén. de Lang., édit. Privat, X, c. 1672). — *Beaune,* 1590 (Burel,
211).

BEAUNES (LES), mⁱⁿ ruiné sur la Loire, près Durianne, c⁰ᵉ du Monteil.

BEAUREGARD, dom., c⁰ᵉ de Chadrac.

BEAUREGARD, loc. détr., c⁰ᵉ de Chassignolles. —
Mansus de Bel-Regart, 1358 (spic. Briv.).

BEAUREGARD, f., c⁰ᵉ des Estables. — *Belregarda,*
1224 (Bonnefoy). — *Beauregard,* 1747 (état
civil).

BEAUREGARD, h., c⁰ᵉ de Lausonne. — *Mansus del
Montel Conchiat?,* 1258 (cart. du Monastier,
n° 450).

BEAUREGARD, loc. détr., c⁰ᵉ de Lempdes. — *Infirmaria de Lenda,* 1281 (J. Lachenal, l'égl. de Br.,
23). — *Domus infirmorum de Bel-Reguart,* 1295
(spic. Briv.). — *Domus sive grangia de Bel-Regart,* 1326 (*idem*).

Ancienne maladrerie dépendant de celle de la
Bajasse.

BEAUREGARD, f., c⁰ᵉ de Saint-Front. — 1307 (homm.
de l'év.).

BEAUREGARD, chât., c⁰ᵉ de Saugues. — 1539 (Thiolent).

BEAUREGARD, vill., c⁰ᵉ de Vazeilles-Limandres. — *Bel
Regar,* 1226 (hôtel-Dieu, B. 306). — *Villa de*

Bello Regardo, 1321 (spic. Briv.). — *Beauregard,
par. de Vazelles,* 1511 (coust. d'Auv., f° 81).
— *Belregard,* 1598 (Gallien nʳᵉ).

BEAUREGARD, lieu détr., c⁰ᵉ de la Voûte-Chilhac. —
Villa de Bel-Regartz, 1288 (spic. Briv.).

Avant 1789, la rente de Beauregard se perce-
vait sur les paroisses d'Aubazat, Cerzat, Chilhac,
Couteuges, la Chomette, Saint-Ilpize et Saint-
Privat-du-Dragon.

BEAUSÉJOUR, mᵒⁿ de camp., c⁰ᵉ de Brives-Charensac.

BEAUVALLON, f., c⁰ᵉ de Saint-Julien-Chapteuil. —
1685 (cad. de Chapteuil-Bas).

BEAUVOIR, h., c⁰ᵉ d'Aurec. — *Bellus Visus,* 1418
(Loire, A. 89, f° 152).

BEAUVOIR, m. i., c⁰ᵉ de Monistrol-sur-Loire.

BEAUX, vill., c⁰ᵉ de Monistrol-sur-Loire. — *Beals,*
1314 (év.). — *Bealhs,* 1370 (év.). — *Beaulx,*
1507 (év.). — *Beaux,* xviii° s. (Cassini). —
Beau, 1860 (état-major).

BEAUX, f., c⁰ᵉ de Saint-Romain-Lachalm.

BEAUX, cᵒⁿ d'Yssingeaux. — *Bedals,* v. 1110 (cart.
de Chamalières, n° 46). — *Capella S. Bartho-
lomei sita in castro de Beaulx,* 1457 (musée du
Puy, bulle).

Église érigée en succursale, le 11 février 1829.

Commune créée le 4 juin 1845 et démembrée
des communes de Retournac et d'Yssingeaux.

BEAUX (LES), vill., c⁰ᵉ du Mas-de-Tence. — *Los
Beals,* 1331 (cart. de Mazan, f° 134).

BEAUX (LES), vill., c⁰ᵉ de Tence.

BEAUX (LES), affl. des Mazeaux, c⁰ᵉ de Tence.

BEC (LE), h., c⁰ᵉ de la Chapelle-d'Aurec.

BEC (LE), f., c⁰ᵉ de Tiranges.

BÊCHE-SOLEIL, écart, c⁰ᵉ de Cussac. — *Rancus de
Becha Soleilh,* 1436 (hôtel-Dieu, B. 569). —
Beche-Soleil, 1607 (Robert, nʳᵉ).

BEDENET, h., c⁰ᵉ de Reillac. — *In villa Betenedu,*
994 (cart. de Cluny, n° 2274). — *Rivus de Bedenet,* 1459 (Bibl. nat., lat., n. acq., 1222,
f° 377).

BÉGONICHE (LA), f., c⁰ᵉ de Saint-Vert.

BÉGONS (LES), f., c⁰ᵉ de Saint-Préjet-Armandon. —
Les Begons, 1505 (Vals-le-Chastel). — *Loz Begoux,* 1570 (J. Chalvon, nʳᵉ).

BÈGUE (MOULIN-DU-), mⁱⁿ sur le Say, c⁰ᵉ de Loudes.

BEISSAT, m. i., c⁰ᵉ de Saint-Beauzire.

BEL-AIR, m. i., c⁰ᵉ du Chambon.

BEL-AIR, h., c⁰ᵉ de la Chapelle-d'Aurec.

BEL-AIR, f., c⁰ᵉ du Mazet-Saint-Voy. — *Masdalounet
ou Belair,* 1820 (Deribier).

BEL-AIR, m. i., c⁰ᵉ de Riotord.

BEL-AIR, f., c⁰ᵉ de Saint-Didier-la-Séauve.

Bel-Air, m. i., cⁿᵉ de Saint-Julien-Molhesabate. — *Beiller.* 1872 (Malègue).

Bel-Air, h., cⁿᵉ de Saint-Pal-de-Mons. — *Bellaire* (cad.).

Bel-Air, f., cⁿᵉ de Saint-Romain-Lachalm.

Bel-Air, f., cⁿᵉ de Tence.

Bel-Air, m. i., cⁿᵉ d'Yssingeaux. — *Bellevue* ou *Belaire* (cad.).

Belarbre, f., cⁿᵉ des Estables. — *Mansus de Belarbre*, 1352 (Arch. nat., P. 1398², cote 668). — *La Metterie de Belabre-lez-Bonnefoy*, 1614 (Duclaux, nʳᵉ).

Belchamp, h., cⁿᵉ de Chanteuges. — *Bellus Campus, Mas de Belchamp*, 1398 (la Chaise-Dieu, Chanteuges). — *Béchamp*, 1857 (Lagrave, hist. de Langeac, 102).

Belchamp, h., cⁿᵉ du Mas-de-Tence.

Belchamp, vill., cⁿᵉ de Tence.

Belette (La), affl. de la Senouire au moulin Blanc, cⁿᵉˢ de Cistrières et de Connangles.

Bélistar, vill., cⁿᵉˢ d'Araules et de Champclause. — *Mansus de Bel-estar*, 1234 (Gall. christ., II, eccl. Anic., col. 774). — *Bel-istar*, 1291 (*idem*, col. 774). — *Bel-ystar*, 1507 (év.). — *Belistar*, 1561 (Savin, nʳᵉ). — *Bellistar*, 1723 (cad. de Bellecombe). — *Belistat*, xviiiᵉ s. (Cassini). — *Belistard*, 1861 (état-major).

Bellanges, m. i., cⁿᵉ de Jullianges.

Bellecombe, vill., cⁿᵉ d'Yssingeaux. — *Sanctimoniales Belacumbe*, v. 1021 (cart. de Chamalières, n° 64). — *Monasterium de Bellacumba*, v. 1184 (*idem*, n° 152). — *Domus de Bellacomba*, v. 1232 (Saint-Agrève). — *Apud Bellecumbe*, 1390 (év.). — *Bellecombe*, 1600 (Mᶜᵉ Leblanc, nʳᵉ).

Ancienne abbaye de Cisterciennes, fondée en 1148, détruite à la Révolution.

Bellecombe (Le), affl. de l'Auze, limite les cⁿᵉˢ d'Araules et d'Yssingeaux. — *Aqua de Naiva*, 1359 (Rhône, H. 2632). — *Aqua de Nayva*, 1453 (Pradier, nʳᵉ).

Bellefont, f., cⁿᵉ des Estables. — 1751 (état civ.).

Belle-Onde, mⁱⁿ sur la Loire, cⁿᵉ de Brives-Charensac. — *Molendinum infirmorum*, v. 1210 (tabl. du Velay, 1876-1877, 513). — *Molendinum de la Malauteyra*, 1314 (Saint-Georges du Puy). — *Le Molyn de la Maison Maladiere de Brive*, 1546 (Savin, nʳᵉ).

Belle-Plaine, écart, cⁿᵉ de Brives-Charensac.

Belle-Plaine, f., cⁿᵉ de Lantriac.

Belle-Plaine, m. de camp., cⁿᵉ de Vals-près-le-Puy.

Bellerut, vill., cⁿᵉ de Saint-Julien-Chapteuil. — *Mansus de Bulurut*, 1343 (év.). — *Locus de Bulhuruto*, 1455 (Pradier, nʳᵉ). — *Belurut*, 1501 (coll. C. Falcon). — *Bellurut*, 1507 (év.).

Bellevue, écart, cⁿᵉ d'Ally.

Bellevue, f., cⁿᵉ d'Aurec.

Bellevue, m. i., cⁿᵉ de Boisset.

Bellevue, m. i., cⁿᵉ de Brives-Charensac.

Bellevue, m. i., cⁿᵉ de Cayres.

Bellevue, f., cⁿᵉ de Chaudeyrolles.

Bellevue, f., cⁿᵉ de Laussonne.

Bellevue, h., cⁿᵉ du Puy. — *Mansus de Fernis*, 1195 (hôtel-Dieu, A. 2). — *Mansus de Feniss prope Bastidam*, 1284 (*idem*, B. 151). — *Lo Mas de Fenins*, 1346 (J. de Peyre, nʳᵉ). — *Mansus de Fenys*, 1374 (Saint-Georges du Puy). — *Le terroir du Puy, appelé la Croix de la Magdalleyne, autrement Mas de Phenix*, 1604 (Saint-Pierre-la-Tour).

Bellevue, h., cⁿᵉ de Saint-Cirgues.

Bellevue, f., cⁿᵉ de Sainte-Florine.

Bellevue, f., cⁿᵉ de Saint-Just-Malmont.

Bellevue, f., cⁿᵉ de Saint-Pal-de-Mons.

Bellevue, m. i., cⁿᵉ de Saint-Paulien.

Bellevue, grange d'Alleret, cⁿᵉ de Saint-Privat-du-Dragon.

Bellevue, f., cⁿᵉ de Tence.

Bellevue, f., cⁿᵉ de Vieille-Brioude. — *Bellerue*, 1872 (Malègue).

Bellevue, f., cⁿᵉ de Villeneuve-d'Allier.

Bellevue, m. i., cⁿᵉ d'Yssingeaux.

Bellevue-de-Chabannes, m. i., cⁿᵉ de Monistrol-sur-Loire.

Bellevue-d'Ollières, f., cⁿᵉ de Monistrol-sur-Loire.

Bellevue-la-Montagne, cᵒⁿ d'Allègre. — *Ugo de Saint Just*, v. 1175 (hospit. du Velay). — *Castellum de S. Justo*, 1222 (Martène, thes. nov. anecd., I, 897). — *Ecclesia S. Justi*, 1252 (Saint-Agrève). — *Parochia S. Justi prope Allegrium*, 1475 (Arch. nat., ZZ. 359, p. 149). — *Sanct-Just*, 1507 (év.). — *S.-Just-près-Chomelis*, xviiiᵉ s. (Cassini). — *Bellevue-la-Montagne* (1793).

En 1789, Bellevue-la-Montagne faisait partie de la province d'Auvergne, de l'élection de Brioude, de la subdélégation de la Chaise-Dieu et du présidial de Riom. Son église paroissiale, diocèse du Puy et archiprêtré de Saint-Paulien, était sous le vocable de saint Just; le commandeur de Montredon présentait à la cure.

Seigneurie appartenant à la maison d'Allègre et relevant en fief du duché d'Auvergne.

Par décret du 10 août 1896, cette commune a

été autorisée à changer son nom de Saint-Just-près-Chomelix, contre celui de Bellevue-la-Montagne.

Bellut, m^{in} sur la Senouire, c^{ne} de Connangles. — *Molendinum de Beluc*, 1343 (la Chaise-Dieu, Belluc). — *Les Molins de Belluc*, 1585 (*ibid.*).

Belmont, vill., c^{ne} de Saint-Privat-du-Dragon. — *Belmond*, 1625 (terr. du Chambon de Blau).

Belon, m. i., c^{ne} de Tence. — *Bellon*, 1692 (état civ.).

Beltourtel, écart, c^{ne} de Saint-Julien-Chapteuil. — *Beltortel*, 1455 (Pradier, n^{re}). — *Beltourtel*, 1561 (Savin, n^{re}). — *Beltoustel*, 1869 (Malègue).

Belval, écart, c^{ne} de Rosières. — *Bella Vallis, Bela Val*, 1343 (coll. C. Falcon). — *Belleval*, 1714 (cad. de Laval-Emblavès).

Belvezet, vill., c^{ne} de Saint-Jean-Lachalm. — *Belvezer*, 1210 (templiers du Puy). — *Villa de Bellvezer*, 1236 (*idem*). — *Domus de Bello Visu*, 1304 (hôtel-Dieu, B. 365). — *Beaurezer*, 1452 (*idem*, B. 571). — *Locus de Pulcro Visu*, 1500 (Rhône, Chantoin, I, 8).

Bénac, dom., c^{ne} de Chanteuges. — *In villa nominata Begnaco*, 929 (cart. de Brioude, ch. 261). — *In loco vocabulo Benago*, 936 (*idem*, n° 337). — *Bergnias, in vicaria de Cantilianico* (*idem*, tables, cxcvii). — *Benat*, 1262 (spic. Briv.). — *Boria de Benac*, 1473 (Bibl. nat., lat., n. acq., 1224, f° 65).

Bénéfice (Le), h., c^{ne} de Saint-Austremoine. — 1683 (état civ.).

Bénéfice (Le), ruiss., affl. de l'Avène à l'est du Bénéfice, c^{ne} de Saint-Austremoine.

Bénétrèche, m. i., c^{ne} du Mas-de-Tence.

Benezet, écart, c^{ne} de Freycenet-Lacuche. — *Mansus de Beneyt*, 1344 (Monastier-Saint-Chaffre). — *Benedictus*, 1462 (*idem*). — *Beneseyt*, 1534 (év.). — *Benezit*, 1671 (év.). — *Le domaine de Benezet*, 1785 (Julien, n^{re}).

Bénistant, f., c^{ne} de Saugues. — *Andreas Benistans*, 1369 (Thiolent). — *Benistand*, 1539 (*idem*). — *Benistant*, 1574 (terr. de Meyronne). — *Benistan*, 1745 (Thiolent).

Benoit, écart, c^{ne} de Coubon.

Benoit (Le Moulin-de-), m. i., c^{ne} de Saint-Paul-de-Tartas.

Benot, h., c^{ne} de Bonneval. — *Benaud*, 1693 (L. Devinols, n^{re}). — *Petit-Benol*, 1888 (Malègue).

Benot, m^{in} sur la Senouire, c^{ne} de Josat. — *Moulin-Dabenot*, xviiie s. (Cassini).

Benard, h., c^{ne} de Bauzac. — xvie s. (obit. de Bauzac).

Benard, h., c^{ne} d'Yssingeaux.

Bérard (Moulin-de-), m^{in} ruiné sur la Musette, c^{ne} de Loudes.

Beraud, f., c^{ne} de Champclause.

Beraud, vill., c^{ne} de Dunières. — *Les Mollins de Beraud*, 1616 (Delafont, n^{re}).

Beraud (Moulin-), m^{in} sur la Gazeille, c^{ne} de Freycenet-la-Tour. — *Molendinum Beraudum, Mansus del Moli-Beraud*, 1524 (cad. du Monastier). — *Le Moulyn-Beraud*, 1585 (Johany, n^{re}).

Berbezit, c^{on} de la Chaise-Dieu. — *Barbesit*, 1181 (Gall. christ., t. II, inst., eccl. Sancti Flori, col. 135). — *Berbezis*, 1201 (Baluze, mais. d'Auv., II, 64). — *Berbesis*, 1291 (spic. Briv.). — *Berbezin*, 1379 (compte de Bertrand Flotenc). — *Dominus de Berbezino*, 1394 (Bibl. nat., lat., 12766, f° 178). — *Berbezy*, 1398 (compte de Berthon Sannadre). — *Berbezi*, 1401 (spic. Briv.). — *Berberin*, 1511 (coust. d'Auv.).

Seigneurie vassale de la vicomté de Murat (Arch. nat., P. 499, cote 49).

En 1789, Berbezit faisait partie de la province d'Auvergne, de l'élection de Brioude, de la subdélégation de la Chaise-Dieu et du présidial de Riom. Son église paroissiale, diocèse de Saint-Flour et archiprêtré de Brioude, était dédiée à saint Antoine; le seigneur temporel présentait à la cure.

Église érigée en succursale le 12 mars 1826.

Berbezit, m. i., c^{ne} d'Yssingeaux.

Bercary, h., c^{ne} de Dunières. — *Bercarie*, 1469 (Rivière, n^{re}); — 1553 (Rhône, D. 185).

Berceau (Le), affl. de l'Allier au nord de la c^{ne} de Saint-Ilpize.

Berche (La), h., c^{ne} de Saint-Julien-Molhesabate. — *Laberche*, 1820 (Deribier).

Berchon, m. i., c^{ne} d'Araules. — *Berchou*, 1888 (Malègue).

Berg, vill., c^{ne} de Dunières. — *Locus de Berco*, 1363 (coll. Chaleyer). — *Berg*, 1888 (Malègue).

Berger, f., c^{ne} de Chanteuges. — *Mansus de Bargier*, 1461 (Bibl. nat., lat., n. acq., 1223, f° 15).

Bergerat, bois, c^{ne} de Saint-Berain. — *Bergerat ou Combret*, 1876 (état adm. des forêts).

Bergeronne (La), h., c^{ne} de Chénéreilles.

Bergers (Les), m. i., c^{ne} de la Chapelle-d'Aurec.

Bergière (Mas-de-), f., c^{ne} de Freycenet-Lacuche.

Bergouade, f., c^{ne} de Vergongheon. — *Bergolde*,

v. 1010 (cart. de Brioude, ch. 93). — *Bergoade*, 1640 (liève de Rilhac). — *Bourguade*, xviii° s. (Cassini).

Bergougeac, h., c^ne de Saint-Privat-d'Allier. — *Mansus Bergojaset*, v. 1208 (cart. de Pébrac, 51). — *Burgoias*, 1255 (hôtel-Dieu, B. 314). — *Mansus de Berjuias*, 1287 (spic. Briv.). — *Feodum de Bergogeseto*, 1299 (Gall. chr., II, 341). — *Bergoiatum*, 1343 (Thiolent). — *Bergoghas*, 1468 (Bibl. nat., lat., n. acq., 1223, f° 334). — *Bergoyhas*, 1482 (la Chaise-Dieu, Saint-Privat-d'Allier). — *Bergoughas*, 1560 (Thiolent). — *Bergoujac*, 1820 (Deribier).

Bergougnou, vill., c^ne de Saugues. — *Bergonios*, 1268 (Lozère, G. 154). — *Mansus del Bergonho*, 1327 (idem, G. 98). — *Bergoniosium*, 1526 (A. Besseyre, n°²). — *Bergonhios*, 1539 (Thiolent).

Berland, m. i., c^ne du Chambon.

Berlendes (Le), affl. du Pontajou, c^nes de Grèzes et de Saugues.

Bernard (Moulin-), m^in sur le ruiss. des Moulins, c^ne de Saint-Berain.

Bernard (Moulin-de-), m^in sur le Lacombe, c^ne de Loudes.

Bernard (Moulin-de-), m^in ruiné sur l'Allier, c^ne de Saint-Étienne-du-Vigan.

Bernard (Moulin-de-), m^in sur le Vourzac, c^ne de Sanssac-l'Église.

Bernarde (La), m. de camp., c^ne d'Espaly-Saint-Marcel. — *La Bernarde*, 1585 (Doleson, n°²). — *La metterie de Chancheny-lez-Espaly*, 1596 (idem).

Bernarde (Moulin-de-la), m^in sur la Fougarette, c^ne du Brignon.

Bernardon, m. i., c^ne du Mazet-Saint-Voy.

Bernardon (Moulin-de-), m^in sur l'Ance, c^ne de Siaugues-Saint-Romain. — *Molendinum de Vacharessis*, 1462 (Bibl. nat., lat., n. acq., 1223, f° 52).

Bernauds (Les), h., c^ne de Bauzac. — *Arcis de Bernatis*, v. 998 (cart. du Monastier, n° 207). — *Mansus quem Barnaldus laborat*, v. 1000 (cart. de Chamalières, n° 300). — *Homines vocati los Barnauts*, 1336 (Arch. nat., P. 493², cote 95). — *Le Villaige doux Bernocz*, 1543 (obit. de Bas). — *Les Berneaulz*, 1572 (A. Boyer, n°²). — *Les Bernaux* (cad.).

Bertaud, m. i., c^ne de Saint-Paulien. — *Locus dictus Bertaut*, 1323 (hôtel-Dieu, B. 655). — *Hertaud*, 1888 (Malègue).

Bentèche (La), loc. détr., c^ne de Saint-Ferréol-d'Auroure. — *Villa de Larbertescha*, 1322 (Arch. nat., P. 494¹, cote 44). — *La Bertescha sive*

Charincoya, 1336 (Arch. nat., P. 492², cote 136).

Berthe (La), f., c^ne de Lantriac.

Berthe (La), m. i., c^ne de Saint-Germain-Laprade.

Bertier, h., c^ne de Collat. — *Berteyras*, 1341 (terr. de Charbonnier). — *Las Berteyras*, 1464 (Bibl. nat., ms. lat., n. acq., 1223, f° 161 v°). — *Las Berteyres*, 1516 (Vals-le-Chastel).

Bertignat, lieu détr., c^ne de Malvières. — *Mansus de Bertynhaco*, 1352 (la Chaise-Dieu, Malvières). — *Bertinhac*, 1414 (idem).

Bertolet, usine, c^ne de Dunières. — *Bertoleyras*, 1339 (comm^on du Dr Charreyre).

Bertouzis, vill., c^ne de Lapte. — *Brostalsiz*, v. 1100 (cart. de Cluny, ch. 3764, 3792). — *Broutousiiz*, 1507 (év.). — *Berthozis*, 1695 (capitation). — *Bertozic*, xviii° s. (Cassini).

Bertrand (Moulin-), m^in sur le Dolaizon, c^ne de Vals-près-le-Puy.

Bertrand (Moulin-), m^in sur le Lignon, c^ne des Vastres. — *Le Moulin de Bertrand*, 1690 (état civ.). — *Le Moulin de Bertrand de la Faye*, 1736 (idem).

Bertrand (Moulin-de-), m^in sur l'Avène, c^ne de Saint-Austremoine.

Bertrand-Bas, f., c^ne de Saint-Front. — *Bertrand*, 1695 (capitation).

Besque, chât. détr. et f., c^ne de Charraix. — *Mansus de Besque*, 1351 (Thiolent).

Besque (Le), ruiss., prend naissance au nord de la c^ne de Venteuges, traverse celle de Charraix et se jette dans l'Allier au-dessus de Prades. — *La Fage*, 1888 (carte adm.).

Besque (Moulin-de-), m^in, c^ne de Charraix. — *Molendinum de Besque*, 1461 (Bibl. nat., lat., n. acq., 1223, f° 2 v°).

Besqueut (Le), affl. de la Fage, c^ne de Cubelles.

Bessade (La), mine d'antimoine aband. et m. i., c^ne de Mercœur. — (Legrand d'Aussy, voy. d'Auv., II, 113).

Bessamorel, c^on d'Yssingeaux. — *Bessa Maurell*, 1267 (Rhône, la Sauvetat, II, 1). — *Bessamaurel*, 1281 (cart. de Saint-Sauveur-en-Rue, 140). — *Castrum de Bessa Maurello*, 1429 (Rhône, Bessamorel). — *Domus de Bessamourella*, 1430 (idem). — *Præceptoria de Bessamorello*, 1493 (idem, H. 2635). — *Le Besset-Moret*, 1549 (Savin, n°²). — *Bessamoreau*, 1585 (état civ.). — *Bessamourel*, 1646 (Rhône, Bessamorel).

En 1789, Bessamorel dépendait de la province du Velay, de la subdélégation et sénéchaussée du

Puy. Son église paroissiale, diocèse du Puy et archiprêtré de Monistrol-sur-Loire, était sous l'invocation de saint Jean-Baptiste; le commandeur des Hospitaliers de Bessamorel nommait à la cure, dont le titulaire était toujours un religieux d'obédience de l'ordre.

BESSARIOUX, vill., c^{ne} du Brignon. — *Bessarius*, 1343 (J. de Peyre, n^{re}). — *Bessa Rious*, 1386 (hom. de Solignac). — *Bessarieus*, 1444 (prieuré de Solignac). — *Besserioux*, 1505 (Dompnin, n^{re}). — *Bessarious*, 1567 (Doleson, n^{re}).

BESSATEL (LE), lieu détr., c^{ne} de Laussonne. — *Locus qui dicitur Beciadellus* ou *de Bcciatello*, v. 976 (cart. du Monastier, n° 171). — *Campus del Bessatel*, 1526 (cad. du Monastier).

BESSE, vill., c^{ne} de Lempdes. — *Bessa*, 1295 (spic. Briv.).

BESSE, vill., c^{ne} de Saint-Étienne-sur-Blesle.

BESSE, vill., c^{ne} de Saint-Pierre-Duchamp. — *Villa de Bexis*, 1163 (cart. de Chamalières, n° 77). — *Ad Bezas* (idem, n° 321). — *Villa de Bessas*, 1266 (Arch. nat., P. 1397³, c.·597). — *Mansus voc. de Bessis, in parr. S. Petri de Campo scitus*, 1311 (Arch. nat., P. 1398¹, c. 650).

BESSE (LA GRANDE-), vill., c^{ne} d'Yssingeaux. — *Mansus de la Bessa*, 1250 (Gall. christ., t. II, eccl. Anic., col. 774). — *La Besse*, 1595 (Gallien, n^{re}).

BESSE (LA PETITE-), h., c^{ne} d'Yssingeaux.

BESSE (LE), affl. de l'Arzon en face d'Arzon, c^{ne} de Saint-Pierre-Duchamp.

BESSÉA (LA), h., c^{ne} de Saint-Jeure. — *La Bessée*, 1786 (état civ.).

BESSÉA (LA), f., c^{ne} de Saint-Maurice-de-Lignon. — *Les Besseyres*, 1879 (carte adm.).

BESSÉA (LA), h., c^{ne} du Mazet-Saint-Voy.

BESSÉAS (LES), f., c^{ne} de Raucoules.

BESSÈDE (LA), f., c^{ne} de Présailles. — *Labsède* (cad.).

BESSÈDES (LES), f., c^{ne} de Freycenet-Lacuche.

BESSEGET, f., c^{ne} de Cubelles. — *Mansus Besseget*, 1327 (Lozère, G. 98). — *Bessegetum*, 1464 (Bibl. nat., lat., n. acq., 1223, f° 185).

BESSES, vill., c^{ne} d'Allègre. — *Domus de Bessas*, 1238 (hôtel-Dieu, B. 609). — *Besses*, XVIIIe s. (Cassini).

BESSES, vill., c^{ne} de Solignac-sous-Roche. — *Besse* (cad.).

BESSES (LE), affl. de la Borne occidentale, c^{ne} d'Allègre.

BESSET (LE), chât. ruiné et vill., c^{ne} de la Besseyre-Saint-Mary. — *Lo Besset*, 1318 (J. de Peyre, n^{re}, reg. A, f° 53). — *Bessetum*, 1459 (Bibl.

nat., ms. lat., n. acq., 1222, f° 126 v°). — *Besset*, 1511 (coust. d'Auv., 81 v°).

BESSET (LE), lieu détr., c^{ne} de Bonneval. — *Mansus del Besset*, 1249 (tabl. du Velay, 1875-1876, p. 532).

BESSET (LE), écart, c^{ne} de la Chapelle-d'Aurec. — 1387 (hom. de Solignac).

BESSET (LE), vill., c^{ne} de Laussonne. — *Villa ad Besset*, 1257 (Monastier). — *Locus de Besseto*, 1514 (Costavol, n^{re}).

BESSET (LE), f., c^{ne} de Malvalette. — *Mansus voc. dal Besse prope Mayoc*, 1325 (col. Chaleyer). — *Bessetum subtus Mayoc*, 1513 (obit. de Bas).

BESSET (LE), affl. du Ladrait, c^{ne} de Malvalette.

BESSET (LE), f., c^{ne} du Mazet-Saint-Voy.

BESSET (LE), vill., c^{ne} de Saint-Julien-Molhesabate. — *Bessetum*, 1467 (Rivière, n^{re}).

BESSET (LE), chât., c^{ne} de Tence. — *Tenem. dal Besse*, 1327 (Rhône, D. 154).

BESSET (LE), vill., c^{ne} de Valprivas. — *Villa del Becei Sobeiram*, 1243 (Arch. nat., P. 493, cote 121). — *Mansus deus Besses*, 1330 (J. de Peyre, n^{re}).

BESSET (LE), vill., c^{ne} de Vielprat. — 1583 (pap. de Surrel).

BESSET (LE), affl. de la Loire, c^{ne} de Vielprat. — *Le Largier* (cad.).

BESSET (LE), vill., c^{ne} d'Yssingeaux. — *Villa de Becet quæ est in parrochia de Issingaudo*, 1021 (cart. de Chamalières, n° 49). — *Lo Besse*, 1359 (Rhône, H. 2632). — *Bessetum*, 1504 (terrier de Chailhuns).

BESSEYRE (GROSSE-), lieu détr., c^{ne} d'Ally. — *Ad Illa Beceria*, v. 957 (cart. de Brioude, ch. 320). — *In vicaria Radicatensi, villa Beceria*, 969 (idem, ch. 83). — *Mansus de Grossa Bessera*, 1452 (Bibl. nat., ms. fr. 11490, p. 474). — *Grosse-Besseyre*, 1694 (état civ.).

BESSEYRE (LA), loc. détr., c^{ne} de Blesle. — *Molendinum Bernardi Auriculæ vocatum a la Besseyra*, 1266 (spic. Briv.). — *La Besseira*, 1306 (terr. de Blesle). — *La Vaissiere*, XVe s. (Arch. nat., R⁴. 1143*). — *La Bessière*, XVIIIe s. (Cassini).

BESSEYRE (LA), h., c^{ne} de Chassignolles. — *In vicaria (Brivatensi), locus qui vocatur Illa Beceria*, 928 (cart. de Brioude, ch. 256). — *Beceria*, 986 (idem, ch. 91). — *La Besseire*, 1888 (Malègue).

BESSEYRE (LA), vill., c^{ne} de Chastel. — *Domus de Besseyra*, XVe s. (pouillé de Saint-Flour, 269).

BESSEYRE (LA), h., c^{ne} de la Farre. — *La Bessayre*, 1583 (lit. de Surrel).

Besseyre (La), m. i., c^ne de Josat.

Besseyre (La), mont. boisée, c^ne de Loudes.

Besseyre (La), vill., c^ne de Saint-Georges-d'Aurac. — *In vicaria de Aurato, in villa Beciaria,* 927 (cart. de Brioude, ch. 111). — *Mansus de Besseria,* 1465 (Bibl. nat., ms. lat., n. acq., 1223, f° 219). — *La Besseyra,* 1490 (terr. du Cluzel).

Besseyre (La), lieu détr., c^ne de Saint-Préjet-d'Allier. — *La Beceyra,* 1295 (Thiolent). — *Mansus de la Vessieyra,* 1297 (*idem*). — *Mansus de la Besseyria,* 1339 (*idem*).

Besseyre (La), écart, c^ne de Saint-Privat-d'Allier.

Besseyre (La), lieu détr., c^ne de la Voûte-Chilhac. — *Mansus de la Vaysseyra,* 1288 (spic. Briv.). — *La Bessière,* 1670 (Arch. nat., P. 502, n° 75).

Besseyre-Basse (La), h., c^ne du Monastier. — *Vuadium de Beterram* (Beceriam), v. 1080 (cart. du Monastier, n° 28). — *La Besseyre-Basse,* 1549 (Savin, n^re).

Besseyre-Haute (La), vill., c^ne du Monastier. — *Villa quæ dicitur Beceria, in pago Vellaico,* v. 979 (cart. du Monastier, n° 112). — *Becieria,* 991 (*idem,* n° 158). — *Villa de Beceria,* xi° s. (*idem,* n° 48). — *Locus de Besseria,* 1508 (Costavol, n^re). — *La Besseyre-Haulte,* 1665 (André, n^re).

Besseyres (Les), m^in sur le Lignon, c^ne de Grazac.

Besseyre-Saint-Mary (La), c^on de Pinols. — *Prioratus de la Besseyra,* 1288 (spic. Briv.). — *Villa de Besseria in Alvernia,* 1327 (Lozère, G. 98). — *Besseria, dioc. S. Flori,* 1464 (Bibl. nat., lat., n. acq., 1223, f° 203). — *Domus de Beysseyra,* xv° s. (pouillé de Saint-Flour, 269). — *La Besseire,* 1539 (Thiolent). — *Paroisse de la Besseire de Sainct-Mary, diocèse de Sainct-Flour,* 1588 (terrier d'Auvers). — *La Bessiere-Saint-Mary,* xviii° s. (Cassini). — *Besseyre-Nivôse,* 1793.

En 1789, la Besseyre-Saint-Mary était comprise dans la province et le bailliage de Gévaudan. Son église paroissiale, diocèse de Mende et archiprêtré de Saugues, était dédiée à saint Mary; le prieur de la Voûte-Chilhac présentait à la cure. Certains actes placent cette localité dans le diocèse de Saint-Flour.

Besseyrette, h., c^ne de Chastel. — *La Besayreta,* 1348 (Arch. nat., Z². 54, p. 59). — *La Besseyreta,* 1364 (Arch. nat., Z². 54, p. 166). — *La Besserette,* 1869 (Malègue).

Besseyrole-Basse (La), f., c^ne du Monastier.

Besseyrole-Haute (La), f., c^ne du Monastier. — *La Bessayrola,* 1259 (cart. du Monastier, n° 451). —

La Besseyrola, 1298 (Saint-Pierre-le-Monastier). — *La Veysseyrolle,* 1569 (A. Boyer, n^re).

Besseyrolle (La), vill., c^ne de Ferrussac. — *La Besayrola,* 1350 (Arch. nat., Z². 54, p. 73). — *La Bessayrola,* 1357 (*idem,* p. 129). — *Ecclesia de Bezayrolis,* xv° s. (pouillé de Saint-Flour, 316). — *La Besseyrola,* 1479 (Bibl. nat., lat., n. acq., 1224, f° 125). — *La Besseyrolle,* 1502 (Arch. nat., Q. 513, f° 131). — *La Besseyrole,* 1840 (Deribier).

Bessèze, écart, c^ne de Chamalières.

Bessioux (Le), f., c^ne de Céaux-d'Allègre. — *Le domaine du Bessioux,* 1672 (communic. de M. E. Grellet de la Deyte). — *Le Bissioux,* 1711 (*idem*). — *Le Bessiou,* 1759 (tabl. hist. du Velay, 1875-1876, 215). — *Bechoux,* 1860 (État-Major).

Bessioux (Le), m. i., c^ne de Saint-Julien-du-Pinet.

Besson (Le), m^in sur la Baume, c^ne du Brignon. — *Molendinum quod appellatur Jornal quod est in riperia d'Orzio subtus lo Brunio, villaniam cujus tenet Poncius Jornals,* 1233 (hôtel-Dieu, B. 308). — *Molendinum de Besso,* 1465 (prieuré de Solignac). — *Les molins du Besson,* 1579 (*idem*). — *Le molin de Besson,* 1613 (Brunel, n^re).

Besson (Moulin-de-), m^in sur le Panis, c^ne de Thoras. — *Le molin de Vidal Pajo,* 1622 (terr. de Vazeilles). — *Moulin-de-Vidal,* 1847 (nom. des postes).

Bessonière (La), f., c^ne de Saint-Just-Malmont.

Bessonnière (La), h., c^ne de Saint-Didier-la-Séauve. — *La Bessonière,* 1470 (terr. de Saint-Didier).

Bessous, h., c^ne de Saint-Romain-Lachalm. — *Bessoux,* 1461 (Rhône, H. 1180).

Bessous (Les), h., c^on d'Yssingeaux.

Bessoux (Le), f., c^ne de Raucoules.

Bèthe, écart, c^ne du Brignon. — *Betoa,* 1290 (hôtel-Dieu, B. 155). — *Le sieur de Beste,* 1639 (Jacmon, 139). — *La metterie de Bethoue,* 1681 (Roche, n^re).

Bèthe (La), affl. de la Loire au sud de Bonnefont, c^nes de Landos et du Brignon. — *Les Ceyssoux* (État-Major).

Bétrix (La), f., c^ne du Chambon. — *Labetrit,* 1888 (Malègue).

Bets (Le), chât., c^ne de Monistrol-sur-Loire. — *Lo Betz,* 1345 (J. de Peyre, n^re). — *Lo Bex,* 1431 (év.).

Bets (Le), f., c^ne de Saint-Julien-d'Ance. — *Best* (cad.).

Seigneurie possédée depuis le xvii° s. par la famille Pradier d'Agrain.

Betz (Le), écart, c^{ne} de la Chapelle-d'Aurec.

Betz (Le), vill., c^{ne} de Chénéreilles. — 1296 (hom. de l'év.). — *Mansus del Betz*, 1459 (Rhône, D. 154).

Betz (Le), h., c^{ne} de Lapte. — *Mansus del Bes* ou *del Betz*, 1370 (év.). — *Lebes*, xviiie s. (Cassini). — *Le Bethz*, 1860 (État-Major).

Betz (Le), dom., c^{ne} de Saint-Pal-de-Chalencon. — *Bessum*, 1213 (cart. de Chamalières, n° 318). — *Beceum*, 1291 (Arch. nat., P. 492¹, c. 294). — *Lo Betz*, 1419 (Loire, A. 89, f° 243 v°). — *Le Best*, 1540 (terr. de Saint-Pal). — *Le Bès* (cad.). — *Besse*, 1888 (Malègue).

Betz (Le), vill., c^{ne} de Tence.

Betz (Le), f., c^{ne} d'Yssingeaux. — *Loubet*, 1888 (Malègue).

Betz (Les), f., c^{ne} du Chambon. — *Loubet*, 1880 (carte adm.).

Beyssac, h., c^{ne} de Monlet. — *Bayssac*, 1347 (J. de Peyre, n^{re}, reg. D., f° 115 v°). — *Beyssac, Beissac*, 1573 (communic. de M. E. Grellet de la Deyte). — *Bessac*, xviiie s. (Cassini).

Beyssac, vill., c^{ne} de Saint-Jean-de-Nay. — *Baissac*, 1209 (Saint-Agrève). — *Vaissac*, 1256 (év.). — *Bayssat*, 1321 (spic. Briv.). — *Mansus de Bayssac*, 1461 (Bibl. nat., ms. lat., n. acq., 1222, f° 179 v°). — *Locus de Bayssaco*, 1464 (hôtel-Dieu, B. 574). — *Beyssac*, 1638 (Jacmon, 124).

Beyssac, écart, c^{ne} d'Yssingeaux. — *Bayssacum*, 1430 (Rhône, Bessamorel). — *Beysac*, 1600 (Burel, 479). — *Beyssac del Boys*, 1602 (A. Robert, n^{re}). — *Bessac*, xviiie s. (Cassini).

Beyssac (Moulin-de-), mⁱⁿ sur le Besset, c^{ne} d'Yssingeaux.

Beyssache (La), f., c^{ne} d'Yssingeaux.

Bez (Le), vill., c^{ne} de Saint-Julien-Chapteuil. — *Lo Betz*, 1314 (év.). — *Mansus de Bessu*, 1373 (idem). — *Mansus del Bes*, 1382 (idem). — *Mansus Bessi*, 1387 (év.). — *Bessum*, 1390 (év.). — *Homines de Besseo*, 1455 (Pradier, n^{re}). — *Locus de Bessio*, 1501 (col. C. Falcon). — *Le Bes*, 1546 (Savin, n^{re}). — *Le Bez*, 1685 (cad. de Chapteuil-Bas).

Bezalade, f., c^{ne} de Présailles.

Bézy (Le Suc de), mont. et lieu détr., près Laroux, c^{ne} de Vorey. — *Villa de Bezis*, 1163 (cart. de Chamalières, n° 77). — *A Bezis*, 1265 (Arch. nat., P. 494¹, c. 36). — *Mons mansi de Besis*, 1311 (Arch. nat., P. 1399¹. c. 783).

Biasse (Moulin-de-), mⁱⁿ sur le Pouzols, c^{ne} de Vernassal. — *Molendinum de Darssac*, 1307 (Haute-Loire, E.).

Biausse, mont. et bois, c^{ne} de Saint-Paulien.

Bichaix, vill., c^{ne} de Beaulieu. — *Villa de Bichais*, 1265 (hôtel-Dieu, B. 319). — *Bechay*, 1311 (Arch. nat., P. 1399¹, cote 783). — *Bichays*, 1472 (Maltrait, n^{re}).

Bidoire (La), fontaine au Puy. — *Fons qui voc. la Buildoira*, 1246 (mairie du Puy). — *Super Bulbitorium*, xiiie s. (Saint-Georges du Puy). — *La Buldoyra*, 1408 (compois du Puy). — *Fons Buldoyriæ*, 1426 (mairie du Puy).

Bief (Le), écart, c^{ne} de Saint-Just-Malmont. — *Le Beay* (cad.).

Bielle (La), f., c^{ne} de Saint-Julien-Molhesabate.

Bière (La), f., c^{ne} des Vastres. — *Berne*, 1888 (Malègue).

Bigançon, h., c^{ne} de Saint-Romain-Lachalm.

Bigorne, vill., c^{ne} de Saint-Front. — *Bigorra*, 1256 (Rhône, la Sauvetat, I, 5). — *Biguorra*, 1391 (év.). — *Bigoura*, 1530 (cad. du Monastier). — *Bigorre*, 1561 (Savin, n^{re}).

Bigouroux, écart, c^{ne} d'Yssingeaux.

Bilhac, vill., c^{ne} de Polignac. — *Ecclesia S. Petri de Billiaco*, v. 1100 (Nov. Gall. chr., II, 704). — *Bisliacus*, 1142 (cart. de Pébrac, n° 37). — *Curatus de Bithlaco*, 1329 (J. de Peyre, n^{re}, reg. C, f° 32 v°). — *S. Marti de Bilhac*, 1408 (compois du Puy). — *Beliacus*, 1440 (prieuré de Polignac). — *Bilhiac*, 1586 (Sigaud, n^{re}). — *Binlhac*, 1679 (Haute-Loire, B. 31).

Billanges, vill., c^{ne} de la Vaudieu. — *Bilhangii*, 1471 (Bibl. nat., lat., n. acq., 1224, f° 7 v°). — *Billanges*, 1494 (la Chaise-Dieu, Javaugues). — *Billiange*, 1820 (Deribier).

Billard, m. i., c^{ne} de Monistrol-sur-Loire. — *Ladreit*, 1657 (état civ.). — *Ladreit* ou *Billard*, 1662 (idem).

Billard, m. i., c^{ne} de Saint-Pal-de-Mons.

Billard, m. i., c^{ne} de Retournac.

Billard (Moulin-de-), mⁱⁿ sur la Voirèze, c^{ne} de Blesle. — xviiie s. (Cassini).

Billards (Les), vill., c^{ne} de Tiranges.

Billon, lieu détr., c^{ne} d'Ouïdes. — *Possessio de Bilho*, 1453 (J. Rocher, n^{re}). — *La borie de Bilhon*, 1545 (cad. d'Agrain).

Bineyres (Les), vill., c^{ne} de Bains. — *Nabineiras*, v. 1213 (templiers du Puy). — *Nabyneiras*, 1293 (cordeliers). — *Nabineyras*, 1329 (J. de Peyre, n^{re}). — *Las Bineyras*, 1381 (hospit. du Velay). — *Le village de Las Bineyras, aultrement app. des Garnaudz*, 1549 (Rhône, H. 2478). — *Las Bineyres* 1568 (Doleson, n^{re}).

Binières (Les), vill., c^{ne} de Desges. — *Nabinariæ*,

1142 (cart. de Pébrac, n° 37). — *Nabineiras,* v. 1250 (spic. Briv.). — *Las Bineyras,* 1457 (Bibl. nat., lat., n. acq., 1222, f° 56). — *Mansus de Bineriis,* 1460 (*idem,* f° 145). — *Lesbinières,* 1888 (carte adm.).

Binous (Les), écart, c^ne de Chamalières.

Bion (Moulin-de-), m^in sur le Cros, c^ne d'Agnat.

Bionsac, f., c^ne de Léotoing. — *Bunsag, in vicaria Brivatensi* (cart. de Brioude, tables, ccc). — *Bunsat,* xve s. (Arch. nat., R^f. 1143*, n° 345). — *Bunssat,* 1614 (Arch. nat., R^4. 1045).

Bizac, vill., c^ne du Brignon. — *Bizac,* 1273 (év.). — *Bizacum,* 1320 (hôtel-Dieu, B. 168). — *Bisac,* 1408 (compois du Puy).

Bize, f., c^ne de Saint-Hilaire. — *Bisa,* xive s. (terr. des Grèzes). — *Biza,* 1397 (la Chaise-Dieu, Azerat). — *Bise,* 1888 (Malègue).

Bize (La), m. i., c^ne de Saint-Jeure.

Blachailles (Les), m. i., c^ne de Saint-Pierre-Eynac.

Blache (La), h., c^ne de Malrevers. — *Boria de la Blacha,* 1380 (Saint-Agrève). — *Blachia,* 1477 (Richon, n^re). — *La Blacha de Mercuer,* 1507 (év.). — *La Blache,* 1555 (cad. de Mercœur).

Blache (La), f., c^ne de Saint-Front. — *Boria vocata La Blacha quæ est abbatis Mansiadæ,* 1344 (Monastier-Saint-Chaffre). — *La Blache,* 1646 (cad. de Bonnefont).

Blache (La), vill., c^ne de Saint-Julien-du-Pinet.

Blachère (La), loc. détr., c^ne de Saint-Arcons-d'Allier. — *La Blacheira,* 1238 (hôtel-Dieu, B. 609). — *Mansus de la Blacheyra,* 1451 (Bibl. nat., lat., n. acq., 1222, f° 5). — *La Blachaira,* 1463 (terr. de Vissac).

Blache-Redonde, f., c^ne des Estables. — *Blacha Redonda,* 1376 (Bonnefoy).

Blaches (Les), f., c^ne des Estables. — 1739 (état civ.). — *Les Blachas,* 1888 (carte adm.).

Blachon, f., c^ne des Estables.

Blachoux (Les), h., c^ne de Champclause.

Bladenaves, h., c^ne de Ferrussac. — *Bladenavas,* 1078 (spic. Briv.). — *Bladenave,* 1888 (carte adm.).

Blaises (Les), écart, c^ne de la Chapelle-d'Aurec.

Blaizat, vill., c^ne de Saint-Eble. — *Blaisac,* 1247 (cart. de Pébrac, n° 72). — *Blayssac,* v. 1250 (spic. Briv.). — *Blassacum,* 1347 (J. de Peyre, n^re). — *Mansus de Bleyzac,* 1459 (Bibl. nat., lat., n. acq., 1222, f° 105 v°). — *Bleysac,* 1459 (*idem,* f° 132). — *Blezac,* 1495 (terr. de Vissac). — *Blaisat,* 1820 (Deribier).

Blaizat (Le), affl. du Morange à Gagne, c^nes de Saint-Éble et de Mazeyrat-Chrispinhac. — *Rivus*

---

labens de Bleysac versus Sanctum Ebulum (Bibl. nat., ms. lat., n. acq., n° 1224, f° 202 v°).

Blanc, m^in sur la Belette, c^ne de Connangles.

Blanc, f., c^ne de Tence. — *Le domeyne de Blanc sive Villeneufve, acquis d'Alfons Le Blanc, s^r du Mas,* 1594 (Rhône, D. 148). — *Blanc,* 1623 (*idem,* D. 150).

Blanc (Le), ruiss., prend sa source près de Fugères, c^ne de Saint-Martin-de-Fugères, et se jette dans l'Holme à Goudet.

Blanc (Moulin-de-), m^in, c^ne de Monlet.

Blanc (Moulin-de-), m^in, c^ne de Salettes.

Blanchard, h., c^ne de Dunières. — 1591 (coll. Chaleyer).

Blanchard, m. i., c^ne de la Vaudieu.

Blanchard, m. i., c^ne d'Yssingeaux.

Blanche (La), f., c^ne des Estables. — 1741 (état civ.).

Blanchelaine, f., c^ne de Saint-Julien-Chapteuil.

Blanchet, vill., c^ne de Saint-Hilaire. — *Blanchier,* xviiie s. (Cassini).

Blanchet (Moulin-de-), m^in sur l'Auzon, c^ne de Chassignolles.

Blanlhac, vill., c^ne de Rosières. — *In pago Vellaico, in villa Blatulago* (le ms. porte : *Blatusago*), v. 970 (cart. du Monastier, n° 99). — *Blelhac,* 1309 (év.). — *Blatlhac,* 1314 (év.). — *Blalhac, Blallac,* 1507 (év.). — *Blanliac,* 1534 (év.). — *Blanlhac,* 1561 (Savin, n^re). — *Blanhac,* 1820 (Deribier).

Blannat, vill., c^ne de Domeyrat. — *Blannac,* 1505 (Vals-le-Chastel). — *Blanat,* 1820 (Deribier).

Blanzac, c^on de Saint-Paulien. — *Blanzac,* 1265 (hôtel-Dieu, B. 319). — *Villa vocata Ablanzac,* 1284 (titres de Saint-Vidal). — *Blansat,* 1408 (compois du Puy). — *Blansacum,* 1499 (J. Boyer, n^re).

En 1789, Blanzac faisait partie de la province du Velay, de la subdélégation et sénéchaussée du Puy. Au spirituel, il relevait de la paroisse de Saint-Paulien.

Succursale érigée le 20 juin 1861.

Blanzac (Moulin-de-), m^in sur le Chalan, c^ne de Blanzac.

Blassac, vill., c^ne des Villettes. — 1296 (homm. de l'év.). — *Dominus de Blesaco,* 1391 (év.).

Blassac, c^on de la Voûte-Chilhac. — *Ecclesia quæ vocatur Blaciag* (cart. de Brioude, Bibl. nat., ms. lat., 17078, p. 71). — *Villa Blaciac,* 912 (cart. de Brioude, ch. 5). — *Blassiat,* 1380 (Arch. nat., JJ. 117, n° 117). — *Blessat,* 1401 (spic. Briv.). — *Ecclesia de Blassaco,* v. 1460 (*idem*). — *Blassat,* 1464 (Arch. nat., ZZ. 359, p. 97). — *Prior de Blessaco,* XVI° s. (pouillé de Saint-Flour, p. 231). — *Blassac,* 1511 (coust. d'Auv., f° 81 v°).

En 1789, Blassac était compris dans la province d'Auvergne, l'élection et subdélégation de Brioude et le présidial de Riom. Son église paroissiale, diocèse de Saint-Flour et archiprêtré de Langeac, était sous le vocable de l'Assomption; le prieur de la Voûte-Chilhac présentait à la cure.

BLAVOZY, c°⁰ du Puy sud-est. — *Blaoze,* 1217 (Gall. chr., XVI, 239). — *Blayozer* ou *Blaiose,* 1283 (év.). — *Bleyoze,* 1285 (hôtel-Dieu, B. 336). — *Bleyose,* 1285 (Saint-Georges du Puy). — *Molendina de Blaozer,* 1359 (év.). — *Blozer,* 1387 (év.). — *Blaoser,* 1408 (compois du Puy). — *Blavosium,* 1477 (Richon, n°°). — *Blavoser,* 1502 (Médicis, I, 153). — *Blavoze,* 1546 (Savin, n°°). — *Blevozy,* 1585 (Johany, n°°).

En 1789, Blavozy dépendait de la province du Velay, de la sénéchaussée et subdélégation du Puy. Au spirituel, il relevait de la paroisse de Saint-Germain-Laprade.

Commune créée par une loi du 6 mars 1895 et démembrée de celle de Saint-Germain-Laprade.

Succursale érigée le 7 novembre 1857.

BLÈDE (LE), affl. de l'Holme, c°°° d'Alleyrac, Saint-Martin-de-Fugères et Goudet.

BLÈDE (LE MAS-DE-LA), c°° d'Alleyrac.

BLESLE, arrond. de Brioude. — *S. Petrus de Blasilla,* XI° s. (cart. de Sauxillanges, n° 771). — *Monasterium S. Petri de Blazilia,* 1096 (Gall. chr., II, instr., c. 157). — *Basilla,* 1163 (rec. des Hist. de Fr., XVI, 43). — *Poncius archipresb. de Besilla,* XII° s. (Puy-de-Dôme, cath. arm. 18, sac B, c. XII). — *Blazella,* 1199 (Baluze, m. d'Auv., II, 257). — *Blasiliæ monasterium,* 1185 (spic. Briv.). — *Blasilis,* 1225 (Puy-de-Dôme, cath. arm. 2, sac A, cote 3). — *Domus Basiliæ,* 1262 (Baluze, m. d'Auv., II, 269). — *Abbatissa de Bleolle,* 1287 (Mabillon, vet. anal., 344). — *Bleelle,* 1321 (Baluze, m. d'Auv., II, 313). — *Blaelle, Blelle,* 1379 (compte de B. Flotenc). — *Blerc,* XIV° s. (chron. de J. Froissart, éd. Buchon, liv. IV, chap. 14). — *Bleylle,* 1398 (compte de B. Sannadre). — *Bleille,* 1401 (spic. Briv.). — *Bleyla,* 1458 (B. Girard, n°°). — *Blesilia,* 1462 (Bibl. nat., ms. lat., n. acq., 1223, f° 30). — *Bleyle,* XV° s. (Arch. nat., P. 1372², c. 2064). — *La seigneurie de Blesle,* 1511 (coust. d'Auv., f° 80 v°).

En 1789, Blesle, qui était le siège d'une abbaye séculière de chanoinesses nobles, fondée au IX° siècle, appartenait à la province d'Auvergne, à l'élection et subdélégation de Brioude et au ressort de Riom. Son église paroissiale, diocèse de Saint-Flour et chef-lieu d'archiprêtré, était consacrée à saint Pierre; l'abbesse de l'abbaye de Blesle présentait à la cure.

BLEU, f., c°° de Loudes.

BLEU, écart, c°° de Polignac. — *Blivus,* 1279 (cart. de Mazan, f° 29).

BLEU, vill., c°° de Saint-Vidal. — *Bliuus,* 1331 (J. de Peyre, n°°).

BLOT, f., c°° des Estables. — 1739 (état civ.).

BLOT, mont., c°° des Estables.

BŒUX, écart, c°° de Bains. — *Bueys,* 1335 (J. de Peyre, n°°). — *Buis,* 1394 (la Chaise-Dieu, Saint-Remy). — *Beux,* 1561 (Savin, n°°). — *Beutz,* 1614 (Brunel, n°°).

BOINES (LES), f., c°° de Saint-Préjet-Armandon. — *Las Boires,* 1514 (Vals-le-Chastel). — *Las Borias,* 1570 (J. Chalvon, n°°).

BOIROUX (LOUS), h., c°° de Coubon. — *Los Boayros,* 1389 (plumit. de Bouzols). — *Locus deux Boyros,* 1522 (Sobrier, n°°). — *Lous Boyroux,* 1575 (A. Boyer, n°°). — *Bois-Roux,* 1888 (Malègue).

BOIS (LE), f., c°° de Chaudeyrolles.

BOIS (LE), vill., c°° de Roche-en-Régnier. — *Villa quæ vocatur Nemus,* XII° s. (cart. de Chamalières, n° 148). — *Villa de Bosco,* 1309 (Arch. nat., P. 1399¹, cote 759). — *Boscus prope Ruppem,* 1323 (Arch. nat., P. 1397², cote 549). — *Lo Bostz,* 1476 (Arch. nat., P. 1399¹, cote 792). — *Le Boys,* 1558 (Vacharel, n°°). — *Le Bois les Roche-en-Reynier,* 1571 (A. Boyer, n°°).

BOIS (LE), h., c°° de la Voûte-Chilhac. — *Villa de Bosco,* 1288 (spic. Briv.). — *Mansus del Bos,* 1464 (Bibl. nat., ms. lat., n. acq., 1223, f° 180 v°). — *Le villaige del Bois,* 1613 (Mercurial).

BOIS (LE GRAND-), m. i., c°° de Lapte.

BOIS (LE GRAND-), m. i., c°° de Saint-Bonnet-le-Froid.

BOIS (LES), h., c°° du Chambon.

BOIS (LES), m. i., c°° de Dunières.

BOIS (LES), écart, c°° de Monistrol-sur-Loire. — *Le lieu des Bois,* 1742 (état civ.).

BOIS (LES), h., c°° de Raucoules.

BOIS (LES), m. i., c°° de Rosières.

BOIS (LES), m. i., c°° de Saint-Romain-Lachalm.

BOIS (MAS-DES-), écart, c°° de Solignac-sur-Loire.

BOIS-CHAUD, bois, c°° de Chanteuges.

BOISCHAUD, f., c°° de Fay-le-Froid. — *Bos-Chau,* 1320 (cart. de Mazan, f° 121). — *Bos-Chaud,* 1695 (capitation).

Bois-Chaud (Le), affl. de l'Allier, c^{ne} de Saint-Vénérand.

Bois-Comtal (Le), bois, près les Grèzes, c^{ne} d'Agnat. — *Silva Comtal* (cart. de Brioude, tables cccxxviii). — *Al Bos-Comtal*, xive s. (terrier des Grèzes).

Bois-de-Beaux (Le), m. i., c^{ne} d'Yssingeaux.

Bois-de-Chausson (Le), m. i., c^{ne} de Dunières.

Bois-de-Chazaux (Le), h., c^{ne} de Saint-Jeure. — *Bois-du-Chazeaux*, 1888 (Malègue).

Bois-de-Coupier (Le), m. i., c^{ne} de Saint-Didier-la-Séauve.

Bois-de-Cour, f., c^{ne} de Tiranges.

Bois-de-Fay (Le), m. i., c^{ne} de Dunières.

Bois-de-Fruges (Le), h., c^{ne} de Sainte-Sigolène. — *Le Boys*, 1563 (obit. de Bas). — *Bois-de-Fruge*, 1820 (Deribier).

Bois-de-Garay, écart ruiné, c^{ne} d'Ouïdes.

Bois-de-Jas (Le), m. i., c^{ne} de Sainte-Sigolène. — *Bois-de-Géa*, 1888 (Malègue).

Bois-de-Jean (Le), m. i., c^{ne} du Chambon. — *Bois-de-Jeu*, 1820 (Deribier).

Bois-de-la-Bâtie, f., c^{ne} de Saint-Front.

Bois-de-la-Garde (Le), m. i., c^{ne} de Sainte-Sigolène.

Bois-de-la-Moure (Le), h., c^{ne} d'Aurec. — *Le Bois-de-la-Moule*, 1879 (cart. adm.).

Bois-de-la-Vigne, m. i., c^{ne} du Chambon.

Bois-de-l'Eau, f., c^{ne} de Saint-Front. — *Lou Bois-de-Lau*, 1695 (capitation).

Bois-de-Lirat (Le), m. i., c^{ne} de Vals-près-le Puy. — *Bois-des-Botes*, 1888 (Malègue).

Bois-de-Robert (Le), m. i., c^{ne} de Montregard.

Bois-des-Dames (Le), m. i., c^{ne} d'Yssingeaux.

Bois-des-Mazeaux (Les), h., c^{ne} de Raucoules.

Bois-d'État, h., c^{ne} de Saint-Just-Malmont. — *Bosc-d'Eytac*, 1564 (terrier de Saint-Didier).

Bois-de-Treiches (Le), m. i., c^{ne} de Raucoules.

Bois-d'Ombret, h., c^{ne} de Monistrol-d'Allier.

Bois-d'Oupy (Ravin-du-), affl. du Malaval, c^{ne} d'Ouïdes.

Bois-du-Betz (Le), f., c^{ne} de Chénéreilles.

Bois-du-Cros (Le), lieu détr., c^{ne} de Saint-Pierre-Eynac. — Haut et Bas. — *Locus del Bosc del Cros Superioris, locus del Bosc del Cros Inferioris*, 1329 (Bonneville).

Bois-du-Crouzet (Le), m. i., c^{ne} de Dunières.

Bois-du-Fau (Le), m. i., c^{ne} du Chambon.

Bois-du-Genest (Le), h., c^{ne} du Chambon. — *Bois-de-Genat*, 1820 (Deribier). — *Bois-de-Genest*, 1888 (Malègue).

Bois-du-Lot (Le), f., c^{ne} d'Esplantas.

Bois-du-Médecin, h., c^{ne} de Montregard.

Bois-du-Père (Le), bois, c^{ne} de Pébrac. — *El bos Saint-Peyre*, 1455 (Bibl. nat., ms. lat., n. acq., 1222, f° 24). — *Nemus Sancti Petri*, 1461 (idem, f° 109 v°). — *La Terre du Père*, 1876 (état adm. des forêts).

Bois-du-Villard, f., c^{ne} de Lantriac.

Bois-Geoffre (Le), m. i., c^{ne} de Saint-Pal-de-Chalencon. — *Villa de Bosco Gaufridi*, 1329 (Arch. nat., P. 491¹, c. 48). — *Boscus Jauffrey*, 1419 (Loire, A. 89, f° 226). — *Boscus Jauffre*, 1420 (idem, f° 229 v°). — *Le Bosc-Geofroy*, 1540 (terrier de Saint-Pal).

Bois-Grand, bois, c^{ne} de Cayres.

Bois-Grand, h., c^{ne} de Saint-Julien-du-Pinet.

Bois-Jean (Le), loc. détr., c^{ne} de Frugières-le-Pin. — *Le Bos-Jehan*, 1564 (Vals-le-Chastel).

Bois-l'Évêque, f., c^{ne} de Saint-Front.

Bois-Long, écart, c^{ne} de Beaux. — *Bosc-Long*, 1548 (terrier de Verchères).

Bois-Majoun, mas détr. auj. bois, c^{ne} de Thoras. — *Bos Major*, 1279 (Thiolent). — *Bos-Majour*, 1564 (idem).

Bois-Noir (Le), anc. verrerie et m^{in} à scie, c^{ne} de Desges. — 1588 (spic. Briv.).

Bois-Redond, mont. boisé, c^{ne} de Croisance. — *Bostredon*, 1274 (Lozère, G. 99). — *Mons de Bos-Redond*, 1279 (Thiolent). — *Nemus de Bos-Redon domini de Apcherio*, 1499 (idem). — *Bois-Redond*, xviiie s. (Cassini).

Bois-Royer, chât. et dom., c^{ne} de Coubon. — *Bois-Royer*, 1341 (Arch. nat., P. 1856, f° 87). — *Bouroyer*, 1707 (cad. de Bouzols). — *Bois-Royer*, xviiie s. (Cassini). — *Barouillet* (cad.). — *Bois-Rulher* (État-Major).

Boissebete, vill., c^{ne} de Pinols. — *Boyssayretas*, v. 1250 (spic. Briv.). — *Boysseyretas*, 1458 (Bibl. nat., lat., n. acq., 1222, f° 84). — *Boysseretas*, 1459 (idem, f° 129).

Boisserie (La), vill., c^{ne} de Chastel. — *Mansus de Boysseyria*, 1467 (Bibl. nat., ms. lat., n. acq., 1223, f° 315 v°).

Boisset, c^{on} de Bas. — *Villa de Boiset*, v. 1045 (cart. de Chamalières, n° 202). — *Boicetum*, xiie s. (idem, n° 325). — *Boyssetum, Boysset*, 1293 (Arch. nat., P. 491¹, c. 13). — *Parochia Boysseti prope Tiranges*, 1325 (Arch. nat., P. 492¹, c. 230). — *Ecclesia de Boyceto*, 1336 (Arch. nat., P. 494¹, c. 38). — *Boysset*, 1420 (Loire, A. 89, f° 238). — *Bouisset en Forès*, 1621 (Duclaux, n^{re}). — *Boisset-lès-Tiranges*, 1767 (alm. de Lyon).

En 1789, Boisset faisait partie de la province

du Forez, de la généralité de Lyon et du bailliage de Montbrison. Son église paroissiale, diocèse du Puy et archiprêtré de Saint-Paulien, était dédiée à saint Pierre; le prieuré de Vorey présentait à la cure.

BOISSET (LE), f., cⁿᵉ de Mazeyrat-Crispinhac. — *Mansus del Boschet*, 1464 (Bibl. nat., lat., n. acq., 1223, fᵒ 153). — *Boysset*, 1482 (*idem*, 1224, fᵒ 318 vᵒ).

BOISSET-BAS, vill., cⁿᵉ de Saint-Pal-de-Chalencon. — *Mansus Subterior, in villa de Boisoleto*, xᵉ s. (cart. de Chamalières, nᵒ 265). — *Boissel-Bas*, 1540 (terrier de Saint-Pal). — *Boysseau-Bas*, 1555 (obit. de Bas). — *Boisseau-Bas*, 1698 (Devinols, nʳᵉ). — *Boisset-Bas*, xv111ᵉ s. (Cassini).

BOISSET-HAUT, vill., cⁿᵉ de Saint-Pal-de-Chalencon. — *Boisolum*, xⁱᵉ s. (cart. de Chamalières, nᵒ 246). — *Boysseol, Boysseolz*, 1420 (Loire, A. 89, fᵒ 237). — *Boyceol Sobeyra*, 1500 (coll. C. Falcon). — *Le Boyssiel Sobeyre*, 1616 (Rhône, H. 2153). — *Boisset-Haut*, xv111ᵉ s. (Cassini).

BOISSEUGE, vill., cⁿᵉ d'Espalem. — *Boisseughol*, 1730 (terrier d'Espalem).

BOISSEUGES, vill., cⁿᵉ de Chavagnac-Lafayette. — *Buesoiolensis villa*, v. 1130 (cart. de Pébrac, nᵒ 42). — *Busseughol*, 1448 (Bibl. nat., ms. fr., 11490, fᵒ 446). — *Boysseughol*, 1465 (terrier de Vissac). — *Boysseghol*, 1561 (Savin, nʳᵉ). — *Boisseuge*, 1888 (carte adm.).

BOISSEYRE, vill., cⁿᵉ de Tiranges. — *Buysseras*, 1293 (Arch. nat., P. 491¹, cote 13). — *Boysseriæ*, 1329 (J. de Peyre, nʳᵉ). — *Buisscras*, 1334 (Arch. nat., P. 490², cote 153).

BOISSEYRE (LE), affl. du Drossauge, cⁿᵉ de Tiranges.

BOISSIAL (LE), vill., cⁿᵉ de Berbezit. — *Lo Bouschalm*, 1516 (terrier de Vals-le-Chastel). — *Le Bouschal*, 1564 (J. Chalvon, nʳᵉ).

BOISSIAL (LE), affl. de la Trinité à l'ouest de Cusse, cⁿᵉˢ de Berbezit et de Saint-Didier-sur-Doulon.

BOISSIEN, h., cⁿᵉ de Malrevers. — *Bossers*, 1300 (év.). — *Bosser*, 1326 (év.). — *Locus de Bosserio*, 1344 (J. de Peyre, nʳᵉ). — *Boserium*, 1361 (Haute-Loire, E.). — *Bossiers*, 1507 (év.). — *Bossier*, 1555 (cad. de Merccœur).

BOISSIÈRE, h., cⁿᵉ de Pinols. — *Boiseiras*, x11ᵉ s. (cart. de Pébrac, nᵒ 46-42). — *Boyceyras*, 1350 (Arch. nat., Z². 54, p. 63). — *Boysseyras*, 1357 (*idem*, p. 129). — *Boysseyre*, 1820 (Deribier).

BOISSIÈRE, h., cⁿᵉ de Vernassal. — *Boisseiras*, 1234 (hôtel-Dieu, B. 610). — *Molendinum quod dicitur de Boisseira*, 1238 (*idem*, B. 609).

BOISSIÈRES, vill., cⁿᵉ de Sainte-Marie-des-Chazes. —

Mansus de Boysseyras, Boysseires, 1455 (Bibl. nat., lat., n. acq., 1222, fᵒˢ 32 vᵒ et 33).

BOISSIEUX, vill., cⁿᵉ de la Chapelle-Geneste. — *Boyssiols*, 1389 (la Chaise-Dieu, la Chapelle-Geneste). — *Boyceux*, 1415 (*idem*). — *Boyciels*, 1416 (*idem*).

BOISSONNEYRE (LA), f., cⁿᵉ de Pinols. — *La Boysoneyra*, 1351 (Arch. nat., Z². 54, p. 210). — *La Boyssoneyra*, 1457 (Bibl. nat., lat., n. acq., 1222, fᵒ 56 vᵒ). — *Boyssoneria*, 1460 (*idem*, fᵒ 135). — *Boyssouneyre*, 1750 (terrier des Binières). — *La Boissonnière*, 1888 (carte adm.).

BOISSONNIE (LA), lieu détr., cⁿᵉ de la Chapelle-Geneste. — *Mansus de la Boyssonia*, 1268 (Arch. nat., S. 3300).

BOISSY, f., cⁿᵉ des Estables.

BOISSY-DU-MAS, f., cⁿᵉ des Estables. — *Le Mas-de-Boissi*, 1766 (état civ.). — *Boissi-du-Mas*, 1773 (*idem*).

BOITOUT, f., cⁿᵉ de Saint-Étienne-près-Allègre. — *Le Boiteu*, xv111ᵉ s. (Cassini). — *Boitoux*, 1888 (carte adm.).

BOMBE, écart, cⁿᵉ de Saint-Germain-Laprade. — *Locus de Bomba*, 1324 (J. de Peyre, nʳᵉ, reg. A, fᵒ 96 vᵒ). — *Bonba*, 1408 (compois du Puy). — *La metterie de Bombe*, 1625 (Duclaux, nʳᵉ).

BOMBERIE (LA), écart, cⁿᵉ de Saint-Privat-du-Dragon. — *La Bombarye, La Bonbarie*, 1625 (terrier du Chambon de Blau).

BOMBES (LES), mⁱⁿ sur le Lacombe, cⁿᵉ de Loudes.

BONALOUX, m. i., cⁿᵉ de Saint-Étienne-près-Allègre.

BONFILS (MOULIN-DE-), mⁱⁿ sur l'Andrable, cⁿᵉ de Valprivas.

BONHARMES, b., cⁿᵉ de Monlet. — *Bonarme*, xv111ᵉ s. (Cassini). — *Bonnarme*, 1820 (Deribier).

BONHARMES (MOULIN-DE-), mⁱⁿ sur la Borne occidendale, cⁿᵉ de Monlet.

BONJOUR, écart, cⁿᵉ de Rosières.

BONJOUR, vill., cⁿᵉ de Saint-Hilaire. — *In vicaria Brivatensi, villa Bonjorn*, xⁱᵉ s. (cart. de Brioude, ch. 8).

BONLHOUX, mⁱⁿ ruiné sur la Borne, cⁿᵉ de Saint-Paulien.

BONNAS, chât. détr. sur le versant sud du pic du Lizieux, cⁿᵉ d'Araules. — *Arcis Bonacensis*, 950 (cart. du Monastier, nᵒ 120). — *Arcis Bonaciensis*, 957 (*idem*, nᵒ 89). — *Castrum de Bonas*, 1164 (Médicis, I, 77). — *Mandamentum de Bonas*, 1309 (év.). — *Bonacius*, 1314 (év.). — *Bonascius*, 1323 (Rhône, D. 148). — *Le chasteau de Bonnas*, 1608 (cad. de Bonnas).

BONNASSE (LA), mᵒⁿ de camp., cⁿᵉ de Coubon.

BONNASSOU, m^{on} de camp., c^{ne} de Taulhac. — *Bonnassou*, 1545 (inv^{re} de Saint-Mayol). — *La mecterie de m' Robert Jourdain*, 1598 (Doleson, n^{re}). — *Bonnassous*, 1820 (Deribier).

BONNAT, f., c^{ne} de Langeac. — XVIIIe s. (Cassini).

BONNAVAT, h., c^{ne} de Saint-Arcons-d'Allier. — *Buco Navato*, 936 (cart. de Brioude, ch. 337). — *Villa de Boc-Navat*, 1235 (spic. Briv.). — *Mansus de Bonnavat*, 1455 (Bibl. nat., lat., n. acq., 1222, f° 17 v°). — *Bognavat*, 1480 (la Chaise-Dieu, Chanteuges). — *Boneval*, XVIIIe s. (Cassini).

BONNEFONT, écart, c^{ne} de Beaulieu. — *Bonneffont*, 1541 (Chamblas). — *Bonnefont*, 1605 (Leblanc, n^{re}).

BONNEFONT, m. i., c^{ne} du Brignon.

BONNEFONT, source d'eau minérale, formée de deux griffons situés l'un près des Rozières, c^{ne} du Brignon, et l'autre près des Salles, c^{ne} de Saint-Martin-de-Fugères.

BONNEFONT, vill., c^{ne} de Chassagnes. — *Bonnefond*, 1888 (carte adm.).

BONNEFONT, loc. détr., c^{ne} de Chassignolles. — *Mansus de Bonafont*, 1358 (spic. Briv.).

BONNEFONT, écart, c^{ne} de Coubon. — *La Chazete*, XVIIIe s. (Cassini). — *Bonnefont ou les Chazelettes*, 1847 (nomencl. des postes).

BONNEFONT, f., c^{ne} de Fontannes. — *In ... vicaria (Brivatœ), in loco qui nuncupatur Bona Fonte*, 910 (cart. de Brioude, ch. 296); — 926 (*idem*, ch. 327).

BONNEFONT, mⁱⁿ sur les Merles, c^{ne} du Mazet-Saint-Voy. — *Bonus Fons*, 1314 (év.).

BONNEFONT, écart, c^{ne} de Rosières.

BONNEFONT, h., c^{ne} de Saint-Front. — *Grangia de Bono Fonte*, 1217 (Gall. chr., XVI, instr., col. 240). — *Mansus Boni Fontis sive Arresta Soyra*, 1284 (cart. de Mazan, f° 25 v°). — *Domus Boni Fontis*, 1451 (*idem*). — *Locus de Bona Foan*, 1530 (cad. du Monastier).

BONNEFONT, f., c^{ne} de Saint-Georges-Lagricol. — *Villa de Bonafonte*, 1021 (cart. de Chamalières, n° 239). — *Bonafont*, 1213 (*idem*, n° 335). — *Bonneffont*, 1553 (terrier de Chalencon). — *La maladrerie de Bonnefont*, 1648 (Arch. nat., M. 40, n° 10; — MM. 219, f° 233). — *Bonnefond*, 1880 (carte adm.).

BONNEFONT, vill., c^{ne} de Saint-Jeure. — *Bonusfons*, 1328 (Rhône, D. 154). — *Bonnafont*, 1507 (év.).

BONNEFONT, h., c^{ne} de Saint-Pal-de-Mons. — *Bonus Fons*, 1314 (év.).

BONNEFONT, écart. c^{ne} de Saint-Victor-Malescours. — 1561 (terrier de Saint-Didier).

BONNEFONT, vill., c^{ne} de Saint-Victor-sur-Arlanc. — *Bonneffont*, 1610 (Rhône, D.).

BONNEFONT, vill., c^{ne} de Sembadel.

BONNEFONT, vill., c^{ne} de Séneujols. — *Bonafont*, 1344 (J. de Peyre, n^{re}, reg. D., f° 4). — *Locus de Bonafonte*, 1346 (hôtel-Dieu, B. 677).

BONNEFONT (MAS-DE-), f., c^{ne} de Saint-Martin-de-Fugères. — *Bonus Fons*, 1377 (Saint-Mayol). — *Bonafont*, 1390 (homm. de Solignac). — *Bonafoant*, 1529 (Costavol, n^{re}).

BONNEFONT (MOULIN-DE-), mⁱⁿ sur les Merles, c^{ne} de Champclause. — 1507 (év.).

BONNEFOY, m. i., c^{ne} du Monastier.

BONNEFOY, m. i., c^{ne} de Raucoules.

BONNEFOY, m. i., c^{ne} de Saint-Didier-la-Séauve.

BONNE-MARIOTTE, h., c^{ne} de Saint-Jeure.

BONNENUIT, lieu détr., c^{ne} de Saint-André-de-Chalencon. — *Ad Bonam Noctem*, XIIIe s. (cart. de Chamalières, n° 328).

BONNET, m. i., c^{ne} de Dunières. — 1615 (Rhône, D. 185).

BONNET, écart, c^{ne} de Saint-Romain-Lachalm.

BONNET (MOULIN-DE-), mⁱⁿ détr. sur la Gazeille, c^{ne} du Monastier. — *Molendinum Petri Boneti*, 1364 (comm^{on} de M. Félix Experton). — *Monnerius de Boneto*, 1496 (Arcis, n^{re}). — *Le Molin-de-Bonnet-lez-Monestier-Sainct-Chaffre*, 1571 (A. Boyer, n^{re}).

BONNETTE (LA), h., c^{ne} de Bains. — *La Boneta*, 1329 (J. de Peyre, n^{re}). — *La Bonete-lez-Monbonet*, 1561 (Savin, n^{re}).

BONNETTES (LES), écart, c^{ne} de Saint-Julien-du-Pinet. — *Bonnet*, 1597 (Gallien, n^{re}).

BONNET-VERT (LE), h., c^{ne} de Saint-Just-Malmont.

BONNEVAL, c^{on} de la Chaise-Dieu. — *Ecclesia de Bonaval*, 1177 (Bibl. nat., ms. lat., 12750, p. 200). — *Parochia de Bonaval*, 1348 (Saint-Agrève). — *Bonneval*, 1401 (spic. Briv.). — *Prioratus sanctœ Eugeniœ Bonœvallis*, XVIe s. (pouillé de Clermont, par A. Bruel, p. 118). — *Le prieuré régulier de saint Eugénye de Bonneval*, 1621 (Tauret, n^{re}).

En 1789, Bonneval, qui était un prieuré uni à la mense conventuelle de l'abbaye de la Vaudieu, faisait partie de la province d'Auvergne, de l'élection d'Issoire, de la subdélégation de Saint-Amand-Roche-Savine et du présidial de Riom; cette localité se régissait par le droit écrit et le droit coutumier. Son église paroissiale, diocèse de Clermont et archiprêtré de Livradois, était sous le vocable de sainte Eugénie; la prieure de la Vaudieu présentait à la cure.

Bonneval, h., cⁿᵉ de Saint-Arcons-d'Allier.

Bonneval (Moulin-de-), mⁱⁿ sur la Dore, cⁿᵉ de Bonneval.

Bonnevialle, vill., cⁿᵉ de Rosières. — *Bona Villa*, v. 1085 (cart. de Chamalières, n° 33). — *Bonna Viale*, 1507 (év.).

Bonnevialle, f., cⁿᵉ de Saint-Romain-Lachalm. — *Bonnevial*, 1879 (carte adm.).

Bonneville, m. i, cⁿᵉ d'Aiguilhe.

Bonneville, chât., cⁿᵉ de Saint-Pierre-Eynac. — 1296 (homm. de l'év.). — *Mansus de Bona Vila*, 1309 (Bonneville).

Fief vassal de Chapteuil.

Bonon, m. i., cⁿᵉ de Saint-Romain-Lachalm.

Bontemps, m. i., cⁿᵉ de Saint-Pal-de-Mons.

Bord (Ravin-de-), affl. du Ravin-de-Chambes, cⁿᵉ de Saint-Privat-du-Dragon.

Bordel, h., cⁿᵉ de Lantriac. — *Locus de Bordello*, 1412 (terrier du Moulineuf). — *Bordel*, 1544 (Savin, nʳᵉ). — *Bourdel*, 1547 (*idem*).

Bordes (Les), vill., cⁿᵉ de Saint-Beauzire. — *Mansus de Bordas*, 1353 (coll. J. Lachenal).

Bordes (Les), écart, cⁿᵉ d'Yssingeaux. — *Bordæ*, 1382 (év.).

Bordes (Les), affl. du Ramel, limite les cⁿᵉˢ d'Yssingeaux et de Saint-Maurice-de-Lignon. — *Rivus de Bordis*, 1515 (terrier de Choumouroux). — *Rivus de Bordas*, 1529 (terrier du Fraysse-Bas). — *Les Barrits*, 1878 (carte adm.).

Bordet, f., cⁿᵉ de Saint-Julien-Chapteuil.

Boriasse (La), f., cⁿᵉ de Saint-Étienne-Lardeyrol.

Borie (La), dom., cⁿᵉ de Beaulieu. — *La Boria de Laval-Amblaves*, 1408 (compois du Puy).

Borie (La), chât. et dom., cⁿᵉ de Céaux-d'Allègre. — *Boria de Chambarel*, 1298 (coll. César Falcon). — *Château de la Bourie*, xviiiᵉ (Cassini). — *La Borie-Chambarel*, 1857 (aff. jud.).

Fief appartenant avant le xviiᵉ s. à la famille de Guérin de Lugeac.

Borie, f., cⁿᵉ de Champclause.

Borie (La), h., cⁿᵉ de Chénéreilles. — *La Borye*, 1610 (Rhône, D. 150). — *La Borie de Sainct-Jeure*, 1615 (év.).

Borie (La), quartier de Bouzols, cⁿᵉ de Coubon. — 1291 (homm. de l'év.). — *La Boria*, 1346 (Haute-Loire, E.). — *La metterie de Bouzols app. Le Mas de la Borye*, 1759 (Arch. nat., P. 1856, f° 87).

Borie (La), lieu détr., cⁿᵉ de Ferrussac.

Borie (La), f., cⁿᵉ de Grèzes. — 1539 (Thiolent).

Borie (La), h., cⁿᵉ du Monastier. — *Villa Bovariæ*, 1107 (cart. du Monastier, n° 19). — *Villa de*

Boaria, xiiᵉ s. (*idem*, n° 28). — *Boria*, 1462 (Monastier). — *La Boria*, 1529 (Costavol, nʳᵉ). — *La Borye*, 1621 (André, nʳᵉ).

Borie (La), f., cⁿᵉ de Monistrol-d'Allier. — *La Boria*, 1499 (Thiolent).

Borie (La), écart, cⁿᵉ de Monistrol-sur-Loire. — *La Boria*, 1507 (év.). — *La Borye*, 1691 (état civ.).

Borie (La), f., cⁿᵉ de Pébrac. — *La Boaria*, 1234 (cart. de Pébrac, n° 53). — *Boria domini de Digons*, 1469 (Bibl. nat., lat., n. acq., 1223, f° 356).

Borie (La), h., cⁿᵉ de Pradelles. — *La Boaria*, 1331 (Arch. nat., P. 1397², cote 587). — *Boria domini de Ruppe sita subtus Pratellas*, 1345 (Rhône, E. 8). — *Boria*, 1464 (Ardèche, C. 592). — *Boria prope Pratellas*, 1511 (Maurin, nʳᵉ). — *Les Bories*, 1888 (carte adm.).

Borie (La), f., cⁿᵉ de Saint-Austremoine. — 1613 (Mercurial).

Borie (La), m. i., cⁿᵉ de Saint-Éble.

Borie (La), f., cⁿᵉ de Saint-Ferréol-d'Auroure.

Borie (La), f., cⁿᵉ de Saint-Julien-du-Pinet.

Borie (La), f., cⁿᵉ de Saint-Maurice-de-Lignon. — 1589 (Haute-Loire, E.).

Borie (La), f., cⁿᵉ de Saint-Pal-de-Mons.

Borie (La), loc. détr., cⁿᵉ de Saint-Privat-du-Dragon. — *La Boria*, 1386 (Arch. nat., Z². 4144, p. 22). — *La Boheria*, 1459 (Arch. nat., ZZ. 359, p. 22). — *La Borye*, 1612 (terrier de la Vaudieu).

Borie (La), f., cⁿᵉ de Saint-Romain-Lachalm.

Borie (La), quartier de Solignac-sur-Loire. — *Boaria Sollempniaci*, 1348 (prieuré de Solignac). — *La Boria Sollempniaci*, 1416 (*idem*). — *La Boria de Solempnhac*, 1424 (Rhône, H. 2233). — *La Borie-de-Solignac*, 1561 (Savin, nʳᵉ). — *La Borie-lez-Solinac*, 1565 (Doleson, nʳᵉ).

Borie-Blanche (La), m. i., cⁿᵉ de Vals-près-le-Puy.

Borie-Blanche (La), f., cⁿᵉ de Vergongheon. — *La Métairie-Blanche*, xviiiᵉ s. (Cassini).

Borie-Darles (La), lieu dit, cⁿᵉ de Brioude. — *In loco qui in Aurea Valle dicitur*, 898 (cart. de Brioude, ch. 26). — *La metterie d'Oryval*, 1601 (coll. J. Lachenal). — *Une mectarie appelée d'Orival appartenant à Mᵉ Jean Darles*, 1644 (*idem*).

Borie-du-Fau (La), f., cⁿᵉ de Taillac. — *La Boria*, 1459 (Bibl. nat., lat., n. acq., 1222, f° 109). — *La Borie*, 1486 (terrier de Taillac). — *La Borie-du-Fau*, 1847 (nom. des postes). — *La Borie-du-Faux*, 1888 (carte adm.).

Bories (Les), f., c^ne de Brives-Charensac. — *La Borie*, 1808 (cad.).

Boriette (La), m. de camp., c^ne d'Aiguilhe. — *La maison d'Orvy*, 1581 (Burel, 74). — *La Bourite, m. de camp. de Gabriel d'Orvy* (1581). — (Arnaud, hist. du Velay, I, 402). — *La Boritte*, 1695 (capitation).

Boriette (La), f., c^ne de la Besseyre-Saint-Mary.

Boriette (La), f., c^ne de Pinols.

Boriette (La), h., c^ne de Saint-Just-près-Brioude.

Borne, f., c^ne des Estables.

Borne, c^on de Saint-Paulien. — *Borna*, 1088 (hôtel-Dieu, A. 1). — *Born*, 1210 (*idem*, B. 607). — *Parochia B. Mariæ de Borna*, 1323 (Saint-Agrève). — *Borne de Chambefort*, 1506 (Médicis, II, 305). — *Eccl. paroch. Nostræ Dominæ de Borna*, 1533 (Dompnin, n^re). — *Prior 9. Mariæ de Borna*, 1715 (Gall. chr., II, c. 770).

En 1789, Borne était compris dans la province du Velay, la subdélégation et sénéchaussée du Puy. Son église paroissiale, diocèse du Puy et archiprêtré de Saint-Paulien, était sous l'invocation de Notre-Dame; l'abbé de Doue présentait à la cure.

Borne (La), riv. formée au sud-est de la c^ne de Céaux-d'Allègre, par la réunion de la Borne orientale et de la Borne occidentale, traverse les c^nes de Saint-Paulien, Borne, Saint-Vidal, Espaly et le Puy et se jette dans la Loire à la Chartreuse, c^ne de Brives-Charensac. — *Borna*, 1226 (hôtel-Dieu, B. 131).

Borne (Les Planches de), anc. pont de bois, sur la Borne, c^nes d'Aiguilhe et du Puy. — *Planca de Borna*, 1213 (tabl. du Velay, 1876-1877, 351). — *Las Planchas de Borna*, 1294 (terrier de Saint-Mayol). — *Le Pont de las Planches*, 1544 (Médicis, II, 280).

Borne occidentale (La), l'un des deux ruiss. qui forment la Borne, prend sa source au nord-est de la Roche, c^ne de Sembadel, et arrose les c^nes de Monlet, Allègre et Vernassal.

Borne orientale (La), l'un des deux ruiss. qui forment la Borne, prend sa source à Félines et arrose les c^nes de Monlet et Céaux-d'Allègre.

Bornette, chât. et dom., c^ne de Polignac. — *Borna la Mura*, 1307 (Haute-Loire, E.). — *Borneta*, 1510 (J. Boyer, n^re). — *Borne-la-Mure*, 1564 (R. Maurin, n^re). — *Bournette*, 1679 (Haute-Loire, B. 31).

Borvet, m. i., c^ne de Valprivas. — *Bouvais*, 1888 (Malègue).

Bos (Le), f., c^ne de Bas. — *Bosc*, 1507 (obit. de Bas). — *Bost*, 1595 (*idem*).

Bos (Le), chât., c^ne de Blesle. — *Boschus*, 1267 (spic. Briv.). — *Boscus*, 1276 (*idem*).

Dom. noble mouvant en fief de la s^ie de Blesle et en arrière-fief du duché d'Auvergne.

Bos (Le), f., c^ne de Pébrac. — *Mansus del Bos*, 1461 (Bibl. nat., lat., n. acq., 1222, f° 184). — *Locus de Bosco*, 1464 (Thiolent).

Bos (Le), h., c^ne de Saint-Étienne-près-Allègre. — *Mansus del Bos*, 1375 (Arch. nat., S. 3299, cote 2). — *Le Boz*, 1620 (La Chaise-Dieu, Saint-Etienne-près-Allègre).

Bos (Le), f., c^ne de Saint-Julien-Chapteuil. — *Mansus de Bosco*, 1336 (Saint-Agrève). — *Boria de Bos Montium*, 1455 (Pradier, n^re).

La métairie du Bos appartenait, au xve s., à la maison de Mons.

Bos (Le), m. i., c^ne de Saint-Julien-du-Pinet.

Bos (Le), ruiss., prend naissance à Saint-Privat-du-Dragon et se jette dans l'Allier au nord du Chambon, c^ne de Blassac. — *Riperia del Bos*, 1463 (Arch. nat., ZZ. 359, p. 71). — *Le Bancillon* (cad.).

Bos (Les), h., c^ne d'Espalem.

Bos (Les), m. i., c^ne de Tence.

Bos (Moulin-du-), m^in sur la Voirèze, c^ne de Blesle.

Bos (Ravin-de-), affl. du Céroux au moulin de la Poudrière, c^ne de Saint-Just-près-Brioude.

Bos-Bomparent (Le), vill., c^ne de Saint-Beauzire. — *Boscus Boni Parentis*, 1416 (Baluze, mais d'Auv., II, 343). — *Boscus Bomparent*, 1429 (terrier du doy. de Br.). — *Locus de Bosco, par. S. Baudelii*, 1435 (Bibl. nat., fr., 11490, f° 164). — *Boscus Bomperent, Bos-Bonparent*, 1445 (terrier de Faugères). — *Le Bostz-Bon-Parenc*, xve s. (*idem*, fr., 22297, p. 231). — *La chastellenie du Bois-Bonparent*, 1511 (coust. d'Auv., f° 70 v°). — *Le Boys-Montparent*, 1549 (Savin, n^re). — *Bos-Bomparant, Boz-Bomparand*, 1549 (terrier de Lauriat). — *Le Bos-Monparant*, 1730 (liève d'Espalem).

Bosc, m^in sur la Roudesse, c^ne de Rosières. — *Villa de Bots*, 1239 (tabl. du Velay, 1876-77, 386). — *Bocz*, 1306 (*idem*, 1875-76, 519). — *Le Musnier de Botz*, 1506 (Médicis, II, 301). — *Bose*, 1880 (carte adm.).

Boscaliger, écart, c^ne de Saint-Pal-de-Mons. — *Boscus*, 1314 (év.). — *Le Bosc-Alichier*, 1507 (év.). — *Le Bosc-Allichier*, 1695 (capitation). — *Le Roscaliche* (cad.). — *Boscalichet*, 1879 (carte adm.).

Boscusse, loc. détr., c^ne de Saint-Étienne-sur-Blesle. — *Le mas de Boscusses*, 1302 (Arch. nat., R^t. 1143*, n° 64).

Bos-d'Orcimond (Le), écart, cne de Monistrol-sur-Loire. — *Archimond*, 1877 (carte adm.). — *Le Bos*, 1888 (Malègue).

Bos-Grand (Le), loc. détr., cne de Saint-Just-près-Brioude. — *Lo Bos-Grant*, 1339 (Bibl. nat., fr., 14337, f° 189). — *Mansus de Bosco Magno*, 1380 (Arch. nat., Z², 4143, p. 71).

Bos-Gros, m. i., cne de Julianges.

Bosméa, h., cne du Mazet-Saint-Voy. — *Bosmeia*, 1343 (Rhône, H. 1016). — *Boscus medius*, 1360 (*idem*). — *Bousmea*, 1553 (ress. de Montfaucon). — *Boscmea*, 1608 (cad. de Bonnas).

Bost-Buisson, vill., cne de Saint-Pal-de-Chalencon. — *Curia Bosci Boysson*, 1399 (A. Chaverondier, inv. som. des A.D. de la Loire, I, 15). — *Boscus Boysson*, 1420 (Loire, A. 89, f° 225). — *Le Bosc-Buisson*, 1540 (terrier de Saint-Pal).

Bostigon, bois, cne de la Chapelle-Geneste. — *Nemus Bocs-Huon vulg. nuncup.*, 1268 (Arch. nat., S. 3300).

Boubaire, h., cne de Saint-Beauzire. — *In aice Brivatensi, in Boberias*, 890 (cart. de Brioude, ch. 184). — *In vicaria Cheriacensi, in villa quæ dicitur Boberias*, 946 (*idem*, ch. 281). — *Bobeiras*, XIII° s. (obit. de Br.). — *Boubieres*, 1440 (Bibl. nat., fr., 11490, f° 238).

Boubas, vill., cne de Solignac-sous-Roche. — *Villa quæ dicitur Bolbas*, 1266 (Arch. nat., P. 1397², cote 597). — *Boulbas*, 1558 (Vacharel, nre).

Boube (La), lieu détruit, cne de Roche-en-Régnier. — *La Bolba prope Ruppem*, 1325 (Arch. nat., P. 1397², cote 603). — *Domus de la Bolba*, 1406 (terrier du Bois).

Bouchage (Le), m. i., cne de Chomelix. — *Terra deus Boschatges*, 1311 (Arch. nat., P. 1398¹, cote 650). — *Mansus del Boschaghe*, 1522 (Saint-Georges du Puy). — *Le Bouschaige*, 1548 (P. Gallien, nre).

Bouchage (Le), h., cne de Félines. — *Lo Boschage*, 1460 (la Chaise-Dieu, doyenné).

Bouchardon, f., cne de Saint-Bonnet-le-Froid. — 1553 (ress. de Montfaucon).

Boucharel, h., cne de Champagnac.

Boucharinc (Le), b., cne d'Araules. — *Lo Boscharenc*, 1314 (év.). — *Bouscharenc, Bouscharent*, 1608 (cad. de Bonnas). — *Boucherain*, 1820 (Deribier). — *Boucharinc*, 1861 (État-Major). — *Boucharine*, 1878 (carte adm.).

Bouchas (Le), écart, cne de la Chapelle-Geneste.

Bouchas (Le), min, cne de Retournac. — *Molendinum del Boschas, in flumine Ligeris positum et infra mandamentum castri d'Artias situm*, 1345 (Arch.

nat., P. 493¹, cote 80). — *Molendinum de Boschats*, 1383 (Rhône, E. 9).

Bouchas (Le), vill., cne de Saint-Hostien. — *Al Boschas*, 1210 (hôtel-Dieu, B. 127). — *Villa del Boschas*, 1271 (év.). — *Boschassium*, 1475 (Bonneville). — *Le Boussias*, 1547 (Savin, nre).

Bouchas (Le), ruiss., affl. de la Roudesse, cnes de Saint-Hostien et de Saint-Étienne-Lardeyrol.

Bouchat (Le), m. i., cne de Saint-Just-Malmont.

Bouchat (Le), h., cne de Saint-Pal-de-Mons. — *Lo Boschat*, 1507 (év.). — *Le Bouchet*, 1820 (Deribier).

Bouchat (Le), vill., cne du Mazet-Saint-Voy. — *Lo Mas del Bochats*, 1328 (homm. de l'év.). — *Lo Boschat*, 1507 (év.). — *Le Boschas*, 1585 (Johany, nre).

Bouche (La), m. i., cne de Saint-Romain-Lachalm.

Boucherand (Le), f., cne de Mazerat-Aurouze. — *Le Boscherent*, 1451 (Bibl. nat., ms. fr., 11490, f° 480). — *Lo Boscharain*, 1443 (la Chaise-Dieu, Mazerat-Aurouze). — *Lo Boscheran*, 1496 (*idem*). — *Le Boucharand*, 1888 (cart. adm.).

Boucherolle, h., cne de Sainte-Sigolène. — *Boschayrolas*, 1384 (év.). — *Boscherolles*, 1459 (Haute-Loire, E.). — *Boucherolles*, 1506 (Médicis, II, 305). — *Bouchcirolles*, 1695 (capitation).

Bouchet, h., cne de Lapte. — *In territorio Singaudensi, in loco qui dicitur de Boschit*, 1079 (cart. de Cluny, ch. 3535). — *Mansus de Boscheto*, 1314 (év.). — *Mansus del Boschet*, 1370 (év.). — *Lo Bouchet*, 1507 (év.).

Bouchet, h., cne de Raucoules. — *Terra del Boschet*, 1308 (tit. de Bronac). — *Boschet*, 1465 (Rivière, nre). — *Locus de Boscheto*, 1469 (*idem*). — *Le Bouchet*, 1879 (carte adm.).

Bouchet (Lac-du-), cnes du Bouchet-Saint-Nicolas et de Cayres. — *Lacus del Boschet*, 1308 (év.). — *Le lac Bochet*, 1376 (hist. gén. du Lang., éd. Privat, X, c. 1530).

Bouchet (Le), chât., cne de Beaux. — *Villa de Boscheto*, 1021 (cart. de Chamalières, n° 275). — *Mansus de Boscheto*, 1309 (Arch. nat., P. 1397², cote 566).

Bouchet (Le), h., cne de Chanteuges. — *Boschetum*, 1306 (la Chaise-Dieu, Chanteuges). — *Mansus del Boschet*, 1457 (Bibl. nat., lat., n. acq., 1222, f° 49). — *Boussi*, 1795 (Legrand d'Aussy, voy. d'Auv., II, 213). — *Le Bouchit*, 1857 (Lagrave, hist. de Langeac, 102).

Mine d'antimoine abandonnée.

Bouchet (Le), f., cne de Dunières. — *La chabanaria de Bochet*, 1269 (homm. de l'év.).

Bouchet (Le), lieu détr., près Drossac, cⁿᵉ de Lissac. — *In villa Boscheto, in vicaria de Vetula Civitate*, v. 1000 (cart. du Monastier, n° 204). — *Homines de Boscheto*, 1498 (hôtel-Dieu). — *Le Bouschet*, 1605 (Mᶜᵉ Leblanc, nʳᵉ). .

Bouchet (Le), loc. détr., cⁿᵉ de Mazerat-Aurouze. — *Boria del Boschet*, 1416 (la Chaise-Dieu, Mazerat-la-Brequeille). — *Locus del Boschet sive de Mal-Yvern*, 1461 (*idem*). — *Lo Bossiet*, 1474 (*idem*). — *Le Boussy*, 1701 (*idem*).

Bouchet (Le), h., cⁿᵉ de Présailles. — *Villa quæ dicitur Boschito*, v. 950 (cart. du Monastier, n° 117). — *Lo Boschet*, 1288 (*idem*, n° 461). — *Locus de Boscheto*, 1501 (Arcis, nʳᵉ). — *Le villaige du Boschet-Jelya*, 1547 (Chaulet, nʳᵉ). — *Le Boschet-la-Masche*, 1607 (Robert, nʳᵉ). — *Le Douschet-la-Musche*, 1680 (Surrel, nʳᵉ).

Bouchet (Le), vill., cⁿᵉ de Queyrières. — *Boschetum*, 1269 (év.). — *Lo Bossit*, 1528 (terrier du Pertuis). — *Le Boschet-de-Queyrière*, 1609 (A. Robert, nʳᵉ). — *Le Bouchit*, 1879 (carte adm.).

Bouchet (Le), h., cⁿᵉ de Riotord. — *Mansus del Boschet*, 1251 (cart. de Saint-Sauveur-en-Rue).

Bouchet (Le), vill., cⁿᵉ de Saint-Berain. — *Capellanus del Boschet*, v. 1208 (cart. de Pébrac, n° 51). — *Mansus de Boscheto*, 1459 (Bibl. nat., lat., n. acq., 1223, f° 131). — *Le Boussit*, 1651 (Thiolent).

Bouchet (Le), h., cⁿᵉ de Saint-Didier-la-Séauve.

Bouchet (Le), h., cⁿᵉ de Saint-Georges-Lagricol. — *Bouschetum, Bouchetum, Lo Bouschet*, 1447 (terrier de Piassac).

Bouchet (Le), h., cⁿᵉ de Saint-Jeure. — *Lo Boschet*, 1300 (év.). — *Locus de Boscheto*, 1391 (cart. de Tence, f° 12).

Bouchet (Le), écart, cⁿᵉ de Saint-Just-Malmont. — *Boschetum*, 1455 (doc. Theillière).

Bouchet (Le), l'un des deux ruiss. qui forment l'Échapré dans la cⁿᵉ de Saint-Just-Malmont.

Bouchet (Le), f., cⁿᵉ de Saint-Laurent-Chabreuges. — *Al Boschet*, xiiiᵉ s. (obit. de Br.). — *Mansus del Boschet*, 1429 (terrier du doy. de Br.).

Bouchet (Le), vill., cⁿᵉ de Saint-Maurice-de-Lignon. — *Boschetum*, 1455 (Arch. nat., S. 3299).

Bouchet (Le), h., cⁿᵉ de Saint-Pal-de-Chalencon. — 1540 (terrier de Saint-Pal).

Bouchet (Le), lieu détr., près Labro, cⁿᵉ de Saint-Vincent. — *Mansus del Boschet*, 1340 (Arch. nat., P. 1397², c. 590).

Bouchet (Le), h., cⁿᵉ de Thoras. — *Mansus de Boscheto*, 1259 (Thiolent). — *Lo Boschet*, 1279 (*idem*). — *Bosquetum*, 1499 (*idem*). — *Le Boschit*, 1623 (Peyret, nʳᵉ).

Bouchet (Le), vill., cⁿᵉ de Valprivas. — *Mansus de Bouschet*, 1334 (Arch. nat., P. 493¹, cote 38). — *Mansus de Boucheto*, 1411 (Arch. nat., P. 493², cote 119). — *Lou Boschet-Telleyres*, 1553 (obit. de Bas).

Bouchet (Mas-du-), écart, cⁿᵉ de la Farre.

Bouchet (Ravin-du-), affl. du ravin de la Grande-Bloue, cⁿᵉ de Bas. — *Rivus dou Bruschet*, 1500 (obit. de Bas).

Bouchet-Bas (Le), h., cⁿᵉ de Fay-le-Froid.

Bouchetel, lieu dit, cⁿᵉ de Vernassal. — *Terroir de Bouschatel*, 1682 (cad. de la vicomté de Polignac).

Bouchet-Haut (Le), h., cⁿᵉ de Fay-le-Froid. — *In villa quæ dicitur Boscheto, in pago Vellaico, juxta rivum Lignionem*, v. 1000 (cart. du Monastier, n° 155). — *Mansus del Boschet*, 1284 (cart. de Mazan, f° 25 v°). — *Mansus del Boschet sive de la Folheta*, 1320 (*idem*, f° 121). — *Le Bouschet*, 1618 (état civ.).

Bouchet-Mahenc (Le), h., cⁿᵉ du Monastier. — *Villa de Boscheto*, v. 970 (cart. du Monastier, n° 116). — *Lo Boschet-Mahenc*, 1528 (cad. du Monastier). — *Le Bouschet-Mahenc*, 1571 (A. Boyer, nʳᵉ). — *Bouchet*, 1888 (Malègue).

Bouchet-Pillac, vill., cⁿᵉ de Saint-Julien-d'Ance. — *Le Bouchet-Pillac*, 1540 (terrier de Saint-Pal-de-Chalencon). — *Le Bouschet*, 1604 (cad. de Chalencon).

Bouchet-Saint-Nicolas (Le), cⁿ de Cayres. — *Capellanus del Boschet*, 1227 (hôtel-Dieu, B. 307). — *Prior monasterii de Boscheto S. Nicholai*, 1274 (la Chaise-Dieu, Bouchet-Saint-Nic.). — *Ecclesia S. Nycholay de Boscheto*, 1303 (*idem*). — *Villa Bocheti S. Nicolai*, 1318 (*idem*). — *Capellanus del Bossit S. Nicolau*, xvᵉ s. (Médicis, II, 172). — *Le Bouschet-Saint-Nicolas*, 1566 (Doleson, nʳᵉ). — *Bouchet-le-Lac*, 1793.

En 1789, le Bouchet-Saint-Nicolas dépendait de la province du Velay et de la sénéchaussée et subdélégation du Puy. Son église paroissiale, diocèse du Puy et archiprêtré de Solignac-sur-Loire, était sous l'invocation de saint Nicolas; l'aumônier de l'abbaye de la Chaise-Dieu présentait à la cure, en qualité de prieur de cette localité.

Bouchey (La), affl. de la Vendage, cⁿᵉˢ de Vergongheon et de Cohade.

Bouchillon, h., cⁿᵉ de Saint-Julien-Molhesabate.

Boucle (La), f., cⁿᵉ des Vastres.

Boucouneyroux, m. i., cⁿᵉ du Monastier.

Boudarel, m. i., c^ne de Saint-Romain-Lachalm.

Boudoul (Mas-de-), f., c^ne de Saint-Haon.

Boudoux (Les), vill., c^ne de Chomelix. — *Locus doux Bodos*, 1500 (coll. César Falcon). — *Los Bodos*, 1507 (év.). — *Loz Boudons*, 1548 (P. Gallien, n^re). — *Lous Baudous*, 1669 (Arch. nat., P. 500[1], cote 37).

Bouffelaure, écart, c^ne de Berbezit. — *Bouffelore*, 1888 (carte adm.).

Bouffelaure, f., c^ne de Céaux-d'Allègre. — *Boufelore*, 1860 (État-Major).

Bouffelaure, écart, c^ne de Retournac.

Bouffeton, f., c^ne d'Aurec.

Bougerne, vill., c^ne de Craponne-sur-Arzon. — *Bosgernas*, 1327 (Saint-Mayol). — *Bougernas*, 1447 (terrier de Piassac). — *Boujernas*, 1569 (terrier de N.-D. de Chalencon).

Bouillon, f., c^ne de Saint-Maurice-de-Lignon.

Bouillon, f., c^ne de Saint-Pal-de-Mons.

Bouillon (Chapelle de), sous le vocable de sainte Marguerite de la Séauve, c^ne de Saint-Maurice-de-Lignon. — Chapelle construite en 1729, démolie sous la Révolution et rétablie en 1851.

Bouïs (Les), h., c^ne de Saint-Jeure. — *Lou Bouïs*, 1773 (état civ.). — *Les Bouys*, 1778 (*idem*).

Bouland, écart, c^ne de Bonneval. — *Boulant*, 1888 (carte adm.).

Boulangerie (La), m. i., c^ne de Saint-Haon.

Boules-Basses (Les), h., c^ne de Tiranges.

Boules-Hautes (Les), écart, c^ne de Tiranges.

Boulon, f., c^ne de Chaudeyrolles.

Boulou (Le), affl. de l'Allagnon à l'ouest de la c^ne de Chambezon.

Bounory, m^in sur l'Ance, c^ne de Saint-André-de-Chalencon. — *Bounery* (cad.).

Bouquelerie (La), vill. et m^in, c^ne de Chastel. — *La Boquelarie*, 1486 (terrier de Tailhac). — *La Bouqueterie*, 1869 (Malègue). — *La Bouquellerie*, 1888 (cart. adm.).

Bouquet (Le), mine de galène, c^ne de Saint-Front.

Bouquet (Le Mas-de-), f., c^ne de Saint-Front.

Bouquette (La), m. i., c^ne de Chassagnes.

Bourange (La), dom., c^ne de Retournac. — *Borangia*, 1343 (Arch. nat., P. 1398[2], cote 661). — *Mansus de Borengia*, 1374 (Saint-Agrève). — *La Borangha*, 1490 (Arch. nat., P. 1397[2], cote 585). — *Borrengia*, 1500 (Saint-Agrève). — *La Borange*, 1695 (capitation).

Bourbes (Les), m. i., c^ne de Lapte.

Bourbouillou (Le), ruiss. qui sort de l'étang de Soulhac, c^ne de Bellevue-la-Montagne, passe à Bourbouilliou et se jette dans la Borne à Borne.

— *Riperia de Borbolo*, 1280 (Rhône, Annecy, I, 1). — *Le ruiss. de Borbolhion*, 1584 (Haute-Loire, E.). — *Le ruiss. app. de Bourbouillion*, 1616 (Rhône, II. 2153, f° 970). — *Le Montredon* (cad.).

Bourbouillou (Moulin-de-), m^in sur le Bourbouillou, c^ne de Saint-Paulien. — *Molendinum situm in territ. S. Pauliani*, 1315 (Saint-Georges de Saint-Paulien).

Bourbous (Les), m. i., c^ne de Saint-Maurice-de-Lignon.

Bourdeille, loc. détr., c^ne de Saint-Étienne-sur-Blesle. — *Bourdelles*, 1493 (terrier de Blesle). — *Bordel*, xviii° s. (Cassini).

Bourdeyrac, vill., c^ne de Salettes. — *Bordeyracum*, 1505 (Dompnin, n^re). — *Bourdeyrac*, 1570 (Benoît, n^re).

Bourdeyrac (Le), affl. de la Loire au sud-ouest de Salettes.

Boureille (Ravin-de-la), affl. de l'Allier, c^ne d'Alleyras.

Bouret, m. i., c^ne de Lapte.

Bourneyre (La), f., c^ne de Saint-Jeure.

Bourg, h., c^ne de Pinols. — *Born*, 1486 (terrier de Tailhac).

Bourg (Le), f., c^ne de Chaudeyrolles. — 1635 (état civ.).

Bourg (Le), écart, c^ne de Tiranges.

Bourg (Moulins-de-), m^ins sur le Cougoussac, c^ne de Pinols.

Bourgeade (La), h., c^ne de Rosières. — *La Bourgada*, 1490 (cad. de Mézères). — *La Borghada*, 1507 (év.). — *La Borghade*, 1550 (Chamblas). — *La Bourghade*, 1553 (terrier de Liques). — *La Bourgade*, 1880 (carte adm.).

Bourgeat, h., c^ne de Saint-Ferréol-d'Auroure. — *La Borghat*, 1396 (hom. de Solignac).

Bourgeat, écart, c^ne de Saint-Victor-Malescours. — *La Bourja*, 1561 (terrier de Saint-Didier).

Bourgeat (Bois de), bois, c^ne de Tence. — *Nemus de Beouria*, 1324 (cart. de Tence).

Bourgeneuf, vill., c^ne de Saint-Julien-Chapteuil. — *Borget-nou*, 1186 (hospit. du Velay). — *Burgetum novum*, 1320 (homm. de l'év.). — *Borgetum novum*, 1348 (J. de Peyre, n^re). — *Borghetum novum*, 1501 (coll. C. Falcon). — *Bourget-nou*, 1534 (év.). — *Bourgeneufs*, 1879 (carte adm.).

Bourgeneuf, h., c^ne d'Yssingeaux. — *Mansus de Burgo novo*, 1368 (hospitaliers du Velay). — *Borget-nou*, 1528 (terrier du Pertuis). — *Borgeneuf*, 1614 (terrier de Saussac). — *Bourgeneuf de Ranc*, 1820 (Deribier).

Bourceyroune (La), m. i., c⁰ᵉ de Freycenet-la-Tour.

Bourghea (La), h., cⁿᵉ du Chambon. — 1296 (homm. de l'év.). — *La Borga*, 1314 (év.). — *Burgata*, 1415 (cart. de Tence, f° 15 v°). — *La Bourghaa*, 1507 (év.). — *La Bourghea*, 1695 (capitation). — *La Bourga*, 1820 (Deribier). — *La Bourghéar*, 1888 (Malègue).

Bourguet, h., cⁿᵉ d'Auzon.

Bourguet, écart, cⁿᵉ de Vézézoux.

Bourianne, écart, cⁿᵉ de Rosières. — *Appendaria de Burriana*, v. 1170 (cart. de Chamalières, n°ˢ 131 et 177).

Bourianne, h., cⁿᵉ de Saint-Julien-d'Ance. — *Burrienne*, 1545 (Savin, nʳᵉ). — *Bourrianne*, 1880 (carte adm.).

Bourianaus (Les), m. i., cⁿᵉ d'Yssingeaux. — *Bouriane*, 1878 (carte adm.).

Bourienne, m. i., cⁿᵉ de Freycenet-la-Tour.

Bourienne, f., cⁿᵉ de Saugues.

Bouribel, h., cⁿᵉ d'Yssingeaux.

Bourlade (La), vill., cⁿᵉ de Pébrac. — *Mansus de la Borlada*, 1469 (Bibl. nat., lat., n. acq., 1223, f° 356).

Bourlaratte, h., cⁿᵉ de Saint-Jeure. — *La Bourlaratte*, 1695 (capitation). — *Bourlarette*, 1820 (Deribier).

Bourlèche (La), h., cⁿᵉ de Saint-Victor-Malescours. — *La Bourleyche*, 1569 (terrier de Saint-Didier). — *La Borlaiche*, xviiiᵉ s. (Cassini).

Bourleyre, vill., cⁿᵉ de Chanteuges. — *Sylva Borleria nomine*, 936 (cart. de Brioude, ch. 337). — *Borlières*, 1443 (spic. Briv.). — *Mansus de Borleriis*, 1455 (Bibl. nat., lat., n. acq., 1222, f° 22 v°). — *Borleyras*, 1457 (idem, f° 45 v°). — *Borleyres*, 1470 (idem, 1223, f° 373 v°). — *Bourleyre*, 1656 (la Chaise-Dieu, Chanteuges).

Bourleyre (Moulin-de-), mⁱⁿ sur la Dège, cⁿᵉ de Chanteuges.

Bourlione, écart, cⁿᵉ de Jullianges. — *Mansus Casalium ultra aquam de Borlho*, 1334 (Arch. nat., S. 3298, sacristain, n° 14).

Bourliroux (Ravin-du-), affl. du Chastan, au sud des Granges, cⁿᵉ d'Auzon.

Bournac, f., cⁿᵉ du Chambon.

Bournac, vill., cⁿᵉ de Saint-Front. — 1297 (homm. de l'év.). — *Bornac*, 1343 (év.). — *Bornacum*, 1387 (év.). — *Bournac*, 1542 (Savin, nʳᵉ). Grottes creusées de main d'homme.

Bournac, l. détr., cⁿᵉ de Solignac-sur-Loire. — *Locus deus Bornacz*, 1464 (prieuré de Solignac). — *Locus de Bornat*, 1511 (Maurin, nʳᵉ). — *Les Bournacz*, 1579 (prieuré de Solignac). — *Bournac*, 1643 (A. Robert, nʳᵉ).

Bournette, mⁱⁿ sur la Seuge, cⁿᵉ de Cubelles. — *Moulin de Bornette*, 1888 (Malègue).

Bournol, f., cⁿᵉ de Saint-Julien-Molhesabate.

Bournoncle-la-Roche, c⁰ⁿ de Brioude. — *In vicaria Brivatensi, in villa quæ dicitur Burnunculo*, 976 (cart. de Sauxillanges, n° 82). — *La maisos de Burnunc*, xiiiᵉ s. (idem, n° 951). — *Domus Bornhoncle*, 1262 (Baluze, mais. d'Auv., II, 269). — *Parochia de Borloncro Sancti Petri*, 1282 (la Chaise-Dieu, Saint-Gervais). — *Bourlloncle*, 1379 (compte de B. Flotenc). — *Saint-Pierre-de-Bourbonloncle*, 1398 (compte de B. Sannadre). — *Bourc-l'Oncle-Saint-Pierre*, 1401 (spic. Briv.). — *Borloncle*, 1429 (terrier du doy. de Brioude). — *La chastellenie de Bourloncle-Saint-Pierre pour le prieur de Sauxillanges*, 1511 (const. d'Auv., f° 80 v°).

En 1789, Bournoncle-la-Roche dépendait de la province d'Auvergne, de l'élection et subdélégation de Brioude et du présidial de Riom. Son église paroissiale, diocèse de Saint-Flour et archiprêtré de Brioude, était dédiée à saint Pierre; le prieur claustral de Sauxillanges présentait à la cure.

Par ordonnance du 18 avril 1842, les communes de Bournoncle-Saint-Pierre et de la Roche ont été réunies en une seule commune sous le nom de Bournoncle-la-Roche.

Bournoncle-Saint-Julien, vill., cⁿᵉ de Beaumont. — *In aice Brivatensi, in villa quæ dicitur Burnunculo*, 856 (cart. de Brioude, ch. 84). — *In vicaria Brivatensi, in villa . . . Burnulculo*, 856 (idem, ch. 157). — *Borlhoncle Sancti Juliani*, 1353 (coll. J. Lachenal). — *Borloncle S. Juliani*, 1453 (terrier du fordoyen. de Br.). — *Bourloncle-Sainct-Jullien*, 1549 (terrier de Lauriat).

Bournou, écart, cⁿᵉ de Coubon.

Bouron, f., cⁿᵉ de Saint-Front.

Bourriane (La), l. dét., cⁿᵉ de Mézères. — *Orti de la Buriana*, 1490 (cad. de Mézères). — *Burriane, La Burriane*, 1553 (terrier de Liques). — *La Burriene*, 1584 (Guérin, nʳᵉ).

Bourse (La), mont., cⁿᵉ de Vernassal. — *Mansus de la Brossa*, 1234 (hôtel-Dieu, B. 610). — *La Brousse*, 1682 (cad. de Polignac).

Bourvais, m. i., cⁿᵉ de Valprivas. — *Borvet*, 1879 (carte adm.).

Bourvey, écart, cⁿᵉ de Tiranges.

Boury, mont., cⁿᵉ d'Allègre.

Bourzey, f., cⁿᵉ de Bas. — *Bourzès*, 1550 (obit. de Bas). — *Bourzeys*, 1691 (idem). — *Le Bourzai* (cad.). — *Bouzai*, 1879 (carte adm.).

Boussac, h., cⁿᵉ d'Auzon. — *Bozac*, 1112 (cart. de Sauxillanges, ch. 685). — *Bossac*, xivᵉ s. (terrier des Grèzes).

Bousselargues, vill., cⁿᵉ de Blesle. — *In aice Bonorochensi, villa Bociranicus*, 828 ou 852 (cart. de Brioude, ch. 235). — *Ecclesia de Bosseyrago*, xivᵉ s. (A. Bruel, reg. de G. Trascol, n° 113). — *Bousseraignes, Bousserargues*, 1398 (compte de B. Sannadre). — *Boisserargues*, 1401 (spic. Briv.). — *Bozeyrargues, Boysserargues, Bosseyrargues, Bossairaignes*, xvᵉ s. (Arch. nat., Rⁱ. 1143*, nᵒˢ 79, 125, 135 et 165). — *Cura S. Sebastiani de Besserargues*, xviᵉ s. (Pouillé de Clermont, n° 797). — *S.-Sébastien de Bousselargues*, 1762 (cal. d'Auv.).

En 1789, Bousselargues était chef-lieu de paroisse et faisait partie de la province d'Auvergne, de l'élection et subdélégation de Brioude et du présidial de Riom. Son église paroissiale, diocèse de Clermont et archiprêtré d'Ardes, était sous l'invocation de saint Sébastien; l'évêque de Clermont en était le collateur.

Commune supprimée le 14 juin 1845 et réunie à celle de Blesle.

Bousserolles, f., cⁿᵉ de Saint-Didier-sur-Doulon. — *In vicaria Brivatensi, in villa Boissariolas*, 970 (cart. de Brioude, ch. 147). — *Volsairos*, 1244 (hôtel-Dieu). — *Villa de Bussayroles*, v. 1260 (Arch. nat., J. 1031, n° 2). — *Mansus de Valseiraltz*, 1295 (Cumignac). — *Bolceyraud*, 1505 (Vals-le-Chastel). — *Voulceyrauld*, 1564 (*idem*). — *La Metterie de Vausseyrauld*, 1612 (terrier de la Vaudieu). — *Valserol*, xviiiᵉ s. (Cassini). —

Boussillon, h., cⁿᵉ de Saint-Germain-Laprade. — *Buzilum*, 1191 (Saint-Georges du Puy). — *Buzilium*, 1229 (tabl. du Velay, 1875-76, 507). — *Buzillum*, 1236 (templiers du Puy). — *Boschilhonum*, 1279 (cart. de Mazan, f° 29). — *Mansus del Boschillo*, 1306 (hospit. du Velay). — *Le Boussilhou*, 1546 (Savin, nʳᵉ). *Bouserol* (cad.). — *Bousseroles*, 1820 (Deribier).

Boussillon (Le), vill., cⁿᵉ de Pinols. — *Homines del Boschilho*, 1345 (Arch. nat., Zⁱ. 54, p. 1). — *Lo Boschaylo*, 1353 (spic. Briv.).

Boussit (Le), h., cⁿᵉ de Beaulieu. — *Lou Bouschet*, 1541 (Chamblas). — *Le Boschet en Laval-Amblavès*, 1613 (Brunel, nʳᵉ). — *Le Boussit*, 1714 (cad. de Laval-Amblavès).

Boussoulet-Bas, vill., cⁿᵉ de Champclause.

Eglise érigée en succursale le 29 juin 1841.

Boussoulet-Haut, vill., cⁿᵉ de Champclause. — *Bauzolet*, v. 1080 (cart. du Monastier, n° 49). —

Bossol, 1243 (hôtel-Dieu, B. 5). — *Bossolet*, 1256 (év.). — *Bossole, mand. castri de Bonas*, 1317 (J. de Peyre, nʳᵉ). — *Bossolhetum*, 1457 (Pradier, nʳᵉ). — *Boussollet*, 1546 (Savin, nʳᵉ). — *Bossolet*, 1597 (Gallien, nʳᵉ).

Boussy (Le), h., cⁿᵉ d'Ally. — *Mansus de Boschet. Salzada*, 1459 (Arch. nat., ZZ. 359, p. 5). — *Mansus del Boschet*, 1460 (*idem*, p. 20). — *Le Bouchy*, 1880 (carte adm.).

Boutaresse (La), côte, cⁿᵉ de Malrevers. — *La Botaressa*, 1555 (cad. de Mercœur).

Boutaya (Le), place du foirail, à Pinols. — *Le Boza*, 1353 (spic. Briv.).

Boute, f., cⁿᵉ de Saint-Didier-la-Séauve. — *Boutte*, 1553 (ress. de Montfaucon). — *Botte*, 1563 (terrier de Saint-Didier).

Bouteyre, chât., cⁿᵉ de Chadrac. — *La Metteyrie de Bouteyre lez Chadrac*, 1633 (Duclaux, nʳᵉ).

Bouteyre, écart, cⁿᵉ de Coubon. — *La Bouteyre ou Chouvette*, 1847 (nomencl. des postes).

Bouteyre, f., cⁿᵉ de Présailles.

Bouteyre, vill., cⁿᵉ de Riotord. — *Boteyre*, 1591 (Delafont, nʳᵉ).

Bouteyrolles, dom., cⁿᵉ de Bauzac. — *Botayrolas*, 1318 (Arch. nat., P. 494¹, cote 27). — *Fortalicium de Botayrolis*, 1336 (Arch. nat., P. 493², cote 95). — *Botayrolles*, 1490 (Arch. nat., P. 1397², cote 585). — *Boutherolle*, xviiiᵉ s. (Cassini).

Bouteyron (Le), f., cⁿᵉ de Tence.

Bouton (Le), h., cⁿᵉ de Malvières. — *Mansus del Boto*, 1347 (la Chaise-Dieu, Malvières). — *Lo Botho*, 1414 (*ibid.*).

Bouton (Le), f., cⁿᵉ des Vastres.

Bouxhors, m. i., cⁿᵉ de Vergongheon.

Bouyac, f., cⁿᵉ de Saint-Julien-Chapteuil.

Bouyaguet, f., cⁿᵉ de Saint-Julien-Chapteuil.

Bouzerat, vill., cⁿᵉ de Saint-Hilaire.

Bouzols, chât. ruiné et vill., cⁿᵉ de Coubon. — *Vicaria de Bolziol*, v. 1031 (cart. du Monastier, n° 249). — *Castrum quod vocatur Bolziol*, 1076 (*idem*, n° 234). — *Bouziol*, v. 1094 (*idem*, n° 239). — *Boizol*, 1108 (Saint-Georges du Puy). — *Bolzol*, v. 1150 (Saint-Georges du Puy). — *Bouzol*, 1163 (hospit. du Velay). — *Capella de Bosolo*, 1179 (cart. du Monastier, app., n° 442). — *Castrum de Bozol*, 1257 (Monastier-Saint-Chaffre). — *Castrum de Bozo*, 1259 (*idem*). — *Bousol*, 1278 (Baluze, mais. d'Auvergne, II, 290). — *Bosol*, 1285 (év.). — *Castrum de Bosolio, de Bozolio vel Bozoli*, 1375 (Baluze, mais. d'Auv., II, 206, 207, 211). — *Chasteau de Bouzols*,

1375 (*idem*, II, 214). — *Une place nommée
Bousos*, xv° s. (Cousinot de Montreuil, chron.
de la pucelle, éd. Vallet de Viriville, 210). —
Bouzouls, 1628 (Duclaux, n°°).

Boyer, h., c°° de Montregard. — *Bouyer*, 1556
(terrier de Montregard). — *Boyer de Monregard*,
1695 (capitation).

Boyer (Moulin-), m°° sur le Robec, c°° de Montregard.

Boyer (Moulin-de-), m°° sur le Lignon, c°° du
Mazet-Saint-Voy.

Boyère (La), ruiss. qui prend sa source près Chamblard, c°° de la Besseyre-Saint-Mary, et se jette
dans la Dège au-dessus de Gaud, c°° de Desges.
— *Rivus de Boheyra*, 1479 (Bibl. nat., ms. lat.,
n. acq., n° 1224, f° 230 v°). — *Le Frau*, 1888
(carte adm.).

Boyers (Les), h., c°° de Chassagnes. — *Esboyer*,
1888 (carte adm.).

Bracas-Bas et Haut, bois, c°° de Saint-Préjet-d'Allier.

Bragayre, m. i., c°° d'Yssingeaux. — *Bragayère*
(cad.).

Bramard, bois, c°°° de Saint-Didier-la-Séauve et de
Saint-Just-Malmont. — *Le bois app. de Bramard*,
1563 (terrier de Saint-Didier).

Brame (Moulin-de-), m°° sur l'Ance, c°° de Saint-
Préjet-d'Allier. — *Molendinum de Bretmat*, 1499
(Thiolent). — *Molinum app. de Bramar*, 1526
(A. Besseyre, n°°). — *Le Molin-de-Brame*, 1623
(Peyret, n°°).

Bramefont, m. i., c°° de Raucoules.

Brancassy, f., c°° de Freycenet-Lacuche. — *Esbranchade*, xviii° s. (Cassini). — *Eybranquassy*, 1820
(Deribier).

Branches (Les), f., c°° d'Aurec.

Brandy-Bas, vill., c°° de Saint-Pal-de-Chalencon. —
Branti, 1419 (Loire, A. 89, f° 243 v°). — *Branti-
Bas, Brandty-Bas, Brandi-Bas*, 1540 (terrier de
Saint-Pal). — *Brandis-Bas* (cad.).

Brandy-Haut, vill., c°° de Saint-Pal-de-Chalencon.
— *Brandic*, 1419 (Loire, A. 89, f° 243 v°). —
Brandi, 1419 (*idem*, f° 227 v°). — *Brandi-Haut*,
1540 (terrier de Saint-Pal). — *Brandis-Haut*
(cad.).

Brangeirets, vill., c°° de Saugues. — *Mansus Beren-
gayres*, 1327 (Lozère, G. 99). — *Brengeyres*,
1539 (Thiolent). — *Brangeirets*, 1564 (*idem*).
— *Brangeires*, xviii° s. (Cassini).

Branles (Les), f., c°° de Champclause. — *Branle*,
1888 (carte adm.).

Bransac, vill., c°° de Bauzac. — *Branciacum*, v.
927 (La Mure, hist. des ducs de Bourbon, t. III,
pr., p. 17). — *Branzac*, 1162 (cart. de Chamalières, n° 71). — *Branssac*, 1336 (Arch. nat.,
P. 493², cote 95). — *Bransac*, 1343 (Arch. nat.,
P. 494¹, cote 22). — *Brenssac*, xviii° s. (Cassini).

Branse (La), bois et m. i., c°° de Bessamorel. —
*Nemus domini magni prioris Alverniæ app. de la
Bransa*, 1429 (Rhône, Bessamorel).

Brantalon, l. dét., c°° de Saint-Pierre-Duchamp.
— *Mansus app. de Brantalo*, 1311 (Arch. nat.,
P. 1398¹, c. 650).

Brantalon (Le), l'un des deux ruiss. qui forment le
Lembron, c°° de Saint-Pierre-Duchamp. — *Le rif
de Brantallon*, 1543 (terrier de G. de Coysse).

Brassac, loc. dét., c°° de Saint-Germain-Laprade.
— *Domus de Brassac*, 1324 (maladrerie de Brives).
— *Bressac*, 1561 (Savin, n°°).

Brassay, h., c°° de Mercœur. — *Brassey*, 1613 (Mercurial). — *Brassay*, 1683 (ét. civ.).

Brassel, ruiss., affl. de droite de l'Ourzie, près Tourtinhac, c°° du Brignon. — *Le ruisseau de Brasselz*, 1587 (Sigaud, n°°).

Brasserie (La), m. i., c°° de Brioude.

Braye-d'Alambre, f., c°° des Estables. — *La Braye*,
1695 (capitation). — *Alambre*, 1739 (ét. civ.).
— *Le Mas-d'Alambre*, 1782 (*idem*). — *Le Mas
de Braye-de-Lambre*, 1788 (*idem*).

Braye-de-la-Veysseyre, f., c°° de Mondeyres. — *La
Veissaire*, 1695 (capitation). — *Braye de la Veysseyre*, 1741 (ét. civ.).

Brayes (Les), vill., c°° de Bonneval. — 1570 (J. Chalvon, n°°).

Brayes (Les), f., c°° du Chambon.

Brayre (La), m. i., c°° de Beaulieu. — *La Bougère*,
1888 (Malègue).

Bréchiniac, vill., c°° de Monlet. — *Brachinac*, 1222
(Martène, thes. nov. anecd., I, 897). — *Branchinac*, 1263 (*ibid.*, I, 1116). — *Brachinhat*,
1404 (terrier de Chomelix). — *Brachinhac*,
1476 (Bibl. nat., ms. lat., n. acq., n° 1224,
f° 129 v°). — *Brechignac*, xviii° s. (Cassini).

Brenas, vill., c°° de Bauzac. — *Villa de Brenatis*,
v. 990 (cart. de Chamalières, n° 105). — *Ad
Bernaz*, xii° s. (*idem*, n° 329). — *Molendinum de
Brenas*, 1343 (Arch. nat., P. 494¹, cote 22). —
Brenatius, 1452 (Arch. nat., P. 1397³, cote 605).
— *Brenatz*, xvi° s. (obit. de Bauzac).

Brenat, vill., c°° de Saint-Just-près-Brioude. — *In
vicaria Brivatensi, in villa quæ vocatur Bergnaco*,
927 (Baluze, mais. d'Auv., II, 476). — *In vicaria
Brivatensi, in villa quæ dicitur Brennago*, xi° s.
(cart. de Brioude, ch. 80). — *Bernago* (*idem*,
tables, ccclx). — *La vila de Brennhac, Brennhyac*,

1341 (terrier de Charbonnier). — *Mansus de Brannaco*, 1431 (Bibl. nat., fr., 11490, P. 125). — *Brennacum*, 1458 (Arch. nat., ZZ. 359, p. 17).

BRENIAUX (LES), h., cⁿᵉ de Connangles. — *Locus doux Bruncaulx*, 1462 (la Chaise-Dieu, Connangles).

BREQUEILLE (LA), vill., cⁿᵉ de Mazerat-Aurouze. — *Bricoïole* (cart. de Brioude, tables, cccclɪ). — *Ecclesia quæ appellatur Bercolius*, 1078 (spic. Briv.). — *Villa de la Bricasol* (Briciuiol), 1257 (Baluze, mais. d'Auv., II, 88). — *Brecolia*, v. 1260 (Arch. nat., J. 1021, n° 2). — *La Bercuiol*, 1321 (spic. Briv.). — *La Bercueiol*, 1338 (J. de Peyre, nʳᵉ). — *Villa de la Berquciol*, 1341 terrier de Charbonnier). — *Pedagium de Brancolio*, 1366 (Baluze, mais. d'Auv., II, 345). — *Bercueulle*, 1379 (compte de B. Flotenc). — *La Bercueghol*, 1416 (la Chaise-Dieu, Mazerat-la-Brequeille). — *Bercolia*, 1458 (Bibl. nat., ms. lat., n. acq., 1222, f° 61). — *La Brequeughol*, 1474 (la Chaise-Dieu, Mazerat-Aurouze). — *La vicairie de S. Anthonini de la Berquelhe*, 1557 (*idem*, Mazerat-la-Brequeille). — *La Briqueille*, 1671 (*idem*).

BRESSOLLE, h., cⁿᵉ de Blesle.

BRESTILLAC, vill., cⁿᵉ de Saint-Quintin-Chaspinhac. — *Bristiliac*, 1225 (hôtel-Dieu, B. 305). — *Brestiliac*, 1262 (Arch. nat., P. 1397², cote 554). — *Brestilhacus*, 1347 (J. de Peyre, nʳᵉ, reg. D, f° 126). — *Brustilhacus*, 1483 (Richon, nʳᵉ). — *Prestilhac*, 1547 (Savin, nʳᵉ). — *Bristilhac*, 1571 (A. Boyer, nʳᵉ).

BRET (LE), h., cⁿᵉ d'Aurec.

BRETAGNOLLE (LA), vill., cⁿᵉ de Chanteuges. — *Mansus de la Bretanola*, xɪɪᵉ s. (cart. de Pébrac, nᵒˢ 46-47). — *La Bretag[n]ola*, xɪɪᵉ s. (*idem*, nᵒˢ 46-10). — *La Bretanhole*, 1443 (spic. Briv.). — *La Bretaniola*, 1463 (terrier de Vissac). — *La Bretanhola*, 1472 (Bibl. nat., lat., n. acq., 1224, f° 42). — *La Bretoinhelle*, 1505 (Thiolent). — *La Bretagnol*, 1820 (Deribier).

BRETOGNE (LA), vill., cⁿᵉ de Langeac. — *Le Bretonia*, 1327 (la Chaise-Dieu, Chanteuges). — *Mansus de Britonia*, 1457 (Bibl. nat., lat., n. acq., 1222, f° 46). — *La Brighonne*, 1528 (év.).

BREUIL, écart, cⁿᵉ de Saint-Pierre-Duchamp. — *Mansus de Brolio*, 1400 (terrier du Bois). — *Brolhium*, 1500 (coll. C. Falcon). — *Breulh*, 1571 (A. Boyer, nʳᵉ).

BREUIL (FAUBOURG DU), au Puy. — *Caminus S. Ægidü*, 1323 (Saint-Agrève). — *Le faulxbourg de la porte S.-Gilles*, 1544 (compois du Puy). — *Le Faulxbourg S.-Gery*, 1562 (Médicis, I, 524).

BREUIL (LE), bois, cⁿᵉ de la Chaise-Dieu. — *Nemus Brolü*, 1366 (spic. Briv.). — *Nemus del Breulh*, 1453 (Arch. nat., S. 3298).

BREUIL (LE), h., cⁿᵉ de Chomelix. — *Breul*, 1669 (Arch. nat., P. 500¹, cote 37).

BREUIL (LE), m. i., cⁿᵉ du Monteil.

BREUIL (LE), h., cⁿᵉ de Saint-Pal-de-Murs. — *Le Brueilh*, 1610 (la Chaise-Dieu, Saint-Pal-de-Murs).

BREUIL (LE), affl. du Chalan, cⁿᵉˢ de Saint-Paulien et de Blanzac.

BREUIL (LE MAS-DU-), m. i., cⁿᵉ de Laussonne.

BREUIL-DE-DOUE (LE), m. i., cⁿᵉ de Brives-Charensac. — *Plaine-de-Doue*, 1888 (Malègue).

BREURE (LA), vill., cⁿᵉ de Saint-André-de-Chalencon. — *Brugeria*, v. 1031 (cart. de Chamalières, n° 194). — *La Brugeyra*, 1293 (Arch. nat., P. 491¹, c. 13). — *La Breure*, 1581 (terrier de Frissonnet).

BREURE (MOULIN-DE-), mⁱⁿ sur la Borne occidentale, cⁿᵉ de Vernassal. — *Moulin-de-Maméas*, 1847 (nomencl. des postes). — *Le Moulin-Blanc*, 1881 (doc: jud.).

BREUX (LES), h., cⁿᵉ de Mézères. — *Locus de Broliis*, 1453 (Pradier, nʳᵉ). — *Los Breulx*, 1507 (év.). — *Les Breuls*, 1688 (Haute-Loire, B. 34).

BREYRE (LE), h., cⁿᵉ de Saint-Pal-de-Chalencon. — *Territ. de Le Breyras*, 1419 (Loire, A. 89, f° 243 v°). — *Le Breyres*, 1540 (terrier de Saint-Pal). — *Lebreyre* (cad.). — *Lebrayre*, 1879 (carte adm.).

BREYSSE, l. dét., cⁿᵉ d'Alleyrac. — Au pied et à l'ouest du suc méridional de Breysse. — *In Desbregatis*, xɪᵉ s. (cart. du Monastier, n° 28). — *Villa de Breiza*, xɪᵉ s. (*idem*, n° 43). — *Terra de Breisas*, 1256 (év.). — *Terra de Breyssa*, 1322 (J. de Peyre, nʳᵉ). — *Les chazaux des Breyssous*, xɪxᵉ s. (cad. d'Alleyrac).

BREYSSE (SUC MÉRIDIONAL DE), mont. volcanique, cⁿᵉ d'Alleyrac.

BREYSSE (SUC NORD DE), mont. volcanique, cⁿᵉ du Monastier. — *Mons Carbonerius*, v. 980 (cart. du Monastier, n° 165).

BRIANÇON, mont., cⁿᵉ de Saint-Arcons-d'Allier. — *Le Peutz de Brianso*, 1458 (Bibl. nat., lat., n. acq., 1222, f° 79 v°).

BRICHEYRE, f., cⁿᵉ du Chambon.

BRIE (LA), vill., cⁿᵉ de Bonneval. — *Labriet*, 1569 (J. Chalvon, nʳᵉ). — *Labrie*, 1888 (carte adm.). — *Labry*, 1888 (Malègue).

BRIÈRES (LES), f., cⁿᵉ du Chambon. — *Villa quæ dicitur Brugerias, in arce* (aice) *Banaciense* (Bona-

ciense), v. 1000 (cart. du Monastier, n° 253).
— *Lebreyres,* 1861 (État-Major). — *Lebrière,*
1888 (Malègue).

Brignet (Le), affl. de la Dunières, c^ne de Raucoules.

Brignon, écart, c^ne de Coubon. — *Les Carmes ou Bregnou,* 1820 (Deribier).

Brignon (Le), vill., c^ne de Chomelix. — *Mansus del Brunho,* 1321 (spic. Briv.). — *Le Breignhou,* 1549 (P. Gallien, n^re). — *Le Bregnon,* 1660 (ét. civ.). — *Le Brignou,* 1820 (Deribier).

Brignon (Le), écart, c^ne de Saint-Romain-Lachalm. — *Brunhiou,* 1461 (Rhône, H. 1180). — *Breignhon,* 1695 (capitation).

Brignon (Le), c^eu de Solignac-sur-Loire. — *Ecclesia Brinionis,* 1164 (Médicis, I, 76). — *Lo Brunio,* 1233 (hôtel-Dieu, B. 308). — *Lo Bruino,* 1249 (*idem,* B. 138). — *Eccl. del Brunho,* 1327 (*idem,* B. 417). — *Eccl. de Brinhone,* 1342 (J. de Peyre, n^re). — *Lo Brinho Sobeyra,* 1344 (*idem*). — *Lo Brenho,* 1507 (év.). — *Lou Brenhou,* 1534 (év.). — *Paroisse de S.-Martin du Brignon,* 1569 (Doleson, n^re). — *Le Brinion,* 1586 (Sigaud, n^re).

En 1789, le Brignon faisait partie de la province du Velay, de la subdélégation et sénéchaussée du Puy. Son église paroissiale, diocèse du Puy et archiprêtré de Solignac-sur-Loire, était dédiée à saint Martin; l'université Saint-Mayol présentait à la cure.

Brignon (Le), f., c^ne de Tailhac. — *Lo Brunho,* 1486 (terrier de Tailhac). — *Le lieu del Breinho,* 1505 (Thiolent). — *Le domaine noble du Brignon,* 1669 (Arch. nat., P. 502, n° 133). — *Brinioux,* 1820 (Deribier).

Fief vassal de la seigneurie de Chilhac.

Brignon-Bas, quartier du Brignon. — *Lo Brunho Soteyra,* 1327 (hôtel-Dieu, B. 417). — *Lo Brinho Sotayra,* 1344 (J. de Peyre, n^re). — *Le Brignon-Bas,* 1568 (Doleson, n^re).

Brigols, vill., c^ne de Vorey. — *Brigols,* 1288 (bénédictines de Vorey). — *Brignoles,* 1880 (carte adm.).

Brigon (Le), l. dét., près Braugeirets, c^ne de Saugues.

Brin (Le), m. i., c^ne de Dunières.

Bringer (Moulin-de-), m^in sur l'Irieyre, c^ne de Siaugues-Saint-Romain.

Brioude, ch.-l. d'arrond. — *Brivas,* 468 (Sidonii Apollinaris propempticon ad lib.) — *Basilicam S. Juliani Arverni martyris... expetivit..., ad Brivatensem vicum,* vi^e s. (Greg. Turon., hist.

Franc., lib. II, xi). — *Brivatim* (*idem,* De passione S. Juliani mart.). — Brivate vico, viie s. (monn. méroving.). — Brivices, Bitirites, xe s. (deniers de Guillaume le Pieux, c^te d'Auvergne). — *Bridda, S. Juliani castrum* (Richeri, histor., lib. I, vii). — *Privata,* 1155 (spic. Briv.). — *Bride,* xiie s. (charroi de Nîmes, éd. Jonckbloet, v. 825). — *Brioude,* XXIe s. (G. Guyard, la branche des royaux lignages). — *Briude,* 1220 (hôtel-Dieu, B. 2). — *Brida,* 1254 (Bouquet, hist. des Gaules, xxi, 1398). — *Brivata S. Juliani,* 1260 (reg. visitat. archiepi. Rothomag., éd. Bonnin, p. 366). — *Priude,* 1320 (J. de Peyre, n^re). — *La gleyza de Breude, Breyde, Breyude,* 1341 (terrier de la comm^ie de Charbonnier). — *Brioudes en Alvergne,* 1365 (Arch. nat., JJ. 98, n° 279). — *Briode,* 1366 (Arch. nat., JJ. 97, n° 107). — *Brude,* xive s. (Froissard, chron., éd. S. Luce, t. VI, p. 75).

Brioude était, en 1789, le chef-lieu de l'élection et subdélégation de ce nom et dépendait de la province d'Auvergne et du présidial de Riom. Son église collégiale, chef-lieu d'un archiprêtré du diocèse de Saint-Flour, était sous le vocable de saint Julien; l'abbé de la collégiale des chanoines-comtes de Brioude présentait à la cure. Outre cette église, cette ville comptait sept églises paroissiales : 1° l'église de Saint-Laurent; 2° l'église de Saint-Pierre, à la collation du chapitre collégial; 3° l'église de Notre-Dame, à la collation du doyen du chapitre collégial; 4° l'église de Saint-Jacques; 5° l'église de Saint-Jean de l'Ordre de Jérusalem, dont la collation appartenait alternativement au doyen et au chapitre de la collégiale; 6° l'église de Saint-Genest, à la collation du doyen du chapitre collégial; 7° l'église de Saint-Préjet, à la collation du chapitre du lieu.

Brioudes (Les), m. i., c^ne de Vals-près-le-Puy.

Briquet, m. i., c^ne de Saint-Jeure.

Brison, écart, c^ne de la Chapelle-d'Aurec. — *Bruso,* 1470 (terrier de Saint-Didier de Joyeuse).

Brives, vill., c^ne de Brives-Charensac. — *Brivas, Brivatensis vicus,* v. 990 (chron. S. Petri de Mon. Anic.). — *Briva,* 1231 (maladrerie de Brives). — *Domus infirmarie Brive prope Anicium,* 1291 (Médicis, II, 27).

Brives-Charensac, c^on sud-est du Puy.

C^ne formée par la réunion des c^nes de Brives et de Charensac et le ch.-l. fixé à Brives, par ordonnance du 20 mai 1839.

En 1789, les villages de Brives et de Charensac appartenaient à la province du Velay, à la subdélégation et sénéchaussée du Puy. Au spirituel, Brives dépendait de la paroisse de Saint-Agrève du Puy, et Charensac de celle de Saint-Georges du Puy.

Église érigée en succursale par décret du 4 juin 1853.

Broal (Le), rocher, c[ne] d'Espaly-Saint-Marcel. — *Le ranch app. le Broal faisant les limites d'Espaly et de Sénilhac*, 1710 (cad. d'Espaly).

Broche, f., c[ne] des Estables. — 1754 (ét. civ.).

Broche, m. i., c[ne] de Lantriac.

Brocher, m. i., c[ne] du Chambon. — *Au Brocher*, 1880 (carte adm.). — *Les Brochers*, 1888 (Malègue).

Broë (La), loc. dét., c[ne] d'Azerat. — *Broa*, 1156 (spic. Briv.). — *La Broa*, 1440 (la Chaise-Dieu, Azerat).

Broë (La), loc. dét., c[ne] de Saint-Berain. — *Lo Coderc de la Broa*, 1459 (Bibl. nat., lat., n. acq., 1223, f° 132). — *La Broc*, XVIIIe s. (Cassini).

Bronac, chât. dét. et vill., c[ne] du Mazet-Saint-Voy. — *Villa de Brahonac*, 1278 (tit. de Bronac). — *Braonac*, 1291 (Dr Charreyre). — *Braunac*, 1318 (homm. de l'év.). — *Castrum de Bronac*, 1339 (Gall. ch., II, inst., c. 243).— *Braunacum*, 1455 (Pradier, n[re]). — *Bronnac*, 1507 (év.).

Bronac, vill. c[ne] de Raucoules. — *Varelhas*, 1451 (Dr Charreyre). — *Mandamentum de Valhelhas*, 1465 (Rivière, n[re]). — *Vaseillas lez Montfaulcon*, 1506 (Médicis, II, 304). — *Vaseilles*, 1720 (Saugrain).

Bronc, h., c[ne] de Saint-Étienne-Lardeyrol.

Bronchet (Le), f., c[ne] du Chambon.

Bros (Moulin-de-), m[in] sur la Virlange, c[ne] de Chanaleilles.

Brosse (La), chât. et vill., c[ne] de Tence. — *Brocia*, v. 1100 (cart. de Cluny, n° 3792, X). — *La Brossa*, 1290 (Rhône, D. 148). — *Castrum de Brossia*, 1334 (cart. de Tence, f° 2 v°). — *Brossa*, 1340 (Arch. nat., P 1397², c. 575).

Brossette, vill., c[ne] de Lapte. — *Mansus de Brossetas*, 1393 (maladrerie de Brives). — *La Broussette*, 1639 (Demans, n[re]). — *Brossettes*, 1820 (Deribier).

Brossette (La), ruiss., affl. du Lignon à la limite des c[nes] de Lapte et de Tence, prend sa source à l'ouest de Montfaucon et traverse la commune de Raucoules. — *Ruiss. de Montfaucon* (cad.).

Brossette (Moulin-de-), m[in] sur la Brossette, c[ne] de Lapte.

Brossier, m. i., c[ne] de Saint-Julien-Molhesabate. — *Boursier* (cad.).

Brottes (Les), h., c[ne] du Chambon. — *Les Brotas de Maires*, 1506 (Médicis, II, 305).

Brottes (Les), h., c[ne] du Mazet-Saint-Voy. — *Las Brottas*, 1608 (cad. de Bonnas).

Brouilhac, vill., c[ne] de Saint-Quintin-Chaspinhac. — *Pruiliac, Pruilliac*, 1223 (St-Vosy). — *Brolhacus*, 1359 (év.). — *Broilhac*, 1507 (év.). — *Brolhac*, 1555 (cad. de Mercœur). — *Brulhac*, 1561 (Savin, n[re]). — *Brolhiac*, 1585 (Johany, n[re]).

Brouillac, vill., c[ne] de Saint-Georges-Lagricol. — *Terra de Bruilac*, v. 1163 (hospit. du Velay). — *Mansus de Brolhac*, 1333 (Arch. nat., P. 494¹, cote 32). — *Tenementum de Brolhaco*, 1406 (terrier du Bois).

Broulet, m. i., c[ne] de Saint-Maurice-de-Lignon.

Broulis (Les), h., c[ne] de la Chapelle d'Aurec. — *Brolhiet*, 1553 (ress. de Montfaucon). — *Le Brouillet*, 1691 (ét. civ.). — *Le Brouly*, 1860 (État-Major).

Broullit, écart, c[ne] de Coubon. — *La Mecterie du Broulhet*, 1575 (A. Boyer, n[re]). — *Le Brolhet*, 1628 (Duclaux, n[re]). — *Le Broulhit*, 1707 (cad. de Bouzols).

Broussac, h., c[ne] de Ceyssac. — *Brossac*, 1305 (Saint-Georges du Puy). — *Brossacum*, 1514 (J. Boyer, n[re]). — *Brossat*, 1531 (Dompnin, n[re]). — *Brussac*, 1618 (Leblanc, n[re]).

Brousse (La), h., c[ne] de Chaniat. — *Villa quæ dicitur Ad Illa Brocia*, v. 1011 (cart. de Brioude, ch. 300). — *Ecclesia Sanctæ Fidei de Brossa*, 1225 (Bibl. nat., lat., 12768, f° 220 v°). — *La Brosse*, 1379 (compte de B. Flotenc). — *Brousse*, 1401 (spic. Briv.).

Commune supprimée le 4 juin 1845 et réunie partie à la commune d'Agnat et partie à la commune de Chaniat.

Brousse (La), h., c[ne] de Mazerat-Aurouze. — *Brocia*, 1078 (spic. Briv.). — *La Brossa*, 1474 (la Chaise-Dieu, Mazerat-Aurouze).

Brousse (La), h., c[ne] de Retournac. — *Villa de la Brocia*, 987 (cart. de Chamalières, n° 288). — *La Brossa*, 1346 (Arch. nat., P. 494¹, cote 20). — *Labrousse*, 1820 (Deribier).

Brousse (La), h., c[ne] de Saint-Pierre-Eynac.

Brousse (La), h., c[ne] de Saint-Quintin-Chaspinhac. — *Li Brossa*, 1245 (hôtel-Dieu, B. 136). — *Brossia*, 1475 (Richon, n[re]). — *La Brosse*, 1543 (Savin, n[re]). — *La Brousse*, 1604 (Leblanc, n[re]).

Brousse (La), m. i., c[ne] d'Yssingeaux.

Brousselle (La), affl. du Ternivol, au nord de la c[ne] de Chaniat.

Broze (La), bois, cne de Fix-Saint-Geneys. — *Le volcan de Brozy*, 1867 (Lecoq, IV, 179).

Bru, f., cne des Estables. — *Le lieu de Brun*, 1750 (ét. civ.). — *Bru-de-Chanteloube*, 1783 (*idem*).

Bruac, vill., cne de Beaune. — *Villa de Brusaco*, v. 1020 (cart. de Chamalières, n° 217). — *Ad Brusachum*, 1213 (*idem*, n° 319). — *Briat*, 1695 (capitation).

Bruac, f., cne de Grazac.

Bruaille, vill., cne de Malvalette. — *Brualhiæ*, 1391 (coll. Chaleyer). — *Brualhes*, 1490 (obit. de Bas).

Bruas, f., cne de Montfaucon.

Bruas, min sur la Dunières, cne de Raucoules.

Bruas, écart, cne d'Yssingeaux. — *Terra de Bruiatz*, v. 1163 (hospitaliers du Velay, n° 18). — *Lo Bruias*, 1179 (*idem*, n° 32). — *Bruatz*, 1547 (terrier de Verchères).

Bruas (Le), écart, cne de Saint-Romain-Lachalm. — *Lo Mas del Bruyats*, 1269 (homm. de l'év.) — *Lo Mas del Bruas*, 1309 (*idem*).

Bruasse (La), h., cne de Saint-Pal-de-Mons.

Bruchers, vill., cne de Saint-Just-Malmont. — *Brucher*, 1820 (Deribier).

Bruère (La), affl. de l'Ance, sépare la cne de Saint-André-de-Chalencou des cnes de Roche-en-Régnier et Solignac-sous-Roche. — *La Breuere ou Breuère* (cad.). — *Le Bertrot*, 1879 (carte adm.).

Bruère (Moulin-de-la-), min ruiné, sur la Bruère, cne de Roche-en-Régnier.

Brueyrette (La), h., cne de Chénéreilles. — *La Brueyra*, 1290 (Rhône, D. 148). — *La Brueyreta*, 1451 (Rhône, H. 2633). — *Bruyerette*, 1880 (carte adm.).

Bruge, m. i., cne de Monistrol-sur-Loire. — *Bruchet*, 1888 (Malègue).

Brugeas (Le), bois, cne de Langeac.

Brugeasses (Les), bois, cne de Saint-Jean-d'Aubrigoux.

Brugeilles, vill., cne de Torsiac. — *Le Mas de Brugeles*, 1323 (arch. du parl. de Paris, II, n° 7021). — *Mansus de Brugelhas*, 1364 (spic. Briv.). — *Le Mas de Brugelhas* ou *de Genolhes*, xve s. (Arch. nat., R4 1143*, n° 4). — *Brugeille*, 1820 (Deribier).

Brugeilles (Moulin-de-), min, sur la Bave, cne de Torsiac.

Brugeire (La), vill., cne d'Esplantas. — *Villa quæ dicitur Brugeira*, xiie s. (cart. de Pébrac, n° xlvi-13). — *La Brugeira*, 1235 (*idem*, n° 57). — *Mansus de la Brugeyra*, 1279 (Thiolent). — *Brugeria, Brugeyria*, 1527 (A. Besseyre, nre). — *La Brugeire*, 1622 (Thiolent). — *La Brugère*, xviiie s. (Cassini).

Brugeirette (La), l. dét., cne de Grèzes. — *La Brugeireta*, 1235 (cart. de Pébrac, n° 57). — *Mansus de Brugayreta*, 1274 (Lozère, G. 99).

Brugelioux (Moulin-de-), min sur le Céroux, cne de Saint-Just-près-Brioude. — *Bargeliour* (cad.).

Brugely, h., cne de Saint-Étienne-sur-Blesle.

Église érigée en succursale le 4 juin 1853.

Brugène (La), écart, cne de Cistrières. — *La Bruyère*, 1888 (carte adm.).

Brugère (La), vill., cne de Saint-Arcons-de-Barges. — *La Brugeira*, 1266 (Haute-Loire, E.). — *Brugeria*, 1281 (la Chaise-Dieu, Saint-Paul-de-Tartas). — *La Brugeyra*, 1513 (tit. de Surrel). — *La Brugière*, 1571 (A. Boyer, nre). — *La Brugeyre*, 1573 (tit. de Surrel). — *La Brugeire*, xviiie s. (Cassini).

Brugère (La), h., cne de Saint-Victor-sur-Arlanc. — *La Brigeyre*, 1698 (L. Devinols, nre).

Brugerette (La), écart, cne de Saint-Pierre-Duchamp. — *La Brugaireta*, 1160 (cart. de Chamalières, n° 73). — *Terra de Briniereta*, 1269 (Arch. nat., P. 4398¹, cote 655). — *La Bruayreta*, 1341 (Arch. nat., P. 493² *bis*, cote 97). — *Brueyreta*, 1500 (coll. C. Falcon.) — *La Brugerolle*, 1880 (carte adm.).

Brugerette (La), l'un des deux ruisseaux qui forment le Lembron, cne de Saint-Pierre-Duchamp. — *Rivus de la Bruayreta*, 1352 (Arch. nat., P. 1398², c. 674). — *La Brueyrette* (cad.).

Brugerette (Moulin-de-la-), min sur la Brugerette, cne de Saint-Pierre-Duchamp.

Brugerolle, vill., cne de Vieille-Brioude. — *In vicaria Brivatensi, in villa quæ dicitur Brujairolas*, v. 957 (cart. de Brioude, ch. 320). — *Brugeyrolas*, 1390 (Arch. nat., Z4. 4145, p. 182). — *Brugeirolles*, 1612 (terrier de la Vaudieu).

Brugeyroux, f., cne de Langeac. — *Brujairos*, v. 1130 (cart. de Pébrac, n° 34). — *Mansus de Brugeyros*, 1459 (Bibl. nat., lat., n. acq., 1222, f° 105 v°). — *Brugiroux*, 1888 (Malègue).

Brûlades (Les), bois, cne de Villeneuve-d'Allier.

Bruladis, bois, cne de Montusclat.

Brulat (Le), m. i., cne de Dunières.

Brun, m. i., cne de Saint-Front. — *Brun-Praneuf*, 1888 (carte adm.).

Brunelet, mont., cne de Saint-Germain-Laprade. — *Lo Suc*, 1335 (Saint-Georges du Puy). — *Brunelle*, 1546 (Savin, nre). — *Le roc. app. Brunelet*, 1603 (Burel, 489). — *Lou Suc de Brunellect*,

1604 (cad. de Fay-la-Triouleyre). — *Brunellet,* 1778 (Faujas de Saint-Fond, 413).

Brunelles, faubourg de Monistrol-sur-Loire.

Brunelles (Les), affl. du Chazeaux, c^{ne} de Monistrol-sur-Loire.

Brunets (Les), f., c^{ne} de Saint-Georges-d'Aurac. — *Esbrunel,* xviiie s. (Cassini).

Brunoncel (Le), h., c^{ne} de Paulhaguet. — *Le Brunencel,* 1543 (la Chaise-Dieu, Domeyrat). — *Le Bernoncel,* 1545 (Vals-le-Chastel). — *Brenoncel,* 1888 (carte adm.). — *Le Brunoucel,* 1888 (Malègue).

Brus (Grands-), f., c^{ne} d'Espaly-Saint-Marcel. — *Johannes Brus, loci deus Brus,* 1348 (communication de M. Louis Paul, juge). — *Los Brux,* 1399 (Saint-Agrève). — *Los Brus,* 1408 (compois du Puy). — *Lous Brus lez Spaly,* 1596 (Doleson, n^{re}). — *Haut-Oubrus,* xviiie s. (Cassini).

Brus (Le), h., c^{ne} de Lapte. — *Decimus del Bruschet,* xie s. (cart. de Cluny, ch. 3029). — *Lo Brucz,* 1314 (év.). — *La Bru,* 1326 (év.). — *Bruscum,* 1465 (Rivière, n^{re}). — *Lo Brusc,* 1507 (év.). — *Brusc,* 1695 (capitation). — *Le Brusq,* 1820 (Deribier).

Brus (Le), f., c^{ne} de Saint-Pal-de-Mons.

Brus (Petits-), f., c^{ne} d'Espaly-Saint-Marcel. — *Bas-Oubrus,* xviiie s. (Cassini).

Bruyat, m. i., c^{ne} d'Yssingeaux.

Bruyère (La), f., c^{ne} d'Araules. — *La Brueyre,* 1561 (Savin, n^{ra}).

Bruyère (La), h., c^{ne} du Chambon. — *La Brueira,* 1314 (év.). — *Brueria,* 1343 (Rhône, H. 1016). — *La Bruyera,* 1426 (Haute-Loire, E.). — *La Brueyra,* 1507 (év.).

Bruyère (La), h., c^{ne} de Dunières. — *Mansus de la Bruyère,* 1500 (Rhône, D. 182). — *Les Bruyères,* 1879 (carte adm.).

Bruyère (La), vill., c^{ne} de Lapte. — *Mansus de la Brueyra,* 1314 (év.). — *La Brueyre,* 1695 (capitation). — *Labruyère,* 1820 (Deribier).

Bruyère (La), m. i., c^{ne} de Monistrol-sur-Loire.

Bruyère (La), f., c^{ne} de Riotord. — *Les Bruyères,* 1879 (carte adm.).

Bruyère (La), h., c^{ne} de Saint-Victor-Malescours. — *Labruyère,* 1820 (Deribier).

Bruyère (Moulin-de-), mⁱⁿ sur le Chandieu, c^{ne} de Saint-Julien-d'Ance. — *La Brueyra, la Brueyre,* 1543 (terrier de la Garde). — *Moulin-de-Brueyre* (cad.).

Bruyère-Basse (La), vill., c^{ne} de Saint-Pal-de-Mons. — *Brueyria,* 1370 (év.).

Bruyère-Haute (La), h., c^{ne} de Saint-Pal-de-Mons.

Bruyères (Les), h., c^{ne} de Montregard. — *Villa quæ vocatur Brugeria,* v. 1020 (cart. de Chamalières, n° 194).

Bruyères (Les), m. i., c^{ne} de Raucoules.

Bruyères (Les), m. i., c^{ne} d'Yssingeaux.

Bruyerette (La), h., c^{ne} de Saint-Jeure. — *Homines de la Bruayreta,* 1359 (Rhône, H. 2632). — *Labrugerete,* 1820 (Deribier). — *Labrugerette,* 1888 (Malègue).

Bruyerette (La), m. i., c^{ne} de Sainte-Sigolène.

Buchères, h., c^{ne} du Pont-Salomon. — *Buschières,* 1569 (terrier de Saint-Didier).

Buchet (Moulin-de-), mⁱⁿ sur la Voirèze, c^{ne} de Blesle. — *Moulin-de-Buchez,* 1888 (Malègue).

Buffamès, f., c^{ne} de Présailles. — *Rivus de Bufanos,* 1383 (Rhône, E. 9). — *Un champ app. Buffanez,* 1699 (cad. de Vachères).

Buffat, f., c^{ne} de Pinols. — *Buffac,* 1588 (terrier d'Auvers). — *Buffard,* xviiie s. (Cassini).

Buffes (Les), h., c^{ne} de Riotord.

Buffets (Les), mⁱⁿ sur le Lignon, c^{ne} des Vastres. — *In loco qui dicitur Bufetis,* 1000 (cart. du Monastier, n° 255). — *Molendinum de Buffetis,* 1464 (Ardèche, C. 624).

Bugeac, vill., c^{ne} de Grèzes.

Bugeac, vill., c^{ne} de Saugues. — *Buiac,* 1327 (Lozère, G. 98). — *Homines de Bujiaco,* 1527 (A. Besseyre, n^{re}).

Buisson, h., c^{ne} d'Aurec.

Buisson (Le), f., c^{ne} de Bessamorel.

Buisson (Le), vill., c^{ne} de Cerzat. — *Le Boysson,* 1625 (terrier du Chambon de Blau).

Buisson (Le), f., c^{ne} de Fay-le-Froid. — *Locus de Boysso,* 1532 (Dompnin, n^{re}). — *La Metterie de Boissou,* 1646 (cad. de Bonnefont). — *Le domaine du Buisson,* 1736 (ét. civ.).

Buisson (Le), mⁱⁿ sur la Musette, c^{ne} de Loudes. — *Locus del Boysso,* 1474 (Pratlavi, n^{re}).

Buisson (Le), f., c^{ne} de Raucoules.

Buisson (Le), f., c^{ne} de Saint-Front.

Buisson (Le), vill., c^{ne} de Saint-Pal-de-Mons. — *Mansus del Boysso,* 1346 (J. de Peyre, n^{re}). — *Le Boysson, le Buysson,* 1569 (terrier de Saint-Didier de Joyeuse).

Buisson (Le), f., c^{ne} de Vieille-Brioude. — *Lo Boisson,* 1327 (Bibl. nat., fr., 14377, f° 71). — *Lou Bouissou,* 1612 (terrier de la Vaudieu).

Buissonnade (La), f., c^{ne} des Estables. — *La Boissonade,* 1695 (capitation). — *La Bouissonade,* 1767 (ét. civ.). — *La Buissonade,* 1888 (carte adm.). — *Boissonnade,* 1888 (Malègue).

Bujone (La), l. dét., c^{ne} de Langeac. — *Territ. de las Salses sive de la Bughona*, 1479 (Arch. nat., Q. 513, p. 12). — *Boria de la Bughona*, 1502 (*idem*, p. 166).

Buniac, vill., c^{ne} de Lapte. — *Mansus de Buinhac*, 1314 (év.). — *Bueynhacum*, 1347 (maladrerie de Brives). — *Bunhiac*, 1695 (capitation). — *Bugniac*, xviiie s. (Cassini). — *Buniat*, 1878 (carte adm.).

Buniazet, vill., c^{ne} de Lapte. — *Mansus de Buinhazet*, 1314 (év.). — *Binaset*, 1391 (év.). — *Bunhasetum*, 1468 (Rivière, n^{re}). — *Buniaset*, 1695 (capitation).— *Bugniazet*, xviiie s. (Cassini).

Burenne, m. i., c^{ne} de Queyrières.

Buse, h., c^{ne} de la Vaudieu.—*Terra de Buzeto*, 1177 (Bibl. nat., lat., 12750, p. 201). — *Buzet*, 1612 (terrier de la Vaudieu).

Bussac-Bas, vill., c^{ne} de Siaugues-Saint-Romain. — *Mansus de Bussaco Inferiori*, 1461 (Bibl nat., lat., n. acq., 1222, f° 209). — *Bussac-Souterrain*, 1479 (*idem*, 1224, f° 238 v°). — *Bussacus Subterior*, 1480 (terrier du Cluzel). — *Bussac-Soubteyran*, 1525 (*idem*).

Bussac-Haut, vill., c^{ne} de Siaugues-Saint-Romain. — *Mansus de Bussaco Superiori*, 1461 (Bibl. nat., lat., n. acq., 1222, f° 178). — *Bussac Sobeyra*, 1463 (*idem*, 1223, f° 125). — *Bussac-Souverain*, 1525 (terrier du Cluzel).

C

Cabaretou, m. i., c^{ne} d'Yssingeaux. — *Cabareton*, 1888 (Malègue).

Cabarets (Les), écart, c^{ne} de Cussac. — *Cabaretz*, 1587 (Sigaud, n^{re}).

Cabines (Les), h., c^{ne} de Sainte-Sigolène.

Caboche (La), f., c^{ne} de Saint-Julien-Molhesabate.

Caboches, f., c^{ne} de Riotord.

Cabote (La), m. i., c^{ne} de Grazac.

Cacharat (Le), affl. de l'Ance, c^{ne} de Craponne-sur-Arzon.

Cachepoix, mⁱⁿ sur le ruiss. de la Violette, c^{ne} de Grenier-Montgon.

Cacheroux, lieu dit, près Ronzon, c^{ne} d'Espaly-Saint-Marcel. — *Cacha-Pezoil*, xiiie s. (Saint-Georges du Puy). — *La croix de Guachepoux*, 1620 (Jacmon, 87). — *La croix de Cachepoux*, 1635 (*idem*, 97).

Cacherat, m. i., c^{ne} de Riotord.

Cacherat, mⁱⁿ sur le Clary, c^{ne} de Villeneuve-d'Allier.

Cacherat (Moulin-de-), l. dét., c^{ne} de Mercœur. — *Ung molin à bled, à présent chazal, ez appart. de Mercueurettes, app. de Cacherrat*, 1613 (Mercurial).

Cacherat (Moulin-de-), mⁱⁿ sur le Rouchassou, c^{ne} de Saint-Ilpize.

Cacherat (Moulin-de-), mⁱⁿ sur le Ramel, c^{ne} d'Yssingeaux.

Cacheresse, écart, c^{ne} de Siaugues-Saint-Romain. — *Mansus de la Font chappela*, 1456 (Bibl. nat., lat., n. acq., 1222, f° 26 v°). — *Molendinum de Pestelh*, 1465 (*idem*, 1223, f° 216). — *Molendinum he-redum Petri Pestelli voc. de Cachavessa*, 1477 (*idem*, 1224, f° 184 v°). — *Le fief de Font-Chapelle ou Cachevesse*, 1767 (Denisart, v° imprescript., n° 2).

Cadet, m. i., c^{ne} de Lapte.

Cadot, m. i., c^{ne} de Lapte.

Café-de-la-Garne (Le), m. i., c^{ne} de Saint-Victor-Malescours.

Caille (La), f., c^{ne} de Saint-Georges-Lagricol.

Caille (La), ruiss., affl. de l'Allier, au sud-ouest de la commune de Saint-Privat-du-Dragon.

Cailloux, f., c^{ne} de Saint-Didier-la-Séauve. — *Caiou*, 1888 (Malègue).

Caire, vill., c^{ne} de Monlet. — *Villa de Caires*, 1263 (hôtel-Dieu, B. 614). — *Villa de Cayres*, 1263 (*ibid.*, B. 615). — *Cayres*, 1370 (év.). — *Le Mas de Cayres*, 1453 (la Chaise-Dieu, liasse Barribas).

Caire (Le), écart, c^{ne} de Champagnac.

Caire (Le), écart, c^{ne} de Lapte. — *Lou Cayre*, 1553 (ress. de Montfaucon).

Calla (La), f., c^{ne} de Champclause.

Calvaire (Le), m. i., c^{ne} de Sainte-Sigolène.

Camageon (La Grangette-de-), f., c^{ne} des Estables. — *Roche*, xviiie s. (Cassini). — *Roche ou Camajou*, 1783 (ét. civ.). — *La Grangette de Joanou*, 1820 (Deribier). — *Camagon*, 1888 (Malègue).

Camaret, h., c^{ne} de Vielprat. — 1688 (Surrel, n^{re}).

Cambuse (La), m. i., c^{ne} de Frugières-le-Pin.

Campanèche (La), loc. dét., c^{ne} de Saint-Didier-la-Séauve. — *La Campaneycha*, 1310 (coll. Chaleyer). — *Locus de Campanescha*, 1367 (*idem*). —

La Campanencha, 1470 (terrier de Saint-Didier de Joyeuse). — *La Campanesche*, 1553 (ress. de Montfaucon).

Canard, f., c^ne de Saint-Romain-Lachalm. — *Canards*, 1888 (Malègue).

Cancade (Scie-de-), sur la Rochette, c^ne de Saint-Bonnet-le-Froid.

Cancaine, écart, c^ne de Rosières.

Cancoules, vill., c^ne de Saint-Front. — *Villa quæ dicitur Concolas, in pago Vellaico*, v. 950 (cart. du Monastier, n° 80). — *Concolhas*, 1431 (év.) — *Cancolas*, 1530 (cad. du Monastier). — *Concoles*, 1574 (A. Boyer, n^re).

Canel (Moulin-de-), m^in sur l'Herbret, c^ne de Saint-Just-Malmont. — *Moulin de Cunet* (cad.).

Canelière (La), écart, c^ne de Saint-Just-Malmont. — *La Caneleyra*, 1355 (Haute-Loire, E.). — *La Chinelleyra*, 1493 (coll. Chaleyer).

Capala, mont. et m. i., c^ne de Vorey. — *Capalat*, 1888 (Malègue).

Capérière (La), écart, c^ne de Saint-Didier-la-Séauve. — *Locus de la Pacqueyreyre*, 1470 (terrier de Saint-Didier-de-Joyeuse). — *La Capperière*, 1569 (*idem*).

Capet, h., c^ne de Saint-Romain-Lachalm. — *Capel*, 1888 (Malègue).

Capussier, h., c^ne de Grazac. — *Capuchier*, 1878 (carte adm.). — *Capuchet*, 1888 (Malègue).

Caraby, f., c^ne de Malrevers. — *Comba Amblavensis*, 1306 (tabl. du Velay, 1875-6, p. 519). — *Combes ou Caraby*, 1808 (ét. des succ.).

Caramantrand, ruiss., affl. de l'Allier à Pranier, c^ne de Prades. — 1499 (terrier de Thoras).

Carcavet, m. i., c^ne d'Yssingeaux. — *Vernusse* (cad.).

Cardona, f., c^ne de Chaudeyrolles. — *Locus de la Cardonaa*, 1464 (Ardèche, C. 624).

Carme (Le), f., c^ne des Vastres. — *Le Mas du Carme*, 1776 (ét. civ.). — *Les Carmes*, 1888 (carte adm.).

Carrat (Scie-du-), m. i., c^ne de Riotord.

Carrielle (La), h., c^ne de Saint-Préjet-Armandon. — *El Mas de la Carriela*, 1341 (terrier de Charbonnier). — *La Carrière*, xviiie s. (Cassini).

Carry, m. i., c^ne de Grazac.

Carry (Le), m. i., c^ne de Tiranges. — 1697 (Devinols, n^re). — *Le Cary-du-Fay*, 1879 (carte adm.).

Cartaire (Le), écart, c^ne de Sembadel. — *La Carteyre*, 1570 (J. Chalvon, n^re).

Cartala (La), f., c^ne d'Aurec.

Cartalade (La), m. i., c^ne de Saint-Didier-sur-Doulon.

Cartara (La), m. i., c^ne de Sainte-Sigolène.

Cartives (Les), f., c^ne du Chambon. — *Terra Cartiva domus Devesseti*, 1343 (Rhône, H. 1016).

Carton, écart, c^ne de Grazac.

Caseneuve, écart, c^ne de Monistrol-sur-Loire. — *Caseneufve*, 1552 (ress. de Montfaucon). — *Cazeneuve*, 1888 (Malègue).

Caserne, m. i., c^ne du Pont-Salomon.

Cassiaux (Les), écart, c^ne de la Chaise-Dieu.

Cataud (Moulin-de-), m^in sur la Brugerette, c^ne de Saint-Pierre-Duchamp.

Cave (La), affl. du Chiengue, c^ne de Saint-Vincent.

Cayres, l. dét., c^ne d'Alleyras. — *Mansus de Caires*, 1295 (prieuré d'Alleyras).

Cayres, arr. du Puy. — *Ecclesia de Quaires*, 1144 (cart. du Monastier, n° 405). — *Ecclesia de Cairis*, 1179 (*idem*, n° 442). — *Caires*, 1209 (hôtel-Dieu, B. 300). — *Cares*, 1220 (Raynaldi, ann. eccles., éd. Theiner, XX, 430). — *Carres*, 1233 (tabl. du Velay, 1876-77, 372). — *Castrum de Caires*, 1235 (hôtel-Dieu, B. 310). — *Castrum de Cayres*, 1331 (J. de Peyre, n^re). — *Locus Cadris castri*, 1510 (G. Maurin, n^re). — *La paroisse de Quayres-le-Chasteau*, 1571 (A. Boyer, n^re).

En 1789, Cayres faisait partie de la province du Velay, de la subdélégation et sénéchaussée du Puy. Son église paroissiale, diocèse du Puy et archiprêtré de Solignac-sur-Loire, était sous le vocable de saint Pierre; l'abbé du Monastier en était collateur.

Cayres (Les), vill., c^ne d'Yssingeaux. — *Los Caires*, 1359 (Rhône, H. 2632). — *Cadri, mand. Bellæcombæ*, 1457 (Rhône, Bessamorel). — *Lous Cayres*, 1635 (terrier de Saussac).

Cayres-la-Ville, vill., c^ne de Cayres. — *Cayres la Vila*, 1308 (év.). — *Villa de Caires la Vila*, 1312 (hôtel-Dieu, B. 387). — *Locus de Cadris Villa*, 1351 (*idem*, B. 482). — *Cadris Villæ*, 1510 (G. Maurin, n^re). — *Le lieu de Cayres-la-Ville, en la paroisse de Quayres-le-Chasteau*, 1571 (A. Boyer, n^re).

Céaux, vill., c^ne de Saint-Étienne-Lardeyrol. — *Ceus*, 1343 (Chamblas). — *Grangia de Saulx*, 1408 (Baluze, mais. d'Auv., II, 342). — *Ceaulx*, 1526 (Sobrier, n^re). — *Seaulx*, 1555 (cad. de Mercœur). — *Céaux-d'Ebde*, 1820 (Deribier).

Céaux, vill., c^ne de Saint-Privat-d'Allier. — *Seus*, 1255 (hôtel-Dieu, B. 314). — *Ceus*, 1271 (*idem*, B. 325). — *Ceaux*, 1426 (la Chaise-Dieu, Saint-Privat-d'Allier). — *Seaulx*, 1470 (Bibl. nat., lat., n. acq., 1223, f° 383). — *Ceux*, 1482 (la Chaise-Dieu, Saint-Privat-d'Allier). — *Seaux*, 1595 (Mme Leblanc, n^re).

Céaux-d'Allègre, c^on d'Allègre. — *Ad Celtos*, xiie s. (cart. de Chamalières, n° 327). — *Ecclesia de Ceus*, 1252 (Saint-Agrève). — *Ecclesia de Seus*, 1390 (év.). — *Ceaulx*, 1401 (spic. Briv.). — *Ceaux*, 1518 (G. Maurin, n^re). — *Siaulx*, 1561 (J. Chalvon, n^re). — *Seaulx*, 1616 (Rhône, H. 2153, f° 967 v°). — *Cyaux en Auvernhe*, 1625 (Duclaux, n^re). — *Oppidum Situlense*, xviie s. (dom Estiennot, fragm. hist. Aquit., IV, 168). — *Oppidum Situla*, xviiie s. (A. SS. O. S. Ben., sæc. iv, pars I, 760). — *Ceaux-près-d'Alègre*, xviiie s. (Cassini).

En 1789, Céaux-d'Allègre faisait partie de la province d'Auvergne, de l'élection de Brioude, de la subdélégation de la Chaise-Dieu et du ressort de Riom. Son église paroissiale, diocèse du Puy et archiprêtré de Saint-Paulien, était sous le vocable de saint Jean-Baptiste; l'évêque du Puy en était collateur, comme succédant aux droits de l'abbaye de la Chaise-Dieu.

Péage supprimé par arrêt du Conseil du 26 octobre 1744, au préjudice du seigneur d'Allègre.

Cécile (La), m. i., c^ne de Riotord.

Celeyrier (Le), m. i., c^ne de Saint-Paulien.

Celhac, vill., c^ne de Saint-Didier-sur-Doulon. — *Villa Sallac*, 819 (bibl. de l'Éc. des ch., XXVII, A. Bruel, chron. du cart. de Brioude, 507). — *Mansus de Selhac*, 1347 (Baluze, mais. d'Auv., II, 197). — *Seilhac*, 1443 (spic. Briv.).

Celle, m. i., c^ne de Lapte.

Celle (La), vill., c^ne du Chambon. — 1308 (homm. de l'év.). — *La Cella*, 1507 (év.). — *Lacelle*, 1820 (Deribier).

Celle (Scie-de-la), scierie sur le Clavas, c^ne de Riotord.

Celles, h., c^ne d'Araules. — 1308 (homm. de l'év.). — *La Cella*, 1507 (év.). — *Celles*, xviiie s. (Cassini).

Cellier, h., c^ne du Chambon. — *Los Celiers*, 1507 (év.). — *Le Sellier*, 1820 (Deribier).

Cellier, m. i., c^ne de Saint-Jeure. — *Locus de Cellario*, 1353 (Haute-Loire, E.).

Cellier (Le), f., c^ne de Saint-Laurent-Chabreuges. — *La chapelle du Cellier*, 1423 (P. Le Blanc). — *Le Celier*, 1878 (carte adm.).

Cellier (Le), m. i., c^ne de Saint-Pierre-Eynac.

Cellier (Le Mas-du-), f., c^ne de la Farre.

Cellières, h., c^ne de Saint-Victor-Malescours. — *Celleriæ, Cellariæ*, v. 1080 (cart. de Saint-Sauveur-en-Rue, p. 23). — *Sellerias*, v. 1095 (idem, p. 9). — *Celleyras*, 1265 (idem, p. 152). — *Celleyras*, 1461 (Rhône, H. 1180). — *Celleyres*, 1561 (terrier de Saint-Didier).

Ceneuil, chât. dét. et vill., c^ne de Saint-Vincent. — *Senoculum*, 1097 (cart. de Chamalières, n° 11). — *Capella in castro Syroi*, 1119 (Chifflet, hist. de Tournus, 402). — *Senuil*, v. 1145 (cart. de Chamalières, n° 47). — *Cenoil*, xiie s. (idem, n° 147). — *Castellum de Senculh*, 1171 (Baluze, mais. d'Auv., II, 67). — *Senoil*, 1173 (Lay. du trés. des ch., I, 105). — *Senoilh*, 1216 (abb. de Doue). — *Senomlium (Senoculio)*, 1223 (Baluze, II, 251). — *Castrum de Senolio*, 1267 (Médicis, I, 80). — *Senoyl*, 1302 (Arch. nat., P. 494^1, c. 11). — *Castrum de Senouylh*, 1311 (Arch. nat., P. 1399^1, c. 783). — *Senolium in Valle Amblavense*, 1345 (J. de Peyre, n^re). — *Ecclesia S. Michaelis de Senolio*, 1347 (idem). — *Seneulh*, 1506 (Médicis, II, 304).

Cenoux, h., c^ne de Sainte-Sigolène. — *Homines de Senoups*, 1451 (Rhône, II. 2263). — *Senoux*, 1553 (ress. de Montfaucon). — *Cenour*, 1695 (capitation). — *Cenon*, xviiie s. (Cassini).

Censac, h., c^ne de Paulhaguet. — *Villa de Sansiaco*, 1148 (Gall. christ., instr., col. 107). — *Censsac*, 1379 (compte de B. Flotenc). — *Saint-Sac*, 1401 (spic. Briv.). — *Mansus de Censat*, 1444 (Bibl. nat., ms. fr., 11490, f° 341). — *Sansac*, 1464 (Bibl. nat., ms. lat., n. a., 1223, f° 159). — *Parochia de Sansaco*, 1464 (idem, f° 162 v°). — *Priorissa de Sancsaco*, xve s. (pouillé de Saint-Flour). — *Censac-Lavaux*, 1820 (Deribier).

Prieuré dépendant de la Vaudieu.

Par ordonnance du 11 décembre 1842, la commune de Censac-Lavaux a été supprimée et réunie à celle de Paulhaguet.

Censac (Le), affl. de la Sénouire, c^nes de Chassagnes et Paulhaguet.

Cercenas, vill., c^ne de Riotord. — *Grangia de Cercenacio*, 1273 (cart. de Saint-Sauveur-en-Rue). — *Sercenas*, 1461 (Rhône, II. 1180). — *Sarcenas*, 1879 (carte adm.).

Cerces, vill., c^ne de Tiranges. — *Serces*, 1293 (Arch. nat., P. 491^1, c. 13). — *Serce* (cad.).

Cereix, chât. dét. et vill., c^ne de Saint-Jean-de-Nay. — *Ceresium castrum*, v. 1090 (cart. du Monastier, n° 236). — *Cereis*, v. 1100 (cart. de Pébrac, 44). — *Cereix*, 1171 (Baluze, mais. d'Auv., II, 67). — *Sereis*, 1219 (cart. de Pébrac, 53). — *Castrum villaque de Cereys*, 1321 (spic. Briv.). — *Sereys*, 1331 (J. de Peyre, n^re). — *Mandatum de Serezio*, 1457 (la Chaise-Dieu, Vazeilles). — *Cereys*, 1511 (coust. d'Auv., f° 79 v°). — *Prior S. Gerardi de Sereis*, 1516 (Arch. nat., G.^8, 1, f° 445 v°).

Cereix (Lac de), c^ne de Loudes.

CEREIX (RUISSEAU DE), ruiss. qui prend sa source près de Beyssac, c^ne de Saint-Jean-de-Nay, passe à Cereix et se jette dans la Musette, en amont du Charrouil, c^ne de Loudes. — *Rivus qui labitur de Seresio versus Karolum*, 1405 (Drôme).

CEREYZET, h., c^ne de Saint-Christophe-sur-Dolaison. — *Serasis*, v. 1190 (templiers du Puy). — *Ceraizet*, 1243 (hôtel-Dieu, B. 5). — *Sereyzet*, 1256 (év.). — *Serayset*, 1386 (homm. de Solignac). — *Cereyset*, 1590 (Burel, 221).

CÉRIGIERS, f., c^ne de Saint-Front. — *Lo Sarzier*, 1626 (ét. civ.). — *Le Serzier*, 1695 (capitation). — *Les Serisiers*, xviiie s. (Cassini).

CÉRIGOULES (LA), afll. du Lignon, c^ne de Tence. — *Rivus de Cirigolas*, 1294 (cart. de Tence, f° 2). — *Aqua de Sarigolas*, 1320 (Rhône, D. 147). — *Cirigola*, 1328 (cart. de Tence, f° 5). — *Cerigola*, 1453 (P. Pradier, n^re). — *Sérigoules*, 1682 (Rhône, D. 169). — *La Sarigoule, la Sérigoule*, 1824 (stat. de Deribier, p. 48 et 56).

CERISIER (LE), f., c^ne du Chambon.

CERISIER-DE-LA-RULLIÈRE (LE), f., c^ne de Saint-Didier-la-Séauve.

CÉNOUX, écart, c^ne de Lubilhac. — *Cero*, 1275 (spic. Briv.).

CÉNOUX (LE), ruiss., prend sa source au sud-ouest de Mercœur, traverse la commune de Saint-Just-près-Brioude, et se jette dans l'Allier à Vieille-Brioude. — *Rivus de Cero*, 1275 (la Chaise-Dieu, Brioude). — *Le Ceyroux* (cad.).

CERVELLE (LA), mont., c^ne des Villettes.

CERZAGUET, vill., c^ne d'Ally. — *Saraziacellus*, 1025 (A. SS. O. S. B., sæc. vi, pars 1, p. 635). — *Sarzaguet*, 1459 (Arch. nat., ZZ. 359, p. 29). — *Serzaguet*, xviii^e s. (Cassini).

CERZAT, vill., c^ne de Saint-Privat-du-Dragon. — *Serezac*, 1339 (Bibl. nat., ms. fr., 14377, p. 189). — *Mansus de Cerazac*, 1379 (Arch. nat., Z². 4143, p. 21). — *Serazac*, 1386 (Arch. nat., Z². 4144, p. 47). — *Cerazacum, Cerazat*, 1396 (Arch. nat., Q. 513). — *Ceresacum, Ceresac*, 1458 (Arch. nat., ZZ. 359, p. 2). — *Cerezacum*, 1459 (id., p. 15). — *Cerzat-de-Drols*, xviii^e s. (Cassini). — *Cerzat-du-Dragon*, 1880 (carte adm.).

CERZAT, c^on de la Voûte-Chilhac. — *In Sarazaco, ecclesia in hon. S. Salvatoris*, 911 (cart. de Brioude, ch. 37). — *In Vicaria de Aurato, villa de Sarazago*, 980 (idem, ch. 1). — *Villa Saraziacus*, 1025 (spic. Briv.). — *Ecclesia de Ceresiaco*, 1266 (idem). — *Affarium de Cerassac*, 1271 (idem). — *Cerazac*, 1288 (idem). — *Cezerat*, 1401 (idem). — *Par. de Sarazaco*, 1464 (Bibl. nat., ms. lat., n. acq., 1223,

f° 199 v°). — *Serezat*, 1612 (terrier de la Vaudieu). — *Sarsac en Auvergne*, 1613 (Brunel, n^re).

En 1789, Cerzat dépendait de la province d'Auvergne, de l'élection de Brioude, de la subdélégation de Langeac et du ressort de Riom. Son église paroissiale, diocèse de Saint-Flour et archiprêtré de Langeac, était consacrée à saint Sylvestre; le prieur de la Voûte-Chilhac présentait à la cure.

CÉSARI (LE), afll. de la Loire au-dessous du village de la Grange, c^ne de Bauzac.

CESSE (LA), f., c^ne des Estables. — *La Cesse-de-Chère*, 1747 (ét. civ.).

CESSE (LA), h., c^ne de Freycenet-Lacuche.

CESSE (LA), vill., c^ne d'Yssingeaux.

CESSE (LA PETITE-), l. dét., c^ne de Freycenet-la-Tour. — *Une grange au terroir de la Petite-Cesse, autrement de Pellissier*, 1677 (cad. de Freycenet-la-Tour).

CESSES (LES), h., c^ne de Champclause.

CEYDE, loc. dét., c^ne de Bournoncle-la-Roche. — *Cultura de Cisde*, xie s. (cart. de Sauxillanges, n° 520). — *Locus de Ceyde, par. de Borloncle S. Petri*, 1453 (terr. du fordoyenné de Brioude).

CEYNOUX, bois, c^ne de Mercœur.

CEYSSAC, c^on nord-ouest du Puy. — *Castrum quod vocatur Ceyssac, nobiles de Cheissac*, xie s. (chron. S. Petri de Mon. Anic.). — *Castellum Celsiacus*, 1089 (Saint-Georges du Puy). — *Sacsiacum*, v. 1164 (hospit. du Velay). — *Castellum de Ceissac*, 1171 (Baluze, mais. d'Auv., II, 67). — *Saisac*, 1173 (lay. du tr. des ch., I, 105). — *Castrum de Saissac*, 1229 (tabl. du Velay, 1875-76, 504). — *Cessacum*, 1257 (Arch. nat., JJ. 30^b, f° 42). — *Castrum de Sayssaco*, 1330 (J. de Peyre, n^re, reg. G, f° 45 v°). — *Eccl. paroch. S. Johannis de Ceyssaco*, 1474 (Maltrait, n^re). — *Ceyssacium*, 1514 (J. Boyer, n^re).

En 1789, Ceyssac, qui était un fief vassal de la vicomté de Polignac, était compris dans la province du Velay, la subdélégation et sénéchaussée du Puy. Son église paroissiale, diocèse du Puy et archiprêtré de Solignac-sur-Loire, était sous l'invocation de saint Jean-Baptiste; l'évêque du Puy en était collateur.

CEYSSAGUET, f., c^ne de la Voûte-sur-Loire. — *Petrus de Saissaguet, miles*, 1255 (Rhône, Chantoin, I, 16). — *Seyssaguet*, 1299 (Saint-Georges de Saint-Paulien). — *Austogius de Ceyssaguet*, 1306 (tabl. du Velay, 1875-76, 513).

CEYSSE (LA), ruiss., prend sa source à Augeac, c^ne de Bains, traverse la commune de Ceyssac et se jette dans la Borne, en amont d'Espaly-Saint-Marcel. —

Ruiss. de Cordes (cad.). — *Ruiss. de Ceyssac*, 1861 (état-major).

Cᴇʏssᴏᴜx (Lᴇs), vill., cⁿᵉ du Brignon. — *Saisso*, 1253 (Rhône, la Sauvetat, I, 3 *bis*). — *Locus deus Seyssos*, 1331 (hôtel-Dieu, B. 440). — *Lous Ceissous*, 1568 (Doleson, nᵣᵉ). — *Les Ceyssoux*, 1586 (Sigaud, nʳᵉ). — *Lousseissoux*, xvɪɪɪᵉ s. (Cassini).

Cᴇᴢɪʟʟᴇs, l. dét., cⁿᵉ de Beaulieu — *Mansus de Cezilhas*, 1345 (J. de Peyre, nʳᵉ). — *Cesilhas*, 1482 (Pelisse, nʳᵉ). — *Lou chambarus de Sezilhes*, 1714 (cad. de Laval-Emblavès).

Cʜᴀʙᴀɴᴀs, m. i., cⁿᵉ des Villettes.

Cʜᴀʙᴀɴᴇ (Lᴀ), f., cⁿᵉ de Dunières. — *Mansus de la Chabanaa*, 1324 (coll. Chaleyer). — *La Chavana*, 1545 (*idem*). — *Les Charanes*, 1846 (nom. des postes). — *La Chabasse*, 1879 (carte adm.).

Cʜᴀʙᴀɴᴇ (Lᴀ), dom., cⁿᵉ de Saint-Germain Laprade. — *La Chabana*, 1412 (terrier du Moulin-Neuf). — *La Chabana, autrement Bonaud*, 1568 (Savin, nʳᵉ).

Cʜᴀʙᴀɴᴇ (Mᴏᴜʟɪɴ-ᴅᴇ-ʟᴀ), mⁱⁿ sur la Gagne, cⁿᵉ de Saint-Germain-Laprade. — *Molendinum Giri, mand. castri de Servissas*, 1336 (J. de Peyre, nʳᵉ, reg. 3, fᵒ 52). — *Lo Moli Giri*, 1408 (Compois du Puy). — *Molin-Gire*, 1536 (Savin, nʳᵉ). — Moulin bannier du vicomte de Polignac.

Cʜᴀʙᴀɴᴇʟʟᴇs, l. dét., cⁿᵉ du Brignon. — *Cabannellas*, 870 (Chifflet, hist. de Tournus, 210). — *Chabanelas*, 1386 (homm. de Solignac). — *Territorium de Chabanellis, juxta stratam de Anicio versus Pratellas*, 1444 (prieuré de Solignac). — *Chabanelles*, 1587 (Sigaud, nʳᵉ).

Cʜᴀʙᴀɴᴇs, h., cⁿᵉ de Monistrol-sur-Loire. — *Chabanæ prope Monastrolium*, 1344 (J. de Peyre, nʳᵉ).

Cʜᴀʙᴀɴɴᴇ, f., cⁿᵉ de Lorlange. — *In aice Brivatensi, villa Cabannas*, 890 (cart. de Brioude, ch. 184).

Cʜᴀʙᴀɴɴᴇ (Gʀᴀɴᴅ-), h., cⁿᵉ du Pont-Salomon.

Cʜᴀʙᴀɴɴᴇ (Lᴀ), loc. dét., cⁿᵉ de Chomelix. — *Mansus de la Chabana prope Chalmelis*, 1404 (terrier de Chomelix).

Cʜᴀʙᴀɴɴᴇ (Lᴀ), m. i., cⁿᵉ de Saint-Julien-Molhesabate.

Cʜᴀʙᴀɴɴᴇ (Lᴀ), vill., cⁿᵉ de Saint-Quintin-Chaspinhac. — *Lachabanne*, 1820 (Deribier).

Cʜᴀʙᴀɴɴᴇ (Lᴀ), m. i., cⁿᵉ de Tiranges.

Cʜᴀʙᴀɴɴᴇ (Pᴇᴛɪᴛ-), h., cⁿᵉ du Pont-Salomon.

Cʜᴀʙᴀɴɴᴇʀɪᴇ (Lᴀ), h., cⁿᵉ du Mazet-Saint-Voy. — *Villa Cabanerias*, 985 (cart. du Monastier, n° 381). — *Villa Canaberias*, v. 1000 (*idem*, n° 155). — *La Chabanerie*, xvɪɪɪᵉ s. (Cassini). — *La Charbonnerie*, 1888 (Malègue).

Cʜᴀʙᴀɴɴᴇʀɪᴇs (Lᴇs), h., cⁿᵉ de Saint-Maurice-de-Lignon. — *Villa quæ dicitur Chabannariæ*, v. 1027 (cart. de Chamalières, n° 98). — *La Chabanerie-Narberte*, 1285 (homm. de l'év.). — *La Cabanerie-Nalberte*, 1308 (*idem*). — *Mansus de Chabaneriis*, 1383 (év.). — *Le domaine app. les Chabanaries*, 1689 (cad. du Lignon).

Cʜᴀʙᴀɴɴᴇs, h., cⁿᵉ d'Allègre. — *La pagésie de Chabanne*, 1578 (communic. de M. E. Grellet de la Deyte).

Cʜᴀʙᴀɴɴᴇs, f., cⁿᵉ du Chambon.

Cʜᴀʙᴀɴɴᴇs, h., cⁿᵉ de Moudeyres. — *Locus de Cabanis*, 1524 (terrier du Monastier). — *Chabane, parr. de Stabulis*, 1537 (év.).

Cʜᴀʙᴀɴɴᴇs, h., cⁿᵉ de Saint-Paul-de-Tartas. — *Chabannas* (cad.).

Cʜᴀʙᴀɴɴᴇs (Lᴇs), ruiss., prend sa source au nord de la commune des Estables et se jette dans la Gazeille au sud-est de Roland, cⁿᵉ de Freycenet-la-Tour. — *Rivus de las Chabannas*, 1224 (Bonnefoy). — *Aqua de la Ribeta*, 1523 (ét. civ.).

Cʜᴀʙᴀɴɴᴇs-Bᴀssᴇs, f., cⁿᵉ du Monastier. — 1666 (André, nʳᵉ).

Cʜᴀʙᴀɴɴᴇs-Hᴀᴜᴛᴇs, f., cⁿᵉ du Monastier. — *Villa de Cabanas*, xɪᵉ s. (cart. du Monastier, nᵒˢ 43 et 48).

Cʜᴀʙᴀɴᴏʟᴇs, écart, cⁿᵉ de Grazac. — *Cabannulas*, v. 1100 (cart. de Cluny, ch. 3792, VIII). — *Chabanolas*, 1370 (év.).

Cʜᴀʙᴀɴᴏʟʟᴇs, chât., cⁿᵉ de Retournac. — *Villa de Chabannolas*, xɪɪᵉ s. (cart. de Chamalières, n° 139). — *Chabanolas*, 1271 (év.). — *Chabannolles*, 1561 (Savin, nʳᵉ).

Cʜᴀʙᴀssᴇɴᴇʟʟᴇ, h., cⁿᵉ de Craponne-sur-Arzon. — *Villa quæ dicitur Chabazanellas*, v. 1000 (cart. de Chamalières, n° 251). — *Habasanelas*, 1327 (Saint-Mayol). — *Chabaceneles*, 1569 (terrier de N.-D. de Chalencon). — *Chabacenelles*, 1695 (capitation).

Cʜᴀʙᴀssᴏʟʟᴇ (Lᴀ), plateau auj. boisé, cⁿᵉ de Pradelles. — *Rancus de la Cabassola*, 1289 (Arch. nat., P. 1398¹, cote 652). — *La Chabassola*, 1330 (la Chaise-Dieu, Saint-Paul-de-Tartas).

Cʜᴀʙᴀᴛᴏᴜ, m. i., cⁿᵉ de Saint-Geneys-près-Saint-Paulien.

Cʜᴀʙᴀᴜᴅ, écart, cⁿᵉ d'Ally. — *Locus de Chabaut*, 1424 (Bibl. nat., ms. fr., 11490, fᵒ 11).

Cʜᴀʙᴇɴ (Mᴀs-), f., cⁿᵉ de Freycenet-la-Tour. — *Maschabert*, xvɪɪɪᵉ s. (Cassini). — *Chabin* (cad.).

Cʜᴀʙᴇʀᴛᴇs (Lᴇ), l. dét., cⁿᵉ d'Alleyrac. — *Villa de Chabertos*, 1309 (Arch. nat., P. 1398¹, cote 676). — *Mansus de Chabertes*, 1327 (Arch. nat., P. 1397¹, cote 588). — *Lo Chabertes*, 1344 (Arch.

nat., P. 1398², cote 679). — *Chambertes,* 1399 (Arch. nat., P. 1398¹, cote 640). — *Chalbertos,* 1474 (Arch. nat., P. 1362², cote 1115). — *Chatbertesium,* 1484 (Arcis, nᵉ). — *Chabertès,* xviiiᵉ s. (Cassini).

Chabestrat, vill., cⁿᵉ de Josat. — *Locus de Chabestras,* 1469 (Bibl. nat., ms. lat., n. acq., 1223, fᵒ 352). —.*Chabestral,* 1820 (Deribier).

Chabonnes, mont., cⁿᵉ de Saint-Arcons-d'Allier. — *Terr. de la Chabane,* 1458 (Bibl. nat., ms. lat., n. acq., 1222, f. 79 v°). — *Terr. de las Chabanas,* 1482 (*idem,* 1224, fᵒ 320).

Chabonnes (Les), h., cⁿᵉ de Monistrol-d'Allier.

Chabote (La), écart, cⁿᵉ de Vazeilles-près-Saugues. — *Le champ. app. de la Chabote,* 1622 (terr. de Vazeilles). — *Les Chabotes* (cad.).

Chabbas, f., cⁿᵉ des Villettes.

Chabbay, f., cⁿᵉ de Saint-Romain-Lachalm.

Chabrespine, chât. ruiné, cⁿᵉ de Grazac. — *Chabrespina,* v. 1100 (cart. de Cluny, ch. 3764). — *Castrum de Caprespina,* 1267 (Médicis, I, 80).

Chabreuges, m. i., cⁿᵉ de Javaugues.

Chabreuges, vill., cⁿᵉ de Saint-Laurent-Chabreuges. — *In villa Cabrogallo...,* in aice Brivatense, 819 (bibl. de l'Éc. des ch., XXVII, A. Bruel, chron. du cart. de Brioude, p. 507). — *In vicaria Brivatensi, in villa quæ dicitur Cabroiolo,* 883 (cart. de Brioude, ch. 130). — *Villa Cabrogile,* 911 (*idem,* ch. 37). — *De villa Cabrogilo,* 924 (*idem,* ch. 16). — *Chabruegol,* 1341 (terrier de Charbonnier). — *Castrum de Chabreuiols,* 1387 (P. Le Blanc). — *Caprologium,* 1449 (Bibl. nat., ms. lat., n. acq., 1222, fᵒ 3). — *Chabreughoul,* xvᵉ s. (Bibl. nat., ms. fr., 22297, p. 327). — *Cabrologium,* 1479 (Baluze, mais. d'Auv., II, 670). — *La chastellenie de Chabreughol,* 1511 (coust. d'Auv., fᵒ 80 v°). — *Chabreghol, Chabraighol,* 1632 (P. Le Blanc). — *Chabreuge,* 1793 (*idem*).

Cabreyrac, lieu dit, cⁿᵉ du Brignon. — 1247 (invent. de Saint-Mayol). — *Arbor de Chabreyrac,* 1344 (Jean de Peyre, nᵉ).

Chabreynes, vill., cⁿᵉ de Chadron. — *In pago Vellaico, villa quæ dicitur Caprarias,* 958 (cart. du Monastier, n° 81). — *Villa Caprariæ,* 1107 (*idem,* n° 19). — *Locus de Chabreriis,* 1508 (Costavol, nᵉ). — *Chabreyras,* 1565 (Nicolas, nᵉ).

Chabriac, vill., cⁿᵉ du Monastier. — *Villa quæ dicitur Cabriaco,* v. 970 (cart. du Monastier, n° 87). — *Mansus de Chabriaco,* 1527 (cad. du Monastier) — *Chabrac,* 1585 (Johany, nᵉ).

Chabrier, f., cⁿᵉ de Tence.

Chabrier, m. i., cⁿᵉ d'Yssingeaux.

Chabrolles, m. i., cⁿᵉ du Mas-de-Tence.

Chabron (Le), dom., cⁿᵉ de Saint-Paulien. — 1237, (Saint-Mayol, invent.). — *La metterye du Chabron,* 1630 (Duclaux, nᵉ).

Chabruyère (La), m. i., cⁿᵉ de Roitord.

Chacornac, vill., cⁿᵉ de Cayres. — *Homines de Chalcornac,* 1252 (templiers du Puy). — *Mansus de Chalcornaco,* 1342 (J. de Peyre, nᵉ). — *Chacornac,* 1386 (homm. de Solignac). — *Chalcournac,* 1614 (Duclaux, nᵉ).

Commune supprimée par ordonnance du 26 juin 1821.

Chadaix, m. i., cⁿᵉ de Saint-Pierre-Eynac. — 1685 (cad. de Chapteuil-Bas). — *Chadaire,* 1888 (Malègue).

Chadarsac, vill., cⁿᵉ de Saint-Berain. — *Mansus de Chadarsac, dyoc. Aniciens.,* 1320 (J. de Peyre, nᵉ). — *Chadarssac,* 1563 (Chamblas). — *Chardassac,* 1861 (état-major). — *Chadersac,* 1888 (Malègue).

Chadecol, vill., cⁿᵉ de Blesle. — *Le Mas de Chadacole,* xvᵉ s. (Arch. nat., R¹.1143*, n° 165). — *Chadacolt,* 1493 (terrier de Blesle). — *Chapdacot,* xviiiᵉ s. (Cassini). — *Chadecole,* 1879 (carte adm.). - *Chadecold,* 1888 (Malègue).

Chadenac, dom., cⁿᵉ de Ceyssac.

Chadeneyre, f., cⁿᵉ de Saint-Just-près-Brioude.

Chadernac, vill., cⁿᵉ du Brignon. — *Chadurnacum,* 1352 (prieuré de Solignac). — *Mansus de Chadernaco, villa de Chaldernac,* 1386 (homm. de Solignac). — *Chaldernas, Chadernas,* 1392 (*idem*). — *Chadernac,* 1568 (Doleson, nᵉ).

Chadernac, chât. ruiné et vill., cⁿᵉ de Céaux-d'Allègre. — *In loco qui dicitur Cadernago,* v. 952 (cart. du Monastier, n° 121). — *Chadarnac,* 1245 (nov. Gall. christ., II, instr., 714). — *Chadernac,* 1343 (J. de Peyre, nᵉ, reg. D, fᵒ 1).

Chadernac, vill. et houillère, cⁿᵉ de Langeac. — *Chadarnac,* xiiᵉ s. (cart. de Pébrac, nᵒˢ 46-49). — *Mansus de Chadarnaco,* 1472 (Bibl. nat., lat., n. acq., 1224, fᵒ 40 v°). — *Chadernacum,* 1502 (Arch. nat., Q. 513, p. 199).

Concession du 16 novembre 1849.

Chadouard, vill., cⁿᵉ de Chomelix. — *Chantor,* 1311 (Arch. nat., P. 1398¹, cote 650). — *Chadoart,* 1404 (terrier de Chomelix). — *Chadoars,* 1550 (P. Gallien, nᵉ).

Chadouard, f., cⁿᵉ de Saint-Vincent.

Chadrac, cᵒⁿ nord-ouest du Puy. — *Chatrac,* 1215 (hosp. du Velay). — *Chadrac,* xiiiᵉ s. (Saint-Georges du Puy). — *Chadrat,* 1408 (compois du Puy). — *Chadracus,* 1471 (Maltrait, nᵉ).

En 1789, Chadrac, qui était un fief vassal de la

vicomté de Polignac, faisait partie de la province du Velay, de la subdélégation et sénéchaussée du Puy. Au spirituel, il relevait de la paroisse de Saint-Agrève du Puy.

Chadriat, f., cⁿᵉ d'Azerat. — *Chadriac*, 1256 (spic. Briv.).

Chadriat (Le), affl. de l'Allier, au sud-ouest de Côte-Rouge, cⁿᵉ d'Azerat. — *Rivus de Cozcalguc*, 1439 (la Chaise-Dieu, Azerat).

Chadron, cᵒⁿ du Monastier. — *Ecclesia Sancti Amantii de Cadrone*, xiᵉ s. (cart. du Monastier, n° 17). — *Ecclesia S. Amantii de villa Chadronis*, v. 1096 (idem, n° 244). — *Ecclesia de Cadro*, 1179 (idem, n° 442). — *Ecclesia de Chadro*, 1232 (tabl. du Velay, 1876-77, 371). — *La paroisse Sainct-Amand-de-Chadron*, 1580 (Duvillar, nᵉˢ).

En 1789, Chadron dépendait de la province du Velay, de la subdélégation et sénéchaussée du Puy. Son église paroissiale, diocèse du Puy et archiprêtré de Solignac-sur-Loire, était dédiée à saint Amand, évêque de Rodez; le préchantre de l'abbaye du Monastier présentait à la cure.

Chadusias, vill., cⁿᵉ d'Allègre. — *Chaduzias*, 1354 (Saint-Mayol). — *Chadusias*, 1588 (communic. M. E. Grellet de la Deyte). — *Chadussias*, xviiiᵉ s. (Cassini). — *Chaduziac*, 1826 (ét. civ.). — *Chaduzias*, 1888 (carte adm.). — *Chaduziat*, 1888 (Malègue).

Chaffaudière (La), f., cⁿᵉ des Villettes.

Chaffret (Le), l. dét., cⁿᵉ du Monastier. — 1785 (Julien, nᵉˢ).

Chagnes (Les), h., cⁿᵉ de Saint-Maurice-de-Lignon. — *Les Moulins app. de Chaunies*, 1689 (cad. du Lignon). — *Chaugne*, xviiiᵉ s. (Cassini). — *Les Chaunes*, 1820 (Deribier). — *Chagny*, 1860 (état-major).

Chagourla, loc. détr., cⁿᵉ de Saint-Just-près-Brioude. — *In... vicaria (Brivatensi), in villa de Colgorato*, 971 (cart. de Brioude, ch. 305). — *Le terroir de Chagourla*, 1553 (terr. du doy. de Br.).

Chaigne (La), chapelle, cⁿᵉ de Blesle. — *La Chania*, 1306 (terrier de Blesle). — *Notre-Dame de la Chaigne*, 1652 (J. Branche, SS. d'Auv.).

Chailas (Le), h., cⁿᵉ de Villeneuve-d'Allier. — *Lo Chalar*, 1339 (Bibl. nat., ms. fr., 14377, p. 189). — *Lo Chaillar*, 1392 (Arch. nat., Z². 4145, p. 228). — *Mansus del Cheylar*, 1432 (Bibl. nat., ms. fr., 11490, f° 138).

Chaire de la Dame (La), roc près Arzon, cⁿᵉ de Chomelix. — (Tabl. du Velay, 1872-73, 66.)

Chaire du Diable (La), rocher, dans le bois de Breysse, cⁿᵉ d'Alleyrac.

Chaise (La), h., cⁿᵉ de Saint-Just-Malmont. — *Le Mas de la Chèze*, 1426 (Arch. nat., P. 1400¹, cote 869). — *Chiesa*, 1525 (coll. Chaleyer). — *La Chièse*, 1569 (terrier de Saint-Didier). — *La Chèse* (cad.). — *La Chèze*, 1820 (Deribier).

Chaise de la Dame (La), rocher, cⁿᵉ de Salettes.

Chaise-Dieu (La), arrond. de Brioude. — *Ecclesia in pago Arvernensi, in heremo scita, Casa Dei nominata*, 1052 (spic. Briv.). — *Ecclesia Chasæ Dei*, v. 1105 (la Chaise-Dieu, Poitiers). — *La Chasa Deu*, 1199 (Baluze, mais. d'Auv., II, pr., 257). — *La Chesa Deu*, 1208 (chron. de Saint-Martial de Limoges, 73). — *Conventus Cassæ Dei*, 1289 (la Chaise-Dieu, Bouchet-Saint-Nicolas). — *La Chazadeu en Auvergne*, 1366 (spic. Briv.). — *Le Chezadeuf*, 1375 (idem). — *La Casse-Dieu*, xivᵉ s. (J. Froissart, éd. S. Luce, VI, 76). — *La Chaze-Dieu*, 1401 (spic. Briv.). — *La Chaese-Dieu*, 1447 (Arch. nat., JJ. 179, n° 151). — *La Cheize-Dieu*, 1456 (spic. Briv.). — *La Chiese-Dieu*, 1461 (la Chaise-Dieu, Thoras). — *La Chesadieu*, 1489 (idem, Saint-Gervais). — *La Chaize-Dieu*, 1653 (spic. Briv.). — *La Chasedieu*, 1669 (idem).

En 1789, la Chaise-Dieu, qui était le siège d'une abbaye bénédictine fondée par saint Robert en 1043, appartenait à la province d'Auvergne, à l'élection de Brioude, au ressort de Riom et était chef-lieu d'une subdélégation. Son église paroissiale, diocèse de Clermont et archiprêtré de Livradois, était consacrée à saint Robert; l'abbé présentait à la cure.

Chaiseneuve, vill., cⁿᵉ de Bauzac. — *Chesanova*, v. 1050 (cart. de Chamalières, n° 150). — *Casa Nova*, xiiiᵉ s. (idem, n° 330). — *Chiesanova*, 1496 (obit. de Bas). — *Chieze-Neufve*, 1553 (ress. de Montfaucon). — *Chizanove*, xviᵉ s. (obit. de Bauzac). — *Chiseneuve*, xviiiᵉ s. (Cassini). — *Chezeneuve*, 1820 (Deribier).

Chaises (Les), h., cⁿᵉ de Dunières. — *Chiesiæ*, 1465 (Rivière, nᵉˢ). — *Les Chyèses*, 1591 (Delafont, nᵉˢ). — *Les Chèzes*, 1820 (Deribier).

Chaises (Les), h., cⁿᵉ de Saint-Romain-Lachalm. — *Las Chiesas*, 1569 (terrier de Saint-Didier). — *Les Chièses*, 1545 (capitation).

Chaizes (Les), h., cⁿᵉ du Mazet-Saint-Voy. — *La Chèze*, 1880 (carte adm.). — *La Chaise*, 1888 (Malègue).

Chalagnat, loc. détr., cⁿᵉ de Saint-Vert. — *La Vila de Chalinach, Chaninhyac*, 1341 (terrier de Charbonnier). — *Challaignat*, 1693 (la Chaise-Dieu, lièvc).

Chalaide (La), affl. de l'Allier, cⁿᵉ de Langeac.

CHALAN, ruiss. qui prend naissance près de Chavagnac, c^{ne} de Saint-Paulien, passe à l'est de Blanzac et afflue à la Loire au-dessous de Chanceaux, c^{ne} de Polignac. — *Rivus del Chalan*, 1414 (titres de Saint-Vidal). — *Chaland*, 1453 (prieuré de Polignac). — *Chalonc*, 1573 (A. Boyer, n^{re}). — *Challan*, 1609 (Robert, n^{re}). — *Chalanc*, 1615 (Brunel, n^{re}).

CHALANCON, écart, c^{ne} de Beaux.

CHALANDAROUX, f., c^{ne} des Estables. — *Charendarou*, 1748 (ét. civ.).

CHALANGE (LA), m. i., c^{ne} de Saint-Didier-sur-Doulon.

CHALANTIER, signal, c^{ne} de Domeyrat.

CHALAS (MOULIN-DE-), mⁱⁿ sur l'Ance, c^{ne} de Saint-Georges-Lagricol.

CHALAT (LE), écart, c^{ne} de Bonneval. — *Chalas*, 1888 (carte adm.). — *Le Challat*, 1888 (Malègue).

CHALAT (SUC-DU-), mont., c^{ne} de Beaulieu. — *Le suc de Chalar*, 1723 (cad. de Bellecombe).

CHALAT (SUC-DE-), mont., c^{ne} de Vorey. — *Succus del Chaslar*, 1288 (bénédictines de Vorey).

CHALAYE (LA), h., c^{ne} de Dunières. — *La Chalage*, 1879 (carte adm.).

CHALAYÈRE (LA), m. i., c^{ne} de Saint-Bonnet-le-Froid.

CHALÈDE (LA), houillère et f., c^{ne} de Langeac. — *La Chuleda*, 1479 (Arch. nat., Q. 513, f° 17). Concession du 16 novembre 1849.

CHALENCON, chât. ruiné et vill., c^{ne} de Saint-André-de-Chalencon. — *Castrum Chalanconii*, v. 1040 (cart. de Chamalières, n° 202). — *Chalenconium*, v. 1080 (*idem*, n° 203). — *Ecclesiæ Calanconis*, 1163 (*idem*, n° 78). — *Castrum Calanconi*, XIIIe s. (*idem*, n° 325). — *Chalanchonium*, 1212 (Saint-Agrève). — *Charencon*, v. 1250 (spic. Briv.). — *Chalenco*, 1264 (Arch. nat., P. 492², c. 160). — *De Chalanco*, 1268 (Baluze, m. d'Auv., II, 286). — *Mandamentum de Chalancon*, 1293 (Arch. nat., P. 491¹, c. 13). — *Le seigneur de Chalencon*, 1318 (Baluze, m. d'Auv., II, 150). — *Calencon*, 1340 (Froissart, édit. S. Luce, II, 78). — *Chalancolium*, 1364 (spic. Briv.).

CHALENCONNIÈRE (LA), vill., c^{ne} de Saint-Julien-Molhesabate. — *Chalanconeria*, 1466 (Rivière, n^{re}). — *La Chalançonnière*, 1879 (carte adm.)

CHALENDAR, h., c^{ne} de Mézères. — *Los Chalendars*, 1507 (év.).

CHALENDAR, h., c^{ne} de Saint-Front. — 1585 (Johany, n^{re}). — *Chalendard*, 1888 (carte adm.).

CHALES, vill., c^{ne} de Tiranges. — *Ad. Casall[e]tis*,

XIIIe s. (cart. de Chamalières, n° 325). — *Challectz*, 1614 (coll. C. Falcon).

CHALET (LE), à Alleret, c^{ne} de Saint-Privat-du-Dragon.

CHALETS (LES), écart, c^{ne} de Boisset.

CHALIERGUE (LE), contrée qui comprend le bassin de Paulhaguet et de Saint-Georges-d'Aurac. — *Chaliergue*, 1281 (coll. J. Lachenal). — *Le Chalhergue*, 1479 (Bibl. nat., ms. lat., n. acq., 1224, f° 233 v°).

CHALIGNAC, vill., c^{ne} de Saint-Vincent. — *Chalinac*, v. 1181 (hospit. du Velay). — *Chaliniac*, 1250 (Saint-Agrève). — *Chalinlhac*, 1311 (Arch. nat., P. 1399¹, c. 783). — *Chalinhac*, 1408 (compois du Puy). — *Chaligniac*, 1501 (Chamblas). — *Chalinhacum*, 1522 (Saint-Georges du Puy).

CHALIMARD, h., c^{ne} de Malrevers. — *Lou Fauc dict Chavalmarc*, 1555 (cad. de Mercœur). — *Le lieu del Fauc, par. de Chaspignac*, 1572 (A. Boyer, n^{re}). — *Cheval de Mars*, 1581 (Doleson, n^{re}). — *Chevalmare*, 1597 (Gallien, n^{re}).

CHALLE, h., c^{ne} de Connangles. — *Chaletz*, 1360 (la Chaise-Dieu, Malvières). — *Chasaletz*, 1390 (*idem*, Connangles). — *Chualetz*, 1408 (Arch. nat., S. 3298). — *Chales*, 1502 (la Chaise-Dieu, Connangles).

CHALLES, vill., c^{ne} de Chomelix. — *Chazalest*, 1222 (Martène, thes. nov. anecd., I, 896). — *Mansus de Chazaletz*, 1311 (Arch. nat., P. 1398¹, c. 650). — *Chaalez*, 1327 (Saint-Mayol). — *Chaletz*, 1550 (P. Gallien, n^{re}). — *Chasles*, 1670 (Arch. nat., P. 500¹, c. 37). — *Challes*, 1670 (Arch. nat., P. 502, c. 109).

CHALM (LA), bois, c^{ne} de la Besseyre-Saint-Mary.

CHALM (LA), l. détr., c^{ne} de Coubon. — *Calma*, 1347 (J. de Peyre, n^{re}).

CHALM-DU-PUY (LA), terroir, c^{ne} du Puy. — *Calma de Podio, juxta arborem S. Jacobi*, 1294 (terrier de Saint-Mayol). — *La chalm del Puey*, 1408 (compois du Puy).

CHALON, mⁱⁿ sur le Cougoussat, c^{ne} de Ferrussac. — *Chalo*, 1345 (Arch. nat., Z². 54, p. 1). — *Molendinum de Chalo*, 1460 (Bibl. nat., ms. lat., n. acq., 1222, f° 172 v°). — *Chalons*, 1888 (carte adm.).

CHALON, m. i., c^{ne} d'Yssingeaux.

CHALOUX (LES), vill., c^{ne} de la Chaise-Dieu. — *Mansus doz Chalos*, 1432 (la Chaise-Dieu, Combomard). — *Los Chasloux*, 1585 (*ibid.*).

CHALUS, l. détr., c^{ne} de Bauzac. — *Chaslus*, 1163 (cart. de Chamalières, n° 75). — *Mas de Chaslutz*, 1309 (homm. de l'év.).

CHALUS, écart, c^{ne} de Laval. — *Mansus de Caslucio*,

1307 (la Chaise-Dieu, Saint-Vert). — *Chalut*, 1820 (Deribier).

Chalus, m. i., c^ne de Saint-Didier-sur-Doulon.

Chalus, vill., c^ne de Saint-Vert. — *Lo Mas de Chaslus*, 1341 (terrier de Charbonnier). — *Chalus*, 1499 (la Chaise-Dieu, Saint-Vert).

Chamalèche (La), vill., c^ne de Saint-Just-Malmont. — *Grangia de la Chamarescha*, 1335 (Arch. nat., P. 490³, c. 262). — *La Chamarecha*, 1397 (Haute-Loire, E.). — *La Chamareschia, mand. Cornillionis*, 1512 (coll. Chaleyer). — *La Chameresche*, 1571 (idem). — *La Chemaresche*, 1574 (idem). — *La Chamarèche* (cad.).

Chamalière, f., c^ne d'Azerat. — *Villa de Chamaleira*, 1256 (spic. Briv.). — *Chamaleyras*, 1273 (cart. d'Azerat). — *Chamalières*, 1441 (la Chaise-Dieu, Azerat).

Chamalière, vill., c^ne de Saint-Éble. — *Villa quæ dicitur Camalerias*, 927 (cart. de Brioude, ch. 174). — *Mansus de Chamaleyras, Chamaleriæ*, 1462 (Bibl. nat., ms. lat., n. acq., 1223, f° 37 v°).

Chamalière (La), bois, c^ne de Saint-Berain. — *Nemus de la Chamaleyra*, 1458 (Bibl. nat., n. acq., 1222, f° 82 v°).

Chamalière (La), ruiss., prend sa source près de Fix-Villeneuve et se jette dans l'Allier au-dessus de Truchon, après avoir arrosé les c^nes de Sainte-Eugénie-de-Villeneuve, Saint-Éble, Mazeyrat-Chrispinhac et Reilhac. — *Rivus de Roghac*, 1462 (Bibl. nat., ms. lat., n. acq., n° 1223, f° 37 v°). — *La Morgha*, 1465 (terrier de Vissac). — *La Morge*, 1495 (idem). — *La Mèze* (cad.).

Chamalières, c^ou de Vorey. — *Camalerias*, 937 (cart. de Chamalières, n° 338). — *Sanctus Egidius*, 940 (idem, n° 106). — *Chamalariæ*, v. 981 (idem, n° 55). — *Ecclesia Camalariarum*, 985 (idem, n° 30). — *Camaleriæ*, 986 (idem, n° 165). — *Ecclesia Camaleriensis*, v. 1082 (idem, n° 200). — *Monasterium Beati Egidii*, v. 1085 (idem, n° 33). — *Chamaleriæ*, 1096 (idem, n° 102). — *Cœnobium Camalariense*, 1096 (idem, n° 210). — *Cœnobium Kamalariense, Kamalariæ*, 1097 (idem, n° 5). — *Vallis de Camaleriis*, v. 1120 (idem, n° 173). — *Chamaleiras*, 1172 (idem, n° 342). — *Sanctus Egidius de Chamaleriis*, v. 1174 (idem, n° 95). — *Cameleriæ*, 1253 (cart. des hospitaliers). — *Chamaleyras*, 1271 (év.). — *Chamaliaræ*, 1482 (Pelisse, n^rs). — *Chamalleires*, 1534 (év.). — *Chamallières*, 1571 (terrier de l'hôpit. du Puy). — *Chamelhères*, 1615 (Brunel, n^re).

En 1789, Chamalières, qui était le siège d'un prieuré, fondé au commencement du xe siècle et uni, vers 950, à l'abbaye du Monastier, était compris dans la province du Velay, la subdélégation et sénéchaussée du Puy. Son église paroissiale, diocèse du Puy et archiprêtré de Monistrol-sur-Loire, était sous le vocable de saint Jean; le prieur en était collateur.

Chamard, vill., c^ne de Saint-Christophe-sur-Dolaison. — *Chamars*, v. 1187 (hospit. du Velay). — *Chamarz*, v. 1204 (templiers du Puy). — *Chamaras*, v. 1214 (idem).

Chamarelle, m. i., c^ne d'Yssingeaux.

Chambades (Les), loc. détr., c^ne de Saint-Front. — *Mansus de Chambades*, 1284 (cart. de Mazan, f° 25 v°).

Chambarel, lieu dit, c^ne de Paulhac. — *Cambarel*, v. 1000 (cart. de Brioude, ch. 48). — *Chambareylh*, 1341 (terrier de Charbonnier).

Chambarel (Le), ruiss. qui prend sa source près de Taillhac, arrose la c^ne de Langeac et afflue à l'Allier au-dessous de Baconnet. — *Decima de Chambarello*, 1237 (Bibl. nat., ms. lat., 12750, p. 17). — *Rivus de Chambarelh*, 1462 (Bibl. nat., ms. lat., n. acq., 1223, f° 32). — *Le rif de Chambareil*, 1505 (Thiolent).

Chambarel-le-Jeune, h., c^ne de Céaux-d'Allègre. — *Chambareyl lo Jone*, 1327 (Saint-Georges de Saint-Paulien).

Chambarel-le-Vieux, h., c^ne de Céaux-d'Allègre. — *Chambarel*, v. 1181 (hospit. du Velay). — *Chambareil*, 1245 (Gall. chr., II, c. 714). — *Chambareylh*, 1307 (hospit. du Velay). — *Chambarelh-lo-Velh*, 1343 (J. de Peyre, n^re). — *Chambareilh*, 1625 (Duclaux, n^re). — *Champbaré*, xviiie s. (Cassini).

Chambaud, m. i., c^ne de Sainte-Sigolène.

Chambe, f., c^ne de Saint-Bonnet-le-Froid.

Chambe, l. détr., c^ne de Saint-Privat-du-Dragon. — *Mansus de Chamba*, 1471 (Arch. nat., ZZ. 359, p. 143).

Chambeau, vill., c^ne de Saint-Romain-Lachalm. — *Chambaud*, 1285 (homm. de l'év.). — *Chambau*, 1469 (Rivière, n^re).

Chambe-de-Baud, vill., c^nes du Pertuis et de Saint-Étienne-Lardeyrol. — *Calma de Baut*, 1343 (Chamblas). — *Chalma de Baut*, 1410 (idem). — *La Chalm-de-Baud lez Cholmeys*, 1575 (idem). — *Chambe-de-Baud*, 1653 (Lardeyrol). — *Chalin-de-Baud*, 1695 (capitation). — *Jambe-de-Bois*, xviiie s. (Cassini). — *Chambe-de-Bos*, 1820 (Deribier).

Chambelève, f., c^ne de Chanteuges. — *Mansu des*

Chambalera, 1461 (Bibl. nat., lat., n. acq., 1222, f° 215 v°). — *Chambelevette*, 1888 (Malègue).

Chambelève, f., c^ne de Charraix. — *Mansus de Chambalera*, 1455 (Bibl. nat., ms. lat., n. acq., 1222, f° 40 v°). — *Locus de Tibia leva*, 1464 (Thiolent).

Chambereaud, écart, c^ne de Salettes. — *Chamberand*, 1888 (Malègue).

Chambertière-Basse (La), vill., c^ne de Lapte.

Chambertière-Haute (La), vill., c^ne de Lapte. — *La Chamberteyra*, 1507 (év.). — *Chamberteyria*, 1532 (Servant, n^re). — *La Chamberteyre*, 1553 (ress. de Montfaucon).

Chamberty, chât., c^ne de Blesle. — *Chambertie*, 1879 (carte adm.).

Chambes (Ravin-de-), aff. du Rioux, c^ne de Saint-Privat-du-Dragon.

Chambesse, mont., c^ne de Céaux-d'Allègre.

Chambette, h., c^ne de Freycenet-la-Tour.

Chambette (Mas-de-), m. i., c^ne de Chadron.

Chambevert (Moulin-), m^in sur l'Auzon, c^ne de Saint-Hilaire. — *Moulin de Thonat*.

Chambeyrac, l. détr., près la Baume, c^ne d'Alleyras. — *Chatmairacum*, 1256 (Thiolent). — *Chalmayracum*, 1340 (hôtel-Dieu, B. 472). — *Locus de Chambeyraco, par. de Aleyratio*, 1360 (prieuré d'Alleyras). — *Chammayrac*, 1377 (Thiolent). — *Chambeyrac*, 1589 (idem). — *Chembeirac*, 1623 (Cl. Peyret, n^re).

Chambeyrac, vill., c^ne de Céaux-d'Allègre. — *Chanmayracum*, 1345 (J. de Peyre, n^re). — *Chamayrac*, 1359 (terrier de J. de Cereys). — *Chammayrac*, 1375 (la Chaise-Dieu, Barribas). — *Chameyrat*, 1453 (idem). — *Chambeyrat*, 1656 (idem, Bellut). — *Chambera*, xviii° s. (Cassini).

Chambeyrac, vill., c^ne de Polignac. — *B. Chalmairac*, 1259 (Arch. nat., P. 494¹, c. 10). — *Chambayrac*, 1334 (prieuré de Polignac). — *Chambairacum*, 1394 (nov. Gall. chr., II, 730). — *Chambeyracum*, 1499 (prieuré de Polignac).

Chambeyrat, l. dit, c^ne de Chambezou. — *Les brues app. de Chambeyrat*, 1476 (la Chaise-Dieu, Chambezon).

Chambeyron, écart, c^ne de Roche-en-Régnier. — *Chambairo*, xii° s. (cart. de Chamalières, n° 135). — *Chambaireu*, 1226 (hôtel-Dieu, B. 131). — *Mansus de Chambayro*, 1325 (Arch. nat., P. 493¹ bis, c. 81). — *Chamberon*, 1880 (carte adm.).

Chambeyron (Le), aff. de la Loire à Vorey, limite du nord au sud les c^nes de Roche-en-Régnier et

de Saint-Pierre-du-Champ. — *Rivus dictus de Chambayro*, 1333 (Arch. nat., P. 494¹, c. 61).

Chambezon, c^on de Blesle. — *Parochia S. Martini de Chambedon*, xi° s. (cart. de Sauxillanges, n° 662). — *Villa de Chambeso*, 1262 (Baluze, mais. d'Auv., II, 268). — *Ecclesia de Chambezo*, xiv° s. (A. Bruel, reg. de G. Trascol, n° 120). — *Chambezos*, 1381 (spic. Briv.). — *Chambezon*, 1401 (idem). — *Prioratus de Chambezonio*, 1513 (la Chaise-Dieu, Chambezon).

En 1789, Chambezon faisait partie de la province d'Auvergne, de l'élection de Clermont, de la subdélégation de Lempdes et du ressort de Riom. Son église paroissiale, diocèse de Saint-Flour et archiprêtré de Blesle, était sous le vocable de saint Martin; le prieur de Sauxillanges présentait à la cure.

Le prieuré de Chambezon qui, depuis 1466, relevait en fief de la seigneurie de Léotoing, était uni à la mense conventuelle de l'abbaye de la Chaise-Dieu.

Chambillac, vill., c^ne de Roche-en-Régnier. — *Chambilacus*, v. 1020 (cart. de Chamalières, n° 198). — *Mansus de Chambillac*, 1331 (Arch. nat., P. 493² bis, c. 98). — *Chamilhac*, 1490 (Arch. nat., P. 1397², c. 583). — *Chambillat*, 1880 (carte adm.).

Chambillac (Le), aff. du Bertrot, au nord-ouest de la c^ne de Roche-en-Régnier.

Chamblard, chât. et bois, c^ne de la Besseyre-Saint-Mary. — *Ung bois app. Chamblars*, 1574 (terrier de Meyronne). — Ancienne verrerie, 1825 à 1834 (Baudin, stat. min. du Cantal, 70).

Chamblas, écart, c^ne de Saint-André-de-Chalencon. — 1581 (terrier de Frissonet).

Chamblas, chât. et f., c^ne de Saint-Étienne-Lardeyrol. — *Champlas*, 1277 (L. Delisle, le livre Pelu Noir, n° 267). — *Chamblas*, 1290 (Saint-Georges du Puy). — *Terra S. Petri de Champlas*, 1310 (Lardeyrol). — *Chamlas*, 1313 (év.). — *Chamblassium*, 1460 (Lardeyrol).

Chamblas (Moulin-de-), m^in sur la Fouragette, c^ne de la Sauvetat.

Chamblève (Mine de), houillère, c^ne de Sainte-Florine.

Chambon, vill., c^ne de Blassac. — *Mansus de Chambon*, 1476 (Arch. nat., ZZ. 359, p. 154). — *Chambon de Labot*, 1476 (Bibl. nat., ms. lat., n. acq., 1224, f° 128). — *Chambon de Labout*, 1670 (Arch. nat., P. 502, c. 75).

Chambon (Le), h., c^nes d'Auzon et de Vézézoux.

Chambon (Le), vill., c^ne de Cerzat. — *Caubo*, v. 1078

(cart. de Pébrac, n° 18). — *Chambo*, v. 1130 (*idem*, n° 32). — *Territ. de Chanbo*, xiie s. (*idem*, n° 46, 1). — *Chambon*, 1511 (coust. d'Auv., f° 81 v°). — *Le chasteau du Chanbon du Blau*, 1625 (terrier du Chambon de Blau). — *Le Chambon de Blaut*, 1669 (Arch. nat., P. 500¹, n° 45). — *Le Chambon de Peyre*, xixe s. (aff. jud.). Fief vassal de la seigneurie de Chilhac.

CHAMBON (Le), affl. de la Virlange, cne de Chanaleilles.

CHAMBON (Le), vill. et chât. ruiné, cnes de la Chapelle-d'Aurec et Monistrol-sur-Loire. — *Portus de Chambone*, 1382 (év.). — *Le Chambon-sur-Loire*, xviiie s. (Cassini).

CHAMBON (Le), vill., cne de Chastel. — *Chambo*, 1364 (Arch. nat., Z². 54, p. 172).

CHAMBON (Le), loc. détr., cne de Collade. — *Villa de Chambo*, 1228 (spic. Briv.). — *La commanderie du Chambon*, 1607 (terrier du chap. de Br.). — *Chambon de Brioude*, 1616 (Rhône, H. 2153). — *Saint-Jean*, xviiie s. (Cassini).

Maison des Templiers qui passa, en 1313, aux Hospitaliers et devint, lors de la réorganisation des commanderies de l'ordre de Saint-Jean-de-Jérusalem, un membre de la commanderie de Courteserre.

Église dédiée à saint Jean-Baptiste et à saint Georges.

CHAMBON (Le), h., cne de Coubon. — *Chambo*, 1232 (hôtel-Dieu, B. 133).

CHAMBON (Le), f., cne de Léotoing. — *Le Mas de Chambon*, xve s. (Arch. nat., R⁴. 1143*, n° 46).

CHAMBON (Le), h., cne de Monistrol-sur-Loire.

CHAMBON (Le), f. détr., cne de la Mothe. — xviiie s. (Cassini).

CHAMBON (Le), écart, cne de Saint-Victor-sur-Arlanc. — *Chambo*, 1460 (la Chaise-Dieu, doyenné). — *Le Chambon*, 1698 (L. Devinols, nre).

CHAMBON (Le), mi⁰ sur la Loire, cne de Solignac-sur-Loire. — *Lo Chambo*, 1416 (prieuré de Solignac). — *Le Chambon de Solignac*, 1785 (Julien, nre).

CHAMBON (Le), cne de Tence. — *Prior de Chambo*, 1259 (hôtel-Dieu, B. 6). — *Prioratus ecclesiæ de Chambone*, 1311 (hospit. du Velay). — *Parochia de Chambonis*, 1481 (Pelisse, nre).

En 1789, le Chambon était compris dans la province du Velay, la subdélégation et sénéchaussée du Puy. Son église paroissiale, diocèse du Puy et archiprêtré de Monistrol-sur-Loire, était sous l'invocation de Notre-Dame; le prieur présentait à la cure.

Par ordonnance royale du 8 mars 1829, la succursale du Chambon a été érigée en cure de 2e classe.

CHAMBON (Le), vill., près Nant, cne de Vorey. — *Villa Cambo Nanto*, 985 (cart. du Monastier, n° 135). — *Lo Chambo subtus castrum de Rocha*, 1266 (Arch. nat., P. 493², c. 103).

CHAMBON (Moulin-de-), mi⁰ sur l'Holme, cne de Saint-Martin-de-Fugères.

CHAMBON (Moulin-du-), mi⁰ sur l'Allier, cne de Cerzat. — *Lo molnars de Chambo*, 1271 (spic. Briv.). — *Le molin de Chambon*, 1625 (terrier du Chambon de Blau). — *Moulin d'Estival*, 1880 (carte adm.).

CHAMBONAL (Le), mi⁰ détr., cne de Saint-Ferréol-d'Auroure. — *Molendinum app. dal Chambonal*, 1322 (Arch. nat., P. 494¹, c. 44).

CHAMBON-DE-L'AIGUE, f., cne de Champclause. — *Chambon-de-Laigue*, 1604 (A. Robert, nre).

CHAMBONNET, h., cne de Saint-Préjet-d'Allier. — *Chambonetum*, 1302 (Lozère, G. 154). — *Chambonet*, 1499 (Thiolent).

CHAMBONNET (Le), écart, cne de Goudet.

CHAMBONNET (Le), vill., cne de Retournac. — *Al Chambonet qui est subtus villam de Retornac*, 1248 (Arch. nat., P. 1398³, c. 738). — *Chambonetus*, 1309 (Arch. nat., P. 1397², c. 566).

CHAMBONNET (Le), h., cne de Saint-Maurice-de-Lignon.

CHAMBONNET (Le), h., cne de Tence.

CHAMBONNET (Le), écart, cne de Vorey. — *Villa del Chambonet*, 1325 (Arch. nat., P. 494¹, c. 24).

CHAMBONNET (Le), vill. et mi⁰ sur l'Auze, cne d'Yssingeaux. — *Chambonetus*, 1344 (J. de Peyre, nre). — *Chambonet*, xviiie s. (Cassini).

CHAMBONS (Les), l. détr., cne de Monistrol-d'Allier. — *Mansus dels Chambos*, 1325 (Thiolent).

CHAMBONS (Les), bois, cne de Saint-Arcons-d'Allier. — *Nemus dos Chambos*, 1461 (Bibl. nat., ms. lat., n. acq., n° 1222, f° 210 v°).

CHAMBONS (Les), l. détr., cne de Saugues. — *Mansus dels Chambos situs in territorio mansi de Runhac*, 1305 (Thiolent).

CHAMBORD, écart, cne de Saint-Privat-du-Dragon.

CHAMBORNE, vill., cne de Félines. — 1703 (état civil).

CHAMBOUDET, f., cne de Grazac.

CHAMBOULIVE, vill., cne de Vorey. — *Villa Cambolivas*, 958 (cart. de Chamalières, n° 17). — *Villa de Chambolivis*, 1163 (idem, n° 77). — *Chambolivas*, 1313 (Arch. nat., P. 1397², c. 573).

CHAMBOUTES, vill., cne de Saint-Haon. — *Chamboles*, 1571 (A. Boyer, nre).

CHAMBOUVET, f., c^ne de Saint-Romain-Lachalm. — *Chambovet*, 1879 (carte adm.).

CHAMBOUVET (MAISON-), écart, c^ne de Monistrol-sur-Loire.

CHAMBUSCLADE, f., c^ne des Estables. — *Chalm Uscladas*, 1263 (Monastier-Saint-Chaffre). — *Chalm Usclada*, 1401 (Bonnefoy). — *Chambusclade*, 1695 (capitation). — *Chamusclade*, xviiie s. (Cassini). — *Besseyroux*, 1886 (nom vulgaire).

CHAMBUSCLAT, f., c^ne de Tence. — *Chambusetot*, 1880 (carte adm.).

CHAMEREIX, m. i., c^ne de Monistrol-sur-Loire. — *Chamareux* (cad.).

CHAMINADE (LA), tènement, c^ne de Pinols. — *Chaminada*, 1349 (Arch. nat., Z². 54, p. 52).

CHAMP (LA), f., c^ne d'Auvers.

CHAMP (LA), loc. détr., c^ne de Brioude. — *In villa quæ dicitur Calm, in parochia S. Juliani*, xie s. (cart. de Brioude, ch. 163). — *In territorio de las Champs*, 1453 (terrier du ford. de Br.).

CHAMP (LA), f., c^ne de Chadron.

CHAMP (LA), écart, c^ne de Grazac.

CHAMP (LA), m. i., c^ne de Lapte. — 1507 (év.).

CHAMP (LA), m. i., c^ne de Montregard.

CHAMP (LA), h., c^ne de Retournac. — *Terra quæ dicitur Li Calma* (le ms. porte *Ficalma*), xi° s. (cart. de Chamalières, n° 129). —*Ad Culmem*, 1213 (idem, n° 330). — *Mansus de las Champs*, 1345 (Arch. nat., P. 494¹, c. 4). — *Calma, la Champ*, 1508 (obit. de Bas).

CHAMP (LA), f., c^ne de Saint-Pal-de-Mons.

CHAMP (LA), f., c^ne de Saint-Pierre-Eynac. — *Luca de Calma*, 1333 (Arch. nat., R². 39). — *Las Chalms*, 1609 (A. Robert, n^re). — *Lachamps*, xviiie s. (Cassini). — *Les Champs*, 1820 (Deribier).

CHAMP (LE), h., c^ne de Beaux. — *Mansus de Campo*, 1314 (év.). — *Lo Champ*, 1507 (év.). — *La Champ-de-Cayres*, 1888 (Malègue).

CHAMP (LE), h., c^ne de Dunières. — *Lo Champ*, 1468 (Rivière, n^re). — *Lou Camp*, 1553 (ress. de Montfaucon).

CHAMP (LE), vill., c^ne de Malvières. — *Les Champs*, 1880 (carte adm.).

CHAMP (LE), h, c^ne de Saint-Hostien. — *Campus*, (Lardeyrol). — *Lou Champ*, 1653 (idem).

CHAMP (LE), m. i., c^ne de Saint-Maurice-de-Lignon.

CHAMP (MOULIN-DE-LA), m^in sur le Lupiat, c^ne de Champagnac. — *Moulin de Lachaud*, 1880 (carte adm.).

CHAMPAGNAC, c^on d'Auzon. — *In loco Campaniaco*, *ecclesia fund. in hon. S. Petri* (Bibl. nat., ms. lat., 17078, p. 71). — *Prior de Champanhac*, 1259 (spic. Briv.). — *Champanhac-lo-Velh*, 1300 (la Chaise-Dieu, Champagnac-le-Vieux). — *Champanhacus Vetus*, 1385 (idem). — *Champaignac-le-Viel*, 1401 (spic. Briv.). — *Champaignac*, 1456 (idem).

En 1789, Champagnac dépendait de la province d'Auvergne, de l'élection d'Issoire, de la subdélégation de Lempdes et du ressort de Riom. Son église paroissiale, diocèse de Saint-Flour et archiprêtré de Brioude, était dédiée à saint Pierre; l'hôtelier de l'abbaye de la Chaise-Dieu, qui en était le prieur, présentait à la cure.

CHAMPAGNAC, h., c^ne de Mercœur. — *In vicaria Radicatensi, villa Campanacus*, 917 (cart. de Brioude, ch. 71). — *Champanhat*, 1437 (Bibl. nat., ms. fr., 11490, p. 182). — *Champaignhac*, 1613 (Mercurial).

CHAMPAGNAC, vill., c^ne de Saint-Préjet-d'Allier. — *Mansus de Champaniac*, 1297 (Thiolent). — *Champaniacum*, 1339 (idem). — *Champanhac*, 1499 (idem). — *Champanhacum*, 1527 (A. Besseyre, n^re).

CHAMPAGNAC (LE GRAND-), vill., c^nes de Fay-le-Froid et du Mazet-Saint-Voy. — *In villa quæ dicitur Campaniaco, in pago Vellaico, in arce (aice) Bonacense*, v. 950 (cart. du Monastier, n° 120). — V. 1000 (idem, n° 255). — *Champanhac*, 1343 (Rhône, H. 1016).

CHAMPAGNAC (LE PETIT-), h., c^ne de Fay-le-Froid.

CHAMPAGNE, f., c^ne de Saint-Paulien. — *Champanha*, 1497 (Haute-Loire, E.).

CHAMPAGNES, f., c^ne des Vastres. — *Champanhas*, 1322 (hospit. du Velay). — *Champaigne*, 1616 (Rhône, H. 2153).

Métairie de la commanderie de Devesset.

CHAMPAIX, h., c^ne d'Agnat. — *Champis*, xive s. (terrier des Grèzes). — *Champel*, xviiie s. (Cassini).

CHAMPAIX (MOULIN-DE-), m^in sur le Cros, c^ne d'Agnat.

CHAMPANE, tour et porte, à Brioude. — *Portale de Champane*, 1445 (terrier de Faugères).

CHAMPAUX, h., c^ne de Monistrol-sur-Loire. — *Terra de Champeilz*, v. 1163 (hospit. du Velay). — *Champeux*, 1296 (homm. de l'év.). — *Champeaulx*, 1507 (év.).

CHAMP-BLANC, écart, c^ne de Saint-Didier-la-Séauve. — 1561 (terrier de Saint-Didier de Joyeuse). — *Chamblanc*, 1879 (carte adm.).

CHAMP-BLANC, vill., c^ne d'Yssingeaux. — *Mansus de Cham-blanc*, 1314 (év.). — *Campus albus*, 1504 (terrier de Chaillhans). — *Champ-blanc*, 1528 (terrier du Pertuis).

CHAMPCHENY, prairie, cⁿᵉ d'Espaly-Saint-Martel. — *Apud Spaletum, en Champ-Chani*, 1250 (Saint-Agrève). — *Le grand pré appellé de Ferranhe, aultrement Chancheny*, 1639 (Brunel, nᵒᵉ).

CHAMPCLAUSE, cⁿᵉ de Fay-le-Froid. — *Ecclesia de Champclausa*, 1165 (Médicis, I, 77). — *Chamclausa*, v. 1181 (hospit. du Velay). — *Parochialis ecclesia de Chanclausa*, 1323 (J. de Peyre, nᵒᵉ). — *Chanclauza*, 1343 (Rhône, H. 1016). — *Locus de Champo Clauso*, 1464 (Ardèche, C. 624). — *Ecclesia Beatæ Mariæ de Campo Clauso*, 1467 (Maltrait, nᵒᵉ). — *Chanclause*, 1561 (Savin, nᵒᵉ).

En 1789, Champclause faisait partie de la province du Velay, de la subdélégation et sénéchaussée du Puy. Son église paroissiale, diocèse du Puy et archiprêtré de Monistrol-sur-Loire, était sous le vocable de Notre-Dame; le chapitre du Puy présentait à la cure.

CHAMPCROS, l. détr., cⁿᵉ de Saint-Julien-Chapteuil. — *Le Mas de Chamcros*, 1319 (homm. de l'év.). — *Champ-Cros*, 1685 (cad. de Chapteuil-Bas).

CHAMP-CUMIS, m. i., cⁿᵉ de Lapte. — *Champ-Cunis*, 1878 (carte adm.).

CHAMPDAPPE, h., cⁿᵉ de Lapte. — *Champ-d'Appy*, 1860 (état-major). — *Chaudappe*, 1869 (Malègue). — *Champ-d'Appe*, 1878 (carte adm.).

CHAMP-D'ASPART, bois, cⁿᵉ de Montusclat.

CHAMP-DE-BARD, m. i., cⁿᵉ de Saint-Germain-Laprade. — Appelé aussi *Montferrat, Montjoie* ou *Paradis*, 1880 (aff. jud.).

CHAMP-DE-CHARBONNIER (LA), f., cⁿᵉ de Landos.

CHAMP-DE-DAVON, bois, cⁿᵉ de Saint-Julien-Chapteuil. — *Rancus de Champ de Davo*, 1501 (coll. C. Falcon). — *Le bois app. Champ-de-Davon ou lous Chazaloux*, 1685 (cad. de Chapteuil-Bas).

CHAMP-DE-LA-MÈRE, m. i., cⁿᵉ de Javaugues. *

CHAMP-DE-LA-SAUVETAT (LA), m. i., cⁿᵉ de la Sauvetat.

CHAMP-DE-L'HORT (LA), l. dit, près les Engouyaux, cⁿᵉ de Laussonne. — *Locus qui dicitur ad Calme Ortigosa*, v. 1000 (cart. du Monastier, nᵒˢ 190 et 197).

CHAMP-DE-L'HOSTE (LA), m. i., cⁿᵉ de Saint-Julien-du-Pinet. — *Champ-de-Loste*, 1888 (Malègue).

CHAMP-DE-SAINT-JUST (LE), quartier de Saint-Just-Malmont. — *Campus*, 1539 (coll. Chaleyer). — *Lou Champ de Saint-Just*, 1569 (terrier de Saint-Didier).

CHAMP-DES-BRUYÈRES (LA), f., cⁿᵉ de Monistrol-sur-Loire. — *Las Chalms*, 1354 (hôtel-Dieu). — *Las Champs*, 1657 (ét. civ.).

CHAMP-DES-CAYRES (LA), h., cⁿᵉ d'Yssingeaux.

CHAMP-DOLENT, l. dit, entre la porte Pannessac et Ronzon? au Puy. — *Campus Dolens*, 989 (chron. S. Petri de Mon. Anic.). — *Campus qui vulgo Dolens dicitur*, 1191 (Saint-Georges du Puy).

CHAMP-DOLENT, l. dit près Lonnac, cⁿᵉ de Sanssac-l'Église. — *Campus app. En Champ-Dolent*, 1510 (J. Boyer, nᵒᵉ).

CHAMP-DU-DEVÈZE (LA), mont. boisée, cⁿᵉ de Saint-Jean-Lachalm.

CHAMP-DU-FOUR (LE), f., cⁿᵉ de Siaugues-Saint-Romain. — *Territorium voc. lo Champ del Forn*, 1466 (Bibl. nat., ms. lat., n. acq., 1223, fᵒ 298).

CHAMP-DU-FRAISSE (LA), mont. et plat., cⁿᵉ de Laussonne.

CHAMP-DU-PAL (LE), m. i., cⁿᵉ de Saint-Victor-Malescours. — *Champ-du-Pd*, 1888 (Malègue).

CHAMP-DU-PIN (LA), plaine, cⁿᵉˢ de Champclause et de Saint-Front. — *Nemus de Pies*, 1320 (cart. de Mazan, fᵒ 121). — *Calma de Pis*, 1464 (Ardèche, C. 624). — *Cham-de-Pie*, 1646 (cad. de Bonnefont).

CHAMP-DU-PIN (LA), l. dit, cⁿᵉ de Vals-près-le-Puy. — *Territorium de la Cha'm del Pi*, 1256 (hôtel-Dieu, B. 132).

CHAMP-DU-POUX (LA), m. i., cⁿᵉ de Tence.

CHAMP-DU-PRAT (LA), m. i., cⁿᵉ de Saint-Julien-du-Pinet.

CHAMPEL, f., cⁿᵉ de Saint-Front.

CHAMPELS, vill., cⁿᵉ de Monistrol-d'Allier. — *Mansus de Champels*, 1325 (Thiolent). — *Campels*, 1499 (idem). — *Locus de Champellis*, 1527 (A. Besseyre, nᵒᵉ).

Église érigée en succursale le 1ᵉʳ juin 1844.

CHAMPESTRE (LE), f., cⁿᵉ des Vastres.

CHAMPETIÈRES, f. et mⁱⁿ sur les Abaliaires, cⁿᵉ de Présailles. — *La Metterie de Champestières*, 1695 (capitation). — *Le Moulin de Champetières*, 1699 (cad. de Vachères).

CHAMP-FORESTIER, h., cⁿᵉ de la Chapelle-Bertin. — *Chalm-Forestier*, 1379 (compte de B. Flotenc). — *Champfourrestier*, xviiiᵉ s. (Cassini).

CHAMP-FORESTIER (MOULIN-DE-), mⁱⁿ, cⁿᵉ de la Chapelle-Bertin. — *Chanfrontier*, 1820 (Deribier).

CHAMPIGNY, f., cⁿᵉ de Saint-Didier-la-Séauve.

CHAMPLAD, tuilerie, cⁿᵉ de Retournac.

CHAMPLONG, m. i., cⁿᵉ de Saint-Jeure.

CHAMPLONG, vill., cⁿᵉ de Vieille-Brioude. — *Chanlonc, Chanlhont*, 1339 (Bibl. nat., ms. fr., 1437, f°s 189 et 197). — *Mansus de Campo Longo*, 1427 (Bibl. nat., ms. fr., 1490, f° 30).

CHAMPLONNE, mont. boisée, c^{ne} de Cayres. — *Chalm Plana*, 1308 (év.). — *Champ-Palm*, 1315 (hôtel-Dieu, B. 396). — *Champal*, 1325 (*idem*, B. 410). — *Cham-Plana*, 1507 (év.). — *Chalm-Plaine*, 1535 (Chamblas).

CHAMPMARTEL, l. dit, c^{ne} de Saint-Julien-Chapteuil. — *Calma de Champ-Martel*, 1501 (coll. César Falcon).

CHAMPMORT, h., c^{ne} de Laval. — *Campus mortuus*, 1323 (la Chaise-Dieu, Connangles).

CHAMPOT, h., c^{ne} de Bellevue-la-Montagne. — *Locus dictus la Sanha deus Eschampeuls*, 1311 (Arch. nat., P. 1398¹, c. 550). — *Champeaulx*, 1442 (év.).

CHAMP-PEYRIER, f., c^{ne} de Saint-Pierre-Eynac.

CHAMP-PEYRUSSE, écart, c^{ne} d'Aubazac.

CHAMPRAVIE (LA), h., c^{ne} de Monistrol-sur-Loire. — 1343 (tabl. du Velay, 1874-75, p. 346). — *La Champ-Ravy*, 1507 (év.). — *Lachampravy*, 1820 (Deribier).

CHAMPRÉ, écart, c^{ne} de Chassignolles.

CHAMPRIGAUD, h., c^{ne} de la Chaise-Dieu. — *Champrigauld*, 1561 (J. Chalvon, n^{re}). — *Chamrigau*, 1675 (ét. civ.).

CHAMPRIVAT, h., c^{ne} d'Agnat. — *Cham-Privat*, XIVe s. (terrier des Grèzes). — *Champricas*, 1880 (carte adm.).

CHAMPS (LES), f., c^{ne} de Montusclat.

CHAMPS (LES), vill., c^{ne} de Montregard.

CHAMPS (LES), m. i., c^{ne} de Rosières.

CHAMPS (LES), h., c^{ne} de Saint-Pal-de-Mons. — *Las Chalms*, 1314 (év.). — *Las Champs*, 1507 (év.).

CHAMPS (LES), vill., c^{ne} de Tence. — *Las Chams*, 1343 (Rhône, H. 1016). — *Las Champs*, 1694 (ét. civ.).

CHAMPS (LES), h., c^{ne} de Tiranges. — *Lachamp* (cad.). — *La Champ*, 1888 (Malègue).

CHAMPSE, h., c^{ne} de Connangles. — *Champse*, 1347 (la Chaise-Dieu, Malvières). — *Champssas*, 1408 (Arch. nat., S. 3290). — *Chansas*, 1462 (la Chaise-Dieu, Connangles). — *Chances*, 1561 (J. Chalvon, n^{re}). — *Champces*, 1628 (la Chaise-Dieu, Combomard).

CHAMPSEAUVE, vill., c^{ne} de Lapte. — *Champ Cealva*, *Champ-Celve*, 1507 (év.). — *Chanseaulve*, 1553 (ress. de Montfaucon). — *Champceauve*, 1695 (capitation). — *Champsseauve*, XVIIIe s. (Cassini).

CHAMPSEAUVE, h., c^{ne} d'Yssingeaux.

CHAMPSEAUVE (PETIT-), vill., c^{ne} de Lapte.

CHAMPS-ÉLYSÉES (LES), m. de camp., c^{ne} de Chadrac.

CHAMPVEIRE, mⁱⁿ détr. sur le Veyrac, c^{ne} d'Yssingeaux. — 1646 (terrier de Saussac).

CHAMPVERT, m. i., c^{ne} de Saint-Didier-la-Séauve.

CHAMPVESTIT, bois, c^{nes} de Bains et de Séneujols. — *Nemus de Champvestit*, 1334 (hôtel-Dieu, B. 450).

CHAMPVIEIL, vill., c^{ne} de la Chapelle-Geneste. — *Calma Vetus*, 1316 (la Chaise-Dieu, la Chapelle-Geneste). — *Chalm-Velha*, 1344 (*ibid.*). — *Champvieille*, 1888 (carte adm.).

CHAMPVIEILLE, h., c^{ne} de Bonneval. — *Champviel*, 1888 (Malègue).

CHANABRIE (LA), affl. de l'Arzon en amont de Coutarel, c^{ne} de Bellevue-la-Montagne.

CHANAL (LA), f., c^{ne} de Sainte-Sigolène.

CHANAL (LA), h., c^{ne} des Villettes. — 1663 (ét. civ. de Monistrol).

CHANAL (LE), écart, c^{ne} de Bauzac.

CHANALE (LA), m. i., c^{ne} de Saint-Julien-du-Pinet. — *Chanal*, 1888 (Malègue).

CHANALEILLES, c^{on} de Saugues. — *Prior de Canalilis*, XIe s. (cart. du Monastier, n° 39). — *Ecclesia de Canalellis*, 1179 (*idem*, n° 442). — *Chanaleilos*, 1259 (Thiolent). — *Prior eccl. de Chanalelhis*, 1291 (tabl. du Velay, 1874-75, 218). — *Chanalelhas*, 1327 (Lozère, G. 98). — *Chanalhelhas*, 1387 (Bibl. nat., Doat, ccIII, f° 224 v°). — *Chanalilhas*, 1410 (la Chaise-Dieu, Saint-Préjet-d'Allier). — *Janallelles*, 1516 (Arch. nat., G⁸* 2, f° 600 v°). — *Chananilhes*, 1592 (M^{ce} Leblanc, n^{re}). — *Le prieuré de Notre-Dame de Chanaleilhe*, 1720 (la Chaise-Dieu, Chanaleilles).

En 1789, Chanaleilles était compris dans la province et bailliage de Gévaudan. Son église paroissiale, diocèse de Mende et archiprêtré de Saugues, était sous l'invocation de Notre-Dame de l'Assomption; l'évêque de Mende en était collateur.

CHANALÈTE (LA), f^{me}, au Puy. — *La Chanaleta en Posarot*, 1544 (Médicis, II, 257).

CHANALETTES, f., c^{ne} des Vastres. — *Le Mas de Chanalletes*, 1776 (ét. civ.). — *Chanaleilles*, 1888 (Malègue).

CHANALEZ, vill., c^{ne} de Saint-Julien-Chapteuil. — *Chanales*, 1345 (J. de Peyre, n^{re}). — *Chanalez*, 1585 (Johany, n^{re}). — *Chanaletz*, 1596 (Gallien, n^{re}). — *Chanallez*, 1685 (cad. de Chapteuil-Bas). — *Chanelets*, 1872 (Malègue).

CHANAT, mont., c^{ne} de Langeac. — *Podium de Chanac*, 1486 (terrier de Tailhac). — *Territ. de*

Chanat, sive de Richier, 1502 (Arch. nat., Q. 513, p. 161).

CHANAUD (LA), m. i., cᵐᵉ de Rosières.

CHANAUX? (LES), loc. détr., cᵐᵉ de Domeyrat. — *Paggesia voc. dos Chanalis,* 1464 (Bibl. nat., ms. lat., n. acq., 1223, f° 157 v°).

CHANAUX (LES), cᵐᵉ des Estables. — *Chanales,* 1526 (cad. du Monastier). — *Las Chanaux,* 1739 (ét. civ.).

CHANAUX (LES), f., cᵐᵉ de Fay-le-Froid.

CHANCE (LA), h., cᵐᵉ de Roche-en-Régnier. — *La Chanse,* 1558 (Vacharel, nᵗˢ). — *La Chaza,* 1571 (A. Girard, nᵗˢ).

CHANCEAUX, vill., cᵐᵉ de Polignac. — *Chanseus,* 1369 (coll. César Falcon). — *Champseux,* 1438 (tit. de Saint-Vidal). — *Chanceux,* 1456 (prieuré de Polignac). — *Chanceaux,* 1463 (*ibid.*).

CHANCEL, écart, cᵐᵉ de la Voûte-sur-Loire. — *Neyromde,* 1331 (hôtel-Dieu, B. 441). — *Nyrondes,* 1459 (Maltrait, nᵗˢ). — *Le lieu de Nyrandes, aultrement Chancel,* 1602 (Robert, nᵗˢ). — *Chancel de Nyrandes,* 1609 (*idem*).

CHANCHENI, terroir, cᵐᵉ d'Espaly-Saint-Marcel. — *Champ-Chani,* xiii° s. (coll. C. Falcon). — *Champ-Chany,* 1490 (Saint-Mayol).

CHANDIEU, mⁱⁿ sur la Semène, cᵐᵉ de Saint-Didier-la-Séauve. — *Locus de Chandeo,* 1329 (év.). — *Chandieu,* 1561 (terrier de Saint-Didier de Joyeuse). — *Champ-Dieu,* 1820 (Deribier).

CHANDIEU (LE), ruiss., prend sa source dans la cᵐᵉ d'Apinac (Loire), entre dans le département de la Haute-Loire au nord de Chaturanges, cᵐᵉ de Saint-Pal-de-Chalencon, et se jette dans l'Ance au moulin Giroux, cᵐᵉ de Saint-Julien-d'Ance. — *Rivus de Chandeo,* 1419 (Loire, A. 89, f° 243 v°). — *Rif de Chandeou ou Chandiou,* 1540 (terrier de Chalencon). — *Le Chandyou,* 1696 (Devinols, nᵗˢ).

CHANEAUX (LES), h., cᵐᵉ de Dunières. — *Decimæ de Canalibus,* 1500 (Rhône, D. 182). — *Les Chaneaux,* xviii° s. (Cassini).

CHANEBEYRES, écart, cᵐᵉ de Beaux. — *Chenebeyre,* 1872 (Malègue).

CHANEBEYRES, vill., cᵐᵉ de Retournac. — *Villa quæ vocatur Cannaburias,* 983 (cart. du Monastier, n° 130). — *Chanaberias,* 1345 (Rhône, E. 8). — *Chanebeire,* 1820 (Deribier).

CHANEBIER (LE), affl. de l'Arzon au sud-ouest de Cheyssac, cᵐᵉ de Saint-Pierre-Duchamp.

CHANEIRE, l. détr., cᵐᵉ de la Farre. — *Chaneira,* 1391 (communicⁿ de M. de Surrel de Saint-Julien).

CHANELETTES, m. i., cᵐᵉ de Chomelix. — *Las Chanalestes,* 1670 (Arch. nat., P. 500¹, c. 37).

CHANET, mⁱⁿ sur le Lignon, cᵐᵉ de Chaudeyrolles. — 1630 (ét. civ.).

CHANET, vill., cᵐᵉ de Jullianges. — *Mansus de Chaneto,* 1345 (la Chaise-Dieu, Jullianges).

CHANGALA, f., cᵐᵉ de Montregard. — *Champus Gala,* 1320 (cart. de Mazan, f° 138 v°). — *Champ-Gala,* 1322 (*idem,* f° 141 v°). — *Changala,* 1468 (Rivière, nᵗˢ).

CHANGEAC, vill., cᵐᵉ de Vorey. — *Villa de Chamiaco,* v. 1000 (cart. de Chamalières, n° 272). — *Villa Chamiac,* 1173 (cart. de Chamalières, n° 93). — *Champiat,* 1311 (Arch. nat., P. 1399¹, c. 783). — *Chamgat,* 1325 (Arch. nat., P. 494¹, c. 24). — *Chamgac,* 1333 (Arch. nat., P. 494¹, c. 1). — *Chamiat,* 1340 (Arch. nat., P. 1397², c. 590). — *Changiacus,* v. 1450 (Arch. nat., P. 1397², c. 582). — *Changhat,* 1490 (Arch. nat., P. 1397², c. 583). — *Changhac,* 1561 (Savin, nᵗˢ).

CHANGEAS (LES), vill., cᵐᵉ de Saint-Jeure. — *Villa quæ dicitur Infangati, sita in parrochia S. Gorii,* 1021 (cart. de Chamalières, n° 63). — *Mansus deus Chamgas,* 1314 (év.). — *Los Champias,* 1320 (J. de Peyre, nᵗˢ). — *Los Changhas,* 1323 (cart. de Tence, f° 13). — *Los Chamias,* 1343 (J. de Peyre, nᵗˢ).

CHANGUES, h., cᵐᵉ de Retournac.

CHANIAT, h., cᵐᵉ d'Auzon. — *Chana,* xiii° s. (obit. de Br.).

CHANIAT, cᵒⁿ de Brioude. — *Chamnhac,* 1287 (spic. Briv.). — *Channhac,* xiv° s. (terrier des Grèzes). — *Champnhac,* 1424 (la Chaise-Dieu, Javaugues). — *Chanhat,* 1626 (*idem*).

En 1789, Chaniat dépendait de la province d'Auvergne; au spirituel, il relevait de la paroisse de Javaugues.

Église érigée le 22 mars 1826 en chapelle vicariale et, le 29 juin 1841, en succursale.

CHANIAUX, h., cᵐᵉ des Vastres. — *Mansus de Chanils,* 1322 (hosp. du Velay). — *Mansus de Chanialx,* 1464 (Ardèche, C. 626). — *Chagniolz,* 1616 (Rhône, H. 1016).

CHANILHAC, bois, cᵐᵉ de la Besseyre-Saint-Mary.

CHANIT, m. i., cᵐᵉ d'Aurec.

CHANNAT, vill., cᵐᵉ de Saint-Ilpize. — *In Canasco,* 911 (cart. de Brioude, ch. 37). — *Mansus de Channaco,* 1379 (Arch. nat., Z¹. 4143, p. 21). — *Channax,* 1386 (*idem,* 4144, p. 55). — *Champnacum,* 1429 (Bibl. nat., ms. fr., 11490, p. 79). — *Chanat,* 1820 (Deribier).

CHANOU, h., cᵐᵉ de Retournac. — *Chanosc,* 1345

(Arch. nat., P. 493², c. 115). — *Chanocz*, 1383
(Rhône, E. 9). — *Chanon*, 1888 (Malègue).

CHANOVE, f., cⁿᵉ de Saint-Privat-d'Allier. — *Chaza-
nova prope Rochaguda*, 1323 (hôtel-Dieu, B. 405).
— *Chaanova*, *Chanova*, 1347 (la Chaise-Dieu,
Saint-Privat-d'Allier). — *Chasnova*, 1378 (Thio-
lent). — *Chanovo*, 1623 (Cl. Peyret, nᵗᵉ). —
Chamnove, 1693 (la Chaise-Dieu, lièv.).

CHANSOU (LE), ruiss., affl. du Culperon, cⁿᵉ de
Sainte-Sigolène.

CHANSSELADE, écart, cⁿᵉ de Bellevue-la-Montagne. —
Chanselada, 1314 (Arch. nat., P. 1398³, c. 708).
— *Chancellade*, 1507 (év.).

CHANTE-ALOUETTE, m. i., cⁿᵉ d'Yssingeaux.

CHANTEBARBE, écart, cⁿᵉ d'Yssingeaux. — *Champ-
embarbe*, 1523 (compois d'Yssingeaux). —
Champt-en-barbe, *Chant-en-barbe*, 1645 (*idem*).
— *Champthubarbe*, xviiiᵉ s. (Cassini). — *Chatain-
Barbe*, 1869 (Malègue).

CHANTEDUC, écart, cⁿᵉ de Bauzac. — *Chantaduc*,
xviᵉ s. (obit. de Bauzac).

CHANTEDUC, l. détr., près Mazeyrac, cⁿᵉ de Beaulieu.
— *Domus de Chanteduc*, 1306 (tabl. du Velay,
1875-76, 519).

CHANTEDUC, vill., cⁿᵉ de Laval. — *Villa quæ dicitur
Cantaduco*, 1001 (cart. du Monastier, n° 154).—
Chantaduc, v. 1262 (Arch. nat., J. 1032, n° 2).
— *Le Mas de Chantaduc le Sobrain*, 1353 (la
Chaise-Dieu, Saint-Ailyre).

Maison des Templiers, qui passa en 1313 aux
Hospitaliers et devint un membre de la commanderie de Courteserre (Puy-de-Dôme).

CHANTEGRAIL, f., cⁿᵉ de Retournac.

CHANTE-GRAILLE, écart, cⁿᵉ de Chamalières.

CHANTEGRAILLE, h., cⁿᵉ de Saint-Julien-Molhesabate.

CHANTEGRIS, l. détr., cⁿᵉ de Tiranges. — *Mansus de
Chantagret*, 1293 (Arch. nat., P. 491¹, c. 13).

CHANTEGRIS, f., cⁿᵉ de Vernassal. — *Chantagrell*,
1234 (hôtel-Dieu, B. 610). — *Chantagrel*, 1342
(Saint-Georges de Saint-Paulien). — *Mansus de
Chantagrelh*, 1343 (Saint-Mayol). — *Chantegry*,
xviiiᵉ s. (Cassini).

CHANTEGRIS, l. détr., cⁿᵉ de Vorey. — *Domus voc.
de Chantagre*, 1288 (bénédictines de Vorey).

CHANTEJAIL, vill., cⁿᵉ de Blesle. — *Chanta-Ghail*,
1493 (terrier de Blesle).
Source d'eau minérale ferrugineuse.

CHANTE-JAY, f., cⁿᵉ de Lantriac.

CHANTEL, h., cⁿᵉ de Saint-Ilpize. — *Lo Chantel*,
1386 (Arch. nat., Z³. 4144, p. 63). — *Mansus
de Chantel*, 1461 (Arch. nat., ZZ. 359, p. 33).

CHANTELAUZE, bois, cⁿᵉˢ de Collat, Montclard et de
Saint-Pal-de-Murs.

CHANTELAUZE, mont., cⁿᵉ de Saint-Pal-de-Murs.

CHANTELOUBE, vill., cⁿᵉ d'Auvers. — 1588 (terrier
d'Auvers).

CHANTELOUBE, vill., cⁿᵉ de Chaudeyrolles. — *In pago
Vellaico, villa quæ dicitur Cantus Lupæ*, v. 952
(cart. du Monastier, n° 119). — *Chantaloba*,
1179 (hist. gén. de Lang., VIII, col. 1925). —
Homines vocati los Astayres de Chantaloba, 1320
(cart. de Mazan, f° 119 v°). — *Mansus de Canta
Luppa*, 1464 (Ardèche, C. 624). — *Chantaloube*,
1616 (ét. civ.).

CHANTELOUBE, f., cⁿᵉ des Estables. — *Mansus de
Chantaloba*, 1352 (Arch. nat., P. 1398², c. 668).

CHANTELOUBE, h., cⁿᵉ de la Farre. -- *Canta Lupa*,
1451 (cart. de Mazan, f° 58 v°). — *Chanteloube*,
1583 (tit. de Surrel).

CHANTELOUBE, écart, cⁿᵉ de Saint-Haon.

CHANTELOUBE, h., cⁿᵉ de Saint-Jean-d'Aubrigoux.

CHANTELOUBE, h., cⁿᵉ de Saint-Pal-de-Mons. —
1285 (homm. de l'év.). — *Chantaloba*, 1329
(év.). — *Chantalobe*, 1507 (év.). — *Chantaloube*,
1695 (capitation).

CHANTELOUBE, vill., cⁿᵉ de Valprivas. — *Villa de
Chantaloba*, 1243 (Arch. nat., P. 493, c. 121).
— *Chantalopa*, 1508 (obit. de Bas). — *Cantalopa*,
1535 (*idem*). — *Chantaloube*, 1691 (*idem*).

CHANTELOUP, m. i., cⁿᵉ de Saint-Just-Malmont.

CHANTEMERLE, f., cⁿᵉ de Chaudeyrolles. — *Locus de
Chantamerle*, 1464 (Ardèche, C. 626). — *La
Clastreyre*, 1632 (ét. civ.). — *Chantamerle* ou
Clastrier, 1633 (*idem*).

CHANTEMESSE, h., cⁿᵉ de Bessamorel.

CHANTEMULE, dom., cⁿᵉ de Saint-Didier-la-Séauve. —
Chantemulle, 1553 (ress. de Montfaucon). —
Chante-Myolle, 1584 (terrier de Saint-Didier de
Joyeuse).

CHANTE-OISEAU, f., cⁿᵉ de Saint-Jeure. — *Chantaussel*,
1383 (homm. de l'év.). — *Chanta-Aucel*, 1507
(év.). — *Champtogel*, xviiiᵉ s. (Cassini). —
Chantouzel (cad.). — *Chante-Ouzel*, 1888 (Malègue).

CHANTEPERDRIX, f., cⁿᵉ de Ceyssac.

CHANTE-PERDRIX, l. dit, cⁿᵉ de Sanssac-l'Église. —
Vestiges d'antiquités romaines.

CHANTE-PERDRIX, bois, cⁿᵉ de Séneujols.

CHANTE-REINE (LE), affl. de l'Allier, cⁿᵉˢ de Saugues
et Monistrol-d'Allier.

CHANTERELLE (LA), m. i., cⁿᵉ du Mazet-Saint-Voy.

CHANTEROC, h., cⁿᵉ de Saint-Julien-Chapteuil. — 1685
(cad. de Chapteuil-Bas).

CHANTEROUX, f., c*ne* de Riotord. — *Calma de Chantaront*, 1461 (Rhône, H. 1180). — *Chantaroux* (cad.).

CHANTEUGES, c*on* de Langeac. — *Locum Cantogilum situm ex una parte super fluvium Halerii, et ex altera parte super rivum Deje*, 936 (cart. de Brioude, ch. 337). — *In aice Cantilanico, in vicaria de Cantoiole*, 939 (cart. de Cluny, ch. 501). — *In vicaria Cantoiolo*, 942 (idem, ch. 547). — *Monasterium qui dicitur Cantoiol, qui est constructus in honore Beati Marcellini et Beati Juliani et Beati Saturnini*, 945 (Baluze, maison d'Auvergne, II, 34). — *In aice Cantinalico*, 947 (cart. de Cluny, ch. 704). — *In vicaria Cantilianico*, 958 (idem, ch. 1048). — *In vicaria Cantoiolensi*, 963 (idem, ch. 1149). — *In vicaria de Cantola*, v. 963 (idem, ch. 1164). — *In aice Quintilanico, in vicaria de Quantoiolo*, v. 964 (idem, ch. 1180). — *Monasterium Cantoiolense*, 1136 (la Chaise-Dieu, Chanteuges). — *Abbatia Sancti Marcellini de Cantogilla*, 1213 (Gallia christ., II, instr., col. 136). — *Prior de Chantoiol*, 1235 (spic. Briv.). — *Ecclesia de Chantojol*, 1238 (idem). — *Chantueiols*, 1280 (la Chaise-Dieu, Thoras). — *Prior Chantoioli*, 1285 (idem, la Chapelle-Bertin). — *Chantuol*, 1309 (idem). — *Chantuciol*, 1330 (J. de Peyre, n*re*). — *Parochia Canthioli*, 1396 (la Chaise-Dieu, Chanteuges). — *Chanteghol*, 1401 (spic. Briv.). — *Chanteughol*, 1443 (idem). — *Canthoiolum*, 1459 (Bibl. nat., ms. lat., n. acq., 1222, f° 60). — *Chanteugholh*, 1487 (spic. Briv.). — *Canthogolium*, 1506 (la Chaise-Dieu, Chanteuges). — *Castrum Canthogoli*, 1506 (idem). — *Molendinum Canthoioli*, 1515 (idem). — *Prieur de Chantejol*, 1598 (Gallien, n*re*).

En 1789, Chanteuges était compris dans la province d'Auvergne, l'élection de Brioude, la subdélégation de Langeac et le ressort de Riom. Son église paroissiale, diocèse de Saint-Flour et archiprêtré de Langeac, était dédiée à saint Marcellin; l'abbé de la Chaise-Dieu présentait à la cure.

Le prieuré de Chanteuges, fondé en 936 par Guncbert, prévôt de la collégiale de Brioude, était de la dépendance de l'abbaye de la Chaise-Dieu.

CHANTILHAC, h., c*ne* de Ceyssac. — *Chantilhac*, 1298 (invent. de Saint-Mayol). — *Champtilhac*, 1614 (Brunel, n*re*).

CHANTOIN, f., c*ne* de Bains. — *Chantotoen*, v. 1170 (templiers du Puy). — *Villa de Chantoent*, 1210 (idem). — *Chantoen*, 1214 (idem). — *Domus de Chantohenc*, 1285 (idem). — *Præceptoria Sancti Johannis de Chantoenc*, 1499 (hospitaliers du Velay). — *Membrum de Chantean*, 1544 (idem).

Maison des Templiers qui passa, en 1313, aux Hospitaliers, devint un des membres de la commanderie de Devesset et fut unie, en 1544, à la mense de la Langue d'Auvergne.

Proverbe : *Mandzaïo la boïrie de Tchantouï*, en parlant d'un prodigue.

CHANTOISEAU, f., c*ne* du Chambon. — *Le Mas de Chantaussel*, 1383 (homm. de l'év.).

CHANTOISEAU, f., c*ne* de Raucoules.

CHANTOREYRE, mont., c*ne* du Pertuis. — *Rupes de Chantorcia*, 1250 (hôtel-Dieu). — *Mons de Chantoreyra*, 1299 (cart. de Mazan, f° 128 v°).

CHANTRE, h., c*ne* de Saint-Étienne-Lardeyrol. — *Chantre*, 1458 (Maltrait, n*re*). — *Chantres*, 1534 (év.).

CHANTUZIER, vill., c*ne* d'Auteyrac. — *Villa de Chantuzias*, 1321 (spic. Briv.). — *Chantusias*, 1464 (Bibl. nat., ms. lat., n. acq., 1223, f° 151). — *Chantusier*, 1820 (Deribier).

CHANTUZIER (LE), affl. du Javoulx, c*ne* d'Auteyrac. — *Rivus de Alteyraco*, 1466 (Bibl. nat., ms. lat., n. acq., n° 1223, f° 267 v°).

CHANVERS, vill., c*ne* de Saint-Geneys-près-Saint-Paulien. — *Chanverns* (l'impr. porte *Chavertis*), 1222 (Martène, thes. nov. anecd., I, 897). — *Terra de Chamveyrs*, 1325 (Arch. nat., P. 494¹, c. 24). — *Champverns*, 1333 (idem, c. 61). — *Chams verns*, 1343 (idem, c. 7). — *Chamvern*, 1373 (év.). — *Chanvers*, 1507 (év.). — *Capella B. Catherinæ de Champrers*, 1532 (Dompnin, n*re*). — *Chanvert*, 1888 (Malègue).

Ancien prieuré dépendant de l'abbaye de Doue.

CHAPAT-ET-GOUDET, m. i., c*ne* de Rosières.

CHAPAYROLLES, loc. détr., auj. bois, c*nes* de Pradelles et de Saint-Étienne-du-Vigan. — *Mansus de Chapairolas*, 1289 (Arch. nat., P. 1398¹, cote 652). — *Chapayrolas*, 1336 (Arch. nat., P. 1398², cote 669).

CHAPEAU-DUGONE, f., c*ne* d'Espaly-Saint-Marcel. — *Filayre*, xviii° s. (Cassini).

CHAPEL, f., c*ne* de Pinols.

CHAPELAS, f., c*ne* de Saint-Didier-la-Séauve. — *Chaplats*, 1888 (Malègue).

CHAPELETTE (LA), h., c*ne* de Saint-Julien-Chapteuil. — *La Chapela*, v. 1217 (templiers du Puy). — *Capella*, 1343 (A. Duchesne, gén. des comtes de Valentinois, pr., 19). — *La boria de la Chapela de S. Marsal*, 1408 (compois du Puy). — *La Chapelle-de-Lode*, 1506 (Médicis, II, 304). —

La Chapelle-de-Loude, 1695 (capitation). — *La Chapelle*, xviiiᵉ s. (Cassini).

Chapelle de dévotion dédiée à saint Barthélemy.

CHAPELLE (La), écart, cⁿᵉ de Chassignolles.

CHAPELLE (La), affl. de la Loire, cⁿᵉ de la Farre. — *Le Madaler* (cad.).

CHAPELLE (Moulin-), mⁱⁿ sur la Borne orientale, cⁿᵉ de Monlet.

CHAPELLE-ALLAGNON (La), l. dét., cⁿᵉ de Blesle. — *Ecclesia S. Mariæ de Capella*, 1185 (spic. Briv.). — *Ecclesia Capellæ d'Alanho*, xivᵉ s. (A. Bruel, reg. de G. Trascol, 141). — *Parochia Capellæ Alanhonis*, 1350 (spic. Briv.). — *La Chappelle Alaignon*, 1398 (compte de B. Sannadre). — *La Chapelle-Alanhon*, 1401 (spic. Briv.).

Commune supprimée par ordonnance du 8 janvier 1834 et réunie à celle de Blesle.

CHAPELLE-BERTIN (La), cᵒⁿ de Paulhaguet. — *Ecclesia de Capella*, 1252 (Saint-Agrève). — *Prioratus Capellæ Berti*, 1285 (spic. Brivat.). — *Prior Capellæ Bertini*, 1383 (la Chaise-Dieu, la Chapelle-Bertin). — *La Chappelle-Berti*, 1401 (spic. Brivat.).

En 1789, la Chapelle-Bertin dépendait de la province d'Auvergne, de l'élection de Brioude, de la subdélégation de la Chaise-Dieu et du ressort de Riom. Son église paroissiale, diocèse du Puy et archiprêtré de Saint-Paulien, était dédiée à saint Marcellin; le prieur, avant 1599 et en 1648, et l'évêque du Puy, en 1789, en furent successivement collateurs.

CHAPELLE-D'AUREC (La), cᵒⁿ de Monistrol-sur-Loire. — *La Chapelle-d'Aurec*, 1506 (Médicis, II, 303). — *Capella prope Monastrolium*, 1516 (Arch. nat., G⁸*. 1, fᵒ 497). — *La Chappelle*, 1584 (terrier de Saint-Didier). — *La Chapelle-près-Aurec*, xviᵉ s. (év.). — *La Chappelle-d'Aurec*, 1626 (coll. Chaleyer). — *La Chapel'e-d'Aurec-Nérestang*, 1695 (capitation).

En 1789, la Chapelle-d'Aurec appartenait à la province du Velay, à la subdélégation et sénéchaussée du Puy. Son église paroissiale, diocèse du Puy et archiprêtré de Monistrol-sur-Loire, était sous l'invocation de saint Eu-tache; le prieur d'Aurec en était collateur.

CHAPELLE-GENESTE (La), cᵒⁿ de la Chaise-Dieu. — *Parochia Capellæ de la Ganesta*, 1268 (Arch. nat., S. 3300). — *Capella de la Janesta*, 1275 (la Chaise-Dieu, Saint-Allyre). — *Prior Capellæ Genestæ*, 1298 (ibid., la Chapelle-Geneste). — *Capella de las Genestas*, 1325 (Saint-Vosy). —

Ecclesia B. Mariæ de Capella Genesta, 1361 (la Chaise-Dieu, la Chapelle-Geneste). — *Capella Ghanesta*, 1366 (ibid., Sacristain). — *Capella Janesta*, 1371 (ibid., la Chapelle-Geneste). — *Villa de Capella*, 1373 (ibid.). — *Capella Jenesta*, 1389 (ibid.). — *La Chappelle-Geneste*, 1401 (spic. Briv.). — *Paroisse de la Chapelle*, 1564 (terrier de Vals-le-Chastel).

En 1789, la Chapelle-Geneste était compris dans la province d'Auvergne, l'élection d'Issoire, la subdélégation de Saint-Amand-Roche-Savine et le ressort de Riom. Son église paroissiale, diocèse de Clermont et archiprêtré de Livradois, était consacrée à Notre-Dame; le chambrier de l'abbaye de la Chaise-Dieu, qui en était le prieur, présentait à la cure.

CHAPELLES (Les), f., cⁿᵉ de Pébrac. — *Capellæ*, v. 1198 (cart. de Pébrac, nᵒˢ 49 et 54).

CHAPELLES (Les), loc. dét., sur la mont. de Marus, cⁿᵉ de Saint-Jean-d'Aubrigoux. — (Tabl. du Velay, 1874-75, 110).

CHAPELON, f., cⁿᵉ des Estables. — 1741 (ét. civ.). — *Chapelou*, 1888 (Malègue).

CHAPELON-DE-MAISONNEUVE. — *Le Prat del Chapelo*, 1645 (ét. civ.).

CHAPELOU, m. i., cⁿᵉ de Monistrol-sur-Loire.

CHAPELUE (La), f., cⁿᵉ de Saint-Front. — *Chapely*, 1808 (ét. des succ.). — *La Chapotte*, 1888 (Malègue).

CHAPEYRON, m. i., cⁿᵉ de Saint-Julien-Molhesabate. — *Chabeyron*, 1888 (Malègue).

CHAPITEL, h., cⁿᵉ de Riotord.

CHAPON, m. i., cⁿᵉ de Saint-Maurice-de-Lignon.

CHAPONAC, vill., cⁿᵉ de Monistrol-sur-Loire. — *Chaponhac*, 1325 (év.). — *Chaponac*, 1333 (év.). — *Chapponacum*, 1503 (obit. de Bas). — *Chapponnac*, 1555 (idem). — *Chaspounac*, 1695 (capitation). — *Chapona*, xviiiᵉ s. (Cassini). — *Chaponas* (cad.). — *Chaponat*, 1879 (carte adm.).

CHAPONNADE, écart, cⁿᵉ de Saint-Christophe-sur-Dolaison.

CHAPOULE (La), écart, cⁿᵉ de Grenier-Montgon.

CHAPOUX (Les), écart, cⁿᵉ de Beaulieu. — *Mansus Giraudenc*, 1344 (J. de Peyre, nʳᵉ). — *Locus deus Giraudenc*, 1346 (idem). — *Lous Chappoux, aultrement los Giroudenc*, 1549 (Chamblas). — *Loux Chappoux*, 1551 (R. Maurin, nʳᵉ).

CHAPPE, vill., cⁿᵉ d'Auzon.

CHAPPE (La), affl. de la Méjeanne, au sud de la commune de Saint-Arcons-de-Barges.

CHAPPELAUDE, mⁱⁿ détruit, sur la Dège, près Ta-

vernat, c^ne de Chanteuges. — *Chapelaude*, 1443
(spic. Briv.). — *Molendinum de Chappelauda*,
1456 (Bibl. nat., ms. lat., n. acq., 1222, f° 38).

Chapteuil, chât. et vill. ruinés sur une montagne, c^ne
de Saint-Julien-Chapteuil. — Altitude : 1,035 m.
— *In arce (aice) de Capitolio*, v. 1020 (cart. du
Monastier, n° 254). — *In vicaria de Capitalio*,
v. 1020 (*idem*, n° 216). — *Vicaria de castro
Capitoliensi*, v. 1025 (*idem*, n° 228). — *Capduoill*,
xiiie s. (Bibl. nat., ms. fr., 854, f° 72 v°). — *Capduelh*, xiiie s. (Vaissete, hist. de Lang., éd.
Privat, X, 267). — *Castrum de Chaptol*, 1255
(cart. du Monastier, n° 449). — *Capdolium*,
1256 (Arch. nat., P. 491², c. 113). — *Catolium*,
1256 (Arch. nat., JJ¹. 30^b, f° 42). — *Chapteuil*,
1268 (Baluze, mais. d'Auv., II, 286). — *Castrum de Captolio*, 1285 (év.). — *Castrum de Captholio*, 1309 (Bonneville). — *Champtuel*, 1387
(év.). — *Capella S. Andeoli*, 1390 (év.). — *Chaptholium*, 1465 (Maltrait, n^re). — *Curatus seu
vicarius S. Andeoli infra castrum de Captolio*,
1516 (Arch. nat., G. 8*, 1, p. 438 v°). — *Chateur*, 1534 (év.). — *Chapteuil, par. de Sainct-
Andeol en Vellay*, 1542 (Savin, n^re).

Chapteuil, bois, c^ne de Saint-Julien-Chapteuil. —
Nemora de Captolio, 1390 (év.).

Chapus (Les), h., c^ne de la Chaise-Dieu. — *Los
Chapus*, 1570 (J. Chalvon, n^re).

Chapuze (La), vill., c^ne de Saint-Julien-Chapteuil.
— *Locus de Chapeucha*, 1386 (év.). — *La Chapusa*, 1455 (Pradier, n^re). — *Chapusia*, 1501
(coll. C. Falcon). — *La Chapussa*, 1507 (év.).
— *La Chappuze*, 1596 (Gallien, n^re).

Chapuzonets (Les), loc. dét., c^ne de Chassignolles.
— *Mansus deuz Chapuzonetz*, 1358 (spic. Briv.).
— *Los Chapussonetz*, 1358 (Arch. nat., J. 1134,
cote 7).

Chapuzons (Les), loc. dét., c^ne de Chassignolles. —
Mansus deuz Chapuzos, 1358 (spic. Briv.).

Charbadeuil, vill., c^ne de Présailles. — *Villa de
Charbadueylh*, 1327 (Arch. nat., P. 1397², cote
588). — *Charbadulh*, 1344 (Arch. nat., P. 1398²,
cote 679). — *Charbadeulh*, 1528 (cad. du Monastier). — *Charbedeulh*, 1534 (év.). — *Charbaduil*, 1571 (A. Boyer, n^re).

Charbadeuil (Le), affl. de la Colense au pont d'Estaing, c^nes de Présailles et du Monastier. — *Le
Mézard* (cad.).

Charbonnerette, h., c^ne de Chénéreilles. — *Charbonneyrette*, 1553 (ress. de Montfaucon).

Charbonnier, chât. dét. et h., c^ne de Landos. —
Castrum de Carboneriis, 1219 (Baluze, mais.

d'Auv., II, 86). — *Charboner*, 1256 (Rhône, la
Sauvetat, I, 5). — *Castrum de Charboneriis*, 1267
(Médicis, I, 80). — *Ecclesia de Charbonerio*,
1348 (J. de Peyre, n^re). — *De Carbonesiis prope
Salvetatem*, 1384 (Bibl. nat., ms. lat., 10003,
f° 38). — *Le mand. de Charbonniers*, 1507 (év.).

Charbonnier, h., c^ne de Malrevers. — *Mandamentum
de Charboneyr*, 1343 (év.). — *Charbonyer*, 1555
(cad. de Mercœur).

Charbonnier (Moulin-de-), m^in sur le bief de l'Allagnon, c^ne de Sainte-Florine.

Charbonnière, h., c^ne de Monistrol-d'Allier.

Charbonnière, h., c^ne de Saint-Étienne-près-Allègre.
— *Las Charboneiras*, 1285 (spic. Briv.).

Charbonnière, vill., c^ne de Saint-Jeure. — *Villa de
Charboneyras*, 1306 (Gall. christ., II, eccl. Anic.,
col. 759). — 1553 (ress. de Montfaucon).

Charbonnière (Ravin-de-), affl. de la Cronce au sud-
est d'Arlet.

Charbonnières, bois, c^ne de Montusclat.

Charbonnières (Les), terroir, c^ne de Chanteuges. —
*In pertinenciis mansi de Chambaleva, in territorio
de las Charboneyras*, 1461 (Bibl. nat., n. acq.,
1222, f° 215 v°).

Charbounouse, h., c^ne de Saint-Front. — *Villa Carbonosa*, 985 (cart. du Monastier, n° 381). —
Mansus de Charbouosas, 1284 (cart. de Mazan,
f° 25 v°). — *Las Charbonosas*, 1344 (Monastier).
— *Charbounozas*, 1633 (ét. civ.). — *Charbou-
nouzes*, 1646 (cad. de Bonnefont). — *Charbounouze*, 1888 (Malègue).

Charbounouse, h., c^ne de Varennes-Saint-Honorat. —
Charbounouze, 1576 (communic. de M. E. Grellet
de la Deyte). — *Charbonnouses*, 1585 (Johany,
n^re). — *Charboneuse*, xviiie s. (Cassini).

Chardaire, loc. dét., c^ne d'Araules. — *Chardayre*,
1574 (Burel, 40 et 42). — *Chardaire*, xviiie s.
(Cassini).

Chardas, vill., c^ne de Monlet. — *Chardats*, 1222
(dom Estiennot, fragm. hist. Aquit., IV, 169). —
Villa de Chardas, 1263 (Martène, thes. nov.
anecd., I, 1116). — *Chardac*, xviiie s. (Cassini).
— *La Tour de Chardas*, 1808 (état des succurs.).

Chardas (Le), affl. de la Borne orientale, c^ne de
Monlet.

Chardon, chât. et h., c^ne de Monlet. — *G. de Chardom*, 1329 (J. de Peyre, n^re, reg. C, f° 8 v°). —
Chardon, 1561 (Médicis, I, 507).

Chardon (Le), affl. de la Borne en aval du moulin
de Titulat, c^ne de Monlet.

Charel, f., c^ne du Chambon. — 1507 (év.).

Charensac, vill., c^ne de Brives-Charensac. — *Iha-*

ranciacus, 1089 (Saint-Georges du Puy). — *Charensac,* 1210 (hôtel-Dieu, B. 127). — *Charansac,* 1219 (tabl. du Velay, 1876-77, 514). — *Charenssac,* 1249 (hôtel-Dieu, B. 139). — *Charinssac,* 1324 (maladrerie de Brives). — *Charanssac lès le pont de Brive, par. de Sainct-George du Puy,* 1545 (Savin, n°°).

Commune supprimée et réunie à celle de Brives (loi du 20 mai 1839).

Charenson, m[in] sur la Dore, c[ne] de Saint-Victor-sur-Arlanc.

Charenti, h., c[ne] de Pébrac. — *Chalantic,* xii° s. (cart. de Pébrac, n° 28). — *Challantic,* xii° s. (*idem,* n° xlvi-46). — *Mansus de Chalantico,* 1461 (Bibl. nat., n. acq., 1223, f° 3 v°). — *Charentic,* 1608 (Thiolent).

Charentus, vill., c[ne] de Coubon. — *Charantus,* 1322 (Saint-Vosy). — *Charantusium,* 1516 (G. Maurin, n°°). — *Charentus,* 1599 (Leblanc, n°°).

Chareyrial, h., c[ne] du Chambon.

Chariol (Le), m. i., c[ne] de la Vaudieu.

Charlas, écart, c[ne] de Beaulieu. — *Charles* (cad.).

Charlette-Basse, écart, c[ne] de la Chapelle-Geneste. — *Charleti,* 1347 (la Chaise-Dieu, Malvières).

Charlette-Haute, écart, c[ne] de Cistrières.

Charnaud, écart, c[ne] de Saint-Julien-du-Pinet. — *Charmant* (cad.).

Charnier, lieu dit, c[ne] de Chadrac (Haut et Bas). — *Vinea de Cheirnier,* 1217 (Saint-Agrève). — *Charners,* 1226 (*idem*). — *En Charners,* 1324 (J. de Peyre, n°°).

Charnier (Ravin-de-), affl. de la Faye, c[ne] de Saint-Didier-d'Allier.

Charpin (Maison-), m. i., c[ne] de Monistrol-sur-Loire.

Charraix, c[on] de Langeac. — *Charais,* 1134 (cart. de Pébrac, n° 31). — *Ecclesia S. Sebastiani de Charais,* v. 1208 (*idem,* n° 51). — *R. Carasii,* v. 1229 (*idem,* n° 69). — *Ecclesia de Carazio,* 1331 (J. de Peyre, n°°). — *Castrum de Charais,* 1351 (Thiolent). — *Charays,* 1379 (compte de B. Flotenc). — *Charailhs,* 1398 (compte de B. Sannadre). — *Charaiz,* 1401 (spic. Briv.). — *Parochia de Charassio,* 1472 (Bibl. nat., ms. lat., n. acq., 1224, f° 58).

En 1789, Charraix dépendait de la province d'Auvergne, de l'élection de Brioude, de la subdélégation de Langeac et du ressort de Riom. Son église paroissiale, diocèse de Saint-Flour et archiprêtré de Langeac, était consacrée à saint Sébastien; le collateur en est inconnu.

Charras, m. i., c[ne] de Saint-Didier-la-Séauve.

Charraux (Les), loc. détr., c[ne] de Saint-Vert. —

Mansus del Charril-Velh, 1338 (spic. Briv.). — *Lo Mas de las Charrals,* 1341 (terrier de Charbonnier).

Charrées, vill., c[ne] de Malrevers. — *Charreas,* 1253 (Saint-Mayol). — *Chareyas prope Mercurium,* 1329 (J. de Peyre, n°°, reg. C, f° 28 v°). — *Charées,* 1555 (cad. de Mercœur). — *Charrées,* xviii° s. (Cassini). — *Charraix,* 1820 (Deribier).

Charrées, vill., c[ne] de Retournac. — *Villa de Chareis,* v. 1158 (cart. de Chamalières, n° 69). — *Villa quæ vocatur Chareas,* 1262 (Arch. nat., P. 1397², cote 554). — *Chareyas,* 1285 (Arch. nat., P. 493², cote 107).

Charretier, f., c[ne] de Bellevue-la-Montagne.

Charretier, m. i., c[ne] du Mazet-Saint-Voy.

Charreyraud, f., c[ne] du Mazet-Saint-Voy. — *Charreyrat,* 1880 (carte adm.). — *Charreyrot,* 1888 (Malègue).

Charreyre (La), h., c[ne] de Bauzac. — *Carreria,* 1510 (obit. de Bas). — *La Charreyre,* xvi° s. (obit. de Bauzac).

Charreyrols, l. dét., c[ne] de Charraix. — *Mansus de Charreyrolo, Charrayrols,* 1351 (chart. du Thiolent).

Charrial (Le), l. dét., c[ne] de Félines. — *Le lieu del Charrial, par. de Félines,* 1561 (J. Chalvon, n°°).

Charriaux, f., c[ne] de Saint-Pal-de-Chalencon. — *Les Charriots,* 1888 (Malègue).

Charrier, f., c[ne] de Chaudeyrolles. — 1618 (ét. civ.).

Charriol (Le), chât. et vill., c[ne] de Frugières-le-Pin. — *Le Chariol,* xv° s. (Bibl. nat., ms. fr., 22297, p. 267). — *Les Charryolz,* 1603 (Chandon, n°°). — *Les Charrioulx,* 1612 (terrier de la Vaudieu). — *Le Chariol,* 1888 (carte adm.).

Fief mouvant de la baronnie d'Aubusson.

Charron, f., c[ne] de Tence. — 1692 (ét. civ.).

Charrouil (Le), chât. et dom., c[ne] de Loudes. — 1266 (homm. de l'év.). — *Domus del Charrol,* 1272 (év.). — *Capella del Charroilh,* 1300 (év.). — *Lo Charolh,* 1345 (M°° Faucon, not. sur l'égl. de la Chaise-Dieu, p. 23). — *Charrolium, lo Charroyl,* 1390 (év.). — *Karolium,* 1513 (J. Boyer, n°°). — *Vicarius castri del Chariolh,* 1516 (Arch. nat., G³³, 1, f° 444).

Chapelle dédiée à saint Sauveur.

Charrouil (Moulin-du-), m[in] sur la Muzette, c[ne] de Loudes.

Chartreuse (La), petit séminaire, c[ne] de Brives-Charensac (couvent des Chartreux de Bonnefoy, depuis

1638). — *La Chartreuse de Notre-Dame du Puy lez Brives en Vellay*, 1648 (G. Arsac, la Chartreuse, 44). — *La Chartreuse, jadis le Peyron-de-Coursac*, 1752 (comm^{on} de feu M. H. Vinay). — *Saint-Bruno*, 1792 (alm. de la Haute-Loire).

CHARTREUSE (LA), f., c^{ne} de Lantriac.

CHARVOL, h., c^{ne} de Malvières. — *Mansus de Charvols*, 1354 (la Chaise-Dieu, Malvières). — *Charval*, 1888 (Malègue).

CHASEYROLS, l. dét., c^{ne} de Charraix. — *Locus de Chaseyrols*, 1351 (chart. du Thiolent). — *Chaseyrolz*, 1456 (Bibl. nat., ms. lat., n. acq., 1222, f° 37 v°).

CHASONESCHE (LA), l. dét., c^{ne} de Grèzes. — *Territorium de la Chausunescha*, 1274 (Lozère, G. 99). — *Mansus de la Chasanescha*, 1275 (Thiolent). — *Mansus de Chasonescha*, 1285 (spic. Briv.).

CHASORNE (LA), écart, c^{ne} de Beaulieu. — *La Metterie de la Chazorne*, 1634 (Brunel, n^{re}). — *Chajourne*, XVIIIe s. (Cassini). — *La Chazorne*, 1880 (carte adm.).

CHASOTTE, b., c^{ne} de Saint-Victor-Malescours. — *Lo Mas de Malguy*, 1318 (homm. de l'év.). — *Chasotœ*, 1461 (Rhône, H. 1180). — *Chasottes de Maugy*, 1563 (terrier de Saint-Didier). — *La Chazotte* (cad.).

CHASOURNE (LA), l. dét., c^{ne} de Saint-Haon. — *La Chasorna*, 1240 (la Chaise-Dieu, Bouchet-Saint-Nicolas).

CHASPINHAC, vill., c^{ne} de Saint-Quintin-Chaspinhac. — *Ecclesia S. Juliani Caspiniaci*, 1119 (Chifflet, hist. de Tournus, 402). — *Eccl. S. Juliani Chaspiniaci*, 1179 (Juénin, nouv. hist. de Tournus, 175). — *Chaspinnac*, 1210 (hôtel-Dieu, B. 127). — *Chaspinac*, 1238 (*ibid.*, B. 135). — *Chaspiniac*, 1245 (*ibid.*, B. 312). — *Capellanus de Chaspinhac*, xve s. (Médicis, II, 169).

En 1789, Chaspinhac possédait une église paroissiale, diocèse du Puy et archiprêtré de Monistrol-sur-Loire, dédiée à saint Julien; le prieur présentait à la cure.

CHASPUZAC, c^{on} de Loudes. — *Ecclesia de Chaspuzac*, 1250 (év.). — *Locus de Chaspusaco*, 1466 (Bibl. nat., ms. lat., n. acq., 1223, f° 276 v°). — *Chaspusac en Vellay*, 1585 (Johany, n^{re}). — *Le prieur de S. Martin de Chaspuzac*, 1696 (tabl. du Velay, 1875-76, 103). — *Chaspusacum*, 1522 (Martel, n^{re}).

En 1789, Chaspuzac dépendait de la province du Velay, de la subdélégation et sénéchaussée du Puy. Son église paroissiale, diocèse du Puy et archiprêtré de Solignac-sur-Loire, était consacrée à saint Barthélemy; l'évêque du Puy en était collateur.

CHASSAGNE (LA), h., c^{ne} de Laval. — *Mansus de li Chassanha*, 1322 (la Chaise-Dieu, Laval). — *Terræ de la Chassanha*, 1449 (terrier de Clavelier).

CHASSAGNE (LA), vill., c^{ne} de Malvières. — *Mansus de Cassanea*, 1347 (la Chaise-Dieu, Malvières). — *La Chassanha*, 1352 (*ibid.*). — *La Chassanhe*, 1561 (J. Chalvon, n^{re}).

CHASSAGNE (LA), affl. de la Dorette, c^{ne} de Malvières. — *Rivus de la Chassanha*, 1414 (terrier de Malvières).

CHASSAGNE (LA), h., c^{ne} de Saint-Just-près-Brioude. — *Homines de la Chassanhia*, 1281 (J. Lachenal, l'égl. de Brioude). — *La Chassanha*, 1429 (terrier du doy. de Brioude).

CHASSAGNES, h., c^{ne} de la Chapelle-Geneste. — *Chassanhas*, 1316 (la Chaise-Dieu, Saint-Allyre).

CHASSAGNES, c^{on} de Paulhaguet. — *In comitatu Brivatensi, in aice Loiacense (Joiacense), in villa Cassanias*, v. 888 (cart. de Brioude, ch. 11). — *In... aice (Brivatensi), in villa Cassanias*, 895 (*idem*, ch. 7). — *Villa de Chasanhas*, v. 1250 (spic. Briv.). — *Chassanas, Chassanhas*, v. 1260 (Arch. nat., J. 1031, n° 2). — *Ecclesia de Chasanias*, 1263 (spic. Briv.). — *Chassanhes*, 1309 (*idem*). — *Chassaignes*, 1379 (compte de B. Flotenc). — *Chasseignes*, 1401 (spic. Briv.). — *Prior S. Petri de Chasagnes*, 1430 (Gall. christ., II, col. 428).

En 1789, Chassagnes, qui était un fief vassal de la baronnie d'Aubusson, faisait partie de la province d'Auvergne, de l'élection et subdélégation de Brioude et du ressort de Riom. Son église paroissiale, diocèse de Saint-Flour et archiprêtré de Brioude, était dédiée à saint Pierre; l'abbé de Pébrac présentait à la cure.

CHASSAGNOLLES, mont. et l. dét., c^{ne} du Brignon. — *Via qua itur de Chassanholis versus Cadris*, 1444 (prieuré de Solignac). — *Chassanholas*, 1584 (M^{ce} Leblanc, n^{re}). — *La Garde de Chassaniolles*, 1587 (Sigaud, n^{re}). — *La Metterie de Chassanholles*, 1605 (A. Robert, n^{re}).

CHASSAGNOLLES, l. dét., c^{ne} de Saint-Just-près-Brioude. — *In... vicaria (Brivatensi), in villa quæ dicitur Cassanyolas*, 956 (cart. de Brioude, ch. 3). — *Territorium de Chassanholas*, 1429 (terrier du doy. de Brioude).

CHASSAGNOLLES, f., c^{ne} de Saint-Paulien. — *Chassanioles*, 1603 (M^{ce} Leblanc, n^{re}).

CHASSAGNON (LE), chât. et f., c^{ne} de Mazeyrat-Crispinhac. — *De Chassanho*, 1352 (la Chaise-Dieu, Mazeyrat-Crispinhac). — *El Chassanho*, 1469 (Bibl. nat., ms. lat., n. acq., 1223, f° 377).

CHASSAGNON (LE), chât. et f., c^ne de Saint-Georges-d'Aurac. — *Lo Chassanho*, 1470 (Bibl. nat., ms. lat., n. acq., 1223, f° 377). — *Chassignon*, XVIIIe s. (Cassini).

CHASSAIGNE (LA), chât. dét., à Duminiac, c^ne de Céaux-d'Allègre. — *La Chassaigne*, 1551 (communic. de M. E. Grellet de la Deyte).

Fief mouvant de la baronnie d'Allègre.

CHASSAING (MOULIN-DE-), sur la Cronce, c^ne de Cronce. — *Chassang*, 1888 (Malègue).

CHASSALEOIL, vill., c^ne de Saint-Paulien. — *Villa de Chasaloul*, XIIe s. (cart. de Chamalières, n° 180). — *Chassaloy*, 1355 (terrier de P. Ravoux). — *Chassaleux*, 1444 (Saint-Georges de Saint-Paulien). — *Chassaleutz*, 1521 (Gelet, n^re). — *Chassaleus*, 1585 (Doleson, n^re). — *Chassollieu*, 1622 (Brunel, n^re).

CHASSANT, f., c^ne de Cronce. — *Chassang*, 1888 (carte adm.).

CHASSAURE, vill., c^ne de Saint-Quintin-Chaspinhac. — *Chassoure supra castrum S. Quintini*, 1250 (Saint-Agrève). — *Chassore*, 1475 (Richon, n^re).

CHASSE, m. i., c^ne de Tence.

CHASSENDE, tén., c^nes de Brives-Charensac et du Puy. — *In Ihassemdo*, 1089 (Saint-Georges du Puy). — *Terra de Chassemde*, 1239 (Saint-Mayol). — *Chassempde*, 1372 (Saint-Georges du Puy). — *Chaussempde*, 1451 (idem).

CHASSEYRE (LA), f., c^ne du Chambon.

CHASSIDON (LE), affl. de l'Allier, c^ne de Saint-Étienne-du-Vigan.

CHASSIERS (LES), m. i., c^ne de Laussonne. — *Le Chassier* (cad.). — *Échassier*, 1888 (Malègue).

CHASSIGNOLES, vill., c^ne d'Aubazac. — *Sachinolles*, 1511 (coust. d'Auv., f° 81 v°). — *Chassaniolles*, 1625 (terrier du Chambon de Blau).

CHASSIGNOLLES, chât. ruiné, c^on d'Auzon. — *In aice Brivatensi, in villa Caucinogilo sive Genecense*, 889 (cart. de Brioude, ch. 278). — *Caucinogile*, 890 (idem, ch. 297). — *Caucionogile*, 895 (idem, ch. 159). — *Caucinogolo*, 896 (idem, ch. 116). — *Villa de Canteniaco (Cauceniolo)*, 1147 (Gall. christ., II, instr., c. 107). — *Prioratus de Chassanholas*, 1358 (spic. Briv.). — *Chassaignolles*, 1379 (compte de B. Flotenc). — *Chassinholles*, 1401 (spic. Briv.). — *Chassenholles*, XVe s. (Bibl. nat., ms. fr., 22297, p. 32). — *Chassanholles*, 1511 (coust. d'Auv., f° 70 v°).

En 1789, Chassignolles était compris dans la province d'Auvergne, l'élection d'Issoire, la subdélégation de Lempdes et le ressort de Riom. Son église paroissiale, diocèse de Saint-Flour et archiprêtré de Brioude, était sous le vocable de l'Assomption; la prieure de la Vaudieu présentait à la cure.

CHASSIGNOLLES, h., c^ne de Blesle. — *Chassanholas*, 1306 (terrier de Blesle). — *Chassanholles*, 1493 (idem).

CHASSIGNOLLES, vill., c^ne de Ferrussac. — *Chassaignoles*, 1337 (spic. Briv.). — *Mansus de Chassanholas*, 1351 (Arch. nat., Z². 54, p. 77). — *Chassanholles*, 1502 (Arch. nat., Q. 513, f° 134). — *Sachinolles*, 1511 (coust. d'Auvergne, f° 81 v°).

CHASSILHAC, h., c^ne de Solignac-sur-Loire. — *Caciliacus* (l'imprimé porte *Taciliacus*), 870 (Chifflet, hist. de Tournus, 210). — *Chayssilhac*, 1329 (J. de Peyre, n^re). — *Cheycilhac*, 1345 (prieuré de Solignac). — *Chassilhac*, 1386 (homm. de Solignac). — *Cheyssilhaeus*, 1392 (idem). — *Cheissilhac*, 1565 (Doleson, n^re). — *Cheyssilhiac*, 1586 (Sigaud, n^re).

CHASSOULET, loc. dét., c^ne de Beaumont. — *Mansus de Cassoled*, v. 1063 (cart. de Brioude, ch. 314). — *Chassolet, le terroir de Chassoulet sive du Serre de Chaumaget*, 1742 (terrier du doy. de Brioude).

CHASSOURY, f., c^ne de Paulhac.

CHASTAN (LE), ruiss., prend sa source au Pin, c^ne de Saint-Hilaire, et se jette dans l'Allier au sud des Granges, c^ne d'Auzon. — *Les Granges*, 1880 (carte adm.).

CHASTEL, c^on de Pinols. — *Chastel*, 1348 (Arch. nat., Z². 54, p. 212). — *Ecclesia de Castro*, XVe s. (pouillé de Saint-Flour, 305).

En 1789, Chastel faisait partie de la province d'Auvergne, de l'élection de Brioude, de la subdélégation de Langeac et du ressort de Riom. Son église paroissiale, diocèse de Saint-Flour et archiprêtré de Langeac, était sous l'invocation de saint Pierre; le prieur de la Voûte-Chilhac présentait à la cure.

CHASTEL, vill., c^ne de Rosières. — *Deu gratia*, 1209 (hôtel-Dieu, B. 299). — *Capellanus de la Deu gracia*, 1285 (idem, B. 336). — *Chastel*, 1326 (idem, B. 342). — *Boria Gratiæ Dei sive de Chastel*, 1377 (idem, B. 533). — *Chastel, alias la Dieu gracia*, 1422 (idem, B. 561). — *La Diu gracia*, 1473 (Richon, n^re). — *Chastel-la-Dieugrace*, 1629 (Demans, n^re).

CHASTEL (LE), rochers, c^ne de Desges. — 1750 (terrier des Binières).

CHASTEL-AIRAT, lieu dit, au Puy. — *Campus Hospitalis qui est apud Chastel-Airat, ante portale de Panassac*, 1245 (hôtel-Dieu, B. 4).

CHASTEL-AYRAUD, loc. dét., cⁿᵉ de Charraix. — *Castrum Ayrat*, 1351 (Thiolent). — *Chastel-Ayraut*, 1406 (*idem*).

CHASTEL-BOURRIANNE, lieu dit, cⁿᵉ d'Autrac. — *Terroir de Chastel-Borrianes*, 1493 (terrier de Blesle).

CHASTELET (LE), h., cⁿᵉ de Pébrac. — *Castrum supra Piperacum*, 1352 (spic. Briv.). — *Mansus del Chastellet*, 1458 (Bibl. nat., ms. lat., n. acq., 1222, f° 67). — *Chasteletum*, 1464 (Thiolent).

CHASTELET (RAVIN-DU-), affl. de la Dège à l'ouest de Combemale, cⁿᵉ de Pébrac.

CHASTEL-EYRAUT, mamelon boisé, cⁿᵉ de Vernassal. — *Chastel-Eyraud*, 1680 (cad. de Polignac).

CHASTEL-FARD, lieu dit, près Auriac, cⁿᵉ de Saint-Front. — 1666 (cad. de Bonnefont).

CHASTEL-LIGON, lieu dit, près Chazeaux, cⁿᵉ de Coubon. — 1707 (cad. de Bouzols).

CHASTEL-MALAISÉ, lieu dit, cⁿᵉ de Saint-Julien-des-Chazes. — *Territorium de Chastel-Malazeit*, 1461 (Bibl. nat., ms. lat., n. acq., 1222, f° 199 v°).

CHASTENUEL, vill., cⁿᵉ de Jax. — *Capellanus Hospitalis Castri Noël*, v. 1260 (Arch. nat., J. 1031, n° 2). — *Prioratus Castri Novelli, Claromont. dioc.*, 1288 (spic. Briv.). — *Chastel-Noel*, 1309 (*idem*). — *Mansus Castri Novi, par. de Jax*, 1459 (Bibl. nat., ms. lat., n. acq., 1222, f° 129 v°). — *Chastel-Novel*, 1459 (B. Girard, nᵉˢ). — *Chastaneuil*, XVIIIᵉ s. (Cassini). — *Chastanuel*, 1888 (carte adm.).

CHASTRES (LES), h., cⁿᵉ de Monistrol-d'Allier. — *Las Chastras*, 1469 (Bibl. nat., ms. lat., n. acq., 1223, f° 365). — *Mansus de Las Chastras, alias de l'Abadessa*, 1499 (Thiolent). — *Locus de Castris*, 1526 (A. Besseyre, nᵉˢ). — *Les Chastres*, 1780 (terrier de la baronnie de Vabres); — 1808 (ét. des suc.).

CHASTRETTE, vill., cⁿᵉ de Saint-Hilaire. — *Chastretas*, 1456 (la Chaise-Dieu, Azerat).

CHATAGNIER, h., cⁿᵉ de Riotord. — *Lo Chastanier*, 1461 (Rhône, H. 1180). — *Lo Chastanhier*, 1465 (Rivière, nᵉˢ). — *Le Chastaignier*, 1615 (Rhône, D. 185). — *Chatanier*, 1879 (carte adm.).

CHATAIGNER, vill., cⁿᵉ de Grazac. — *Decimum de Castanario*, v. 1100 (cart. de Cluny, ch. 3764). — *Lo Chastanheyr*, 1394 (hôtel-Dieu, B. 691). — *Lou Chastaignier*, 1553 (ress. de Montfaucon). — *Chastanier*, 1695 (terrier de Chabrespine). — *Chatagner*, 1878 (carte adm.).

CHATANIER, f., cⁿᵉ du Mazet-Saint-Voy.

CHATARDON, f., cⁿᵉ de Chomelix.

CHÂTEAU (LE), vill., cⁿᵉ de Cronce.

CHÂTEAU (LE), f., cⁿᵉ des Estables. — *Castrum de Stabulis*, 1464 (hôtel-Dieu).

CHÂTEAU (LE), vill., cⁿᵉ de Montregard.

CHÂTEAU-D'EMBLAVÈS, m. i., cⁿᵉ de la Voûte-sur-Loire.

CHÂTEAU-LA-VILLE, vill., cⁿᵉ de Saint-Haon. — *Villa quæ dicitur Chartris, Villa Castris*, v. 1015 (cart. du Monastier, n° 218). — *Chastel, par. S. Habundi*, 1345 (J. de Peyre, nᵉˢ). — *Castrum Villæ*, 1511 (Dompnin, nᵉˢ). — *Castel-la-Ville, Chastel-la-Ville*, 1541 (V. Brunel, nᵉˢ). — *Chasteau-la-Ville*, 1584 (Mᵉᵉ Leblanc, nᵉˢ). — *Chastel-la-Viale*, 1695 (capitation).

CHÂTEAUNEUF, vill., cⁿᵉ d'Allègre. — *Castrum Novum*, 1164 (Médicis, I, 76). — *Castrum Novum*, 1171 (Baluze, mais. d'Auv., II, 67). — *Ecclesia de Castronovo*, 1252 (Saint-Agrève). — *Capellanus de Castronovo prope Alegre*, 1263 (Martène, thes. nov. anecd., I, 1117). — *Capella Castrinovi prope Alegrium*, 1390 (év.).

CHÂTEAU-NEUF, chât. dét. et vill., cⁿᵉ du Monastier. — *Capella de Castro Novo*, 1179 (cart. du Monastier, n° 442). — *Castrum Novum, Aniciensis dioc.*, 1266 (Arch. nat., P. 1397³, cote 597). — *Castrum Novum prope monasterium Sancti Theofredi*, 1309 (Arch. nat., P. 1398², cote 676). — *Castrum Novum supra Monasterium*, 1403 (Baluze, mais. d'Auv., II, 612). — *Vicaria Sancti Medardi Castri Novi*, 1516 (Arch. nat., Gˢ*. 1, f° 447).

CHÂTEAUNEUF (LE), affl. de la Colense, cⁿᵉ du Monastier.

CHÂTEAUX (LES), chât. ruiné et h., cⁿᵉ de Dunières. — *Castrum superius Dunériæ*, 1323 (hospit. du Velay). — *Castra Duneriæ*, 1465 (Rivière, nᵉˢ). — *Mandamentum Duneriæ domini de Gaudiosa*, 1469 (*idem*). — *Duniere-de-Joieuse*, 1506 (Médicis, II, 303). — *Locus Castrorum Duneriæ*, 1579 (Rhône, D. 183). — *Duniere-les-Joyeuse*, 1720 (Saugrain). — *Chateau de Duniere*, XVIIIᵉ s. (Cassini).

CHÂTELARD (LE), f. et mⁱⁿ sur l'Oubois, cⁿᵉ de Lapte. — *Le Chastelar*, 1695 (capitation).

CHÂTELARD (LE), vill., cⁿᵉ de Montregard. — *Lo Chastelar*, 1320 (cart. de Mazan, f° 138 v°). — *Lou Chastellar*, 1556 (terrier de Montregard). — *Le Chatelar de Monregard*, 1695 (capitation). — *Chatelar*, XVIIIᵉ s. (Cassini).

CHÂTELARD (LE), chât. détr. et vill., cⁿᵉ de Saint-Maurice-de-Lignon. — *Locus Castellarum*, v. 998

(cart. du Monastier, n° 207). — *Linhio*, 1164
(Médicis, I, 76). — *Castrum de Linhone*, 1312
(év.). — *Castrum de Lignone*, 1375 (tabl. du
Velay, 1874-75, 339). — *Une mazure de chasteau
app. de Lignon*, 1689 (cad. du Lignon).

Châtelas, f., cⁿᵉ de Malrevers.

Châtelet, dom., cⁿᵉ de Chaspuzac.

Chateloux, m. i., cⁿᵉ de Saint-Victor-Malescours.

Chateyne, écart, cⁿᵉ de Coubon.

Chatilhac, l. détr., cⁿᵉ de Solignac-sur-Loire.
— *Chatiliac*, 1238 (Saint-Vosy). — *Chatilhat*,
1386 (homm. de Solignac). — *Chatilhac*, 1437
(prieuré de Solignac). — *Territorium de Chatil-
haco sive de Orsic*, 1464 (*idem*). — *Chatilliac*,
1534 (év.). — *Le village de Chastillac lez la
Baume*, 1714 (Rochette, nʳᵉ).

Chatillanges (Ranc de), rocher, cⁿᵉ des Estables. —
Rancus de Chatilhangas, 1376 (Bonnefoy).

Chatison, f., cⁿᵉ de Villeneuve-d'Allier. — *Chatuzo*,
1339 (Bibl. nat., ms. fr., 14377, p. 189). —
Mansus de Chatiso, 1418 (Arch. nat., Z². 4149,
p. 98). — *Chatuzou*, 1612 (terrier de la Vaudieu).

Chatonet, mᵗⁿ sur le Chatonet, cⁿᵉ de Cistrières. —
Tenementum de Chatoner, 1449 (terrier de Clavelier). — *Chatonnet*, 1888 (carte adm.).

Chatonet (Le), ruiss., affl. des Chelles, limite les
départements de la Haute-Loire et du Puy-de-
Dôme au nord-est de la commune de Cistrières.

Chatons (Les), f., cⁿᵉ du Chambon. — *Villa quæ
vocatur Catonis*, 998 (cart. de Chamalières,
n° 65). — *Ad Chatones*, 1213 (*idem*, n° 332).
— *Territorium doux Chatonis*, 1481 (Pelisse, nʳᵉ).
— *Chatout*, 1888 (Malègue).

Chaturanges, vill., cⁿᵉ de Saint-Pal-de-Chalencon. —
Chatuzanges, 1540 (terrier de Saint-Pal).

Chau (La), vill., cⁿᵉ de la Chaise-Dieu. — *Le lieu del
Chaulm*, 1561 (J. Chalvon, nʳᵉ). — *Lachaux*
(cad.). — *La Chaud*, 1888 (Malègue).

Chau (La), écart, cⁿᵉ de Chamalières. — *La Chaud*,
1888 (Malègue).

Chaud (La), écart, cⁿᵉ d'Aubazac.

Chaud (La), f., cⁿᵉ d'Autrac. — *La Chalm*, 1493
(terrier de Blesle). — *Lachaux*, 1879 (carte
adm.). — *Lachaud*, 1888 (Malègue).

Chaud (La), m. i., cⁿᵉ de Blavozy.

Chaud (La), vill., cⁿᵉ de Champagnac. — *Mansus de
la Chalm ou la Chal*, xivᵉ s. (terrier des Grèzes).
— *Lachaud*, 1880 (carte adm.).

Chaud (La), écart, cⁿᵉ de la Chapelle-d'Aurec. —
Lachaud, 1888 (Malègue).

Chaud (La), vill., cⁿᵉ de la Chapelle-Geneste. —

Chalm, 1316 (la Chaise-Dieu, Saint-Allyre). —
Calma, 1347 (*ibid.*, la Chapelle-Geneste).

Chaud (La), f., cⁿᵉ de Chassagnes. — *La Chaux*,
1888 (carte adm.).

Chaud (La), m. i., cⁿᵉ de Dunières.

Chaud (La), f., cⁿᵉ de Lantriac. — *Calma*, 1508
(Aleil, nʳᵉ).

Chaud (La), h., cⁿᵉ de Lapte. — *In aice de Lapte,
villa quæ dicitur la Chalm*, v. 1079 (cart. de
Cluny, ch. 3542). — *Mansus de la Chalm*, 1314
(év.). — *La Chaux* (cad.).

Chaud (La), h., cⁿᵉ de Lorlange.

Chaud (La), f., cⁿᵉ de Lubilhac. — *In vicaria Cheriacensi, in loco nuncupato Illam Calmem*, 924
(cart. de Brioude, ch. 16). — *Villa Calmæ*, 967
(*idem*, ch. 49). — *Lachaud*, 1879 (carte adm.).

Chaud (La), f., cⁿᵉ de Saint-Étienne-près-Allègre. —
La Chau, 1627 (la Chaise-Dieu, Saint-Étienne-
près-Allègre). — *La Chaux*, 1888 (carte adm.).

Chaud (La), lieu dit, cⁿᵉ de Saint-Geneys-près-Saint-
Paulien. — *In vicaria de Vetula Civitate, in villa
de Calmo*, v. 951 (cart. du Monastier, n° 122).

Chaud (La), h., cⁿᵉ de Saint-Julien-Molhesabate. —
La Chaux, 1879 (carte adm.). — *Lachaud*, 1888
(Malègue).

Chaud (La), f., cⁿᵉ de Vergongheon.

Chaud (La), vill., cⁿᵉ de Vissac. — *La Chalm*, 1310
(Cumignat). — *Calma*, 1458 (Maltrait, nʳᵉ). —
La Cham, 1576 (terrier du Cluzel). — *La Chau*,
1646 (*idem*).

Péage supprimé par arrêt du Conseil du 21 octobre 1738.

Chaud (Moulin-de-la), mᵗⁿ sur la Voirèze, cⁿᵉ de
Blesle.

Chaud-de-Blanlhac (La), h., cⁿᵉ de Rosières.

Chaud-de-Carle (La), h., cⁿᵉ d'Araules. — *Lachaud-
de-Carle*, 1888 (Malègue).

Chaud-de-Chapelou (La), f., cⁿᵉ du Chambon.

Chaud-de-Charriol (La), f., cⁿᵉ du Chambon.

Chaud-de-Combriol (La), h., cⁿᵉ de Saint-Étienne-
Lardeyrol.

Chaud-de-Fay (La), plateau, cⁿᵉ de Blavozy. — *La
Chalm*, 1417 (Saint-Georges du Puy). — *En la
Champ-de-Faet*, 1465 (Maltrait, nʳᵉ). — *Calma de
Montbusa dicta de Fayet*, 1528 (coll. H. Vinay). —
La Chaux-de-Fay, 1824 (Deribier, stat.).

Chaud-de-la-Croix (La), h., cⁿᵉ d'Araules.

Chaud-de-la-Roue (La), f., cⁿᵉ du Chambon.

Chaud-de-la-Roue (La), h., cⁿᵉ du Mazet-Saint-
Voy.

Chaud-de-Mézères (La), h., cⁿᵉ de Rosières. — *Calma
prope Meseras*, 1391 (év.). — *L Chalm* 1553

(terrier de Liques). — *Lachaud-de-Mezères*, 1888 (Malègue).

Chaud-de-Planchard (La), m. i., c^{ne} de Dunières.

Chaud-de-Pot (La), écart, c^{ne} de Saint-Vert. — *La Chaux-de-Pot*, 1880 (carte adm.). — *La Chaud-de-Paux*, 1888 (Malègue).

Chaud-de-Rougeac (La), vill., c^{nes} de Rosières et de Saint-Étienne-Lardeyrol. — *Calma d'Oys*, 1330 (la Chaise-Dieu, liasse Saint-Étienne-Lardeyrol). — *Calma d'Oyos*, 1368 (Lardeyrol). — *Calma d'Ois*, 1468 (idem). — *Champ-d'Oys*, 1468 (Saint-Vosy). — *La Chalm-d'Oys*, 1561 (Savin, n^{re}).

Chaud-de-Valamont (La), h., c^{ne} du Mazet-Saint-Voy. — *Valamon*, 1608 (cad. de Bonnas). — *Valamont*, xviiie s. (Cassini). — *Chaud-de-Moulin*, 1888 (Malègue).

Chaud-de-Valogières (La), h., c^{ne} de Saint-Hostien.

Chaud-du-Mas (La), f., c^{ne} de Queyrières.

Chaud-du-Pertuis (La), h., c^{ne} du Pertuis. — *La Chalm*, 1361 (la Chaise-Dieu, doyenné). — *La Chalm del Pertus*, 1408 (compois du Puy). — *La Chaud-du-Pertuis*, 1820 (Deribier). — *Lachaud-du-Pertuis*, 1888 (Malègue).

Chaud-du-Pin (La), h., c^{ne} du Chambon.

Chaude-Oreille, f., c^{ne} de Saint-Julien-Chapteuil. — *Chaudaurelha prope castrum Captolii*, 1336 (Saint-Agrève). — *Mansus de Chauda Aurelha*, 1459 (idem). — *Dominus de Calida Aure*, 1501 (coll. C. Falcon). — *Chaudorelhe*, 1606 (A. Robert, n^{re}). — *Chaudoreilhe*, 1624 (Duclaux, n^{re}). — *Chaudaurelhe*, 1680 (cad. de Chapteuil-Bas). — *Chaudoreille* (cad.)

Fief vassal de l'évêque du Puy, à cause de la seigneurie de Chapteuil.

Chaudeyrac, vill., c^{ne} de Cayres. — *Villa de Chaudairac*, 1238 (Saint-Vosy). — *Chaudeyrac*, 1256 (év.). — *Mansus de Chaudayraco*, 1315 (év.). — *Chaldeyrac*, 1507 (év.). — *Chaudeirac*, 1567 (Doleson, n^{re}).

Chaudeyrac, f., c^{ne} de Saint-Front. — *In villa Calderiaco, in pago Vellaico*, 988 (cart. du Monastier, n° 147). — *Mansus de Chaudeyrac*, 1284 (cart. de Mazan, f° 27). — *Chaudarac*, 1526 (cad. du Monastier). — *Chauderac*, xviiie s. (Cassini). — *Chaudayrac*, 1861 (état-major).

Chaudeyrachon, f., c^{ne} de Saint-Front. — *Chaudarachou*, 1820 (Deribier). — *Chaudarachon*, 1888 (Malègue).

Chaudeyre (La), ruiss., affluent de gauche de la Muselte, à Vendos, c^{ne} de Loudes. — *Feuillaval* (cad.). — *La Chandaile*, 1888 (carte adm.).

Chaudeyrolles, c^{ne} de Fay-le-Froid. — *In villa quæ dicitur Caldeirobes, in vicaria Sancti Baudilii*, v. 990 (cart. du Monastier, n° 275). — *Mansus de Chaudayrolas*, 1284 (cart. de Mazan, f° 25 v°). — *Ecclesia Beati Baudilii de Chaudayrolis*, 1387 (Bonnefoy). — *Prior Chaudeyrolarium*, 1475 (Arcis, n^{re}). — *L'Église parrochielle Sainct-Martial de Chaudeyrolles*, 1648 (ét. civ.).

En 1789, Chaudeyrolles dépendait de la province du Vivarais et du beillage de Villeneuve-de-Berg. Son église paroissiale, diocèse de Viviers et archiprêtré de Boutières, était dédiée à saint Martial.

Chaudier, f., c^{ne} de Fay-le-Froid.

Chaudier, vill., c^{ne} du Mas-de-Tence. — *Nemus de Chaudeet*, 1276 (Gall. christ., XVI, instr., col. 255). — *Choudier*, 1556 (terrier de Montregard).

Chaudier (Le), l'un des deux ruisseaux qui forment les Mazeaux, c^{ne} du Mas-de-Tence.

Chauffage, bois, c^{ne} de Montusclat.

Chauffage, bois, c^{ne} de Séneujols.

Chauffage (Le), f., c^{ne} de Lantriac. — *Le Chaufaige*, 1541 (Savin, n^{re}).

Chauffage (Le Petit-), f., c^{ne} de Lantriac.

Chauffour, l. dét., c^{ne} de Bauzac. — *Mansus de Chautforn*, 1336 (Arch. nat., P. 493², cote 95).

Chauffour, loc. détr., c^{ne} de Saint-Jean-de-Nay. — *Chault-Forn, par. de Nay*, 1511 (J. Boyer, n^{re}).

Chauffour (Le), loc. détr., c^{ne} de Saint-Préjet-Armandon. — *Mansus de Chaufurn*, 1281 (spic. Briv.).

Chaulaire (La), f., c^{ne} du Chambon. — *La Chaulière*, 1888 (Malègue).

Chaulet, mont., bois et f., c^{ne} des Estables. — 1739 (ét. civ.). — *Choulet*, 1748 (idem).

Chaulet (Le), h., c^{ne} du Chambon. — *Grangia del Chaulet*, 1296 (hospitaliers du Velay). — *Grangia Hospitalis vocata de Chauleto*, 1311 (idem). — *Lo Cholet*, 1392 (év.). — *Lo Choulet*, 1507 (év.).

Chaulet (Le), affl. du Monastier, c^{ne} du Chambon.

Chaulhac, loc. détr., c^{ne} de Vissac. — *Chaulac*, 1262 (spic. Briv.). — *Choulhac*, 1310 (Cumignac). — *Mansus de Chaulhac*, 1471 (Bibl. nat., ms. lat., n. acq., 1234, f° 39 v°). — *Chaulhiac*, 1478 (terrier du Cluzel).

Chaumard, h., c^{ne} de Saint-Julien-Chapteuil. — *Chalmar ou Chalmars*, 1346 (J. de Peyre, n^{re}). — *Chalmart*, 1473 (év.). — *Choumard*, 1501 (coll. C. Falcon). — *Choumard-Nhault, Choumard-Bas*, 1685 (cad. de Chapteuil-Bas).

Chaumargeais, vill., c^{ne} de Tence. — *Villa de Chal-*

mariays, 1301 (hospit. du Velay). — *Chalmargays*, 1391 (év.). — *Chalmarghays*, 1395 (cart. de Tence, f° 5 v°). — *Chomargeys*, 1618 (Rhône, D. 150). — *Choumargeais*, 1820 (Deribier). — *Choumageais*, 1888 (Malègue).

CHAUMAS, f., cⁿᵉ d'Yssingeaux. — *Chomats*, 1888 (Malègue).

CHAUMASSE (LA), écart, cⁿᵉ de Saint-Jeure. — *La Chamasse*, 1880 (carte adm.).

CHAUMASSES (LES), f., cⁿᵉ de Chaudeyrolles. — *Locus de las Chalmassas*, 1464 (Ardèche, C. 624). — *Las Chaumassaz*, 1646 (ét. civ.). — *Les Chaumasses*, 1660 (idem).

CHAUMATS (LES), h., cⁿᵉ de Bessamorel. — *Los Chalmasts*, 1359 (Rhône, H. 2632). — *Le Chaumat*, 1820 (Deribier).

CHAUMÈNE, f., cⁿᵉ des Estables. — *Chalm Meiana*, 1224 (Bonnefoy). — *Mansus de Chalmeana*, 1450 (idem). — *Chalmenne*, 1534 (év.). — *Chaumyene*, 1565 (Nicolas, nʳᵉ). — *Choumène*, 1569 (A. Boyer, nʳᵉ). — *Choumeyna*, 1630 (ét. civ.). — *Chaumène*, 1695 (capitation). — *Chaumain*, 1820 (Deribier). — *Chaumaine*, 1888 (Malègue).

CHAUMET (LE), m. i., cⁿᵉ de Saint-Georges-d'Aurac.

CHAUMETTE (LA), f., cⁿᵉ de Saint-Didier-la-Séauve. — *La Chomette*, 1820 (Deribier).

CHAUMETTES (LES), h., cⁿᵉ de Retournac. — *Les Chomettes* (cad.).

CHAUMIER, f. et mⁱⁿ sur la Gagne, cⁿᵉ de Lantriac. — *Chalmier, Cholmyer*, 1546 (Savin, nʳᵉ).

CHAUMONT, m. i., cⁿᵉ d'Aurec.

CHAUMONT, vill., cⁿᵉ de Boisset. — *Villa de Chalmont*, v. 1085 (cart. de Chamalières, n° 205); — 1293 (Arch. nat., P. 491¹, c. 13); — 1420 (Loire, A. 89, f° 247 v°). — *Chomond*, 1820 (Deribier).

CHAURAS, m. i., cⁿᵉ d'Espaly-Saint-Marcel.

CHAUROI, m. i., cⁿᵉ de Saint-Just-Malmont.

CHAUROND, m. i., cⁿᵉ de Tence.

CHAUSSA (LA), écart, cⁿᵉ de Beaux. — *La Chaussade*, 1878 (carte adm.). — *La Chomasse*, 1888 (Malègue).

CHAUSSAC, f., cⁿᵉ de Bauzac. — *Chabanaria, in territorio de Bauzac, quæ vocatur Chausac*, XIIᵉ s. (cart. de Chamalières, n° 144). — *Lou Chouchatz*, XVIᵉ s. (obit. de Bauzac). — *Chossac*, 1888 (Malègue).

CHAUSSADE (LA), écart, cⁿᵉ d'Yssingeaux.

CHAUSSADIS (LE), loc. détr., cⁿᵉ de Saint-Front. — *Locus del Chauchadis qui est supra locum de Montiliis lo Sobeyra prope succum d'Ayglet*, 1344 (Monastier).

CHAUSSADIS, h., cⁿᵉ de Saint-Paul-de-Tartas. — *Lo*

Chauchadis supra Montem Bellum, 1513 (J. Boyer, nʳᵉ).

CHAUSSE, h., cⁿᵉ d'Azerat. — *Lo Chauce*, XIIIᵉ s. (obit. de Br.). — *Mansus del Chalce*, 1273 (cart. d'Azerat). — *Chauser*, 1408 (la Chaise-Dieu, Azerat). — *Chalser*, 1440 (idem).

CHAUSSE (LA), h., cⁿᵉ de Saint-Julien-Chapteuil. — *Bouffevent ou la Chauce*, 1685 (cad. de Chapteuil-Bas). — *La Chause*, XVIIIᵉ s. (Cassini).

CHAUSSE (LE), vill., cⁿᵉ de Blesle. — *Villa de Cauce*, XIᵉ s. (cart. de Sauxillanges, n° 771). — *Lo Chausser*, 1350 (spic. Briv.). — *Mansus del Chauser*, 1364 (idem). — *Le Mas du Chausset*, XVᵉ s. (Arch. nat., Rᵇ 1143*, n° 16). — *Chaussy*, 1730 (terrier d'Espalem).

CHAUSSE (LE), f., cⁿᵉ de Desges. — *Al Chalce*, XIIᵉ s. (cart. de Pébrac, n° XLVI-42). — *Al Chauce* (l'impr. porte Chance), XIIᵉ s. (idem, n° XLVI, 43). — *Al Chausse*, 1224 (idem, n° 55). — *Mansus del Chausser*, 1459 (Bibl. nat., ms. lat., n. acq., 1222, f° 107 v°).

CHAUSSE (LE), f., cⁿᵉ de Domeyrat. — *Lo Chausser*, 1464 (Bibl. nat., ms. lat., n. acq., 1223, f° 158 v°).

CHAUSSE (LE), loc. dét., cⁿᵉ de Paulhaguet. — *L'hospital del Chausse, la chapelle de Sainct-Blaise du Chaussis*, 1455 (la Chaise-Dieu, Mazerat-la-Brequeille).

CHAUSSE (LE), écart, cⁿᵉ d'Yssingeaux. — *Lo Chauce*, v. 1181 (cart. des Hosp., n° 37). — *Lo Chauzcer*, v. 1181 (idem, n° 39). — *Lo Chaucer*, v. 1182 (idem, n° 41). — *Lo Chausse*, 1185 (idem, n° 42). — *Le Chausse*, 1600 (Mᶜᵉ Leblanc, nʳᵉ). — *La Chaussa*, 1635 (terrier de Saussac).

CHAUSSE (RAVIN-DU-), affl. de la Dège à l'ouest de Chazelles. — *Rif de Chalzel*, 1440 (cart. d'Azerat, f° 63).

CHAUSSON, vignoble, cⁿᵉˢ d'Aiguilhe et de Polignac. — *In Causone* 1089 (Saint-Georges du Puy). — *Vinea de Capsone*, v. 1090 (la Chaise-Dieu, Usson). — *In Chauzone*, 1221 (hôtel-Dieu). — *Territ. de Caussone*, 1250 (chap. N.-D. du Puy). — *Vinetum de Chausso*, 1336 (J. de Peyre, nʳᵉ). — *Chaucho*, 1348 (Saint-Agrève).

CHAUSSON, écart, cⁿᵉ de Coubon.

CHAUSSON, m. i., cⁿᵉ de Saint-Victor-sur-Arlanc.

CHAUSSONNET, f., cⁿᵉ de Couteuges. — *Chossenet*, XVIIIᵉ s. (Cassini). — *Chaussonet*, 1888 (carte adm.).

CHAUVAINS, mont., cⁿᵉ de Malrevers. — *Chalvence*, 1347 (J. de Peyre, nʳᵉ, reg. D, f° 126). — *Cholvens*, 1470 (Chamblas). — *El suc de Chouvens*, 1555 (cad. de Mercœur).

Chauvel, f., cⁿᵉ de Croisance. — *Mansus Chalvel*, 1273 (Lozère, G. 412). — *Chalvels*, 1499 (Thiolent). — *Locus de Calvello*, 1526 (A. Beysseyre, nʳᵉ). — *Chouvel*, 1888 (carte adm.).

Chauvel (Moulin-de-), mᶦⁿ sur le Ram, cⁿᵉ de Beaulieu. — *Villa de Ram, in parochia de Roseriis*, xᵉ s. (cart. de Chamalières, n° 181). — *Ung Chazal de molin au lieu de Marghaix, app. le Molin-de-Ranc*, 1714 (cad. de Laval-Emblavès).

Chauvin, m. i., cⁿᵉ de Lapte.

Chaux, h., cⁿᵉ de Vorey. — *Calma*, 1288 (bénédictines de Vorey). — *Chau*, 1714 (cad. de Laval-Emblavès). — *Chaut*, xviiiᵉ s. (Cassini). — *La Chaud*, 1820 (Deribier).

Chaux-Plate (La), m. i., cⁿᵉ de Riotord. — *Chauplate*, 1888 (Malègue).

Chavagnac, lieu dit, cⁿᵉ de Léotoing. — *Als Estreytz de Chavaynhac*, 1295 (spic. Briv.).

Chavagnac, vill., cⁿᵉ de Saint-Paulien. — *Chavanac*, 1142 (collège du Puy). — *Villa quæ dicitur Charannacum*, xiiᵉ s. (cart. de Chamalières, n° 179). — *Chavaignac*, 1306 (tabl. du Velay, 1875-76, 520). — *Chavanhac*, 1355 (terrier de P. Ravoux).

Chavagnac, h., cⁿᵉ de Salzuit. — *Chavaignat*, 1277 (Gall. chr., II, instr., col. 101). — *Chavanhac*, 1392 (Arch. nat., Z², 4145, p. 253). — *Chovaniac*, xviiiᵉ s. (Cassini).

Chavagnac (Le), affl. de la Lidène, cⁿᵉˢ de Chavagnac-la-Fayette et de Saint-Georges-d'Aurac.

Chavagnac (Le), affl. de l'Allier à Lempdes, traverse les communes de Léotoing et de Lempdes. — *Rivus de Chavaynhac*, 1295 (Arch. nat., P. 1376¹, c. 2629).

Chavagnac-Lafayette, cⁿ de Paulhaguet. — *In villa Cavaniaco*, 994 (cart. de Cluny, n° 2271). — *Juraiac*, v. 1130 (cart. de Pébrac, n° 42). — *Mansus de Charenhat*, 1448 (Bibl. nat., ms. fr., 11490, f° 446). — *Charanhac*, 1489 (spic. Briv.). — *Saint-Roch de Chavaniac*, 1757 (Jal, dict. crit. de géogr. et d'hist., p. 721, s. v° La Fayette). — *Chavaniac-Lafayette*, 1790 (Arch. mun. de Saint-Georges-d'Aurac). — *Chavagnac*, 1872 (Malègue).

Commune érigée par décret du 31 décembre 1880 et distraite de celle de Saint-Georges-d'Aurac. Un autre décret du 3 juillet 1884 a autorisé cette commune à prendre le nom de Chavagnac-Lafayette.

En 1789, Chavagnac-Lafayette était chef-lieu d'une paroisse du diocèse de Saint-Flour et de l'archiprêtré de Langeac, sous le vocable de saint Roch; la présentation à la cure appartenait au seigneur du lieu.

Chavagny, h., cⁿᵉ de Saint-Vert. — *Chavany*, 1693 (la Chaise-Dieu, liève).

Chavalmard, vill., cⁿᵉ de Rosières. — *Chaval-Marc, Chavail-Marc*, 1507 (év.). — *Chavalinard*, 1880 (carte adm.).

Chavanon, écart, cⁿᵉ de Monistrol-sur-Loire.

Chave, h., cⁿᵉ de Raucoules.

Chave (La), h., cⁿᵉ de Champclause. — *La Chave-d'Ourbe*, 1888 (Malègue).

Chave (La), écart, cⁿᵉ de Montusclat. — *La Chava*, 1343 (tabl. de la Haute-Loire, 1870-1871, 479).

Chave (La), h., cⁿᵉ de Saint-Austremoine.

Chave (La), f., cⁿᵉ de Saint-Bonnet-le-Froid. — *Locus de la Chava*, 1467 (Rivière, nʳᵉ).

Chave (Scie-de-), scierie sur la Ruelle, cⁿᵉ du Mas-de-Tence.

Chavissière, h., cⁿᵉ de Saint-Didier-sur-Doulon. — *Chavaysseyra*, 1341 (terrier de Charbonnier). — *Chavaysseyre*, 1516 (Vals-le-Chastel). — *Champveysseyre*, 1564 (*idem*). — *Les Chevissières*, xviiiᵉ s. (Cassini). — *Chabessière* (cad.). — *Chabesseyre*, 1888 (carte adm.).

Chavozon, m. i., cⁿᵉ de Saint-Julien-Molhesabate. — *Chavogiou* (cad.). — *Chavojot*, 1820 (Deribier).

Chaylot, vill., cⁿᵉ de Thoras. — *Mansus de Chasla*, 1274 (Thiolent). — *Cheyla*, 1457 (J. Rocher, nʳᵉ). — *Chaila*, 1499 (Thiolent). — *Cheylo*, 1527 (A. Besseyre, nʳᵉ). — *Chailo*, xviiiᵉ s. (Cassini).

Chazal, l. détr., cⁿᵉ de Saint-Vincent. — Substructions d'un édifice romain. — En patois *Chazar*.

Chazal (Le), m. i., cⁿᵉ de Moudeyres.

Chazalet, h., cⁿᵉ de Bessamorel. — *Locus de Chazalest*, 1359 (Rhône, H. 2632). — *Le lieu de Chasalet appartenant au grand prieur d'Auvergne*, 1394 (Arch. nat., X ²ᴬ 12, f° 233). — *Seyta de Chasaletz*, 1430 (Rhône, Bessamorel).

Chazalet, f., cⁿᵉ de Montregard. — *Chasaletz, Chaseletz*, 1556 (terrier de Montregard). — *Chazalez de Monregard*, 1695 (capitation).

Chazalet, vill., cⁿᵉ d'Yssingeaux. — Jadis divisé en Chazalet-Haut et Bas. — *Mansi de Chazaletz lo Soteyra et de Chazaletz lo Sobeyra*, 1343 (J. de Peyre, nʳᵉ). — *Le lieu de Chasalet app. au [grand] prieur [d'Auvergne]*, 1394 (Arch. nat., X ²ᴬ 12, f° 233). — *Chazaleti*, 1457 (enq. de Bessamorel). — *Chazalletz*, 1614 (terrier de Saussac).

Chazalet (Le), l'un des trois ruisseaux qui forment l'Ulmet, cⁿᵉ de Raucoules.

Chazalet (Le), h., cⁿᵉ de Saint-Pierre-Eynac. — *Mansus voc. de Chazalet*, 1315 (Lardeyrol).

Rupes voc. de Chasaletz, 1324 (la Chaise-Dieu, Saint-Étienne-Lardeyrol). — *Chasales*, 1468 (Lardeyrol). — *Chavaletz*, 1604 (Gallien, n°°).

Chazalets, l. détr., cⁿᵉ de Grèzes. — *Chasalets*, 1327 (Lozère, G. 98).

Chazalets (Les), h., cⁿᵉ des Vastres. — *In villa quæ dicitur Cazaletis, in arce (aice) Bonaciense*, v. 990 (cart. du Monastier, n° 256). — *In pago Vellaico, villa Cazalendis*, v. 1016 (*ibidem*). — *Mansus doux Chasaletz*, 1322 (hospit. du Velay). — *Los Chazalets*, 1343 (Rhône, H. 1016). — *Mansus dous Chasalletz*, 1454 (terrier de Saint-Julien de Châteauneuf). — *Mansus de Chasaletis*, 1464 (Ardèche, C. 624). — *Les Chazallets*, 1888 (carte adm.).

Chazalie (La), h., cⁿᵉ du Pont-Salomon. — *Chazallis*, 1879 (carte adm.).

Chazalie (La), h., cⁿᵉ d'Yssingeaux. — *La Chasalea*, 1346 (év.). — *La Chasala*, 1459 (Rhône, Bessamorel). — *La Chasa'ia*, 1504 (terrier de Chailhans). — *La Casalia, la Chazalia*, 1523 (est. gén. d'Yssingeaux). — *La Chaselie*, 1600 (Mᵒᵉ Leblanc, n°°). — *La Chasallie*, 1635 (terrier de Saussac). — *Chazalle*, 1878 (carte adm.).

Chazalière, h., cⁿᵉ de Saint-Ferréol-d'Auroure.

Chazalies (Les), h., cⁿˢ de Lapte. - — *Mansus de las Chazalezas*, 1345 (Arch. nat., P. 1397², cote 552). — *Mansus de las Chazaleas*, 1349 (Arch. nat., P. 1397², cote 540). — *Las Chazaleias*, 1507 (év.). — *Les Chazalies*, 1695 (capitation). — *Les Chesalis*, xviiiᵉ s. (Cassini). — *Chazalis*, 1860 (état-major). — *Chazaloux*, 1888 (Malègue).

Chazalon, l. détr., cⁿᵉ de Lapte. — *Chasalon*, xviiiᵉ s. (Cassini).

Chazalous, h., cⁿᵉ de Monistrol-d'Allier. — *Los Chasalos*, 1377 (Thiolent). — *Chaseloux*, 1684 (*idem*).

Chazaloux (Les), l. détr., cⁿᵉ de Cussac. — *Codercum deus Chasalos*, 1438 (prieuré de Solignac),

Chazaloux (Les), f., cⁿᵉ de Saint-Front. — *Mansus de Casalcus (Casalous)*, v. 1080 (cart. du Monastier, n° 39). — *Ad Cazalos*, v. 1080 (*idem*, n° 360). — *Les Chazalloux*, 1652 (ét. civ.).

Chazaloux (Les), lieu près Beyssac, cⁿᵉ de Saint-Jean-de-Nay. — *Territorium des Chasalos*, 1477 (Bibl. nat., ms. lat., n. acq., 1224, f° 162).

Chazau (Le), ruiss. qui prend sa source près de Prunet, cⁿᵉ de la Chapelle-Geneste, sépare les départements de la Haute-Loire et du Puy-de-Dôme, et se jette dans la Dore à Chezal, cⁿᵉ de Saint-Sauveur (Puy-de-Dôme). — *Rivus d'Orsival*, 1449 (terrier de Clavelier).

Chazaux, h., cⁿᵒ de Borne. — *Chazales*, 1323 (Saint-Agrève). — *Casales*, 1331 (J. de Peyre, n°ᵉ). — *Chasaulx*, 1549 (Savin, n°ˢ).

Chazaux, vill., cⁿᵉ de Chanaleilles. — *Mansus de Chazals*, 1274 (Lozère, G. 99). — *Mansus de Casalibus*, 1377 (Thiolent). — *Homines de Chasals*, 1523 (hôtel-Dieu). — *Chazeau*, 1888 (carte adm.).

Chazaux, h., cⁿᵉ de Lapte. — *Casalis, Chasalis*, 1303 (prieuré de Grazac). — *Chasalx*, 1507 (év.). — *Chazaulx*, 1607 (Mᶜᵉ Leblanc). — *Le Chazeau*, xviiiᵉ s. (Cassini). — *Chazeaux*, 1860 (état-major).

Chazaux, loc. détr., près Fay-la-Triouleyre, cⁿᵉ de Saint-Germain-Laprade. — *Villa quæ dicitur Casalis*, 1089 (Saint-Georges du Puy). — *Chazals*, 1305 (*idem*). — *Territorium de Cazalibus de Fayeto*, 1376 (*idem*).

Chazaux, vill., cⁿᵉ d'Yssingeaux. — *Villa quæ vocatur Casali*, 946 (cart. de Chamalières, n° 267). — *Villa de Chasalis*, 1021 (*idem*, n° 57). — *Chasales*, 1244 (hôtel-Dieu). — *Chazals*, 1269 (Gall. christ., t. II, eccl. Anic., col. 774). — *Casales*, 1291 (*idem*, col. 774). — *Chasalz de Poinsac*, 1506 (Ét. Médicis, t. II, p. 305). — *Locus de Chasalibus*, 1528 (terrier du Pertuis). — *Chazaux de Poinsac*, 1635 (terrier de Saussac). — *Chasaulx de Chamouroux, au passé de Poinsac*, 1657 (terrier de Chazaux).

Chazaux (Les), h., cⁿᵉ de la Chapelle-Geneste. — *Mansus de Chazals*, 1275 (la Chaise-Dieu, Saint-Allyre). — *Mansus de Casalibus*, 1347 (*ibid.*, la Chapelle-Geneste). — *Les Chazeaux*, 1888 (carte adm.).

Chazaux (Les), h., cⁿᵉ de Desges. — *Mansus de Chasals*, 1460 (Bibl. nat., ms. lat., n. acq., 1222, f° 162). — *Chasaux*, 1574 (terrier de Meyronne). — *Les Chazeaux*, 1888 (carte adm.).

Chazaux (Les), l. dét., près le Tombarel, cⁿᵉ des Estables.

Chazaux (Les), f., cⁿᵉ de Montusclat. — 1696 (cad. de Montusclat).

Chazaux (Les), lieu dit, près Vergue, cⁿᵉ de Saint-Berain. — *Territorium des Chasals*, 1480 (Bibl. nat., ms. lat., n. acq., 1224, f° 258 v°).

Chazaux (Les), h., cⁿᵉ de Sainte-Sigolène. — *Chasals*, 1384 (év.). — *Les Chasau'x*, 1563 (obit. de Bas). — *Les Chazaux*, 1695 (capitation). — *Les Chazeaux*, xviiiᵉ s. (Cassini).

Chazaux (Les), h., cⁿᵉ de Saint-Jeure. — 1296 (homm. de l'év.). — *Mansus de Casalibus*, 1324 (cart. de Tence, f° 4). — *Mansus de Chasalx,*

1324 (*idem*, f° 2 v°). — *Chasals*, 1391 (év.). — *Chasaulx*, 1548 (Rhône, H. 2634).

Chazaux (Les), f., c^ne de Saint-Voy.

Chazaux (Les), h., c^ne des Vastres. — *Mansus de Cazales*, xi° s. (cart. du Monastier, n° 34). — *Locus doux Chasalz, mand. de Fayno*, 1454 (terrier de Saint-Julien de Châteauneuf). — *Mansus de Casalibus*, 1464 (Ardèche, G. 624).

Chazaux (Moulin-de-), m^in sur la Borne, c^ne de Borne. — *Molendinus et boria de Musa*, 1430 (hospit. du Velay).

Chaze (La), f., c^ne des Estables.

Chaze (La), m. i., c^ne de Saint-Didier-sur-Doulon.

Chazeaux, h., c^ne de Coubon. — Lieu jadis divisé en deux groupes, Chazeaux-Bas et Chazeaux-Haut. — *Chazals*, 1333 (Saint-Georges du Puy). — *Chazals Sobeyras, Casales Superiores*, 1389 (plumit. de Bouzols). — *Casales Inferiores*, 1389 (*ibid.*). — *Chasalz*, 1547 (Savin, n^re). — *Chasaux*, 1707 (cad. de Bouzols).

Chazeaux, vill., c^ne de Salettes. — *Villa de Casalibus*, 1309 (Arch. nat., P. 1398², cote 676). — *Locus de Cazalibus*, 1383 (Rhône, E. 9). — *Chasals*, 1534 (év.). — *La chapelle de Chazaux dédiée à Nostre-Dame de Guérison*, 1699 (cad. de Vachères).

Chazeaux, l. dét., c^ne de Séneujols. — *Villa de Chazalx*, 1210 (templiers du Puy). — *Chasals, in parochia de Cenoiol, juxta villam de Chantoen*, 1214 (*ibid.*).

Chazeaux (Les), ruiss., prend sa source au nord-ouest de Sainte-Sigolène et se jette dans la Loire à l'ouest de Cheucle, c^ne de Monistrol-sur-Loire.

Chazelet, vill., c^ne de Bauzac. — *Chazalets*, 1309 (homm. de l'év.). — *Mansus de Chazaletz*, 1346 (Arch. nat., P. 490², cote 229). — *Chassaletz*, xvi° s. (obit. de Bauzac). — *Chazalet*, 1820 (Deribier). — *Chazellet*, 1888 (Malègue).

Chazelet, vill., c^ne de la Chapelle-d'Aurec. — *Chazalletz*, 1558 (ress. de Montfaucon). — *Chazallez*, 1584 (terrier de Saint-Didier de Joyeuse). — *Chazellet*, 1820 (Deribier).

Chazelet, f., c^ne de Raucoules. — *Mansus de Chasalet*, 1295 (maladrerie de Brives). — *Chazaletz*, 1347 (*idem*). — *Chazelet*, xviii° s. (Cassini). — *Chasalet*, 1879 (carte adm.). — *Chazellet*, 1888 (Malègue).

Chazelle, h., c^ne de Loudes.

Chazelle, écart, c^ne de Rosières. — *Chazellas*, 1306 (tabl. du Velay, 1875-76, 512).

Chazelle, h., c^ne de Saint-Didier-la-Séauve. — *Chazellæ*, 1324 (coll. Chaleyer).

Chazelles, h., c^ne d'Azerat. — *In orbe Arvernico, in comitatu Brivatensi, in villa cui vocabulum est Casalellas*, 901 (cart. de Brioude, ch. 32). — *In comitatu Arvernico, in vicaria Brivatensi, ad Casellas*, v. 1011 (*idem*, ch. 106). — *In villa quæ dicitur Cassellas*, v. 1020 (*idem*, ch. 31). — *Chazellas*, 1156 (cart. d'Azerat).

Chazelles, h., c^ne de Monistrol-sur-Loire. — *Chuzelas*, 1354 (hôtel-Dieu). — *Chaselæ*, 1394 (*idem*, B. 691). — *Chaselles*, 1656 (ét. civ.).

Chazelles, c^on de Pinols. — *Ecclesia Sancti Petri de Chaselas*, v. 1075 (cart. de Pébrac, n° 23). — *Coms de Chazelas*, 1218 (*idem*, n° 53). — *Chazelles-sur-Pebrac*, 1379 (compte de B. Flotenc). — *Locus de Casellis prope Piperacum*, 1456 (Bibl. nat., ms. lat., n. acq., 1222, f° 38 v°). — *Prioratus de Casellis, ord. Sancti Augustini*, 1463 (Bibl. nat., ms. lat., n. acq., 1223, f° 102 v°).

En 1789, Chazelles dépendait de la province d'Auvergne, de l'élection de Brioude, de la subdélégation de Langeac et du ressort de Riom. Son église paroissiale, diocèse de Saint-Flour et archiprêtré de Langeac, était consacrée à saint Pierre; le prieur de la Voûte-Chilhac présentait à la cure.

Chazelles, vill., c^ne de Saint-André-de-Chalencon. — *Villa de Chazelas*, xi° s. (cart. de Chamalières, n° 207). — *Villa de Chazellis*, 1302 (Arch. nat., P. 494¹, c. 11). — *Chazelles*, 1545 (terrier de la Garde).

Chazelles, vill., c^ne de Saint-Vidal. — *Locus de Chazelis*, 1385 (terrier de Saint-Vidal). — *Chaselas*, 1522 (Martel, n^re).

Chazelles, vill., c^ne de Thoras. — *Chaselas*, 1274 (Lozère, G. 99). — *Chasellæ*, 1527 (A. Besseyre, n^re).

Chazelles (Moulin-de-), m^in sur la Dège, c^ne de Chazelles.

Chazelles-Bas, f., c^ne de Saint-Just-près-Brioude. — *Chazelas*, 1277 (Gall. christ., II, instr., col. 144).

Chazelles-Haut, m^in sur le Ceyroux, c^ne de Saint-Just-près-Brioude. — *Molendinum de Chazelas*, 1429 (terrier du doy. de Br.).

Chazellet, vill., c^ne de Valprivas. — *Domus voc. de Chazalet*, 1314 (Arch. nat., P. 492³, cote 222). — *Chasaletz*, 1321 (J. de Peyre, n^re). — *Chazelet* (cad.).

Chazellet (Le), c^ne de Mercœur. — *Los Chazalhetz*, 1357 (Bibl. nat., ms. fr., 14377, p. 210). — *Les Chazelletz*, 1613 (Mercurial).

Chazellet (Le), h., c^ne de Vieille-Brioude. — *In vicaria Brivatensi, in villa quæ nominatur Casa-*

letto, v. 1011 (carte de Brioude, ch. 220). — *Mansus doz Chezeletz*, 1461 (Arch. nat., ZZ. 359, p. 33).

CHAZES (LES), h., cⁿᵉ de Saint-Hostien. — *La Chaze*, 1595 (Mᶜᵉ Leblanc, nʳᵉ).

CHAZES (LES), quartier du bourg de Saint-Julien-des-Chazes. — *Las Chasas*, 1199 (Baluze, mais. d'Auv., II, 257). — *Las Chesas*, v. 1210 (Gall. christ., II, c. 452). — *Parochia ecclesiæ Sancti Petri de las Chasas, in diocesi Alverniæ*, 1259 (Thiolent). — *Lou moustier de las Cazas*, 1468 (D. Branche, l'Auv. au moyen âge, 314). — *Monasterium Sancti Petri de Casis*, 1480 (Bibl. nat., ms. lat., n. acq., 1223, f° 340 v°).

CHAZES-VIEILLES, l. détr., cⁿᵉ de Thoras. — *Territorium de Chazas Vielhas*, 1527 (A. Besseyre, nʳᵉ). — *Chazes-Vieilhes*, 1622 (terrier de Vazeilhes).

CHAZETTE (LA), chât., cⁿᵉ de Chanaleilles. — *Las Chazetas*, 1297 (hôtel-Dieu, B. 347). — *Nemus de la Chazeta... domini de Mercorio*, 1327 (Lozère, G. 98). — *Terra domini de Apcherio app. la Chaseto*, 1523 (hôtel-Dieu).

CHAZETTES (LES), h., cⁿᵉ de Desges. — *La Chasette*, 1588 (terrier d'Auvers). — *Les Chazettes*, 1750 (terrier des Binières). — *Chazellettes*, 1888 (Malègue).

CHAZEVIELLES, h., cⁿᵉ de Saint-Haon. — *Chases-Vialles*, 1541 (V. Brunel, nʳᵉ). — *Chazevieille*, 1888 (carte adm.).

CHAZIEUX, vill., cⁿᵉ de Saint-Ilpize. — *In aice Brivatensi, villa Kagilis*, 858 (cart. de Brioude, ch. 282). — *In vicaria Cantilianica, villa Cagilis*, 888 (idem, ch. 38). — *Villa Cagalis*, 893 (idem, ch. 126). — *Vagiles (Cagiles)*, 924 (idem, ch. 203). — *Chagels*, 1379 (Arch. nat., Z². 4143, p. 3). — *Mansus de Chagielz*, 1458 (Arch. nat., ZZ. 359, p. 3). — *Les Chazioux*, 1612 (terrier de la Vaudieu).

CHAZORNE (LA), h., cⁿᵒ de Beaulieu.

CHAZOTTE, f., cⁿᵉ de Champclause. — *Territorium de Chazota prope Chanclausa*, 1464 (Ardèche, C. 624). — *Chazaute*, XVIIIᵉ s. (Cassini).

CHAZOTTE, f., cⁿᵉ de Montregard. — *Chazottes*, 1556 (terrier de Montregard).

CHAZOTTE (LA), h., cⁿᵉ de Borne. — *La Chazota*, 1280 (Rhône, Annecy, I, 1). — *La Chasota*, 1453 (prieuré de Polignac). — *La Chasote*, 1561 (Savin, nʳᵉ).

CHAZOTTE (LA), affl. de la Virlange, cⁿᵉ de Chanaleilles.

CHAZOTTE (LA), f., cⁿᵉ de Lapte. — *Lachazotte*, 1820 (Deribier).

CHAZOTTE (LA), loc. détr., cⁿᵉ de Mercœur. — *Pagerie de la Chazotte*, 1613 (Mercurial).

CHAZOTTE (LA), loc. détr., cⁿᵒ de Montclard. — *Lo Mas de la Chazota*, 1341 (terrier de Charbonnier).

CHAZOTTE (LA), h., cⁿᵉ de Retournac. — *Villa quæ vocatur Casota*, 1163 (cart. de Chamalières, n° 79). — *Les Chazottes* (cad.). — *Lachazotte*, 1820 (Deribier).

CHAZOTTE (LA), loc. détr., cⁿᵒ de Sainte-Marie-des-Chazes. — *Raols della Chasota*, 1213 (Haute-Loire, les Chazes). — *La borie de la Chasote*, 1461 (Bibl. nat., ms. lat., n. acq., 1222, f° 204 v°).

CHAZOTTE (LA), h., cⁿᵉ des Vastres. — *Mansus de Cazota*, v. 980 (cart. du Monastier, n° 168). — *Locus de Chazota*, 1464 (Ardèche, C. 624).

CHAZOTTES, h., cⁿᵒ de Saint-Romain-Lachalm. — *Chazottes-Oulanienches*, 1561 (terrier de Saint-Didier). — *Chazote-Olaninche*, XVIIIᵉ s. (Cassini). — *Chasote* (cad.).

CHAZOTTES, vill., cⁿᵉ de Saint-Victor-Malescours.

CHAZOTTES (PEU DES), mont., cⁿᵒ de Pinols.

CHAZOURNE, f., cⁿᵉ d'Aurec.

CHAZOURNE (MOULIN-DE-), mⁱⁿ sur la Sagne, cⁿᵉ d'Aurec.

CHEISSE (LA), ruiss. qui prend sa source à Montbonnet, cⁿᵉ de Bains, passe à Ceyssac et se jette dans la Borne, vis-à-vis Cormail, cⁿᵉ d'Espaly-Saint-Marcel. — *Chayssa*, 1346 (J. de Peyre, nʳᵉ, reg. D, f° 101 v°). — *Cheyssa*, 1392 (hôtel-Dieu, B. 226). — *La rivière app. de Cheisse*, 1587 (Dolesou, nʳᵉ). — *Ruiss. de Ceyssac*, 1861 (état-major).

CHELLES, h., cⁿᵉ de Sembadel. — *Chieliæ*, 1462 (la Chaise-Dieu, Connangles).

CHELLES (LES), ruiss., limite les cⁿᵉˢ de Cistrières et de la Chapelle-Geneste et se jette dans le Saint-Alyre en aval de Saint-Alyre (Puy-de-Dôme).

CHEMINAUX (LES), m. i., cⁿᵉ de Grazac.

CHEMINAUX (LES), m. i., cⁿᵉ de Lapte.

CHEMIN-DES-MORTS (LE), cⁿᵒ de Saint-Beauzire. — *Chemin del Crozet à Sainct-Baulzire, app. le Chemin des morts*, 1549 (terrier de Lauriat).

CHEMIN-D'ESPALY (LE), vill., cⁿᵉ d'Espaly-Saint-Marcel.

CHEMIN-DE-TAULHAC (LE), vill., cⁿᵉ de Taulhac.

CHEMINIAC, loc. détr., cⁿᵉ de Salzuit. — *Mansus de Chaminac*, 1285 (spic. Briv.). — *Les chazaux de Cheminiac*, 1778 (plan; communⁿ de M. P. Le Blanc).

CHEMIN-ROMIEU, cⁿᵉ de Saint-Arcons-d'Allier. — *Iter publicum voc. Iter Romeu, in pertinenciis Sancti Arconii*, 1465 (Bibl. nat., ms. lat., n. acq., 1223, f° 220 v°).

Chemins (Les Quatre-), m. i., c^ue de Sainte-Sigolène.

Cheneau (Le), lieu dit, près Viaye-le-Château, c^ne de Saint-Vincent. — Restes d'un aqueduc romain.

Chenebiers (Les), f., c^ne de Tence. — *Chaneberiæ*, 1415 (cart. de Tence, f° 15 v°). — *Les Chanebiers*, 1694 (ét. civ.). — *Chanebiere*, xviiie s. (Cassini).

Chenelette (Le Mas-de-), f., c^ne de Pradelles. — *Chanelette*, xviiie s. (Cassini).

Chenenches, h., c^ne de Monistrol-sur-Loire. — *Chanenchas*, 1346 (J. de Peyre, n^re). — *Las Cheynenches*, 1657 (ét. civ.). — *Les Chenenches*, 1691 (idem). — *Senenches*, 1748 (idem).

Chénéreilles, c^ne de Tence. — *Chanalelas*, 1296 (homm. de l'év.).

En 1789, Chénéreilles appartenait à la province du Forez, à la généralité de Lyon et à l'élection de Montbrison. Son église paroissiale, diocèse de Lyon et archiprêtré de Montbrison, était à la nomination du chapitre de Saint-Just de Lyon.

Église érigée en succursale le 13 janvier 1845. Commune érigée par décret du 31 mai 1876 et démembrée des communes de Saint-Jeure et de Tence.

Chênes (Les), h., c^ne de Fay-le-Froid. — *Locus dous Cheynes*, 1464 (Ardèche, C. 624).

Chenevières, h., c^ne de Raucoules. — *Chenevier*, 1888 (Malègue).

Cheneville, h. et m^in sur le Cheneville, c^ne de Varennes-Saint-Honorat. — *Chonavilhas*, 1373 (hôtel-Dieu, B. 685). — *Chanavilhes*, 1573 (A. Boyer, n^re). — *Chenevilles* (cad.).

Cheneville (Le), affl. de la Borne occidentale, c^nes de Varennes-Saint-Honorat et d'Allègre. — *Les Crozes* (cad.).

Chépial (Le), place, à Saint-Ilpize. — *Platea del Chapiel*, 1385 (Arch. nat., Z². 4144, p. 14). — *Mansus del Chapial*, 1458 (Arch. nat., ZZ. 359, p. 1). — *Lo Cheppial Sancti Ilpidii*, 1467 (idem, p. 124).

Cher, m. i., c^ne des Estables.

Cher (Le), m. i., c^ne du Chambon.

Cher (Le), h., c^ne de Présailles. — *Mansus deus Chers*, 1342 (Rhône, E. 8). — *Chirus*, 1383 (idem, E. 9). — *Lo Chier*, 1482 (Pelisse, n^re). — *Lo Chier-Costansenc*, 1528 (cad. du Monastier). — *Les Chiers*, 1820 (Deribier).

Cher (Le), vill., c^ne de Tence. — *Hugo Lo Chier*, 1294 (cart. de Tence, f° 1 v°).

Cher-Blanc (Le), écart, c^ne de Sainte-Sigolène. — *Chier-Blanc*, 1451 (Rhône, H. 2633). — *Cher-Blanc*, 1468 (coll. Chaleyer).

Cherchabrot, h., c^ne de Tiranges. — *Charchabrol*, 1500 (coll. C. Falcon). — *Charchebrol*, 1614 (idem). — *Chalssabrot*, xviiie s. (Cassini). — *Cherchebrot* (cad.). — *Cherchebro*, 1879 (carte adm.).

Cherchet, f., c^ne de Saint-Didier-la-Séauve.

Cher-du-Maupas (Le), clapier, c^ne de Champclause.

Chergros, m. i., c^ne de Saint-Paulien.

Cherlet, f., c^ne de Vieille-Brioude.

Cherpère, f., c^ne de Sainte-Sigolène.

Cherrat, h. et m^in sur le Clavas, c^ne de Riotord. — *Scie de l'Hermet*, 1879 (cad.).

Cheucle, vill., c^ne de Monistrol-sur-Loire. — 1248 (homm. de l'év.).

Chevalet, h., c^ne de Mazerat-Aurouze. — *Chavalier*, 1473 (la Chaise-Dieu, Mazerat-Aurouze). — *Chivallier*, 1575 (idem). — *Chevalier*, xviiie s. (Cassini).

Cheval-Ferrand, bois, c^ne d'Auvers.

Chevalier, h., c^ne d'Araules. — *Viallottres*, 1553 (ress. de Montfaucon). — *Chevallier, autrefois Vialoutres*, 1716 (cad. de Bellecombe).

Chevalier, h., c^ne de Bauzac. — *Chavallier*, 1490 (obit. de Bas). — *Chivalier*, 1563 (idem). — *Chevaliers*, xviiie s. (Cassini).

Chevaux (Scie-des-), scierie sur le Clavas, c^ne de Riotord.

Chèvre (La), affl. de la Virlange, c^ne de Chanaleilles.

Chèvre (Moulin-de-la-), m^in sur la Suissesse, c^ne de Beaulieu. — *Le Molin-de-la-Chabre*, 1714 (cad. de Laval-Emblavès).

Chèvrerie (La), porte et rue, au Puy. — *La Chabraria*, 1236 (Médicis, I, 209).

CheyGros, f., c^ne de Saint-Georges-d'Aurac. — *Chigros* (cad.).

Cheylard (Le), h., c^ne de Villeneuve-d'Allier. — *Le Chailas*, 1872 (Malègue).

Cheylat (Le), bois, c^ne de Charraix. — *Nemus del Chaylar*, 1351 (Thiolent). — *Nemus del Cheylar*, 1458 (Bibl. nat., ms. lat., n. acq., 1222, f° 66).

Cheylat (Le), f., c^ne de Pinols. — *Lo Chalar*, 1356 (Arch. nat., Z². 54, p. 111). — *Lo Cheylar*, 1463 (Bibl. nat., ms. lat., n. acq., 1223, f° 121).

Cheylat (Le), vill., c^ne de Saint-Étienne-sur-Blesle. — *Lo Chaylar*, 1306 (terrier de Blesle).

Cheylat (Moulin-du-), m^in sur la Voirèze, c^ne de Saint-Étienne-sur-Blesle. — *Moulin de Faucon*, 1855 (état-major).

Cheylon (Le), chât. ruiné, c^ne de Polignac. — *Castrum de Cheyllo*, 1267 (Médicis, I, 80). — *Chaslo*, 1345 (J. de Peyre, n^re, reg. D, f° 38 v°). —

Cheillo, 1506 (Médicis, II, 305). — *Chailho*, 1511 (J. Boyer, n^{re}).

CHEYNE, c^{ne} du Chambon. — *Mansus de Chayeneto* ou *Chayneto*, 1311 (hospitaliers du Velay). — *Cheynèt*, 1507 (év.). — *Cheyne*, 1695 (capitation).

CHEYNE, bois, c^{ne} du Chambon. — *Nemus de Chaene*, 1306 (hospitaliers du Velay). — *Nemus de Chaenet*, 1311 (*idem*).

CHEYNE, h., c^{ne} de Sainte-Sigolène. — 1563 (obit. de Bas).

CHEYRAC, vill., c^{ne} de Polignac. — *Chayrac*, 1267 (hôtel-Dieu, B. 143). — *Cheyrac*, 1299 (Saint-Georges de Saint-Paulien). — *Chayracus*, 1346 (J. de Peyre, n^{re}, reg. D, f° 96).

CHEYRAC, vill., c^{ne} de Saint-Victor-sur-Arlanc. — *In patria Arvernica, in aice Cheiracensi, villa cujus est vocabulum Charaisago*, 825 (cart. de Brioude, ch. 341). — *Villa quæ dicitur Karaisacum*, 960 (cart. de Chamalières, n° 304). — *Charaisach*, xie s. (*idem*, n° 246). — *Charaizac*, 1163 (*idem*, n° 72). — *Karasiachum*, xiie s. (*idem*, n° 319). — *Cheyrat*, 1610 (Rhône, Saint-Antoine-de-Viennois, Saint-Victor). — *Chairat*, 1820 (Deribier).

CHEYRAC, vill., c^{ne} de Saint-Vincent. — *Chairiac*, 1245 (Saint-Georges de Saint-Paulien). — *Chayrat*, 1340 (Arch. nat., P. 1397², c. 590). — *Cheirac*, 1347 (J. de Peyre, n^{re}). — *Chirac*, 1408 (compois du Puy). — *Chiracum*, 1523 (Saint-Georges du Puy). — *Chirat*, 1714 (cad. de Laval-Emblavès).

CHEYRAC (LE), affl. de la Loire, c^{ne} de Polignac.

CHEYRAC (MOULIN-DE-), m^{in} sur l'Arzon, c^{ne} de Beaune. — *Le Molin-de-Cheyrac-Laigue*, 1621 (la Chaise-Dieu, Jullianges).

CHEYRAC-L'AIGUE, h., c^{ne} de Beaune. — *Mansus de Cheyrac*, 1311 (Arch. nat., P. 1398¹, cote 650). — *Mansus de Cheyrat*, 1404 (terrier de Chomelix). — *Cheyrat-Laygue*, 1657 (ét. civ.). — *Cheyrac-Laygue*, 1660 (*idem*).

CHEYRELET, mont. et m. i., c^{ne} de Saint-Hostien.

CHEYSSAC, vill., c^{ne} de Saint-Pierre-Duchamp. — *Villa de Chaissac*, xie s. (cart. de Chamalières, n° 211). — *Chaisac, Cheissac*, 1315 (Arch. nat., P. 1397², cote 539). — *Cheyssac*, 1345 (Arch. nat., P. 494¹, cote 19).

CHEZ (LE), m. i., c^{ne} d'Allègre. — *Le Cher*, 1888 (Malègue).

CHÈZE (LA), h., c^{ne} du Mazet-Saint-Voy. — *La Chièsse*, 1585 (Johany, n^{re}).

CUÈZE (LA), affl. du Riboules, c^{ne} du Mazet-Saint-Voy.

CHEZELOUX, m. i., c^{ne} de Queyrières.

CHICABONEL, f., c^{ne} du Chambon. — *Suc-Abonel*, 1818 (homm. de l'év.). — *Chicabonet*, 1880 (carte adm.). — *Sicabonnel*, 1888 (Malègue).

CHIENGUE, ruiss., affluent de gauche de la Loire, c^{ne} de Saint-Vincent. — *Le ruiss. de Singues*, 1714 (cad. de Laval-Emblavès).

CHIEN (LE), chât. et f., c^{ne} d'Allègre. — *Hugo Lo Cheir*, 1270 (hôtel-Dieu, B. 619). — *Un gentilhomme nommé Du Chier voisin du château d'Allègre*, 1365 (Chabron, hist. de la mais. de Polignac, IX, XI). — *Les habitans del Chier*, 1531 (la Chaise-Dieu, liasse Barribas). — *Le Cher*, 1820 (Deribier). — *Le Chez*, 1851 (Giraud).

CHIEN (LE), m. i., c^{ne} de Lapte.

CHIEN (LE), vill., c^{ne} de Saint-Didier-d'Allier. — *Locus del Chier*, 1371 (la Chaise-Dieu, liasse Saint-Rémy). — *Locus de Cherio*, 1461 (Thiolent.) — *Le Cher*, 1820 (Deribier).

CHIEN (LE), h., c^{ne} de Saint-Romain-Lachalm. — 1269 (homm. de l'év.). — *Lo Chyer*, 1363 (coll. Chaleyer).

CHIEN (LE), vill., c^{ne} de Solignac-sur-Loire. — *Locus del Chier prope Sollempniacum*, 1444 (prieuré de Solignac). — *Locus de Cherio*, 1476 (terrier de Saint-Blaise). — *Le Chier de Solignhac*, 1561 (Savin, n^{re}).

CHIEN (LE), h., c^{ne} des Vastres. — *Mansus del Chier*, 1454 (terrier de Saint-Julien de Châteauneuf). — *Mansus de Chiro*, 1464 (Ardèche, G. 624).

CHIEN (LE), h., c^{ne} d'Yssingeaux. — *Mansus del Cher*, 1300 (év.). — *Locus del Chier*, 1528 (terrier du Pertuis).

CHIER-BLANC, f., c^{ne} de Brives-Charensac. — *Al Chier Albeu*, 1342 (Rhône, Saint-Jean-la-Chevalerie). — *Locus de Cher-Blanc*, 1347 (J. de Peyre, n^{re}). — *Chier-Blanc*, 1707 (cad. de Bouzols).

CHIER-BLANC, écart, c^{ne} de Coubon. — *Chierblanc*, 1707 (cad. de Bouzols). — *Carlet*, xviiie s. (Cassini). — *Chier-Blanc* ou *Carlet*, 1847 (nomencl. des postes).

CHIER-DE-MARRE (LE), lieu dit, c^{ne} d'Espaly-Saint-Marcel. — *Le Chier-de-Marre, autrement Vialle*, 1710 (cad. d'Espaly).

CHIERS (LES), f., c^{ne} de Lantriac.

CHIERS (LES), h., c^{ne} de Saint-Julien-Chapteuil. — *Le Mas del Chier*, 1296 (homm. de l'év.). — *Le Chier-de-Neyzac*, 1685 (cad. de Chapteuil-Bas).

CHIER-SAINT-JEAN, rochers, c^{ne} de Saint-Christophe-sur-Dolaizon. — *Rivalis tendens de Chierio Sancti Johannis apud Rupem Saunceyra*, 1494 (coll. C. Falcon).

Chier-Saint-Pierre, rochers, c^ne de Séneujols. — *In Cher Sancti Petri*, 1297 (hôtel-Dieu, B. 639). — *Le Chier-Sainct-Peyre*, 1535 (Chamblas).

Chièse (La), palais de l'évêché, au Puy. — *Domus episcopalis quæ vulgo app. Chesia*, 1278 (tit. de Bronac). — *Chasia*, 1454 (Pradier, n^re). — *La Chiesa*, 1548 (Médicis, I, 420).

Chièze (La), vill., c^ne d'Araules. — 1285 (homm. de l'év.). — *La Chiasa*, 1507 (év.). — *Chèze*, 1820 (Deribier).

Chifletière (La), loc. dét., c^ne de Saint-Ferréol-d'Auroure. — *Villa de la Chyfleteyra*, 1322 (Arch. nat., P. 494[1], cote 44). — *La Chifleteyra*, 1337 (comm^on de M. Testenoire-Lafayette). — *Chifleteria sive Bayoneria*, 1386 (hommage de Solignac).

Chilaret, f., c^ne de Montusclat. — *Lou Cheylaret*, 1696 (cad. de Montusclat).

Chilhac, chât. détr., c^on de la Voûte-Chilhac. — *Chisliacus*, v. 1192 (spic. Briv.). — *Chislac*, 1234 (cart. de Pébrac, n° 56). — *Affarium de Chilhac*, 1271 (spic. Briv.). — *Chilhiacum*, 1288 (idem). — *Chillac*, 1321 (Baluze, mais. d'Auv., II, 313). — *Cillach*, xiv° s. (J. Froissart, chron., éd. S. Luce, VI, xxxiv et 76). — *Chillat*, 1401 (spic. Briv.). — *Ecclesia de Chilhaco*, xv° s. (Pouillé de Saint-Flour, 312). — *Silhac*, 1511 (coust. d'Auv., f° 81 v°). — *La chastelenye de Chiliat*, 1669 (spic. Briv.). — *Saint-Honorat-de-Chilliac*, 1762 (cal. d'Auv., p. 65).

En 1789, Chilhac était compris dans la province d'Auvergne, l'élection de Brioude, la subdélégation de Langeac et le ressort de Riom. Son église paroissiale, diocèse de Saint-Flour et archiprêtré de Langeac, était sous le vocable de saint Honorat; le prieur de la Voûte-Chilhac présentait à la cure.

Chilhac (Moulin-de-), m^in sur l'Allier, c^ne de Chilhac.

Chillaguet, chât. ruiné et ham., c^ne de Langeac. — *Chislaguet*, xii° s. (cart. de Pébrac, n° 46-4). — *Chilhaguetum*, 1327 (la Chaise-Dieu, Chanteuges). — *Chilhaguet*, 1477 (Bibl. nat., ms. lat., n. acq., 1224, f° 146 v°). — *Mansus de Chillaguet*, 1486 (terrier de Tailhac). — *Sillaguet*, 1511 (coust. d'Auv., f° 81 v°). — *Chilliaguet*, 1669 (Arch. nat., P. 502, cote 133).

Fief vassal de la seigneurie de Langeac.

Chirabos, f., c^ne du Chambon. — *Chirobos*, 1888 (Malègue).

Chirac, près Bénac, f., c^ne de Chanteuges. — *In vicaria de Cantilanico, villa Cheir*, v. 1000 (cart. de Brioude, ch. 161). — *Villa Cheirosa* (Bibl. nat., ms. lat., 17078, p. 18). — *Chayrac*, xviii° s. (Cassini).

Chiras ou Rochas (Moulin-du-), m^in détr., près Pigeyres, c^ne de Bains.

Chirel, terroir, c^nes du Puy et de Taulhac. — *Iheretum*, 1089 (Saint-Georges du Puy). — *Vinea de Charel*, 1224 (hôtel-Dieu). — *Apendaria de Chairet*, xiii° s. (idem). — *Mansus de Cheyret*, 1347 (idem).

Chirèze, h., c^ne de Saint-Étienne-sur-Blesle. — Vestiges d'exploitation d'antimoine. — *Chérèze*, 1879 (carte adm.).

Chiriac, vill., c^ne de Rosières. — *Villa de Cheirac*, 1212 (cart. de Chamalières, n° 156). — *Cheyrac*, 1256 (év.). — *Cheyriacus*, 1342 (coll. C. Falcon). — *Chayriac*, 1343 (év.). — *Chayriacus*, 1391 (év.). — *Cheyriac*, 1507 (év.).

Chirouze (La), l. détr., c^ne de Chanaleilles. — *Mansus de Chirosa*, 1274 (Lozère, G. 99).

Chirouzes (Les), h., c^ne de la Vaudieu. — *Las Chirosa[s]*, 1223 (Haute-Loire, Pébrac). — *Chirouse*, xv° s. (Bibl. nat., ms. fr., 22297, p. 226). — *Las Chirouzes*, 1612 (terrier de la Vaudieu). — *Les Chirouses*, 1669 (spic. Briv.).

Chizeneuve, h., c^ne de Bauzac. — *Chesanova*, v. 1040 (cart. de Chamalières, n° 202). — *Chasanova*, v. 1080 (ibid., n° 203).

Chomaget, f., c^ne de Cohade. — *Chalmagest*, 1320 (J. de Peyre, n^re). — *Chomaguet*, 1888 (Malègue).

Chomasse (La), m. i., c^ne de Saint-Jeure.

Chomasse (La), f., c^ne du Mazet-Saint-Voy.

Chomat, f., c^ne de Saint-Jean-d'Aubrigoux.

Chomats (Les), h., c^ne de Montfaucon. — *Loux Chalmats*, 1328 (Rhône, D. 182). — *Locus dos Chomatz*, 1482 (idem, D. 185).

Chomeil, écart, c^ne de Bains. — *Territorium de las Chalmelhas*, 1454 (Rhône, Chantoin, I, 7 bis).

Chomeil, écart, c^ne du Brignon. — *In pago Vallaico, in villa quæ dicitur Calmiliis*, v. 970 (cart. du Monastier, n° 91). — *La Metterie appellée lou Choumel*, 1665 (Gérentes, n^re).

Chomeil, h., c^ne de Mézères. — *Mansus del Choumeilh*, 1490 (cad. de Mézères).

Chomeil, h., c^ne de Rosières. — *Villa de Chalmeils*, 1250 (hôtel-Dieu). — *Chalmelhs*, 1269 (év.). — *Mansus de Chalmeil del Herm*, 1299 (cart. de Mazan, f° 128 v°). — *Chalmeylhs*, 1316 (hôtel-Dieu, B. 399). — *Chalmeyl*, 1331 (J. de Peyre, n^re). — *Chomelz*, 1533 (Rhône, H. 2234).

Chomeil (Le), h., c^ne de Chamalières. — *Locus de*

Choumeil, 1500 (coll. C. Falcon). — *Le Choumeil*, 1571 (A. Girard, nᵉˢ).

Chomeil (Le), affl. de la Suissesse au Pioulet, cⁿᵉ de Rosières.

Chomeil (Le), loc. détr., cⁿᵉ de Vissac. — *Le Chomeilh*, 1538 (homm. de Vissac). — *Chomeilh-lès-Vissac*, 1576 (terrier du Cluzel).

Chomeils (Les), l. détr., près Brugerolles, cⁿᵉ de Vieille-Brioude. — *Les Choumeilz*, 1612 (terrier de la Vaudieu).

Chomel, h., cⁿᵉ de Saint-Pal-de-Mars. — *Choumeil*, *Choumeilhs*, 1573 (commᵒⁿ de M. Emm. Grellet de la Deyte). — *Chomet*, 1888 (carte adm.).

Chomelix, cᵒⁿ de Craponne-sur-Arzon, commune formée de l'union des villages de Chomelix-le-Bas et Chomelix-le-Haut.

Chomelix, en 1789, dépendait de la province d'Auvergne, de l'élection de Brioude, de la sub-délégation de Langeac et du ressort de Riom. Son église paroissiale, diocèse du Puy et archiprêtré de Saint-Paulien, était dédiée à saint Pierre; le réfecturier de l'abbaye de la Chaise-Dieu présentait à la cure.

Chomelix, h., cⁿᵉ de Malrevers. — *Lous Choumelys*, 1555 (cad. de Mercœur).

Chomelix, m. i., cⁿᵉ de Rosières.

Chomelix-le-Bas, cⁿᵉ de Chomelix. — Seigneurie démembrée de celle de Chomelix-le-Haut, appart. à la maison de Chalencon, et relevant en fief du baron d'Allègre et en arrière-fief du comte de Forez. — *Castrum inferius de Chalmeyllis*, 1291 (Arch. nat., P. 491³, cote 243). — *Villa seu castrum de Chalmelhys*, 1295 (Arch. nat., P. 1397¹, cote 525). — *Castrum del Chalmelhis inferius sive lo Sotra*, 1310 (Arch. nat., P. 493¹ *bis*, cote 72). — *Castrum et villa de Chalmelhis inferiore*, 1321 (spic. Brivat.). — *Castrum de Charmelhes, castrum de Chalmelhes lo Soteyra*, 1311 (Arch. nat., P. 1397³, cote 599). — *Chaumellys-le-Soubzterin*, 1447 (Arch. nat., JJ. 178, n° 246). — *Chaumelis-le-Bas*, xvıᵉ s. (Médicis, II. 341).

Chomelix-le-Haut, cⁿᵉ de Chomelix. — Seigneurie appart. à la maison d'Allègre et relevant en fief, au xıvᵉ s., du duché d'Auvergne. — *Castrum... Calmilliacus*, xıᵉ s. (A. SS. mirac. S. Fidei, oct. III, 306). — *Chalmilis vel Chalmillis*, 1163 (hospit. du Velay). — *Castrum de Chalmelhis*, 1164 (Médicis, I, 76). — *Chamellum*, 1171 (Baluze, mais. d'Auv., II, 67). — *Calmilisius*, 1213 (cart. de Chamalières, n° 325). — *Parochia de Chalmelis*, xıııᵉ s. (*idem*, n° 220). — *Chalmelhys*, 1381 (spic. Briv.). — *Chaumelis*, 1403 (Baluze,

mais. d'Auv., II, 613). — *Le Chastel de Chaumeles*, 1419 (*ibid.*, II, 629). — *Chaumilhy*, xvᵉ s. (Bibl. nat., ms. fr., 22297, p. 206). — *Chaumelis-l'Hault*, xvıᵉ s. (Médicis, II, 341). — *Le prieuré de Choumelys-le-Hault*, 1574 (Arch. nat., S. 3298). — *L'église parochielle de Saint-Pierre-de-Chomelix*, 1644 (tabl. du Velay, 1876-77, 319).

Prieuré dépendant de l'abbaye de la Chaise-Dieu et uni à la réfectorerie.

Vocable : saint Ferréol.

Chomets (Les), vill., cⁿᵉ de Montregard. — *Los Chalmeys*, 1322 (cart. de Mazan, f° 141 v°). — *Le lieu doux Choumetz*, 1556 (terrier de Montregard). — *Chomat* (cad.).

Chomette (La), chât., cⁿᵉ de Bas.

Chomette (La), f., cⁿᵉ de Craponne-sur-Arzon. — *Villa de Chalmis*, v. 1040 (cart. de Chamalières, n° 246). — *La Chalmeta*, 1404 (terrier de Chomelix).

Chomette (La), affl. de la Violette à Montgon, cⁿᵉˢ d'Espalem et de Grenier-Montgon.

Chomette (La), f., cⁿᵉ du Mazet-Saint-Voy.

Chomette (La), m. i., cⁿᵉ de Montregard. — *Les Chomats* (cad.).

Chomette (La), cᵒⁿ de Paulhaguet. — *Chalmeta*, 1275 (spic. Briv.). — *Chalmete*, 1379 (compte de B. Flotenc). — *La Chalmete*, 1401 (spic. Briv.). — *La Chalmette en Auvergne*, 1459 (tabl. de la Haute-Loire, 1870-71, 30). — *La Chaumette*, 1612 (terrier de la Vaudieu). — *L'esglise parrochielle S. Jacques de Choumette*, 1623 (Tauzet, nᵉˢ). — *Chaumette*, 1669 (spic. Briv.).

En 1789, la Chomette était compris dans la province d'Auvergne, l'élection et subdélégation de Brioude et le ressort de Riom. Son église paroissiale, diocèse de Saint-Flour et archiprêtré de Brioude, fut d'abord sous l'invocation de saint Mari et, à partir de 1623, sous celle de saint Jacques; l'évêque en était collateur.

Chomette (La), h., cⁿᵉ du Pertuis. — *Grangia de Chalmeta*, 1217 (Gall. christ., XVI, instr. 240). — *Domus seu Grangia de la Chalmeta*, 1284 (*idem*, 260). — *La Chomette près le Pertuis*, 1590 (Burel, 216).

Grange de l'abbaye de Mazan.

Chomette (La), h., cⁿᵉ de Saint-Beauzire. — *La Cholmette*, 1549 (terrier de Lauriat).

Chomette (La), vill., cⁿᵉ de Saint-Jeure. — *Chalmeta*, 1213 (cart. de Chamalières, n° 304). — *La Chalmeta*, 1507 (év.).

Chomette (La), f., cⁿᵉ de Saint-Romain-Lachalm.

Chomette (La), affl. du Cérigoules, cⁿᵉ de Tence.

CHOMETTE (LA), f., c⁰ᵉ des Villettes. — *Chalmetas*, 1391 (év.).

CHOMETTES, vill., cⁿᵉ de Tence. — *Chalmetas*, 1246 (hospit. du Velay). — *Locus de Chalmeta*, 1308 (*idem*). — *Chalmetæ*, 1415 (cart. de Tence, f° 15). — *La Chomette*, 1888 (Malègue).

CHOMIER, f., cⁿᵉ du Chambon.

CHOMONT, vill., cⁿᵉ de Valprivas. — *Chomond*, 1420 (tabl. du Velay, 1877-78, 365). — *Choumond*, 1498 (obit. de Bas). — *Choumondus*, 1502 (*idem*).

CHOMOR (LE), f., cⁿᵉ du Chambon.

CHOUDIER, vill., cⁿᵉ de Tence. — *Chaudier*, 1880 (carte adm.).

CHOULET, écart, cⁿᵉ de Présailles. — *In villa Culeto, in pago Vellaico*, v. 960 (cart. du Monastier, n° 118). — *Villa Culeti*, v. 980 (*ibid.*, n° 161). — *Villa Culleti in pago Vellaico, in arce de Monte Carbonerio*, v. 980 (*ibid.*, n° 165). — *Villa de Culheto*, v. 1000 (*ibid.*, n° 203). — *Choulet*, 1695 (capitation). — *Chaulet* (cad.).

CHOUMADOU (LE), écart, cⁿᵉ de Cussac. — *Locus del Chaumador*, 1352 (prieuré de Solignac).

CHOUMARASSE (LA), vill., cⁿᵉ de Sainte-Eugénie-de-Villeneuve.

CHOULMETTE (LA), affl. du Panis, cⁿᵉˢ de Chanaleilles et de Thoras.

CHOUMOUROUX, écart, cⁿᵉ d'Yssingeaux. — *Chalmalros*, 1351 (év.). — *Chalmaro*, 1515 (terrier des Bordes). — *Capella de Chalmaroux*, 1523 (est. gén. d'Yssingeaux). — *Chaulmaroux*, 1528 (terrier du Pertuis). — *Chamoroux*, 1635 (terrier de Saussac).

CHOUMOUROUX (MOULIN-DE-), mⁱⁿ sur la Siaume, cⁿᵉ d'Yssingeaux.

CHOURAS, écart, cⁿᵉ d'Espaly-Saint-Marcel. — *Chauzac*, 1253 (hôtel-Dieu, B. 710). — *Chausac*, 1408 (compois du Puy). — *La Metterie app. En Chouzac*, 1639 (Brunel, nʳᵉ). — *Chauras* (cad.).

CHOUSIOL, écart, cⁿᵉ de Coubon. — *Choussuol*, 1561 (Savin, nʳᵉ). — *Chaussiol*, 1573 (A. Boyer, nʳᵉ). — *Choussiols*, XVIIIᵉ s. (Cassini). — *Souchiol*, 1820 (Deribier).

CHOUTY, mont., cⁿᵉ de Saint-Arcons-d'Allier. — *Lo Suc de Jarrisson*, 1455 (Bibl. nat., ms. lat., n. acq., 1222, f° 22).

CHOUVÉA, h., cⁿᵉ de Raucoules. — *Chouvée*, 1626 (Jamon, nʳᵉ). — *Chauvéac*, 1888 (Malègue).

CHOUVEL, écart, cⁿᵉ de Beaulieu. — *Chalvel*, 1265 (hôtel-Dieu, B. 317). — *Cortile de Chalvello*, 1309 (*ibid.*, B. 375). — *Chouveilh*, 1541 (Cham-blas). — *Le Chouvel*, 1880 (carte adm.). — *Chouvet*, 1888 (Malègue).

CHOUVET, f., cⁿᵉ de Vergongheon.

CHOUVON (MOULIN-DE-), mⁱⁿ, cⁿᵉ de Polignac. — *Molendina vicecomitis Podompnhiaci*, 1368 (Drôme). — *Molendinum deux Streytz*, 1369 (coll. César Falcon). — *Molendinum vicecomitatus*, 1440 (tit. de Saint-Vidal). — *Les Molins baudiers de la par. de Polignac sciz sur la rivière de Borne lez le lieu des Streitz*, 1587 (Sigaud, nʳᵉ). — *Les Moulins des Estreytz*, 1626 (Brunel, nʳᵉ).

CHYÈNE, mⁱⁿ sur les Estables, cⁿᵉ des Estables. — *Le Petit-Moulin*, 1882 (aff. jud.).

CHYRAC, près l'Arbre, f., cⁿᵉ de Chanteuges. — *Mansus de Cheyrat*, 1461 (Bibl. nat., ms. lat., n. acq., 1222, f° 184 v°). — *Cheirac*, 1774 (terrier de Digons).

CICHI, m. i., cⁿᵉ de Saint-Pal-de-Mons.

CIME (MOULIN-DE-LA), mⁱⁿ sur la Borne occidentale, cⁿᵉ de Monlet.

CIMETIÈRE (LE), m. i., cⁿᵉ de Brioude.

CINDETS (MOULIN-DES-), mⁱⁿ sur l'Auzon, à Auzon.

CINDRAT, loc. détr., cⁿᵉ de Léotoing. — *Mansus de Cindrat* ou *Cyndrat*, 1295 (spic. Briv.).

CINDRON (LE), ruiss., affl. du Lupiat à la limite des communes de Champagnat et de Chaniat.

CIRLANGES, m. i., cⁿᵉ de Saint-Didier-sur-Doulon.

CISIÈRE (LA), affl. du Blaizat, cⁿᵉ de Saint-Éble. — *Rivus de Sizeyres seu de Sizeris*, 1490 (terrier du Cluzel). — *Ruiss. du Cizeyre*, 1670 (Arch. nat., P. 502, n° 133).

CISSAC, vill., cⁿᵉ de Saint-Ilpize. — *Seyçat, Seçat*, 1339 (Bibl. nat., ms. fr., 14377, p. 189). — *Mansus de Seyssac*, 1379 (Arch. nat., Z². 4143, p. 21). — *Ceyssac*, 1386 (*idem*, 4144, p. 74). — *Seyssacum*, 1461 (Arch. nat., ZZ. 359, p. 39). — *Seyssat*, 1464 (*idem*, p. 101).

CISSAC, f., cⁿᵉ de Saint-Just-près-Brioude. — *In vicaria Brivatensi, in vicaria quæ dicitur Cheisac*, 859 (cart. de Brioude, ch. 201). — *Homines de Seysac* ou *Saysac*, 1281 (J. Lachenal, l'égl. de Br., 8 et 13). — *Seyssac, Ceyssac*, 1353 (coll. J. Lachenal). — *Mansus de Ceissac*, 1429 (terrier du doy. de Br.).

CISTÈRE, h., cⁿᵉ de Saint-Préjet-Armandon. — *Mansus de Sesterra* ou *de Sansterra*, 1464 (Bibl. nat., ms. lat., n. acq., 1223, f°ˢ 137 et 162 v°). — *Cisterre*, XVIIIᵉ s. (Cassini). — *Sisterre*, 1888 (carte adm.).

CISTRIÈRE (LA), m. i., cⁿᵉ de Saint-Just-Malmont. — *Citrière*, 1888 (Malègue).

CISTRIÈRES, cⁿⁿ de la Chaise-Dieu. — *Parochia Cis-

treriarum, 1316 (la Chaise-Dieu, Saint-Alyre). — *Cistreyas*, 1379 (compte de Bertrand Flotenc). — *Cistreyres*, 1401 (spic. Brivat.). — *Sistreyras*, 1454 (la Chaise-Dieu, doyenné). — *Prior de Systreyras*, xv⁰ s. (pouillé de Saint-Flour, par A. Bruel, p. 234). — *Sistreyres*, 1516 (terrier de Vals-le-Chastel).

En 1789, Cistrières faisait partie de la province d'Auvergne, de l'élection d'Issoire, de la subdélégation de Saint-Amand-Roche-Savine et du ressort de Riom. Son église paroissiale, diocèse de Saint-Flour et archiprêtré de Brioude, était sous le vocable de saint Pierre; l'abbé de la Chaise-Dieu présentait à la cure.

Prieuré uni à la mense abbatiale de l'abbaye de la Chaise-Dieu.

Cistrières, h., cⁿᵉ de Lubilhac.

Cistrouse (La), f., cⁿᵉ de Présailles. — *La Cestrouze*, 1785 (Th. Julien, nʳᵉ). — *La Chistrouze* (cad.). — *Lassistrouze*, 1820 (Deribier).

Citre, h., cⁿᵉ de Saint-Romain-Lachalm. — *Sistre*, 1269 (homm. de l'év.). — *Cistres*, 1615 (Rhône, D. 185).

Civénac, vill., cⁿᵉ de Paulhac. — *In villa Severiaco*, 911 (cart. de Brioude, ch. 37). — *In vicaria Brivatensi, in villa quæ dicitur Seveirag*, xi⁰ s. (*idem*, ch. 52). — *Cyvairac, Cyvayrac*, 1353 (coll. J. Lachenal). — *Civeyracus*, 1445 (terrier de Faugères). — *Severat*, xviii⁰ s. (Cassini). — *Civeirat*, 1888 (Malègue).

Civeyrac, vill., cⁿᵉ de Loudes. — 1383 (homm. de l'év.). — *Civeyrat*, 1408 (Drôme). — *Sivayrat reyre Alveruhe*, 1408 (compois du Puy). — *Mansus de Siveyraco, m. de Sciveyraco*, 1453 (prieuré de Polignac). — *Civeyrac*, 1506 (Médicis, II, 302). — *Civeirac*, 1598 (Doleson, nʳᵉ).

Cizière, vill., cⁿᵉ de Saint-Éble. — *In comitatu Brivatensi, in vicaria de Aurato, in villa quæ dicitur Ciseria*, 927 (cart. de Brioude, ch. 174). — *Villa Cessereda*, xi⁰ s. (*idem*, ch. 94). — *Sizeyras*, 1310 (Cumignat). — *Ciseyras*, 1462 (Bibl. nat., ms. lat., n. acq., 1223, f⁰ 38 v⁰). — *Sezeyras*, 1490 (terrier du Cluzel). — *Cisière* (cad.).

Claire (La), f., cⁿᵉ de Saint-Ferréol-d'Auroure.

Claire (La), f., cⁿᵉ du Mazet-Saint-Voy.

Clamon, vill., cⁿᵉ de Lorlange. — *Villa de Clamone*, v. 945 (bibl. de l'éc. des ch., xxvii, A. Bruel, chron. du cart. de Brioude, 505). — *In vicaria de Horiacensi, in villa Clamoni*, 958 (cart. de Brioude, ch. 301). — *In vicaria Chiriacensi, in villa Clamonensi*, xi⁰ s. (cart. de Sauxillanges, n⁰ 603). — *Clamo*, xv⁰ s. (Arch. nat., R⁴. 1143,

n⁰ 362). — *Clamont*, 1730 (terrier d'Espalem). — *Clemont*, xviii⁰ s. (Cassini).

Clamon (Le), affl. de l'Espalem, cⁿᵉˢ d'Espalem, Lorlange et Léotoing.

Clamonet, h., cⁿᵉ de Lorlange. — *Clemonet*, xviii⁰ s. (Cassini).

Clare (La), f., cⁿᵉ de Montusclat. — 1696 (cad. de Montusclat). — *Claret*, 1879 (carte adm.). — *Chelaret*, 1888 (Malègue).

Clarel, mont. et f., cⁿᵉ d'Araules. — *Lou Suᶜ de Clarel*, 1723 (cad. de Bellecombe). — *Clarrel*, 1888 (Malègue).

Clarès (La), affl. du Rivaux, cⁿᵉ de Montusclat.

Claret (Le), affl. de la Veyradeyre, près de Gibert, cⁿᵉ des Estables.

Clary, écart, cⁿᵉ de Ceyssac. — *Claris*, 1495 (coll. César Falcon). — *La Metterie de Clary*, 1630 (Brunel, nʳᵉ).

Clary (Le), affl. de l'Allier à Chantel, cⁿᵉ de Saint-Ilpize. — *Rivus de Garneil*, 1464 (Arch. nat., ZZ. 359, p. 100).

Clastres (Les), f., cⁿᵉ de Mazeyrat-Crispinhac. — *Las Claustras*, 1308 (Arch. nat., T. 142²). — *Les Clastres-Basses*, 1659 (la Chaise-Dieu, Mazeyrat-Crispinhac). — Fief vassal du duché de Mercœur.

Clastres (Les), f., cⁿᵉ de Pinols. — *Las Claustres*, 1486 (terrier de Tailhac).

Claudettes, écart, cⁿᵉ de Beaulieu. — *Claudelle*, 1880 (carte adm.).

Clause (La), chât. ruiné et vill., cⁿᵉ de Grèzes. — *Granchia Bertrandi Yterii quæ vocatur La Clausa*, 1265 (hist. gén. de Lang., VIII, 1551). — *Castrum de la Clausa*, 1279 (Thiolent). — *La chapelle Sainte-Anne dans le chasteau de la Clauze*, 1618 (*idem*). — *Le chdteau de la Clause*, 1724 (l'Ouvreleul, 27). — *La Clauze*, 1888 (carte adm.).

Clauses (Les), m. i., cⁿᵉ de Chadron. — *Le Mas de Nadaud*, 1880 (aff. jud.).

Clauses (Les), h., cⁿᵉ de Mazerat-Aurouze. — *Mansus de Clausis*, 1376 (la Chaise-Dieu, Mazerat-la-Brequeille). — *Las Esclauzas*, 1407 (*idem*, Mazerat-Aurouze).

Clauses (Les), vill., cⁿᵉ de Raucoules. — *Villa de Clausis*, 1024 (cart. de Chamalières, n⁰ 192). — *Clauzes*, 1695 (capitation). — *Les Clauses-Niaille*, 1888 (Malègue).

Claustre (Moulin-de-La), à Solignac-sur-Loire. — *Molindinum voc. de la Claustra de Sollempniaco*, 1348 (prieuré de Solignac). — *Molendinum Claustræ*, 1352 (*idem*).

CLAUSTRES (LES), f., c^ne de Bellevue-la-Montagne. — *Les Clostres*, 1888 (carte adm.). — *Les Clastres*, 1888 (Malègue).

CLAUZELLES, h., c^ne des Vastres. — *Mansus de Clausellas*, 1454 (terrier de Saint-Julien de Châteauneuf). — *Clauzelas*, 1464 (Ardèche, C. 624).

CLAUZELS (LES), m. i., c^ne de Bessamorel.

CLAVARETTE, vill., c^ne de Malvalette. — *Claveretes*, 1317 (Arch. nat., P. 1400³, c. 990). — *Locus de Clavaretis*, 1511 (obit. de Bas). — *Clavarettes*, 1691 (*idem*).

CLAVAS, vill., c^ne de Riotord. —*. Domus d'Enclavas*, 1223 (tabl. de la Haute-Loire, 1870-71, 196).— *Monasterium de Clavata*, 1273 (cart. de Saint-Sauveur-en-Rue). — *Clava*, 1276 (*idem*). — *Monasterium de Clavasio*, 1293 (*idem*). — *Les dames religieuses de Clavay*, 1416 (La Mure, ducs de Bourbon, III, pr. 181). — *Clavacium*, 1690 (J. Le Pelletier, bénéf. et comm^ries de France).

Vocable : saint Austrégisile.

Église érigée en succursale le 12 mars 1826.

CLAVAS, m. i., c^ne de Saint-Julien-Molhesabate.

CLAVAS (LE), affl. du Riotord, prend sa source à l'ouest de Clavas et se jette dans le Riotord près de l'usine de Bertolet, c^ne de Riotord. — *Rivus Clavacii*, 1468 (Rivière, n^re). — *Eau de Clavac*, 1626 (vis. de J. de Serres, f° 230). — *La Clavarine* (cad.).

CLAVEL, m. i., c^ne de Laussonne. — xviie s. (mairie du Monastier, CC⁶).

CLAVIÈRES, vill., c^ne de Malvalette. — *Claveres*, 1317 (Arch. nat., P. 1400³, c. 990). — *Clareyras*, 1500 (obit. de Bas).

CLÈDE (LA), dom., c^ne d'Allègre. — *La Cleda*, 1313 (terrier de l'év. B. de Castanet). — *Le lieu de la Cledde alias Cleyssac*, 1650 (communic. de M. E. Grellet de la Deyte).

CLÈDE (MOULIN-DE-LA), m. i., c^ne d'Allègre. — *Le Molin-de-la-Clédde*, 1650 (communic. de M. E. Grellet de la Deyte).

CLÉMENSAT, vill., c^ne d'Azerat. — *Villa Clementiag*, v. 1011 (cart. de Brioude, ch. 6). — *Clemensac*, xive s. (terr. des Grèzes). — *Clamenssat*, 1402 (cart. d'Azerat). — *Clamensat*, xviiie s. (Cassini).

CLERGEAT, vaine, c^ne des Estables.

CLERGEAT, h., c^ne de Josat.

CLERGEAT (LE), affl. de la Gazeille à Beauregard, c^ne des Estables.

CLERSANGE, vill., c^ne de Saint-Pal-de-Murs. — *Clerssanghas*, xve s. (la Chaise-Dieu, Connangles). — *Clarsanges*, 1570 (J. Chalvon, n^re).

CLEYSSAC, vill., c^ne de Malrevers. — *Cleisac*, v. 1090 (Saint-Georges du Puy). — *Cleyssac*, 1256 (év.) — *Clayssacum*, 1344 (J. de Peyre, n^re). — *Locus de Cleysaco*, 1427 (Saint-Agrève). — *Clissac*, 1569 (A. Boyer, n^re).

CLOÎTRE (LE), anc. quartier du Puy. — *Claustra S. Mariæ Aniciensis ecclesiæ*, 976 (cart. de Cluny, n° 1431).

CLOS (LE), écart, c^ne d'Aurec.

CLOS (LE), écart, c^ne de Beaulieu.

CLOS (LE), bois, c^ne de la Besseyre-Saint-Mary.

CLOS (LE), écart, c^ne de la Chapelle-d'Aurec.

CLOS (LE), affl. de la Fioure, à l'est de Chastenuel, c^ne de Jax.

CLOS (LE), f., c^ne de Saint-Didier-la-Séauve.

CLOS (LE), h., c^ne de Saint-Just-Malmont.

CLOS (LE), f., c^ne de Saint-Pal-de-Mons.

CLOS (LE), h., c^ne de Tiranges.

CLOS (LES), f., c^ne de Saint-André-de-Chalencon. — *Louz Clotz*, 1581 (terrier de Frissonet). — *Lou Claux*, 1604 (cad. de Chalencon). — *Loux Cloz*, 1614 (coll. C. Falcon). — *Lous Clodz*, 1695 (capitation). — *Louclos*, 1879 (carte adm.).

CLOS (Lous), h., c^ne de Roche-en-Régnier. — *Los Clotz*, 1311 (Arch. nat., P. 494¹, cote 14). — *Lous Clioux*, 1500 (coll. C. Falcon). — *Le Clos*, 1880 (carte adm.).

CLOS (MOULIN-DU-), m^in, c^ne de Vals-près-le Puy.

CLOS-D'ANTREUIL (LE), écart, c^ne d'Yssingeaux.

CLOS-SAINT-SÉBASTIEN (LE), hôpital de pestiférés, bâti en 1526 près le Puy, «auprès du Garait-Sainct-Jehan, devers la partie de Bornen (Médicis, II, p. 202 et suiv.), et détruit pendant la Révolution. — *Clausus Sancti Sebastiani* (Médicis, II, p. 215).

CLOVIS, m. i., c^ne de Saint-Julien-d'Ance.

CLOZEL (LE), écart, c^ne de la Chapelle-d'Aurec.

CLUZEL (LE), m. i., c^ne de Bas.

CLUZEL (LE), écart, c^ne de la Chapelle-Geneste.

CLUZEL (LE), h., c^ne de Chénéreilles. — *Lo Clusel*, 1290 (Rhône, D. 148). — *Lo Cluzel*, 1294 (cart. de Tence, f° 1 v°). — *Clusellus*, 1314 (év.). — *Lou Cluzel*, 1619 (Rhône, D. 150).

CLUZEL (LE), h., c^ne de Coubon. — *Lo Cluzel*, 1219 (tabl. du Velay, 1876-77, 514). — *Le Cluzel-lès-les-Alirols*, 1707 (cad. de Bouzols). — *Le Cluzel-de-la-Terrasse*, 1785 (Julien, n^re). — *Le Clauzel* (état-major).

CLUZEL (LE), affl. du Lignon, limite les communes de Monistrol-sur-Loire et de la Chapelle-d'Aurec. — *Le Tranchard*, 1879 (carte adm.).

CLUZEL (LE), l. détr., c^ne d'Ouïdes. — *Lo Cluzel*, 1315 (hôtel-Dieu, B. 645). — *Le Clusel*, 1604 (A. Robert, n^re).

CLUZEL (LE), chât., cne de Saint-Éble. — *Lo, Cluzel*, 1288 (spic. Briv.). — *Cluselhi*, 1321 (spic. Briv.). — *Lo Clusel*, 1459 (Bibl. nat., ms. lat., n. acq., 1222, f° 105). — *Los Cluzels*, 1465 (terrier de Vissac). — *Clusellus*, 1474 (terrier du Cluzel). — *Les Clusels*, 1480 (Bibl. nat., ms. lat., n. acq., 1224, f° 270 v°),

CLUZEL (LE), h., cne de Saint-Martin-de-Fugères. — *Lo Cluzel*, 1377 (Saint-Mayol). — *Cluzellus*, 1461 (Chauvin, nre). — *Clusellus*, 1513 (cad. du Monastier). — *Lou Clusel*, 1547 (Chaulet, nre). — *Le Cluzel-de-Coumarcès*, 1741 (Haute-Loire, B. 51). — *Le Clauzel* (cad.).

CLUZEL (LE), h., cne de Saint-Pal-de-Mons. — *Cluzellus*, 1314 (év). — *Lo Clusel*, 1507 (év.).

CLUZELLES, f., cne de Champagnac. — *Les Chazelles*, 1880 (carte adm.). — *Le Cluzel*, 1888 (Malègue).

COCHON, h., cne de Riotord. — *Cochoux*, 1869 (Malègue).

COCOULOGNE (LA), h., cne de Salzuit. — *La Cogulonha*, 1418 (Arch. nat., Z². 4149, p. 98). — *La Cugulonia*, 1458 (Arch. nat., ZZ. 359, p. 2). — *La borie de Cogolongnie*, 1612 (terrier de la Vaudieu). — *Cocologne*, xviii° s. (Cassini). — *La Cocaulonie*, 1820 (Deribier). — *Coucologne* (état-major). — *Laborithe*, 1869 (Malègue). — *La Borytte*, 1888 (carte adm.).

COHADE, con de Brioude. — *In vicaria Brivatensi, villa cujus vocabulum est Colide*, 1011 (cart. de Brioude, ch. 331). — *Homines de Coylde*, 1281 (J. Lachenal, l'égl. de Br., 13). — *Colhde, par. S. Ferreoli prope Brivatam*, 1410 (terrier des Grèzes, f° 36 v°). — *Coilde*, 1601 (terrier du chap. de Brioude). — *Coade*, 1625 (*idem*). — *Saint-Ferréol-de-Cohade*, 1820 (Deribier).

En 1789, Cohade appartenait à la province d'Auvergne, à l'élection et subdélégation de Brioude et au ressort de Riom. Son église paroissiale, diocèse de Saint-Flour et archiprêtré de Brioude, était dédiée à saint Ferréol; le titre du présentateur est ignoré.

COHADE (LA), loc. détr., cne de Siaugues-Saint-Romain. — *Mansus de Cohada*, 1461 (Bibl. nat., ms. lat., n. acq., 1222, f° 214 v°). — *La Cohade*, 1462 (*idem*, 1223, f° 64 v°).

COHARDE (LA), f., cne de Saint-Front. — *La Couarda*, 1526 (cad. du Monastier). — *La Coarda*, 1529 (Costavol, nre). — *La Metterie de Coharde*, 1646 (cad. de Bonnefont). — *La Couarde*, 1888 (carte adm.)

COIN (LE), h., cne de Berbezit. — *Mansus del Coign*, xv° s. (la Chaise-Dieu, Connangle). — *Le Coing*, 1570 (J. Chalvon, nre).

COIN (LE), m. i., cne de Dunières. — *Le Coain*, 1879 (carte adm.).

COIN (LE), h., cne du Mas-de-Tence.

COIN (LE), h., cne de la Vaudieu. — *Mansus qui dicitur Como (Coino)*, v. 1060 (cart. de Brioude, ch. 59). — *Lo Coynh*, 1312 (la Chaise-Dieu, Javaugues). — *Lo Coign*, 1494 (*idem*). — *Le Coing*, 1612 (terrier de la Vaudieu).

COINDET, h., cne de Rosières.

COINDET (LE), affl. de la Suissesse à Rosières.

COINS (LES), f., cne de Saint-Romain-Lachalm.

COIROLLES, vill., cne de Saint-Julien-Molhesabate. — *Las Coairolles*, 1269 (homm. de l'év.). — *Lex Cayrolles*, 1309 (*idem*). — *Coyrolas*, 1468 (Rivière, nre).

COIROLLES, min sur le Clavas, cne de Saint-Julien-Molhesabate.

COLANCE, vill., cne de Chadron. — *Colensa*, 1232 (tabl. histor. du Velay, 1876-77, p. 37). — *Mansus de Colentia*, 1336 (J. de Peyre, nre). — *Villa de Colencia*, 1386 (hom. de Solignac). — *Colence*, 1549 (Savin, nre). — *Colampce*, 1695 (capitation). — *Colempce*, 1880 (carte adm.).

COLANGE, h., cne de Thoras. — *Colongas*, 1279 (Thiolent). — *Colangas*, 1394 (*idem*). — *Colongiæ*, 1526 (A. Besseyre, nre).

COLANGE, f. détr., près Laroux, cne de Vorey. — xviii° s. (Cassini).

COLANCE (LA), f., cne de Montregard. — *La Colongha*, 1466 (Rivière, nre). — *La Collange*, 1556 (terrier de Montregard).

COLANY, min sur la Dège, cne d'Auvers. — *Coloignet ou Colagnet*, 1588 (terrier d'Auvers). — *La verrerie de Colany*, 1824 (Deribier, stat. 87).

COLENCE, l. détr., cne de Freycenet-la-Tour. — *Villa Colentiola*, 866 (cart. du Monastier, n° 62). — *Villa Colentia*, 937 (*idem*, n° 53). — *Villa Colentiæ*, x° s. (*idem*, n° 360). — *Colensa*, 1220 (Bonnefoy). — *Villa quæ dicitur Colencia*, 1263 (Monastier-Saint-Chaffre). — *Iter tendens de Reyrac ad territorium de Colensola*, 1523 (cad. du Monastier).

COLENCE (LA), riv., affl. de la Loire au-dessous de Chadron, prend naissance dans la cne de Freycenet-Lacuche et arrose celle du Monastier. — *Rivulus Colentia*, 1107 (cart. du Monastier, n° 19). — *Aqua de Colensa*, 1224 (Bonnefoy). — *Riperia Colencie*, 1364 (commn de M. Experton). — *Riv. de Collence*, 1558 (Haute-Loire, B.). — *La Colence*, 1568 (André, nre). — *La rivière de Colempce*,

1587 (J. Doleson, n^{re}). — *La Collempce*, 1596 (André, n^{re}). — *La Ricumène* (cad.). — *Le Crouziols*, 1880 (carte adm.).

COLIN (LE MAS-DE-), l. détr., c^{ne} de Saint-Maurice-de-Lignon. — *Le Mas-de-Colyn*, 1589, (Haute-Loire, E.).

COLLANDRE, vill., c^{ne} de Solignac-sur-Loire. — *Coloinde*, 1233 (hôtel-Dieu, B. 308). — *Columde*, 1238 (Saint-Vosy). — *Colompde*, 1312 (hôtel-Dieu, B. 387). — *Colomde*, 1348 (le Monastier-Saint-Chaffre). — *Colandes*, 1549 (Savin, n^{re}). — *Culampdes*, 1568 (Doleson, n^{re}). — *Colampdres*, 1630 (Brunel, n^{re}). — *Colandres*, 1666 (André, n^{re}). — *Colendres*, 1667 (*idem*).

COLLANGE, h., c^{ne} de Loudes. — *De Collongis*, v. 1187 (hospit. du Velay). — *Colongas*, 1370 (év.). — *Colonghas*, 1405 (Drôme). — *La Colonga*, 1408 (Drôme).

COLLANGE (LA), m. i., c^{ne} de Bessamorel.

COLLANGE (LA), vill., c^{ne} de Lantriac. — *La Colungia, la Colongha*, 1389 (reg. de Bouzols). — *Colangia*, 1499 (terrier de Volhac). — *Colongia*, 1508 (terrier de Coublador). — *La Colonge, la Coloange*, 1546 (Savin, n^{re}).

COLLANGE (LA), écart, c^{ne} de Sainte-Sigolène. — 1553 (ress. de Montfaucon).

COLLANGE (LA), chât. détr. et f., c^{ne} d'Yssingeaux. — *Chasteau de la Collange*, 1615 (terrier de Saussac).

COLLANGES, l. détr., près Chantouin, c^{ne} de Bains. — *El Mas de Colongas*, v. 1213 (templiers du Puy).

COLLAT, c^{on} de Paulhaguet. — *Prior de Collat*, 1235 (spic. Briv.). — *Collatum*, 1381 (*idem*). — *Coullat*, 1401 (*idem*). — *Le Collat*, 1470 (*idem*). — *Colat*, 1511 (coust. d'Auv., f° 81, v°).

En 1789, Collat était compris dans la province d'Auvergne, l'élection de Brioude, la subdélégation de la Chaise-Dieu et le ressort de Riom. Son église paroissiale, diocèse de Saint-Flour et archiprêtré de Brioude, était consacrée à saint Martial; la présentation à la cure appartenait au prieur, dont le bénéfice dépendait de l'abbaye de la Chaise-Dieu.

COLLET (HERMITAGE-DU-), c^{ne} de Polignac. — *Capella fundata ad hon. Beatæ Mariæ Virginis Aniciensis in loco Colleti*, 1473 (Médicis, II, 247). — *L'Hermitaige du Collet*, xvi° s. (*idem*, II, 244).

Hermitage avec chapelle, fondée en 1393.

COLLET (LE), m^{on} de camp., c^{ne} de Polignac. — *Mansus del Col*, v. 1070 (cart. de Pébrac, n° 3). — *Pedagium de Colleto*, 1274 (év.). — *Lo Colet*, 1299 (Saint-Georges de Saint-Paulien). — *Coletum*, 1456 (prieuré de Polignac). — *Coletum*, 1469 (*idem*). — *Le Collet*, 1589 (Burel, 124).

Le péage du Collet était un fief vassal immédiat de la couronne.

COLLET (LE), m. i., c^{ne} de Riotord.

COLLET (LE), f., c^{ne} de Saint-Pierre-Eynac.

COLOIN, lieu dit, c^{ne} du Puy. — *Vinea de Colon*, 1136 (Saint-Georges du Puy). — *Coloin*, 1243 Saint-Vosy). — *Vinetum de Coloynh*, 1323 (J. de Peyre, n^{re}). — *En Colonh*, 1408 (compois du Puy). — *Terroir de Coloing*, 1562 (Médicis, I, 529). — *La Vio Machadeyre ou Coloin*, 1729 (Saint-Vosy).

COLOMBET, h., c^{ne} de Chaudeyrolles. — *Locus de Columbeto*, 1464 (Ardèche, C. 626). — *Coulombet*, 1652 (ét. civ.).

COLOMBETS (LES), h., c^{ne} de Saint-Julien-du-Pinet. — *Les Colombetz-lez-Glavenas*, 1613 (Duclaux, n^{re}). — *Le Colombet*, xviii° s. (Cassini).

COLOMBEYRE (LA), affl. de l'Allier, c^{ne} de Saint-Christophe-d'Allier.

COLOMBEYRE (LA), m. i., c^{ne} de Saint-Romain-Lachalm.

COLOMBIER, vill., c^{ne} de Saint-Jean-d'Aubrigoux. — *Ad Colombarios*, 1213 (cart. de Chamalières, n° 319). — *Mansus de Columberiis*, 1383 (Rhône, Saint-Antoine-de-Viennois, Saint-Victor). — *Colombiers*, 1610 (*idem*).

COLOMBIER (LE), l. détr., c^{ne} d'Allègre.

COLOMBIER (LE), affl. de l'Arzon, c^{nes} de Saint-Jean-d'Aubrigoux, Saint-Victor-sur-Arlanc, Jullianges et Craponne-sur-Arzon.

COLONIAT, houillère aband., c^{ne} de Chanteuges. — *Territ. de Colonhac*, 1486 (terrier de Tailhac). — *Territ. de Columpnhac*, 1502 (Arch. nat., Q. 513, f° 212).

COLONNA (LA), affl. de la Massardière, c^{ne} de Saint-Just-Malmont.

COLS, l. détr., c^{ne} de Saint-Privat-du-Dragon. — *Lo Cols*, 1379 (Arch. nat., Z². 4143, p. 7).

COMBABAURES, m. i., c^{ne} de Saint-Just-Malmont. — *Combabou*, 1879 (carte adm.).

COMBADINE, vill., c^{ne} de Saint-Géron. — *Combadisme*, 1353 (coll. J. Lachenal). — *Combedixme*, 1604 (*idem*).

COMBAL, m. i., c^{ne} de Tence.

COMBANEYRE, m. i., c^{ne} de Saint-Beauzire. — *Combeneire* (cad.).

COMBARNAUD, l. détr., c^{ne} de Saint-Jeure. — 1695 (capitation).

COMBAT (LE), m. i., c^{ne} de Riotord.

COMBE (GRAND-), l. détr., c^{ne} de Mercœur. — *In nice*

Radicatensi, ad Illam Cumbam, 925 (cart. de Brioude, ch. 112). — *Pagézie app. Grand-Combe où souloit avoir Chazaulx,* 1613 (Mercurial).

COMBE (LA), vill., c^ne de Bas. — *Villa de la Cumba,* 1230 (Arch. nat., P. 493¹, cote 59). — *Comba,* 1493 (obit. de Bas) — *Lacombes* (cad.).

COMBE (LA), f., c^ne de Berbezit.

COMBE (LA), affl. du Panis au sud-ouest de Madrières, c^ne de Chanaleilles.

COMBE (LA), h., c^ne de Chanteuges. — *La Combe,* 1443 (spic. Brivat.). — *Mansus de Comba,* 1460 (Bibl. nat., n. acq., 1222, f° 173).

COMBE (LA), f., c^ne de Chaudeyrolles.

COMBE (LA), f., c^ne de Fay-le-Froid. — *Comba prope Faynum,* 1464 (Ardèche, C. 624). — *La Combe,* 1688 (ét. civ.). — *Lacombe,* 1888 (Malègue).

COMBE (LA), m. i., c^ne de Lapte. — *Lacombe,* 1888 (Malègue).

COMBE (LA), f., c^ne de Moudeyres.

COMBE (LA), vill., c^ne du Pont-Salomon. — *Lacombe,* 1888 (Malègue).

COMBE (LA), affl. de l'Arquejols, c^ne de Saint-Étienne-du-Vigan.

COMBE (LA), f., c^ne de Saint-Julien-Chapteuil. — *La grange app. la Combe,* 1685 (cad. de Chapteuil-Bas).

COMBE (LA), m. i., c^ne de Saint-Vincent.

COMBE (LA), h., c^ne de Tence.

COMBE (LA), m. i., c^ne de Vieille-Brioude.

COMBE (LA), affl. de l'Allier à Villeneuve-d'Allier.

COMBEAU (LE), bois, c^ne de Séneujols.

COMBEAUX (LES), m. i., c^ne de Montregard.

COMBEAUX (LES), f., c^ne de Sainte-Sigolène.

COMBE-CHAVE, lieu dit, près Chavagnac, c^ne de Salzuit. — *La Fontaine saincte de Combe-Chave,* 1612 (terrier de la Vaudieu).

COMBE-CHEMIN, h., c^ne de Saint-Just-près-Brioude. — *Conbacimet,* 1339 (Bibl. nat., fr., 14377, f° 189). — *Mansus de Combacimet,* 1387 (Arch. nat., Z². 4144, p. 219). — *Combassimet,* 1464 (Arch. nat., ZZ. 359, f° 76).

COMBE-CROSE, m. i., c^ne de Prades.

COMBE-DU-FOUR (LA), affl. de l'Allier, c^ne de Monistrol-d'Allier.

COMBE-GIRARD, f., c^ne de Chanteuges. — *Comba Girard,* 1443 (spic. Briv.). — *Combe-Géral,* 1820 (Deribier).

COMBE-IMBERT, écart, c^ne de Montregard.

COMBELADE, anc. verrerie, c^ne de Desges. — *Combellade,* 1588 (spic. Briv.).

COMBELADE, bois, c^ne de Ferrussac.

COMBELADE (PEU DE), mont., c^ne de Ferrussac.

COMBELLE (LA), écart, c^ne de Beaulieu.

COMBELLE (LA), ruiss., affl. du Monastier, c^ne du Chambon.

COMBELLE, h., c^ne de Saint-Pal-de-Murs.

COMBELLES (LES), h., c^ne de Desges. — *Mansus de las Combellas,* 1459 (Bibl. nat., ms. lat., n. acq., 1222, f° 127). — *Les Combelles,* 1750 (terrier des Binières). — *Escombelle,* 1869 (Malègue). — *Lescombelles,* 1888 (carte adm.).

COMBEVALE, f., c^ne de Pébrac. — *Combinal,* xviii° s. (Cassini).

COMBE-MARTIN, m. i., c^ne de Saint-Jeure.

COMBENEIRE, h. ruiné, c^ne de Saint-Didier-sur-Doulon. — *Combeneyre,* 1548 (Vals-le-Chastel). — *Combalaire,* xviii° s. (Cassini). — *Combenaire,* 1888 (carte adm.).

COMBENEYRE, bois, c^ne d'Aubazat.

COMBENEYRE, f., c^ne du Chambon.

COMBENEYRE, bois, c^ne de Cronce.

COMBES, m. i., c^ne de Riotord.

COMBES (LES), affl. de la Cronce au sud-est d'Arlet.

COMBES (LES), h., c^ne d'Aurec.

COMBES (LES), h., c^ne de Bournoncle-la-Roche. — *Locus qui dicitur Cumbas, in vicaria Brivatensi,* 976 (cart. de Sauxillanges, n° 83).

COMBES (LES), f., c^ne du Chambon.

COMBES (LES), h., c^ne de Champclause.

COMBES (LES), h., c^ne d'Espaly-Saint-Marcel. — *In Combis inter castrum Spaleti et Anicium,* 1250 (Saint-Agrève). — *Cumbas,* 1267 (hôtel-Dieu, B. 143). — *Conbæ subtus Ronso inter Anicium et castrum Spaleti,* 1365 (Arch. nat., J. 1057, cote 11).

COMBES (LES), m. i., c^ne du Pertuis.

COMBES (LES), h., c^ne de Queyrières. — *Le lieu de Combe-de-Queyrière,* 1608 (A. Robert, n^re).

COMBES (LES), h., c^ne de Raucoules. — 1607 (Jamon, n^re). — *La Combe,* 1879 (carte adm.).

COMBES (LES), affl. de la Faye, c^ne de Saint-Didier-d'Allier.

COMBES (LES), h., c^ne de Saint-Haon. — *Las Combas,* 1464 (Pratlavi, n^re). — *Locus de Combis,* 1511 (Dompnin, n^re). — *Les Combes,* 1571 (A. Boyer, n^re).

COMBES (LES), loc. détr., c^ne de Saint-Hilaire. — *Mansus de Cumbas,* xiv° s. (terrier des Grèzes).

COMBES (LES), m. i., c^ne de Saint-Julien-Molhesabate.

COMBES (LES), h., c^ne de Saint-Vert. — *Mansus de las Combas,* 1291 (spic. Briv.). — *Le Mas de las Cumbes,* 1337 (idem). — *Mansus de Cumbis,* 1338 (idem).

Combes (Les), f., c^{ne} de Tence.

Combes (Les), bois, c^{ne} de Villeneuve-d'Allier.

Combes-de-Bouteyre (Les), m. i., c^{ne} de Riotord.

Combe-Tarnière (Ravin-de-), affl. du Chastan à la limite ouest des c^{nes} d'Auzon et d'Azerat.

Combette (La), affl. de la Loubeyre, c^{ne} de Chanaleilles.

Combette (La), m. i., c^{ne} du Monteil.

Combette (La), f., c^{ne} des Vastres.

Combeuil, h., c^{ne} de Chazelles. — *Mansus de Combeulh*, 1464 (Bibl. nat., ms. lat., n. acq., 1223, f° 191).

Combeveille, f., c^{ne} d'Araules. — *Combeveuille*, 1566 (év.). — *Comba-Veilhe, Comhavielle*, 1608 (cad. de Bonnas). — *Combeveille*, 1628 (Duclaux, n^{re}).

Combomard, mⁱⁿ sur la Senouire, c^{ne} de la Chaise-Dieu. — *Le Molin de Combosmard*, 1585 (la Chaise-Dieu, Combomard). — *Combomat*, 1888 (carte adm.). — *Combemard*, 1888 (Malègue).

Combonie, lieu dit, c^{ne} d'Espaly-Saint-Marcel. — *Combauria*, xiiie s. (coll. César Falcon). — *Combaurie*, 1710 (cad. d'Espaly).

Combre, h., c^{ne} de Chamalières. — *Conbrus*, 1097 (cart. de Chamalières, n° 5). — *Terra de Combris*, 1097 (*idem*, n° 6).

Combre (Le), affl. de la Loire au nord-ouest de Combre, c^{ne} de Chamalières.

Combreaux, vill., c^{ne} de Saint-Pal-de-Chalencon. — *Combreaulx*, 1540 (terrier de Saint-Pol). — *Combriot* (cad.).

Combres, vill., c^{ne} de Bauzac. — *Combres*, 1402 (Arch. nat., P. 1397², cote 586).

Combres, h., c^{ne} de Roche-en-Régnier. — *Combres*, 1332 (Arch. nat., P. 1397², cote 571). — *Conbres*, 1339 (Arch. nat., P. 494¹, cote 13 *bis*).

Combres, h., c^{ne} de Saint-Just-près-Brioude. — *Conbret*, 1338 (Bibl. nat., fr., 14377, f° 197). — *Mansus de Combreto*, 1428 (Bibl. nat., fr., 11490, f° 39).

Combres, vill., c^{ne} de Saint-Pal-de-Murs. — 1542 (la Chaise-Dieu, Saint-Pal-de-Murs).

Combres (Les), mⁱⁿ sur la Senouire, c^{ne} de Domeyrat. — *Les Ombres* (cad.).

Combret, vill., c^{ne} de Jullianges. — *Combre*, 1888 (carte adm.).

Combret, vill., c^{ne} de Saint-Berain. — *Mansus de Combreto*, 1320 (J. de Peyre, n^{re}). — *Domus de Combreto*, 1362 (Baluze, mais. d'Auv., II, 440).

Combret, vill., c^{ne} de Venteuges. — *Combret*, 1327 (Lozère, G. 98). — *Mansus de Combreto*, 1480 (Bibl. nat., ms. lat., n. acq., 1224, f° 262 v°).

Combret, loc. détr., c^{ne} de Villeneuve-d'Allier. —

Mansus de Conbreto, 1462 (Arch. nat., ZZ. 359, p. 61). — *Combret*, 1468 (*idem*, p. 119).

Combreus, f., c^{ne} de Craponne-sur-Arzon. — *Villa de Combreuss*, 1267 (Saint-Georges du Puy). — *Conbreus*, 1308 (Saint-Agrève). — *Combreulx*, 1610 (Rhône, Saint-Antoine-de-Viennois, Saint-Victor). — *Combrens*, 1820 (Deribier).

Combriaux, vill., c^{ne} de Saint-Privat-d'Allier. — *Combrils*, 1331 (J. de Peyre, n^{re}). — *Combriols*, 1447 (la Chaise-Dieu, Saint-Privat-d'Allier). — *Cambriolz*, 1448 (spic. Briv.). — *Combrialis*, 1460 (Bl. Girard, n^{re}). — *Mansus de Combrils*, 1485 (terrier du Cluzel). — *Combrialz*, 1513 (terrier de Saint-Privat).

Combriol, vill., c^{ne} de Saint-Étienne-Lardeyrol. — *Combroilium*, v. 1021 (cart. de Chamalières, n° 189). — *Cumbroiol*, xiiie s. (Saint-Georges du Puy). — *Combreuol, Combreol*, 1343 (Chamblas). — *Mansus de Conbreol*, 1343 (la Chaise-Dieu, Saint-Étienne-Lardeyrol). — *Combruol*, 1354 (*idem*). — *Combruolh*, 1428 (*idem*). — *Combruolhium*, 1462 (Lardeyrol). — *Combriol*, 1546 (Savin, n^{re}).

Commeyron, h., c^{ne} de Tence.

Communac, vill., c^{ne} de Polignac. — *Comenac*, 1266 (tabl. du Velay, 1876-77, 525). — *Mansus de Comenaco*, 1368 (Drôme). — *Commenacum*, 1453 (coll. César Falcon). — *Commenac*, 1586 (Sigaud, n^{re}).

Communac (Le), affl. du Chalan au-dessous de Cussac, c^{ne} de Polignac. — *Le riou de Cuoq*, 1453 (terrier du prieuré de Polignac).

Communal (Le), bois, c^{ne} de Jax.

Communaux (Les Grands-), h., c^{ne} de Montfaucon.

Communaux (Les Petits-), h., c^{ne} de Montfaucon.

Commune (La), écart, c^{ne} de Grazac.

Commune (La), m. i., c^{ne} de Raucoules.

Communes (Les), m. i., c^{ne} de Beaulieu.

Compagnon (Le), lieu détr., c^{ne} de Malvières. — *Apud Copangho, par. Malveriarum*, 1414 (terrier de Malvières).

Comps, loc. détr., près Moristel, c^{ne} de Saint-Vert. — *Los mas de Comps*, 1841 (terrier de Charbonnier). — *Cons*, 1693 (la Chaise-Dieu, liève).

Compte (Le), f., c^{ne} de Raucoules.

Compte (Le), écart, c^{ne} de Saint-Vert.

Compty (Le), f., c^{ne} de Dunières. — *Lou Conquist*, 1553 (ress. de Montfaucon). — *Conti*, xviiie s. (Cassini).

Compty (Le Petit-), f., c^{ne} de Dunières.

Conac (Le), affl. de l'Allier, c^{ne} de Saint-Privat-d'Allier.

Conaloup, h., c^{ne} de Dunières. — *Coualoup*, 1879 (carte adm.).

Conche (La), quartier de Bas. — *Conchia*, 1420 (tabl. du Velay, 1877-78, 364). — *La Conche lez Bas*, 1546 (obit. de Bas).

Conche (La), mont. et lieu détr., c^{ne} de Malrevers. — *Conchia*, 1513 (J. Boyer, n^{re}). — *La Conchy*, 1555 (cad. de Mercœur). — *Suc de la Conche*, 1861 (état-major).

Conche (La), chât. détr., c^{ne} de Rosières. — *Castrum de Conchia*, 1490 (chap. du Puy).

Conche (La), h., c^{ne} de Saint-Pierre-Eynac. — *La Conchy*, 1609 (A. Robert, n^{re}).

Conches, chât. et dom., c^{ne} de Beaulieu. — *Conchas*, 1220 (hôtel-Dieu, B. 2). — *Conchæ*, 1331 (J. de Peyre, n^{re}). — *Locus de Conchiis*, 1482 (Pelisse, n^{re}). — *La metterie de Conches*, 1626 (Brunel, n^{re}). — *Conchis*, 1820 (Deribier).

Conches, vill., c^{ne} de Saint-Pal-de-Chalençon. — *Concas*, 1163 (cart. de Chamalières, n° 77). — *Conches*, 1540 (terrier de Saint-Pal).

Concis, vill., c^{ne} de Solignac-sur-Loire. — *Concis*, 1278 (hôtel-Dieu, B. 627). — *Consis*, 1424 (Rhône, H. 2233).

Concourret, vill., c^{ne} de Vergezac. — *Concorres*, 1227 (temp. du Puy). — *Villa de Concorres*, 1261 (la Chaise-Dieu, Saint-Rémy). — *Concourès*, 1535 (Chamblas).

Condal (Le), vill., c^{ne} de Laussonne. — *Mansus de Comptal*, xie s. (cart. du Monastier, n° 360). — *Lo Comptal*, 1344 (Monastier). — *Locus de Condali*, 1508 (Costavol, n^{re}). — *Mansus del Condal*, 1526 (cad. du Monastier). — *Le Condal*, 1665 (André, n^{re}).

Condamine (La), lieu dit, c^{ne} de Langeac. — *La Condamina Langiaci*, v. 1250 (spic. Briv.). — *Territ. de la Condamina sive de Rocha Buffeyra*, 1479 (Arch. nat., Q. 513, p. 20).

Condamine (La), m. i., c^{ne} de Mazeyrat-Crispinhac.

Condamine (La), autrefois prairie, au Puy. — *Condamina prope pontem des Trolhas*, 1295 (Saint-Agrève). — *L'erisson ou levade de la Condamina*, 1516 (Médicis, II, 287). — *La Condamine*, 1562 (Burel, 14).

Condat, vill., c^{ne} de Cistrières. — 1353 (la Chaise-Dieu, Saint-Alyre).

Condros, vill., c^{ne} de Saint-Étienne-Lardeyrol. — *Conros*, 1201 (Saint-Mayol). — *Condroux*, 1473 (Richon, n^{re}). — *Condros*, 1505 (Dompnin, n^{re}). — *Condres*, 1561 (Savin, n^{re}).

Condros, vill., c^{ne} de Villeneuve-d'Allier. — *Conrous*, 1339 (Bibl. nat., ms. fr., 14377, p. 198). —

Mansus de Conros, 1386 (Arch. nat., Z². 4144, p. 84). — *Conraux*, 1449 (Bibl. nat., ms. fr., 11490, p. 461). — *Conroux*, 1463 (Arch. nat., ZZ. 359, p. 83). — *Condros*, 1464 (Bibl. nat., ms. fr., 11491, p. 397).

Conflans, f., c^{ne} de Ceyssac.

Confolent, vill., c^{ne} de Bauzac. — *Locus qui dicitur Confolentis, juxta fluvium Ligeris*, v. 990 (cart. du Monastier, n° 55). — *Ecclesia de Confolento*, 1179 (*idem*, n° 442). — *Confolencum*, v. 1343 (*idem*, n° 452). — *Coffolencium*, 1508 (obit. de Bas).

Confolent, lieu détr., c^{ne} de Saint-Hilaire. — *In vicaria Brivatensi, in loco Condado*, v. 888 (cart. de Brioude, ch. 135). — *In vicaria Brivatensi, villa Confolent*, v. 1011 (*id.*, ch. 33). — *Mansus de Cofolent*, 1358 (spic. Briv.). — *Cofolens*, 1358 (Arch. nat., J. 1134, cote 7). — *Coffolenx-Ladreitz*, 1400 (la Chaise-Dieu, Azerat).

Congeonne (La), f., c^{ne} de Saint-Quintin-Chaspinhac.

Congousse, écart, c^{re} de Lempdes.

Conil, vill., c^{ne} de Saint-Jean-Lachalm. — *Conilhz*, 1452 (hôtel-Dieu, B. 571). — *Conilx*, 1463 (V. Chauvin, n^{re}).

Conil (Moulin-de-), mⁱⁿ ruiné sur le Saint-Didier, c^{ne} de Saint-Jean-Lachalm.

Conilis, lieu détr., c^{ne} de Saint-Jean-Lachalm. — *Mansus de Conilhetz*, 1320 (J. de Peyre, n^{re}, reg. A, f° 58). — *Conillitz*, 1463 (V. Chauvin, n^{re}).

Conlette, m. i., c^{ne} de Saint-Didier-sur-Doulon.

Connac, vill., c^{ne} de Lissac. — *Connhac*, 1283 (év.). — *Conhac*, 1321 (spic. Briv.). — *Connacum*, 1345 (J. de Peyre, n^{re}). — *Caunacum*, 1426 (év.). — *Connac*, 1605 (M^{ce} Leblanc, n^{re}).

Connac, h., c^{ne} de Saint-Privat-d'Allier. — *Lo Connac*, 1323 (hôtel-Dieu, B. 405). — *Locus de Connaco*, 1520 (Martel, n^{re}).

Connaguet, h., c^{ne} de Saint-Privat-d'Allier. — *Connaguet*, 1333 (hôtel-Dieu, B. 454). — *Mansus del Conaguet*, 1347 (la Chaise-Dieu, Saint-Privat-d'Allier). — *Conarguetum*, 1518 (Martel, n^{re}). — *Le Cognaguet*, 1560 (Thiolent).

Connangles, c^{on} de la Chaise-Dieu. — *Ecclesia de Conangles*, 1299 (Arch. nat., L. 990). — *Connangles*, 1323 (la Chaise-Dieu, Connangles). — *Prioratus Conangliarum*, 1462 (*ibid.*).

En 1789, Connangles était compris dans la province d'Auvergne, l'élection de Brioude, la subdélégation de la Chaise-Dieu et le ressort de Riom. Son église paroissiale, diocèse de Saint-Flour et archiprêtré de Brioude, était sous le vocable de saint Étienne ; comme prieur de cette localité, l'infirmier mage de l'abbaye de la Chaise-Dieu présentait à la cure.

CONQUE (LA), affl. du Vourzac, c^{nes} de Sanssac-l'Église et Polignac. — *Le Barret*, 1888 (carte adm.).

CONTALDÈS (LE MAS-DE-), f., c^{ne} de Chanaleilles. — *Mansus de Gontaldes*, 1274 (Lozère, G. 99). — *Guntaldes*, 1327 (*idem*, G. 98).

CONTODIÈNES, h., c^{ne} de la Chapelle-d'Aurec. — *La Cantodière*, 1879 (carte adm.).

CONVERT, m. i., c^{ne} de Saint-Didier-la-Séauve. — *Couvert*, 1879 (carte adm.).

COQUE (LA), écart, c^{ne} de Pinols. — *La Cogne*, 1869 (Malègue).

CORAZE, h., c^{ne} de Lantriac. — *Coha Rasa*, 1448 (Monastier). — *Mansus de Coarasa*, 1527 (cad. du Monastier). — *Coharase*, 1561 (Savin, n^{re}). — *Queue-Raze*, 1614 (Duclaux, n^{re}). — *Coharaze*, 1707 (cad. de Bouzols).

CORDAC, chât. détr., c^{ne} de Laussonne. — *Terra de Cordaco*, v. 970 (cart. du Monastier, n° 102). — *Les hommes de Cordac, à présent doux Badiour*, 1384 (Arch. nat., P. 1856, f° 28). — *Castrum de Cordaco*, 1508 (terrier de Coubladour). — *Le chasteau de Courdac*, 1707 (cad. de Bouzols).

CORDAGET, lieu détr., c^{ne} de Laussonne. — *Villa quæ dicitur Cardazeto*, v. 889 (cart. du Monastier, n° 67). — *Villa de Cordazet*, XIe s. (*idem*, n° 38). — *En Cordaset*, 1528 (cad. du Monastier). — *Cordajet, Courdaget*, 1707 (cad. de Bouzols).

CORDES, vill., c^{ne} de Bains. — *In villa Cordatis*, 994 (cart. du Monastier, n° 142). — *Corde*, v. 1213 (templiers du Puy). — *Cornde*, 1217 (*idem*). — *Courdes*, 1447 (hôtel-Dieu). — *Condres*, 1534 (év.). — *Cohandres*, 1561 (Savin, n^{re}). — *Coudres*, 1596 (Galien, n^{re}).
Patois : *Coindres*.

CORDES, h., c^{ne} de Saint-Julien-Chapteuil. — *Le Mas de Cohardes*, 1308 (homm. de l'év.). — *Locus de Coardis, par. S. Juliani Captolii*, 1501 (coll. C. Falcon). — *Courdes*, 1685 (cad. de Chapteuil-Bas). — *Cordes*, XVIIIe s. (Cassini).

CORDU (LE), h., c^{ne} de Monistrol-sur-Loire. — *Le Cordre*, 1888 (Malègue).

CORMAIL, f., c^{ne} d'Espaly-Saint-Marcel. — XVIIIe s. (Cassini).

CORNADOUIRE, h., c^{ne} de Moudeyres. — *Cournadouire* (cad.).

CORNAS (LA), f., c^{ne} de Riotord. — *Cornar*, 1869 (Malègue).

CORNASSAC, vill., c^{ne} de Sainte-Sigolène. — 1364

(homm. de l'év.). — *Cornssac*, 1553 (ress. de Montfaucon). — *Cornossac*, 1820 (Deribier).

CORNEILLE, rocher autrefois fortifié qui domine le Puy. — *Castrum Cornelium*, 1146 (Gall. chr., II, inst., 231). — *Castrum Cornelia*, 1158 (*idem*, 232). — *Rupes de Cornilha*, 1333 (Saint-Vosy). — *Ruppes Cornilie*, 1371 (Arch. nat., P. 1397¹, c. 519). — *Cornille*, XVIe s. (Médicis, I, 338). — *Le roch de Corneilhe*, 1592 (Mre Leblanc, n^{re}).

CORNET (LE GRAND-), f., c^{ne} de Saint-Didier-la-Séauve.

CORNET (LE PETIT-), f., c^{ne} de Saint-Didier-la-Séauve. — *Corneton*, 1879 (carte admin.).

CORNILLE, vill., c^{ne} de Javaugues. — *Mansus dictus Cornilhia*, 1274 (Cumignac).

CORNUT, h., c^{ne} d'Ally. — *Villa de Corna* (?) 1241 (tit. de la Rochette).

CORSAC, m. de camp. moderne, c^{ne} de Brives-Charensac. — *Lo terrouer de Lasaguat*, 1515 (compois de Villeneuve-de-Corsac). — *Le terr. de las Aguas*, 1752 (comm^{on} de feu M. H. Vinay).

CORSAC (LE PEYRON-DE-), rocher, c^{ne} de Brives-Charensac. — Autrefois but d'une procession solennelle du clergé de la cathédrale le 11 juillet, fête de la Dédicace. — *Terra de Corsac*, 1215 (hospit. du Velay). — *Rupes de Corssac*, 1294 (*idem*). — *Lo Peyrou de Corsac*, 1385 (*idem*). — *Lou Peyrou de Crossac*, 1515 (compois de Villeneuve-de-Corsac).

CORSET (LE), vill., c^{ne} de Retournac. — *Lo Corcet*, 1345 (Arch. nat., P. 494¹, cote 6). — *Lo Corset*, 1376 (Arch. nat., P. 494¹, cote 37). — *Lo Corscet*, 1383 (Rhône, E. 9). — *Courset*, 1558 (V. Vacherel, n^{re}). — *Le Courcet*, XVIIIe s. (Cassini).

CORTIAL (LE), vill., c^{ne} d'Aurec. — *Curtile*, 1337 (comm^{on} de M. Testenoire-Lafayette).

CORTIAL (LE), h., c^{ne} de Bauzac. — *Villa de Cortil*, 1163 (cart. de Chamalières, n° 78). — *Cortile*, 1336 (Arch. nat., P. 494¹, cote 18). — *Curtile*, 1490 (obit. de Bas). — *Le Courtil*, 1490 (Arch. nat., P. 1397², cote 582). — *Le chasteau du Courtial*, 1552 (ress. de Montfaucon). — *Cortial-Haut* (cad.).

CORTIAL (LE), f., c^{ne} de Grazac. — *Le Courtial*, 1695 (terrier de Chabrespine).

CORTIAL (LE), h., c^{ne} de Retournac. — *Lo Cortil, Mansus de Cortili*, 1336 (Arch. nat., P. 494¹, cote 38). — *Le Cortial*, 1561 (Savin, n^{re}).

CORTIAL, f., c^{ne} de Saint-Front. — *Mansus de Cortili, Cortilium*, 1359 (Rhône, H. 2632). —

Cortial, 1646 (cad. de Bonnefont). — *Corthiac*, xvɪɪɪᵉ s. (Cassini). — *Cortiel*, 1861 (état-major).

Cortial-Bas (Le), m. i., cⁿᵉ de Bauzac.

Cossange, h., cⁿᵉ de Laval. — *Mansus de Coguossanges*, 1449 (terrier de Clavelier).

Cossange, h., cⁿᵉ de Saint-Pal-de-Chalencon. — *Cossanges*, 1419 (Loire, A. 89, fᵒ 243 vᵒ). — *Coussanges*, 1540 (terrier de Saint-Pal).

Cossanges, loc. détr., cⁿᵉ de Saint-Romain-Lachalm. — *Escogossanges*, 1363 (coll. Chaleyer). — *La chevance de Coucoussanges*, 1584 (terrier de Saint-Didier).

Cossanges, vill., cⁿᵉ de Salettes. — *Villa de Cogossangas*, 1327 (Arch. nat., P. 1397², cote 588). — *Cogossanias*, 1331 (Arch. nat., P. 1397², cote 587). — *Coguossanghas*, 1547 (Chaulet, nʳᵉ). — *Cocossanges*, 1680 (Surrel, nʳᵉ).

Costaros, vill., cⁿᵉ de Cayres. — *Costas Royas*, 1327 (J. de Peyre, nʳᵉ). — *Villa Costarum Rubearum*, 1352 (hospit. du Velay). — *Costas Roas*, 1408 (compois du Puy). — *Coustaros*, 1571 (A. Boyer, nʳᵉ).

Costaros, mont., cⁿᵉ de Chamalières.

Coste, f., cⁿᵉ de Saint-Front. — 1646 (cad. de Bonnefont).

Coste (La), f., cⁿᵉ d'Arlempdes. — *Lacoste*, 1820 (Deribier).

Coste (La), h., cⁿᵉ d'Aubazac. — *La Costa*, 1486 (Arch. nat., Q. 513, fᵒ 83). — *Coste, la Couste*, 1502 (*idem*, fᵒˢ 138-139). — *Lacoste*, 1820 (Deribier).

Coste (La), chât., cⁿᵉ de Blavozy. — 1291 (homm. de l'év.). — *Costa*, 1495 (homm. de Saint-Vidal). — *La Couste*, 1568 (Savin, nʳᵉ).

Coste (La), lieu détr., cⁿᵉ de Bonneval. — *Mansus de la Costa*, 1249 (tabl. de Velay, 1875-76, p. 532).

Coste (La), h., cⁿᵉ de Champclause. — *Costa d'Orba*, 1314 (év.). — *La Costa, par. de Chamclausa*, 1327 (G. Vériac, nʳᵉ). — *Costa*, 1344 (J. de Peyre, nʳᵉ). — *La Coste-d'Ourbe*, 1597 (A. Robert, nʳᵉ). — *La Coste-d'Urbe*, 1695 (capitation). — *La Coste*, xvɪɪɪᵉ s. (Cassini). — *Lacoste*, 1888 (carte adm.).

Coste (La), m. i., cⁿᵉ de Cussac.

Coste (La), f., cⁿᵉ du Mazet-Saint-Voy.

Coste (La), affl. de l'Allier, cⁿᵉ de Monistrol-d'Allier.

Coste (La), vill., cⁿᵉ de Saint-Étienne-Lardeyrol. — *Terra de la Costa*, 1208 (hôtel-Dieu, B. 301). — *Locus de Costa, prope Chamblas*, 1408 (Chamblas). — *La Coste*, 1506 (Médicis, II, 301). — *La Couste*, 1546 (Savin, nʳᵉ).

Coste (La), h., cⁿᵉ de Saint-Just-près-Brioude. — *La Costa*, 1339 (Bibl. nat., fr., 14377, fᵒ 189).

Coste (La), écart, cⁿᵉ de Varennes-Saint-Honorat.

Coste (Moulin-de-la), mⁱⁿ détruit, près la Soucheyre, cⁿᵉ de la Besseyre-Saint-Mary. — *Le molin de la Coste*, 1574 (terrier de Meyronne).

Coste-Barraud, lieu détr., cⁿᵉ de Saint-Pal-de-Murs. — *Coste-Baral*, 1323 (invʳᵉ du chartrier de Vals-le-Chastel). — *Coste-Barrauld*, 1344 (*ibid.*).

Costebelle, col, entre Alambre et le Mézenc, cⁿᵉ des Estables.

Coste-Borel (La), h., cⁿᵉ d'Araules. — 1304 (homm. de l'év.). — *Cousta Porreta*, 1314 (év.). — *Cousta-Borrel*, 1481 (Pelisse, nʳᵉ). — *Costa-Borel*, 1507 (év.). — *Coste-Bourret*, xvɪɪɪᵉ s. (Cassini). — *Coste-Borct*, 1888 (Malègue).

Coste-Chaude, vill., cⁿᵉ de Présailles. — *Villa de Costa Chalda*, 1309 (Arch. nat., P. 1398², cote 676). — *Costa Chauda*, 1344 (Arch. nat., P. 1398², cote 679). — *Cousta Chalda*, 1383 (Arch. nat., P. 1399¹, cote 767). — *Costa Calida*, 1392 (Arch. nat., P. 1402¹, cote 1208).

Coste-Cirgues, chât. détr. et vill., cⁿᵉ de Vieille-Brioude. — *Castrum de Costirgues*, v. 1250 (spic. Briv.). — *Costa Sarge*, xivᵉ s. (obit. de Brioude). — *Costa Ciergue*, 1462 (Arch. nat., ZZ. 359, p. 36).

Coste-de-Machabert (La), f., cⁿᵉ de Saint-Front.

Coste-de-Palhaire (La), h., cⁿᵉ de Saint-Étienne-Lardeyrol.

Coste-du-Fraysse (La), m. i., cⁿᵉ du Monastier.

Coste-Fayolle (La), m. i, cⁿᵉ du Pertuis.

Coste-Leyre, bois, cⁿᵉ de Goudet.

Costelle (La), h., cⁿᵉ de Freycenet-Lacuche.

Coste-Longue, mⁱⁿ sur la Gazeille, cⁿᵉ du Monastier.

Coste-Oubey, m. i., cⁿᵉ de Tence.

Coste-Plane, f., cⁿᵉ de Présailles. — 1695 (capitation).

Coste-Rousse, m. i., cⁿᵉ de Lapte.

Coste-Rousse, mont., cⁿᵉˢ de Landos et de Rauret.

Coste-Rousse, h., cⁿᵉˢ de Tence. — *Costa Rossa*, 1258 (Rhône, D. 153). — *Cousta Rossa*, 1294 (cart. de Tence, fᵒ 1 vᵒ). — *Cousta Roussa*, 1507 (év.). — *Coste-Rousse*, 1585 (Johanny, nʳᵉ).

Costes, m. i., cⁿᵉ d'Alleyras.

Costes (Les), écart, cⁿᵉ de Sanssac-l'Église.

Costes (Les), f., cⁿᵉ de Tence. — *La Coste*, 1693 (état civ.).

Costet, m. i., cⁿᵉ de Mazeyrat-Crispinhac.

Costet, m. i., cⁿᵉ de Saint-Bonnet-le-Froid.

ᴏ stette (La), h., cⁿᵉ du Mazet-Saint-Voy.

Costette, mⁱⁿ sur le Glavenas, c^{ne} de Saint-Julien-du Pinet. — *Moulin-de-Costelle*, 1878 (carte adm.).

Costille (La), f., c^{ne} de Lantriac.

Costilles (Les), bois, c^{ne} de Charraix.

Costilles (Ravin-des-), affl. de l'Allier à Saint-Julien-des-Chazes, prend naissance au nord de la c^{ne} de Charraix.

Côte (La), f., c^{ne} de Chomelix. — *La Costa*, 1404 (terrier de Chomelix). — *Mesesum Costæ castri subterioris de Chalmelis*, 1404 (idem). — *La Côte*, xviiie s. (Cassini).

Côte (La), m. i., c^{ne} de Montregard.

Côte (La), m. i., c^{ne} de Raucoules.

Côte (La), vill., c^{ne} de Saint-Ferréol-d'Auroure.

Côte (La), m. i., c^{ne} de Sainte-Sigolène.

Côte (La), f., c^{ne} de Saint-Vert.

Côte (Moulin-de-la), mⁱⁿ sur le Cluzel, c^{ne} de la Chapelle-d'Aurec.

Côte-Chabrone (Ravin de la), affl. du Malaval, c^{ne} d'Ouïdes.

Côte-Chaude, écart, c^{ne} de Bauzac.

Côte-Chaude, m. i., c^{ne} de Monistrol-sur-Loire.

Côte-Chaude, m. i., c^{ne} de Saint-Jeure. — *Coste-Chaude*, 1888 (Malègue).

Côte-d'Arvant, tuil., c^{ne} de Bournoncle-la-Roche.

Côte-d'Auze (La), m. i., c^{ne} d'Yssingeaux.

Côte-de-Chabannes, m. i., c^{ne} de Moudeyres.

Côte-de-Chapelon (La), m. i., c^{ne} de Saint-Maurice-de-Lignon. — *La Coste de Chappella*, 1539 (terrier de Fraysse-Bas, f° 3). — *Cote-de-Chapelan* (cad.).

Côte-de-Chazelet (La), m. i., c^{ne} de la Chapelle-d'Aurec.

Côte-de-la-Rochette (La), m. i., c^{ne} de Saint-Jeure.

Côte-de-Malmont (La), m. i., c^{ne} de Saint-Just-Malmont.

Côte-de-Maton (La), m. i., c^{ne} de Saint-Bonnet-le-Froid. — *La Côte-de-Mathon*, 1820 (Deribier).

Côte-des-Biots (La), m. i., c^{ne} du Mas-de-Tence. — *La Côte*, 1888 (Malègue).

Côte-des-Blaises (La), m. i., c^{ne} de la Chapelle-d'Aurec.

Côte-de-Vauneyre (La), h., c^{ne} de Beaux.

Côte-d'Hivernedœuf (La), m. i., c^{ne} de la Chapelle-d'Aurec.

Côte-d'On (La), grange d'Alleret, c^{ne} de Saint-Privat-du-Dragon.

Côte-du-Faure (La), écart, c^{ne} de Chamalières. — *Côte-de-Farre*, 1888 (Malègue).

Côte-du-Fayard, m. i., c^{ne} de Saint-Didier-la-Séauve.

Côte-du-Fraysse (La), m. i., c^{ne} de Riotord.

Côte-du-Lac, bois, c^{ne} du Bouchet-Saint-Nicolas.

Côte-Issamée, bois, c^{ne} de Montusclat.

Côtéol, lieu détr., près Champ-Blanc, c^{ne} d'Yssingeaux. — *Coitoiol*, 1258 (Arch. nat., P. 1397³, cote 592). — *Mansus de Coteol*, 1344 (év.). — *Cotueyol, par. d'Essiniau*, 1344 (J. de Peyre, n^{re}). — *Cottéol*, 1614 (terrier de Saussac). — *Cotel*, 1738 (cad. de Saussac-les-Ollières).

Côte-Pelade, colline, c^{ne} de Saint-Préjet-Armandon. — *Costa-Pelada*, 1464 (Bibl. nat., ms. lat., n. acq., 1223, f° 157 v°).

Côte-Rouge (La), m. i., c^{ne} d'Azerat.

Côte-Rouge (La), monticule, c^{ne} d'Azerat. — *Podium Rubeum, Podium Roget*, xive s. (terrier des Grèzes).

Côterousse, f., c^{ne} de Saint-Pal-de-Mons. — *Coste-Rousse*, 1888 (Malègue).

Côterousse, m. i., c^{ne} de Sainte-Sigolène.

Côtes (Les), écart, c^{ne} de Bauzac.

Côtes (Les), loc. détr., c^{ne} de Mazerat-Aurouze. — *Las Costas*, 1414 (la Chaise-Dieu, Mazerat-Aurouze).

Côtes (Les), affl. de l'Aubépin, près de la ferme du Cros Jallier, c^{ne} de Moudeyres. — *Rivus de la Fescla*, 1523 (état civ.).

Côtes (Les), f., c^{ne} de Saint-Jeure. — *Locus de las Costas*, 1359 (Rhône, H. 2632); — 1391 (év.).

Côtes (Les), f., c^{ne} de Saint-Julien-Molhesabate. — *La Cotte* (cad.).

Côtes (Les), m. i., c^{ne} de Saint-Pal-de-Mons.

Côtes (Les), m. i., c^{ne} de Tiranges.

Côtes (Les), h., c^{ne} de Valprivas.

Côtes (Les), loc. détr., c^{ne} de Villeneuve-d'Allier. — *Las Costas*, 1339 (Bibl. nat., ms. fr., 14377, p. 190). — *Mansus de laz Costes*, 1462 (Arch. nat., ZZ. 359, p. 59).

Côtes-du-Bès (Les), rocher et bois, c^{ne} de Saint-Arcons-d'Allier. — *Magnum saxum seu rupes app. las Costas del Bes*, 1453 (Bibl. nat., ms. lat., n. acq., 1222, f° 18). — *Nemus app. las Costas dél Bes*, 1457 (idem, f° 44).

Côtes-Blanches (Les), bois, c^{ne} d'Auzon.

Côtes-de-Denise (Les), m. i., c^{ne} de Polignac. — *Les Suetz*, 1584 (Sigaud, n^{re}).

Côtes-de-la-Faurie (Les), m. i., c^{ne} de Saint-Maurice-de-Lignon.

Côtes-de-Malatray (Les), m. i., c^{ne} de Saint-Julien-Molhesabate.

Côtes-du-Mont (Les), m. i., c^{ne} de Saint-Didier-la-Séauve.

Côtète (La), écart, c^{ne} de Saint-Just-Malmont. —

Cousteta, 1556 (coll. Chaleyer). — *La Costete* 1569 (terrier de Saint-Didier). — *La Cotelle*, 1820 (Deribier).

Coteyre, écart, c⁰ᵉ de la Chapelle-d'Aurec. — *Coteire*, 1820 (Deribier).

Cotonat (Le), écart, cⁿᵉ de Saint-Just-Malmont. — *Cotonna* (cad.). — *Cottonas*, 1820 (Deribier). — *Cottonat*, 1888 (Malègue).

Cotonat (Moulin-de-), mᵗⁿ sur la Massardière, cⁿᵉ de Saint-Just-Malmont.

Cots (Les), h., cⁿᵉ de Dunières. — *Les Costes*, 1591 (Delafond, nᵗᵉ). — *La Côte*, 1879 (carte adm.).

Cots (Les), h., cⁿᵉ de Montregard. — *Nemus de la Cot*, 1276 (Gall. chr., XVI, inst. c. 255). — *La Co*, 1320 (cart. de Mazan).

Cotte (La), m. i., cⁿᵉ de Riotord.

Cotuol (Le Four de), au Puy, en bas de la rue des Tables. — *Furnus inferior de Tabulis*, 1313 (év.). — *Le Forn de Cothuol*, 1533 (Médicis, 1, 353).

Coty (Moulin-de-), loc. détr., cⁿᵉ d'Azerat. — *Molendinum de Coti*, 1389 (cart. d'Azerat). — *Le Molin de Coty*, 1390 (*idem*).

Coualoup, h., cⁿᵉ de Dunières.

Coubladour, vill., cⁿᵉ de Loudes. — *Coblador*, 1234 (hôtel-Dieu, B. 610). — *Cobledeur, Combledeur*, 1379 (compte de B. Flotenc). — *Escombladour* 1401 (spicil. Brivat.). — *Copulatorium*, 1501 (J. Boyer, nᵗᵉ).

Fief vassal du duché d'Auvergne.

Coubon, cⁿ sud-est du Puy. — *Ecclesia S. Georgii de Cobone super ripam Ligeris*, v. 1095 (cart. du Monastier, nᵒ 242). — *Eccl. de Cubono*, 1179 (*ibid.*, app., nᵒ 442). — *Cobo*, v. 1187 (hospit. du Velay). — *Ecclesia de Cobeno*, v. 1343 (carttul. du Monastier, app., nᵒ 452). — *Cobou*, 1534 (év.).

En 1789, Coubon faisait partie de la province du Velay, de la subdélégation et sénéchaussée du Puy. Son église paroissiale, diocèse du Puy et archiprêtré de Solignac-sur-Loire, était dédiée à saint Georges; le prieur de Saint-Pierre-le-Monastier présentait à la cure.

Couchat, m. i., cⁿᵉ de Chadrac. — *Territ. de Cobchac* ou *Copchac*, 1294 (terrier de Saint-Mayol). — *En Couchac*, 1636 (Demans, nᵗᵉ).

Couchy, écart, cⁿᵉ de Coubon. — *Conchy*, 1644 (év.). — *Conchis*, 1707 (cad. de Bouzols). — *Couchy*, XVIIIᵉ s. (Cassini).

Coucou, m. i., cⁿᵉ de Saint-Romain-Lachalm. — *Concon* (cad.).

Coucouron, h., cⁿᵉ de Solignac-sur-Loire. — *Cocoro*, 1238 (Saint-Vosy). — *Coquoro*, 1424 (Rhône, H. 2233 *bis*). — *Cocoron*, 1587 (Sigaud, nᵗᵉ).

Couder (Moulin-de-), mᵗⁿ, cⁿᵉ de Pinols. — *Molendinum de Coderec*, 1474 (Bibl. nat., lat., n. acq., 1224, fᵒ 70 vᵒ).

Couderchet, loc. détr., cⁿᵉ de Saint-Front. — *Locus de Coderchet*, 1526 (cad. du Monastier).

Couderchon (Mas-de-), m. i., cⁿᵉ de Saint-Didier-d'Allier. — *Le Mas-de-Couderchoux*, 1888 (carte adm.).

Coudert, chât. mod., cⁿᵉ de Couteuges. — *Couder*, XVIIIᵉ s. (Cassini). — *Le Couderc*, 1820 (Deribier).

Coudert (Le), h., cⁿᵉ de Cussac.

Coudert (Le), m. i., cⁿᵉ de Montclard.

Coudert (Le), m. i., cⁿᵉ de Saint-Étienne-Lardeyrol.

Coudert (Le), h., cⁿᵉ de Vals-le-Chastel.

Coudert (Le), écart, cⁿᵉ de Vissac.

Coudert (Moulin-de-), mᵗⁿ, cⁿᵉ du Monastier.

Coudert-de-Laussonne (Le), écart, cⁿᵉ de Coubon.

Coudert-de-Malhac (Le), m. i., cⁿᵉ de Chadron.

Coudert-de-Queyrières (Le), vill., cⁿᵉ de Queyrières. — *Lou Couderc-de-Queyrière*, 1653 (Lardeyrol).

Couderts (Les), vill., cⁿᵉ de Saint-Julien-Chapteuil. — *Locus de Coderco*, 1501 (coll. C. Falcon). — *Lo Coderc*, 1507 (év.). — *Le Coderc lez Chapteul*, 1580 (A. Boyer, nᵗᵉ). — *Loux Coudercs*, 1685 (cad. de Chapteuil-Bas). — *Couders*, 1820 (Deribier). — *Les Gouderts*, 1879 (carte adm.).

Coudiers (Les), f., cⁿᵉ de Frugières-le-Pin. — *In vicaria Brivatensi, in loco qui vocatur Illos Correrios*, 921 (cart. de Brioude, ch. 195). — *Les Coyrers*, 1543 (la Chaise-Dieu, Domeyrat). — *Les Coiriers*, 1612 (terrier de la Vaudieu). — *Les Coyriers*, 1669 (spic. Briv.). — *Lescoydiers*, XVIIIᵉ s. (Cassini). — *Lescondier*, 1869 (Malègue).

Coudinioux, h., cⁿᵉ de Rosières. — *Lo Codoyner*, 1249 (hôtel-Dieu, B. 138). — *Mansus doux Codonhos*, 1330 (la Chaise-Dieu, liasse Saint-Étienne-Lardeyrol). — *Los Codonnios*, 1507 (év.). — *Lous Codonhoux*, 1555 (cad. de Mercœur). — *Les Codoignoux*, 1585 (Johanny, nᵗᵉ). — *Les Condounioux*, 1714 (cad. de Laval-Emblavès). — *Coudiniox*, 1880 (cart. adm.). — *Les Coudougnoux*, 1888 (Malègue).

Coudoffre, h., cⁿᵉ du Pertuis. — *Coudroffre*, 1888 (Malègue).

Couduriers (Les), affluent du Montorgue, prend sa source à l'ouest de Faveyrolles, cⁿᵉ de Chassagnes.

Couffours (Les), dom., c^{ne} de Saint-Front. — *Mansus de Conforz*, 1217 (Gall. chr., XVI, instr., 240). — *Coforcs*, 1273 (hosp. du Velay). — *Mansus deus Cofolcs*, 1284 (cart. de Mazan, f° 25 v°). — *Ad Coffortz*, 1344 (Monastier-Saint-Chaffre). — *Los Coufours*, 1526 (cad. du Monastier). — *Les Coffors*, 1568 (Nicolas, n^{re}). — *Les Couffours*, 1646 (cad. de Bonnefont). — *Loux Coforcs*, 1660 (état civ.). — *Lous Coufous*, 1820 (Deribier). — *Lous Couffous*, 1888 (Malègue).

Coufour (Le), affl. du Ram, c^{ne} de Beaulieu. — *Le ruisseau app. de Coufours*, 1605 (Mme Leblanc, n^{re}).

Coufy (Le), écart, c^{ne} d'Araules. — *Le Confy*, XVIIIe s. (Cassini). — *Couffy*, 1888 (Malègue).

Cougeat, vill., c^{ne} de la Mothe. — *In aice Brivatensi, in ... Cojiaco*, 881 (cart. de Brioude, ch. 260). — *In vicaria Brivatensi, in villa quæ nuncupatur Cogiacos*, v. 898 (*idem*, ch. 64). — *In villa ... Cojago*, 909 (*idem*, ch. 45). — *Coiac lo Blanc*, 1256 (spic. Briv.). — *La prioressa de Cogyac*, 1341 (terrier de Charbonnier). — *Coghac*, 1380 (Arch. nat., JJ. 117, n° 116). — *Coughat*, 1401 (spic. Briv.). — *Coghat*, 1511 (coust. d'Auv., f° 80 v°). — *Cougeac* (cad.).

Commune supprimée le 11 décembre 1842 et réunie à celle de la Mothe.

Cougeat, lieu détr., près Chaux, c^{ne} de Vorey. — *Terra de Coujac*, 1288 (bénédictines de Vorey). — *Mansus de Couiac*, 1311 (Arch. nat., P. 1399¹, c. 783). — *Coujeat*, 1880 (aff. jud.).

Cougeat (La), vill., c^{ne} de Domeyrat. — *La Cojac*, 1295 (Cumignac). — *Locus de la Coghat*, 1464 (Bibl. nat., ms. lat., n. acq., 1223, f° 158). — *La Coughat*, 1670 (Arch. nat., P. 500², n° 104). — *Le Coujat*, 1888 (carte adm.).

Cougny (Le), lieu détr., c^{ne} de Venteuges. — *Antiqua mansio vocata de Codonho*, 1466 (Bibl. nat., ms. lat., n. acq., 1223, f° 305 v°).

Cougoussac, loc. détr., c^{ne} de Charraix. — *Cogossat*, 1351 (Thiolent). — *Mansus de Cogossac*, 1467 (Bibl. nat., ms. lat., n. acq., 1223, f° 313 v°). — *Cogoussat*, 1675 (Thiolent).

Cougoussac, lieu détr., c^{ne} de Mercœur. — *In vicaria Radicatensi, in loco Cogociago*, v. 957 (cart. de Brioude, ch. 320). — *Pagésie, app. Congoussat*, 1613 (Mercurial).

Cougoussac, lieu dit, près le Rouzet, c^{ne} de Pinols. — *Cogoussac*, 1588 (terrier d'Auvers).

Cougoussac, loc. détr., près Fauries, c^{ne} de Saint-Front. — *In villa quæ dicitur Cogogiaco quæ est in Vellaico*, v. 960 (cart. du Monastier, n° 93).

— *Cogossat*, 1344 (Monastier). — *Mansus de Cogossaco prope Faurias*, 1352 (*idem*).

Cougoussac (Le), ruiss., affl. de la Cronce, c^{nes} de Pinols, Cronce et Ferrussac. — *Aqua voc. de Cogossat*, 1356 (Arch. nat., Z². 54, p. 3). — *Le Coucoussat* (cad.).

Cougoussac (Moulin-de-), loc. détr., c^{ne} de Charraix. — *Molendinum de Cogossaco*, 1464 (Thiolent).

Couirasse, m. i., c^{ne} du Monastier.

Coujac, h., c^{ne} de Saint-Paulien. — *Couchac*, 1256 (év.). — *Villa de Cosiac*, 1299 (Saint-Georges de Saint-Paulien). — *Couiac*, 1306 (tabl. du Velay, 1875-76, 520). — *Copchac*, 1331 (J. de Peyre, n^{re}, reg. C, f° 59). — *Couiacum*, 1444 (Saint-Georges de Saint-Paulien). — *Coujac*, 1617 (Brunel, n^{re}). — *Coghac*, 1638 (Barret, n^{re}). — *Cougeac*, 1820 (Deribier).

Coujard, f., c^{ne} de Rosières.

Coula, f., c^{ne} de Saint-Jeure. — *La Cola*, 1314 (év.).

Coulces (Le Mas-de-), f., c^{ne} du Monastier.

Coulette, m. i., c^{ne} de Saint-Didier-sur-Doulon.

Couleyre (La), vill., c^{ne} de Saint-Vincent. — *La Coleyre*, 1695 (capitation). — *Lacouleyre*, 1820 (Deribier).

Couleyre (La), écart, c^{ne} d'Yssingeaux. — *Locus de las Coleyras*, 1359 (Rhône, H. 2632). — *Lacouleyre*, 1888 (Malègue).

Couleyres (Les), lieu dit, c^{ne} de Saint-Germain-Laprade. — *Terroir du Villar app. de las Coleyres*, 1543 (Savin, n^{re}).

Coulombs, vill., c^{ne} d'Arlempdes. — *Colomps*, 1256 (év.). — *Colombs*, 1570 (Benoit, n^{re}). — *Coulons*, 1778 (Faujas-de-Saint-Fond, 381).

Coulon, m. i., c^{ne} de Grazac. — *Coulaud lès las Balayes*, 1700 (terrier de Grazac).

Coumis, lieu détr., c^{ne} de Thoras. — *Mansus de Colmiceto*, 1276 (Thiolent). — *Mansus de Colmisset*, 1377 (*idem*). — *La terre commune de Coumys*, 1565 (*idem*).

Coupe (La), écart, c^{ne} de Coubon. — *La Copa*, 1333 (Saint-Georges du Puy). — *La Couppe*, 1707 (cad. de Bouzols).

Coupet, mont. limitant les c^{nes} de Mazeyrat-Crispinhac et de Saint-Éble. — *Le puis de Coppel*, 1352 (homm. de Vissac). — *Mons de Copeilh*, 1463 (terrier de Vissac). — *Coupeilh*, 1495 (*idem*). — *Coppet*, 1525 (terrier du Cluzel).

Couquet, f., c^{ne} de Queyrières.

Couquet, h., c^{ne} de Saint-Jeure. — 1773 (état civ.). — *Congai*, 1820 (Deribier).

Cour (La), m. i., c^ne de Saint-Just-Malmont. — *La Tour*, 1888 (Malègue).

Cour (Moulin-), m^in sur la Seuge, c^ne de Saugues. — *Moulin-de-Courbeau*, 1888 (Malègue).

Courandet, mont. boisée, c^ne de Saint-Vincent. — *Le suc de Courandet*, 1714 (cad. de Laval-Emblavès).

Courant, mont. boisée, c^ne de Saint-Paulien. — *Corant*, 1355 (terrier de P. Ravoux). — *Lo Corentz*, 1359 (terrier de J. de Cereys). — *Le bois du Courand*, 1714 (cad. de Laval-Emblavès).

Courbaire, écart, c^ne de Saint-Front.

Courbe-Jarret, h., c^ne de Malrevers. — *Corba-Gerret*, 1470 (Chamblas). — *Courba-Gharret*, 1555 (cad. de Mercœur).

Courbes (Les), f., c^ne de Freycenet-la-Tour. — *Lascourbes*, 1888 (Malègue).

Courbes (Les), vaine et f., c^ne du Monastier.

Courbet (Moulin-de-), m^in sur la Méjeanne, c^ne de Saint-Arcons-de-Barges.

Courbevaisse, f. et m^in sur l'Arzon, c^ne de Craponne-sur-Arzon. — 1679 (Haute-Loire, B. 39). — *Courbevaysse*, 1872 (Malègue) Motte féodale.

Courbeyre (La), ruiss., affl. de la Suissesse, c^nes de Malrevers et de Beaulieu. — *Ruiss. des Ourbes* (cad.).

Courbeyre (Le Mas-de-), f., c^ne de Monastier.

Courbière, chât., c^ne de Céaux-d'Allègre. — *Corbeira*, 1191 (Saint-Georges du Puy). — *Corberia, par. de Seaulx*, 1462 (Bibl. nat., ms. lat., n. acq., n° 1223, f° 58). — *Courbières*, 1888 (carte adm.).

Courbière (Le), affl. de la Loire près d'Os, c^ne de Bas, formé par la réunion du Compte et du Malacroze.

Courbière (Moulin-de-), m^in sur la Borne orientale, c^ne de Céaux-d'Allègre. — *Courbiart*, xviii° s. (Cassini). — *Cinq-Fontaines*, 1869 (Malègue).

Courbon, h., c^ne de Riotord. — *Terra de Corbone*, 1265 (cart. de Saint-Sauveur-en-Rue). — *Courbon*, 1293 (idem).

Courchis (Les), m. i., c^ne de Salettes.

Courcon, m. i., c^ne de Rosières. — *Courcou*, 1880 (carte adm.).

Courcoules, h., c^ne d'Araules. — *Corcolas* (l'impr. porte *Coreolas*), v. 1162, 1291 (Gall. christ., II, col. 757, 774). — *Courioules*, 1820 (Deribier).

Courdeleau, écart, c^ne de Coubon.

Courent, vill., c^ne de Beaux. — *Lo feu del mas de Coren*, 1179 (hospitaliers du Velay). — *Corein*, 1179 (idem). — *Mansus de Coreyn*, 1314 (év.).

— *Corenc*, 1314 (év.). — *Mansus de Coreynh*, 1339 (J. de Peyre, n^re). — *Coreinh*, 1507 (év.). — *Couren*, xviii° s. (Cassini).

Couret, f., c^ne du Chambon.

Coureuge, loc. détr., c^ne de Charraix. — *Boria de Coreughol*, 1460 (Bibl. nat., ms. lat., n. acq., 1222, f° 171 v°).

Coureuge, h., c^ne de Saint-Préjet-Armandon. — *Coreughol*, 1516 (Vals-le-Chastel). — *Coureghol*, 1543 (la Chaise-Dieu, Domeyrat). — *Coureuges*, 1888 (carte adm.).

Coureuge, lieu dit, c^ne de Siaugues-Saint-Romain. — *Territ. de Coreughol sive del Pinet*, 1461 (Bibl. nat., ms. lat., n. acq., 1223, f° 14 v°).

Courcoux (Le), ruiss., affl. de l'Allier à l'est de Brioude, arrose les c^nes de Saint-Just-près-Brioude et Saint-Laurent-Chabreuges. — *Corgo*, 1271 (spic. Briv.). — *Rivus de Corguo*, 1429 (terrier du doyen de Brioude). — *Rifz de Corgon*, 1605 (terrier du chap. de Brioude).

Courmacès, vill., c^ne de Saint-Martin-de-Fugères. — *Villa Curtimercis*, 969 (cart. du Monastier, n° 84). — *Villa de Curtemarcis*, xi° s. (ibid., n° 360). — *Cormarcetum*, 1247 (Monastier). — *Courmarces*, v. 1343 (cart. du Monastier, app., n° 452). — *Commarcos*, 1344 (Monastier). — *Comarces*, 1347 (Rhône, E. 8). — *Commarces*, 1377 (Saint-Mayol). — *Cormarcès*, 1588 (André, n^re). — *Crozmarcet*, 1620 (Brunel, n^re).

Cour-Plat, m. i., c^ne d'Yssingeaux.

Cours (Les), h., c^ne de Craponne-sur-Arzon.

Court-d'Argent, f., c^ne des Estables. — 1773 (état civ.).

Courte-Oreille, m. i., c^ne de Tence.

Courtet, m. i., c^ne d'Yssingeaux. — *Courtel* (cad.).

Courteuge, h., c^ne de Saint-Just-près-Brioude. — *Cortoiol*, 1241 (spic. Brivat.). — *Cortojol*, 1281 (J. Lachenal, l'égl. de Br., p. 12). — *Cortugul*, 1341 (terrier de Charbonnier). — *Mansus de Corteughol*, 1429 (terrier du doy. de Br.).

Courtial (Moulin-de-), m^in sur l'Anjanaire, c^ne de Retournac. — *Molendinum de la Teula*, 1336 (Arch. nat., P. 494¹, c. 38).

Courtille, h., c^ne de Saint-Hilaire. — *In pago Brivatensi, villa Curtillas*, 908 (cart. de Brioude, ch. 222). — *Villa Curtilias*, 915 (idem, ch. 243). — *Cortilias*, 1155 (spic. Briv.). — *Cortilhas*, 1417 (cart. d'Azerat). — *Courtilles*, 1880 (carte adm.).

Cousseron (Le), ruiss. qui prend naissance près du Monteil, c^ne de Saint-Haon, et afflue à l'Allier. — *Ruiss. du Monteil*, 1888 (carte adm.).

Cousses, m. i., c^{ne} du Monastier.

Coussousses (Les), h., c^{ne} de Desges. — *Corrossozas*, xiie s. (terrier de Pébrac, 46-52). — *Le village de Corrossozas*, 1461 (Bibl. nat., ms. lat., n. acq., 1222, f° 213). — *Corososres*, 1486 (terrier de Tailhac). — *Corcozes*, 1555 (terrier d'Ant. de Chavanhac). — *Les Coursouzes*, 1750 (terrier des Binières). — *Escoursonge*, 1869 (Malègue). — *Lescoussouzes*, 1888 (carte adm.).

Coutaix, mⁱⁿ sur l'Étang, c^{ne} de Berbezit. — *Les molins de Cotcys*, 1502 (la Chaise-Dieu, Connangles). — *Cottais, le rifz Sainct-Pierre de Cottaix*, 1564 (terrier de Vals-le-Chastel). — *Le molin de Cothaix*, 1583 (Chamblas). — *Moulin-Goutay*, 1888 (carte adm.).

Coutanson, h., c^{ne} de Bas. — *Constanso*, 1493 (obit. de Bas). — *Constansson*, 1548 (*idem*). — *Constanson*, 1691 (*idem*).

Coutarel, h., c^{ne} de Bellevue-la-Montagne. — *Gortterret*, 1314 (év.). — *Gordaret*, 1314 (Arch. nat., P. 1398³, cote 708). — *Gordarel*, 1316 (Arch. nat., P. 1398², cote 675). — *Gortaret, per. S. Justi*, 1344 (J. de Peyre, n^{re}, reg. D, f° 6). — *Gortarret*, 1522 (Saint-Georges du Puy). — *Gouttaret*, 1695 (rôle de la capitation). — *Goutaret*, xviiie s. (Cassini). — *Coutarret*, 1820 (Deribier).

Coutarel, mⁱⁿ sur le ruiss. de Ceroux, c^{ne} de Mercœur. — *Cotarellus*, 1241 (spic. Briv.). — *Cotarels*, 1267 (*idem*). — *Cotarel*, 1670 (état civ.) — *Le moulin de Coutarel*, 1683 (*idem*).

Coutaudière (La), écart, c^{ne} de la Chapelle-d'Aurec. — xviiie s. (Cassini). — *Contodières* (cad.). — *La Cantodière*, 1879 (carte adm.).

Couteau, m. i., c^{ne} de Monistrol-sur-Loire.

Couteaux, vill., c^{ne} de Lantriac. — *Terra de Coltejolo*, v. 970 (cart. du Monastier, n° 102). — *In villa quæ dicitur Coltigulo, in pago Vellaico, villa Cultiguli*, v. 1000 (*idem*, n° 208). — *Villa de Coyteol*, 1280 (tabl. du Velay, 1871-72, 36). — *Couteyol*, 1283 (*idem*, 38). — *Couteol, Cotuols*, 1389 (plumitif de Bouzols). — *Couteualz*, 1455 (Dr Charreyre). — *Coutealz*, 1522 (Sobrier, n^{re}). — *Locus de Coutellis*, 1525 (Aleil, n^{re}). — *Coteaulx*, 1544 (Savin, n^{re}). — *Couteaulx*, 1547 (*idem*). Grottes préhistoriques.

Couteaux, h., c^{ne} de Saint-Front. — *Couteal*, 1392 (év.). — *Coutelx, Couteaulx*, 1514 (J. Boyer, n^{re}). — *Coutealx*, 1530 (terrier du Monastier). — *Cotteaux* (év.). — *Coulteaux*, 1646 (cad. de Bonnefont).

Couteaux (Le), ruiss., affl. de la Gagne, c^{nes} de Lantriac et Saint-Germain-Laprade. — *Le Monet* (cad.).

Coutelon, m. i., c^{ne} de Coubon. — *Coutelou*, 1820 (Deribier).

Couterbaux, f., c^{ne} de Bessamorel.

Coutet (Le), écart, c^{ne} de Cussac.

Couteuges, c^{on} de Paulhaguet. — *In aice Cantiliniacensi, in villa Cultoiole, ecclesia in honore S. Johannis* (Bibl. nat., lat. 17078, f° 67; cart. de Brioude, tables, ccccxxxv). — *Coulteughol*, 1379 (compte de B. Flotenc). — *Coltoughol*, 1390 (Arch. nat., Z². 4145, p. 80). — *Consteughol*, 1401 (spic. Briv.). — *Capellanus de Contuoiol*, xve s. (pouillé de Saint-Flour). — *Colteughol*, 1466 (Arch. nat., ZZ. 359, f° 107). — *Parochia Cotegoly*, 1501 (la Chaise-Dieu, Mazerat-Aurouze). — *Conteughol souhz Langhat*, 1511 (const. d'Auv., f° 81 v°). — *Couteuge*, 1720 (Saugrain).

En 1789, Couteuges dépendait de la province d'Auvergne, de l'élection et subdélégation de Brioude et du ressort de Riom. Son église paroissiale, diocèse de Saint-Flour et archiprêtré de Langeac, était consacrée à saint Loup; le seigneur temporel de Langeac présentait à la cure.

Couteuges (Le), affl. de la Lidène à la Tuilière-Basse, c^{ne} de Couteuges.

Couvent, h., c^{ne} de Riotord. — *Covent*, v. 1095 (cart. de Saint-Sauveur-en-Rue). — *Mansus de Conventu*, 1293 (*idem*).

Couyte (La), l'un des deux ruisseaux qui forment la Courbière, prend sa source dans la c^{ne} de Merle (Loire), entre dans le département de la Haute-Loire au nord-est de la c^{ne} de Valprivas et arrose celle de Bas. — *La Couayte* (cad.).

Couyte (Moulin-de-), mⁱⁿ sur le Courbière, c^{ne} de Bas. — *Tenementum voc. Coyta*, 1295 (coll. Chaleyer). — *Molendinum de Coyta*, 1490 (obit. de Bas). — *Coucytte*, 1691 (*idem*).

Coyac, h., c^{ne} de Sanssac-l'Église. — Le nom manque, 1250, Saint-Mayol (in^{re}). — *Coyacum*, 1348 (Saint-Agrève). — *Les molins de Coyac*, 1533 (Médicis, I, 366).

Coymège, cascade du ruiss. de Légal, affluent de gauche de l'Allier, c^{ne} de Saint-Julien-des-Chazes. — *Territ. de Coymegha (Cohu Megha) sive del Sault-de-Laygua*, 1466 (Bibl. nat., ms. lat., n. acq., 1223, f° 264).

Crachoules, f., c^{ne} de Moudeyres. — *La borie de Cracholles*, 1565 (Nicolas, n^{re}). — *Crachoulles*, 1605 (Robert, n^{re}). — *Crachoulas*, 1630 (état civ.). — *Crachoules*, xviie s. (mairie du Monastier, CC⁶). — *Crassoule* (cad.).

Crance, h. et m^in sur la Senouire, c^ne de Mazerat-Aurouze. — *Cronce,* 1872 (Malègue).

Crapaudière (La), f., c^ne de Saint-Pal-de-Mons.

Craponne-sur-Arzon, arr. du Puy. — *In pago Vellaico, in vicaria Craponense,* v. 990 (cart. du Monastier, n° 174). — *Castrum de Crapona,* 1267 (Médicis, I, 80). — *Cazei Craponæi,* 1387 (comptes de l'év.). — *Crapona in Vallaria,* 1501 (Chamblas). — *Crappone,* xvie s. (Médicis, II, 847). — *Crapponne,* 1695 (capitation). — *Craponne,* 1881 (Malègue).

En 1789, Craponne était compris dans la province d'Auvergne, l'élection d'Issoire, la subdélégation de Saint-Amand-Rochesavine et le ressort de Riom. Son église paroissiale, diocèse du Puy et archiprêtré de Saint-Paulien, était sous l'invocation de saint Caprais; l'évêque du Puy en était collateur.

Par décret du 15 mars 1897, cette commune a été autorisée à prendre le nom de Craponne-sur-Arzon.

Crase (La), m. i., c^ne de Monistrol-d'Allier.

Créanes, m. i., c^ne de Saint-Maurice-de-Lignon.

Créaux, lieu détr., c^ne du Monastier. — 1695 (capitation).

Créaux, h., c^ne de Vastres. — *Mansus de Creux,* 1464 (Ardèche, C. 624). — *Créaus,* 1673 (état civ.).

Crebacor, anc. porte, au Puy. — *Portate de Crebacor,* 1237 (Médicis, I, 210).

Crebade (La), f., c^ne de Ceyssac.

Crébassy, écart, c^ne de Chaudeyrolles. — *Crébasset,* 1888 (Malègue).

Créchon (Moulin-de-), m^in sur le Pain-Blanc, c^ne d'Ouïdes.

Crémas (Moulin-), m^in sur le Cougoussac, c^ne de Pinols.

Crémerol, h., c^ne de Bellevue-la-Montagne. — *Crumairolas,* 1314 (év.). — *Crumayrolas,* 1344 (J. de Peyre, n^re, reg. D, f° 6 v°). — *Cremeyrolles,* 1695 (capitation). — *Crémerolles,* 1820 (Deribier).

Crémérolles, vill., c^ne de Bas. — *Villa de Crumairols,* xiie s. (cart. de Chamalières, n° 150). — *Cremayrolas,* 1333 (év.). — *Crumeyrolas,* 1391 (coll. Chaleyer). — *Cremeyroles,* 1420 (tabl. du Velay, 1877-78, 365). — *Crumeyroles,* 1519 (obit. de Bas). — *Crémeroles,* 1888 (Malègue).

Crénillac, vill., c^ne de Bellevue-la-Montagne. — *Creniliac,* 1222 (Martène, thes. nov. anecd., I, 897). — *Mansus de Crenilhac,* 1311 (Arch. nat., P. 1398¹, cote 650). — *Mansus de Crenilhaco,* 1370 (év.).

— *Cremiliac,* xviiie s. (Cassini). — *Créminac,* 1888 (Malègue).

Crépon (Le), f., c^ne de Bas. — *Crepo,* 1325 (coll. Chaleyer). — *Homines del Crepon,* 1498 (*idem*). — *Lou Crespon,* 1550 (obit. de Bas).

Crépoux (Le), f., c^ne de Pinols. — *Lo Crapou,* 1588 (terrier d'Auvers). — *Crépon,* xviiie s. (Cassini).

Crés (Les), h., c^ne de Lapte.

Crespignac, vill., c^ne de Solignac-sous-Roche. — *Crispinac, Crepinac,* 1213 (cart. de Chamalières, n° 337). — *Crespinac,* 1266 (Arch. nat., P. 1397³, c. 597). — *Crespinhac,* 1312 (Arch. nat., P. 1398², c. 664). — *Crespinhacum,* 1336 (Arch. nat., P. 494¹, c. 38). — *Crespiniac,* xviiie s. (Cassini). — *Crispinhac* (cad.).

Crespy, f., c^ne des Estables. — *Crespin,* 1739 (état civ.). — *Crespi,* 1772 (*idem*).

Crest (Le), lieu détr., c^ne de Saint-André-de-Chalencon. — *Ad Crestos superiores, ad Crestos subteriores,* 1213 (cart. de Chamalières, n° 327). — *Lo Crest,* 1293 (Arch. nat., P. 491¹, c. 13).

Crest (Le), rocher, c^ne de Saint-Arcons-d'Allier. — *Lo rochat voc. lo Crest S. Arconcii,* 1477 (Bibl. nat., ms. lat., n. acq., 1224, f° 183).

Crest (Le), h., c^ne de Saint-Haon.

Creste (Le), affl. de Loïme en amont de Goudet.

Crets (Les), h., c^ne de Lapte. — *Le Cré,* 1878 (carte adm.).

Creux, h., c^ne de Saint-Ferréol-d'Auroure.

Creux (Le), écart, c^ne de Saint-Just-Malmont. — 1591 (coll. Chaleyer).

Creux-du-Jarret (Le), m. i., c^ne de Brives-Charensac.

Creux-du-Loup (Le), m. i., c^ne de Riotord. — *Creux-de-Lavoute,* 1888 (Malègue).

Creux-du-Loup (Le), m. i., c^ne de Tence.

Crevenet, écart, c^ne de Chaudeyrolles.

Crey (Le), m. i., c^ne des Villettes.

Creyssadour (Le), chât. détr., c^ne de Céaux-d'Allègre.

Cri (Le), f., c^ne de Chaudeyrolles. — *Le Cry,* 1618 (état civ.). — *Le Cri-lès-Chantemerle,* 1655 (*idem*). — *Le Crin,* 1737 (*idem*). — *Le Cri-du-Devès,* 1776 (*idem*). — *Le Cri ou Darbon,* 1820 (Deribier).

Criolat, h., c^ne d'Agnat. — *Crozolat,* xive s. (terrier des Grèzes).

Criolat (Le), affl. du Cros, c^nes d'Agnat et de la Mothe.

Crisailloux, h., c^ne de Bas. — *Crizailloux,* 1888 (Malègue).

Criscelle, m. i., c^{ne} d'Yssingeaux. — *Creysele*, 1600 (M^{ce} Leblanc, n^{re}). — *Cresselle*, 1888 (Malègue).

Criselle (La), affl. du Ramel, c^{ne} d'Yssingeaux. — *Aqua de Crescela* vel *de Creycela*, 1359 (Rhône, H. 2632). — *Aqua de Creysela*, 1451 (Rhône, H. 2633). — *Rivus app. de Creyssella*, 1515 (terrier de Choumouroux, f° 2 v°). — *Riparia de Creyssela*, 1523 (est. d'Yssingeaux). — *Le ruisseau de Creycele*, 1600 (M^{ce} Leblanc, n^{re}). — *L'Arvée* (cad.). — *Ruisseau de Criselle et Lavée*, 1878 (carte adm.).

Crispiac, h., c^{ne} de Cohade. — *In aice Brivatensi, in villa cui vocabulum est Crispiago*, 881 (cart. de Brioude, ch. 197). — *Crespiac*, 1281 (J. Lachenal, l'église de Br., 37). — *Crespiat*, 1820 (Deribier). — *Crispiat*, 1878 (carte adm.).

Crispinhac, vill., c^{ne} de Mazeyrat-Crispinhac. — *Mansus de Crespinhac*, 1459 (Bibl. nat., n. acq., 1222, f° 123). — *Crispinhacum*, 1490 (terrier du Cluzel).

Crochets (Les), vill., c^{ne} de Laussonne. — *In villa quæ dicitur Crauchetis*, v. 960 (cart. du Monastier, n° 126). — *Villa de Crauchetis*, v. 984 (idem, n° 133). — *Los Crauchetz, Lous Crouchetz*, 1528 (cad. du Monastier). — *Lous Crochetz*, 1561 (Savin, n^{re}).

Crochets (Les), f., c^{ne} des Vastres. — *Los Crosetz*, 1322 (hospit. du Velay).

Crochiniat, loc. détr., près Courteuge, c^{ne} de Saint-Just-près-Brioude. — *In vicaria Brivatensi, in villa cui vocabulum est Cricinago*, 913 (cart. de Brioude, 103). — *Villa ... Criziniacus*, 919 (idem, ch. 295). — *Le terroir de Crochiniat*, 1553 (terrier du doy. de Br.).

Croisance, c^{ne} de Saugues. — *Ecclesia beatæ Mariæ de Crozansas*, 1244 (Lozère, G. 412). — *Villa de Crosances*, 1257 (Baluze, mais. d'Auv., II, 88). — *Crosantia*, 1273 (Lozère, G. 412). — *Crosansa*, 1377 (Haute-Loire, E.). — *Crosansas*, 1464 (Bibl. lat., ms. lat., n. acq., 1223, f° 155). — *Nostra Domina de Crosanciis*, 1526 (A. Besseyre, n^{re}). — *Crosences*, 1622 (terrier de Vazeilhes). — *Croisance*, 1888 (carte adm.).

En 1789, Croisance dépendait de la province et du bailliage de Gévaudan. Son église paroissiale, diocèse de Mende et archiprêtré de Saugues, était dédiée à Notre-Dame; l'évêque de Mende en était collateur.

La commune de Verreyroles a été supprimée et réunie à celle de Croisance, en vertu d'une loi du 3 juillet 1846.

Croisière (La), f., c^{ne} du Chambon.

Croix (La), vill., c^{ne} de Chassagnes.

Croix (La), f., c^{ne} de Chaudeyrolles.

Croix (La), lieu dit, c^{ne} de Malvières. — *Mansus de Cruce*, 1318 (la Chaise-Dieu, Malvières). — *La Cros*, 1372 (ibid.). — *Mansus de la Croux-Velha*, 1414 (ibid.).

Croix (La), f., c^{ne} de Saint-Front.

Croix (La), lieu détr., c^{ne} de Sainte-Marie-des-Chazes. — *Domus voc. de Cruce*, 1471 (Bibl. nat., ms. lat., n. acq., 1224, f° 24 v°). — *Locus de la Cros*, 1478 (idem, f° 206). — *La Croix*, XVIIIe s. (Cassini).

Croix-Blanche (La), mont., c^{ne} d'Ally.

Croix-d'Aubagnat (La), m. i., c^{ne} de Frugières-le-Pin.

Croix-de-Baron (La), m. i., c^{ne} du Pont-Salomon.

Croix-de-Chapelon (La), m. i., c^{ne} de Saint-Jeure.

Croix-de-Fer (La), f., c^{ne} de Langeac.

Croix-de-la-Chèvre (La), c^{ne} du Bouchet-Saint-Nicolas.

Croix-de-la-Gendarme, près Montagnac, c^{ne} de Vernassal. — 1682 (cad. de Polignac).

Croix-de-la-Pendue *ou* du Pendu, c^{ne} d'Allègre.
Anciennes fourches patibulaires de la baronnie d'Allègre.

Croix-de-la-Plonge, sur le col de Costebelle, c^{ne} des Estables.

Croix-de-l'Arbre (La), écart, c^{ne} de Saint-Hilaire.

Croix-de-l'Œil (La), m. i., c^{ne} de Grazac.

Croix-de-l'Olive (La), écart, c^{ne} de Bauzac.

Croix-de-l'Orme (La), m. i., c^{ne} de Bauzac.

Croix-de-Lurol (La), m. i., c^{ne} de Monistrol-sur-Loire.

Croix-de-Malsang, lieu dit, près le Collet, c^{ne} de Polignac. — *Territorium app. la Cros de Mal-Sanc*, 1469 (prieuré de Polignac).

Croix-de-Paille (La), cône basaltique, c^{ne} d'Espaly-Saint-Marcel. — *Podium de Chaslo*, 1303 (Saint-Vosy). — *Cheylon autrement la Croix de la Paille*, 1625 (Duclaux, n^{re}).

Croix-de-Peccata, c^{ne} des Estables.

Croix-de-Pétaud (La), lieu dit, c^{ne} de Coubon. — 1561 (Savin, n^{re}).

Croix-de-Pierre (La), m. i., c^{ne} de Saint-Jeure.

Croix-de-Sallazan (La), lieu dit, c^{ne} de Costaros. — 1616 (Rhône, H. 2153).
Ancien péage de l'évêque du Puy.

Croix-des-Boutières (La), c^{ne} des Estables, limite des dép. de la Haute-Loire et de l'Ardèche. — *Crux Boteriæ*, 1327 (doc. jud.). — *La Croix-de-Boutière*, 1626 (vis. past. de l'év. Just de Serres). —

Croix-des-Boutières, 1823 (Bertrand-Roux, 224).
— *Croix-de-Boutières* (état-major).

Croix-des-Couders (La), lieu dit, cⁿᵉ de Saint-Germain-Laprade. — *Terroir de Sainct-Germain app. de la Croix deux Couderez,* 1544 (Savin, nʳᵉ).

Croix-des-Regardins (La), cⁿᵉ de Frugières-le-Pin. — Lieu qui inspire une frayeur superstitieuse aux habitants du pays.

Croix-des-Treilhs (La), lieu dit, cⁿᵉ de Cubelles. — *Crux dels Treylhs,* 1327 (Lozère, G. 98).

Croix-de-Trêve (La), m. i., cⁿᵉ du Pont-Salomon.

Croix-du-Bail (La), vaine, cⁿᵉ de Cayres.

Croix-du-Bois (La), f., cⁿᵉ de Saint-Pierre-Eynac.

Croix-du-Chêne (La), m. i., cⁿᵉ de Saint-Préjet-Armandon.

Croix-du-Connet, signal, cⁿᵉ d'Autrac.

Croix-du-Gay, cⁿᵉ de Blesle.

Croix-du-Loup-Pendu (La), cⁿᵉ de la Chapelle-Geneste. — *Nemus et pascua de la Cros del Lop pendut,* 1449 (terrier de Clavelier).

Croix-du-Mauvais-Tuchin (La), près la Bretogne, cⁿᵉ de Langeac. — *Crux de Mal Tuchy,* 1486 (terrier de Tailhac).

Croix-du-Suc (La), m. i., cⁿᵉ de Saint-Préjet-Armandon.

Croix-du-Villard (La), m. i., cⁿᵉ de Saint-Pal-de-Chalencon.

Croix-Saint-Félix, lieu dit, cⁿᵉ de Landos.

Croix-Saint-Marrin (La), m. i., cⁿᵉ de Monistrol-sur-Loire.

Croix-Saint-Martial, cⁿᵉ de Saint-Ilpize. — *Crux B. Marcialis,* 1463 (Arch. nat., ZZ. 359, p. 84).

Croix-Saint-Mathieu, près Rascles, cⁿᵉ de Mercœur. — 1613 (Mercurial).

Croix-Saint-Maurice, cⁿᵉ de Vissac. — *L'oratoire Saint-Maurice,* 1352 (homm. de Vissac).

Croix-Saint-Romain (La), m. i., cⁿᵉ de Sainte-Sigolène.

Croix-Verte (La), lieu dit, cⁿᵉ de Saint-Just-Malmont.

Croizet (Le), écart, cⁿᵉ de Bonneval. — *Mansus del Crozet,* 1414 (la Chaise-Dieu, terrier de Malvières). — *Le Croiset,* 1888 (carte adm.).

Croizet (Le), h., cⁿᵉ de Mercœur. — *Mansus de Croseto,* 1458 (Arch. nat., ZZ. 359, p. 3). — *Le Croset,* 1613 (Mercurial).

Croizet (Le), vill., cⁿᵉ de Saint-Beauzire. — *Lo Crozet,* 1549 (terrier de Lauriat). — *Le Croiset* (cad.).

Croizet (Le), affl. de la Vendage, cⁿᵉˢ de Saint-Beauzire et de Paulhac. — *Rivus de la Malafosse,*

1445 (terrier de Faugères). — *Le Mutafosse* ou *le Longiroux* (cad.).

Croizet (Le), vill., cⁿᵉ de Saint-Privat-du-Dragon. — *Lo Crozes,* 1339 (Bibl. nat., ms. fr., 14377, p. 189). — *Mansus de Croseto,* 1463 (Arch. nat., ZZ. 359, p. 65). — *Lo Crozet,* 1463 (*idem,* p. 84).

Cromail (Le), affl. de l'Arzon, cⁿᵉˢ de Saint-Pierre-Duchamp et de Vorey.

Cronce, cᵒⁿ de Pinols. — *Villa quæ nominatur Crocansia,* 942 (cartul. de Brioude, ch. 226). — *Crosancia* (*idem,* tables, ccxcii). — *Ecclesia de Crolantia,* 1131 (Baluze, mais. d'Auv., II, 58; cart. de Sauxillanges, ch. 945). — *Crosanza,* 1213 (Haute-Loire, les Chazes). — *Croance,* 1379 (compte de B. Flotenc). — *Crouensse,* 1398 (compte de B. Sannadre). — *Croanssa, Crohense,* 1401 (spic. Briv.). — *Cronsa,* 1459 (Bibl. nat., lat., n. acq., 1222, fᵒ 122). — *Cronce,* xviiiᵉ s. (Cassini).

En 1789, Cronce était compris dans la province d'Auvergne, l'élection de Brioude, la subdélégation de Langeac et le ressort de Riom. Son église paroissiale, diocèse de Saint-Flour et archiprêtré de Langeac, était sous l'invocation de saint Marc; le prieur de la Voûte-Chilhac présentait à la cure.

Cronce (La), riv., prend sa source dans la forêt de la Margeride (Cantal), entre dans le département de la Haute-Loire près du moulin de Batifol et se jette dans l'Allier au sud du moulin de la Prade, après avoir arrosé les cⁿᵉˢ de Chastel, Cronce, Arlet et Aubazac. — *Aqua de Croance,* 1486 (Arch. nat., Q. 1513, fᵒ 75). — *Rivière de Cronse,* 1488 (Arch. nat., Z². 56, p. 454).

Cronce-Lorbe, h., cⁿᵉ de Cronce. — *Cromce-Lorbe,* 1511 (coust. d'Auv., fᵒ 81 vᵒ). — *Cronc-l'Orbe,* 1820 (Deribier).

Croncette, h., cⁿᵉ d'Aubazac. — *Croanseta,* 1356 (Arch. nat., Z². 54, p. 112). — *Cronseta,* 1356 (*idem,* p. 180). — *Cronssetes,* 1576 (Arch. nat., Z². 56, p. 125).

Cronçoux (Le), ruiss., prend naissance au sud-ouest de Moulergue, cⁿᵉ de Chastel, et se jette dans la Cronce près de Cronce.

Cros (Le), f., cⁿᵉ d'Azerat. — *In vicaria [Brivatensi] in loco qui dicitur Ad Illo Crosso,* 943 (cart. de Brioude, ch. 266; Baluze, mais. d'Auv., II, 16). — *Lo Cros-Juzeu,* xivᵉ s. (terrier des Grèzes).

Cros (Le), loc. détr., cⁿᵉ d'Azerat. — *Cros Vezo,* xivᵉ s. (terrier des Grèzes). — *Mansus del Cros, situs inter loca de Logia et de Aseraco*, 1397 (la Chaise-Dieu, Azerat).

Cros (Le), écart, c^ne de Bonneval. — *Mansus del Cros-Congnet*, 1249 (tabl. du Velay, 1875-76, p. 532).

Cros (Le), ruiss., affl. de l'Allier, arrose les c^nes de Champagnac, Agnat et Azerat. — *Le Cros* ou *Bois-d'Arbiou* (cad.).

Cros (Le), h., c^ne de Chomelix. — *Lo Cros*, 1311 (Arch. nat., P. 1398¹, cote 650). — *Locus de Croso*, 1404 (terrier de Chomelix). — *Locus de Crozo*, 1488 (hôtel-Dieu). — *Le Cros*, 1670 (Arch. nat., P. 502, cote 109).

Cros (Le), vill., c^ne de Dunières. — *Crosus*, 1469 (Rivière, n^re). — *Locus de Crozo*, 1579 (Rhône, D. 183).

Cros (Le), chât. et h., c^ne de la Farre. — *Locus de Croso Farant*, 1388 (communication de M. de Surrel de Saint-Julien). — *Locus de Crozo*, 1462 (V. Chauvin, n^re). — *Le Cros-Verdier*, 1553 (communication de M. F. Experton).

Cros (Le), vill., c^ne de Ferrussac. — *In loco qui dicitur Croslocum*, 936 (cart. de Brioude, ch. 337). — *Curatus de Crozo*, 1349 (Arch. nat., Z². 54, p. 61). — *Lo Cros*, 1353 (spic. Briv.). — *Nostre-Dame du Crour*, 1388 (idem). — *Croux*, 1401 (idem). — *Parochia B. Mariæ de Croso*, 1479 (Bibl. nat., ms. lat., n. acq., 1224, f° 215). — *Parochia Nostræ Dominæ de Croso*, 1502 (Arch. nat., Q. 513, f° 132). — *Croue*, 1511 (coust. d'Auv., f° 81 v°). — *Nostre-Dame du Cros*, 1523 (Arch. nat., Q. 513, f° 140).

Commune supprimée le 28 août 1834 et réunie à celle de Ferrussac.

Cros (Le), m. i., c^ne de Lapte.

Cros (Le), h., c^ne de Laval. — *Villa de Croso*, 1001 (cart. du Monastier, n° 154). — *Terræ del Cros*, 1449 (terrier de Clavelier).

Cros (Le), h., c^ne de Mercœur. — *In [vicaria] Radi(c)atensi, ad Illum Crosum*, 911 (cart. de Brioude, ch. 37). — *Mansus du Croz*, 1477 (Arch. nat., ZZ. 359, p. 156). — *Le Cros*, 1613 (Mercurial).

Cros (Le), h., c^ne de Monistrol-sur-Loire. — *Crosus, lo Croux*, 1495 (obit. de Bas). — *Lo Cros*, 1507 (év.). — *Lou Cros*, 1552 (ress. de Montfaucon).

Cros (Le), h., c^ne de Montregard. — *Lou Cros*, 1556 (terrier de Montregard).

Cros (Le), f., c^ne de Saint-Bonnet-le-Froid. — *Cros-de-Gaches*, 1888 (Malègue).

Cros (Le), chât. ruiné et h., c^ne de Saint-Étienne-

du-Vigan. — *Lo Cros*, 1285 (Rhône, la Sauvetat, I, 6). — *Le fort de Cros*, 1382 (hist. gén. de Lang., éd. Privat, X, c. 1672). — *Castrum de Crozo prope Pratellas*, 1394 (év.). — *Le Cros lez Pradelles*, 1538 (Arch. nat., P. 1446, f° 171). — *Le Cros*, 1577 (Burel, 44). — *Cros-de-Beaune*, 1888 (Malègue).

Cros (Le), écart, c^ne de Saint-Geneys-près-Saint-Paulien. — *In vicaria de Vetula Civitate, in villa quæ dicitur Grosologus*, 985 (cart. du Monastier, n° 135). — *Villa de Croseto*, 1038 (cart. de Chamalières, n° 235). — *Mansus de Croso*, 1301 (hôtel-Dieu, B. 640). — *Ad Cros*, 1306 (tabl. du Velay, 1875-76, 520).

Cros (Le), vill., c^ne de Saint-Haon. — *Lo Cros*, 1274 (la Chaise-Dieu, Bouchet-Saint-Nicolas). — *El Cros de S. Habundo, mansus de Croso*, 1278 (idem).

Cros (Le), affl. de l'Allier, c^ne de Saint-Haon.

Cros (Le), h., c^ne de Saint-Jeure. — *Locus del Cros*, 1359 (Rhône, II. 2632).

Cros (Le), vill., c^ne de Saint-Martin-de-Fugères. — *Cros*, 1347 (Rhône, E. 8). — *Crosus, Crozus*, 1377 (Saint-Mayol). — *Le Cros de Saint-Martin*, 1785 (Julien, n^re).

Cros (Le), affl. de la Colance, c^nes de Saint-Martin-de-Fugères et de Chadron.

Cros (Le), m^in, sur la Sumène, c^ne de Saint-Quintin-Chaspinhac. — *Al Cros*, 1227 (hôtel-Dieu, B. 134). — *Lo Cros subtus Faet*, 1305 (ibid.). — *Cros-de-Peyredeyre*, 1888 (Malègue).

Cros (Le), lieu dét., près Vermoyal, c^ne de Saint-Pierre-Duchamp. — *Villa del Cros*, 1266 (Arch. nat., P. 1397³, c. 597).

Cros (Le), vill., c^ne de Saugues. — *Lo Cros*, 1298 (hôtel-Dieu, B. 349). — *Crosus*, 1469 (Thiolent).

Cros (Le), vill., c^ne de Tiranges. — *Lo Cros*, 1293 (Arch. nat., P. 491¹, cote 13).

Cros (Le), lieu détr., près Gamon, c^ne de Vorey. — *Mansus del Cros*, 1311 (Arch. nat., P. 1399¹, c. 783).

Cros (Le), vill., c^ne de la Voûte-sur-Loire. — *Locus del Cros*, 1519 (Haute-Loire, E.).

Cros (Les), vill., c^ne de Malvalette. — *Villa del Cros*, 1230 (Arch. nat., P. 493¹, cote 59). — *Lo Cros-Borel*, 1317 (Arch. nat., P. 1400³, cote 990). — *Crosus subtus Vulpem*, 1418 (Loire, A. 89, f° 81). — *Le Cros-Bourel, mand. d'Auriec*, 1563 (obit. de Bas).

Cros (Moulin-du-), m^in sur l'Arzon, c^ne de Chomelix. — *Molendinum de Croso*, 1404 (terrier de Chomelix). — *Les Moulins-du-Croz*, 1670 (Arch. nat., P. 502, cote 109).

Cros-Chanude (La), lieu dit, sur le flanc de la Durande, c⁰ᵉ de Saint-Jean-de-Nay. — *Cros Chanuda*, 1384 (Chamblas). — *Crux Canuta*, 1444 (*idem*). — *Crux Chanuda*, 1463 (Bibl. nat., ms. lat., n. acq., 1223, f° 133). — *Croux-Chanude*, 1563 (Chamblas).

Cros-de-Beraudon (Le), f., cⁿᵉ d'Araules. — 1291 (homm. de l'év.). — *Cros-d'Araules*, 1308 (*idem*). — *Lo Cros*, 1451 (Pradier, nʳᵉ). — *Le Cros-de-Brandoux*, 1869 (Malègue).

Cros-de-Bory, m. i., cⁿᵉ d'Yssingeaux.

Cros-de-Brive, écart, cⁿᵉ de Coubon. — *La meterie de Cros*, 1587 (Sigaud, nʳᵉ). — *Les Cros*, xviiiᵉs. (Cassini).

Cros-de-Cheyne (Le), m. i., cⁿᵉ du Chambon.

Cros-de-la-Borie (Le), f., cⁿᵉ du Monastier.

Cros-de-la-Grange (Le), f., cⁿᵉ du Chambon. — *Cros*, 1888 (Malègue).

Cros-de-l'Allier (Le), f., cⁿᵉ du Chambon.

Cros-de-l'Âne (Le), h., cⁿᵉ de Saint-Voy. — *Lo Cros*, 1507 (év.). — *Lou Cros-de-l'Azi*, 1553 (ress. de Montfaucon). — *Le Cros, mand. de Fayt*, 1602 (A. Robert, nʳᵉ). — *Lou Cros-de-l'Ize*, 1608 (cad. de Bonnas).

Cros-de-las-Mays (Le), f., cⁿᵉ des Estables. — 1695 (capitation).

Cros-de-l'Estra (Le), écart, cⁿᵉ de Grazac.

Cros-de-Montroy (Le), h., cⁿᵉ de Saint-Front. — *Villa Cros Romaldi*, 996 (cart. du Monastier, n° 74). — *Decima dal Cros N'Avifos* (*N' Amfos*), v. 1180 (*ibid.*, app., n° 446). — *Mansus de Cros*, 1217 (Gall. chr., XVI, instr., col. 240). — *Mansus de Croso Montis Rubei*, 1321 (cart. de Mazan, f° 103). — *Locus del Crous-de-Montrouy*, 1530 (cad. du Monastier).

Cros-de-Mortesagne (Le), vill., cⁿᵉ de Saint-Julien-du-Pinet. — *Mansus del Cros*, 1346 (év.). — *Cros-de-Mortessagnes*, xviiiᵉ s. (Cassini).

Cros-des-Tavas (Le), m. i., cⁿᵉ du Chambon.

Crosdo (Le), vill., cⁿᵉ des Vastres. — *Ad Crosum*, v. 1000 (cart. du Monastier, n° 281). — *Crosus Do*, 1343 (Rhône, H. 1016). — *Mansus de Crozo Do*, 1464 (Ardèche, C. 625). — *Le Cros-Dos*, 1679 (état civ.). — *Le Cros*, xviiiᵉ s. (Cassini).

Au xivᵉ s., la principale famille de ce lieu s'appelait Do.

Cros-du-Jay, écart, cⁿᵉ de Laussonne. — *Crosus dous Jays*, 1527 (cad. du Monastier). — *Le Cros dous Jails*, 1677 (cad. de Freycenet-la-Tour). — *Le*

Cros-doux-Jailz, 1695 (capitation). — *Le domaine de Cros-doux-Gaits*, 1785 (Julien, nʳᵉ).

Cros-du-Riou (Le), f., cⁿᵉ du Mazet-Saint-Voy.

Crose (La), f., cⁿᵉ de Sainte-Sigolène.

Croses (Les), f., cⁿᵉ du Mazet-Saint-Voy.

Cros-Jallier (Le), f., cⁿᵉ de Moudeyres. — *Lo Cros-Gelier*, 1256 (cart. de Mazan, f° 111). — *Crosus Yaler*, 1344 (Monastier). — *Cros-Jalhier*, 1524 (cad. du Monastier). — *Crozailler* (cad.). — *Crozallier*, 1880 (carte adm.).

Cros-Marie, h., cⁿᵉ de Collat. — *El Mas de Cros Maria*, 1341 (terrier de Charbonnier). — *Cromarie*, xviiiᵉ s. (Cassini). — *Crozemarie*, 1888 (carte adm.).

Cros-Mesire (Le), lieu détr., cⁿᵉ de Langeac. — *Locus de Cros-Mezire*, 1502 (Arch. nat., Q. 513, p. 149).

Cros-Pouget (Le), vill., cⁿᵉ de Landos. — *Villa de Cros d'Ardana*, 1247 (prieuré de Solignac). — *Crozus Ardena*, 1462 (V. Chauvin, nʳᵉ). — *Le Cros, par. de Landos*, 1584 (Mᵉᵉ Leblanc, nʳᵉ). — *El Cros del Pouget*, 1587 (Doleson, nʳᵉ). — *Le Cros-Ardenne*, 1614 (Duclaux, nʳᵉ). — *Le Cros-du-Pouget*, 1625 (*idem*). — *Le Cros-d'Ardene, autrement du Poget*, 1668 (André, nʳᵉ).

Crossac, vill., cⁿᵉ des Villettes. — *Croussac*, 1507 (év.).

Crotte (Moulin-de-la), chât. détruit et mⁱⁿ sur la Gagne, cⁿᵉ de Cussac. — *Fortalicium Crottæ*, 1357 (tabl. du Velay, 1874-75, 65). — *Le molin de Crotes*, 1567 (Doleson, nʳᵉ). — *Les mazures du chasteau des Crottes*, 1630 (Brunel, nʳᵉ). — *Belut*, xviiiᵉ s. (Cassini).

Crottes (Les), h., cⁿᵉ de Beaune. — *Crostas*, 1177 (hôtel-Dieu, B. 298). — *Las Crotas*, 1332 (Arch. nat., P. 1397², cote 571).

Crouchet, h., cⁿᵉ d'Araules. — 1531 (Dompnin, nʳᵉ).

Crouse-Mouton, h., cⁿᵉ de Sainte-Sigolène. — *Lou Crouzet*, 1553 (ress. de Montfaucon). — *Croze-Mouton*, 1691 (obit. de Bas). — *Crouze-Mouton*, 1747 (état civ.). — *Crozet-Mouton*, xviiiᵉ s. (Cassini). — *Creuze-Mouton*, 1820 (Deribier).

Crouset (Le), f., cⁿᵉ de Craponne-sur-Arzon. — *Lo Crozet*, 1327 (Saint-Mayol). — *Crosetum secus Craponam in Vallavia*, 1501 (Chamblas). — *Lo Croset*, 1522 (Saint-Georges du Puy). — *La meterye de Crozet*, 1569 (terrier de Notre-Dame de Chalencon). — *Le Croizet*, 1880 (carte adm.).

Croustet, mont. et m. isolée, cⁿᵉ de Ceyssac. — Fourches de justice de la baronnie de Ceyssac. — *Crosteilhs*, xviᵉ s. (Médicis, II, 11). — *En Crostelhs*, 1533 (Dompnin, nʳᵉ). — *Crostel*, 1618

(Leblanc, n^re). — *Crosteil*, 1695 (cad. de Ceyssac).

Crouzas, f., c^ne de Vals-près-le-Puy. — *Les Crouzers*, 1888 (Malègue).

Crouzas (Le), m. i., c^ne de Freycenet-Lacuche.

Crouzeraille, vill., c^ne de Tence. — *Nemus de Grostalo*, 1276 (Gall. chr., XVI, inst., c. 255).

Crouzet, écart, c^ue de Sanssac-l'Église.

Crouzet, m. i., c^ne d'Yssingeaux. — *Crosetz*, 1528 (terrier du Pertuis). — *Crouzetz*, 1614 (terrier de Saussac).

Crouzet (Le), vill., c^ne de Chadron. — *Crosetus*, 1377 (Saint-Mayol). — *Crosetz, Mansus de Croseto de Ultra aquam*, 1523 (cad. du Monastier). — *Le Crouzetz-de-la-Leau*, 1666 (André, n^re). — *Le Crouzet-de-Lalau*, xviiie s. (Cassini). — *Le Crouzet-de-Chadron*, 1785 (Julien, n^re). — *Le Crouzet-Lalau*, 1881 (aff. jud.).

Crouzet (Le), vill., c^he du Chambon. — *La Crouzette*, 1888 (Malègue).

Crouzet (Le), h., c^ne de Chanaleilles. — *Mansus de Crosetz*, 1274 (Lozère, G. 99). — *Mansus de Croseto*, 1367 (Thiolenc). — *Croset de Madrieyras*, 1499 (*idem*). — *Crozet de Madreyres*, 1589 (*idem*). — *Le Croiset, le Croizet*, 1622 (terrier de Vazeilhes). — *Le Crouzet de Madrières*, 1675 (Thiolent).

Crouzet (Le), m. i., c^ne de Craponne-sur-Arzon.

Crouzet (Le), vill., c^ne de Dunières. — 1269 (homm. de l'év.). — *Lo Crozet*, 1469 (Rivière, n^re). — *Lou Croset*, 1553 (Rhône, D. 185).

Crouzet (Le), h., c^ne de Jax. — *Mansus de Crozeto*, 1472 (Bibl. nat., ms. lat., n. acq., 1224, f° 55 v°).

Crouzet (Le), f., c^ne de Raucoules.

Crouzet (Le), f., c^ne de Saint-Bonnet-le-Froid.

Crouzet (Le), vill., c^ne de Saint-Didier-la-Séauve. — *Lo Crosetz*, 1396 (hom. de Solignac).

Crouzet (Le), m. i., c^ne de Sainte-Sigolène.

Crouzet (Le), f., c^ne de Saint-Front. — *Crozetum*, 1396 (Arch. nat., P. 1397², cote 545). — *Le Crozet, par. de Sainct-Front*, 1585 (Johany, n^re). — *Crouzet-de-Litaud* (Titaud), 1861 (état-major).

Crouzet (Le), vill., c^ne de Saint-Pierre-Eynac. — *Locus de Crosetz*, 1463 (Lardeyrol). — *Crozetz*, 1585 (Johanny, n^re).

Crouzet (Le), vill., c^ue de Thoras. — *Mansus de Crozeto*, 1276 (Thiolent). — *Crosets*, 1279 (*idem*). — *Mansus de Croseto*, 1401 (*idem*). — *Crosetum d'Anglada*, 1499 (*idem*). — *Le Crouset-Langlade*, 1537 (*idem*). — *Croset-de-Langlade ou de Taillières*, 1745 (*idem*).

Crouzet (Le), afll. du Panis, c^ne de Thoras. — *Riperia Thoracii*, 1499 (terrier de Thoras). — *Rivière descendant de Crozet à Thouras*, 1623 (C. Peyret, n^re).

Crouzet (Le Grand-), vill., c^ne du Mazet-Saint-Voy. — *Crosetum*, 1343 (Rhône, II. 1016).

Crouzet (Le Petit-), h., c^ne du Mazet-Saint-Voy. — *Crozes (petits)*, 1888 (Malègue).

Crouzet (Moulin-), m^in sur le Javoulx, c^ne de Saint-Arcons-d'Allier. — *Molendinum S. Arconcii*, 1462 (Bibl. nat., ms. lat., n. acq., 1223, f° 83).

Crouzet (Scie-du), scierie sur la Ruelle, c^ne du Mas-de-Tence.

Crouzet-Boston (Le), vill. et m^in détr., près la Mahuche, c^ne de Saint-Vénérand. — 1780 (cad. de Vabres).

Crouzet-de-Meyzous, vill., c^ue du Monastier. — *Villa quæ dicitur Crozetus, in Vellaico*, v. 970 (cart. du Monastier, n° 96). — *Mansus de Crozeto*, 991 (*idem*, n° 158). — *Mansus del Croset supra Meysos*, 1526 (cad. du Monastier). — *Le Crouzet-de-Maisoux*, xviiie s. (Cassini). — *Crouzet-de-Mezou*, 1820 (Deribier). — *Crouzet*, 1888 (Malègue).

Crouzet-de-Ranc (Le), h., c^ne de Laussonne. — *Villa de Crozeto*, v. 970 (cart. du Monastier, n° 127). — *Lo Croset*, 1258 (*idem*, n° 450). — *Mansus de Croseto supra Laussonam*, 1528 (cad. du Monastier). — *Locus de Croseto del Ranc*, 1532 (Costavol, n^re). — *Le Crozet-du-Ranc*, 1619 (état civ.). — *Crouzet-de-Ranci*, 1820 (Deribier).

Crouzet-de-Ruelle (Le), vill., c^ne du Mas-de-Tence. — *Lo Croset*, 1322 (cart. de Mazan, f° 134). — *Crosetum*, 1331 (*idem*). — *Le Crouzet-de-Ruelle*, 1695 (capitation). — *Le Crozet-de-Ruel*, xviiie s. (Cassini). — *Le Crouzet*, 1888 (Malègue).

Crouzette (La), loc. détr., c^ne des Estables. — *La Crouzette*, 1763 (état civ.). — *La Croisette*, 1766 (*idem*).

Crouzilhac, h., c^ne de Tence.

Crouzilhac (Bois de), c^ne de Tence. — *Le bois de Maubourg*, 1824 (Deribier, stat., 102).

Crouzilles (Les), loc. détr., c^ne de Saint-Just-près-Brioude. — *Las Crozilhas*, 1339 (Bibl. nat., fr., 14377, f° 189). — *Mansus de las Crozilhes*, 1440 (Bibl. nat., fr., 11490, f° 224).

Crouzillon, m. i., c^ne d'Yssingeaux.

Crouziols, vill., c^ue du Monastier. — *Villa Crojozole, Crozojole*, 939 (cart. du Monastier, n° 76). — *Villa de Crusoli*, v. 1343 (*idem*, app., n° 452). — *Cruseol, Crusseol*, 1344 (Monastier). — *Cruzeuols*, 1396 (*idem*). — *Crosuolz*, 1462 (*idem*). — *Cruziols*, 1466 (Maltrait, n^re). — *Crosuolz,*

1561 (Savin, n⁰ˢ). — *Crosioux*, 1632 (Duclaux,
n⁰ˢ). — *Crouziols*, 1666 (André, n⁰ˢ).

Ancienne chapelle dédiée à Notre-Dame-de-
Pitié.

CROUZIOLS (LE), affl. de la Gazeille au moulin de
Coudert, cⁿᵉ du Monastier, prend naissance à Faucouy, cⁿᵉ de Freycenet-Lacuche.

CROZATIER (MOULIN-DE-), mⁱⁿ sur l'Aubépin, cⁿᵉ de
Saint-Front.

CROZE (LA), m. i., cⁿᵉ d'Araules.

CROZE (LA), écart, cⁿᵉ de Monistrol-d'Allier.

CROZE (LA), mⁱⁿ sur le Javoulx, cⁿᵉ de Vissac. — *La
Ribeyre* (cad.).

CROZE (MOULIN-), mⁱⁿ sur la Rochette, cⁿᵉ de Chaniat.

CROZES (LES), h., cⁿᵉ d'Allègre.

CROZES (LES), ruiss., affl. de la Gagne, cⁿᵉˢ de Montusclat, Saint-Julien-Chapteuil, Saint-Pierre-Eynac
et Saint-Germain-Laprade. — *La Borye* (cad.).

CROZES (LES), f., cⁿᵉ de Saint-Jeure. — *Locus de las
Crosas*, 1359 (Rhône, H. 2632). — *Crosæ*, 1515
(terrier des Bordes).

CROZES (LES), affl. de la Semène, cⁿᵉ de Saint-Romain-Lachalm.

CROZES (MOULIN-DES-), mⁱⁿ sur le Chenoville, cⁿᵉ
d'Allègre.

CROZES (SCIE-DES-), m. i., cⁿᵉ de Saint-Jeure. —
Sans-Crainte ou Rochon, 1773 (état civ.). — *La
Scie-de-Rouchon ou des Crozes*, 1782 (*idem*). —
La Scie (cad.).

CROZET (LE), h., cⁿᵉ de Bas. — *In villa quæ dicitur
Crozeto, in pago Vellaico, in vicaria Bassense*,
v. 1000 (cart. du Monastier, n° 198). — *Crosetus
Neymy, par. Bassii*, 1502 (obit. de Bas). — *Le
Cros-Neymi*, 1691 (*idem*). — *Le Crouzet* (cad.).

CROZOLY, f., cⁿᵉ de Saint-Front. — *Croz-Joli-lez-
Colombet*, 1665 (état civ.).

CRUCHAIL (LE), m. i., cⁿᵉ du Chambon.

CRUSSINIÈRES, h., cⁿᵉ de Raucoules. — *Crucineras*,
1466 (Rivière, n⁰ˢ). — *Crussyneyres*, 1574
(Guèze, n⁰ˢ).

CUBELLE, h., cⁿᵉ de Saint-Préjet-Armandon. — *Cublelas*, v. 1260 (Arch. nat., J. 1031, n° 2). —
Cubelles, 1489 (Vals-le-Chastel).

CUBELLE (LE), affl. du Doulon à la limite des cⁿᵉˢ de
Saint-Préjet-Armandon et Vals-le-Chastel.

CUBELLES, dom., cⁿᵉ de Bellevue-la-Montagne.

CUBELLES, f., cⁿᵉ de Chomelix.

CUBELLES, cᵒⁿ de Saugues. — *Parochia ecclesiæ S. Ylarii
de Cublelas*, 1259 (Thiolent). — *Cublelas*, xiiiᵉ s.
(tabl. du Velay, 1873-74, 390). — *Le gué de
Cubel*, 1448 (spic. Briv.). — *Ecclesia B. Ylarii de

Cubellis, Mimat. dioc., 1464 (Bibl. nat., ms. lat.,
n. acq., 1223, 183). — *Prioratus de Clubellis*,
1477 (*idem*, 1224, 153). — *Clubelles*, 1483
(*idem*, 1224, 331).

En 1789, Cubelles faisait partie de la province
et bailliage de Gévaudan. Son église paroissiale,
diocèse de Mende et archiprêtré de Saugues, était
dédiée à saint Hilaire; l'évêque de Mende en
était collateur.

CUBEROLLES, h., cⁿᵉ de Craponne-sur-Arzon. — *Ad
Cubairolas*, 1213 (cart. de Chamalières, n° 322).
— *Cubayrolas*, 1271 (hôtel-Dieu, B. 620). —
Cubeirolas, 1507 (év.). — *Cubeyrolles*, 1695
(capitation).

CUBIZOLES, h., cⁿᵉ de Cubelles. — *Mansus de Coblesolas*, 1301 (Thiolent). — *Coblezolas*, 1327 (Lozère, G. 98). — *Cubesolas*, 1464 (Arch. nat.,
ms. lat., n. acq., 1223, f° 185 v°). — *Cubizoles*,
1618 (Thiolent). — *Cubizole*, 1888 (carte adm.).
— *Cubisolles*, 1888 (Malègue).

CUBIZOLLES (MOULIN-DE-), mⁱⁿ sur le Berlende, cⁿᵉ de
Grèzes.

CUBLAISE, h., cⁿᵉ de Dunières. — *Quiblesas*, 1469
(Rivière, n⁰ˢ). — *Cublezes*, 1553 (ress. de Montfaucon).

CUBLAISE, vill., cⁿᵉ de Saint-Maurice-de-Lignon. —
Cublaise de Lignon, 1328 (homm. de l'év.). —
Domus de Cublesas, 1383 (év.).

CUBLAISE, vill., cⁿᵉ des Villettes. — *Villa de Cuble-
sas*, 1269 (hôtel-Dieu, B. 617). — *Cublelas*,
1285 (la Chaise-Dieu, Saint-Maurice-de-Lignon).
— *Cublezas prope Monastrolium*, 1345 (*idem*,
B. 676). — *Coblezas de Sicart*, 1373 (év.). —
Cublesses de Sicard, 1506 (Médicis, II, 302). —
Cubleses, 1552 (ress. de Montfaucon). — *Cublaise*,
xviiiᵉ s. (Cassini).

CUBRIZOLLES, vill., cⁿᵉ du Pont-Salomon. — *Crubre-
solas, Cubressolas, Cubrisolas*, 1396 (homm. de
Solignac). — *Crubizolles*, 1566 (terrier de Saint-
Didier). — *Cubrisolles*, 1645 (capitation).

CUCHE (LA), f., cⁿᵉ du Mazet-Saint-Voy.

CUCUNIOU, f., cⁿᵉ de Saint-Just-près-Brioude. —
Cocunhyo, 1341 (terrier de Charbonnier). —
La métairie de Cucugniou, 1774 (terrier du
Mas).

CUÉMY, bois, cⁿᵉ de Vorey.

CUERCS-LONGS (LES), h., cⁿᵉ d'Araules. — 1723 (cad.
de Bellecombe).

CULPÉROUX, h., cⁿᵉ de Saint-Pal-de-Mons. — *Culpeyroux*, 1695 (capitation). — *Culpéron* (cad.). —
Culpérouse, 1888 (Malègue).

CULPÉROUX (LE), affl. de la Dunière, cⁿᵉˢ de Saint-

Romain-Lachalm, Saint-Pal-de-Mons et Sainte-Sigolène.

Cumiaux, h., cⁿᵉ de Saint-Austremoine. — *Cumeaulx, Cumieaulx*, 1613 (Mercurial). — *Cuminiaux* (cad.).

Cumignac, chât. et vill., cⁿᵉ de Javaugues. — *In ... vicaria (Brivatensi), in ... villa quæ dicitur Cuminiacus*, 922 (cart. de Brioude, ch. 233). — *Cuminiac*, 1286 (spic. Briv.). — *Cuminhac*, 1298 (idem). — *Cumynhat*, 1544 (Cumignac). — *La maison et domaine noble de Cuminiac*, 1669 (Arch. nat., P. 499, cote 74). — *Cumignat* (cad.).

Seigneurie relevant en fief des comtes et chap. de Saint-Julien-de-Brioude et en arrière-fief du duché d'Auvergne.

Chapelle dédiée à la Sainte-Vierge.

Cumignat (Le), affl. du Mazel, cⁿᵉ de Frugières-le-Pin et de Javaugues. — *Rivus de Fealgoux*, 1414 (terrier de Malvières). — *Le Fiossat* (cad.).

Cunes, h., cⁿᵉ de Blassac. — *Villa quæ vocatur Cuinas* (l'imprimé porte à tort *Cumas*), 912 (cart. de Brioude, ch. 5). — *In pago Arvernico, in vicaria Radicatensi, in villa quæ dicitur Cuinas* (au lieu de *Cumas*), xᵉ s. ? (idem, ch. 125). — *Cuynas*, (Arch. nat., Z². 4145, p. 68). — *Cuynes*, 1467 (Arch. nat., ZZ. 359, p. 97).

Cuoq, f., cⁿᵉ de Fay-le-Froid.

Curabet, f., cⁿᵉ de Chassignolles. — *Mansus de Curabet*, 1358 (spic. Briv.).

Curmiluac, vill., cⁿᵉ d'Auteyrac. — *In villa quæ dicitur Crumiliaco*, 888 (cart. de Brioude, ch. 38). — *Crumilhac*, 1247 (cart. de Pébrac, n° 72). — *Mansus de Crumilhaco*, 1459 (B. Girard, nʳᵉ). — *Curmilhac*, 1460 (Bibl. nat., ms. lat., n. acq., 1222, f° 154). — *Curmillac*, 1820 (Deribier).

Cunsoux, h., cⁿᵉ de Montregard. — *Cursous*, 1556 (terrier de Montregard). — *Cursons*, 1820 (Deribier).

Cussac, h., cⁿᵉ de Bessamorel. — *Locus de la Grangha de Cussac*, 1451 (Rhône, H. 2633). — *Cussacum*, 1515 (terrier des Bordes).

Cussac, mᵒⁿ de camp. et dom., cⁿᵉ de Polignac. —

Mansus de Cussac, 1385 (Drôme). — *Fortalicium de Cussaco*, 1440 (communication de feu M. Félix Robert). — *Cussac lez le Puy*, 1571 (A. Boyer, nʳᵉ).

Fief vassal de la vicomté de Polignac.

Cussac, cᵒⁿ de Solignac-sur-Loire. — *In territorio Vellaico, in villa quæ vulgo nominatur Cuciacus*, 993 (chron. S. Petri de Mon. Anic.). — *Cuzac*, v. 1135 (tabl. du Velay, 1870-71, 528). — *Ecclesia de Cussac*, 1275 (hôtel-Dieu, B. 148). — *Eccl. de Cussaco*, 1342 (J. de Peyre, nʳᵉ). — *Eccl. par. S. Sulpicii Cussacii*, 1520 (Galet, nʳᵉ).

En 1789, Cussac dépendait de la province du Velay, de la subdélégation et sénéchaussée du Puy. Son église paroissiale, diocèse du Puy et archiprêtré de Solignac-sur-Loire, était sous l'invocation de saint Sulpice, évêque de Bourges; le prieur de Saint-Blaise-de-Gensac, de l'ordre de Cluny, présentait à la cure.

Cussac (Moulin-de-), mⁱⁿ sur le Ramel, cⁿᵉ de Bessamorel.

Cusse, chât. détr. et f., cⁿᵉ de Montclard. — *Cutia*, 1155 (spic. Briv.). — *Cusa*, 1179 (hospit. du Velay). — *Castellum Cuciæ*, 1201 (Justel, m. d'Auv., pr. 142). — *Cussa*, 1226 (Saint-Agrève). — *Cussia*, 1475 (Bibl. nat., ms. lat., n. acq., 1224, f° 87).

Gusset, f., cⁿᵉ de Dunières. — *Tusset lez Dunière*, 1584 (Guèze, nʳᵉ).

Cussette (La), affl. du Doulon à la limite des cⁿᵉˢ de Vals-le-Chastel et de Saint-Didier-sur-Doulon, prend naissance à l'ouest de la cⁿᵉ de Montclard. — *La riv. de Cussete*, 1564 (terrier de Vals-le-Chastel).

Cusson, lieu détr., cⁿᵉ de Retournac. — *Grangia de Cusso*, 1319 (Arch. nat., P. 493¹, cote 83). — *Via publica qua itur d'Artietas versus mansum de Cusso*, 1349 (Arch. nat., P. 493¹, cote 86). — *Les prés de Cusson*, 1476 (Arch. nat., P. 1399¹, cote 792).

Cussonnac, lieu détr., cⁿᵉ de Chomelix. — *Le mas de Cussonnac*, 1309 (homm. de l'év.).

D

Daille, m. i., cⁿᵉ de Saint-Didier-la-Séauve. — 1695 (capitation). — *Le Dail*, 1888 (Malègue).

Dallas, h., cⁿᵉ de Saint-Privat-d'Allier. — *Dalas*, 1239 (Saint-Mayol). — *Dalacium*, 1349 (la

Chaise-Dieu, Saint-Privat-d'Allier). — *Dalas en Alvernhe*, 1408 (compois du Puy).

Dambert, l. dit, cⁿᵉ du Puy. — *Terroir du Puy app. Dambert*, 1549 (Savin, nʳᵉ).

Dambois, f., cⁿᵉ d'Aurec. — *Dembois* (cad.).

Danielle (La), l. détr., c^{ne} de Champclause. — *Mansus de la Daniella*, v. 1181 (hospit. du Velay). — *Territorium de la Daniela juxta Chanclausa*, 1343 (Rhône, H. 1016).

Darbon, f., c^{ne} de Chaudeyrolles. — 1673 (ét. civ.).

Dardelin (Moulin-du-), mⁱⁿ, c^{ne} de Brioude. — *Molendinum Dardelenc*, 1453 (terrier du fordoyenné de Brioude). — *Le Dardellent*, 1614 (terrier du chap. de Brioude).

Dardelin (Moulin-du-), mⁱⁿ sur l'Alagnon, c^{ne} de Sainte-Florine.

Dargonnier, f., c^{ne} de Saint-Jeure. — *Mas de la Dragoneyre*, 1328 (homm. de l'év.).

Darnapsal, l. détr., c^{ne} du Mazet-Saint-Voy. — *Mas Darnapsal*, 1296 (homm. de l'év.). — *Mas Darnapessat*, 1320 (*idem*).

Darnapsal, écart, c^{ne} d'Yssingeaux. — *Darna pessada*, 1359 (Rhône, H. 2632). — *Darna pessan*, 1441 (Rhône, Bessamorel). — *Darna pessa*, 1523 (compois d'Yssingeaux). — *Darnebessa*, 1547 (terrier de Verchères).

Darne, l. détr., c^{ne} de Saint-Ilpize. — *Mansus de Darnes*, 1458 (Arch. nat., ZZ. 359, p. 3).

Darne (La), m. de camp. et mⁱⁿ, c^{ne} de Coubon. — *Molendinum de Bouzolio*, 1349 (Saint-Mayol). — *Molend. domini de Bousolio, voc. de la Darna*, 1389 (plumit. de Bouzols). — *Molendinum bannerium domini de Bousolio*, 1510 (terrier de Coubladour). — *Le molin de la Darne*, 1707 (cad. de Bouzols).

Darnes, h., c^{ne} de la Besseyre-Saint-Mary. — *Darnas*, 1749 (terrier du Besset).

Darnes, vill., c^{ne} de Charraix. — *Mansus de Darna*, 1351 (Thiolent).

Darsac, vill., c^{ne} de Vernassal. — *Darsac*, 1234 (hôtel-Dieu, B. 610). — *Darssac*, 1256 (év.).

Daü, mine d'antimoine, c^{ne} de Lubilhac. — *Dahu*, 1795 (Legrand d'Aussy, voy. d'Auv., II, 215).

Dau (Le), affl. de la Violette, c^{nes} de Lubilhac et de Grenier-Montgon.

Davagne, écart, c^{ne} de Retournac. — *Daveine*, 1820 (Deribier).

David, mⁱⁿ sur le Lamandy, c^{ne} de Cistrières.

David, f., c^{ne} de Saint-Germain-Laprade. — Cette ferme tire son nom de Guigon David, bourgeois du Puy, qui la fit construire en 1455, sur un terroir appelé *lo Chambo* qui lui avait été apporté en dot par sa femme Miracle Julien. — *Villa del Chambo*, 1256 (Arch. nat., P. 491², c. 113). — — *Lo Chambon-Gompnha*, 1310 (év.). — *Territorium nuncupatum lo Chambo et Chambonal del*

Cros, 1455 (communic. du Dr Charreyre). — *David*, 1568 (Savin, n^{re}).

David, m. i., c^{ne} de Saint-Just-près-Brioude.

Débat (Le), m. i., c^{ne} du Chambon.

Débat (Le), h., c^{ne} de Saint-Jeure. — 1786 (ét. civ.).

Dège (La), riv., prend sa source dans les montagnes de la Margeride, dans la c^{ne} de Saint-Privat-du-Fau (Lozère), entre dans le département de la Haute-Loire au sud-est de Hontès-Bas et se jette dans l'Allier au-dessus de Tatevin, c^{ne} de Chanteuges, après avoir arrosé les c^{nes} de la Besseyre-Saint-Mary, Desges, Chazelles et Pébrac. — *Aqua quæ vocatur Deia*, 1248 (terr. Piperac. LXXIV). — *Aqua Degie*, 1458 (Bibl. nat., ms. lat., n. acq., n° 1222, f° 84). — *Le rif de Degr*, 1464 (Bibl. nat., ms. lat., n. acq., n° 1223, f° 141 v°). — *L'eau de Deghe*, 1574 (terrier de Meyronne, f° 35 v°). — *La rivière de Diège*, 1749 (terrier du Besset, f° 71).

Dempeyre, vill., c^{ne} de Coubon. — *Don Peyre*, 1290 (Saint-Vosy). — *Don Peire*, 1348 (J. de Peyre, n^{re}, reg. G., f° 112). — *Dompierre*, 1561 (Savin, n^{re}). — *Dompeyre*, 1707 (cad. de Bouzols). — *Dempère*, 1820 (Deribier).

Dence, f., c^{ne} d'Ours-Mons.

Denède, l. détr., c^{ne} de Saint-Hostien. — 1319 (Lardeyrol).

Deneyrolles-Basses, vill., c^{ne} de Riotord. — *Deneyroliæ*, 1461 (Rhône, H. 1180). — *Deneyroles-Basses*, 1879 (carte adm.).

Deneyrolles-Hautes, h., c^{ne} de Riotord. — *Deneyroles-Hautes*, 1879 (carte adm.).

Denise, mont. volc., c^{nes} d'Espaly-Saint-Marcel et de Polignac. — *El Mont*, 1267 (hôtel-Dieu, B. 143). — *Anduniza*, xiiie s. (coll. César Falcon). — *Succus sive podium de Andunisa*, 1453 (prieuré de Polignac). — *En Dunise*, 1533 (Médicis, 1, 338). — *Le rang de Denize*, 1609 (Robert, n^{re}). — *Danize*, 1630 (la Velleyade, 30). — *Le suc de Denyse*, 1633 (Barret, n^{re}). — *La Montagne de Danis près du Puy*, 1778 (Faujas de Saint-Fond, 338).

Déperdant (Le), bois, c^{ne} de la Besseyre-Saint-Mary.

Desges, c^{on} de Pinols. — *Ecclesia de Dega*, xiie s. (cart. de Pébrac, n° XLVI, 25). — *Deghe*, 1379 (compte de B. Flotenc). — *Desghe*, 1398 (compte de B. Sannadre). — *Desja*, 1401 (spic. Briv.). — *Parochia Degiæ*, 1457 (Bibl. nat., ms. lat., n. acq., 1222, f° 57). — *Dege*, 1461 (*idem*, f° 213). — *Ecclesia parochialis B. Stephani Degiæ*, 1505 (Thiolent).

En 1789, Desges faisait partie de la province d'Auvergne, de l'élection de Brioude, de la sub-délégation de Langeac et du ressort de Riom. Son église paroissiale, diocèse de Saint-Flour et archiprêtré de Langeac, était consacrée à saint Étienne; le prieur de la Voûte-Chilhac présentait à la cure.

DESGRANDS (SCIE-DES-), scierie sur le Clavas, cne de Riotord.

DESNOIS, h., cne de Montregard. — *Dasrois* (cad.).

DESTAL (LE), bois, cne de Saint-Arcons-d'Allier. — *Nemus... situm in territorio... del Desteilh*, 1457 (Bibl. nat., ms. lat., n. acq., 1223, f° 51 v°).

DÉTOURBE (LA), f., cne d'Araules. — *La Destorba*, 1507 (év.). — *La Destourbe*, 1549 (Savin, nre). — *Ladestourbe*, 1820 (Deribier).

DÉTOURBE (LA), h., cne de Raucoules. — *La Destorba*, 1465 (Rivière, nre). — *La Destourbe*, 1571 (Imbert, nre).

DÉTOURBE (LA), l. détr., cne de Vernassal. — *La Destorba, par. de Venarsals*, 1346 (J. de Peyre, nre, reg. D., f° 104).

DEUX-ROCHES (LES), m. i., cne de Freycenet-Lacuche.

DEUZERT, f., cne de Craponne-sur-Arzon.

DEVÈS (LE), l. détr., cne de Saint-Julien-du-Pinet. — *Le Devest*, xviiie s. (Cassini).

DEVÈS (LES), écart, cne d'Yssingeaux.

DEVESSET, f., cne de Chaudeyrolles. — 1616 (ét. civ.). — *Le Petit-Devesset*, 1645 (*idem*).

DEVETZ (LE), h., cne de Tence.

DEVEY, m. i., cne de Montfaucon.

DEVEZ (LE), bois, cne d'Arlet.

DEVEZ (LE), f., cne de Présailles.

DEVEZ (LE), f., cne de Saint-Front.

DEVEZ (LE), h., cne de Saint-Vénérand.

DEVEZ (LE), bois, cne de Thoras.

DEVEZ (LE), h., cne de Vabres. — *Devesium*, 1526 (A. Besseyre, nre). — *Le Devez*, xviiie s. (Cassini). — *Le Devès*, 1779 (cad. de Vabres).

DEVEZ (LE GRAND-), mont., cnes de Cayres et de Saint-Jean-Lachalm.

DEVÈZE, mont. boisée, cnes de Saint-Jean-Lachalm et de Séneujols. — *Rancus voc. La Volpnconeyra sive del Deves Hospitalis*, 1307 (hôtel-Dieu, B. 372).

DEVÈZE (GRAND-), mont. boisée, cnes de Saint-Jean-Lachalm et de Séneujols.

DÉVIS (LE), affl. de la Loire, cne de Saint-Vincent. — *Le Larcenac* (cad.).

DEVIZAS (LES), m. i., cne des Villettes.

DEYRAUD (SCIE-DE-), scierie sur le Clavas, cne de Riotord. — *Scie-de-Dégrand*, 1879 (carte adm.).

DIAT, min sur le Doulon, cne de Laval. — *Diat*, 1888 (carte adm.).

DIELLE (LA), écart, cne de Laval.

DIGNAC, vill., cne de Roche-en-Régnier. — *Villa de Dinhac*, 1254 (Arch. nat., P. 1397³, c. 610). — *Dinac*, 1266 (Arch. nat., P. 1397³, c. 597). — *Apud Adinhac*, 1284 (Arch. nat., P. 493² bis, c. 107).

DIGNAC, vill., cne de Sembadel. — *Dynhacum*, 1345 (la Chaise-Dieu, Jullianges). — *Dunhat*, 1548 (P. Gallien, nre). — *Dinhac*, 1622 (Brunel, nre).

DIGONNET, m. i., cne du Mas-de-Tence.

DIGONNIÈRE (LA), f., cne de Saint-Just-Malmont. — *La Digonneir*, 1820 (Deribier).

DIGONS, vill., cne de Pébrac. — *Digonz*, v. 1078 (cart. de Pébrac, n° 18). — *Digoncius*, xiie s. (*idem*, n° 48). — *Ecclesia de Digons*, v. 1208 (*idem*, n° 52). — *Diguons*, 1287 (spic. Briv.). — *Prioratus S. Hippolyti de Digons*, 1480 (Gall. chr., II, col. 429).

Commune supprimée par une loi du 31 janvier 1850 et réunie à celle de Pébrac. En 1789, l'église paroissiale de Digons, diocèse de Saint-Flour et archiprêtré de Brioude, était sous le vocable de saint Hippolyte; l'abbé de Pébrac présentait à la cure.

DIGONS (LES), vill., cne du Chambon.

DIGONS (MOULIN-DE-), min sur la Dège, cne de Pébrac. — *Le Molin de Digons*, 1464 (Bibl. nat., ms. lat., n. acq., 1223, f° 141 v°). — *Moulin-de-Digon*, 1774 (terrier de Digons).

DIMENGEAL, h., cne de Saint-Georges-Lagricol. — *Le Duminghal*, 1666 (ét. civ.). — *Dumingeal*, 1695 (capitation). — *Dimiengeat*, 1820 (Deribier).

DINAMAND, vill., cne du Pertuis. — *Domus deux Guynhamans*, 1451 (cart. de Mazan, f° 52 v°). — *Le lieu doux Dinementz*, 1638 (Demans, nre). — *Les Guignamaux*, 1820 (Deribier). — *Guignamauds*, 1888 (Malègue).

DINTILLAT, vill., cne de Vieille-Brioude. — *Lentilac*, 1271 (spic. Briv.). — *Lentillac*, 1379 (compte de B. Flotenc). — *Lhintilhiacus*, 1387 (Arch. nat., Z². 4144, p. 204). — *Mansus de Lentilhat*, 1460 (Arch. nat., ZZ. 359, p. 26). — *Dintilhac*, 1464 (Bibl. nat., ms. fr. 11491, f° 383).

DIOUDONNAT, écart, cne de Coubon. — *Dioudounat*, 1820 (Deribier).

DOLAISON, vill., cne de Saint-Christophe-sur-Dolaison. — *Dolezo*, 1256 (év.). — *Doleso*, 1283 (év.). — *Dolezon*, 1561 (Savin, nre).

Dolaizon (Le), ruiss. qui prend naissance au-dessus de Freycenet, cⁿᵉ de Saint-Christophe-sur-Dolaison, arrose Dolaison, Vals et le Puy et se jette dans la Borne, en aval de cette ville. — *Fluvius Doledo*, v. 1000 (chron. S. Petri de Mon. Anic.). — *Rivus de Dolezo*, 1186 (hospit. du Velay, 36). — *Rivus de Dollezo*, 1332 (*ibid.*). — *Rivus voc. Dolazo*, 1336 (hôtel-Dieu, B. 199). — *Riperia de Dolozone*, 1411 (Saint-Vosy). — *Aqua Dolcesonis*, 1424 (hospit. du Velay). — *Riperia de Dolesono*, 1480 (Pelisse, nʳᵉ). — *Olizo*, 1618 (Papire Masson, flum. Gall., 6). — *L'Olizon*, 1644 (E. Coulon, rivières de France, I, 246). — *Dolezon*, xviiiᵉ s. (Cassini).

Dolmazon, mⁱⁿ sur le ruiss. des Moulins, cⁿᵉ de Saint-Jeure. — *Dalmaso*, 1402 (hôtel-Dieu, B. 540). — *Dalmasonus*, 1419 (cart. de Tence, f° 11).

Domarget, vill., cⁿᵉ de Domeyrat. — *Dolmarget*, 1543 (la Chaise-Dieu, Domeyrat).

Domeyrat, chât. ruiné, cᵒⁿ de Paulhaguet. — *Castrum d'Almayrac*, v. 1250 (spic. Briv.). — *Damayrac*, v. 1250 (*idem*). — *Dalmayrac*, 1281 (J. Lachenal, l'église de Brioude, 21). — *Dalmayracs*, 1381 (spic. Briv.). — *Domeyrac*, xvᵉ s. (Bibl. nat., ms. fr., 22297, p. 197). — *Domeyrat*, 1511 (coust. d'Auv., f° 80 v°). — *Dalmeyrac*, 1540 (la Chaise-Dieu, Domeyrat).

En 1789, Domeyrat dépendait de la province d'Auvergne, de l'élection et subdélégation de Brioude et du ressort de Riom. Son église paroissiale, diocèse de Saint-Flour et archiprêtré de Brioude, était sous le vocable de saint Hilaire; l'abbé de la Chaise-Dieu, comme prieur de ce lieu, présentait à la cure.

Domezon, h., cⁿᵉ de Saugues. — *Domeso*, 1327 (Lozère, G. 99). — *Domesonum*, 1451 (coll. J. Lachenal). — *Domezon*, 1539 (Thiolent). — *Domaison* (cad.).

Donat (Le), m. i., cⁿᵉ de Saint-Vincent. — *Le Donnat*, 1679 (Haute-Loire, B. 31).

Donazac, vill., cⁿᵉ de Saint-Préjet-d'Allier. — *Mansus qui appellatur Donassac*, 1295 (Thiolent). — *Donasacum*, 1526 (A. Besseyre, nʳᵉ). — *Donezac*, 1618 (Thiolent).

Donaze, h., cⁿᵉ de Vorey. — *Villa Donazaeris*, v. 1021 (cart. de Chamalières, n° 27). — *Donazeris*, v. 1025 (*idem*, n° 28). — *Donazer*, 1288 (bénédictines de Vorey). — *Locus de Donasio*, 1512 (Dompnin, nʳᵉ). — *Dounaze*, 1541 (Chamblas). — *Daunas*, 1880 (carte adm.).

Dore (La), riv., affl. de l'Allier à la jonction des départements du Puy-de-Dôme et de l'Allier, prend sa source à l'ouest de Champvieille, cⁿᵉ de Bonneval, et sort du département de la Haute-Loire près du moulin Forestier, cⁿᵉ de Malvières, après avoir traversé le canton de la Chaise-Dieu du sud au nord.

Dorette (La), ruiss., prend sa source au sud-est de la cⁿᵉ de la Chapelle-Geneste, limite les départements de la Haute-Loire et du Puy-de-Dôme et se jette dans la Dore au nord de la cⁿᵉ de Mayres (Puy-de-Dôme).

Dorlière (La), h., cⁿᵉ de Bauzac. — *La Dourleyre*, 1552 (ress. de Montfaucon). — *La Dourelhière*, xviᵉ s. (obit. de Bauzac). — *La Dorillere*, xviiiᵉ s. (Cassini). — *Les Durlhares*, 1820 (Deribier).

Doublet, f., cⁿᵉ des Estables. — *Le lieu de Doublet de Coudere*, 1769 (état civil). — *La Grangette de Doublet*, 1820 (Deribier). — *Daublet*, 1888 (Malègue).

Doubrac, h., cⁿᵉ de Saint-Maurice-de-Lignon. — *Doubra*, 1820 (Deribier).

Douchanet, chât. détr. et h., cⁿᵉ de Monistrol-d'Allier. — *Villa quam nominant Duos Canes*, 1037 (cart. de Chamalières, n° 308). — *Castrum de Doschas*, 1210 (templ. du Puy). — *Feudum de Duobus Canibus*, 1265 (hist. gén. de Lang., VIII, 1551). — *Mansus Doschanetz*, 1377 (Thiolent). — *Locus deux Chanetz*, 1473 (Maltrait, nʳᵉ). — *Les Deux-Chiens*, 1516 (Arch. nat., Gᵃᵃ 2, f° 582 v°). — *Douchanets*, xviiiᵉ s. (Cassini). — *Douchanez*, 1780 (cad. de Vabres). — *Duchanès*, 1820 (Deribier).

Fief vassal de l'évêché de Mende.

Doue, m. de camp., cⁿᵉ de Saint-Germain-Laprade. — Ancienne abbaye de l'ordre des Prémontrés, fondée vers 1138. — *Doa*, 1163 (hospit. du Velay). — *Ecclesia Duensis*, xiiᵉ s. (nov. Gall. chr., II, animadv., col. 21). — *Domus Douæ*, 1306 (tabl. du Velay, 1875-76, 519). — *Abbas de Dua*, 1312 (Paoli, cod. diplom., II, 28). — *Le convent de Doe en Vellay, ordre de Prémonstré*, 1545 (Savin, nʳᵉ). — *Douhe en Velay*, 1620 (Odo de Gissey, 2ᵉ éd., 106). — *Dohë*, 1624 (Duclaux, nʳᵉ). — *Doué*, 1720 (Saugrain).

Doulioux, vill., cⁿᵉ de Craponne-sur-Arzon. — *Villa de Duleus*, v. 1020 (cart. de Chamalières, n° 247). — *Villa quæ dicitur Duleus lo Coper*, 1266 (Arch. nat., P. 1397³, c. 597). — *Grangia de Duleus sive d'Aurfolia*, 1279 (Arch. nat., P. 1399², c. 814). — *Duleus la Chalm*, 1286 (Arch. nat., P. 1397², c. 560). — *Furchæ de Doleuys*, 1311 (Arch. nat., P. 1399¹, c. 783). — *Doleu*, 1331

14.

(J. de Peyre, n^re). — *Mansus de Doleus Daurat*, 1344 (Arch. nat., P. 493² *bis, c.* 96). — *Doliou-Dourat*, 1507 (év.). — *Doulhioux*, 1569 (terrier de Notre-Dame de Chalencon). — *Doulioux-Daurat*, 1569 (A. Boyer, n^re). — *Doulionse*, 1888 (Malègue).

DOULON (LE), riv., prend sa source à l'étang de la Fargette, c^ne de Saint-Germain-l'Herm (Puy-de-Dôme), entre dans le département de la Haute-Loire au nord-ouest de la Faye, c^ne de Saint-Vert, arrose les c^nes de Laval, Saint-Didier-sur-Doulon, Vals-le-Chastel et se jette dans la Senouire près de Domeyrat. — *Aqua de Dolo*, 1287 (la Chaise-Dieu, Fayet). — *Riuf de Dolon*, 1426 (*idem*, Saint-Vert). — *Le Doulon*, 1624 (Coulon, riv. de France, 1re part., p. 265).

DOULY, h., c^ne de la Chapelle-Geneste.

DOURLION (LE), ruiss. qui naît au-dessus de Riou, c^ne de Taulhac, et affue au Dolaison en aval de Vals-près-le Puy. — *Rivus Durlonis*, 1181 (hospit. du Puy). — *Dorlhio*, 1307 (Augustines de Vals). — *Derlho*, 1327 (Saint-Vosy). — *Durlho*, 1340 (Saint-Georges du Puy). — *Dorlho*, 1561 (Savin, n^re). — *Dourlhou*, 1617 (Duclaux, n^re). — *Le Riou*, 1880 (carte adm.).

DOUSPIS, vill., c^ne de Saint-Jean-d'Aubrigoux. — *Ad Duos Pinos*, 1213 (cart. de Chamalières, n° 317). — *Douspix*, 1820 (Deribier).

DOUX (LE), ruiss., limite les départements de la Haute-Loire et de l'Ardèche, à l'ouest de la c^ne de Saint-Bonnet-le-Froid. — *Ruiss. de Gambonnet* (cad.).

DOUX (LES), affl. de l'Allier, c^nes de Saint-Berain et de Sainte-Marie-des-Chazes.

DRAGON (LE), affl. de l'Allier, c^nes de Saint-Privat-du-Dragon et de Saint-Ilpize. — *Rivus de Drahos*, 1464 (Arch. nat., ZZ. 359, p. 89).

DRAGON (SUC-DU-), l. détr., c^ne de Saint-Privat-du-Dragon. — *Lo Draos*, 1385 (Arch. nat., Z². 4144, p. 53). — *Mansus dol Suc de Drahos*, 1464 (Arch. nat., ZZ. 359, p. 82). — *Mansus del Suc*, 1467 (*idem*, p. 113).

DRAYE (LA), loc. détr., c^ne de Saint-Front. — 1641 (ét. civ.). — 1695 (capitation).

DRAYES (LES), h., c^ne des Queyrières. — *Las Drayes*, 1614 (A. Robert, n^re). — *Les Draves*, 1879 (carte adm.). — *Les Drages*, 1888 (Malègue).

DREINS, vill., c^ne de Champagnac. — *Drens*, 1516 (Vals-le-Chastel).

DREIT (LA), l. dit, c^ne d'Espaly-Saint-Marcel. — *La Dreyt*, 1566 (Doleson, n^re).

DREVET, écart, c^ne de Pradelles. — *Le Mas de Drevet*, 1705 (ét. civ.).

DREVET, m. i., c^ne de Raucoules.

DREVET, m. i, c^ne de Saint-Ferréol-d'Auroure.

DREVETTE, f., c^ne du Chambon.

DREYTES (LES), écart, c^ne de Sainte-Sigolène. — *Las Dreyttes*, 1553 (ress. de Montfaucon). — *Las Dreittes*, 1695 (capitation).

DRIAUDE, vill., c^ne de Sanssac-l'Église. — *Petrus Drualde*, v. 1250 (Arch. nat., J. 1031, n° 2). — *Druaudres*, 1300 (hôtel-Dieu, B. 358). — *Druaude*, 1344 (J. de Peyre, n^re). — *Duriaudes*, 1452 (Saint-Vosy). — *Driaudes*, 1519 (Martel, n^re).

DRIE, f., c^ne de Vorey. — *Dria*, 1345 (terrier de P. Ravoux). — *Driot*, 1869 (Malègue). — *Driol*, 1880 (carte adm.).

DROLS, vill., c^ne de Saint-Privat-du-Dragon. — *Draols*, v. 1260 (Gall. chr., II, c. 461). — *Droux*, 1462 (Arch. nat., ZZ. 359, p. 49). — *Mansus de Drahos*, 1467 (*idem*, p. 115). — *Droulz*, 1619 (terrier de la Vaudieu).

DROSSAC, vill., c^ne de Lissac. — *Draussac*, 1283 (év.). — *Droussac*, 1306 (tabl. du Velay, 1875-76, 520). — *Drossac*, 1604 (Mme Leblanc, n^re). — *Droussac*, 1820 (Deribier).

DROSSANGES, dom., c^ne de Tiranges. — *Villa de Draocangas*, v. 1082 (cart. de Chamalières, n° 205). — *In Draosangis*, 1163, *idem*, n° 77). — *Drossangiæ*, 1255 (Rhône, la Sauvetat, I, 5). — *Draussangiæ*, 1342 (J. de Peyre, n^re). — *Drossange*, (cad.).

DROSSANGES (LE), affl. de l'Ance, c^ne de Tiranges.

DROULHE, loc. détr., c^ne de Sainte-Florine. — *Drulha*, 1341 (terrier de Charbonnier). — *Le village de Droulhe*, 1640 (liève de Rilhac).

DUBOIS (MAISON-), m. de camp., c^ne de Monistrol-sur-Loire.

DUBY, chât., c^ne de Riotord. — *Dubie* (cad.). — *Dubic*, 1820 (Deribier).

DUCHET, h., c^ne de Tence. — *Le Rat*, 1880 (carte adm.).

DUCRAU (LE), affl. de la Loire, en amont de Retournaguet, c^ne de Retournac. — *Rifz dous Cros*, 1553 (terrier de Liques).

DUMAS (MOULIN-), m^in sur la Virlange, c^ne de Saugues. — *Moulin-de-Recoux*, 1888 (carte adm.).

DUMINIAC, chât. ruiné et vill., c^ne de Céaux-d'Allègre. — *Duminac*, 1259 (év.). — *Duminhac*, 1331 (Augustines de Vals). — *Duminhacum*, 1401 (Saint-Georges du Puy). — *Duminiac*, xviiie s. (Cassini). — *Dumignac*, 1820 (Deribier).

Dunière (La), h., cⁿᵉ de Montregard. — *Ladunière*, 1872 (Malègue).

Dunières, cⁿ de Montfaucon. — *In arce (aice) Duneria* (l'impr. porte *d'.Ineria*), v. 1020 (cart. du Monastier, 254). — *Duneira*, v. 1090 (la Chaise-Dieu, Usson). — *Parochia de Dunera*, v. 1141 (cart. de Saint-Sauveur-en-Rue, p. 10). — *Duneires*, 1186 (J. Delaville Le Roux, arch. de Malte, p. 157). — *Duneyra*, 1381 (spic. Briv.). — *Parochia burgi Duneriæ*, 1465 (Rivière, nʳᵉ). — *Castrum inferius Duneriæ*, 1467 (*idem*). — *Duniere de la Roue*, 1506 (Médicis, II, 305). — — *Le prieuré Sainct-Martin de Dunyere*, 1627 (Delafont, nʳᵉ).

En 1789, Dunières était compris dans la province du Velay, la subdélégation et sénéchaussée du Puy. Son église paroissiale, diocèse du Puy et archiprêtré de Monistrol-sur-Loire, était dédiée à saint Martin; depuis l'année 1762 et comme succédant aux droits des Jésuites, la collation de la cure appartenait à l'évêque du Puy.

Dunières (La), riv., formée à l'ouest de Dunières par la réunion du Gournier et du Riotord, traverse les cⁿˢ de Montfaucon, Saint-Didier, Monistrol-sur-Loire et Yssingeaux et se jette dans le Lignon au-dessous de Vendels, cⁿᵉ de Grazac. — *Aqua de Duneyra*, 1349 (Arch. nat., P. 1397¹, c. 540). — *Aqua Duneriæ*, 1482 (Rhône, D. 185). — *Riv. de Dunyere*, 1591 (Delafont, nʳᵉ).

Durance (Suc-de-la-), montic., cⁿᵉ de Malrevers. — *Succus de la Duransa*, 1361 (Haute-Loire, E.).

Durande (La), mont. limitant les cⁿᵉˢ de Saint-Jean-de-Nay, le Vernet, Saint-Berain, Sainte-Marie-des-Chazes et Siaugues-Saint-Romain. — *Los rocs de Guyrandas*, 1470 (Bibl. nat., ms. lat., n. acq., 1223, f⁰ 383). — *Mons de Guirandes*, 1550 (Thiolent). — *Dirandes*, 1560 (Thiolent). — *Durande*, 1693 (la Chaise-Dieu).

Durandelle (La), mont. boisée, cⁿᵉˢ de Saint-Jean-de-Nay et de Siaugues-Saint-Romain. — *Le suc de Guyrandelas*, 1465 (Bibl. nat., ms. lat., n. acq., 1223, f⁰ 291).

Durant, écart, cⁿᵉ de Tiranges. — *Le lieu doux Durantz*, 1614 (coll. C. Falcon). — *Durand*, 1879 (carte adm.).

Durbiat, vill., cⁿᵉ de Champagnac. — *Durbiac*, 1155 (spic. Briv.). — *Durbiac*, v. 1250 (*idem*). — *Durbiat*, 1372 (la Chaise-Dieu, Saint-Vert).

Fief vassal de la seigneurie de Saint-Bonnet-le-Chastel.

Duret, f., cⁿᵉ de Chomelix. — 1548 (P. Gallien, nʳᵉ). — *Le chasteau de Duret*, 1670 (Arch. nat., P.502, c. 109).

Fief vassal de la seigneurie de Saint-Just-près-Chomelix.

Durianne, vill., cⁿᵉ du Monteil. — *Villa de Duriana*, 1229 (tabl. du Velay, 1875-76, 502). — *Durienne*, par. de S. Agreve du Puy, 1546 (Savin, nʳᵉ). — *Duriene*, 1584 (Guérin, nʳᵉ).

Durianne a été détaché, par ordonnance du 27 novembre 1832, de la cⁿᵉ de Chadrac et réuni à celle du Monteil.

Duvernette (La), f., cⁿᵉ de Champclause.

E

Eauzon (Moulin-d'), mⁱⁿ sur la Gazeille, cⁿᵉ de Vazeilles-Limandres. — *Ouzou*, 1682 (cad. de la vic. de Polignac).

Ebde, chât. et dom., cⁿᵉ de Malrevers. — *Villa Ebde*, v. 980 (cart. du Monastier, n⁰ 161). — *Epde*, 1262 (év.). — *Edde*, 1484 (Lardeyrol). — *Eyde*, 1566 (Arch. nat., JJ. 264, n⁰ 189). — *Hibdes*, 1851 (carte Giraud). — *Hebdes*, 1861 (état-major).

Ébranchade, f., cⁿᵉ des Estables. — *Le Mas des Branchades*, 1784 (ét. civ.). — *Ebranchades*, 1888 (Malègue).

Ébranchade, h., cⁿᵉ de Saint-Georges-Lagricol. — *Aus Esbranchaz*, v. 1098 (cart. de Chamalières, n⁰ 254). — *Ad Embrancaz*, 1213 (*idem*, n⁰ 324). — *Branchata*, 1481 (coll. Chaleyer). — *La Branchade*, XVIIIᵉ s. (Cassini).

Échabrac, h., cⁿᵉ d'Yssingeaux. — *Eschabrat*, 1330 (hôtel-Dieu, B. 435). — *Eschabrac*, 1359 (Rhône, H. 2632). — *Eschabracum*, 1419 (cart. de Tence, f⁰ 12). — *Locus de Schabraco*, 1528 (terrier du Pertuis).

Échaffoit, mont., cⁿᵉ de Saint-Julien-d'Ance.

Échalier, m. i., cⁿᵉ de Saint-Ferréol-d'Auroure. — *Les Eschalias*, 1879 (carte adm.).

Échanaux, f., cⁿᵉ d'Aurec. — *Échanols* (cad.).

ÉCHANDELISSES (Les), l. dit, c^{ne} de Cronce. — *Las Eschandalisses*, 1502 (Arch. nat., Q. 513, p. 121).

ÉCUAPRÉ (L'), ruiss., formé au nord du Bonnet-Vert par la réunion du Bouchet et de l'Herbret, traverse la c^{ne} de Saint-Just-Malmont et se jette dans l'Ondaine, près de Firminy. — *Le Chaprès ou Bois-d'État* (cad.).

ÉCHARLET, f., c^{ne} de Sainte-Sigolène.

ÉCHERFONNETS, m. i., c^{ne} d'Yssingeaux. — *Écharfonnets* (cad.).

ÉCLACHES (Les), loc. détr., c^{ne} de Chomelix. — *Las Esclachas*, 1311 (Arch. nat., P. 1398¹, c. 650). — *Locus des Esclanches*, 1488 (hôtel-Dieu). — *Les Esclaches*, 1550 (P. Galien, n^{re}).

ÉCLUSE (L'), m. i., c^{ne} de Sainte-Sigolène.

ÉCORCHADE (L'), loc. détr., c^{ne} de Thoras. — *Mansus Escarçayrat*, 1307 (Thiolent). — *L'Escorchade*, 1564 (idem).

ÉCORCHÉ (L'), m. i., c^{ne} de Malvalette. — *Lescorchet* (cad.). — *L'Écorchet*, 1879 (carte adm.). — *L'Écorchat*, 1888 (Malègue).

ÉCOUTAY (L'), riv., prend sa source dans la c^{ne} de Marlhes (Loire), entre dans le département de la Haute-Loire, au nord de Pinet, c^{ne} de Saint-Romain-Lachalm, et se jette dans la Semène, près du moulin de Faridouaix, c^{ne} de Saint-Victor-Malescours. — *Aqua d'Escolay*, 1461 (Rhône, H. 1180). — *La riv. de Couteaux*, 1626 (vis. past. de J. de Serres). — *Écoutay*, xviiie s. (Cassini). — *Ruiss. de Cotey* ou *de la Rivallière* (cad.).

ÉCURLERIE (L'), écart, c^{ne} de la Chaise-Dieu. — *Territorium d'Auriola*, 1429 (la Chaise-Dieu, pré des Tourettes). — *Locus de la Curelarie*, 1493 (ibid.). — *Lecurlerie* (cad.). — *Écourlerie*, 1820 (dict. de Deribier). — *La Culerie*, 1855 (état-major).

EFFRUITS (Les), h., c^{ne} des Estables. — *Terra deltz Effrus*, 1224 (chartreuse de Bonnefoy). — *Mansus deus Esfrus*, 1263 (Monastier-Saint-Chaffre). — *Mansus deus Ufrutz*, 1344 (ibid.). — *Mansus de Fructibus*, 1526 (cad. du Monastier). — *Lous Uffructz*, 1534 (év.). — *Les Esfruitz*, 1634 (Arcis, n^{re}). — *Les Effruietz*, 1695 (capitation). — *Les Usufruitz*, 1761 (ét. civ.). — *Les Esfruits*, xviiie s. (Cassini). — *Les Infruits*, 1820 (Deribier); — 1888 (carte adm.).

ÉGARDS (Les), m. i., c^{ne} de Lapte.

ÉGAUX (Les), h., c^{ne} de Freycenet-Lacuche. — *Ad Equales*, 1062 (cart. du Monastier, n° 232). — *Mansus deus Egals*, 1263 (Monastier-Saint-

Chaffre). — *Los Eguals*, 1344 (ibid.). — *Locus doux Egaulx*, 1530 (Costavol, n^{re}). — *Les Egalz*, 1547 (Chaulet, n^{re}). — *Les Esgaux*, 1671 (év.). — *Les Eygaux*, 1820 (Deribier).

ÉGAUX (Les), l. détr., c^{ne} de Saint-Préjet-d'Allier. *Los Eguals*, 1377 (Lozère, G. 414).

ÉGLISE (L'), bois, c^{nes} de la Chapelle-Bertin et de Saint-Pal-de-Murs. — *Nemus dictum del Morgue*, 1285 (spic. Briv.).

ÉGLISE (L'), bois, c^{ne} de Saint-Julien-Chapteuil.

EMBLAVES, vill., c^{ne} de la Voûte-sur-Loire. — *Villa Emblavensis?* v. 940 (cart. du Monastier, n° 75). — *Amblaves*, 1535 (Chamblas).

ÉMILLEUX, vill., c^{ne} de Malvalette. — *Terra d'Umilheu* ou *du Milheu*, 1418 (Loire, A. 89, f° 156). — *Myliou*, 1420 (tabl. du Velay, 1877-78, 368). — *Mylio*, 1501 (obit. de Bas). — *Locus d'Umillion*, 1519 (idem). — *Humiliou*, 1691 (idem).

EMPEYTEPAS, mⁱⁿ sur la Borne orientale, c^{ne} de Céaux-d'Allègre. — 1759 (tabl. hist. du Velay, 1875-76, 215). — *Empetepas*, 1888 (carte adm.). — *Empeyta-Pas*, 1888 (Malègue).

ENCEINTE (L'), h., c^{ne} de Grazac. — *La Cenita, la Cinta*, v. 1100 (cart. de Cluny, ch. 3764). — *La Cincta*, v. 1100 (idem, ch. 3792, IX). — *La Saincte*, 1600 (Mme Leblanc). — *Pont-de-l'Enceinte*, 1888 (Malègue).

ENCHASTRADE (L'), h., c^{ne} de Roche-en-Régnier. — *Locus de l'Enchastrada*, 1399 (terrier du Bois). — *L'Euchastrade*, 1880 (carte adm.).

ENGLAVADES (Les), f., c^{ne} du Monastier.

ENFER (L'), écart, c^{ne} de Vergezac.

ENGOUYOUX (Les), vill., c^{ne} de Laussonne. — *Terra de Ungeolis*, 857 (cart. du Monastier, n° 69). — *In villa quæ dicitur in termino de Engeolis*, v. 860 (idem, n° 70). — *Villa de Engeolis*, v. 960 (idem, n° 86). — *In arce de villa de Engeolis*, v. 1000 (idem, n° 199). — *Locus de Angoillis*, 1448 (Monastier). — *Angoyalx*, 1513 (Costavol, n^{re}). — *Angoyaulx*, 1561 (Savin, n^{re}). — *Les Engoyaux* (cad.). — *Les Engouyaux*, 1820 (Deribier).

ENJALAS (Les), écart, c^{ne} de Solignac-sur-Loire. — *Capella S. Petri de Sollempniaco*, 1238 (Saint-Vosy). — *Locus dictus Aux Enghalatz subtus castrum Sollempniaci*, 1441 (prieuré de Solignac). — *Capella S. Petri de Arenis*, 1464 (idem). — *Lous Enghelatz*, 1476 (terrier de Saint-Blaise). — *Vicaria S. Petri de Arenis extra castrum Solempniaci*, 1516 (Arch. nat., G. 8*, 1, f° 447 v°). — *Les Enjalatz*, 1579 (prieuré de Solignac). — *Le lieu de Saint-Pierre des Anjallas*, 1643 (Robert, n^{re}).

ENJALATS (LES), l. dit, c^{ne} de Villeneuve-d'Allier. — *Los Engalatz*, 1339 (Bibl. nat., ms. fr. 14377, f° 189).

ENTREMONT, vill., c^{ne} de Saint-Laurent-Chabreuges. — *In aice Brivatensi, in villa cui vocabulum est Inter Montes*, 834 (cart. de Brioude, ch. 87). — *Antremons*, 1281 (J. Lachenal, l'église de Brioude, 38). — *Entremons*, 1453 (terrier du fordoy. de Brioude). — *Intermonts*, 1632 (coll. P. Le Blanc). — *Entremontz*, 1669 (spic. Briv.).

ESBELIN, f., c^{ne} de Paulhaguet. — *Les Bellins*, 1543 (la Chaise-Dieu, Domeyrat). — *Esbellin*, 1612 (terrier de la Vaudieu).

ESCALIER, h., c^{ne} d'Aubazac. — *L'Eschaleyr*, 1379 (Arch. nat., Z². 4143, p. 52). — *Eschaliers*, 1576 (Arch. nat., Z². 56, p. 125). — *Les Challiers*, 1649 (Arch. nat., Z². 58).

ESCARCELLE (L'), mⁱⁿ sur la Gagne, c^{ne} de Cayres. — *Molendinum de Lescarcelle, mand. Gadeti*, 1528 (Saint-Vosy).

ESCHAMP, mont., c^{ne} de Mézères.

ESCLUNES, vill., c^{ne} de Saint-Maurice-de-Lignon. — *Locus de Escleuniis, Escleunis, Uscleniis*, 1399 (terrier du Fraysse-Bas). — *Uscleynes*, XVI° s. (obit. de Bauzac). — *Escleünes*, 1714 (cad. de Vertamise). — *Exclunes*, 1820 (Deribier).

ESCLUZEL, vill., c^{ne} de Monistrol-d'Allier. — *Territorium dels Clusels*, 1298 (Thiolent). — *Locus de Clusellis*, 1527 (A. Besseyre, n^{re}). — *Les Clusels*, 1684 (Thiolent). — *Lescluzel*, XVIII° s. (Cassini).

ESCOGE, vill., c^{ne} d'Auzon. — *Escoguas*, v. 1250 (spic. Briv.).

ESCOMBALOUX, f., c^{ne} de Paulhaguet. — *Le lieu de Combaloux*, 1612 (terrier de la Vaudieu). — *Scombalou*, 1888 (carte adm.).

ESCORGE-CHAT, écart, c^{ne} de Champagnat. — *Escorche-Chats*, 1880 (cart. adm.).

ESCOTS (LES), bois, c^{ne} de Saint-Vénérand.

ESCOUBEYRE, l. détr., c^{ne} de Malrévers. — *Villa Escoborie*, 960 (cart. de Chamalières, n° 271). — *Villa Scobaretas*, 1089 (Saint-Georges du Puy). — *Scobeyras*, 1410 (Haute-Loire, E.).

ESCOUBEYRE (L'), ruiss. qui prend sa source près la Blache, c^{ne} de Malrévers, et se joint à la Suissesse, vis-à-vis le mⁱⁿ de la Chèvre, c^{ne} de Beaulien. — *Rivus d'Escobeyras*, 1345 (J. de Peyre, n^{re}, reg. D., f° 19). — *Le ruiss. d'Escoubeyras*, 1597 (Galien, n^{re}). — *Le ruiss. de las Escobeyres*, 1714 (cad. de Laval-Emblavès). — *Ruiss. de Courbeyre*, 1861 (état-major).

ESCOURGEAT (L'), affl. de la Prade, prend sa source près de Bonnefont, c^{ne} de Chassagnes.

ESCROS, vill., c^{ne} de Chassignolles. — Autref. div. en deux Mas. — *Mansus d'Escros-Ladreyt, Mansus d'Escros-lo-Versanh*, 1358 (spic. Briv.). — *Escroc*, 1640 (lièvre de Rilhac).

ESCUBLAC, vill., c^{ne} de Saint-Haon. — *Escuplac*, 1256 (év.). — *Villa de Escupliac*, 1270 (hôtel-Dieu, B. 145). — *Mansus de Scublaco præcentoris Anicii*, 1384 (Bibl. nat., ms. lat. 10003, f° 40). — *Estublac*, 1408 (compois du Puy). — *Escublacum*, 1464 (Pratlavi, n^{re}). — *Scublac*, 1584 (M^{ce} Leblanc, n^{re}).

ESCUBLIS, f., c^{ne} d'Espaly-Saint-Marcel. — *Escubla*, XVIII° s. (Cassini).

ESCUBLAZET, h., c^{ne} de Saint-Haon. — *Escublaset*, 1541 (V. Brunel, n^{re}). — *Escublazet*, 1584 (M^{ce} Leblanc, n^{re}).

ESCURES (LES), loc. détr., c^{ne} de Léotoing. — 1520 (la Chaise-Dieu, Chambezon).

ESCUROUX, h. et mⁱⁿ sur l'Auze, c^{ne} d'Yssingeaux.

ESFACY, vill., c^{ne} de Mazerat-Aurouze. — *Fassis*, v. 1260 (Arch. nat., J. 1031, n° 3). — *Fassy*, 1416 (la Chaise-Dieu, Mazerat-Aurouze). — *Mansus delz Fassis*, 1416 (idem). — *Locus dos Facys*, 1471 (idem). — *Les Fachis*, 1820 (Deribier).

ESPAGNAC, l. détr., près Bourleyre, c^{ne} de Chanteuges. — *Spanhac*, 1465 (Bibl. nat., ms. lat., n. acq., 1223, f° 218 v°). — *Mansus d'Espanhac*, 1475 (idem, 1224, f° 88).

ESPALADOUN, f., c^{ne} de Saint-Pierre-Eynac. — *Spalado*, 1472 (Lardeyrol). — *Spaladon*, 1488 (idem). — *Espaladon*, 1546 (Savin, n^{re}). — *Espanadou*, 1633 (Barret, n^{re}).

ESPALE, h., c^{ne} de Saint-Christophe-sur-Dolaison. — *Espale*, 1250 (Rhône, Marlhes, I, 1). — *Espalla*, 1309 (hôtel-Dieu, B. 162). — *Espala*, 1331 (J. de Peyre, n^{re}). — *Expaille*, 1587 (Sigaud, n^{re}).

ESPALEM, c^{on} de Blesle. — *In vicaria Hieriacensi, villa Espelenco*, 920 (cart. de Brioude, ch. 287). — *Ecclesia de Espalenco*, 1213 (Gall. chr., II, instr., col. 136). — *Parochia d'Espelenc*, 1334 (Bibl. nat., ms. lat., 9084, n° 21). — *Espellent*, 1379 (compte de B. Flotenc). — *Espallenc*, 1401 (spic. Briv.). — *Espaleing*, XV° s. (Arch. nat., R⁴. 1143*, n° 123). — *Espalenc*, XVIII° s. (Cassini).

En 1789, Espalem faisait partie de la province d'Auvergne, de l'élection et subdélégation de Brioude et du ressort de Riom. Son église paroissiale, diocèse de Saint-Flour et archiprêtré de Blesle, était sous l'invocation de Notre-Dame; le chapitre collégial de Brioude présentait à la cure.

Espalem (L'), affl. de l'Allagnon au Bateau, c^ne de Léotoing, prend naissance à Espalem. — *Rivus de Lurlanges*, 1392 (Arch. nat., R⁴. n° 1143*, n° 384).

Espaliou, chât. détr., c^ne de Vorey. — *Ispalidus*, 1097 (cart. de Chamalières, n° 12). — *Ispalius*, 1097 (*idem*, n° 13). — *Espeleu*, xii° s. (*idem*, n° 144). — *Castrum de Spaliou*, v. 1450 (Arch. nat., P. 1397², c. 582). — *Spalion*, 1474 (Arch. nat., P. 1362¹, c. 1019). — *Espaliou*, 1476 (Arch. nat., P. 1399¹, c. 792). — *Espallion*, 1486 (Arch. nat., P. 1397³, c. 624). — *Espalieu*, 1489 (Arch. nat., P. 1399², c. 805).

Espaly-Saint-Marcel, chât. détr., c^on nord-ouest du Puy. — *Espalede*, v. 990 (chr. S. Petri de Mon. Anic.). — *Spalatum*, 1088 (hôtel-Dieu, A. 1).— *Espale*, 1181 (hospit. du Velay). — *Castrum Spaleti*, 1256 (hôtel-Dieu, B. 140). — *Spali*, 1387 (év.). — *Espali*, 1393 (hôtel-Dieu, B. 227). — *Espally*, 1406 (chr. de Monstrelet).— *Ispaly lez le Puy*, 1424 (Arch. nat., P. 1402¹, c. 1239).— *Espaly lez le Puy, Espali, Yspaly*, 1425 (Bibl. nat., Clairambault, vol. 957, n°s 61, 63 et 65). — *Hispali*, 1620 (O. de Gissey). — *Hespaly* (SS. d'Auvergne, II, 440). — *Espailly*, 1693 (f. Théodore, 353). — *Expailly*, 1778 (F. de Saint-Fond, 337). — *Raisin*, 1793.

Patois : *Espavi*.

En 1789, Espaly, qui était un fief appartenant à l'évêque du Puy, était compris dans la province du Velay, la subdélégation et sénéchaussée du Puy. Au spirituel il dépendait de la paroisse de Saint-Marcel.

Espeitavy, vill., c^ne de Couteuges. — *Mansus d'Espytaris*, 1387 (Arch. nat., Z². 4144, p. 255).— *Spetavy*, xviii° s. (Cassini). — *Espétavit*, 1888 (carte adm.).

Espeluches, vill., c^ne de Saint-Hilaire. — *Espellucas*, v. 1011 (cart. de Brioude, ch. 33). — *Espeluchas*, 1358 (spic. Briv.).

Mine de mispickel, concédée le 4 nov. 1843.

Espérin (L'), affl. de la Seuge, c^ne de Saugues. — *Rivus del Esperenc*, 1499 (terrier de Thoras).

Espigoux (L'), f., c^ne de Tailhac. — *Les Pigols*, 1224 (cart. de Pébrac, n° 55). — *Mansus d'Espigol*, 1460 (Bibl. nat., lat., n. acq., 1222, f° 154 v°). — *Espigol*, 1486 (terrier de Tailhac). — *Lespigoux*, xviii° s. (Cassini).

Espinasse, vill., c^ne de Cayres. — *Espinassas*, 1210 (templiers du Puy). — *Spinassas*, 1383 (év.). — *Espinaces*, 1569 (Doleson, n^re).

Espinasse, h., c^ne de Malrevers. — *Lespinasse*, 1555 (cad. de Mercœur).

Espinasse, écart, c^ne de Monistrol-sur-Loire. — 1296 (homm. de l'év.). — *Espinasses*, 1552 (ress. de Montfaucon).

Espinasse, écart, c^ne de Saint-Pal-de-Mons. — *Espinassas*, 1314 (év.).

Espinasse, vill., c^ne de Salettes. — *Spinatium*, 870 (Chifflet, hist. de Tournus, 210). — *Spinassiœ*, 1377 (Saint-Mayol). — *Spinaciœ*, 1505 (Dompnin, n^re). — *L'Espinasse*, 1534 (év.). — *Espinasse*, 1665 (André, n^re).

Espinasse (L'), m. i., c^ne d'Araules. — *Lespinasse*, 1608 (cad. de Bonnas).

Espinasse (L'), m. i., c^ne de Laussonne.

Espinasse (L'), f., c^ne du Monastier.

Espinasse (L'), f., c^ne de Salzuit. — *Lespinasse*, 1888 (carte adm.).

Espinassolle, h., c^ne de Saint-Pal-de-Chalencon. — *Mansus d'Espinatzolas*, 1334 (Arch. nat., P. 493¹, c. 38). — *Pinasolles* (cad.).

Espitalet (L'), vill., c^ne de Siaugues-Saint-Romain. — *Hospitale de Limanias*, 1252 (Saint-Agrève). — *Lespital*, 1384 (Chamblas). — *Mansus de L'Ospital*, 1455 (Bibl. nat., ms. lat., n. acq., 1222, f° 26 v°). — *Prior capellœ B. Blasii de Lespitalet*, 1461 (*idem*, f° 186). — *Ecclesia B. Blasii de Lespital*, 1465 (*idem*, 1223, f° 216). — *L'Hospitallet*, 1561 (Savin, n^re).

Esplantas, c^on de Saugues. — *Castrum dels Plantats*, 1279 (Thiolent). — *Castrum de Plantatis*, 1285 (spic. Briv.). — *Castrum deux Plantatz*, 1364 (*idem*). — *Le lieu des Plantas*, 1465 (Bibl. nat., ms. lat., n. acq., 1223, f° 238).

En 1789, Esplantas, qui était un fief immédiat de la couronne, dépendait de la province et du bailliage de Gévaudan, et au spirituel du diocèse de Mende et de l'archiprêtré de Saugues.

Son église, fondée en 1476, sous le vocable de Notre-Dame, fut érigée en chapelle vicariale, le 22 mars 1826, et en succursale, le 3 juillet 1843.

Esplot, f., c^ne de Cerzat. — *Le lieu des Plots*, 1612 (terrier de la Vaudieu). — *Les Plos*, 1625 (terrier du Chambon de Blau).

Esplot, h., c^ne de Saint-Austremoine. — *Esploctz*, 1613 (Mercurial). — *Les Plos*, 1692 (ét. civ.).

Essartades (Les), bois, c^ne de Mézères. — *Las Yssartades*, 1553 (terrier de Liques).

Essialles (Les), h., c^ne de Mazerat-Aurouze. —

Aysselas, 1407 (la Chaise-Dieu, Mazerat-Aurouze). — *Aycellas,* 1416 (*idem*). — *Eyscalas,* 1471 (*idem*). — *Eysscales,* 1477 (*idem*). — *Heyseales,* 1498 (*idem*). — *Eyciallcs,* 1564 (*idem*). — *Les Essials,* 1888 (carte adm.).

Essognes (Les), f., cᵐᵉ de Saint-Didier-d'Allier.

Essognes (Les), m. i., cᵐᵉ de Saint-Julien-Chapteuil.

Estables, vill., cᵐᵉ de Félines. — *Stables,* 1404 (terrier de Chomelix).

Estables (Les), cᵒⁿ de Fay-le-Froid. — *Ecclesia Sancti Philiberti de Stabulis,* v. 1080 (cart. du Monastier, n° 239). — *Territorium delz Estables,* 1229 (Bonnefoy). — *Stabulas,* 1327 (doc. jud.). — *Capellania in ecclesia de Stabulis ad honorem B. Virginis Mariæ et B. Annæ,* 1450 (*idem*). — *Los Stables,* 1501 (Arcis, nʳᵉ). — *Locus de Estabilis,* 1528 (cad. du Monastier). — *Lous Estables,* 1534 (év.).

En 1789, les Estables était compris dans la province du Velay, la subdélégation et sénéchaussée du Puy. Son église paroissiale, diocèse du Puy et archiprêtré de Monistrol-sur-Loire, était dédiée à saint Philibert; l'abbé du Monastier en était collateur.

Estantot, écart, cᵐᵉ d'Auzon.

Estantot (L'), riv., prend sa source dans le département du Puy-de-Dôme, entre dans celui de la Haute-Loire par l'extrémité nord de la cᵐᵉ d'Auzon et se jette dans l'Allier en aval du mᵗⁱⁿ d'Albine, cᵐᵉ de Vézézoux. — *Le Saint-Jean* (cad.). — *Lestande,* 1880 (carte adm.).

Estève, f., cᵐᵉ de Montregard. — 1556 (terrier de Montregard).

Esriou, écart, cᵐᵉ de Bessamorel. — *Territorium de Matussac,* 1359 (Rhône, H. 2632). — *Locus de Matussac, alias dictus d'Estiou,* 1451 (Rhône, H. 2633). — *Locus Stivi, locus de Estivo, Estieu,* 1457 (Rhône, Bessamorel).

Estival (L'), h., cᵐᵉ de Chassignolles.

Estival (L'), h., cᵐᵉ de Desges. — *Estival,* xiiᵉ s. (cart. de Pébrac, n° 46-6). — *Lestival-sur-Desghe,* 1555 (terrier d'Ant. de Chavanhac).

Estival (L'), vill., cᵐᵉ de Langeac. — *Lestiva,* 1356 (Arch. nat., Z². 54, p. 111). — *Mansus de Lestival sobre Jahont,* 1486 (terrier de Tailhac). — *Lestival,* 1511 (coust. d'Auv., f° 81 v°).

Estival (L'), l. détr., près la Narce, cᵐᵉ de Saint-Front. — *Locus qui dicitur Æstivalis, de Æstivalibus,* v. 970 (cart. du Monastier, n° 107). — *Villa Æstivalis,* v. 990 (*ibid.,* n° 152). — *Mansus de Lestival,* 1331 (cart. de Mazan). — *Les*

Estivaulx, le mas des Esquicaulx, le mas de Lesquival, 1646 (cad. de Bonnefont).

Estivareille, h., cᵐᵉ de Saint-Didier-sur-Doulon. — *Mansus d'Estivalelhas,* 1382 (Cumignat). — *Estivarel,* 1888 (carte adm.).

Estors (Le Mas-d'), f., cᵐᵉ de Croisance. — *Mansus dels Tors,* 1273 (Lozère, G. 412). — *Mansus dels Tortz,* 1276 (*idem*). — *Extors,* 1820 (Deribier). — *Estords,* 1888 (carte adm.).

Estrade (L'), f., cᵐᵉˢ de Beaune et de Saint-Georges-Lagricol. — *Estrata,* 1479 (Richon, nʳᵉ). — *L'Estrade,* 1587 (Mᵉᵉ Leblanc, nʳᵉ). — *Lestrade,* 1695 (capitation).

Estrade (L'), écart, cᵐᵉ de Freycenet-Lacuche. — *Strata,* 1255 (cart. du Monastier, app. n° 449).

Estrade (L'), h., cᵐᵉ de Loudes. — *Strata,* 1474 (Prallavi, nʳᵉ).

Estrade (L'), écart, cᵐᵉ de Retournac. — *Villa quæ vocatur Strata,* 1213 (cart. de Chamalières, n° 330).

Estrade (L'), m. i., cᵐᵉ de Saint-Didier-sur-Doulon.

Estrade (L'), m. i., cᵐᵉ de Saint-Julien-du-Pinet.

Estradiers (Le Mas-des-), à Alleyras. — *Mansus deus Estradiers, qui est in villa d'Alairac,* 1253 (prieuré d'Alleyras).

Estreys (Les), vill., cᵐᵉ de Polignac. — *Los Estreitz,* 1226 (templiers du Puy). — *Mansus deus Estreytz,* 1304 (Saint-Georges du Puy). — *Strictus,* 1346 (J. de Peyre, nʳᵉ, reg. D, f° 101 v°). — *Loux Estrectz,* 1561 (Savin, nʳᵉ). — *Le lieu des Streitz,* 1587 (Sigaud, nʳᵉ).

Estublat, vill., cᵐᵉ de la Chapelle-Bertin. — *L'Estublat,* xviiiᵉ s. (Cassini).

Estublat, vill., cᵐᵉ de Monlet. — *Scupliat,* 1263 (Martène, thes. nov. anecd., I, 1119). — *Esculblac,* 1323 (J. de Peyre, nʳᵉ, reg. A, f° 16). — *Escuplac,* 1345 (terrier de Pons de Céaux). — *Stublat,* xviiiᵉ s. (Cassini).

Estublat (L'), affl. de la Borne occidentale, cᵐᵉˢ de Monlet et d'Allègre.

Étampe, écart, cᵐᵉ de Monistrol-sur-Loire. — *Estampes,* 1691 (ét. civ.).

Étang (L'), ruiss., affl. de la Trinité, cᵐᵉ de Berbezit.

Étang (L'), m. i., cᵐᵉ de Montfaucon. — *Lestang,* 1869 (Malègue).

Étang (L'), h., cᵐᵉ de Raucoules. — *Lestang* (cad.).

Étang (Le Mas-de-l'), f. et mᵗⁱⁿ sur l'Allier, cᵐᵉ de Saint-Christophe-d'Allier. — *Lestang,* 1820 (Deribier).

Étang (Moulin-de-l'), m^in, c^ne de Saint-Pal-de-Chalencon.

Étiennefy, m. i., c^ne de Saint-Julien-Molhesabate. — Étienne-Fils, 1869 (Malègue).

Étoile (L'), usine, c^ne de Dunières.

Eycenac, vill., c^ne de Saint-Christophe-sur-Dolaison. — Ayssenac, 1325 (J. de Peyre, n^re). — Eycenat, 1386 (homm. de Solignac). — Eycenacum, 1499 (J. Boyer, n^re). — Eycenacium, 1532 (Dompnin, n^re). — Eyssenac, 1695 (cad. de Ceyssac).

Eygades (Les), m. i., c^ne de Queyrières.

Eygagères (Les), f., c^ne de Chadron. — Les Aigagreires, xviiie s. (Cassini).

Eygoles (Les), vill., c^ne du Mas-de-Tence. — Nemus de Gautz (corr. Gaulz), 1276 (Gall. christ., XVI, instr., col. 255).

Eygrets (Les), f., c^ne du Mazet-Saint-Voy. — Les Eyrauds, 1888 (Malègue).

Eymarou (Moulin-d'), m^in sur la Lengouniole, c^ne de la Farre. — Moulin-d'Aymaron, xviiie s. (Cassini). — Moulin-d'Eymaroux, 1888 (carte adm.).

Eymeran, mont. boisée, c^ne de Mézères. — Nemus del Meraly, 1309 (év.). — Nemus d'Esmeral, 1344 (J. de Peyre, n^re). — Le buys d'Eymeral, 1550 (Chamblas). — Le boix d'Eymerail, 1553 (terrier de Liques).

Eymourandes, écart, c^ne du Monastier. — Morandes, 1547 (Chaulet, n^re). — Le domaine des Mourandes, 1680 (Surrel, n^re). — Les Morandes, 1695 (capitation).

Eynac, chât. ruiné et h., c^ne de Saint-Pierre-Eynac. — Aienac, 1160 (hosp. du Velay). — Ainac, 1173 (lay. du tr. des ch., II, 105). — Ainiacum, 1181 (hospit. du Velay). — Castellum de Aenac, 1248 (Baluze, m. d'Auv., II, 67). — Castrum de Aynaco, 1248 (idem, II, 87). — Einac, 1256 (év.). — Castrum d'Aynac, 1285 (év.). — Castrum d'Ayenac, 1289 (év.). — Ahenac, 1313 (év.). — Capella castri de Aynaco ad honorem B. Giraudi, 1359 (cordeliers du Puy). — Castrum de Aignaco, 1408 (Baluze, mais. d'Auv., II, 343). — Capella S. Gerauldi extra castrum d'Eynaco, 1516 (Arch. nat., G^st 1, f° 438 v°). — Le lieu d'Eynac, 1542 (Savin, n^re).

Eynac (Moulin-d'), m^in sur la Sumène, c^ne de Saint-Pierre-Eynac. — Le Molin d'Eynac, 1561 (Savin, n^re).

Eyraud, f., c^ne des Estables.

Eyrinas (Les), f., c^ne du Chambon. — Les Eyravas, 1888 (Malègue).

Eyravas, vill., c^ne de Vorey. — Ayravas, 1314 (Arch. nat., P. 1398², c. 708). — Eyravas, 1316 (Arch. nat., P. 1398¹, c. 675).

Eyravazet (L'), ruiss., affl. de l'Arzon au moulin de Vassal, c^nes de Saint-Pierre-Duchamp et de Vorey.

Eyravazet, vill., c^ne de Vorey. — Eyravaset, 1507 (év.).

Eyres (Les), f., c^ne du Chambon. — Las Eyras, 1507 (év.). — Las Heras, 1616 (Rhône, H. 2153). — Les Aires, xviiie s. (Cassini). — Dessayres, 1820 (Deribier).

Eyssac, vill., c^ne de Sanssac-l'Église. — Ayssac, 1335 (J. de Peyre, n^re). — Ayssacum, 1452 (Saint-Vosy). — Eyssacum, 1511 (J. Boyer, n^re). — Eyssac, 1520 (Martel, n^re).

F

Fabé, écart, c^ne de Laple.

Fabre, f., c^ne d'Araules. — Véfabre, 1878 (carte adm.).

Fabre, m. i., c^ne de Saint-Pal-de-Mons.

Fabres (Les), loc. détr., c^ne de Mazeyrat-Crispinhac. — Lemneyeol, 1372 (homm. de Vissac). — Lamnugol, 1379 (idem). — Mansus de Lampnigol, 1465 (terr. de Vissac). — Le lieu des Fabres, sive de Lampnighoulh, 1495 (idem).

Fabres (Les), l. détr., c^ne de Tiranges. — Mansus Fabrorum, 1293 (Arch. nat., P. 491¹, c. 13).

Fabrique (La), m. i., c^ne de Saint-Jeure.

Fabrique (La), m. i., c^ne de Saint-Just-Malmont.

Fabrique (La), h., c^ne de Saint-Romain-Lachalm.

Faché (La), affl. de l'Allier, c^ne de Monistrol-d'Allier.

Fades (Pré-des-), lieu dit, c^ne de Monistrol-d'Allier. — Pratum app. de las Fadas, 1499 (chart. du Thiolent).

Fadesse, f., c^ne de Craponne-sur-Arzon. — xviiie s. (Cassini). — Fadaise, 1888 (Malègue).

Fage (La), h., c^ne de Lubilhac. — Mansus de la

Fagha, 1428 (Bibl. nat., ms. fr. 11490, f° 64).
Mine d'antimoine abandonnée (Legrand d'Aussy,
voy. d'Auv., II, 213).

Fage (La), h., c^{ne} de Saint-Didier-sur-Doulon. —
1516 (Vals-le-Chastel). — *La Fay,* 1888 (carte
adm.).

Fage (La), chât., c^{ne} de Saint-Étienne-sur-Blesle. —
Le Mas de la Faghe, xv° s. (Arch. nat., R^{4e}. 1.143,
n° 159).

Fagelongue, loc. détr., c^{ne} de Saint-Préjet-d'Allier.
— *Mansus de Fagha Longua,* 1499 (Thiolent).

Fageole (La), h., c^{ne} de Pinols. — *La Faiola,* 1350
(Arch. nat., Z². 54, p. 65).

Fageolle (La), vill., c^{ne} de Grèzes. — *Mansus de la
Faiola,* 1274 (Lozère, G. 99). — *Mansus de la
Fajola,* 1279 (Thiolent). — *Fajola,* 1301 (*idem*).
— *Mansus de Faiola,* 1452 (J. Rocher, n^{re}).

Fagette (La), h., c^{ne} de Saint-Didier-sur-Doulon. —
Autref. Haute et Basse. — *La Faghette-Basse,* 1520
(Vals-le-Chastel, inv^{re}). — *La Faghette-Haulte,*
1523 (*idem*).

Fagette (La), h., c^{ne} de Saint-Paul-de-Tartas. — *La
Fageta,* 1336 (Arch. nat., P. 1398², cote 669). —
Fageta, 1464 (Ardèche, C. 569).

Fagette (La), vill., c^{ne} de Thoras. — *Fageta,* 1259
(Thiolent). — *La Fageta,* 1279 (*idem*).

Fagette (La), h., c^{ne} de Venteuges. — *La Fajeta,*
1234 (cart. de Pébrac, n° 63). — *La Fageta,*
1323 (J. de Peyre, n^{re}). — *La Fagete,* xv° s.
(Bibl. nat., fr., 22297, 69). — *Lafagette,* 1888
(Malègue).

Fagoual (Moulin-de-), mⁱⁿ sur la Conque, c^{ne} de Sanssac-l'Église.

Faillouse (La), mⁱⁿ, c^{ne} de Saint-Privat-du-Dragon.

Fajolette (La), h., c^{ne} de Thoras. — Autrefois divisée en Haute et Basse. — *Mansus de la Fagoleta
Soteyrana,* 1275 (Thiolent). — *Mansus de la Fagoleta Sobeyrana,* 1279 (*idem*).

Falzet (Le), h., c^{ne} de Chanaleilles. — *Mansus de
Felzet,* 1274 (Lozère, G., 99). — *Mansus de Fel-
zeto,* 1301 (Thiolent). — *Falzetum,* 1526 (A. Besseyre, n^{re}). — *Falzels,* 1888 (carte adm.).

Fangeat (Le), écart, c^{ne} de Saint-Just-Malmont. —
Lo Fangat, 1397 (Haute-Loire, E.).

Fangères (Les), lieu dit, c^{ne} de Pradelles. — *Fangeriæ,* 1345 (Rhône, E. 8); — 1778 (Faujas de
Saint-Fond, 379).

Fanges (Les), m. i., c^{ne} du Chambon.

Fanges (Les), m. i., c^{ne} de Saint-Victor-Malescours.

Fanges (Les), ruiss., affl. de la Semène, c^{ne} de Saint-
Victor-Malescours.

Fanget, m. i., c^{ne} de Lapte. — *Fangette,* 1820
(Deribier).

Fanget (Le), f., c^{ne} de Saint-Bonnet-le-Froid. — *Le
Fanget,* 1465 (Rivière, n^{re}).

Fanguet (Le), f., c^{ne} de Pinols. — *Lo Fanguet,* 1474
(Bibl. nat., ms. lat., n. acq., 1224, f° 71).

Farette (La), montic. à l'ouest de la Villette, c^{ne} de
Saint-Paul-de-Tartas. — Grottes à galeries creu-
sées de main d'homme.

Farge, h., c^{ne} de Saint-Étienne-sur-Blesle. — *Faurghas,* 1306 (terr. de Blesle). — *Forge,* xviii° s.
(Cassini).

Farge (La), h., c^{ne} de Chomelix. — *Locus vocatus a
la Fargia prope pontem Arlenches,* 1339 (hôtel-
Dieu). — *Fabrica,* 1404 (terrier de Chomelix).
— *La Fargha,* 1548 (P. Gallien, n^{re}). — *Lafarge,*
1888 (Malègue).

Fargeon, m. i., c^{ne} de Sainte-Sigolène.

Farges, dom., c^{ne} de Coubon. — *In pago Vellaico, in
arce* (aice) *Aniciense, villæ quæ dicuntur Deumax
seu Fabricas,* v. 889 (cart. du Monastier, n° 67).

Farges, vill., c^{ne} de Saint-Georges-Lagricol.

Farges, l. détr., c^{ne} de Saint-Pal-de-Murs. — *Apendaria de Farias,* 1275 (spic. Briv.).

Farges, vill., c^{ne} de Siaugues-Saint-Romain. — *In
Fabricas,* 888 (cart. de Brioude, ch. 38). — *Fa-
bricas, in vicaria Cantilianico* (*idem*, table, xl). —
Locus de Fargiis in Alvernha, 1390 (spic. Briv.).
— *Mansus de las Farghas,* 1455 (Bibl. nat., ms.
lat., n. acq., 1222, f° 14). — *Farghas,* 1459 (*idem*,
f° 126 v°). — *Faurges,* 1525 (terrier du Cluzel).
— *Farges,* 1669 (spic. Briv.).

Farges (Les), h., c^{ne} d'Arlet. — *Las Faurghas,* 1364
(Arch. nat., Z². 54, p. 172).

Farges (Les), m. i., c^{ne} de Josat. — *Les Fages* (cad.).

Farges (Les), loc. détr., c^{ne} de Saint-Vert. — *Mansus de las Farias,* 1291 (spic. Briv.).

Farges (Les), h., c^{ne} de Tailhac. — *La mesterie app.
des Farges, alias du Segalier,* 1555 (terrier d'Ant.
de Chavanhac).

Farges (Moulin-des-), mⁱⁿ, c^{ne} de la Chapelle-Bertin.

Farges (Porte et rue des), au Puy. — *Portale de las
Farghas,* 1255 (Médicis, I, 191). — *Las Farias,*
1298 (terr. de Saint-Mayol). — *La rue des
Forghes,* 1513 (Médicis, I, 155).

Fargette, h., c^{ne} d'Auteyrac. — *Mansus de Fargetas,*
1461 (Bibl. nat., ms. lat., n. acq., 1223, f° 17).
— *Farghetas,* 1523 (Arch. nat., Q. 513, f° 212).

Fargette (La), loc. détr., c^{ne} de Saint-Préjet-d'Allier.
— *Boria sive pagesia vulg. dicta la Fargeta,* 1469
(Thiolent). — *Fargeta,* 1526 (A. Besseyre, n^{re}).

Faridouaix, mⁱⁿ, c^{ne} de Saint-Victor-Malescours. —

Le molin de Faridoie ou *Faridoue*, 1569 (terrier de Saint-Didier). — *Faridoix* (cad.). — *Faridoï*, 1888 (Malègue).

FARIGOULES, vill., cne de Bains. — *Fauregolas*, 996 (cart. du Monastier, n° 141). — *Faurigolas*, 1335 (J. de Peyre, nre). — *Fourigolas*, 1408 (compois du Puy). — *Fourigolles*, 1587 (Sigaud, nre). — *Faurigolles*, 1633 (Barret, nre).

FARINAUD, m. i., cne de Taulhac.

FARNIER, m. de camp. et f., cnes de Brives-Charensac et d'Ours-Mons. — *Villa de Chassende*, XIIIe s. (Saint-Georges du Puy). — *La metterie de feu sire Claude Farnier*, 1614 (Duclaux, nre). — *La metterie de Chassende*, 1621 (Brunel, nre). — *Fernier*, XVIIIe s. (Cassini).

FAROUIL, lieu dit, cne de Rosières. — *Villa de Serroilz*, 1165 (cart. de Chamalières, n° 82).

FARRE (LA), écart., cne de Blesle.

FARRE (LA), mont. et écart, cne de Cussac. — *Le Pied de la Farre*, 1808 (ét. des succrs.). — *Le Pey de la Farre*, 1879 (aff. jud.). — *Lafarre*, 1888 (Malègue).

FARRE (LA), con de Pradelles. — *Illa Fara*, 870 (Chifflet, hist. de Tournus, 210). — *Oppidum quod Fara appellatur*, Xe s. (A. SS. O. S. B., sæc. IV, pars I, 564; Juénin, hist. de Tournus, pr., 173). — *Castrum quod dicitur la Fara*, v. 1033 (chron. S. Petri de Mon. Anic.). — *Prioratus de Fara*, 1516 (Arch. nat., G. 8*, 1, f° 283 v°). — *La paroisse de S. Artème de la Fare*, 1751 (tabl. du Velay, 1875-76, 243). — *Lafarre*, 1888 (carte adm.).

En 1789, la Farre était compris dans la province du Vivarais et le bailliage de Villeneuve-de-Berg. Son église paroissiale, diocèse de Viviers et archiprêtré de Sablières, était consacrée à saint Arthème.

FARREYRE, vill., cne de Chastel. — *Ferreyres*, v. 1460 (spic. Briv.).

FARREYRE, h., cne de Mazerat-Aurouze. — *Fercire*, XVIIIe s. (Cassini). — *Farrayre*, 1888 (carte adm.).

FARREYRE, écart, cne de Montregard.

FARREYRE, h., cne de Vorey. — *Tenem. de Longua Ricieyra*, 1311 (Arch. nat., P. 1399¹, c. 783). — *Longue*, 1695 (capitation). — *Long*, XVIIIe s. (Cassini). — *Ferreire*, 1880 (carte adm.).

FARREYROLES, vill., cne de Sanssac-l'Église. — *Ferrayrolas*, 1343 (J. de Peyre, nre). — *Farreyrolæ*, 1502 (J. Boyer, nre).

FARREYROLLES, vill., cne de Léotoing. — *Locus Fareyrolas*, 924 (Baluze, mais. d'Auv., II, 26). — *Villa de Ferreirolas; præceptor de Ferreyrolas*, 1295 (spic. Briv.). — *La chastellenie de la commanderie du Tempel* (Temple), 1511 (coust. d'Auv., f° 81). — *Farreyrolles*, 1520 (la Chaise-Dieu, Chambezon).

Maison du Temple, qui passa aux Hospitaliers en 1313 et devint, à la réorganisation des commanderies de l'Ordre de Saint-Jean-de-Jérusalem, membre de la commanderie de Courteserre (Puy-de-Dôme).

FARY, m. i., cne de Tiranges.

FATOU (MOULIN-DE-), min sur la Loire, cne de Solignac-sur-Loire.

FATTES (LES), ruiss., affl. de la Loire au sud-ouest d'Onzillon, cne de Chadron, prend naissance dans la commune de Saint-Martin-de-Fugères.

FAU (LE), vill., cne de Cistrières. — *Lo Fau*, 1316 (la Chaise-Dieu, Saint-Allyre). — *Le Faud* (cad.). — *Le Fau-Montchau*, 1820 (Deribier).

FAU (LE), h., cne de Saint-Christophe-d'Allier. — *Mansus del Fau*, 1323 (J. de Peyre, nre). — *Locus de Favo*, 1457 (J. Rocher, nre).

FAU (LE), vill., cne de Saint-Just-Malmont. — *Locus dal Fau*, 1355 (Haute-Loire, E.). — *Fagus Volesi*, 1397 (*idem*). — *Fagus Voloza*, 1509 (coll. Chaleyer). — *Le Petit-Fau*, 1552 (*idem*). — *Le Fau-Voloux*, 1591 (*id.*). — *Les Faux* (cad.).

FAUBOUCHARD, m. i., cne du Chambon. — *Foutbouchard*, 1888 (Malègue).

FAUCHERS (LES), h., cne de Chomelix. — *Grangia Thomæ Foucherii prope Chalmelhis*, 1311 (Arch. nat., P. 1398¹, cote 650). — *Codercum deus Fonchiers, deus Fouchiers, deus Fociers, deus Fossiers*, 1343 (Arch. nat., P. 1398¹, cote 641).

FAUCHERS (LES), loc. détr., cne de Saint-Préjet-Armandon. — *Mansus des Fauchiers*, 1464 (Bibl. nat., ms. lat., n. acq., 1223, f° 157 v°).

FAUCON, h., cne de Saint-Ilpize. — *Le Faulcon*, 1618 (terrier de la Vaudieu).

FAUCONS (LES), f., cne du Mazet-Saint-Voy.

FAUCONY, f., cne de Freycenet-Lacuche. — 1321 (Vaissete, hist. gén. de Lang., VIII, 1921). — *Mansus del Falcoy*, 1528 (cad. du Monastier). — *Le Falcoy*, 1547 (Chaulet, nre). — *Faucouy*, 1671 (év.). — *Falcouy*, 1785 (Th. Julien, nre). — *Faucony*, 1880 (carte adm.).

FAUCONY, f., cne de Saint-Arcons-de-Barges.

FAU-ESCURE, bois, près Jaurence, cne de Saint-Julien-du-Pinet. — *Nemus de Faya Escura*, 1451 (cart. de Mazan, f° 52). — *Fau-Escure*, 1603 (cad. de Glavenas).

FAUGEAS (LES), bois, cne de la Besseyre-Saint-Mary.

FAUGÈRES, f., cne de Saint-Géron. — *In aice Brivatensi*,

in villa cujus nomen est Felgerias, 886 (cart. de Brioude, ch. 240). — *Homines de Folgeras*, 1291 (spic. Briv.). — *Falgeyres, Falgeras*, 1445 (terr. de Faugères). — *Faugère* (cad.).

FAUGÈRES, dom., cne de Vals-près-le-Puy.

FAUGERET, h., cne de Tence.

FAUGERS, l. détr., cne de Chanaleilles. — *Mansus de Faugers*, 1274 (Lozère, G. 99).

FAURE, m. i., cne d'Aurec.

FAURE, écart, cne de Coubon.

FAURE, f., cne des Estables. — *Le Mas de Faure*, 1783 (ét. civ.).

FAURE-DU-PRÉ (LE), f., cne de Saint-Bonnet-le-Froid. — *Le Fort-du-Pré*, 1879 (carte adm.).

FAURESSON, m. i., cne de Saint-Jeure. — *Le Fourzon*, 1869 (Malègue). — *Faurison*, 1880 (carte adm.).

FAURIE (LA), ruiss. qui naît cne de Céaux-d'Allègre et afflue au Bourbouillou, en aval de Pinaton, cne de Bellevue-la-Montagne.

FAURIE (LA), h., cne de Connangles. — *Mansus de la Fauria*, 1462 (la Chaise-Dieu, Connangles).

FAURIE (LA), f., cne de Montregard. — *La Fauria*, 1320 (cart. de Mazan, f° 138 v°).

FAURIE (LA), vill., cne de Saint-Maurice-de-Lignon. — *Villa quæ vocatur Fabrigas*, 1079 (cart. de Cluny, ch. 3545). — *La Faurie*, 1695 (capitation). — *Lafaurie*, 1888 (Malègue).

FAURIE (MOULIN-DE-), min sur le Lignon, cne de Fay-le-Froid.

FAURIES, h., cne d'Araules. — *Faurias*, 1608 (cad. de Bonnas). — *Faurites*, xviiie s. (Cassini).

FAURIES, f., cne de Dunières. — *Faurias*, 1465 (Rivière, nre). — *Locus de Fauriis*, 1579 (Rhône, D. 183). — *Faurie*, 1888 (Malègue).

FAURIES, h., cne de Malrevers. — *Villa Fabricas, quæ est vicina de villa Amblarense*, v. 940 (cart. du Monastier, n° 75). — *Le lieu de Bonnet aultrement de Faurias*, 1582 (Chamblas).

FAURIES, vill., cne du Mazet-Saint-Voy. — *Faurias prope Bonas*, 1256 (év.). — *Faurias*, 1507 (év.).

FAURIES, f., cne de Saint-Front. — *Villa de Faurias*, v. 1080 (cart. du Monastier, n° 28). — *Grangia de Faurios*, v. 1343 (idem, app., n° 452). — *La Fauria, las Faurias*, 1344 (Monastier). — *Faurias*, 1529 (Costaval, nre).

FAURIETTES, f., cne de Saint-Front. — *Villa de Fauritos*, v. 1080 (cart. du Monastier, n° 28). — *Faurietas*, 1526 (cad. du Monastier).

FAURIETTES (LES), h., cne de Saint-Jeure. — *Faurites*, xviiie s. (Cassini).

FAURON, m. i., cne d'Yssingeaux.

FAURON (MOULIN-DU-), min sur le Bouchas, cne de

Saint-Hostien. — *Le Molin-del-Faure*, 1653 (Lardeyrol).

FAUSSEMAGNE, h., cne de Champclause. — *Falsimanias*, 1263 (hospit. du Velay). — *La Faulsimainhe*, 1569 (A. Boyer, nre). — *Faussimanhe*, 1695 (capitation). — *Faussimagnes*, xviiie s. (Cassini). — *Faussimagne*, 1888 (carte adm.).

FAUVET, m. i., cne de Lapte. — *Fouvel*, 1695 (capitation).

FAUVET (LE), f., cne d'Yssingeaux.

FAUVINIÈRE (LA), écart, cne de Saint-Victor-Malescours. — *La Fovyneyre, la Fouvinière*, 1563 (terrier de Saint-Didier). — *Lafovinière*, 1820 (Deribier).

FAVAL (LE), bois, cne de la Besseyre-Saint-Mary. — *Nemus voc. del Favenc*, 1476 (Bibl. nat., ms. lat., n. acq., 1224, f° 134 v°).

FAUX (LES), f., cne de Chaudeyrolles. — *Le Fau*, 1888 (Malègue).

FAUX (LES), h., cne de Collat.

FAUX (LES), vill., cne de Connangles. — *Mansus deus Faus*, 1358 (la Chaise-Dieu, Connangles). — *Les Faulx*, 1407 (idem, Mazerat-Aurouze). — *Le Faux*, 1888 (carte adm.).

FAUX (LE), vill., cne de Mézères. — *Ad Salicem*, 1213 (cart. de Chamalières, n° 329). — *Lo Fau*, 1309 (év.). — *Locus de Fagu*, 1453 (Pradier, nre).

FAUX (LES), f., cne de Saint-Romain-Lachalm. — *Le Fayard*, 1846 (nom. des postes).

FAUX (LES GRANDS-), vill., cne de Saint-Just-Malmont. — *Le Grand-Fau*, 1569 (terrier de Saint-Didier).

FAVENS (LES), bois, cne de Chanaleilles.

FAVERGE (MOULIN-DE-), min sur l'Andrable, cne de Boisset.

FAVET (LE), l. détr., cne de la Chapelle-Geneste. — *Mansus del Feu*, 1298 (la Chaise-Dieu, la Chapelle-Geneste). — *Mansus de Faveto*, 1373 (ibid.). — *Lo Favet*, 1416 (ibid.).

FAVET (LE), vill., cne de Félines. — *Favus*, v. 1040 (cart. de Chamalières, n° 246). — *Mansus del Favet*, 1460 (la Chaise-Dieu, doyenné).

FAVEYROLLES, vill., cne de Chassagnes. — *Vavalriolas (Favairiolas)*, v. 888 (cart. de Brioude, ch. 11). — *Favairiolas*, 1091 (spic. Briv.). — *Favayroles*, v. 1260 (Arch. nat., J. 1031, n° 2). — *Faveyrolas*, 1464 (Bibl. nat, ms. lat., n. acq., 1223, f° 158 v°).

FAVIN (LE), écart, cne de Berbezit.

FAVIN (LE), bois, cne de Ferrussac.

FAY, vill. cne de Bains. — *Faiet*, 1177 (hôtel-Dieu, B. 298). — *Fayet*, 1236 (templiers du Puy). — *Faet*, 1271 (la Chaise-Dieu, Saint-Rémy). — *Fayetum*, 1335 (J. de Peyre, nre). — *Fayt*, xviiie s.

Fay, 1820 (Deribier). — *Fay-la-Vaisse*, 1879 (aff. jud.).

Domaine noble mouvant en fief du duché d'Auvergne, 1670 (Arch. nat., P. 502, cote 23).

Fay, f., c⁰ᵉ de Raucoules.

Fay, m. i., cⁿᵉ de Tiranges.

Fay (Le), m. i., cⁿᵉ d'Yssingeaux.

Fayard, f., cⁿˢ de Chaudeyrolles.

Fayard, h., cⁿᵉ de Raucoules.

Fayard (Le), écart, cⁿᵉ de Montregard.

Fayard (Le), écart, cⁿᵉ de Saint-Didier-la-Séauve. — *Le Fayatz*, 1569 (terrier de Saint-Didier de Joyeuse). — *Le Fayat*, xviiiᵉ s. (Cassini).

Fayards (Les), ruiss., affl. du Bouchas, cⁿᵉ de Saint-Hostien.

Fayat (Le), h., cⁿᵉ de Rosières. — *Lo Faya*, 1479 (Richon, nʳᵉ). — *Lo Fayaa*, 1507 (év.). — *Faya*, 1628 (Duclaux, nʳᵉ).

Faye (La), h., cⁿᵉ d'Aurec.

Faye (La), vill., cⁿᵉ de Boisset. — *La Faya*, 1293 (Arch. nat., P. 491¹, cote 13). — *La Faye*, 1540 (terrier de Saint-Pal). — *Lafaye*, 1888 (Malègue).

Faye (La), h., cⁿᵉ du Chambon. — *Lafaye*, 1888 (Malègue).

Faye (La), bois, cⁿᵉ de Ferrussac.

Faye (La), bois, cⁿᵉ de Fix-Saint-Geneys.

Faye (La), l. détr. aujourd'hui bois, cⁿᵉ de Freycenet-Lacuche. — *Ad illa Faia*, v. 970 (cart. du Monastier, n° 87). — *Villa de Fagia*, xiᵉ s. (*id.*, app., n° 432).

Faye (La), fief, à Landos. — (Anc. mandement de Landos.) — *La Faia*, 1248 (Rhône, la Sauvetat, I, 2). — *La Faya de Landoas*, 1285 (*idem*, I, 6). — *La Faya*, 1506 (Médicis, II, 303).

Faye (La), écart, cⁿᵉ de Polignac, 1572 (A. Boyer, nʳᵉ).

Faye (La), loc. détr., entre Bonnefont et les Coufours, cⁿᵉ de Saint-Front. — *Villa de Faia*, v. 1080 (cart. du Monastier, n°ˢ 34 et 360). — *La Faye*, 1646 (cad. de Bonnefont).

Faye (La), m. i., cⁿᵉ de Saint-Julien-Molhesabate. — *Les Fayes* (cad.).

Faye (La), écart, cⁿᵉ de Saint-Maurice-de-Lignon. — *La Faya*, 1312 (év.). — *Lafaye*, 1888 (Malègue).

Faye (La), ruiss., affl. de l'Allier, cⁿᵉˢ de Saint-Privat-d'Allier et de Saint-Didier-d'Allier. — *Le Rouchoux* (cad.).

Faye (La), f., cⁿᵉ de Saint-Vert.

Faye (La), mont. près Concis, cⁿᵉ de Solignac-sur-Loire. — *Le suc, aultrement garde, app. la Faye*, 1606 (Robert, nʳᵉ).

Faye (La), h., cⁿᵉ des Vastres. — *Mansus de Faya*, 1464 (Ardèche, C. 624). — *La Faye*, 1673 (ét. civ.). — *Lafaye*, 1888 (Malègue).

Faye (La), m. i., cⁿᵉ de Vielprat. — *Lafaye*, 1888 (Malègue).

Faye (La), bois, cⁿᵉ de Vorey. — *Nemus vulg. app. del Chambo et antiquo tempore appellabatur de la Faya*, 1331 (Arch. nat., P. 1397², c. 587).

Faye (La), écart, cⁿᵉ d'Yssingeaux. — *La Faya*, 1515 (terrier des Bordes). — *La Faye*, 1548 (terrier de Verchières). — *Las Fayas*, 1615 (terrier de Saussac).

Faye (Moulin-de-la), mⁱⁿ sur le Vignon, cⁿᵉ de Saint-Vert.

Faye-Basse (La), h., cⁿᵉ de Saint-Julien-Chapteuil.

Faye-Bourret (La), h., cⁿᵉˢ de Saint-Pal-de-Mons et de Saint-Romain-Lachalm, 1285 (homm. de l'év.). — *Faya Borrelli*, 1328 (coll. Chalcyer). — *La Faye-Bourrel*, 1569 (terrier de Saint-Didier).

Faye-Haute (La), vill., cⁿᵉ de Saint-Julien-Chapteuil. — *Villa quæ dicitur Fageta superior*, v. 1022 (cart. du Monastier, n° 214). — *Mansus de la Faya*, 1310 (Saint-Agrève).

Faye-Leygnas (La), vill., cⁿᵉˢ de Saint-Romain-Lachalm. — *Mansus de Faya Monzil*, 1339 (coll. Chalcyer). — *La Faya Monsial*, 1461 (Rhône, H. 1180). — *La Faye-Leygras, jadiz appellée la Faye-Montzial*, 1564 (terrier de Saint-Didier). — *La Faye-les-Gras*, 1879 (carte adm.). — *Lafaye*, 1888 (Malègue).

Fayes (Les), ruiss., affl. de la Dunière, cⁿᵉ de Dunières.

Fayes (Les), h., cⁿᵉ du Mas-de-Tence. — *Homines de las Fayas*, 1276 (Gall. christ., XVI, instr., col. 258). — *Fayas*, 1320 (cart. de Mazan, f° 138 v°). — *Faiæ*, 1410 (cart. de Tence, f° 10 v°).

Fayes (Les), h., cⁿᵉ de Raucoules.

Fayette (La), h., cⁿᵉ du Chambon.

Fayette (La), f., cⁿᵉ de Lubilhac.

Fayette (La), h., cⁿᵉ de Montregard.

Fayette (La), vill., cⁿᵉ de Saint-Ferréol-d'Auroure. — *Domus voc. la Fayeta*, 1317 (Arch. nat., P. 1400³, cote 990). — *La Faeta*, 1336 (Arch. nat., P. 492², cote 136). — *Lafayette*, 1888 (Malègue).

Fayette (La), f. ruinée, cⁿᵉ de Saint-Paul-de-Tartas.

Fayette (La), h., cⁿᵉ de Saint-Victor-Malescours.

Fayette (La), vill., cⁿᵉ d'Yssingeaux. — *Villa quæ dicitur Fajeta, in pago Vellaico, in arce (aice) Issingaudensi*, v. 1000 (cart. du Monastier, n° 192). — *Villa quæ dicitur de Fageta, in vicaria de Issingaudo*, v. 1000 (*idem*, n° 206). — *Villa quæ vocatur Fageta prope castrum Sexagum*, 1079 (cart. de Cluny, ch. 3543). — *La Fayeta*, 1451 (Rhône, H. 2633). — *Lafayette*, 1888 (Malègue).

Fayette (Ravin-de-la), affl. du Pissis, c^{ne} de Monistrol-d'Allier.

Fay-la-Triouleyre, vill., c^{ne} de Saint-Germain-Laprade. — *Faiet*, 1216 (abb. de Doue). — *Villa de Faeto*, 1285 (Saint-Georges du Puy). — *Fayetum*, 1290 (*idem*). — *Faet*, 1305 (*idem*). — *Fahetum*, 1313 (év.). — *Fayet*, 1417 (Saint-Georges du Puy). — *Fayt-la-Theuleyre*, 1574 (A. Boyer, n^{re}). — *Fayt-la-Tuyllière*, 1611 (Duclaux, n^{re}). — *Fay-la-Teulière*, 1720 (Saugrain). — *Fay-la-Trioulière*, xviiie s. (Cassini).

Fay-le-Froid, arrond. du Puy. — *Consularis de Faino*, 1097 (cart. du Monastier, n° 243). — *Fays*, 1100 (cart. Piper., n°s 14 et 15). — *Mandamentum de Fayno*, xe s. (cart. du Monastier, n° 360). — *Ecclesia de Fai*, 1119 (Chifflet, hist. de Tournus, 402). — *Capellanus de Fagino*, v. 1180 (cart. du Monastier, n° 464). — *Mensura Faynesa*, 1321 (hospit. du Velay). — *Chasteau de Fay*, 1375 (Baluze, mais. d'Auv., II, 214). — *Fain*, 1552 (Ménard, hist. de Nîmes, IV, pr. 210); — 1574 (Haute-Loire, C.). — *Fay-le-Freit*, 1602 (A. Robert, n^{re}). — *Fayt-en-Montanhe*, 1610 (*idem*). — *Fayt-le-Froit-aux-Montaignes*, 1612 (*idem*). — *Fayt*, 1638 (A. Jacmon, 134). — *Fabia*, 1675 (Hadr. de Valois, not. Gall., 590). — *Fay-en-l'Election*, 1720 (Saugrain). — *Fay-Saint-Nicolas*, 1824 (Deribier, stat., 258).

En 1789, Fay-le-Froid appartenait à la province du Vivarais et au bailliage de Villeneuve-de-Berg. Son église paroissiale, diocèse de Viviers et archiprêtré de Boutières, était consacrée à saint Nicolas.

Faynel, f., c^{ne} de Saint-Pierre-Eynac.

Fayolette (La), écart, c^{ne} de Saint-Romain-Lachalm. — *La Fayollette*, 1615 (Rhône, D. 185). — *Lafayollette*, 1888 (Malègue).

Fayolle, f., c^{ne} de Lantriac.

Fayolle (La), vill. et bois, c^{ne} de Chamalières. — *Boscus de Faiola*, v. 1087 (cart. de Chamalières, n° 26). — *La Faiola*, 1176 (*idem*, n° 175).

Fayolle (La), f., c^{ne} du Chambou. — *Lafayolle*, 1888 (Malègue).

Fayolle (La), f., c^{ne} de Montregard. — *La Fayola*, 1465 (Rivière, n^{re}). — *La Fayole*, 1556 (terrier de Montregard).

Fayolle (La), f., c^{ne} de Saint-Front. — *Les Fayolles*, 1888 (carte adm.).

Fayolle (La), h., c^{ne} de Saint-Pal-de-Mons. — *La Fayola*, 1314 (év.). — *La Fayolle*, 1553 (Rhône, D. 185). — *Lafayolle*, 1888 (Malègue).

Fayolle (La), loc. détr., c^{ne} de Saint-Préjet-Armandon. — *Lo Mas de la Fayola*, 1341 (terrier de Charbonnier).

Fayolle (La), f., c^{ne} de Salettes.

Fayolle (La), h., c^{ne} de Sembadel. — *Mansus de la Fayola*, 1298 (la Chaise-Dieu, la Chapelle-Geneste). — *La Fayolle*, 1561 (J. Chalvon, n^{re}).

Fayolle (La), f., c^{ne} d'Yssingeaux.

Fayon, f., c^{ne} de Champclause.

Faypau, dom., c^{nes} de Lantriac et de Laussonne. — *Villa Che a payco sive Fay pau*, v. 970 (cart. du Monastier, n° 102). — *Fay pauc*, 1448 (Monastier-Saint-Chaffre). — *Feypau*, xviiie s. (Cassini). — *Feypot*, 1890 (aff. jud.).

Féaux-des-Aulagnières (Les), m. i., c^{ne} de Dunières.

Fedon, f., c^{ne} de Sainte-Sigolène.

Fées (Grotte des), dans le ravin de la Forêt, c^{ne} de Chassignolles.

Fées (Les Pierres des), dolmen près Rougeac, c^{ne} de Saint-Éble. — *Las Peyras dey las Fadas*, 1857 (Lagrave, hist. de Langeac, 116).

Fées (Tuiles des), dolmen, c^{ne} de Taillhac. — *Territ. de las Trioulas de las Fades*, 1486 (terrier de Taillhac, f° 31). — *La Tombe de las Fadas*, 1824 (Deribier, stat., 29).

Félines, c^{on} de la Chaise-Dieu. — *Filinæ*, 981 (cart. de Chamalières). — *Filineiæ*, v. 1090 (la Chaise-Dieu, Usson). — *Parochia S. Petri de Fillinas*, v. 1175 (hospital. du Velay). — *Fellinæ*, 1191 (tabl. du Velay, 1876-77, p. 349). — *Felinas*, 1249 (*ibid.*, 1875-76, p. 532). — *Ecclesia de Feliniis*, 1252 (Saint-Agrève). — *Felines*, 1401 (spic. Briv.).

En 1789, Félines dépendait de la province d'Auvergne, de l'élection de Brioude, de la subdélégation de Langeac et du ressort de Riom. Son église paroissiale, diocèse du Puy et archiprêtré de Saint-Paulien, était sous l'invocation de l'Exaltation de la Sainte-Croix; l'université Saint-Mayol présentait à la cure.

Femme à la Chèvre (Pierres de la), trilithes, près le lac d'Arcone, c^{ne} de Saint-Front.

Feneyrolles, vill., c^{ne} de Cistrières. — *Feneyrols*, 1449 (terrier de Clavelier). — *Feneiroulx*, 1569 (J. Chalvon, n^{re}). — *Fénérol* (cad.).

Feneyrolles, f., c^{ne} de Craponne-sur-Arzon. — 1679 (Haute-Loire, B. 31).

Féneyrolles, h., cⁿᵉ de Saint-Privat-du-Dragon. — *Feneyros*, 1339 (Bibl. nat., ms. fr. 14377, p. 189). — *Fenayrols*, 1380 (Arch. nat., Z². 4143, p. 78). — *Feneyrolx*, 1461 (Arch. nat., ZZ., 359, f° 49). — *Feneyroulx*, 1464 (Bibl. nat., ms. fr. 11491, p. 397). — *Fénérolles* (cad.).

Fenouilles (Les), ruiss., affl. du Dolaizon, cⁿᵉ de Vals-près-le Puy.

Férande, m. i., cⁿᵉ de Rosières.

Fergoil, m. i., cⁿᵉ de Jax.

Fermigeon, f., cⁿᵉ de Freycenet-la-Tour.

Ferraigne, l. détr., cⁿᵉ d'Espaly-Saint-Marcel. — *Ferrainhe*, 1391 (Haute-Loire, C.). — *La maison de Ferranhe*, 1590 (Burel, p. 206).

Ferrapie, f., cⁿᵉ de Raucoules. — *Ferrapia*, 1467 (Rivière, nʳᵉ). — *Frappier*, xviiiᵉ s. (Cassini). — *Ferapy*, 1888 (Malègue).

Ferréol, écart, cⁿᵉ de Saint-Romain-Lachalm. — *Ferriol*, 1615 (Rhône, D. 185).

Fernet, mⁱⁿ sur le Saint-Julien, cⁿᵉ de Saint-Julien-Chapteuil. — *Molendinum S. Juliani Captholii*, 1516 (Delaigue, nʳᵉ). — *Lou Musnier*, 1695 (capitation). — *Ferret*, xviiiᵉ s. (Cassini). — *Ferret-le-Meunier*, 1820 (Deribier).

Ferrette (La), h., cⁿᵉ de Saint-Pierre-Eynac. — *La Ferrete*, 1567 (la Chaise-Dieu, Saint-Étienne-Lardeyrol).

Ferrier, m. i., cⁿᵉ de Saint-Berain.

Ferrière (La), ruiss., affl. de la Sionne, cⁿᵉˢ de Saint-Étienne-sur-Blesle et de Blesle. — *La Farreyre* (cad.).

Ferrières (Plaine de), mont., cⁿᵉ de Saint-Hostien. — *Planum seu Mons deus Ferrers*, 1368 (Lardeyrol). — *Feriers*, 1468 (*ibid.*).

Ferriol (Mas-), l. détr., cⁿᵉ du Mazet-Saint-Voy. — *In Manso qui dicitur Manso Ferriolo, in pago Vellaico*, v. 1000 (cart. du Monastier, n° 162). — *Mansus de Mas-Feriol infra territorium de Malagayta*, 1343 (Rhône, H. 1016).

Ferrussac, cⁿ de Pinols. — *Ferrusac*, 1234 (cart. de Pébrac, n° 56). — *Ferrussacum*, 1353 (Arch. nat., Z². 54, p. 93). — *Ferrussat*, 1388 (spic. Briv.). — *Ferroussac*, 1401 (*id.*). — *Ecclesia de Frussacho*, xvᵉ s. (pouillé de Saint-Flour). — *Ferussat*, 1669 (spic. Briv.).

En 1789, Ferrussac était compris dans la province d'Auvergne, l'élection de Brioude, la subdélégation de Langeac et le ressort de Riom. Son église paroissiale, diocèse de Saint-Flour et archiprêtré de Langeac, était dédiée à saint Jean; le prieur de la Voûte-Chilhac présentait à la cure. Une ordonnance royale, du 28 août 1834, a réuni à cette commune celle de Notre-Dame-du-Cros.

Fernut, l. détr., cⁿᵉ de Saint-Privat-du-Dragon. — xviiiᵉ s. (Cassini).

Ferry, f., cⁿᵉ de Saint-Front.

Fent, h., cⁿᵉ de Chanteuges. — *Feyri*, xviiiᵉ s. (Cassini).

Fespescle, vill., cⁿᵉ de Vernassal. — *Fespescles*, 1434 (Thiolent). — *Fespecles*, 1458 (Bl. Girard, nʳᵉ). — *Feypescle*, 1584 (J. Guérin, nʳᵉ). — *Fespescle*, xviiiᵉ s. (Cassini). — *Frespecle*, 1860 (état-major).

Fesq (Le), l. détr., cⁿᵉ du Brignon. — *Lo Fesq*, 1240 (Saint-Mayol, invent.).

Festète, l. détr., cⁿᵉ d'Ally, 1686 (ét. civ. de Mercœur).

Feu (Le), f., cⁿᵉ de Saint-Beauzire. — *Lo Feu*, 1281 (Lachenal, égl. de Brioude, p. 10). — *Lo Feuil*, v. 1780 (lième d'Espalem).

Feu (Mine du), houillère, cⁿᵉ de Vergongheon.

Feuil (Le), écart, cⁿᵉ de Blassac. — *Locus del Feu*, 1459 (Arch. nat., ZZ. 359, f° 4).

Feuillara (La), m. i., cⁿᵉ de Saint-Just-Malmont. — *La Fouliara* (cad.). — *La Fouillara*, 1879 (carte adm.).

Feuillarade (La), h., cⁿᵉ de Mercœur. — *Folharada*, 1379 (Arch. nat., Z². 4143, p. 11). — *Mansus de la Folherada*, 1433 (Bibl. nat. ms. fr., 11490, p. 142). — *Le Mas de la Fulherade*, 1613 (Mercurial).

Feuilles (Les), l. détr., cⁿᵉ du Mazet-Saint-Voy. — *Affarium de las Folias*, 1281 (tit. de Bronac). — *Grangiatgium et pagesia de las Fulhias*, 1397 (*idem*). — *La Follie*, 1608 (cad. de Bonnas).

Fey, vill., cⁿᵉ de Sainte-Sigolène. — *Fayetum*, 1473 (Richon, nʳᵉ). — *Fey*, 1660 (ét. civ.). — *Feys*, 1695 (capitation).

Feyterme, vill., cⁿᵉ d'Yssingeaux. — 1561 (Savin, nʳᵉ). — *Les Feytermes*, 1608 (cad. de Bonnas). — *Feyterne*, 1888 (Malègue).

Fialet, mont., cⁿᵉ de Mézères. — *Suc de Fialit*, (état-major).

Fiat, écart, cⁿᵉ de Sanssac-l'Église.

Fiaugoux, écart, cⁿᵉ de Malvières. — *Mansus de Falgos*, 1347 (la Chaise-Dieu, Malvières). — *Felgos*, 1348 (*ibid.*). — *Fealgoux*, 1414 (*ibid.*). — *Felgous*, 1462 (*idem*, Connangles). — *Fiougoux*, 1888 (carte adm.).

Ficat, f., cⁿᵉ du Chambon. — *Fica*, 1888 (Malègue).

Fieu (Le), h., cⁿᵉ de Saint-Julien-d'Ance. — *Villa de Feudo*, xiᵉ s. (cart. de Chamalières, n° 233). — *In Fevo*, 1163 (*idem*, n° 77). — *Feudum*, 1218 (*idem*, n° 230). — *Domus quæ vocatur lo Feus sita supra flumen dictum Ansa*, 1293 (Arch. nat., P. 491¹, cote 13). — *Le Fieuz*, 1334 (Arch. nat., P. 490¹, cote 185). — *Lo Fiou*, 1420 (Loire, A. 89, f° 237 v°). — *Lo Fevel*, 1423 (*idem*, f° 241).

Fieu (Le), chât. et f., c⁻ᵉ de Taulhac. — *La Maltraicte*, 1561 (Savin, nᵉ). — *Le Fieu*, 1590 (Burel, 223).

Fieu (Le), loc. détr., c⁻ᵉ des Vastres. — *Mansus del Fiou*, 1322 (hospit. du Velay).

Fieu-le-Feu, l. détr., c⁻ᵉ de Saint-Pierre-Eynac. — *Chasorna voc. de Fio-la-Fan*, 1324 (la Chaise-Dieu, Saint-Étienne-Lardeyrol). — *Fieu-le-Feu*, 1567 (*idem*).

Fifailloux, l. détr., c⁻ᵉ de Malrevers. — *Le rochas de Pippalhou*, 1555 (cad. de Mercœur). — *La metterie de Fiffalhou*, 1632 (Brunel, nᵉ). — *Fifaliou*, 1888 (Malègue).

Figeon, f., c⁻ᵉ de Chadrac. — *Le domaine de Figheon*, 1695 (capitation).

Figon, chât., c⁻ᵉ de Raucoules. — *Sigon*, 1820 (Deribier).

Filletrâme, h., c⁻ᵉ du Chambon. — *Mansus de Fiala Trama*, 1296 (hospitaliers du Velay). — *Fila Trama*, 1311 (*idem*). — *Phila Trama*, 1404 (Rhône, Devesset). — *Filletrasme*, 1616 (Rhône, H. 2153).

Filliou, m. i., c⁻ᵉ d'Yssingeaux.

Fiocoux, f., c⁻ᵉ de Craponne-sur-Arzon.

Fio-Saint-Pierre (Le), bois, c⁻ᵉ d'Ouïdes.

Fiossac, h., c⁻ᵉ de Frugières-le-Pin. — *In aice Brivatensi, in villa Feliciano*, 878 (cart. de Brioude, ch. 29). — *Feliciago* (*idem*, tables, xxx). — *In loco Filciago*, 926 (*idem*, ch. 155). — *Mansus de Fiusac*, 1295 (Cumignac). — *Fiolsat*, 1516 (Vals-le-Chastel). — *Fioulssac, Fiolssat*, 1564 (*idem*). — *Fioussat*, 1612 (terrier de la Vaudieu). — *Fiossat*, xviiiᵉ s. (Cassini). — *Aufiossac*, 1855 (état-major).

Fiou (Le), loc. détr., c⁻ᵉ de Mazerat-Aurouze. — *Mansus del Feu, par. Aurozæ*, 1418 (la Chaise-Dieu, Mazerat-Aurouze). — *Lo Feo*, 1506 (*idem*).

Fiou (Le), écart, c⁻ᵉ de Saint-Germain-Laprade. — *Lo Mas del Feu*, 1310 (homm. de l'év.). — *Le Fieuf*, 1539 (Savin, nᵉ). — *Le Fieu*, 1549 (id.).

Fioulaires (Les), ruiss., affl. de la Dège à l'ouest de la Besseyre-Saint-Mary.

Fioulayre (Le), l. détr., c⁻ᵉ de Moudeyres. — *Le Fioullayre*, 1677 (cad. de Freycenet-la-Tour). — *Le Froulayre*, xviiiᵉ s. (Cassini).

Fioux (Le), h., c⁻ᵉ d'Agnat. — *Lo Feu*, xivᵉ s. (terr. des Grèzes). — *Le Feoux*, xviiiᵉ s. (Cassini).

Fioux (Le), vill., c⁻ᵉ de Saint-Vert. — *Lo Mas del Feu*, 1341 (terrier de Charbonnier). — *Lo Feou*, 1561 (J. Chalvon, nᵉ). — *Le Fiou*, 1820 (Deribier).

Fioux (Le), h., c⁻ᵉ de Tence. — *Lo Feu*, 1319 (homm. de l'év.). — *Tenem. del Fiou*, 1328 (cart. de Tence, f° 4 v°). — *Le Fiou*, 1693 (ét. civ.). — *Le Fieu*, 1888 (Malègue).

Fix-le-Bas, quartier de Fix-Saint-Geneys. — *Ecclesia quæ est fundata in honorem S. Juliani, et est sita in comitatu Velavensi, in vicaria Civitatis Vetulæ*, 943 (cart. de Brioude, ch. 293). — *In villa quæ dicitur Fimum Canis in pago Vellaico*, v. 985 (cart. du Monastier, n° 137). — *In eodem Vellaico, in pago quem Fimes vocant, unam ecclesiam in honore S. Juliani dedicatam*, 993 (chron. S. Petri de Mon. Anic.). — *Ecclesia de Fix*, v. 1343 (cart. du Monastier, app. n° 452). — *S. Julien-de-Fis*, 1379 (compte de B. Flotenc). — *S. Julien-de-Fiz*, 1401 (spic. Briv.). — *Parochia S. Juliani de Finis, dioc. S. Flori*, 1458 (Bibl. nat., ms. lat., n. acq., 1222, f° 89). — *Ecclesia de Fis*, xvᵉ s. (A. Bruel, pouillé de Saint-Flour, n° 302). — *S. Julien-de-Filx*, 1762 (calend. d'Auvergne). — *Fix-le-Bas*, xviiiᵉ s. (Cassini a, par erreur, donné le nom de Fix-le-Haut à Fix-Saint-Julien qui, en réalité, est Fix-le-Bas). — *Fix-d'Auvergne*, 1790. — *Fix-Villeneuve*, 1802 (nomencl. offic.).

En 1789, Fix-le-Bas était une paroisse de la province d'Auvergne dont l'église, placée sous le vocable de saint Julien, dépendait du diocèse de Saint-Flour et de l'archiprêtré de Langeac; le prieur de Saint-Pierre-le-Monastier du Puy présentait à la cure.

Fix-Saint-Geneys, c⁻ⁿ d'Allègre. — *Villa de Fis*, 1272 (tabl. hist. du Velay, 1875-76, 524). — *Ecclesia S. Genezii de Fys*, 1326 (J. de Peyre, nᵉ, reg. A, f° 40). — *S. Genez-de-Fiz*, 1401 (spic. Brivat.). — *Fix-le-Haut*, xviiiᵉ s. (Cassini). — *S.-Genès-de-Fix*, 1762 (calend. d'Auv.). — *Fix-de-Velai*, 1790. — *Fix-la-Montagne*, 1793. — *Gineys-de-Fix*, 1794.

En 1789, Fix-Saint-Geneys faisait partie de la province d'Auvergne, de l'élection de Brioude, de la subdélégation de la Chaise-Dieu et du ressort de Riom. Son église paroissiale, diocèse du Puy et archiprêtré de Saint-Paulien, était sous l'invocation de saint Genès; l'évêque du Puy en était collateur.

Flaceleyre, vill., c⁻ᵉ de Vorey. — *Villa de Flasseleyras*, 1309 (Arch. nat., P. 1399¹, c. 759). — *Flaceleyras*, 1328 (Arch. nat., P. 1397¹, c. 527). — *Flaxelleriæ*, 1514 (J. Boyer, nᵉ).

FLACHAT (LE), chât., cne de Monistrol-sur-Loire. — Flachac, 1326 (év.). · Locus del Flaschatz, 1431 (év.). — Lo Flachatz, 1507 (év.).

FLACHE (LA), mine de plomb sulfuré, cne de Goudet. — 1824 (Deribier, statist., 297).

FLACHÈRE (LA), lieu dit, cne de Rosières. — Villa Flacheria, 976 (cart. de Chamalières, n° 182). — La Flacheyra, 1319 (idem, p. 131). — Flacheyria, 1455 (Pradier, nre).

FLACHÈRE (LA), f., cne de Saint-Julien-Molhesabate. — La Flacheyra, 1492 (coll. Chaleyer). — La Fracheire (cad.).

FLACHÈRES (LES), f., cne de Sainte-Sigolène.

FLACHET, f., cne de Chambon. — Flachetum, 1343 (Rhône, H. 1016). · Flache, 1507 (év.).

FLAGEAC, h., cne de Collade. — Flaghac, xive s. (terrier des Grèzes). — Flaghat, 1429 (terrier du doy. de Brioude). — Flaghacum, par. S. Ferreoli, 1453 (terrier du ford. de Brioude).

FLAGHAC, vill. et chât., cne de Saint-Georges-d'Aurac. — Flagago, in vicaria Cantiliunico (tabl. du cart. de Brioude, n° CCLVI). — Capella ville de Flagiaco, v. 1075 (terr. Piper., XXII). — Flaiac, 1257 (id., LXXVI). — Flaghat, 1401 (compte de B. Sannadre). — Flageat, 1820 (Deribier).

Commune supprimée par ordonnance royale du 11 décembre 1842, et réunie à celle de Saint-Georges-d'Aurac.

FLAGHAC, f., cne de Salzuit.

FLAITIS, m. i., cne de Saint-Julien-Chapteuil.

FLAMBERTES, tén. près la Roche, cne de Saint-Christophe-sur-Dolaison. — 1695 (cad. de Ceyssac).

FLAMINGES, h., cne de Saint-Pal-de-Mons. — Villa quæ dicitur Flamiangas, Mansus de Flamiangas, xie s. (cart. du Monastier, n° 202). — Flamianges, 1257 (cart. de Saint-Sauveur-en-Rue, p. 57). — Flamangas, 1326 (év.). — Locus de Flamangiis, 1328 (Rhône, D. 182). — Flamienchas, 1507 (év.). — Flaminghas, 1553 (Rhône, D. 185).

FLASSADIER, m. i., cne d'Yssingeaux.

FLAVIAC, vill., cne de Chénéreilles. — Flariac, 1296 (homm. de l'év.). — Mansus de Flaviaco, 1324 (cart. de Tence).

FLAYAT, dyke basaltique, cne de Polignac. — Flayac, 1368 (Drôme). — Lo Flayat, 1384 (ibid.). — Rupes de Flayaco, 1502 (prieuré de Polignac). — Flayat, 1533 (Médicis, I, 339). — Le Flaya, 1586 (Sigaud, nre).

FLEUR (LA), m. i., cne de Saint-Maurice-de-Lignon. — Lafleur, 1888 (Malègue).

FLEUR (LA), m. i., cne de Saint-Pal-de-Chalencon. — Lafleur, 1888 (Malègue).

FLEURAC, vill., cne du Brignon. — Vicus Floriacus, xe s. (A. SS. O. S. B., sec. iv, pars I, 563). — Fluyracum, 1462 (V. Chauvin, nre). — Floyrac, 1482 (Rhône, H. 2749).

FLEURIEUX, f., cne de Saint-Victor-Malescours. — Flérieux (cad.).

FLEURY, écart, cne de Saint-Hostien. — Fleuret, xviiie s. (Cassini).

FLEURY (MAS-DE-), f., cne de Saint-Martin-de-Fugères. — Territ. de Luytau app. de Meysonetas, 1462 (V. Chauvin, nre). — Meyzonnettes, 1699 (cad. de Vachères). — Fleury de Maisonette, xviiie s. (Cassini). — Fleurit, 1820 (Deribier).

FLORAC, lieu dit, cne de Rosières. — Territorium de Floraco, xiie s. (cart. de Chamalières, n° 35). — Floiracum, xiie s. (idem, n° 38). — Floyrat, Fluyrat, 1342 (coll. C. Falcon). — Florac, 1714 (cad. de Laval-Emblavès).

FLORAND, f., cne de Queyrières.

FLORAT, h., cne de Saint-Just-près-Brioude. — Floyrac, 1341 (terrier de Charbonnier).

FLORENSON, f., cne de Tence.

FLORIMONT, loc. détr., cne de Lantriac. — Florimon, 1445 (Baluze, mais. d'Auv., II, 736). — La seigneurie de Florimond, 1546 (Savin, nre). — Florimont, xviiie s. (Cassini).

FLORIVAL, chât. et min sur l'Alagnon, cne de Grenier-Montgon. — Fleurival, 1869 (Malègue).

FLOTTE (LA), vill., cne de Berbezit. — La Flota, 1281 (spic. Briv.). — La Flotte, 1564 (terrier de Vals-le-Chastel). — La Flaute, 1860 (état-major).

FLOTTES (LES), h., cne de la Mothe.

FÔ (LE), chât. détr. et h., cne de Cubelles. — Lo Fau, v. 1179 (cart. de Pébrac, n° 28). — Mansus de Fa, 1291 (Thiolent). — Locus de Fo, 1377 (tabl. du Velay, 1876-77, 300). — Favus, 1464 (Bibl. nat., ms. lat., n. acq., 1223, f° 184 v°). — Le château de Fo, 1724 (L'Ouvreleul, 27). — Le Fau, 1888 (Malègue).

FOLETIER, chât., cne de Monistrol-sur-Loire. — Foletier, 1498 (obit. de Bas). — Locus de Folletier, 1503 (idem). — Folestier, 1525 (idem). — Foltier, 1888 (Malègue).

FOLLETIN, mont., cne de Saint-Julien-Molhesabate. — Folletin ou Fultin, 1824 (stat. Deribier).

FONBONNE, écart, cne de Beaux. — 1296 (homm. de l'év.). — Fontbonna, 1507 (év.). — Fontboune, 1888 (Malègue).

FONDANT (LE), f., cne de Saint-Pal-de-Mons.

FONDARY, houillère, cne de Sainte-Florine. — Concession du 13 juin 1827.

Fond-Courand (Le), ruiss., affl. de la Brueyrette, au nord de l'Herm, c^ne de Saint-Pierre-Duchamp.

Fons (Les), dom., c^ne de Saint-Privat-d'Allier. — *Mansum de la Font quod tenent li Chavaler*, 1224 (cart. de Pébrac, 55). — *Las Fons*, 1263 (hospit. du Velay). — *Locus de Fontibus*, 1330 (la Chaise-Dieu, Saint-Privat-d'Allier). — *Les Fonts*, 1820 (Deribier). — *Les Fonds*, 1888 (carte adm.).

Font (La), m^in sur l'Allier, c^ne de Chanteuges. — *La Font*, 1459 (Bibl. nat., ms. lat., n. acq., 1222, f° 98). — *Moulin de la Font*, xviiie s. (Cassini).

Font (La), f., c^ne de Freycenet-Lacuche. — *La Font-del-Rat*, xviiie s. (Cassini).

Font (La), loc. détr., c^ne de Monistrol-d'Allier. — *Mansus de la Font, mand. castri dels Torns*, 1339 (Thiolent).

Fontagne (Étang de), auj. desséché, c^ne de Vernassal. — xviiie s. (Cassini).

Fontaine (La), dom., c^ne de Saint-Pierre-Eynac. — *Locus de Fontibus*, 1329 (Bonneville).

Fontaine-de-Jouvence, près Laval, c^ne de Vals-près-le-Puy.

Fontaine-de-Magnigraula, près Mondoulioux, c^ne de Beaune. — (Tabl. du Velay, 1872-73, p. 63.)

Fontaine-de-Montguiroux, c^ne de Freycenet-Lacuche. — *Fons de la Chayroza*, 1263 (Saint-Chaffre).

Fontaine-Sainte-Ferréole, près Saint-Médard, c^ne de Saint-Haon. — 1652 (Branche, vie des SS. d'Auv.).

Fontaine-Sainte-Marguerite, près de la Séauve, c^ne de Saint-Didier-la-Séauve.
Pèlerinage pour la guérison des maladies cutanées.

Fontaine-Sainte-Marguerite, près la chapelle de Bouillon, c^ne de Saint-Maurice-de-Lignon.

Fontaine-Sainte-Marguerite, près le pont de l'Enceinte, c^ne d'Yssingeaux.
Pèlerinage.

Fontaine-Sainte-Natalène, c^ne de Blesle.

Fontaine-Saint-Eutrope, à Fontannes, c^ne de Fontannes.
Pèlerinage pour la guérison des fièvres.

Fontaine-Saint-Firmin, c^ne d'Espaly-Saint-Marcel. — *Ad fontem qui dicitur sancti Marcelli qui... sub castello Spaleti... emanat* (Brév. goth. du Puy, f° 344 v°). — *Fons sancti Marcelli*, 1231 (Saint-Vosy). — *Le terroir appel. de Saint-Fermin*, 1710 (compois d'Espaly).
Fontaine dans laquelle, d'après la légende, saint Marcel lava sa tête, et dont l'eau est regardée par le populaire comme un spécifique de la teigne et autres maladies cutanées.

Fontaine-Saint-Guignafort, près Apilhac, c^ne d'Ys-singeaux. — Fontaine à pèlerinage, pour la vie ou pour la mort.

Fontaine-Saint-Jean, à Rosières. — *Territorium voc. fontis sancti Johannis*, 1342 (coll. C. Falcon). — *Lafont-de-Saint-Jean*, 1714 (cad. de Laval-Emblavès).

Fontaine-Saint-Léon, c^ne de Saint-Étienne-sur-Blesle. — Fontaine à pèlerinage où l'on vient y baigner les jeunes enfants.

Fontaine-Saint-Martin, à Allègre.

Fontaine-Saint-Martin, près Dampeyre, c^ne de Coubon.

Fontaine-Saint-Martin, c^ne de Tence. — *Fons sancti Martini*, 1328 (cart. de Tence, f° 18 v°).

Fontaine-Saint-Martin, à Vertaure, c^ne de Vorey. — Fontaine à pèlerinage.

Fontaine-Saint-Préjet, à Brioude. — *Iter de fonte sancti Prejecti ad pontem Brivate*, 1429 (terrier du doyenné de Brioude).

Fontanes, h., c^ne du Brignon. — *Fontanas*, 870 (Chifflet, hist. de Tournus, 210); — 1331 (J. de Peyre, n^re). — *Fontane*, 1386 (homm. de Solignac). — *Fontanes*, 1587 (Sigaud, n^re). — *Fontannes*, 1820 (Deribier).

Fontanes, vill., c^ne de Chaspuzac. — *Fontanas*, 1256 (év.). — *Funtanas*, 1522 (Martel, n^re). — *Fontanes*, 1585 (Johany, n^re). — *Fontannes*, 1820 (Deribier).

Fontanes, vill., c^ne de Monistrol-d'Allier. — *Mansus de Fontanas*, 1259 (Thiolent). — *Locus de Funtanis*, 1527 (A. Besseyre, n^re).

Fontanes, écart, c^ne de Retournac. — *Las Fontanas*, 1336 (Arch. nat., P. 494^1, cote 38); — 1401 (terrier du Bois).

Fontanette, h., c^ne du Brignon. — *Fontannette*, 1820 (Deribier).

Fontaneyres (Les), m. i., c^ne de Grazac.

Fontanilles (Les), loc. détr., c^ne de Saint-Éble. — *Le Mas de Fontanelhes*, 1379 (homm. de Vissac). — *Les Fonthanilles*, 1538 (idem).

Fontannes, c^on de Brioude. — *In aice Brivatensi, in... villa de Fontanas*, 881 (cart. de Brioude, ch. 260). — *Ecclesia de Fontibus*, 1120 (Gall. christ., II, inst., col. 133). — *Funtanas*, 1223 (spic. Briv.). — *Fontainnes*, 1398 (compte de B. Sannadre). — *Fontanes*, 1401 (spic. Briv.).
En 1789, Fontannes faisait partie de la province d'Auvergne, de l'élection et subdélégation de Brioude et du ressort de Riom. Son église paroissiale, diocèse de Saint-Flour et archiprêtré de Brioude, était sous l'invocation de Notre-Dame; l'abbé de Pébrac présentait à la cure.

16.

Fontannes, vill., cne de Jullianges. — *Mansus de Fontanis*, 1249 (tabl. du Velay, 1875-76, p. 532). — *Fontanes*, 1888 (carte adm.).

Fontarady, écart, cne de Saint-Pal-de-Mons. — *Fontaneyres, à présent Font-Arabie*, 1584 (terrier de Saint-Didier de Joyeuse). — *Font-Arabye*, 1695 (capitation).

Fontaride, f., cne de Mercœur. — *Fontaride*, 1326 (Bibl. nat., ms. fr. 14377, p. 12). — *Mansus de Fontarida*, 1465 (Arch. nat., ZZ. 359, p. 101).

Fontaride (La), ruiss., afil. de l'Allier, en amont de la Vialette, cnes de Mercœur et de Villeneuve-d'Allier.

Fontasse (La), m. i., cne de Monistrol-sur-Loire.

Fontasses (Les), m. i., cne d'Araules.

Fontaubette (Mas-de-), f., cne de Saint-Martin-de-Fugères.

Font-Bleins, m. i., cne de Riotord. — *Fonds-de-Blein*, 1879 (carte adm.). — *Fontblens*, 1888 (Malègue).

Fontbouzon, h., cnes de Bas et de Bauzac.

Fontbrune, f., cne du Mazet-Saint-Voy.

Font-Chaude, à Goudet. — Source chaude en hiver, froide en été.

Font-Chaude, lieu dit près le Collet, cne de Polignac. — *Font-Chaude, aultrement de Lanthenas*, 1546 (Savin, nre).

Fontchave, h., cne de Pinols. — *Fonchava*, 1353 (Arch. nat., Z². 54, p. 199). — *Fontchava*, 1492 (terrier du Cluzel).

Fontclaire, f., cne de Tence.

Fontcody, mont., cne de Bains. — *Mons voc. de Folcoy*, 1335 (hospit. du Velay).

Font-Daniel, lieu dit, cne d'Espaly-Saint-Marcel. — *Vinea de Fonte Daniel*, xiii⁰ s. (coll. C. Falcon).

Font-de-Fau (La), h., cne de Saint-Vert. — *La Fondefaux*, xviii⁰ s. (Cassini). — *La Font-du-Fau*, 1820 (Deribier). — *Lafont-de-Faux*, 1880 (carte adm.).

Font-de-l'Arbre (La), f., cne de Laussonne. — *Fons de Arbore, la Foan-del-Abre*, 1523 (cad. du Monastier). — *La Font-de-l'Abre*, 1695 (capitation). — *La Font-du-Lac* (cad.).

Font-del-Bos (La), f., cne des Vastres. — *La Font-del-Bos*, 1674 (ét. civ.). — *La Fouant-del-Bos* (cad.). — *La Font-Delbos*, 1820 (Deribier).

Font-de-Reynaud, m. i., cne de Taulhac. — *Pont-de-Reynaud*, 1888 (Malègue).

Font-des-Écus (La), m. i., cne de Tence. — *Lafont-des-écus*, 1820 (Deribier).

Font-des-Roumis, à Saint-Quintin. — Fontaine à pèlerinage.

Font-de-Trédos (La), h., cne de Saint-Bonnet-le-Froid. — *Lafont-de-Trédos*, 1888 (Malègue).

Font-du-Bès (La), écart, cne de Beaux. — *La Fouant* (cad.).

Font-du-Fau (La), h., cne de Pinols. — *Fons del Fau*, 1345 (Arch. nat., Z². 54, p. 4). — *La Font-del-Fau*, 1486 (Arch. nat., Q. 513, f⁰ 79). — *Fons de Fago*, 1486 (terrier de Tailhac). — *La Font-du-Faux*, 1888 (carte adm.).

Font-du-Prat (La), lieu dit, au Puy. — *Juxta Fontem Prati*, 1089 (Saint-Georges du Puy).

Font-du-Rouillé, cne de Saint-Étienne-sur-Blesle. — Source d'eau minérale ferrugineuse.

Fontenay, h., cne de Varennes-Saint-Honorat. — *Fontanet, Fontanel*, 1576 (communic. de M. E. Grellet de la Deyte). — *Fontannet*, 1820 (Deribier).

Fontenelle, l. détr., cne de Céaux-d'Allègre. — 1750 (tabl. hist. du Velay, 1875-76, 214).

Fontettes (Les), f., cne de Chaudeyrolles.

Fonteulade, loc. détr., près le Rouzet, cne de Pinols. — *Fonteulada*, 1353 (spic. Briv.). — *Fontrioulade*, 1568 (Arch. nat., Z². 56, p. 284).

Fontfreide, h., cne du Monastier. — *Grangia de Fonte frigida*, 1344 (Monastier). — *Foant-freyde*, 1565 (Nicolas, nre). — *Fontfrède* (cad.).

Fontfreide, h., cne de Saint-Jean-Lachalm. — *Fons Frigidus*, 1353 (hôtel-Dieu, B. 511). — *Fontfreyda*, 1382 (Saint-Vosy).

Font-Frenant, loc. détr., cne de Saint-Vert. — *Le Mas de Font-Frenalt*, 1337 (spic. Briv.). — *Mansus de Fonte Frenaldo*, 1338 (idem).

Fontfreyde, min sur le Clavas, cne de Saint-Julien-Molhesabate. — *Fontfreide*, 1820 (Deribier).

Fontgody, bois, cne d'Auvers.

Fontilles (Les), vill., cne de Chassignolles.

Fontilles (Les), lieu dit, cne de Léotoing. — *La Fontilhas*, 1295 (spic. Briv.).

Fontilles (Ravin-des-), afil. de l'Auzon, cne de Chassignolles.

Fontlas, h., cne de Saint-Pal-de-Mons.

Font-Martine, h., cne de Saint-Jeure.

Fontmaure, loc. détr., cne de Siaugues-Saint-Romain. — *In aize Cantolianico, villare qui dicitur Fonteniauro [Fontemauro]* (cart. de Brioude, tables, cclxxviii). — *Infra fines parochiæ de Selgue, in territorio de Font Maura sive de Ponsilho, juxta iter... de Sancto Romano versus Limaignes*, 1465 (Bibl. nat., lat., n. acq., 1223, f⁰ 237 v⁰).

Fonts (Les), loc. détr., cne d'Espalem. — *Le Mas des Fontes*, 1730 (terrier d'Espalem).

Fonts (Les), jadis bois auj. comm^al, cne de Freycenet-la-Tour. — *Nemus de las Fons*, 1263 (Saint-

Chaffre). — *Nemus de Fonte*, 1359 (*ibid.*). — *Nemus de las Founs*, 1529 (Costavol, n°).

Font-Saint-Chaffre, c°° de Cussac. — *In territorio de Veneyde, . . . campus de quo exit fons b. Theoffredi in strata de Veneyde*, 1352 (prieuré de Solignac). — *La font-S.-Chaffre*, 1561 (*idem*).

Font-Sainte, source, c°° de Bains. — *Fons Montis Boniti app. Fontasenta*, 1463 (V. Chauvin, n°). — *Aqua fontis de Fontazento, fontaine de Fontazent*, 1535 (hôtel-Dieu, B. 590).

Font-Sainte, lieu dit, c°° de Saint-Germain-Laprade. — *Au terroir du Villar, app. la Font-Saincte*, 1543 (Savin, n°).

Font-Saint-Pierre, au Monastier. — *Ad fontem qui dicitur Sancti Petri*, xi° s. (cart. du Monastier, n° 360).

Font-Saint-Vosy, à Bellevue, c°° du Puy. — *Fons S. Evodii Aniciensis, prope Anicium*, 1343 (J. de Peyre, n°). — *La font.-S.-Vozy*, 1610 (Duclaux, n°).

Fontugon, vill., c°° de Saint-Romain-Lachalm. — *Fons Ugo*, 1363 (coll. Chaleyer). — *Font Hugo*, 1465 (Rivière, n°). — *Font-Hugon*, 1820 (Deribier).

Fontvieille, f., c°° de Beaulieu.

Fontvieille, m. i., c°° de Paulhac. — *Fouant-Vieille*, 1869 (Malègue).

Fontvieille, champ, c°° de Saint-Privat-d'Allier. — Découverte, en 1864, d'antiquités romaines comprenant des monnaies, une trousse d'instruments chirurgicaux et un cachet d'oculiste.

Foranges (Les), f., c°° de Saint-Didier-la-Séauve.

Forès, loc. détr., c°° du Pertuis. — *Forisius*, 1290 (cart. de Mazan, f° 33 v°). — *Domus de Fores*, 1451 (*idem*, f° 55).

Forest, m. i., c°° du Pont-Salomon.

Forestier, loc. détr., c°° de Chomelix. — *Mansus de Forestier*, 1404 (terr. de Chomelix).

Forestier, m¹ⁿ sur la Dore, c°° de Malvières.

Forn-Alvergne (?), l. détr., c°° de Saint-Julien-Chapteuil. — *Le Mas de Forne-Alvergne*, 1296 (homm. de l'év.).

Fort (Le), écart, c°° de Léotoing.

Fort (Le), chât., c°° de Saint-Jeure.

Fort-du-Pré (Le), m. i., c°° de Saint-Bonnet-le-Froid.

Fosse (Mine de la), houillère, c°° de Sainte-Florine.

Fougeirette, h., c°° de Charraix. — *Mansus de Falgeyretas*, 1351 (Thiolent). — *Faugeirettes*, 1608 (*idem*). — *Fougerette*, 1820 (Deribier).

Fougère, vill., c°° de Pébrac. — *Felgeiras*, v. 1075 (cart. de Pébrac, n° xlvi-37). — *Feliciras*, xii° s.

(*idem*, n° xlvi-42). — *Felgeyras*, 1323 (J. de Peyre, n°). — *Mansus de Faugeyras*, 1454 (Bibl. nat., lat., n. acq., 1222, f° 12 v°). — *Falgeyras*, 1459 (*idem*, f° 127). — *Falgeriæ*, 1466 (*idem*, 1223, f° 289). — *Faulgière*, 1574 (terrier de Meyronne).

Fougères, h., c°° de Montregard. — *Faugerias*, 1320 (cart. de Mazan, f° 138 v°). — *Feugeriæ*, 1467 (Rivière, n°). — *Fougières*, 1556 (terrier de Montregard). — *Faugères*, xviii° s. (Cassini). — *Fougère*, 1820 (Deribier).

Fougères, f., c°° de Saint-Cirgues. — *Faulgeyres*, 1613 (Mercurial). — *Fougère*, 1820 (Deribier).

Fougères, vill., c°° de Saint-Étienne-Lardeyrol). — — *Feugeriæ*, 1299 (hôtel-Dieu, B. 351). — *Mansus de Faugeyras*, 1330 (la Chaise-Dieu, Sᵗ-Ét.-Lardeyrol). — *Feugeyras res Mercuer*, 1408 (compois du Puy). — *Feugières*, 1549 (Savin, n°). — *Faugères*, 1888 (Malègue).

Fougères, vill., c°° d'Yssingeaux. — *Villa quæ dicitur Filis*, 1082 (cart. de Chamalières, n° 52). — *Fougeyras*, 1528 (terrier du Pertuis). — *Locus de Fougeriis, mandamenti Salsacii*, 1528 (*idem*). — *Fougeyres, Fougheyres*, 1614 (terrier de Saussac). — *Fougère*, 1888 (Malègue).

Fougerolles, loc. détr., près le Cheylat, c°° de Pinols. — *Mansus de Faugeyroles sive des Seguys*, 1486 (terr. de Tailhac).

Fougerottes, f., c°° de Riotord. — *Terra de Faugirotes*, 1277 (cart. de Saint-Sauveur-en-Rue).

Fougoulliers, f., c°° de Saint-Front. — *La borie de las Fogoleyras*, 1567 (Nicolas, n°). — *La Fougouleyre*, 1680 (Surrel, n°). — *Fougoulier*, 1695 (capitation).

Fouillara (La), m. i., c°° de Saint-Just-Malmont.

Fouillaretetre, m. i., c°° d'Yssingeaux.

Fouillets (Les), loc. détr., c°° de Saint-Préjet-Armandon. — *Los Foulhetz*, 1539 (Vals-le-Chastel).

Fouillouse, m¹ⁿ sur le Truisson, c°° de Bessamorel. — *Folhosa*, 1346 (J. de Peyre, n°).

Fouillouse, écart, c°° de Chamalières.

Fouillouse (La), m¹ⁿ sur le Javoulx, c°° d'Auteyrac. — *Molendinum de la Folhiosa*, 1478 (terrier du Cluzel). — *Lo Moly de la Folhoza*, 1523 (Arch. nat., Q. 513, f° 212).

Fouillouse (La), bois, c°° de Malrevers. — *Nemus vocat. de la Follioza*, 1306 (tabl. hist. du Velay, 1875-76, p. 509). — *La Foilhioza*, 1507 (év.).

Fouillouse (La), h., c°° de Chaudeyrolles. — *La Folhosa, mand. de Mesenco*, 1347 (Bonnefoy). — *La Fouliouze*, 1618 (ét. civ.). — *La Foulhouze*, 1646 (cad. de Bonnefont).

FOUILLOUSE (MOULIN-DE-), mⁱⁿ sur le ruiss. du Bos, c^{ne} de Saint-Privat-du-Dragon. — *Le Moulin de Channat*, 1886 (aff. jud.).

FOUILLOUX, vill., c^{ne} de Bas. — *Folhoux*, 1511 (obit. de Bas).

FOULOURDON (LE), h., c^{ne} du Mas-de-Tence. — *Lo Falourdon*, 1556 (terrier de Montregard). — *Folordon*, 1623 (Rhône, D. 150). — *Folordont*, XVIIIe s. (Cassini). — *Flourdon* (cad.). — *Foulardou*, 1820 (Deribier).

FOULTIER, h., c^{ne} du Pont-Salomon. — *Lo Fouletenc*, 1383 (homm. de l'év.).

FOUMOURETTE, vill., c^{ne} du Mazel-Saint-Voy. — 1285 (homm. de l'év.). — *Font-Moreta*, 1343 (Rhône, H. 1016). — *Fomoreta*, 1507 (év.).

FOUR (LE), h., c^{ne} de Saint-Jean-d'Aubrigoux.

FOURAGETTE (LA), ruiss., affl. de la Loire en amont de Goudet, prend sa source près de Chamblas, c^{ne} de la Sauvetat, et traverse la commune d'Arlempdes. — *Ruiss. de Chamblas* (cad.).

FOURAS, m. i., c^{ne} de Bessamorel.

FOURCHERIT, h., c^{nes} de Bessamorel et du Pertuis. — *Forcharetum*, 1457 (Rhône, Bessamorel).

FOURCHES, vill., c^{ne} de Landos. — *Forchas*, 1256 (Rhône, la Sauvetat, I, 5). — *Furchæ*, 1327 (J. de Peyre, n^{re}). — *Locus de Furchiis*, 1462 (V. Chauvin, n^{re}).

FOURCHES (LES), mont., c^{ne} d'Agnat.

FOURCHES (LES), m. i., c^{ne} du Chambon.

FOURCHES (LES), m. i., c^{ne} de Saint-Bonnet-le-Froid.

FOURCHES (SUC DES), mont., c^{ne} de Rosières. — *El suc de las Forchas*, 1555 (cad. de Mercœur). — *Suc des Fourches*, 1880 (carte adm.).

FOURCHET, h., c^{ne} du Pertuis. — *Forchaet*, 1451 (cart. de Mazan). — *Fourchayet*, 1628 (Duclaux, n^{re}).

FOUR-DES-VEYRES (LE), loc. détr., c^{ne} de Saint-Préjet-d'Allier. — *Furnus Vitreus*, 1470 (Bibl. nat., ms. lat., n. acq., 1223, f° 365). — *Lo Forn del Veyre*, 1499 (Thiolent). — *Lou Four del Veyre*, 1589 (idem). — *Le Four-des-Veyres*, 1675 (idem).

FOURET, f., c^{ne} d'Azerat. — *Grangia Johannis Fores*, 1397 (la Chaise-Dieu, Azerat). — *La grange de Fores*, 1432 (cart. d'Azerat).

FOURET, écart, c^{ne} de Rosières. — *Fourrès*, 1888 (Malègue).

FOURETON, f., c^{ne} de Tence. — *Fourton*, XVIIIe . (Cassini).

FOURMAGNE, vill., c^{ne} de Saint-Paul-de-Tartas. — *Formanhas*, 1330 (la Chaise-Dieu, Saint-Paul-le-Tartas). — *Fourmagnes*, 1516 (tit. de Surrel). *Formaignes*, 1583 (idem).

FOURNAC, l. détr., c^{ne} de Cayres. — *Frounhac*, 1289 (hôtel-Dieu, B. 634). — *Fraunac*, 1309 (homm. de l'év.). — *Fronnacum*, 1370 (év.).

FOURNAC, h., c^{ne} de Chomelix. — *Mansus de Fronnac*, 1318 (Arch. nat., P. 494¹, cote 12). *Fronnat*, 1386 (év.). — *Fornac*, 1507 (év.).

FOURNAT, h., c^{ne} de Frugières-le-Pin. *In vicaria de... vico Brivates, in villa Fontenaco*, 887 (cart. de Brioude, ch. 289). — *In villa Frentennago*, 894 (idem, n° 98). — *In villa Frontenago*, 895 (idem, ch. 145). — *Mansus del Fornet*, 1295 (Cumignac). — *Fronnac*, 1328 (Vals-le-Chastel).

FOURNEAUX, h., c^{ne} de Dunières. — *Locus de Forneux*, 1468 (Rivière, n^{re}). — *Fourneaulx*, 1591 (Delafont, n^{re}).

FOURNEL, h., c^{ne} d'Ally. — *Fournel*, 1379 (compte de B. Flotone). *Fournels*, 1880 (carte adm.).

FOURNELLE (LA), écart, c^{ne} de Rosières. — *Domus de la Fornella*, 1421 (év.). — *La Fornelle*, 1561 (Savin, n^{re}).

FOURNELS, l. détr., c^{ne} de Saint-Préjet-d'Allier. — *Fornelli*, 1377 (Lozère, G. 414).

FOURNERIE (LA), vill., c^{ne} de Jullianges. — *Les Fourneries*, 1820 (Deribier).

FOURNET, m. i., c^{ne} de Saint-Pierre-Eynac.

FOURNET, f., c^{ne} de Tence. — *Les Fornetz*, 1692 (ét. civ.). — *Fournetz*, 1820 (Deribier). — *Fournet*, 1888 (Malègue).

FOURNET (LE), f., c^{ne} de Saint-Julien-Molhesabate. — *Lo Fornet*, 1465 (Rivière, n^{re}). — *Fournet*, 1553 (ress. de Montfaucon).

FOURNET (LE), vill., c^{ne} de Sembadel. — *Lo lieu del Fournet*, 1548 (Rhône, Saint-Antoine de Viennois, Saint-Victor).

FOURNET (MOULIN-DU-), mⁱⁿ sur le Picat, c^{ne} de Saint-Julien-Molhesabate.

FOURNET (RAVIN-DE-), affl. de l'Ance à Saint-Préjet-d'Allier. — *Rivus del Fornel*, 1499 (terrier de Thoras).

FOURNETS (LES), h., c^{ne} de Champclause. — *Lous Fournetz*, 1695 (capitation).

FOURNETTE (LA), loc. détr., c^{ne} de la Besseyre-Saint-Mary. — *Iter tendens de la Forneta apud Salzet*, 1479 (Bibl. nat., ms. lat., n. acq., 1924, f°231).

FOURNIAL (LE), vill., c^{nes} de Queyrières et de Saint-Pierre-Eynac. — *Lo Fornil*, 1290 (cart. de Mazan, f° 31 v°). — *Vi la del Fornyl*, 1302 (hôtel-Dieu, B. 362). — *Lo orniel*, 1331 (J. de Peyre, n^{re}).

FOURNIER, écart, c^{ne} de Beaux. — *Locus de Fornier*, 1482 (év.).

FOURNIER (MOULIN-), mⁱⁿ sur l'Arzon, c^{ne} de Bellevue-la-Montagne.

Fourniers (Les), h., c^{ne} de Saint-Éble. — *Le village des Fourniers*, 1539 (homm. de Vissac).

Fourniers (Les), m. i., c^{ne} de Saint-Julien-Molhes-abate.

Fours, f., c^{ne} de Saint-Front.

Fours (Les), vill., c^{ne} de Montregard. — *Furni*, 1466 (Rivière, n^{re}). — *Fours*, 1556 (terrier de Montregard). — *Four*, 1860 (état-major).

Fours (Les), f., c^{ne} de Saint-Didier-la-Séauve.

Fours (Les), h., c^{ne} des Vastres. — *Ad Furnos . . . in vicaria Soltronensi*, v. 1000 (cart. du Monastier, n° 182). — *Los Fors*, 1322 (hospit. du Velay). — *Grangiatgium deus Furns*, 1343 (Rhône, H. 1016). — *Lous Fourns*, 1454 (terr. de Saint-Julien de Châteauneuf). — *Mansus de Furnis*, 1464 (Ardèche, C. 624). — *Lous Fours*, 1616 (Rhône, H. 2153).

Foury, écart, c^{ne} de Sainte-Florine.

Foussier, f., c^{ne} du Pertuis. — *Mansus de Foasser* ou *de Foassier*, 1310 (Lardeyrol). — *Foasseyr*, 1328 (G. Vériac, n^{re}). — *Foyassier*, 1333 (Arch. nat., R². 39). — *Turris de Fossiers*, 1528 (terr. du Pertuis). — *Foyssuers*, 1565 (titr. de Surrel). — *Faussier*, 1888 (Malègue).

Fouvel, f., c^{ne} de Montusclat.

Fouvet (Le), h., c^{ne} de Dunières. — *Lo Fauvet*, 1363 (coll. Chaleyer). — *Locus de Foveto*, 1579 (Rhône, D. 183). — *Le Fouvet*, 1615 (*idem*, D. 185).

Fouyol, écart, c^{ne} de Saussac-l'Église.

Foyes (Les), h., c^{nes} de Monistrol-sur-Loire et de Saint-Maurice-de-Lignon. — 1656 (ét. civ.). — *Les Foyers*, 1888 (Malègue).

Foyte (La), h., c^{ne} d'Aurec. — *Foita* (cad.).

Fracelier, mont., c^{ne} de Saint-Étienne-Lardeyrol.

Frache (La), h., c^{ne} de Saint-Julien-Molhesabate. — *Lafrache*, 1820 (Deribier).

Frache (La Grande-), f., c^{ne} de Saint-Just-Malmont.

Frache (La Petite-), f., c^{ne} de Saint-Just-Malmont.

Frachette (La), h., c^{ne} de Saint-Bonnet-le-Froid. — 1553 (ress. de Montfaucon).

Frachon, h., c^{ne} de Riotord.

Fraisse (Côte du), mont., c^{ne} de Vézézoux.

Fraisse (Le), f., c^{ne} du Chambon. — *Fraxinus*, 1314 (év.). — *Fraysse*, 1888 (Malègue).

Fraisse (Le), h., c^{ne} de la Chapelle-Bertin. — *Le Fraysse*, 1820 (Deribier).

Fraisse (Le), h., c^{ne} de Lubilhac. — *Fraxinum, in comitatu Brivatensi* (cart. de Brioude, tables, cclxxviii). — *Terra del Fraycer*, 1275 (spic. Briv.). — *Le Fraisse*, 1689 (ét. civ.). — *Fraysse*, 1869 (Malègue).

Fraisse (Le), h., c^{ne} de Saint-Étienne-sur-Blesle. — *Le Fresse*, xviiie s. (Cassini).

Franc, h., c^{ne} de Montregard. — 1695 (capitation).

Français (Les), écart, c^{ne} de Saint-Julien-du-Pinet. — *Franceis*, 1869 (Malègue).

Françaises (Les), écart, c^{ne} de Cussac.

France (La), m. i., c^{ne} de Bas.

France (La), h., c^{ne} de Saint-Christophe-d'Allier. — *Locus de Francia*, 1527 (A. Besseyre, n^{re}).

France (La), f., c^{ne} de Saint-Pal-de-Mons.

Francillon, f., c^{ne} des Estables. — 1748 (ét. civ.). — *Franeillon*, 1888 (carte adm.).

Francœur, f., c^{ne} de Tence.

François (Moulin-), mⁱⁿ sur le Courbière, c^{ne} de Bas. — *Moulin Français* (cad.). — *Moulin de Françoy*, 1879 (carte adm.).

Françon, h., c^{ne} d'Aubazac.

Fraque (La), m. i., c^{ne} du Pont-Salomon.

Frau (Le Mas-du-), f., c^{ne} de Venteuges. — *Nemus voc. lo Fraust*, 1479 (Bibl. nat., ms. lat., n. acq., 1224, f° 231).

Fraysse (Le), vill., c^{ne} de Chanaleilles. — *Mansus qui vocatur Fraiser, in mandamento de Torassio*, 1274 (Thiolent). — *Mansus de Frayce*, 1276 (*idem*). — *Mansus de Fraycer Lestrada*, 1279 (*idem*). — *Mansus de Fraxino Lestrada*, 1377 (*idem*). — *Fraysse*, 1499 (*idem*). — *Le Fraisse*, 1888 (carte adm.).

Fraysse (Le), f., c^{ne} de Cubelles. — *Mansus del Fraycer*, 1327 (Lozère, G. 99). — *Fraxinus*, 1464 (Bibl. nat., ms. lat., n. acq., 1223, f° 185). — *Le Fraisse*, 1888 (carte adm.).

Fraysse (Le), f., c^{ne} de Dunières. — *Locus de Fraxino Duneriæ*, 1469 (Rivière, n^{re}). — *Lou Fraysse*, 1553 (Rhône, D. 185).

Fraysse (Le), vill., c^{ne} de Laussonne. — *Fraxinus*, 1255 (cart. du Monastier, n° 449). — *Terra del Fraisses*, 1256 (év.). — *Mansus de Fraisse*, 1258 (cart. du Monastier, n° 450). — *Lo Fraysse*, 1259 (Monastier). — *Frayssinus capituli Anicii*, 1384 (Bibl. nat., ms. lat., 10903, f° 40). — *Locus del Fraycer*, 1389 (plumit. de Bouzols). — *Le Fraixe du Fortdoyen*, 1506 (Médicis, II, 302). — *Mansus de Fraxino Laussonæ*, 1527 (cad. du Monastier). — *Lo Fraixe de Laussonne*, 1561 (Savin, n^{re}). — *Le Fraisse-Fordoyen*, 1640 (Robert, n^{re}).

Fraysse (Le), vill., c^{ne} du Monastier. — *Villa del Fraysser, mand. Castri Novi*, 1299 (cart. de Mazan, f° 83 v°). — *Fraxinus*, 1501 (Arcis, n^{re}). — *Lou Fraixe*, 1547 (Chaulet, n^{re}). — *Le Fraysse-d'Arvac*, 1785 (Julien, n^{re}). — *Le Fraysse-d'Arouac*, 1820 (Deribier).

Fraysse (Le), vill., c^{ne} de Riotord.

Fraysse (Le), vill., c^ne de Saint-Georges-Lagricol. — *Villa quæ Fraxinus appellatur*, 1021 (cart. de Chamalières, n° 240). — *In Fraise*, 1163 (*id.*, n° 77). — *Ad Fracsinum*, xiie s. (*id.*, n° 323). — *De Fraccio, lo Fraisse, le Fraice*, 1213 (*idem*, n° 334). — *Lo Fraycer*, 1327 (Saint-Mayol). — *Locus de Fraxino Mercadili*, 1447 (terrier de Piassac). — *Freysser*, 1507 (év.). — *Fraixer, Fraiser*, 1543 (terrier de G. de Coysse). — *Fraixe*, 1569 (terrier de N.-D. de Chalencon). — *Fraisse*, 1880 (carte adm.).

Fraysse (Le), h., c^ne de Saint-Jeure. — *Lo Fraycer*, 1343 (Rhône, H. 2632).

Fraisse (Le), vill., c^ne de Saint-Julien-Chapteuil. — *Lo Fraisser*, 1296 (homm. de l'év.). — *Mansus del Frayssec*, 1336 (Saint-Agrève). — *Fraxinus*, 1345 (J. de Peyre, n^re). — *Le Frayce de Chapteulh*, 1545 (Savin, n^re). — *Le Fraixe-lès-Chapteulh*, 1604 (Gualien, n^re).

Fraysse (Le), vill., c^ne de Saint-Victor-Malescours.

Fraysse (Moulin-du-), m^in sur l'Ourbe, c^ne de Champclause. — *Molendinum de Chanclausa*, 1343 (Rhône, H. 1016).

Fraysse-Bas (Le), m^in sur le Lignon, c^ne de Bauzac. — *Lo molin dou Fraixe*, xvie s. (obit. de Bauzac). — *Fresset-Bas*, xviiie s. (Cassini). — *Fraisset-Bas*, 1860 (état-major).

Fraysse-Haut (Le), h., c^ne de Bauzac. — *Domus de Fraxino, grangia del Fraycet ou Fraycer*, 1273 (cart. du Monastier, app., n° 458; hospitaliers du Velay. n° 57). — *Le Fraixe de Monestier*, 1506 (Médicis, II, 302). — *Le chasteau du Fraixe, membre dépendant de l'abbaye du Monastier*, 1552 (Nicolas, n^re). — *Le Fraixe de Loucéa*, 1608 (Barry, n^re). — *Fresset-Haut*, xviiie s. (Cassini). — *Fraisset-Haut*, 1860 (état-major).

Fréchet. m. i., c^ne de Lapte.

Fredeyre (La), f., c^ne de Laussonne.

Freide-Maison, vill., c^ne de Connangles. — *Mansus de Frigidis Domibus*, 1370 (Arch. nat., L. 989). — *Freydamaisons*, 1561 (J. Chalvon, n^re). — *Froidemaison*, 1888 (carte adm.).

Freideville, écart., c^ne de Saint-Victor-sur-Arlanc. — *Friginavilla*, 938 (cart. de Chamalières, n° 256). — *Frideville*, 1888 (carte adm.).

Freissenet, vill., c^ne de Lissac. — *Fraicinet-la-Lebouze*, 1343 (homm. de l'év.). — *Fraicenet*, 1464 (prieuré de Polignac). — *Fraycinetum*, 1472 (Maltrait, n^re). — *Freycenet en Auvergne*, 1574 (Haute-Loire, E.). — *Freyssenet-la-Lebouze*, 1584 (Haute-Loire, E.). — *Freycenet-la-Liboux*, 1777 (Haute-Loire, B. 90).

Frelon, m. i., c^ne de Saint-Just-Malmont.

Fressange (La), chât., c^ne de Saint-Didier-la-Séauve. — *Locus de Fressengia*, 1361 (coll. Chaleyer). — *La Frassengha*, 1461 (Rhône, H. 1180).

Fressange-Bas, quartier de Fressange-Haut, c^ne de Vazeilles-Limandres.

Fressange-Haut, c^ne de Vazeilles-Limandres. — *Villa... quæ vocatur Forsanguis*, 1025 (A. SS. O. S. B., sæc. vi, pars 1, 635; spic. Briv.; cart. de Cluny, ch. 2788). — *Mansus de Freyssengias*, 1321 (spic. Briv.). — *Freyssenges*, 1479 (Bibl. nat., ms. lat., n. acq., 1234, f° 232). — *Frayssenghas*, 1522 (Martel, n^re). — *La Fressange*, 1888 (Malègue).

Fretemiche, f., c^ne de Mazeyrat-Crispinhac. — xviiie s. (Cassini).

Frétisse (La), h., c^ne de Saint-Georges-Lagricol. — *La Fraytessa*, 1256 (év.). — *Fraytissa*, 1311 (Arch. nat., P. 1398^1, cote 650). — *La Fraytissa*, 1323 (J. de Peyre, n^re, reg. A, f° 16). — *La Freytissa*, 1507 (év.). — *La Fleytisse*, 1587 (M^ce Leblanc, n^re).

Freycenède (La), écart, c^ne de Laussonne. — *La Freyceneda*, 1507 (év.). — *La Freyceneto*, 1527 (cad. du Monastier). — *La Freycinède*, 1888 (Malègue).

Freycenet, h. et mine d'antimoine, c^ne d'Ally. — *Villa quæ dicitur Fraxeneto*, v. 1000 (cart. de Brioude, ch. 332). — *Fressenet*, xviiie s. (Cassini). Concession du 25 mars 1855.

Freycenet, vill., c^ne de Céaux-d'Allègre. — *Villa de Fraissenet*, 1263 (Martène, thes. nov. anecd., I, 1116). — *Fraycenetum*, 1359 (terrier de Jean de Cereys). — *Fressinet, Fressenet*, 1616 (Rhône, H. 2153).

Freycenet, h., c^ne de Monistrol-d'Allier. — *Villa de Freiceneto*, 1259 (Thiolent). — *Fraycenet*, 1304 (*idem*). — *Frayssinet*, 1499 (*idem*). — *Fraissinetum*, 1507 (*idem*). — *Frayssenet*, 1589 (*idem*).

Freycenet, vill., c^ne de Rauret. — *Freissenet-le-Menestier*, 1254 (Arch. nat., P. 1446). — *Fraisenetum*, 1289 (Arch. nat., P. 1398^1, cote 652). — *Fraycenetum de Arbore*, 1394 (év.). — *Fraycenetum de Benne*, 1456 (la Chaise-Dieu, Saint-Paul-de-Tartas). — *Freyssenet à l'Arbre*, 1569 (A. Boyer, n^re). — *Freycenet-de-l'Arbre*, 1622 (A. Robert, n^re). — *Freycenet-de-Rauret*, 1879 (aff. jud.).

Freycenet, l. détr., c^ne de Retournac. — *In Fraxineto, juxta montem Ibium*, 1167 (cart. de Chamalières, n° 86).

Freycenet (Le), h., c^ne de Riotord. — *Al Fraisenet,*

v. 1080 (cart. de Saint-Sauveur-en-Rue). — *Freycinet*, 1277 (*idem*).

Freycenet, vill., cne de Saint-Arcons-de-Barges. — *Villa de Fraysseneto*, 1281 (la Chaise-Dieu, Saint-Paul-de-Tartas). — *Freycenetum*, 1513 (pap. de Surrel). — *Freycinnet*, 1587 (*ibid.*). — *Fraissenet-des-Mazes*, 1623 (Cl. Peyret, nre). — *Freycenet-des-Mazes*, 1734 (Haute-Loire, B. 46). — *Freissenet*, xviiie s. (Cassini).

Freycenet, vill., cne de Saint-Christophe-sur-Dolaison. — *Fraisenet*, v. 1170 (templiers du Puy). — *Freycenet juxta Sereyzet*, 1250 (év.). — *Freyssenetum*, 1309 (hôtel-Dieu, B. 162). — *Fraycenet*, 1324 (Saint-Georges du Puy). — *Frayssenetum prope S. Christoforum*, 1347 (J. de Peyre, nre). — *Fraicenet*, 1408 (compots du Puy). — *Freyssenet-le-Conilh*, 1585 (Johanny, nre). — *Freycenet-le-Conil*, 1633 (Barret, nre).

Freycenet, h., cne de Saint-Georges-d'Aurac. — *Mansus de Frayssenet*, 1460 (Bibl. nat., ms. lat., n. acq., 1222, f° 138). — *Freissonnet*, 1515 (Vals-le-Chastel). — *Frissenet*, xviiie s. (Cassini).

Freycenet, vill., cne de Saint-Hilaire. — *Fragsineto, in aice Brivatensi* (cart. de Brioude, tables, cclxi). — *Fraxeneto* (idem, ccccxliiii). — *Frayssenet* (xive s., terr. de Grèzes). — *Mansus de Fraissonet lo Sobra, alias l'Hopital*, 1444 (cart. d'Azerat). — *Frayssenet Superior sive lo Sobeyran*, 1456 (idem). — *Frayssonet-l'Hopital lo Sobra*, 1497 (idem). — *Fressonet*, xviiie s. (Cassini).

Freycenet, vill., cne de Saint-Jeure. — *Fraissene*, 1281 (tit. de Bronac). — *Lo Freicinet de Braunac*, 1308 (homm. de l'év.). — *Freycenetum*, 1391 (cart. de Tence, f° 12).

Freycenet, h., cne de Saint-Vénérand. — *Freycenetum*, 1526 (A. Besseyre, nre). — *Fraicenet*, 1540 (V. Brunel, nre).

Freycenet, vill., cne de Saugues. — *Mansus de Fraycenet prope Rocos*, 1327 (Lozère, G. 99). — *Fraxinetum*, 1499 (Thiolent). — *Frayssenet de Salgue*, 1507 (idem). — *Freycenet*, 1539 (idem).

Freycenet, vill., cne de Tence. — *In vicaria Tencianense, in villa quæ dicitur Fraxineto*, v. 970 (cart. du Monastier, n° 89). — *Freicenet*, 1281 (homm. de l'év.). — *Fraissinet*, 1308 (idem). — *Freycenet*, 1507 (év.). — *Freycené*, 1556 (terrier de Montregard).

Freycenet, vill., cne d'Yssingeaux. — *Fracsenetum*, 1213 (cart. de Chamalières, n° 332). — *Fraycenetum d'Auza* (1451, Rhône, H. 2633). — *Freycenet-d'Auze*, 1603 (cad. du Chambonnet).

Freycenet-Lacuche, con du Monastier. — *Fraisenet lo Cuja*, 1220 (tabl. du Velay, 1876-77, 358). — *Freycenet-la-Cucha*, 1352 (Arch. nat., P. 1398², cote 668). — *Frayssenetum la Cucha*, 1440 (Arch. nat., P. 1397², cote 354). — *Freicenet-la-Cruche*, 1631 (ét. civ. de Chaudeyrolles). — *Le Petit-Freycenet*, 1768 (Haute-Loire, B. 81).

En 1789, Freycenet-Lacuche dépendait de la province du Velay, de la subdélégation et sénéchaussée du Puy. Son église, diocèse du Puy et archiprêtré de Monistrol-sur-Loire, avait été érigée en paroisse, en 1671, sous le vocable de saint Jean-Baptiste; l'évêque du Puy en était collateur.

Freycenet-la-Tour, con du Monastier. — *In villa Fraxineti*, v. 880 (cart. du Monastier, n° 65). — *Ecclesia de Fraiseneto*, 1179 (ibid., app. n° 442). — *Sacerdos de Fressenet*, xiie s. (ibid., app. n° 464). — *Terra de Fraysseneto*, 1259 (ibid., app. n° 451). — *Villa de Freyseneto dicto Monzil*, 1263 (Monastier-Saint-Chaffre). — *Villa de Fraicenet*, v. 1343 (cart. du Monastier, app., n° 452). — *Fraycenetum lo Monzial*, 1344 (év.). — *Castrum Freyceneti*, 1508 (Costavol, nre). — *Locus de Frayceneto la Torre*, 1524 (cad. du Monastier). — *Fraycenetum Turis*, 1529 (Costavol, nre). — *Frexenet-la-Tour*, 1565 (A. Boyer, nre). — *Eccl. parrochialis S. Nicholai Freiceneti a Turre*, 1680 (Surrel, nre). — *Monasterium S. Petri de Fraxineto feminarum propre Calmiliacum*, 1715 (nov. Gall. christ., II, 761). — *Le Grand-Freycenet*, 1880 (aff. jud.).

En 1789, Freycenet-la-Tour était compris dans la province du Velay, la subdélégation et sénéchaussée du Puy. Son église paroissiale, diocèse du Puy et archiprêtré de Monistrol-sur-Loire, était consacrée à saint Nicolas; l'abbé du Monastier présentait à la cure.

Freycenettes (Les), f., cne de Chadron.

Freyde (La), vill., cne d'Yssingeaux. — *Homines de la Freyda*, 1460 (Rhône, Bessamorel). — *La Freyde*, 1608 (cad. de Bonnas).

Freyde (La), ruiss., affl. de la Siaume, cne d'Yssingeaux. — *Ruiss. d'Allaux*, 1723 (cad. de Bellecombe).

Freydeyre (La), chât. détr., cne de Monistrol-d'Allier. — *La Freideira*, v. 1078 (cart. de Pébrac, n° 23). — *La Freidera*, 1219 (idem, n° 53).

Freydeyre (La), f., cne de Moudeyres. — *La Freydeyra*, 1524 (cad. du Monastier).

Freydeyre (La), vill., cne de Saint-Hostien. — *Mansus de la Freydeira*, 1309 (Bonneville). — *La Freydeyra*, 1329 (idem).

Freydier, m. i., cne de Riotord.

Freysselier, mont. boisée, cne de Saint-Étienne-Lar-

deyrol. — *Mons de Flasselher*, 1329 (Bonneville).
— *Mansus de Flassilher*, 1343 (la Chaise-Dieu,
liasse Saint-Étienne-Lardeyrol). — *Mons de
Flacelier*, 1468 (Lardeyrol). — *Flacellier*, 1470
(Chamblas). — *Fressalher*, 1549 (Savin, n^re). —
Flaxadier, 1555 (cad. de Mercœur). — *Flasselier*,
1609 (Robert, n^re).

Freyssenet, vill., c^ne d'Arlempdes. — *Frayssenetum*,
1266 (Haute-Loire, E.). — *Fraycenetum*, 1463
(V. Chauvin, n^re). — *Fraissenet*, xviii^e s. (Cassini).
— *Freycenet d'Arlempdes*, 1880 (aff. jud.). —
Freycenet, 1888 (carte adm.).

Freyssenet, vill., c^ne de Borne. — *Frayssenetum*, 1325
(J. de Peyre, n^re, reg. A, f° 117). — *Fraycenetum*,
1385 (terrier de Saint-Vidal). — *Freycenetum lo
Boysso*, 1430 (hospit. du Velay). — *Freycenet de
Loude*, 1574 (Haute-Loire, E.). — *Freyssenet le
Buisson*, 1630 (Jacmon, 34).

Freyssenet, dom., c^ne de Saint-Jean-de-Nay. — *Domus
Miliciæ Templi de Fraissenet*, 1282 (templiers du
Puy). — *Boria de Freyssenceto domus Hospitalis
S. Joh. Jer.*, 1414 (terrier de Saint-Vidal). —
Freycenet, 1517 (Martel, n^re).

Commanderie des Templiers transférée, en 1313,
aux Hospitaliers et devenue membre de la commanderie de Devesset.

Freytis (Les), h., c^ne de Beaulieu. — *Lo Fraytitz*,
1330 (hôtel-Dieu, B. 436). — *Lo Fraytis*, 1331
(J. de Peyre, n^re). — *Locus del Freytis*, 1462
(Maltrait, n^re). — *Lo Fretis*, 1541 (Chamblas)
— *Le Freytitz*, 1571 (Cl. Girard, n^re). — *Les
Fritilz*, 1714 (cad. de Laval-Emblavès). — *Les
Frétis*, 1820 (Deribier).

Freytisse (La), h., c^ne de Bauzac. — 1309 (homm.
de l'év.). — *Mansus de la Freytissa*, 1346 (Arch.
nat., P. 490³, cote 229). — *La Freytisse*, xvie s.
(obit. de Bauzac). — *La Frétisse*, 1820 (Deribier).

Frideyre (La), écart., c^ne de Chassignolles.

Fridières, h., c^ne d'Ally. — *Freydières* (cad.).

Frigeon, h., c^ne de Malvalette.

Frimas, vill., c^ne de Craponne-sur-Arzon. — *Ad Fir-
mos*, 985 (cart. de Chamalières, n° 266). — *Frimas*, 1522 (Saint-Georges du Puy). — *Frimatz*,
1695 (capitation).

Friole (La), m. i., c^ne de Connangles.

Fraissonède (La), h., c^ne de Laval.

Frissonet, vill., c^ne de Cistrières. — *Frayssenet*,
1449 (terrier de Clavelier). — *Fraissenet*, 1454
(la Chaise-Dieu, doyenné). — *Freissonet*, 1561
(J. Chalvon, n^re). — *Freycenet*, 1695 (Robert, n^re).

Frissonnet, étang desséché, c^ne de Saint-Pal-de-Chalencon. — *L'estang du seigneur de Sainct-Paul

app. Fraissonnet*, 1540 (terrier de Saint-Pal). —
Freissones, 1581 (terrier de Frissonnet).

Fromage (Maison-), m. i., c^ne de Monistrol-sur-Loire.

Fromaget, loc. détr., c^ne de Saint-Éble. — *Mansus
de Fromaget*, 1463 (terrier de Vissac).

Froment, f., c^ne de Saint-Étienne-Lardeyrol.

Fromental, m. i., c^ne d'Yssingeaux.

Fromental (Le), vill., c^ne de Saint-Jeure.

Fromental (Le), h., c^ne d'Yssingeaux. — *Le Fromentailh*, 1600 (M^ce Leblanc, n^re).

Fromenti, vill. et mine d'antimoine, c^ne de Chanteuges. — *Mansus de Fromenti*, 1469 (Bibl. nat.,
ms. lat. n. acq., 1223, f° 347). — *Fromenty*, 1481
(Arch. nat., Q. 513, f° 55). — *Fromentinum*, 1523
(idem, f° 144).

Frontenac, vill., c^ne de Grazac. — 1299 (homm. de
l'év.).

Frontès, vill., c^ne de Monlet. — *Villa de Froncills*,
1252 (templiers du Puy). — *Fronteylhs*, 1285
(spic. Briv.). — *Fronteelhs, Fronteilhs*, 1513
(J. Boyer, n^re). — *Froute*, xviiie s. (Cassini).

Frontès (Moulin-de-), m^in, c^ne de Monlet.

Frontilles (Les), lieu dit, près Frontès, c^ne de Monlet. — *Territorium de las Frontilhas*, 1418 (communic. de M. E. Grellet de la Deyte). — Terroir
où l'on a découvert des antiquités romaines.

Fronvel, h., c^ne de Saint-Didier-sur-Doulon. — *Front-
Veilh*, 1561 (J. Chalvon, n^re). — *La Frouvelle*,
1820 (Deribier).

Fraugerolles, vill., c^ne de Fontannes. — *Frodiairolas*,
v. 1060 (cart. de Brioude, ch. 59). — *Frotgeyrolas*, xive s. (terrier des Grèzes). — *Frugerolas*,
xve s. (idem). — *Frugeirolles*, 1612 (terrier de
la Vaudieu). — *Frugerol* (cad.).

Faugères-les-Mines, c^ne d'Auzon. — *Villa Frogerias*,
937 (cart. de Brioude, ch. 74). — *Præceptor domus Frotgeriarum, ord. B. Anthonii*, 1272 (Gall.
christ., II, instr., c. 139). — *Frutgeriæ*, 1281
(J. Lachenal, l'égl. de Br., 25). — *Domus de Frutgeyras*, 1371 (Arch. nat., P. 1375², cote 2539).
— *Præceptoria generalis Arverniæ sive de Frugieres*, 1490 (la Chaise-Dieu, Bourges). — *Fru-
geres*, xviiie s. (Cassini).

En 1789, Frugères-les-Mines faisait partie de
la province d'Auvergne, de l'élection d'Issoire, de la
subdélégation de Lempdes et du ressort de Riom.
Son église paroissiale, diocèse de Saint-Flour et
archiprêtré de Brioude, était sous l'invocation de
saint Antoine; l'évêque de Saint-Flour en était
collateur.

Fauges, vill., c^ne de Sainte-Sigolène.

Fauges, vill., c^ne de Saint-Pal-de-Mons. — *Frocte*,

1341 (coll. Chaleyer). — *Froucze*, 1363 (*idem*). — *Frotge*, 1465 (Rivière, nre). — *Frugy*, 1507 (év.).

Frugières-le-Pin, con de Paulhaguet. — *Villa Frodegarias, in aice Brivatense*, 819 (bibl. de l'éc. des ch., xxvii, A. Bruel, chron. du cart. de Brioude, p. 507). — *Villa de Frogeras*, v. 1250 (spic. Briv.). — *Frotgerias*, v. 1260 (Arch. nat., J. 1031, n° 2). — *Frotgeres*, 1379 (compte de B. Flotenc). — *Frutgeres*, 1398 (compte de B. Sannadre). — *Frugieres*, 1401 (spic. Briv.).

En 1789, Frugières-le-Pin dépendait de la province d'Auvergne, de l'élection et subdélégation de Brioude et du ressort de Riom. Son église paroissiale, diocèse de Saint-Flour et archiprêtré de Brioude, était dédiée à saint Julien; la prieure de la Vaudieu présentait à la cure.

Par décision préfectorale du 16 juin 1896, cette commune a été autorisée à prendre le nom de Frugières-le-Pin, au lieu de Frugères-le-Pin.

Fugères, vill., cne de Saint-Martin-de-Fugères. — *Villa quæ dicitur Falgerias, in pago Vellaico*, v. 1000 (cart. du Monastier, nos 187 et 205). — *Villa de Feugeriis*, 1293 (cordeliers). — *Feugeyras*, 1408 (compois du Puy). — *Feugieres*, 1547 (Chaulet, nre). — *Faugières*, 1580 (A. Boyer, nre). — *Fougeyres*, 1604 (Leblanc, nre). — *Feugères*, 1785 (Julien, nre).

Fultin, h., cne de Saint-Julien Molhesabate. — *Le Fulletin*, 1888 (Malègue).

Furet (Le), écart, cne de Langeac.

Fustesse, vill., détr. par la peste en 1720, cne d'Ally.

Fuvelle, f., cne de Saint-Romain-Lachalm.

Fuvelloux, f., cne de Saint-Romain-Lachalm.

Fuvette (Moulin-de-), min, cne de Varennes-Saint-Honorat.

G

Gachat, mont., cne de Vernassal.

Gaches, f., cne de Saint-Bonnet-le-Froid. — *Gachas*, 1468 (Rivière, nre). — *Gaches*, 1553 (ress. de Montfaucon).

Gadaix, h., cne de Collat. — *Gaday*, 1888 (carte adm.).

Gaffet (Le), f., cne des Estables.

Gagères (Les), f., cne de Saint-Romain-Lachalm. — *Les Gagaires*, 1888 (Malègue).

Gagnaire, m. i., cne d'Yssingeaux.

Gagne, h., cne de Mazeyrat-Chrispinhac. — *Gaigne*, 1576 (terrier du Cluzel).

Gagne, h., cne de Saint-Germain-Laprade. — *Gotnia*, 1243 (hôtel-Dieu, B. 5). — *Gomnia*, 1264 (*ibidem*, B. 7). — *Ganha*, 1412 (terrier du Moulin-Neuf). — *Gompnhe*, 1508 (Domin, nre). — *Gonha*, 1509 (Lardeyrol). — *Gampnha*, 1533 (hôtel-Dieu). — *Gainhe*, 1540 (Savin, nre). — *Gaigne*, 1555 (cad. de Mercœur).

Gagne (La), ruiss. qui prend naissance aux Rivets, cne de Cayres, et afflue à la Loire au moulin de la Crotte, cne de Cussac. — *In Gomias*, v. 889 (cart. du Monastier, n° 67). — *Rivus de Gompnha*, 1352 (prieuré de Solignac). — *Gomha*, 1531 (Dompnin, nre). — *Ganhe*, 1569 (Doleson, nre). — *Russeau de Gonhe*, 1587 (Sigaud, nre).

Gagne (La), ruiss. qui prend sa source au lac de Saint-Front, délimite les cnes de Saint-Julien-Chapteuil et de Lantriac, traverse la cne de Saint-Germain-Laprade et se jette dans la Loire à la limite des cnes de Coubon et de Brives-Charensac. — *Aqua de Gompnha*, 1349 (Saint-Mayol). — *Gomha*, 1412 (terrier du Moulin-Neuf). — *Rivus de Gomha, Gonhia*, 1455 (Dr Charreyre). — *Rif de Gaigne*, 1696 (cadastre de Montusclat). — *La Ganhe*, 1707 (cadastre de Bouzols).

Gaillard, f., cne du Chambon.

Gaillard, écart, cne de Rosières. — *Territorium deus Galhardos*, 1319 (hôtel-Dieu, B. 403). — *Gal hardz*, 1597 (Galien, nre). — *Gaillard*, 1714 (cad. de Laval-Emblavès).

Gaillard, h., cne de Tiranges.

Gaillard (Moulin-de-), min sur le Cougoussac, cne de Cronce.

Gaillarde (La), vill., cne de Saint-Jeure. — *La Gailharde*, 1553 (ress. de Montfaucon). — *La Galliarde*, 1772 (ét. civ.).

Gaillardes (Les), loc. détr., cne de Mazerat-Aurouze. — *Locus de las Galhardes*, 1455 (la Chaise-Dieu, Mazerat-Aurouze).

Gaillardon, h., cne de Domeyrat. — *Galhardo*, 1464 (Bibl. nat., ms. lat., n. acq., 1223, fº 158 vº). — *Galiardoux* (cad.). — *Gaillardou*, 1888 (Malègue).

GAILLARDS (LES), l. détr., cⁿᵉ de Roche-en-Régnier. — *Locus deus Galhartz prope Ruppem*, 1406 (terrier du Bois). — *Locus doux Galhiars*, 1500 (coll. C. Falcon).

GALAMANDIEN, cⁿᵉ de Moudeyres. — *Locus de Galamandeschas prope locum de Mouderiis*, 1524 (cad. du Monastier). — *Chalamandier*, xviiiᵉ s. (Cassini).

GALAND, m. i., cⁿᵉ de Laussonne.

GALAND, m. i., cⁿᵉ de Montregard.

GALANDRES (LES), f., cⁿᵉ de Saint-Georges-Lagricol. — *La Gualandes*, 1325 (la Chaise-Dieu, Saint-Georges-Lagricol). — *El Galandeys*, 1447 (terrier de Piassac). — *Les Galendes*, xviiiᵉ s. (Cassini).

GALATIER, h., cⁿᵉ de Saint-Jeure. — *La Gallateyra*, 1548 (Rhône, H. 2634) — *La Galateyre, alias Argentolleyres*, 1626 (idem., H. 2732). — *Les Galateires*, 1778 (ét. civ.).

GALAVEL, h., cⁿᵉ de Malrevers. — *Galavellum*, 1387 (év.). — *Gallavel*, 1470 (Chamblas). — *Guallavel*, 1555 (cad. de Mercœur).

GALENDRES (LES), ruiss., prend sa source à l'ouest de Craponne-sur-Arzon et se jette dans le Lembron au sud-ouest du Bouchet, cⁿᵉ de Saint-Georges-Lagricol. — *Aqua del Gualandes*, 1325 (la Chaise-Dieu, Saint-Georges-Lagricol). — *Rivus app. del Galandeys*, 1447 (terrier de Piassac). — *Le rif doux Gallandes*, 1567 (terrier de Notre-Dame de Chalencon). — *Ruiss. dou Galandes*, 1698 (Devinols, nʳᵉ).

GALLAND, écart, cⁿᵉ de Rosières.

GALLY, h., cⁿᵉ de Tiranges. — *Le Gally*, 1614 (coll. C. Falcon). — *Le Galy* (cad.).

GALLY (MOULIN-DE-), mᵗⁿ sur l'Ance, cⁿᵉ de Tiranges.

GALONTIÈRE, l. détr., cⁿᵉ de Saint-Ilpize. — *Golonteyres*, xviiᵉ s. (Arch. nat., T. 142⁹).

GAMBY, écart, cⁿᵉ d'Yssingeaux.

GAMON, f., cⁿᵉ de Vorey. — *Mansus de Champmeses*, 1311 (Arch. nat., P. 1399¹, c. 783). — *Chommazes*, 1695 (capitation). — *Chomazet*, xviiiᵉ s. (Cassini). — *Le lieu de Gamon, Chomazel ou la Prade*, 1793 (ét. civ.). — *Gamoux*, 1869 (Malègue).

GAMOUNET, h., cⁿᵉ de Saint-Bonnet-le-Froid. — *Locus de Gamonet*, 1467 (Rivière, nʳᵉ). — *Guamonnet*, 1553 (ress. de Montfaucon). — *Gambonnet* (cad.).

GAMPILLE (LA), ruiss., affl. de l'Ondaine près Firminy (Loire), prend sa source au sud-ouest de la cⁿᵉ de Saint-Just-Malmont. — *Ryo de Gampylhie*, 1551 (coll. Chaleyer). — *Rieu de Gampilhie*, 1556 (idem).

GANDIL, l. détr., cⁿᵉ de Sainte-Sigolène. — *Candit*, xviiiᵉ s. (Cassini).

GANDOULET, m. i., cⁿᵉ des Estables.

GANGAT, mⁱⁿ sur l'Arzon, cⁿᵉ de Chomelix.

GANILLON, vill., cⁿᵉ de Pébrac. — *Mansus de Ganillo*, 1134 (cart. de Pébrac, n° 31). — *Ganillou*, xiiᵉ s. (idem, n° xlvi, 34). — *Villa de Mongarillo (Monganillo)*, 1275 (Gall. christ., II, inst., col. 159). — *Ganilho*, 1351 (Thiolent). — *Ganhillo*, 1464 (idem). — *Ganillou*, 1820 (Deribier).

GARAIT (LE), m. i., cⁿᵉ de Lapte. — *Le Garat*, 1878 (carte adm.).

GARAY (LE), écart, cⁿᵉ de Chamalières.

GARAY (LE), écart, cⁿᵉ de Coubon. — *Le Garayt*, 1820 (Deribier).

GARAY (LE), h., cⁿᵉ de Rosières. — *Loux Garayts*, 1300 (cart. de Chamalières, p. 131). — *Guaraytum*, 1391 (év.). — *Lo Garayt*, 1507 (év.). — *Le Garait*, 1714 (cad. de Laval-Emblavès).

GARAY-SAINT-JEAN (LE), lieu dit, cⁿᵉ du Puy. — *Territ. vulg. app. lo Champ-S.-Johan prope domum S. Johannis Jerusalem*, 1344 (J. de Peyre, nʳᵉ). — *Le Garait-S.-Jehan*, 1526 (Médicis, II, 202).

GARAYT-LA-ROCHE (LE), h., cⁿᵉ de Saint-Julien-Chapteuil. — *Lo Garayt la Rocha*, 1501 (coll. C. Falcon). — *Garayt-la-Roche*, 1685 (cad. de Chapteuil-Bas).

GARDAILLAC, vill., cⁿᵉ de Tence. — *Cardaillac*, 1258 (Rhône. D. 153). — *Gardilias*, 1326 (év.). — *Gardalhacum*, 1400 (cart. de Tence, f° 15). — *Gardallac*, 1507 (év.). — *Gardaliac*, xviiiᵉ s. (Cassini).

GARDE (LA), mont., cⁿᵉ d'Agnat.

GARDE (LA), h., cⁿᵉ d'Autrac.

GARDE (LA), bois, cⁿᵉ d'Auvers. — *La Garde ou les Combes*, 1876 (état adm. des forêts).

GARDE (LA), h., cⁿᵉ d'Espalem. — *La Garda*, 1161 (spic. Briv.). — *Mansus de la Garde*, 1440 (Bibl. nat., ms. fr., 11490, f° 238). — *La Gaude*, 1511 (coust. d'Auv., f° 81).

GARDE (LA), vill., cⁿᵉ de Léotoing. — 1516 (la Chaise-Dieu, Chambezon).

GARDE (LA), f., cⁿᵉ de Monistrol-d'Allier. — *La Garde*, 1448 (spic. Briv.). — *La Garda, la Guarda*, 1499 (Thiolent). — *Lagarde*, 1820 (Deribier).

GARDE (LA), mont., cⁿᵉˢ de Monistrol-sur-Loire et des Villettes.

GARDE (LA), f., cⁿᵉ de Présailles. — *La Garde de Breisse*, 1695 (capitation). — *La Garde ou Présailloux*, 1820 (Deribier).

GARDE (LA), vill., cⁿᵉ de Saint-André-de-Chalencon. — *Garda*, 1213 (cart. de Chamalières, n° 328).

— *La Garda,* 1293 (Arch. nat., P. 491¹, c. 13).
— *Gardia,* 1310 (Arch. nat., P. 1397³, c. 595).
— *Lagarde* (cad.).

GARDE (LA), bois, cⁿᵉ de Sainte-Marie-des-Chazes.

GARDE (LA), f., cⁿᵉ de Sainte-Sigolène.

GARDE (LA), mont., cⁿᵉ de Saint-Étienne-du-Vigan.
— *Podium de Entressaco ante turrim de Benna,* 1402 (Arch. nat., P. 1399¹, cote 751).

GARDE (LA), mⁱⁿ sur la Sumène, cⁿᵉ de Saint-Pierre-Eynac.

GARDE (LA), mont., cⁿᵉ de Saint-Vert. — *Lo Suc de la Garda,* 1341 (terrier de Charbonnier).

GARDE (LA), mont., cⁿᵉ de Tailhac. — *Ante Talliacum, alla Garda,* v. 1130 (cart. de Pébrac, n° 33).

GARDE (Suc DE), mont., cⁿᵉˢ de Saint-Étienne-Lardeyrol et de Saint-Germain-Laprade. — *Cuspis de Gardes,* 1470 (Chamblas). — *Le suc de Gardes,* 1555 (cad. de Mercœur).

GARDE-DE-CHADERNAC (LA), mont. boisée, cⁿᵉ du Brignon. — 1587 (Sigaud, nʳᵉ).

GARDE-DE-COUBLADOUR (LA), mont. boisée, cⁿᵉ de Loudes.

GARDE-DE-LANIAT (LA), mont., cⁿᵉ de Siaugues-Saint-Romain. — *Territ. de la Garda de Lampnhac,* 1462 (Bibl. nat., ms. lat., n. acq., 1223, f° 54).

GARDE-DE-LANTHENAS (LA), mont., cⁿᵉ de Loudes.

GARDE-DE-LOUDES (LA), mont., cⁿᵉ de Loudes.

GARDE-DE-MONS (LA), mont., cⁿᵉ d'Ours-Mons. — *Mons fractus qui est supra Mons,* 1305 (Saint-Georges du Puy). — *La garde de Montfrays,* 1587 (Doleson, nʳᵉ). — *Montfraict,* 1638 (Demans, nʳᵉ).

GARDE-DE-MONTAGNAC (LA), mont., cⁿᵉ de Vernassal. — *Garda de Montanhaco,* 1495 (coll. C. Falcon).

GARDE-DE-MOTET, montic. boisé, cⁿᵉ de Bains. — *Motet,* 1142 (cart. de Pébrac, n° 77). — *Motetz,* v. 1213 (templiers du Puy).

GARDE-DE-SAINT-ARCONS (LA), mont., cⁿᵉ de Saint-Arcons-d'Allier. — *Le terrer de la Garde de S. Arcons,* 1475 (Bibl. nat., ms. lat., n. acq., 1224, f° 97 v°).

GARDE-DE-TALOBRE (LA), mont. boisée, cⁿᵉ de Saint-Christophe-sur-Dolaison. — 1582 (terrier du doyenné).

GARDE-DE-VOURZAC (LA), mont., cⁿᵉ de Sanssac-l'Église.

GARDE-D'EYCENAC (LA), mont., cⁿᵉ de Saint-Christophe-sur-Dolaison. — *En la Garde,* 1545 (coll. C. Falcon). — *Mont-Pelé,* 1793.

GARDE-D'OURS (LA), mont., cⁿᵉ d'Ours-Mons. — *Lachalm de Garmentes,* 1224 (tabl. de la Haute-Loire, 1870-71, 253). — *La Garda de Garmentes,*

1296 (Saint-Georges du Puy). — *La Champ de Garamentes,* 1626 (Brunel, nʳᵉ).

GARDELLE (CROIX-DE-LA), mont., cⁿᵉ de Thoras. — *Les Ambessiez* ou *les Gardilles,* 1564 (chart. du Thiolent). — *Croix-de-la-Gardille,* XVIIIᵉ s. (Cassini).

GARDE-MIDI (LA), m. i., cⁿᵉ des Villettes.

GARDE-NORD (LA), m. i., cⁿᵉ des Villettes.

GARDÈS, m. i., cⁿᵉ de Blavozy.

GARDES (LES), f., cⁿᵉ des Estables. — 1741 (ét. civ.). — *Les Gardès,* 1888 (cart. adm.).

GARDES (LES), vill., cⁿᵉ de Saint-Jeure.

GARDETTE (LA), loc. détr., cⁿᵉ de Saint-Didier-la-Séauve. — *Terra de la Gardeta,* 1310 (coll. Chaleyer). — *Locus de la Gardata prope S. Desiderium,* 1367 (idem).

GARDETTE (LA), cimetière, à Saugues. — *La Gardette,* 1564 (Thiolent). — *La Chappelle-S.-Claude, dite la Guardette,* XVIIᵉ s. (Lozère, G. 2062).

GARE (LA), m. i., cⁿᵉ d'Alleyras.

GARE (LA), m. i., cⁿᵉ de Cerzat.

GARE (LA), m. i., cⁿᵉ de Chamalières.

GARE (LA), m. i., cⁿᵉ de Frugières-le-Pin.

GARE (LA), m. i., cⁿᵉ de Mazeyrat-Crispinhac.

GARE (LA), m. i., cⁿᵉ de Saint-Julien-des-Chazes.

GARE (LA), m. i., cⁿᵉ de Salzuit.

GARE-DE-FIX (LA), m. i., cⁿᵉ de Sainte-Eugénie-de-Villeneuve.

GARENDON (MAS-DE-), écart, cⁿᵉ de Cussac. — *La Garindoune,* XVIIIᵉ s. (Cassini).

GARENNE (ILE-DE-LA), formée par la Loire, cⁿᵉ de Bas.

GARENNE (LA), mont., cⁿᵉ d'Agnat.

GARENNE (LA), affl. de la Senouire près la gare de Frugières-le-Pin.

GARETTES (LES), h., cⁿᵉ du Mazet-Saint-Voy.

GARGARIDE, bois, cⁿᵉ de Saint-Front. — *Boschus Gargarida,* v. 1000 (cart. du Monastier, n° 255).

GARILLOU, m. i., cⁿᵉ du Pertuis.

GARMENTES, l. détr., cⁿᵉ d'Ours-Mons. — *Infirmaria sita in calma de Garmentes,* 1321 (Saint-Agrève). — *Malautaria de Papalenga, sita in territ. de Garmentes,* 1333 (idem).

GARNASSE (LA), mont. boisée, cⁿᵉ de Mézères.

GARNASSE (LA), m. i., cⁿᵉ de Montclard.

GARNASSE (LA), vill., cⁿᵉ de Saint-Geneys-près-Saint-Paulien. — *La Garnassa,* 1359 (terrier de P. Ravoux).

GARNASSE (LA), m. i., cⁿᵉ de Saint-Hostien.

GARNASSE (LA), écart, cⁿᵉ de Saint-Jean-Lachalm. — *Le Suc de Peygros,* 1881 (aff. jud.).

GARNASSE (LA), f., cⁿᵉ de Saint-Julien-du-Pinet.

GARNASSES (LES), m. i., c⁰ᵉ de Bessamorel.

GARNAUX (LES), m^in détr., près les Bineyres, c^ne de Bains. — 1401 (hospitaliers du Velay).
    Dépendance du membre de Chantoin.

GARNIER, h., c^ne de Collat.

GARNIERS (LES), dom., c^ne de Lissac. — 1581 (J. Dolezon, n^re).

GARNIGOULE, vill., c^ne de Lubilhac.

GASCON (LOU), m. i., c^ne de Saint-Étienne-Lardeyrol.

GASCON (SUC DU), mont., c^ne de Saint-Étienne-Lardeyrol.

GAUCHERS (LES), f., c^ne de Saint-Julien-du-Pinet.

GAUD, h., c^ne de Desges. — *Mansus de Goalt*, 1460 (Bibl. nat., n. acq., 1292, f° 134 v°). — *Gouauld*, 1574 (terrier de Meyronne). — *Goault*, 1588 (terrier d'Auvers). — *Goau*, 1820 (Deribier). — *Le Gaud*, 1888 (carte adm.).

GAUD, m. i., c^ne du Pont-Salomon.

GAUD, m. i., c^ne de Saint-Ferréol-d'Auroure.

GAUD (LE), f., c^ne de Pinols. — *Pagesia del Galt*, 1486 (terrier de Tailhac).

GAUDON, h., c^ne du Pont-Salomon.

GAUDY (LE), ruiss., affl. du Bertrot, c^nes de Roche-en-Régnier et de Saint-André-de-Chalencon. — *Ruiss. d'Orsignac*, 1879 (carte adm.).

GAUTHIER, m. i., c^ne de Saint-Romain-Lachalm.

GAUTHIER (MOULIN-DE-), m^in sur le Vourzac, c^ne de Sanssac-l'Église.

GAVANÇON, vaine, c^ne du Bouchet-Saint-Nicolas.

GAVIER, m. i., c^ne de Blavozy.

GAY, m. i., c^ne de Saint-Julien-Molhesabate. — *Gajet*, 1820 (Deribier).

GAY (LE), écart, c^ne de Connangles.

GAZEILLE (LA), ruiss., prend naissance près de Lamouroux, c^ne des Estables, et se jette dans la Colence au sud de la Besseyrole-Haute, c^ne du Monastier, après avoir traversé la c^ne de Freycenet-la-Tour. — *Aqua de Stabulis*, 1263 (Saint-Chaffre). — *Rivus de la Gasella*, 1526 (terrier du Monastier). — *La Gazelle*, 1646 (cad. de Saint-Front).

GAZEILLE (LA), affl. de la Borne au nord-ouest de la Rochelambert, c^ne de Saint-Paulien, prend sa source dans la c^ne de Vazeilles-Limandres et traverse celle de Lissac. — *Le Chambon* ou *Ouzou* (cad.). — *L'Eauzon*, 1888 (carte adm.).

GAZELETTES (LES), f., c^ne des Estables.

GAZELLE (LA), ruiss. qui prend naissance au-dessus d'Hontès-Haut, c^ne de la Besseyre-Saint-Mary, et se jette dans la Dège, au-dessus d'Houtès-Bas. — *Rivus dictus vulgariter de la Gazella*, 1373 (la Chaise-Dieu, la Chapelle-Geneste).

GAZELLE (LA), f., c^ne de Desges. — *Pratum de la Gazela*, 1257 (cart. de Pébrac, n° 76).

GAZELLE (LA), lieu dit, c^ne du Puy. — *Ouchia dicta d'Engazelas sive ouchia Templi*, 1343 (J. de Peyre, n^re).

GAZELLE (LA), vill., c^ne de Saint-André-de-Chalencon. — *Villa de la Gazela*, xie s. (cart. de Chamalières, n° 214). — *La Guazela*, 1213 (*idem*, n° 337).

GAZELLE (LA), loc. détr., c^ne de Saint-Front. — xviiie s. (Cassini).

GAZELLE (LA), m. i., c^ne de Saint-Pierre-Eynac.

GAZELLE (LA), ruiss., affl. de l'Allier, c^ne de Saint-Préjet-d'Allier.

GAZELLE (MOULIN-DE-LA), m^in ruiné, sur la Bruère, c^ne de Roche-en-Régnier.

GEAY, écart, c^ne de Coubon. — *Ghail*, 1575 (A. Boyer, n^re). — *Le Jal*, 1707 (cad. de Bouzols). — *Geay*, xviiie s. (Cassini). — *Jayx*, 1820 (Deribier).

GENDRIAC, chât. et dom., c^ne de Coubon. — *Jandriacus*, v. 1150 (Saint-Georges du Puy). — *Jaudriac*, 1220 (hôtel-Dieu, B. 130). — *Fortalicium de Jandriaco*, 1274 (Saint-Georges du Puy). — *Gendriacus*, 1306 (tabl. du Velay, 1875-76, 521). — *Gendriac*, 1561 (Médicis, I, 501).
    Fief vassal de la baronnie de Bouzols.

GENEBRADES (LES), h., c^ne de Saint-Hostien.

GENEBRET, h., c^ne de Bessamorel.

GENEBRET, lieu dit, c^ne de Brives-Charensac. — *Territorium de Jenebret sive de Monte Rotundo*, 1310 (Saint-Vosy). — *Janebret*, 1367 (Saint-Agrève).

GENEBRET (MOULIN-DE-), m^in sur le Truisson, c^ne de Bessamorel.

GENEBRIÈRE (LA), bois, c^ne de Siaugues-Saint-Romain.

GENEBROUX, f., c^ne du Chambon.

GÉNÉBROUZE, f., c^ne du Mas-de-Tence.

GENEST (LE), h., c^ne du Chambon. — *Janestum*, 1343 (Rhône, H. 1016). — *Territorium de Genesto*, 1343 (*idem*). — *Lo Jenest* ou *Genest*, 1404 (Rhône, Devesset).

GENESTE, m. i., c^ne d'Yssingeaux.

GENESTIÈRE (LA), m. i., c^ne de Domeyrat.

GENESTOUX, h., c^ne de Champagnac.

GENESTOUX (VÈS-), f., c^ne de Saint-Front.

GENESTOUZE, vill., c^ne de Saint-Haon. — *Mansus de Genestozas*, 1323 (J. de Peyre, n^re). — *Genestoza*, 1331 (la Chaise-Dieu, Saint-Paul-de-Tartas). — *Jenestoze*, 1523 (prieuré d'Alleyras). — *Ginestoze*, 1551 (*idem*).

GENESTOUZE (LE), affl. de l'Allier, c^ne de Saint-Haon.

GENÊT (LE), f., c^ne de Dunières. — *Le Genest*, 1615

(Rhône, D. 185). — *Les Jenets*, xviiiᵉ s. (Cassini). — *Les Genets*, 1860 (état-major). — *Le Géney*, 1879 (carte adm.).

Genève, l. détr., près les Allirols, cⁿᵉ de Coubon. — *Le domaine de Genève*, 1707 (cad. de Bouzols).

Genève, écart, cⁿᵉ de Présailles. — *Geneva*, 1364 (Thiolent). — *Genere*, 1699 (cad. de Vachères).

Genilhade (La), l. détr., cⁿᵉ de Connangles. — *Mansus de la Janilhada*, 1462 (la Chaise-Dieu, Connangles). — *La Geniliade*, 1569 (J. Chalvon, nʳᵉ).

Genillade (La), l. détr., cⁿᵉ de Montclard. — *La Ganilhada*, 1341 (terrier de Charbonnier).

Genne (Le), écart, cⁿᵉ de Félines. — *Al Genezet*, 1249 (tabl. du Velay, 1875-6, p. 532). — *Mansus del Jaynes*, 1460 (la Chaise-Dieu, doyenné). — *Lou Geynet*, xviiiᵉ s. (Cassini). — *Le Jeune*, 1860 (état-major). — *Le Jenne*, 1888 (carte adm.).

Genoirie (La), ruiss. limitant les cⁿᵉˢ de Saint-Didier-la-Séauve et de Saint-Victor-Malescours, se jette dans la Semène au-dessus de Soleymet. — *Le ruisseau de la Jenoyrie*, 1626 (vis. past. de J. de Serres, fᵒ 73). — *Lagenoirie*, xviiiᵉ s. (Cassini). — *La Claire ou Genouire* (cad.). — *Le Clare*, 1879 (carte adm.).

Genzac, h., cⁿᵉ de la Chomette. — *Genzat*, 1612 (terrier de la Vaudieu). — *Jeinsac* (cad.). — *Gensac*, 1820 (Deribier).

Genzacou, m. i., cⁿᵉ de la Vaudieu. — 1612 (terrier de la Vaudieu).

Gerbaud, mⁱⁿ sur l'Arzon, cⁿᵉ de Vorey. — xviiiᵉ s. (Cassini). — *Gerbot*, 1880 (carte adm.).

Gerbay (Moulin-de-), mⁱⁿ ruiné sur la Virlange, cⁿᵉ d'Esplantas.

Gerberie, loc. détr., cⁿᵉ des Vastres. — *Le domaine de Gerbarie*, 1727 (ét. civ.). — *Gerberie*, xviiiᵉ s. (Cassini).

Gerbizon, mont. boisée, cⁿᵉˢ de Chamalières et de Mézères — *Nemus de Gerbizo*, 1529 (Chamalières). — *Le bois de Gerbisou*, 1605 (cad. d'Artias). — *Gerbuzou, Gerbizon*, 1607 (A. Robert, nʳᵉ).

Gerbizon, lieu dit, cⁿᵉ de Polignac. — *Territ. de Gerbeso*, 1453 (prieuré de Polignac). — *Gerbezou*, 1609 (*idem*).

Geré, m. i., cⁿᵉ du Pont-Salomon. — *Crerest*, 1879 (carte adm.).

Gérentes, f., cⁿᵉ de Champclause. — 1808 (ét. des succ.).

Gérentes (Moulin-de-), mⁱⁿ sur la Gagne, cⁿᵉ de Saint-Front.

Gérentox, f., cⁿᵉ du Chambon.

Gerfagnon, h., cⁿᵉ de Saint-Maurice-de-Lignon.

Gengière (La), f., cⁿᵉ de Riotord. — *La Gereseyra*, 1492 (coll. Chaleyer).

Germeyrac, écart, cⁿᵉ de Rosières. — *Girmayrac*, 1314 (év.). — *Germayrat*, 1342 (coll. C. Falcon). — *Jarmeyrac*, 1364 (homm. de l'év.). — *Germeyrac*, 1880 (carte adm.).

Gérole (La), affl. de la Dore, cⁿᵉ de Malvières.

Génôme, m. i., cⁿᵉ de Saint-Hostien.

Gensan, m. i., cⁿᵉ de Saint-Maurice-de-Lignon.

Gertru, mont. boisée, cⁿᵉ de Vernassal.

Gervais, h., cⁿᵉ de Tiranges.

Gervais (La), loc. détr., cⁿᵉ de Saint-Préjet-Armandon. — *La Gervays*, 1341 (terrier de Charbonnier).

Gervil, écart, cⁿᵉ de Polignac. — *Gerrilh*, 1346 (J. de Peyre, nʳᵉ, reg. D, fᵒ 88). — *Jarvilh*, 1453 (prieuré de Polignac).

Géry (Moulin-de-), mⁱⁿ sur la Gazeille, cⁿᵉ du Monastier. — *Moulin-de-Giry*, 1872 (Malègue).

Giban, f., cⁿᵉ du Pertuis. — *La Gitbanda, la Gibanda prope Chalmcylhs*, 1328 (hôtel-Dieu, B. 425). — *La Guitbanda*, 1330 (*idem*, B. 437). — *La Gibande*, 1549 (Savin, nʳᵉ). — *Gibon*, 1879 (carte adm.).

Giban, h., cⁿᵉ de Saint-Hostien. — *Le lieu de Giband*, 1567 (Bonneville).

Giberges, chât. détr. et h., cⁿᵉ de Saugues. — *Castrum de Gisbergas*, 1327 (Lozère, G. 99). — *Gibergiæ*, 1451 (coll. J. Lachenal). — *La tour de Gyberges*, 1574 (terrier de Meyronne). — *Le château de Giberges*, 1724 (L'Ouvreleul, 26).

Gibert, f., cⁿᵉ des Estables. — 1695 (capitation).

Gibertès (Le), chât. détr. et vill., cⁿᵉ de Cronce. — *Lo Gibertes*, 1356 (Arch. nat., Z¹.54, p. 111). — *Gibertesius*, 1477 (Bibl. nat., ms. lat., n. acq., 1224, fᵒ 160 vᵒ). — *El Gilbertes*, 1486 (Arch. nat., Q. 513, fᵒ 129). — *Gilbertez*, 1511 (coust. d'Auv., fᵒ 79). — *Le Gilbertès*, 1888 (carte adm.).

Gignon, f., cⁿᵉ de Saint-Julien-d'Ance.

Gimberte (La), l. détr., cⁿᵉ de Borne. — *Terra de la Guilberta*, 1280 (Rhône, Annecy, I, 1). — *Le mas de la Giberte*, 1343 (homm. de l'év.). — *La Uumberta*, 1430 (hospit. du Velay). — *La Dymberte*, 1608 (Robert, nʳᵉ). — *La Gimberte*, 1881 (aff. jud.).

Gioreg, h., cⁿᵉ de Riotord. — *Grangia de Giureto*, 1273 (cart. de Saint-Sauveur-en-Rue). — *Jeuriec*, 1467 (Rivière, nʳᵉ).

Gipeyres (Les), lieu dit, cⁿᵉ d'Espaly-Saint-Marcel. — *Las Gipeiras*, xiiiᵉ s. (coll. C. Falcon). — *Las Gipeyres*, 1710 (cad. d'Espaly).

GIRARD, f., cne de Freycenet-Lacuche. — *Giral*, 1820 (Deribier).

GIRARD, écart, cne de Présailles. — *Loys Girard del Py*, 1547 (Chaulet, nre). — *Girard du Pin*, 1695 (capitation).

GIRARDONS (LES), écart, cne de Grazac.

GIRAUDE (LA), écart, cne de Malrevers. — *Girauda*, 1479 (Richon, nre). — *La Girauda*, 1482 (*ibid.*). — *La Giraude*, 1534 (év.). — *La Girode*, 1888 (Malègue).

GIRAUDE (LA), h., cne de Rosières. — *La Girauda*, 1555 (terrier de Mercœur). — *Lagirande*, 1820 (Deribier).

GIRAUDE (LA), écart, cne de Saint-Pal-de-Murs. — *La Varrière de la Giraulde*, 1569 (J. Chalvon, nre).

GIRAUDÈS, h., cne de Saint-Christophe-d'Allier. — *Mansus de Rigaudana*, 1380 (la Chaise-Dieu, Mende). — *Giraldès*, 1888 (Malègue).

GIRAUDON, f., cne de Montregard. — 1556 (terrier de Montregard). — *Girodon*, 1879 (carte adm.).

GIRAUDON, vill., cne de Retournac. — *Girondon*, 1553 (terrier de Liques). — *Girodon*, 1820 (Deribier).

GIRAUDON (LE), affl. de la Semène à la limite nord des cnes d'Aurec et de Saint-Ferréol-d'Auroure.

GIRE, f., cne des Estables. — *Catet* (cad.).

GINETTE, m. i., cne de Vals-près-le-Puy.

GIRONDE, ruiss. qui prend sa source au-dessous de Polignac et afflue à la Loire en aval de Bouteyre, cne de Chadrac. — *Rivus de Gironda*, 1346 (J. de Peyre, nre, reg. D, f° 96). — *Le ruisseau de Gironde*, 1587 (Sigaud, nre).

GINOUX, f. et min sur l'Ance, cne de Saint-Julien-d'Ance.

GINOUX (LES), h., cne de Connangles. — *Locus dos Giros, mansus dos Girotz*, 1462 (la Chaise-Dieu, Connangles).

GITADE (LA), f., cne de Freycenet-Lacuche.

GIZAC, vill., cne de Saint-Géron. — *In... vicaria (Brivatensi), in cultura de Gisago*, 964 (cart. de Brioude, ch. 187).

GIZAGUET, h., cne de Saint-Géron.

GLANDIÈRE (LA), dom., cne de Saint-Jean-de-Nay. — *La Glaudière*, 1820 (Deribier).

GLASSAT, l. détr., cne de Thoras. — *Mansus de Glassaco*, 1377 (Thiolent). — *Glassat*, 1564 (*idem*).

GLAVENAS, m. de camp., à Saint-Hostien.

GLAVENAS, chât. ruin. et vill., cne de Saint-Julien-du-Pinet. — *Clavenacus*, XIe s. (A. SS. O. S. B., sæc. VI, pars 2, p. 225). — *Glavenas*, 1128 (Gall. chr., II, instr., c. 230). — *Glavenaz*, 1197 (Isère, B. 3517). — *Castrum de Glavenassio*, 1208 (Rhône, Malthe). — *Clavenacius*, 1248 (Bibl. nat., ms., coll. du Languedoc, III, f° 356). — *Clavenacius*, 1285 (év.).

GLAVENAS, bois, cne de Saint-Vincent. — *Nemus de Clavenhas*, 1355 (terrier de P. Ravoux). — *Glavenas*, 1714 (cad. de Laval-Emblavès).

GLAVENAS (PEY-DE-), mont., cne de Saint-Julien-du-Pinet. — *Podium de Glavenas*, v. 1025 (cart. de Chamalières, n° 53).

GLIAL (LE), h., cne de Champagnac. — *Le Grial*, 1880 (carte adm.). — *Le Gliat*, 1888 (Malègue).

GLIZENEUVE, vill., cne de Lubilhac. — *Villa quæ dicitur Ecclesia Nova*, 1275 (spic. Briv.). — *Prioratus seu capella de Ecclesia Nova*, 1299 (*idem*). — *Gleyza Nova*, 1341 (terrier de Charbonnier). — *Esglise-Neuve*, 1686 (ét. civ.). — *Gleize-Neuve*, 1820 (Deribier).

Vocable : sainte Marie-Magdeleine.

GLUTONIE (LA), loc. détr., cne de Chomelix. — *Mansus de la Glutonia*, 1404 (terrier de Chomelix). — *La Glitougne*, 1669 (Arch. nat. P., 500[1], cote 37).

GLUTONIE (LA), h., cne de Saint-Jean-Lachalm. — *Mansus de la Glotonie*, 1250 (Rhône, Marlhes, I, 1). — *La Gloutonie*, 1452 (hôtel-Dieu, B. 571). — *La Gloutonnie*, 1582 (J. Dolezon, nre).

GOBERT (LE), affl. des Galandres au nord du moulin de la Molle, cne de Saint-Georges-Lagricol.

GODISSANE, loc. détr., cne de Desges. — *Locus de Galdissart*, v. 1130 (cart. de Pébrac, n° 34). — *Prior de Goldissart*, 1476 (Bibl. nat., ms. lat., n. acq. 1224, f° 122). — *Gauldissard*, 1588 (terrier d'Auvers). — *La chapelle de Sainte-Magdeleine de Godissard*, 1750 (terrier des Binières).

GODOMARC (LA), lieu dit, cne de Vals-près-le-Puy. — *La Godomarre*, 1561 (Savin, nre).

GOMBERT, tuilerie, cne de Retournac. — *Gimbert*, 1878 (carte adm.).

GONNETS (LES), h., cne de Saint-Julien-Chapteuil. — *Les Gounes*, XVIIIe s. (Cassini). — *Les Gounets*, 1820 (Deribier).

GONON-BAS, h., cne de Tiranges.

GONON-HAUT, écart, cne de Tiranges.

GORCE (LA), h., cne de Beaux. — *Gorsa*, 1281 (Arch. nat., P. 1397[2], cote 553). — *La Gorsa*, 1311 (Arch. nat., P. 494[1], cote 14). — *Gorcia*, 1349 (Arch. nat., P. 1397[2], cote 540). — *Locus de Gorssia*, 1387 (év.). — *Gorce*, 1878 (carte adm.).

GORCE (LA), f., cne de Chomelix. — *La Gorsa*, 1314 (év.). — *Gorcia*, 1404 (terrier de Chomelix). — *Gorces, Gorsses*, 1550 (P. Galien, nre). — *Georce*, 1820 (Deribier).

GORCES (LES), h., cne de Montregard. — *Les Gorses,* 1872 (Malègue).

GORCES (LES), affl. du Veyron, cne de Montregard.

GORCES (LES), m. i., cne de Saint-Bonnet-le-Froid. — *Gorses,* 1888 (Malègue).

GORGE-BADADE, rocher, cne de Taulhac.

GORRE, min sur le Trifoulou, cne de Montregard.

GORY, f., cne du Chambon.

GOT (LE), h., cne de Monlet. — *Lego,* XVIIIe s. (Cassini).

GOUBEAU, m. i., cne de Vals-près-le Puy.

GOUBERT, mont. et signal, cne de Saint-Haon.

GOUDARD, m. i., cne d'Araules.

GOUDARD, m. i., cne d'Yssingeaux.

GOUDAREL (LE), affl. de l'Auzon à Auzon, formé par la réunion du ravin d'Escolges et du ruisseau de la Lette. — *Le Merdaret,* 1880 (carte adm.).

GOUDET, con du Monastier. — *Godit,* 870 (Chifflet, hist. de Tournus, 209). — *Cella quæ voc. Godet,* 875 (Juénin, nouv. hist. de Tournus, 93). — *Ecclesia Gothidi,* 877 (*ibid.,* 97). — *Godith monasteriolum,* 915 (*ibid.,* 109). — *Prioratus Trenorchiensis fundatus in honore S. Dei genitricis et B. Filiberti, Godetum nomine,* xe s. (A. SS. O. S. B. sæc. IV, pars I, 564). — *Monasterium Sancti Philiberti,* 1119 (Chifflet, 402). — *Castrum de Godeto,* 1132 (cart. du Monastier, n° 404). — *Godeth,* 1210 (hôtel-Dieu). — *Castrum de Godet,* 1264 (Médicis, I, 80). — *Castrum de Guodeto,* 1293 (cordeliers). — *Ecclesia parochialis Sancti Petri de Godeto,* 1389 (cordeliers). — *Le prieuré de Godet,* 1506 (Médicis, II, 302). — *Curatus de Gaudeto,* 1516 (Arch. nat., G. 8* 1, f° 445). — *Guodet,* 1587 (Sigaud, nre).

En 1789, Goudet était compris dans la province du Velay, la subdélégation et sénéchaussée du Puy. Son église paroissiale, diocèse du Puy et archiprêtré de Solignac-sur-Loire, était sous l'invocation de saint Philibert; la présentation à la cure appartenait au prieur, dont le bénéfice relevait de l'abbaye de Tournus.

GOUDOFRE, f., cne des Estables. — 1739 (ét. civ.).

GOUFFIER, bois, cne de Lantriac. — *Le bois de Gouffier,* 1598 (Doleson, nre).

GOUGEARD, h., cne de Rosières.

GOULON, m. i., cne de Tence. — XVIIIe s. (Cassini).

GOUR (LE), m. i., cne de la Vaudieu.

GOURD (LE-GRAND-), h., cne du Pertuis.

GOURDE, écart, cne d'Yssingeaux.

GOURDON, vill., cne de Bas. — *Gordo,* 1498 (obit. de Bas).

GOURGAYAT, côtes boisées sur la Loire, cne de Polignac. — *Nemus de Gort Gayas,* 1381 (tit. de Saint-Vidal). — *Gore Gayas, Gor Gayas,* 1440 (prieuré de Polignac).

GOURGAYRE (MOULINS-DE-), sur la Gourgueure, cne de Pinols.

GOURGEON (MOULIN-DE-), min sur la Villette, cne de Saint-Paul-de-Tartas.

GOURGOUX, min sur le Courgoux, cne de Saint-Just-près-Brioude. — *Villa Jorgiola,* 893 (cart. de Brioude, n° 207).

GOURGUAIZIEUX, f., cne de la Chapelle-d'Aurec. — *Gourguezieux,* 1879 (carte adm.). — *Gourgaizieux,* 1888 (Malègue).

GOURGUEURE (LA), riv., prend naissance dans le Cantal, entre dans le département de la Haute-Loire par le nord-ouest de la cne d'Auvers et se jette dans la Dège entre la Gazelle et Desges. — *La rivière de Gourgoyre,* 1750 (terrier des Binières, f° 125). — *La Gourgayre,* 1888 (carte adm.).

GOURLONG, h., cne d'Alleyras. — *Gore-Lonc,* 1163 (hospit. du Velay). — *Ecclesia de Gurgite Longo,* 1291 (*idem*). — *Hospitale S. Johannis de Gurgite Longuo,* 1453 (J. Rocher, nre). — *Locus dictus Gorgua Longua,* 1454 (*idem*). — *Præceptoria S. Johannis de Gorlonis,* 1513 (hospit. du Velay). — *Gorlong,* 1598 (Galien, nre). — *Gourlong,* 1600 (Rhône, Saint-Jean-la-Chevalerie, II, 37).

GOURLONG (LE MAS-DE-), h., cne d'Alleyras. — *Locus de Manso, mandamenti de Gorlonc,* 1482 (Rhône, H. 2749).

GOURMESAUME, m. i., cne de Céaux-d'Allègre.

GOURMESAUME, m. i., cne de Saint-Didier-sur-Doulon.

GOURNIER, m. i., cne d'Araules.

GOURNIER, vill., cne de Bas.

GOURNIER, f., cne de Dunières. — *Gornyer,* 1616 (Delafont, nre).

GOURNIER, écart, cne de Monistrol-sur-Loire. — 1744 (ét. civ.).

GOURNIER, f., cne de Riotord.

GOURNIER (LE), l'un des deux ruisseaux qui forment la Dunière, cnes de Saint-Romain-Lachalm et de Dunières. — *Rivus de Gornier,* 1461 (terrier de Marlhe).

GOUR-PLAT, écart, cne de Grazac.

GOUSENES, terroir, le long de la Borne, près les Estreys, cne de Polignac. — *Pratum ad Dagodenas quod dicitur Graveira,* v. 1074 (Gall. chr., II, inst., c. 229). — *Territ. de Gosenas,* 1453 (prieuré de Polignac). — *Gosenes,* 1484 (*idem*).

GOUSSY, f., cne de Saint-Julien-Chapteuil. — 1685 (cad. de Chapteuil-Bas).

GOUT (LE), vill., cne de Chassignolles.

IMPRIMERIE NATIONALE.

GOUTAILLE (LE MAS-DE-), f., c^{ne} du Monastier.

GOUTAILLES, bois, c^{ne} de Montusclat.

GOUTAILLON, m. i., c^{ne} de Raucoules.

GOUTAY, m. i., c^{ne} du Monastier.

GOUTE (LA), m. i., c^{ne} de Riotord.

GOUTELLE (LA), lieu dit, c^{ne} de Cussac. — *Guttula volvens*, v. 889 (cart. du Monastier, n° 67). — *Territorium de Godala*, 1464 (prieuré de Solignac). — *Terroir app. la Gotele*, 1567 (Doleson, n^{re}). — *Le ranc de la Gutole*, 1568 (*idem*).

GOUTERNE, h., c^{ne} de Saint-Georges-Lagricol. — *Goternes*, 1543 (terr. de G. de Coysse). — *Gouterme*, 1587 (M^{ce} Leblanc, n^{re}).

GOUTES (LES), m. i., c^{ne} de la Chapelle-d'Aurec.

GOUTES (LES), l. détr., c^{ne} de Lapte. — *Villa de las Gotas*, 1345 (Arch. nat., P. 1397², cote 552). — *Villa de las Cotas*, 1349 (*idem*, cote 540).

GOUTES (LES), h., c^{ne} du Pont-Salomon. — *Les Gouts*, 1879 (carte adm.).

GOUTES (LES), f., c^{ne} de Sainte-Sigolène. — 1656 (ét. civ. de Monistrol).

GOUTES (LES), h., c^{ne} de Saint-Just-Malmont.

GOUTES (LES), h., c^{ne} de Saint-Pal-de-Chalencon. — *Terra de Gutis* ou *de las Gotas*, 1420 (Loire, A. 89, f° 238 v°). — *Les Gouttes*, 1540 (terr. de Saint-Pal).

GOUTES (LES), h., c^{ne} de Tence.

GOUTEYRE (MAS-DE-LA-), f., c^{ne} de Chadron.

GOUTEYRON, mⁱⁿ sur la Borne, c^{ne} d'Aiguilhe. — *Molendinum voc. Gautayro prope Aculeam*, 1272 (Saint-Agrève). — *Molin sciz au terr. d'Agulhe app. Coteyron*, 1587 (M^{ce} Leblanc, n^{re}).

GOUTEYRON, m. i., c^{ne} de Beaux.

GOUTEYRON, école, c^{ne} du Puy. — *L'Eschadafale*, 1321 (hôtel-Dieu, B. 174). — *L'Eschadafaut Aculeœ*, 1448 (*idem*, B. 203).

GOUTTE (LA), écart, c^{ne} de Bellevue-la-Montagne.

GOUTTE (LA), f., c^{ne} de Saint-Didier-la-Séauve.

GOUTTE-MYALET, bois, c^{ne} de Saint-Jean-d'Aubrigoux.

GOUTTES (LES), affl. de la Méjeanne à la limite des c^{nes} de Saint-Arcons-de-Barges et d'Arlempdes. — *Ruiss. de Coulombs*, 1888 (carte adm.).

GOUTTE-VACHON (LA), f., c^{ne} de Saint-Didier-la-Séauve.

GOUYSE (LA), affl. de l'Arzon, c^{ne} de Beaune.

GOUZABEAU, h., c^{ne} de Saint-Christophe-d'Allier. — *Gozabant*, 1244 (Saint-Mayol). — *Mansus de Guosabalt*, 1457 (J. Rocher, n^{re}). — *Gosabaud*, 1540 (V. Brunel, n^{re}). — *Gouzabet*, 1820 (Deribier).

GRAIBILLON, f., c^{ne} du Chambon.

GRAILLEIRE, f., c^{ne} de Saint-Jeure. — *Le Pin de Graillières*, 1774 (ét. civ.). — *Grailleyre*, 1778 (*idem*). — *Graleire* (cad.).

GRAILLIER, l. détr., près Crozemarie, c^{ne} de Collat.

GRAILLOU, écart, c^{ne} d'Yssingeaux.

GRAIS, h., c^{ne} de Vals-le-Chastel. — *Grays*, 1516 (Vals-le-Chastel). — *Greys*, 1564 (*idem*). — *Graye*, 1888 (carte adm.).

GRAMAYSE, m. i., c^{ne} de Josat.

GRAMMAISE, vill., c^{ne} de Salettes. — *Gramaisa de Giourand*, 1506 (Médicis, II, 305). — *Gramayze*, 1699 (cad. de Vachères).

GRANAT, f., c^{ne} de la Vaudieu. — *In comitatu Brivatensi, in eadem vicaria, in villa quæ dicitur Oranaga* (*Granago*), 936 (cart. de Brioude, ch. 249). — *Villa quæ dicitur Granag*, v. 1080 (*idem*, ch. 59). — *Granat*, 1669 (spic. Briv.).

GRAND, f., c^{ne} de Saint-Georges-Lagricol.

GRAND-CHAMP, h., c^{ne} de Bauzac. — *Mansus de Magno Campo*, 1346 (Arch. nat., P. 490³, cote 229). — *Grand-Champ*, 1498 (obit. de Bas).

GRAND-CHAMP, vill., c^{ne} de Villeneuve-d'Allier. — *Grant-Champ*, 1234 (cart. de Pébrac, n° 56). — *Grandis Campus*, 1253 (spic. Briv.). — *Mansus de Magno Campo*, 1458 (Arch. nat., ZZ. 359, p. 2). — *Granchamp*, 1462 (*idem*, p. 49).

GRAND-CHAMP, h., c^{ne} d'Yssingeaux.

GRAND-CHAMP (LE), m. i., c^{ne} d'Araules.

GRAND-CHEMIN (LE), h., c^{ne} de la Mothe.

GRAND-DUC, m. i., c^{ne} de Saint-Didier-la-Séauve. — *Grand-Suc*, 1879 (carte adm.).

GRANDE-BLOUE (RAVIN-DE-LA), affl. de l'Ance, c^{nes} de Valprivas et de Bas. — *Ruiss. du Saint-Hablou* (cad.).

GRANDET, écart, c^{ne} de la Chapelle-Bertin. — *Grande*, 1820 (Deribier).

GRAND-FAUX, m. i., c^{ne} de Saint-Just-Malmont.

GRAND-GOURD, h., c^{ne} du Pertuis.

GRAND-PRÉ, m. i., c^{ne} de Saint-Julien-d'Ance.

GRANDS-CHAMPS (LES), m. i., c^{ne} de Montfaucon.

GRAND-TOURNANT (LE), m. i., c^{ne} d'Yssingeaux.

GRANE (MOULIN-DE-LA), mⁱⁿ sur l'Andrable, c^{ne} de Boisset. — *Moulin de la Graine*, 1879 (carte adm.).

GRANEBOULE, m. i., c^{ne} de Saint-Germain-Laprade.

GRANEGOULES, vill., c^{ne} du Monastier. — *Granegolas*, 1501 (Arcis, n^{re}). — *Grenigolles*, 1534 (év.). — *Graneguolas*, 1547 (Chaulet, n^{re}). — *Granegolles*, 1591 (André, n^{re}). — *Grenegoules* (cad.). — *Granigoules*, 1880 (carte adm.).

GRANET, m. i., c^{ne} du Pont-Salomon.

GRANET, m. i., c^{ne} de Saint-Julien-Molhesabate.

GRANGE (LA), f., c^{ne} de Bessamorel.

Grange (La), h., c^{ne} de Bauzac. —*La Granga*, 1336 (Arch. nat., P. 491², cote 95). — *La Granghe*, xvie s. (obit. de Bauzac).

Grange (La), écart, c^{ne} de Chamalières.

Grange (La), f., c^{ne} du Chambon. — 1616 (Rhône, H. 2153). — *Lagrange*, 1820 (Deribier).

Grange (La), f., c^{ne} de Desges. — *La Grangia*, v. 1254 (cart. de Pébrac, n° 75). — *La Grange*, 1588 (terrier d'Auvers).

Grange (La), f., c^{ne} de Freycenet-Lacuche.

Grange (La), f., c^{ne} de Mazeyrat-Crispinhac. — *Mansus de la Grange*, 1465 (Bibl. nat., ms. lat., n. acq., 1223, f° 220). — *La Grangha*, 1481 (*idem*, 1224, f° 283).

Grange (La), f., c^{ne} de Paulhaguet. — 1543 (la Chaise-Dieu, Domeyrat).

Grange (La), h., c^{ne} de Roche-en-Régnier. — *Grangia*, 1302 (Arch. nat., P. 494¹, cote 11). — *Marchidiaux*, 1744 (Haute-Loire, B. 57). — *Les Granges*, 1880 (carte adm.).

Grange (La), f., c^{ne} de Saint-Front. — 1695 (capitation).

Grange (La), h., c^{ne} de Saint-Julien-Chapteuil. — *Locus de Grangia*, 1501 (coll. C. Falcon). — *La Granga*, 1507 (év.).

Grange (La), écart, c^{ne} de Saint-Pal-de-Murs.

Grange (La), h., c^{ne} de Tence. — 1507 (év.).

Grange (La), loc. détr., près Brugerolle, c^{ne} de Vieille-Brioude. — *La Granghe*, 1461 (Bibl. nat., ms. lat., 1149¹, f° 343). — *Les Chezels de la Grange*, 1612 (terrier de la Vaudieu).

Grange (La), écart, c^{ne} d'Yssingeaux. — *La Grangia de Cussat*, 1430 (Rhône, Bessamorel). — *La Grangha*, 1528 (terrier du Pertuis).

Grange (Mas-de-la), f., c^{ne} de Salettes. — *Grange-de-Soubrey* (cad.).

Grangeage (La), f., c^{ne} du Chambon. — *La Granghage*, 1507 (év.).

Grangeasse (La), h., c^{ne} d'Aurec.

Grangeasse (La), écart, c^{ne} de Chamalières.

Grangeasse (La), f., c^{ne} de Saint-Pal-de-Chalencon.

Grange-de-Michel (La), f., c^{ne} de Saint-Vert. — *La Grange*, 1820 (Deribier).

Grange-des-Bois (La), f., c^{ne} de Saint-Didier-la-Séauve. — *La Grange dou Bost*, 1571 (coll. Chaleyer). — *La Grange-du-Bois*, 1888 (Malègue).

Grange-de-Selle (La), f., c^{ne} des Vastres. — 1736 (ét. civ.). — *La Grange*, 1861 (état-major).

Grange-du-Bois (La), f., c^{ne} de Saint-Victor-Malescours.

Grange-du-Fieu (La), vill., c^{ne} de Tiranges. — 1614 (coll. C. Falcon). — *La Grange-du-Fieux* (cad.).

Grange-Haute (La), f., c^{ne} de Saint-Julien-Molhesabate. — *Grangeatte*, 1869 (Malègue).

Grange-Montagne, f., c^{ne} d'Auzon. — 1640 (terrier de Rilhac).

Grange-Neuve (La), h., c^{ne} de la Chapelle-d'Aurec.

Grangeneuve (La), h., c^{ne} de Lapte.

Grangeneuve (La), m. i., c^{ne} de Montregard.

Grangeneuve (La), f., c^{ne} de Pinols.

Grange-Neuve (La), f., c^{ne} de Riotord.

Grange-Neuve (La), f., c^{ne} de Sainte-Sigolène.

Grange-Neuve-de-la-Fressange (La), h., c^{ne} de Saint-Didier-la-Séauve.

Grangeon, f., c^{ne} de Monistrol-d'Allier. — *Granjou*, 1684 (Thiolent).

Grangeon (Le), h., c^{ne} de Saint-Pal-de-Chalencon.

Grangeon (Moulin-de-), mⁱⁿ sur la Senouire, c^{ne} de Connangles.

Granger (Le), f., c^{ne} d'Yssingeaux.

Grangers (Les), f., c^{ne} de Champclause. — *Les Grangiers, mand. de Fay*, 1597 (Galien, n^{re}). — *Lous Grangiers*, 1695 (capitation). — *Les Granges*, xviii^e s. (carte dioc. du Puy).

Granges (Les), vill., c^{ne} d'Auzon.

Granges (Les), h., c^{ne} de Bas.

Granges (Les), h., c^{ne} de Bauzac. — *Les Granghes*, xvi^e s. (obit. de Bauzac).

Granges (Les), h., c^{ne} du Brignon.

Granges (Les), vill., c^{ne} de Cronce. — *Le vilage de la Grange*, 1669 (spic. Brivat.). — *Les Cranges*, 1888 (carte adm.).

Granges (Les), f., c^{ne} de Lubilhac.

Granges (Les), f., c^{ne} de Montregard. — *Le village app. de la Grange, anciennement de la Bastie*, 1556 (terrier de Montregard).

Granges (Les), h. ruiné, c^{ne} de Pébrac.

Granges (Les), h., c^{ne} du Pertuis. — *Las Granghas*, 1451 (Rhône, H. 2033).

Granges (Les), vill., c^{ne} de Rosières. — *Locus de Grangiis*, 1330 (hôtel-Dieu, B. 438). — *Las Grangas*, 1342 (coll. C. Falcon). — *Las Granges*, 1534 (év.). — *Las Granghas*, 1555 (cad. de Mercœur).

Granges (Les), h., c^{ne} de Saint-André-de-Chalencon.

Granges (Les), vill., c^{ne} de Saint-Berain. — *Mansus de Grangiis*, 1320 (J. de Peyre, n^{re}). — *Granghas*, 1459 (Bibl. nat., ms. lat., n. acq., 1222, f° 107 v°). — *Grange*, 1888 (Malègue).

Granges (Les), h., c^{ne} de Saint-Didier-sur-Doulon. — 1564 (terrier de Vals-le-Chastel).

Granges (Les), f., c^{ne} de Saint-Jean-d'Aubrigoux.

Granges (Les), vill., c^{ne} de Saint-Jean-de-Nay. — *Las Granghas*, 1461 (Bibl. nat., ms. lat., n. acq., 1222, f° 214). — *Mansus de Grangiis*, 1463 (*idem*, 1223, f° 125).

Granges (Les), vill., c^{ne} de Saint-Quintin-Chaspinhac. — *Locus Grangiarum Chaspinhacii*, 1482 (Richon, n^{re}). — *Les Granges de Chaspinhac*, 1633 (Barret, n^{re}).

Granges (Les), l. détr., auj. bois, au-dessous de la mont. de Courandet, c^{ne} de Saint-Vincent.

Granges-de-la-Séauve (Les), h., c^{ne} de Saint-Didier-la-Séauve.

Grangette (La), f., c^{ne} de Champclause.

Grangette (La), f., c^{ne} des Estables. — *La Grangette de Borne*, 1766 (ét. civ.).

Grangette (La), f., c^{ne} de Freycenet-Lacuche.

Grangette (La), f., c^{ne} de Monistrol-sur-Loire.

Grangette (La), f., c^{ne} de Saint-Front. — 1695 (capitation).

Grangette (La), h., c^{ne} de Saint-Jeure. — *La Grangeta*, 1343 (Rhône, H. 2632).

Grangette (Le Mas-de-), m. i., c^{ne} de Saint-Didier-d'Allier.

Grange-Valat (La), vill., c^{ne} de Monistrol-sur-Loire. — *La Grangha-Vala*, 1507 (év.). — *Grange-Valla*, 1657 (ét. civ.).

Grangeyrou, m. i., c^{ne} de Vielprat.

Grangiers (Les), f., c^{ne} de Saint-Ferréol-d'Auroure.

Grangiers (Les), f., c^{ne} de Saint-Just-Malmont. — *Granger*, 1888 (Malègue).

Granjou (Moulin-de-), mⁱⁿ sur l'Avène, c^{ne} de Saint-Austremoine.

Granoc, vill., c^{ne} de Chamalières. — *Boscus de Granoc*, v. 1087 (cart. de Chamalières, n° 26). — *Granos*, 1171 (*idem*, n° 161). — *Granon*, 1534 (év.). — *Granoc*, 1571 (Cl. Girard, n^{re}).

Granouillet, l. détr., c^{ne} de Ceyssac. — *Mansus qui dicitur Granoletus juxta castrum Celsiacum*, 1089 (Saint-Georges du Puy).

Granouillet, f., c^{ne} de Champagnac.

Granouillet, l. détr., c^{ne} de Cubelles. — *Mansus de Granolhet*, 1291 (Thiolent).

Granouillet, vill., c^{ne} de Jullianges.

Granouillet, h., c^{ne} d'Yssingeaux. — *Homines de Granolheto*, 1344 (J. de Peyre, n^{re}). — *Granoulhet*, 1614 (terrier de Saussac). — *La Granolhette proche Feiterme*, 1635 (terrier de Saussac). — *La Grenouillette*, xviiie s. (Cassini).

Grassette (La), écart, c^{ne} de Saint-Germain-Laprade. — *Le mas de la Garceta*, 1543 (Savin, n^{re}). — *Au terroir de la Garcete app. de la Bourdelle ou des Bourdelles*, 1547 (*idem*).

Grattade, f., c^{ne} de Saint-Préjet-Armandon. — *Gratada*, 1451 (la Chaise-Dieu, Mazerat-Aurouze). — *Gratade*, 1540 (Vals-le-Chastel).

Gratte-Champ, bois, c^{ne} de Freycenet-Lacuche.

Gratte-Paille, f., c^{ne} de Saint-Préjet-Armandon. — *Mansus de Grata Palha*, 1464 (Bibl. nat., ms. lat., n. acq., 1223, f° 162 v°). — *Grate-Pailhe*, 1516 (terrier de Vals-le-Chastel). — *Gratepaille*, xviiie s. (Cassini).

Gratte-Saule, mont., c^{ne} de Saint-Arcons-d'Allier. — *Grata Sola*, 1467 (Bibl. nat., ms. lat., n. acq., 1223, f° 315 v°).

Gratuze, h., c^{ne} d'Ouides. — *Gratuza*, 1310 (la Chaise-Dieu, liasse Bouchet-Saint-Nicolas). — *Locus de Gartusa*, 1500 (Rhône, comm^{ne} de Chantoin, I, 8). — *Grathuse*, 1506 (Médicis, II, 303).

Grave (La), écart, c^{ne} de Présailles. — *Lagrave*, 1888 (Malègue).

Graveyras (Moulin-), mⁱⁿ sur l'Allagnon, c^{ne} de Lempdes.

Graveyres, mⁱⁿ sur le Dolaizon, c^{ne} de Vals-près-le-Puy.

Graveyres (Les), m. i., c^{ne} d'Espaly-Saint-Marcel.

Gravie (Maison-), écart, c^{ne} de Monistrol-sur-Loire.

Gravière (La), bois, c^{ne} de Chanteuges.

Gravière (La), mⁱⁿ sur la Senouire, c^{ne} de Mazerat-Aurouze. — *Molinus qui est ad Graveriam*, 1078 (spic. Briv.). — *La Graveyra*, 1417 (la Chaise-Dieu, Mazerat-Aurouze).

Gravière (La), loc. détr., c^{ne} de la Mothe. — *Molendinum de la Graveira*, xiie s. (obit. de Br.).

Gravière (La), f., c^{ne} de Saint-Didier-sur-Doulon. — *La Graveyre*, 1516 (Vals-le-Chastel).

Gravière (Moulin-de-la), mⁱⁿ sur l'Auzon, à Auzon.

Gravières (Les), m. i., c^{ne} de Vals-près-le-Puy.

Gravozy, f., c^{ne} de Lantriac.

Gravy, mⁱⁿ, c^{ne} de Rosières. — *Grange*, 1880 (carte adm.).

Gray, f., c^{ne} de Paulhac.

Graye, h., c^{ne} de Vals-le-Chastel. — *Graly* (cad.).

Grazac, h., c^{ne} de Loudes.

Grazac, vill., c^{ne} de Saint-Vidal. — *Locus de Grazaco*, 1385 (terrier de Saint-Vidal). — *Grasacum*, 1520 (Martel, n^{re}). — *Gresac*, 1606 (M^{ce} Leblanc, n^{re}).

Grazac, c^{on} d'Yssingeaux. — *Sacrosanctæ ecclesiæ Vellavensis quæ est constructa in honore Sancti Petri ad Grazago*, 962 (cart. de Cluny, ch. 1131). — *In loco Graciago*, v. 987 (*idem*, ch. 1753). — *Locus qui appell. Graxedi*, v. 1035 (La Mure, comtes de Forez, éd. Chantelauze, III, pr., n° 20).

— *Ecclesia Sancti Petri de Grazac*, v. 1049 (cart. de Cluny, ch. 3010). — *Grachiagum*, v. 1080 (*idem*, ch. 3568). — *Sanctus Petrus Graciasensis, monachi Gratiaci, Gradac* (*idem*, ch. 3792, IX, X, XIII). — *Grasac*, 1255 (hôtel-Dieu, B. 613). — *Prioratus de Grasaco*, 1303 (prieuré de Grazac). — *Domus de Gresac*, 1310 (bibl. de l'éc. des chartes, 1877, 12). — *Prioratus de Grazaco prope Lapte*, 1329 (J. de Peyre, nᵉ).

En 1789, Grazac faisait partie de la province du Velay, de la subdélégation et sénéchaussée du Puy. Son église paroissiale, diocèse du Puy et archiprêtré de Monistrol-sur-Loire, était consacrée à saint Pierre; l'abbé de Cluny présentait à la cure en sa qualité de prieur.

Grazengheon, h., cⁿᵉ d'Aubazac. — *Gragenglo*, 1357 (Arch. nat., Z². 54, p. 129). — *Gresengho*, 1360 (Arch. nat., Z². 54, p. 145). — *Grezenjou*, 1625 (terrier du Chambon de Blau). — *Grezengeou*, 1869 (Malègue). — *Grésingheon*, 1880 (carte adm.).

Greissac, loc. détr., cⁿᵉ de Brioude. — *In aice Brivatensi, in cultura villæ quæ vocatur Graissago*, 894 (cart. de Brioude, ch. 18). — *Territorium de Greyssac*, 1453 (terrier du fordoy. de Br.). — *Grissat*, 1553 (terrier du doy. de Br.). — *Le terroir du Breul sive de Greissat*, 1614 (terrier du chap. de Br.).

Grelet (Le), f., cⁿᵉ de Saint-Didier-la Séauve. — *Le Grely*, 1861 (état-major).

Grenadier (Le), m. i., cⁿᵉ de Salettes.

Grenier, vill., cⁿᵉ de Saint-Ilpize. — *Granieyr*, 1339 (Bibl. nat., ms. fr., 14377, p. 189). — *Mansus de Garneyr*, 1379 (Arch. nat., Z². 4143, p. 21). — *Garneir*, 1475 (Arch. nat., ZZ. 359, p. 150).

Grenier, f., cⁿᵉ de Saint-Julien-des-Chazes. — *Les Graniers*, 1469 (Bibl. nat., ms. lat., n. acq., 1223, f° 362 v°).

Grenier (Moulin-), mᵢₙ sur la Fioure, cⁿᵉ de Varennes-Saint-Honorat. — *Mansus de Granet*, 1401 (Bibl. nat., ms. lat., n. acq., n° 1223, f° 10 v°). — *Moulin-Granet*, 1888 (carte adm.).

Grenier-Montgon, cᵒⁿ de Blesle. — *Graneyrs*, 1350 (spic. Briv.). — *Ecclesia de Graners*, XIV° s. (A. Bruel, reg. de G. Trascol). — *Graniers*, 1401 (spic. Briv.). — *Cura de Graneriis*, XV° s. (pouillé de Saint-Flour, 436).

En 1789, Grenier-Montgon dépendait de la province d'Auvergne, de l'élection et subdélégation de Brioude et du ressort de Riom. Son église paroissiale, diocèse de Saint-Flour et archiprêtré de Blesle, était sous le vocable de saint Grégoire; le

prévôt du monastère de Montsalvy (Cantal) présentait à la cure, en sa qualité de prieur.

Grenouille (La), f., cⁿᵉ de Saint-Pal-de-Chalencon.

Grenouilloux (Les), f., cⁿᵉ de Saint-Pal-de-Chalencon. — *Le Mas dos Granouilloux*, 1540 (terrier de Saint-Pal). — *Granoulioux*, 1820 (Deribier).

Gnès (Le), h, cⁿᵉ de Montusclat. — *Le Grez*, 1879 (carte adm.).

Gressoux (Le), f., cⁿᵉ de Raucoules.

Grèzes, cᵒⁿ de Saugues. — *Prior de Gresas*, 1234 (cart. de Pébrac, n° 56). — *Ecclesia Sancti Petri de Grezas*, 1300 (spic. Briv.). — *Gresas*, 1301 (Thiolent). — *S. Petrus de Gredona*, 1306 (*idem*). — *Villa de Grezas prope la Clausa*, 1327 (Lozère, G. 99). — *Grezes de la Clause*, 1724 (l'Ouvreleul, 64). — *Greze-la-Clause*, XVIII° s. (Cassini).

En 1789, Grèzes était compris dans la province et le bailliage de Gévaudan. Son église paroissiale, diocèse de Mende et archiprêtré de Saugues, était dédiée à saint Pierre; l'abbé de Pébrac présentait à la cure.

Grèzes (Les), chât. et f., cⁿᵉ d'Agnat. — *Las Grezas*, XIV° s. (terrier des Grèzes). — *Les Greises*, 1820 (Deribier).

Grèzes (Les), écart, cⁿᵉ de Saint-Christophe-sur-Dolaison.

Grifolle (La), vill., cⁿᵉ de Malvières. — *Mansus de la Grifol*, 1414 (terrier de Malvières). — *La Grifole*, 1888 (carte adm.). — *La Grisolle*, 1888 (Malègue).

Griffoulette (La), affl. du Pissis, cⁿᵉ de Monistrol-d'Allier.

Grifouleyre (La), vill., cⁿᵉ de Grèzes. — *Mansus de la Grefoleyra*, 1327 (Lozère, G. 98). — *Locus de la Griffoleyra*, 1527 (A. Besseyre, nᵉ). — *La Griffoulière*, 1888 (carte adm.).

Grigue, écart, cⁿᵉ de Vergongheon.

Grigue, port de la Taupe sur l'Allier, cⁿᵉ de Vézézoux.

Griniac, vill., cⁿᵉ de Siaugues-Saint-Romain. — *Mansus de Greynhac*, 1453 (Bibl. nat., ms. lat., n. acq., 1222, f° 19). — *Greniac* (cad.). — *Griniat*, 1888 (Malègue).

Griouloux (Les), m. i., cⁿᵉ de Lapte. — *Les Griontoux* (cad.).

Gris, écart, cⁿᵉ de Cistrières. — *Grazi, par. Cistreriarum*, 1316 (la Chaise-Dieu, Saint-Allyre). — *Greys*, 1449 (terrier de Clavelier). — *Graye*, 1625 (Robert, nᵉ).

Gris (Le), mont., cⁿᵉ de Mézères.

Grisail (Le), f., cⁿᵉ de Vastres. — *Jacques Charrey*

ron, *dit Grizail*, 1743 (ét. civ.). — *Le Grisail*, xviiie s. (Cassini). — *Le Mas du Grizaly*, 1776 (ét. civ.). — *Le Grisard*, 1888 (Malègue).

GRISAILLOU (RAVIN-DU-), affl. de la Loire à Bas. — *Rivus de Sabletz*, 1519 (obit. de Bas). — *Rivus Basii*, 1526 (*idem*). — *Crisailloux* (cad.).

GRIVE (LA), f., c^{ne} de Sainte-Sigolène.

GRIVEL, m. i., c^{ne} du Pont-Salomon.

GROSMÉNIL, h. et houillère, c^{ne} de Sainte-Florine. — *Grommenier*, 1640 (liève de Rilhac).

Concession des 19 décembre 1798, 4 juin et 4 septembre 1862.

GROMME-SOMME (LA), affl. de la Dore, limite des c^{nes} de Malvières et Bonneval. — *Ruisseau du Gentilhomme* (cad.).

GROS-ROCHER (RAVIN-DU-), affl. de l'Allier, c^{ne} de Monistrol-d'Allier.

GROSSE-PIERRE (LA), m. i., c^{ne} de Montfaucon.

GROSSE-VACHE (LA), affl. de l'Allier, c^{nes} de Saint-Berain et de Prades.

GROSSON, f., c^{ne} de Saint-Jeure. — *Groussou*, 1880 (carte adm.). — *Grossou*, 1888 (Malègue).

GROTTE DE LA REINE (LA), caverne près Sereys, c^{ne} de Chomelix. — (Tabl. du Velay, 1872-73, 65.)

GROULEYRE (LA), f., c^{ne} de Bauzac. — *Grouleria*, 1490 (obit. de Bas).

GROULEYRE (LA), loc. détr., c^{ne} de Monlet. — *Les habitans de la Graulière*, 1453 (la Chaise-Dieu, liasse Barribas).

Débris de l'époque romaine et ancienne tuilerie.

GROUMAUD (MOULIN-DE-), mⁱⁿ sur la Gourgueure, c^{ne} de Pinols.

GROUMESAUME, mⁱⁿ sur la Borne occidentale, c^{ne} de Céaux-d'Allègre. — *Gourme-Seaume*, 1820 (Deribier). — *Groumessaume*, 1888 (carte adm.).

GROUMESSAUME, m. i., c^{ne} d'Yssingeaux. — *Groumessanne*, 1888 (Malègue).

GROUSSET, f., c^{ne} d'Araules. — *Grosset*, 1559 (R. Maurin, n^{re}).

GROUSSET (LE), affl. du Panis, c^{ne} de Thoras.

GRU (LE), f., c^{ne} de Saint-Just-près-Brioude.

GRUEYRE, loc. détr., c^{ne} de Champclause. — *Grueyra*, 1464 (Ardèche, C. 624).

GUÈDE (RAVIN-DE-LA-), affl. du Céroux à Lugeac, c^{ne} de Saint-Just-près-Brioude.

GUÉ-DE-LA-MOTE, sur l'Allier, près Chazieux, c^{ne} de Saint-Ilpize. — *Gazum de Mota*, 1464 (Arch. nat., ZZ. 359, p. 100).

GUÉ-FRANÇAIS (LE), sur la Loire, à la jonction du Chalan, c^{ne} de Polignac. — *Gasus vulg. nuncup. Frances*, 1475 (Richon, n^{re}).

GUELLE (LA), m. i., c^{ne} de Jullianges.

GUELLE (LA), f., c^{ne} de Saint-Georges-Lagricol.

GUÉRIN, h., c^{ne} d'Aubazac. — *Garene, Guarent*, 1625 (terrier du Chambon de Blau).

GUÉRIN, f., c^{ne} de Pinols. — *Une Mecterie app. Garent*, 1588 (terrier d'Auvers). — *Garain*, xviiie s. (Cassini).

GUÉRINES (LES), m. i., c^{ne} des Villettes.

GUERRE (MOULIN-DE-), mⁱⁿ sur le Lignon, c^{ne} de Lapte.

GUETIAL (LA), l. détr., c^{ne} de Saint-Just-près-Brioude. — *Lhia Gaitilh*, 1339 (Bibl. nat., fr., 14377, f° 189). — *Mansus de la Guaytiel*, 1390 (Arch. nat., Z². 4145, p. 163). — *La Guetyal*, 1462 (Arch. nat., ZZ. 359, p. 48). — *La Guetial*, 1463 (*idem*, p. 74). — *La Quitial*, 1744 (terrier du Mas).

GUEUSES (LES), f., c^{ne} de Saint-Jeure.

GUÈZE (LA), h., c^{ne} de Lapte. — *Calma communis de la Guesa*, 1533 (Rhône, H. 2234). — *La Gueuse*, 1878 (carte adm.).

GUIDE (LA), m. i., c^{ne} d'Yssingeaux.

GUIELLE (LA), écart, c^{ne} de Cistrières.

GUIGNAMANDS, vill., c^{ne} du Pertuis

GUIGOLET, l. détr., c^{ne} de Saint-Julien-Chaptenil. — *Mansus de Guigolet*, 1344 (J. de Peyre, n^{re}).

GUIGONNET, mⁱⁿ sur la Semène, c^{ne} de Saint-Didier-la-Séauve. — *Guigonet*, 1564 (terrier de Saint-Didier). — *Digonnet*, 1820 (Deribier).

GUILHAUMET, f., c^{ne} des Estables. — *Les Souchez*, 1741 (ét. civ.). — *Le Mas de Guilhaumet ou las Souches*, 1783 (*idem*).

GUILHOUMET, f., c^{ne} des Estables. — *Guilhoumette*, 1820 (Deribier).

GUILLAUMANCHE, chât. ruiné et h., c^{ne} de Malvières. — *Guillelmus Mancus?* xiie s. (chron. du chap. de Brioude, p. 38). — *Guillelmanchiæ*, xiiie s. (*ibid.*). — *Les Guillomenches*, 1561 (J. Chalvon, n^{re}). — *Les Guilhaumanges*, 1869 (Malègue).

GUILLAUMANCHE, mⁱⁿ sur la Senouire, c^{ne} de Malvières. — *Le Moulin des Guilhaumenches*, 1561 (J. Chalvon, n^{re}).

GUILLAUME (GRAND-), f., c^{ne} de Saint-Maurice-de-Lignon.

GUILLON, f., c^{ne} du Chambon.

GUIMPE (LA), f., c^{ne} de Queyrières. — *Mansus de la Guempa*, 1290 (cart. de Mazan, f° 31 v°). — *La Guempe*, 1561 (Savin, n^{re}).

GUINEBAUDE, m. i., c^{ne} de Dunières. — *Guinebude*, 1879 (carte adm.).

GUINGUETTE (LA), m. i., c^{ne} du Chambon.

GUISSON, ruiss. qui prend sa source au-dessus de

Cacheresse, cᵉ de Siaugues-Saint-Romain, et se
jette dans l'Allier à Vereuge, cⁿᵉ de Saint-Julien-
des-Chazes. — *Rivus de Gisso*, 1387 (Chamblas).
— *Rivus de Jusso*, 1454 (Bibl. nat., ms. lat., n. a.,
1222, fᵒ 12 vᵒ). — *Jusson*, 1455 (*idem*, fᵒ 23 vᵒ).
— *Le Guissac*, (cad.). — *Dissou*, 1861 (état-
major). — *Ruiss. de Guisson*, 1880 (carte adm.).

Guitard (Moulin-), mⁱⁿ sur le Ceroux, cⁿᵉ de Vieille-
Brioude.

Guittard, dom., cⁿᵉ d'Ours-Mons. — *Chastel Vila, qui
est in territorio de Chasemde*, 1305 (Saint-Geor-
ges du Puy). — *Chastel Villa*, 1313 (év.). —
Mecterie des hoirs de feu Jacques Guitard, 1580
(Doleson, nⁱᵉ). — *La metterie de Guictard*, 1614
(Duclaux, nⁱᵉ).

Gurat, loc. détr., cⁿᵉ d'Azerat. — *In vicaria Brivatensi, in villa Igurago*, v. 1011 (cart. de Brioude,
ch. 6). — *Villa Egurag*, v. 1011 (*idem*, ch. 31).
— *Gusac*, xivᵉ s. (obit. de Br.). — *Agurat,
Gurat*, xivᵉ s. (terr. des Grèzes).

H

Haies (Les), h., cⁿᵉ de Pébrac. — *La Haïe*, 1820
(Deribier). — *Les Hays*, 1872 (Malègue).

Hameau-de-la-Loire, h., cⁿᵉ de Saint-Martin-de-
Fugères.

Hautevialle, loc. détr., près Lende, cⁿᵉ d'Azerat. —
Alta Villa, xivᵉ s. (terrier des Grèzes).

Haute-Vialle, h., cⁿᵉ de Rosières. — *Alta Vila*, 1250
(hôtel-Dieu). — *Auta Vila*, 1269 (év.). — *Aulte-
Vile en Vellay*, 1535 (Chamblas). — *Hautaville*,
1561 (Savin, nⁱᵉ). — *Autevialle*, 1632 (Arcis,
nⁱᵉ).

Hauteville, h., cⁿᵉ de Riotord. — *Haute-Ville*, 1586
(Delafond, nⁱᵉ).

Hébrards (Les), h., cⁿᵉ d'Alleyrac. — 1130 (Saint-
Georges du Puy, invent.). — *Locus deux Ebracz*,
1472 (*idem*). — *Les Hebrartz*, 1572 (A. Boyer,
nⁱᵉ). — *Les Ebrards*, xviiiᵉ s. (Cassini).

Hébrards (Les), affl. de l'Holme, cⁿᵉˢ d'Alleyrac et
Saint-Martin-de-Fugères.

Héraud, f., cⁿᵉ de Mazeyrat-Crispinhac. — *Territorium de Veireiras*, xiiiᵉ s. (terrier de l'hôpital de
Langeac). — *Veyreyras*, 1489 (terrier du Cluzel).
— *Chambon sive Veyreyres, Chambon alias Eyrault*, 1525 (*idem*). — *Heyrault, près Langac*,
1670 (tabl. du Velay, 1870-71, 419). — *Eyraud*, 1869 (Malègue).

Herbert (L'), m. i., cⁿᵉ de Saint-Victor-Malescours.

Herbret (L'), h., cⁿᵉ de Saint-Just-Malmont. —
L'Herbret, Lerbret, mand. de Fogirolles, 1569
(terrier de Saint-Didier).

Herbret (L'), l'un des deux ruiss. qui forment
l'Échapré dans la commune de Saint-Just-Malmont.

Herbret (L'), f., cⁿᵉ de Saint-Romain-Lachalm.

Herm (L'), vill., cⁿᵉ de Cayres. — *Homines dell
Erm*, 1252 (templiers du Puy). — *Homines dell
Herm*, 1271 (la Chaise-Dieu, Bouchet-Saint-
Nicolas). — *Ermum*, 1331 (J. de Peyre, nⁱᵉ). —
Heremum, 1352 (prieuré de Solignac). — *Lerm
du Doyenné*, 1572 (Pays, nⁱᵉ). — *L'Herm de
Cayres*, 1615 (Duclaux, nⁱᵉ).

Herm (L'), vill., cⁿᵉ de Laussonne. — *Villa quæ
dicitur ad Hermum, in pago Vellaico posita*, 857
(cart. du Monastier, nᵒ 69). — *Locus de Heremo*,
1524 (cad. du Monastier). — *L'Erm-de-Laussonne*,
1546 (Savin, nⁱᵉ). — *L'Air-de-Laussonne*, 1695
(capitation).

Herm (L'), chât. ruiné et f., cⁿᵉ du Monastier. —
Villa de Hermeto, 1096 (cart. du Monastier,
nᵒ 245). — *Villa de Heremo*, 1386 (homm. de
Solignac).

Fief vassal de la baronnie de Solignac-sur-
Loire.

Herm (L'), h., cⁿᵉ du Monastier. — *Villa quæ dicitur
Hermus*, v. 1000 (cart. du Monastier, nᵒ 194).
— *Villa quæ dicitur Hermum*, 1101 (*idem*,
nᵒ 246). — *L'Erm, par. S. Fortunat de Monnes-
tier*, 1569 (A. Boyer, nⁱᵉ). — *L'Herm-lès-Monas-
tier*, 1737 (Haute-Loire, B. 50). — *L'Herm-du-
Monestier*, 1785 (Th. Julien, nⁱᵉ).

Herm (L'), vill., cⁿᵉ du Pertuis. — *Mansus del
Herm*, 1299 (cart. de Mazan, fᵒ 128 vᵒ). — *Lerm
desuper Chalmeylhs*, 1305 (Hôtel-Dieu, B. 368).
— *Heremus*, 1318 (*idem*, B. 402). — *Ler*, 1534
(év.). — *L'Erm de Cholmeilhs*, 1546 (Savin, nⁱᵉ).
— *L'Herm, par. de Sainct-Sustien*, 1546 (*idem*).

Herm (L'), h., cⁿᵉ de Rosières. — *Lerm*, 1278 (tit.
de Bronac). — *Mansus del Herm*, 1314 (év.).
— *Heremus*, 1342 (coll. C. Falcon). — *L'Air*,
1695 (capitation). — *L'Holme*, 1880 (carte
adm.).

Fief vassal de l'évêché et possédé par la maison de Fay.

Herm (L'), h., c^{ne} de Saint-Julien-Chapteuil. — *Locus de Heremo*, 1455 (Pradier, n^{re}). — *L'Erm*, 1507 (év.). — *L'Erm de Sainct-Julien*, 1546 (Savin, n^{re}). — *L'Air*, 1685 (cad. de Chapteuil-Bas). — *L'Herme*, 1879 (carte adm.).

Herm (L'), vill., c^{ne} de Saint-Pierre-Duchamp. — *Heremus*, 1314 (Arch. nat., P. 1398³, cote 707). — *L'Erm*, 1571 (A. Boyer, n^{re}).

Herm (L'), vill., c^{ne} de Salettes. — *Leromitto*, 870 (Chifflet, hist. de Tournus, 210). — *Heremus*, 1331 (Arch. nat., P. 1397², cote 587). — *Affare del Herem*, 1383 (Rhône, E. 9). — *Ler*, 1534 (év.). — *L'Herm de Masclaux*, 1607 (Robert, n^{re}).

Herm (Moulins-de-L'), m^{ins} sur le Ram, c^{ne} de Rosières.

Herments (Les), h., c^{ne} d'Araules. — 1281 (homm. de l'év.). — *Los Hermentz*, 1323 (cart. de Tence, f° 13 v°). — *Mansus deus Hermencz*, 1346 (Saint-Mayol). — *Lous Ermens*, 1499 (hôtel-Dieu). — *Les Hermans*, 1608 (cad. de Bonnas). — *Les Herments*, xviii° s. (Cassini). — *Les Hermes*, 1861 (état-major).

Hermes (Les), vill., c^{ne} de Vielprat. — 1583 (tit. de Surrel). — *Les Herms*, 1860 (état-major).

Hermet (L'), vill., c^{ne} d'Aurec. — *Lermet*, 1317 (Arch. nat., P. 1400³, cote 990).

Hermet (L'), h., c^{ne} de Chassagnes. — *Terra de Hermo Adriano*, v. 888 (cart. de Brioude, ch. 11). — *In vicaria Brivatensi, in loco ad Illo Ermeto*, 906 (idem, ch. 251). — *Villa quæ vulgo vocatur Ermet*, v. 1060 (idem, ch. 78).

Hermet (L'), loc. détr., près Fontchave, c^{ne} de Pinols. — *Lermet*, 1353 (spic. Briv.).

Hermet (L'), h., c^{ne} de Riotord. — *Grangia de Ermeto*, 1273 (cart. de Saint-Sauveur-en-Rue).

Hermet (L'), f., c^{ne} de Saint-Berain. — *Locus de Lermeto*, 1444 (Thiolent). — *Lermet*, 1464 (Bibl. nat., ms. lat., n. acq., 1223, f° 156). — *Boria de Hermeto*, 1468 (idem, f° 334).

Hermet (L'), f., c^{ne} de Saint-Christophe-d'Allier.

Hermet (L'), h., c^{ne} de Saint-Hostien. — *Lermet*, 1333 (Arch. nat., R². 39). — *Locus de Lhermeto*, 1468 (Lardeyrol).

Hermet (L'), vill., c^{ne} de Saint-Privat-du-Dragon. — *In loco Illo Ermeto*, 924 (cart. de Brioude, ch. 203).

Hermet (L'), h., c^{ne} de Varennes-Saint-Honorat. — *Larmet*, xviii° s. (Cassini).

Hermet-Bas (L'), vill., c^{ne} du Pont-Salomon.

Hermet-Haut (L'), h., c^{ne} de Saint-Didier-la-Séauve.

— *Locus de Lermeto*, 1328 (coll. Chaleyer). — *Lermet-Hault*, 1645 (capitation).

Hermitage (L'), m. i., c^{ne} de Boisset. — Établi au xviii° s. par les Hermites de la congrégation de Saint-Jean-Baptiste et habité par Jean Coppin, auteur du *Bouclier de l'Europe ou la Guerre Sainte*.

Hermitage (L'), h., c^{ne} d'Espaly-Saint-Marcel.

Hermitage de Pradelles (L'), détruit, c^{ne} de Pradelles. — *L'Hermitage*, xviii° s. (Cassini). — *Le rocher de l'Hermitage de Pradelle*, 1778 (Faujas de Saint-Fond, 380).

Hermitagne (L'), h., c^{ne} de Saint-Didier-sur-Doulon. — *L'Ermytanye*, 1516 (Vals-le-Chastel). — *L'Ermitaigne*, 1523 (idem). — *Lermitagne*, xviii° s. (Cassini). — *L'Hermitage*, 1820 (Deribier).

Herms (Les), h., c^{ne} de Monistrol-d'Allier. — *Mansus dels Herms*, 1325 (Thiolent). — *Locus de Heremis*, 1359 (idem). — *Mansus de Hermis*, 1377 (idem). — *Les Herms*, 1684 (idem).

Hertis (L'), écart, c^{ne} de Vergongheon.

Heume, m. i., c^{ne} d'Yssingeaux.

Hierbes, vill., c^{ne} de Sembadel. — *Irbes*, 1569 (J. Chalvon, n^{re}).

Hierbettes, h., c^{ne} de Sembadel. — *Irbettes*, 1569 (J. Chalvon, n^{re}). — *Erbetas*, 1573 (communication de M. E. Grellet de la Deyte). — *Urbetes*, 1668 (ét. civ.).

Hilaire (Moulin-d'), mⁱⁿ sur le Malaval, c^{ne} d'Alleyras.

Hiver (L'), bois, c^{nes} de Saint-Vénérand et de Vabres.

Hiver (L'), bois, c^{ne} de Villeneuve-d'Allier.

Hiverneboeuf, écart, c^{ne} de la Chapelle-d'Aurec.

Hiverneboeuf (L'), affl. de la Loire au-dessous du Chambon, c^{ne} de Monistrol-sur-Loire. — *Le Dernebiou*, 1626 (vis. past. de J. de Serres, f° 13). — *Le ruisseau des Potences*, 1626 (idem, f° 324). — *Le Tranchard*, 1879 (carte adm.).

Hivernoux (Les), écart, c^{ne} de Monistrol-sur-Loire. — *Locus doux Yvernos*, 1454 (hôtel-Dieu, B. 700). — *Les Yvernoux*, 1695 (capitation). — *Les Hivernaux* (cad.).

Hivers (Les), h., c^{ne} d'Aurec.

Hiversets (Les), m. i., c^{ne} du Mas-de-Tence.

Hiversins (Les), bois, c^{ne} de Vorey.

Hivert (L'), affl. du Doulon, à la limite des communes de Domeyrat et de Saint-Préjet-Armandon. — *Le Vert* (cad.).

Hiverts (Les), affl. du Ramel à Chazalet, c^{ne} d'Yssingeaux, prend sa source au nord de Raucoules, c^{ne} de Queyrières. — *Le Merlary* (cad.).

Hivery, m. i., cⁿᵉ de Saint-Ferréol-d'Auroure. — *Les Eyverts* (cad.).

Holme (L'), affl. de la Loire à Goudet, arrose la commune de Salettes. — *Lolme* (cad.).

Hommes (Les), f., cⁿᵉ de Raucoules. — *Locus de Ulmis*, 1449 (Saint-Georges du Puy). — *Les Olmes*, 1574 (Guèze, nʳᵉ). — *Les Ormes*, 1625 (Duclaux, nʳᵉ). — *Les Homes*, xviiiᵉ s. (Cassini).

Hontès-Bas, h., cⁿᵉ de la Besseyre-Saint-Mary. — *Les Hontels-Soutcyres*, 1749 (terrier du Besset).

Hontès-Haut, h., cⁿᵉ de la Besseyre-Saint-Mary. — *Les Hontels-Soubcyres*, 1749 (terrier du Besset).

Hôpital (L'), m. i., cⁿᵉ de Chomelix.

Hôpital (L'), m. i., cⁿᵉ de Sainte-Sigolène.

Hôpital (Bois de l'), bois, cⁿᵉ de Saint-Julien-Chapteuil.

Hort (L'), f., cⁿᵉ des Estables. — *L'Ort*, 1760 (ét. civ.). — *L'Hort de Chanteloube*, 1767 (*idem*).

Hospitalet (L'), l. détr., cⁿᵉ de Chanaleilles. — *Domus de Riu agenos*, 1216 (Hôtel-Dieu, B. 303). — *Ribagenos*, 1298 (*idem*, B. 349). — *Ripagenos deus Salvatges*, 1334 (*idem*, B. 464). — *Ecclesia Sancti Jacobi de Ribaginos, locus Hospitalis de Ribaginos*, 1340 (*idem*, B. 472). — *L'Hospitalet*, 1501 (*idem*, B. 578). — *Locus de Hospitaleto*, 1524 (*idem*, B. 586).

Fontaine à pèlerinage pour le mal d'yeux, les maladies cutanées et la guérison du bétail; dédiée à saint Roch.

Hostes (Les), vill., cⁿᵉˢ du Mazet-Saint-Voy et de Saint-Jeure.

Hostes (Les), h., cⁿᵉ de Tence. — 1692 (ét. civ.).

Hôtes (Les), m. i., cⁿᵉ de Grazac. — *L'Hotesson*, xviiiᵉ s. (Cassini).

Houzon (La), prend sa source à l'ouest de Blaizat, cⁿᵉ de Saint-Éble, et se jette dans le Morange, près de Gagne, cⁿᵉ de Mazeyrat-Crispinhac. — *Aqua Hihosa*, v. 1031 (cart. de Brioude, nᵒ 94). — *La Louso*, 1490 (terrier du Cluzel, fᵒ 93 vᵒ).

Huche-Plate, mont., cⁿᵉ de Saint-Étienne-Lardeyrol.

Huche-Pointue, mont., cⁿᵉ de Saint-Étienne-Lardeyrol. — *Mons d'Ucha*, 1299 (hôtel-Dieu, B. 351). — *Uche*, 1575 (Chamblas).

Huelle, h., cⁿᵉ de Sainte-Sigolène. — *Hueles*, 1553 (ress. de Montfaucon). — *Uelles*, 1606 (Jamon, nʳᵉ). — *Huells*, xviiiᵉ s. (Cassini).

Huels, h., cⁿᵉ des Villettes. — *Huelles*, 1695 (capitation). — *Huells*, xviiiᵉ s. (Cassini).

Hurtes, écart, cⁿᵉ de la Sauvetat. — *Urtas*, 1256 (Rhône, la Sauvetat, I, 5); — 1390 (homm. de Solignac).

Hyversets (Les), m. i., cⁿᵉ du Mas-de-Tence.

I

Ignes (Les), chât. détr. et vill., cⁿᵉ de Monlet. — *De Las Inhas*, 1293 (Rhône, comʳⁱᵉ de Montredon, I, 1). — *Las Ynhas prope Alegrium*, 1461 (Bibl. nat., ms. lat., n. acq., nᵒ 1223, fᵒ 16). — *Lassimes* (mauv. lec.), 1511 (coust. d'Auv., fᵒ 81 vᵒ). — *Les Ygnes*, 1576 (Haute-Loire, E.).

Seigneurie appartenant à la maison d'Allègre, avant le xviᵉ siècle, et mouvant en fief du duché d'Auvergne.

Ignes (Moulin-des), mⁱⁿ sur la Borne occidentale, cⁿᵉ de Monlet.

Iles (Les), h., cⁿᵉ de Saint-Maurice-de-Lignon. — *Insula*, 1097 (cart. de Chamalières, nᵒ 9). — *Las Hilhas*, 1390 (év.). — *Les Illes*, 1689 (cad. du Lignon).

Iles (Les), f., cⁿᵉ de la Vaudieu. — *La Meterie des Yz*, 1612 (terrier de la Vaudieu).

Imbastards (Razat-des-), affl. de la Senouire, au nord-est du Viallard, cⁿᵉ de Josat.

Imberts (Les), f., cⁿᵉ de Barges. — *Les Imberts de Barges*, 1740 (Haute-Loire, B. 53).

Imberts (Les), f., cⁿᵉ de Chaudeyrolles. — 1634 (ét. civ.).

Imbouzades (L'), affl. de Panis, cⁿᵉ de Croisance.

Inaires, h., cⁿᵉ de Craponne-sur-Arzon. — *Eneyras*, 1522 (Saint-Georges du Puy). — *Uneyres*, 1604 (Mᵒᵉ Leblanc, nʳᵉ). — *Ineyres*, 1662 (ét. civ.). — *Yneyres*, 1670 (Arch. nat., P. 502, cote 109).

Inaires (Moulin-d'), mⁱⁿ sur l'Arzon, cⁿᵉ de Craponne-sur-Arzon. — *Moulin-de-Roche*, 1880 (carte adm.).

Injaneyres (Les), affl. de l'Ance, limite des communes de Solignac-sous-Roche et Retournac. — *L'Anjanaire*, 1879 (carte adm.).

Innocents (Chapelle des), cⁿᵉ de Lorlanges; démolie en 1743.

Intrange, vill., cⁿᵉ de Connangles. — *Intrangiæ*, 1358 (la Chaise-Dieu, Connangles). — *Entrague, Entranges*, 1728 (*ibid.*)

Irieyre (L'), ruiss., affl. du Javoulx, c*** de Siaugues-Saint-Romain et de Vissac.

Issanges, vill., c** d'Agnat. — *Usseiol, Usseuiol*, xiv* s. (terrier des Grèzes). — *Usseuge*, xviii* s. (Cassini). — *Issange*, 1820 (Deribier). — *Isseuge*, 1851 (Giraud).

Issanges (L'), affl. du Ternivol, c*** d'Agnat. — *Rivus d'Usseiol*, xiv* s. (terrier des Grèzes).

Issarts (Les), m*** sur le Lignon, c** d'Yssingeaux.

Isservier (Ruisseau d'), affl. de la Gourgueure, c*** d'Auvers et de Desges.

J

Jabrie (La), gouffre de la Loire, c** de Coubon.

Jabier, vill., c** de Saint-Christophe-sur-Dolaison. — *In pago Vellaico, in villa quæ dicitur Gabiane*, v. 1010 (cart. du Monastier, n° 184). — *Gabia*, 1256 (hôtel-Dieu, B. 132). — *Jabia*, 1283 (év.). — *Mansus de Gabiano, de Jabiano*, 1386 (homm. de Solignac). — *Yabia*, 1507 (év.). — *Jabie*, 1549 (Rhône, H. 2478). — *Jabio*, 1614 (Brunel, n**). — *Gabies*, 1630 (*idem*). — *Jabiou*, 1633 (Arcis, n**).

Jabret, vill., c*** de Saint-Geneys-près-Saint-Paulien et de Bellevue-la-Montagne. — *Iabrel*, 1222 (Martène, thes. nov. anecd., I, 897). — *Jabreulh*, 1321 (spic. Briv.). — *Villa de Jabrel*, 1345 (terrier de Pons de Céaux). — *Jabrelh*, 1359 (terrier de Jean de Cereys). — *Ghabreilh*, 1548 (Galien, n**). — *Jabril*, xviii* s. (Cassini). — *Jabreil* (cad.). — *Gabreille*, 1820 (Deribier). — *Jabrelles*, 1860 (état-major).

Jabruzac, h., c** de Beaulieu.

Jabruzac, vill., c** de Malrevers. — *Jabruzac*, 1283 (hôtel-Dieu, B. 332). — *Zabruzacus*, 1331 (*ibid.*, B. 442). — *Jabrusacus*, 1430 (év.).

Jacassy, f., c** des Estables. — *Jaquassi*, xviii* s. (Cassini). — *Le Mas de Jacassi*, 1759 (ét. civ.).

Jacquard, m. i., c** d'Araules.

Jacquard (Moulin-de-), m***, c** de la Chapelle-Bertin.

Jacques (Le Moulin-de-), m*** sur la Gazeille, c** du Monastier.

Jacques-de-Zean, f., c** des Estables. — *Le lieu de Jacques-de-Jean*, 1761 (ét. civ.).

Jacquet, f., c** de Montfaucon.

Jacquet, m. i., c** du Pertuis.

Jacquet, f., c** de Saint-Jeure. — *Jacamet*, 1314 (év.).

Jaffeun, bois, c** de Lantriac. — *Nemus de Jaffeurs*, 1413 (terrier du Moulin-Neuf). — *Le boix app. de Jaffueilh*, 1541 (Savin, n**).

Jagonas, l. détr. et bois, c** de Bonneval. — *Mansus de Jagonas supra Bonaval*, 1404 (terrier de Chomelix-le-Haut).

Jagonnas, chât. et vill., c** de Rauret. — *Jagonas*, 1285 (homm. de l'év.). — *Jagonassium*, 1382 (év.). — *Jagonacium, Jagunnacium*, 1390 (év.). — *Jagonacum*, 1424 (év.). — *Jagonnas*, 1507 (év.).

Fief vassal de l'évêché du Puy.

Commune supprimée par ordonnance du 27 novembre 1832, et réunie à celle de Rauret.

Jagonzac, vill., c** de Saint-Haon. — *Jagonzacus*, 1289 (Arch. nat., P. 1398¹, c. 652). — *Jagunzac*, 1390 (év.).

Jagoury, m. i., c** de Bessamorel.

Jahon, vill., c** de Langeac. — *Iaond*, xii* s. (cart. de Pébrac, n** 46-42). — *Iaon*, xii* s. (*idem*, n** 46-45 et 51). — *Yahont*, v. 1250 (spic. Briv.). — *Vahont*, v. 1250 (*idem*). — *Jaont*, xiii* s. (terrier de l'hôpital de Langeac). — *Mansus de Jahont*, 1479 (Arch. nat., Q. 513, f° 44).

Jaladif (Le), h., c*** de Laval et de Saint-Vert. — *Mansus del Jaladiu*, 1307 (la Chaise-Dieu, Saint-Vert).

Jalajour, h., c** de Saint-Julien-Chapteuil. — *Jalayoc*, 1343 (homm. de l'év.). — *Jalajoc*, 1532 (Dompnin, n**). — *Jalajouc*, 1685 (cad. de Chapteuil-Bas). — *Jalaghouc*, 1695 (capitation).

Jalajoux, bois, c** de Desges.

Jalasset, h., c** de Bains. — *Jalasset*, 1256 (év.). — *Jalassetum*, 1394 (la Chaise-Dieu, Saint-Rémy). — *Jalasset*, 1408 (compois du Puy). — *Gelasset*, 1545 (Médicis, I, 396).

Jalavoux, m. de camp., c** d'Aiguilhe.

Jalavoux, dom., c** de Vergezac. — Divisé autrefois en deux groupes, Jalavoux-Haut et Jalavoux-Bas. — *Jaluos lo Sobeyra*, 1346 (J. de Peyre, n**). — *Boria de Gelaos lo Subeira*, 1351 (la Chaise-Dieu, Saint-Rémy). — *Jalaos lo Soteyra*, 1383 (homm.

de l'év.). — *Galavoux* (l'imprimé porte *Galanoux*), 1511 (coust. d'Auv., f° 79 v°).
Fief vassal de l'évêché du Puy et arrière-fief du duché d'Auvergne.

JALAVOUX (LES), écart, cⁿᵉ de Retournac. — *l'illa quæ dicitur ad Gelaitivos*, 986 (cart. de Chamalières, n° 109). — *Ad Ingelados*, 1175 (*idem*, n° 124). — *Lous Jallaoux*, 1695 (capitation). — *Les Alayous*, xviiiᵉ s. (Cassini).

JALÈS, vill., cⁿᵉ de Bains. — *Jales*, 1210 (templiers du Puy). — *Gelletz*, 1633 (Demans, nrᵉ). — *Jaletz*, 1695 (cad. de Ceyssac). — *Jallès*, 1888 (Malègue).

JALLÈS, m. i., cⁿᵉ de Brives-Charensac.

JALORE, mont., cⁿᵉ de Rosières. — *Nemus de Jaloure*, 1304 (év.). — *Jeloyre*, 1309 (év.). — *Jaloyre*, 1370 (év.). — *Joaloure*, 1373 (év.). — *Jalore*, 1392 (év.). — *Ghaloure*, 1550 (Chamblas). — *Jalaure*, 1714 (cad. de Laval-Emblavès). — *Jalaury* (cad.). — *Jalory*, 1876 (aff. jud.).

JAMARAT, m. i., cⁿᵉ d'Yssingeaux. — *Jean-Maras*, 1820 (Deribier).

JAME (LA), f., cⁿᵉ de Queyrières.

JAMETON, écart, cⁿᵉ de la Chapelle-Geneste. — *Jametaux* (cad.). — *Jambeton*, 1888 (carte adm.).

JAMILLONS (LES), h., cⁿᵉ du Mas-de-Tence. — *Jamilloux*, 1820 (Deribier).

JAMMÉ (MOULIN-DE-), mⁱⁿ sur la Berlandes, cⁿᵉ de Grèzes.

JAMON, f., cⁿᵉ de Champclause. — 1808 (ét. des succ.).

JAMON, f., cⁿᵉ de Saint-Romain-Lachalm. — *Le lieu de Jamon, jadiz appellé la Sardanenche, et auparavant la Grangoniere*, 1569 (terrier de Saint-Didier).

JAMON, m. i., cⁿᵉ d'Yssingeaux.

JAMPO, m. i., cⁿᵉ de Saint-Maurice-de-Lignon.

JANDRIAC, m. i., cⁿᵉ d'Ours-Mons.

JANILIÈRES, loc. détr., cⁿᵉ de Charraix. — *La Metayrie de Janilieyres*, 1608 (Thiolent).

JANISSE, m. i. en ruines, cⁿᵉ de Roche-en-Régnier. — *Territorium de Ruppe app. de Jani*, 1406 (terrier du Bois).

JANISSE (LE), afll. de la Loire en amont du Chambon, arrose les communes de Roche-en-Régnier et de Vorey.

JANSENET, h., cⁿᵉ d'Ally. — *In comitatu Arvernico, in vicaria Radicatensi, villa quæ dicitur Gentianedo*, 971 (cart. de Brioude, ch. 185). — *Jansenet*, 1380 (Arch. nat., Z². 4143, p. 63). — *Jancenet*, 1429 (Bibl. nat., ms. fr., 11490, f° 70). — *Jeancenet*, xviiiᵉ s. (Cassini). — *Jencenet* (cad.).

JAPPE-RENARD, m. i., cⁿᵉ de Tence.

JAPRENARD, l. détr., cⁿᵉ de Lapte. — xviiiᵉ s. (Cassini.)

JARISSON, loc. détr., cⁿᵉ de Chassagnes. — *Mansus de Jarisso, par. de Chassanhiis*, 1376 (la Chaise-Dieu, Mazerat-la-Brequeille).

JARISSON, h., cⁿᵉ de Saint-Arcons-d'Allier.

JARLIER, écart, cⁿᵉ de Freycenet-Lacuche. — *Gharlhier, Jarlhier*, 1528 (cad. du Monastier). — *Gerlier*, 1695 (capitation). — *Gearllier*, 1785 (Julien, nrᵉ). — *Jarlière*, 1820 (Deribier).

JARNIOU, m. i., cⁿᵉ de Sainte-Sigolène. — *Jarniaux*, 1888 (Malègue).

JAROUSSE (LA), f., cⁿᵉ de Chaniat. — *Terra de la Gerossa*, 1287 (spic. Briv.). — *La Jarrousse*, 1626 (la Chaise-Dieu, Javaugues).

JAROUSSIEN, f., cⁿᵉ de Paulhaguet. — *Jarrosier*, 1543 (la Chaise-Dieu, Domeyrat). — *Jarrossier*, 1613 (terrier de la Vaudieu).

JAROUSSON, f., cⁿᵉ de la Vaudieu. — *Jarrousson*, 1888 (Malègue).

JARRIGE (LA), mont., cⁿᵉ de Chassagnes.

JARRIGE (LA), h., cⁿᵉ de Saint-Austremoine.

JARRIGE (LA), h., cⁿᵉ de Vergongheon. — *Jarrya*, xiiᵉ s. (cart. de Sauxillanges, ch. 979). — *La Jarrigha*, 1371 (Arch. nat., P. 1375², cote 2539).

JARRISSON, h., cⁿᵉ de Saint-Arcons-d'Allier. — 1455 (Bibl. nat., ms. lat., n. acq., 1222, f° 22).

JARRISSON (LE), afll. de l'Allier, au nord de la cⁿᵉ de Saint-Arcons-d'Allier.

JARROUSSIER (LE), loc. détr., cⁿᵉ de Tailhac. — *El Gerrossier*, 1477 (Bibl. nat., ms. lat., n. acq., 1224, f° 170 v°).

JAURENCE, mont. boisée, cⁿᵉ de Saint-Julien-du-Pinet. — *Nemus voc. Guirensa*, 1299 (hôtel-Dieu, B. 351). — *Mons de Gieurensa*, 1451 (cart. de Mazan, f° 52 v°). — *Giourand*, 1603 (cad. de Glavenas).

JAUREY, m. i., cⁿᵉ d'Aurec. — *Le Geôlier*, 1869 (Malègue).

JAURIA, vill., cⁿᵉ d'Azerat. — *In vicaria Brivatensi, in villa... Lauriago (Jauriago)*, xiᵉ s. (cart. de Brioude, ch. 53). — *Villa Jauriag*, xiᵉ s. (*idem*, ch. 67). — *Gauriago* (*idem*, tables, 395, ccxcv). — *Jauriacus*, 1156 (spic. Briv.). — *Jauriac*, 1256 (*idem*). — *Jauriat*, 1439 (la Chaise-Dieu, Azerat). — *Joriat*, 1880 (carte adm.).

JAVAUGUES, cⁿ de Brioude. — *Gangetica terra*(?), 819 (bibl. de l'éc. des ch., XXVII, A. Bruel, chron. du cart. de Brioude, 508). — *Prior de Javalge*, 1278 (la Chaise-Dieu, Bouchet-Saint-Nicolas). — *Javalgues*, 1285 (spic. Briv.). — *Gavalgue*,

Galvaigue, 1287 (*idem*). — *Javalgue*, 1298 (*idem*). — *Jalvaigues*, 1401 (*idem*). — *Jevalgues*, 1494 (la Chaise-Dieu, Javaugues). — *Javaulgue*, 1543 (*idem*). — *Javaugues*, 1669 (spic. Briv.).

En 1789, Javaugues, qui était un fief vassal du duché d'Auvergne, appartenait à la province d'Auvergne, à l'élection et subdélégation de Brioude et au ressort de Riom. Son église paroissiale, diocèse de Saint-Flour et archiprêtré de Brioude, était sous l'invocation de saint Loup; l'abbé de la Chaise-Dieu présentait à la cure.

Javeloux, m. i., c^{ne} de Bas. — *Javelou*, 1691 (obit. de Bas). — *Javelon*, 1879 (carte adm.).

Javignac, l. détr., près Champagne, c^{ne} de Saint-Paulien. — *Casalia de Javinhac*, 1497 (Haute-Loire, E.).

Javinières (Les), f., c^{ne} de Saint-Julien-Molhesabate. — *Les Javignères*, 1879 (carte adm.).

Javoulx (Le), riv., affl. de l'Allier au-dessous de Chanteuges, prend sa source près de Fix-Saint-Geneys, coule sur les communes d'Auteyrac, Vissac et Saint-Arcons-d'Allier. — *Rivus de Javors*, 1463 (terrier de Vissac, f° 8). — *Le rif de Jahors*, 1465 (Bibl. nat., ms. lat., n. acq., n° 1223, f° 215). — *Rivus de Jahours*, 1478 (terrier du Cluzel). — *Javours*, 1495 (terrier de Vissac). — *La Fioule*, 1860 (état-major).

Javoure, gare, c^{ne} de Fix-Saint-Geneys.

Jax, c^{on} de Paulhaguet. — *In aice Brivatensi, in vicaria Cantinialica* (sic), *in villa Jax*, 888 (cart. de Brioude, ch. 38). — *Jacs*, 1134 (cart. de Pébrac, n° 31). — *Prior de Jax*, 1365 (spic. Briv.). — *Jaux*, 1379 (compte de B. Flotenc). — *Jacz*, 1398 (*idem* de B. Sannadre). — *Jacx*, 1401 (spic. Briv.). — *Parochia B. Andreæ de Jax*, 1456 (Bibl. nat., ms. lat., n. acq., 1222, f° 18).

En 1789, Jax faisait partie de la province d'Auvergne, de l'élection de Brioude, de la subdélégation de la Chaise-Dieu et du ressort de Riom. Son église paroissiale, diocèse de Saint-Flour et archiprêtré de Langeac, était consacrée à saint André; l'abbé de Pébrac présentait à la cure, en sa qualité de prieur.

Jay (Le), l. détr., c^{ne} de Saint-Privat-du-Dragon. — 1459 (Arch. nat., ZZ. 359, p. 15).

Jayer, m. i., c^{ne} d'Yssingeaux.

Jazende, vill., c^{ne} de Villeneuve-d'Allier. — *In vicaria (Brivatensi), villa Gazende*, 925 (cart. de Brioude, ch. 236). — *Jazemde*, v. 1075 (cart. de Pébrac, n° 7). — *Le Mas de Gezende*, 1421 (Arch. nat., Z². 4149, p. 292). — *Jazinde*, 1466 (Arch. nat., ZZ. 359, p. 32). — *Mansus superior de Jazende*, 1466 (*idem*, p. 132).

Jean-Cros, f., c^{ne} de Champclause.

Jean-Despeyres, m. i., c^{ne} de Saint-Voy. — *Jean-des-Peyres*, 1888 (Malègue).

Jean du-Moulin, f., c^{ne} de Saint-Romain-Lachalm.

Jean-François, m. i., c^{ne} de Malrevers.

Jean-Joly, h., c^{ne} de Jullianges. — *Jangeoli*, 1696 (L. Devinols, n^{re}).

Jeanne-Martin, écart, c^{ne} de Connangles.

Jeannote (La), f., c^{ne} de Tence.

Jean-Pau, m. i., c^{ne} d'Yssingeaux.

Jenzat, h., c^{ne} d'Agnat. — *Jarzaylh*, xive s. (terrier des Grèzes). — *Gerzail*, xviiie s. (Cassini).

Jenzat (Le), affl. du Lindes, c^{ne} d'Agnat.

Jigade (La), ruiss., affl. de la Loire à l'est de Masclaux, c^{ne} d'Arlempdes.

Joanel, f., c^{ne} de Freycenet-Lacuche.

Joanon, f., c^{ne} des Estables.

Joie (La), m. i., c^{ne} de Coubon. — *Jayx*, 1820 (Deribier).

Jointes (Les), dom., c^{ne} de Chaspuzac. — 1232 (Saint-Mayol, invent.). — *Las Junctas*, 1385 (terrier de Saint-Vidal). — *Las Joinctas*, 1466 (Bibl. nat., ms. lat., n. acq., 1223, f° 286 v°).

Joly, écart, c^{ne} de la Chapelle-Geneste.

Jonchère (La), loc. détr., c^{ne} de Montusclat. — *La Juncheire*, 1696 (cad. de Montusclat).

Jonchères, chât. ruiné et h., c^{ne} de Rauret. — *Joncheyras*, 1164 (Médicis, I, 76). — *Juncheiras*, 1283 (év.). — *Castrum de Juncheriis*, 1289 (Arch. nat., P. 1398¹, cote 652). — *Juntgeyras*, 1370 (év.). — *Dominus Jungeriarum*, 1402 (Arch. nat., P. 1399¹, cote 749). — *Vicaria S. Petri infra castrum de Juncheriis*, 1516 (Arch. nat., G^{8*}. 1, f° 447). — *Jonchières*, 1541 (V. Brunel, n^{re}).

Fief vassal de l'évêché du Puy.

Commune supprimée par ordonnance du 27 novembre 1832, et réunie à celle de Rauret.

Jonchères (Ravin-de-), affl. de l'Allier à Jonchères, c^{ne} de Rauret. — *Ruiss. d'Audonnès*, 1622 (coll. Eyraud-Reynier).

Joncherettes, vill., c^{ne} de Rauret. — *Junchayretas*, 1339 (augustines de Vals). — *Juncheiretes*, 1540 (V. Brunel, n^{re}). — *Juncheyretes*, 1575 (A. Boyer, n^{re}). — *Joncherette*, 1888 (carte adm.).

Jorat, h., c^{ne} de Jullianges. — *Geurazac*, 1332 (Arch. nat., P. 1397², cote 571). — *Guirazac*, 1333 (Arch. nat., S. 3298). — *Zeurazac*, 1345 (la Chaise-Dieu, Jullianges). — *Giourac*, 1472

(Bibl. nat., ms. lat., n. acq., 1224, f° 52). —
Giourat, 1670 (Arch. nat., P. 502, cote 109).
— *Georat, Jeorat*, 1782 (la Chaise-Dieu, Jul-
lianges).

Josan, vill., c^ne de Cerzat. — *Jauzans*, 1379 (Arch.
nat., Z². 4143, p. 6). — *Jouzans, Jouzan*, 1625
(terrier du Chambon de Blau). — *Josand*, 1880
(carte adm.).

Josan (Le), affl. de l'Allier, c^nes de Cerzat et de la
Voûte-Chilhac. — *Le Josant* (cad.).

Josat, c^on de Paulhaguet. — *In comitatu Brivatensi,
in aice Loiacense (Joiacense)*, v. 888 (cart. de
Brioude, ch. 11; tables, fragm. I, n° 11). —
Jalzac, 1344 (Saint-Georges de Saint-Paulien).
— *Jaulzac*, 1379 (compte de B. Flotenc). —
Jalzat, 1401 (spic. Briv.). — *Jauzac*, xviiie s.
(Cassini).

En 1789, Josat dépendait de la province d'Auvergne, de l'élection de Brioude, de la subdélégation de la Chaise-Dieu et du ressort de Riom.
Son église paroissiale, diocèse de Saint-Flour et
archiprêtré de Brioude, était sous le vocable de
Notre-Dame.

Josiat, écart, c^ne de Saint-Julien-du-Pinet. — *Jausas*,
1297 (homm. de l'év.). — *Jauzas*, 1386 (év.).
— *Jausatum*, 1391 (év.). — *Jousac*, 1507 (év.).
— *Sosias*, xviiie s. (Cassini). — *Saucias*, 1860
(état-major). — *Josias*, 1878 (carte adm.).

Jouanet, m. i., détr., c^ne d'Yssingeaux. — xviiie s.
(Cassini).

Jouanne (Moulin-de-), m^in sur l'Ance, c^ue de Saint-
Georges-Lagricol.

Jouanon, m. i., c^ne de Tence.

Joubert, m. i., c^ne de Rosières.

Joubert, h., c^ne de Saint-Julien-Molhesabate. — 1618
(Jamon, n^re).

Joubert, m. i., c^ne de Saint-Paulien.

Joubert (Moulin-), m^in sur le Javoulx, c^ne de Saint-
Arcons-d'Allier. — *Le Molin de Fiola*, 1458
(Bibl. nat., ms. lat., n. acq., 1222, f° 80). —
— *Molendinum de Fuola*, 1459 (idem, f° 98). —
Le Molin-de-Fiole, 1495 (terrier de Vissac).

Joucagray, m. i., c^ue de Moudeyres. — *Jouque-Gray*,
1880 (carte adm.).

Joumard, m^in sur l'Allier, c^ne d'Aubazac.

Jour (Le), affl. du Lignon, au nord-ouest de Rivière,
c^ne de Tence. — *L'Alaisson* (cad.).

Jourchane, vill., c^ne de Chassignolles. — *Mansus de
Jurchanas*, 1358 (spic. Briv.). — *Jorchanas*,
1358 (Arch. nat., J. 1134, cote 7). — *Jourchanes*, 1669 (spic. Briv.). — *Jourchanne*, 1880
(carte adm.).

Jourdat, m. i., c^ne de Laple. — *Fournat*, 1878
(carte adm.).

Jourdes (Six-), mont. boisée, c^ne du Vernet. — *Suc
Jorda*, 1282 (hôtel-Dieu, B. 331).

Jourdy, vill., c^ne de Saint-Pal-de-Mons. — *Jurdic*,
1384 (év.). — *Jurdit*, 1391 (év.). — *Juridic*,
1507 (év.). — *Jourdic*, 1695 (capitation).

Journet, h., c^ne de Champagnac. — *Jourez*, 1888 (Malègue).

Journet, lieu dit, c^ne de Saint-Ilpize. — *Jornet*, 1387
(Arch. nat., Z². 4144, p. 228).

Jousserand (Le), ruiss., affl. de la Colense, c^ne de
Freycenet-Lacuche. — *Rivus de la Jauseranda*,
1527 (cad. du Monastier). — *Le Josserand* (cad.).
— *Ruiss. des Raches*, 1880 (carte adm.).

Jouve (Moulin-de-), m^in sur l'Aquejols, c^ne de Saint-
Paul-de-Tartas.

Joux, h., c^ne de Céaux-d'Allègre. — *Joez ou Jox*,
1218 (templiers du Puy). — *Joux*, 1293 (Rhône,
Montredon, I, 1). — *Guxe*, xviiie s. (Cassini).

Joux, h., c^ne de Saint-Didier-sur-Doulon.

Joux, chât., c^ne de Tence. — *Joxs*, 1258 (Rhône,
D. 153). — *Joez*, 1399 (idem, B. 148).

Jozat, l. détr., c^ne de Villeneuve-d'Allier. — *Cazalia de Giouzat*, 1396 (Arch. nat., Q. 513). —
Territ. de Jouzat sive doz Chezaulx, 1462 (Arch.
nat., ZZ. 359, p. 46).

Juchet, h., c^ne de Céaux-d'Allègre. — *Juchet*, 1341
(Haute-Loire, E.). — *Juchetz*, 1385 (hôtel-Dieu,
B. 690). — *Juchès*, 1820 (Deribier).

Juge, m. i., c^ne du Mas-de-Tence.

Juillard, écart, c^ne de Saint-Pal-de-Murs. — *Juilhard, Juliard*, 1573 (comm^on de M. Emm. Grellet
de la Deyte).

Juillat, hén., c^ne du Bouchet-Saint-Nicolas. — *Julhac*, 1256 (év.). — *Terr. de Juillac prope villam
prioratus de Bocheto*, 1289 (la Chaise-Dieu, le
Bouchet-Saint-Nicolas). — *Mansus de Julhaco*,
1370 (év.). — *Setena Juliacii*, 1424 (év.). —
Lo VIIme de Julliac, 1507 (év.).

Juillec, quartier du vill. de la Mure, c^ne de Bas. —
Julhiec, 1391 (coll. Chaleyer). — *Julhiet*, 1508
(obit. de Bas). — *Julhec*, 1546 (idem). — *Julhiec
lez la Mure*, 1563 (idem).

Juillet, f., c^ue de Saint-Julien-Molhesabate. — *Julhec*, 1468 (Rivière, n^re). — *Jullet*, 1869 (Malègue).

Julien, f., c^ne de Bessamorel.

Jullianges, c^on de la Chaise-Dieu. — *Parochia de
Jullanias*, v. 1175 (hospitaliers du Velay). —
Villa de Julanges, v. 1260 (Arch. nat., J. 1031,
n° 2). — *Prior de Julhanzas*, 1305 (Arch. nat.,

S. 3297). — *Julhangas*, 1332 (Arch. nat., P. 1397², cote 571). — *Ecclesia B. Andreæ Julliangiarum*, 1345 (la Chaise-Dieu, Jullianges). — *Jullenges*, 1401 (spic. Briv.).

En 1789, Jullianges était compris dans la province d'Auvergne, l'élection d'Issoire, la subdélégation de Saint-Amand-Roche-Savine et le ressort de Riom. Son église paroissiale, diocèse de Clermont et archiprêtré de Livradois, était dédiée aux saints Pierre et André; le sacristain-mage de l'abbaye de la Chaise-Dieu présentait à la cure, comme prieur de cette localité.

JULLIAT, f., cⁿᵉ de la Vaudieu. — *Juliac*, 1139 (cart. de Pébrac, n° 29). — *Julhyac*, 1341 (terrier de Charbounier). — *Julhac*, xvᵉ s. (Bibl. nat., fr., 22297, p. 284). — *Julhat, Julliat*, 1612 (terrier de la Vaudieu).

JURINE, h., cⁿᵉ de Saint-Just-Malmont. — *Juruna*, 1525 (coll. Chaleyer). — *Juruyna*, 1556 (*idem*). — *Juryne*, 1569 (terrier de Saint-Didier).

JUSSAC, vill., cⁿᵉ de Retournac. — *Jussac*, 1163 (cart. de Chamalières, n° 76). — *Jussacum*, 1213 (*idem*, n° 329). — *Jussat*, 1383 (Rhône, E. 9).

JUSSALABRE, l. détr., sur le mont Chiroux, cⁿᵉ de Cussac. — *Villa de Jussalabre quæ est juxta Malpas*, v. 1135 (tabl. du Velay, 1870-71, 528).

JUZOUMAL (LE), écart, cⁿᵉ de Présailles. — *Affare del Jusalmal*, 1383 (Rhône, E. 9). — *Loux Mas Julhos*, 1570 (du Villar, nʳᵉ). — *Le Guizoumal*, 1695 (capitation). — *Le domaine de Gizoumal*, 1699 (cad. de Vachère). — *Le Guizoumas* (cad.). — *L'Inzoumal*, 1820 (Deribier). — *Jugeniat*, 1888 (Malègue).

L

LABADAL, mⁱⁿ sur le Javoulx, cⁿᵉ de Siaugues-Saint-Romain.

LABADAL, mⁱⁿ sur le Javoulx, cⁿᵉ de Vissac.

LABADENT, loc. détr., cⁿᵉ de Saint-Just-près-Brioude. — *Lapadenc, Lanpadent*, 1339 (Bibl. nat., fr., 14377, fᵒˢ 189 et 197). — *Mansus de Labadent*, 1428 (Bibl. nat., fr., 11490, p. 59).

LABADIER, m. i., cⁿᵉ de Saint-Berain.

LABIEC, vill., cⁿᵉ de Bas. — *Labiec*, 1325 (coll. Chaleyer). — *Labiet*, 1431 (Loire, A. 89, fᵒ 211). — *Labiacum*, 1511 (obit. de Bas).

LABISTOUR, h., cⁿᵉ de la Voûte-sur-Loire. — *Locus de la Bistour*, 1519 (Haute-Loire, E.).

LABLOIE, écart, cⁿᵉ de Bas.

LABOURAT (LE), lieu détr., cⁿᵉ de la Chapelle-Geneste. — *Terræ del Laborat*, 1416 (la Chaise-Dieu, la Chapelle-Geneste).

LABOURIER, h., cⁿᵉ de Riotord. — *Laborier*, 1467 (Rivière, nʳᵉ). — *La Bourier*, 1879 (carte adm.).

LABOUT, vill., cⁿᵉ de Blassac. — *Mansus de Labot*, 1387 (Arch. nat., Z². 4144, p. 208). — *Labout*, 1476 (Arch. nat., ZZ. 359, p. 153). — *Laboue*, 1888 (Malègue).

LABOUYÈRE, f., cⁿᵉ de Beaulieu.

LABRO, vill., cⁿᵉ de Saint-Vincent. — *Mansus de la Broa*, 1340 (Arch. nat., P. 1397², cote 590). — *La Broha*, 1501 (Chamblas). — *La Brohe*, 1695 (capitation). — *La Broue*, 1714 (cad. de Laval-Emblavès). — *La Broche*, xviiiᵉ s. (Cassini). — *Labrot*, 1820 (Deribier). — *Labraud*, 1861 (état-Major).

LABROT, loc. détr., cⁿᵉ de Charraix. — *Mansus de La Bro de Charais*, 1351 (Thiolent).

LABROT, vill., cⁿᵉ de Saint-Vincent. — *Labroue*, 1714 (cad. de Laval-Emblavès).

LAC (LE), m. i., cⁿᵉ de Chadrac. — *Les Lacs*, 1820 (Deribier).

LAC (LE), loc. détr., cⁿᵉ de Cohade. — *Mansus qui vocatur Lacus*, v. 1031 (cart. de Brioude, ch. 105). — *Le terroir del Lac del Prevost*, 1605 (terrier du chap. de Br.).

LAC (LE), bois, cⁿᵉ de Freycenet-la-Tour.

LAC (LE), m. i., cⁿᵉ de Laussonne.

LAC (LE), h., cⁿᵉ de Saint-Front. — *Locus del Lac*, 1521 (Gelet, nʳᵉ). — *Locus de Lacu*, 1540 (cad. du Monastier).

LAC (LE), lieu détr., cⁿᵉ de Saint-Pal-de-Chalencon. — *Le Lac prope la Monzia*, 1420 (Loire, A. 89, fᵒ 238 vᵒ).

LACAS (MAS-DE-), f., cⁿᵉ de Saint-Martin-de-Fugères.

LACHAMP (MOULIN-DE-), mⁱⁿ sur la Seuge, cⁿᵉ de Saugues. — *Le molin du Pinet*, 1564 (chart. du Thiolent).

LACHAT, mⁱⁿ, cⁿᵉ de Laval.

LACHAUD, m. i., cⁿᵉ d'Yssingeaux.

LACHAUD-DE-CABLE, vill., c^{ne} d'Araules. — *La Chau-de-Carles*, xviiie s. (Cassini).

LACHAUD-DE-LA-CROIX, h., c^{ne} d'Araules. — *La Chau-la-Croix*, xviiie s. (Cassini). — *Lachaud-des-Hermands*, 1820 (Deribier).

LACOMBE (LE), affl. de la Borne, c^{nes} de Vergezac, Chaspuzac et Loudes. — *Rivus qui labitur de molendino de Lode versus lo Charrolh*, 1405 (Drôme, terrier de Loudes). — *La Fontaine* (cad.).

LACOMBES (LE), affl. de la Méjeanne, c^{ne} de Saint-Paul-de-Tartas. — *Lascombes* (cad.).

LACOU (LE), écart, c^{ne} de Saint-Front.

LACS (LES), écart, c^{ne} de Sainte-Florine.

LACS (LES), h., c^{ne} de Saint-Quintin-Chaspinhac. — *Locus de Lacis*, 1488 (Richon, n^{re}). — *Lou Lac*, 1555 (cad. de Mercœur). — *Lous Lacz*, 1561 (Savin, n^{re}).

LACUSSOL, lieu dit, c^{ne} d'Ours-Mons. — *Lacus de Lacussol*, 1296 (Saint-Georges du Puy).

LACUSSOL, vill., c^{ne} de Saint-Vidal. — *Lacussol*, 1256 (év.). — *Territorium lacus de Lacussol, in par. S. Vitalis*, 1305 (Saint-Georges du Puy).

LADIGNAC, vill., c^{ne} de Mercœur. — *In (vicaria) Radicatensi (in) villa Addinaco*, 911 (cart. de Brioude, ch. 37). — *Ladinhac*, 1386 (Arch. nat., Z². 4144, p. 45). — *Mansus de Ladinhaco*, 1451 (Bibl. nat., ms. fr., 11490, p. 482). — *Ladignhac*, 1613 (Mercurial). — *La Digna*, xviiie s. (Cassini). — *Ladignat*, 1820 (Deribier).

LADIGNAT, vill., c^{ne} de Saint-Just-près-Brioude. — *In villa Cadignaco (Ladignaco), ... in aice Brivatense*, 819 (Bibl. de l'éc. des ch., 27e année, A. Bruel, chron. du cart. de Brioude, p. 507). — *In vicaria Brivatensi, in villa quæ dicitur Latiniaco*, 912 (cart. de Brioude, ch. 180). — *Ladinhyac*, 1341 (terrier de Charbonnier). — *Ladinhac*, 1429 (terrier du doy. de Br.).

LADOUX, m. i., c^{ne} des Vastres.

LADRAIT, m. i., c^{ne} de Montregard.

LADRAIT, m. i., c^{ne} de Saint-Romain-Lachalm.

LADRAIT (LE), affl. du Pompet, c^{ne} de Malvalette.

LADRAIT-DE-LA-RULLIÈRE, f., c^{ne} de Saint-Didier-la-Séauve.

LADRAS, écart, c^{ne} de Freycenet-la-Tour.

LADRAY, f., c^{ne} de Malvalette. — *Ladrait* (cad.). — *Ladrey*, 1888 (Malègue).

LADRAY, f., c^{ne} de Raucoules.

LADRETTES, m. i., c^{ne} d'Araules.

LADREY, f., c^{ne} de Chaudeyrolles.

LADREYT, f., c^{ne} du Chambon.

LADREYT, m. i., c^{ne} de Saint-Julien-Mollesabate. — *Ladrey*, 1879 (carte adm.).

LADROIT, h., c^{ne} de Riotord.

LADRY, m. i., c^{ne} de Vals-près-le-Puy.

LAFONT, f., c^{ne} de Champclause.

LAGARIGUE, m. i., c^{ne} de Langeac.

LAGERS (LES), f., c^{ne} de Dunières. — *Los Lacgers*, 1363 (coll. Chaleyer). — *Loux Largiers*, 1553 (ress. de Montfaucon).

LAGREVANT, m. i., c^{ne} du Chambon.

LAGREVOL, f., c^{ne} de Saint-Just-Malmont.

LAHOUZON, f., c^{ne} de Saint-Éble. — *In loco qui vocatur Casa, juxta aquam Hihosa, ... in vicaria de Aurato*, xie s. (cart. de Brioude, ch. 94). — *In pertinenciis Sancti Ebuli, mezezium de Lalouzo*, 1490 (terrier du Cluzel). — *La Houzou*, 1880 (cart. adm.).

LAIGNEUR (LA), loc. détr., c^{ne} de Saint-Ferréol-d'Auroure. — 1336 (Arch. nat., P. 492², cote 118).

LAIRE, h., c^{ne} de la Chaise-Dieu. — *Curatus B. Mariæ Cascœdei*, 1381 (spic. Briv.). — *Locus de Layra*, 1446 (Arch. nat., S. 3298). — *Cura B. Mariæ extra muros*, xvie s. (Pouillé de Clermont, p. 120). — *Le bourg de Nostre-Dame de Laire de la Chaisedieu*, 1665 (la Chaise-Dieu, infirmerie). — *Le bourg de Layre*, 1669 (idem). — *Notre-Dame*, xviiie s. (Cassini).

LAISSE (LA), h., c^{ne} de Pinols. — *La Laissa*, 1355 (Arch. nat., Z². 54, p. 110). — *Mansus de la Layssa*, 1474 (Bibl. nat., ms. lat., n. acq., 1224, f° 70).

LALIER, m. i., c^{ne} d'Yssingeaux.

LALLIER, h., c^{ne} de Saint-Jeure. — *In aice (l'imprimé porte arce) quæ dicitur Aligerio*, v. 1020 (cart. du Monastier, n° 254). — *Lalier*, 1390 (év.). — *L'Allier* (cad.).

LAMANDY, bois, c^{ne} de Cistrières. — *Nemus de Lamandis*, 1400 (Arch. nat., S. 3301, n° 1). — *Le boyr de Lamandy*, 1561 (J. Chalvon, n^{re}).

LAMANDY (LE), affl. de la Belette, c^{ne} de Cistrières.

LAMBERT, chât., c^{ne} du Chambon.

LAMBERT, écart, c^{ne} de la Chapelle-d'Aurec.

LAMOUROUX, f., c^{ne} des Estables. — 1739 (état civ.).

LAMPINET, lieu dit, près Chantillac, c^{ne} de Ceyssac. — 1564 (Savin, n^{re}).

LANAT (LE), affl. de la Voirèze à la limite des c^{nes} d'Autrac et de Blesle.

LANDES (LES), loc. détr., c^{ne} de Saint-Privat-d'Allier. — *Mansus de las Landas*, 1323 (hôtel-Dieu, B. 405).

LANDOS, c^{on} de Pradelles. — *Ecclesia S. Felicis de Landons*, 119 (Chifflet, hist. de Tournus, 402). — *Eccl. S. Felicis de Landos*, 1179 (Juénin, hist.

de Tournus, 175). — *Landoas*, 1225 (hôtel-Dieu, B. 305). — *Feudum de Laudrac, Aniciens. dioc.*, 1283 (Valbonnais, hist. de Dauph., II, 25, col. 1). — *Landocium*, 1373 (év.). — *Landos*, 1464 (Pratlavi, n^{re}). — *Landoz*, 1614 (Duclaux, n^{re}).

En 1789, Landos appartenait à la province du Velay, à la subdélégation et sénéchaussée du Puy. Son église paroissiale, diocèse du Puy et archiprêtré de Soliguac-sur-Loire, était sous l'invocation de saint Félix; le prieur de Goudet présentait à la cure.

Lange, m. i., c^{ne} de Lapte.

Langeac, arr. de Brioude. — *Illa alode de Laugiaco (Langiaco), quod vocant Sancta Affra*, 961 (Mabillon, de re diplom., éd. de Naples, p. 594). — *In vicaria de Aurato, in villa vocabulo Langado*, 994 (cart. de Cluny, n° 2271). — *Ecclesia quæ vocatur proprio nomine Langat*, 1011 (Baluze, mais. d'Auv., II, 49; cart. de Brioude, ch. 331). — *Apud Langiacum, in ecclesia Sancti Galli*, 1142 (cart. de Pébrac, n° 37). — *Lanjat*, v. 1198 (idem, n° 49). — *Lanjac*, 1260 (hôtel-Dieu, B. 8). — *Langacum*, XIIIᵉ s. (terrier de l'hôp. de Langeac). — *Præpositura de Lengiaco*, 1290 (spic. Briv.). — *Judæi Langiaci*, 1293 (idem). — *Domus Dei de Lenjac*, 1294 (idem). — *Castellania Langiaci*, 1366 (Baluze, mais. d'Auv., II, 345). — *Ecclesia collegiata Sancti Galli de Lengyaco*, 1375 (spic. Briv.). — *Villa de Langhaco in Arvernia*, 1388 (idem). — *Prevostage de Langhat*, 1401 (idem). — *Lanjac ou pays d'Auvergne*, 1446 (idem). — *Præceptor domus Langiaci S. Joh. Iher.* 1464 (Bibl. nat., ms. lat., n. acq., 1223, f° 181). — *Lengac*, XVᵉ s. (Bibl. nat., fr. 4985, f°47 v°). — *Langhiacum*, 1489 (terrier du Cluzel).

En 1789, Langeac faisait partie de la province d'Auvergne, de l'élection de Brioude et du ressort de Riom et était le chef-lieu de la subdélégation de ce nom. Son église paroissiale, diocèse de Saint-Flour et chef-lieu d'archiprêtré, était consacrée à saint Gal; l'abbé de la Chaise-Dieu présentait à la cure.

Langelbeau, écart, c^{ne} de Laussonne. — *Mansus de Langielbaud*, 1524 (cad. du Monastier). — *Lengalbaud, Lenghalbaud*, 1528 (idem). — *Lengialbaud*, 1570 (Nicolas, n^{re}). — *Lanjoulbeau*, 1820 (Deribier).

Langelière, m. i., c^{ne} de Saint-Victor-Malescours.

Langlade, h., c^{ne} de Céaux-d'Allègre.

Langlade, f., c^{ne} de Josat. — *Mansus de Langlada*, 1453 (la Chaise-Dieu, Mazerat-Aurouze).

Langlade (Moulin-de-), mⁱⁿ sur la Borne orientale, c^{ne} de Céaux-d'Allègre.

Laniat, vill., c^{ne} de Siaugues-Saint-Romain. — *In aice Cantillanico, in villa quæ dicitur Lamiago (Lannago?)*, 894 (cart. de Brioude, ch. 98). — *Lannhacum*, 1453 (Bibl. nat., ms. lat., n. acq., 1222, f° 7). — *Mansus de Lampnhac*, 1457 (idem, f° 47 v°). — *Lampnhat*, 1460 (idem, f° 139). — *Lampniac*, 1576 (terrier du Cluzel). — *Lagnac*, 1820 (Deribier). — *Laniac*, 1888 (Malègue).

Laniel, m. i., c^{ne} de Saint-Maurice-de-Lignon.

Laniel, chât., c^{ne} de Tence. — *Nemus de Laignel.* 1522 (Rhône, D. 153).

Lanier (Le), h., c^{ne} de la Vaudieu. — *Le mas du Lanier*, 1337 (spic. Briv.). — *Les Laniers* (cad.).

Laniers (Les), h., c^{ne} de Montclard. — *Lo mas dels Laneyrs*, 1341 (terrier de Charbonnier).

Lanjalier, écart, c^{ne} du Monastier. — *Mansus Janles*, 1257 (Monastier-Saint-Chaffre). — *Nemus de Langhalier*, 1508 (Costavol, n^{re}). — *Boys de Lenghalier*, 1621 (André, n^{re}). — *L'Enjalier*, 1820 (Deribier).

Lanjariade, m. i., c^{ne} de Saint-Pierre-Eynac. — *L'Enjarriade*, 1820 (Deribier).

Lanlet, m. i., c^{ne} de Saint-Paulien. — *Lanley* (cad.).

Lannau, vill., c^{ne} de Léotoing. — *Lanau*, 1879 (carte adm.).

Lanthenas, vill., c^{ne} de Loudes. — *Lentenas*, 1314 (év.). — *Lenthenas*, 1453 (terrier B. du prieur de Polignac). — *Lanthenas*, 1587 (Sigaud, n^{re}).

Lanthenas (Moulin-de-), mⁱⁿ sur la Suissesse, c^{ne} de Rosières. — *Moulin-de-Lauthen*, 1880 (carte adm.).

Lantriac, c^{ne} de Saint-Julien-Chapteuil. — *In pago Vellaico, in vicaria de Sancta Maria, ... ubi vocabulum est Carturilago (Lanturilacus)*, v. 970 (cart. du Monastier, n° 88). — *Catusago* (forme défigurée de *Lanturilacus*), v. 980 (idem, n° 111). — *Villa quæ vocatur Lantriacum*, 990 (cart. de Chamalières, n° 190). — *In Vellaico, villa quæ Lanciacus (Lantriacus) dicitur*, v. 993 (cart. du Monastier, app., n° 416). — *Ecclesia S. Vincentii de Lantriaco*, v. 1080 (idem, n° 236). — *Parochia de Lantriac*, v. 1161 (hospit. du Velay). — *Curatus Lantriacii*, 1448 (Monastier).

En 1789, Lantriac dépendait de la province du Velay, de la subdélégation et sénéchaussée du Puy. Son église paroissiale, diocèse du Puy et archiprêtré de Monistrol-sur-Loire, était consacrée à saint Vincent; l'abbé du Monastier présentait à la cure.

Lantriac (Le), affl. de la Gagne au nord des Pandraux, c⁰ᵉ de Lantriac. — *Le ruiss. del Pouzet*, 1707 (cad. de Bouzols).

Lantriac (Le), ruiss. qui prend sa source près Naves, c⁰ᵉ de Saint-Christophe-sur-Dolaison, et se joint au Dolaison, sous le village de la Roche. — *Le riou de Lantriac*, 1695 (cad. de Ceyssac).

Laparro, tènement communal, cⁿᵉ de Saint-Haon.

Lapin, m. i., cⁿᵉ du Mas-de-Tence.

Lapra, f., cⁿᵉ de Saint-Didier-la-Séauve. — *Laprat*, 1879 (carte adm.). — *Le Prat*, 1888 (Malègue).

Laprat, f., cⁿᵉ de Saint-Jeure. — *La Pra*, 1451 (Rhône, H. 2633). — *Las Praas*, 1515 (terrier des Bordes). — *La Praa*, 1553 (ress. de Montfaucon). — *Lapra*, 1777 (état civ.).

Laprat, vill., cⁿᵉ de Saint-Julien-d'Ance. — *Pradaas*, 1293 (Arch. nat., P. 491¹, cote 13). — *Pradæ*, 1343 (Arch. nat., P. 1398², cote 651). — *La Praa*, 1423 (Loire, A. 89, f° 242). — *La Prade*, 1540 (terrier de Saint-Pal-de-Chalencon). — *Lapra*, xviiiᵉ s. (Cassini). — *Lapras*, 1824 (Deribier, statist., 385).

Lapte, c⁰ⁿ d'Yssingeaux. — *Parochia de Lapte*, v. 1021 (cart. de Chamalières, n° 56). — *Lapthe*, v. 1100 (cart. de Cluny, ch. 3792). — *Labte, Laptus*, v. 1100 (*idem*, ch. 3896). — *Lapte*, 1229 (*idem*, ch. 4581). — *Lapte, de monseigneur du Puy, Lapte de Joieuse*, 1506 (Médicis, II, 301 et 303). — *Locus Lattæ*, xviiᵉ s. (A. SS., jun., II, 5). — *Lapte de Chaste*, 1720 (Saugrain, p. 178).

En 1789, Lapte était compris dans la province du Velay, la subdélégation et sénéchaussée du Puy. Son église paroissiale, diocèse du Puy et archiprêtré de Monistrol-sur-Loire, était sous le vocable de saint Jean-l'Évangéliste; l'abbé de Cluny en était collateur.

Laragne, f., cⁿᵉ de Saint-Didier-la-Séauve.

Laraigne, m. i., cⁿᵉ de Saint-Pal-de-Mons.

Larassac, loc. détr., près Coubladour, cⁿᵉ de Loudes. — *Lazassat*, 1321 (spic. Briv.). — *Le mas de Lazassac*, 1379 (compte de B. Flotenc). — *Larassacum*, 1453 (terrier B. du prieur de Polignac). — *Larasat*, 1534 (év.). — *Larassac*, 1608 (Barry, nᵗᵉ).

Larcanette, f., cⁿᵉ de Fay-le-Froid.

Larcenac, cⁿᵉ de Saint-Vincent. — *Villa quæ dicitur Altrenacum in Valle Amblavense*, 951 (cart. de Chamalières, n° 272). — *Larcenacum*, 1362 (Baluze, m. d'Auv., II, 440). — *Arsenac*, 1440 (prieuré de Polignac). — *Larcenat*, 1561 (Savin, nᵗᵉ). — *Larssenac*, 1573 (A. Boyer, nᵗᵉ).

Larchet, m. i., cⁿᵉ de Saint-Julien-Molhesabate.

Lardèche (La), f., cⁿᵉ de Chaudeyrolles. — *En Lardescha*, 1464 (Ardèche, C. 624).

Lardeyrol, chât. détr. et vill., cⁿᵉ de Saint-Pierre-Eynac. — *Castrum de Lardariolo*, v. 1021 (cart. de Chamalières, n° 189). — *Lardeirol*, 1088 (hôtel-Dieu, A. 1). — *Lardairol*, 1144 (*idem*, B. 125). — *Feudum de Lardayrol*, 1285 (év.). — *Castrum de Lardeyrol*, 1399 (Bonneville). — *Lardayrolium*, 1354 (la Chaise-Dieu, Saint-Étienne-Lardeyrol). — *Curatus S. Andreæ de Lardeyrolio* (le ms. porte *Lardeybrelio*), 1516 (Arch. nat., Gᵇ. 1, f° 438 v°). — *L'Ardeyroles*, 1824 (Deribier, stat., 289). — *Lardeyrolles*, 1888 (Malègue). Siège de l'une des 18 baronnies diocésaines de la province du Velay.

Lardons (Les), h., cⁿᵉ de Raucoules. — *Locus de Lardo*, 1468 (Rivière, nᵗᵉ).

Larenas, faubourg d'Yssingeaux, auj. rue du Puy. — 1523 (est. gén. d'Yssingeaux).

Largeallier, m. i., cⁿᵉ de Josat. — *Largeallier*, xviiiᵉ s. (Cassini). — *Larzalier*, 1888 (Malègue).

Largealier, cⁿᵉ de Saint-Just-Malmont. — *L'Argelier* (cad.). — *Lazalier*, 1879 (carte adm.).

Largerette, m. i., cⁿᵉ de Vals-près-le-Puy.

Largeron, m. i., cⁿᵉ de Dunières.

Largier, écart, cⁿᵉ de la Farre. — *Larjier*, xviiiᵉ s. (Cassini).

Largnac, h., cⁿᵉ de Bonneval.

Largne, h., cⁿᵉ de Saint-Didier-sur-Doulon.

Lariguet, m. i., cⁿᵉ de Saint-Julien-du-Pinet.

Larjelier, vill., cⁿᵉ de Cohade.

Larmandon, m. i., cⁿᵉ de Vorey.

Laroux, h., cⁿᵉ de Mazeyrat-Crispinhac. — *Mansus de Laro*, 1480 (Bibl. nat., ms. lat., n. acq., 1224, f° 26). — *Larou*, 1490 (terrier de Vissac).

Laroux, vill., cⁿᵉ de Vorey. — *Laros*, 1288 (prieuré de Vorey). — *La Roux*, xviiiᵉ s. (Cassini).

Laroy (Moulin-de-), mⁱⁿ sur la Semène, cⁿᵉ de Saint-Ferréol-d'Auroure.

Larque, h., cⁿᵉ de Saint-Didier-sur-Doulon. — *Largue*, xviiiᵉ s. (Cassini).

Larzarasse (Ravin-du-), affl. des Taillades, cⁿᵉ de Saint-Vénérand.

Lascombes (Ravin-de-), affl. de l'Allier, cⁿᵉ d'Alleyras.

Lascourt, h., cⁿᵉ de Chamalières. — *Las Cortz*, 1309 (év.). — *Les Courtz*, 1571 (Cl. Girard, nᵗᵉ). — *Lascours*, 1820 (Deribier).

Lassagne, m. i., cⁿᵉ de Saint-Paul-de-Tartas.

Lassagne, écart, cⁿᵉ de Saint-Vert.

Lassogne, mont. boisée, cⁿᵉ de Loudes.

Lasteires, h., cⁿᵉ de Présailles. — *Les Teyres*, 1820 (Deribier).

Laubie (La), f., c^ne de Champclause. — *Laubia*, 1507 (év.). — *Lalaubie*, 1820 (Deribier).

Laubie (La), m. i., c^ne de Tence.

Laubinet, dom., c^ne de Beaumont. — *Lalbines*, 1453 (terrier du fordoy. de Brioude). — *La metterie de Lonbinet*, 1742 (terrier de Beaumont).

Lauby (Moulin-de-), m^in sur l'Auzon, c^ne de Saint-Hilaire.

Laulas, m. i., c^ne de Lapte. — *Decimus de Lausedat*, xie s. (cart. de Cluny, n° 3029). — *Lo Saulas*, 1326 (év.).

Laure (Le Moulin-de-), m^in à vent détr., c^ne de Saint-Ferréol-de-Cohade. — *Le Molin-de-Laure*, 1609 (terrier du chap. de Brioude).

Laurenson, f., c^ne des Estables. — 1739 (état civ.).

Laurenson, f., c^ne de Saint-Front.

Laurenson (Moulin-de-), m^in sur le Lignon, c^ne de Chaudeyrolles.

Lauriat, h., c^ne de Beaumont. — *Mansus qui vulgo dicitur Lauriago*, v. 1000 (cart. de Brioude, ch. 270). — *Lauriac* (idem, tables, cccxlviiii). — *Lauriacum*, 1453 (terrier du fordoy. de Br.). — *Loriat*, 1511 (coust. d'Auv., f° 70 v°). — *Chasteau de Lauriat*, 1549 (terrier de Lauriat).

Laurillaud, h., c^ne de Saint-Just-près-Brioude. — *Lorillot* (cad.). — *Lorillhot*, 1878 (carte adm.).

Laussonne, c^on du Monastier. — *Terra de Lapsonna*, 857 (cart. du Monastier, n° 69). — *Ecclesia S. Petri de Lausona*, v. 1080 (idem, n° 236). — *Villa de Laussone*, xie s. (idem, n° 29). — *Ecclesia Ausoniæ*, xie s. (idem, n° 38). — *Ausona*, xie siècle (idem, n° 38). — *Ecclesia de Lausonna*, 1179 (idem, n° 442). — *Lausono*, 1524 (cad. du Monastier).

En 1789, Laussonne appartenait à la province du Velay, à la subdélégation et sénéchaussée du Puy. Son église paroissiale, diocèse du Puy et archiprêtré de Monistrol-sur-Loire, était dédiée à saint Pierre-aux-Liens; le camérier de l'abbaye du Monastier présentait à la cure.

Laussonne (La), riv., prend sa source dans la c^ne de Moudeyres, traverse les c^nes de Laussonne et du Monastier et se jette dans la Loire près de Coubon. — *Rivus Sapsonita* (lire *Lapsonita*), v. 1010 (cart. du Monastier, n° 99). — *Rivulus Ausoniæ*, 1107 (idem, n° 19). — *Aqua de Laussona*, 1257 (Saint-Chaffre). — *Aqua d'Aussona*, 1389 (plum. de Bouzols).

Lauta, vill., c^ne de Saint-Romain-Lachalm. — *Mansus de Lauterio*, v. 1095 (cart. de Saint-Sauveur-en-Rue, p. 9). — *Lautarius*, 1363 (coll. Chaleyer). — *Louta*, 1467 (Rivière, n^re). — *Laulta*,

1578 (terrier de Saint-Didier). — *Lausta*, 1615 (Rhône, D. 185). — *Laoulta*, 1627 (Delafont, n^re). — *Lhauta*, 1645 (capitation). — *Lautat*, 1860 (état-major).

Lavadou (Le), h., c^ne de Malvières. — *Mansus de Lavatore*, 1347 (la Chaise-Dieu, Malvières). — *Mansus del Lavador*, 1360 (ibid.). — *Lavadour* (cad.).

Lavagne, écart, c^ne de Chamalières. — *La Lavagne*, xviiie s. (Cassini).

Laval, c^on de la Chaise-Dieu. — *Ecclesia de Valle*, 1120 (Gall. christ., t. II, instr., eccl. Sancti-Flori, col. 133). — *Mansus de Laval*, v. 1260 (Arch. nat., J. 1031, n° 2). — *Larailh*, 1379 (compte de Bertrand Flotenc). — *Laval*, 1401 (spic. Briv.). — *Curatus B. Mariæ Vallis*, 1414 (la Chaise-Dieu, Malvières).

En 1789, Laval faisait partie de la province d'Auvergne, de l'élection d'Issoire, de la subdélégation de Lempdes et du ressort de Riom. Son église paroissiale, diocèse de Saint-Flour et archiprêtré de Brioude, était sous l'invocation de Notre-Dame; l'infirmier-mage de l'abbaye de la Chaise-Dieu présentait à la cure, en qualité de prieur.

Laval, m. i., c^ne de Raucoules.

Laval, m. i., c^ne de Saint-Jeure.

Laval, f., c^ne de Saint-Maurice-de-Lignon. — *Laval*, v. 1100 (cart. de Cluny, ch. 3764).

Laval, vill., c^ne de Saint-Pal-de-Mons. — *Laval*, v. 1100 (cart. de Cluny, ch. 3764).

Laval, dom., c^ne de Vals-près-le-Puy. — *Vallis del Cros*, 1296 (Saint-Pierre-le-Monastier). — *La Val del Cros*, 1331 (hôtel-Dieu, B. 190). — *Vallis de Croso*, 1387 (Saint-Agrève). — *La Maison-Blanche*, 1855 (aff. jud.). — *La Borie-Blanche*, 1880 (aff. jud.).

Laval-Bardieu, h., c^ne de Saint-Pal-de-Chalencon. — *Villa voc. Lavall*, 1291 (Arch. nat., P. 492^b, c. 294). — *Laval-Bardiou*, 1540 (terrier de Saint-Pal).

Laval-Emblavès, contrée comprenant les bassins de la Suissesse et de la Loire, c^nes de Rosières, Beaulieu, la Voûte-sur-Loire, Saint-Vincent et Vorey. — *Vallis Amblavensis*, v. 951 (cart. de Chamalières, n° 269). — *Vallis Amblivina*, 1059 (Juénin, nouv. hist. de Tournus, pr., 127). — *Vallis Amblevensis*, 1309 (hôtel-Dieu, B. 373). — *Vallis Amblava*, 1519 (Haute-Loire, E.). — *Lavalemblavez*, 1714 (cad. de Laval-Emblavès). — *L'Emblavès*, 1823 (Bertrand-Roux, desc. géogr. des env. du Puy).

Lavanche (La), ruiss., affl. de la Rimande, dans le

département de l'Ardèche, prend naissance près de la Grange-de-Selle, c^ne des Vastres.

Lavaux, h., c^ne de Paulhaguet. — *Lavaur*, 1543 (la Chaise-Dieu, Domeyrat).

Lavaux (Moulin-de-), m^in sur l'Orsier, c^ne de Retournac.

Lavée, h., c^ne d'Yssingeaux.

Lavès, écart, c^ne de Connangles. — *Mansus Leveti*, 1343 (la Chaise-Dieu, Belluc). — *Villa de Lavetz*, 1370 (Arch. nat., L. 989). — *Lavectz*, 1585 (la Chaise-Dieu, Belluc). — *Lavèze*, 1888 (carte adm.).

Lavès, vill., c^ne de Venteuges. — *Mansus de Laves*, 1327 (Lozère, G. 98). — *Lavesium*, 1527 (A. Besseyre, n^re). — *Lavéis*, 1820 (Deribier).

Lavet, vill., c^ne de Saint-Jean-d'Aubrigoux. — *Lavez*, v. 1025 (cart. de Chamalières, n° 306). — *Laves, Levez*, 1213 (*idem*, n° 336). — *Lavetz*, 1610 (Rhône, Saint-Antoine-de-Viennois, Saint-Victor).

Lavort, f., c^ne de Saint-Pal-de-Chalencon. — *La seigneurie de la Vorz*, 1540 (terrier de Saint-Pal). — *Lavaur*, 1820 (Deribier).

Lavoux, vill., c^ne de Bas. — *Villa de la Volp*, 1230 (Arch. nat., P. 493¹, cote 59). — *Vulpes*, 1311 (coll. Chaleyer). — *Vulpa*, 1490 (obit. de Bas). — *La Voulpt*, 1720 (Saugrain).

Laya, bois, c^ne de Saint-Just-Malmont.

Layrats, lieu détr., c^ne de Saint-Maurice-de-Lignon. — *Rupes et œdificium voc. Layratz*, 1383 (év.).

Lebrat, h., c^ne de Raucoules. — *Lebratus*, 1468 (Rivière, n^re). — *Locus de Lebrat*, 1469 (*idem*). — *Le Brat*, xviiie s. (Cassini).

Lèche (La), h., c^ne de Lapte. — *La Lecha*, 1507 (év.). — *Lalèche*, 1820 (Deribier).

Lèche (La), lieu détr., c^ne de Saint-Étienne-Lardeyrol. — *Mansus de Locha*, 1309 (év.). — *Homines de Lopcha*, 1355 (év.). — *La Lecho*, 1470 (Chamblas). — *Lalèche*, 1888 (Malègue).

Leclerc, f., c^ne de Lantriac. — *Le Clerc*, 1888 (Malègue).

Ledevin (Le), affl. du Chambeyron au Moulin-Galien, c^ne de Saint-Pierre-Duchamp.

Légal, h., c^ne de Saint-Julien-des-Chazes. — *Mansus qui dicitur Los Egals*, xiie s. (cart. de Pébrac, n° 39). — *Mansus de Legal*, 1458 (Bibl. nat., ms. lat., n. acq., 1222, f° 86 v°). — *Le lieu de Leguau*, 1624 (Brunel, n^re).

Leignat, vill., c^ne de Jullianges. — *Mansus de Laynas*, 1347 (la Chaise-Dieu, Jullianges). — *Laynhas*, 1347 (Arch. nat., S. 3297, n° 14). — *Lagnat*, 1472 (Bibl. nat., ms. lat., n. acq., 1224, f° 52).

— *Les Leignas*, 1561 (J. Chalvon, n^re). — *Laignat*, 1888 (carte adm.).

Lembron (Le), affl. de l'Ance, à Saint-Julien-d'Ance, formé au nord de l'Herm, c^ne de Saint-Pierre-Duchamp, par la jonction du Brantalon et de la Brueyrette. — *Le riou de Lambron*, 1604 (cad. de Chalencon).

Lempdes, c^on d'Auzon. — *In comitatu Telamitensi, villa Landainus*, 901 (cart. de Brioude, ch. 247). — *Ecclesia de Lendano*, xie s. (cart. de Sauxillanges, n° 662). — *Landes*, 1294 (spic. Briv.). — *Lemda*, 1302 (coll. J. Lachenal). — *Lendan*, 1341 (terrier de Charbonnier). — *Lempda*, 1371 (Arch. nat., P. 1375², c. 2539). — *Lende*, 1378 (compte de B. Flotenc). — *Landa*, 1398 (compte de B. Sannadre). — *Lenda*, 1401 (spic. Briv.). — *Le Pont de Lempde*, 1520 (la Chaise-Dieu, Chambezon). — *Lempde*, xviiie s. (Cassini).

En 1789, Lempdes était compris dans la province d'Auvergne, l'élection d'Issoire, le ressort de Montpensier et était le chef-lieu de la subdélégation de ce nom. Son église paroissiale, diocèse de Saint-Flour et archiprêtré de Brioude, était sous le vocable de saint Gérard; le prieur de Sauxillanges présentait à la cure.

Lempèze (La), ruiss. qui prend sa source près des Amargiers, c^ne de Landos, et se jette dans l'Allier au-dessus de Saint-Médard, c^ne de Saint-Haon. — *Le ruysseau de Lempeza*, 1543 (terrier d'Agrain). — *Les Empèzes*, 1861 (état-major). — *Le ruiss. de Jave*, 1883 (aff. jud.). — *Les Empères*, 1888 (carte adm.).

Lende, vill., c^ne d'Azerat. — *Lempde*, xive s. (terr. des Grèzes). — *Lende*, 1410 (*idem*). — *Le batteau de Leinde*, 1640 (lièvre de Rilhat). — *Lindes*, 1880 (carte adm.). — *Linde*, 1888 (Malègue).

Lengouniole (La), ruiss. qui prend naissance en la c^ne de Saint-Cirgues-en-Montagne (Ardèche), et afflue à la Loire au-dessous de Souchon, c^ne de la Farre. — *Aqua de Lengonhola*, 1327 (cart. de Mazan, f° 25 v°). — *Lengoignolle*, 1553 (communication de M. F. Experton). — *Lenganiole*, xviiie s. (Cassini). — *L'Engoniole*, 1824 (Deribier, statist., 303). — *Le Langougnial*, 1888 (carte adm.).

Lentre-Jeune, vill., c^ne de Chaniat. — *Villa quæ dicitur Lantre*, v. 1011 (cart. de Brioude, ch. 300).

Lentre-Vieux, h., c^ne de Chaniat. — *In vicaria Brivatensi, ad Lantre Vallias*, v. 1011 (cart. de Brioude, ch. 103).

Léotoing, chât. ruiné, c^on de Blesle. — *Parochia S. Vincentii de Lauton*, xie s. (cart. de Sauxillanges, n° 662). — *Castellum quod vocatur Leuton*,

1078 (spic. Briv.). — *Castrum de Lauthoin*, 1262 (Baluze, mais. d'Auv., II, 268). — *Lheuton*, 1262 (spic. Briv.). — *Lhauton*, 1264 (*idem*). — *Liauton*, 1269 (Baluze, mais. d'Auv., II, 272). — *Lauthoin* (l'impr. porte *Lanthoin*), 1281 (*idem*, II, 278). — *Leutoynh*, 1350 (spic. Briv.). — *Lautoynh*, *Leuthoign*, 1371 (Arch. nat., P. 1375², cote 2539). — *Lauthoin*, 1379 (compte de B. Flotenc). — *Leutoing*, 1401 (spic. Briv.). — *Lothoing*, xv⁰ s. (Arch. nat., P. 1372², cote 2064). — *Leotoign*, xv⁰ s. (Bibl. nat., ms. fr., 22297, p. 62). — *Leothoing*, 1511 (coust. d'Auv., f⁰ 69 v⁰). — *Loutoign*, 1730 (terrier d'Espalem). — *Leotoing*, xviii⁰ s. (Cassini).

En 1789, Léotoïng dépendait de la province d'Auvergne, de l'élection d'Issoire, de la subdélégation de Lempdes et du ressort de Montpensier. Son église paroissiale, diocèse de Saint-Flour et archiprêtré de Blesle, était consacrée à saint Vincent; comme prieur de cette localité, le prieur de Sauxillanges présentait à la cure.

Lénèze, lieu détr., c⁰ de Malrevers. — *Lereza, mand. Mercorii*, 1479 (Richon, nᵗᵉ).

Lerveuil, f., c⁰ de Vissac. — *Lermus*, 1078 (spic. Briv.). — *Lerm-Veilh*, 1404 (terrier du Cluzel). — *Mansus de Lerm, par. de Vissaco*, 1458 (Bibl. nat., ms. lat., n. acq., 1222, f⁰ 65). — *Lerm-Vieilh*, 1502 (Arch. nat., Q. 513, f⁰ 187).

Lescure, h., c⁰ de Saugues. — *Villa de Lescura*, 1259 (Thiolent). — *Scura*, 1527 (A. Besseyre, nᵗᵉ).

Lescure, h., c⁰ d'Yssingeaux. — *L'Escure*, 1878 (carte adm.).

Lespinasse, chât. et h., c⁰ de Saint-Beauzire. — *In aice Brivatensi, villa Illa Spinatia*, 924 (cart. de Brioude, ch. 16). — *Domus de Lespinassa*, 1281 (J. Lachenal, l'égl. de Br., 30).

Lespinassou, vill., c⁰ de Bonneval. — *Mansus dels Epinassos*, 1249 (tabl. du Velay, 1875-76, p. 532). — *Lespinasso*, 1383 (la Chaise-Dieu, la Chapelle-Bertin). — *Lespinasson*, 1570 (J. Chalvon, nᵗᵉ). — *Espinassou*, 1888 (carte adm.).

Lestagier, m. i., c⁰ de Bas.

Lestigeolet, vill., c⁰ de Cronce. — *Laytoyol*, 1350 (Arch. nat., Z². 54, p. 69). — *Mansus de Leyteughol*, 1456 (Bibl. nat., ms. lat., n. acq., 1222, f⁰ 38). — *Loytugholet*, 1459 (*idem*, f⁰ 122). — *L'Estigeolet*, 1860 (état-major).

Lestrade, h., c⁰ de Loudes. — *Mansus de Strata*, 1453 (terrier B. du prieur de Polignac).

Lestrade, écart, c⁰ de Saint-Privat-d'Allier. — *Lo Mas Testa*, 1331 (J. de Peyre, nᵗᵉ, reg. C., f⁰ 53).

— *Locus de Manso*, 1482 (la Chaise-Dieu, Saint-Privat-d'Allier). — *Le Mas de l'Estrade*, 1808 (état des succurs.).

Lette (La), h., c⁰ d'Auzon.

Lette (La), l'un des deux ruiss. qui forment le Goudarel dans la c⁰ d'Auzon.

Leuge (La), loc. détr., entre Azerat et Leude, c⁰ d'Azerat. — *Mansus de la Logia*, 1156 (spic. Briv.). — *La Loïa*, 1256 (*idem*). — *Logia*, 1397 (*idem*). — *La Leugha*, 1433 (la Chaise-Dieu, Azerat). — *La Leughe*, 1439 (*idem*).

Leuge (La), affl. de l'Allier, c⁰⁰ de Saint-Géron, Bournoncle-la-Roche, Vergonglieon, Sainte-Florine et Vézézoux. — *Rivus de la Leugha*, 1432 (cart. d'Azerat). — *Riperia de la Leughe*, 1439 (la Chaise-Dieu, Azerat).

Levet, f., c⁰ du Mazet-Saint-Voy.

Leydier, f., c⁰ de Saint-Front.

Leygas, vill., c⁰ d'Araules. — *Leyga*, 1455 (Pradier, nᵗᵉ). — *Leygua*, 1507 (év.). — *Leigua*, 1608 (cad. de Bonnas).

Leygas, h., c⁰ de Riotord. — *Locus de Leygua*, 1466 (Rivière, nᵗᵉ). — *Leugas*, 1879 (carte adm.).

Leygas, m. i., c⁰ de Saint-Pal-de-Mons.

Leygas, h., c⁰ de Tence. — *Leygat*, 1820 (Deribier).

Leyre, m. i., c⁰ du Monastier.

Leyrelet, f., c⁰ de Saint-Didier-la-Séauve. — *L'Eyrelet*, 1879 (carte adm.).

Leyreloup, m. i., c⁰ d'Auzon.

Leyret, vill., c⁰ de Roche-en-Régnier. — *Villa de Legeret*, xii⁰ s. (cart. de Chamalières, n⁰ 135). — *Leyret*, 1309 (Arch. nat., P. 1399¹, cote 759). — *Lheret*, 1820 (Deribier).

Leyricel, vill., c⁰ de Dunières. — *Leyrecel*, 1465 (Rivière, nᵗᵉ). — *Leyriceilh*, 1556 (terrier de Montregard). — *Leyreceil*, 1571 (Imbert, nᵗᵉ). — *Leyricel*, 1615 (Rhône, D. 185). — *Lericel*, xviii⁰ s. (Cassini).

Leyris (Le), h., c⁰ de Vielprat. — 1583 (tit. de Surrel). — *Le Lyris*, 1860 (état-major).

Leyssac, vill., c⁰ de Saint-Pierre-Duchamp. — *Laizac*, 1160 (cart. de Chamalières, n⁰ 73). — *Laisac*, 1173 (*idem*, n⁰ 164). — *Laissac*, 1177 (*idem*, n⁰ 199). — *Layssac*, xiii⁰ s. (Arch. nat., P. 1395¹, cote 154). — *Leysac*, 1311 (Arch. nat., P. 1399¹, cote 783). — *Leyssac*, 1400 (terrier du Bois). — *Leyssacus*, 1461 (Arch. nat., P. 1398², cote 698).

Liac, h., c⁰ de Saint-Christophe-sur-Dolaison. — *Lialhac*, 1309 (homm. de l'év.). — *Liacum*, 1454 (Rhône, Chantoin, I, 7 *bis*). — *Lhacum*, 1515

(Haute-Loire, E.). — *Lyac*, 1625 (Duclaux, n^re).
— *Liac*, 1652 (Branche, SS. d'Auv.).

Libeyre, écart, c^ne de Grazac. — *In pago Vellaico,
in vicaria Bassense, villa Loberias*, 962 (cart. de
Cluny, ch. 1131). — *Lubeyras*, 1507 (év.). —
Lubeyres, 1695 (terrier de Chabrespine). —
Liber, xviiie s. (Cassini).

Lic, h., c^ne de Saint-Christophe-sur-Dolaison. —
Lit, 1463 (V. Chauvin, n^re). — *Lict*, 1482
(Rhône, II. 2749).

Lichemaille, vill., c^nes de Saint-Pal-de-Mons et de
Saint-Romain-Lachalm. — *Licha Mealham*, 1393
(coll. Chaleyer). — *Licha Meailhie*, 1507 (év.). —
Liche-Miailhe, 1553 (ress. de Montfaucon). —
— *Lichemailhe*, 1645 (capitation). — *Lichemialle*,
(cad.).

Lichesol, f., c^ne du Chambon.

Licheyre (**La**), f., c^ne de Tence. — *La Lichière*,
1694 (état civ.). — *Lalicheyre*, 1820 (Deribier).

Lichide, lieu dit, c^ne de la Sauvetat. — *Territ. quod
dicitur Lechede*, 1252 (Rhône, la Sauvetat, I,
3 *bis*). — *Lechelde*, 1273 (év.). — *Locus de Lichilde*, 1320 (J. de Peyre, n^re). — *Lichide*, 1513
(Servant, n^re).

Licoulne (**La**), mine d'antimoine, c^ne d'Ally. — Concession du 19 novembre 1817.

Lideignac, lieu détr., c^ne de Jax. — xviiie s. (Cassini).

Lidène (**La**), affl. de la Senouire, c^nes de Jax, Chavagnac-la-Fayette, Saint-Georges-d'Aurat, Couteuges et Paulhaguet. — *Aqua de Lidena*, 1416
(la Chaise-Dieu, Mazeret-la-Brequeuille). — *Rivus
de Ledene*, 1490 (terr. du Cluzel). — *Rifz de Lidenne*, 1505 (inv. de Vals-le-Chastel). — *Rif de
Lydene*, 1525 (lièvre du Cluzel). — *Ruiss. de Lidènes*, 1669 (Arch. nat., P. 505, n° 134).

Lidenne, f., c^ne de Saint-Georges-d'Aurac.

Lignon (**Le**), ruiss., prend sa source près du Mézenc
et se jette dans la Loire près du Pont-de-Lignon;
coule sur les c^nes de Chaudeyrolles, Fay-le-Froid,
des Vastres, du Chambon, du Mazet-Saint-Voy,
de Tence, Lapte, Grazac et Saint-Maurice-de-Lignon. — *Rivus de Lignio*, v. 1000 (cart. du Monastier, n° 155). — *Aqua de Linhio*, 1273 (Saint-
Chaffre). — *Flumen de Lynho*, 1347 (Bonnefoy).
— *Flumen Linionis*, 1464 (Ardèche, C. 624).
— *Riperia de Linone*, 1529 (A. Sobrier, n^re).

Lignon (**Moulin-de-**), m^in sur le Lignon, c^ne de Saint-
Maurice-de-Lignon.

Ligogne, lieu détr, c^ne de la Chaise-Dieu. — *Locus
de Ligonia*, 1344 (la Chaise-Dieu, la Chapelle-

Geneste). — *Le lieu de Ligonhe, par. SS. Agricol
et Vital de la Chaise-Dieu*, 1561 (J. Chalvon, n^re).

Ligouzac, vill., c^ne de Bellevue-la-Montagne. — *Mansus de Ligosac*, 1522 (Saint-Georges du Puy). —
Lygozac, 1548 (P. Galien, n^re). — *Ligouzat*,
1670 (Arch. nat., P. 502, cote 109). — *Ligouzac*, 1860 (état-major).

Limagne, vill., c^ne de Siaugues-Saint-Romain. —
Limania in Montanis, 1213 (coll. P. Le Blanc).
— *Limanias*, 1252 (Saint-Agrève). — *Limanas*,
1256 (év.). — *Mansus de Lhymanhiis, Lhimanhas*,
1330 (Chamblas). — *Mansus de Limanhas*, 1461
(Bibl. nat., ms. lat., n. acq., 1222, f° 180). —
Limaignes, 1465 (*idem*, 1223, f° 228). — *Ly-
maigne*, 1511 (coust. d'Auv., f° 81 v°). — *Ly-
manyes, Limainhes*, 1525 (terrier du Cluzel). —
Limagne, 1598 (Galien, n^re).

Limagne (**La**), m. i., c^ne d'Yssingeaux.

Limagne (**Lac de**), c^ne de Siaugues-Saint-Romain. —
Lacus de Limanhas, 1461 (Bibl. nat., ms. lat.,
n. acq., 1222, f° 210).

Limandre, f., c^ne de Vernassal.

Limandres, vill., c^ne de Vazeilles-Limandres. — *Li-
mandras*, 1252 (la Chaise-Dieu, Vazeilles). —
Lhimandras, 1347 (*idem*). — *Lymandres*, 1506
(Médicis, II, 305).

Limas, h., c^ne de la Chapelle-Geneste. — *Lo Lymar*,
1373 (la Chaise-Dieu, la Chapelle-Geneste). —
Limars, 1415 (*ibid.*). — *Lhimar*, 1416 (*ibid.*). —
Limar, 1416 (*ibid.*).

Linard, h., c^ne de Cronce. — *Lhinars*, 1300 (la
Chaise-Dieu, Champagnac-le-Vieux).

Lindes (**Le**), ruiss., affl. de l'Allier, c^nes de Saint-
Hilaire, Agnat et Azerat. — *Rip. de Chazelas*, 1389
(cart. d'Azerat). — *Les Parettes* (cad.).

Lingoustre, vill., c^ne de Retournac. — *Villa quæ vocatur Lingustras*, 1165 (cart. de Chamalières,
n° 81). — *Ligostras*, 1262 (Arch. nat., P. 1397²,
cote 554). — *Lingostras*, 1285 (Arch. nat.,
P. 493², cote 107). — *Ligoutras*, 1472 (Maltrait, n^re).

Linières (**Les**), écart, c^ne de Bellevue-la-Montagne.

Liodounat (**Moulin-de-**), m^in sur le Malaval, c^ne d'Alleyras.

Liogier (**Baraque-de-**), écart, c^ne de Bellevue-la-Montagne.

Lioriac, vill., c^ne de Bauzac. — *Liurium*, 1101 ?
(cart. de Chamalières, n° 103). — *Laurec*, 1163
(*idem*, n° 71). — *Mansus de Lhauriaco*, 1346
(Arch. nat., P. 490³, cote 229). — *Lyouriec*,
1490 (obit. de Bas). — *Lhoriacum*, 1511 (*idem*).
— *Lyouric*, 1552 (ress. de Montfaucon). — *Liou-*

riac, 1555 (obit. de Bauzac). — *Lioride*, xviiie s.
(Cassini).

Lioubarde, mont., cne de Saint-Ilpize.

Lioumet, h., cne de Riotord. — *Lyounet*, 1879 (carte
adm.). — *Lionnet*, 1880 (Malègue).

Lioussac, lieu dit, cne d'Ours-Mons. — *In Leuciaco*,
1089 (Saint-Georges du Puy). — *Comba de Lausac*, 1254 (templiers du Puy). — *Villa de Liausac*,
xiiie s. (censier de Saint-Georges du Puy).

Lioussel (Le), affl. du Lignon, cne des Vastres.

Lioutour, vill., cne de Berbezit. — *Domus de Liuteir*, 1281 (spic. Briv.). — *Mansus de Lhioutour*,
1462 (la Chaise-Dieu, Connangles). — *Leotour*,
1583 (Chamblas). — *Lyoutour*, 1585 (J. Dolezon, nre). — *Liautour*, 1609 (la Chaise-Dieu,
la Chapelle-Geneste). — *Liotour*, 1888 (carte
adm.).

Lioutour, m. i., cne de Sembadel.

Liriot (Moulin-de-), sous Châteauneuf, cne du Monastier.

Lissac, con de Saint-Paulien. — *Villa Lisacus*; 1025
(charte de fond. de la Voûte). — *Lissac*, 1225
(hôtel-Dieu, B. 305). — *Lissacus*, 1323 (J. de
Peyre, nre). — *Lyssac*, 1614 (Brunel, nre).

En 1789, Lissac était compris dans la province
du Velay, la subdélégation et sénéchaussée du Puy.
Son église paroissiale, diocèse du Puy et archiprêtré de Saint-Paulien, était sous le vocable de
saint Julien; le chapitre du Puy présentait à la
cure.

Listes (Les), m. i., cne de Saint-Bonnet-le-Froid.

Litaux, m. i., cne de Riotord.

Livinhac, h., cne d'Yssingeaux. — 1285 (homm. de
l'év.). — *Larinhac*, *Levinhac*, 1359 (Rhône,
H. 2632). — *Levinhacum*, 1429 (Rhône, Bessamorel). — *Livinhacum*, 1523 (est. gén. d'Yssingeaux). — *Livinhac*, 1600 (Mre Leblanc, nre).

Lizieux (Pic de), mont. boisée, cne d'Araules. —
Nemus de Lizeuc, 1373 (év.). — *Nemus voc.
Lexio*, 1383 (év.). — *Nemus Lezionis*, 1390 (év.).
— *Lesion*, 1392 (év.). — *Nemus Lisionis*, 1455
(Pradier, nre). — *Bois de Liziou*, 1608 (cad. de
Bonnas). — *Le pic de Lizieux*, 1824 (Deribier,
stat.).

Lizieux, vill., cne de Saint-Jeure. — *Liziou*, 1608
(cad. de Bonas).

Lobaresse, m. i., cne de Saint-Bonnet-le-Froid. —
Labaresse, 1888 (Malègue).

Lodines, h., cne de Saint-Just-près-Brioude.

Logeron (Le), affl. de la Semène, cne du Pont-Salomon.

Loire (La), fleuve, prend naissance au mont Gerbier-

des-Joncs (Ardèche), entre dans le département de
la Haute-Loire au sud-ouest de Chazeaux, cne de
Salettes, et en sort au nord des Perrots, cne d'Aurec, après un parcours total de 138 kilomètres du
sud-est au nord-est. — *Fluvium Ligeris*, v. 990
(cart. de Chamalières, n° 341. — *Flumen Litgeris*,
1325 (Arch. nat., P. 4941, c. 24). — *Aqua de
Legeyr*, 1333 (Saint-Pierre-le-Monastier). — *Flumen Licgeris*, 1345 (Arch. nat., P. 493 bis1,
c. 80). — *Leier*, 1408 (compois du Puy). — *
Aqua de Leyre*, 1440 (terrier de Polignac). —
La ribeyre de Ley, 1515 (cad. de Villeneuve). —
Riv., de Loiere, 1561 (Savin, nre). — [*Liger*]...
appellaturque... gallice Loyre, Velaunice Leyry,
1618 (P. Masson, desc. flum. Galliæ, p. 6). — *Rivière de Louère*, 1627 (Brunel, nre). — *Lhoyre*,
1629 (Demans, nre).

Lombard (Le), bois, cne de Saint-Jean-Lachalm.
— *Nemus de Lombac*, 1255 (Rhône, Chantouin, I, 16). — *Le boys app. del Lombat*, 1545
(terrier d'Agrain). — *Le Lombar*, 1605 (doc.
jud.).

Lomenède, vill., cne de Villeneuve-d'Allier. — *Lolmeneda*, 1387 (Arch. nat., Z². 4144, p. 223). —
Laumenede, 1472 (Arch. nat., Z². 4151, p. 100).
— *Lomenede*, xviiie s. (Cassini). — *L'Homenade*,
1855 (état-major).

Lomprat, vill., cne d'Aubazac. — *Villa de Loncprat*,
1314 (Baluze, mais. d'Auv., II, 338). — *Longprat*, 1613 (Mercurial).

Long (Le), f., cne de Chadron.

Lono (Le), f., cne des Vastres. — 1746 (état
civ.).

Long (Le), h., cne d'Yssingeaux. — *Linon*, 1888
(Malègue).

Longefont, h., cne de Saint-Julien-d'Ance. — *Longus
Fons*, 1269 (Arch. nat., P. 13981, cote 665). —
Longha Font, 1522 (Saint-Georges du Puy).

Longeon (Moulin-), mlin sur la Seuge, cne de
Prades.

Longer (Moulin-du-), mlin sur la Borne occidentale,
cne de Vernassal. — *Moulin-Louger*, xviiie s. (Cassini).

Longe-Sagne, écart, cne de Pradelles. — *Mansus de
Lona-Sanha*, 1336 (Arch. nat., P. 13982, cote
669). — *Longa Sanha*, 1347 (Rhône, E. 8). —
Longha Sanhia, 1464 (Ardèche, C. 592). —
Longessanhe, 1598 (Galien, nre). — *Longesaignes*,
1668 (état civ.). — *Longesaigne*, 1820 (Deribier). — *Longesagne*, 1888 (carte adm.).

Longetraye, h., cne de Freycenet-Lacuche. — *Longa
Troya*, 1484 (Arcis, nre). — *Longha Truya*,

1547 (Chaulet, nᵉ). — *Longe-Treüye*, 1671 (év.).
— *Longue-Truye*, 1695 (capitation). — *Longe-Treuilhe*, 1785 (Julien, nʳᵉ). — *Longetrée* (cad.).
— *Longe-Truie*, 1820 (Deribier).

Longeval, vill., cⁿᵉ de Saugues. — *Villa quæ vocatur Longa Val*, v. 1230 (cart. de Pébrac, n° 25). — *Longa Vallis*, 1279 (Thiolent). — *Longheval*, 1539 (*idem*).

Longevialle, vill., cⁿᵉ de Saint-Vert. — *Lo mas de Longa Vila*, 1341 (terrier de Charbonnier).

Lonnac, vill., cⁿᵉ de Sanssac-l'Église. — *Lothnacs*, 1213 (templiers du Puy). — *Lotnac*, 1227 (*idem*). — *Lumpnacum*, 1330 (G. Vériac, nʳᵉ). — *Lumpniat*, 1364 (Ém. Molinier, vie d'Arn. d'Audrehem, 312). — *Lumpnhacum*, 1477 (Richon, nʳᵉ). — *Lompnhacum*, 1520 (Martel, nʳᵉ). — *Lompnac*, 1598 (Galien, nʳᵉ).

Lonnac (Le), ruiss. affl. du Vourzac, cⁿᵉˢ de Sanssac-l'Église et de Polignac. — *La Barbouteyre* (cad.).

Lorange, mⁱⁿ sur les Gorces, cⁿᵉ de Montregard.

Lorlange, cᵒⁿ de Blesle. — *Villa Luzernanicas*, 959 (cart. de Brioude, ch. 303). — *Luzernangas*, xiᵉ s. (cart. de Sauxillanges, n° 662). — *Ecclesia de Lurlange* (l'impr. porte *Surlange*), 1120 (Gall. ch., II, instr., col. 133). — *Villa de Luzernanias*, 1269 (Baluze, mais. d'Auv., II, 272). — *Ecclesia de Lhuzarnanigas*, 1281 (*idem*, II, 279). — *Ludernanias*, xiiiᵉ s. (obit. de Br.). — *Lurlangiæ*, 1352 (spic. Briv.). — *Villa de Lurlangas*, 1366 (Gall. chr., II, col. 486). — *Lurlanges*, 1379 (compte de B. Flotenc). — *Lurlenges*, 1401 (spic. Briv.). — *Lurlanghes, Leurlanghes*, xvᵉ s. (Arch. nat., R⁴* 1143, nᵒˢ 329 et 341).

En 1789, Lorlange faisait partie de la province d'Auvergne, de l'élection et subdélégation de Brioude et du ressort de Riom. Son église paroissiale, diocèse de Saint-Flour et archiprêtré de Brioude, était sous l'invocation de saint Julien d'Antioche; l'évêque de Saint-Flour en était collateur.

Loségal, mont. boisée, cⁿᵉ du Pertuis. — *Losegaur*, 1879 (carte adm.).

Losfons, vill., cⁿᵉ de Saint-Vert. — *Les Fons*, xviiiᵉ s. (Cassini). — *Osfond*, 1880 (carte adm.). — *Losfonts*, 1888 (Malègue).

Lots (Les), h., cⁿᵉ de Lapte. — *Laulas* (cad.).

Loubeyrat, f., cⁿᵉ de Jax. — *Mansus de Lobeyrac*, 1416 (la Chaise-Dieu, Mazerat-la-Brequeille). — *Lobayrac*, 1424 (*idem*). — *Laubairat*, xviiiᵉ s. (Cassini).

Loubeyre (La), lieu détr., cⁿᵉ de Chanaleilles. — *Mansus de la Lobeyra*, 1274 (Lozère, G. 99).

Loubeyre (La), affl. de la Seuge, cⁿᵉˢ de Chanaleilles et de Grèzes.

Loubeyre (La), loc. détr., cⁿᵉ de Chassignolles. — *Mansus de la Lobeyra*, 1358 (spic. Briv.).

Loubeyre (La), h., cⁿᵉ de Cubelles. — *Mansus de la Lobieyra*, 1327 (Lozère, G. 98). — *La Lobeyra*, 1464 (Bibl. nat., ms. lat., n. acq., 1223, f° 185 v°). — *Loberia*, 1480 (*idem*, 1224, f° 255). — *Lobeyria*, 1499 (Thiolent).

Loucéa, vill., cⁿᵉ de Saint-Maurice-de-Lignon. — *Castrum de Laucea, abbatis S. Theofredi*, 1366 (Arch. nat., JJ. 97, f° 94 v°; Georges Guigue, les Tard-Venus, 373). — *Lauceacum*, 1455 (Arch. nat., S. 3299). — *Locus de Louceano*, 1529 (terrier du Fraysse-Bas, f° 38). — *La Tour de Loucea*, 1552 (Nicolas, nʳᵉ). — *Lousea*, 1633 (Barret, nʳᵉ). — *Loucea*, 1689 (cad. du Lignon). — *L'Oucéa*, 1860 (état-major).

Loucel, f., cⁿᵉ d'Araules. — 1507 (év.). — *L'Oucel*, 1608 (cad. de Bonnas).

Loudes, arrond. du Puy. — *Lode*, v. 1087 (cart. de Chamalières, n° 197). — *Lodes*, 1195 (hôtel-Dieu, A. 2). — *Loudde*, 1383 (Haute-Loire, C.). — *Ecclesia de Lodesio*, 1464 (J. Maltrait, nʳᵉ). — *Loddes*, 1497 (hôtel-Dieu). — *Lodesius*, 1519 (Martel, nʳᵉ). — *Loude*, 1585 (Johanny, nʳᵉ). — *Lodde en Vellay*, 1608 (A. Robert, nʳᵉ).

En 1789, Loudes, qui était le siège de l'une des dix-huit baronnies diocésaines de la province du Velay, dépendait de la subdélégation et sénéchaussée du Puy. Son église paroissiale, diocèse du Puy et archiprêtré de Solignac-sur-Loire, était consacrée à saint Hilaire; l'université Saint-Mayol présentait à la cure.

Loudes, nom de la part des sⁱˢ et justice de Tailhac passée par mariage, au xvᵉ s., dans la maison de Loudes. — *Lode*, 1511 (coust. d'Auv., f° 81 v°). — *Taillat sive Loude*, 1669 (Arch. nat., P. 449, n° 529). — *Le bois de Loudes*, xixᵉ s. (cad.).

Loudes (Moulin-de-), mⁱⁿ, cⁿᵉ de Loudes. — *Molendinum de Lode*, 1408 (Drôme).

Loudon, h., cⁿᵉ de Bas. — *Loudo*, 1498 (obit. de Bas).

Louettes, h., cⁿᵉ de Saint-Jeure.

Lourdau, écart, cⁿᵉ de la Chapelle-d'Aurec. — *Lordat*, xviiiᵉ s. (Cassini). — *Lourdat*, 1888 (Malègue).

Lousseix, m. i., cⁿᵉ de Rosières. — *L'Ousseix*, 1888 (Malègue).

Loustalou, f., cⁿᵉ du Monastier.

Louvade (La), bois, cⁿᵉ de Chadron.

Louvesche (La), écart, cⁿᵉ de Saint-Front. — *Mansus de la Lauvescha*, 1284 (cart. de Mazan, f° 25 v°).

— *La Lolvesegha*, 1458 (Maltrait, n^{re}). — *La Loresche*, 1625 (état civ.). — *La Lauvesche*, 1646 (cad. de Bonnefont). — *La Loureche*, xviii° s. (Cassini). — *La Lourèche* (cad.).

Louve-Pendue (La), lieu dit, c^{ne} de Villeneuve-d'Allier. — *Loba l'enduda*, 1339 (Bibl. nat., ms. fr., 14377, p. 189).

Louvigneau, m. i., c^{ne} de Vals-près-le-Puy.

Louzet (Moulin-de-), mⁱⁿ, c^{ne} de Coubon. — *Moulin de Louzis*, 1884 (aff. jud.).

Loye (Moulin-de-), mⁱⁿ sur le Vourzac, c^{ne} de Sanssac-l'Église.

Loyes (Les), h., c^{ne} de Léotoing. — *La terre app. du Loyer en la par. d'Espalent*, xv° s. (Arch. nat., R⁴.* 1143, n° 332). — *Le Loïs*, xviii° s. (Cassini). — *Les Loyers*, 1820 (Deribier). — *Les Lyos*, 1855 (état-major). — *Les Loys*, 1869 (Malègue).

Lozanges (Les), lieu détr., c^{ne} de Connangles. — *Laurengiæ*, 1390 (la Chaise-Dieu, Connangles). — *Mansus de las Lauzenghas*, 1461 (ibid.). — *Les Lauzanges*, 1643 (idem, Bellut). — *Les Lozanges*, 1772 (ibid.).

Luberthe, m. i., c^{ne} de Saint-Julien-Molhesabate. — *La Berthe*, 1879 (carte adm.).

Lubiène, vill., c^{ne} de Vergongheon. — *Villa Loberias*, v. 898 (cart. de Brioude, ch. 118). — *In vicaria Brivatensi, curtis indominicata Luberias*, 920 (idem, ch. 272). — *Villa Lotberias*, 922 (idem, ch. 30). — *Lobeyras*, 1319 (spic. Briv.). — *Lohieres*, 1511 (coust. d'Auv., f° 80 v°). — *Lubieres*, 1640 (liève de Rilhat). — *Lubert*, xviii° s. (Cassini).

Mine de houille concédée le 30 avril 1886.

Lubilhac, c^{on} de Blesle. — *In aice Brivatensi, in villa Lubiliaco*, 890 (cart. de Brioude, ch. 184). — *Ecclesia de Lubilhac*, 1299 (spic. Briv.). — *Lubillac*, 1379 (compte de B. Flotenc). — *Ecclesia de Lobilhac*, xiv° s. (A. Bruel, reg. de G. Trascol, 144). — *Lucbilhac*, 1401 (spic. Briv.).

En 1789, Lubilhac appartenait à la province d'Auvergne, à l'élection et subdélégation de Brioude et au ressort de Riom. Son église paroissiale, diocèse de Saint-Flour et archiprêtré de Blesle, était dédiée à saint Bonnet; le chapitre cathédral de Saint-Flour présentait à la cure.

Luchadou, h., c^{ne} de Saugues. — *Mansus Luchador*, 1327 (Lozère, G. 98). — *Mansus Lutchador*, 1499 (Thiolent). — *Le château de Luchadou*, 1724 (L'Ouvreleul, 26). — *La cascade de Luschadou*, 1824 (Deribier, statist., 82). — *Luchadour*, 1888 (Malègue).

Lugeac, vill., c^{ne} d'Auzon. — *Luziac, Lughiac*, xiv° s. (terrier des Grèzes).

Lugeac, h., c^{ne} de Saint-Just-près-Brioude. — *Luciag*, 1011 (cart. de Brioude, ch. 323; Baluze, mais. d'Auv., II, 43). — *Hermum Ludincum*, 1139 (cart. de Pébrac, n° 29).

Lugeac, chât. détr. et vill., c^{ne} de la Vaudieu. — *Ecclesia de Luciaco*, v. 1011 (cart. de Brioude, ch. 312; cart. de Sauxillanges, ch. 475). — *Lauziacus*, v. 1148 (Gall. chr., II, instr., col. 107). — *Luzacus*, 1155 (spic. Briv.). — *Ecclesia de Loziaco*, 1177 (Bibl. nat., lat., 12750, p. 200). — *Castrum de Lotsac*, 1237 (spic. Briv.). — *Castrum de Lopzac*, v. 1250 (idem). — *Castrum de Lotzac*, 1298 (idem). — *Lotzat*, 1341 (terrier de Charbonnier). — *Loupzat*, 1401 (spic. Briv.). — *Loughat*, 1487 (idem). — *La vicairie de S. Jehan l'Evangeliste de Lozat*, 1560 (Vals-le-Chastel, inv^{re}). — *La baronnie de Lughat*, 1612 (terrier de la Vaudieu). — *Lugeac*, xviii° s. (Cassini).

Fief vassal du comté de Montferrand.

Commune supprimée le 24 février 1842, et réunie à celle de la Vaudieu.

Lugeac (Le Moulin-de-), mⁱⁿ sur le Ceroux, c^{ne} de Saint-Just-près-Brioude.

Lugeastre-Bas, vill., c^{ne} de Saint-Didier-sur-Doulon. — *Lughastre-Bas*, 1501 (Vals-le-Chastel). — *Lughastre Sobteira*, 1516 (idem). — *La Jastre-Basse*, 1820 (Deribier).

Lugeastre-Haut, vill., c^{ne} de Saint-Didier-sur-Doulon. — *Lughastre Sobeyra*, 1516 (Vals-le-Chastel). — *Lughastre-Hault*, 1522 (idem). — *La Jastre-Haute*, 1820 (Deribier).

Luguenot, h., c^{ne} de Saint-Georges-d'Aurac. — *Les Gonnots*, 1646 (terrier du Cluzel). — *Lugnot*, xviii° s. (Cassini).

Luitaud, écart, c^{ne} de Saint-Martin-de-Fugères. — *Villa de Loytaus*, 1309 (Arch. nat., P. 1398², cote 676). — *Mansus deus Oytaus*, 1344 (Arch. nat., P. 1397², cote 537). — *Luitau*, 1345 (Rhône, E. 8). — *Loytau*, 1377 (Saint-Mayol). — *Villa deus Eytaus*, 1383 (Arch. nat., P. 1399¹, cote 767). — *Villa delz Oytaus*, 1474 (Arch. nat., P. 1362², cote 1115). — *Luytau*, 1510 (Dompnin, n^{re}). — *Lhoutaud*, 1514 (J. Boyer, n^{re}). — *Lutaud*, 1679 (Mareschal, n^{re}).

Lumenesse, h., c^{ne} de Dunières. — *Lumenesses*, 1615 (Rhône, D. 185). — *Lumines*, xviii° s. (Cassini). — *Lumesse*, 1879 (carte adm.).

Lupiat, vill., c^{ne} d'Agnat. — *Lopiag*, v. 1011 (cart. de Brioude, ch. 300). — *In villa Lupiago, in vicaria Brivatensi* (Bibl. nat., ms. lat., 17078 f° 17 v°). — *Lupiac, Lhupiac,* xiv° s. (terrier des Grèzes).

Lupiat (Le), ruiss., affl. du Ternivol, c⁵ᵉˢ de Champagnac et de Chaniat.

Lupiat (Moulin-de-), mⁱⁿ sur le Lupiat, cⁿᵉ de Chaniat.

Luquet, f., cⁿᵉ du Chambon.

Lux, h., cⁿᵉ d'Auteyrac. — *Decima de Luquo,* 1315 (spic. Briv.). — *Locus de Luxtz,* 1459 (B. Girard, nʳᵉ). — *Mansus de Lux,* 1466 (Bibl. nat., ms. lat., n. acq., 1223, f° 138). — *Luc* (cad.).

Luzat, f., cⁿᵉ de Saint-Pal-de-Mons.

M

Ma-Campagne, m. i., cⁿᵉ d'Espaly-Saint-Marcel.

Machabert, vill., cⁿᵉ de Saint-Front. — *Mansus Chatbert,* 1256 (cart. de Mazan, f° 111). — *Locus de Maschaberto,* 1516 (Delaigue, nʳᵉ). — *Mas-Chabert,* xviii° s. (Cassini).

Machabert (Le), ruiss., affl. de l'Aubépin, cⁿᵉ de Saint-Front. — *Rivus voc. de Maschabert,* 1344 (Saint-Chaffre). — *Le Soleilhac* (cad.).

Machaud (Scie-de-), sur le Cougoussac, cⁿᵉ de Pinols.

Machot, écart, cⁿᵉ de Saint-Julien-du-Pinet.

Madalet, h., cⁿᵉ d'Yssingeaux.

Madard (Le), affl. de la Loire, cⁿᵉ de Malvalette.

Madelaine (Croix de la), près Bellevue, cⁿᵉ de Brives-Charensac. — *Le grant oratoire qui est en la my voie entre la ville du Puy et la maison de la Maladerie de Brive,* 1522 (Médicis, I, 293). — *Le dévot ymage de la glorieuse Marie-Magdelaine ... de l'oratoire qu'est à la my voie entre le Puy et Brive,* 1561 (idem, I, 508). — *La Croix de la Magdalleyne,* 1604 (Saint-Pierre-la-Tour).

Madeleine (La), mont. et chapelle ruinée, cⁿᵉ de Retournac. — *Prioratus B. Mariæ Magdalenæ, ord. de Charassio, paroc. de Retornaco,* 1513 (J. Boyer, nʳᵉ). — *Prior Montis Ebye Beatæ Mariæ Magdalenæ,* 1516 (Arch. nat., G. 8*1, f° 439 v°).

Madelonet, vill., cⁿᵉ de Saint-Jeure. — *Masdolene,* 1314 (év.). — *Masdelone* 1343 (Rhône, H. 1016). — *Mansus de Nole,* 1400 (cart. de Tence, f° 14 v°). — *Mas-de-Nole,* 1507 (év.). — *Mas-de-Nelle,* 1554 (R. Maurin, nʳᵉ). — *Mas-de-Noullet,* 1695 (captation). — *Magdelonet,* 1786 (état civ.). — *Madelounettes,* xviii° s. (Cassini). — *Madelonnettes,* 1869 (Malègue).

Madène, vill., cⁿᵉ de Chazelles. — *Madenas,* v. 1030 (cart. de Pébrac, xxxiii); — 1458 (Bibl. nat., ms. lat., n. acq., 1222, f° 67 v°). — *Madènes,* 1820 (Deribier).

Madriat, vill., cⁿᵉ de Cistrières. — *Madriat,* 1449 (terrier de Clavelier). — *Madriac,* 1564 (terrier de Vals-le-Chastel).

Madriat (Le), affl. du Doulon à la Vernède, c⁵ᵉˢ de Cistrières et de Saint-Didier-sur-Doulon.

Madrières, vill., cⁿᵉ de Chanaleilles. — *Madrieyras,* 1274 (Lozère, G. 99). — *Madreyras,* 1279 (Thiolent). — *Madrière,* 1820 (Deribier).

Magdelaine (La), anc. maladrerie, cⁿᵉ de Chilhac. — *Capella infirmorum quæ est inter Voltam et Chisliacum,* v. 1192 (spic. Briv.). — *La Magdalleyne,* 1625 (terrier du Chambon de Blau).

Magdelaine (La), loc. détr., cⁿᵉ de Langeac. — *La Magdalena,* xiii° s. (terrier de l'hôpital de Langeac). — *Ecclesia B. Mariæ Magdalenæ,* 1262 (spic. Briv.). — *Infirmaria Magdalenæ Langiaci, Infirmaria Magdalenensis,* 1315 (coll. J. Lachenal). — *Domus S. Mariæ Magdalenæ infirmariæ Langiaci,* 1327 (spic. Briv.). — *Magdalenex Langiaci,* 1470 (Bibl. nat., ms. lat., n. acq., 1224, f° 3 v°).

Membre de la maladrerie de la Bajasse.

Magnaure (La), affl. de la Loire en amont de Latour, cⁿᵉ de Coubon. — *Ruiss. app. Merdant,* 1637 (Brunel, nʳᵉ).

Magne, h., cⁿᵉ de Salzuit. — *Manhe,* 1543 (la Chaise-Dieu, Domeyrat). — *Magny,* 1820 (Deribier).

Magneret (Le), h., cⁿᵉ de Monlet. — *Le Magnaret,* 1888 (Malègue).

Mahuche (La), h., cⁿᵉ de Saint-Vénérand. — *Mahuchia,* 1476 (Thiolent). — *La Maüche,* 1607 (idem).

Maigres (Les), h., cⁿᵉ de Saint-Julien-du-Pinet. — *Maygra,* 1460 (Rhône, Bessamorel). — *Loux Maigres,* 1580 (coll. C. Falcon).

Maiguezin, vill., cⁿᵉ de Salettes. — *Maygasi,* 1462 (Chauvin, nʳᵉ). — *Maiguesi,* 1534 (év.). — *Masguezin,* 1570 (Benoît, nʳᵉ).

Mailhot, h., cⁿᵉ de Pébrac. — *Malhuc,* 1469 (Bibl.

nat., lat., n. acq., 1223, f° 355 v°). — *Mailloc*,
1486 (terrier de Tailhac).

MAILLOUS (LES QUATRE-), m^in, c^ne du Chambon.

MAIN (LA), f., c^ne du Mazet-Saint-Voy.

MAIRE (LA), affl. du Bourboulliou, c^ne de Saint-
Geneys-près-Saint-Paulien.

MAISON-BLANCHE, écart, c^ne de la Chapelle-Geneste.

MAISON-BLANCHE (LA), écart, c^ne d'Ally. — 1613
(Mercurial).

MAISON-BLANCHE (LA), m^in sur l'Allier, c^ne de Saint-
Haon. — *La Vareyre*, 1888 (aff. jud.).

MAISON-FORESTIÈRE (LA), c^ne des Estables.

MAISONNETTE, vill., c^ne de Fay-le-Froid.

MAISONNETTE, écart, c^ne de Lapte.

MAISONNETTE, écart, c^ne de Mézères.

MAISONNETTE, m. i., c^ne de Tence.

MAISONNETTES, h., c^ne de Dunières. — 1269 (homm.
de l'év.). — *Maysonetæ*, 1467 (Rivière, n^re). —
Meysonetes, 1553 (Rhône, D. 185).

MAISONNETTES, h., c^ne de Fay-le-Froid. — *In villa
quæ dicitur Mansionetis, in par. ecclesiæ de Lavastris*, v. 1030 (cart. du Monastier, n° 230). —
Meysonetæ, 1464 (Ardèche, C. 624). — *Maisonnettes*, 1631 (état civ.). — *Maisonnette*, 1888
(Malègue).

MAISONNETTES, h., c^ne de Montregard. — *Homines de
Mayzonetas*, 1322 (cart. de Mazan, f° 133 v°). —
Meysonetas, 1556 (terrier de Montregard). —
Maisonnette, 1879 (carte adm.).

MAISONNETTES, h., c^ne de Saint-Pierre-Duchamp. —
Maizonatas, 1314 (év.). — *Maysonetas, Mayszo-
netas*, 1352 (Arch. nat., P. 1398², cote 674). —
Maysonetes, 1571 (A. Boyer, n^re).

MAISONNETTES (LES), affl. du ruisseau du Prat, c^ne de
Fay-le-Froid.

MAISONNETTES (LES), f., c^ne de Queyrières.

MAISONNETTES (LES), h., c^ne de Saint-Bonnet-le-
Froid.

MAISONNEUVE, près la Bourghéa, m. i., c^ne du Chambon. — *Maisonneuve-de-la-Brughéa*, 1888 (Malègue).

MAISONNEUVE, près les Serpeyres, m. i., c^ne du Chambon. — *Maisonneuve-de-la-Grange*, 1888 (Malègue).

MAISONNEUVE, près Romières, m. i., c^ne du Chambon.

MAISONNEUVE, f., c^ne de Chaudeyrolles.

MAISONNEUVE, f., c^ne des Estables. — *Domus Nova*,
1449 (chartreuse de Bonnefoy). — *Boria de la
Meyso Nova*, 1508 (Costavol, n^re). — *Grangia de
Domo Nova*, 1526 (cad. du Monastier). — *La
borye de la Maison-Neufve*, 1568 (Nicolas, n^re).

— *La Maison-Neuve*, 1739 (état civ.). — *Les
Maisons-Neuves*, XVIIIe s. (Cassini).

MAISONNEUVE, écart, c^ne du Monastier.

MAISONNEUVE, m. i., c^ne de Monistrol-sur-Loire.

MAISONNEUVE, f., c^ne de Présailles.

MAISONNEUVE, écart, c^ne de Saint-Georges-Lagricol.

MAISONNEUVE, f., c^ne de Saint-Just-près-Brioude. —
Mansus de Domo Nova, 1460 (Arch. nat., ZZ.
359, p. 24).

MAISONNEUVE (LA), f., c^ne de Fay-le-Froid.

MAISONNEUVE (LA), écart, c^ne de Félines.

MAISONNEUVE (LA), f., c^ne de Grèzes.

MAISONNEUVE (LA), f., c^ne de Raucoules.

MAISONNEUVE (LA), f. et m^in sur le Maisonneuve,
c^ne de Saint-Didier-sur-Doulon. — *Le moulin de
la Maison-Neufve*, 1669 (Arch. nat., P. 499,
c. 114).
Fief mouvant du duché d'Auvergne.

MAISONNEUVE (LA), h., c^ne de Saint-Julien-Chapteuil.

MAISONNEUVE (LA), f., c^ne de Saint-Pal-de-Chalencon.

MAISONNEUVE (LA), f., c^ne des Vastres. — *Le Mas de
la Maison-Neufve*, 1785 (état civ.).

MAISONNEUVE (LE), affl. du Doulon à Saint-Didier-
sur-Doulon.

MAISONNIAL, écart, c^ne de Saint-Paulien. — *Maizonil*,
1248 (hospit. du Velay). — *Le domaine de Mey-
soniaux*, 1714 (cad. de Laval-Emblavès).

MAISONNIAL (LE), h., c^ne de Chénéreilles. — *Lo
Meysonial*, 1510 (Rhône, D. 161).

MAISONNY, m. i., c^ne de Saint-Jeure. — *Maisonnette*,
1880 (carte adm.).

MAISONNY (LE), h., c^ne de Saint-Georges-Lagricol. —
Mansus del Maysonis, 1311 (Arch. nat., P. 1398¹,
cote 650). — *Lo Meysonis*, 1507 (év.). — *Mayssonny*, 1880 (carte adm.).

MAISONSEULE, h., c^ne de Bonneval.

MAISONSEULE, lieu détr., c^ne de Ceyssac. — *Territo-
rium de Domo Sola*, 1331 (J. de Peyre, n^re). —
Terroir de Chantilhac app. de Maison-Solle, 1561
(Savin, n^re).

MAISONSEULE, écart, c^ne de Grazac.

MAISONSEULE, lieu détr., c^ne de Lissac. — *Maizo
Sola*, 1343 (homm. de l'év.).

MAISONSEULE, h., c^ne d'Ouïdes. — *Mansus de Mayso
Sola*, 1453 (J. Rocher, n^re). — *Domus Sola*,
1499 (Rhône, Chantoin, I, 10).

MAISON-SEULE, écart, c^ne de Pradelles. — *Locus de
Domo Sola*, 1464 (Ardèche, C. 592). — *Maisonseule*, 1539 (Arch. nat., P. 1446, f° 213).

MAISONSEULE, h., c^ne de Retournac. — *Locus de Domo

Sola, 1508 (obit. de Bas). — *Meysos Solle*, 1558 (V. Vacharel, n°°).

Maisonseule, vill., c°° de Saint-André-de-Chalencon. — *Maisonsolle, Maisonsoulle*, 1581 (terrier de Frissonnet). — *Meisonsoule, Meysonsoula*, 1604 (cad. de Chalencon). — *Meysos-Solle*, 1614 (coll. C. Falcon).

Maisonseule, m. i., c°° de Solignac-sur-Loire. Ancien fief dont la maison de Veyrac a porté le nom au xviii° siècle.

Maisonseule, écart, c°° d'Yssingeaux. — *Domus Sola*, 1330 (hôtel-Dieu, B. 435). — *Mayzo Sola*, 1359 (Rhône, H. 2632). — *Maiso Sola*, 1408 (compois du Puy, f° 336 v°). — *Meyso Sola*, 1528 (terrier du Pertuis). — *Maisonseullé*, 1614 (terrier de Saussac).

Maisons-Hautes (Les), h., c°° du Chambon.

Maiston, f., c°° du Chambon.

Maistre-Estève, lieu dit, près Billiac, c°° de Polignac. — *Territorium de Mestre-Esteve*, 1452 (prieuré de Polignac).

Maître-Hugon, lieu dit, c°° d'Autrac. — *Le terroir app. de Maistre-Hugon*, 1493 (terrier de Blesle).

Maître-Pierre (Ranc de), rocher, près Arsac, c°° de Coubon. — 1707 (cad. de Bouzols).

Malabesse, lieu détr., c°° de Saint-Pierre-Duchamp. — *Domus seu fortalicium de Mala Bessa*, 1343 (Arch. nat., P. 494¹, cote 7).

Malabrousse, loc. détr., c°° de Saint-Pierre-Du-champ. — *Mansus de Mala Brocia*, v. 1031 (cart. de Chamalières, n° 221). — *Apud Malabrossam propre castrum de Malivernas*, 1341 (Arch. nat., P. 493², cote 97). — *Mansus de Mala Brossa*, 1352 (Arch. nat., P. 1398², cote 674).

Malachelle, vill., c°° de Sainte-Sigolène. — *Malas Chaelas*, 1314 (év.). — *Malas Cheylas*, 1384 (idem). — *Malas Chellas*, 1507 (év.). — *Malas Cheles*, 1519 (obit. de Bas). — *Malas Chellas*, 1695 (capitation). — *Malachelle*, xviii° s. (Cassini).

Malacombe, m. i., c°° de Tiranges. — 1695 (capitation).

Malacombe (Ravin-de-), affl. du Ram, c°° de Beaulieu.

Malacours, f., c°° du Chambon. — *Malacourt*, 1820 (Deribier).

Malacroze (Le), l'un des deux ruisseaux qui forment le Courbière, c°° de Bas.

Maladourne, f., c°° de Saint-Front.

Malafosse, lieu détr., c°° d'Alleyras. — *Mansus de Mala Fossa*, 1308 (prieuré d'Alleyras).

Malafosse, loc. détr., c°° de Coubon. — *Villa quæ*

dicitur *Mala Fossa*, v. 889 (cart. du Monastier, n° 67).

Malagarde, mont., c°° de Saint-Étienne-Lardeyrol. — *Mons voc. Mala Garda*, 1343 (Chamblas). — *Mala Guarde*, 1470 (idem).

Malagayte, h., c°° du Mazet-Saint-Voy. — *Mala Gayta*, 1343 (Rhône, H. 1016). — *Mallagayte*, 1553 (ress. de Montfaucon). — *Malaguette*, 1820 (Deribier).

Malaguet, étang, c°° de Monlet. — *L'estanc de Maleguet au seigneur d'Alègre*, 1548 (Rhône, Saint-Antoine-de-Viennois). — *Malagay*, 1888 (carte adm.).

Malaguets (Les), écart, c°° de Félines. — *Les Malaliers*, 1888 (Malègue).

Malard (Le), f., c°° de Saint-Front. — *Mollard*, 1888 (Malègue).

Malasaison, m. i., c°° de Tiranges.

Malassouche, écart, c°° de Laussonne. — *Mansus del Mas la Socha*, 1448 (Monastier). — *Lo Mas la Socha*, 1527 (cad. du Monastier). — *Le Mas-la-Souche*, 1707 (cad. de Bouzols). — *Malassouche*, xviii° s. (Cassini).

Malataverne, vill., c°° de Beaux. — *Villa de Mala Taverna*, 1300 (év.). — *Mala Taberna*, 1351 (év.).

Malataverne, loc. détr., près Ailhac, c°° de la Chomette. — *Certains chezaux app. anciennement de Male-Taverne*, 1612 (terrier de la Vaudieu).

Malataverne, h., c°° de Dunières. — *Mala Taberna*, 1468 (Rivière, n°°). — *Mala Taverna*, 1500 (Rhône, D. 182). — *Male-Taverne*, 1553 (idem, D. 185). — *Malletaverne*, 1553 (ress. de Montfaucon). — *Locus de Malataverni*, 1579 (idem, D. 183).

Malatray, h., c°° de Saint-Julien-Molhesabate. — *Malatrayt*, 1466 (Rivière, n°°). — *Maletrayt*, 1618 (Jamon, n°°).

Malaure (La), ruiss., prend sa source au nord de la c°° de Chassignoles, sert de limite aux départements du Puy-de-Dôme et de la Haute-Loire et se jette dans l'Auzon au m¹° du Mazelet, c°° de Saint-Hilaire. — *Ruiss. des Poules* (cad.).

Malaval, m. i., c°° de Malvalette. — *Mala Val*, 1317 (Arch. nat., P. 1400², c. 990).

Malaval, m. i., c°° du Monastier.

Malaval, loc. détr., c°° de Montusclat. — *Mas de Malaval*, 1343 (homm. de l'év.).

Malaval, m. i., c°° de Saint-Jeure.

Malaval (Le), affl. de l'Allier, c°°° du Bouchet-Saint Nicolas, d'Ouïdes et d'Alleyras. — *Le rieu de Malaval*, 1545 (terrier d'Agrain).

MALAVAY, bois, cⁿᵉ de Pinols. — *Nemus app. de Maleval*, 1456 (Bibl. nat., ms. lat., n. acq., n° 1222, f° 38). — *Malavey*, 1876 (état des forêts).

MALAVEILLE, f., cⁿᵉ de Craponne-sur-Arzon. — *Petrus Malavelha*, 1314 (Arch. nat., P. 1398², cote 708). — *Malleveilhe*, 1543 (terrier de G. de Coysse). — *Malaveilhe*, 1695 (capitation).

MALBEC, f., cⁿᵉ de Sainte-Sigolène. — *Malbey*, xviiiᵉ s. (Cassini). — *Maubec*, 1820 (Deribier).

MALBOS, sources d'eaux minérales dans le lit de la Loire, cⁿᵉˢ d'Arlempdes et de Salettes.

MALBOST, vill., cⁿᵉ de Saint-Pal-de-Chalencon. — *Malbosc*, 1540 (terrier de Saint-Pal). — *Malbos* (cad.).

MALCAP, f., cⁿᵉ de Présailles. — 1699 (cad. de Vachères).

MALCHARER, bois, cⁿᵉ de Montregard. — *Nemus de Mala Charreyra*, 1276 (Gall. christ., XVI, instr., c. 255).

MALCHAREYRE, m. i., cⁿᵉ du Mas-de-Tence.

MAL-CONSEIL, lieu dit, cⁿᵉ de Pébrac. — *Territ. del Mal-Cosselhz*, 1464 (Thiolent).

MALECOURSE (RIF DE), ruiss., affluent de droite de l'Allier, cⁿᵉ de Saint-Arcons-d'Allier. — *Rivus de Mala Corsa*, 1478 (Bibl. nat., ms. lat., n. acq., 1224, f° 185 v°).

MALCROS, vill., cⁿᵉ de Malvières. — *Mascros*, 1324 (la Chaise-Dieu, Malvières). — *Mansus Crozus*, 1360 (idem, la Chapelle-Geneste).

MALCROS, h., cⁿᵉ de Saint-André-de-Chalencon. — *Mancros* (cad.).

MALCROS, h., cⁿᵉ de Solignac-sous-Roche.

MALEBROUSSE, lieu détr., cⁿᵉ de Saint-Pierre-Duchamp. — *Mansus de Mala Brocia*, v. 1040 (cart. de Chamalières, n° 221). — *Apud Malabrossam prope castrum de Malivernas*, 1341 (Arch. nat., P. 493² bis, cote 97).

MALLCOSTE, bois, cⁿᵉ de Rosières.

MALEFAYE, lieu détr., cⁿᵉ de Malvières. — *Mansus Malæ Fagiæ*, 1348 (la Chaise-Dieu, Malvières).

MALEMONT (RAZAS-DE-), affl. de la Ramade à Grazengheon, cⁿᵉ d'Aubazac. — 1625 (terrier de Blau).

MALEMORT, lieu dit, cⁿᵉ de Saint-Didier-d'Allier. — *L'azeul de Malle-Morte*, 1784 (terrier de Vabres).

MALEPEYRE, h., cⁿᵉ de Lubilhac. — *Mala Peira*, 1234 (cart. de Pébrac, n° 58). — *Mala Petra*, 1275 (spic. Briv.).

MALEROCHE, lieu dit, cⁿᵉ de Saint-Ilpize. — *Territ. de Malo Rocha*, 1461 (Arch. nat., ZZ. 359, p. 16).

MALESCOT, lieu détr., cⁿᵉ de Bauzac. — *Mansus de Malescot*, 1346 (Arch. nat., P. 490², cote 229). — xviⁱᵉ s. (obit. de Bauzac).

MALESCOT, m. i., cⁿᵉ de Saint-Germain-Laprade.

MALESCOURS, h., cⁿᵉ de Saint-Victor-Malescours. — *Malas Curtz*, v. 1100 (cart. de Cluny, ch. 3896). — *Malas Corts*, 1269 (homm. de l'év.). — *Malis Curtibus*, 1363 (coll. Chaleyer).

MALET (LE), h., cⁿᵉ d'Allègre. — *Le Mallet*, 1888 (carte adm.).

MALET (LE), h., cⁿᵉ de Saint-Jean-d'Aubrigoux. — *Mazelet*, 1163 (cart. de Chamalières, n° 72).

MALET (MOULIN-DE-), mⁱⁿ sur le Lignon, cⁿᵉ d'Yssingeaux.

MALEVIEILLES, h., cⁿᵉ de Saint-Vénérand. — *Locus de Malis Vetulis seu de Malhes Velhas, mand. de Chambone*, 1469 (Thiolent). — *Malles-Veilhes*, 1623 (Cl. Peyret, nʳᵉ).

MALFANT, h., cⁿᵉ de la Chapelle-Bertin. — *Malfont*, 1820 (Deribier).

MALFOUR, h., cⁿᵉ de Riotord. — *Malus Furnus*, 1363 (coll. Chaleyer). — *Malforn*, 1461 (Rhône, H. 1180).

MALFRAYT, écart, cⁿᵉ de Monistrol-sur-Loire. — *Malfrey*, 1747 (état civ.).

MALFRAYT, h., cⁿᵉ de Retournac. — *Mas-Freyt*, 1293 (Arch. nat., P. 491¹, cote 13). — *Maulfreyt*, 1558 (V. Vacherel, nʳᵉ). — *Malfrayt*, 1695 (capitation). — *Malfreyt*, xviiiᵉ s. (Cassini).

MALGASCON, h., cⁿᵉ de Saint-Georges-d'Aurac. — *Mal Gasco*, 1474 (terrier du Cluzel). — *Maugaçou*, xviiiᵉ s. (Cassini).

MALHAC, vill., cⁿᵉ d'Alleyrac. — *Villa de Malhac*, 1309 (Arch. nat., P. 1398², cote 676). — *Malhacum*, 1331 (Arch. nat., P. 1397¹, cote 587). — *Mailhac*, 1474 (Arch. nat., P. 1362², cote 1115). — *Malliat*, 1534 (év.).

La section de Malhac a été distraite, par une loi du 6 juillet 1862, de la cⁿᵉ de Saint-Martin-de-Fugères et réunie à celle d'Alleyrac.

MALHAGUET, h., cⁿᵉ d'Alleyrac. — *Villa de Malhaguet*, 1309 (Arch. nat., P. 1398², cote 676).

MALIVERNAS, chât. ruiné et vill., cⁿᵉ de Saint-Pierre-Duchamp. — *Villa de Malo Verneto*, v. 1021 (cart. de Chamalières, n° 67). — *Villa de Malos Yvernatis*, v. 1037 (idem, n° 212). — *Mali Isvernati*, 1095 (idem, n° 197). — *Mansus de Malisvernatis*, xiiⁱ s. (idem, n° 225). — *A Malos Evernatos*, 1213 (idem, n° 326). — *Malivernas*, 1269 (Arch. nat., P. 1398³, cote 674 bis). — *Castrum de Malo Uvernato*, 1394 (Arch. nat., P. 1397¹, cote 528). — *Castrum de Malyvernas*, 1352 (Arch. nat., P. 1398³, cote 674).

MALLAT, h., cⁿᵉ de Mazeyrat-Crispinhac. — *Mansus de Malac*, 1459 (Bibl. nat., ms. lat., n. acq., 1222, fo 120). — *Malacum*, 1489 (terrier du Cluzel).

MALLE (LA), f., cne de Saint-Front.

MALLET, f., cne de Raucoules. — *Malet*, 1879 (carte adm.).

MALLEYS, vill.. cne de Beaulieu. — *Maleys*, 1256 (év.). — *Meleys*, 1287 (hôtel-Dieu, B. 631). *Meleis*, 1408 (compois du Puy). — *Mealeis*, 1506 (Médicis, II, 301). — *Mealeys*, 1512 (Dompnin, nre). — *Malla* (cad.). — *Malley*, 1880 (carte adm.).

MALMAISON, lieu détr., près Vernet, cne de Saugues. — Découverte, en 1877, d'antiquités romaines.

MALMARANDE, lieu dit, cne de Saint-Just-Malmont. — *Le terroir du Queyrible, aultrement de Malle-Marande*, 1569 (terrier de Saint-Didier).

MALMONT, vill., cne de Saint-Just-Malmont. — *Vilagium de Malo Monte*, 1312 (mém. de la Diana, VII, 261).

MALMY, h., cne de Villeneuve-d'Allier. *Malmy*, 1339 (Bibl. nat., ms. fr., 14377, p. 198). — *Mansus de Malmi*, 1433 (Bibl. nat., ms. fr., 11490, p. 143).

MALOSSE, f., cne de Chaudeyrolles.

MALOSSE (LE), afll. de la Gazeille à la Vacheresse, cne des Estables. — *Rivus de Maiossos*, 1359 (Saint-Chaffre). — *Rivus de Maionos*, 1363 (*idem*).

MALOSSE-DE-CHAUMÈNE, f., cne des Estables. — 1782 (état civ.).

MALOSSE-DE-GIBERT, f., cne des Estables. — 1775 (état civ.). — *Malone-de-Gibert*, 1888 (Malègue).

MALOUBRIER, f., cne de Saint-Front. — *Succus de Mal-Obreyr*, 1359 (Rhône, H. 2632).

MALOUTEYRE (LA), lieu détr. à Navogne, cne de Bas. — *Terr. de la Mallouteyre*, 1574 (obit. de Bas).

MALOUTEYRE (LA), lieu détr., cne de Bauzac. — *La Malauteyra*, 1335 (Arch. nat., P. 1398[1], cote 657). — *La Maladière de Bauzac*, xvie s. (obit. de Bauzac).

MALOUTEYRE (LA), lieu dit, près la Gorce, cne de Beaux.

MALOUTEYRE (LA), anc. léproserie, cne de Brives-Charensac. — *Infirmi de ponte Brivæ*, 1159 (hospit. du Velay). — *Domus leprosorum de Briva*, 1210 (hôtel-Dieu, B. 127). — *Domus infirmorum de Briva*, 1259 (rev. des soc. sav., 6e série, IV, 1876, 2e sem., 426). — *Domus infirmariæ Brivæ prope Anicium... ad hon... B. Mariæ Magdalenæ et S. Lazari*, 1291 (Médicis, II, 27). — *Malauteria*, 1314 (Saint-Georges du Puy). — *Infirmi leprosi de Briva*, 1327 (spic. Briv.). — *Las Malauteyras de Briva*, 1408 (compois du Puy). — *La maison maladière de Brive*, 1546 (Savin, nre).

— *Parochialis ecclesia B. Mariæ Magdalenæ leprosariæ Brivæ prope muros Anicii*, 1585 (Johanny, nre).

MALOUTEYRE (LA), lieu dit, cne de Ceyssac. — *Le terroir de Ceissac app. la Malouteyre*, 1596 (Duleson, nre).

MALOUTEYRE (LA), lieu détr., cne de la Chapelle-Geneste. — *La Malauteyra*, 1449 (terrier de Clavelier).

MALOUTEYRE (LA), loc. détr., cne de Chomelix. — *La Malouteyra*, 1404 (terrier de Chomelix).

MALOUTEYRE (LA), lieu dit, près Tarreyres, cne de Cussac. — 1582 (terrier du doyenné).

MALOUTEYRE (LA), h., cnes d'Espaly-Saint-Marcel et de Polignac. — *La Maladière*, 1465 (Médicis, I, 254). — *La Malauteyre du Collet*, 1563 (Coppié, nre). — *Lous Guassotz*, 1605 (Leblanc, nre). — *Le lieu des Cassotz ou Malladerie lez le Puy, par. de Pollinhac*, 1614 (Duclaux, nre). — *La Malauteyre de Polignac*, 1633 (Barret, nre). — *Le lieu dous Cassotz, anciennement appellé la Malauteyre*, 1649 (Gérentes, nre). — *La Malautaire*, xviiie s. (Cassini).

MALOUTEYRE (LA), lieu dit, cne de Freycenet-la-Tour. — *Campus app. de la Malouteyra*, 1523 (cad. du Monastier). — *Le champ app. de la Malouteyre*, 1677 (cad. de Freycenet-la-Tour).

MALOUTEYRE (LA), loc. détr., cne de Montusclat. — (cad., section A).

MALOUTEYRE (LA), lieu dit, cne de Roche-en-Régnier. — *Territorium de la Malauteyra*, 1406 (terrier du Bois).

MALOUTEYRE (LA), lieu dit, près Montferrat, cne de Saint-Étienne-Lardeyrol. — *Territ. de la Mallouteyra*, 1470 (Chamblas).

MALOUTEYRE (LA), lieu dit près Talcyrat, cne de Saint-Just-près-Brioude. — *Territorium de la Malauteyra*, 1429 (arch. mun. de Brioude, G. 38, fo 22 vo). — *Terroir de la Malouteyre*, 1553 (*idem*).

MALOUTEYRE (La), maladrerie, cne de la Sauvetat. *La Malauteira*, 1267 (Rhône, la Sauvetat, II, 1).

MALOUTEYRE (LA), lieu détr., cne de Thoras. — *Territorium de la Malauteyra*, 1499 (Thiolent). — *Les prés de la Malouteyre*, 1564 (*idem*).

MALOUTEYRE (LA), lieu dit, près le Lanier, cne de la Vaudieu. — *Terroir de la Malauteire sive de las Chaussades*, 1612 (terrier de la Vaudieu).

MALOUTEYRE (LA), lieu détr., cne d'Yssingeaux. — *La Mallauteyra*, 1523 (est. gén. d'Yssingeaux.) — *Territ. de Lalier sive de la Mallauteyre*, 1523 (*idem*).

MALPAS, vill., cne de Cussac. — *Malpas*, v. 1135

(tabl. du Velay, 1870-71, 528). — *Malus Passus*, 1322 (prieuré de Solignac).

MALPAS (LE), écart, cⁿᵉ de Saint-Cirgues.

MALPERDUT (TROU-DE-), gorge boisée, cⁿᵉ de Saint-Jean-de-Nay. — *Mal-Pertus*, 1282 (hôtel-Dieu, B. 331); —1466 (Bibl. nat., lat., n. acq., 1223, f° 291).

MALPERTUIS, h., cⁿᵉ de Beaux.

MALPERTUIS, lieu détr., cⁿᵉ de Jullianges. — *Le village de Malpertus*, 1599 (la Chaise-Dieu, Jullianges). — *Malpertuis*, 1693 (L. Devinols, nʳᵉ).

MALPERTUIS (ROC DE), près Servissas, cⁿᵉ de Saint-Germain-Laprade. — 1541 (Savin, nʳᵉ).

MALPLOTON, vill., cⁿᵉ de Saint-Victor-Malescours. — 1645 (capitation).

MALREVERS, cᵒⁿ nord-ouest du Puy. — *Malrevet*, 1390 (év.). — *Malravert*, 1430 (év.). — *Malrevert*, 1458 (Maltrait, nʳᵉ). — *Malreverd*, 1555 (cad. de Mercœur). — *Maurevert*, 1679 (Haute-Loire, B. 31).

Succursale érigée le 15 août 1862.

Commune érigée le 27 mai 1865 et démembrée de celles de Chaspinhac et de Rosières.

MALREVERS, h., cⁿᵉ de Saint-Front. — *Malrevert*, 1344 (Monastier). — *Malreverd*, 1475 (Arcis, nʳᵉ). — *Maurevert*, 1631 (état civ.).

MALSANG, vignoble et m. i., cⁿᵉ de Langeac. — *Territ. de Malsaing sive des Crozes*, 1502 (Arch. nat., Q. 513, p. 173). — *Malsant*, 1888 (Malègue).

MALSAUNES, h., cⁿᵉ de Saint-Victor-Malescours. — *Malas Haures*, 1269 (homm. de l'év.). — *Malas Auras*, 1363 (coll. Chaleyer). — *Le Mas de Males-Aurez*, 1426 (Arch. nat., P. 1400¹, cote 869). — *Malles-Aures*, 1564 (terrier de Saint-Didier). — *Malzore* (cad.). — *Malzaure*, 1879 (carte adm.).

MALTRET, mont. et h., cⁿᵉ de Retournac. - *Villa de Marteto*, 1021 (cart. de Chamalières, n° 294). — *Mons de Martheto*, 1021 (*idem*, n° 295). — *Martret*, 1336 (Arch. nat., P. 494, cote 38). — *Martres*, 1383 (Rhône, E. 9).

MALVALETTE, cᵒⁿ de Bas. — *Mala Valeta*, 1317 (Arch. nat., P. 1400¹, cote 990). — *Mala Valleta*, 1520 (obit. de Bas).

En 1789, Malvalette était compris dans la province du Forez, la généralité de Lyon et le bailliage de Montbrison. Au spirituel, il relevait de la paroisse de Bas.

Succursale érigée par ordonnance royale du 10 mars 1821.

MALVIEILLE, h., cⁿᵉ de Saint-Vénérant. — *Maillevieille*, 1820 (Deribier).

MALVIÈRES, cᵒⁿ de la Chaise-Dieu. — *Perochia ecclesiæ de Malreriis*, 1277 (la Chaise-Dieu, Malvières). — *Ecclesia de Malveyras, archipres biteratus Libratensis*, 1295 (Arch. nat., L. 989). — *Malveyres*, 1401 (spic. Briv.). — *Malveiras*, 1414 (terrier de Malvières). — *Prioratus S. Petri Malveriarum*, XVIᵉ s. (pouillé de Clermont, par A. Bruel, p. 118).

En 1789, Malvières appartenait à la province d'Auvergne, à l'élection d'Issoire, à la subdélégation de Saint-Amand-Roche-Savine et au ressort de Riom. Son église paroissiale, diocèse de Clermont et archiprêtré de Livradois, était sous le vocable de saint Pierre; l'infirmier de l'abbaye de la Chaise-Dieu, qui était prieur de cette localité, présentait à la cure.

MALZIEU, vill., cⁿᵉ de Landos. — *Terra del Melzeu*, 1252 (Rhône, la Sauvetat, I, 3 bis). — *Lo Melzieu*, 1377 (ord. des rois de Fr., VI, 268). — *De Melzevio*, 1374 (Bibl. nat., lat., 10,003, f° 41). — *Melzeius*, 1387 (év.). — *Le Malzieu*, 1506 (Médicis, II, 302). — *Le Malzieu*, 1585 (Mᵉᵉ Leblanc, nʳᵉ).

MAMAN (LA), f., cⁿᵉ de Saint-Maurice-de-Lignon.

MAMÉA, h., cⁿᵉ de Chénéreilles. — *Mas-Meya*, 1290 (Rhône, D. 148). — *Masméa*, 1618 (idem, D. 150). — *Moméa*, 1888 (Malègue).

MAMÉA (LE), affl. du Lignon, cⁿᵉ de Chénéreilles.

MAMÉAS-BAS, vill., cⁿᵉ de Céaux-d'Allègre. — *Masméas-Basses, per. de Venassaulx*, 1571 (la Chaise-Dieu, Mazerat-Aurouze). — *Mamias-Basses*, 1682 (cad. de Polignac). — *Maméas-Basses*, 1759 (tabl. du Velay, 1875-76, 215).

MAMÉAS-HAUT, vill., cⁿᵉ de Céaux-d'Allègre. — *Mas Meia circa Bornam*, 1234 (hôtel-Dieu, B. 610). — *Mansus de Mas-Meas*, 1472 (Bibl. nat., ms. lat., n. acq., n° 1224, f° 45 v°). — *Mamias-Hautes*, 1820 (Deribier).

MAMET (MOULIN-), mⁱⁿ sur le Cougoussac, cⁿᵉ de Ferrussac.

MANCHON, f., cⁿᵉ de Saint-Victor-Malescours.

MANCHOU, mⁱⁿ sur le Ramel, cⁿᵉ d'Yssingeaux.

MANDAIX, h., cⁿᵉ de Jax. — *Mansus de Mandays*, 1407 (la Chaise-Dieu, Mazerat-Aurouze). — *Mandais*, 1431 (idem). — *Mandaille*, XVIIIᵉ s. (Cassini).

MANDARAT, f., cⁿᵉ de Chassignolles. — *Mansus de Manderat*, 1358 (spic. Briv.).

MANDARAT, lieu détr., cⁿᵉ de Moudeyres. — *Los Chasalz de Mandarat*, 1524 (cad. du Monastier).

MANDARONNE (LA), f., cⁿᵉ de Saint-Front. — *La Man-*

daronne dict *Pête-Loup,* xvii° s. (mairie du Monastier, CC⁶.).

Mandaronne (La), écart, c^ne de Saint-Pal-de-Murs.

Mandaroux, f., c^ne de Champclause. — *Mansus qui dicitur ad Mandorosum,* 976 (cart. du Monastier, n° 170). — *Mandaros,* 1343 (év.). — *Mundaros,* 1382 (idem). — *Les Mandarous,* 1646 (état civ.).

Mandaroux, f., c^ne de Chénéreilles.

Mandaroux, f., c^ne de Collat. — *Emandalou,* xviii° s. (Cassini).

Mandelles, écart, c^ne de Cistrières. — *Mandelas,* 1449 (terrier de Clavelier).

Mandelles, vill., c^ne de Laval. — *Mandeles,* v. 1260 (Arch. nat., J. 1031, n° 2). — *Mansus de Mandellas,* 1322 (la Chaise-Dieu, Laval).

Mandelles (Le), afll. du Doulon à la Vernède, c^ne de Saint-Didier-sur-Doulon, prend naissance à l'ouest de Mandelles, c^ue de Cistrières.

Mandes (Les), loc. détr., c^ne d'Agnat. — *Mansus de las Mandas,* xiv° s. (terrier des Grèzes).

Mandigoules, vill., c^ne de Tence. — *Mendigolas,* 1258 (Rhône, D. 153). — *Mandigolas,* 1314 (év.). — *Mandigoul,* 1820 (Deribier).

Manellier, f., c^ne du Mazet-Saint-Voy. — *Maneille* (cad.). — *Nielle,* 1820 (Deribier).

Manlaure, lieu dit, c^ne de Coubon. — *Manhaure,* 1346 (Haute-Loire, E.). — *Vinhale de Manhoure,* 1508 (terrier de Coubladour).

Manibrand, vill., c^ne du Pertuis.

Maniencelle, lieu détr., près Mazemblard, c^ne de Saint-Haon. — *La chasorna de Maenselas,* 1240 (la Chaise-Dieu, Bouchet-Saint-Nicolas). — *Maisoncelas,* 1274 (idem).

Manigant, vill., c^ne de Tence.

Manisseyre (La), h., c^ne de Malrevers. — *La Manescheyra,* 1346 (J. de Peyre, n^re, reg., D, f° 101). — *La Manysseire,* 1555 (cad. de Mercœur).

Manissolle, h., c^ne du Chambon. — *Maniasolle,* 1820 (Deribier).

Mans, écart, c^ne de Monistrol-sur-Loire. — 1655 (état civ.).

Mans-Bas, quartier de Mans-Haut, c^ne de Roche-en-Régnier.

Mans-Haut, chât. ruiné et vill., c^ne de Roche-en-Régnier. — *Villa de Mannis,* 946 (cart. de Chamalières, n° 168). — *In pago Vellaico, in vicaria de Campo Valarino, in villa Mannos,* 960 (cart. du Monastier, n° 129). — *Mans,* 1158 (cart. de Chamalières, n° 281). — *Villa Imans,* 1246 (Arch. nat., P. 1398¹, cote 738). — *Mansus de Mans,* 1399 (terrier du Bois).

Marade (La), dom., c^ne de Lissac. — *Lo Pescheir de la Boza,* 1294 (Saint-Mayol, inv^re). — *Domus fortis de Piscario,* 1362 (Baluze, m. d'Auv., II, 459). — *La Marade,* 1511 (coust. d'Auv., f° 79 v°). — *Le chasteau de Pescher, maintenant dit de la Marade,* v. 1620 (Chabron, hist. de Polignac, VIII, 10). — *Les Marades,* 1820 (Deribier).

Fief vassal de la vicomté de Polignac et arr. f. du duché d'Auvergne, 1670 (Arch. nat., P. 500², c. 86).

Maraire (La), m. i., c^ne de Lapte. — *La Mareyre* (cad.). — *La Muraire* (état-major).

Maraires (Les), m. i., c^ne du Mazet-Saint-Voy.

Marais (Le), h., c^ne de la Chapelle-d'Aurec. — *Lou Maretz,* 1553 (ress. de Montfaucon). — *Le Maresc,* 1569 (terrier de Saint-Didier de Joyeuse). — *Le Maray,* 1879 (carte adm.).

Marais (Le), f., c^ne des Vastres. — *Calma vocata lo Mares-Fornes,* 1343 (Rhône, H. 1016).

Maraix (Le), écart, c^ne de Rosières. — *Le Marais,* 1820 (Deribier).

Marandon (Le), afll. de la Loire au nord de Retournaguet, c^ne de Retournac. — *Riu Merlausson,* 1605 (compois d'Artias). — *Maraoudou* (cad.).

Marandon (Moulin-de-), m^in, c^ne de Retournac.

Marceline (La), f., c^ne des Estables. — 1761 (état civ.).

Marcet (Le), h., c^ne de Salzuit.

Marche, m. i., c^ne de Saint-Maurice-de-Lignon.

Marchefin, m. i., c^ne de Montusclat. — *Marchefy,* 1820 (Deribier).

Marcherie (La), h., c^ne de la Chapelle-Geneste. — *La Marcharia,* 1316 (la Chaise-Dieu, Saint-Allyre). — *La Marsseiria,* 1414 (ibid., terrier de Malvières).

Marchidial (Le), place, à Solignac-sur-Loire. — *Lo Merchadiel,* 1352 (prieuré de Solignac). — *Le Merchadial,* 1586 (Sigaud, n^re).

Marcilhat, lieu dit, c^ne de Lempdes. — *In Marcillaco,* xi° s. (cart. de Sauxillanges, n° 663). — *Marssilhac,* 1341 (terrier de Charbonnier). — *Marsilhat,* 1429 (terrier du doy. de Br.).

Marcillac, vill., c^nes de Saint-Julien-Chapteuil et de Saint-Pierre-Eynac. — *Marcillac,* 1297 (homm. de l'év.). — *Mansus de Marcilhac,* 1309 (Bonneville). — *Marsilhac,* 1324 (la Chaise-Dieu, Saint-Étienne-Lardeyrol). — *Marcilhacum,* 1455 (Pradier, n^re). — *Marsilliat,* 1534 (év.).

Marcillac, vill., c^ne de Saint-Paulien. — *Marsilliac,* 1256 (év.). — *Marchiliac,* 1285 (Rhône, la Sauvetat, I, 6). — *Villa de Marcilhiac,* 1348 (Saint-Georges de Saint-Paulien). — *Marsilhacum,*

1392 (*idem*). — *Marsilhac*, 1605 (M{ce} Leblanc, n{re}).

Mancon, f., cne de Fay-le-Froid.

Mancon, lieu détr., cne de Moudeyres. — *La metterie de Marcon*, 1626 (vis. pastor. de l'év. Just de Serres).

Mancon, m. i., cne du Pont-Salomon. — *Marcou*, 1888 (Malègue).

Mancon, h., cne de Saint-Didier-la-Séauve. — 1532 (coll. Chaleyer).

Marconnais (Le), h., cne de Saint-Arcons-de-Barges. — *Villa del Marcones*, 1281 (la Chaise-Dieu, Saint-Paul-de-Tartas). — *Le Marconnes*, 1573 (tit. de Surrel). — *Les Marconnes*, 1587 (*idem*). — *Le Marconnois*, xviiie s. (Cassini). — *Le Marconnès*, 1888 (carte adm.).

Marcous, écart, cne de Beaulieu. — *Lous Marcous*, 1534 (év.). — *Marcons* (cad.). — *Marcours*, 1888 (Malègue).

Mardanson, m{in} ruiné sur la Borne, cne de Saint-Paulien.

Mardenson, ruiss., affluent de droite de l'Allier, cne de Saint-Arcons-d'Allier. — *Rivus de Merdanson*, 1455 (Bibl. nat., ms. lat., n. acq., 1222, f° 24 v°). — *Rivus de Merdanso*, 1458 (*idem*, f° 87 v°).

Maréchal (Le), h., cne de Roche-en-Régnier.

Marel (Moulin-de-), m{in}, sur l'Arzon, cne de Vorey.

Marés (Les), m. i., cne de Lapte. — *Chasse-Marez*, 1695 (terrier de Chabrespine). — *Marée*, xviiie s. (Cassini).

Maret, f., cne du Chambon.

Maret, m. i., cne d'Yssingeaux. — *Marès*, 1820 (Deribier). — *La Marette*, 1888 (Malègue).

Margaille (La), écart, cne de Bellevue-la-Montagne.

Margeaix, vill., cne de Beaulieu. — *Marghaix*, 1541 (Chamblas). — *Margais*, 1605 (M{ce} Leblanc, n{re}).

Margealat, vill., cne de Mazeyrat-Crispinhac. — *In comitatu Brivatensi, in vicaria Cantillianensi, in villa quæ vocatur Mageladecus*, 926 (cart. de Brioude, ch. 39). — *Margholat*, 1458 (Bibl. nat., ms. lat., n. acq., 1222, f° 82). — *Marghalacum*, 1464 (*idem*, 1223, f° 199). — *Marghalac*, 1465 (terrier de Vissac). — *Margalac*, 1495 (*idem*). — *Marghealat*, xviiie s. (Cassini). — *Marjala*, 1869 (Malègue).

Margeassac, lieu détr. près Arcis, cne de Rosières. — *Mansus qui dicitur Margasacs*, 1239 (tabl. du Velay, 1876-77, 386).

Margots (Les), vill., c{ue} d'Yssingeaux.

Marguerit, f., cne de Présailles. — *Le Margary* (cad.).

Mariac, tour ruinée, cne de la Farre. — *La Tour de Constance*, 1765 (tit. de Surrel-de-Saint-Julien). — *Mariac*, xviiie s. (Cassini). — *La Tour de la Dame-Blanche*, xixe s. (dénomination populaire).

Mariac, f., c{ue} de Tence.

Marijols, lieu dit près Roche-Arnaud, cne du Puy. — *In Mariolo*, 1089 (Saint-Georges du Puy). — *Territorium de Papalenga sive de Maroiol*, 1315 (Saint-Agrève). — *Malautaria de Papalenga*, 1333 (*idem*).

Manin (Le), écart, c{ue} de Montregard. — *La Maria* (cad.).

Marine, mont. boisée, c{ue} de Queyrières. — *Le boys app. la Maryne, aultrement boys de Bolhol*, 1608 (Robert, n{re}). — *Le suc de la Marine*, 1677 (cad. de Queyrières). — *Montagne de Marine*, 1823 (Bertrand-Roux, 224).

Maringue, f., cne de Saint-Maurice-de-Lignon. — *Marringue*, 1888 (Malègue).

Mariol, mont. et dom., cne de Beaulieu. — *La roche de Marion*, 1714 (cad. de Laval-Emblavès).

Marion, vill., cne de Chassignolles.

Marion (Moulin-de-), m{in} sur l'Auzon, cne de Saint-Hilaire.

Marion-le-Pic, écart, cne de Champclause. — *Le lieu de Marion*, 1683 (état civ.). — *Marion-lou-Pic*, 1695 (capitation).

Mariotte (La Bonne-), m. i., c{ue} de Saint-Jeure.

Mariton, f., cne de Tence. — *Maritton*, 1692 (état civ.). — *Maritone*, 1820 (Deribier).

Marjus, f., c{ue} de Pébrac. — *Mariust*, 1218 (cart. de Pébrac, n° 53). — *Mas-Jus*, 1249 (Saint-Agrève). — *Marjust*, 1478 (Bibl. nat., ms. lat., n. acq., 1224, f° 194 v°). — *Marghust*, 1502 (Arch. nat., Q. 513, p. 169). — *Marlust*, 1888 (Malègue).

Marlanges, h., cne de la Chapelle-Geneste. — *Mansus de Marlangas*, 1252 (Saint-Agrève). — *Marjanges*, 1888 (Malègue).

Marlanges, lieu dit, c{ue} de Monlet. Débris de l'époque romaine.

Marlhioux, f., cne de Queyrières. — *Marlheu*, 1311 (cart. de Tence, f° 11 v°). — *Marlho*, 1451 (Rhône, H. 2633). — *Marliou*, 1820 (Deribier).

Marmaille (La), f., cne des Estables.

Marmaissat, vill., cne de Torsiac. — *Mansus Marnayssac*, 1334 (Bibl. nat., ms. lat., 9034, n° 21). — *Marmeissat* (cad.).

Marmeisse, h., cne de Tailhac. — *Mansus Moizet*, v. 1179 (cart. de Pébrac, n° 30). — *Mansus de Marmeyssa*, 1458 (Bibl. nat., ms. lat., n. acq., 1222, f° 74 v°). — *Marmeysse*, 1486 (terrier de

Tailhac). — *Marmesse* (cad.). — *Marmaisse*, 1869 (Malègue).

Marminhac, écart, c^ne de Pinols. — *Marminhac de Chaminada*, 1347 (Arch. nat., Z². 54, p. 36).

Marminhac, vill., c^ne de Polignac. — *Marminiac, Marminhiac*, 1252 (Saint-Agrève). — *Marminiacus*, 1254 (spic. Briv.). — *Marminhac*, 1869 (coll. César Falcon).

Marminhac, f., c^ne de Siaugues-Saint-Romain. — *In comitatu Brivatensi, in vicaria Cantilianica, in villa quæ dicitur Marminiacus*, 909 (cart. de Brioude, ch. 44). — *Mansus de Marminhac*, 1453 (Bibl. nat., ms. lat., n. acq., 1222, f° 9 *bis*). — *Marminiac*, 1820 (Deribier).

Marnas, vill., c^ne de Saint-Julien-Molhesabate. — 1467 (Rivière, n^re).

Marnat, loc. détr., c^ne de Lorlange. — *Le Mas de Marnat*, xv° s. (Arch. nat., R⁴ 1143, n° 133). — *La pagésie de Marnac*, 1493 (terrier de Blesle).

Marnat, vill., c^ne de Vézézoux.

Marnhac, f., c^ne de Chénércilles. — 1553 (ress. de Montfaucon). — *Marnas* (cad.).

Marnhac, f., c^ne de Monistrol-sur-Loire.

Marnhac, vill., c^ne de Polignac. — *Marnhac*, 1334 (prieuré de Polignac). — *Mansus de Marnhaco*, 1385 (Drôme). — *Marnhiac-les-Vignes*, 1869 (Malègue).

Marnhac, vill., c^nes de Saint-Germain-Laprade et de Saint-Pierre-Eynac. — *Marnac*, v. 1160 (hospit. du Velay). — *Marnac juxta Aynac*, 1256 (év.). — *Marnhac*, 1288 (hôtel-Dieu, B. 153). — *Marnhacum*, 1359 (cordeliers). — *Marnihacum*, 1521 (Delaigue, n^re). — *Marnhac de Saint-Germain*, 1627 (Brunel, n^re). — *Margniac*, xviii° s. (Cassini). — *Margnac*, 1820 (Deribier). — *Marnhiac*, 1861 (état-major).

Marnhac, vill., c^ne d'Yssingeaux. — *Marniacum*, 1027 (cart. de Chamalières, n° 59). — *Marnac*, 1163 (*idem*, n° 77). — *Villa de Marnihac*, 1314 (év.). — *Marnhacum*, 1455 (P. Pradier, n^re). — *Marnhiac*, 1820 (Deribier).

Marnuier, h., c^ne de Montregard. — *Marnhec*, 1468 (Rivière, n^re). — *Margnec*, xviii° s. (Cassini).

Marquants (Les), vill., c^ne de Saint-Vert. — *Les Macants*, xviii° s. (Cassini).

Marque (La), m. i., c^ne du Pont-Salomon.

Marquès, h., c^ne de Saint-Vincent. — 1510 (A. Boyer, n^re). — *Marquet*, xviii° s. (Cassini).

Mars, l. détr., près Charbonnier, c^ne de Landos. — *Villa Marsi*, 1210 (templiers du Puy). — *Mansus de Mars*, 1370 (év.). — *Martz*, 1386 (homm. de Solignac). — *Marz*, 1390 (*idem*).

Mars, l. détr., c^ne de Malrevers. — *Mansus de Mart*, 1344 (J. de Peyre, n^re). — *Iter quo itur de Galhavelh versus Mart*, 1432 (Haute-Loire, E.).

Marsat (Peu de), mont., c^ne de Ferrussac.

Marsanges, vill. et houillère, c^nes de Langeac et de Tailhac. — *Marçangas*, v. 1130 (cart. de Pébrac, n° 33). — *Marssanghas*, 1458 (Bibl. nat., ms. lat., n. acq., 1222, f° 86). — *Charbonneriæ de Marsanghas*, 1461 (*idem*, 1223, f° 8). — *Marsanges Sobeyranas, Marsanges Soteyranas*, 1477 (*idem*, 1224, f°s 169 et 170).

Concession des 22 septembre 1831 et 6 avril 1877.

Marsilhac, éc., c^ne du Bouchet-Saint-Nicolas. — *Marcillac*, 1888 (Malègue).

Martel, lieu dit, c^ne de Saint-Privat-du-Dragon. — *Maltel, Martel*, 1339 (Bibl. nat., ms. fr., 14377, p. 189 et 197).

Martel (Moulin-de-), m^in sur l'Ourbe, c^ne de Champclause.

Martin, l. détr., c^ne de Lapte. — xviii° s. (Cassini).

Martin, f., c^ne de Raucoules.

Martin, h., c^ne de Saint-Julien-Molhesabate. — *Marty près Maletrayt*, 1618 (Jamon, n^re).

Martin (Moulin-), m^in sur la Dège, c^ne de Desges. — 1574 (terr. de Meyronne).

Martinas, chât., c^ne de Monistrol-sur-Loire. — *Martinas*, 1308 (homm. de l'év.). — *Martinet*, 1860 (état-major).

Martinas (Le), affl. du Cluzel, c^ne de Monistrol-sur-Loire.

Martine (La), f., c^ne de Montregard.

Martine (La), f., c^ne de Saint-Julien-Molhesabate.

Martinens (Les), f., c^ne de Saint-Julien-Chapteuil.

Martinet, f., c^ne de Raucoules.

Martinet (Le), vill., c^ne de Monlet. — *Mansus del Martines*, 1345 (terrier de Pons de Céaux).

Martinet (Le), m. i., c^ne de Saint-Georges-Lagricol.

Martinets (Les), f., c^ne des Vastres.

Martinon, f., c^ne de Langeac.

Martins (Les), f., c^ne de Sainte-Sigolène. — *Martin*, xviii° s. (Cassini).

Martore, lieu dit, sous Brunelet, c^ne de Brives-Charensac.

Martouret (Le), écart., c^ne de Berbezit.

Martouret (Le), lieu dit, c^ne du Brignon. — *Au terroir de Bisac app. le Martoret*, 1569 (Dolcson, n^re).

Martouret (Le), lieu dit, c^ne de Coubon. — *Territorium de Rohaco app. del Martoret sive de la*

Chabota, 1509 (terrier de Coubladour). — *Lou Martouret*, 1707 (cad. de Bouzols).

Martouret (Le), lieu dit, près la Terrasse, c^ne de Coubon. — 1707 (cad. de Bouzols).

Martouret (Le), lieu dit, c^ne de Cussac. — *Le Martoret*, 1568 (Doleson, n^re). — *Le roc du Martouret*, 1650 (prieuré de Solignac).

Martouret (Le), lieu dit, près Mercœur, c^ne de Malrevers. — *Territ. del Martoret*, 1410 (Haute-Loire, E.). — *Suc de Mathouret*, 1861 (état-major).

Martouret (Le), lieu dit, c^ne d'Ouïdes. — *Le terroir de Prunet app. lou Martoret*, 1576 (Haute-Loire, E.).

Martouret (Le), lieu dit, c^ne de Pébrac. — *Terroir app. lou Martoret*, 1774 (terr. de Digons).

Martouret (Le), lieu dit, au-dessous de Tressac, c^ne de Polignac. — *Pedatginm de Martoreto*, 1341 (Saint-Mayol). — *Lo Martoret*, 1369 (coll. C. Falcon). — *Martouret*, 1740 (Médicis, II, 22, note).

Martouret (Le), bois, près Haute-Vialle, c^ne de Rosières. — 1714 (cad. de Laval-Emblavès).

Martouret (Le), lieu dit, c^ne de Saint-Georges-Lagricol. — *Mesesium de Piassaco app. del Martoret*, 1447 (terr. de Piassac).

Martouret (Le), h., c^ne de Sainte-Sigolène.

Martouret (Le), lieu dit, c^ne de Taulhac. — *Territorium del Martoret juxta iter de Taulhac versus Charantus*, 1480 (Saint-Agrève).

Martouret (Le), lieu dit, près Pontageon, c^ne de Venteuges. — 1574 (terr. de Meyronne).

Martouret (Le), lieu dit, c^ne de Villeneuve-d'Allier. — *In territ. de Marturet, juxta nemus de Granchamp*, 1452 (Bibl. nat., ms. fr., 11490, f° 496).

Martourets (Les), montic., c^ne de Saint-Julien-Chapteuil. — *Le Serry doux Martouretz*, 1685 (cad. de Chapteuil-Bas).

Martres (Les), vill., c^ne de Lubilhac.

Martres (Les), lieu dit, c^ne de Saint-Beauzire. — La dîme de ce lieu appartenait au chapitre de Saint-Julien de Brioude.

Marus, vill., c^ne de Saint-Jean-d'Aubrigoux. — *Ad Amarucium, Ad Amarus*, 1213 (cart. de Chamalières, n°s 318 et 336).

Mas (Le), h., c^ne de Blassac.

Mas (Le), h., c^ne de Charraix. — *Mansus*, 1351 (Thiolent). — *Mansus del Mas prope Charassium*, 1476 (Bibl. nat., ms. lat., n. acq., 1224, f° 140 v°). — *Le Maix*, 1820 (Deribier).

Mas (Le), vill., c^ne de Connangles. — *Lo Mas*, 1462 (la Chaise-Dieu, Connangles). — *Le Mas-Ganhat*, 1561 (J. Chalvon, n^re).

Mas (Le), h., c^ne des Estables. — *Homines de Manso*, 1526 (cad. du Monastier). — *Le Mas*, 1695 (capitation).

Mas (Le), h., c^ne de Grazac. — *Lou Matz*, 1553 (ress. de Montfaucon).

Mas (Le), h., c^ne de Laval.

Mas (Le), vill., c^ne de Malvalette. — *Al Mas-Rousers*, 1317 (Arch. nat., P. 1400³, c. 990). — *Mansus Rougier*, 1500 (obit. de Bas). — *Le Mas-Roziers*, 1580 (*idem*).

Mas (Le), h., c^ne de Monistrol-sur-Loire. — *Lo Mas*, 1491 (obit. de Bas).

Mas (Le), h., c^ne de Saint-Didier-sur-Doulon.

Mas (Le), h., c^ne de Saint-Jean-d'Aubrigoux.

Mas (Le), chât., c^ne de Saint-Just-près-Brioude. — *Mansus*, 1302 (coll. J. Lachenal). — *El Mas*, 1341 (terrier de Charbonnier).

Mas (Le), affl. du Passadoux, c^ne de Saint-Paul-de-Tartas. — *Le Leyris* (cad.).

Mas (Le), chât. et dom., c^ne de Sanssac-l'Église. — *Lo Mas*, 1513 (J. Boyer, n^re). — *La Metterye du Mas*, 1584 (Maurice Leblanc, n^re).

Mas (Le), vill., c^ne de Siaugues-Saint-Romain. — *Homines de Manso*, v. 1260 (Arch. nat., J. 1031, n° 2). — *Mansus del Mas-Richart*, 1456 (Bibl. nat., ms. lat., n. acq., 1222, f° 28 v°). — *Lo Mas*, 1462 (*idem*, 1223, f° 54).

Mas (Le), h., c^ne de Vielprat. — *Locus del Mas*, 1521 (Gelet, n^re). — *Le Maz*, 1583 (tit. de Surrel). — *Les Mazes*, 1672 (ét. civ.).

Mas (Les), vill., c^ne de Saint-Pal-de-Mons. — 1285 (homm. de l'év.). — *Lo Mas*, 1328 (Rhône, D. 182). — *Manssus*, 1370, (év.). — *Los Mas*, 1393 (coll. Chaleyer). — *Les Mas*, 1695 (capitation). — *Les Mats*, 1820 (Deribier).

Mas-Alauzenc (Le), l. détr. près Couteaux, c^ne de Lantriac. — *Mansus Alauzenc*, 1280 (tab. hist. du Velay, 1871-72, p. 36).

Masboyer (Le), écart., c^ne d'Yssingeaux. — *Mansus Boerii*, 1306 (Gall. christ., t. II, instr., eccl. Anic., col. 239). — *Mansus Boverii*, 1313 (Arch. nat., P. 1398², cote 671). — *Mansus Boyerii*, 1441 (Rhône, Bessamorel). — *La Metterie du Malboyer*, 1590 (Maurice Leblanc, n^re).

Mas-Chauvet, loc. détr., c^ne de Chomelix. — *Mas-Chalret*, 1404 (terrier de Chomelix).

Mas-Chauzit, f., c^ne de Saint-Hostien. — *Fons de Mas-Chauzit*, 1368 (la Chaise-Dieu, Lardeyrol). — *Fons de Maschousit*, 1468 (*idem*).

Masclaux, h., c^ne d'Arlempdes. — *Masclaus*, 1367

(Rhône, la Sauvetat, II, 1). — *Mansus Clausus*, 1462 (V. Chauvin, n^re). — *Mascloz*, 1570 (Benoît, n^re). — *Le cratère de Masclaux*, 1778 (Faujas de Saint-Fond, 382).

Mas-Coudiol (Le), l. détr., c^ne de Cayres. — *Mas-Cogul*, 1296 (homm. de l'év.).

Mascourtet, l. détr., près Ramourouscle, c^ne de Bains. — *Mansus Cortet*, 1150 (hôtel-Dieu, B. 297).

Mascourtet, vill., c^ne de Tence. — *Lo Mas-Cortet*, 1290 (Rhône, D. 148). — *Mansus vocatùs Cortet*, 1296 (hospitaliers du Velay). — *Mansus Cortetus*, 1313 (cart. de Tence, f° 19 v°).

Mas-de-Bergon, m. i., c^ne de Champclause.

Mas-de-Bernard, m. i., c^ne de Chamalières. — *Vineæ del Mas*, xe s. (cart. de Chamalières, n° 3).

Mas-de-Bouquet, f., c^ne de Saint-Front.

Mas-de-l'Estrade (Le), m. i., c^ne de Saint-Privat-d'Allier.

Mas-de-Pis (Le), m. i., c^ne de Vabres. — *Mas-de-Pin*, 1888 (carte adm.).

Mas-de-Queyrières (Le), h., c^ne de Queyrières. — *Lo Mas*, 1333 (Arch. nat., R². 39). — *Locus de Manso, par. S. Hostiani*, 1525 (Aleil, n^re). — *Le Mas-de-Queyrière*, 1614 (Duclaux, n^re).

Mas-de-Tence (Le), c^on de Tence. — *Grangia de Manso*, 1217 (Gall. christ., t. XVI, instr., col. 240). — *Homines del Mas*, 1276 (*idem*, col. 255). — *Locus vocatus Mansus de Tensano*, 1331 (Rhône, D. 158). — *Mansus*, 1410 (cart. de Tence, f° 10). — *Lou Mas*, 1556 (terrier de Montregard).

Église érigée en succursale le 25 février 1829. La section du Mas-de-Tence a été distraite de la c^ne de Tence et érigée en c^ne distincte, par une loi du 11 mars 1872.

Mas-des-Bois (Le), m. i., c^ne de Solignac-sur-Loire.

Mas-Double (Le), lieu détr., près Bessac, c^ne de Monlet. — 1573 (communic. de M. E. Grellet de la Deyte).

Masfraytt, h., c^ne de Cayres. — *Masfrait*, 1218 (templiers du Puy). — *Affarium de Manso Fracto*, 1386 (hom. de Solignac). — *Masfrayt*, 1585 (Johanny, n^re).

Mas-Grasset, l. détr., c^ne de Saint-Julien-Chapteuil. — 1308 (homm. de l'év.). — *Boria de Mas-Grasset*, 1455 (Pradier, n^re). — *Le bois de Mont-grasset ou las Combes-Basses*, 1685 (cad. de Chapteuil-Bas).

Mas-Marchet (Le), vill., c^ne de la Chapelle-Geneste. — *Lo Mas-Marcheyr*, 1360 (la Chaise-Dieu, la Chapelle-Geneste). — *Lo Mas-Marchieyr*, 1361 (*ibid.*). — *Mansus Marchern*, 1389 (*ibid.*).

Masméat, loc. détr., c^ne de Bauzac. — *Mansus de Mas Mega*, v. 1082 (cart. de Chamalières, n° 107). — *Mansus de Monte Medio sive de Mont-Meya*, 1318 (Arch. nat., P. 494¹, cote 27).

Masparet (Ronc de), rocher basalt., c^ne d'Arlempdes. — *Prata de Masperent*, 1462 (Chauvin, n^re).

Mas-Saint-Julien (Le), loc. détr., c^ne de Saint-Maurice de Lignon. — *Mansus... vocat. Mansus Sancti Juliani*, 1027 (cart. de Chamalières. n° 97).

Massard, h., c^ne de Boisset.

Massard, éc., c^ne de Rosières.

Massard, f., c^ne de Sainte-Sigolène.

Massardière (La), h., c^ne de Saint-Just-Malmont. — *Massarderia*, 1455 (doc. Theillière). — *Hæreditas de la Massardera*, 1465 (Rivière, n^re). — *La Massardeyra*, 1552 (coll. Chaleyer).

Massardière (La), affl. de l'Échapré, c^ne de Saint-Just-Malmont.

Massejail, mont. près Bavat, c^ne de Saint-Arcons-d'Allier. — *Le suc de Masse-Gailh*, 1495 (terrier de Vissac).

Masset, h., c^ne de Venteuges. — *Mansus de Masset*, 1464 (Bibl. nat., ms. lat., n. acq., 1223, f° 179). — *Massec*, 1539 (Thiolent).

Massiac, lieu dit, c^ne de la Vaudieu. — *Maciag*, v. 1060 (cart. de Brioude, ch. 59). — *Le terroir de Massiat*, 1612 (terrier de la Vaudieu).

Massiac (Le), affl. de la Violette à la Chapoule, c^ne de Grenier-Montgon, prend naissance dans la c^ne de Massiac (Cantal).

Massibrand, vill., c^ne de Présailles. — *Villa quæ dicitur Mansus Sicbrandi*, v. 880 (cart. du Monastier, n° 66). — *Massibram*, 1561 (Savin, n^re). — *Massibran*, 1594 (M^ce Leblanc, n^re).

Massiput (Le), affl. de l'Aiguelle, c^ne de Saint-Julien-d'Ance.

Masson (Le), m^in sur le Lacombe, c^ne de Loudes. — 1680 (Surrel, n^re).

Masson (Le), m. i., c^ne de Montregard. — *Le Massou*, 1888 (Malègue).

Matagot, f., c^ne de Chaudeyrolles. — *Matagot-lez-Chantamerle*, 1633 (ét. civ.). — *Mategot*, 1636 (*idem*).

Matagots (Les), affl. du Lignon, c^ne de Chaudeyrolles. — *Rivus de Chaudeyroletas*, 1320 (cart. de Mazan). — *Ruiss. de Chaudeyrolles* (cad.).

Mate (La), m. i., c^ne de Riotord.

Matelardon, f., c^ne de Tence.

Matevet, m. i., c^ne de Montfaucon.

Mathe (La), f., c^ne de Saint-Julien-Molhesabate. — *Lamathe*, 1820 (Deribier).

Mathe (La), h., c^{ne} d'Yssingeaux. — *Molendinum de Matella*, 1523 (est. d'Yssingeaux). — *La Matte*, 1635 (terrier de Saussac). — *La Malhe*, 1872 (Malègue).

Mathias, écart, c^{ne} de Coubon.

Mathias, écart, c^{ne} d'Espaly-Saint-Marcel. — *Le domaine de Mme de Mathias*, 1695 (capitation). — *La maison des hoirs de noble (sic) de Chambarlhac, seigneur de Mathias et de Fomourettes, app. de S.-Firmin*, 1710 (cad. d'Espaly).

Mathias, f., c^{ne} de Fay-le-Froid. — *Magister Guigo Mathiæ de Fayno*, 1464 (Ardèche, C. 624).

Mathieu (Moulin-de-), mⁱⁿ sur l'Andrable, c^{ne} de Boisset.

Maton, m. i., c^{ne} de Saint-Bonnet-le-Froid. — *Mattron*, 1869 (Malègue).

Matras, f., c^{ne} des Estables. — *Vès-Matras*, 1808 (ét. des succ.).

Mats (Les), h., c^{ne} de Saint-Didier-la-Séauve. — *Le Mas*, 1573 (A. Boyer, n^{re}).

Maubois, loc. détr., près Monteils, c^{ne} de Saint-Front. — *Villa quæ dicitur Malus Boschus*, v. 1000 (cart. du Monastier, n° 195). — *Mansus de Malbos*, 1284 (cart. de Mazan, f° 25 v°). — *Mansus voc. Malbosc situs in par. S. Frontonis, qui confrontatur cum alio manso domus Mansiadæ similiter voc. Malbosc*, 1292 (Monastier). — *Malbos*, 1526 (cad. du Monastier). — *Maubois*, 1646 (cad. de Bonnefont).

Maubourg, chât. et vill., c^{ne} de Saint-Maurice-de-Lignon. — *Turris de Malo Burgo*, 1325 (Arch. nat., P. 492⁴, c. 230). — *La Tour de Malbourg*, 1420 (Médicis, I, 239). — *La Tor de Malborc*, 1451 (Rhône, H. 2633). — *Turris Mali Burgi*, 1466 (Bibl. nat., ms. lat., n. acq., 1293, f° 295). — Siège de l'une des 18 baronnies diocésaines de la province du Velay.

Maudine, f., c^{ne} du Chambon. — *Lo Malguines*, 1343 (Rhône, H. 1016).

Maunier, h., c^{ne} de Saint-Vincent. — *Le Meunier* (cad.).

Maupateyre (La), m. i., c^{ne} de Beaux. — *Maupatire*, 1878 (carte adm.).

Mauras, h. et mⁱⁿ, c^{ne} de Riotord. — *Maupas*, 1879 (carte adm.). — *Moras*, 1888 (Malègue).

Mauras (Moulin-de-), mⁱⁿ sur l'Ourbe, c^{ne} de Champclause.

Maure (La), f., c^{ne} de Saint-Hostien. — *La Mure*, 1879 (carte adm.).

Mauriac, vill., c^{ne} de Chaspuzac. — *Mauriac*, 1348 (homm. de l'év.). — *Locus de Mauriaco*, 1385 (terrier de Saint-Vidal). — *Moriat*, 1401 (spic.

Briv.); — 1511 (coust. d'Auv., f° 79 v°). — *Mouriat*, 1531 (Dompnin, n^{re}).

Mauriac, chât. détr., c^{ne} de Saint-Julien-Chapteuil. — *Locus de Mauriaco*, 1385 (Bonneville). — *Mouriacum*, 1468 (Lardeyrol). — *Le chasteau app. de Mauriac*, 1685 (cad. de Chapteuil-Bas). Fief mouvant de l'évêché du Puy.

Maurie (La), h., c^{ne} de Beaumont. — *La Mauria, Lamauria*, 1445 (terrier de Faugères). — *La Morye*, 1635 (coll. P. Le Blanc). — *Lamourie*, 1878 (carte adm.). — *Lamaurie*, 1888 (Malègue).

Maurin, m. i., c^{ne} d'Yssingeaux.

Maury, m. i., c^{ne} de Saint-Just-Malmont.

Mauvachal, vill., c^{ne} de la Chapelle-Geneste. — *Lo Mont-Vachil*, 1320 (la Chaise-Dieu, Mozun). — *Lo Mon-Vachiel*, 1344 (ibid., la Chapelle-Geneste). — *Lo Mont-Vachial*, 1389 (ibid.). — *Lo Mont-Vachel*, 1415 (ibid.). — *Movachales*, 1820 (Deribier).

Mauvagnat, vill., c^{ne} de Saint-Just-près-Brioude. — *Malvanhac*, 1339 (Bibl. nat., fr., 14377, f° 189). — *Malvanhyac*, 1341 (terrier de Charbonnier). — *Mulvaniacum*, 1389 (Arch. nat., Z². 4145, p. 52). — *Mansus de Malvanhaco*, 1390 (spic. Briv.). — *Malvenhac*, 1458 (Arch. nat., ZZ. 359, p. 2). — *Mouvaniat*, 1744 (terrier du Mas).

Mauvagnaguet, h., c^{ne} de Saint-Just-près-Brioude. — *Malvanhaguet*, 1341 (terrier de Charbonnier). — *Mansus de Malvenhaguet*, 1461 (Arch. nat., ZZ. 359, p. 36).

Maux, éc., c^{ne} de Beaulieu. — *Motz*, 1535 (Chamblas). — *Meaux* (cad.).

Mauzats (Les), h., c^{ne} de Saint-Préjet-Armandon. — *Loz Mozatz*, 1570 (J. Chalvon, n^{re}).

Mauzats (Les), affl. du Montorgue, au nord de la c^{ne} de Saint-Préjet-Armandon.

Mayasse, f., c^{ne} de Brioude. — *In Mayadas*, 939 (cart. de Brioude, ch. 46).

Mayol, vill., c^{ne} de Malvalette. — *Mayoc*, 1317 (Arch. nat., P. 1400³, cote 990). — *Maioc*, 1493 (coll. Chaleyer). — *Mayocum*, 1507 (obit. de Bas). — *Mayouc*, 1563 (idem).

Mazalibrand, vill., c^{ne} du Mazet-Saint-Voy. — *Villa de Mas-Alibrant*, 1296 (hospitaliers du Velay). — *Homines de Masalibrando*, 1404 (Rhône, H. 1016). — *Mansus Librant*, 1405 (idem). — *Mas-Alibrand*, 1507 (év.). — *Mazilibrant*, 1623 (Rhône, D. 150). — *Mazel-Librand*, 1888 (Malègue).

Mazalibrant, h., c^{ne} de Lapte. — *Mazélibrand*, 1878 (carte adm.). — *Mazalibron*, 1888 (Malègue).

Mazamblard, vill., c^{ne} de Saint-Haon. — *Mas-

Amblart, 1245 (hôtel-Dieu, B. 311). — *Mansus Amblarts*, 1278 (la Chaise-Dieu, Bouchet-Saint-Nicolas). — *Mansus Amblardus*, 1278 (*idem*). — *Lo Mas Amblart*, 1308 (*idem*). — *Masamblard*, 1540 (V. Brunel, n^re). — *Mazamblard*, 1561 (Savin, n^re).

Mazamblard (Mas-de-), h., c^ne de Saint-Haon.

Mazan, m^in ruiné sur la Courbeyre, c^ne de Malrevers. — *Molendinum Vitalis de Masam*, 1342 (coll. C. Falcon). — *La maison-forte et meul de Mazan, aultrement d'Alzon*, 1587 (Mre Leblanc, n^re). — *Ung molin situé au terroir de la rivière de Rodesse, app. de Meynial, sive Mazam*, 1598 (*idem*).

Mazard, vill., c^ne de Lapte. — *Mansus [qui] Arnar vocatur*, v. 1100 (cart. de Cluny, ch. 3792, IV). — *Mazars*, v. 1210 (templiers du Puy, ch. 6). — *Masarst*, v. 1217 (*idem*, ch. 20). — *Masars*, 1507 (év.). — *Mazards*, 1553 (ress. de Montfaucon).

Mazard, f., c^ne de Saint-Jeure.

Mazard, f., c^ne de Saint-Maurice-de-Lignon.

Mazat, écart., c^ne de Beaux. — *Mazot*, 1869 (Malègue).

Mazeaux (Les), ruiss. formé à l'est des Hostes par la réunion de la Ruelle et du Chaudier, c^nes du Mas-de-Tence et de Tence, se jette dans le Lignon à Tence.

Mazeaux (Les), vill., c^ne de Raucoules. — *Mazals*, 1383 (homm. de l'év.). — *Masales Fayartz*, 1467 (Rivière, n^re). — *Mazeaux*, xviiie s. (Cassini).

Mazeaux (Les), vill., c^ne de Riotord. — *Grangia de Mazalis*, 1248 (cart. de Saint-Sauveur-en-Rue). — *Los Mazals*, 1273 (*idem*). — *Les Mazaulx*, 1591 (Delafont, n^re).

Mazeaux (Les), m^in sur la Semène, c^ne de Saint-Didier-la-Séauve. — *Les molins jadis app. des Mazaulx et à présent de Cacherat*, 1567 (terrier de Saint-Didier de Joyeuse).

Mazeaux (Les), f., c^ne de Saint-Vert. — *Le Mas des Mazals*, 1426 (la Chaise-Dieu, Saint-Vert).

Mazeaux (Les), vill., c^ne de Tence. — *Mazals*, 1285 (homm. de l'év.). — *Illi deus Maseus*, 1343 (Rhône, H. 1016). — *Masales*, 1431 (év.). — *Locus de Macellis*, 1510 (Rhône, D. 161). — *Les Maseaulx*, 1556 (terrier de Montregard).

Mazel (Le), dom., c^ne d'Allègre. — *Domus del Mazel*, 1321 (spic. Briv.).

Mazel (Le), vill., c^ne de Bellevue-la-Montagne. — *Villa del Mazel de Jucs*, 1263 (communic. de M. E. Grellet de la Deyte). — *Lo Masel*, 1404 (terrier de Chomelix).

Mazel (Le), h., c^ne du Brignon. — *Villa quæ Mas-*

sellus vocatur, 962 (Gall. christ., II, 756). — *L· Mazel juxta Solempniac*, 1256 (év.). — *Macellus*, 1429 (prieuré de Solignac). — *Le Mazel-la-Matte*, 1587 (Sigaud, n^re). — *Le Mazel de Mathe*, 1764 (Haute-Loire, B. 77).

Mazel (Le), m. j., c^ne du Chambon.

Mazel (Le), lieu détr., c^ne de la Chapelle-Geneste. — *Mansus de Macello, situs in parochia Capellæ Genestæ*, 1347 (la Chaise-Dieu, la Chapelle-Geneste).

Mazel (Le), f., c^ne de Couteuges. — *Le Masel*, 1888 (carte adm.).

Mazel (Le), vill., c^ne de Grèzes. — *Macellus*, 1389 (év.). — *Lo Mas del Mazel*, 1396 (Ann. Soc. d'agric., XIV, 179).

Mazel (Le), h., c^ne de Mazerat-Aurouze. — *Mazellus, Masellus*, 1078 (spic. Briv.). — *Mansus-del-Mazel*, 1433 (la Chaise-Dieu, Mazerat-Aurouze).

Mazel (Le), h., c^ne du Monastier. — *Villa quæ dicitur Mazellum*, v. 980 (cart. du Monastier, n° 97). — *Mazellus*, 985 (*idem*, n° 381). — *Le Mazeau*, 1547 (Monastier). — *Le Mazel-du-Monestier*, 1785 (Th. Julien, n^re).

Mazel (Le), h., c^ne de Pradelles. — *Mansus Heremus*, 1289 (Arch. nat., P. 1398^1, cote 652). — *Mansus del Mas-Erm*, 1383 (Rhône, E. 9, f° 117 v°). — *Mas-Herm*, 1539 (Arch. nat., P. 1446, f° 213). — *Le Mazel*, 1692 (ét. civ.). — *Le Mazel*, xviiie s. (Cassini).

Mazel (Le), h., c^ne de Retournac. — *Villa quæ dicitur Masellum, in parr. Retornaci*, 1037 (cart. de Chamalières, n° 296). — *Mazel*, v. 1190 (ibid., n° 150).

Mazel (Le), vill., c^ne de Saint-Didier-sur-Doulon. — *Mazellum, in vicaria Brivatensi* (cart. de Brioude, tables, cxcii). — *Lo Mazel*, 1312 (la Chaise-Dieu, Javaugues).

Mazel (Le), affl. du Ternivol, c^nes de Saint-Didier-sur-Doulon, Javaugues et Fontannes. — *Le Granat* (cad.).

Mazel (Le), h., c^ne de Saint-Haon.

Mazel (Le), f., c^ne de Saint-Julien-Chapteuil. — *Boria del Mazel*, 1344 (J. de Peyre, n^re).

Mazel (Le), vill., c^ne de Saint-Préjet-d'Allier. — *Villa del Mazel*, 1259 (Thiolent). — *Mansus de Masello*, 1291 (*idem*). — *Lo Masel*, 1499 (*idem*). — *Macellus*, 1526 (A. Besseyre, n^re). — *Le Mazel-Saint-Preget*, 1743 (*idem*). — *Le Mazel-Fazendier*, xviiie s. (Cassini).

Mazel (Le), affl. de l'Ance, c^ne de Saint-Préjet-d'Allier. — *Rivus de Malriguet*, 1499 (terrier de Thoras).

Mazel (Le), éc., c^{ne} de Saint-Victor-Malescours. —
Lo Masel, 1363 (coll. Chaleyer).

Mazel (Le), m. i., c^{ne} de Sembadel.

Mazel (Le), h., c^{ne} de Tence. — *Macellus*, 1258
(Rhône, D. 153). — *Locus de Macello prope Tensanum*, 1451 (Dr Charreyre).

Mazel (Le), h., c^{ne} de Vabres. — *Locus del Mazel
Fazendier, par. et mandam. de Vabris*, 1469 (Thio-
lent). — *Locus de Macello Fazenderii*, 1527
(A. Besseyre, n^{re}). — *Le Mazel-de-Canaule*,
XVIIIe s. (Cassini).

Mazel (Le), h., c^{ne} de Venteuges. — *Mansus de
Masello*, 1327 (Lozère, G. 98).

Mazelet (Moulin du), mⁱⁿ sur l'Auzon, c^{ne} de Saint-
Hilaire.

Mazelet (Petit-), écart., c^{ne} de Saint-Hilaire. — *Lo
Mas*, 1400 (la Chaise-Dieu, Azerat).

Mazelets (Les), écart., c^{ne} de Saint-Julien-Chapteuil.
— *Terr. dous Masalers*, 1383 (homm. de l'év.).
— *Loux Mazelletz*, 1685 (cad. de Chapteuil-Bas).
— *Le Mazelet*, 1888 (Malègue).

Mazelgirard, vill., c^{ne} du Mazet-Saint-Voy. — *Ma-
cellus dous Geralz*, 1327 (Rhône, D. 154). —
Macellum Girardi, 1343 (idem, H. 1016). — *Lo
Mazel dous Girardz*, 1343 (homm. de l'év.). —
Lo Mazel-Girard, 1507 (év.). — *Mazel-Giraud*,
1820 (Deribier).

Mazengaud, loc. détr., près Pissis, c^{ne} de Monistrol-
d'Allier. — *Mansus de Masengalt*, 1327 (Lozère,
G. 98). — *Mansus de Masenguaud*, 1499 (Thiolent).

Mazengon, dom., c^{ne} de Laussonne. — *Mazengo*,
1256 (év.). — *Masengo*, 1330 (J. de Peyre, n^{re}).
— *Mazengon*, 1561 (Savin, n^{re}).

Mazer (Le), h., c^{ne} de Chamalières. — *Mansus Herm*,
1268 (prieuré de Chamalières). — *Mansus Here-
mus*, 1339 (Arch. nat., P. 494[1], cote 13 bis).
— *Maserm*, 1549 (Chamblas). — *Le Mazel*, 1820
(Deribier).

Mazer ? (Le), loc. détr., c^{ne} d'Espalem. — *Le Mas-
Herem*, XVe s. (Arch. nat., R[4]. 1143*, n° 123).

Mazerat, l. détr., c^{ne} de Cohade. — *Villa quæ dicitur
Mazeray*, Xe s. (cart. de Brioude, ch. 20). —
Terroir de Mazerat, 1605 (Arch. mun. de Brioude,
G. 41).

Mazerat, m. i., c^{ne} de Vieille-Brioude. — *Villa quæ
dicitur Mazerag*, XIe s. (cart. de Brioude, ch. 20).
— *In comitatu Arvernico, in vicaria Brivatensi, in
villa quæ dicitur Meseirag*, XIe s. (idem, ch. 68).
— *Mazerac, Maserac*, 1281 (J. Lachenal, l'égl. de
Brioude, p. 7 et 9).

Mazerat-Aurouze, c^{on} de Paulhaguet. — *Mareziacus*,
1078 (spic. Briv.). — *S. Petrus de
Marazac*, 1091 (idem). — *Mazerat*, 1284 (Ma-
billon, vet. anal., 339). — *Prior S. Petri de
Mazerac*, 1296 (Gall. christ., II, col. 341). —
Mazarat, 1348 (la Chaise-Dieu, Mazerat-la-Bre-
queille). — *Mazeracs*, 1381 (spic. Briv.). —
Mazerac près de la Berqueulle, 1401 (idem). —
Ecclesia S. Petri de Mazaraco, 1407 (obit. de
Mazerat-Aurouze). — *Maseracum*, 1416 (idem).
— *Maserat*, 1461 (idem). — *Mazerat-la-Bre-
queille*, 1761 (cal. d'Auv.).

En 1789, Mazerat-Aurouze faisait partie de la
province d'Auvergne, de l'élection et subdélégation de Brioude et du ressort de Riom. Son église
paroissiale, diocèse de Saint-Flour et archiprêtré
de Brioude, était dédiée à saint Pierre; en sa
qualité de prieur de ce bourg, l'abbé de la Chaise-
Dieu présentait à la cure.

Mazet, h., c^{ne} de Bas. — *Locus de Manso*, 1530
(obit. de Bas).

Mazet, f., c^{ne} de Chénéreilles.

Mazet (Le), h., c^{ne} de Montfaucon. — *Locus del
Mazel*, 1469 (Rivière, n^{re}).

Mazet (Le), loc. détr., c^{ne} des Vastres. — *Mansum
del Mazet quod est in par. S. Theotfredi de Lavastres*, v. 1186 (hospit. du Velay). — *Locus
deus Mazets, la Chalm de Maseto*, 1464 (Ardèche,
C. 624).

Mazet (Le), f., c^{ne} de Vernassal. — *Al Mazet*, 1234
(hôtel-Dieu, B. 610).

Mazet (Le), écart., c^{ne} d'Yssingeaux. — *Mansus del
Mazel*, 1314 (év.).

Mazets (Les), h., c^{ne} de Dunières. — *Mansus dals
Mazets*, 1324 (coll. Chaleyer). — *Le Mazet*,
1879 (carte adm.).

Mazet-Saint-Voy (Le), c^{on} de Tence. — *Lo Mazel*,
1285 (homm. de l'év.). — *Terra de Maseto*,
1343 (Rhône, H. 1016). — *Lo Maset*, 1507
(év.). — *Le Mazet*, 1888 (Malègue).

En 1789, le Mazet dépendait au temporel et
au spirituel de Saint-Voy.

Par décret du 7 juillet 1894, le Mazet a été
créé chef-lieu de c^{ne} à la place de Saint-Voy.

Mazeyrac, écart, c^{ne} de Beaulieu. — *In villa Mazeira-
deto, de Valle Amblavense*, v. 980 (cart. du Monastier, n° 167). — *Mazayrat*, 1299 (hôtel-
Dieu, B. 356). — *Mazarac*, 1300 (ibid.,
B. 357). — *Mazeyras*, 1306 (tabl. du Velay,
1875-76, 519). — *Maseyrac*, 1421 (év.). —
Mazeyrac, 1555 (cad. de Mercœur). — *Mazeirac*,
1888 (Malègue).

Mazeyrat-Crispinhac, c^{on} de Langeac. — *Capella*...

in honore S. Petri..., sita... in vicaria Cantilianico, in villa quæ dicitur Maceriaco, 907 (Baluze, mais. d'Auv., II, 9; cart. de Brioude, ch. 228). — *Mazeirac,* 1127 (cart. de Pébrac, n° 11). — *Ecclesia de Masciras,* 1221 (la Chaise-Dieu, Mazeyrat-Crispinhac). — *Ecclesia parochialis de Masayrat,* 1288 *(idem).* — *Prior de Mazayrat,* 1350 (Arch. nat., Z². 54, p. 64). — *Mazeyrac près de Langhat,* 1379 (compte de B. Flotenc). — *Mazerat près de Langhat,* 1401 (spic. Briv.). — *Masayrac,* 1457 (Bibl. nat., ms. lat., n. acq., 1222, f° 54 v°). — *Parochia de Maseyraco,* 1458 (*idem, f°* 75). — *Maseyrac,* 1480 (*idem,* 1224, f° 242). — *Ecclesia paroch. B. Petri de Meseyraco,* 1489 (terrier du Cluzel). — *Mezeyrac en Auvergne,* 1572 (A. Boyer, n°). — *Maserat,* 1576 (terrier du Cluzel). — *Mazeirac,* xviii° s. (Cassini).

En 1789, Mazeyrat-Crispinhac dépendait de la province d'Auvergne, de l'élection et subdélégation de Brioude et du ressort de Riom. Son église paroissiale, diocèse de Saint-Flour et archiprêtré de Langeac, était consacrée à saint Pierre; le prieuré de ce bourg appartenait à l'abbaye de la Chaise-Dieu.

Mᴀᴢɪᴀᴜx (Lᴇs), vill., cⁿᵉ de Saint-Front. — *Masals,* 1370 (év.). — *Masials,* 1392 (*idem*). — *Masialx,* 1507 (*idem*). — *Mazialz,* 1596 (Galien, n°). — *Maziaulx,* 1620 (terrier de Chapteuil-Haut). — *Mazioux,* 1820 (Deribier).

Mᴀᴢɪɢᴏɴ (Lᴇ), m. i., cⁿᵉ de Pradelles.

Mᴀᴢɪɢᴏɴ (Lᴇ), affl. de l'Allier, cⁿᵉ de Pradelles.

Mᴀᴢɪʟʜᴏᴜx (Lᴇ), écart., cⁿᵉ de Présailles. — *Mansus Silius,* 1311 (Arch. nat., P. 1398¹, cote 650). — *Mansus del Mas-Julhos,* 1528 (cad. du Monastier). — *Les Mas-Julhoux,* 1618 (Monastier). — *Lous Mazilhoux,* 1625 (Duclaux, n°). — *Le Mas-Julhoux,* 1680 (Surrel, n°). — *Lou Mazillou,* 1888 (Malègue).

Mᴀᴢᴏɴʀɪᴄ, h., cⁿᵉ de Pradelles. — *Mansus Landric de Pratellas,* xi° s. (cart. du Monastier, n° 360). — *Mansus Alric,* 1345 (Rhône, E. 8). — *Le Mas-Alricq,* 1437 (Arch. nat., P. 1446, f° 347). — *Mansus Alricus,* 1464 (Ardèche, C. 592). — *Le Mazelric,* 1698 (ét. civ.). — *Le Mazanric,* 1711 (*idem*). — *Le Mas-Henry,* xviii° s. (Cassini). — *Mazonzic,* 1820 (Deribier).

Mᴀᴢᴏɴʀɪᴄ (Lᴇ), affl. du Mazigon, cⁿᵉ de Pradelles.

Mᴀᴢᴏʏᴇɴs (Lᴇs), lieu détr., cⁿᵉ de Laval. — *Mansus deus Mazoeyrs,* 1307 (la Chaise-Dieu, Saint-Vert).

Mᴇᴀʟᴇᴛ, vill., cⁿᵉ de Saint-Pal-de-Chalencou. — *Mansus*

de Meley, 1325 (Arch. nat., P. 492⁴, cote 230). — *Mealet,* 1540 (terrier de Saint-Pal). — *Méallet,* 1879 (cart. adm.).

Mᴇᴀʟʟɪᴇʀ (Lᴇ), h., cⁿᵉ de Saint-Bonnet-le-Froid. — *Mellerius, Lo Melhier,* 1465 (Rivière, n°). — *Lou Meallier,* 1553 (ress. de Montfaucon).

Mᴇ́ᴀɴɴᴇ (Lᴀ), h., cⁿᵉ du Pont-Salomon. — *Locus de Mayana,* 1389 (hist. gén. de Lang., éd. Privat, X, pr., 1767). — *La Méane* (cad.). — *La Méaune,* 1820 (Deribier).

Mᴇ́ᴀs (Lᴇs), m. i., cⁿᵉ de Jullianges.

Mᴇᴀᴜx, tén. boisé, cⁿᵉ de Saint-Jean-de-Nay. — *Le boix de S. Jehan app. de Meaulx,* 1466 (Bibl. nat., ms. lat., n. acq., 1223, f° 291).

Mᴇ́ᴄɪǫᴜᴇ, f., cⁿᵉ de Grazac. — *Musique,* xviii° s. (Cassini). — *Mésique* (cad.).

Mᴇ́ᴅᴜsᴇ (Lᴀ), f., cⁿᵉ de Saint-Pierre-Eynac. — *La Méduze* (cad.).

Mᴇ́ᴇs (Lᴇs), h., cⁿᵉ de Saint-Didier-la-Séauve.

Mᴇ̀ɢᴇ-Cᴏsᴛᴇ, houillère et verrerie, cⁿᵉ de Sainte-Florine. — *Mège-Coste,* 1640 (lièv. de Rilhac). Concession du 13 juin 1827.

Mᴇɪʟʟᴀᴅᴇs (Lᴇs), f., cⁿᵉ de Freycenet-Lacuche. — *La Mealhada,* 1352 (Arch. nat., P. 1397², c. 668).

Mᴇ́ᴊᴀɴɴᴇ (Lᴀ), ruiss., prend naissance à l'ouest de Plancheresse et se jette dans le Javoulx au-dessous du moulin de la Ribeire, cⁿᵉ de Vissac. — *Rivus de Mexana,* 1481 (Bibl. nat., ms. lat., n. acq., n° 1224, f° 283 v°).

Mᴇ́ᴊᴇᴀɴɴᴇ (Lᴀ), ruiss., prend sa source dans la cⁿᵉ de Vilatte (Ardèche), arrose les cⁿᵉˢ de Saint-Paul-de-Tartas et de Saint-Arcons-de-Barges et se jette dans la Loire près du Vésinat. — *Aqua de Meiana,* 1363 (la Chaise-Dieu, Saint-Paul-de-Tartas). — *Aqua vocata Meghana,* 1513 (terrier de Montbel). — *Le ruisseau de la Mejane,* 1778 (Faujas de Saint-Fond, p. 380).

Mᴇʟʟᴇᴛ, l. détr., cⁿᵉ de Saint-Haon. — *Villa de Mellet, par. S. Habundi,* 1283 (hôtel-Dieu, B. 333).

Mᴇ́ɴᴀɢᴇʀ (Lᴇ), bois, cⁿᵉ de Pinols. — *Territorium del Malatgier,* 1460 (Bibl. nat., ms. lat., n. acq., 1222, f° 150). — *Lo Manatgier,* 1486 (terrier de Tailhac). — *El combal del Malatgier,* 1486 (*idem*). — *Combeau du Ménage,* 1876 (état des forêts).

Mᴇɴᴅᴀʀsᴏɴ (Lᴇ), affl. de la Borne en aval de Borne.

Mᴇ́ɴᴇ́ʀᴏʟ (Lᴇ), l. détr., cⁿᵉ de Saint-Privat-du-Dragon. — *Meneirol,* 1326 (Bibl. nat., ms. fr., 14377, p. 12). — *Lo Menerol,* 1339 (*idem,* p. 189). — *Lo Menayrol,* 1385 (Arch. nat., Z². 4144, p. 68).

Mᴇ́ɴɪᴀʟ (Lᴇ), vill., cⁿᵉ de Grèzes. — *Mansus del*

Mainil, 1241 (cart. de Pébrac, n° 70). — *Maynil*, 1279 (Thiolent).

MÉNIAL (LE), f., c^ne de Léotoing. — *Lo Maynil*, 1281 (J. Lachenal, l'égl. de Br., 16.) — *Meynial*, 1879 (carte adm.).

MÉNIAL (LE), écart, c^ne de Rosières. — *Villa Mainilium*, XI° s. (cart. de Chamalières, n° 188). — *Locus del Maynial*, 1376 (Saint-Agrève). — *Lo Maynihal*, 1427 (*idem*). — *La borie du Meynial*, 1555 (cad. de Mercœur).

MÉNIAL (LE), vill., c^ne de Saint-Christophe-d'Allier. — *Mansus voc. del Maynil*, 1323 (J. de Peyre, n^re).— *Locus de Minillio*, 1527 (A. Besseyre, n^re). — *Le Meynial*, 1779 (terrier de Vabres).

MÉNIAL (LE), vill., c^ne de Saint-Jean-de-Nay. — *Lo Maynil*, 1333 (hôtel-Dieu, B. 457). — *Lo Maynielh*, 1416 (terrier de Saint-Vidal). — *Mansus de Maynili*, 1432 (Bl. Girard, n^re). — *Mansus del Maynial*, 1460 (Bibl. nat., ms. lat., n. acq., 1222, f° 137 v°). — *Locus de Menillo*, 1517 (Martel, n^re).

MÉNIAL (LE), l. détr., c^ne de Saugues. — *Mansus del Maynil*, 1259 (Thiolent). — *In manso supra mansum de Lescura app. lo Meynial*, 1377 (tabl. du Velay, 1876-7, 300).

MÉNIAL (LE), vill., c^ne de Venteuges. — *Mansus del Mayniel*, 1327 (Lozère, G. 99). — *Lo Meynial*, 1477 (Bibl. nat., ms. lat., n. acq., 1224, f° 165). — *Maynillium*, 1539 (Thiolent). — *Le Maynial-Golfier*, 1574 (terrier de Meyronne). — *Le Meinial*, 1888 (Malègue).

Fief vassal de la s^ie de Saugues.

MÉNICIEUX (RAVIN-DE-), affl. de l'Allier, c^ne de Vabres. — *Ravin-des-Miniriaux* (cad.).

MÉNIS (LES), h., c^ne de Saint-Pal-de-Mons.

MENTEYRES, vill., c^ne d'Allègre. — *Menteiras*, 1259 (hôtel-Dieu). — *Mansus de Menteyras*, 1311 (Arch. nat., P. 1398¹, cote 650). — *Menteriæ*, 1323 (J. de Peyre, n^re, reg. A, f° 127 v°). — *Mentieres*, XVIII° s. (Cassini).

Péage supprimé par arrêt du conseil du 26 octobre 1744.

MENTEYRES (MOULIN-DE-), m^in sur la Borne occidentale, c^ne d'Allègre.

MÉRANGES, l. détr. auj. bois, c^ne de Cayres. — *Meranzas*, 1213 (les Chazes). — *Moranciæ vel Moranciæ*, 1236 (tabl. du Velay, 1876-77, 384-385). — *Boria de Meransas*, 1386 (hom. de Solignac). — *La métérie de Mérances*, 1605 (A. Brunel, n^re).

MERCIERS (LES), l. détr., c^ne de Saint-Jeure. — *Locus dels Merciers*, 1359 (Rhône, H. 2632).

MERCŒUR, m. i., c^ne de Boisset. — *Marceur*, 1879 (carte adm.).

MERCŒUR, h., c^ue de Lubilhac.

MERCŒUR, chât. détr. et vill., c^ne de Malrevers. — *Merchorius*, v. 1097 (cart. de Chamalières, n° 10). — *Capella de Castro Mercolio*, 1119 (Chifflet, hist. de Tournus, 402). — *Castrum de Mercorio*, 1229 (tabl. du Velay, 1875-6, 502). — *Mercurius*, 1329 (J. de Peyre, n^re, reg. C, f° 28 v°). — *Le chasteau de Mercuer*, 1555 (cad. de Mercœur).

Église dédiée à saint André.

MERCŒUR, chât. et vill., c^ne de Saint-Privat-d'Allier. — *Mercor*, 1213 (les Chazes). — *Mercueyras*, 1331 (J. de Peyre, n^re). — *Mercuayras*, 1344 (*idem*). — *Merqueures*, 1439 (spic. Briv.). — *Locus de Mercoriis*, 1461 (Bibl. nat., ms. lat., n. acq., 1222, f° 177 v°). — *Mercueyres*, 1482 (la Chaise-Dieu, Saint-Privat-d'Allier). — *Mercure*, 1693 (*idem*).

MERCŒUR, c^on de la Voûte-Chilhac. — *In (vicaria) Radi(c)atensi, ecclesia... in hon. S. Stephani, in villa Mercoria*, 911 (cart. de Brioude, ch. 37). — *Locus Mercoria*, 913 (*idem*, ch. 5). — *Mercoyras*, 1341 (terrier de Charbonnier). — *Mercqueyras*, 1388 (Arch. nat., Z². 4145, p. 8.— *Merqueures*, 1398 (compte de B. Sannadre). — *Mercures*, 1401 (spic. Briv.). — *Merqueuras*, 1429 (terrier du doy. de Br.). — *Eccl. parochialis S. Stephani Mercoriarum*, 1432 (J. Lachenal, l'égl. de Br., 118). — *Mercueres*, 1437 (Bibl. nat., ms. fr., 11490, p. 182).

En 1789, Mercœur était compris dans la province d'Auvergne, l'élection de Brioude, la subdélégation de la Chaise-Dieu et le ressort de Riom. Son église paroissiale, diocèse de Saint-Flour et archiprêtré de Brioude, était sous le vocable de l'Invention de saint Étienne; la cure était à la présentation du seigneur temporel.

MERCŒURETTE, dom., c^ne de Mercœur. — *In superiori Mercoira*, 911 (cart. de Brioude, ch. 37). — *Mansus de Mercucretes*, 1469 (Arch. nat., ZZ. 359, p. 134). — *Mercueurettes*, 1613 (Mercurial). — *Mercurette*, 1820 (Deribier).

MERCOUX, h., c^ne de Montregard.

MERCOUX (SCIE-DE-), scierie sur le Trifoulou, c^ne de Montregard.

MERCURET, chât., c^ne de Retournac. — *Villa de Mercoiret*, v. 1174 (cart. de Chamalières, n° 95). — *Mercoyret*, 1269 (Arch. nat., P. 1398², cote 674 bis). — *Terra de Mercoyreto*, 1271 (év.). — *Mercoiretum*, 1309 (Arch. nat., P. 1397², cote

566). — *Mercoret*, 1490 (Arch. nat., P. 1397², cote 583).

Mercurol, lieu dit, cⁿᵉ de Chanteuges. — *Mercoirol*, xɪɪᵉ s. (cart. de Pébrac, nˢ 46-54). — *In pertinenciis loci Canthoioli, in territorio de Mercurol*, 1470 (Bibl. nat., lat., n. acq., 1223, fᵒ 372 vᵒ).

Mercury, vill., cⁿᵉ de Saint-Privat-d'Allier. — *Mercuri*, 1378 (Thiolent). — *Mercurinum*, 1458 (Bibl. nat., lat., n. acq., 1222, fᵒ 97). — *Mansus Mercurii*, 1485 (terrier du Cluzel). — *Mercury*, 1657 (la Chaise-Dieu, Saint-Privat-d'Allier). — *Mercuril*, 1693 (*idem*). — *Mercuret*, 1820 (Deribier).

Merdaillac, h., cⁿᵉ de Lapte. — *Mansus de Merdariaco*, 1281 (cart. de Saint-Sauveur-en-Rue, p. 139). — *Mansus de Merdalhac*, 1295 (maladrerie de Brives). — *Merdalhacum*, 1393 (*idem*). — *Merdelhac*, 1553 (ress. de Montfaucon).

Merdans (Le), affl. de la Voirèze à Blesle. — *La Belan*, xvɪɪɪᵉ s. (Cassini).

Merdanson (Le), affl. du Ternivol, cⁿᵉ de la Mothe.

Merdanson (Le), affl. de la Colense, cⁿᵉˢ de Présailles et du Monastier. — *Le Charbadeuil*, 1880 (carte adm.).

Merdanson (Le), affl. de l'Auze dans la cⁿᵉ de Torsiac, prend naissance à la limite des départements du Puy-de-Dôme et de la Haute-Loire.

Merdant (Le), affl. du Ramel, cⁿᵉˢ de Saint-Julien-du-Pinet et de Beaux. — *Ruisseau de Veyrines* (cad.).

Merdari (Le), affl. du Riotord à Riotord. — *Rivus de Merdaric*, 1466 (Rivière, nʳᵉ).

Merdarie (La), ruiss. qui prend naissance près de Malbost, cⁿᵉ de Saint-Pal-de-Chalencon, et se jette dans l'Ance, au sud-ouest de Péret, cⁿᵉ de Saint-Julien-d'Ance. — *Le ruisseau de Merdary*, 1540 (terr. de Saint-Pal-de-Chalencon).

Merdary, l. détr., cⁿᵉ de Saint-Romain-Lachalm. — *Mansus voc. de Merdaric*, 1461 (terr. de Marlhes).

Merdos (Le), affl. du Lignon, cⁿᵉˢ du Mazet-Saint-Voy et du Chambon.

Mère-Agnès (Grotte de la), près Ribeyroux, cⁿᵉ de Goudet. — Pèlerinage.

Merlager, f., cⁿᵉ de Riotord. — *Merlage*, 1869 (Malègue).

Merlan (Le), ruiss., affl. de la Sumène, cⁿᵉˢ de Queyrières et de Saint-Pierre-Eynac. — *Riv. de Marland*, 1677 (cad. de Queyrières). — *Ruiss. de la Colleyre ou de Merlans*, 1685 (cad. de Chapteuil). — *Le Queyrière*, 1879 (carte adm.).

Merlary (Le), affl. du Ramel au nord de Chazalet, cⁿᵉ de Bessamorel. — *Rivus de Lestiva sive de*

Merdaric, 1359 (Rhône, H. 2632). — *Merlaric*, 1503 (*idem*).

Merle, f., cⁿᵉ des Estables.

Merle, l. détr., cⁿᵉ de Grazac. — xvɪɪɪᵉ s. (Cassini).

Merle, m. i., cⁿᵉ d'Yssingeaux.

Merle (Le), m. i., cⁿᵉ de Freycenet-la-Tour.

Merles (Les), h., cⁿᵉ du Mazet-Saint-Voy. — *Satilhec sive dous Merles*, 1310 (cart. de Tence, fᵒ 15 vᵒ).

Merles (Scie-des-), scierie sur les Merles, cⁿᵉ du Mazet-Saint-Voy.

Merluhac, f., cⁿᵉ de Montregard. — *Merlatz*, 1556 (terrier de Montregard).

Mésillec, l. détr., cⁿᵉ de Sainte-Sigolène. — xvɪɪɪᵉ s. (Cassini).

Mestays (Ravin-de-), affl. de l'Allier, cⁿᵉ d'Alleyras.

Mestrenac, dom., cⁿᵉ de Loudes. — *Luqua de Mastrenac*, 1342 (J. de Peyre, nˢ).

Métairie (La), f., cⁿᵉ de Saint-Jeure. — 1773 (état civil).

Métairie-Basse (La), m. i., à Lubière, cⁿᵉ de Vergongheon.

Métairie-Haute (La), m. i., cⁿᵉ de Vergongheon.

Métairie-Rouge (La), f., cⁿᵉ de Paulhac. — *La Métairie-Rouge*, xvɪɪɪᵉ s. (Cassini). — *Terre-Rouge*, 1855 (état-major). — *Domaine-Rouge*, 1869 (Malègue).

Meton (Le), affl. de l'Allier, cⁿᵉˢ de Sainte-Marie-des-Chazes et de Saint-Julien-des-Chazes.

Meulhe (La), h., cⁿᵉ de Saint-Julien-du-Pinet.

Meunières (Les), mⁿ sur l'Arzon, cⁿᵉ de Chomelix. — *Ad Monciras, molendinum de las Monneyras*, 1404 (terrier de Chomelix).

Meygal (Le), mont., bois et signal, à la limite des cⁿᵉˢ de Queyrières et de Champclause. — *Nemus de Mayegal*, 1312 (év.). — *Nemora de Mayugal*, 1387 (*idem*). — *Forestagium de Maygal*, 1390 (*idem*). — *Nemus de Meygalh*, 1451 (cart. de Mazan). — *Nemus de Meigal*, 1481 (Pelisse, nʳᵉ). — *Le Mégal*, 1824 (Deribier, stat.).

Meymac (Moulin-de-), mⁿ sur la Gazeille, cⁿᵉ du Monastier. — *Meymacum*, 1523 (cad. du Monastier). — *Le Meymac*, 1588 (André, nʳᵉ).

Meynier, f., cⁿᵉ de Tence. — 1623 (Rhône, D. 150).

Meynis (Le), écart, cⁿᵉ de Saint-André-de-Chalencon. — *Mansus del Mainil*, v. 1065 (cart. de Chamalières, nᵒ 203). — *Le Meynitz*, 1614 (coll. C. Falcon). — *Lou Meynis*, 1695 (capitation).

Meynis (Le), h., cⁿᵉ de Sainte-Sigolène. — *Loux*

Meinitz, 1553 (ress. de Montfaucon). — *Le Megnis*, XVIIIe s. (Cassini).

MEYNAC, h., cne de Bellevue-la-Montagne. — *Mazairac*, 1222 (Martène, thes. nov. anecd., I, 897). — *Mayrac*, 1359 (terrier de Jean de Cereys). — *Mayras*, 1670 (Arch. nat., P. 502, c. 109). — *Meyrac*, XVIIIe s. (Cassini). — *Meyrat*, 1860 (état-major).

MEYRAC, min sur l'Arzon, cne de Craponne-sur-Arzon. — *Ad Mesrirachum*, 1213 (cart. de Chamalières, n° 318). — *Mansus de Mezayrac*, 1289 (hôtel-Dieu, B. 632).

MEYRIAL (LE), f., cne de Pinols. — *Mirial*, 1588 (terrier d'Auvers). — *Mairia*, XVIIIe s. (Cassini).

MEYRONNE (LA), affl. de la Dège, cne de Venteuges. — *Rivus voc. de Mayrona*, 1466 (Bibl. nat., ms. lat., n. acq., 1223, f° 305).

MEYRONNE, chât. détr. et vill., cne de Venteuges. — *Maironna*, 1142 (cart. de Pébrac, n° 37). — *El Turcs de Mairona*, XIIIe s. (Baluze, m. d'Auv., II, 251). — *Mayrona*, 1241 (spic. Briv.). — *Lo Truc de Mairona*, XIIIe s. (hist. gén. de Lang., éd. Privat, X, 269). — *Mairone*, 1377 (idem, X, pr., 1595). — *Capella B. Petri castri de Meyrona*, 1471 (Bibl. nat., ms. lat., n. acq., 1224, f° 14 v°). — *Myronne*, 1511 (coust. d'Auv., f° 81 v°). — *La chapelle de Mr de Merroine*, 1516 (Arch. nat., G** 2, f° 583).

MEISONIAL (LE), f., cne de Ferrussac. — *Lo Mayzonil*, 1351 (Arch. nat., Z¹. 54, p. 80). — *Lo Mayzonial*, 1364 (idem, p. 170). — *Lo Meyzonial*, 1486 (Arch. nat., Q. 513, f° 77). — *Mezonnial*, 1869 (Malègue).

MEYSONNIAL (LE), h., cne de Mercœur. — *Les Meysonniaulx*, 1613 (Mercurial). — *Le Maisonnial*, 1880 (carte adm.). — *Maizonial*, 1888 (Malègue).

MEYSONNY (LE), h., cne de la Chapelle-d'Aurec. — *Meisonitz*, 1553 (ress. de Montfaucon). — *Le Mésonnet* (cad.). — *Maisonny*, 1820 (Derilier).

MEYSONNY (LE), écart, cne de Monistrol-sur-Loire. — *Meyzonis*, 1383 (homm. de l'év.). — *Loux Meysonnetz*, 1512 (obit. de Bas). — *Le Maisonny* (cad.).

MEYSSIGNAC, vill., cne de Bessamorel. — *Villa quæ dicitur Maximiacus*, 989 (cart. de Chamalières, n° 50). — *Mayssunhac*, 1343 (Arch. nat., P. 494¹, c. 22). — *Mayssimnhac*, 1359 (Rhône, H. 2632). — *Mayssamhacum*, 1380 (év.). — *Mayssinhac*, 1491 (chartrier de Lardeyrol). —

Meissinhacum, 1525 (commun de M. le Dr Charreyre). — *Messinhac* (cad.).

MEYSSIGNAC, vill., cne de Sainte-Sigolène. — *Mayssinhacum*, 1379 (coll. Chaleyer). — *Meysinhiac*, 1553 (ress. de Montfaucon). — *Messigniac*, 1569 (terrier de Saint-Didier de Joyeuse). — *Meyssignac*, 1695 (capitation).

MEYZONIE (LA), l. détr., cne de Jullianges. — *Homines de la Mayzonia*, 1323 (Arch. nat., S. 3298, sacristain, n° 1).

MEYZOUS, vill., cne du Monastier. — *Mansiones*, 991 (cart. du Monastier, n° 158). — *Maysos*, 1344 (Monastier). — *Meysos, mansus de Domibus*, 1526 (cad. du Monastier). — *Meyzous*, 1546 (Savin, nre). — *Maisoux* (cad.).

MÉZARD, écart, cne de Présailles. — *Maycer*, 1311 (Arch. nat., P. 494¹, c. 14).

MÈZE (LE), bois, cne de Saint-Arcons-d'Allier.

MEZEIRAC, h., cne de Sanssac-l'Église. — *Mesayrac*, 1285 (J. de Peyre, nre). — *Mazayracum*, 1323 (idem). — *Mansus de Mezayrat*, 1325 (idem). — *Mezayracum*, 1371 (la Chaise-Dieu, Saint-Rémy). — *Mescyracus*, 1517 (Martel, nre).

MEZEIROLLES, écart, cne d'Yssingeaux. — *Mesairolas*, 1300 (év.). — *Meserolia*, 1392 (év.). — *Locus de Meseyrolis*, 1515 (terrier des Bordes).

MÉZENC, loc. détr., cne des Vastres. — *Mezenc*, 1750 (ét. civ.). — *Meseinc*, XVIIIe s. (Cassini). — *Le Mas de Mezeinc*, 1772 (ét. civ.).

MÉZENC (LE), chât. détr., sur les Dents du Mézenc, cne de Chaudeyrolles. — *Castrum Mezengum*, v. 970 (cart. du Monastier, n° 106). — *Mezenc*, 1094 (idem, n° 239). — *Misencum castrum, Mizencum*, 1096 (idem, n° 398). — *Mezencum*, 1144 (idem, n° 407). — *Mensencum*, 1224 (Bonnefoy). — *Le Chastellas*, XIXe s. (nom populaire).

MÉZENC (LE), f., cne des Estables. — *Le domaine de Mezhinc*, 1741 (ét. civ.).

MÉZENC (LE), mont., cne des Estables. — *Montanea de Mesenco*, 1464 (Ardèche, C. 626). — *Le Mézinc*, 1778 (Faujas de Saint-Fond, p. 350).

MÉZENC (LE), m. i., cne de Vorey.

MÉZENCHOU, f., cne de Chaudeyrolles.

MÉZÈNES (LES), bois, cne de Vorey.

MÉZÈRE (LA GRANDE-), mont., cne de Saint-Hostien.

MÉZÈRE (LA PETITE-), mont., cne de Saint-Hostien.

MÉZÈNES, f., cne de Saugues. — 1564 (Thiolent).

MÉZÈNES, cou de Vorey. — *Meteratis*, v. 990 (cart.

du Monastier, n° 320). — *Miseræ,* v. 1000 (cart. de Chamalières, n° 174). — *Meseras,* 1101 (*idem,* n° 103). — *Mezeras,* 1226 (*idem,* n° 271). — *Miseriæ,* 1257 (hôtel-Dieu, B. 528). — *Castrum de Messeras,* 1271 (év.). — *Castrum de Meseriis,* 1309 (Arch. nat., P. 1399¹, c. 746). — *Castrum de Meseris,* 1345 (J. de Peyre, nʳᵉ). — *Meseres,* 1390 (év.). — *Messeriæ,* 1453 (Pradier, nʳᵉ). — *Le fort de Mezeres,* 1591 (Burel, 242). — *Mezieres,* 1708 (Corneille, dict. univ. géogr.). — *Mazère,* 1720 (Saugrain). — *Mezère,* xviiie s. (Cassini).

En 1789, Mézères dépendait de la province du Velay, de la subdélégation et sénéchaussée du Puy. Son église paroissiale, diocèse du Puy et archiprêtré de Monistrol-sur-Loire, était sous l'invocation de saint Pierre; l'évêque du Puy, succédant depuis 1787 aux droits de l'abbé de la Chaise-Dieu, en était collateur.

Mézeyrac, vill., cⁿᵉ de Présailles. — *Merceriacus,* 870 (Chifflet, hist. de Tournus, 210). — *Locus de Mesayraco,* 1347 (Rhône, E. 8). — *Mezeyracum,* 1383 (*idem,* E. 9). — *Meserat,* 1547 (Chaulet, nʳʳ). — *Mezeyrac,* 1638 (Duclaux, nʳᵉ).

Mialaure, l. dit, cⁿᵉ d'Espaly-Saint-Marcel. — *Milauras,* xiiie s. (coll. César Falcon). — *Miallaure,* 1590 (Burel, 230). — *Milhaure,* 1605 (Mᵉᵉ Leblanc, nʳᵉ).

Mialaure, f., cⁿᵉ de Saint-Pal-de-Mons. — *Malaury,* 1888 (Malègue).

Miane (Moulin-de-la-), mⁱⁿ sur la Semène, cⁿᵉ de Saint-Ferréol-d'Auroure.

Miaune, mont. et forêt, cⁿᵉ de Roche-en-Régnier. - *Mons et nemus de Musona,* v. 1021 (cart. de Chamalières, n° 285). — *Nemus de Meona, alias deus Egals,* 1331 (Arch. nat., P. 1397², c. 587). — *Nemus de Mizona,* 1335 (Arch. nat., P. 1397², c. 548). — *Nemus de Miona,* 1349 (Arch. nat., P. 493¹ bis, c. 86). — *Al bosc de Mionna,* 1476 (Arch. nat., P. 1399¹, c. 792). — *Le bois de Myonne,* 1824 (Deribier, statist., 103). — *La montagne de Miaune,* 1824 (*idem,* 313). — *Mont Miaunes,* 1880 (carte adm.).

Michalon, m. i., cⁿᵉ de Saint-Ferréol-d'Auroure.

Michon, m. i., cⁿᵉ du Mazet-Saint-Voy.

Micouleau, écart, cⁿᵉ de Saint-Jeure.

Mignard (Moulin-de-), mⁱⁿ sur l'Ance, cⁿᵉ de Saint-Julien-d'Ance. — *Moulin-Mignaud,* 1880 (carte adm.).

Mignaux (Les), écart, cⁿᵉ de Rosières.

Mignon (Le), f., cⁿᵉ d'Yssingeaux.

Milhit (Moulin-de-), cⁿᵉ de Pradelles. — *Le moulin de Milhet,* 1693 (ét. civ.). — *Moulin de Chantoine,* 1880 (doc. jud.).

Milicien (Le), m. i., cⁿᵉ de Saint-Pal-de-Chalencon.

Milliers (Les), l. détr., cⁿᵉ de Beaulieu. — *Locus deux Melhiers,* 1411 (la Chaise-Dieu, liasse Jullianges). — *Locus dous Melhers,* 1519 (Haute-Loire, E.). — *Le lieu doux Meilhers,* 1549 (Chamblas). — *Lous Milliers,* 1714 (cad. de Laval-Emblavès).

Millon, f., cⁿᵉ du Chambon.

Mineires (Les), cⁿᵉ de Lubilhac. — Mine d'antimoine abandonnée (Legrand d'Aussy, voy. d'Auv., II, 213).

Mines (Les), f., cⁿᵉ de Raucoules.

Minsson, l. détr., cⁿᵉ de Lapte. — xviiie s. (Cassini).

Minury, f., cⁿᵉ des Vastres.

Miolhet, vill., cⁿᵉ de Chomelix. — *Le Mioulet,* 1669 (Arch. nat., P. 500¹, n° 37).

Mirabel, l. détr., auj. vignoble, près Artias, cⁿᵉ de Retournac. — *Villa quæ vulg. Mirabilia nuncupatur,* 986 (cart. de Chamalières, n° 165). — *Vineæ de Meravila,* 1082 (*idem,* n° 113). — *Locus de Mirabello,* 1404 (Arch. nat., P. 1397¹, c. 543),

Mirabel, chât. détr., auj. bois, cⁿᵉ de Saint-Étienne-Lardeyrol. — *Mirabellus,* 1354 (la Chaise-Dieu, Saint-Étienne-Lardeyrol). — *Ès appart. du Mont et terroir de Mirabel,* 1549 (Chamblas).

Mirabel, mont. près la Fayette, cⁿᵉ d'Yssingeaux. — *Succus vulg. dictus de Mirabel,* 1504 (terrier de Chailhans).

Mirabelle, m. i., cⁿᵉ de Vieille-Brioude.

Mirail (Le), moulinage, cⁿᵉ de Dunières.

Miramont, dom., cⁿᵉ de Mercœur. — *Miremont,* 1613 (Mercurial). — *Miramou,* 1683 (état civil).

Mirandes, h., cⁿᵉ d'Araules.

Mirial (Le), h., cⁿᵉ de Saint-Austremoine. — *Meriailh,* 1379 (compte de B. Flotenc).

Mirmande, chât. détr., cⁿᵉ de Saint-Jean-Lachalm. — *Ecclesia... in honore B. Petri apostoli consecrata,* 1025 (spic. Briv.). — *Mirmanda,* 1157 (hospit. du Velay). — *Castrum de Mirmanda,* 1210 (templiers du Puy). — *Castrum de Mirmande juxta Montem Boneti,* 1219 (Baluze, m. d'Auv., II, 86). — *Pedatgium de Mirmanda,* 1320 (J. de Peyre, nʳᵉ, reg. A). — *La chapelle de Saint-Estiene-de-Miromonde,* 1624 (cloche).

Mirmande (La), affl. de l'Allier, cⁿᵉ de Saint-Jean-Lachalm.

Missicelle (La), mont., c^{nes} de Brignon et de Solignac-sur-Loire. — *Locus app. de Mustela*, 1342 (J. de Peyre, n^{re}). — *Mussizilha*, 1352 (prieuré de Solignac). — *Mussezelle*, 1587 (Sigaud, n^{re}). — *Mussazelle*, 1606 (Robert, n^{re}). — *La Missezele*, 1878 (aff. jud.).

Mistoux (Moulin-de-), m^{in} sur l'Ance, c^{ne} de Saint-Georges-Lagricol.

Mizegny, lac, c^{ne} d'Espalem. — *Lou lac Mizegry ou Mizery*, 1730 (terrier d'Espalem).

Moines (Les), afll. de la Cave, c^{ne} de Saint-Vincent.

Moinas, m. i., c^{ne} de Saint-Jeure. — *Moieras*, 1880 (carte adm.).

Moise, f., c^{ne} de Saint-Jeure.

Moiselet, m. i., c^{ne} du Monteil.

Moissac, h., c^{ne} de Monlet. — *Villa de Moyssac*, 1263 (hôtel-Dieu, B. 614). — *Moyssacum*, 1347 (J. de Peyre, n^{re}, reg. D, f° 115 v°).

Moissac-Bas, vill., c^{ne} de Saint-Didier-sur-Doulon. — *Moyssac Soteyra*, 1516 (Vals-le-Chastel).

Moissac-Haut, c^{ne} de Saint-Didier-sur-Doulon. — *Moissat-Nault*, 1561 (J. Chalvon, n^{re}).

Molard (Le), m. i., c^{ne} de Saint-Pal-de-Chalencon. — *Terroir du Molar*, 1540 (terrier de Saint-Pal).

Molenchières, loc. détr., près Mézeyrac, c^{ne} de Présailles. — *Villa de Molencherias*, 944 (cart. du Monastier, n° 78). — *Locus de Molencheriis*, 1345 (Rhône, E. 8). — *La seigneurie de Molenchières*, 1680 (Surrel, n^{re}).

Moles (Les), loc. détr., c^{ne} d'Ours-Mons. — *Mansus de Molas, juxta villam d'Ors*, 1343 (Saint-Georges du Puy).

Molezon, l. dit, c^{ne} de Beaumont. — *Vinea quæ est in monte Moledon*, xi° s. (cart. de Brioude, ch. 10). — *Le terroir de Molezon ou Moleson sive du Sail*, 1742 (terrier du doy. de Brioude).

Molhasola, loc. détr., c^{ne} de Saint-Didier-sur-Doulon. — *Mansus de Molhasola, par. S. Disderii*, 1310 (Cumignac).

Molimard, m. i., c^{ne} de Connaugles. — *Molimart, perr. Connangliarum*, 1462 (la Chaise-Dieu, Connangles).

Molimard, m. i, c^{ne} de Saint-Pal-de-Murs.

Molines, h., c^{ne} du Monastier. — *Molinas*, 991 (cart. du Monastier, n° 158).

Molinet (Le), m^{in} sur la Gagne, c^{ne} de Saint-Germain-Laprade. — *Molendinum Mey*, 1270 (hôtel Dieu, B. 146). — *Lo Moli-Meya*, 1345 (J. de Peyre, n^{re}). — *Molendinum Mea*, 1389 (plumit. de Bouzols). — *Molendinum Medium*, 1488 (doc.

jud.). — *Moly-Mea*, 1535 (Savin, n^{re}). — *Le Moly-Mé*, 1568 (idem). — *Molin-Mé*, 1707 (cad. de Bouzols).

Molle, m. i., c^{ne} du Chambon.

Molle, h., c^{ne} de Saint-Jeure.

Molle (La), ruiss., prend sa source dans la c^{ne} de Chazelles (Cantal) et se jette dans la Cronce en amont du château de la Valette, c^{ne} de Chastel.

Molle (La), h., c^{ne} de Monistrol-d'Allier. — *Mansus de la Mola*, 1324 (Thiolent). — *Lamolle*, 1820 (Deribier).

Molle (La), m^{in} sur les Galendres, c^{ne} de Saint-Georges-Lagricol. — *La Mola*, 1447 (terrier de Piassac).

Molles, l. dit, c^{ne} d'Ours-Mons. — *Mansus de Molas*, 1210 (hôtel-Dieu, B. 127).

Momège, loc. détr., c^{ne} de Frugières-le-Pin. — *In vicaria Brivatensi, in loco Monts Mejano*, 966 (cart. de Brioude, ch. 164). — *Mont-Meja*, 1328 (Vals-le-Chastel).

Momège, f., c^{ne} de Lubilhac. — *Mansus de Mont-Meia*, 1275 (spic. Briv.). — *Montmège*, 1820 (Deribier).

Momège, loc. détr., c^{ne} de Montclard. — *Mont-Megya, lo mas de Mont-Meia, Monmeia* 1341 (terrier de Charbonnier). — *Le village de Monmege ou Momege*, 1521 (la Chaise-Dieu, Connangles).

Momont (Razat-de-), afll. du Razat-de-Riou, c^{ne} de Josat.

Monachon, f., c^{ne} de Fay-le-Froid. — Ancien fief appelé le Rhulier. — *Rivus alias Ruillier de Fayno*, 1464 (Ardèche, C. 624).

Monas, h., c^{ne} de Tence.

Monastier (Le), f., c^{ne} du Chambon.

Monastier (Le), ruiss., prend sa source près du Mazel (Ardèche) et se jette dans le Lignon près de Maret, c^{ne} du Chambon.

Monastier (Le), arrond. du Puy. — *Monasterium Sancti Petri cui vocabulum est Calmilius, ubi sanctus Theofredus et sanctus Eudo in corpore requiescunt*, 840 (cart. du Monastier, n° 58). — *Villa Monasterii*, 987 (idem, n° 156). — *Monasterium Beati Theofredi Calmiliacensis*, v. 992 (idem, n° 55). — *Monasterium Sancti Theofredi*, 1105 (idem, n° 18). — *Monachi Sancti Teaufredi*, 1118 (terr. Piper. xxiv). — *Monasterium Carmiliacensium*, xii° s. (Bibl. nat., ms. lat., 12587, 18 nov.). — *Monasterium Sancti Theofridi*, 1285 (év.). — *Le Monestier-Saint-Cheffroy*, 1493 (mairie du Puy). — *Le Monastier Sainct-

Chaffroy, 1549 (Savin, n^{re}). — *Mont-Breysse*, 1793.

En 1789, le Monastier, qui était le siège d'une abbaye bénédictine, fondée vers l'an 570 par saint Carmery, était compris dans la province du Velay, la subdélégation et sénéchaussée du Puy. Cette localité possédait deux églises paroissiales, appartenant au diocèse du Puy et à l'archiprêtré de Solignac-sur-Loire : 1° l'église de Saint-Fortunat, à la collation du sacristain de l'abbaye du Monastier; 2° l'ég'ise de Saint-Jean, à la collation du sacristain de la même abbaye, comme succédant aux droits du réfectorier.

MONATTE (LA), h., c^{ne} de Craponne-sur-Arzon.

MONCEL (LE), écart, c^{ne} de Malvalette. — *Moncellum*, 1500 (obit. de Bas). — *Lou Montcel*, 1691 (*idem*).

MONCLERGUES, m. i., c^{ne} de Saint-Pal-de-Chalencon. — *Monclergue*, 1419 (Loire, A. 89. f° 243 v°).

MONCOUDIOL, h., c^{ne} d'Arlempdes. — *Villa de Monte Cogul*, 1236 (templiers du Puy). — *Moncouguiol*, 1668 (état civil). — *Montcoudiol*, 1820 (Deribier).

MONDAR (LE), f., c^{ne} de Sainte-Sigolène. — xviiie s. (Cassini).

MONDASSE, dom., à Fix-Bas, c^{ne} de Fix-Saint-Geneys. — *Johannes Artasse, alias Mondasse*, 1467 (com^{on} de M. E. Grellet de la Deyte). Fief mouvant de la baronnie d'Allègre.

MONDET, h., c^{ne} de Tence. — 1692 (état civil). — *Moudet*, 1820 (Deribier).

MONDON, m. i., c^{ne} d'Espaly-Saint-Marcel.

MONDOULIOUX, vill., c^{ne} de Beaune. — *Montdoleus*, 1286 (Arch. nat., P. 1397², c. 560). — *Mont-Oliou*, 1331 (Arch. nat., P. 1397², c. 587). — *Mons Olivus*, 1334 (Arch. nat., P. 1397², c. 557). — *Monsdaleus*, 1345 (Arch. nat., P. 1397², c. 547). — *Mondolioux*, 1500 (coll. César Falcon). — *Mondolhioux*, 1559 (Vacharel, n^{re}). — *Mandoulion*, 1820 (Deribier).

MONEDEIRES, vill., c^{ne} de Queyrières. — *Monedeyras*, 1290 (cart. de Mazan, f° 33). — *Monedeyræ*, 1331 (J. de Peyre, n^{re}). — *Monederiæ*, 1390 (év.).

Distrait, par décret du 24 juillet 1843, de la c^{ne} de Saint-Julien-Chapteuil et réuni à celle de Queyrières.

MONET, h., c^{ne} de Lantriac. — *In villa Monito quæ est in pago Vellaico*, v. 940 (cart. du Monastier, n° 77). — *In pago Vellaico, in vicaria de Sancta Maria, in villa quæ dicitur Monito, ubi vocabulum est Carturilago (Lanturilago)*, v. 970 (*idem,*

n° 88). — *In villa de Monito sive Catusago* (forme défigurée de *Lanturilago*), v. 980 (*idem,* n° 111). — *Villa de Moneto*, v. 1080 (*idem,* n° 48). — *Monet*, 1549 (Savin, n^{re}). — *Monnet*, 1888 (Malègue).

MONGE (LA), h., c^{ne} de Bellevue-la-Montagne. — *La Monzia*, 1550 (P. Gallien, n^{re}).

MONGES (LES), l. dit, près Talobre, c^{ne} de Saint-Christophe-sur-Dolaizon. — Vestiges d'antiquités romaines.

MONGET, f., c^{ne} de Chanteuges. — *Territorium de Monget*, 1461 (Bibl. nat., ms. lat., n. acq., 1222, f° 197). — *Mongi*, 1820 (Deribier).

MONGIE (LA), c^{ne} de Saint-Pierre-Duchamp. — *Mansus de la Monzia*, 1345 (Arch. nat., P. 494¹, c. 19). — *La Monsia*, 1370 (év.). — *La Montzia*, 1507 (év.).

MONIBRAND, h., c^{ne} du Pertuis. — *Mont-Ribrand*, 1333 (Arch. nat., R². 39). — *Mons Ribrandus*, 1451 (cart. de Mazan). — *Locus de Morebrant*, 1462 (Maltrait, n^{re}). — *Mont-Ribran*, 1528 (terrier du Pertuis). — *Moulibrand*, 1585 (coll. César Falcon). — *Mollibrand*, 1597 (terrier de la Roche-sur-Coubon). — *Molybran*, 1599 (Doleson, n^{re}). — *Mont-Librand*, 1633 (Rhône, H. 2232).

MONIBRANT, mont., c^{ne} du Pertuis. — *Mons voc. de Mont-Riobant*, 1361 (la Chaise-Dieu, doyenné).

MONISTROL-D'ALLIER, chât. détr., c^{on} de Saugues. — *Ecclesia de Monastrols*, 1145 (tabl. du Velay, 1877-78, 271).— *Monestrol en riba d'Aler*, 1217 (hôtel-Dieu, B. 304). — *Monistrol*, 1217 (*idem,* B. 304). — *Castrum de Monestrolio*, 1259 (Thiolent). — *Perochia ecclesiæ Sancti Petri de Monestrol*, 1259 (*idem*). — *Prioratus de Monistrolio, Mimatensis dioc.*, 1293 (tabl. du Velay, 1874-75, 219). — *Monestrolium*, 1470 (Bibl. nat., ms. lat., n. acq., 1223, f° 365). — *Capellania S. Martini Monastrolii*, 1499 (Thiolent). — *Le prieur de Saint-Martine de Monistrol*, 1537 (*idem*). — *Monistrol-d'Allier*, 1623 (Peyret, n^{re}).

En 1789, Monistrol-d'Allier faisait partie de la province et du bailliage de Gévaudan. Son église paroissiale, diocèse de Mende et archiprêtré de Saugues, était dédiée à saint Pierre; en sa qualité de prieur de cette localité, l'abbé de la Chaise-Dieu présentait à la cure.

MONISTROL-SUR-LOIRE, arr. d'Yssingeaux. — *Vicus quem Monastrolium vocant indigenæ*, xie s. (A. SS., april., t. III, p. 316). — *Parochia Sancti Marcelini de Monestrolio*, v. 1080 (cart. de Cluny, ch. 3567). — *Burgus et castrum de Monistrol,*

1164 (Médicis, I, 76). — *Ecclesia B. Mariœ hospitalis Monastrolii*, 1394 (hôtel-Dieu, B. 691).

En 1789, Monistrol-sur-Loire était compris dans la province du Velay, la subdélégation et sénéchaussée du Puy. Son église paroissiale et collégiale, diocèse du Puy et chef-lieu d'archiprêtré, était consacrée à saint Marcellin; l'évêque du Puy en était collateur.

Monlet, chât. détr., c⁰ⁿ d'Allègre. — *Monledum*, 1213 (cart. de Chamalières, n° 320). — *Ecclesia B. Mariœ de Monlet*, 1252 (Saint-Agrève). — *Ecclesia de Montleth*, 1267 (hôtel-Dieu, B. 616). — *Molletum*, 1329 (J. de Peyre, nᵉ, reg. 7, f⁰ 32). — *Le Monlet*, 1398 (compte de Berthon Sannadre). — *Mollet*, 1453 (la Chaise-Dieu, Barribas). — *Molet*, 1561 (Médicis, I, 507). *Montlet-en-Auvernhe*, 1608 (A. Robert, nᵉ).

En 1789, Monlet appartenait à la province d'Auvergne, l'élection de Brioude, la subdélégation de la Chaise-Dieu et le ressort de Riom. Son église paroissiale, diocèse du Puy et archiprêtré de Saint-Paulien, était sous l'invocation de Notre-Dame; comme succédant aux droits de l'abbaye de la Chaise-Dieu, l'évêque du Puy en était collateur.

Monliol (Le), écart, cⁿᵉ de Connangles. — *Mansus del Mathol*, 1323 (la Chaise-Dieu, Connangles). — *Montliolh*, 1570 (J. Chalvon, nʳᵉ). — *Le Montliou*, 1693 (la Chaise-Dieu, Connangles). — *Montiol*, 1888 (Malègue).

Monnac, vill., cⁿᵉ de Saint-Pierre-Eynac. — *Lo Pont de Maunac*, 1256 (év.). — *Maunhac*, 1293 (cordeliers). — *Monnacum*, 1359 (*idem*). — *Maunacum*, 1391 (év.). — *Monnac*, 1507 (év.). — *Monac*, 1879 (carte adm.).

Carrière de trachytes porphyroïdes.

Monnet, h. et mⁱⁿ sur le Bourbouilliou, cⁿᵉ de Saint-Paulien. — *Mounet*, 1306 (tabl. du Velay, 1875-76, 520). — *Molendinum de Monnet*, 1345 (J. de Peyre, nʳᵉ).

Mons, vill., cⁿᵉ d'Aurec. — *Mons, Montes*, 1418 (Loire, A. 89, f⁰ˢ 152-3 v°).

Mons, chât. et vill., cⁿᵉ d'Ours-Mons. — *In Moncio*, 1089 (Saint-Georges du Puy). — *Villa quœ Mons app.*, 1148 (*ibid.*). — *Castrum prope civitatem Anicii*, 1342 (J. de Peyre, nʳᵉ). — *Mons, par. de S. Agreve du Puy*, 1547 (Savin, nʳᵉ). — *Montz-lez-le-Puy*, 1628 (Duclaux, nʳᵉ).

Mons, f., à Saint-Geneys-près-Saint-Paulien. — *In vicaria de Civitate Vetula, in villa Monte*, 940 (cart. de Brioude, ch. 265).

Fief possédé, au xviiiᵉ siècle, par la famille de Chabron.

Mons, chât. détr. et h., cⁿᵉ de Saint-Georges-Lagricol. — *Montes de Montibus*, 1163 (cart. de Chamalières, n° 76). — *Castrum de Mons*, 1390 (év.). — *Montes in Vallavia*, 1459 (Haute-Loire, E.). — *Le chasteau de Montz*, 1695 (capitation).

Mons, chât. détr., cⁿᵉ de Saint-Pal-de-Mons. — *Castrum de Montibus*, 1267 (Médicis, I, 80). — *Terra de Mons*, 1285 (Arch. nat., J. 1086, c. 22). — *Mons-lez-Saint-Pol*, 1506 (Médicis, II, 301).

Mont (Le), vill., cⁿᵉ de Cubelles. — *Mansus de Mundo*, 1259 (Thiolent). — *Mansus del Mon*, 1291 (*idem*). — *Mansus del Mont*, xivᵉ s. (tabl. du Velay, 1873-74, 390). — *Mansus de Mundo*, 1456 (Bibl. nat., ms. lat., n. acq., 1222, f⁰ 39 v°). — *Lo Mond*, 1467 (*idem*, 1223, f⁰ 313 v°). — *Lo Mon dels Torns*, 1499 (Thiolent). — *Lou Mont de Cubelles*, 1589 (*idem*).

Mont (Le), dom., cⁿᵉ de la Farre. — *Le Mont de la Fare*, 1583 (tit. de Surrel).

Mont (Le), vill., cⁿᵉ de Grèzes. — *Lo Mont*, 1396 (Ann. soc. d'agric., XIV, 179). — *Le Mond*, 1574 (terrier de Meyronne).

Mont (Le), h., cⁿᵉ de Jax. — *Lo Mond*, 1474 (la Chaise-Dieu, Mazerat-Aurouze). — *Lo Mont*, 1498 (*idem*). — *Le Mons*, xviiiᵉ s. (Cassini).

Mont (Le), vill., cⁿᵉ de Jullianges. — *Lo Mont*, 1332 (Arch. nat., P. 1397², c. 571). — *Mansus de Monte*, 1334 (la Chaise-Dieu, Jullianges).

Mont (Le), vill., cⁿᵉ de Lantriac. — *Lo Mon*, 1343 (tabl. du Velay, 1870-71, 479). — *Mansus de Mundo de Coha Rasa*, 1448 (Monastier). — *Mondus*, 1522 (Sobrier, nʳᵉ). — *Lo Mon de Coarasa*, 1527 (cad. du Monastier). — *Le Mont de Queue-Raze*, 1614 (Duclaux, nʳᵉ). — *Le Mont-de-Coharaze*, 1707 (cad. de Bouzols). — *Le Mont-de-Lantriac*, 1886 (aff. jud.).

Mont (Le), vill., cⁿᵉ du Monastier. — *Villa de Monte sive de Mont*, v. 979 (cart. du Monastier, n° 109). — *Villa Montis*, v. 980 (*idem*, n° 173). — *Mundus, lo Mon*, 1327 (Monastier). — *Le Mond*, 1567 (Nicolas, nʳᵉ).

Mont (Le), vill., cⁿᵉ de Saint-Didier-la-Séauve. — *Mons*, 1376 (coll. Chaleyer). — *Le Mont-Bas*, 1553 (ress. de Montfaucon).

Mont (Le), h., cⁿᵉ de Saint-Préjet-d'Allier. — *Lo Mon*, 1298 (hôtel-Dieu, B. 349). — *Mundus*, 1527 (A. Besseyre, nʳᵉ). — *Lo Mon de Saint-Pregeyt*, 1499 (Thiolent). — *Le Mond de Saint-Pregect*, 1684 (*idem*).

Mont (Le), vill., cⁿᵉ de Sainte-Sigolène. — *Lo Mont*, 1384 (év.). — *Lou Mont-Pable*, 1553 (ress. de Montfaucon).

Mont (Le), h., c^ne de Tence. — *Mansus vpc. lo Mont Saint-Marti*, 1296 (hospit. du Velay). — *Mundus, Mundus S. Martini, Lo Mont*, 1343 (Rhône, H. 1016).

Mont (Le Mas-du-), vill., c^ne de Saint-Étienne-Lardeyrol. — *Mansus de Mont*, 1330 (la Chaise-Dieu, Saint-Étienne-Lardeyrol). — *Le Mas-du-Mont*, 1506 (Médicis, II, 302). — *Mundus*, 1518 (G. Maurin, n^re).

Monta (La), f., c^ne de Saint-Front. — *La Monta*, 1646 (cad. de Bonnefont). — *La Monta-de-Nouvet*, 1869 (Malègue).

Montaboule (Dents de), rochers, sur la Sumène, c^ne de Saint-Quintin-Chaspinhac. — *La dent de Montabolle vel Montaboule*, 1306 (tabl. du Velay, 1875-76, 519). — *Le rochas de las Dens*, 1555 (cad. de Mercœur).

Montafa, mont. et loc. détr., c^ne de Pébrac. — *Mons Affanus*, XIIIe s. (Haute-Loire, Pébrac). — *Montafa*, 1351 (Thiolent). — *Montaffo*, 1608 (*idem*).

Montager, vill., c^ne de Saint-André-de-Chalencon. — *Domus de Montager*, 1293 (Arch. nat., P. 491¹, c. 13). — *Villa de Montagier*, 1334 (Arch. nat., P. 490², c. 153).

Montagnac, vill., c^ne d'Arlempdes.

Montagnac, dom., c^ne de Saint-Germain-Laprade. — *Montainac*, 1157 (hospit. du Velay). — *Montaniacus*, 1159 (*ibid.*). — *Domus fortis de Montanhaco*, 1481 (abb. de Doue). — *La mecterie de Montaignac*, 1533 (*ibid.*). — *Montanhac-lez-Dohë*, 1624 (Duclaux, n^re).

Montagnac, vill., c^ne de Saint-Jean-de-Nay. — *Montanhacum*, 1342 (J. de Peyre, n^re). — *Montanhac*, 1525 (Martel, n^re).

Montagnac, h., c^ne de Solignac-sur-Loire. — *Montaignac*, 1235 (prieuré de Solignac). — *Montanhac*, 1309 (hôtel-Dieu, B. 162). — *Montanhacus*, 1531 (Dompnin, n^re). — *Montaniac*, 1586 (Sigaud, n^re).

Montagnac, l. détr., c^ne de Thoras. — 1499 (Thiolent).

Montagnac, h., c^ne de Venteuges. — *Mansus de Montainnac*, XIIe s. (cart. de Pébrac, n° 35). — *Mansus de Montegnac*, XIIe s. (*idem*, XLVI, 39). — *Montanhac*, 1462 (Bibl. nat., ms. lat., n. acq., 1223, f° 87).

Montagnac, vill., c^ne de Vernassal. — *De Montaniaco Rubeo* (l'impr. porte *Rurio*), v. 950 (cart. du Monastier, n° 124). — *Villa quæ vocatur Montaniacus*, 1025 (spic. Briv.). — *Villa de Montainac*, 1171 (Baluze, mais. d'Auv., II, 67). —

Montaniat, 1234 (hôtel-Dieu, B. 610). — *Montanhac-lo-Rey*, 1256 (év.). — *Montanhacum lo Roy*, 1348 (Saint-Agrève). — *Montanhac-lo-Roy*, 1408 (compois du Puy). — *Montanhac-le-Rey*, 1590 (M^ce Leblanc, n^re).

Montagnac (Lac de), marais, c^ne de Vernassal. — *Le lac de Montanhac ou las Chans*, 1680 (cad. de la vicomté de Polignac).

Montagnazet, écart, c^ne de Saint-Jean-de-Nay. — *Montanhaguet*, 1274 (Saint-Mayol, invent.).

Montagne, f., c^ne de Sainte-Sigolène.

Montagne (La), bois, c^nes de Jax et de Sainte-Eugénie-de-Villeneuve.

Montagne-Courante (La), mont., c^ne de Pinols.

Montaigu (Suc de), mont., c^ne d'Agnat.

Montaigut, mont. près Bellecombe, c^ne d'Yssingeaux. — *Terra de Montagut*, 1269 (Gall. chr., II, c. 774). — *Le suc de Montagud*, 1635 (terrier de Saussac). — *Le suc de Montagu*, 1723 (cad. de Bellecombe).

Montaillet (Le), h., c^ne de Saugues. — *Mansus del Montelhet*, 1327 (Lozère, G. 99). — *Montalhetum*, 1451 (coll. J. Lachenal). — *Lou Montalhet*, 1564 (Thiolent).

Montalet, montic. et m. i., c^ne de Saint-Pal-de-Chalencon. — *Montale*, 1540 (terrier de Saint-Pal).

Montalier, f., c^ne du Chambon.

Mont-Aliu (Suc de), c^ne de Saint-Quintin-Chaspinhac. — *Montaguet*, 1256 (év.). — *Mons voc. Mons Acutus*, 1306 (tabl. du Velay, 1875-76, 508). — *Montaduc*, 1555 (cad. de Mercœur). — *Montahuc*, 1584 (Guérin, n^re).

Montalivet, f., c^ne de Montfaucon. — *La Méterie de Mont-Olyret*, 1574 (Guèze, n^re). — *Montalicert* (cad.).

Mont-Armoy, mont., c^ne de Sainte-Florine.

Montas (Les), écart, c^ne de Retournac. — *Las Montas*, v. 1164 (hospit. du Velay). — *Le lieu doux Montas*, 1553 (terrier de Liques). — *Les Moutas*, 1820 (Deribier). — *Le Monta*, 1878 (carte adm.).

Montauri, h., c^ne de Monistrol-d'Allier. — *Mansus de Monte Auri*, 1259 (Thiolent). — *Montaury*, 1377 (tabl. du Velay, 1876-77, 301). — *Montauri*, 1499 (Thiolent). — *Montaure*, 1820 (Deribier).

Montauroux, f., c^ne de Saint-Ferréol-d'Auroure. — *Mons Aurosa*, v. 1040 (La Mure, ducs de Bourbon, III, pr., 17). — *Montouroux* (cad.).

Montavit, l. détr., c^ne de Saugues. — *Mansus de Montavit*, 1327 (Lozère, G. 98). — *Les champs de Montavid*, 1564 (Thiolent).

Mont-Blanc, mont., cne de Saint-Just-Malmont.

Montbarnier, montic. et m. de camp., cne d'Yssingeaux. — *Mont-Barnier*, 1359 (Rhône, H. 2632). — *Succus de Mont-Barnier*, 1523 (cad. d'Yssingeaux).

Montbel, m. i., cne de Rosières.

Montbel, chât., dom. et min sur la Méjeanne, cne de Saint-Paul-de-Tartas. — *Castrum de Monte Bello*, 1310 (la Chaise-Dieu, Saint-Paul-de-Tartas). — *Castrum de Montbel*, 1513 (tit. de Surrel).
Fief vassal de la baronnie de Montlaur.

Montbonnet, chât. détr. et vill., cne de Bains. — *Apud Montem Bonetum, ante ecclesiam S. Boneti*, 1213 (hôtel-Dieu, B. 608). — *Mubonet*, 1217 (templiers du Puy). — *Castrum de Monte Boneti*, 1219 (Baluze, m. d'Auv., II, 86). — *Castrum Montis Boniti*, 1239 (Saint-Mayol). — *Monbonet*, 1303 (hôtel-Dieu, B. 361). — *Mons Bonitus*, 1331 (J. de Peyre, nre). — *Mont-Bonet*, 1408 (compois du Puy). — *Montbonnet*, 1589 (Burel, 133).
Chapelle aujourd'hui dédiée à saint Roch. — Siège de l'une des dix-huit baronnies diocésaines de la province du Velay.

Montbort, montic., cne de Venteuges. — *Mons de Monbore ubi sunt furcæ castri de Salgue*, 1327 (Lozère, G. 98). — *Affarium de Montbort*, 1377 (Thiolent).

Montbourdet, loc. détr., cne de Saint-Just-Malmont. — *Mansus de Montbordet*, 1332 (Arch. nat., P. 491¹, c. 59). — *Montbourdet*, 1584 (terrier de Saint-Didier).

Montbrac, f., cne du Chambon.

Montbrac, vill., cne de Saint-Front. — *Villa de Monte Bracho*, v. 987 (cart. du Monastier, n° 157). — *Monbrac*, 1217 (Gall. chr., XVI, instr., col. 240). — *Mansus de Monbrat*, 1284 (cart. de Mazan, f° 25 v°). — *Mons Bracus*, 1408 (év.).

Montbressous, l. détr., cne de Venteuges. — *Boria de Montbressos*, 1479 (Bibl. nat., ms. lat., n. acq., 1224, f° 230 v°).

Montbret, m. i., cne de Lapte.

Montbrison, h., cne de Saint-Didier-la-Séauve. — 1564 (terrier de Saint-Didier-la-Séauve). — *Montbuisson*, 1820 (Deribier).

Montbrison (Le), affl. de la Boyère, cne de Venteuges.

Mont-Burel, mont. boisée, cne de Landos. — Signal.

Montbuzat, vill., cne d'Araules. — *Mansus de Mont-Busa*, 1314 (év.). — *Monbusa*, 1317 (J. de Peyre, nre). — *Mons-Buzat*, 1326 (év.). — *Mons Busanus*, 1429 (Rhône, Bessamorel). — *Mont-*

busol, 1531 (Dompnin, nre). — *Montbusac*, xviiie s. (Cassini). — *Mont-Buzat*, 1861 (état-major).

Montcendrau, h., cne de Saint-Jeure. — *Maz-Andra*, 1264 (homm. de l'év.). — *Mas-Andrau*, 1313 (idem). — *Mons-Andrau*, 1328 (Rhône, D. 154). — *Locus de Mossendrau*, 1529 (idem, D. 169). — *Château de Moussandrau*, xviiie s. (Cassini). — *Moussandrau*, 1820 (Deribier).

Montcenis, h., cne de Riotord. — *Terra de Monte Cinis*, v. 1095 (cart. de Saint-Sauveur-en-Rue).

Montcenis, écart, cne de Rosières. — *Mont-Chany*, 1714 (cad. de Laval-Emblavès).

Montcervier, f., cne de Riotord. — *Montcercier ou Pinatelle*, 1820 (Deribier). — *Montsercier*, 1869 (Malègue).

Montchabrier, mont. boisée, cne de Queyrières. — 1501 (coll. C. Falcon).

Montchamp, fief, cne du Bouchet-Saint-Nicolas.

Montchamp, h., cne de Laussonne. — *Villa de Monte Calvo*, v. 1020 (cart. du Monastier, n° 254). — *Montchalm*, 1343 (tabl. de la Haute-Loire, 1870-71, 479). — *Montchalm*, 1543 (Savin, nre).

Montchamp, m. i., cne de Queyrières.

Montchamp, plateau, cne de Saint-Paul-de-Tartas. — *Locus dictus Monchalm*, 1289 (Arch. nat., P. 1398¹, c. 652). — *Montchault*, 1778 (Faujas de Saint-Fond, 380).

Montchany, mont. boisée et h., cne de Saint-Julien-Chapteuil. — *Nemus de Monte Canino*, 1220 (év.). — *Monchani*, 1344 (J. de Peyre, nre). — *Montchalm*, 1561 (Savin, nre). — *Montchanis*, 1820 (Deribier).

Montchany, vill., cne de Saint-Pal-de-Chalencon. — 1540 (terrier de Saint-Pal). — *Montchanis*, 1820 (Deribier).

Mont-Charel, mont. et carrière de trachytes porphyroïdes, cnes de Montusclat et de Saint-Julien-Chapteuil.

Montchaud, mont., cnes d'Allègre et de Monlet.

Montchaud, h., cne de Cistrières. — *Montchalm*, 1316 (la Chaise-Dieu, Saint-Allyre). — *Montchaulm*, 1569 (J. Chalvon, nre). — *Montchau*, 1625 (Robert, nre).

Montchaud, bois, cne de Saint-Berain.

Montchaud, f., cne de Saint-Front.

Montchaud, vill., cne d'Yssingeaux. — *Mansus qui dicitur Brugaireta Montis Calvi*, 1028 (cart. de Chamalières, n° 48). — *Monchalm*, 1359 (Rhône, H. 2632). — *Mons Calmus*, 1455 (P. Pradier, nre). — *Montchau*, 1613 (Duclaux, nre).

Montchaud (Suc-de-), mont., cne du Vernet. — *Mon-*

Chalm, 1255 (hôtel-Dieu, B. 314). — *Mons qui dicitur Mons Chalms,* 1271 (*ibid.,* B. 325).

MONTCHAUVEL, h., cⁿᵉ de Chastel.

MONTCHAUVET, h., cⁿᵉ de Bas. — *Monchalvet,* 1506 (obit. de Bas). — *Montchouvet,* 1691 (*idem*).

MONTCHAUVET, h., cⁿᵉ de Saint-Romain-Lachalm. — *Mont-Chovet,* 1461 (Rhône, H. 1180). — *Montchouvet,* 1820 (Deribier).

MONT-CHÉNON, mont. et l. détr., cⁿᵉ de Saint-Hostien. — *Villa de Chayros,* 1271 (év.). — *Suquus de Cheyros,* 1454 (Pradier, nʳᵉ). — *Locus de Cheiros,* 1468 (Bonneville).

MONT-CHIROUX, mont., cⁿᵉ de Cussac. — *Mon-Cheyros,* 1352 (prieuré de Solignac). — *En Monchiros,* 1464 (*idem*). — *Mont-Cheirous,* 1567 (Doleson, nʳᵉ).

MONTCHIROUX, mont. et dom., cⁿᵉ de Freycenet-Lacuche. — *Mons Cheyros,* xii° s. (cart. du Monastier, n° 360). — *Mansus Montis Chayros,* 1263 (le Monastier-Saint-Chaffre). — *Montchiroux,* 1778 (Faujas de Saint-Fond, 362). — *La Roche du Bachat,* 1861 (état-major).

MONT-CHIROUX, mont., cⁿᵉ de Saint-Hostien. — *Mont-Chéron,* 1861 (état-major).

MONTCHOUVET, mont., cⁿᵉ du Bouchet-Saint-Nicolas.

MONTCHOUVET, mont., cⁿᵉ de Saint-Étienne-Lardeyrol. — *Mont-Cholvet,* 1470 (Chamblas). — *Mont-Chouvet,* 1555 (cad. de Mercœur).

MONTCHOUVET, mont. boisée, cⁿᵉ de Saint-Julien-Chapteuil. — *La versana de Montchalvet,* 1336 (Saint-Agrève). — *Suchassium de Mont-Chouvet,* 1501 (coll. C. Falcon). — *Montrouge,* 1876 (état forest.).

MONTCHOUVET, mont. et f., cⁿᵉ de Saugues. — *Mont-Chalvet,* 1235 (cart. de Pébrac, n° 60). — *Montchauvet,* xviii° s. (Cassini).

Près de Montchouvet, vestiges d'un grand village du même nom (communication de M. de la Bilherie).

MONTCLARD, cᵒⁿ de Paulhaguet. — *Prioratus de Monclar* ou *de Monte Claro,* 1280 (spic. Briv.). — *Monclars,* 1381 (*idem*). — *Monclair,* 1398 (compte de B. Sannadre). — *Montclar,* 1401 (spic. Briv.). — *La Chastellenie en la paroisse de Montelart,* 1511 (coust. d'Auv., f° 81 v°).

En 1789, Montclard faisait partie de la province d'Auvergne, de l'élection de Brioude, de la subdélégation de la Chaise-Dieu et du ressort de Riom. Son église paroissiale, diocèse de Saint-Flour et archiprêtré de Brioude, était dédiée à saint Clair; le prieur-image de l'abbaye de la

Chaise-Dieu, prieur de cette localité, présentait à la cure.

MONTCLAUX, loc. détr., cⁿᵉ de Craponne. — *Mansus, juxta villam Craponæ, qui Monclaos appellatur,* 1180 (cart. de Chamalières, n° 244).

MONTCLAUX, f., cⁿᵉ de Thoras. — *Mansus de Monclaus,* 1279 (Thiolent). — *Mons Clausus,* 1377 (*idem*).

MONT-CLERGOT, mont., cⁿᵉ de Saint-Vincent. — *Le suc de Clereglot,* 1714 (cad. de Laval-Emblavès).

MONTCOLONGE, loc. détr., cⁿᵉ d'Espalem. — *Mansus de Moncolonghe,* 1334 (Bibl. nat., ms. lat., 9084, n° 21). — *Moncolonge,* 1730 (terrier d'Espalem).

MONTGOUDIOL, l. détr., cⁿᵉ de Présailles. — *Locus de Monte Cocullo,* 1501 (Arcis, nʳᵉ). — *Montcoguol,* 1547 (Chaulet, nʳᵉ). — *Montcoudiol,* 1695 (capitation).

MONTCOUDIOL-BAS, h., cⁿᵉ de Saint-Didier-la-Séauve.

MONTCOUDIOL-HAUT, h., cⁿᵉ de Saint-Didier-la-Séauve. — *Mont-Cogulh,* 1373 (év.). — *Mont-Coguiol-l'Hault,* 1569 (terrier de Saint-Didier). — *Montcodiol-l'Hault,* 1645 (capit.).

MONTCOULOMB, loc. détr., près Bugeac, cⁿᵉ de Grèzes. — *Decima de Monte Columbo,* 1237 (Bibl. nat., ms. lat., 12750, p. 17). — *Mansus de Moncolum,* 1327 (Lozère, G. 98).

MONTCOUROUX, mont. et m. i., cⁿᵉ de Saint-Germain-Laprade. — *Le Suc de Mont-Courro,* 1568 (Savin, nʳᵉ).

MONT-DERNIER (LE), h. et mⁱⁿ sur le Lignon, cⁿᵉ de Fay-le-Froid. — *Locus de Mundo Inferiori,* 1532 (Sobrier, nʳᵉ). — *Le Petit-Mont,* 1626 (ét. civ.).

MONTDÉSIR, bois et f., cⁿᵉ de Villeneuve-d'Allier. — *Le bois de Mondesi,* 1327 (Bibl. nat., ms. fr., 14377, p. 34). — *Mondazi,* 1379 (Arch. nat., Z². 4143, p. 25). — *Mondezin,* 1421 (Arch. nat., Z². 4149, p. 292). — *Nemus de Mondezi,* 1461 (Arch. nat., ZZ. 359, p. 35). — *Mondazin,* 1472 (Arch. nat., Z². 4151, p. 87).

MONT-DU-CERF, mont., cⁿᵉ de Saint-Étienne-Lardeyrol.

MONTEBELLO, m. i., cⁿᵉ de Saint-Victor-Malescours.

MONTEIL (LE), vill., cⁿᵉ d'Ally.

MONTEIL (LE), vill., cⁿᵉ de Bauzac. — *Montilium,* 946 (cart. de Chamalières, n° 117). — *Montilium super Bausacum,* 970 (*idem,* n° 115). — *Al Montel,* v. 1040 (*idem,* n° 112). — *Montilium super Bauzacum,* v. 1085 (*idem,* n° 114). — *Lo Monteilh,* 1346 (Arch. nat., P. 490³, c. 229). — *Montelhs,* 1528 (obit. de Bas). — *Montetz,* xvi° s. (obit. de Bauzac). — *Montes*, xviii° s. (Cassini).

Monteil (Le), m. i., c^{ne} de Bessamorel.

Monteil (Le), h., c^{ne} de Chomelix. — *Lo Monteilh*, 1404 (terrier de Chomelix). — *Le Monteil-de-Chomelis*, 1662 (ét. civ.).

Monteil (Le), h., c^{ne} de Cistrières. — *Le Montel*, 1888 (carte adm.).

Monteil (Le), h., c^{ne} de Craponne-sur-Arzon. — *Villa dal Montet*, 1289 (la Chaise-Dieu, Marus). — *Mansus de Monteto*, 1219 (*idem*). — *Montilium*, 1471 (terrier de Piassac).

Monteil (Le), h., c^{ne} d'Espalem. — *Beaumontel*, 1683 (Arch. nat., P. 503², n° 155). — *Le Montel*, v. 1730 (lièvre d'Espalem). — *Le Monteil*, xviii° s. (Cassini). — *Le Montal*, 1851 (Giraud). — *Les Ros*, 1855 (état-major).

Monteil (Le), affl. du Lignon au sud-ouest de Piaron, c^{ne} de Grazac. — *Le riou app. de Riou-Montelz*, 1528 (terrier de Grazac).

Monteil (Le), vill., c^{ne} de Laussonne. — *Mansus del Montet*, 1258 (cart. du Monastier, n° 450). — *Locus de Monteto*, 1514 (Costavol, n^{re}). — *Le Montet*, 1695 (capitation).

Monteil (Le), loc. détr., c^{ne} de Léotoing. — *Lo Coderc del Monteilh*, 1295 (spic. Briv.).

Monteil (Le), f., c^{ne} de Lubilhac.

Monteil (Le), vill., c^{ne} de Mazerat-Aurouze. — *Villa Montellius*, 1078 (spic. Briv.). — *Mansus de Montelhs*, 1408 (la Chaise-Dieu, Mazerat-Aurouze). — *Monteilhs*, 1474 (*idem*). — *Le Montel*, (carte adm.).

Monteil (Le), vill., c^{ne} de Mazeyrat-Crispinhac. — *Lo Monteilh*, 1458 (Bibl. nat., ms. lat., n. acq., 1222, f° 67). — *Mansus del Montelh*, 1459 (*idem*, f° 117 v°).

Monteil (Le), vill., c^{ne} de Monistrol-sur-Loire. — *Montilium prope Monastrolium*, 1333 (év.). — *Lo Monteilh*, 1507 (év.).

Monteil (Le), h., c^{ne} de Montregard. — *Lo Montet*, 1468 (Rivière, n^{re}). — *Lou Montet*, 1553 (ressort de Montfaucon).

Monteil (Le), c^{on} nord-ouest du Puy. — *Terra del Monteil*, 1223 (Saint-Vosy). — *Villa de Montilio, in par. S. Petri de Turre*, 1279 (Saint-Mayol). — *Montilium*, 1299 (hôtel-Dieu, B. 154). — *Le Monteilh*, 1546 (Savin, n^{re}).

En 1789, le Monteil dépendait de la province du Velay, de la subdélégation et sénéchaussée du Puy. Au spirituel, il était rattaché à la paroisse de Saint-Pierre-la-Tour du Puy; sa chapelle de service, qui existait depuis 1742, fut érigée en chapelle vicariale, le 5 septembre 1821, sous l'invocation de saint Jean-François-Régis.

Monteil (Le), h., c^{ne} de Riotord. — *Lo Montelh*, 1461 (Rhône, H. 1180).

Monteil (Le), écart, c^{ne} de Rosières. — *Villa Montilium*, 992 (cart. de Chamalières, n° 186).

Monteil (Le), vill., c^{ne} de Saint-Arcons-de-Barges. — *Mansus del Montes Soteyra*, 1281 (la Chaise-Dieu, Saint-Paul-de-Tartas). — *Homines de Montesio*, 1462 (V. Chauvin, n^{re}). — *Le Montet*, 1583 (tit. de Surrel).

Monteil (Le), f., c^{ne} de Saint-Austremoine.

Monteil (Le), h., c^{ne} de Saint-Didier-la-Séauve. — *Locus dal Monteyl-Roer*, 1328 (coll. Chaleyer). — *Montilium Tardiou*, 1421 (Loire, A. 89, f° 112). — *Le Monteilh-Roys*, 1553 (ress. de Montfaucon). — *Le Monteil*, 1561 (terrier de Saint-Didier de Joyeuse).

Monteil (Le), vill., c^{ne} de Saint-Haon.

Monteil (Le), ruiss., affl. de l'Allier, près du mⁱⁿ de la Vareire, c^{ne} de Saint-Haon.

Monteil (Le), vill., c^{ne} de Saint-Julien-des-Chazes. — *Villa del Monteil*, 1235 (spic. Briv.). — *Montes*, 1462 (*idem*). — *Le Montel des Chazes*, 1560 (Thiolent). — *Le Montel*, xviii° s. (Cassini).

Monteil (Le), f., c^{ne} de Saint-Just-près-Brioude.

Monteil (Le), écart, c^{ne} de Saint-Pierre-Duchamp. — *Lo Monteylh*, 1311 (Arch. nat., P. 494¹, c. 14). — *Montilium, lo Montelh*, 1402 (Arch. nat., P. 1397², c. 586).

Monteil (Le), vill., c^{ne} de Saint-Privat-d'Allier. — *Lo Monteylh*, 1331 (J. de Peyre, n^{re}). — *Locus de Montilio*, 1378 (Thiolent). — *Mansus del Monteilh*, 1459 (Bibl. nat., ms. lat., n. acq., 1222, f° 97). — *Lo Monteilh*, 1503 (terrier de Saint-Privat).

Monteil (Le), h., c^{ne} de Sainte-Sigolène. — *Hæreditas del Montelh-Chatenc*, 1466 (Rivière, n^{re}). — *Le Monteil-Chaten*, 1748 (tabl. du Velay, 1873-74, p. 488).

Monteil (Le), quartier de Solignac-sur-Loire. — *Lo Montelh*, 1425 (Rhône, Saint-Jean-la-Chevalerie). — *Montilium*, 1476 (terrier de Saint-Blaise). — *Le Monteilh-lez-Sollinhac*, 1625 (Duclaux, n^{re}).

Monteil (Le), h., c^{ne} des Vastres. — *In vicaria Soltronensi, in villa quæ dicitur Montilio*, v. 970 (cart. du Monastier, n° 85). — *Mansus del Montelh*, 1322 (hospit. du Velay). — *Lo Montelh de Fay*, 1343 (Rhône, H. 1016). — *Mansus de Montilio*, 1464 (Ardèche, C. 624). — *Le Monthel*, 1616 (Rhône, H. 2153).

Monteil (Le), vill., c^ne de Vergongheon. — *Al Monteil*, xiii° s. (obit. de Brioude). — *Le Montel*, 1880 (carte adm.).

Monteil (Le), f., c^ne de Vernassal. — *Monteill*, 1234 (hôtel-Dieu, B. 610). — *Mansus del Montelh*, 1472 (Bibl. nat., ms. lat., n. acq., 1224, f° 45 v°). — *Montel*, xviii° s. (Cassini). — *Le Monteil*, 1820 (Deribier).

Monteil (Le), vill., c^ne de Vieille-Brioude. — *In vicaria Brivatensi, in villa Montilio*, 870 (cart. de Brioude, ch. 57). — *In villa Montiliis*, 912 (*idem*, ch. 209). — *In Illo Montilio*, v. 943 (Baluze, m. d'Auv., II, 27).

Monteil (Le), h., c^ne de Vielprat. — *Le Montet*, 1553 (comm. de M. F. Experton).

Monteil (Le), m. i, c^ne d'Yssingeaux. — *Mas del Montel*, 1318 (év.).

Monteil (Le Mas-du-), l. détr., c^ne de Pradelles. — *Le Mas-du-Monteil, situé en la par. de Saint-Clément*, 1328 (homm. de l'év.).

Monteil-de-Chabriac (Le), écart, c^ne du Monastier. — *Montilium juxta positum (Cabriaco)*, v. 970 (cart. du Monastier, n° 87). — *In loco qui dicitur Montilio*, v. 970 (*ibid.*, n° 96). — *Le Monteil-de-Chabryac*, 1667 (André, n^re).

Monteil-de-Soulage (Le), h., c^ne de Craponne-sur-Arzon.

Monteillade (La), f., c^ne de Saint-Georges-Lagricol. — *La Montelhada*, 1325 (la Chaise-Dieu, Saint-Georges-Lagricol).

Monteillet, h., c^ne de Présailles. — *Villa Montelhiti in pago Vellaico*, v. 1000 (cart. du Monastier, n° 200). — *Mansus de Montelheto*, 1528 (cad. du Monastier). — *Montelhet*, 1547 (Chaulet, n^re).

Monteillet (Le), l. détr., c^ne de Malvières. — *Apud lo Montelhet, par. Malveriarum*, 1414 (terrier de Malvières).

Monteillet (Le), h., c^ne du Mazet-Saint-Voy. — *In villa quæ dicitur Montelletus, in parrochia S. Evodii, in territorio Bonacense*, 1021 (cart. de Chamalières, n° 61). — *Ad Montelietum*, 1021 (*idem*, n° 66). — *Montaliet*, 1300 (év.). — *Montelhet*, 1311 (homm. de l'év.). — *Lo Monteilliet*, 1507 (év.).

Monteillet (Le), mont. et l. détr., c^ne d'Yssingeaux. — *Villa de Monteilhet d'Auza*, 1291 (Gall. chr., t. II, eccl. Anic., col. 774). — *Lo Montelhet*, 1359 (Rhône, H. 2632).

Monteils, vill., c^ne de Saint-Front. — Ce village se divisait en deux agglomérations, Monteils-Haut et Monteils-Bas, le plus souvent confondues dans

une unique dénomination. — *Villa de Montiliis*, 950 (cart. du Monastier, n° 115). — *Montel:*, v. 1180 (*idem*, n° 466). — *Mansus Montilii Inferioris*, 1217 (Gall. chr., XVI, instr., c. 240). — *Villa de Montiliis Superioribus, Montelhs Sobeyras, Montelhs Soteyras, Monteylh lo Soteyra*, 1344 (J. de Peyre, n^re). — *Lo Montelh, Montilium*, 1344 (*idem*). — *Monteil:*, 1646 (cad. de Bonnefont).

Montelis, h., c^ne de Montregard.

Montellier (Le), m. i., c^ne de Saint-Maurice-de-Lignon. — *Montelly* (cad.).

Montestudier, h., c^ne de Saint-Pal-de-Murs.

Montet, l. détr., c^ne de Saint-Didier-sur-Doulon. — xviii° s. (Cassini).

Monteyremard, h., c^ne de Saint-Bonnet-le-Froid. — *Nemus de Montezemat*, 1276 (Gall. chr., XVI, instr., c. 225). — *Locus Montis Aymari*, 1410 (cart. de Tence, f° 10). — *Montereymar*, 1556 (terrier de Montregard).

Mont-Farnier, mont., c^ne d'Ouïdes. — *Mont-Farneir*, 1235 (hôtel-Dieu, B. 310). — *Mons de Monfarner*, 1245 (*idem*, B. 312).

Montfaucon, montic. dominant la Vigne, c^ne d'Alleyras. — 1779 (terrier de Vabres).

Montfaucon, arr. d'Yssingeaux. — *Mons Falco*, 1291 (Dr Charreyre). — *Capella S. Petri in villa Montis Falconis*, xiv° s. (Bibl. Cluniac., c. 1756). — *Montfolcon*, 1507 (év.). — *Montfaulcon*, 1556 (terrier de Montregard).

En 1789, Montfaucon appartenait à la province du Velay, à la subdélégation et sénéchaussée du Puy. Son église paroissiale, diocèse du Puy et archiprêtré de Monistrol-sur-Loire, était consacrée à saint Pierre; le prieur de Grazac présentait à la cure.

Jusqu'en 1689, Montfaucon fut l'un des deux sièges du bailliage royal du Velay.

Mont-Fauvat, mont., c^ne d'Autrac. — *Mont-Foulat, le suc de Monfaullat*, 1493 (terrier de Blesle).

Montferrat, vill., c^ne de Saint-Étienne-Lardeyrol. — *Crux de Monte Ferrato*, 1317 (Lardeyrol). — *Montferrat*, 1333 (Arch. nat., R². 39).

Montfouilloux, bois, c^ne de Cayres.

Montfoy, vill., c^ne de Malvalette. — *Monfol*, 1317 (Arch. nat., P. 1400³, c. 990). — *Mons Fol*, 1520 (obit. de Bas). — *Montfoal*, 1580 (*idem*). — *Montfois*, 1820 (Deribier).

Montgibroux, mont. et bois, c^nes de Saint-Privat-du-Dragon et de Salzuit.

Montgieux, h., c^ne de Mercœur. — *De Monte Jove*, 911 (cart. de Brioude, ch. 37). — *In vicaria*

(*Brivatensi*), *villa Montem Jovem*, 964 (*idem*, ch. 177). — *Montgeu*, 1387 (Arch. nat., Z². 4144, p. 180). — *Mansus de Mongieu*, 1464 (Arch. nat., ZZ. 359, p. 75).

MONTGIRAUD, écart, cne de Chadrac. — 1586 (Arnaud, hist. du Velay, I, 423).

MONTGIRAUD, f., cne du Mazet-Saint-Voy. — *In villa quæ dicitur Monte Geraldi*, 1000 (cart. du Monastier, n° 255). — *Mons-Giraut*, 1278 (tit. de Bronac). — *Mongiraut*, 1281 (*idem*). — *Montgiraud*, 1574 (Burel, 35).

MONTGON, chât. détr. et vill., cne de Grenier-Montgon. — *Motgo*, 1161 (spic. Briv.). — *Dominus de Motgonio*, 1439 (la Chaise-Dieu, Azerat). — *La ville de Motguon*, xve s. (Arch. nat., R⁴*. 1143, n° 390). — *Le chastel de Mongon*, xve s. (*idem*, n° 165). — *La chastellenie de Mouguon*, 1511 (coust. d'Auv., f° 80 v°).

MONTGONTIER, chât. ruiné, cne de Blesle. — *Mongonteirt*, 1241 (spic. Briv.). — *Mogonterius*, 1286 (*idem*). — *Mongonteyr*, 1306 (terrier de Blesle). — *Mons Gonterius*, 1371 (Arch. nat., P. 1375², cote 2539). — *Mont-Gonteir*, xive s. (obit. de Brioude). — *Mongontier, Mongomtier*, xve s. (Bibl. nat., ms. fr., 22297, p. 35 et 37). — *Tour de Mongautier*, xviiie s. (Cassini).

MONT-GOYON, mont., cne de Tence. — *Mons Godo*, v. 1021 (cart. de Chamalières, n° 64).

MONTGRANAT, chât. détr., auj. mont. boisée, cne de Chastel. — *Mons Granatus*, 1324 (Arch. nat., P. 494¹, cote 39). — *Montgranat*, 1511 (coust. d'Auv., 81 v°).

MONTGRENIER, h., cne de Dunières. — *Locus Montis Granerii*, 1579 (Rhône, D. 183).

MONTGROS, mont. boisée, cne d'Alleyras. — *Podium de Mon-Gros*, 1307 (hôtel-Dieu, B. 372). — *Mont-Gros*, 1327 (prieuré d'Alleyras). — *Nemus de Monte Grosso*, 1453 (J. Rocher, nre).

MONTGROS, f., cne d'Auteyrac. — xviiie s. (Cassini).

MONTGROS, mont. boisée, cne du Pertuis — *Mons Grossus*, 1299 (hôtel-Dieu, B. 351).

MONTGROS, f., cne de Pinols. — *Mons Grossus*, v. 1130 (cart. de Pébrac, n° 34).

MONTHAUT, h., cne de Fay-le-Froid. — *Locus de Mundo Superiori*, 1532 (Sobrier, nre). — *Mont-Premier*, 1869 (Malègue).

MONT-HIVERNOUX, mont. boisée, cnes de Queyrières et d'Yssingeaux. — *Nemus de Mont-Ivernos*, 1457 (Rhône, Bessamorel).

MONTILLON, écart, cne de Bauzac. — *Lou Montelhon*, 1553 (ress. de Montfaucon).

MONTILLON (LE), écart, cne de Sainte-Sigolène. — *Lou Montelhon*, 1553 (ress. de Montfaucon). — *Le Monteillon*, 1695 (capitation).

MONTILLON (LE), m. i., cne des Villettes.

MONTILLY, m. i., cne de Saint-Maurice-de-Lignon.

MONTIVAL, h., cne de Champclause. — *Villa quæ dicitur Montivallo*, v. 990 (cart. du Monastier, n° 176). — *Montirel*, 1179 (hist. gén. de Languedoc, VIII, 1925). — *Mansus de Montival*, 1320 (cart. de Mazan, f° 121). — *Montivar*, 1581 (Boyer, nre).

MONTJAUZI, l. détr., cne de Polignac. — *In locum... qui Mons Gaudii vocatur, quod hinc Christi Matris ecclesia spectatur*, xe s. (AA. SS., maii, II, 677). — *Grangia de Moniauzi*, 1266 (léproserie de Brives). — *Mongauzi*, 1369 (coll. César Falcon). — *Mongausi*, 1453 (prieuré de Polignac). — *Mons Gaudium*, 1501 (*ibid.*). — *Montjausi*, 1589 (Burel, 125).

MONTJEUR, lieu dit près Bilhac, cne de Polignac. — *Territorium de Bilhaco app. de Mont-Jeure, Mont-Geuri, Mont-Gori*, 1453 (terrier du prieuré de Polignac). — *Terroir de Montjeurs*, 1689 (tabl. hist. du Velay, 1875-76, p. 391).

MONT-JONET, mont., cne de Coubon. — *Mon-Johannet*, 1412 (hôtel-Dieu, B. 249). — *Mon-Johanet*, 1499 (terrier de Volhac). — *Mont-Jounet*, 1707 (cad. de Bouzols).

MONTJUST, mont. boisée, cne de Vergezac. — *Mont-Just*, 1385 (Saint-Vidal). — *Mounjust*, 1560 (Thiolent).

MONTJUVIN, vill., cne de Lapte. — *Decimus de Mont*, xie s. (cart. de Cluny, ch. 3029). — *Mont-Jovi*, 1281 (hôtel-Dieu, B. 331). — *Mons Juvinus*, 1370 (év.). — *Mons Junius*, 1387 (év.). — *Mons Jury*, 1507 (év.). — *Mons Juvynus, Mont-Jucy*, 1533 (Rhône, H. 2234). — *Monjevin*, xviiie s. (Cassini).

MONTLIMARD, h., cnes de Connangles et de Saint-Pal-de-Murs. — *Mansus de Molimart*, 1462 (la Chaise-Dieu, Connangles). — *La varrerie de Molymar*, 1561 (J. Chalvon, nre). — *Molimard*, 1820 (Deribier).

MONTLIOL (LE), h., cne de Bellevue-la-Montagne. — *Boria de Monliol*, 1522 (Saint-Georges du Puy).

MONTLONG, mont., cne de Saint-Jean-Lachalm. — *Monlonc*, 1274 (hôtel-Dieu, B. 309).

MONT-MAILLOT, mont. boisée, cne de Cayres. — *Mont-Molier*, 1464 (hôtel-Dieu, B. 574).

MONT-MALOUROUX (LE), mont. dominant le château de Rochebaron, cne de Bas.

MONTMARCHET, montic., cne de Bains. — *Rupes de Mon-Marcher*, 1329 (J. de Peyre, nre).

Montmartin, lieu dit, c^{ne} d'Ours-Mons. — *Lo garait de Montmarti*, 1296 (Saint-Georges du Puy).

Montméa, m. i., c^{ne} de Riotord.

Montméa, h., c^{ne} de Saint-Didier-la-Séauve. — *Mansus de Monte Medio*, 1323 (hospitaliers du Velay). — *Montmeya*, 1461 (Rhône, H. 1180). — *Mont-Moyen, le lieu de Montméa*, 1561 (terrier de Saint-Didier de Joyeuse). — *Montméat*, 1879 (carte adm.).

Montméat, h., c^{ne} de Bas. — *Mons Medius*, 1391 (coll. Chaleyer). — *Mont-Meya*, 1500 (obit. de Bas).

Montméat, écart, c^{ne} de Mézères. — *In pago Vellaico, in villa Monte Mejano*, v. 1000 (cart. du Monastier, n° 191). — *Mons Meghanus*, 1484 (Pelisse, n^{re}). — *Mont-Meya*, 1507 (év.). — *Montméa*, 1561 (Savin, n^{re}).

Mont-Mérel, mont., c^{ne} de Cayres.

Montmoirac, vill., c^{ne} d'Autrac. — *Castrum de Montmaira*, 1247 (spic. Briv.). — *Monmayrac*, 1281 (J. Lachenal, l'égl. de Brioude, 37). — *Momairat*, xve s. (Arch. nat., R^{it}. 1143, n° 135). — *Montmoyrat, Momoyrac, Memoyrac*, 1493 (terrier de Blesle). — *Montmurat*, 1820 (Deribier).

Montmonedier, chât. détr., c^{ne} de Desges. — *Mons Monedarius*, v. 1250 (spic. Briv.). — *Castrum de Mont-Monedier*, 1479 (Bibl. nat., ms. lat., n. acq., 1224, f° 230 v°). — *Le chasteau de Mont-Monedier*, 1574 (terrier de Meyronne).

Montmouchet, mont. et f., c^{ne} d'Auvers. — *Montboissier*, 1824 (Deribier, stat., p. 29).

Montmouret, h., c^{ne} de Cronce. — *Monmauron*, xiie s. (cart. de Pébrac, n°s 46-42). — *Monmaurus*, 1345 (Arch. nat., Z². 54, p. 1).

Montmurat, chât. détr., près Brenat, c^{ne} de Saint-Just-près-Brioude. — *Feudum de Montmirat*, 1269 (Baluze, mais. d'Auv., II, 272). — *Montmurat*, 1341 (terrier de Charbonnier). — *Les chazeaux du château de Montmurat*, 1748 (terrier de Brenat).

En patois : *Montmirail*.

Fief vassal de la seigneurie de Vieille-Brioude.

Montorgue (Le), affl. de la Senouire, c^{nes} de Montclard, Saint-Préjet-Armandon et Paulhaguet.

Montorgues, vill., c^{ne} de Paulhaguet. — *Montorgus*, 1078 (spic. Brivat.). — *Mansus de Montorgue*, 1464 (Bibl. nat., ms. lat., n. acq., 1223, f° 162 v°).

Mont-Orsier, mont., c^{ne} de Retournac. — *Montorser*, 1328 (Arch. nat., P. 1397¹, c. 527).

Montortier, mont. et h., c^{ne} de Bauzac. — *Mons Torterius*, v. 1040 (cart. de Chamalières, n° 110).

Montouan, vill., c^{ne} de Saint-Pierre-Eynac. — *Montoan*, 1329 (Bonneville). — *Monton*, 1333 (Arch. nat., R². 39). — *Monthon*, 1460 (Lardeyrol). — *Montoam*, 1468 (*idem*). — *Montohan*, 1548 (la Chaise-Dieu, Saint-Étienne-Lardeyrol). — *Montoin*, 1879 (carte adm.).

Montpas, mont. boisée, c^{ne} de Vorey.

Montpastour, mont., c^{ne} de Bains. — *Territ. retro Monpastor*, 1450 (Saint-Vidal).

Montpastour, mont. et l. détr., c^{nes} de Barges et de la Sauvetat. — Anc. m^{on} de l'hôtel-Dieu du Puy. — *Via qua itur de villa seu burgo de S. Paulo versus ecclesiam et locum dictum Espinas Pastor*, 1282 (la Chaise-Dieu, Saint-Paul-de-Tartas). — *Calma de Montpastor*, 1285 (Rhône, la Sauvetat, I, 6). — *Rector et gubernator capellæ et loci d'Espinas Pastor*, 1321 (hôtel-Dieu, B. 654).

Mont-Pegray, coll., c^{ne} de Sainte-Florine.

Montpeyroux, chât. détr., auj. bois, c^{ne} de Chazelles. — *Castrum de Monpeiros*, v. 1250 (cart. de Pébrac, n° 75). — *Castrum de Monte Petrozo*, 1323 (I. de Peyre, n^{re}). — *Prior Montis Petrosi*, 1458 (Bibl. nat., ms. lat., n. acq., 1222, f° 86). — *Montpeyros*, 1466 (*idem*, 1223, f° 289 v°). — *Castrum de Monte Petrusio*, xve s. (pouillé de Saint-Flour, 307). — *Castrum de Monpeyros*, 1477 (*idem*, 1224, f° 160 v°). — *Montpeyroux*, 1511 (coust. d'Auv., 81 v°).

Montpeyroux, vill., c^{ne} de Saint-Pierre-Duchamp. — *Mandamentum Montis Petrosi*, v. 1181 (hospit. du Velay). — *Ad Montem Pedorsum*, xiiie s. (cart. de Chamalières, n° 321). — *Monpeyros*, 1311 (Arch. nat., P. 494¹, cote 20). — *Mansus de Monte Petrozo*, 1318 (Arch. nat., P. 494¹, cote 12). — *Montpeyros*, 1507 (év.). — *Montpiroux*, 1880 (carte adm.).

Mont-Pigier, mont., c^{ne} de Saint-Hostien. — *Le suc de Pigiers*, xviie s. (lième de Foussier). — *Mont-Pidgier*, 1843 (état-major).

Montpignon, mont. boisée, c^{ne} de Vergezac. — *Monpinos*, 1374 (hôtel-Dieu, B. 352).

Montpinoux, h., c^{ne} de Mazerat-Aurouze. — *Mansus de Monpinos*, 1432 (la Chaise-Dieu, Mazerat-Aurouze). — *Mont-Pinos*, 1474 (*idem*). — *Monpinoux*, xviiie s. (Cassini).

Montpinoux, écart, c^{ne} d'Yssingeaux. — *Montpinos, Monpinhos*, 1359 (Rhône, H. 2632). — *Montpinhoux*, 1528 (terrier du Pertuis).

Montplaisir, f., c^{ne} de Champclause.

Montplaisir, f., c^ne des Estables. — 1766 (ét. civ.).

Montplaisir, f., c^ne du Monastier.

Mont-Plaux, mont. boisée, c^ne de Saint-Pierre-Eynac. — *Podium de Monte Plano*, 1324 (la Chaise-Dieu, liasse Saint-Étienne-Lardeyrol). — *Succus de Monpla*, 1329 (Bonneville). — *Montpla*, 1368 (Lardeyrol). — *Montplo*, 1567 (la Chaise-Dieu, Saint-Étienne-Lardeyrol). — *Montplat*, 1677 (Lardeyrol).

Montplot, f., c^ne de Saint-Pierre-Eynac.

Montplot, vill., c^ne de Siaugues-Saint-Romain. — *Mansus de Monte Plano*, 1330 (Chamblas). — *Monpla*, 1453 (Bibl. nat., ms. lat., n. acq., 1222, f° 9 *bis* v°). — *Monple*, 1525 (terrier du Cluzel). — *Mounpla*, 1560 (Thiolent). — *Monplo*, 1561 (homm. de Vissac). — *Monplat*, xviiie s. (Cassini).

Montpret, h., c^ne de Saint-André-de-Chalencon. — *Mont-Prahes*, 1293 (Arch. nat., P. 491[1], c. 13). — *Monprahes*, 1406 (terrier du Bois). — *Montpreys*, 1545 (terrier de la Garde). — *Montpréyt*, 1614 (coll. C. Falcon). — *Montpré* (cad.).

Mont-Rassias, montic., c^ne de Saint-Julien-Chapteuil. — *La Cham de Mont-Rassias*, 1501 (coll. de C. Falcon).

Montrazon, vill., c^ne de Thoras. — *Mansus qui appellatur Morrasso*, 1259 (Thiolent). — *Morreso*, 1274 (*idem*). — *Morreson*, 1279 (*idem*). — *Mansus de Morresono*, 1367 (*idem*). — *Morrason*, 1589 (*idem*). — *Montrazon*, 1675 (*idem*).

Montrecours, mont. et bois, c^ne de Cayres.

Montrecourt, mont., c^nes de Cayres et de Saint-Jean-Lachalm. — *Le Mont-Recours*, 1489 (la Chaise-Dieu, Bouchet-Saint-Nicolas).

Montrecoux, h., c^ne de Connangles. — *Mons Rocozus*, 1338 (la Chaise-Dieu, Doranges). — *Castrum Montis Rocosi*, 1370 (Arch. nat., L. 989).

Montrecoux, f., c^ne de Saint-Just-près-Brioude. — *Monrecors*, 1339 (Bibl. nat., fr., 14337, f° 190). — *Monroco, Monrocho*, 1341 (terrier de Charbonnier). — *Monrecoux*, 1429 (Bibl. nat., ms. fr., 11490, f° 70). — *Mont Rocos*, 1459 (Arch. nat., ZZ. 359, p. 7). — *Mansus de Mont-Recoux*, 1459 (*idem*, p. 17). — *Morecon*, 1820 (Deribier). — *Mont-Racoux*, 1878 (carte adm.).

Montredon, vill., c^ne de Bellevue-la-Montagne. — Commanderie des Templiers, transférée en 1313 aux Hospitaliers, et devenue membre de la commanderie de Devesset. — *Magister de Mont-Redont*, 1213 (templiers du Puy). — *Ecclesia de Templo*, 1252 (Saint-Agrève). — *Domus militiæ Templi de Monte Rotundo*, 1293 (Rhône, commanderie de Montredon, I, 1). — *Domus Montis Rotundi*,

1345 (terrier de Pons de Céaux). — *La commanderie de Montredon*, 1585 (Johanny, n^re).

Voc. depuis 1313 : saint Jean-Baptiste.

Cure : collateur, le commandeur de Montredon.

Montredon, m. i., c^ne de Brives-Charensac.

Montredon, écart, c^ne de Freycenet-la-Tour.

Montredon, asile d'aliénés et mont., c^ne du Puy. — Asile fondé en 1852 et dirigé par des frères et des sœurs de l'ordre de Sainte-Marie-de-l'Assomption. — *Planum de Monte Rotundo*, 1223 (Saint-Vosy). — *In Monte Redont*, 1305 (censier de Saint-Georges du Puy). — *Mont-Redont*, 1408 (compois du Puy).

Montregard, c^on de Montfaucon. — Autref. *Pailhec*. — *Parochia S. Johannis de Pallegiago*, v. 1020, (cart. de Chamalières, n° 194). — *Parochia de Pallayhet*, 1322 (cart. de Mazan, f° 133 v°). — *Eccl. S. Johannis Baptistæ*, xive s. (bibl. Cluniac., c. 1756). — *Bonafides de Paleyeco sive de Monte Regardo*, 1345 (J. de Peyre, n^re). — *Prior de Palaeco*, 1408 (óv.). — *Parochia de Palhec*, 1410 (cart. de Tence, f° 10). — *Eccl. B. Luppi de Palheaco*, 1465 (Rivière, n^re). — *Prior Pailhacii* (le ms. porte : *Pailhani*), 1516 (Arch. nat., G^8*. 1, f° 437 v°). — *Pailhec-lez-Montregard*, 1608 (Jamon, n^re). — *Saint-Jean-de-Pailhec*, 1626 (vis. past. de l'év. Just de Serres). — *Montregard*, xviiie s. (Cassini).

En 1789, Montregard était compris dans la province du Velay, la subdélégation et sénéchaussée du Puy. Son église paroissiale, diocèse du Puy et archiprêtré de Monistrol-sur-Loire, était consacrée à saint Jean ; l'évêque du Puy, succédant depuis 1762 aux droits des jésuites qui eux-mêmes avaient remplacé, en 1619, l'abbaye bénédictine de l'Île-Barbe, en était le collateur.

Montregard, chât. détr., c^ne de Montregard. — *Castrum de Monte Regard*, 1267 (Médicis, I, 80). — *Castrum de Mont-Regart*, 1276 (Gall. christ., XVI, inst., c. 255).

Montreguerri, vill., c^ne de Jullianges. — *In parochia de Julangis, in villa de Montilio*, 1037 (cart. de Chamalières, n° 261). — *Muntel Guari*, v. 1180 (*idem*, n° 136). — *Montilium Garini*, v. 1212 (*idem*, n° 319). — *Montraguery*, 1670 (Arch. nat., P. 502, cote 58). — *Montregarit*, 1751 (ét. civ.). — *Montguéry*, 1820 (Deribier). — *Montguerry*, 1888 (carte adm.). — *Montreguerry*, 1888 (Malègue).

Montroger, mont., c^ne de Siaugues-Saint-Romain. — 1467 (Bibl. nat., ms. lat., n. acq., 1223, f° 321 v°).

Montrome, h., cne d'Ally. — *Mont-Roman, Mont-Roma,* 1460 (Arch. nat., ZZ. 359, f° 20). — *Montroume,* 1820 (Deribier).

Montroux, f., cne de Saint-Préjet-d'Allier. — *Mons Rubeus,* xiie s. (cart. de Pébrac, xlvi, 39). — *Mons Rogi,* 1327 (Lozère, G. 98). — *Montroz,* 1377 (Thiolent). — *Monrochs,* 1499 (*idem*).

Montboyer, h., cne de Saint-Didier-la-Séauve. — *Montroyet,* 1645 (capitation). — *Le Montroy,* 1820 (Deribier).

Mont-Saint-Liande, pré, cne de Loudes.

Mont-Saléon, loc. détr., cne de Saint-Romain-Lachalm. — *Nemus de Mont Salio,* 1461 (Rhône, H. 1180). — *Le lieu de Mont-Saléon,* 1569 (terrier de Saint-Didier).

Montseigneur, f., cne de Saint-Pal-de-Mons. — *Monseigneur,* 1695 (capitation). — *Monseignour,* xviiie s. (Cassini). — *Montseignau,* 1820 (Deribier).

Montseny, f., cne de Sainte-Sigolène.

Mont-Serre, mont. volcan., cne de Saint-Quintin-Chaspinhac. — *Montcers,* 1451 (Chamblas). — *Montsers,* 1475 (*idem*). — *Le suc de Montserfz,* 1555 (cad. de Mercœur).

Montservier, h., cne de Saint-Just-Malmont. — 1556 (coll. Chaleyer). — *Montcervier,* 1888 (Malègue).

Mont-Soubeyre, h., cne de Saint-Didier-la-Séauve. — *Le Mont-Sobeyra,* 1561 (terrier de Saint-Didier). — *Montsebeyrat,* 1645 (capitation). — *Montsubeyre,* 1879 (carte adm.).

Montsuc, écart, cne de Monistrol-sur-Loire. — *Succus,* 1333 (év.).

Montusclat, h., cne de la Chapelle-d'Aurec. — *Mons ustus,* 1314 (év.). — *Montusclat,* 1499 (J. Boyer, nre). — *Montuscla,* 1569 (terrier de Saint-Didier de Joyeuse).

Montusclat, con de Saint-Julien-Chapteuil. — *Villa quæ dicitur de Monte Usclato,* v. 980 (cart. du Monastier, nos 113 et 114). — *Bruna de Mont-Usclat,* 1238 (hôtel-Dieu, B. 135). — *Fortalicium de Monte Usto,* 1285 (év.). — *Castrum Montis Husti,* 1331 (cart. de Mazan, f° 103). — *Ecclesia Sancti Petri de Monte Usto,* 1389 (cordeliers). — *Mons Usthatus,* 1455 (Pradier, nre). — *L'église paroissiale S. Pierre et S. Paul de Montusclat,* 1769 (Haute-Garonne, B. 1704, f° 646).

En 1789, Montusclat appartenait à la province du Velay, à la subdélégation et sénéchaussée du Puy. Son église paroissiale, diocèse du Puy et archiprêtré de Monistrol-sur-Loire, était sous le vocable de saint Pierre; la cure était à la présentation de l'aumônerie de l'abbaye du Monastier.

Montvert, chât. détr. et vill., cne de Champclause. — *Montvert,* 1256 (év.). — *Castrum de Monte Viridi,* 1285 (év.). — *Monvert,* 1323 (J. de Peyre, nre, reg. A).

Monzie (La), vill., cne de Saint-Pal-de-Chalencon. — *Monzia,* 1163 (cart. de Chamalières, n° 77). — *Mansus de la Monzic,* 1345 (Arch. nat., P. 4941, c. 19). — *La Monzea,* 1420 (Loire, A. 89, f° 237). — *La Montzia,* 1540 (terrier de Saint-Pal). — *La Montzie,* 1820 (Deribier).

Morand, h., cne de Bas. — *Mourand,* 1691 (obit. de Bas).

Morand (Le), affl. de l'Aubaigne, cne de Malvalette.

Morange (Le), affl. de l'Allier, cnes de Saint-Eble, Mazeyrat-Crispinhac et Langeac. — *Rif de Saint-Eble,* 1461 (Bibl. nat., ms. lat., n. acq., n° 1223, f° 11). — *Ruiss. de Mallat* (cad.).

Moranges, vill., cne de la Chapelle-Geneste. — *Maurangiæ,* 1316 (la Chaise-Dieu, Saint-Allyre). — *Mauranges,* 1392 (Rhône, Saint-Antoine-de-Viennois, Saint-Victor). — *Mauranghas,* 1449 (terrier de Clavelier). — *Morange,* 1820 (Deribier).

Moranges, vill., cne de Mazeyrat-Crispinhac. — *Terra de Morangias,* v. 980 (cart. de Sauxillanges, ch. 501). — *Villa Morangas,* 994 (cart. de Cluny, n° 2274). — *Moranghas,* 1459 (Bibl. nat., ms. lat., n. acq., 1222, f° 117). — *Mourangiæ,* 1504 (Arch. nat., Q. 513, f° 213).

Morel, f., cne de Rosières. — *Locus de Morel prope lo Partus, par. Roseriarum,* 1519 (G. Maurin, nre).

Morets (Les), l. détr., près Fougère, cne de Pébrac. — *Boria sive pagesia delz Moretz,* 1459 (Bibl. nat., ms. lat., n. acq., 1222, f° 127).

Morge (La), vill., cnes de Mazeyrat-Crispinhac et de Saint-Georges-d'Aurac. — *Mansus de la Morgha,* 1465 (terrier de Vissac). — *La Morge,* 1470 (Bibl. nat., ms. lat., n. acq., 1224, f° 3 v°).

Morière (La), l. détr., cne d'Aubazac. — *La Moreyra,* 1486 (Arch. nat., Q. 513, f° 81). — *La Moureyre,* 1613 (Mercurial).

Morissanges, f., cne de Mercœur. — *Locus Maurincianigas,* 925 (cart. de Brioude, ch. 112). — *Morissanges,* 1613 (Mercurial). — *Mourissange,* 1669 (ét. civ.).

Moristel, h., cne de Saint-Vert. — *Locus de Moristel,* 1499 (la Chaise-Dieu, Saint-Vert). — *Mouristel,* xviiie s. (Cassini).

Morlière (La), h., cne de Lapte. — *Les Molières,* 1888 (Malègue).

Mort (La), m. i., cne du Pont-Salomon.

Mort (Le), m. i., cne de Riotord.

Morte-Sagne-Bas, h., c^{ne} de Saint-Arcons-de-Barges. — *Morta Saigna Inferior*, 1281 (la Chaise-Dieu, Saint-Paul-de-Tartas).

Morte-Sagne-Haut, h., c^{ne} de Saint-Arcons-de-Barges. — *Morta Saigna Superior*, 1281 (la Chaise-Dieu, Saint-Paul-de-Tartas). — *Morta Sanha*, 1513 (tit. de Surrel). — *Mortesainhes*, 1573 (*idem*).

Mortesaigne, l. détr., c^{ne} de Malvières. — *Mansus Mortuæ Saniæ*, 1348 (la Chaise-Dieu, Malvières).

Morte-Saigne, vill., c^{ne} de Saint-Julien-du-Pinet. — *Mansus de Morta Sanha*, 1346 (év.). — *Mortasanhe*, 1525 (coll. Dr Charreyre). — *Mortassanhe*, 1561 (Savin, n^{re}).

Mortessagne, h., c^{ne} de Félines. — *Morte-Sagne*, 1392 (Rhône, Saint-Antoine-de-Viennois, Saint-Victor). — *Morta-Sanhe*, 1460 (la Chaise-Dieu, doyenné). — *Mortessaigne*, 1610 (Rhône). — *Morte-Saigne*, 1820 (Deribier).

Montefieille, l. détr., c^{ne} de Saint-Pierre-Duchamp. — *Mansus de Morta Veylha prope Arsac*, 1345 (Arch. nat., P. 494¹, cote 19).

Morts (Champ des), lieu dit, c^{ne} de Saint-Privat-d'Allier.

Morts (Suc des), mont., c^{ne} d'Agnat.

Moscou, m. i., c^{ne} de Saint-Julien-Mollesabate.

Mothe (La), c^{on} de Brioude. — *Castrum quod Mota vocatur*, v. 1075 (cart. de Pébrac, n° 7). — *La Mote*, 1361 (spic. Brivat.). — *Vicecomitatus Motæ in Arvernia, dioc. S. Flori*, 1366 (Baluze, mais. d'Auv., II, 345). — *Le lieu de la Mote sur la rivière d'Alier*, 1443 (spic. Brivat.). — *La Moute*, risconté, xve s. (Bibl. nat., ms. fr., 22297, 169). — *Mota prope Brivatam*, 1472 (Bibl. nat., ms. lat., n. acq., 1224, f° 60). — *Mota Canilhaci*, 1490 (la Chaise-Dieu, Mazerat-Aurouze). — *La Mote-de-Canilhac*, 1511 (coust. d'Auv., f° 81 v°). — *La Mothe-Canilhac*, 1612 (terrier de la Vaudieu). — *La Motte*, xviiie s. (Cassini). — *La Mothe-Barentin*, 1787 (coll. J. Lachenal).

En 1789, la Mothe dépendait de la province d'Auvergne, de l'élection et subdélégation de Brioude et du ressort de Riom. Au spirituel, il relevait de la paroisse de la Vialle, commune de la Mothe.

Par ordonnance du 11 décembre 1842, les communes de Cougeac et de la Mothe ont été réunies en une seule commune.

Motte (La), f., c^{ne} de Saint-Georges-Lagricol.

Motte (La), h., c^{ne} de Saint-Pal-de-Murs. — 1323 (inv^{re} du chartrier de Vals-le-Chastel). — *Lamotte*, 1820 (Deribier).

Motte (La), chât. détr., à Saint-Paulien. — *Motta*, 1191 (Bibl. nat., ms. lat., 17803, p. 36). — *Mota villæ S. Pauliani ubi sita est ecclesia B. Mariæ*, 1274 (homm. du vic^{te} de Polignac à l'év. du Puy). — *Locus voc. la Mota existens juxta ecclesiam B. Mariæ de Alto Solerio*, 1306 (tabl. du Velay, 1875-76, 520).

Moudeyres, c^{on} du Monastier. — *Mansus qui dicitur Mollinearias*, v. 880 (cart. du Monastier, n° 65). — *Villa Molnerias*, 985 (*idem*, n° 381). — *Villa de Molneriis*, xie s. (*idem*, n° 360). — *Terra de Moderiis*, 1259 (*idem*, n° 451). — *Molneiras*, 1308 (homm. de l'év.). — *Moudeyras*, 1344 (Monastier). — *Mauderiæ*, 1462 (*idem*). — *Locus de Mouderiis*, 1529 (Costavol, n^{re}). — *Moudeyres*, 1549 (Savin, n^{re}). — *Modeires*, 1569 (A. Boyer, n^{re}).

Commune créée le 31 mars 1855 et démembrée de celles de Laussonne, des Estables et de Freycenet-la-Tour.

Moulard (Le), vill., c^{ne} d'Alleyras. — *Terra del Molar*, 1235 (hôtel-Dieu, B. 310). — *Mansus de Molario*, 1453 (J. Rocher, n^{re}). — *Le Molard*, 1820 (Deribier).

Moulat, h., c^{ne} de Tiranges. — *Le Mollatz*, 1614 (coll. C. Falcon). — *Moulas*, 1879 (carte adm.).

Moulergue, vill. et mine d'antimoine, c^{ne} de Chastel. — *Molergues*, 1350 (Arch. nat., Z². 54, p. 73). Concession du 7 février 1866.

Moulleyre (La), vill., c^{ne} de Saint-Pierre-Eynac. — *Moleria*, 1509 (Alcil, n^{re}). — *La Moleyra*, 1547 (Savin, n^{re}). — *La Moleyre*, 1695 (capitation).

Moulhiade (La), vill., c^{ne} de Chomelix. — *La Mollada*, v. 1180 (hôtel-Dieu). — *La Monliada*, 1224 (tabl. hist. du Velay, 1870-71, 253). *La Moilliada*, 1273 (*ibid.*, 1875-76, 529). *Mansus de la Monlhada*, 1311 (Arch. nat., P. 1398¹, cote 650). — *La Molhada*, 1404 (terrier de Chomelix). — *La Molhata*, 1488 (hôtel-Dieu). — *La Moulhade*, 1548 (P. Gallien, n^{re}).

Moulière (La), h., c^{ne} de Lapte. — *La Mouleyre*, 1553 (ress. de Montfaucon). — *Les Molières*, 1820 (Deribier).

Moulin (Le), écart, c^{ne} de Bauzac.

Moulin (Le), mⁱⁿ, c^{ne} de Blanzac.

Moulin (Le), mⁱⁿ sur la Dore, c^{ne} de Bonneval.

Moulin (Le), mⁱⁿ sur le Combre, c^{ne} de Chamalières.

Moulin (Le), m. i., c^{ne} de la Chapelle-d'Aurec.

Moulin (Le), m. i., c^{ne} de Chilhac.

Moulin (Le), m. i., c^{ne} de Frugières-le-Pin.

Moulin (Le), mⁱⁿ sur le Lignon, c^{ne} de Lapte.

Moulin (Le), m^in sur le ruiss. de Veyrines, c^ne de Saint-Julien-du-Pinet.

Moulin (Le), écart, c^ne de Saint-Vidal. — *Molendinum S. Vitalis*, 1385 (terrier de Saint-Vidal).

Moulin (Le Grand-), m^in sur la Loire, c^ne de Chamalières. — *Le Molin-de-Monsieur* (le prieur de Chamalières), 1571 (A. Girard, n^re).

Moulin (Le Grand-), m^in sur la Gazeille, c^ne des Estables. — *Les Musniers*, 1739 (ét. civ.). — *Le Moulin-des-Estables*, 1754 (*idem*). — *Les Moulins*, 1779 (*idem*).

Moulin (Le Vieux-), m^in sur la Semène, c^ne du Pont-Salomon.

Moulinas, h., c^ne de Laussonne.

Moulinas (Le), affl. de la Loire, limite des communes de la Chapelle-d'Aurec et d'Aurec. — *Le Molinac* (cad.). — *Le Moulina*, 1879 (carte adm.).

Moulinas (Le), f., c^ne du Mazet-Saint-Voy. — *Lou Mulinas*, 1608 (cad. de Bonnas). — *Lou Moulinas*, 1745 (homm. de l'év.).

Moulinas (Le), m. i., c^ne de Saint-Front.

Moulinas (Le), m. i., c^ne de Salettes.

Moulinas (Le), l. détr., c^ne d'Yssingeaux. — xviiie s. (Cassini).

Moulin-à-Vent (Le), m. i., c^ne de Champagnac.

Moulin-à-Vent (Le), m^in ruiné, c^ne de Monistrol-sur-Loire.

Moulin-à-Vent (Le), m. i., c^ne de Saint-Didier-sur-Doulon.

Moulin-Barreyre (Le), m^in, c^ne de Vieille-Brioude.

Moulin-Bas (Le), m^in sur l'Allagnon, c^ne de Lempdes.

Moulin-Bas (Le), m^in sur la Senouire, c^ne de Paulhaguet.

Moulin-Bas (Le), m^in sur le Guisson, près l'Espitalet, c^ne de Siaugues-Saint-Romain. — *Molendinum Soteyra*, 1481 (Bibl. nat., ms. lat., n. acq., 1224, f° 282).

Moulin-Beraud, lieu dit, c^ne de Coubon. — *En Moli Beraut*, 1346 (Haute-Loire, E.).

Moulin-Blanc (Le), m^in sur le Cereix, c^ne de Saint-Jean-de-Nay.

Moulin-Blanc (Le), h., c^nes de Saint-Romain-Lachalm et Saint-Victor-Malescours. — *Le Molin-Blanc*, 1569 (terrier de Saint-Didier).

Moulin-Bertrand, m^in sur le Dolaison, c^ne du Puy.

Moulin-Boudon (Le), m^in sur le Céroux, c^ne de Saint-Just-près-Brioude.

Moulin-Cheval (Le), h., c^ne de Saint-Victor-Malescours. — *Lo Moli-Chaval*, 1363 (coll. Chaleyer). — *Moly-Chaval*, 1561 (terrier de Saint-Didier). — *Mollin-Cheval*, 1645 (capitation).

Moulin-Coutay, m^in sur l'Étang, c^ne de Berbezit.

Moulin-d'Allignon, m^in sur la Dège, c^ne de Pébrac.

Moulin-d'Aurouze (Le), m^in sur la Senouire, c^ne de Mazerat-Aurouze. — *Molendinum Aurozæ*, 1441 (la Chaise-Dieu, Mazerat-Aurouze).

Moulin-de-Barbe (Le), m^in, c^ne de Jax.

Moulin-de-Barrande (Le), m^in sur le Pontajou, c^ne de Saugues. — *Lous Molys Paghos, alias de Barrande*, 1564 (Thiolent).

Moulin-de-Bayle (Le), f., c^ne du Chambon.

Moulin-de-Biasse (Le), m^in sur la Virlange, c^ne d'Esplantas. — *Le Molin-de-Biasse*, 1622 (Thiolent).

Moulin-de-Bion, m^in sur le Cros, c^ne d'Agnat.

Moulin-de-Blanchard (Le), m^in sur la Senouire, c^ne de la Vaudieu.

Moulin-de-Blannat, m^in sur la Senouire, c^ne de Domeyrat.

Moulin-de-Cellier, m^in sur le Langougnol, c^ne de la Farre.

Moulin-de-Chabanettes (Le), m^in sur le Pontajou, c^ne de Saugues.

Moulin-de-Chardon (Le), m^in sur la Seuje, c^ne de Saugues.

Moulin-de-Chausse (Le), m^in, c^ne de Saugues. — *Le Molin-de-Chausser*, 1539 (Thiolent).

Moulin-de-Comte (Le), m^in sur la Virlange, c^ne d'Esplantas. — *Le Molin-de-Conte*, 1539 (Thiolent).

Moulin-de-Coulau (Le), m^in, c^ne de Saugues.

Moulin-de-Dinat (Le), m^in détr. près Julliat, c^ne de la Vaudieu. — *Le Molin-de-Dinat*, 1612 (terrier de la Vaudieu).

Moulin-de-Gonon (Le), m^in détr., c^ne de la Vaudieu. — 1612 (terrier de la Vaudieu).

Moulin-de-Gory (Le), m^in, c^ne de Landos.

Moulin-de-la-Baraque (Le), m^in, c^ne de Vieille-Brioude.

Moulin-de-Lachamp (Le), m^in sur la Seuje, c^ne de Saugues.

Moulin-de-la-Chomette (Le), m^in sur la Vendage, c^ne de Saint-Beauzire.

Moulin-de-la-Vareire (Le), m^in sur le Monteil, c^ne de Saint-Haon.

Moulin-de-Lates (Le), m^in, c^ne de Dunières.

Moulin-de-l'Hôpital (Le), m^in sur la Borne, c^ne d'Aiguilhe. — *Molendina Hospitalis vocata de la Bastida subtus planchas aquæ Bornæ*, 1291 (hôtel-Dieu, B. 155). — *Molendinum Hospitalis vocatum de las Bastidas prope Anicium*, 1331 (*idem*, B. 187). — *Le Molin de la Maison-Dieu en l'esglise cathedralle N.-D. du Puy*, 1597 (Galien, n^re).

Moulin-de-Lugeac (Le), m^in sur la Senouire, c^ne de la Vaudieu.

Moulin-de-Lumenesse (Le), m^in sur le Veyron, c^ne de Dunières.

Moulin-d'Entremont (Le), m^in sur la Vendage, c^ne de Saint-Laurent-Chabreuges.

Moulin-de-Pierre (Le), m^in sur la Bave, c^ne d'Autrac. — *Le Molin de Pont-de-Tres*, 1493 (terrier de Blesle). — *Moulin du Pont-de-Try*, xviiie s. (Cassini).

Moulin-de-Pontageon (Le), m^in sur la Védrine, c^ne de Venteuges. — *Lo Batyffol*, 1574 (terrier de Meyronne).

Moulin-de-Pouzas (Le), m^in sur la Virlange, c^ne de Saugues.

Moulin-de-Razas (Le), m^in, c^ne de Saugues.

Moulin-de-Roche (Le), m^in sur l'Arquejols, c^ne de Haurel. — *Le Mas de las Salles*, 1296 (homm. de l'év.). — *Le Moulin de la Salle scitué à l'eau d'Arqueje*, 1308 (idem). — *Le Moulin-de-la-Roche*, 1888 (carte adm.).

Moulin-de-Sainthou (Le), m^in sur le Pontajou, c^ne de Saugues.

Moulin-des-Draps (Le), m^in sur la Borne, c^ne de Brives-Charensac. — *Le Molin des Couteaux, qu'est à présent Molin à draps de l'Hostel-Dieu N.-D. du Puy*, 1675 (communication de M. H. Vinay).

Moulin-des-Gaillards (Le), m^in sur l'Arquejols, c^ne de Saint-Étienne-du-Vigan.

Moulin-des-Lagers (Le), m^in, c^ne de Dunières.

Moulin-des-Nautes (Le), m^in sur le Monteil, c^ne de Saint-Haon.

Moulin-de-Soulier (Le), m^in, c^ne de Dunières.

Moulin-de-Vazeilles (Le), m^in sur le Panis, c^ne de Vazeilles-près-Saugues. — *Le Molin-de-Vazelhes*, 1564 (Thiolent).

Moulin-de-Vazeilles (Le), m^in sur le Céroux, c^ne de Vieille-Brioude.

Moulin-d'Héraud, m^in sur le Morange, c^ne de Mazeyrat-Crispinhac. — *Moulin-d'Eyraud*, 1820 (Deribier).

Moulin-d'Ombret (Le), m^in sur la Virlange, c^ne de Saugues.

Moulin-du-Bateau, m^in sur l'Allagnon, c^ne de Léotoing.

Moulin-du-Boucherand (Le), m^in sur la Senouire, c^ne de Mazerat-Aurouze. — *Moulin-de-Bouches* (cad.).

Moulin-du-Cellier (Le), m^in sur la Lengouniole, c^ne de la Farre.

Moulin-du-Cros (Le), m^in sur la Dunières, c^ne de Dunières.

Moulin-du-Mazel (Le), m^in sur la Védrine, c^ne de Venteuges. — *Les Ruddes ou Moulin du Mazel*, 1879 (aff. jud.).

Moulin-du-Pont, m^in, c^ne de Jullianges. — *Molendinum Azineriarum*, 1393 (Arch. nat., S. 3298, sacristain, n° 1).

Moulin-du-Pré (Le), m^in sur la Dunières, c^ne de Dunières.

Moulin-du-Pré (Le), h., c^ne de Saint-Pal-de-Mons. — *Molendinum Prati*, 1469 (Rivière, n^re). — *Lo Moly dou Pra*, 1507 (év.). — *Moulin-du-Pic*, 1820 (Deribier).

Moulin-du-Rouve (Le), m^in sur le Pontajou, c^ne de Saugues. — *Molendinum del Rover*, 1477 (Bibl. nat., ms. lat., n. acq., 1224, f° 164).

Moulin-du-Seigneur (Le), à Fay-le-Froid. — *Molendinum Fayni*, 1464 (Ardèche, G. 624).

Moulin-du-Vésinat (Le), m^in sur la Méjeanne, c^ne d'Arlempdes.

Moulines, h., c^ne de Pradelles. — *Territorium de Moliuis*, 1328 (Arch. nat., P. 1399^1, c. 768). — *Moulné*, xviiie s. (Cassini).

Moulinet (Le), affl. de l'Ance, c^ne de Boisset.

Moulinet (Le), écart, c^ne de Monistrol-sur-Loire. — *Molinet*, 1691 (ét. civ.).

Moulin-Giroux, m^in sur le Pompet, c^ne de Malvalette.

Moulin-Haut (Le), m^in sur l'Allagnon, c^ne de Lempdes.

Moulin-Haut (Le), m^in sur la Senouire, c^ne de Paulhaguet.

Moulin-Haut (Le), m^in sur le Guisson, près l'Espitalet, c^ne de Siaugues-Saint-Romain. — *Lo Moly Sobeyra*, 1481 (Bibl. nat., ms. lat., n. acq., 1224, f° 282).

Moulin-Misse, m. i., c^ne de Lissac.

Moulin-Neuf, m^in sur l'Ance, c^ne de Boisset.

Moulin-Neuf, m. i., c^ne de Jullianges.

Moulin-Neuf, chât. détr. et vill., c^ne de Saint-Germain-Laprade. — *Castrum voc. Molendinum Novum situm prope civitatem Anicii*, 1335 (Arch. nat. P. 1397^2, cote 548). — *Lo Moli nou*, 1408 (compois du Puy). — *Hospitium voc. Molendinum [Novum], scitum in riparia de Gompnha*, 1474 (Arch. nat., P. 1362^1, cote 1113). — *Le Molin-Neuf*, 1506 (Médicis, II, 303).

Moulin-Neuf (Le), m^in sur le Lignon, c^ne de Fay-le-Froid. — *Molendinum Novum prope locum de Fayno*, 1464 (Ardèche, C. 624).

Moulin-Neuf (Le), m^in sur la Gourgueure, c^ne de Pinols.

Moulin-Neuf (Le), m^in sur la Seuge, c^ne de Saugues. — *Molendinum Novum*, 1327 (Lozère, G. 98).

Moulin-Perrin, m. i., c^ne de Lissac.

Moulin-Robin (Le), m^in sur le Doulon, c^ne de Saint-Didier-sur-Doulon.

Moulin-Rodier (Le), m^in sur la Seuge, c^ue de Saugues. — *Molendinum Rodeyr*, 1327 (Lozère, G. 99). — *Lo Moly-Rodié*, 1527 (A. Besseyre, n^re). — *Le Molin-Rodier*, 1539 (Thiolent).

Moulins (Les), m^in sur le Lignon, c^ue de Grazac.

Moulins (Les), h., c^ne de Laussonne. — *Los Molens*, 1507 (év.). — *Lous Molentz*, 1541 (Savin, n^re). — *Les Molencz*, 1615 (Robert, n^re). — *Les Mollinez, les Moullinez*, 1667 (André, n^re).

Moulins (Les), vill., c^ne de Saint-Jeure. — *Molendinum*, 1314 (év.). — *Los Molis*, 1390 (év.). — *Los Molys*, 1507 (év.).

Moulins (Les), affl. du Lignon, c^nes de Saint-Jeure et de Chénéreilles. — *Moulin*, xviiie s. (Cassini).

Moulin-Vieux (Le), m^in, c^ne de Collat.

Moulis, f., c^ne de Saint-Front. — *Mansus Molendini de Faurias*, 1528 (cad. du Monastier).

Moulis, f., c^ne de Saint-Julien-d'Ance. — *Moly*, 1572 (A. Boyer, n^re).

Moulis, vill., c^ue de Vernassal. — *Locus de Molis*, 1518 (G. Maurin, n^re). — *Molys*, 1573 (A. Boyer, n^re).

Moulis (Les), h., c^ue de Sembadel. — *Los Molis*, 1570 (J. Chalvon, n^re).

Moulys (Les), m^in sur le Rivaux, c^ne de Champclause.

Mounadières, h., c^ne de la Chapelle-Geneste. — *Monedeyras*, 1316 (la Chaise-Dieu, Saint-Allyre). — *Monedeiras*, 1449 (terrier de Clavelier). — *Monadière*, 1888 (carte adm.).

Mouneis, vill., c^ue de Montregard. — *Monnetz*, 1320 (cart. de Mazan, f° 138 v°). — *Monetz*, 1556 (terrier de Montregard). — *Mounet*, 1879 (carte adm.).

Mounès, écart, c^ne de Beaulieu. — *Mounes*, 1474 (Pradlavi, n^re). — *Mones*, 1490 (cad. de Mézères). — *Monneys*, 1635 (Demans, n^re). — *Mounets*, 1888 (Malègue).

Mouneyrou (Moulin-), m^in sur la Roudesse, c^ne de Saint-Étienne-Lardeyrol.

Mounier, mont. et m. i., c^ne de Saint-Jeure.

Mounier, mont., c^nes de Champclause et Saint-Julien-Chapteuil. — *Suchassium de Mounier*, 1501 (coll. C. Falcon).

Mouniers (Les), h., c^ne de Beaulieu. — *Locus doux Monniers*, 1482 (Richon, n^re). — *Loux Mounyers*, 1541 (Chamblas).

Mourennes, h., c^ne de Saugues. — *Mansus de Morenis*, 1327 (Lozère, G. 98). — *Morenes*, 1564 (Thiolent).

Mouret, h., c^ne de Connangles. — *Amorec*, 1323 (la Chaise-Dieu, Connangles). — *Mansus d'Amoret*, 1462 (*ibid.*). — *Le lieu d'Amouret*, 1561 (J. Chalvon, n^re).

Mourgeat, h., c^ne de Saint-Georges-d'Aurac. — *Morghat*, 1459 (Bibl. nat., ms. lat., n. acq., 1222, f° 117 v°). — *Morgheal*, xviiie s. (Cassini). — *Morgeac* (cad.). — *Morgat*, 1820 (Deribier). — *Mourjeac*, 1888 (Malègue).

Mourgue, m. i., c^ne de Présailles.

Mourleyre, h., c^ne de Mercœur. — *In vicaria Brivatensi, in Maurlerias*, v. 957 (cart. de Brioude, ch. 320). — *In vicaria Radicatensi, in Maurlerias*, 986 (*idem*, ch. 285). — *Morleyras*, 1387 (Arch. nat., Z². 4144, p. 201). — *Morleyres*, 1444 (Bibl. nat., ms. fr., 11490, p. 345). — *Morleyre*, 1549 (Savin, n^re). — *Mourleyres*, 1613 (Mercurial). — *Morlière*, 1683 (ét. civ.). — *Mourleyre*, 1888 (Malègue).

Mourouze (La), affl. de la Senouire en amont de la Vaudieu.

Moussier, écart, c^ne de la Farre.

Moutette (La), h., c^ne du Monastier.

Mouteyre (La), h., c^ne de Croisance. — *La Modieyra*, 1394 (Lozère, G. 414). — *Moteyria*, 1491 (Thiolent). — *Moteria*, 1527 (A. Besseyre, n^re). — *La Moteyre*, 1565 (Thiolent).

Mouteyre (La), vill., c^ne de Landos. — *Moteria*, 1330 (la Chaise-Dieu, Saint-Paul-de-Tartas). — *La Moteyra*, 1377 (Ord. des R. de Fr., VI, 268). — *Mansus de la Matieyra*, 1384 (Bibl. nat., lat., 10003, f° 40). — *La Motiere*, 1506 (Médicis, II, 302). — *La Moteyre*, 1585 (M^ce Leblanc, n^re). — *La Mouteire*, xviiie s. (Cassini).

Mouteyre (La), m. i., c^ue de Lissac.

Mouty, h., c^ue de Saint-Vincent. — *Le Moty*, 1695 (capitation).

Mozun, écart et bois, c^ne de la Chaise-Dieu. — *Nemus de Mausun*, 1271 (spic. Brivat.). — *Nemus de Mauzu*, 1324 (*idem*). — *Nemus de Mansu*, 1324 (la Chaise-Dieu, Mozun). — *Mausuz*, 1371 (*idem*, la Chapelle-Geneste). — *Le bois de l'abbé de la Chaise-Dieu, app. de Mosu*, 1561 (J. Chalvon, n^re).

Mude (La), f., c^ne de Charraix. — *Mansus de Lamudat*, 1455 (Bibl. nat., ms. lat., n. acq., 1222, f° 40 v°).

Mule (Moulin-de-la-), m^in sur le Vourzac, c^ue de Sanssac-l'Église.

Munit, lieu dit, près Cheyrac, c^ne de Polignac. — Vestiges d'antiquités romaines.

Mure (La), vill., c^ue de Bas. — *Villa de la Mura*, v. 1173 (cart. de Chamalières, n° 123). — *Mura*,

1385 (év.). — *La Mura in Bassio*, 1431 (Loire, A. 89, f° 211). — *Lamure* (cad.).

Mure (La), m. i., cⁿᵉ de Raucoules. — *Lamure*, 1888 (Malègue).

Mure (La), f., cⁿᵉ de Rosières. — *La Mura*, 1256 (év.). — *Las Mures*, 1561 (Savin, nʳᵉ). — *Lamure*, 1820 (Deribier).

Mure (La), vill., cⁿᵉ de Saint-Victor-Malescours. — *Lamure* (cad.).

Mures (Les), écart, cⁿᵉ de Cistrières. — *Les Murs*, 1888 (carte adm.).

Muret (Le), f., cⁿᵉ de Saint-Bonnet-le-Froid. — *Muret*, 1553 (ress. de Montfaucon).

Murette (La), m. i., cⁿᵉ de Saint-Bonnet-le-Froid.

Murette (La), h., cⁿᵉ de Saint-Didier-la-Séauve. — *Mureta*, 1376 (coll. Chaleyer).

Mus, chât. ruiné et h., cⁿᵉ de la Chapelle-Bertin. —

Chastiau de Murs, 1314 (Baluze, mais. d'Auv., pr., II, 355).

Musette (La), rivière qui prend sa source à Vazeilles, cⁿᵉ de Vazeilles-Limandres, et afflue à la Borne, au mⁱⁿ de Chazeaux, cⁿᵉ de Borne. — *Muza*, 1385 (terrier de Saint-Vidal). — *Aqua de Musa*, 1430 (hospit. du Velay). — *Le Freycenet*, 1888 (carte adm.).

Musique, mⁱⁿ sur le Chomeil, cⁿᵉ de Rosières.

Mussic, h., cⁿᵉ de Solignac-sur-Loire. — *Grangia de Mussico*, 1261 (tabl. du Velay, 1874-75, 64). — *Mussic*, 1306 (prieuré de Solignac). — *Mussicum*, 1352 (*idem*). — *Mussicq*, 1586 (Sigaud, nʳᵉ).

Muzac (Suc de), montic., près Marminhac, cⁿᵉ de Polignac. — 1682 (cad. de Polignac).

N

Nant, vill., cⁿᵉ de Monistrol-sur-Loire. — *Villa quæ Nant vocatur*, 1173 (cart. de Chamalières, n° 121); — 1370 (év.).

Nant, h., cⁿᵉ de Vorey. — *Nan*, 1288 (bénédictines de Vorey). — *In Nantis*, 1336 (Arch. nat., P. 494¹, cote 18).

Nant (Suc de), montic., cⁿᵉ de Vorey. — *Collis seu suc de Nant*, 1333 (Arch. nat., P. 494¹, cote 61).

Nantet, vill., cⁿᵉ de Monistrol-sur-Loire. — 1507 (év.). — *Nantel*, 1691 (ét. civ.).

Narce (La), m. i., cⁿᵉ de Saint-Étienne-du-Vigan.

Narce (La), f., cⁿᵉ de Saint-Front. — *La Narce-de-Coulteaux*, 1646 (cad. de Bonnefont). — *Sioulac ou Narce*, 1820 (Deribier).

Narcette (La), f., cⁿᵉ de Freycenet-la-Tour.

Nau, l. détr., cⁿᵉ d'Arlempdes. — *Le lieu de Nau*, 1563 (Coppié, nʳᵉ). — *Moulin de Naud*, xviiiᵉ s. (Cassini).

Nau (La), l. détr., vis-à-vis Changeac, cⁿᵉ de Vorey. — *Mansus de Nave, locus de la Nau*, 1311 (Arch. nat., P. 1399¹, c. 783).

Nau (Moulin-de-la-), mⁱⁿ sur l'Allagnon, cⁿᵉ de Léotoing. — *Le Molin-de-Leotaing*, 1520 (la Chaise-Dieu, Chambezon). — *Moulin-du-Bateau* (cad.).

Nau-de-Piroche (La), bac sur l'Allier, près Tapon, cⁿᵉ de Saint-Ilpize. — *Lo raylet de Peyrocha*, 1380 (Arch. nat., Z². 4143, p. 72). — *Territ. Navis de Pirocha*, 1460 (Arch. nat., ZZ. 359, p. 18).

Naute (La), écart, cⁿᵉ de Bauzac. — *Mansus de la Nauta*, 1346 (Arch. nat., P. 490³, cote 229). — *La Naute*, 1553 (ress. de Montfaucon). — *La Note*, 1771 (ét. civ.).

Naute (La), f., cⁿᵉ de Montregard.

Nautelle (La), h., cⁿᵉ de Bonneval. — 1569 (J. Chalvon, nʳᵉ).

Nautes, h., cⁿᵉ de Vernassal. — *Mansus de las Nautas*, 1472 (Bibl. nat., ms. lat., n. acq., n° 1224, f° 45 v°). — *Les Nautes*, xviiiᵉ s. (Cassini).

Navat, vill., cⁿᵉ de Saint-Arcons-d'Allier. — *Villa de Navat*, 1235 (spic. Brivat.).

Naverte (La), h., cⁿᵉ d'Aurec. — *Petrus Guigonis, alias de Navasta*, 1418 (Loire, A. 89, f° 153).

Naves, h., cⁿᵉ de Bas. — *Mansus de Navis*, 1295 (coll. Chaleyer). — *Naves secus Lhoriacum*, 1511 (obit. de Bas). — *Nave* (cad.).

Naves, h., cⁿᵉ de Saint-Christophe-sur-Dolaison. — *Navas*, 1163 (hospit. du Velay).

Naves, m. i., cⁿᵉ de Saint-Julien-Chapteuil.

Navette (La), h., cⁿᵉ de Retournac. — *Mansus de Naveta*, 1345 (Rhône, E. 8). — *Portus Naris de Retornaco*, 1514 (obit. de Bas). — *La Navette*, 1695 (capitation).

Navette (La), usine, cⁿᵉ de Saint-Maurice-de-Lignon.

Navettet, f., cⁿᵉ de Queyrières.

Navogne, h., cⁿᵉ de Bas. — *Naveunhes*, 1334 (coll.

Chaleyer). — *Navehunhes*, 1340 (Saint-Mayol). — *Naveonhes*, 1420 (tabl. du Velay, 1877-78, 365).

Neyrac, l. détr., c^ne de Brioude. — *Super flumen Elarii, in cultura quæ dicitur Neiraco*, v. 942 (cart. de Brioude, ch. 36). — *Territorium voc. de Neyrac prope de l'escluza de Mota*, 1453 (terr. du fordoy. de Brioude).

Neyra-Neut, l. détr., près le bois des Fonts, c^ne de Freycenet-la-Tour. — *Cazalia de Neira Noit sire Nigræ Noctis*, 1263 (Monastier).

Neybaval, h. et m^in sur le Cheneville, c^ne de Varennes-Saint-Honorat. — *Neyraval*, 1373 (hôtel-Dieu, B. 685). — *Nigra Vallis*, 1540 (Pradier, n^re). — *Nayraval*, 1576 (communic. de M. E. Grellet de la Deyte). — *Nairaval*, 1820 (Deribier).

Neybaval (Le), affl. du Cheneville, c^ne de Varennes-Saint-Honorat.

Neyret, f., c^ne de Saint-Didier-la-Séauve. — *Negret*, 1820 (Deribier). — *Neyrat*, 1888 (Malègue).

Neyrial (Le), vill., c^ne d'Yssingeaux. — *Linairil*, 1254 (Saint-Georges du Puy). — *Linairils*, 1314 (év.). — *Mansus de Linairial*, 1314 (év.). — *Liniayrils, Leneyrils*, 1359 (Rhône, II. 2632). — *Ligneralum*, 1523 (est. gén. d'Yssingeaux). — *Lineyriaulx*, 1547 (terrier de Verchères). — *Ligneyriaulx*, 1597 (terrier d'Alain de Saint-Ferriol). — *Le Neyrial*, 1714 (terrier de Vertamise).

Neyrolles, vill., c^ue de Champagnac. — 1539 (Vals-le-Chastel).

Neyron, h., c^ne de Tence.

Neyzac, vill., c^ne de Saint-Julien-Chapteuil. — *In arce* (aice) *de Capitolio, in Villa Naisaco*, v. 1020 (cart. du Monastier, n° 254). — *In pago Vellaico, in manso qui dicitur Neizaco*, v. 1022 (idem, n° 214). — *Mansus d'Anayzac*, 1336 (Saint-Agrève). — *Neyssat*, 1455 (Pradier, n^re). — *Neysac*, 1561 (Savin, n^re).

Ninirolles, h., c^ne de Vazeilles-Limandres. — *Linayrolas*, 1309 (homm. de l'év.). — *Mansus de Lineyrolas*, 1479 (Bibl. nat., ms. lat., n. acq., 1224, f° 234). — *Nineyrolles*, 1682 (cad. de Polignac). — *Ninirole*, 1820 (Deribier).

Niolvet, h., c^ne de Saint-Étienne-Lardeyrol. — *Nilauvia*, 1468 (Lardeyrol). — *Niauvya*, 1470 (Chamblas). — *Nyavhe*, 1549 (idem). — *Nyauvhe*, 1561 (Savin, n^re).

Nirandes, dom., c^ne de Cayres. — *Neyramde*, 1346 (J. de Peyre, n^re). — *Nyrandes*, 1352 (prieuré de Solignac). — *Nirompdes*, 1464 (idem).

Nizieux, f., c^ne de Saint-Ferréol-d'Auroure.

Noble, m. i., c^ue d'Yssingeaux.

Noble (Le), m. i., c^ne de Saint-Maurice-de-Lignon.

Noilhac, éc., c^ne de Grazac. — *Mansus Nuailliacus*, v. 1100 (cart. de Cluny, ch. 3792, V). — *Nuillacus*, v. 1100 (idem, ch. 3792, IX). — *Nualiac*, v. 1100 (idem, ch. 3792, XI). — *Nuaillac*, 1244 (idem, ch. 4822). — *Nouhac*, 1878 (carte adm.).

Noix-de-Roudille (La), m. i., c^ne de Saint-Romain-Lachalm.

Nolhac, vill., c^ne de Saint-Paulien. — *In... vicaria de Vetula Civitate, in villa de Genoliaco*, v. 951 (cart. du Monastier, n° 123). — *Mansus de Ganulliac*, v. 1150 (Saint-Georges du Puy). — *Noallac*, 1306 (tabl. du Velay, 1875-76, 520). — *Nualhac*, 1319 (Saint-Georges de Saint-Paulien). — *Nohalhacum*, 1344 (hôtel-Dieu, B. 675). — *Noalhac*, 1355 (terr. de P. Ravoux). — *Nulhacum*, 1390 (év.). — *Nohalhat*, 1408 (compois du Puy). — *Nolhiacum*, 1475 (prieuré de Polignac). — *Noulhac*, 1561 (Savin, n^re).

Nolhac, vill., c^ne de Saint-Pierre-Duchamp. — *Mansus de Nualhac*, 1318 (Arch. nat., P. 494^1, cote 12). — *Nulhacus, Nulhac*, 1453 (Pradier, n^re). — *Noalhiac*, 1500 (coll. C. Falcon). — *Noailhac*, 1507 (év.). — *Noalhac, Noulliac*, 1569 (A. Boyer, n^re).

Nolhac, vill., c^ne de Saint-Privat-d'Allier. — *Nualhac*, 1331 (J. de Peyre, n^re). — *Mansus de Noalhat*, 1469 (Bibl. nat., ms. lat., n. acq., 1223, f° 353). — *Noailhat*, 1485 (terrier du Cluzel). — *Nolhac*, 1513 (terrier de Saint-Privat).

Noluet, h., c^ne de Montregard. — *Nualhec*, 1318 (tit. de Bronac). — *Nolhet*, 1451 (Dr Charreyre) — *Nolhec*, 1556 (terr. de Montregard). — *Neyliec*, xviiie s. (Cassini).

Notre-Dame (Mas-), c^ne de Brives-Charensac. — *Mansus de Charansac qui voc. Mansus de Sancta Maria*, 1220 (hôtel-Dieu, B. 130).

Notre-Dame-de-Bon-Secours, chapelle, c^ue d'Aurec.

Notre-Dame-de-Chalencon, chapelle à Chamalières. — Fondée par le vicomte de Polignac, suivant contrat du 9 août 1567.

Notre-Dame-de-la-Grâce, chapelle, au Marcet, c^ue de Salzuit. — 1633 (coll. J. Lachenal).

Notre-Dame-de-Lorette, chapelle, c^ne de Saint-Pal-de-Chalencon.

Notre-Dame-d'Estour, chapelle, c^ne de Monistrol-d'Allier. — *Capella sive ecclesia dels Torns*, 1296 (Lozère, G. 1947). — *Ecclesia seu capella Nostræ Dominæ de Turnis*, 1359 (Thiolent). — *Ecclesia Beatæ Mariæ des Turns*, 1460 (Bibl. nat., ms. lat.,

n. acq., 1222, f° 160 v°). — *Le prieur de Nostre-Dame-de-Tours*, 1516 (Arch. nat., G8*2, f° 597). — *Notre-Dame-des-Tours*, 1717 (Thiolent).

NOTRE-DAME-DE-TOUT-POUVOIR, chapelle, cne de la Chapelle-d'Aurec. — XVIIIe s. (Cassini).

NOTRE-DAME-DU-PORT, anc. verrerie, cne de Vézézoux.

NOUSTOULET, vill., cnes de Saint-Germain-Laprade et de Saint-Pierre-Eynac. — *Mansus de Nastol*, 1153 (hospit. du Velay). — *Nastolet*, 1160 (ibid.). — *Nastoletum*, 1412 (terrier du Moulin-Neuf). — *Nostollet*, 1539 (ibid.). — *Nastoullet*, 1547 (Savin, nre). — *Nastollet*, 1596 (Galien, nre).

NOUVEAU-MONDE (LE), h., cne de Saint-Haon.

NOUVET, h., cne d'Araules. — *Nouyet*, 1888 (Malègue).

NOVACELLE, l. détr., cne de Vieille-Brioude. — *In aice Brivatensi, in villa quæ nominatur Novacella*, 886 (cart. de Brioude, ch. 175); — 962 (idem, ch. 276). — *Novacellas*, v. 1075 (cart. de Pébrac, n° 7). — *Novacela*, 1322 (coll. P. Le Blanc).

NOVECHAZE, h., cne d'Ally. — *Casa Nova*, v. 1075 (cart. de Pébrac, n° 7). — *Mansus de Nora Chaza*, 1460 (Arch. nat., ZZ. 359, p. 26). — *Novechage* (cad.).

NOZEYROLLES, h., cne d'Auvers. — *Nozeyroulles*, 1379 (compte de B. Flotenc). — *Rector de Nosairoliis*, 1380 (la Chaise-Dieu, Mende). — *Nozoirolles*, 1401 (spic. Briv.). — *Nozayrolas*, xve s. (pouillé de Saint-Flour, 320). — *Noseyrolas*, 1459 (Bibl. nat., ms. lat., n. acq., 1222, f° 125 v°). — *Nozeirolæ*, 1505 (Thiolent). — *Nozerolles-d'Auvert*, XVIIIe s. (Cassini).

En 1789, Nozeyrolles faisait partie de la province d'Auvergne, de l'élection et subdivision de Brioude et du ressort de Riom. Son église paroissiale, diocèse de Saint-Flour et archiprêtré de Langeac, était dédiée à saint Pierre; l'abbé de la Chaise-Dieu présentait à la cure.

Commune transférée à Auvers, par décret du 1er novembre 1900.

NOZEYROLLES, vill., cne de Mazeyrat-Crispinhac. — *In aice Cantolianico, villa cui vocabulum est Nazariolas*, 868 (cart. de Brioude, ch. 257). — *Noseyrolas*, 1478 (Bibl. nat., ms. lat., n. acq., 1224, f° 199). — *Nozeyrolles*, 1523 (Arch. nat., Q. 513, f° 178). — *Nozeroles*, 1820 (Deribier).

NOZIÈRE, h., cne de Saint-Didier-sur-Doulon. — *Nozières*, 1527 (Vals-le-Chastel).

NUGIER (LE), h., cne de Laval.

NURLET, vill., cne d'Aurec. — *Nuerlet*, 1317 (Arch. nat., P. 1400³, cote 990).

NUROLS, vill., cne d'Aurec. — *Nurol*, v. 1100 (cart. de Cluny, n° 3896). — *Nurols*, 1317 (Arch. nat., P. 1400³, cote 990).

O

OEUF (L'), marais, cne de Bains. — *Lieuss*, 1261 (la Chaise-Dieu, Saint-Rémy). — *Lieux*, 1463 (V. Chauvin, nre). — *Lioux*, 1471 (la Chaise-Dieu, Saint-Didier-d'Allier). — *Lyoux*, 1569 (Savin, nre). — *Le Lac de l'OEuf*, 1824 (Deribier, statist., 124).

OEUILLET, m. i., cne du Pertuis.

OIE (MOULIN-DE-L'), min sur l'Andrable, cne de Boisset.

OLAGNIÈRE (L'), f., cne de Saint-Didier-la-Séauve. — *L'Olanière*, 1879 (carte adm.). — *Ollanières*, 1888 (Malègue).

OLHAS, l. détr., cne de Saint-Just-près-Brioude. — 1390 (spic. Briv.).

OLIES (LES), h., cne de Bauzac.

OLIVES (LES), lieu dit, cne de Langeac. — *Las Holivas*, v. 1250 (spic. Briv.). — *Territ. de las Olives*, 1502 (Arch. nat., Q. 513, p. 211).

OLIVIER, f., cne de Langeac. — XVIIIe s. (Cassini).

OLLANIÈRES, vill., cne d'Aurec. — *In loco qui vocatur Ollaniere* v. 927 (La Mure, ducs de Bourbon, III, pr., 16). — *Villa de Lauleygner*, 1317 (Arch. nat., P. 1400³, c. 990). — *Laulhaner*, 1322 (Arch. nat., P. 494¹, c. 44). — *Aulanherium*, 1399 (homm. de Solignac). — *Aulhanie*, 1553 (ress. de Montfaucon). — *Olaniere*, XVIIIe (Cassini). — *Aulanières* (cad.).

OLLIAS, vill., cne de Craponne. — *Villa quæ voc. Oleiras*, 1163 (cart. de Chamalières, n° 77). — *Olhatz*, 1471 (terr. de Piassac). — *Les Olières, Las Oleyres*, 1545 (Haute-Loire, E.).

OLLIAS, l. détr., près Tailler, cne de Rosières. — *Ollacius*, v. 1005 (cart. de Chamalières, n° 172). — *Villa quæ dicitur Olliacius*, v. 1014 (cart. de Chamalières, n° 29). — *Mansus qui vocatur Olas*, 1172 (idem, n° 163). — *Mansus dictus d'Olhias*,

1268 (prieuré de Chamalières). — *Aulehac,*
1309 (homm. de l'év.). — *Aulac,* 1366 (*idem*).
— *Oleac,* 1584 (Guérin, n^re).

OLLIER, vill., c^ne de Retournac. — *Olier,* 1820
(Deribier).

OLLIER (L'), h., c^ne de Fay-le-Froid. — *L'Olier,*
1619 (ét. civ.). — *Lollier,* 1695 (capitation). —
Aulier (cad.).

OLLIÈRES, vill., c^ne de Monistrol-sur-Loire. — *Oleriæ,*
1431 (év.). — *Ouleyras,* 1507 (év.). — *Ou-*
leyres, 1656 (ét. civ.). — *Olier,* xviiie s. (Cassini).

OLLIÈRES (LES), h., c^ne de Bauzac. — *Locus de*
Oleriis secus Bausacum, 1473 (Richon, n^re). —
Las Oleyras, 1503 (obit. de Bas). — *Las Olley-*
res, 1553 (ress. de Montfaucon).

OLLIÈRES (LES), vill., c^ne d'Yssingeaux. — 1285
(homm. de l'év.). — *Mansus de Oleriis,* 1319
(év.). — *Las Oleyras,* 1331 (J. de Peyre, n^re).

OLME (L'), h., c^ne de Coubon. — 1259 (cart. du
Monastier, app., n° 451). — *Ulmus,* 1294
(hospit. du Velay). — *Grangia de Ulmo,* 1386
(homm. de Solignac). — *L'Oulme,* 1534 (év.).

OLME (L'), quartier de Rosières. — *Locus de Ulmo,*
1342 (coll. C. Falcon). — *L'Olme,* 1714 (cad.
de Laval-Emblavès). — *Lolme,* 1880 (carte
adm.).

OLME (L'), l. détr., c^ne de Saint-Maurice-de-Lignon.
— *Le lieu de l'Olme,* 1589 (Haute-Loire, E.).

OLMET (L'), lieu dit, c^ne de Villeneuve-d'Allier. —
Ulmet, L'Olmet, 1339 (Bibl. nat., ms. fr., 14377,
p. 189 et 198).

OLPIGNAC, h., c^ne de Champagnac. — *Olpignat,*
1880 (carte adm.).

OLPILIÈRE, f., c^ne de Saint-Voy. — *Vulpilheiras,*
1314 (év.). — *Aupilières,* xviiie s. (Cassini). —
Haulpilliaire, 1861 (état-major).

OMBRE (L'), l. détr., c^ne de Siaugues-Saint-Romain.
— *Boria de Lambres,* 1477 (Bibl. nat., ms. lat.,
n. acq., 1224, f° 181).
Métairie du seigneur de Vissac.

OMBRES (LES), m^in sur la Senouire, c^ne de Domeyrat.
— *Les Combres,* 1872 (Malègue).

OMBRES (LES), m^in, c^ne de Paulhaguet.

OMBRES (LES), f., c^ne de Saint-Germain-Laprade.

OMBRET, chât. et vill., c^ne de Saugues. — *Mansus*
de Umbreto, 1298 (Thiolent). — *Humbret,* 1327
(Lozère, G. 98). — *Le château d'Ombret,* 1724
(L'Ouvreleul, 27).

ONNAT, m. i., c^ne de Saint-Just-près-Brioude. — *In*
patria Arvernica, in aice Cumicensi, villa quæ
vocatur Vulnatis, 925 (cart. de Brioude, ch. 112).

— *Homines d'Aolnhac,* 1281 (J. Lachenal, l'égl.
de Brioude, p. 13). — *Donat,* 1341 (terrier de
Charbonnier, f° 88 v°). — *Onnac* (cad.).

ONZILLON, vill., c^ne de Chadron. — *Unzilio,* 1217
(templiers du Puy). — *Onzillo,* 1257 (hôtel-
Dieu, B. 316). — *Onzilho,* 1408 (compois du
Puy). — *Onzilhon,* 1587 (Sigaud, n^re). — *Onzil-*
lion, 1666 (André, n^re).

ORANDET, mont., c^ne de Beaulieu. — *Aurandet,*
Aurendet, Aurondet, 1714 (cad. de Laval-Emblavès). — *Suc d'Orandet* (état-major).

ORCENAC, vill., c^ne de Saint-Paulien. — *Orcenac,*
1306 (tabl. du Velay, 1875-76, 520). — *Orsenac,*
1355 (terr. de P. Ravoux).

ORCEROLLES, vill., c^ne de Craponne-sur-Arzon. —
Orsairolas, v. 1021 (cart. de Chamalières, n° 291).
— *Ursairolas,* 1163 (*idem,* n° 77). — *Orceyrolles,*
1543 (terrier de G. de Coysse). — *Arseroles,*
1657 (état civ.).

ORCEROLLES, f., c^ne de Roche-en-Régnier. — *Villa*
d'Orsayrolas, 1266 (Arch. nat., P. 1397^3, cote
597). — *Ursayrolas,* 1269 (év.). — *Orzeyrolles,*
1490 (Arch. nat., P. 1397^2, c. 583). — *Orceroles,*
1880 (carte adm.).

ORCHER, mont., c^ne de Mézères.

ORCHEVAL (L'), ruiss., affl. de la Loire, limite les
départements de l'Ardèche et de la Haute-Loire
au sud des c^nes de Freycenet-Lacuche, Présailles
et Salettes. — *Rivus d'Ursival,* 1383 (Rhône,
E. 9). — *Ruesseau d'Orcival,* 1699 (cad. de
Vachères). — *Le Chabanis,* 1880 (carte adm.).

ORCIEN, m. i., c^ne de Saint-Julien-du-Pinet. —
Oursier (cad.).

ORCINE, h., c^ne de Saint-Pal-de-Mons. — *Orsinas,*
1217 (templiers du Puy). — *Orcinas,* 1370
(év.). — *Orzines,* 1553 (ress. de Montfaucon).
— *Urcynes,* 1574 (Guèze, n^re). — *Ourcines,*
xviiie s. (Cassini). — *Orcines,* 1820 (Deribier).

ORFEUIL, m. i., c^ne d'Yssingeaux.

ORGUES-D'ESPALY (LES), coulée basaltique à prismes,
c^ne d'Espaly-Saint-Marcel. — *Rupes vocata Rocha*
Corbeyra, 1314 (hôtel-Dieu, B. 164). — *La*
chaussée [de géants] ou les Orgues-d'Expailly.
1778 (Faujas de Saint-Fond, p. 352).

ORIOL, h., c^ne d'Aurec. — *Castrum de Auriolo,*
1317 (Arch. nat., P. 1400^3, cote 990). — *Auryol,*
1322 (Arch. nat., P. 494^2, cote 44). — *Grangia*
d'Auriol, 1336 (Arch. nat., P. 492^2, cote 136). —
Les habitans de Lauriol, 1504 (coll. C. Falcon).
— *Oriolles,* 1820 (Deribier).

ORIOL, l. détr., c^ne de Saugues. — *Mansus del Auriel,*
par. de Salgue, 1294 (Thiolent).

ORIOL (MOULIN-D'), m^in sur la Semène, c^me d'Aurec.

ORLAC, h., c^ne de Pébrac. — *Orlat*, v. 1100 (cart. de Pébrac, n° 44). — *Ourlac*, 1774 (terr. de Digons).

ORME (L'), écart, c^ne de la Chaise-Dieu. — *Ulmus*, 1349 (Gall. christ., t. II, eccl. Clarom., col. 345). — *Le chasteau de Lorme*, 1615 (la Chaise-Dieu, Belluc).

ORME (L'), à Roche-en-Régnier. — *Actum apud Rocham, sub ulmum*, 1269 (Arch. nat., P. 1398², cote 674 *bis*).

ORME (L'), à Séneujols. — *A Senoiol, sos l'olme*, v. 1217 (templiers du Puy).

ORME (L'), lieu dit, c^ne de Siaugues-Saint-Romain. — *In territorio voc. de l'Orme, subtus castrum Sancti Romani*, 1462 (Bibl. nat., ms. lat., n. acq., 1223, f° 66).

ORME DE FERRAND (L'), limite des abbayes de Doue et command^ie de Pébélit, c^ne de Saint-Germain-Laprade. — *Olme-de-Ferrand*, 1561 (Savin, n^re).

ORME-DE-MAL-CONSEIL (L'), c^ne de la Mothe. — 1612 (terrier de la Vaudieu).

ORME-DE-NOTRE-DAME (L'), lieu dit, c^ne de Sainte-Marie-des-Chazes. — *Territ. voc. de Ulmo B. Mariæ*, 1462 (Bibl. nat., ms. lat., n. acq., 1223, f° 47 v°).

ORME-DE-SAINT-MARCEL (L'), c^ne d'Espaly-Saint-Marcel, sous lequel, d'après la légende, fut décapité saint Marcel. — *Ulmus sancti Marcelli* (brév. goth. du Puy, f° 344 v°).

ORME-DU-COUDERT (L'), à Blavozy. — *Le coderc desoubz l'Olme à Blavoze*, 1546 (Savin, n^re).

ORME-SAINT-HILAIRE (L'), lieu dit, c^ne de Loudes. — *Territ. de Lodesio app. l'Olme-Sanct-Alari*, 1517 (Martel, n^re).

ORSIER (L'), ruiss., affl. de la Loire, c^ne de Retournac. — *Rivus d'Orscer*, XII° s. (cart. de Chamalières, n° 142). — *Territorium quod vocatur Orseir, quod est inter Retornac et castrum d'Artias*, 1248 (Arch. nat., P. 1398³ c. 738). — *Rivus de las Vaux*, 1317 (Arch. nat., P. 1397³, c. 591). — *Rivus d'Ursier*, 1383 (Rhône, E. 9). — *Ruiss. de las Vaulx*, 1622 (compois d'Artias). — *Lavau* (cad.). — *Le Lavaux*, 1878 (carte adm.).

ORSIGNAC, vill., c^ne de Roche-en-Régnier. — *Ursiniacum, Urciniac*, 1213 (cart. de Chamalières, n°s 328 et 334). — *Orssinac*, 1283 (év.). — *Ursinac*, 1302 (Arch. nat., P. 494¹, cote 11). — *Urcinhac*, 1333 (J. de Peyre, n^re). — *Orcinhac*, 1558 (Vacharel, n^re).

ORSIMONT, écart, c^ne de Monistrol-sur-Loire. — *Orsimont*, 1431 (év.). — *Orsimond*, 1820 (Deribier). — *Arthimont*, 1860 (état-major).

ORZILHAC, vill., c^ne de Coubon. — *In villa Urciliaco*, v. 990 (cart. du Monastier, n° 175). — *In villa Orciliaco*, v. 990 (idem, n° 177). — *Urzilac*, v. 1210 (tabl. du Velay, 1876-77, 514). — *Ursiliac*, 1256 (év.). — *Ursulhiacum*, 1303 (hôtel-Dieu, B. 361). — *Ursilhacus, Urzilhac*, 1349 (Saint-Mayol). — *Orcilhac, par. S. Maurisii*, 1511 (Maurin, n^re). — *Le Mas d'Orsilhac*, 1561 (Savin, n^re). — *Ourzilhac*, 1585 (Doleson, n^re).

OS, h., c^ne de Bas. — *Os*, 1340 (Saint-Mayol). — *Villa d'Oz*, 1411 (Arch. nat., P. 492², cote 119). — *Ouls*, 1431 (Loire, A. 89, f° 311). — *Oux*, 1498 (coll. Chaleyer).

OSFONT, h., c^ne de Saint-Just-près-Brioude. — *Los Fans*, 1271 (spic. Briv.). — *Los Faux*, 1380 (Arch. nat., Z². 4143, p. 76). — *Les Faus*, 1744 (terrier du Mas). — *Osfond* (cad.). — *Offons*, 1820 (Deribier).

OSTET, h., c^ne de Mazerat-Aurouze. — *Mansus d'Ostet*, 1463 (la Chaise-Dieu, Mazerat-Aurouze). — *Hosté*, XVIII° s. (Cassini). — *Oustet*, 1820 (Deribier). — *Ostel*, 1888 (Malègue).

OUBEYS, h., c^ne de Lapte. — *Albes*, 1382 (év.). — *Oubeytz*, 1553 (ress. de Montfaucon). — *Oubeis*, 1695 (capitation). — *Oubey*, 1820 (Deribier).

OUBISSOUS, vill., c^ne de Craponne-sur-Arzon. — *Albusso*, 1164 (Médicis, I, 76). — *Busso*, 1271 (hôtel-Dieu, B. 620). — *Mansus dal Busso*, 1276 (idem, B. 622). — *Albussos*, 1327 (Saint-Mayol). — *Albissoux*, 1471 (terr. de Piassac). — *Aubissoux*, 1695 (capitation). — *Aubuisson*, XVIII° s. (Cassini).

OUBOIS (L'), affl. de la Dunières, c^nes de Lapte et de Sainte-Sigolène. — *Riou de la Sucheire ou de Grioulouze*, 1723 (cad. de Bellecombe). — *Le Bouchet* (cad.).

OUCHE (L'), f., c^ne de Saint-Front.

OUCHES (LES), f., c^ne de Chaudeyrolles. — *Mansus de las Aucas*, 1386 (Rhône, H. 1016). — *Locus dictus L'Oucha*, 1464 (Ardèche, C. 624). — *Las Ouchas*, 1618 (ét. civ.).

OUCHOUX (LES), l. détr., c^ne de Saint-Vincent. — *Le village doux Ouchoux*, 1695 (capitation).

OUFFOUR, vill., c^ne de Félines. — *Alz Fornz*, v. 1175 (hospitaliers du Velay). — *Mansus de Furnis*, 1460 (la Chaise-Dieu, doyenné). — *Loux Fours*, XVIII° s. (Cassini).

OUIDES, c^ne de Cayres. — *Villa Osde*, 1282 (év.). — *Le lieu d'Ode ou pais de Vellay*, 1396 (Vaissete, hist. de Lang., éd. Privat, X, pr., c. 1876).

— *Oyde*, 1506 (Médicis, II, 303). — *Ouyde*,
xviii° s. (Cassini).

Succursale créée par ord⁰⁰ du 19 juillet 1826.
Une ordonnance du 13 mars 1847 a détaché de
la succursale de Saint-Jean-Lachalm sept villages
ou hameaux et les a réunis à celle d'Ouïdes.

Commune créée par la loi du 18 mai 1858 et distraite des cⁿᵉˢ d'Alleyras et de Saint-Jean-Lachalm.

OUILLANDRE, chât. détr. et vill., cⁿᵉ de Cohade. —
Vollandre (cart. de Brioude, 4° fragm., 405-cccv).
— *Castrum de Volhandres*, 1310 (spic. Briv.).
— *Ulhandre*, xiv° s. (obit. de Br.). — *Volhandre*,
1453 (terr. du fordoy. de Br.). — *Volliandre*,
1616 (Rhône, H. 2153). — *Voulhandres*, 1640
(lièvre de Rilhac). — *Ouliandre*, 1878 (carte adm.).
Fief vassal du chapitre Saint-Julien de Brioude.

OUILLAS, vill., cⁿᵉ d'Aurec. — *Olhas*, 1383 (homm.
de l'év.). — *Oulhias*, 1553 (ress. de Montfaucon).
— *Ouliac* (cad.).

OULIER (LE SUC D'), mont., cⁿᵉ de Roche-en-Régnier.
— *Olaria*, 1213 (cart. de Chamalières, n° 324).

OULION, vill., cⁿᵉ de Saint-Hostien. — *Locus de
Olivo*, 1462 (Lardeyrol). — *Oliou*, 1468 (*idem*).
— *Olieu, Ouliou*, 1484 (*idem*). — *Olio*, 1489
(*idem*). — *Ollion*, 1609 (A. Robert, nʳᵉ). —
Ouillon, 1879 (carte adm.).

OUMEY, vill., cⁿᵉ de Raucoules. — *Locus de Olmeto*,
1322 (J. de Peyre, nʳᵉ). — *Olmet*, 1506 (Médicis,
II, 304). — *Oulmeit*, 1553 (ress. de Montfaucon).
— *Olmeyt*, 1591 (Delafont, nʳᵉ). — *Houmest*,
xviii° s. (Cassini). — *Oumay*, 1820 (Deribier).

OUMEY (MOULIN-D'), mⁱⁿ sur la Brossette, cⁿᵉ de Raucoules.

OURBE, vill., cⁿᵉ de Champclause. — *Orba*, 1217
(templiers du Puy). — *Urba*, 1289 (év.). —
Mansus de Urbano, 1484 (Pelisse, nʳᵉ). — *Ourbes*,
1888 (carte adm.).

OURBE (L'), ruiss., affl. du Lignon, cⁿᵉˢ de Champclause et Saint-Voy. — *Aqua d'Urba*, 1289 (év.).
— *Ruiss. des Merles*, 1888 (carte adm.).

OURLHES (LES), affl. de la Méjeanne au nord-est de
la cⁿᵉ de Saint-Arcons-de-Barges. — *Les Ourilles*,
1888 (carte adm.).

OUROUZE, f., cⁿᵉ du Monastier.

OURS, chât. et vill., cⁿᵉ d'Ours-Mons. — *In Olcio*,
1089 (Saint-Georges du Puy). — *Ols*, 1137
(*idem*). — *Os*, 1292 (*idem*). — *Villa de Dous*,
1295 (év.). — *Ous*, 1296 (Saint-Georges du
Puy). — *Castrum de Ors vel de Ursso*, 1347
(*idem*). — *Hours près le Puy*, 1449 (Arch. nat.,
JJ. 179, n° 274). — *Ours, par. de S. Agreve
de Puy*, 1585 (Johanny, nʳᵉ).

OURS (SUC DE L'), montic., cⁿᵉ de Saint-Front. —
1620 (cad. de Chapteuil-Haut).

OURSIER, mont., cⁿᵉ de Mézères. — *Orsier, Oursier*,
1553 (terr. de Liques).

OURZIE, f., cⁿᵉ de Solignac-sur-Loire. — *Auzie*,
1222 (Saint-Georges du Puy). — *Aurzie*, 1321
(prieuré de Solignac). — *Orzic*, 1347 (J. de
Peyre, nʳᵉ). — *Haursic*, 1386 (homm. de Solignac).
— *Orsic*, 1464 (prieuré de Solignac). — *Orzis*,
1820 (Deribier).

OURZIE (L'), ruiss. qui prend sa source à l'Hermu,
cⁿᵉ de Cayres, et se jette dans la Loire au-dessous
de la Baume, cⁿᵉ de Solignac-sur-Loire. — *Riperia
d'Orzic*, 1233 (hôtel-Dieu, B. 308). — *Le ruisseau d'Ourzie*, 1582 (Doleson, nʳᵉ). — *Le ruiss.
d'Orzie*, 1586 (Sigaud, nʳᵉ). — *Le ruiss. du
Besson*, 1629 (Demans, nʳᵉ). — *Ourzie*, xviii° s.
(Cassini). — *L'Ourze ou l'Ourzie*, 1824 (Deribier, statist., 52). — *Ruiss. de la Beaume*, 1860
(état-major).

OUSPIS (L'), h., cⁿᵉ de Saint-Julien-d'Ance. — *Ad
Pinos*, xii° s. (cart. de Chamalières, n° 327). —
Aus Pis, 1213 (*ibid.*, n° 334). — *Mansus deus
Pis*, 1269 (Arch. nat., P. 1398¹, cote 655). — *Los
Pis*, 1400 (terr. du Bois). — *Locus dour Pis*,
1522 (Saint-Georges du Puy). — *Lous Pitz*,
1695 (capitation). — *Louspis*, 1880 (carte
adm.).

OUSSOUX, f., cⁿᵉ de Couteuges. — *Loz Esseones*,
1453 (Bibl. nat., ms. fr., 11490, f° 504). — *Les
Eschones*, 1463 (Arch. nat., ZZ. 359, p. 65). —
Mansus d'Ossoubz, 1466 (*idem*, p. 107). —
Oufous, 1820 (Deribier).

P

PABIERS (LES), vill., cⁿᵉ de Malrevers. — *Las Colonias*,
1304 (hôtel-Dieu, B. 365). — *Colonias*, 1314
(év.). — *Las Colongas*, 1342 (Coll. César Falcon).
— *Colonia*, 1345 (J. de Peyre, nʳᵉ, reg. D, f° 23).
— *Los Pabias*, 1430 (év.). — *Le Papier*, xviii° s.
(Cassini). — *Papiers*, 1851 (carte Giraud).

PACALET, éc., cⁿᵉ de Cussac.

PADEAUX (LES), h., cⁿᵉ de la Chapelle-d'Aurec.

26

PAGAILLARD (LE), affl. du Cheneville, c⁰ᵉ d'Allègre. —
Le Pragaillard (cad.).

PAGAILLARD (MOULIN-), mⁱⁿ détruit sur le Pagaillard,
cⁿᵉ d'Allègre. — *Moulin-Pragaillhard* (cad.).

PAGE (LA), l. détr., cⁿᵉ de Saint-Privat-du-Dragon.

PAGNON, f., cⁿᵉ de Freycenet-Lacuche.

PAIGUT, h., cⁿᵉ de Félines. — *Puy-Agut*, 1392
(Rhône, Saint-Antoine de Viennois, Saint-Victor).
— *Peyduc*, 1608 (la Chaise-Dieu, Belluc). —
Peygut, 1611 (*ibid.*). — *Peugut*, 1670 (Arch.
nat., P. 502, cote 58). — *Peydieu*, xviiiᵉ s. (Cassini). — *Paigule*, 1860 (état-major). — *Paigat*,
1869 (Malègue).

PAILHAIRE, vill., cⁿᵉ de Saint-Étienne-Lardeyrol. —
Paylhayre, 1408 (Chamblas). — *Paliayre*, 1465
(Maltrait, nʳᵉ). — *Paliayre*, 1575 (Chamblas). —
Palhaire, 1879 (carte adm.).

PAILHARON, écart., cⁿᵉ de Beaux. — *Pallaro*, 1507
(év.). — *Pallaron*, xviiiᵉ s. (Cassini). — *Palharon*,
1878 (carte adm.).

PAILLE (LA), f., cⁿᵉ de Grazac. — 1695 (terr. de Chabrespine).

PAILLER, h., cⁿᵉ du Chambon. — *Tenem. deus Palheirs*, 1343 (Rhône, H. 1016). — *Pailhère*, 1888
(Malègue).

PAILLETTE, h., cⁿᵉ de Retournac. — *Palheta*, 1512
(obit. de Bas). — *Pallete*, xviiiᵉ s. (Cassini).

PAILLOU (MOULIN-DE-), mⁱⁿ détr., à Meymac, cⁿᵉ du
Monastier.

PAIMBARD, mont., cⁿᵉ d'Agnat. — *Podium Imbert*,
xivᵉ s. (terr. des Grèzes).

PAIN-BLANC (LE), affl. du Malaval, cⁿᵉ d'Ouïdes. —
Rivus dictus de Agreneto, 1327 (Alleyras). — *Ruyss.
d'Agrenet ou d'Agrein app. de la Mayre*, 1536 (*id.*).

PAIN-BLANC (MOULIN-DE-), mⁱⁿ, cⁿᵉ d'Ouïdes.

PALADE (RAVIN-DE-), affl. du Bos, cⁿᵉ de Saint-Privat-
du-Dragon.

PALANTIER, f., cⁿᵉ du Chambon.

PAL-DE-LA-SORCIÈRE (LE), lieu dit près le Pont-Servier,
cⁿᵉ de Collade. — En patois : *Lou Pal-de-la-Fachinaire.*

PALET, grange d'Alleret, cⁿᵉ de Saint-Privat-du-Dragon.

PALHOU, éc., cⁿᵉ de Coubon. — *Palhiou*, 1707 (cad.
de Bouzols). — *Palhon* xviiiᵉ s. (Cassini).

PALLE (LA), h., cⁿᵉ d'Yssingeaux. — *La Pala*, 1359
(Rhône, H. 2632). — *Lou Paly*, 1603 (compois
du Chambonnet). — *Pallet* (cad.).

PALLE (MOULIN-DE-LA-), mⁱⁿ sur le ruiss. de la Violette, cⁿᵉ de Lubilhac.

PALLES (LES), f., cⁿᵉ de Sainte-Sigolène.

PALLETTES (LES), f., cⁿᵉ de Saint-Didier-la-Séauve. —
La Palières, 1888 (Malègue).

PALUS, pont sur la Loire à Goudet. — *Ultra pontem
maximum qui dicitur Palus*, xᵉ s. (A. O. S. B.,
sæc. iv, pars I, 564).

PANASSEYRE (LA), terroir, cⁿᵉ de Beaux. — *Commu-
nis de Panasseyra*, 1490 (cad. de Mézères). — *La
Panasseyre*, 1605 (cad. d'Artias).
Nombreux débris d'antiquités romaines.

PANDRAUX (LES), f., cⁿᵉ de Lantriac. — *Pratum Andraldum, Pratum Andrald, Prat-Andrald*, v. 1161
(hospit. du Velay). — *Mansus de Pulandrau*, 1306
(*id.*). — *Los Pandraus*, 1360 (*idem*). — *Mansus
de Pandrau prope Servissas*, 1448 (*idem*). — *Lous
Pandraux*, 1541 (Savin, nʳᵉ).

PANELIER, chât., cⁿᵉ du Mazet-Saint-Voy.

PANENS (LES), h., cⁿᵉ de Riotord. — *Locus dous
Panencz*, 1461 (Rhône, H. 1180). — *Panent*,
1888 (Malègue).

PANENS (LES), h., cⁿᵉ de Saint-Didier-la-Séauve. —
Als Panencs, 1324 (coll. Chaleyer). — *Les Panens*,
1553 (ress. de Montfaucon). — *Les Parens*, xviiiᵉ s.
(Cassini). — *Les Panents*, 1860 (état-major).

PANEYRONS (LES), f., cⁿᵉ du Chambon.

PANIS (LE), ruiss., affl. de l'Ance, arrose les cⁿᵉˢ de
Thoras et de Croisance. — *Flumen de Panis*, 1367
(Thiolent). — *Paniez*, 1368 (*idem*). — *Aqua app.
de Panyc*, 1527 (A. Besseyre, nʳᵉ). — *La rivière de
Panic*, 1622 (terr. de Vazeilbes).

PANNESSAC, h., cⁿᵉ de Saint-Préjet-d'Allier. — *Panassac*, 1745 (Thiolent).

PANSIER, f., cⁿᵉ de Saint-Pal-de-Chalencon. — *Pansier*,
1419 (Loire, A. 89, f° 240 v°). — *Pancier*, 1540
(terr. de Saint-Pal). — *Pausier*, 1888 (Malègue).

PAON (LE), affl. de la Ribeyre, cⁿᵉ de Jax.

PAPETERIE (LA), vill., cⁿᵉ de Saint-Didier-la-Séauve.

PAPETERIE (LA), h., cⁿᵉ de Tence. — *Les Papeteries
d'Apini*, 1696 (ét. civ.). — *La Papeterie de Tence*,
1698 (*idem*).

PARABESC, f., cⁿᵉ de Freycenet-Lacuche. — *Parabès*
(cad.).

PARADE (LA), écart, cⁿᵉ d'Alleyras. — *Nemus de la Parada*, 1513 (prieuré d'Alleyras). — *La Parade*,
1536 (*ibid.*).

PARADE (LA), vill., cⁿᵉˢ de Bauzac et de Retournac.
— *Mansus de la Parada*, 1336 (Arch. nat., P. 493²,
cote 122). — *La Parau*, 1383 (Rhône, E. 9).
— *La Para*, 1771 (ét. civ.). — *Laparade*, 1820
(Deribier).

PARADIS, m. i., cⁿᵉ de Chadron.

PARADIS, écart, cⁿᵉ de Chamalières.

PARADIS, m. i., cⁿᵉ de Chénéreilles.

PARADIS, ancienne maison des Frères de la Doctrine
chrétienne, cⁿᵉ d'Espaly-Saint-Marcel. — *Ung champ*

appelé *Paradis proche la rivière de Borne*, 1596
(Galien, n°). — *Ung beau jardin nommé le Paradis*, 1630 (Hugues Davignon, la Velléyade,
39).

Paradis, m. i., c° de Tence.

Paradis (Le), lieu dit, c° d'Ours-Mons. — 1598
(Galien, n°).

Parafit, f., c° de Malvalette.

Parat, m. i., c° de Saint-Étienne-Lardeyrol.

Paravent (La), vill., c° de Saint-Pierre-Eynac. —
La Parevent, 1561 (Savin, n°).

Paredon, h., c° de Siaugues-Saint-Romain. — *Villa
quæ dicitur Pratum Rotundum*, 936 (cart. de
Brioude, ch. 337). — *Pratum Redunt*, v. 1250
(spic. Brivat.). — *Mansus de Passu Rotundo, Pas
Redont*, 1453 (Bibl. nat., ms. lat., n. acq., 1222,
f° 7 et 8). — *Parredont*, 1525 (terr. du Cluzel).
— *Prat-Redond*, 1629 (Duclaux, n°). — *Parredon*
XVIII° s. (Cassini).

Pareils (Lous), h., c° de Saint-Didier-sur-Doulon.
— *Louparel*, XVIII° s. (Cassini). — *Louspareils*,
1869 (Malègue).

Parleyres (Les), h., c° de Vissac.

Paros, m. i., c° de Malvières.

Parquets (Les), h., c° de Tence.

Parron, m. i., c° de Saint-Julien-du-Pinet.

Parry, h., c° de Saint-Georges-d'Aurac. — *Le lieu
des Perres*, 1455 (la Chaise-Dieu, Mazerat-la Brequeille). — *Paris*, XVIII° s. (Cassini).

Parson, f., c° des Estables. — *La Metterie de Parson*, 1626 (vis. past. de l'év. Just de Serres). —
Parsson, 1680 (Surrel, n°). — *Parsoure*, 1888
(carte adm.). — *Parsonne*, 1888 (Malègue).

Pas (Les), quartier de Saint-Georges-Lagricol. —
Les Pasteaux, 1695 (capitation).

Pasbertrand, loc. détr., c° de Malrevers. — *Territorium de Pas-Bertrant*, 1361 (Haute-Loire, E.).
— *Locus de Pas-Bertrant*, 1458 (Maltrait, n°).

Pascal, h., c° du Pertuis.

Pascal (Moulin-), m° sur l'Allier, c° de Langeac.

Passa (La), h., c° de Montregard. — *La passière
appelée la Passaa*, 1556 (terrier de Montregard).
— *Les Passas*, 1879 (carte adm.).

Passadoux (Le), affl. de la Méjeanne, c° de Saint-
Paul-de-Tartas.

Passas (Les), m. i., c° de Riotord.

Passebarial, h., c° de Saint-Austremoine. — *Passe-
Barrial*, 1613 (Mercurial). — *Passebarriat*,
XVIII° s. (Cassini).

Passe-Bise, loc. détr., c° des Estables. — 1740
(ét. civ.).

Passelèbre, f., c° de Fay-le-Froid.

Passemard (Moulin-), m° sur l'Auzon, c° de Saint-
Hilaire.

Passeran, m° détruits, c° de Pradelles. — 1285
(homm. de l'év.). — *Passaran*, 1336 (Arch. nat.,
P. 1398², cote 669). — *Passerant*, 1375 (la Chaise-
Dieu, Saint-Paul-de-Tartas). — *Passerand*, 1881
(aff. jud.).

Passet (Le), écart, c° de Rosières. — *Le Passel*,
1880 (carte adm.).

Passe-Vite, m. i., c° d'Aurec.

Passe-Vite, écart, c° de Lantriac. — *Passevèle*,
1888 (Malègue).

Passeyres (Les), vill., c° de Saint-Jean-de-Nay. —
Las Passeyras, 1476 (Bibl. nat., ms. lat., n. acq.,
1224, f° 131). — *Passeriæ*, 1519 (Martel, n°).
— *Passeyres*, 1528 (Haute-Loire, E.). — *Les
Passayres*, 1888 (Malègue).

Passières (Les), c° du Puy. — Passage sur le Dolaison de l'ancienne route du Puy à Solignac-sur-Loire.
— *Las Passas de Sollempniaco seu de Dolezo*, 1294
(terr. de Saint-Mayol). — *Las Passas de Dolezo*,
1329 (Saint-Georges du Puy). — *Las Passas de
Sollempnhac*, 1334 (hospitaliers du Velay). —
Las Passers de Sollempniaco, 1386 (homm. de Solignac). — *Passi vulgariter dicti de Sollempniaco*,
1404 (idem).

Passouira (Moulin-de-), m° sur l'Ance, c° de Boisset.

Pataniau, écart, c° de Saint-Christophe-sur-Dolaison.

Paternaud, anc. verrerie, c° de Desges. — *Paternault*, 1588 (spic. Briv.).

Pâtre (Le), h., c° de Saint-Just-Malmont. — *Les
Pâtres*, 1888 (Malègue).

Patron, m. i., c° du Chambon. — *Poutrant*, 1888
(Malègue).

Pauc (Le), vill., c° des Vastres. — *Mansus de Pauco*,
1464 (Ardèche, C. 624). — *Le Pauc*, 1673 (ét.
civ.). — *Le Pau*, 1888 (carte adm.).

Paucheville, h., c° de Craponne-sur-Arzon. — *Villa
de Che i a pauc* (le ms. porte *Cheiapane*), v. 1045
(cart. de Chamalières, n° 245). — *Ad Paucam
Villam, Ad Paucham Villam*, 1213 (idem, n° 322 et
335). — *Paucavilla*, 1417 (Loire, A. 89, f° 63 v°).

Paulet, m. i., c° de Montregard.

Paulhac, h., c° de Blassac. — *Mansus de Paulhaco*,
1390 (Arch. nat., Z² 4145, p. 152). — *Polhat*,
1428 (Bibl. nat., ms. fr., 11490, f° 45). — *Paulhat*,
1460 (Arch. nat., ZZ. 359, p. 21). — *Paulhac*,
1471 (idem, p. 138).

Paulhac, c° de Brioude. — *Cultura de Pauliaco*,
v. 960 (cart. de Sauxillanges, ch. 85). — *In Pau-
lhago*, XI° s. (cart. de Brioude, ch. 47). — *Castrum
de Paulhac*, 1310 (spic. Briv.). — *Paulhyac*, 1341

26.

(terr. de Charbonnier). — *Poulhac*, 1353 (coll. J. Lachenal). — *Paulhat prope Brivatam*, 1429 (terr. du doy. de Br.). — *Polhac*, 1511 (coust. d'Auv., f° 70 v°). — *Poulhiac*, 1603 (Chanvon, n^re). — *Pauliac*, 1616 (Rhône, H. 2153).

En 1789, Paulhac, qui était un fief vassal de la collégiale de Brioude, était compris dans la province d'Auvergne, l'élection et subdivision de Brioude et le ressort de Riom. Son église paroissiale, diocèse de Saint-Flour et archiprêtré de Brioude, était à la présentation de l'évêque.

Paulhiac, f., c^ne de Tence. — *Mansus de Paulhiac*, 1296 (hospit. du Velay). — *Paulhac*, 1343 (Rhône, H. 1016).

Paulhaguet, arr. de Brioude. — *Pauliacum*, v. 888 (cart. de Brioude, ch. 11). — *Villa de Paulageto*, 1148 (Gall. chr., II, inst., col. 107). — *Pauliaguetum*, 1255 (spic. Briv.). — *Prioratus de Paulhaguet*, 1316 (*idem*). — *Pauleiguet*, 1401 (*idem*). — *Polhaguetum*, 1444 (Bibl. nat., ms. fr., 11490, f° 341). — *Polhaguet*, 1511 (coust. d'Auvergne, f° 80 v°).

Péage supprimé par arrêt du Conseil du 26 octobre 1744.

En 1789, Paulhaguet dépendait de la province d'Auvergne, de l'élection et subdélégation de Brioude et du ressort de Riom. Son église paroissiale, diocèse de Saint-Flour et archiprêtré de Brioude, était dédiée à saint Étienne; la prieure de la Vaudieu présentait à la cure.

Pauliachon, f., c^ne de Tence. — *Poulhiachon*, 1693 (ét. civ.). — *Paulinchon*, 1820 (Deribier).

Paulière (La), écart, c^ne de Saint-Didier-la-Séauve. — *La Pollière*, 1553 (ress. de Montfaucon). — *La Palière*, xviiie s. (Cassini).

Paulin, chât. et vill., c^ne de Monistrol-sur-Loire. — *Paulianum*, v. 1096 (cart. de Chamalières, n° 31). — *Pauli*, 1269 (hôtel-Dieu, B. 617). — *Paulinum*, 1346 (J. de Peyre, n^re). — *Paulinh*, 1362 (Arch. nat., P. 491², cote 88). — *Poulinum, Pouli*, 1492 (obit. de Bas). — *Pouly*, 1507 (év.). — *Poulyn*, 1555 (obit. de Bas). — *Polin*, 1614 (M^ce Leblanc, n^re).

Paulinac, loc. détr., c^ne de Vals-près-le Puy. — *Mansus de Paulinac*, v. 1132 (tabl. du Velay, 1870-1871, p. 528). — *Paulinhac*, 1279 (Saint-Mayol). — *Paulnhat*, 1320 (Saint-Agrève). — *Rancus de Polinhaco*, 1505 (Dompnin, n^re).

Pautuds (Les), vill., c^ne de Rosières. — *Pautut*, 1108 (Saint-Georges du Puy). — *Paututs*, 1252 (la Chaise-Dieu, liasse Vazeilles). — *Mansus deux Paututz*, 1342 (coll. C. Falcon). — *Los Pautus*,

1387 (év.). — *Lous Poutus*, 1555 (cad. de Mercœur). — *Les Potus*, 1714 (cad. de Laval-Emblavès). — *Les Poutads*, 1880 (carte adm.).

Pavevre (La), mont., c^ne d'Agnat.

Pavillon (Le), m^in à scie, c^ne d'Auvers.

Payrard (Moulin-de-), m^in sur la Gagne, c^ne de Saint-Germain-Laprade. — *Le Molin-de-la-Palhe*, 1588 (M^ce Leblanc, n^re). — *Le Molin-de-la-Paille*, 1589 (Doleson, n^re). — *Le Molin-de-Peyrard*, 1707 (cad. de Bouzols). — *Perar*, xviiie s. (Cassini).

Payzat, f., c^ne de Saint-Éble. — *Villa de Paisac*, 1235 (spic. Brivat.). — *Mansus de Payasaco*, 1457 (Bibl. nat., lat., n. acq., 1222, f° 52). — *Payasac*, 1457 (*idem*, f° 54 v°). — *Paiasac*, 1463 (terr. de Vissac). — *Payczat*, 1474 (terr. du Cluzel). — *Paysat*, xviiie s. (Cassini).

Paziers (Les), h., c^ne de Montregard. — *Lous Pasiers*, 1469 (Rivière, n^re). — *Les Pazeres*, xviiie s. (Cassini).

Pealleviale, vill., c^ne d'Araules. — *Pela Vela*, 1368 (év.). — *Piala Viala*, 1507 (év.). — *Pialle-Vialle*, 1639 (Jacmon, 147). — *Pialeviales*, 1878 (carte adm.).

Péaure, f., c^ne du Chambon. — *Mas de Puey-Aures*, 1319 (homm. de l'év.).

Pebelit, m. i., c^ne du Puy.

Pébélit, dom., c^ne de Saint-Germain-Laprade. — *Combullit*, 1159 (hospit. du Velay). — *Pebullit*, v. 1161 (*idem*). — *Villa quæ voc. Cunbulit*, 1164 (*id.*). — *Fortalicium de Pebulit*, 1306 (*idem*). — *Domus Pedis Bulhiti Sancti Johannis Jherusalem*, 1321 (*id.*). — *Pebulhit*, 1349 (Saint-Mayol). — *Puech-Bulhit*, 1476 (Rhône, H. 2749). — *Podium Bulutum*, 1485 (Richon, n^re). — *Peubulit*, 1520 (hôtel-Dieu). — *La commanderie de Piebulit*, 1540 (Savin, n^re). — *Piebelyt*, 1546 (*idem*). — *Pied-Buly*, 1600 (Rhône). — *Pied-Boli*, 1633 (Barret, n^re). — *Peubeulhect*, 1633 (Rhône). — *Pubelly*, 1664 (*idem*). — *Pebelier*, 1686 (*idem*). — *Pebelit*, 1687 (*idem*).

Pébrac, c^on de Langeac. — *B. Maria de Piperaco*, 1072 (cart. de Pébrac, n° 6). — *Pebrac*, 1199 (Baluze, m. d'Auv., II, 257). — *W. de Bebrac*, 1235 (cart. de Pébrac, n° 64). — *Castrum de Pebrac superius*, v. 1254 (*idem*, n° 75). — *Monasterium de Pebraco*, 1332 (J. de Peyre, n^re). — *Conventus Piperacii*, 1343 (jacobins). — *Pebrat*, 1401 (spic. Briv.).

En 1789, Pébrac appartenait à la province d'Auvergne, à l'élection de Brioude, à la subdélégation de Langeac et au ressort de Riom. Son église paroissiale, diocèse de Saint-Flour et archiprêtré de

Langeac, était sous le vocable de la Nativité de Notre-Dame.

Abbaye de l'ordre de saint Augustin, fondée en 1062 par saint Pierre de Chavanon.

Péchaire (La), affl. de la Semène, cⁿᵉ de Saint-Didier-la-Séauve.

Pechay, m. i., cⁿᵉ de Riotord.

Pêcher (Le), m. i., cⁿᵉ de Charraix.

Pêcher (Le), f., cⁿᵉ de Monistrol-sur-Loire.

Pêcher (Le), h., cⁿᵉ de Saint-Hostien. — *Lou Pessier*, 1653 (Lardeyrol).

Pêcher (Le), h., cⁿᵉ de Tence. — *Lo Pescher*, 1309 (homm. de l'év.). — *Lo Peschier*, 1328 (cart. de Tence, fᵒ 18 vᵒ). — *Le Peychier*, 1584 (Rhône, D. 153).

Pécheyroux, versant de la montagne de Champlonne, cⁿᵉ de Cayres.

Péchier (Le), m. i., cⁿᵉ de Lapte.

Péchoire (La), h., cⁿᵉ de Saint-Didier-la-Séauve. — *Picoyeria*, 1361 (coll. Chaleyer). — *La Picoyeyra*, 1367 (*idem*). — *La Peschoire*, 1470 (terrier de Saint-Didier de Joyeuse).

Péchoire (La), h., cⁿᵉ de Saint-Didier-sur-Doulon.

Pechozet, f., cⁿᵉ de Saint-Just-près-Brioude. — *Peuh-Auzel*, 1380 (Arch. nat., Z². 4143, p. 86. — *Peuch-Auzel*, 1462 (Arch. nat., ZZ. 359, p. 122). — *Péchauzet* (cad.).

Pechs (Lous), h., cⁿᵉ de Saint-Didier-sur-Doulon. — *Les Peutz*, 1516 (Vals-le-Chastel). — *Lous Peuchs*, 1532 (*idem*). — *Les Peux*, 1820 (Deribier). — *Louspech*, 1888 (carte adm.).

Pécouyou (Suc du), mont., cⁿᵉ de Chassagnes.

Pède (La), h., cⁿᵉ de Thoras. — *Li Peda*, 1327 (Lozère, G. 98). — *Locus de Peda*, 1499 (Thiolent). — *La Pedde*, 1623 (Peyret, nʳᵉ). — *Lapède*, 1820 (Deribier).

Pégeyrolles, h., cⁿᵉ de Saint-Privat-du-Dragon. — *Villa Pejairolas*, 1025 (dom Fonteneau, vol. XXVIII). — *Mansus de Pigeyroles*, 1458 (Arch. nat., ZZ. 359, p. 3). — *Pigheyroles*, 1460 (*idem*, p. 21).

Pégeyrolles (Le), affl. de l'Allier au-dessus de la Vialette, cⁿᵉ de Saint-Privat-du-Dragon.

Pégon (Moulin-), mⁱⁿ sur la Ramade, cⁿᵉ d'Aubazac.

Pègue (La), m. i., cⁿᵉ d'Yssingeaux. — *La Pigne* (cad.).

Peidibles (Les), vill., cⁿᵉ de Retournac. — *Mons Ibie*, 1167 (cart. de Chamalières, nᵒ 86). — *Juxta Montemdibiam*, XIIᵉ s. (*idem*, nᵒ 140). — *Podium Ybie*, 1319 (Arch. nat., P. 494¹, c. 13). — *Lo Puey Debya*, 1328 (Arch. nat., P. 493 bis², c. 103). — *Lo Poy Dibya*, 1335 (Arch. nat., P. 1398¹, c. 657).

Peigne-du-Clerc (La), m. i., cⁿᵉ du Chambon.

Peines (Les), h., cⁿᵉ des Vastres. — *Las Penas*, 1322 (hosp. du Velay). — *Mansus de Penis*, 1464 (Ardèche, C. 624). — *Les Peines*, 1696 (ét. civ.). — *Les Pennes*, 1888 (carte adm.).

Péjaresse (Le), affl. de l'Allier, cⁿᵉ de Saint-Christophe-d'Allier.

Pelaton, m. i., cⁿᵉ de Saint-Just-Malmont.

Pelavis, f., cⁿᵉ de Chassignolles. — *Mansus de Pelavizi*, 1358 (spic. Briv.). — *Pelavie*, 1880 (carte adm.). — *Pellarit*, 1888 (Malègue).

Pélegrin (Le), ruiss., affl. de l'Allier à Saint-Julien-des-Chazes, prend sa source entre le Mas et Darnes, cⁿᵉ de Charraix. — *Rivus de Pelegri*, 1465 (Bibl. nat., ms. lat., n. acq., nᵒ 1223, fᵒ 212).

Pelens (Les), h., cⁿᵉ de Boisset. — *Les Pellens, les Pellenctz*, 1540 (terr. de Saint-Pal). — *Les Pelleux*, 1820 (Deribier). — *Despelin*, 1860 (état-major). — *Lespelins*, 1879 (carte adm.).

Pelinac, vill., cⁿᵉ de Saint-Jeure. — *Pulinhac*, 1294 (cart. de Tence, fᵒ 1 vᵒ). — *Pulynac*, 1310 (Rhône, D. 147). — *Polinacum*, 1343 (*idem*, H. 1016). — *Polinhac*, 1359 (*idem*, H. 2632). — *Pulinhacum*, 1373 (*idem*, D. 148). — *Pulinacum*, 1402 (cart. de Tence, fᵒ 14). — *Pelinhac*, 1451 (Rhône, H. 2633). — *Pelignac*, XVIIIᵉ s. (Cassini).

Peline, écart, cⁿᵉ de Tiranges.

Pélissac, chât., cⁿᵉ de Chénéreilles. — *Pelissac*, 1264 (Gall. christ., II, instr., col. 236). — *Pelissacum*, 1323 (J. de Peyre, nʳᵉ). — *Pelhissac*, 1328 (Rhône, D. 159). — *Pellissacum*, 1385 (év.).

Pélissier (Moulin-), mⁱⁿ sur le Lindes, cⁿᵉ d'Azerat. — *Moulin-Pélicier*, 1880 (carte adm.).

Pélissiens (Les), h., cⁿᵉ de Roche-en-Régnier. — *Territorium app. deus Pelissiers*, 1406 (terrier du Bois). — *Locus doux Pelliciers*, 1500 (coll. C. Falcon).

Pélisson, m. i., cⁿᵉ du Chambon.

Peluche (La), h., cⁿᵉ de Montclard. — Autref. Haute et Basse. — *La Pelluche-Haulte, la Pelluche-Basse*, 1531 (Vals-le-Chastel, invʳᵉ).

Penailles (Mas-de-), f., cⁿᵉ de Présailles.

Penaux (Les), h., cⁿᵉ de Saint-Just-Malmont. — *Le lieu de Choraing*, 1569 (terrier de Saint-Didier de Joyeuse). — *Choreing ou les Penaux*, 1644 (Theillière, Not. sur Saint-Just-Malmont, p. 187).

Pendilhères (Les), tèn., cⁿᵉ de Saint-Vert. — *Las Pendilheyras*, 1614 (la Chaise-Dieu, Saint-Vert).

Pénide (La), h., cⁿᵉ de la Chaise-Dieu.

Pénide (La), f., cⁿᵉ de Charraix. — *La Pineda*, 1351 (Thiolent). — *La Pinede*, 1467 (Bibl. nat., lat.,

n. acq., 1223, f° 313). — *La Pinede de Giberno*, 1774 (terr. de Digons).

PÉNIDE (LA), h., cⁿᵉ de Cubelles. — *Mansus de la Pineda Marchet*, 1325 (Thiolent). — *El mas de la Pyneda*, 1396 (Soc. d'agr., XIV, 178).

PÉNIDE (LA), vill., cⁿᵉ d'Espalem. — *La Pineda*, 1350 (spic. Briv.). — *La chastellenie de la Pinede en la paroisse d'Espalenc*, 1511 (coust. d'Auv., f° 81). — *La Pinide*, 1730 (terr. d'Espalem).

PÉNIDE (LA), l. détr., cⁿᵉ de Montclard.

PÉNIDE (LA), éc., cⁿᵉ de Rauret. — 1296 (homm. de l'év.). — *La Pinede*, 1539 (Arch. nat., P. 1446, f° 213).

PÉNIDE (LA), vill., cⁿᵉ de Saint-Hostien. — *Villa de la Pineda*, 1271 (év.). — *Locus de Pineda*, 1329 (Bonneville). — *Pineta*, 1483 (Lardeyrol). — *La Pinide*, 1534 (év.).

PÉNIDE (LA), f., cⁿᵉ de Saint-Just-près-Brioude. *In aice Brivatense, de villa Pinatense*, 924 (cart. de Brioude, ch. 16). — *Apud Espinedes, homines de Pinedes*, 1281 (J. Lachenal, l'égl. de Brioude, 13 et 21). — *El mas de la Pineda, Pineta*, 1341 (terr. de Charbonnier). — *La Pinede*, xvᵉ s. (Bibl. nat., fr., 22297, p. 317). — *La Pinide*, 1744 (terr. du Mas).

PÉNIDE (LA), m. i., cⁿᵉ de Saint-Martin-de-Fugères.

PÉNIDE (LA), écart, cⁿᵉ de Saint-Privat-d'Allier. — *Locus de Pinu*, 1482 (la Chaise-Dieu, Saint-Privat-d'Allier).

PÉNIDE (LA), bois, cⁿᵉ de Saint-Vidal. — *La Pineda, nemus domini S. Vitalis*, 1453 (titres de Saint-Vidal).

PÉNIDE (MOULIN-DE-LA), scierie, cⁿᵉ de Saint-Hostien.

PÉPINET, h., cⁿᵉ de Venteuges. — *Puech Pinet*, 1327 (Lozère, G. 98). — *Podium Pinetum*, 1539 (Thiolent). — *Pepynet*, 1574 (terr. de Meyronne). — *Peupinet*, 1749 (cad. du Bessel).

PÉPOUGET, vill., cⁿᵉ de Saint-Vert. — *Le Mas de Puey-Poget*, 1337 (spic. Briv.). — *Mansus de Podio Pogeto*, 1338 (idem). — *Le Pouget*, 1820 (Deribier).

PÉRAULT, f., cⁿᵉ de Freycenet-Lacuche. — *Perrot*, xviiiᵉ s. (Cassini). — *Peyrot* (cad.).

PERBET (MOULIN-DE-), mⁱⁿ sur l'Aubépin, cⁿᵉ de Saint-Front.

PERCET, éc., cⁿᵉ de Saint-Didier-la-Séauve. — 1553 (ress. de Montfaucon).

PÈRE (BOIS DU), bois, cⁿᵉ de Pébrac. — *El bos Saint Peyre*, 1455 (Bibl. nat., lat., n. acq., 1222, f° 24 v°).

PÉREL, h., cⁿᵉ d'Araules. — *Perrel*, 1507 (év.).

PÉRET, h., cⁿᵉ de Saint-Julien-d'Ance. — *Locus de Pereto*, 1326 (J. de Peyre, nʳᵉ, reg. A, f° 31). —

Peretum, 1471 (terrier de Piassac). — *Peret*, 1540 (terrier de Saint-Pal-de-Chalencon). — *Perret*, 1888 (Malègue).

PÉRET (MOULIN-DE-), mⁱⁿ sur l'Ance, cⁿᵉ de Saint-Julien-d'Ance.

PÉRIER, loc. détr., cⁿᵉ de Chassignolles. — *Mansus de Pererz*, 1358 (spic. Briv.).

PÉRIER (LE), l. détr., cⁿᵉ d'Alleyras. — *Mansus del Perreyr*, 1313 (Thiolent).

PÉRIGNAC, h., cⁿᵉ de Saint-Julien-du-Pinet. — *Peyrinhac*, 1325 (év.). — *Peyrinhacum*, 1440 (Rhône, Bessamorel). — *Peirinhacum*, 1525 (commᵉⁿ de M. le Dʳ Charreyre). — *Peyrignac*, 1820 (Deribier).

PERPEZOUX, h., cⁿᵉ de Monistrol-sur-Loire. — *Peyra pesol*, 1461 (Rhône, H. 1180). — *Peyre pesou*, 1656 (ét. civ.). — *Peyrepezon*, 1820 (Deribier).

PERRIER (LE), h., cⁿᵉ de Saint-André-de-Chalencon. — *Villa Pirarius*, xiᵉ s. (cart. de Chamalières, n° 276). — *Villa dicta lo Perer*, 1293 (Arch. nat., P. 491¹, c. 13). — *Lo Percir*, 1311 (Arch. nat., P. 1397², c. 572). — *Le Perier*, 1545 (terr. de la Garde). — *Lou Perier*, 1695 (capitation).

PERRIÈRE, h., cⁿᵉ de Riotord.

PERRIN, m. i., cⁿᵉ de Rosières.

PERROTS (LES), h., cⁿᵉ d'Aurec. — *Les Pérots* (cad.).

PERTUIS (LE), m. i., cⁿᵉ du Chambon.

PERTUIS (LE), cⁿᵉ de Saint-Julien-Chapteuil. — *Hospitale del Pertus*, 1284 (Gall. chr., XVI, instr., 260). — *Villa de Pertuzio*, 1329 (Bonneville). — *Prior de Pertusio*, 1353 (Saint-Vosy). — *Lo Partus*, 1518 (G. Maurin, nʳᵉ). — *Le Pertuys*, 1561 (Savin, nʳᵉ).

Voc. : saint Barthélemy.

Commune créée par la loi du 11 janvier 1852 et démembrée de celle de Saint-Hostien.

PERTUIS (MAS-DE), f., cⁿᵉ de Saint-Haon. — *Le Mas de Voxeur*.

PERTUIS (SUC DU), mont. boisée, cⁿᵉ du Pertuis.

PERTUSADE, rocher, près la Terrasse, cⁿᵉ de Coubon. — *La Rocha Pertusada*, 1389 (plumit. de Bouzols). — *Le rochier de Pertusade*, 1707 (cad. de Bouzols).

PERVANCHÈRE (LA), m. i., cⁿᵉ de Lapte.

PERVANCHÈRE (LA), f., cⁿᵉ de Saint-Pal-de-Mons.

PERVENCHÈRE, éc., cⁿᵉ d'Yssingeaux. — *Pervencheyres-lez-Bellecombe*, 1559 (R. Maurin, nʳᵉ).

PERVENCHÈRE (LA), h., cⁿᵉ de Dunières. — *Perviuchère*, 1879 (carte adm.).

PERVENCHÈRE (LA), f., cⁿᵉ de Raucoules.

PERVENCHÈRES, h., cⁿᵉ de Cistrières. — *Pervencheyres*, 1570 (J. Chalvon, nʳᵉ). — *Pervenchère*, 1888 (carte adm.).

Pesse (La), écart, c^ne de Chamalières. — *La Pièce* (cad.).

Pessemesse, f., c^ne des Estables.

Pessemesse (Le Mas-de-), l. détr., c^ne de Freycenet-la-Tour. — 1677 (cad. de Freycenet-la-Tour).

Pessemezelle, lieu dit, c^ne de Saint-Ilpize. — *Pesa Mezel*, 1339 (Bibl. nat., ms. fr., 14377, p. 189). — *Pesse-Mezel*, 1452 (Bibl. nat., ms. fr., 11490, p. 494).

Pesse-Queyrade, lieu dit, c^ne d'Espaly-Saint-Marcel. — *Pessa Enchairada*, xiiie s. (coll. César Falcon). — *Pesse-Queyrade*, 1710 (cad. d'Espaly).

Pestre, écart, c^ne de Coubon.

Pestre, f., c^ne de Saint-Front.

Petarel, m. i., c^ne d'Yssingeaux.

Petas, écart, c^ne de Chadron. — *Locus deux Truchestz*, 1352 (prieuré de Solignac). — *Lous Truchetz*, 1636 (Demans, n^re). — *Truchet*, xviiie s. (Cassini).

Pèteloup, m. i., c^ne du Mazet-Saint-Voy.

Pèteloup, f., c^ne de Saint-Front.

Petite-Mer, m. i., c^ne de Chadrac.

Petit-Marais (Le), écart, c^ne de la Chapelle-d'Aurec. — *Petit-Maray*, 1879 (carte adm.).

Petit-Peyre, h., c^ne de Sainte-Sigolène.

Peubanchy, loc. détr., c^ne de Saint-Vert. — *Mansus de Podio Banches*, 1291 (spic. Briv.). — *Pubanchy*, 1693 (la Chaise-Dieu, lièvo).

Peu-Barbu, bois, c^ue de Pinols.

Peu-Borlanc, montic., c^ne de Lempdes. — *Podium Borlanc*, 1295 (spic. Briv.).

Peuch (Le), f., c^ne de Saint-Préjet-d'Allier. — *Ecclesia Sancti Anatolii*, 1145 (tabl. du Velay, 1877-1878, 211). — *Puteus*, 1298 (Thiolent). — *Mansus voc. lo Puch prope Pozas*, 1327 (Lozère, G. 98). — *Podium sive mons Sancti Amatorii*, 1499 (idem). — *Podium Sanctæ Natoriæ*, 1527 (A. Bessoyre, n^re). — *Le Peutz*, 1565 (Doleson, n^re).

Peuchaud, mont., c^ne de Céaux-d'Allègre. — *Mansus sive terra vocatus Puez Chalm, quod est a Chambarel*, v. 1181 (hospit. du Velay). — *Le Peuchaud* (cad.).

Peuch-de-Molezon (Le), mont., c^ue de Beaumont. — 1543 (terr. de Lauriat).

Peuch-Espaleu, loc. détr., c^ne de Saint-Just-près-Brioude. — *Peuh Espaleu*, 1388 (spic. Briv.). — *Mansus de Peuch Espaleu*, 1462 (Arch. nat., ZZ. 359, p. 46).

Peu-de-Cuazotte (Le), bois, c^ue de Pinols. — En patois : *Le Peu de la Chabonne*.

Peu-du-Ciel, mont., c^ne de Pinols.

Peu-du-Cluzel (Le), montic., c^ue de Léotoing. — *Lo Puoig del Cluzel*, 1295 (spic. Briv.).

Peu-Marchet, mont., près les Salles, c^ne de Saugues. — *Peuts-Marchié*, 1564 (Thiolent).

Peu-Martet, mont., c^ne de Langeac. — *La montaigne de Peuch-Martel*, 1568 (Arch. nat., Q. 513, p. 234).

Peu-Maury, mont., près Griniac, c^ne de Siaugues-Saint-Romain. — *Pueich-Maury*, 1384 (Chamblas). — *Puey-Moury*, 1444 (idem). — *Mons de Peutz-Maury*, 1462 (Bibl. nat., ms. lat., n., acq. 1223, f° 87).

Peunier, l. détr., c^ne de Thoras. — *Casale de Puech Nier*, 1499 (Thiolent).

Peupara, bois, c^ne de Pinols. — *Terra de Poyt-Pellat*, 1348 (Arch. nat., Z². 54, p. 43). — *Peu-Palla* (cad.).

Peybernenc, h., c^ne du Chambon. — *Podium Brunenc*, 1343 (Rhône, H. 1016). — *Peu-Brunenc*, 1507 (év.). — *Peu-Brunel*, 1616 (Rhône, H. 2153). — *Peu-Bernenc*, 1695 (capitation). — *Pey-Bernenc*, xviiie s. (Cassini). — *Peyberninc*, 1861 (état-major).

Pey-Bresson, bois, c^ue du Chambon.

Pey-Chassagne, loc. détr., c^ne de Saint-Vert. — *Mansus de Podio Chassanhes*, 1291 (spic. Briv.).

Pey-de-Chadron (Le), f., c^ne de Chadron.

Pey-de-Malleys (Le), mont. boisée, c^ne de Beaulieu. — *Mons de Melleys*, 1311 (Arch. nat., P. 1399^1, c. 783). — *Le peu de Maleys, le suc de Maleys*, 1588 (M^ce Leblanc, n^re).

Pey-de-Montusclat (Le), mont. trachyt., limitant les c^nes de Champclause, de Montusclat et de Saint-Julien-Chapteuil. — Nom vulgaire : *la Tortue*.

Pey-du-Prat (Le), écart, c^ne de Laussonne. — *Peu-du-Prat* (cad.).

Pey-Giroder, dyke basalt., c^ne de Saint-Germain-Laprade. — *Peu-Giraudet*, 1539 (Savin, n^re). — *Peu-Giroudet*, 1568 (idem). — *Le suc de Pech-Giraudet*, 1572 (A. Boyer, n^re). — *Pierre-Girodet*, 1867 (Lecoq, IV, 199).

Peygou, l. détr., c^ne de Saint-Jeure. — 1695 (capitation).

Pey-Gnos, mont. boisée, c^ne de Bains. — *Peut-Gros*, 1463 (Chauvin, n^re).

Peygnos, écart, c^ne de Monistrol-sur-Loire. — *Peu gros*, 1507 (év.). — *Peygros*, 1657 (ét. civ.).

Pey-Grosset, dyke basalt., c^ne de Saint-Germain-Laprade. — *Peu-Grosset*, 1568 (Savin, n^re). — *Pierre-Grosset*, 1867 (Lecoq, IV, 199).

Peylenc, mont., c^ne de Saint-Pierre-Eynac. — *El garait del Pei lo*, v. 1175 (hospit. du Velay). — *Peulenc*, 1568 (Savin, n^re). — *Paylen*, 1879 (carte adm.). — *Peylon*, 1886 (aff. jud.).

PEYMARIE, mont., c⁰ᵉ de Bellevue-la-Montagne.

PEY-MARTIN, m. i., c⁰ᵉ du Chambon.

PEY-MARTIN, bois, c⁰ᵉ du Mazet-Saint-Voy. — *Peu-Martin*, 1616 (Rhône, H. 2153).

PEYMION, h., c⁰ᵉ de Saint-Vert. — *Mansus de Podio Medio*, 1291 (spic. Briv.). — *Le Mas de Poymean ou Peumean*, 1341 (terr. de Charbonnier). — *Peumie*, 1693 (la Chaise-Dieu, liève). — *Peymiant*, 1880 (carte adm.).

PEYNASTRE, mont., c⁰ᵉ de Saint-Germain-Laprade. — *Peu-Nastol*, 1412 (terrier du Moulin-Neuf). — *Peu-Nastoul*, 1568 (Savin, n°ˢ).

    Pèlerinage pour la guérison de la fièvre.

PEYPARAT, mont., c⁰ᵉ de Pinols. — *Puy-Pallat*, 1670 (Arch. nat., P. 502, c. 99).

PEY-PÉRIER, m. i., c⁰ᵉ de Laussonne.

PEY-PERONNE, bois, c⁰ᵉ de Ferrussac.

PEYRACHE, m⁰ et scierie sur le Picat, c⁰ᵉ de Saint-Julien-Molhesabate.

PEYRACHON (MOULIN-DE-), m⁰, c⁰ᵉ de Laussonne.

PEYRAGROSSE, h., c⁰ᵉ de Bauzac. — *Petra grossa*, 1490 (obit. de Bas). — *Peyra grossa*, 1508 (idem). — *Peyre-grosse*, 1553 (ress. de Montfaucon).

PEYRAMONT, mont. volc., c⁰ᵉ de Saint-Geneys-près-Saint-Paulien.

PEYRARD (MOULIN-DE-), m⁰ sur le Vourzac, c⁰ᵉ de Sanssac-l'Église.

PEYNATHÉ (SUC DE), bois, près Janisse, c⁰ᵉ de Roche-en-Régnier.

PEYRE, vill., c⁰ᵉ de Beaux. — *Paira*, v. 1100 (cart. de Cluny, n° 3896). — *Mansus de Peyra*, 1321 (J. de Peyre, n°ˢ). — *Petra*, 1322 (idem). — *Peire*, 1888 (Malègue).

PEYRE, vill., c⁰ᵉ de Cerzat. — *Peyra*, 1379 (Arch. nat., Z². 4143, p. 52).

PEYRE (LA), f., c⁰ᵉ de Blesle. — *La Peyra*, 1306 (terr. de Blesle).

PEYRE (LA), f., c⁰ᵉ de Freycenet-la-Tour.

PEYRE (LA), f., c⁰ᵉ de Saint-Front. — *Peiremorte*, 1695 (capitation).

PEYRE (LA), vill., c⁰ᵉ de Saint-Jean-de-Nay. — *La Peira*, 1231 (Saint-Pierre-le-Monastier). — *Petra*, 1255 (idem). — *La Peyra*, 1477 (Bibl. nat., ms. lat., n. acq., 1224, f° 184 v°). — *Locus de Lapide*, 1519 (Martel, n°ˢ).

PEYRE (LE), affl. du Josan, c⁰ᵉ de Cerzat.

PEYRE (LE), affl. de l'Allier en amont de Monistrol-d'Allier, prend sa source au nord-ouest de la Bastide, c⁰ᵉ de Saint-Préjet-d'Allier. — *Ruiss. de Paire*, 1888 (carte adm.).

PEYRE (PETIT-), m. i., c⁰ᵉ de Sainte-Sigolène.

PEYREBADON, f., c⁰ᵉ du Mazet-Saint-Voy.

PEYRE-BAS, écart, c⁰ᵉ de Cerzat.

PEYREBAUD, mont. et m. i., c⁰ᵉ des Villettes. — *Peyleroux*, 1888 (Malègue).

PEYREBEILHE, f., c⁰ᵉ de Saint-Front.

PEYREBILLE, f., c⁰ᵉ du Bouchet-Saint-Nicolas. — *Peyrebeille*, 1820 (Deribier).

PEYREBILLE, éc., c⁰ᵉ de Sanssac-l'Église.

PEYRE-BLANCHE, bois, c⁰ᵉ de Pinols.

PEYREBROUSSON, h., c⁰ᵉ de Tence. — *Peyra-Brosson*, 1694 (ét. civ.).

PEYRE-CHAUDE, m. i., c⁰ᵉ de Sainte-Sigolène.

PEYREDEYRE, vill., c⁰ᵉ de Saint-Quintin-Chaspinhac. — *Peyredeyra*, 1305 (Saint-Georges du Puy). — *Payradayra*, 1344 (J. de Peyre, n°ˢ, reg. D. f° 6 v°). — *Peyredeyras*, 1429 (év.). — *Peyrideriæ*, 1501 (J. Boyer, n°ˢ). — *Perideriæ*, 1521 (Lardeyrol). — *Peryderes*, 1534 (év.). — *Perideyres*, 1555 (cad. de Mercœur). — *Peyredeyres*, 1561 (Savin, n°ˢ). — *Peyreneyre*, xviiiᵉ s. (Cassini).

PEYREFREYDE, m. i., c⁰ᵉ de Saint-Étienne-près-Allègre. — *Pierre-Froide*, 1888 (carte adm.).

PEYREGROS, m⁰ sur le Lignon, c⁰ᵉ d'Yssingeaux.

PEYRELAS, vill., c⁰ᵉ de Sainte-Sigolène. — *Peyralaa*, 1361 (Saint-Mayol). — *Peyrellas*, 1553 (ress. de Montfaucon). — *Peyrela*, 1695 (capitation). — *Peirelas*, xviiiᵉ s. (Cassini).

PEYRELOUP, f., c⁰ᵉ de Freycenet-Lacuche.

PEYREMULE, f., c⁰ᵉ de Saint-Pal-de-Mons. — *Peyremole*, 1888 (Malègue).

PEYRES, f., c⁰ᵉ de Sainte-Sigolène.

PEYREYRE (LA), f., c⁰ᵉ de Ceyssac. — *La Peyreyre-lès-Ceyssac*, 1745 (Haute-Loire, B. 58). — *La Payrière*, xviiiᵉ s. (Cassini).

PEYREYRE (LA), écart, c⁰ᵉ de Monistrol-sur-Loire. — *Une maison seulle nommée Payrière*, 1553 (ress. de Montfaucon). — *La Peyreyre*, 1663 (ét. civ.).

PEYREYRE (LA), vill., c⁰ᵉ de Sainte-Sigolène. — *La Peyreyra*, 1519 (obit. de Bas). — *La Peyreire*, 1695 (capitation). — *La Perrière*, xviiiᵉ s. (Cassini). — *La Peyrière*, 1820 (Deribier).

PEYREYRE (LA), m. i., c⁰ᵉ de Saint-Georges-d'Aurac.

PEYREYRE (LA), h., c⁰ᵉ de Saint-Pierre-Eynac. — *Peyrier*, 1879 (carte adm.). — *Ferrier*, 1888 (Malègue).

PEYRISEY, f., c⁰ᵉ de Lapte. — *Peirizy*, 1695 (capitation). — *Pérésy* (cad.). — *Peyrisis*, 1888 (Malègue).

PEYROGROS, m. i., c⁰ᵉ de Raucoules.

PEYRÔME, mont., c⁰ᵉ de Rosières. — *Peyre-Rome*,

Peyro-Roume, 1723 (cad. de Bellecombe). — *Suc de Peyrôme*, 1860 (état-major).

Peyron, f., cne des Estables. — *Peyrou*, 1739 (ét. civ.). — *Le Mas de la Grangette de Payron*, 1788 (idem). — *Peyrot*, 1888 (carte adm.).

Peyron (Le), f., cne de Charraix. — *Territorium del Peyro*, 1351 (Thiolent). — *Le Peyrou*, 1608 (idem). — *Le Peiron de Charaix*, 1632 (idem).

Peyron (Le), h., cne de Lapte. — *Peyroux* (cad.).

Peyron (Le), écart, cne de Monistrol-sur-Loire. — *Locus del Peyro*, 1508 (obit. de Bas). — *Le Peyron*, 1657 (ét. civ.). — *Le Péron*, xviiie s. (Cassini).

Peyron (Le), h., cne de Saint-Didier-la-Séauve. — *Lo Peyro*, 1310 (coll. Chaleyer). — *Lou Peyron*, 1553 (ress. de Montfaucon).

Peyron (Le), loc. détr., cne de Tailhac. — *Mansus del Peyro*, 1486 (terr. de Tailhac). — *Le Peyron*, 1555 (terr. d'Ant. de Chavanhac).

Peyron-Didier, pierre-limite, cne de Saint-Jean-Lachalm. — *Lapis affixa juxta stratam de Boschetu versus Bayssacum, nuncupata Peyro-Deydier*, 1464 (hôtel-Dieu, B. 574).

Peyronnet, vill., cne de Lapte.

Peyron-Saint-Jean (Le), loc. détr., cne de Saint-Pierre-Duchamp. — *Petra S. Johannis*, 1213 (cart. de Chamalières, n° 325). — *Mansus del Peiro Saint Johan*, 1265 (Arch. nat., P. 494¹, c. 36). — *Lo Peyro Saynt Joan prope mansum de la Monzia*, 1345 (idem, c. 19).

Peyrot, f., cne de Champclause.

Peyrouse (La), h., cne de la Chapelle-d'Aurec. Distrait de la commune d'Aurec par la loi du 13 mars 1872.

Peyrouse (La), m. i., cne de Sainte-Sigolène.

Peyrouse (La), f., cne de Saint-Front. — *In pago Vellaico, villa de Petrosa*, v. 970 (cart. du Monastier, n° 103). — *La Peyrosa*, 1530 (cad. du Monastier).

Peyrouses (Les), f., cne de Saint-Bonnet-le-Froid.

Peyrousette (La), h., cne de la Chapelle-d'Aurec. — *Peroseta*, 1465 (Rivière, nre). — *La Peyrozette*, 1569 (terr. de Saint-Didier de Joyeuse).

Peyrousses (Les), min sur les Gorces, cne de Montregard. — *Peyrouses*, 1888 (Malègue).

Peyrusse, chât. détr., cne d'Aubazac. — *Peiruza, Perucia, Petrucia*, xiie s. (cart. de l'Ébrac, nos 30, 37 et 44). — *Perrucia*, 1142 (idem, n° 37). — *Peirussa*, v. 1198 (idem, n° 49). — *Castrum de Perussa*, 1233 (bibl. de Grenoble, ms., c. 1365, n° 3112). — *Peyrussa*, v. 1250 (spic. Briv.).

Peyrusse, vill., cne d'Aubazac. — *Peruce*, 1379

(compte de B. Flotenc). — *Petrussa*, 1491 (Arch. nat., Q. 513, f° 86). — *Perrosse*, 1511 (coust. d'Auv., f° 81 v°). — *Capellanus de Peyrussa*, xvie s. (pouillé de Saint-Flour, p. 232).

Commune supprimée les 25-30 mai 1843 et réunie à celle d'Aubazac.

Peyrussette, h., cne d'Aubazac. — *Peyrusseta*, 1361 (Arch. nat., Z^2. 54, p. 149). — *Peyrucette*, 1649 (Arch. nat., Z^2. 58).

Peyssanges, vill., cne de Bournoncle-la-Roche. — *In aice Brivatensi, villa quæ dicitur Paciagas*, 857 (cart. de Brioude, ch. 77). — *Paisensangas*, xiiie s. (obit. de Br.). — *Passaghas*, 1434 (coll. J. Lachenal).

Peyveux, mont. boisée, cne de Bains. — *Peu-Veulh*, 1572 (prieuré de Bains). — *Peyvey*, 1880 (aff. jud.).

Pèze (La), f., cne de Raucoules. — *La Peza*, 1507 (év.). — *La Peysse*, 1820 (Deribier).

Pezouillou (Ravin-du-), affl. du ravin de la Sapède, cne de Vabres.

Philibert (Moulin-de-), min sur le Vourzac, cne de Sanssac-l'Église.

Philipaux, f., cne de Dunières. — *Fiala Pauc*, 1465 (Rivière, nre). — *Philepaut*, 1553 (Rhône, D. 185). — *Fialle-pauc*, 1583 (Imbert, nre). — *Fillepauc*, 1598 (Delafont, nre). — *Fille-pau*, 1695 (capitation). — *Philpeaux*, xviiie s. (Cassini). — *Philypeaux*, 1820 (Deribier). — *Philipot*, 1888 (Malègue).

Pialleprat, loc. détr., cne des Estables. — *Pealleprat*, 1590 (Burel, 185). — *Peleprat*, 1626 (év.).

Pialouneyre (La), m. i., cne de Saint-Just-Malmont.

Piarand, m. i., cne de Moudeyres.

Pianon, m. i., cne de Grazac.

Piassac, vill., cne de Saint-Georges-Lagricol. — *Villa de Piasac*, 1163 (cart. de Chamalières, n° 77). — *Ad Piaciagum*, 1213 (idem, n° 323). — *Pyassac*, 1271 (hôtel-Dieu, B. 620). — *Locus de Piassaco, Piassac*, 1447 (terr. de Piassac). — *Pissac*, 1569 (terr. de N.-D. de Chalencon). — *Piessac*, 1596 (Mre Leblanc, nre).

Piat (Le), ruiss., prend naissance dans la commune de Sainte-Sigolène, arrose celle de Monistrol-sur-Loire et se jette dans la Loire au-dessus de Cheucle. — *Les Chazeaux*, 1879 (carte adm.).

Piaure, vill., cne du Chambon.

Piboulet, h. et min sur le Lignon, cne de Lapte. — *Molendinum de Pibolet ou Pigolet*, 1370 (év.). — *Molendinum de Peoble*, 1391 (év.). — *Molendinum de Pipoble*, 1392 (év.). — *Piboulle*, 1553 (ress. de Montfaucon). — *Piboulet*, 1695 (capitation).

Picard, m. i., c^ne de Grazac.

Picard, h., c^ne de Sainte-Sigolène. — *Le Picard ou Solier-Haut*, 1695 (capitation).

Picard (Moulin-), m^in sur la Borne occidentale, c^ne d'Allègre.

Picasses (Les), f., c^ne de Montregard. — *La commune de las Piguassas*, 1556 (terrier de Montregard). — *Les Pigasses de Monregard*, 1695 (capitation).

Picat, m. i., c^ne du Chambon.

Picat, h., c^ne de Saint-Julien-Molhesabate.

Picat (Le), affl. du Veyron, c^ne de Saint-Julien-Molhesabate.

Picatou, m. i., c^ne de Malvalette.

Pichevalat, m. i., c^ne de Boisset. — *Peychevalas*, 1820 (Deribier). — *Pichevala*, 1879 (carte adm.).

Picholet, vill., c^ne de Dunières. — *Pichollet*, 1626 (Jamon, n^re). — *Pichoulet*, xviiie s. (Cassini). — *Pichoutete*, 1820 (Deribier). — *Pichaulet*, 1860 (état-major). — *Pichoulète*, 1868 (Malègue).

Pichon, m. i., c^ne de Grazac.

Picquet, f., c^ne de Fay-le-Froid.

Piéboudry, m. i., c^ne d'Azerat. — *Picoudrit*, 1820 (Deribier). — *Pied-Bondry*, 1888 (Malègue).

Pièce (La), m. i., c^ne de Chamalières.

Pied (Scie-du-), scierie sur le Voyron, c^ne de Saint-Bonnet-le-Froid.

Pied-de-Monac, h., c^ne de Saint-Pierre-Eynac.

Pied-du-Roi (Le), mont., c^ne de Cerzat. — *Garena nunc illustris regis Franciæ*, 1271 (spic. Briv.). — *Terroir du Deves ou du Bois del Rey*, 1625 (terr. du Chambon de Blau). — *Puis-du-Roy*, xviiie s. (Cassini). — *Puy-du-Roi*, 1880 (carte adm.).

Pied-du-Vernet, mont. et m. i., c^ne de Queyrières.

Pières-Bas, h., c^ne de Chamalières. — *Villa Pigerias*, 959 (cart. de Chamalières, n° 24). — *Locus de Pieris*, 1482 (Pelisse, n^re). — *Piers*, 1483 (idem). — *Pieres*, 1534 (év.). — *Pieres-Basses*, 1550 (Chamblas). — *Pieyres-Basses*, 1571 (Cl. Girard, n^re). — *Pierres*, 1820 (Deribier). — *Pieyres*, 1888 (Malègue).

Pières-Haut, quartier de Pières-Bas, c^ne de Chamalières. — *Pieres-Altes*, 1550 (Chamblas). — *Pieyres-Haultes*, 1571 (Cl. Girard, n^re).

Pierre, f., c^ne des Estables.

Pierre-Blanche, m. i., c^ne de Monistrol-sur-Loire.

Pierre de Saint-Georges, à la Coste-de-Palhaire, c^ne de Saint-Étienne-Lardeyrol. — Menhir-cromlech.

Pierre de Saint-Rocu, à Bournac, c^ne de Saint-Front.

Pierre-Fiche, lieu dit, c^ne de Brives-Charensac. — 1549 (Savin, n^re).

Pierre-Froide, f., c^ne de Saint-Étienne-près-Allègre.

Pierre-Grosse, m. i., c^ne de Raucoules.

Pierre-Plantée (La), lieu dit, c^ne de Brioude. — *In vicina seu suburbio Brivatensi, alodum cui, vetusto vocabulo, latina rusticitas Petra Fixa nomen indidit*, 958 (cart. de Sauxillanges, ch. 17). — *Territorium de la Peira Fichada*, 1453 (terr. du ford. de Br.). — *Le terroir du Fondz du Breul sise de la Peyre Plantade*, 1614 (terr. du chap. de Br.).

Pierres (Les Trois-), lieu dit près Bellevue, c^ne du Puy. — *L'oratoire de Saint-Vosy ou les Trois-Pierres*, 1751 (Saint-Vosy).

Pierre Saint-Chaffre, près les Eygagères, c^ne de Saint-Martin-de-Fugères. — Pierre à empreintes.

Pierres de Saint-Martin, à Malavas, c^ne de Saint-Quintin-Chaspinhac. — Roches à bassins.

Pierres de Saint-Martin, près Vertaure, c^ne de Vorey.

Piens, h., c^ne de Saint-Victor-sur-Arlanc. — *Piers*, 1414 (terr. de Malvières).

Piès, vill., c^ne d'Aurec. — *Peir*, 1317 (Arch. nat., P. 1400^3, cote 990). — *Pyer*, 1386 (homm. de Solignac). — *Locum dal Peyro*, 1387 (idem). — *Pier*, 1465 (Rivière, n^re). — *Piere*, 1553 (ress. de Montfaucon). — *Pieds* (cad.).

Pieyres, dom., c^ne de Beaulieu. — *Pierœ*, 1342 (coll. C. Falcon). — *Pieriœ*, 1344 (J. de Peyre, n^re). — *Pieres*, 1549 (Chamblas). — *Pieyres*, 1555 (cad. de Mercœur). — *Peyres-Rouges*, 1638 (Ch. Demans, n^re). — *Pieres-Rouges*, 1714 (cad. de Laval-Emblavès). — *Piègres*, 1880 (carte adm.).

Pieyres, vill., c^ne de Saint-Pal-de-Chalencon. — *Pigerias*, 1163 (cart. de Chamalières, n° 77). — *Pigeiras*, xiiie s. (idem, n° 315). — *Villa de Pieres, in par. S. Pauli*, 1329 (Arch. nat., P. 491^1, c. 48). — *Pieyres*, 1540 (terr. de Saint-Pal).

Pieyres, f., c^ne d'Yssingeaux. — *Villa de Pigeriis*, 1163 (cart. de Chamalières, n° 77). — *Pigeiras*, xiiie s. (idem, n° 315).

Pifoy, f., c^ne d'Aurec. — *Pifoid* (cad.).

Pifoy, h., c^ne du Pont-Salomon. — *Pifoix* (cad.). — *Pifoyer*, 1879 (carte adm.).

Pifoy, f., c^ne de Raucoules. — *Lou Py-Fol*, 1695 (capitation). — *Le Pifouel*, xviiie s. (Cassini).

Pigeonnier-du-Vicaire (Le), grotte sur la rive gauche de la Loire, c^ne de la Voûte-sur-Loire.

Piceyre, vill., c^ne de Chomelix. — *Locus de Pigeriis supra Chalmelhes*, 1311 (Arch. nat., P. 1397^3, cote 599). — *Mansus de Pigeyras*, 1321 (spic. Briv.). — *Pigeyres*, 1880 (carte adm.).

Pigeyres, vill., c^ne de Bains. — *Pigerias*, 1150 (hôtel-Dieu, B. 297). — *Pieriœ*, 1327 (J. de Peyre, n^re). — *Pigeyras*, 1408 (compois du Puy). — *Pigheyres*, 1572 (prieuré de Bains).

Pigeyres, vill., c^ne de Saint-Arcons-de-Barges. —

Divisé en Haut et Bas. — *Pegeriæ*, 1281 (la Chaise-Dieu, Saint-Paul-de-Tartas). — *Pigeyras*, 1513 (tit. de Surrel). — *Pigeres*, 1778 (Faujas de Saint-Fond, 380).

PIGNE (LA), m. i., cⁿᵉ de Saint-Jeure.

PIGNOLS, vill., cⁿᵉ de Cistrières. — *Domus de Pinnhol* (le ms. porte *Prunhol*), 1295 (Bibl. nat., ms. lat., 12763, fᵒ 268). — *Pignols*, 1414 (terrier de Malvières). — *Pinhos, Pinhoulx*, 1561 (J. Chalvon, nʳᵉ).

Prieuré de l'ordre de Grandmont.

PIGNOLS, f., cⁿᵉ de Saint-Just-Malmont.

PIJALET (SUC-), mont., cⁿᵉ de Malrevers. — *Le suc de Pigellet*, 1555 (cad. de Mercœur). — *Pyjalet*, 1584 (Guérin, nʳᵉ).

PILA, m. i., cⁿᵉ de Saint-Romain-Lachalm.

PILIRGUES (RAVIN-DU-), affl. de la Dège près du moulin de Digons, cⁿᵉ de Pébrac.

PILLAC, h., cⁿᵉ de Saint-Julien-d'Ance. — *Pilhiacus*, 1500 (coll. César Falcon). — *Pilhac*, 1569 (A. Boyer, nʳᵉ).

PILLES-DE-BAUZAC (LES), m. i., cⁿᵉ de Chadron.

PIMPAROUX, vill., cⁿᵉ de la Voûte-sur-Loire. — *Pimparo*, 1271 (hôtel-Dieu, B. 324). — *Pinparos*, 1331 (*idem*, B. 441). — *Pymparoux*, 1535 (Chamblas). — *Puparoux*, 1536 (Savin, nʳᵉ). — *Pimparoux*, 1555 (cad. de Mercœur).

PIMPENELLE, m. de vigne, cⁿᵉ de Brives-Charensac.

PIN (LE), h., cⁿᵉ d'Agnat. — *Lo Pi, lo Pin*, XIVᵉ s. (terr. des Grèzes).

PIN (LE), h., cⁿᵉ du Chambon. — 1616 (Rhône, H. 2153).

PIN (LE), vill., cⁿᵉ de Chanaleilles. — *Lo Pi Chals*, 1274 (Lozère, G. 99). — *Lo Py*, 1564 (Thiolent).

PIN (LE), h., cⁿᵉ de Dunières. — *Pinus*, 1315 (homm. de l'év.). — *Lo Pi*, 1465 (Rivière, nʳᵉ). — *Lou Py*, 1553 (Rhône, D. 185).

PIN (LE), f., cⁿᵉ de Freycenet-Lacuche. — *Pinus*, 1383 (Rhône, E. 9).

PIN (LE), vill., cⁿᵉ de Frugières-le-Pin. — *Lo Py*, 1328 (Vals-le-Chastel).

PIN (LE), h., cⁿᵉ de Saint-Germain-Laprade. — *Pinu*, 1108 (Saint-Georges du Puy). — *Johannes del Pi*, 1161 (hospit. du Velay). — *Pinus*, 1412 (terrier du Moulin-Neuf). — *La boria du Pyn*, 1542 (Savin, nʳᵉ).

PIN (LE), vill., cⁿᵉ de Saint-Hilaire. — *Decima de Pinu*, 1156 (spic. Briv.). — *Mansus del Pi*, 1397 (la Chaise-Dieu, Azerat).

PIN (LE), vill., cⁿᵉ de Tence. — *Pinus*, 1275 (homm. de l'év.). — *Mansus de Pinu*, 1322 (cart. de Mazan, fᵒ 133 vᵒ). — *Lou Pyne*, 1556 (terr. de Montregard).

PINATELLES (LES), f., cⁿᵉ de Chanaleilles. — 1608 (Thiolent). — *Pinatelle*, 1888 (carte adm.).

PINATELLES (LES), h., cⁿᵉ de Montregard. — 1267 (homm. de l'év.). — *Las Pinatellas*, 1320 (cart. de Mazan, fᵒ 138 vᵒ).

PINATELLES (LES), h., cⁿᵉ de Saint-Pal-de-Mons. — *Las Pinatelas*, 1314 (év.). — *Las Pinatelles*, 1576 (Rhône, D. 190). — *La Pinatelle* (cad.).

PINCHENEIRE, m. i., cⁿᵉ de Saint-Pal-de-Mons. — *Pinchenière* (cad.).

PINÈDE (LA), lieu dit, près le Villaret, cⁿᵉ de Coubon. — *In illa Pineta*, v. 996 (cart. du Monastier, nᵒ 143). — *Villa de Pineta, in pago Vellaico*, v. 1025 (*ibid.*, nᵒ 213). — *Terroir app. la Pinède*, 1707 (cad. de Bouzols).

PINÈDE (LA), écart, cⁿᵉ de Salettes. — *Mansus de la Pineda*, 1383 (Rhône, E. 9). — *Le domaine de la Pinede*, 1699 (cad. de Vachères). — *Lapinède*, 1820 (Deribier).

PINÈDE (MOULIN-), mⁱⁿ sur la Borne, cⁿᵉ d'Aiguilhe.

PINÉE (LA), f., cⁿᵉ de Monistrol-sur-Loire. — 1738 (ét. civ.).

PINET, h., cⁿᵉ de Saint-Pierre-Duchamp. — *Mansus de Pinet*, 1266 (Arch. nat., P. 1397³, cote 597). — *Pinetum*, 1339 (Arch. nat., P. 1397³, cote 606).

PINET (LE), chât. détr. et vill., cⁿᵉ de Céaux-d'Allègre. — *Terra del Pinet*, 1256 (év.). — *Pinet-lez-Ceaulx*, 1590 (Mᶜᵉ Leblanc, nʳᵉ).

PINET (LE), h., cⁿᵉ de Chamalières.

PINET (LE), f., cⁿᵉ de Dunières.

PINET (LE), h., cⁿᵉ du Mas-de-Tence. — *Pinetum*, 1331 (cart. de Mazan).

PINET (LE), vill., cⁿᵉ de Monistrol-sur-Loire. — 1296 (homm. de l'év.). — *Pinetum*, 1326 (év.). — *Lo Pinet*, 1344 (J. de Peyre, nʳᵉ). — *Lo Pine*, 1507 (év.).

PINET (LE), f., cⁿᵉ de Saint-Berain. — *Pinetum*, 1459 (Bibl. nat., ms. lat., n. acq., 1222, fᵒ 114 vᵒ). — *El Pinet*, 1460 (*idem*, fᵒ 157). — *Pinat*, 1820 (Deribier).

PINET (LE), f., cⁿᵉ de Saint-Christophe-d'Allier. — *Mansus del Pinet*, 1380 (la Chaise-Dieu, Mende).

PINET (LE), f., cⁿᵉ de Saint-Front. — 1637 (ét. civ.).

PINET (LE), h., cⁿᵉ de Saint-Romain-Lachalm. — *Pinetum, lo Pinet*, 1461 (Rhône, H. 1180).

PINET (LE), vill., cⁿᵉ de Sainte-Sigolène. — *Locus de Pineto*, 1466 (Bibl. nat., lat., n. acq., 1223, fᵒ 294 vᵒ).

PINET (LE), h., cⁿᵉ de Saint-Victor-sur-Arlanc.

PINET (LE), vill., c*ne* de Saugues. — *Mansus del Pinet prope Salgue*, 1327 (Lozère, G. 98). — *Lo mas dit del Pynet*, 1396 (Ann. Soc. d'agric., XVIII, 179). — *Pinetum*, 1526 (A. Besseyre, n*re*).

PINETON, écart, c*ne* de Bellevue-la-Montagne. — *Pinetou*, 1888 (carte adm.).

PINIE (LA), h., c*ne* d'Yssingeaux. — *Pineda, la Pinea*, 1489 (Rhône, Bessamorel). — *La Pigne* (cad.).

PINOLS, arr. de Brioude. — *Villa de Pinhols*, 1301 (Arch. nat., J. 1138). — *Pinols*, 1351 (spic. Briv.). — *Pigneux*, 1379 (compte de B. Flotenc). — *Pignoulx*, 1398 (compte de B. Sannadre). — *Pinholz*, 1401 (spic. Briv.). — *Ecclesia S. Martini de Pinolis*, 1479 (Gall. chr., II, col. 429).

En 1789, Pinols appartenait à la province d'Auvergne, à l'élection de Brioude, à la subdélégation de Langeac et au ressort de Riom. Son église paroissiale, diocèse de Saint-Flour et archiprêtré de Langeac, était dédiée à saint Martin; l'abbé de la Chaise-Dieu présentait à la cure.

PINOLS, h., c*ne* de la Vaudieu. — *Pinols*, v. 1075 (cart. de Pébrac, n° 7). — *Pignolz*, 1612 (terr. de la Vaudieu).

PINY-BAS (LE), h., c*ne* d'Yssingeaux. — *Pinetum*, 1515 (terrier des Bordes).

PINY-HAUT (LE), écart, c*ne* d'Yssingeaux. — *Piz-altitz*, v. 1175 (hospit. du Velay).

PIOLUIER, f., c*ne* de Bessamorel.

PIONNIER (LE), affl. de la Lidène à Flaghac, c*ne* de Salzuit.

PIOULELOUP, loc. détr., c*ne* d'Araules. — *Pioula lop*, 1507 (év.). — *Pioulaloup*, 1608 (cad. d'Araules).

PIOULELOUP, l. dét., près Montbrac, c*ne* de Saint-Front. — *Mansus de Piula lop* (l'impr. porte *Pinlalay*), 1217 (Gall. chr., XVI, instr. 240). — *Mansus de Pioula lop*, 1284 (cart. de Mazan, f° 25 v°). — *Pioule-loup, Pioulle-loup*, 1646 (cad. de Bonnefont).

PIOULET, f., c*ne* du Chambon. — *Piolet*, 1507 (év.). — *Mansus de Pioleto*, 1510 (Rhône, D. 161). — *Pioulet*, 1695 (capitation).

PIOULET, écart, c*ne* de Rosières. — *Piouly*, 1820 (Deribier).

PIPET (ROCUER DE), à Goudet, sur lequel s'élevait autrefois le château de Goudet. — Pèlerinage pour les enfants atteints du ver solitaire ou mal de saint Loup (communic. de M. Paul Achard).

PIQUE (LA), bois, c*ne* de Saint-Just-Malmont.

PIQUET, m*in* ruiné sur la Borne orientale, c*ne* de Monlet.

PIREYRE (LA), l. détr., c*ne* de Paulhaguet. — *Le terroir app. de la Pireyre que souloit estre vilaige*, 1543 (la Chaise-Dieu, Domeyrat).

PIROLLES, vill., c*ne* de Bauzac. — *Villa quæ dicitur Pijairolas*, 1082 (cart. de Chamalières, n° 108). — *Pigairolas*, 1162 (idem, n° 71). — *Pierolas*, 1333 (év.). — *Pirols, Pirolas*, 1346 (Arch. nat., P. 490³, cote 229). — *Piroles*, 1492 (obit. de Bas). — *Piroliæ*, 1496 (idem). — *Pirolles*, 1555 (idem).

PIS (LOUS), f., c*ne* de Champclause.

PIS (LOUS), vill., c*nes* de Saint-Étienne-Lardeyrol et de Saint-Hostien. — *Ad Pinos, in mand. castri de Lardariolo*, v. 1021 (cart. de Chamalières, n° 189). — *Los Pis*, 1503 (Lardeyrol). — *Le lieu dous Pys*, 1575 (Chamblas). — *Lour Pix*, 1653 (idem). — *Ouspis*, 1879 (carte adm.). — *Louspis*, 1888 (Malègue).

PISSAVY, vignoble, c*ne* de Langeac. — *Territ. de Cros-Reynauld alias Pissavy*, 1479 (Arch. nat., Q. 513, p. 9).

PISSE-CHIEN, m. i., c*ne* de Saint-Didier-sur-Doulon.

PISSEMPONT, h., c*ne* de Taulhac.

PISSE-VIEILLE, ruiss., affl. de la Borne, c*ne* d'Espaly-Saint-Marcel. — *Pissa Velha*, 1287 (Saint-Georges du Puy). — *Pissanvelha*, 1348 (idem). — *Le riou de Pissereuille*, 1710 (compois d'Espaly).

PISSIS, vill., c*nes* de Connangles et de Saint-Pal-de-Murs. — *In comitatu Brivatensi, in ricaria Logatensi* (lire *Jogatensi*), *villa ubi vocabulum est Pissinos*, 903 (cart. de Brioude, ch. 331). — *Mansus de Pessis*, 1489 (la Chaise-Dieu, Connangles).

PISSIS, vill., c*ne* de Monistrol-d'Allier. — *Peissis*, 1217 (hôtel-Dieu, B. 304). — *Mansus de Peycis*, 1377 (Thiolent). — *Pessis*, 1444 (Chamblas). — *Peyssis*, 1475 (Bibl. nat., ms. lat., n. acq., 1224, f° 80). — *Locus de Peyssinis*, 1499 (Thiolent). — *Peysis*, 1527 (A. Besseyre, n*re*).

PISSIS (LE), affl. de l'Allier, c*ne* de Monistrol-d'Allier.

PISSOUS, m. i., c*ne* de Jullianges.

PIZET, vill., c*ne* de Bas. — *Pizeytz*, 1391 (coll. Chaleyer). — *Pisetz*, 1496 (obit. de Bas). — *Pizaietz*, 1558 (idem).

PLACE (LA), écart, c*ne* de Cussac. — *Platea*, 1389 (plumit. de Bouzols).

PLACE (LA), loc. détr., c*ne* de Lempdes. — *Locus de la Place, par. de Lenda*, 1471 (la Chaise-Dieu, Chambezon).

PLAFAY, chât., c*ne* du Chambon. — *Plafaynum*, 1343 (Rhône, II. 1016). — *Plafay*, 1507 (év.). — *Platfaim*, 1616 (Rhône, H. 2153).

PLAFORET, f., c*ne* de Saint-Pal-de-Chalencon. — *Planfores, Planfourez*, 1540 (terr. de Saint-Pal). — *Plafoury* (cad.).

PLAGNE, vill., c*ne* de Félines. — *Planhes*, 1548

(P. Gallien, n°). — *Plagnes*, 1669 (Arch. nat., P. 502, cote 109). — *Plaigne*, 1869 (Malègue).

Plagne-Burin (La), m. i., cne de Blesle.

Plagne-Duranton (La), m. i., cne de Blesle.

Plagnol, f., cne de Malrevers. — *Planholz*, 1596 (Galien, nre). — *Le Planiol*, xviii° s. (Cassini).

Plat (Le), écart, cne de Saint-Victor-Malescours.

Plaigne-Gazard (La), m. i., cne de Blesle.

Plaigne-Lafont, m. i., cne de Blesle.

Plaigne-Peuvergne, m. i., cne de Blesle.

Plaigne-Sabatier, m. i., cne de Blesle.

Plaigne-Vigière, m. i., cne de Blesle.

Plaigne-Volpet, m. i., cne de Blesle.

Plaignes (Moulin-de-), min, cne de Chomelix.

Plaine, h., cne de Saint-Ferréol-d'Auroure.

Plaine (La), plateau, cne de Beaulieu. — *Le serre de la Plaine*, 1723 (cad. de Bellecombe).

Plaine (La), m. i., cne de Lantriac.

Plaine-de-Von, m. i., cne de Langeac.

Plaine-Ribeyre, écart, cne de Saint-Quintin-Chaspinhac.

Plaisance, m. de camp., cne de Paulhaguet.

Plaisance, m. i., cne de Saint-Germain-Laprade.

Planas (Le), f., cne des Estables. — 1695 (capitation).

Planchard, h., cne de Dunières. — 1267 (homm. de l'év.). — *Planchas*, 1553 (Rhône, D. 185).

Planche (La), h., cne de Cussac. — *Planchia de Malussaco*, 1423 (prieuré de Solignac). — *Malussac*, 1464 (*idem*). — *La Planche de Malussac*, 1597 (Galien, nre). — *La Planche de Cussac*, 1626 (Brunel, nre). — *La Planche*, 1635 (*idem*).

Planche (La), f., cne de Grazac. — 1695 (ét. civ.).

Planche (La), m. i., cne de Saint-Victor-Malescours.

Planche (Moulin-de-la), min sur le Villard-Arzac, cne de Saint-Jean-Lachalm.

Planche (Ruis.-de-la), affl. du Lignon, cne de Grazac. — *Le Rancon*, 1878 (carte adm.).

Plancheresse, vill., cne de Siaugues-Saint-Romain. — *Planchereces*, v. 1262 (Arch. nat., J. 1031, n° 2). — *Plancharessæ*, 1461 (Bibl. nat., ms. lat., n. acq., 1222, f° 207 v°). — *Le village de Plancharesses*, 1464 (*idem*, 1223, f° 146).

Planche-Reynaud (La), l. détr., cne d'Araules. — *Plancha-Reynaud*, 1507 (év.).

Planches (Les), m. i., cne d'Aiguilhe.

Planches (Les), m. i., cne du Chambon.

Planches (Les), h., cne de Lapte.

Planchette (La), affl. de l'Allier, cne de Saint-Privat d'Allier. — *Les Gouttes* (cad.).

Planchette (La), affl. des Injaneyres, cne de Solignac-sous-Roche.

Planchettes (Les), l. détr., cne d'Auvers.

Planchettes (Les), dom., cne de Chénéreilles.

Planchettes (Les), écart, cne de Grazac.

Planchettes (Moulin-des-), min sur la Gazeille, cne du Monastier.

Plançon (Le), écart, cne de Rosières.

Plane (La), m. i., cne de Saint-Berain.

Planesty, bois, cne de Saint-Front.

Planette, f., cne de Lantriac.

Planèze, loc. détr., cne d'Espaly-Saint-Marcel.

Planèze, h., cne de Mézères. — *Villa de Planeziis*, 954 (cart. de Chamalières, n° 167). — *De Planezis*, 1172 (*ibid.*, n° 162). — *Planezas*, 1311 (év.). — *Planesas*, 1507 (év.).

Planiol (Le), m. i., cne de Queyrières.

Plantade (La), affl. de l'Allagnon, cne de Blesle.

Plantin (Moulin-de-), min sur le Panis, cne de Thoras. — *Le Moulin-de-Jean-Nec*, 1622 (terrier de Vazeilhes).

Plantins (Les), f., cne des Estables. — *La Grangette de Plantin*, 1741 (ét. civ.).

Planton, écart, cne de Lapte.

Planzolle, vill., cne de Léotoing. — *Vierna de Planzolas*, 1347 (J. de Peyre, nre). — *Planzolles*, 1520 (la Chaise-Dieu, Chambezon). — *Planzol*, 1879 (carte adm.).

Plat (Le), h., cne de Bauzac. — *Locus de Plano*, 1501 (obit. de Bas). — *Lo Pla*, xvie s. (obit. de Bauzac). — *Le Plot*, 1771 (ét. civ.).

Plat (Moulin-du-), min sur la Senouire, cne de Saint-Pal-de-Murs.

Plat-de-Mourier, m. i., cne d'Aurec.

Plates (Les), l. détr., cne de Montclard.

Platespinas, vill., cne du Mas-de-Tence. — *Homines de Plat-Espinas*, 1276 (Gall. christ., XVI, inst., col. 255). — *Plat-Espynas*, 1276 (cart. de Mazan, fol. 136), — *Plat-Spinas*, 1331 (*idem*, fol. 184 v°). — *Plat-Spinatz*, 1410 (cart. de Tence, f° 10). — *Plat-Espinat*, 1410 (Rhône, D. 154).

Plateyre (La), f., cne de Laussonne. — 1677 (cad. de Freycenet-la-Tour).

Platrière (La), h., cne d'Aurec. — *Platière* (cad.).

Plats (Les), m. i., cne d'Yssingeaux.

Play (Le), f., cne de Montregard. — *Lou Play*, 1553 (ress. de Montfaucon). — *Le Plais*, xviiie s. (Cassini).

Play (Le), vill., cne de Saint-Just-Malmont. — *Mansus dal Playn*, 1381 (Arch. nat., P. 494², cote 102). — *Le Play*, 1569 (terrier de Saint-Didier de Joyeuse).

Pleyne, h., cne de Saint-Didier-la-Séauve. — *Mansus de Playne*, 1381 (Arch. nat., P. 494², cote 102). — *Plegne*, 1820 (Deribier).

Pleyné, vill., c^{ne} de Tence. — *Placnis*, 1320 (cart. de Mazan, f° 138 v°). — *Mansus de Plaoneto*, 1322 (*idem*, f° 133 v°). — *Locus de Playneto*, 1482 (Pelisse n^{re}). — *Locus de Pleyneto*, 1510 (Rhône, D. 161). — *Pleiné*, 1690 (ét. civ.). — *Pleine*, xviiie s. (Cassini).

Plombières, h., c^{ne} de Saugues. — *Plumbeyras*, 1279 (cart. de Mazan, f° 28). — *Plombieyras*, 1327 (Lozère, G. 98). — *Pomblières*, 1539 (Thiolent). — *La chapelle de Saint-Roch située à Ponblaire*, 1729 (Lozère, G. 2062).

Plôsset, bois, c^{ne} de Mézères. — *Le bois app. de Plansset ou Plancet*, 1553 (terrier de Liques). — *Plérisset*, 1876 (stat. forest.).

Plot (Le), f., c^{ne} de Saint-Front.

Plot (Le), h., c^{ne} de Tiranges. — *Lou Pla*, 1614 (coll. C. Falcon).

Plot-de-Mourier (Le), h., c^{ne} d'Aurec.

Plots (Les), h., c^{ne} de Saint-Didier-la-Séauve.

Poinas, f., c^{ne} de Sainte-Sigolène.

Poinsac, mⁱⁿ sur le Javoulx, c^{ne} d'Auteyrac. — *Poinssac*, 1576 (terrier du Cluzel). — *Ponsac*, 1861 (état-major).

Poinsac, chât., c^{ne} de Coubon. — *Poensac, Poensacus*, 1330 (J. de Peyre n^{re}, reg. C., f° 44 v°). — *Pohensac*, 1386 (homm. de Solignac). — *Poynssacus*, 1513 (J. Boyer, n^{re}). — *Le chasteau de Poinssac*, 1592 (Burel, 332). — *Poinsac*, 1632 (Jacmon, 55).

Poinsac, f., c^{ne} de Lantriac.

Pointa (La), lieu dit, près Varennes, c^{ne} de Monlet. — Médailles et nombreux restes d'antiquités romaines.

Pointu (Le), m. i., c^{ne} de Montclard. — *Le Pointre*, 1888 (carte adm.).

Poirière (Mine de la), houillère, c^{ne} de Sainte-Florine.

Polagnac, dom., c^{ne} de Craponne-sur-Arzon. — *Paulignac*, 1306 (Saint-Mayol, inv^{re}). — *Polignacum*, 1481 (coll. Chaleyer). — *Paulagnac*, 1569 (terr. de N.-D. de Chalencon). — *Poulagnac*, 1769 (Haute-Loire, B. 82).

Polignac, c^{on} nord-ouest du Puy. — *Castrum quod vocatur Podaniacus*, v. 930 (cart. de Brioude, n° 28). — *Castrum Podomniacus*, v. 1070 (cart. de Pébrac, n° 3). — *Podemniacensis*, v. 1112 (cart. du Monastier, n° 428). — *Podempnac*, 1128 (Gall. chr., II, c. 230). — *Polunniacensis*, v. 1130 (P. Labbe, nova bibl. ms., II, 646; AA. SS. april. III, 330). — *Polemniacum*, 1162 (Puy-de-Dôme, G. 2). — *Polenniacus*, 1163 (Bouquet, XV, 795). — *Polinacum*, 1163 (*idem*, XI, 130). — *Pullemniacus*, v. 1169 (*idem*, XVI, 146). — *Poauniac, lo prior de Podemnac*, v. 1171 (cart. des Templiers). — *Polonnac*, 1173 (Bouquet, XVI, 161). — *Poomnac*, 1197 (Isère, B. 3517). — *Poliniacum*, 1198 (Baluze, mais. d'Auv., II, 251). — *Pollignac*, xiie s. (*idem*, II, 65). — *Poligniac*, 1201 (tabl. hist. d'Auvergne, II, 28). — *Podempniacum*, 1201 (Baluze, mais. d'Auv., II, 64). — *Poemniac*, 1216 (abb. de Doue). — *Pozemniac, Pozemniaciensis*, 1213 (coll. P. Le Blanc). — *Polumniacum*, 1226 (cart. de Saint-Sauveur-en-Rue, p. 50). — *Poligniacum*, 1233 (Baluze, mais. d'Auv., II, 251). — *Pollempniacum*, 1233 (bibl. de Grenoble, ms. 1365, c. 3112). — *Podemniacum*, 1255 (spic. Briv.). — *Poloniacum*, 1256 (Arch. nat., JJ. 30ⁿ, 42). — *Posemniac*, 1257 (obit. de Brioude). - *Podompniacum*, 1268 (Baluze, mais. d'Auv., II, 287). — *Pammac* (cri de guerre des vicomtes de Polignac) 1272 (év.). — *Podonniacum*, 1285 (spic. Briv.). — *Polinac, Polomnac*, xiiie s. (Bibl. nat., ms. fr., 854, 78). — *Podomiacum*, 1303 (Arch. nat., J. 478, n° 12). — *Poullegnac*, 1304 (Bouquet, XXIII, 794). — *Polignac*, 1312 (Beugnot, Olim, III, 787). — *Pologniacum*, 1313 (arr. du parl. de Paris, II, n° 4262). — *Podonnacum*, 1313 (Ménestrier, hist. de Lyon, preuves, 87). — *Polongnac*, 1318 (Bouquet, XXIII, 816). — *Pozemniacum*, 1326 (arr. du parl. de Paris, II, n° 7813). — *Polonniacum*, 1340 (Baluze, mais. d'Auv. II, 425). — *Polompnhac*, 1341 (hôtel-Dieu, II.). — *Poleignac*, 1343 (Baluze, mais. d'Auv., II, 196). — *Pompnhat*, 1408 (compois du Puy). — *Parochia Podonhaci*, 1473 (Médicis, II, 247). — *Poulignac*, 1489 (Bibl. nat., cab. des tit., p. or., Polignac, n°s 28 et 29). — *Pamnhac*, 1534 (év.). — *Poliniat*, 1537 (Champier, catal. des villes assises es troys Gaules, 52). — *Panhac*, 1556 (R. Maurin, n^{re}). — *Mont-Denise*, 1793.

Prononciation patoise : *Pagnac*.

En 1789, Polignac dépendait de la province du Velay, de la sénéchaussée et subdélégation du Puy. Son église paroissiale, diocèse du Puy et archiprêtré de Saint-Paulien, était dédiée à saint Martin; les religieux de Pébrac présentaient à la cure, comme prieurs de cette localité.

Pologne, écart, c^{ne} de Taulhac. — *Polomgnhe, aultrement lo Pos*, 1549 (Savin n^{re}).

Pomaret (Le), écart, c^{ne} de la Chapelle-d'Aurec.

Pomeyrol (Moulin-de-), mⁱⁿ sur la Gazeille, c^{ne} du Monastier.

Pomeyroles (Le), affl. de l'Allier au Chambon, c^{ne} de Blassac.

Pomeyron (Le), h., c^{ne} de Sainte-Sigolène. — *Le Pumeron*, 1695 (ét. civ.). — *Le Pommeyron*, 1695 (capitation). — *Pomeron*, xviiie s. (Cassini).

Pomme (La), h., c^{ne} de Tence. — *Le lieu de la Poume*, 1692 (ét. civ.).

Pommier, h., c^{ne} de Sainte-Marie-des-Chazes. — *Homines Pomariorum*, 1213 (Haute-Loire, les Chazes). — *Boria de Pomiers*, 1461 (Bibl. nat., ms. lat., n. acq., 1222, f° 208 v°).

Pommier (Le), écart, c^{ne} de Chastel.

Pommier (Le), l. détr., c^{ne} de Saint-Didier-la-Séauve. — *Mansus del Pomer*, 1310 (coll. Chaleyer). — *Locus de Pomerio*, 1367 (*idem*).

Pompet, m. i., c^{ne} de Saint-Ferréol-d'Auroure.

Pompet, faubourg d'Yssingeaux, auj. rue de Lyon. — xviiie s. (Cassini).

Pompet (Le), ruiss., prend sa source dans la commune de Rozier (Loire), entre dans le département de la Haute-Loire par l'extrémité Nord de la commune de Malvalette et se jette dans la Loire au-dessus de Frigeon.

Pompeyrin, vill., c^{ne} de la Besseyre-Saint-Mary. — *De Ponte Lapideo*, 1452 (Lozère, G. 491). — *Mansus de Pompeyrenc* ou *Pontpeyrenc*, 1476 (Bibl. nat., ms. lat., n. acq., 1224, f°s 134 v°, 135). — *Pontpeyratus*, 1501 (hôtel-Dieu, B. 578). — *Pons Pezoencus sive de Pompeirenc*, 1521 (Delaigue, n^{re}). — *Le seigneur de Pomperant* ou *Pomperanlt*, 1523 (La Mure, hist. des ducs de Bourbon, III, 249, 250). — *Pomperenc*, 1574 (terrier de Meyronne). — *Pompeirent*, 1869 (Malègue).

Ponchardière (La), vill., c^{ne} de Sainte-Sigolène.

Ponnet, f., c^{ne} de Monistrol-d'Allier. — *Mansus de Saletis*, 1325 (Thiolent). — *Las Saletas*, 1499 (*idem*). — *Les Sallettes* ou *Ponnet*, 1684 (*idem*).

Ponsot (Moulin-), mⁱⁿ sur l'Auzon, c^{ne} d'Auzon.

Pont (Le), écart, c^{ne} d'Auzon.

Pont (Le), m. i., c^{ne} de Bas.

Pont (Le), affl. de l'Allagnon, traverse le village de Chambezon.

Pont (Le), m. i., c^{ne} de Paulhaguet.

Pont (Le), h., c^{ne} de Raucoules. — *Pont-de-Brossette*, 1888 (Malègue).

Pont (Le), écart, c^{ne} de Saint-Pal-de-Mons. — *Pons*, 1314 (év.). — *Lo Pont*, 1507 (év.). — *Le Pont de Monts*, 1695 (capitation).

Pont (Le), vill., c^{ne} de la Voûte-Chilhac. — *Villa de Ponte*, 1288 (spic. Briv.). — *Locus Pontis Voltæ*, 1464 (Bibl. nat., ms. lat., n. acq., 1223, f° 180 v°). — *Le Pont de la Volte*, 1613 (Mercurial).

Pont (Moulin du Grand-), mⁱⁿ sur l'Allagnon, c^{ne} de Lempdes.

Pontageon, vill., c^{ne} de Venteuges. — *Pontago*, 1279 (Thiolent). — *Pontagho*, 1461 (Bibl. nat., ms. lat., n. acq., 1223, f° 18). — *Locus de Pontajo*, 1527 (A. Besseyre, n^{re}). — *Ponteughol, Pontaghou*, 1574 (terrier de Meyronne).

Pontaiou (Le), ruiss., affl. de la Seuge, c^{ne} de Saugues. — *Rivus d'Ampagho, Ampaiio vel Ampajo*, 1499 (terrier de Thoras). — *Pontughou*, 1574 (terrier de Meyrone). — *Ruiss. d'Ampajou*, 1779 (terrier de Vabres).

Pont-Astier, l. détr., c^{ne} de Saint-Pal-de-Chalencon. — *In Pont-Asteir*, 1163 (cart. de Chamalières, n° 77). — *Ad Pontum Asterii*, 1213 (*idem*, n° 315). — *En Champeyroux sive Post-Asteir*, 1410 (Loire, A. 89, f° 236 v°).

Pont-Cervier (Le), pont sur la Vendage, c^{ne} de Cohade. — *Pons Cervel*, 1323 (cart. d'Azerat). — *Le Pont-Servel*, 1605 (terrier du chap. de Br.).

Pont-d'Auze, h., c^{ne} d'Yssingeaux.

Pont-de-Belon, m. i., c^{ne} d'Yssingeaux. — *Belon* (cad.).

Pont-de-Bois (Le), chât., c^{ne} du Pont-Salomon.

Pont-de-Chazalet (Le), m. i., c^{ne} d'Yssingeaux. — *Pons de Ram*, 1429 (Rhône, Bessamorel).

Pont-de-Chazaux (Le), m. i., c^{ne} de Sainte-Sigolène. — *Pont-de-Chazeau*, 1888 (Malègue).

Pont-de-Faurie (Le), vill., c^{ne} de Dunières. — *Pons de Faurias*, 1468 (Rivière n^{re}). — *Le Pont-de-Fauryes*, 1616 (Delafont, n^{re}).

Pont-de-la-Chartreuse (Le), pont sur la Loire, c^{ne} de Brives-Charensac. — *Parvus Pons*, v. 1210 (tabl. hist. du Velay, 1876-77, p. 514). — *Plancherium aquæ Ligeris*, 1367 (Saint-Agrève). — *Lo Planchier*, 1408 (cad. du Puy). — *El Pont-Planchier*, 1487 (cad. de Villeneuve). — *Lou Pont-Plancheir*, 1493 (hospit. du Velay). — *Pont-Planchier, autrement Pont-de-Villeneufve*, 1675 (chartr. de Brives).

Pont-de-la-Grange-Valat, m. i., c^{ne} de Monistrol-sur-Loire.

Pont-de-l'Enceinte (Le), m. i. et pont sur le Lignon, c^{ne} d'Yssingeaux. — *Pons voc. de la Saynta*, 1273 (Saint-Chaffre). — *Le Pont-la-Saincte*, 1548 (terrier de Verchères, 5). — *Le Pont-la-Sainte*, 1775 (ét. civ.).

Pont-de-Lignon, h., c^{ne} de Monistrol-sur-Loire.

Pont-de-Lignon (Le), h., c^{ne} de Saint-Maurice-de-Lignon.

Pont-de-Luquet (Le), m. i., c^{ne} du Chambon.

Pont-de-Malsaures (Le), h., c^{ne} de Saint-Victor-Malescours. — *Le Pont-de-Males-Aures*, 1567 (terrier de Saint-Didier). — *Le Pont-de Malzore*, 1820 (Deribier). — *Pont-de-Malzaure*, 1888 (Malègue).

Pont-de-Mars (Le), h., c^{ne} du Chambon. — 1254

(homm. de l'év.). — *Mansus del Pont-de-Martz*, 1314 (év.). — *Pont-de-Mars*, 1507 (év.).

Pont-de-Monas (Le), m. i., c^ne de Tence.

Pont-de-Moulines, h., c^ne de Lantriac.

Pont-de-Ramet (Le), m. i., c^ne de Saint-Vincent.

Pont-de-Rive, m. i., c^ne de Salzuit.

Pont-de-Rochefort, pont sur l'Allier, c^ne d'Alleyras. — *Pons de Rupeforti*, 1345 (la Chaise-Dieu, le Bouchet-Saint-Nicolas).

Pont-de-Rochessac (Le), h., c^nes de Dunières et de Saint-Julien-Molhesabate.

Pont-de-Semène, h., c^ne d'Aurec.

Pont-des-Rivoilles (Le), m. i., c^ne de Pébrac.

Pont-d'Estaing (Le), écart, c^ne du Monastier. — *Pons del Estayn*, 1329 (Monastier). — *Pons de Stagno*, 1344 (*ibid.*). — *Le Pont-de-l'Estang*, 1501 (Arcis, n^re). — *Lo Poant-del-Estaing*, 1534 (év.). — *Le Pont-de-l'Estaing*, 1547 (Chaulet, n^re). — *Le Pont-de-l'Estain*, 1695 (capitation).

Pont-d'Estrouilhas (Le), vill., c^nes d'Aiguilhe et d'Espaly-Saint-Marcel. — *Pons*, 1245 (hôtel-Dieu, B. 4). — *Pons des Trolas*, 1283 (Saint-Georges du Puy). — *Pons Estrolhas*, 1295 (Saint-Agrève). — *Pons d'Estrolhac*, 1336 (J. de Peyre, n^re). — *Domus recluze Pontis deus Estrolhas*, 1359 (Saint-Vosy). — *Pont deus Strolhars*, 1408 (compois du Puy). — *Locus Pontis Strolhaciorum*, 1481 (Pellisse, n^re). — *Pont des Trolhas*, 1587 (M^ce Leblanc, n^re). — *Pont-Destrouillas*, 1808 (ét. des succurs.). — *Pont-d'Estrouilhac*, 1888 (Malègue).

Pont-de-Sumène, m. i., c^ne de Blavozy. — *Pons de Sumena*, 1359 (Saint-Vosy).

Pont-de-Vabres (Le), vill., c^ne d'Alleyras. — *Locus de Ponte de Vabres*, 1302 (Lozère, G. 154). — *Pons de Vabres*, 1343 (év.). — *Mansus Pontis de Vabris ripæ Aligerii*, 1452 (J. Rocher, n^re). — *Le Pont-de-Vabres*, 1506 (Médicis, II, 303). — *Le Pont*, 1888 (Malègue).

Pont-de-Vals, m. i., c^ne de Monistrol-sur-Loire.

Pont-du-Chaulet (Le), m. i., c^ne du Chambon.

Pont-du-Fieu (Le), pont sur l'Ance, c^ne de Saint-Julien-d'Ance. — *Pons del Fiou*, 1417 (Loire, A. 89, f° 63 v°). — *Le Pont-du-Fieu*, 1540 (terr. de Saint-Pal-en-Chalencon).

Pont-du-Themey, m. i., c^ne de Saint-Jean-d'Aubrigoux.

Ponte (La), f., c^ne de Saint-Pal-de-Mons. — 1695 (capitation).

Ponteil (Le), h., c^ne de Boisset. — *Mansus de Ponteyl*, 1325 (Arch. nat., P. 492¹, c. 230). — *Le Ponteilh*, 1614 (coll. G. Falcon).

Ponteil (Le), l. détr., c^ne de Saint-Pierre-Eynac. —

Villa quæ Ponticulum dicitur, in vicaria de castro Capitoliensi, v. 1025 (cart. du Monastier, n° 228). — *Pontel*, 1310 (Lardeyrol). — *Lo Poyntel*, 1333 (Arch. nat., R². 39).

Ponteils, vill., c^ne de Saint-Martin-de-Fugères. — 1130 (Saint-Georges du Puy, inv^re). — *Villa de Pontiliis*, 1299 (cart. de Mazan, f° 83 v°). — *Villa de Ponteils*, 1309 (Arch. nat., P. 1398², cote 676). — *Ponteyls*, 1327 (*idem*, P. 1397², cote 588). — *Pontelh*, 1336 (*idem*, P. 1398², cote 669). — *Pontelhs*, 1377 (Saint-Mayol). — *Pointels*, 1399 (Arch. nat., P. 1398¹, cote 640).

Ponteils (Les), l. détr., c^ne de Mercœur. — *Lo Ponteils*, 1326 (Bibl. nat., fr., 14377, p. 14). — *Los Pontelhs*, 1339 (*idem*, p. 189). — *Mansus doz Ponteilhs*, 1437 (Bibl. nat., fr., 11490, p. 186).

Pontempeyrat, vill., c^ne de Craponne-sur-Arzon. — 1285 (homm. de l'év.). — *Pons Enpeyra*, 1311 (Arch. nat., P. 1398¹, cote 650). — *Pons Peyrat*, 1343 (Arch. nat., P. 1398¹, cote 641). — *Pons Empeyratus*, 1347 (J. de Peyre, n^re). — *Pons Hempeyrat*, 1386 (év.). — *Pons Ampeyrat*, 1392 (év.). — *Pons Empeyratz*, 1420 (Loire, A. 89, f° 219 v°). — *Prioratus Pontis Lapidei*, 1505 (Dompnin, n^re). — *Le peaitge du Pohant-Empeyrat*, 1507 (év.). — *Le Pont-Emperat*, 1618 (Papire Masson, flum. Galliæ, 13). — *Pont-d'Emperat*, 1644 (L. Coulon, les riv. de France, 247). — *Pont-de-Lempereur*, v. 1680 (carte de la H^te et B^sse Auv., par le P. Amable de Fretat, jés.). — *Prior S. Mariæ Magdalenæ de Pontempeyrat*, 1715 (nov. Gall. chr., II, c. 770). — *Pont-Imperat*, 1767 (alm. de Lyon). — *Pont-Tempeyrat*, 1840 (Deribier).

Prieuré dépendant de l'abbaye de Doue. Succursale érigée le 31 mai 1840.

Ponternal, m^in sur l'Arzon, c^ne de Craponne-sur-Arzon. — *Ponternal*, 1888 (Malègue).

Pontet (Le), f., c^ne de Montfaucon. — *Ponté*, 1879 (carte adm.).

Pontgibert, vill., c^ne de Saint-Berain. — *Pons Gitbert*, 1343 (Thiolent). — *Pons Guitbertus*, 1444 (Chamblas). — *Mansus de Ponte Giberto*, 1458 (Bibl. nat., ms. lat., n. acq., 1222, f° 92 v°). — *Pontgilbert*, xviiie s. (Cassini).

Pont-Jules, m. i., c^ne de la Chaise-Dieu.

Pont-Jules, écart, c^ne de Laval.

Pont-Jules (Moulin-de-), m^in sur le Doulon, c^ne de Saint-Vert. — *Ponzuille*, 1888 (Malègue).

Pont-Neuf (Le), m. i., c^ne de Monistrol-sur-Loire.

Pont-Neuf (Le), h., c^ne de Polignac. — *Lo Pont-Nou*, 1408 (compois du Puy).

Pont-Neuf (Le), m. i., c^{ne} de Saint-Germain-La-prade.

Pont-Neuf (Le), m. i., c^{ne} de la Voûte-sur-Loire.

Pontournel, m. i., c^{ne} de Saint-Pal-de-Mons.

Pont-Petit (Le), affl. de la Leuge près d'Arvant, c^{ne} de Vergongheou, arrose le nord des communes de Saint-Géron et Bournoncle-la-Roche.

Pont-Renard, h., c^{ne} de Saint-Pal-de-Chalencon. — *Villa quæ dicitur Ponrainart*, xiie s. (cart. de Chamalières, n° 150). — *Pons Raynart*, 1419 (Loire, A. 89, f° 228). — *Pons Reynart*, 1420 (*idem*, f° 230). — *Le Pont-Reynard*, 1540 (terrier de Saint-Pal).

Pont-Rougier, sur l'Arzon, l. et pont détr., c^{ne} de Chomelix. — *Pont-Rousier*, 1404 (terrier de Chomelix). — *Le vill. de Pont-Rougier*, 1670 (Arch. nat., P. 502, cote 109).

Pont-Salomon (Le), c^{on} de Saint-Didier-la-Séauve. — *Pont-Salamon*, *Pont-Sallamon*, 1563 (terrier de Saint-Didier).

Commune érigée par une loi du 12 juillet 1865 et distraite des communes d'Aurec, Saint-Didier-la-Séauve et Saint-Ferréol-d'Auroure.

Pontvianne, h., c^{ne} de Solignac-sous-Roche. — *Pons Viennæ*, 1293 (Arch. nat., P. 490², cote 153). — *Pont-Vyana*, 1333 (Arch. nat., P. 494¹, cote 1). — *Viana Pons*, 1618 (Papire Masson, desc. flum. Gall., 13).

Popisse (Ravin-de-la), affl. de la Dège aux Granges, c^{ne} de Pébrac.

Porcherons (Les), l. détr., c^{ne} de Saint-Didier-sur-Doulon. — *Pourcheyroux*, 1516 (Vals-le-Chastel). — *Porcheiroux*, 1532 (*idem*).

Portal (La), mⁱⁿ sur le Doulon, c^{ne} de Vals-le-Chastel. — *La Pourtalle*, 1516 (Vals-le-Chastel). — *La Portalle*, 1532 (*idem*). — *La Partal*, 1888 (carte adm.).

Portal (Le-Moulin-de-), mⁱⁿ sur le ruiss. des Moulins, c^{ne} de Saint-Berain. — *Moulin-de-Porte*, 1851 (Giraud).

Portal (Moulin-), mⁱⁿ sur la Gazeille, c^{ne} de Vazeilles-Limandres. — *Moulin-d'Ouzou* (cad.)

Portale (La), f., c^{ne} de Saint-Pierre-Eynac.

Port-Buisson (Le), éc., c^{ne} d'Aurec. — *Farsa Boysson*, 1317 (Arch. nat., P. 1400³, cote 990). — *Le Port-Bouisson*, 1820 (Deribier).

Porte, h., c^{ne} de Josat.

Porte, m. i., c^{ne} de Paulhac.

Pontefaix (Le), m. i., c^{ne} de Saint-Just-Malmont.

Portes (Les), lieu dit, c^{ne} de Roche-en-Régnier. — *Mansus de las Portas prope castrum de Rocha*, 1259 (Arch. nat., P. 494¹, cote 10).

Pose (La), écart, c^{ne} de Coubon.

Pot, h., c^{ne} de Saint-Vert. — *Pots*, 1614 (la Chaise-Dieu, Saint-Vert); — xviiie s. (Cassini). — *Paux*, 1820 (Deribier).

Pot-à-Chard, m. i., c^{ne} de Saint-Étienne-Lardeyrol. — *Territ. de Potachart ou Botachart*, 1408 (Chamblas).

Potage, f., c^{ne} de Tence. — *Potaget*, 1872 (Malègue).

Potée (La), h., c^{ne} de Riotord. — *La Postée*, 1586 (Delafont, n^{re}). — *La Poutée*, xviiie s. (Cassini). — *La Puthée*, 1879 (carte adm.). — *Lapotée*, 1888 (Malègue).

Poty (Moulin-de-), mⁱⁿ sur l'Air, c^{ne} de Boisset.

Pouade (La), f., c^{ne} de Saint-Pierre-Eynac.

Pouchardière (La), h., c^{ne} de Sainte-Sigolène. — *La Pauchardeyre*, 1553 (ress. de Montfaucon). — *La Ponchardière*, 1553 (*idem*).

Pouchoux, f., c^{ne} des Estables. — *Pouchou*, 1695 (capitation). — *Les Pouchoux*, 1739 (ét. civ.).

Pouderoux (Moulin-de-), mⁱⁿ sur le Vourzac, c^{ne} de Sanssac-l'Église.

Poudnière (Moulin-de-la), mⁱⁿ sur le Céroux, c^{ne} de Saint-Just-près-Brioude. — *Le Molin de la Poudreire*, 1744 (terr. du Mas).

Poudron, f., c^{ne} de Lantriac.

Pouget (Le), vill., c^{ne} de Beaumont. — *Villa quæ dicitur Poigeto*, xie s. (Bibl. nat., ms. lat., 17078, p. 60 v°). — *Pogeto, in aize Brivatensi* (cart. de Brioude, tables, ccccxvi). — *Locus del Poget*, 1453 (terrier du fordoy. de Brioude). — *Le Pouget*, 1549 (terrier de Lauriat).

Pouget (Le), l. détr., c^{ne} de Javaugues. — *Mansus dictus lo Poget*, 1274 (Cumignac). — *Lo Poyet*, 1285 (spic. Briv.).

Pouget (Le), quartier du Cros-Pouget, c^{ne} de Landos. — *Pogetum*, 1463 (V. Chauvin, n^{re}).

Pouget (Le), f., c^{ne} de Langeac. — *El Poiet*, xiie s. (cart. de Pébrac, n° 46-15). — *Al Poet*, v. 1250 (spic. Brivat.). — *Lo Poget*, 1486 (terrier de Tailhac).

Pouget (Le), h., c^{ne} de Laval. — *Terræ del Poyet*, 1449 (terrier de Clavelier).

Pouget (Le), h., c^{ne} de Thoras. — *Mansus del Poget*, 1274 (Lozère, G. 99).

Pouget (Le), l. détr., c^{ne} de Venteuges. — *Mansus del Poiet prope Ventueiol*, 1327 (Lozère, G. 98). — *Mansus de Pogeto*, 1459 (Bibl. nat., ms. lat., n. acq., 1222, f° 113 v°).

Pouget (Le), vill., c^{ne} de la Voûte-Chilhac. — *Lo Poget*, 1326 (Bibl. nat., ms. fr., 14377, p. 16). — *Pogetum*, 1331 (Arch. nat., T. 142²).

Pougheon, m. i., c{::}^{ne} de la Mothe. — *Poughon* (cad.).
— *Pongheon*, 1820 (Deribier). — *Ponchon*, 1888
(Malègue).

Pouille (La), vill., c^{ne} de Saint-Vert. — *Lo Mas de
la Paulia*, 1341 (terr. de Charbonnier). — *La
Poulhie*, 1693 (la Chaise-Dieu, lièvre).

Poujat (Le), f., c^{ne} de Saint-Pal-de-Mons. — *Le
Pouyat*, 1879 (carte adm.).

Poulage (Le), f., c^{ne} de Saint-Germain-Laprade.
— xviiie s. (Cassini). — *Potage* (cad.).

Poulaille, mont. boisée, c^{ne} de Vissac. — *Polilhot*,
1463 (terrier de Vissac). — *Poulhilhot*, 1495
(ibid.). — *Polhalhoc*, 1538 (homm. de Vissac).
— *La Montaigne app. de Poulalio*, 1670 (Arch.
nat., P. 502, cote 99).

Poulain (Moulin-du-), m^{in} sur le Lignon, c^{ne} des
Vastres.

Poulexon, h., c^{ne} de Saint-Bonnet-le-Froid. — *Polle-
non*, 1553 (ress. de Montfaucon). — *Poulanon*
(cad.). — *Poulenou*, 1820 (Deribier).

Poules (Les), anc. m^{in} sur l'Estantole, c^{ne} de Vézézoux.

Poules (Moulin-des-), m^{in} sur l'Auzon, c^{ne} de Chassignolles.

Poulet, f., c^{ne} de Malrevers.

Poulette (Moulin-de-), m^{in} sur le Cougoussac, c^{ne} de
Cronce.

Poupenac, h., c^{ne} de Saint-André-de-Chalencon. — *Pol-
penac*, 1269 (Arch. nat., P. 1398¹, c. 655). —
Poupenac, 1545 (terrier de la Garde). — *Popenac*,
1557 (terrier de Chalencon).

Poupoulèche, f., c^{ne} de Freycenet-Lacuche.

Pourcheresse, forêt, c^{nes} de Chanteuges, Charraix,
Pébrac et Saint-Julien-des-Chazes. — *Silva Canaleillas*, v. 1130 (cart. de Pébrac, n° 38). — *Nemus
de Porcharessas*, 1351 (Thiolent). — *Nemus de
Porcharessis*, 1460 (Bibl. nat., ms. lat., n. acq.,
1222, f° 170).

Pourcheresse, l. détr., c^{ne} de Lempdes. — *In aice
Brivatensi, villa Porcarias*, 906 (cart. de Brioude,
ch. 330). — *Porcarecias* (id., tables, cccxlii).
— *Porcaricias* (Bibl. nat., ms. lat., 17078, p. 68).
— *Porcharessas prope Lenda*, 1272 (Gall. christ.,
II, instr., col. 142); — 1429 (terr. du doy. de
Brioude).

Pourcheresse, ermit. détr., c^{ne} de Pébrac. — *Geraldus
heremita*, v. 1130 (cart. de Pébrac, n° 38). —
Heremitagium de Porcharessis, 1461 (Bibl. nat.,
ms. lat., n. acq., 1223, f° 5). — *Frater Georgius,
heremita de Porcharessis*, 1470 (idem, f° 380 v°).

Pourcheresse, h., c^{ne} de Pébrac. — *Porcharessas*,
1351 (Thiolent). — *Mansus de Porcharessis*, 1461

(Bibl. nat., ms. lat., n. acq., 1222, f° 177 v°). —
Porcheresse, xviiie s. (Cassini). — *Porcharesse*,
1774 (terrier de Digons).

Pourcheresse, h., c^{ne} de Vabres. — *Porcharessiæ*,
1449 (Thiolent). — *Porcharessa*, 1469 (idem). —
Porcharessæ, 1526 (A. Besseyre, n^{re}).

Pourra, vill., c^{ne} de Riotord. — *Pourra lez Rioutort*,
1584 (Guèze, n^{re}). — *Pourrat*, 1879 (carte adm.).

Pourrat (Le), affl. du Clavas à Perrière, c^{ne} de Riotord.

Poursanges, vill., c^{ne} de Langeac. — *Affarium de
Possasanias*, 1271 (spic. Briv.). — *Posassangas*,
1364 (Arch. nat., Z² 54, p. 166). — *Mansus de
Pozassanghas*, 1458 (Bibl. nat., ms. lat., n. acq.,
1222, f° 175 v°). — *Porssanges*, 1477 (Thiolent).
— *Posassanges, Pozassanges*, 1486 (terr. de Tailhac). — *Porsanghes*, 1568 (Arch. nat., Z² 56,
p. 99). — *Pourssange*, xviiie s. (Cassini).

Pourtas (Les), l. détr., auj. bois, c^{ne} de la Besseyre-
Saint-Mary.

Poussac, h., c^{ne} de Roche-en-Régnier. — *Pussac*,
1266 (Arch. nat., P. 1397³, cote 597). — *Al
Posac*, 1269 (Arch. nat., P. 1398², cote 674 bis).
— *Possac*, 1522 (Saint-Georges du Puy). — *Pos-
sacus*, 1532 (Arch. nat., P. 1399¹, cote 756).
— *Poussac*, 1651 (év.).

Poutaud, f., c^{ne} de Ceyssac. — *Poutand*, 1820 (Deribier).

Poutès, h., c^{ne} d'Alleyras. — *Pautetz*, 1316 (la Chaise-
Dieu, Saint-Privat-d'Allier). — *Locus de Pautetis*,
1487 (prieuré d'Alleyras). — *Pautès*, 1820 (Deribier).

Poutet, m^{in}, c^{ne} de Siaugues-Saint-Romain. — *Molendinum app. de Potet*, 1453 (Bibl. nat., ms. lat.,
n. acq., 1222, f° 9 v°). — *Poutès*, 1888 (Malègue).

Poutiou (Le), f., c^{ne} de Saint-Ferréol-d'Auroure. —
Mansus voc. ad Puteum, v. 927 (La Mure, ducs
de Bourbon, III, pr., p. 17). — *Le Pounta* (cad.).
— *Le Pontiau*, 1879 (carte adm.).

Pouty, h., c^{ne} de Saint-Julien-du-Pinet. — *Poutis*,
1878 (carte adm.).

Pouvey, m. i., c^{ne} de Saint-Paulien.

Pouvielh, lieu dit, c^{ne} de Léotoing. — *Territ. de
Polveilh*, 1295 (spic. Briv.).

Poux (Le), h., c^{ne} de Connangles. — *Mansus del Polz*,
1462 (la Chaise-Dieu, Connangles).

Poux (Le), h., c^{ne} de Malvières. — *Mansus de Puteo*,
1322 (la Chaise-Dieu, Malvières). — *Lo Potz*,
1414 (ibid.). — *Le Poutz*, 1570 (J. Chalvon,
n^{re}).

Poux (Le), vill., c^{ne} de Saint-Jean-de-Nay. — *Mansus
de Puteo*, 1157 (hospit. du Velay). — *Lo Pos*,

1263 (*idem*). — *Puteus*, 1521 (Martel, n^re). — *Le lieu del Pous*, 1567 (Doleson, n^re).

Poux (Le), l. détr., c^ne de Saint-Julien-d'Ance. — *Lo mas del Pos prope Vacheyrolas*, 1401 (terrier du Bois).

Poux (Le), f., c^ne de Saint-Laurent-Chabreuges. — *Mansus del Po*, 1429 (terrier du doy. de Brioude).

Poux (Le), h., c^ne de Saint-Maurice-de-Lignon. — *Villa del Posc*, v. 1184 (cart. de Chamalières, n° 153). — *Locus de Puteo*, 1516 (obit. de Bas). — *Lou Poux*, 1588 (Haute-Loire, E.).

Poux (Le), h., c^ne de Tailhac. — *Mansus del Poux*, 1486 (terrier de Tailhac).

Poux (Le), vill., c^ne de Vorey. — *Puteus*, 1311 (Arch. nat., P. 1399¹, cote 783).

Poux (Les), l. détr., c^ne de Cubelles. — *Mansus dels Pogs*, 1301 (Thiolent).

Poux (Le Mas-du-), l. détr., c^ne de Rauret. — 1349 (homm. de l'év.).

Poux-la-Roche (Le), font., au Puy. — *La Font del Poux la Roche en Posarot*, 1544 (Médicis, II, 257).

Pouya (La), f., c^ne de Saint-Bonnet-le-Froid.

Pouya (La), m. i., c^ne de Saint-Pal-de-Mons.

Pouyas (Les), f., c^ne de Riotord. — *Les Poyas*, 1586 (Delafont, n^re). — *Las Poyas*, 1615 (Rhône, D. 185). — *Le Pouya*, 1879 (carte adm.).

Pouzarot (Le), quartier, porte et rue, au Puy. — *Posarot*, 1186 (hospit. du Velay). — *Portale de Posarot*, 1248 (*idem*). — *Carreria voc. Ulmus de Pozarot*, 1343 (*idem*).

Pouzas, vill., c^ne de Saugues. — *Pozans*, 1217 (hôtel-Dieu, B. 304). — *Mansus de Posas*, 1298 (Thiolent). — *Mansus de Posassio*, 1300 (id.). — *Pozas*, 1327 (Lozère, G. 98). — *Posacium*, 1478 (Thiolent). — *Pousas*, 1499 (*idem*). — *Posatium*, 1527 (A. Besseyre, n^re).

Pouzat, m. i., c^ne de Cerzat.

Pouzat, f., c^ne de Mazeyrat-Crispinhac. — *In villa Poziaco*, 994 (cart. de Cluny, ch. 2274).

Pouzat (Le), écart, c^ne du Monastier. — *Mansus de Posato*, 1523 (cad. du Monastier). — *Lou Posat*, 1547 (Chaulet, n^re). — *Le domaine de Pouzat*, 1785 (Julien, n^re).

Pouzat (Le), l. détr., c^ne de Saint-Haon. — *Territorium del Pozat*, 1278 (la Chaise-Dieu, Bouchet-Saint-Nicolas).

Pouzat (Le), f., c^ne de Saint-Quintin-Chaspinhac. — *Pozas*, 1331 (J. de Peyre, n^re). — *Lou Pouzat*, 1555 (cad. de Mercœur).

Pouzaz-de-Farges, bois, c^ne de Siaugues-Saint-Romain.

Pouzeyre, m. i., c^ne du Chambon.

Pouzols, chât. et f., c^ne de Bellevue-la-Montagne. —

Pozols, 1265 (Arch. nat., P. 494¹, cote 36). — *Posols, par. S. Justi*, 1440 (Pratlavi, n^re). Fief appartenant depuis le xvie siècle à la famille de Chapteuil de Bonneville.

Pouzols, vill., c^ne de Josat.

Pouzols, vill., c^ne de Loudes. — *Pozols*, 1318 (hôtel-Dieu, B. 647). — *Locus de Posolz-Josserand*, 1532 (Dompnin, n^re). — *Pousolz-Iousserand*, 1585 (Johanny, n^re). — *Pouzols-Jousseran*, xviiie s. (Cassini). — *Pouzols de Loudes*, 1880 (aff. jud.).

Pouzols, h., c^ne de Monistrol-sur-Loire. — *Pozols*, 1346 (J. de Peyre, n^re). — *Pouzols*, 1614 (Mme Leblanc, n^re). — *Posolz*, 1656 (ét. civ.).

Pouzols, chât. ruiné et vill., c^ne de Monlet. — *Pozols*, 1222 (Martène, thes. nov. anecd., I, 896). — *Pessolas*, 1263 (*ibid.*, I, 1116). — *Posolles*, 1370 (év.). — *Posolx*, 1514 (G. Maurin, n^re). Dom. noble mouvant en fief de la baronnie d'Allègre, 1670 (Arch. nat, P. 502, cote 72), appartenant à la famille de Guérin de Lugeac.

Pouzols, vill., c^ne de Saint-Berain. — *Mansus de Pozols*, 1287 (spic. Brivat.). — *Mansus de Posolis*, 1478 (Bibl. nat., ms. lat., n. acq., 1224, f° 213 v°). — *Pousolz*, 1595 (Mme Leblanc, n^re).

Pouzols, vill., c^ne de Saint-Jeure. — 1285 (homm. de l'év.). — *Pozols*, 1343 (Rhône, H. 2632). — *Posolz*, 1507 (év.).

Pouzols, f., c^ne de Torsiac. — *Mansus de Pozols*, 1334 (Bibl. nat., ms. lat., 9084, n° 21). — *Pouzoulz*, xve s. (Arch. nat., R⁴*. 1143, n° 123).

Pouzols, vill., c^ne de Vernassal. — *Villa quæ vocatur Pozols*, v. 998 (cart. de Brioude, ch. 144). — *Pozoletz*, 1426 (év.). — *Pouzoletz*, 1682 (cad. de la vic. de Polignac). — *Pouzol*, xviiie s. (Cassini).

Pouzols (Le), affl. de la Borne occidentale, c^nes d'Allègre et de Vernassal.

Pouzols-Jeune, f., c^ne de Montusclat.

Pouzols-Vieux, vill., c^ne de Montusclat. — *In villa Pozolis*, v. 980 (cart. du Monastier, n° 250). — *Pozols-Vieulx*, 1546 (Savin, n^re).

Poyet (Le), vill., c^ne de Beaune. — *Mansus del Poyet*, 1334 (la Chaise-Dieu, Jullianges). — *Pogetum*, 1344 (J. de Peyre, n^re).

Poyet (Le), h., c^ne de Chamalières. — *In Poietis*, xe s. (cart. de Chamalières, n° 3). — *Pozaget*, xe s. (*ibid.*, n° 212). — *Villa del Posc*, xiie s. (*ibid.*, n° 153). — *Le Pouit*, 1695 (capitation). — *Le Poyet*, xviiie s. (Cassini). — *Pouy* (cad.).

Poyet (Le), h., c^ne de Saint-Didier-la-Séauve. — *Mansus de Poyeto prope S. Justum in Vallaria*, 1381 (Arch. nat., P. 494², cote 102). — *Le Mas de Poyet*, 1426 (Arch. nat., P. 1400¹, cote 869). —

Le Poyet de Sainct-Just, 1569 (terrier de Saint-Didier de Joyeuse). — *Le Pouyet*, 1584 (*idem*).

Poyet (Le), vill., cⁿᵉ de Saint-Victor-Malescours. — *Le Poyet de Males-Aures*, 1567 (terrier de Saint-Didier). — *Poyet-de-Malessaures*, 1645 (capit.).

Poyet (Le), h., cⁿᵉ de Valprivas.

Pra-Barnier, m. i., cⁿᵉ de Saint-Éble.

Pra-Chabreyre, m. i., cⁿᵉ de Chénéreilles.

Praclaux, f., cⁿᵉ des Estables. — 1739 (ét. civ.).

Praclaux, vill., cⁿᵉ de Landos. — *Pratum Clausum*, 1330 (la Chaise-Dieu, Saint-Paul-de-Tartas). — *Pratclaux*, 1585 (Johanny, nᵉˢ).

Pracros, f., cⁿᵉ de Saint-Julien-Chapteuil. — *Pratcros*, 1507 (év.).

Prada (La), afll. de la Senouire à la Vaudieu.

Pradal, vill., cⁿᵉ de Blassac. — *Pradals*, 1387 (Arch. nat., Z². 4144, p. 270).

Pradal (Le), vill., cⁿᵉ d'Ally. — *Pradaulx*, 1463 (Arch. nat., ZZ. 359, p. 71). — *Lo Pradal*, 1464 (*idem*, p. 98). — *Mansus de Pradals*, 1471 (*idem*, p. 138).

Pradal (Le), ruiss., prend sa source à Ally et se jette dans l'Allier au-dessous de Villeneuve-d'Allier. — *L'Arson* (cad.). — *Ruiss. de Condros*, 1860 (état-major).

Pradal (Le), afll. de l'Allier à la Voûte-Chilhac, prend naissance dans la commune de Blassac.

Pradas (Le), f., cⁿᵉ de Freycenet-Lacuche.

Pradas (Le), f., cⁿᵉ de Saint-Front. — *Le Pradas*, 1646 (cad. de Bonnefont). — *Le Mas du Pradas* ou *Bertrand*, xviiᵉ s. (mairie du Monastier, CCᵃ.).

Pradasse (Moulin-de-la), mⁱⁿ ruiné sur la Gazeille, cⁿᵉ de Vazeilles-Limandres. — *Moulin-de-la-Prade* (cad.).

Pradat (La), m. i., cⁿᵉ de Saint-Just-près-Brioude. — *Les Pradas*, 1888 (Malègue).

Pradaux, vill., cⁿᵉ de Saint-Hostien. — *Mansus de Pradals*, 1322 (Bonneville).

Pradaux (Les), écart, cⁿᵉ de la Chapelle-d'Aurec. — *Les Padeaux*, 1820 (Deribier).

Pradaux (Les), écart, cⁿᵉ de Cussac. — *Pradals*, 1255 (Saint-Pierre-le-Monastier). — *Los Pradals*, 1408 (compois du Puy).

Pradavel, l. détr., cⁿᵉ de Paulhac. — *Villa quæ dicitur Septem Pollis sive de Illo Pradavol*, ixᵉ s. (cart. de Brioude, ch. 20). — *El terrador de Pradavhyolh*, *juxta la via publica que vay de Breyude ves Belmont*, 1341 (terr. de Charbonnier). — *Terroir de Pradavel*, 1742 (terrier du doy. de Brioude).

Prade (La), h., cⁿᵉ d'Alleyrac. — *Laprade*, 1888 (Malègue).

Prade (La), mⁱⁿ sur la Ramade, cⁿᵉ d'Aubazac.

Prade (La), lieu dit, cⁿᵉ de Coubon. — *Territorium de la Prada app. vulgariter del Rion de Rohac*, 1508 (terrier de J. de Coubladour).

Prade (La), m. i., cⁿᵉ de Langeac. — *Prada Langiaci*, 1458 (Bibl. nat., ms. lat., n. acq., n° 1222, fᵒ 75 vᵒ).

Prade (La), m. i., cⁿᵉ du Monastier.

Prade (La), ruiss., prend naissance à Charbonnière, cⁿᵉ de Saint-Étienne-près-Allègre, arrose les cⁿᵉˢ de Chassagnes et de Paulhaguet et se jette dans la Senouire au sud-ouest de Censac.

Prade (La), f., cⁿᵉ de Saint-Front. — *La Prada*, 1392 (év.). — *Boria de la Prada*, 1508 (Costaval, nᵉˢ). — *La metterie de la Pra*, 1646 (cad. de Bonnefont). — *La Prade*, 1695 (capitation).

Prade (La), m. i., cⁿᵉ de Saint-Germain-Laprade.

Prade (La), écart, cⁿᵉ de Saint-Pal-de-Murs.

Prade (La), f., cⁿᵉ de Saint-Préjet-Armandon.

Prade (La), m. i., cⁿᵉ de Taulhac.

Prade-Basse (La), vill., cⁿᵉ de Montusclat. — *La Pradette-Basse*, xviiiᵉ s. (Cassini).

Prade-de-l'Hermet (La), m. i., cⁿᵉ de Chassagnes.

Pra-de-Grane, f., cⁿᵉ du Chambon.

Prade-Haute (La), vill., cⁿᵉ de Montusclat. — *Mansus de la Prada*, 1343 (év.). — *Prata*, 1455 (Pradier, nᵉˢ). — *La Prade-de-Chapteul*, 1638 (Barret, nᵉˢ). — *La Pradette-Haute*, xviiiᵉ s. (Cassini).

Pradel, h., cⁿᵉ de Blesle. — *Le Mas de Pradelz*, *Pradaus*, xvᵉ s. (Arch. nat., R¹. 1143*, nᵒˢ 79 et 135). — *Pradeilhs*, *Pradeul*, 1493 (terrier de Blesle). — *Pradelles*, 1879 (carte adm.).

Pradel (Le), dom., cⁿᵉ de Sainte-Marie-des-Chazes. — *Territorium dell Pradell*, 1256 (Thiolent). — *Pratellum*, 1298 (hôtel-Dieu, B. 352). — *Pradellum*, 1310 (év.). — *Le Pradel*, 1458 (Bibl. nat., ms. lat., n. acq., 1222, fᵒ 79).

Pradel (Le), h., cⁿᵉ de Saint-Vincent. — *Mansus del Pradel*, 1311 (Arch. nat., P. 1399¹, c. 783).

Pradelle (La), h., cⁿᵉ de Saint-Ilpize. — *La Pradela*, 1339 (Bibl. nat., ms. fr., 14377, p. 189). — *Pratella*, 1379 (Arch. nat., Z². 4143, p. 8). — *La Pradella*, 1466 (*idem*, ZZ. 359, p. 107).

Pradelles, arr. du Puy. — *Pratelas*, xiᵉ s. (cart. du Monastier, n° 360). — *Pradelas*, 1204 (Vaissète, hist. gén. de Lang., VIII, c. 518). — *Castrum de Pratelis*, 1267 (Médicis, I, 80). — *Eccl. paroch. S. Petri Villæ de Pratellis, Vivariens. dioc.*, 1453 (Bl. Girard, nᵉˢ). — *Pradelles en Vivarais*, 1575 (Doleson, nᵉˢ).

En 1789, Pradelles faisait partie de la province de Vivarais et du bailliage de Villeneuve-de-Berg.

Son église paroissiale, diocèse de Viviers et archiprêtré de Sablières, était sous l'invocation de saint Pierre.

PRADEMAN, écart, cne de Vorey. — *Decima de Masso Marcii,* 1097 (cart. de Chamalières, n° 14). — *Prademart,* 1333 (Arch. nat., P. 494¹, cote 16). — *Prademarc,* 1334 (Arch. nat., P. 492², cote 200). — *Boria de Prat-de-Mart,* 1455 (Arch. nat., P. 1399¹, cote 798).

PRADES, chât. détr., com de Langeac. — *Pradas,* v. 1130 (cart. de Pébrac, n° 10). — *Ecclesia de Pratibus,* 1145 (tabl. du Velay, 1877-78, 211). — *Ecclesia de Pratis,* 1179 (cart. du Monastier, app., n° 442). — *Castrum de Prades,* 1257 (Baluze, mais. d'Auv., II, 88). — *Parochia de Pradis in ripa Aligerii, dioc. Mimatens.,* 1452 (Bibl. nat., ms. lat., n. acq., 1222, f° 5 v°). — *L'esglize perrochielle Monsieur Saint-Andrieu de Prades,* 1545 (terrier du prieuré de Prades).

Fief vassal de l'év. de Clermont.

En 1789, Prades faisait partie de la province d'Auvergne, de l'élection de Brioude, de la subdélégation de Langeac et du ressort de Riom. Son église paroissiale, diocèse de Mende et archiprêtré de Saugues, était dédiée à saint André. D'après certaines cartes anciennes, le pouillé du diocèse de Saint-Flour comprend l'église paroissiale de ce lieu dans l'archiprêtré de Langeac, diocèse de Saint-Flour.

PRADES, vill., cne de Saint-André-de-Chalencon. — *Pradaas, Prades,* 1293 (Arch. nat., P. 491¹, c. 13). — *Pradas,* 1334 (Arch. nat., P. 490², c. 153).

PRADES (LAS), m. i., cne du Monastier.

PRADES (LES), affl. du Bertrot, cne de Saint-André-de-Chalencon.

PRADET (LE), f., cne de Freycenet-Lacuche.

PRADETTE (LA), f., cne de Craponne-sur-Arzon.

PRADETTE (LA), vill. et carrière de trachytes porphyroïdes, cne de Montusclat.

PRADIER, écart, cne de Coubon.

PRADIER, m. i., cne de Grazac.

PRADINAS (LE), affl. des Abaliaires, cne de Présailles.

PRADINES, m. i., cne de Saint-Julien-du-Pinet.

PRADOUX, écart, cne de Goudet. — *Jean dous Pradous,* 1820 (Deribier). — *Les Pradaux ou le Jay,* 1886 (aff. jud.).

PRA-DU-BOIS, f., cne de Freycenet-Lacuche.

PRAGRAND, écart, cne de Saint-Front.

PRAILES, vill., cne de Monistrol-sur Loire. — *Praelas,* 1314 (év.). — *Mas de Praalles,* 1383 (homm. de l'év.). — *Praylas,* 1387 (év.). — *Prayles,* 1569 (terrier de Saint-Didier de Joyeuse).

PRAILETTES, h., cne de Monistrol-sur-Loire. — *Praheletæ,* 1468 (Rivière, nre). — *Preyletas,* 1507 (év.). — *Preyletes,* 1569 (terrier de Saint-Didier de Joyeuse). — *Preslettes,* 1599 (év.).

PRAIRIE (LA), m. i., cne de Saint-Paulien.

PRALADOUX, f., cne de Chaudeyrolles.

PRALAS, f., cne de Saint-Front. — *Mansus de Pralatz,* 1217 (Gall. chr., XVI, instr., col. 240). — *Pratlas,* 1344 (Monastier). — *Pranlas,* xviiiᵉ s. (Cassini).

PRALHAC, vill., cne de Loudes. — *Prualiacs sive Prayliacs,* 1280 (Rhône, Annecy, n° 1). — *Prohalhac,* 1345 (J. de Peyre, nre). — *Proalhac,* 1385 (terrier de Saint-Vidal). — *Prothiacum,* 1408 (Drôme). — *Prolhacum,* 1508 (J. Boyer, nre).

PRALONG, f., cne du Chambon.

PRALONG, vill., cne de Lapte.

PRALONG, f., cne de Laussonne.

PRALONG, h., cne de Saint-Jean-de-Nay.

PRALONG (MOULIN-), min sur la Fioure, cne de Varennes-Saint-Honorat.

PRAMAJON, m. i., cne de Saint-Martin-de-Fugères.

PRA-MARTIN, f., cne de Tence.

PRAMOULY, écart, cne de Lapte.

PRANEUF, f., cne de Cussac. — *Pratneuf,* 1714 (Rochette, nre). — *Préneuf* (cad.).

PRANEUF, f., cne de Présailles.

PRANEUF, f., cne de Raucoules. — *Pratum Novum,* 1468 (Rivière, nre). — *Pranon,* 1584 (Guèze, nre). — *Pranaud,* 1820 (Deribier).

PRANEUF, f., cne de Saint-Front.

PRANEUF (LE), écart détr., cne de Bonneval.

PRANEUF-BRUN, f., cne de Saint-Front. — *Le Mas de Préneuf dict Bru,* xviiiᵉ s. (mairie du Monastier, CC.). — *Pratneuf,* 1695 (capitation). — *Bru,* xviiiᵉ s. (Cassini).

PRANIER, f. détr., cne de Prades. — *Prat-Neir,* 1329 (Thiolent). — *Prat-Nyer,* 1475 (Bibl. nat., ms. lat., n. acq., 1224, f° 80 v°). — *Prat-Ner,* 1478 (*idem,* f° 204). — *Pratum Nigrum,* 1499 (Thiolent). — *Pratniers,* xviiiᵉ s. (Cassini).

PRANLARAS, f., cne de Chaudeyrolles.

PRANLARY, h., cne de Taulhac. — *Pratlavi,* 1245 (hôtel-Dieu, B. 312). — *Prantlavi,* 1587 (Doleson, nre). — *Prantlavy,* 1613 (Duclaux, nre). — *Prantlarit,* 1720 (Saugrain).

PRAS, h., cne de Saint-Maurice-de-Lignon. — 1589 (Haute-Loire, E.).

PRASSALAT, h. et min ruiné, cne de Roche-en-Régnier. — *Villa de Prato Salat,* 1309 (Arch. nat., P. 1399¹, cote 759). — *Prassala,* 1399 (terrier du Bois). — *Prat-Salat,* 1500 (coll. C. Falcon).

Prasset (Moulin-de-), m^in sur l'Oubois, c^ne de Lapte.

Prat (La), f., c^ne d'Yssingeaux. — *Laprat*, 1888 (Malègue).

Prat (Le), f., c^ne de Chaudeyrolles. — *Mansus de Prato*, 1464 (Ardèche, C. 624). — *Lou Prat*, 1691 (ét. civ.).

Prat (Le), affl. du Lignon, c^nes de Chaudeyrolles et de Fay-le-Froid.

Prat (Le), h., c^ne de Saint-Julien-du-Pinet.

Prataliou (Moulin-de-), m^lu détr. sur l'Auze, près Coste-Borel, c^ne d'Araules.

Prat-Besson, lieu dit, c^ne de Pébrac. — *Vinca de Prat Breco quæ Clausus vocatur*, v. 1130 (terr. Piperac., xxxii). — *Villa de Prat Bezo*, v. 1179 (id., xxx). — *Prat Besso*, 1222 (id., lxvi). — *Prat-Besson*, 1774 (terrier de Digons).

Pratclaux, m. i., c^ne des Estables.

Pratclaux, vill., c^ne de Landos.

Pratclaux, vill., c^ne de Saint-Privat-d'Allier. — *Prat-Claus*, 1323 (hôtel-Dieu, B. 405). — *Locus de Prato Clauso*, 1519 (Martel, n^re).

Pratclaux, vill., c^ne de Tailhac. — *Mansus de Prat-Claux*, 1457 (Bibl. nat., ms. lat., n. acq., 1222, f° 54). — *Charboneriæ de Prat-Claux*, 1461 (idem, 1223, f° 8).

Pratcourt, l. détr., c^ne de Saint-Privat-du-Dragon. *Pracort*, 1326 (Bibl. nat., ms. fr., 14377, p. 13). — *Pratcourps*, 1397 (idem, p. 189). — *Mansus de Pracorp*, 1443 (Bibl. nat., ms. fr., 11490, p. 296).

Pratcros, m. i., c^ne de Saint-Julien-Chapteuil. — 1695 (capit.).

Prat-d'Allier, m. i., c^ne de Saint-Vénérand.

Prat-de-Gavon, m. i., c^ne de Vals-près-le Puy.

Prat-de-l'Hort (Le), h., c^ne de Saint-Pierre-Eynac.

Praterne, écart, c^ne d'Yssingeaux. — *Provert*, 1888 (Malègue).

Prat-Gros (Le), ruiss., prend sa source près Pompeyran et se jette dans la Dège au m^in d'Ally, c^ne de la Besseyre-Saint-Mary. — 1749 (terrier du Besset).

Pratneuf, f., c^ne de Freycenet-Lacuche.

Prat-Neuf (Le), m. i., c^ne de Vieille-Brioude.

Prat-Petit, m^in sur le Dolaizon, c^ne de Vals-près-le Puy.

Prats (Les), lieu dit, c^ne de Mézères. — *Le lieu doux Pratz*, 1553 (terrier de Liques).

Prats (Les), affl. de la Dège à l'Ouest de Nozeyrolles, c^ne d'Auvers.

Prats-Neufs (Les), m. i., c^ne de Beaulieu. — *Praneuf* (cad.).

Praux, vill., c^ne de Retournac. — *Mansus de Praals*, 1314 (év.). — *Prahals*, 1320 (homm. de l'év.).

— *Praulx*, 1507 (év.). — *Praux*, 1553 (terrier de Liques). — *Preaux*, 1820 (Deribier).

Pravel, écart, c^ne de Sainte-Sigolène. — 1553 (ress. de Montfaucon).

Pravel, vill., c^ne de Tiranges. — *Boariæ de Vetulo Prato*, xie s. (cart. de Chamalières, n° 205). — *Velpra*, xiie s. (idem, n° 143). — *Prat-Veilh*, 1614 (coll. C. Falcon).

Pré (Le), vill., c^ne de Saint-Maurice-de-Lignon. — *Locus de Prato*, 1515 (terrier des Bordes).

Préaux, h., c^ne de Raucoules. — *Pré-Haut*, 1869 (Malègue).

Préaux, f., c^ne de Saint-Front.

Préaux (Les), h., c^ne de Bauzac. — *Prahalz*, 1248 (homm. de l'év.). — *Mansus de Praals*, 1314 (év.). — *Loux Preaulx*, xvie s. (obit. de Bauzac). — *Praux*, 1553 (ress. de Montfaucon).

Pré-Bégon (Le), m. i., c^ne de Saint-Préjet-Armandon.

Prébois, m. i., c^ne d'Araules.

Pré-Château, écart, c^ne de Chassignolles.

Précubard, écart, c^ne de Cussac.

Pré-Dabol, prairie, c^ne d'Aiguilhe. — *Pré de l'Hostel-Dieu app. vulgairement Pré-Dabol*, 1591 (M^ce Leblanc, n^re).

Pré-du-Breuil (Le), dom., c^ne de Taulhac. — *Puissant-Ferme*, 1872 (Malègue).

Pré-du-Prieur, m. i., c^ne de Vieille-Brioude.

Prège (Le), vill., c^ne de Saint-Didier-la-Séauve. — *In parrochia castri de S. Desiderio, villa quæ Prova nuncupatur*, v. 1040 (cart. de Chamalières, n° 99). — *La Propge*, 1272 (év.). — *Al Proche*, 1285 (év.). — *Locus de Preucghe*, 1461 (Rhône, H. 1180). — *Le Preughe*, 1569 (terrier de Saint-Didier de Joyeuse). — *Le Prège*, xviiie s. (Cassini). — *La Prège*, 1820 (Deribier).

Pré-Grand (Le), f., c^ne de Charraix.

Pré-Guitard (Le), f., c^ne de Vieille-Brioude.

Preissac, h., c^ne de Cayres. — *Preyssac*, 1271 (la Chaise-Dieu, Bouchet-Saint-Nicolas).

Preissac, écart, c^ne de Jullianges. — *Preyssat*, 1548 (P. Gallien, n^re).

Preissac, f., c^ne de Mazeyrat-Crispinhac. — *Mansus de Preyssac*, 1459 (Bibl. nat., ms. lat., n. acq., 1222, f° 122).

Preissat, vill., c^ne de Chaniat. — *Pressat* (cad.).

Preix, m^in sur le Doulon, c^ne de Saint-Didier-sur-Doulon. — *Praix*, 1820 (Deribier). — *Prey*, 1888 (Malègue).

Prel, écart, c^ne de Roche-en-Régnier. — *Praelas*, 1333 (Arch. nat., P. 494, cote 41). — *Prahelas*, 1406 (terrier du Bois). — *Prelas*, 1500 (coll. C. Falcon).

Pré-Long (Le), affl. de l'Allier, c^ue de Saint-Cristophe-d'Allier.

Preneybolles, f., c^ne de Craponne-sur-Arzon. — *Ad Prunairolas*, 1213 (cart. de Chamalières, n° 335). — *Locus de Prigneyrolis*, 1481 (coll. L. Chaleyer). — *Prénérol*, 1880 (carte adm.). — *Prémerol*, 1888 (Malègue).

Prés (Les), vill., c^ne de Saint-Pal-de-Mons.

Prés (Les), m. i., c^ne de Saint-Romain-Lachalm.

Prés (Moulin-des-), m^in sur la Dunières, c^ne de Saint-Pal-de-Mons.

Présailles, c^on du Monastier. — *Ecclesia S. Mariæ de Pratalias*, 1119 (Chifflet, hist. de Tournus, 402). — *Eccl. S. Mariæ de Prastasias*, 1179 (Juénin, nouv. hist. de Tournus, 175). — *Parochia B. Mariæ de Prazalis*, 1288 (cart. du Monastier, n° 461). — *Capellanus B. Mariæ de Prazalhis*, 1298 (Saint-Pierre-le-Monastier). — *Parochia de Prahalhas*, 1309 (Arch. nat., P. 1398², cote 676). — *Presallies*, 1534 (év.).

En 1789, Présailles était compris dans la province du Velay, la subdélégation et sénéchaussée du Puy. Son église paroissiale, diocèse du Puy et archiprêtré de Solignac-sur-Loire, était sous l'invocation de la Nativité de Notre-Dame ; la cure était à la présentation du prieur de Goudet.

Près-du-Pont, m. i., c^ne de Vals-près-le Puy.

Président (Mine du), houillère, c^ne de Sainte-Florine.

Presles, h., c^ne d'Aurec. — *Praelles*, 1317 (Arch. nat., P. 1400³, cote 990).

Pressac, h., c^ne de Saint-Étienne-sur-Blesle. — *Le Mas de Preissat*, xv° s. (Arch. nat., R^b. 1143*, n° 165). — *Preyssac* (cad.). — *Preissac*, 1820 (Deribier).

Prés-Saint-Jean (Les), prairie, c^ne de Brives-Charensac. — *Prata de la Chavaleira*, 1276 (cordeliers). — *Loux Pratz Sainct-Jehan*, 1515 (cad. de Villeneuve de Corsac).

Pressat (Moulin-), m^in sur l'Auzon, à Auzon.

Prévaudière (La), écart, c^ne de Saint-Didier-la-Séauve. — *La Privodière*, 1584 (terrier de Saint-Didier de Joyeuse). — *La Privaudière*, 1614 (M^ce Leblanc, n^re).

Prieur (Le), bois, c^ne de Chanaleilles.

Prince (Le), m^in, c^ne de Laval.

Prince (Le), écart, c^ne de Monistrol-sur-Loire.

Principal (Le), l. détr., c^ne de Saint-Jeure. — *La Principal*, 1548 (Rhône, H. 2634). — *Lou Principal*, 1592 (idem, Bessamorel).

Printegarde, m. i., c^ne de Tence. — *Prentegarde*, 1820 (Deribier).

Prior (Le), f., c^ne de Saint-Jeure. — *Locus del Prior*, 1359 (Rhône, H. 2632). — *Le Priour*, 1786 (ét. civ.).

Priouret, h., c^ne de Saint-Germain-Laprade. — 1539 (Savin, n^re).

Prise-d'Eau (La), m. i., c^ne de Vézézoux.

Prison (Le), affl. de l'Allier, c^ne d'Alleyras.

Prolhac (Moulin-de-), m^in, c^ne de Chazelles. — *Moulin des Plantades*, 1886 (aff. jud.).

Promeyrat, f., c^ne de Paulhaguet.

Promeyrat, vill., c^ne de Saint-Cirgues. — *Primayrac*, 1288 (spic. Briv.). — *Prameyrac, Pratineyrat*, 1613 (Mercurial). — *Prumeyrac*, 1670 (Arch. nat., P. 502, cote 75).

Mine de plomb et d'antimoine concédée le 21 juin 1877.

Proriol, vill., c^ne de Bauzac. — *Prorolz*, 1418 (Loire, A. 89, f° 209). — *Prouriol*, 1499 (obit. de Bas). — *Proriolh*, 1555 (idem). — *Proriol*, 1820 (Deribier).

Providence (La), m. i., c^ne de Monistrol-sur-Loire.

Provincial, écart, c^ne de Saint-Vénérand.

Prumet, h., c^ne de la Chapelle-Geneste. — *Pyrmet*, 1347 (la Chaise-Dieu, la Chapelle-Geneste). — *Pirmetum*, 1361 (ibid.). — *Pirmet*, 1373 (ibid.). — *Peremet*, 1462 (ibid., Mazerat-la-Brequeille). — *Prunet*, 1888 (carte adm.).

Prunet, vill., c^ne d'Ouïdes. — *Villa de Prunet*, 1282 (hôtel-Dieu, B. 334). — *Mansus de Pruneto*, 1453 (J. Rocher, n^re).

Prunet, f., c^ne d'Ours-Mons.

Prunet (Moulin-de-), m^in sur le Pain-Blanc, c^ne d'Ouïdes.

Pruneyre (La), écart, c^ne de Laval. — *Mansus de la Prunheyra*, 1307 (la Chaise-Dieu, Saint-Vert).

Pruneyre (La), h., c^ne de Vieille-Brioude. — *In vicaria (Brivatensi), in villa quæ dicitur ad Illa Pruneria*, 940 (cart. de Brioude, ch. 35). — *La Prunière* (cad.).

Pruneyrolles, vill., c^ne de Villeneuve-d'Allier. — *Prugniroles*, 1326 (Bibl. nat., ms. fr., 14377, p. 90). — *Prunayrolas*, 1379 (Arch. nat., Z². 4143, p. 25). — *Mansus de Pruneyrolas*, 1380 (idem, p. 83). — *Pruneyroles*, 1458 (Arch. nat., ZZ. 359, p. 1).

Pruneyrolles (Le), affl. de l'Allier, c^ne de Villeneuve-d'Allier.

Prunière (La), prend sa source au nord-est de la c^ne de Laval et se jette dans le Doulon entre le Mas et Joux, c^ne de Saint-Didier-sur-Doulon.

Prunières, vill., c^ne de Saint-Pal-de-Mons. — *Pruneiras*, 1314 (év.). — *Pruneyras*, 1507 (év.). —

Prunyères, 1561 (terrier de Saint-Didier de Joyeuse).

Puaut-Grand, l. détr., c^{ne} de la Chapelle-Geneste. — *Mansus de Puaut*, 1347 (la Chaise-Dieu, la Chapelle-Geneste). — *Puaut Magnum*, 1360 (*ibid.*). — *Podium Altum, Puy-Hault*, 1462 (*ibid.*).

Puaut-Petit, l. détr., c^{ne} de la Chapelle-Geneste. — *Puaut-Parvum*, 1360 (la Chaise-Dieu, la Chapelle-Geneste). — *Puy-haut-Petit*, 1449 (terrier de Clavelier). — *Podium Parvum*, 1463 (la Chaise-Dieu, la Chapelle-Geneste).

Pubellier, h., c^{ne} de la Chapelle-Bertin. — *Pubelier*, 1888 (carte adm.).

Puelle (La), loc. détr., c^{ne} de Desges. — *La Puelle*, 1588 (spic. Briv.). — *La Pielle*, 1750 (terr. des Binières).

Pugnier, vill., c^{ne} de Bellevue-la-Montagne. — *Podium Nigrum*, xiie s. (cart. de Chamalières, n° 332). — *Peunyer*, 1616 (Rhône, H. 2153, f° 970). — *Pugner*, xviiie s. (Cassini). — *Prugnier* (cad.). — *Pugnet*, 1820 (Deribier).

Puissant (Le), f., c^{ne} du Chambon.

Puits-de-l'Abime (Le), ruiss., affl. des Matagots, c^{ne} de Chaudeyrolles.

Pulvéry, bois et ruiss., affl. de gauche de l'Allier, c^{ne} de Monistrol-d'Allier. — *Nemus de Polveric*, 1307 (Thiolent). — *Le bois de Pulveric*, 1745 (*id.*).

Puy (Creux du), vallée qui entoure la ville du Puy. — *Vallis Podii*, 1213 (Saint-Mayol). — *Infra oratoria civitatis Aniciensis*, 1236 (*idem*). — *Vallis Anicii*, 1253 (hospit. du Velay). — *Le creux du Puy*, 1778 (Faujas de Saint-Fond, 380).

Puy (Le), ch.-l. du département. — *Ad locum quem Anicium vocitant*, 591 (Greg. Turon., hist. Fr., X, 25). — Anicio, viie s. (triens mérovingien). — *Alture Sanctæ Mariæ Anitiensis ecclesiæ*, v. 920 (Bibl. nat., ms. lat., 1452, f° 2). — *Ecclesia Aniciensis seu Vallarensis*, 924 (Bouquet, IX, 964). — *Sancta Maria de Anicio*, 961 (*idem*, IX, 725). — *Civitas Vallavorum*, 998 (*idem*, X, 535). — *Est civitas famosissima quæ ab antiquis Annicium, a modernis vero Podium Beatæ Mariæ nuncupatur*, xe s. (A. SS. O. S. B., sæc. iv, pars I, 172-3). — *Urbs Anitium*, xe s. (Richeri, hist., lib. I, vi). — Anito chivit, xe s. (denier du roi Raoul). — *Podium Sanctæ Mariæ*, 1077 (Bouquet, XIV, 603). — *Civitas Vellavorum*, 1102 (*id.*, XV, 119). — *Beata Maria de Podio*, 1163 (*idem*, XVI, 68). — *Au Poi Sancta Maria*, 1208 (H. Duplès-Agier, chr. de Saint-Martial de Limoges). — *Civitas Podii*, 1220 (Bouquet, XIX, 703). — *Lo Pey*, xiiie s. (*idem*, XIX, 121). — *Sancta Maria de Podio in Alvernia*[1], xiiie s. (*id.*, XXIII, 216). — *Poies del Puei*, xiiie s. (monnaies du Puy). — *L'evesquat, la siutat del Puci Nostra Domna*, xiiie s. (Bibl. nat., ms. fr., 854, p. 78 et 164). — *La cort del Puoi Santa Maria*, xiiie s. (Vaissète, hist. de Lang., X, 269). — *L'evesque du Pui*, 1317 (Bouquet, XXIII, 811). — *Podium Nostræ Dominæ*, xive s. (P. Labbe, nova bibl. ms. lib., II, 265). — *Podium in Vallaria* (Vaissète, hist. de Lang., IV, 592). — *Le Puy Nostre-Dame*, xve s. (C. d'Orville, chron. du bon duc L. de Bourbon, éd. Chazaud). — *Lo Peu*, 1501 (Arcis, n^{re}). — *La cité du Puis-en-Velay*, 1537 (G. Corrozet et C. Champier, cat. des villes et cités, 52). — *Le Puy d'Anis*, xvie s. (Médicis). — *Nostre-Dame du Puy*, 1644 (L. Coulon, riv. de France, 246).

En 1789, le Puy était le chef-lieu de la province et du comté de Velay et le siège d'un évêché, d'une sénéchaussée, d'une maréchaussée et d'une cour commune non ressortissante. Outre son église cathédrale, dédiée à Notre-Dame, cette ville avait cinq églises paroissiales : 1° l'église collégiale de Saint-Vosy, à la nomination de l'évêque; 2° l'église de Saint-Georges, à la nomination du supérieur du séminaire; 3° l'église de Saint-Pierre-le-Monastier, à la nomination du prieur de Saint-Pierre-le-Monastier; 4° l'église de Saint-Pierre-la-Tour, à la nomination de l'abbé de la collégiale de ce nom; 5° l'église de Saint-Jean-de-Jérusalem, à la nomination du grand bailli de Lyon.

Puy-Baudry, chât., c^{ne} d'Azerat. — *In Podio Baldrico*, 1156 (spic. Briv.). — *Poi Baldric*, 1256 (*idem*). — *Mansus de Podio Baudry*, 1434 (la Chaise-Dieu, Azerat). — *Peuch-Boudric*, 1453 (terrier du ford. de Br.). — *Le château de Puy-Boudry*, 1669 (Arch. nat., P. 499, cote 12). — *Peiboudry*, xviiie s. (Cassini). — *Picoudrit*, 1820 (Deribier). — *Pied-Boudry*, 1851 (carte Giraud). — *Picondrit*, 1855 (état-major). — *Pied-Bondry*, 1869 (Malègue). — *Piéboudry*, 1880 (carte adm.).

Seigneurie relevant en fief du prieuré d'Azerat et en arrière-fief du duché d'Auvergne.

Puy-Benaud, l. détr., c^{ne} de la Vaudieu. — *Ung maz*

---

[1] « Rien n'est plus faux, en géographie comme en histoire, que cette confusion qui a fait dire à quelques auteurs : *Le Puy en Auvergne*, de deux pays entièrement distincts, et dont l'autonomie respective depuis l'ère gallo-romaine n'a pas cessé un seul jour. » (T. du Molin, *Bar. de Bouzols*, p. 61.)

app. de Peu-Berauld, 1612 (terr. de la Vaudieu). — *Pubereau*, xviii° s. (Cassini).

Puy-Buisson, l. détr., c™ de Mercœur. — *Pe Boysso*, 1339 (Bibl. nat., ms. fr., 14377, p. 198). — *Metterie app. de Pui-Buisson*, 1613 (Mercurial).

Puy-Chevalar (Le), mont., c™ de Chaniat. — *Sucus voc. de Puet-Chevalar*, 1424 (la Chaise-Dieu, Javaugues).

Puy-de-Carmentrand (Le), mont., c™ d'Agnat. — *Podium de Caramantrant*, xiv° s. (terrier des Grèzes).

Puy-du-Feu (Le), h., c™ de Vergongheon.

Puy-Gnos, loc. détr., c™ de Domeyrat. — *Peutz Gros, mansus de Puy-Gros*, 1464 (Bibl. nat., ms. lat., n. acq., 1223, f° 157 r° et v°).

Puy-Rouge (Le), mont., c™ de Craponne-sur-Arzon.

Q

Quaréo (Le), afll. de la Senouire au nord de Domeyrat.

Quatre-Chemins (Les), m. i., c™ de Saint-Germain-Laprade.

Queille (La Grande-), f., c™ du Monastier. — *La Cueulha, La Cuelha*, 1523 (cad. du Monastier).

Queuille (La Petite-), f., c™ du Monastier.

Queyre (La), m. i., c™ de Prades.

Queyrie (La), lieu dit, c™ de Langeac. — *Decima de la Caria*, 1237 (Bibl. nat., lat., 12750, p. 17). — *Territ. de la Queyria*, 1502 (Arch. nat., Q.513, f° 214).

Queyrières, c™ de Saint-Julien-Chapteuil. — *Castellum quod dicitur Quadreria, in pago Vellaico*, v. 1020 (cart. du Monastier, n° 223). — *Castrum de Cayreria*, 1333 (Arch. nat., R². 39). — *Cayrayra*, 1344 (J. de Peyre, n™). — *Cayreyra*, 1361 (La Chaise-Dieu, doyenné). — *Queyreyra*, 1451 (cart. de Mazan, f° 55). — *La chapellenie de S. Dompnin de Querière*, 1684 (Roche, n™).

En 1789, Queyrières qui était le siège de l'une des dix-huit baronnies diocésaines de la province du Velay, dépendait de la subdélégation et sénéchaussée du Puy. Cette localité ne possédait pas d'église paroissiale, mais seulement une chapelle seigneuriale enclavée dans le château et dédiée à saint Dominique.

Quinarelle (La), m. i., c™ de Malvières.

Quioc (Maison-), m. i., c™ de Monistrol-sur-Loire.

Quoarde (La), f., c™ de Saint-Front. — *La Couarde*, 1888 (carte adm.).

R

Rabanières, mont., c™ d'Agnat.

Rabassac, f., c™ de Chassignolles. — *Mansus de Rebrassac*, 1538 (spic. Br.). — *Rabbassart*, 1379 (compte de B. Flotenc).

Rabassac (Ravin-de), afll. de l'Auzon, c™ de Chassignolles.

Rabes (Deux-), h., c™ de Freycenet-Lacuche. — *Duas Rabas*, xi° s. (cart. du Monastier, n° 360). — *Villa de Duabus Rabbis*, xi° s. (idem., n° 29). — *Mansus delz Bertrandencs de Doas Rabas*, 1222 (tabl. du Velay, 1876-1877, 359). — *Communitas Duarum Rapparum*, 1472 (Bonnefoy). — *D'Erabe* (cad).

Rabeyre (La), bois, c™ de Saint-Julien-des-Chazes.

Rabeyrines, vill., c™ de Saint-Hostien. — *Mansus de Rabayrinas*, 1346 (Lardeyrol). — *Rabeyrinas*, 1468 (idem). — *Ryberines*, 1534 (év.). — *Ribeyrines*, 1604 (Galien, n™).

Rabide (La), h., c™ de Chassignolles. — 1670 (Arch. nat., P. 500¹, cote 1).

Rabisson, m. i., c™ de Grazac.

Rachassac, h., c™ de Saint-Germain-Laprade. — *Reschassat*, 1389 (plumitif de Bouzols). — *Raschassac*, 1412 (terr. du Moulin-Neuf.) — *Rechassac*, 1516 (Maurin, n™). — *Rachassacum*, 1523 (Aleil, n™). — *Rochassac*, 1539 (terrier du Moulin-Neuf). — *Rachassac*, 1544 (Savin, n™). — *Rachassat*, 1820 (Deribier).

Rachat, vill., c^ne de Blanzac. — *Mansus de Rachaco*, 1362 (titres de Saint-Vidal). — *Rachapt*, 1433 (*ibid.*). — *Rachat*, 1453 (prieuré de Polignac). — *Rapchacum*, 1511 (J. Boyer, n^re). — *Rachac*, 1638 (Barret, n^re).

Rachat, h., c^ne de Craponne-sur-Arzon. — *Rapchat*, 1327 (Saint-Mayol). — *Rapchacum*, 1447 (terr. de Piassac). — *Raschacum*, v. 1450 (Arch. nat., P. 1397², cote 582). — *Rachac*, 1569 (terr. de Notre-Dame-de-Chalencon). — *Rachap*, 1695 (capitation).

Raches (Les), h., c^ne de Freycenet-Lacuche. — *Villa des Raschas*, xie s. (cart. du Monastier, n° 360). — *Mansus de las Raschas*, 1352 (Arch. nat., P. 1398², cote 668).

Raches (Moulin-des-), m^in sur le Josserand, c^ne de Freycenet-Lacuche.

Rademais, m. i., c^ne de Vorey.

Raël (Le), loc. détr., c^ne de Saint-Éble. — *Le Mas du Reel*, 1379 (homm. de Vissac). — *Mansus de Rahyel*, 1465 (terr. de Vissac). — *Rahel*, 1495 (*idem*).

Rafayet, f., c^ne de la Chomette. — *Rafaeli*, 1139 (cart. de Pébrac, n° 29). — *Rafael*, v. 1140 (*idem*, n° 13). — *Raphael*, 1392 (Arch. nat., Z². 4145, p. 220). — *Raphaellum*, 1427 (Bibl. nat., ms. fr., 11490, p. 24). — *Raffayel*, 1612 (terr. de la Vaudieu). — *Raffaye*, xviiie s. (Cassini).

Raffet, f., c^ne des Estables. — *Rafet*, 1759 (ét. civ.). — *Rafy*, xixe s. (cad.).

Raffeyroux, montic. rocheux, c^ne de Bains. — *Rupes voc. del Rifayro*, 1329 (J. de Peyre, n^re).

Raffeyroux, f., c^ne de Lempdes. — *La Metterye de Rufferon*, 1640 (lièvre de Rilhac). — *Roufeyroux*, *Rafeyroux*, 1730 (terrier d'Espalem). — *Rouffeyroux*, 1880 (carte adm.).

Raffie (Moulin-de-), m^in sur la Senouire, c^ne de Connangles.

Raffy, vill., c^ne de Queyrières. — *Locus de Raffino*, 1457 (Rhône, Bessamorel). — *Raphy*, 1507 (év.). — *Raffi*, 1542 (Chamblas).

Raffy (Moulin-de-), m^in sur la Cronce, c^ne de Cronce.

Rafy, m. i., c^ne des Estables.

Rageasse, lieu détr., c^ne de Saint-Front. — *In pago Vellaico, villa quæ dicitur Ragatias*, v. 970 (cart. du Monastier, n° 106). — *Mansus de Ratiassas*, 1284 (cart. de Mazan, f° 25 v°). — *Ung chazal de maison app. de Rageasse*, 1646 (cad. de Bonnefont).

Rajus, h., c^ne de Pinols. — *Rasus*, 1355 (Arch. nat.,

Z². 54, p. 105). — *Razus*, 1457 (Bibl. nat., ms. lat., n. acq., 1222, f° 56 v°).

Raliade (Ravin-du-), affl. de l'Allier, c^ne de Saint-Christophe-d'Allier.

Ram (Le), affl. de la Loire, c^ne de Beaulieu. — *Aqua de Rams*, 1265 (hôtel-Dieu, B. 317). — *Le ruisseau app. de Rans et de Peyre fresse*, 1605 (Me Leblanc, n^re). — *Le Rang*, 1880 (carte adm.).

Rama (La), écart, c^ne de la Chapelle-d'Aurec.

Rama (La), h., c^ne de Tence.

Ramade (La), m^in, c^ne de Langeac. — *Molendinum situm in riperia de Posassanges, in territorio de la Ramada*, 1486 (terr. de Tailhac).

Ramade (La), ruiss., prend sa source au nord de Pinols et se jette dans l'Allier au nord-est d'Escalier, c^ne d'Aubazac. — *Le Briançon* (cad.). — *Ruiss. de Peyrusse*, 1880 (carte adm.).

Rambaud, m. i., c^ne de Saint-Jeure.

Rambert, h., c^ne de Saint-Just-Malmont.

Ramel (Le), riv., prend sa source au nord de la c^ne de Queyrières, arrose les c^nes d'Yssingeaux, de Bessamorel et de Beaux et se jette dans la Loire à la limite sud-ouest des c^nes de Bauzac et de Saint-Maurice-de-Lignon. — *Rivus de Ram*, 1504 (terr. de Chailhans). — *Aqua de Ramel*, 1528 (terr. du Fraysse-Bas, f° 126). — *Ruiss. de Rang*, 1605 (compois d'Artias). — *Ruiss. de Ranc* (cad.).

Ramenac, f., c^ne de Monistrol-d'Allier. — *Locus de Remenhaco*, 1526 (A. Besseyre, n^re).

Ramet, écart, c^ne de Montregard.

Ramet (Le), affl. de la Loire, c^nes de Saint-Geneys-près-Saint-Paulien et de Saint-Vincent.

Ramet (Le), affl. du Riboules, c^ne de Saint-Voy. — *Rivus de Rametz*, 1287 (prieuré de Polignac). — *Rivus de Ramets*, 1317 (Arch. nat., P. 493 bis², c. 101).

Ramourouscle, vill., c^ne de Bains. — *Remodoscle*, 1150 (hôtel-Dieu, B. 297). — *Ramodoscle*, 1160 (hospit. du Puy). — *Remoroscle*, 1225 (hôtel-Dieu, B. 305). — *Ramoroscle*, 1280 (*idem*, B. 330). — *Romoroscle*, 1324 (*idem*, B. 408). — *Roumourouscle*, 1618 (Brunel, n^re).

Rang, m^in sur le Ramel, c^ne de Bauzac.

Rang, h., c^ne de Saint-Maurice-de-Lignon. — *Villa quæ dicitur Ram*, 1163 (cart. de Chamalières, n° 74).

Ranc, h., c^ne d'Yssingeaux. — *Locus de Ram*, 1528 (terrier du Pertuis).

Ranc (Le), f., c^ne de Freycenet-Lacuche.

Ranc (Moulin-de-), m^in sur le Ramel, c^ne de Saint-Maurice-de-Lignon.

Ranc-de-Babiol, écart, c^{ne} de Freycenet-la-Tour.

Ranc-de-Malsezer (Le), rocher près Fourmagne, c^{ne} de Saint-Paul-de-Tartas. — *Rancus de Malseser ou Malsiser*, 1513 (terrier de Montbel).

Ranc-de-Saint-Pierre, rocher, c^{ne} du Monastier. — *Au terroir du Monastier app. la Coste du ranc de Sainct-Peyre*, 1565 (Nicolas, n^{re}).

Ranc-des-Triouleyres (Le), coulée basaltique, près le Riou, c^{ne} de Taulhac. — *Le ranc de las Triouleyres*, 1549 (Savin, n^{re}).

Ranc-du-Tabourier (Le), rocher près les Badioux, c^{ne} de Laussonne. — *Nemus et chierium del Taborlayre*, 1508 (terrier de Goubladour). — *Rancus app. de Taborier*, 1520 (idem). — *Le Chier-de-Tabourier*, 1707 (cad. de Bouzols, f° 403).

Ranche, h., c^{ne} de Beaux.

Ranchet (Le), f., c^{ne} de Saint-Front.

Ranchevoux, vill., c^{ne} de Bas. — *Mansus de Roncha Volp*, 1340 (Saint-Mayol). — *Rouchia Volp*, 1366 (Arch. nat., P. 494², cote 80). — *Ronchia Volp*, 1411 (Arch. nat., P. 492², cote 119). — *Rancha Volp*, 1498 (coll. Chaleyer). — *Ranchavolx*, 1522 (obit. de Bas). — *Ranchevolpt*, 1558 (idem).

Ranchon, m. i., c^{ne} d'Araules.

Ranchoux, vill., c^{ne} de Craponne-sur-Arzon. — *Ronchavolp*, 1213 (cart. de Chamalières, n° 335).— *Ranchoup*, 1695 (capitation). — *Randcheu*, XVIIIe s. (Cassini). — *Ranchout*, 1820 (Deribier).

Rancon (Le), affl. du Lignon, c^{nes} des Villettes et de Monistrol-sur-Loire.

Rand (Le), mont. boisée, c^{ne} de Queyrières. — *Ranchus de Vesola*, 1290 (cart. de Mazan, f° 31 v°).

Randa-de-Lègue (Le), mont., c^{ne} d'Auvers.

Randon, f., c^{ne} de Présailles.

Randon, f., c^{ne} de Saint-Didier-la-Séauve.

Randon (Le), f., c^{ne} de Saint-Julien-d'Ance. — XVIIIe s. (Cassini).

Ranquet (Le), h., c^{ne} de Blesle. — *Le Rauquet*, 1888 (Malègue).

Rapine, h., c^{ne} de Saint-Jean-de-Nay. — *Rapina, al mandament de Sereis*, 1408 (compois du Puy).

Rapine (Moulin-de-), mⁱⁿ, sur le Cougoussac, c^{ne} de Ferrussac.

Rapite (La), f., c^{ne} de Saint-Pierre-Eynac.

Rapoints (Les), mont., c^{ne} d'Yssingeaux. — *Succus doux Respans, lous Respons sive las rochas de Mont-de-Rochet, las rochas de Monte Rocheti*, 1523 (est. d'Yssingeaux).

Raralias (Ravin-du-), affl. du Malaval, c^{ne} d'Alleyras.

Raschambon, lieu dit, c^{ne} de Pradelles. — *Rasus Cambo*, 1289 (Arch. nat., P. 1398¹, cote 652). — *Raschambon*, 1774 (Faujas de Saint-Fond, 379).

Rascle, m. i., c^{ne} d'Yssingeaux.

Rascles, l. détr., c^{ne} de Mercœur. — *In loco Raseles* (Rascles), v. 957 (cart. de Brioude, ch. 320); — 986 (idem, ch. 285). — *Rascles*, (idem, tables, CCCCXXV). — *Rascles*, 1613 (Mercurial).

Rascours (Les), h., c^{ne} du Monastier. — *Mansus de Rascoso*, XIe s. (cart. du Monastier, n° 35). — *Al Rescos*, 1344 (Monastier). — *Lo Rascos*, 1353 (idem). — *Le Rescouz*, 1561 (Savin, n^{re}). — *Loux Rascoux*, 1593 (André, n^{re}). — *Les Rascous*, 1880 (carte adm.).

Rases (Les), m. i., c^{ne} de Dunières. — *La Rase*, 1872 (Malègue).

Rassac, f., c^{ne} de Mazeyrat-Crispinhac. — *Mansus de Rassaco*, 1458 (Bibl. nat., ms. lat., n. acq., 1222, f° 84). — *Rassat*, 1820 (Deribier).

Rassasset, dom., c^{ne} de Polignac.

Rat (Le), m. i., c^{ne} de Sembadel.

Rat-Piala, m. i., c^{ne} d'Yssingeaux. — *Rat-Péala*, 1820 (Deribier).

Rats (Ruisseau des), qui prend sa source en la c^{ne} de Monlet et afflue à la Senouire, en aval de Saint-Pal-de-Murs.

Raucoules, c^{on} de Montfaucon. — *Parochia S. Stephani de Rocolas*, 1024 (cart. de Chamalières, n° 192). — *Ecclesia S. Stephani de Rocolis*, XIe s. (cart. de Cluny, ch. 3010). — *Ecclesia de Roculas*, XIe s. (idem, ch. 3029). — *Villa de Recolis*, 1303 (prieuré de Grazac). — *Ecclesia de Raucolis* (l'impr. porte *Rancolis*), XIVe s. (bibl. Cluniac., c. 1756). — *Parochia de Roucolis*, 1393 (maladrerie de Brives). — *Rocoules*, 1879 (carte adm.).

En 1789, Raucoules faisait partie de la province du Velay, de la subdélégation et sénéchaussée du Puy. Son église paroissiale, annexe de celle de Montfaucon, était sous l'invocation de saint Etienne; le prieur de Grazac présentait à la cure.

Raucoules, h., c^{ne} de Queyrières. — *Villa quæ dicitur Rocolas*, v. 1020 (cart. du Monastier, n° 223). — *Roucoules*, 1879 (carte adm.).

Raucoules, f., c^{ne} de Vorey. — *Villa de Rocolis*, 1309 (Arch. nat., P. 1399¹, c. 759). — *Roucoul*, 1869 (Malègue).

Rauret, c^{on} de Pradelles. — *Ecclesia de Rouret*, 1270 (hôtel-Dieu, B. 145). — *Eccl. B. Mariæ de Roureto*, 1348 (J. de Peyre, n^{re}). — *Rouretus Superior*, 1390 (H^{te}-Loire, E.). — *Paroisse Nostre-Dame de Rauret*, 1569 (A. Boyer, n^{re}). — *Rouret-*

Sobeyre, 1571 (*idem*). — *Rauret-l'Église*, 1574 (*idem*).

En 1789, Rauret était compris dans la province du Velay, la subdélégation et sénéchaussée du Puy. Son église paroissiale, diocèse du Puy et archiprêtré de Solignac-sur-Loire, était sous le vocable de l'Assomption; le chapitre cathédral du Puy présentait à la cure.

Rauret-Bas, vill., c^{ne} de Rauret. — *Roret Inferior*, 1270 (hôtel-Dieu, B. 145). — *Rauzet lo Soteyra*, *Rouzet lo Soteyra*, 1313 (Arch. nat., J. 1057, cote 11). — *Rouzetus Inferior*, 1390 (H^{te}-Loire, E.). — *Rauret-Inférieur*, 1541 (V. Brunel, n^{re}). — *Rouret Soteyra*, 1543 (terr. d'Agrain).

Rauze, vill., c^{ne} de Tence. — *Rauzet*, 1296 (homm. de l'év.). — *Mansus de Rauzeto*, 1324 (cart. de Tence, f° 2 v°). — *Locus de Rouzeto*, 1510 (Rhône, D. 161). — *Rouze*, 1556 (terrier de Montregard). — *Rose*, xviii° s. (Cassini). — *Reauze*, 1861 (état-major).

Ravanel, vaine, c^{ne} des Estables.

Ravarines, h., c^{ne} de Riotord. — *Ravarinas*, 1251 (cart. de Saint-Sauveur-en-Rue). — *Ravazine*, 1869 (Malègue).

Ravel, loc. détr., c^{ne} de Javaugues. — *Le chezal de Ravel*, 1544 (Cumignac).

Ravel, f., c^{ne} de Raucoules.

Ravel (Moulin-de-), mⁱⁿ sur la Senouire, c^{ne} de la Chapelle-Bertin. — *Moulin-de-Ravet* (cad.).

Ravel (Moulin-de-), mⁱⁿ sur la Dunières, c^{ne} de Raucoules.

Ravel (Moulin-), mⁱⁿ, c^{ne} de Saint-Just-Malmont.

Ravenet, f., c^{ne} des Estables. — 1739 (ét. civ.). — *Revenet*, 1779 (*idem*).

Ravenet, f., c^{ne} de Saint-Préjet-Armandon. — *Ravenet*, 1281 (spic. Br.). — *Lo Mas de Rovanet*, *Roanet, Rovanac*, 1341 (terr. de Charbonnier).

Raves (Les Deux-), f., c^{ne} de Saint-Jeure. — *Deux-Raves*, 1773 (ét. civ.). — *Les Deux-Rabes*, 1820 (Deribier).

Raveyres (Les), m. i., c^{ne} de Retournac.

Ravol (Le), m. i., c^{ne} de Saint-Paul-de-Tartas.

Raze (La), m. i., c^{ne} de Saint-Maurice-de-Lignon.

Raze (Moulin-de-), mⁱⁿ sur la Borne occidentale, c^{ne} de Céaux-d'Allègre.

Raze (Moulin-de-), mⁱⁿ sur la Borne occidentale, c^{ne} de Vernassal. — *Moulin-de-Razes* (cad.).

Raze-du-Coin (La), affl. du Sant-de-la-Jumont-Borgne, c^{ne} des Estables.

Razes (Les), m. i., c^{ne} de Monistrol-sur-Loire.

Razes (Les), m. i., c^{ne} de Saint-Julien-Molhesabate.

Razes-Brûlées (Les), m. i., c^{ne} de Monistrol-sur-Loire.

Razette (La), f., c^{ne} de Desges. — *La Razeta*, 1479 (Bibl. nat., ms. lat., n. acq., 1224, f° 230 v°).

Razonnet, vill., c^{ne} de Vernassal. — *Rezonet*, 1300 (év.). — *Rozonet*, 1344 (hôtel-Dieu, B. 675). — *Rasonet*, 1472 (Bibl. nat., ms. lat., n. acq., n° 1224, f° 45 v°).

Réal (Le), h., c^{ue} de Chassignolles. — *Mansus del Real*, 1358 (spic. Br.). — *Réalle*, 1888 (Malègue).

Reboulet, h., c^{ne} de Langeac. — *Mansus de Rebole*, 1305 (Arch. nat., T. 142²). — *Reboul*, 1670 (Arch. nat., P. 502, n° 99). — *Roboulet*, xviii° s. (Cassini). — *Raboulet*, 1869 (Malègue).

Rebuzat, f., c^{ne} de Saint-Étienne-Lardeyrol.

Recharenge, vill., c^{ne} d'Araules. — *Richarenchas*, 1314 (év.). — *Mansus de Richaran*, 1340 (év.). — *Locus de Rucherengiis*, 1481 (Pelisse, n^{re}). — *Recharengas*, 1507 (év.). — *Recharenges*, 1585 (Johanny, n^{re}). — *Recharanges, Recharangue*, 1608 (cad. de Bonnas). — *Rocherenges* (cad.).

Rechausseyre, mont., c^{ne} des Estables. — *Rupes Urseria*, 1179 (hist. gén. de Lang., VIII, 1925). — *Rocham Useyre*, 1263 (Monastier-Saint-Chaffre). — *Roche-Aussayre*, 1778 (Faujas de Saint-Fond, 362).

Rechimas, f., c^{ne} de Craponne-sur-Arzon.

Recluse (La), loc. détr., à Fay-le-Froid. — *Locus de la Reclusa*, 1464 (Ardèche, C. 624).

Recolle, h., c^{ne} de Saint-Vert. — *Rocolas*, 1341 (terr. de Charbonnier). — *Recolles*, 1693 (la Chaise-Dieu, lière). — *Recol*, 1888 (Malègue).

Recoules, vill., c^{ne} de Saugues. — *Rocolas*, 1274 (Lozère, G. 99). — *Reculæ*, 1301 (Thiolent). — *Raucolæ*, 1519 (G. Maurin, n^{re}). — *Recolas*, 1564 (Thiolent). — *Rocoulles*, 1574 (terr. de Meyronne).

Recoumène (Moulin-de-), mⁱⁿ sur la Gazeille, c^{ne} du Monastier. — *Molendinum de Ricomena* (l'impr. porte *Ricorveria*), xi° s. (cart. du Monastier, n° 28). — *Molendinum de Ricomena*, 1353 (Monastier). — *Recomene*, 1547 (*idem*). — *Recommene*, 1621 (André, n^{re}).

Recours, chât. détr. et vill., c^{ne} de Beaulieu. — *Rochos*, 1082 (cart. de Chamalières, n° 101). — *Capella de castro Rocos*, 1119 (Chifflet, hist. de Tournus, 402). — *Recos*, v. 1160 (hospit. du Velay). — *Castrum de Rocous*, 1287 (hôtel-Dieu, B. 337). — *Recosium*, 1512 (Saint-Georges du Puy). — *Recourts*, 1605 (M^{ce} Leblanc, n^{re}). Chapelle dédiée à saint Jean-Baptiste.

Seigneurie de la maison de Polignac.

RECOUX, vill., c[ne] de Saugues. — *Roquos*, 1297 (Thiolent). — *Mansus dels Rocos*, 1327 (Lozère, G. 98). — *Rocos*, 1377 (Thiolent). — *Roquones*, 1453 (J. Rocher, n[re]). — *Rocones*, 1499 (Thiolent). — *Requos*, 1537 (A. Besseyre, n[re]).

RECULADE (LE MAS-DE-LA), f., c[ne] de Salettes. — 1699 (cad. de Vachères). — *Lareculade*, 1820 (Deribier).

RECULAS, m[in] détr., c[ne] de Collat.

REDONDE (LA), écart, c[ne] de Céaux-d'Allègre. — *Les Redondes* (cad.).

REDONDE (LA), f., c[ne] de Saint-Front. — *Retunda*, 1326 (cart. de Mazan, f° 112). — *Mansus de la Redonda*, 1526 (cad. du Monastier). — *La Reddonde*, 1633 (ét. civ.).

REDONDE (LA), m[in] sur l'Allier, c[ne] de Saint-Ilpize. — *Nemora de la Redonda*, 1380 (Arch. nat., Z². 4143, p. 82). — *La Reddonda*, 1460 (Arch. nat., ZZ. 359, p. 11).

REFOURGAN, h., c[ne] de Chomelix. — *Refolgon*, 1317 (Arch. nat., P. 493², cote 101). — *Guill. de Refulgons*, 1322 (hospit. du Velay). — *Refolgons*, 1381 (spic. Br.). — *Refolgoux*, 1404 (terr. de Chomelix). — *Refforgans*, 1551 (P. Galien, n[re]). — *Refourgans*, XVIII° s. (Cassini).

REGARD (LE), vill., c[ne] de Monistrol-sur-Loire. — *Lo Regart*, 1354 (hôtel-Dieu). — *Regartz*, 1391 (év.). — *Regardum*, 1499 (obit. de Bas). — *Lo Regard*, 1507 (év.).

REGARDS (LES), m. i., c[ne] de Beaulieu.

RÉGNIER, m. i., c[ne] de Raucoules. — *Reynier*, 1879 (carte adm.).

REIGNAIRANT, f., c[ne] de Chaudeyrolles. — *Masatgium de Relharant*, 1343 (Rhône, H. 1016). — *Mansus de Rilharant*, 1386 (ibid.). — *Renharant, Reynharant, Rinharant*, 1464 (Ardèche, C. 624). — *Reignarand*, 1646 (cad. de Bonnefont). — *La grange de Reniarand*, 1668 (ét. civ.). — *Reynerand*, 1888 (Malègue).

REILHAC, c[on] de Langeac. — *In vicaria Auriacense, in villa quæ vocatur Reliacus*, 954 (cart. de Cluny, n°s 873 et 876). — *In comitatu Brivatensi et vicaria de Cantola, villa... Reilliacus..., cum ecclesia... in honore S. Privati*, v. 963 (idem, n° 1164). — *Villa quæ dicitur Ridiliacus, in vicaria de Cantoiole*, x° s. (cart. de Sauxillanges, n° 493). — *In villa... Rialiaco*, 990 (cart. de Cluny, n° 1858). — *Riailago, in aice Cantilanico, ecclesia S. Privati* (cart. de Brioude, tables, CCCXXIII). — *Ecclesia de Ililiaco*, 1244 (bibl. Cluniac., 1512). — *Ralhiac*, v. 1260 (Arch. nat.,

J. 1031, n° 2). — *Affarium de Rialhac*, 1271 (spic. Br.). — *Rilhat*, 1401 (idem). — *Relhacum*, 1502 (Arch. nat., Q. 513, f° 166). — *Relhac*, 1504 (idem, f° 214). — *Rilhac*, XVIII° s. (Cassini).

En 1789, Reilhac faisait partie de la province d'Auvergne, de l'élection de Brioude, de la subdélégation de Langeac et du ressort de Riom. Son église paroissiale, diocèse de Saint-Flour et archiprêtré de Langeac, était dédiée à saint Privat; le prieur présentait à la cure.

REILHAC (LE), affl. de l'Allier, c[nes] de Langeac et de Reilhac.

REILLA, m. i., c[ne] de Saint-Maurice-de-Lignon.

REILLADE (LA), m. i., c[ne] de Chassagnes. — *La Relliade*, 1888 (Malègue).

REILLADE (LA), m. i., c[ne] de Laussonne.

REJALE, m[in] sur la Siaume, c[ne] d'Yssingeaux. — *Rejully* (cad.).

RELUSES (LES), f., c[ne] de Sainte-Sigolène. — *Les Reluzes*, 1695 (capitation).

REMARDEYRA, m. i., c[ne] de Chadron. — 1879 (aff. jud.).

REMÈGE, écart, c[ne] de Roche-en-Régnier.

REMIGÈRE (LA), h., c[ne] d'Ouïdes.

REMISE (LA), m. i., c[ne] de Raucoules.

REMONDIÈRES, h., c[ne] du Pont-Salomon. — *Reymondière* (cad.).

RENARD, dom., c[ne] du Puy.

RENOUX (LES), h., c[ne] de Collat. — *Leyrenoux*, 1860 (état-major).

RENTES, f., c[ne] des Vastres. — *Nemus quercoris de Rintes, nemus de Rantes*, 1464 (Ardèche, C. 624).

REPLAT (LE), h., c[ne] de Bonneval. — *Le Replathault*, 1561 (J. Chalvon, n[re]).

REPLAT (LE), mont., c[ne] de Chomelix. — *Locus del Replat*, 1323 (J. de Peyre, n[re]). — *Arbre du Replat*, 1860 (état-major).

RÉPUBLIQUE (LA), h., c[ne] de Riotord.

RÉSERVE (LA), h., c[ne] de Chastel.

RÉSERVES (LES), h., c[ne] de Raucoules. — *La Réserve*, 1879 (carte adm.).

RETAILLADE (LA), m. i., c[ne] de Saint-Julien-du-Pinet.

RETOURNAC, c[on] d'Yssingeaux. — *Parrochia Sancti Johannis de Retornaco*, v. 1025 (cart. de Chamalières, n° 278). — *Castrum de Retornac*, 1271 (év.). — *Ecclesia Sancti Johannis Baptistæ de Retornaco*, 1319 (Arch. nat., P. 494¹, c. 13). — *Retornatius*, 1472 (Maltrait, n[re]). — *Retornacius*, 1482 (év.). — *Retournat*, 1486 (Arch. nat.,

P. 1397³, c. 624). — *Parroisse de Saint-Jehan de Retornat*, 1490 (Arch. nat., P. 1397², c. 583). — *Retournac*, 1641 (Jacmon, 173).

En 1789, Retournac dépendait de la province du Velay, de la subdélégation et sénéchaussée du Puy. Son église collégiale et paroissiale, diocèse du Puy et archiprêtré de Monistrol-sur-Loire, était sous l'invocation de saint Jean-Baptiste ; l'évêque en était collateur.

Retournaguet, vill., cⁿᵉ de Retournac. — *Retornaget*, 1172 (cart. de Chamalières, n° 92). — *Villa de Retornaguet*, 1281 (Arch. nat., P. 1397², cote 553). — *Retornaguetum*, 1328 (Arch. nat., P. 493², cote 103).

Retzousseine (Le), affl. de la Cronce à la Valette, cⁿᵉ de Chastel.

Revendus (Les), écart, cⁿᵉ de Monistrol-sur-Loire. — *Revengut*, 1326 (év.). — *Loux Revengus*, 1553 (ress. de Montfaucon). — *Les Revendus de Beaux*, 1695 (capitation).

Revenet, m. i., cⁿᵉ des Estables.

Revènes (Les), écart, cⁿᵉ de Bauzac. — *La Roveyre*, 1309 (homm. de l'év.). — *Mansus de la Reveyra*, 1346 (Arch. nat., P. 490³, cote 229).

Reveure (La), lieu dit, cⁿᵉ d'Espaly-Saint-Marcel. — *La Rovoira*, 1261 (Saint-Agrève). — *Novum pedagium in loco qui dicitur la Rovoyra, inter Spaletum et castrum de Seyssac*, 1272 (tab. du Velay, 1875-1876, 524). — *La Roveyra*, 1273 (*ibid.*, 530). — *La Roveura*, xvıᵉ s. (Médicis, II, 13). — *La Reveure*, 1620 (Brunel, nʳᵉ).

Reveure (La), l. détr., cⁿᵉ de Retournac. — *Mansus de la Rovoyra*, 1314 (év.). — *Rovoure*, 1333 (Arch. nat., P. 494¹, c. 1). — *Boria de Roveria*, 1386 (év.). — *La Ruveyra, la Roveyra*, 1387 (*idem*). — *Locus de Revoure*, 1401 (terr. de P. du Bois).

Reveure (La), f., cⁿᵉ de Vorey. — *Tenementum de Rouveyra*, 1311 (Arch. nat., P. 1399¹, c. 783). — *La Ruveyra*, 1333 (Arch. nat. P. 494¹, c. 61). — *La Roureda*, 1333 (*idem*, c. 1). — *Rouveyre*, 1714 (cad. de Laval-Emblavès). — *Lareveure*, 1820 (Deribier).

Reveyrolles, écart, cⁿᵉ de Monistrol-sur-Loire. — *Rovayrolas*, 1309 (év.). — *Reveyrolles*, 1553 (ress. de Montfaucon). — *Reveyrolles-Brulés*, 1691 (ét. civ.). — *Reverolles*, xvııᵉ s. (Cassini).

Reveyrolles, vill., cⁿᵉ de Sainte-Sigolène. — *Villa de Rovayrolas*, 1384 (év.). — *Rouvairolles de Maires*, 1506 (Médicis, II, 305). — *Reverolles*, 1888 (Malègue).

Revicole (La), m. i., cⁿᵉ de Saint-Romain-Lachalm. — *Revicotte*, 1879 (carte adm.).

Reviscoles, f., cⁿᵉ de Chaudeyrolles.

Révolte (La), vill., cⁿᵉ de Venteuges. — *La Revolta*, 1482 (Bibl. nat., ms. lat., n. acq., 1224, f° 310 v°). — *Larévolte*, 1820 (Deribier).

Reymonds (Les), l. dét., cⁿᵉ de Saint-Julien-Chapteuil. — *Les Reymondz lez Bar*, 1685 (cad. de Chapteuil-Bas).

Reymonds (Les), chât., cⁿᵉ de Tence. — *Los Reymons*, 1343 (Rhône, II. 1016). — *Les Raymons*, 1546 (communᵒⁿ de M. Péala).

Renaissance (La), m. i., cⁿᵉ de Chadrac.

Reynaldès, h., cⁿᵉ de Thoras. — *Mansus de Raynaldes*, 1276 (Thiolent). — *Reynaldes*, 1279 (*idem*). — *Reynaldesium*, 1363 (*idem*). — *Lo Raynaldes*, 1377 (*idem*).

Reynaud, écart, cⁿᵉ de Brives-Charensac. — *Grangia Bertrandi Raynaudi*, 1305 (Saint-Georges du Puy). — *La granga deus Raynautz*, 1408 (compois du Puy). — *La Renaude*, 1808 (cad.). — *Les Reynaudes*, 1879 (aff. jud.).

Reynaud, écart, cⁿᵉ de Champclause. — *Domus Raynaudi de Pies*, 1320 (cart. de Mazan, f° 121). — *Terræ Martini Raynaudi de Pies*, 1321 (*ibid.*, f° 103).

Reynaud (Moulin-de-), mⁱⁿ sur l'Avène, cⁿᵉ de Saint-Austremoine.

Reynaud (Scie-de-), sur le Cougoussac, cⁿᵉ de Pinols.

Reynaudès, h., cⁿᵉ de Présailles. — *Mansus de Raynaudesio*, 1299 (cart. de Mazan, f° 93 v°). — *Lo Reynaudes*, 1482 (Pelisse, nʳᵉ). — *La Reynaudez*, 1888 (Malègue).

Reynier, h., cⁿᵉ d'Araules. — 1608 (cad. de Bonnas).

Reynier, f., cⁿᵉ de Raucoules.

Reynier (Le), l'un des trois ruisseaux qui forment l'Ulmet, cⁿᵉ de Raucoules.

Reyrac, h., cⁿᵉ de Freycenet-la-Tour. — *Rairacus villa*, v. 1094 (cart. du Monastier, n° 239). — *Reyac*, 1304 (Monastier). — *Reyracus*, 1508 (Costavol, nʳᵉ).

Reyrolles, h., cⁿᵉ de Connangles. — *Roayroles*, v. 1262 (Arch. nat., J. 1031, n° 2). — *Locus de Reyroliis*, 1462 (la Chaise-Dieu, Connangles).

Rezès, loc. détr., cⁿᵉ de Blesle. — *In vicaria de Huriacensi, in villa Radisco*, 958 (cart. de Brioude, ch. 301). — *Mansus de Radesc*, xıᵉ s. (cart. de Sauxillanges, n° 662). — *Territorium de Rezest situm in par. Capellæ Alauhonis*, 1350 (spic. Br.).

Riaille (La), près les Eyrauds, f., cⁿᵉ du Chambon.

RIAILLE (LA), m. i., c[ne] de Lapte. — *La Rialle*, 1878 (carte adm.).

RIAILLE (LA), m. i., c[ne] de Raucoules.

RIAILLE (LA), f., c[ne] de Riotord. — *La Riallie*, 1879 (carte adm.).

RIAILLE (LA), m. i., c[ne] de Saint-Julien-du-Pinet.

RIAILLES (LES), m. i., c[ne] de Bessamorel.

RIAILLES (LES), f., c[ne] des Vastres.

RIAILS (LES), f., c[ne] de Saint-Julien-Chapteuil. — *Locus de Railha*, 1501 (coll. C. Falcon). — *Le lieu de Ralhie*, 1685 (cad. de Chapteuil-Bas). — *Les Réals*, xviiie s. (Cassini). — *Les Rails*, 1879 (carte adm.).

RIALLE, près les Brières, m. i., c[ne] du Chambon.

RIALLE (LA), m. i., c[ne] de Beaulieu.

RIALLE (LA), affl. de la Loire à Maux, c[ne] de Beaulieu.

RIALLE (LA), près les Barandons, m. i., c[ne] du Chambon.

RIALLE (LA), f., c[ne] de Saint-Julien-Molhesabate. — *Laréalle*, 1869 (Malègue).

RIALLES (LES), f., c[ne] de Montregard.

RIAUX (LES), f., c[ne] du Chambon. — *Los Rueaulx*, 1454 (terrier de Saint-Julien de Châteauneuf). — *Los Rualx*, 1507 (év.). — *Loux Ruaulx*, 1553 (ress. de Montfaucon). — *Les Réaux*, 1888 (Malègue).

RIAYS (LE), m. i., c[ne] de Moudeyres.

RIBAINS, h., c[ne] de Landos. — 1291 (homm. de l'év.). — *Ribens*, 1506 (Médicis, II, 303).

RIBE (LA), m. i., c[ne] d'Araules.

RIBE (LA), h., c[ne] de Saint-Julien-Chapteuil.

RIBE (LA), affl. du Saint-Julien, c[ne] de Saint-Julien-Chapteuil.

RIBE (LA), m. i., c[ne] de Saint-Pal-de-Mons.

RIBE (LA), f., c[ne] des Vastres. — *Les Ribbes du Pauc*, 1672 (ét. civ.). — *Les Ribbes du Cros*, 1676 (idem). — *La Ribe du Cros*, 1736 (idem). — *La Ribe*, xviiie s. (Cassini). — *Laribe*, 1820 (Deribier).

RIBE-BASSE, écart, c[ne] de Chamalières.

RIBE-DE-L'ARBRE (LA), f., c[ne] de Vorey. — *Ribes-de-l'Arbre*, 1880 (carte adm.).

RIBES, écart, c[ne] de Chamalières.

RIBES, chât., c[ne] de Retournac. — *Rippœ*, 1246 (Arch. nat., P. 1398³, cote 738). — *Ripœ*, 1269 (Arch. nat., P. 1398², cote 674 bis). — *Ribas*, 1302 (Arch. nat., P. 494¹, cote 1196).

RIBES (MOULIN-DE-), m[in] sur l'Ance, c[ne] de Bas.

RIBETTE-BASSE (LA), f., c[ne] de Freycenet-la-Tour. — 1667 (André, n[re]).

RIBETTE-HAUTE (LA), f., c[ne] de Freycenet-la-Tour. —

Ribeta, 1523 (cad. du Monastier). — *La Ribette-N'haulte*, 1677 (cad. de Freycenet-la-Tour).

RIBEYRE, m. i., c[ne] du Chambon. — *Ribeyres*, 1888 (Malègue).

RIBEYRE, h., c[ne] de Raucoules. — *Ribeyres*, 1888 (Malègue).

RIBEYRE, h., c[ne] de Saint-Ilpize. — *Riberas*, 1339 (Bibl. nat., ms. fr., 14377, p. 189). — *Mansus de Ribeyras*, 1387 (Arch. nat., Z³.4144, p. 145). — *Mansus de Riperiis*, 1460 (Arch. nat., ZZ. 359, p. 15). — *Ribeyres*, 1460 (idem, p. 21). — *Riperia*, 1468 (idem, p. 120).

RIBEYRE, h., c[ne] de Saint-Jean-d'Aubrigoux. — *Mansus Ripperiæ*, 1406 (Haute-Loire, E.).

RIBEYRE (LA), vill., c[ne] de Céaux-d'Allègre. — 1633 (Barret, n[re]).

RIBEYRE (LA), h., c[ne] de Chaudeyrolles. — *Mansus de la Ribeyra*, 1301 (Bonnefoy). — *Ripperia de Mesenco*, 1320 (cart. de Mazan, f° 131). — *Mansus de Ripperia*, 1464 (Ardèche, C. 626). — *La Ribeyre*, 1616 (ét. civ.). — *La Ribbeyre de Mésenc*, 1673 (idem).

RIBEYRE (LA), h., c[ne] de Dunières. — *Laribeyre*, 1888 (Malègue).

RIBEYRE (LA), affl. du Chavagnac, c[ne] de Jax et de Chavagnac-Lafayette.

RIBEYRE (LA), vignoble, près Vouloumas, c[ne] de Langeac. — *Territ. de Comba de Nyole, alias de la Ribeyra*, 1479 (Arch. nat., Q. 513, p. 10).

RIBEYRE (LA), affl. de l'Allier à Langeac. — *Rivus de la Ribeyra*, 1502 (Arch. nat., Q. 513, f° 175).

RIBEYRE (LA), f., c[ne] de Saint-Jeure.

RIBEYRE (LA), h., c[ne] de Saint-Vincent. — *Lo mas de la Ribeyra*, 1408 (compois du Puy).

RIBEYRE (LA), h., c[ne] de Saugues. — *Mansus de Ripperia*, 1327 (Lozère, G. 98). — *Mansus de la Ribeyra*, 1465 (Bibl. nat., ms. lat., n. acq., 1223, f° 221). — *Laribeyre*, 1820 (Deribier).

RIBEYRE (LA), m[in] sur le Javoulx, c[ne] de Vissac.

RIBEYRE (LE PETIT-), f., c[ne] de Saint-Jean-d'Aubrigoux.

RIBEYRE (MOULIN-DE-LA-), m[in] sur l'Arzon, c[ne] de Beaune.

RIBEYRE (MOULIN-DE-LA-), m[in] sur l'Auzon, c[ne] de Saint-Hilaire.

RIBEYRES, f., c[ne] de Freycenet-Lacuche.

RIBEYROUX, h., c[ne] de Goudet. — *Los Ribeyros*, 1462 (Chauvin, n[re]). — *Les Ribeyroux*, 1570 (Benoit, n[re]).

RIBEYROUX (LE), f. détr. entre la Prade et la Peyre, c[ne] de Saint-Front.

RIBEYROUX (LES), f., c^{ne} des Vastres. — *Les Ribey-rous*, xviiie s. (Cassini).

RIBOULES (LE), affl. du Lignon, à l'ouest de Panelier, c^{ne} du Mazet-Saint-Voy. — *La Chaise* (cad.).

RIBOULET, m. i., c^{ne} de Tence.

RICARD (MOULIN-DE-), mⁱⁿ, c^{ne} de Siaugues-Saint-Romain. — *Molendinum vocatum de Ricart*, 1462 (Bibl. nat., ms. lat., n. acq., 1223, f° 53). — *Molendinum de Riquart*, 1478 (terr. du Cluzel, f° 85).

RICHARD (MOULIN-DE-), mⁱⁿ sur la Villette, c^{ne} de Saint-Paul-de-Tartas.

RICHIER, l. détr., c^{ne} de Saint-Julien-Chapteuil. — *Locus de Rechier*, 1501 (coll. C. Falcon). — *Le lieu de Rechier, par. de St Andeol de Chapteulh en Vellay*, 1542 (Savin, n^{re}). — *Richier*, 1685 (cad. de Chapteuil-Bas).

RICHOND (MOULIN-DE-), mⁱⁿ sur la Loire, c^{ne} de la Voûte-sur-Loire.

RICOULES, vill., c^{ne} de Léotoing. — *Roculas*, xie s. (cart. de Sauxillanges, n° 662). — *Liberi de Rocolis*, 1281 (insc. tum. de l'égl. de Charbonnier). — *Rocolas*, 1295 (spic. Br.). — *Requolæ*, xive s. (obit. de Br.). — *Raucolas*, 1410 (terr. des Grèzes). — *Rocoles*, xve s. (Arch. nat., R⁴. 1143*, n° 361). — *Ricoulle*, xviiie s. (Cassini).

RIF (LE), h., c^{ne} de Saint-Etienne-près-Allègre. — *Lo Riouf*, 1443 (La Chaise-Dieu, Mazerat-Au-rouze). — *Rivus*, 1477 (*idem*).

RIFFARD, éc., c^{ne} de Connangles. — *Chaminada, alias Riphart*, 1400 (Arch. nat., S. 3301, n° 1).

RIF-PETIT (LE), affl. du Ternivol au nord-ouest de Preissat, c^{ne} de Chaniat.

RIGNAC, loc. détr., c^{ne} de Vieille-Brioude. — *In aice Brivatensi, in villa... Rignago*, 847 (cart. de Brioude, ch. 190); — 891 (*idem*, ch. 60). — *Pons qui dicitur Riniacus*, ixe s. ? (*idem*, ch. 20). — *Riniac*, 1223 (Haute-Loire, Pébrac).

RIGNON, f., c^{ne} de Champclause.

RIGOLIÈNES, loc. détr., c^{ne} de Léotoing. — *Le Mas de Rigolieres*, xve s. (Arch. nat., R⁴. 1143*, n° 362).

RIGON, h., c^{ne} de Monlet. — *Villa de Regons*, 1285 (spic. Br.). — *Rigon*, xviiie s. (Cassini). — *Rigoud*, 1820 (Deribier). — *Rigou*, 1851 (Giraud). — *Rigond*, 1869 (Malègue).

RIGOUX, h., c^{ne} d'Azerat. — *Rogo*, 1156 (spic. Br.). — *Villa de Regos*, 1276 (cart. d'Azerat). — *Reguo*, 1439 (*idem*). — *Roguo*, 1440 (*idem*).

RIGUEUR (LA), écart, c^{ne} de Lapte.

RILHAC, vill., c^{ne} de Sainte-Marie-des-Chazes. — *Villa quæ dicitur Riracus (Rilacus)*, 936 (cart. de Brioude, ch. 337). — *In vicaria Cantoiole, in villa quæ dicitur Bislago (Rislago)*, 947 (cart. de Cluny, n° 704). — *Bilhac (Rilhac)*, v. 1250 (spic. Br.). — *Mansus de Rilhaco*, 1458 (Bibl. nat., ms. lat., n. acq., 1222, f° 60 v°). — *Rilhac*, 1468 (*idem*, f° 334). — *Reilhac, Reillac*, 1475 (*idem*, 1224, f° 90).

RILHAC, vill., c^{ne} de Vergongheon. — *In aire Brivatensi, in cultura Ruillacensi*, 817 (cart. de Brioude, ch. 252). — *In villa Rilago*, 895 (*idem*, ch. 277). — *In villa Rialago*, v. 957 (*idem*, ch. 320). — *Riliacum*, xi^e s. (cart. de Sauxillanges, n° 89). — *Rihilac*, 1112 (*idem*, n° 685). — *Reillac*, 1206 (spic. Br.). — *Rilhac*, v. 1250 (*idem*). — *Castrum de Rialiat*, 1258 (Arch. nat., J. 190^b, n° 61, f° 62 v°). — *Ryalhac*, 1274 (spic. Br.). — *Castrum de Rialhac*, 1319 (*idem*). — *Reylhacum*, 1453 (terr. du ford. de Br.). — *Rylhat*, 1511 (consl. d'Auv., f° 80 v°). — *Reilhac*, xviiie s. (Cassini).

Fief vassal du chap. Saint-Julien-de-Brioude.

Mine de houille concédée le 30 avril 1886.

RILHAT, loc. détr., c^{ne} de Vals-près-le Puy. — *Territorium de Rialliac*, 1255 (Saint-Agrève). — *Rialhac*, 1291 (Saint-Mayol). — *La granga de Rialhat*, 1408 (compois du Puy).

RILLON, h., c^{ne} de Montfaucon.

RIMANDE (LA), affl. de l'Érieu près de Saint-Julien-Boutières (Ardèche), prend sa source à Darbon, c^{ne} de Chaudeyrolles. — *Aqua de Rigmanda*, 1455 (terr. de Châteauneuf).

RIMANDIÈRE (LA), h., c^{ne} de Riotord. — *La Rimaudière*, 1879 (carte adm.).

RIMANDINE (LA), mⁱⁿ sur l'Aubépin, c^{ne} de Saint-Front.

RINGUE, mont., c^{ne} d'Allègre. — *Champ ès appart. de Menteyres app. de Ringue*, 1588 (commun. de M. E. Grellet de la Deyte).

RIOMARTIN, h., c^{ne} de Saint-Géron. — *Rivo Martino*, v. 1031 (cart. de Brioude, ch. 321). — *Rivus Martini*, 1445 (terr. de Faugères). — *Rioumartin*, 1549 (terr. de Lauriat).

RIO-MARTIN (LE), affl. de la Leuge, c^{nes} de Saint-Géron et de Bournoncle-la-Roche.

RIOMORT, h., c^{ne} de Jullianges.

RIONDET, f., c^{ne} du Chambon.

RIOPAILLE, écart, c^{ne} de Saint-Didier-la-Séauve. — *Rupalhe*, 1553 (ress. de Montfaucon).

RIOTORD, c^{on} de Montfaucon. — *Ecclesia de Rivo Torto*, 1061 (cart. de Saint-Sauveur-en-Rue). — *Rieutort*, 1267 (Médicis, I, 211); — Gall. chr., II, inst., c. 236). — *Castrum de Rivo Torto*, 1332 (Arch. nat., P. 491¹, c. 343). — *Rioutort*,

1461 (Rhône, H. 1180). — *Parochia S. Philiberti de Rivo Torto*, 1715 (Gall. chr., II, c. 780). — *La paroisse de S.-Jean de Riotort*, 1735 (factum).

En 1789, une partie de Riotord dépendait de la province du Velay, de la subdélégation et sénéchaussée du Puy, et l'autre de la province de Forez et de l'élection de Saint-Etienne. Son église paroissiale, diocèse du Puy et archiprêtré de Monistrol-sur-Loire, était consacrée à saint Jean-Baptiste ; le prieur de Saint-Sauveur-en-Rue présentait à la cure.

Riotord, f., c^ne du Mazet-Saint-Voy.

Riotord, m. i., c^ne de Saint-Jeure.

Riotord *ou* Dunerette, l'un des deux ruisseaux qui forment la Dunières, prend naissance dans la c^ne de Saint-Sauveur-en-Rue (Loire), entre dans le département de la Haute-Loire, près du château de Duby et arrose la c^ne de Riotord. — *Aqua de Dunareta*, 1262 (cart. de Saint-Sauveur-en-Rue, p. 72). — *Aqua Rivi Torti*, 1324 (Rhône, D. 148). — *Ruiss. de Rioutort*, 1608 (cad. de Bonnas). — *La Duneyrette* (cad.).

Riou (Le), m. i., c^ne du Chambon. — *Rios*, 1880 (carte adm.).

Riou (Le), vill., c^ne du Mazet-Saint-Voy. — *Lo Riu*, 1314 (év.). — *Homines de Rivo*, 1343 (Rhône, H. 1016). — *Lo Riou*, 1507 (év.).

Riou (Le), f., c^ne de Saint-Front. — *Rivus*, 1347 (Bonnefoy). — *Lou Riou*, 1626 (ét. civ.).

Riou (Le), affl. du Pionnier, c^ne de Salzuit.

Riou (Le), h., c^ne de Taulhac. — *Al Riu*, 1213 (tabl. du Velay, 1876-1877, 351). — *Rivus, par. Sancti Agripani Anicii*, 1390 (év.). — *Les Rioux*, 1888 (Malègue).

Riou (Le), h., c^ne des Villettes. — *Le lieu dou Riou*, 1606 (Jamon, n^re). — *Le Rieu*, 1657 (ét. civ. de Monistrol). — *Lou Riou*, 1689 (cad. du Lignon).

Riou (Razat-du-), affl. de la Senouire au nord-ouest du Viallard, c^ne de Josat.

Rioube (Le), affl. de l'Allier, c^ne de Sainte-Marie-des-Chazes. — *Rivus voc. Rioubes*, 1459 (Bibl. nat., ms. lat., n. acq., n° 1222, f° 125). — *Rivus del Pradel, voc. Riou-Bes*, 1462 (idem, n° 1223, f° 32).

Rioubert (Le), affl. de la Lengouniole, c^ne de la Farre.

Riou-Cros (Le), affl. de la Loire à Goudet, arrose les c^nes de la Sauvetat, de Landos et du Brignon. — *Le ruisseau de Rioucros*, 1582 (J. Doleson, n^re). — *Fouragettes* (état-major).

Riou-Estremier, ruiss., affl. de droite de l'Allier, c^ne de Saint-Arcons-d'Allier. — *Rivus app. le Riou*

Estremer, 1456 (Bibl. nat., ms. lat., n. acq., 1222, f° 30 v°).

Rioufreit, écart, c^ne du Pertuis. — *Mansus de Rivo Frigido*, 1299 (cart. de Mazan, f° 128 v°). — *Riouefrey* (cad.). — *Rioufrait*, 1888 (Malègue).

Rioufrey, f., c^ne des Estables. — 1221 (hist. gén. de Lang., VIII, 1927). — *Mansus de Riu Freyt*, 1352 (Arch. nat., P. 1398², cote 668). — *Domus de Rivo Frigido*, 1445 (Bonnefoy). — *Rioufreyt*, 1739 (ét. civ.).

Rioufreyt, h., c^ne de Collat. — *Riufreyt*, 1341 (terr. de Charbonnier). — *Reiufreyt*, 1341 (idem). — *Locus de Rioufreyt*, 1469 (Bibl. nat., ms. lat., n. acq., 1223, f° 352). — *Riausfris*, xviiie s. (Cassini). — *Raifray*, 1869 (Malègue).

Riougrand, h., c^nes de Beaux et de Retournac.

Riougrand (Le), affl. de la Loire à l'ouest de la Bourange, sépare les c^nes de Beaux et de Retournac. — *Rivus Grand*, 1490 (cad. de Mézères). — *Riou-Grand*, 1530 (terrier de Fraysse-Bas, f° 127 v°). — *Ruiss. de Chancbeyres*, 1878 (carte adm.).

Rioulouses, m. i., c^ne du Chambon.

Rioumabais (Le), affl. de la Gagne, c^ne de Saint-Front.

Rioumarquis (Le), affl. de l'Allier en amont d'Auzat, c^nes de Blassac et de Villeneuve-d'Allier. — *Rivus de Riomarti*, 1461 (Arch. nat., ZZ. 359, p. 43).

Rioumastre (Le), affl. de la Sumène, c^ne de Saint-Pierre-Eynac. — *Rivus de Nastol*, 1357 (terr. de Pébelit). — *Le Riou-Nastel*, 1596 (Galien, n^re).

Rioumazel, f., c^ne de Saint-Jeure.

Rioumort (Le), affl. de l'Ance, limite au nord la c^ne de Saint-Georges-Lagricol et celle de Craponne-sur-Arzon.

Rioumourant, f., c^ne des Vastres. — 1808 (ét. des succ.).

Rioumourant (Le), ruiss., affl. de droite du Lignon, c^nes des Vastres et de Fay-le-Froid. — *Rivus de Rio Maurant*, 1444 (év.). — *Aqua rivi de Riou-Mourant*, 1464 (Ardèche, C. 624). — *La Combaneyre du Riou-Mourant* (cad.).

Rioupaille, f., c^ne de Saint-Just-Malmont. — *Rioupaille*, 1888 (Malègue).

Riou-Petit, écart, c^ne d'Aurec. — 1383 (homm. de l'év.).

Riou-Petit (Le), écart, c^ne de Bauzac.

Riou-Pezouliou (Le), affl. de la Borne, c^ne d'Espaly-Saint-Marcel. — *Rivus Peolios*, 1280 (Haute-Loire, E.). — *Rivus Pezolios*, xiiie s. (censier de Saint-Marcel). — *Riu Peolhos*, 1304 (hôtel-Dieu, B. 157). — *Rivus Peszolhos*, 1331 (Saint-Mayol).

— *Riu Pezolos*, 1332 (hôtel-Dieu, B. 188). — *Riu Pezolhos*, 1344 (*idem*, B. 224). — *Lo Rieu Peholios*, 1501 (Saint-Mayol). — *Riou-Pezelhos*, 1551 (Maurin, n^re). — *Riou-Pezolioux*, 1591 (M^ce Leblanc, n^re) — *Riou-Pezoulloux*, 1630 (la Velleyade, 30). — *Riou-Pezoulioux*, 1710 (cad. d'Espaly). — *Riou-Pezzoulio*, 1778 (Faujas de Saint-Fond).

Riou-Salamon (Le), ruiss., prend naissance près Escombelle, c^ne de Desges, et se jette dans la Dège, à Desges. — 1750 (terr. des Binières, f° 39).

Riousset, m. i., c^ne de Coubon. — *Riousset* ou *Gory*, 1847 (dict. des postes).

Riousset, écart, c^ne de Cussac. — *En Riou-Sec*, 1464 (prieuré de Solignac). — *Riousset* ou *Vallat*, 1824 (Deribier).

Rioutord (Le), ruiss., affl. de la Borne, à la Bernarde, c^ne d'Espaly-Saint-Marcel, prend sa source dans la c^ne de Sanssac-l'Église. — *Rieus voc. Rioutort*, 1345 (J. de Peyre, n^re). — *Ruiss. Fontade*, 1861 (état-major).

Rioux, vill., c^ne de Malrevers. — *Villa de Rivis*, 1306 (tabl. du Velay, 1875-1876, 519). — *Rius*, 1328 (Saint-Vosy). — *Ryous*, 1507 (év.). — *Rioux*, 1555 (cad. de Mercœur).

Rioux (Le), ruiss., prend sa source dans la c^ne de la Chomette, sépare les c^nes de Saint-Privat-du-Dragon et de Vieille-Brioude et se jette dans l'Allier en aval du moulin de la Redonde, c^ne de Saint-Ilpize. — *Rivus nuncupatus doz Rioux*, 1461 (Arch. nat., ZZ. 359, p. 149). — *Le Bachasson*, 1880 (carte adm.).

Rioux (Le), m. i., c^ne d'Yssingeaux.

Rioux (Les), écart, c^ne de Bauzac. — *Los Rious*, 1530 (obit. de Bas). — *Rioux de Pichon*, 1788 (ét. civ.).

Rioux (Les), f., c^ne de Lantriac. — *Le Riou*, 1888 (Malègue).

Rioux (Mas-des-), lieu détr., c^ne de Monlet. — *Le Mas doux Rioufz ez appert. du vill. de Fronteilhs*, 1418 (communic. de M. E. Grellet de la Deyte).

Rippes (Les), m. i., c^ne de Saint-Pal-de-Chalencon. — *Les Ripes*, 1820 (Deribier).

Risolle, vill., c^ne d'Auzon. — *Rizolas*, xive s. (terr. des Grèzes). — *Risolles*, 1880 (carte adm.).

Rispe (La), lieu détr., c^ne d'Ally. — *Mansus de la Rispa, par. d'Ali*, 1476 (Arch. nat., ZZ. 359, p. 158).

Rispe (La), affl. du Pradal au Pradal, c^ne d'Ally.

Ritournin (Le), affl. du Freycenet, c^ne d'Arlempdes. — *Ravin de Retourin*, 1888 (carte adm.).

Rival (Le), écart, c^ne de Solignac-sur-Loire.

Rivalière (La), h., c^ne de Saint-Romain-Lachalm. — *Larivalière*, 1820 (Deribier).

Rivalous (Le), affl. de la Planchette, c^ne de Solignac-sous-Roche.

Rivaudel ou Simoule, c^ne de Vernassal, ruiss., affl. de droite de la Borne occidentale.

Rivaux (Le), affl. de la Gagne, c^nes de Champclause, de Montusclat et de Saint-Front.

Rivaux (Les), affl. du Lignon, près du moulin de Chanet, c^ne de Chaudeyrolles.

Rivaux (Les), m. i., c^ne de Malrevers. — *Les Rivcaux*, 1888 (Malègue).

Rivaux (Les), m. i., c^ne de Riotord. — *Les Riveaux*, 1888 (Malègue).

Rivaux (Vès-), m. i., c^ne de Saint-Hostien. — *Domus del Rival*, 1469 (Lardeyrol). — *Le Ryval, par. de St-Hestien*, 1585 (Johany, n^re).

Rive (La), m. i., c^ne d'Yssingeaux. — *Larive*, 1820 (Deribier).

Rive (Moulin-de-la), m^in sur le Lignon, c^ne d'Yssingeaux. — *Moulin de Larive*, 1820 (Deribier).

Rivet, f., c^ne de Couteuges. — *Rive*, 1888 (carte adm.).

Rivet (Le), m^in, c^ne de Saint-Christophe-d'Allier.

Rivet (Le), vill., c^ne de Saint-Pierre-Eynac. — *Mansus del Rivet*, 1160 (hospit. du Velay). — *Rivetum*, 1528 (Aleil, n^re). — *Lo Ryvet*, 1568 (Savin, n^re).

Rivets, vill., c^ne de Cayres. — *Rivetz*, 1346 (J. de Peyre, n^re). — *Riveti*, *Rivestz*, 1352 (prieuré de Solignac).

Rivey (Le), h., c^ne de Montfaucon.

Rivier (Le), h., c^ne de Lapte. — *Cabanaria del Revest*, v. 1100 (cart. de Cluny, ch. 3764). — *Mansus vocatus Reviestz*, 1349 (Arch. nat., P. 1397², cote 540). — *Le Riviet*, 1695 (capitation). — *Le Rivier*, xviiie s. (Cassini). — *Le Raviet*, 1820 (Deribier).

Rivier (Le), écart, c^ne d'Yssingeaux. — *Lo Reviest*, 1359 (Rhône, II. 2632).

Rivière, h., c^ne de Tence.

Rivière (La), h., c^ne d'Aurec.

Rivière (La), m. i., c^ne de Grenier-Montgon.

Rivoire (La), h., c^ne de Saint-Pal-de-Mons. — *Villa de Rovoyra*, 1314 (coll. Chaleyer). — *La Rovoura*, 1507 (év.). — *La Rovoyre*, 1553 (ress. de Montfaucon). — *Larivoire*, 1820 (Deribier).

Rivoire-Basse (La), h., c^ne de Monistrol-sur-Loire.

Rivoire-Haute (La), écart, c^ne de Monistrol-sur-Loire. — *Roveria Superior*, 1431 (év.). — *La Revoura Alte*, 1507 (év.). — *Le domaine de la Rivoire-Haute*, 1614 (M^ce Leblanc, n^re).

Rizolles, l. détr., cne de Frugières-le-Pin. — 1328
(Vals-le-Chastel, invre).

Rizolles, l. détr., cne de Mercœur. — *Mansus de
Rizolles*, 1429 (Bibl. nat., ms. fr., 11490, p. 76).
— *Une metterie sive pagésie app. de Rizolles*, 1613
(Mercurial).

Robecque (Grand-), f., cne de Montregard. — *Robeca*,
1465 (Rivière, nre). — *Le Grand-Robequa*, 1556
(terr. de Montregard). — *Granulrobec*, xviiie s.
(Cassini).

Robecque (Le), affl., de la Brossette, cne de Montregard. — *Ruiss. de la Blonde* (cad.).

Robecque (Le Petit-), f., cne de Montregard. — *Le
lieu app. le Petit-Robecqua, alias doux Masuers*,
1556 (terr. de Montregard). — *Petit-Robec*, xviiie s.
(Cassini).

Robert, écart, cne de Bauzac.

Robert, h., cne de Montregard. — *Robert*, 1553
(ress. de Montfaucon). — *Roubert*, 1556 (terr.
de Montregard).

Robert, m. i., cne de Présailles.

Robert, m. i., cne de Saint-Didier-la-Séauve.

Robertin, l. dit, près Saint-Clément, cne de Pradelles.
— *Mansus Roitbertenc*, 1289 (Arch. nat., P. 1398¹,
cote 652). — *Mansus Rotbertenc*, 1383 (Rhône,
E. 9).

Roberts (Les), f., cne de Bauzac. — *Loux Rotbertz*,
1346 (J. de Peyre, nre). — *Loux Robertz*, xvie s.
(obit. de Bauzac).

Roberts (Les), f., cne du Chambon.

Robion, écart, cne de Vézézoux.

Rochain (Le), vill., cnes du Pont-Salomon et de Saint-
Ferréol d'Auroure. — *Lo Rochayn*, 1337 (comm.
de M. Testenoire-Lafayette). — *Lo Rochaynh*,
1363 (coll. Chafeyer). — *Le Rouchin*, xviiie s.
(Cassini).

Rochain (Le), h., cne de Saint-Jeure. — *Lo Rochan*,
1359 (Rhône, H. 2632). — *Locus del Rochaynh*,
1451 (idem, H. 2633). — *Rochamum*, 1515
(terr. des Bordes).

Rochan (Le), f., cne de Chaudeyrolles. — *La grange
du Rochan ou du baron de Mezenc*, 1631 (ét.
civ.).

Rocharlet (Le), affl. de la Cronce, en aval de
Cronce.

Rochassac, m. i, cne de Montregard.

Rochassac, h., cne d'Yssingeaux. — *Rachessac*, 1820
(Deribier).

Rochaubert, vill., cne de Lantriac. — *Villa quæ dicitur Rocha, juxta villam quæ dicitur Hermum*,
v. 1000 (cart. du Monastier, n° 194). — *Villa
de Rocha Catb*, v. 1080 (idem, n° 28). — *Villa de*

Rochalbern, 1248 (hospit. du Velay). — *Villa de
Rocha Albert*, 1327 (Saint-Agrève). — *Rechal-
bert*, 1330 (J. de Peyre, nre). — *Locus de Ruppe
Alberto*, 1524 (Alcil, nre). — *Rouchoubert* (cad.).
— *Roche-Aubert*, 1888 (Malègue).

Roche (Étang de), auj. desséché, cne de Chomelix.
— xviiie s. (Cassini).

Roche (La), h. et mᵢₙ sur la Loire, cne de Bas. — *Molendinum de Rupe*, 1497 (obit. de Bas). — *Rupes
sive la Rocha de Beroard* (du nom d'André Beroard, meunier), 1516 (idem.). — *Le Mollin de
la Roche*, 1563 (idem).

Roche (La), chât. ruiné et vill., cne de Bournoncle-
la-Roche. — *Illa Roca*, 983 (cart. de Brioude,
ch. 299). — *Castrum de Ruppe prope Brivatam*,
1291 (spic. Briv.). — *La Roche près Borloncle*,
1511 (coust. d'Auv., f° 80 v°). — *La Roche-Chabreughol*, 1606 (coll. J. Lachenal). — *La Roche-
Vernassal*, 1742 (idem).

Par ordonnance du 18 avril 1842, la commune
de la Roche a été supprimée et réunie à celle de
Bournoncle-Saint-Pierre, pour prendre le nom de
Bournoncle-la-Roche.

Roche (La), mᵢₙ détr. sur l'Allier, cne de Brioude.
— *Molendinum de la Rocha*, xiiie s. (obit. de Br.).
— *Feudum de Rupe*, 1269 (Baluze, mais. d'Auv., II,
272). — *Molendinum de Ruppe*, 1429 (terr. du
doy. de Brioude). — *Le Molin de la Roche*, 1605
(Mⁱˢ Leblanc, nre).

Roche (La), affl. de la Virlange, cne de Chanaleilles.

Roche (La), écart, cne de la Chapelle-Geneste. —
Appendaria de Ruppe, 1320 (la Chaise-Dieu,
Mozun). — *Mansus de la Rocha*, 1449 (terr. de
Clavelier).

Roche (La), m. i., cne de Chaudeyrolles.

Roche (La), loc. détr., cne de Chomelix. — *La Rocha*, 1404 (terr. de Chomelix).

Roche (La), chât. ruiné et h., cne de Coubon. —
La Rocha, 1347 (J. de Peyre, nre, reg. G, f° 112).
— *Rupes prope Cobo*, 1460 (augustines de Vals).
— *La Roche de Cobo*, 1497 (Haute-Loire, E.). —
Rupes supra Cubonem, 1499 (terr. de Volhac).
— *La Roche soubre Cobon*, 1540 (Savin, nre). —
Le fort de la Roche, la Roche sus Coubon, 1707
(cad. de Bouzols).

Roche (La), f., cne de Fay-le-Froid. — *Locus qui
dicitur Rocha*, v. 1000 (cart. du Monastier, n° 181).
— *Rocha Fornia*, 1343 (Rhône, H. 1016). —
Locus de Rocha prope Faynum, 1532 (A. Sobrier,
nre). — *Laroche*, 1888 (Malègue).

Roche (La), m. i., cne de Loudes.

Roche (La), cne de Montregard. — *La Rocha*, 1556 (terr. de Montregard).

Roche (La), f., cne de Montusclat.

Roche (La), f., cne de Queyrières. — *La Rocha*, 1333 (Arch. nat., R². 39). — *La Roche-Girard*, 1869 (Malègue).

Roche (La), m. i., cne de Rosières.

Roche (La), chât. détr. et f., cne de Saint-Berain. — *Rupes*, 1255 (hôtel-Dieu, B. 314). — *Castrum de la Rocha dicta Nidi Aquilini*, 1287 (spic. Briv.). — *Ruppes Niaygli*, 1316 (Chamblas). — *Ruppes Nidi Ayglini*, 1395 (idem). — *Mansus de la Roche*, 1454 (Bibl. nat., ms. lat., n. acq., 1222, f° 13 v°).

Roche (La), vill., cne de Saint-Christophe-sur-Dolaison. — *La Rocha*, 1331 (J. de Peyre, nre).— *La Rocha Sauneyra*, 1408 (comp. du Puy). — *Rupes Sauneria*, 1490 (chap. Notre-Dame). — *Roche-Sonneyre*, 1561 (Savin, nre). — *La Roche des Sauniers*, 1592 (Blanc, nre). — *Roche-Sauneyre*, 1598 (idem). — *La Roche-Sonnière*, 1737 (Haute-Loire, B. 50). — *Laroche*, 1820 (Deribier).

Roche (La), m. i., cne de Saint-Didier-sur-Doulon.

Roche (La), min sur la Senouire, cne de Saint-Étienne-près-Allègre.

Roche (La), h., cne de Saint-Ferréol-d'Auroure.

Roche (La), f., cne de Saint-Front. — *Territorium de Mesenco app. de la Rocha*, 1464 (Ardèche, C. 624). — *La Roche de Mezenc*, 1605 (A. Robert, nre).

Roche (La), h., cne de Saint-Hilaire. — *La Rocha*, xive s. (terrier des Grèzes).

Roche (La), vill., cne de Saint-Just-Malmont. — *Rupes Rebout*, 1455 (doc. Theillière). — *Ruppes Robodi*, 1482 (coll. Chaleyer). — *La Roche-Reboust*, 1566 (terrier de Saint-Didier). — *La Roche-Reboud*, 1569 (idem). — *Rocherebourd*, xviiie s. (Cassini).

Roche (La), écart, cne de Saint-Pal-de-Mons. — *Ruppes prope S. Paulum*, 1329 (év.).

Roche (La), min sur le Doulon, cne de Saint-Vert. — *Le Molin de la Roche de Sainct-Ver*, 1516 (la Chaise-Dieu, Saint-Vert).

Roche (La), chât. détr. et vill., cne de Saugues. — *La Rocha*, xiie s. (cart. de Pébrac, XLVI, 41).— *La Rocha Matfre*, 1235 (idem, n° 58). — *Castrum Rupis Matfredi*, 1281 (Thiolent). — *Castrum de la Rocha*, 1327 (Lozère, G. 98). — *Le château de la Roche*, 1724 (L'Ouvreleul, 26). — *Laroche*, 1820 (Deribier).

Roche (La), vill., cne de Sembadel. — *La Roche, parr. de Sainct-Badel en Auvergne*, 1585 (Johany, nre).

Roche (La), vill., cne de Tence. — *Ruppes*, 1415 (cart. de Tence, f° 15). — *La Roche*, 1693 (ét. civ.).

Roche (La), affl. de l'Allagnon, limite les cnes de Torsiac et de Chambezon et prend sa source dans la cne d'Apchat (Puy-de-Dôme).

Roche (La), h., cne des Vastres. — *Locus qui dicitur Rocha*, v. 1000 (cart. du Monastier, n° 181). — *Rocha Fornia*, 1343 (Rhône, II. 1016). — *Las Rochas*, 1454 (terrier du prieur de Châteauneuf, f° 125 v°). — *Mansus de Ruppe*, 1464 (Ardèche, C. 624).

Roche (La), h., cne de Villeneuve-d'Allier. — *La Roche*, 1326 (Bibl. nat., ms. fr., 14377, p. 12). — *La Rocha*, 1339 (idem, p. 189). — *Mansus de Ruppe*, 1379 (Arch. nat., Z². 4143, p. 11).

Roche (La), écart, cne de la Voûte-sur-Loire. — *Rocha*, 1276 (Saint-Mayol). — *La Roche lez Ceyssaguet*, 1596 (Doleson, nre). — *La Roche du Tour*, 1888 (Malègue).

Roche (La), f., cne d'Yssingeaux. — 1548 (terrier de Verchères).

Roche (Moulin-de-la), min sur le Lignon, cne de Fay-le-Froid.

Roche (Moulin-de-la), min sur la Borne, cne de Saint-Paulien. — *Molendinum domini Hugonis Lamberta*, 1306 (tabl. du Velay, 1875-76, 520).

Roche (Moulin-de-), min sur l'Arquejols, cne de Saint-Étienne-du-Vigan.

Roche-Aigline, rocher, cne de Saint-Vidal. — *Rocha Eyglina*, 1385 (Saint-Vidal). — *Roch Ayglina*, 1413 (idem).

Roche-Arnaud, dom., cne du Puy. — *Territorium de Rocha Arnaudi*, 1236 (tabl. hist. du Velay, 1876-1877, p. 381). — *Rocharnaut*, 1296 (Saint-Vosy). — *Vinetum de Roche-Arnaut*, 1315 (Saint-Agrève). — *Rocharnaud, aultrement soubz Papelengue*, 1561 (Savin, nre).

Roche-Aubert, f., cne des Estables. — *Terra de Rochalbern*, 1284 (Bonnefoy).

Rochebaron, chât. ruiné et h., cne de Bas. — *Castrum Rocha Baronis*, v. 1173 (cart. de Chamalières, n° 123). — *Rochaburo*, 1175 (hospit. du Velay). — *Rocabaro*, 1179 (idem). — *Rochibaron*, 1230 (Arch. nat., P. 493¹, cote 59). — *Rupes Baronis*, 1290 (Baluze, mais. d'Auv., II, 334). — *Rouchabaron*, 1411 (Arch. nat., J. 1057, cote 17). — *Le seigneur de Rochabaron de Forests*, 1419 (Médicis, I, 235). — *Castrum Ruppis Baronis*, 1419 (tabl. du Velay, 1877-1878, 50). — *Roichebaron*, 1431 (idem, 39). — *La place de Rochebaron*,

xv⁰ s. (Cousinot de Montreuil, *chron. de la Pucelle*, éd. Vallet de Viriville, 210). — *Capella S.
Antonii in castro de Rupe Barone*, 1516 (Arch.
nat., G.⁸* 1, f° 440).

Rochebaron, dom., cⁿᵉ de Saint-Julien-Chapteuil. —
Rechabaro, 1259 (Saint-Chaffre).

Roche-Basse, quartier de Roche-Haute, cⁿᵉ de Frey-
cenet-Lacuche. — *Mansus del Bachas*, 1352
(Arch. nat., P. 1398², cote 668). — *La Roche-
Basse*, 1618 (Haute-Loire, E.).

Roche-Brocard (La), h., cⁿᵉ de Saint-Didier-la-
Séauve. — *Ruppes superior*, 1310 (coll. Chaleyer). — *La Roche, mand. de S. Deidier*, 1584
(terrier de Saint-Didier de Joyeuse). — *Roche-
Brocard*, 1888 (Malègue).

Roche-Chabreyre, mont., cⁿᵉ de Chaudeyrolles. —
Locus de Rocha Chabreyra, 1327 (doc. jud.).

Roche-Chevalar, rocher, près Chazalet, cⁿᵉ de Saint-
Pierre-Eynac. — *Rupes voc. Chavalar*, 1324 (la
Chaise-Dieu, Saint-Étienne-Lardeyrol).

Roche-Colombeyre, rocher, cⁿᵉ de Saint-Vidal. —
Cherium de Rocha Colombeyre, 1385 (Saint-Vidal).

Roche-Constant, vill., cⁿᵉ de Lorlange. — *Roche-
Constans*, 1493 (terrier de Blesle). — *Roche-
Constant*, 1640 (lième de Rilhac).

Roche-Corbeyre, rocher, cⁿᵉ de Loudes. — *Rancus
de Rocha Corbeyra*, 1414 (Drôme).

Roche-Courbeyre, écart, cⁿᵉ de Montregard.

Roche-de-Couteaux (La), dom. à Couteaux, cⁿᵉ de
Lantriac. — *Villa de la Rocha*, 1280 (tabl. du
Velay, 1871-1872, 36). — *Locus de la Rocha de
Cotualz*, 1455 (Dᶜ Charreyre). — *Boria de Ruppe
de Coutealx*, 1525 (Aleil, nʳᵉ). — *La Roche-de-
Couteaulx*, 1547 (Savin, nʳᵉ).

Roche-de-Glops (La), montic. à Rochelimagne,
cⁿᵉ de Polignac. — *Rupes voc. de Glops*, 1453
(prieuré de Polignac). — Auj. la Roche de Hiu
(*Hibou*).

Roche-de-la-Fayolle, m. i., cⁿᵉ du Chambon.

Roche-de-la-Halle (La), rochers, cⁿᵉ de Desges. —
1750 (terrier des Binières).

Roche-de-l'Aigle, rocher, cⁿᵉ de Desges. — *Le ser-
rail de la Roche-de-l'Aigle*, 1749 (terrier du Besset, f° 264 v°).

Roche-de-Servel (La), rocher, cⁿᵉ de Beaulieu. —
1714 (cad. de Laval-Emblavès).

Rochedix, vill., cⁿᵉ de Montregard. — *Rochaduys*,
1410 (cart. de Tence, f° 9 v°). — *Rocheduys*,
1556 (terrier de Montregard). — *Rocheduis*,
1574 (Guèze, nʳᵉ). — *Rochedis de Monregard*,
1695 (capitation). — *Rochedise*, xviii⁰ s. (Cassini).

Roche-du-Blau (La), chât. détr., cⁿᵉ de Cerzat. —
Rupes Blavi, 1358 (Arch. nat., Z². 54, p. 137).
— *La Rocha del Blaut*, 1471 (Arch. nat., ZZ.
359 , p. 138). — *La Roche-du-Blau*, 1625 (terrier du Chambon de Blau).

Roche-Dumas (La), écart, cⁿᵉ de Coubon. — *La Rocha
Bertrandi Dalmacii*, 1257 (Monastier-Saint-
Chaffre). — *Ruppes deus Dalmas*, 1330 (J. de
Peyre, nʳᵉ, reg. C, f° 44 v°). — *Los Dalmas*,
1389 (plumit. de Bouzols). — *La Roche de Dol-
mas ou Dommas*, 1561 (Savin, nʳᵉ). — *La Roche
dou Mas*, 1707 (cad. de Bouzols).

Roche-du-Palais (La), rochers, cⁿᵉ de Desges. —
1750 (terrier des Binières).

Roche-en-Régnier, cⁿⁿ de Vorey. — *Capella de Rocha*,
1095 (cart. de Chamalières, n° 197). — *Roca*,
1163 (idem, n° 77). — *Castrum de Rocha*, 1258
(Arch. nat., P. 1397³, cote 613). — *Le sieur de
Roiche*, 1317 (rec. des hist. de Fr., XXIII, 811).
— *Capella S. Michaelis castri de Ruppe*, 1348
(Saint-Vosy). — *Terra de Rochis, Anic. dioc.*, 1380
(Arch. nat., P. 1397², cote 549). — *Rouche*,
1381 (Arch. nat., P. 1398³, cote 699). — *Roche-
en-Reynier*, 1474 (Arch. nat., P.1362¹, cote 1019).
— *Baronia Rupis in Reynerio*, 1481 (Arch. nat.,
P. 1396¹, cote 435). — *Dominus Rupis Rigniaci*,
1484 (Arch. nat., P. 1360², cote 864). — *Rupes
Regnerii*, 1513 (idem). — *Roche-en-Regnier, à pré-
sent de Nerestang*, 1677 (Bibl. nat., lat., 12749,
f° 214). — *Roche-Marat*, 1793.

En 1789, Roche-en-Régnier était l'une des 18
baronnies diocésaines de la province du Velay et
était compris dans la subdélégation et sénéchaussée
du Puy. Dans le château se trouvait une chapelle
seigneuriale dédiée à saint Michel et qui relevait
de la paroisse de Saint-Maurice-de-Roche.

Rochefolle, m. i., cⁿᵉ du Chambon.

Rochefolle, h., cⁿᵉ de Connangles. — *Rocha fola*,
1330 (la Chaise-Dieu, Mozun). — *Mansus de
Rochas folas*, 1370 (Arch. nat., L. 989). —
Roches-folles-Basses, 1561 (J. Chalvon, nʳᵉ).

Rochefolle, f., cⁿᵉ de Montregard. — *Tén⁴ app. de
Roche-Folle*, 1556 (terrier de Montregard).

Rochefort, chât. détr., cⁿᵉ d'Alleyras. — *Roche
Fortis*, 1164 (Médicis, I, 76). — *Castrum de
Rocaforti*, 1226 (Baluze, mais. d'Auv., II, 87).
— *Castrum de Rochafort*, 1235 (hôtel-Dieu,
B. 310). — *Rupes fortis*, 1245 (idem, B. 311).
— *La place de Rochefort au pays de Velay*, 1447
(Arch. nat., JJ. 179, n° 15). — *Capellania ob hon.
b. Vincentii prope castrum de Ruppeforti fundata*,
1523 (prieuré d'Alleyras).

ROCHEFORT, m. de vigne, c^{ue} de Vals-près-le Puy. — *La Roche-forte*, 1633 (Barret, n^{re}).

ROCHE-FOULETEYRE (LA), m. i., c^{ne} de Saint-Julien-Chapteuil. — *La Roche-Folleteyre*, 1685 (cad. de Chapteuil-Bas).

ROCHE-FOURCHADE, rocher, c^{ne} de Bains. — *Rupes de Rocha Forchada*, 1274 (hôtel-Dieu, B. 309). — *Furchæ erectæ in monte de Rocha Furchada*, 1296 (*idem*, B. 346). — *Ruppes Forchata*, 1411 (*idem*, B. 551).

ROCHE-FOURCHADE, mont. à cratère, c^{ne} de Saint-Paul-de-Tartas.

ROCHEFOY. f., c^{ne} de Dunières.

ROCHE-FRÉZIT, loc. détr., c^{ne} de Saint-Just-près-Brioude. — *Rocha Frayrit, Rocha Frizit*, 1339 (Bibl. nat., fr., 14377, f°s 189 et 197). — *Mansus de Rocha Freyrit*, 1380 (Arch. nat., Z². 4143, p. 71). — *Rocha Frezic*, 1385 (Arch. nat., Z². 4144, p. 4).

ROCHEGUDE, chât. ruiné et vill., c^{ne} de Saint-Privat-d'Allier. — *Castrum de Rocha Aguda*, 1225 (hôtel-Dieu, B. 305). — *Rochaguda*, 1230 (Gall. chr., II, 712). — *Rupes Accuta*, 1317 (la Chaise-Dieu, Saint-Privat-d'Allier). — *Roche Aigude*, 1448 (spic. Briv.). — *Castrum Rupis Acutæ*, 1463 (Bibl. nat., ms. lat., n. acq., 1223, f° 130). — *La chastellenie de Roche-Agude*, 1511 (coust. d'Auv., f° 79 v°). — *Vicarius S. Jacobi Rupis Acutæ*, 1516 (Arch. nat., G8* 1, f° 444).

ROCHE-HAUTE, vill., c^{ue} de Freycenet-Lacuche. — *Mansus de la Rocha*, 1263 (Saint-Chaffre). — *Mansus de Duobus Rupibus*, 1344 (*ibid.*). — *La Rocha del Bachas*, 1466 (Maltrait, n^{re}). — *Mansus de Ruppe del Bachas*, 1528 (cad. du Monastier). — *La Roche del Bachas*, 1561 (Savin, n^{re}). — *La Roche-Haulte*, 1626 (visite de l'év. Just de Serres).

ROCHE-JEAN, h., c^{ne} de Josat. — *Roche-Joan*, XVIIIe s. (Cassini). — Fief vassal de la s^{ie} de Murs.

ROCHE-LAMBERT (LA), chât., c^{ne} de Saint-Paulien. — *Rupes Lamberti*, 1250 (Bibl. nat., ms. lat., 17803). — *Lamberta de Rocha*, 1300 (Saint-Agrève). — *La Rocha*, 1315 (Saint-Georges de Saint-Paulien). — *Rupes Lamberta*, 1370 (Haute-Loire, E.). — *Rupes prope Sanctum Paulhanum*, 1439 (nov. Gall. chr., II, instr. 345). — *La Rocha Lamberte*, 1546 (Saint-Chaffre). — *La Rouche-Sainct-Poulian*, 1566 (Arch. nat., JJ. 264, n° 189). — *La Roche*, 1605 (Leblanc, n^{re}). — *La Roche-Sainct-Palien*, 1616 (Rhône, H. 2153, f° 968). — Fief immédiat de la couronne, 1670 (Arch. nat., P. 503¹, cote 81).

ROCHELAURE, chât. détr., c^{ne} de Charraix. — *Castrum Rupis Lauræ*, 1281 (Thiolent). — *Rochia Laura*, 1351 (*idem*). — *Rocha Laura*, 1456 (Bibl. nat., lat., n. acq., 1222, f° 37). — *Rocha Lauro*, 1456 (*idem*). — *La chastellenie de Roque-Laire*, 1511 (coust. d'Auv., f° 80). — *Roquelaure*, 1555 (Vals-le-Chastel). — *Le lieu de Rochelaure*, 1675 (Thiolent).

ROCHELIMAGNE, vill., c^{ne} de Polignac. — *Rocha Limanhas*, 1368 (Drôme). — *Racha Limainha*, 1453 (prieuré de Polignac). — *Rupes Limanha*, 1511 (J. Boyer, n^{re}). — *Roche-Limanhie*, 1586 (Sigaud, n^{re}).

ROCHE-LIOTARD, lieu dit, c^{ne} de Vorey. — *Terra de Rocha Lhautart*, 1325 (Arch. nat., P. 494¹, cote 61).

ROCHE-LONGUE, rochers et bois, c^{ne} de Saint-Jean-Lachalm. — *Nemus de Rocha Longa*, 1256 (Thiolent).

ROCHEMAURE, f., c^{ne} de Saint-Geneys-près-Saint-Paulien. — *Rocha Moeira*, 1160 (hospit. du Velay). — *Rochemaure*, 1766 (Haute-Loire, B. 79).

ROCHEMEZELLE, m. i., c^{ne} de Saint-Hostien. — *Rochenezelle*, 1820 (Deribier).

ROCHE-MOULEYRE (LA), carrière, près la Boriette, c^{ne} de Pinols.

ROCHE-MOULIN, m. i., c^{ne} de Saint-Just-Malmont.

ROCHEPAILLE, m. i., c^{ne} de Monistrol-sur-Loire.

ROCHE-PENTUS, coulée basaltique, c^{ne} de Salettes.

ROCUÉPITRE?, l. détr., c^{ne} de Mercœur. — *Rocha Pistola*, 1339 (Bibl. nat., ms. fr., 14377, p. 189). — *Mansus de Rochespistolla, par. Mercoriarum*, 1461 (Arch. nat., ZZ. 359, p. 61).

ROCHE-PLATE (LA), rocher, c^{ne} de Beaulieu. — *La Roche-Platte*, 1714 (cad. de Laval-Emblavès).

ROCHE-POINTUE (LA), rocher, c^{ne} de Beaulieu. — *La Roche-Pontude*, 1714 (cad. de Laval-Emblavès).

ROCHER, loc. détr., c^{ne} de Bauzac. — *Mansus qui dicitur A Rocher*, v. 1082 (cart. de Chamalières, n° 107).

ROCHER, f., c^{ne} de Mercœur. — *Mansus de Rochiers*, 1461 (Arch. nat., ZZ. 359, p. 35). — *Rouchey, Rochey*, 1613 (Mercurial). — *Rochay*, 1820 (Deribier).

ROCHER (LE), loc. détr., c^{ne} de Chassignolles. — *Mansus del Rochet*, 1358 (spic. Briv.).

ROCHER (MOULIN-DE-), mⁱⁿ sur l'Holme, c^{ne} de Saint-Martin-de-Fugères.

ROCHER-DU-DUC, c^{ne} de Salettes. — (Faujas de Saint-Fond, 403).

ROCHER-DU-MIDI, c^{ne} de Goudet. — (Faujas de Saint-Fond, 382).

Roche-Robert (La), m. de camp., c⁰ᵉ de la Voûte-sur-Loire.

Rocherols (Les), vill., cⁿᵉ de Saint-Julien-Chapteuil. — *Mansus deus Rochayrols*, 1344 (J. de Peyre, nˢᵉ). — *Locus deux Rocheyrolx*, 1454 (Pradier, nˢᵉ). — *Locus de Rocheyroliis*, 1501 (coll. C. Falcon). — *Loux Rocheyroux*, 1633 (Barret, nˢᵉ). — *Les Rocherols*, xviiiᵉ s. (Cassini). — *Rocherol*, 1888 (Malègue).

Roche-Rouge, dyke volcanique, sur la Gagne, cⁿᵉ de Saint-Germain-Laprade. — 1604 (cad. de Fay-la-Triouleyre).

Roches (Les), m. i., cⁿᵉ de Boisset.

Roches (Les), h., cⁿᵉ de Chassagnes.

Roches (Les), h., cⁿᵉ de Sainte-Sigolène.

Roches (Les), m. i., cⁿᵉ de Saint-Julien-Chapteuil.

Roches (Les), h., cⁿᵉ de Saint-Romain-Lachalm.

Roches (Les), m. i., cⁿᵉ de Vals-le-Chastel.

Roches (Les Deux), f., cⁿᵉ de Freycenet-Lacuche.

Roche-Saint-Barthélemy, lieu dit, cⁿᵉ de Saint-Privat-du-Dragon. — *Le commung app. la Roche-Sainct-Barthellemi*, 1625 (terrier du Chambon de Blau).

Roche-Saint-Paulès (La), m. i., cⁿᵉ de Saint-Pal-de-Chalencon.

Rochesauve, h., cⁿᵉ de Saint-Just-près-Brioude. — *Rocha Salva*, 1210 (hôtel-Dieu, B. 607); — 1380 (Arch. nat., Z². 4143, p. 71).

Roche-Servière, l. détr., cⁿᵉ d'Alleyras. — *Mansus de Rocha Serveyra*, 1377 (Thiolent). — *Roche-Servière*, 1627 (idem).

Roche-Servière, rocher, cⁿᵉ de Prades. — *Rocha Serveyra*, 1476 (Bibl. nat., ms. lat., n. acq., 1224, f° 139).

Roches Girbes, bois, cⁿᵉ de la Besseyre-Saint-Mary.

Rochesoule, loc. détr., cⁿᵉ de la Vaudieu. — *La Métherie de Mᵐᵉ la prieuse de la Vaudieu, app. de Rochesoule*, 1612 (terrier de la Vaudieu).

Rochesquiou, m. i., cⁿᵉ de Saint-Maurice-de-Lignon. — *Roucheytiou*, 1689 (cad. de Lignon).

Roches-Royes, grottes autrefois habitées du versant sud de la mont. de Peylenc, cⁿᵉ de Saint-Pierre-Eynac. — *Rochas Royas*, 1359 (cordeliers). — *Roches-Royes*, 1607 (A. Robert, nˢᵉ).

Rocheton, m. i., cⁿᵉ de Laussonne.

Rochetons (Les), h., cⁿᵉ des Villettes.

Rochette, vill., cⁿᵉ de Craponne-sur-Arzon. — *Villa de la Rocheta*, v. 1030 (cart. de Chamalières, n° 291).

Rochette (La), h., cⁿᵉ de Boisset. — 1540 (terrier de Saint-Pal).

Rochette (La), vill., cⁿᵉ de Chaniat. — *Ad Illa Roqueta*, v. 1000 (cart. de Brioude, ch. 48). — *Villa quæ dicitur Rocheta*, xiᵉ s. (idem, ch. 329). — *Rupeta*, xivᵉ s. (terrier des Grèzes). — *Mansus de la Rocheta*, 1429 (terrier du doy. de Brioude).

Commune supprimée le 11 décembre 1842 et réunie à celle de Chaniat.

Rochette (La), f., cⁿᵉ de Chapelle-Bertin.

Rochette (La), écart, cⁿᵉ de la Chapelle-d'Aurec. — *La Rocheta*, 1374 (év.). — *La Rouchette*, 1553 (ress. de Montfaucon).

Rochette (La), loc. détr., cⁿᵉ de Chassignolles. — *Mansus de Rocheta*, 1358 (spic. Briv.).

Rochette (La), l. détr., cⁿᵉ de Cubelles. — Prieuré fondé par la famille de la Roche-du-Blau près Cerzat, et dont le patronage avait passé aux Saunier, de Mercœur près Saint-Privat-d'Allier. — *Capellania de Ruppe Blavi, par. de Clubellis*, 1428 (Lozère, G. 1866). — *Capellania S. Petri Rupis del Blau*, 1530 (idem). — *Le terroir de S. Pierre de la Rochete*, 1539 (Thiolent). — *La chapellanye app. le Prieuré de la Roche-Bleau, aultrement S. Pierre de la Rochete*, 1574 (Lozère, G. 1866).

Rochette (La), écart, cⁿᵉ de Cussac.

Rochette (La), m. i., cⁿᵉ de Dunières.

Rochette (La), f., cⁿᵉ d'Espaly-Saint-Marcel.

Rochette (La), h., cⁿᵉ de Pébrac. — *Mansus de la Rocheta*, xiiᵉ s. (cart. de Pébrac, n° XLVI, 16). — *La Rochata* (l'impr. porte *Rocheta*), xiiᵉ s. (idem, n° XLVI, 31). — *La Rochete*, 1464 (Bibl. nat., ms. lat., n. acq., 1223, f° 141 v°).

Rochette (La), f., cⁿᵉ de Raucoules.

Rochette (La), m. i., cⁿᵉ de Rosières.

Rochette (La), f., cⁿᵉ de Saint-Bonnet-le-Froid.

Rochette (La), affl. du Veyron, cⁿᵉ de Saint-Bonnet-le-Froid. — *Ruiss. de la Frachette ou de Cancade* (cad.).

Rochette (La), écart, cⁿᵉ de Saint-Didier-la-Séauve. — *Locus de Rocha Ferranti*, 1393 (coll. Chaleyer). — *Ruppis Ferrandi*, 1398 (idem). — *La Rochette, jadiz Roche-Ferrand*, 1561 (terrier de Saint-Didier de Joyeuse).

Rochette (La), affl. du Mazel, cⁿᵉˢ de Saint-Didier-sur-Doulon, Chaniat et Fontannes. — *Ruiss. de Boissière*, xviiiᵉ s. (Cassini).

Rochette (La), h., cⁿᵉ de Saint-Front. — 1305 (hist. gén. de Lang., VIII, 1926). — *La Rocheta*, 1507 (év.). — *La Rouchette*, 1646 (cad. de Bonnefont). — *La Rochette*, 1695 (capitation).

Rochette (La), h., cⁿᵉ de Saint-Jeure. — *Villa quæ dicitur Rocheta* (l'impr. porte *Rorheta*), in arce (aice) *Bonacense*, v. 1000 (cart. du Monastier, n° 252). — *Ruppeta, la Rocheta*, 1419 (cart. de Tence, f° 11).

ROCHETTE (LA), loc. détr., cⁿᵉ de Saint-Préjet-d'Allier. — *Mansus de la Rocheta*, 1297 (Thiolent). - *Le lieu de la Rochette de Verdun*, 1589 (idem).

ROCHETTE (LA), chât., cⁿᵉ de Villeneuve-d'Allier. — *La Rocheta*, 1241 (tit. de la Rochelte). — *La Rochete*, 1327 (Bibl. nat., ms. fr., 14377, p. 24). — *La Rocheta*, 1380 (Arch. nat., Z². 4143, p. 78).

ROCHETTE (MOULIN-DE-LA), mⁱⁿ sur la Rochette, cⁿᵉ de Chaniat.

ROCHETTE (MOULIN-), mⁱⁿ sur le Robec, cⁿᵉ de Montregard.

ROCHETTES (LES), mont., cⁿᵉ de Saint-Germain-Laprade.

ROCHE-VISAGE, rocher, cⁿᵉ de Polignac. — *Territ. de Champroy, voc. vulg. a Rocha Visatge*, 1453 (prieuré de Polignac).

ROCIPON, écart, cⁿᵉ de Jullianges. — *Rocipo*, 1314 (la Chaise-Dieu, Jullianges). — *Recipon*, 1888 (carte adm.).

RODDE (LA), affl. de l'Allier au sud-ouest de Grenier, cⁿᵉ de Saint-Ilpize.

RODDE (SUC DE LA), mont., cⁿᵉ d'Agnat.

RODDE (SUC DE LA), mont., cⁿᵉ de Chassagnes.

RODE (LA), h., cⁿᵉ d'Ally.

RODE (LA), h., cⁿᵉ de Saint-Just-près-Brioude. — *La Roda*, 1339 (Bibl. nat., fr., 14377, f° 189). — *Mansus de la Rodda*, 1462 (Arch. nat., ZZ. 359, p. 50).

RODE (LA), chât. ruiné et vill., cⁿᵉ de Saugues. — *Castrum de la Roda*, 1282 (Thiolent). — *Castrum de Rota*, 1327 (Lozère, G. 98). — *Locus de la Roda in Gabalitano*, 1499 (Rhône, Chantoin, I, 10). — *La Rodde en Jevaldan*, 1585 (Johany, nʳᵉ). — *Le château de la Rode*, 1724 (L'Ouvreloul, 26).

RODERIE, l. dit, cⁿᵉ d'Aiguilhe. — *La Rodaria*, 1437 (Saint-Vosy). — *En Roderie*, 1606 (A. Robert, nʳᵉ).

RODETTE (LA), loc. détr., cⁿᵉ de Saint-Just-près-Brioude. — *Pagesia de la Roddete*, 1446 (Bibl. nat., fr., 11490, f° 378).

RODIER, mⁱⁿ sur le Pontajou, cⁿᵉ de Saugues.

RODIER (LE), mⁱⁿ, cⁿᵉ de Paulhaguet.

RODIER (MOULIN-DE-), mⁱⁿ sur la Voirèze, cⁿᵉ de Blesle. — *Lo Rodeyr*, 1350 (spic. Briv.).

RODIER (MOULIN-DU-), mⁱⁿ sur l'Ance, cⁿᵉ de Saint-Julien-d'Ance. — *Molendinum Roserium, situm in loco qui dicitur Aspraloita*, 1213 (cart. de Cha-

malières, n° 155). — *Le Roddier, le Rodier*, 1540 (terrier de Saint-Pal-en-Chalencon).

ROFFIAC, vill., cⁿᵉ de Saint-Front. — *Rufiacus*, v. 1000 (cart. du Monastier, n° 155). — *Rophiac*, v. 1190 (templ. du Puy). — *Ruffiacum*, 1322 (hospit. du Velay). — *Rophihac*, 1359 (Rhône, H. 2632). — *Mansus de Rophiaco*, 1445 (Rhône, H. 1945). — *Balmæ sive Rupes de Roffiaco*, 1529 (Sobrier, nʳᵉ). — *Roffiac*, 1546 (Savin, nʳᵉ). — *Rouffiac*, 1820 (Deribier).

ROGNAC, loc. détr., cⁿᵉ d'Agnat. — *Mansus de Ronnac*, XIVᵉ s. (terrier des Grèzes).

ROGNAC, vill., cⁿᵉ de Saint-Arcon-d'Allier. — *Ruinac*, 1222 (cart. de Pébrac, n° 66). — *Runniac*, v. 1362 (Gall. chr., II, col. 453). — *Mansus de Ronhac*, 1453 (Bibl. nat., ms. lat., n. acq., 1222, f° 6 v°). — *Runhac*, 1458 (idem, f° 65 v°). — *Ronhacum*, 1458 (idem, f° 73). — *Rougniat*, XVIIIᵉ s. (Cassini).

ROGNAC, vill., cⁿᵉ de Saugues. — *Mansus de Runhac*, 1305 (Thiolent). — *Mansus de Chambono sive de Riaunhac*, 1307 (idem). — *Ronhat*, 1327 (Lozère, G. 98). — *Runhacum*, 1527 (A. Besseyre, nʳᵉ).

ROGNAGUET, quartier de Rognac, cⁿᵉ de Saint-Arcons-d'Allier. — *Boria de Ronhaguet*, 1459 (Bibl. nat., ms. lat., n. acq., 1222, f° 130 v°). — *Runhaguet*, 1465 (idem, 1223, f° 208 v°).

ROHAC, vill., cⁿᵉ de Coubon. — *Roac*, 1346 (Haute-Loire, E.). — *Roacus*, 1389 (plumit. de Bouzols). — *Rohacus*, 1509 (terrier Coubladour). — *Rouac*, 1607 (Mᶜᵉ Leblanc, nʳᵉ).

ROHAC (RUISSEAU-DE-), affl. de la Magnaure, cⁿᵉ de Coubon. — *Rivus del Teuloani tendente de Rohacu apud terr. del Teuloani*, 1508 (terrier de Coubladour, f° 10).

ROI (SCIE-DU-), usine, cⁿᵉ de Saint-Arcons-de-Barges.

ROIDON, f., cⁿᵉ du Chambon.

ROIRON, vill., cⁿᵉ de Rosières. — *Royro*, 1553 (terrier de Liqnes). — *Royron*, 1572 (A. Boyer, nʳᵉ).

ROIS, dom., cⁿᵉ de Brignon. — *Reges*, 1495 (mairie du Puy). — *Roys*, 1568 (Doleson, nʳᵉ).

ROIS (LES), f., cⁿᵉ de Tirauges.

ROLAND, f., cⁿᵉ de Freycenet-la-Tour.

ROLAND (COMBE DE), l. dit, cⁿᵉ de Pinols. — *La Comba de Rollant*, 1369 (Arch. nat., Z². 54, p. 207).

ROLLANDESSE (LA), l. détr., cⁿᵉ de Présailles. — *In pago Vellaico, in loco qui dicitur Ratbosdisca ou Ratbodisca* (mot défiguré), Xᵉ s. (cart. du Monastier, n° 101). — *B. de la Roclandescha*, 1222 (tabl. du Velay, 1876-1877, 360). — *La Rollan-disse*, 1534 (év.). — *La Rollandesche*, 1607 (Robert, n°°).

Romagnac, h., c°° de Saint-Vénérand. — *Romanhac*, 1279 (Thiolent). — *Romanhacum*, 1527 (A. Besseyre, n°°). — *Romaignhac*, 1561 (Savin, n°°). — *Romagnac*, 1782 (cad. de Vabres). — *Roumagnac*, 1820 (Deribier).

Justice indivise entre le baron de Vabres et le seigneur du Chambon.

Romagnaguet, h., c°° de Saint-Vénérand. — *Roma-naghetum*, 1527 (A. Besseyre, n°°). — *Romanha-guet*, xviii° s. (Cassini). — *Le Mas de Romagna-guet*, 1780 (cad. de Vabres). — *Roumagnaguet*, 1820 (Deribier).

Romagnaguet (Le), affl. de l'Allier, c°° de Saint-Vé-nérand. — *Ravin-de-l'Hivert* (cad.).

Romanelle (La), f., c°° de Siaugues-Saint-Romain. — *La Romanela*, 1462 (Bibl. nat., ms. lat., n. acq., 1223, f° 53). — *Mansus de la Romanelle*, 1493 (terrier du Cluzel). — *Romanelle* (cad.). — *La Roumanelle*, 1820 (Deribier).

Romanet, h., c°°° du Mas-de-Tence et de Montregard. — *Romanetus*, 1191 (Bibl. nat., ms. lat., 17803, p. 125). — *Romanet*, 1556 (terrier de Montre-gard).

Rome, f., c°° d'Aiguilhe. — *La Metterie de Chau-chat*, 1632 (Ch. Demans, n°°). — *La metterye de Françoys Chauchat, advocat, sise en la plaine de Chausson*, 1660 (Espanhon, n°°). — *Le do-maine de Pierre Mozac, avocat, app. de Rome, au terroir de Chousson (affermés à J. et T. Rome, du Monteil)*, 1722 (Alirol, n°°).

Rome (Plaine de), plateau, c°°° de Chadrac et Poli-gnac. — *Calma de Chausso*, 1379 (Saint-Agrève). — *Calma de Choussone*, 1505 (Dompnin, n°°). — *La Chalm de Chousson*, 1625 (Duclaux, n°°).

Romeyer, écart, c°° de Roche-en-Régnier.

Romier, m. i., c°° de Saint-Jeure.

Romières, vill., c°° du Chambon. — *Romigeirias*, 1179 (hist. gén. de Lang., éd. Privat, VIII, col. 1925). — *Romegeiras*, 1256 (Gall. christ., II, eccl. Anic., col. 774). — *Romiciras*, 1258 (Rhône, D. 153). — *Romigeriæ*, 1262 (év.). — *Romieres de Giourand*, 1506 (Médicis, II, 305).

Romigère (La), h., c°° d'Ouïdes. — *La Romigeira*, 1245 (hôtel-Dieu, B. 311). — *La Romegeira*, 1256 (idem, B. 315). — *Romegeriæ*, 1391 (idem, B. 535). — *La Romigeyra*, 1408 (com-pois du Puy). — *La Ramigiere*, 1506 (Médicis, II, 303).

Romiou, écart, c°° de Brives-Charensac. — *Romieu*, 1584 (Guérin, n°°). — *Romieu-lès-Charanssac*, 1707 (cad. de Bouzols).

Ronc (Le), m. i., c°° de Taulhac.

Ronc-de-Malemort, coulée basalt., c°° d'Arlempdes. — *Rancus de Mala Mort*, 1462 (Chauvin, n°°).

Ronc-Parti, blocs basaltiques entre lesquels la Borne s'est frayé passage, c°° de Saint-Vidal (Deribier, stat., 294).

Rond (Le), h., c°° de Desges. — *Mansus del Ranc*, 1460 (Bibl. nat., ms. lat., n. acq., 1222, f° 134 v°). — *Le Romp*, xviii° s. (Cassini).

Rondache, écart, c°° de Valprivas.

Rond-de-la-Donzelle (Le), rocher, près Mazemblard, c°° de Saint-Haon. — *Rancus voc. vulg. lo Ranc de la Donzella*, 1278 (la Chaise-Dieu, Bouchet-Saint-Nicolas).

Ronsavaux, chât., c°° du Mazet-Saint-Voy. — *Roussa-veaux*, 1820 (Deribier).

Ronzade, plateau, c°° de Vals-près-le Puy. — *Terr. de Rosada*, 1246 (Saint-Pierre-le-Monastier). — *Rozada*, 1283 (év.). — *Territ. de Rossada quod est in Valle Aniciensi*, 1283 (Valbonnais, hist. du Dauph., II, 25, c. 1). — *Rozade*, 1565 (Do-leson, n°°).

Ronzet, dom., c°° de Séneujols. — *Domus de Rauzet*, 1289 (hôtel-Dieu, B. 634). — *Villa de Rauzeto*, 1312 (Haute-Loire, E.). — *La borie de Rouzet*, 1535 (Chamblas). — *La Chapelle de S. François de Rouset*, 1659 (pet. éphém. vell., 341).

Ronzier (Moulin-de-), m¹ⁿ sur la Ramade, c°° de Pi-nols. — *Moulin-de-Rongier*, 1888 (carte adm.).

Ronzière (La), écart, c°° de Lorlange.

Ronzière (La), f., c°° de Saint-Préjet-Armandon. — *Lo mas de la Rongeyra*, 1341 (terrier de Char-bonnier).

Ronzon, colline, c°° du Puy. — Fourches patibulaires du Puy. — *Rezonzio*, 1089 (Saint-Georges du Puy). — *Rezonzo*, xiii° s. (idem). — *Reonso*, 1253 (Saint-Agrève). — *Roenzo*, 1279 (Saint-Mayol). — *Ronzo*, xiii° s. (coll. C. Falcon). — *Le gibet de Ronson*, xvi° s. (Médicis, I, 227).

Rosades, m. i., c°° de Vals-près-le-Puy.

Rosa-des-Fangéas (Ravin-de-), affl. de l'Allier, c°° d'Alleyras.

Rose, loc. détr., près Sarniaguet, c°° d'Agnat. — Div. en Haut et Bas. — *Mansus de Rosa Sobey-rana, Rosa Soteyrana*, xiv° s. (terrier des Grèzes).

Rosières, c°° de Vorey. — *Ecclesia S. Martini in villa quæ dicitur Roserias*, v. 940 (cart. du Mo-nastier, n° 75). — *Eccl. de Roseriis in hon. S.*

Johannis consecrata, v. 1096 (cart. de Chamalières, n° 31). — *Altare S. Martini de Rosariis*, 1097 (*idem*, n° 6). — *Rozeyras*, 1285 (hôtel-Dieu, B. 336). — *Rosserias*, 1311 (Arch. nat., P. 1399¹, cote 783). — *Roseyras*, 1408 (compois du Puy). — *Roscires*, 1534 (év.). — *Rouzières*, 1629 (Demans, nᵉˢ). — *Rozières*, xviiiᵉ s. (Cassini).

En 1789, Rosières appartenait à la province du Velay, à la subdélégation et sénéchaussée du Puy. Son église paroissiale, diocèse du Puy et archiprêtré de Monistrol-sur-Loire, était sous le vocable de saint Martin; la cure était à la présentation du prieur de Chamalières.

Rosiers (Les), f., cⁿᵉ de Saint-Front. — *Roziers*, 1552 (Nicolas, nʳᵉ). — *Les Rosiers*, 1630 (ét. civ.).

Rossanges (Les Grandes-), f., cⁿᵉ de Saint-Didier-la-Séauve. — *Les Rossenches*, 1527 (coll. Chaleyer). — *Locus de Ressenchiis*, 1533 (*idem*). — *Les Grandz-Roussenches*, 1560 (*idem*).

Rossanges (Les Petites-), h., cⁿᵉ de Saint-Didier-la-Séauve. — *Locus de Parvis Rosenchiis*, 1525 (coll. Chaleyer). — *Les Petites-Rossanghes*, 1551 (*idem*). — *Les Petites-Roussenches*, 1560 (*idem*).

Rossard (Le), m. i., cⁿᵉ de Bas. — *Les Prossards*, 1879 (carte adm.).

Rossignol, écart, cⁿᵉ du Monastier. — *Lo Rossinhol*, 1475 (Arcis, nʳᵉ). — *Rossinhol*, 1547 (Chaulet, nʳᵉ). — *Le Rossinhol, mand. de Chasteauneuf*, 1618 (Monastier). — *Lou Rossignol*, 1619 (ét. civ.). — *Roussinhol*, 1695 (capit.).

Rossignol, vill., cⁿᵉ du Pont-Salomon.

Rossignol, h., cⁿᵉ de Saint-Jean-Lachalm. — *Villa de Jurchalm*, 1236 (templiers du Puy). — *Rocinhol*, 1303 (hôtel-Dieu, B. 361). — *Mansus de Rocinhol*, 1335 (hospit. du Velay). — *De Rossinholis*, 1493 (Rhône, commʳⁱᵉ de Chantoin, I, 10). — *Roussinholz*, 1558 (A. Boyer, nʳᵉ).

Rotte (La), h., cⁿᵉ d'Aurec. — *La Raosta, la Riosta*, 1317 (Arch. nat., P. 1400³, cote 990).

Rouard, m. i., cⁿᵉ de Sainte-Sigolène.

Rouchaire (La), h., cⁿᵉ de Montregard. — *Laroucheyre*, 1820 (Deribier).

Rouchas, mⁱⁿ sur la Gazeille, cⁿᵉ du Monastier.

Rouchas (Le), bois, cⁿᵉ de Cayres.

Rouchas (Le), m. i., cⁿᵉ de Saint-Hostien.

Rouchasset, mont. boisée, cⁿᵉ de Cayres. — *Territ. vulg. nuncup. de las Triuleyras sive de Rochasset*, 1464 (hôtel-Dieu, B. 574). — *Rechasset*, 1489 (la Chaise-Dieu, le Bouchet-Saint-Nicolas).

Rouchassoux, m. i., cⁿᵉ de Rosières.

Rouchaud, h., cⁿᵉ de Riotord.

Rouchon, f., cⁿᵉ de Chaudeyrolles. — 1617 (ét. civ.).

Rouchon, f., cⁿᵉ de Montclard. — 1539 (Vals-le-Chastel).

Rouchon (Moulin-de-), mⁱⁿ sur l'Andrable, cⁿᵉ de Valprivas. — *Moulin-de-l'Andrichon*, 1879 (carte adm.).

Rouchon (Scie-de-), scierie sur le Riotord, cⁿᵉ de Riotord.

Rouchouse (La), h., cⁿᵉ de Sainte-Sigolène. — 1655 (ét. civ. de Monistrol).

Rouchousse (Ravin-de-), affl. de l'Allier, cⁿᵉ d'Alleyras.

Rouchoux (Le), ruiss., affluent de droite de l'Allier, cⁿᵉ de Saint-Privat-d'Allier. — *Rivus dictus de S. Privato*, 1307 (la Chaise-Dieu, Saint-Privat-d'Allier). — *La Faye*, 1888 (carte adm.).

Roudaix, h., cⁿᵉ de Saint-Didier-sur-Doulon. — *Roudeix*, 1888 (carte adm.).

Roudesse (La), affl. du Beaulieu, cⁿᵉˢ du Pertuis, de Saint-Étienne-Lardeyrol, Rosières et Beaulieu. — *Riperia de Rodessa*, 1313 (hôtel-Dieu, B. 392). — *L'eau de Rodesses*, 1575 (terrier de Chamblas). — *La riv. de Rodesse app. de Meymal sive Mazame*, 1598 (Mᵐᵉ Leblanc, nʳᵉ). — *Ruiss. de Planhol* ou *de Rodèze* (cad.).

Roudet, plateau, cⁿᵉ de Reilhac. — *Mons Roderius*, v. 970 (cart. de Sauxillanges, n° 505).

Roudon, h., cⁿᵉ du Mazet-Saint-Voy.

Roue (La), f., cⁿᵉ de Chaudeyrolles. — *Le Riou*, 1888 (Malègue).

Roue (La), f., cⁿᵉ de Dunières. — *La Roue de Freuge*, 1576 (Rhône, D. 190). — *Laroue*, 1879 (carte adm.).

Roue (La), chât., cⁿᵉ du Mazet-Saint-Voy. — *Laroue*, 1820 (Deribier).

Roue (La), vill., cⁿᵉ de Sainte-Sigolène. — *La Roë*, 1660 (ét. civ. de Monistrol). — *Laroue*, 1820 (Deribier).

Roue-de-la-Chanal (La), f., cⁿᵉ des Villettes.

Rouène, f., cⁿᵉ des Estables. — *Roane*, 1765 (ét. civ.).

Rouffiage (La), h., cⁿᵉ de Pébrac. — *La Roffiagha*, 1463 (Bibl. nat., ms. lat., n. acq., 1223, f° 118 v°). — *Mansus de la Roffiage*, 1469 (*idem*, f° 351).

Rouge (Le), f., cⁿᵉ de Fay-le-Froid.

Rouge (Le), f., cⁿᵉ de Lubilhac.

Rougeac, vill., cⁿᵉ de Rosières. — *Roghac*, 1309 (cart. de Chamalières, éd. Fraisse, p. 131). — *Rogat*, 1342 (coll. C. Falcon). — *Rogeac*, 1534 (év.). — *Rouchac*, 1571 (A. Boyer, nʳᵉ).

Rougeac, vill., c⁽ⁿᵉ⁾ de Saint-Élle. — *Le Mas de Roiac,* 1379 (homm. de Vissac). — *Roghac,* 1461 (Bibl. nat., ms. lat., n. acq., 1223, f° 11). — *Rogiacum,* 1490 (terrier du Cluzel). — *Rougehac,* xviiiᵉ s. (Cassini).

Rougeac, vill., cⁿᵉ de Saint-Privat-d'Allier. — *Villa de Royac,* 1257 (Baluze, mais. d'Auv., II, 88). — *Roiac,* 1261 (la Chaise-Dieu, Saint-Rémy). — *Roiacum,* 1331 (J. de Peyre, nʳᵉ). — *Rocgacum, Rotgac,* 1347 (la Chaise-Dieu, Saint-Privat-d'Allier). — *Rogiacum,* 1348 (*idem*). — *Roghacum,* 1517 (Martel, nʳᵉ). — *Roghac,* 1575 (A. Boyer, nʳᵉ).

Rougeac, vill., cⁿᵉ de Villeneuve-d'Allier. — *In aice Brivatensi, in villa Royago,* 897 (cart. de Brioude, ch. 215). — *In vicaria Brivatensi, villa Rogiacus,* 909 (*idem,* ch. 298). — *In villa Ropago (Rogago),* 920 (*idem,* ch. 148). — *In villa Roiago,* 963 (*idem,* ch. 290); — 1012 (*idem,* ch. 117). — *Rogat,* 1339 (Bibl. nat., ms. fr., 14377, p. 189). — *Mansus de Roghaco,* 1385 (Arch. nat., Z². 4144, p. 44). — *Rochacum,* 1458 (Arch. nat., ZZ. 359, p. 12). — *Roughacum,* 1459 (*idem,* p. 27). — *Roughat,* 1462 (*idem,* p. 47).

Rougeac (Le), affl. de la Roudesse au sud des Pautuds, cⁿᵉ de Rosières.

Rouillier, écart, cⁿᵉ de Chamalières. — *Mansus de Rulhier,* 1268 (prieuré de Chamalières). — *Rullier,* 1695 (capitation). — *Roulier,* 1820 (Deribier).

Rouillières (Les), ruiss., prend naissance au nord-ouest de la cⁿᵉ de Saint-Austremoine et se jette dans l'Avène au sud-ouest de Traignac, cⁿᵉ de Saint-Cirgues.

Roulande (La), écart, cⁿᵉ de Bauzac.

Roulhac, vill., cⁿᵉ de Saint-Etienne-Lardeyrol. — *Rulhacum,* 1343 (Chamblas). — *Rutlhat, Ruilhat, Ruyllhacum,* 1408 (*idem*). — *Rolhacum,* 1465 (Maltrait, nʳᵉ). — *Roulhac,* 1541 (Savin, nʳᵉ). — *Rolhac,* 1546 (*idem*). — *Raulhac,* 1879 (carte adm.).

Roulier, m. i., cⁿᵉ de Malrevers. — *Ruylherium,* 1344 (J. de Peyre, nʳᵉ). — *Roulhes,* 1888 (Malègue).

Roulle (La), h., cⁿᵉ de Présailles. — 1695 (capitation). — *Laroule,* 1820 (Deribier). — *Laroue,* 1888 (Malègue).

Roullière (La), loc. détr., près Brugeyroux, cⁿᵉ de Langeac. — *Mansus de la Rolheyra,* 1459 (Bibl. nat., ms. lat., n. acq., 1222, f° 116). — *Pagesia de la Rolheyra,* 1486 (terrier de Tailhac). — *La Rolheyre,* 1505 (Thiolent).

Roullys (Les), m. i., cⁿᵉ d'Yssingeaux. — *Les Rouler,* 1888 (Malègue).

Roumiou, f., cⁿᵉ de Brives-Charensac.

Rouratte (La), m. i., cⁿᵉ de Malvalette. — *Rourate,* 1879 (carte adm.).

Roure (Le), vill., cⁿᵉ de Bas. — *Villa del Roure,* 1411 (Arch. nat., P. 492², cote 119). — *Quercus,* 1508 (obit. de Bas).

Roure (Le), loc. détr., cⁿᵉ de Frugières-le-Pin. — *Robur,* 1328 (Vals-le-Chastel).

Roure (Le), vill., cⁿᵉˢ de Lantriac et de Saint-Germain-Laprade. — *Locus del Roure,* 1345 (J. de Peyre, nʳᵉ). — *Locus de Ruvere,* 1522 (Sobrier, nʳᵉ).

Roure (Le), m. i., cⁿᵉ de Lapte.

Roure (Le), vill., cⁿᵉ de Malrevers. — 1362 (homm. de l'év.). — *Lou Roure,* 1555 (cad. de Mercœur).

Roure (Le), h., cⁿᵉ de Saint-Bonnet-le-Froid. — *Lou Roure,* 1553 (ress. de Montfaucon).

Roure (Le), f., cⁿᵉ de Saint-Georges-Lagricol. — *Locus del Roure,* 1323 (J. de Peyre, nʳᵉ). — *Locus del Rore vel de Quercu,* 1500 (coll. César Falcon).

Roure (Le), h., cⁿᵉ de Saint-Julien d'Ance. — 1540 (terrier de Saint-Pal-en-Chalencon).

Roure (Le), vill., cⁿᵉ de Saint-Maurice-de-Lignon. — 1588 (Haute-Loire, E.).

Roure (Le), h., cⁿᵉ de Saint-Pal-de-Mons. — *Lo Roure,* 1314 (év.). — *Quercus,* 1393 (coll. Chaleyer).

Roure (Le), f., cⁿᵉ de Saint-Vincent. — *Lo Roure,* 1288 (bénédictines de Vorey).

Roure (Le Grand-), vill., cⁿᵉ de Saint-Didier-la-Séauve. — 1645 (capit.).

Roure (Le Petit-), h., cⁿᵉ de Saint-Just-Malmont. — *Locus de Parva Quercore,* 1493 (coll. Chaleyer). — *Le Petit-Roure,* 1556 (*idem*).

Roure (Suc-du-), h., cⁿᵉ de Saint-Just-Malmont.

Rouret, h., cⁿᵉ de Champagnac. — *In vicaria Brivatensi, villa Roured,* xiᵉ s. (cart. de Brioude, ch. 90). — *Rovereto* (*idem,* tables, xcii).

Rouseille (Le), affl. de gauche de l'Allier, cⁿᵉ de Vieille-Brioude.

Rousille, écart, cⁿᵉ de Freycenet-la-Tour.

Roussac, écart, cⁿᵉ de la Chaise-Dieu. — *Mansus de Roassaco,* 1371 (Arch. nat., S. 3300, n° 1). — *Roussat,* 1888 (carte adm.).

Rousse (La), m. i., cⁿᵉ de Brives-Charensac.

Roussel, m. i., cⁿᵉ du Chambon. — *Les Roussets,* 1888 (Malègue).

Rousselle (La), f., cⁿᵉ du Monastier.

Rousselle (La), f., cⁿᵉ de Saint-Hostien. — *Las*

Rocellas, 1460 (Lardeyrol). — *Las Rosellas*, 1464
(*idem*). — *Locus de la Rossela*, 1515 (J. Boyer,
nre). — *Le lieu de la Rocelle*, 1567 (Bonneville).

ROUSSERIE (LA), mᶦⁿ, cⁿᵉ de Cistrières. — *Prata de
la Rossaria*, 1449 (terrier de Clavelier).

ROUSSET (LE), l. détr., cⁿᵉ de Monlet. — *Les habitans
del Rousset*, 1531 (la Chaise-Dieu, Barribas).

ROUSSILLE, h., cⁿᵉ de Roche-en-Régnier. — *Rossilias*,
1266 (Arch. nat., P. 493ª *bis*, cote 104). —
Rossilha, 1406 (terrier du Bois). — *Rocilha*,
1522 (Saint-Georges du Puy).

ROUSSILLE (LA), rocher, cⁿᵉ de Saint-Paul-de-Tartas.
— *Rancus de la Rocilha, nominatus A Rocha
Clausa*, 1363 (la Chaise-Dieu, Saint-Paul-de-
Tartas). — *La Roussille sous Saint-Paul-de-Tartas*,
1778 (Faujas de Saint-Fond, 380).

ROUSSILLON, écart, cⁿᵉ de Beaux. — *Roussilloux*
(cad.).

ROUSSON, mont., cⁿᵉ de Mézères.

ROUSSON, m. i., cⁿᵉ de Saint-Maurice-de-Lignon.
Rouzou (cad.).

ROUSSON (LE), h., cⁿᵉ de Bauzac. — *Le Rousson*,
1661 (obit. de Bauzac).

ROUSSOUNA, écart, cⁿᵉ d'Yssingeaux.

ROUSSOUX, h., cⁿᵉ de Mercœur. — *Mansus de Resso*,
1379 (Arch. nat., Zª. 4143, p. 39). — *Roso,
Rosso*, 1387 (*idem*, p. 242 et 253). — *Rousson*,
1613 (Mercurial). — *Rousoux*, 1687 (ét. civ.).

ROUTISSE (LA), h., cⁿᵉ de Saint-Julien-du-Pinet. —
La Rotisse, 1878 (carte adm.).

ROUTISSES (LES), écart, cⁿᵉ de Vergongheon.

ROUTISSOUX, m. i., cⁿᵉ de Javaugues.

ROUVE (LE), vill., cⁿᵉ de Saugues. — *Lo Rover*, 1248
(cart. de Pébrac, n° 73). — *Mansus del Roure*,
1327 (Lozère, G. 98). — *Le Rouve*, 1574 (terrier de Meyronne).

ROUVELET, vill., cⁿᵉ de Chastel. — *Rourellet*, 1820
(Deribier).

ROUVENET, h., cⁿᵉ de Chavagnac-Lafayette. — *Mansus
de Rovenet*, 1469 (Bibl. nat., ms. lat., n. acq.,
1223, f° 381).

ROUVEYRE (LA), vill., cⁿᵉ de Chassignolles.

ROUVEYRE (LA), f., cⁿᵉ de Saugues. — *Mansus de
Roreria*, 1327 (Lozère, G. 98). — *La Rouveyre*,
1564 (Thiolent). — *La Roveure*, 1618 (*idem*).

ROUVEYRE (LA), h., cⁿᵉ d'Yssingeaux. — *La Rouveuse*, 1888 (Malègue).

ROUX (LE), f., cⁿᵉ du Mazet-Saint-Voy.

ROUX (LE), f., cⁿᵉ de Saint-Front.

ROUX (MAISON-), m. i., cⁿᵉ de Monistrol-sur-Loire.

ROUX (MOULIN-DE-), mᶦⁿ sur la Gagne, cⁿᵉ de Saint-
Front.

ROUZAIRETS, h., cⁿᵉ de Saint-Préjet-d'Allier. —
Mansus de Rosayretis, 1291 (Thiolent). — *Rosay-
retz*, 1340 (hôtel-Dieu, B. 472). — *Roseyretæ*,
1526 (A. Besseyre, nre). — *Rozeyrettes*, 1589
(Thiolent). — *Rozeirets*, xviiiᵉ s. (Cassini). —
Rouzeyres, 1888 (Malègue).

ROUZE (LE), affl. de la Senouire, cⁿᵉˢ de la Chomette
et de Paulhaguet.

ROUZEAUX (LES), h., cⁿᵉ de Beaulieu. — *Lous Rouzeaur*,
1541 (Chamblas). — *Lous Ronzeaulx*, 1611 (Leblanc, nre). — *Les Ronzeaux*, 1888 (Malègue).

ROUZET (LE), h., cⁿᵉ de Pinols. — *Lo Rauzet*, 1353
(Arch. nat., Z². 54, p. 199). — *Lo Rouzet*, 1492
(terrier du Cluzel).

ROUZEYROUX (LES), h., cⁿᵉ de Beaulieu. — *Locus deux
Roseyros*, 1451 (Pradier, nre). — *Los Rozeyros*,
1507 (év.). — *Les Rozeyroux*, 1555 (cad. de
Mercœur). — *Les Rouzeyrons*, 1820 (Deribier).

ROYON, m. î., cⁿᵉ du Pont-Salomon.

ROZIER (LE), affl. de la Vendage, cⁿᵉˢ de Saint-
Beauzire et Beaumont. — *Laprade* (cad.).

ROZIÈRES, l. dit, près Blache-Redonde, cⁿᵉ des Estables. — *Prata de Rotgeyras*, 1376 (Bonnefoy).

ROZIÈRES (LES), vill., cⁿᵉ du Brignon. — *Las Rotgeiras*, 1233 (hôtel-Dieu, B. 308). — *La Rot-
geyra*, 1344 (J. de Peyre, nre). — *Las Rotgeyras*,
1352 (prieuré de Solignac). — *Las Rotgeyras,
Rogeriæ*, 1386 (hom. de Solignac). — *Les Rougeyres*, 1587 (Sigaud, nre). — *Les Rougières*,
xviiiᵉ s. (Cassini).

ROZIERS, vill., cⁿᵉ de Saugues. — *Mansus de Rosseriis*,
1282 (Thiolent). — *Rosiers*, 1294 (*idem*). —
Mansus de Roseriis, 1295 (*idem*). — *Rosers,
Rozers*, 1298 (*idem*). — *Mansus de Roseyriis*,
1499 (*idem*).

ROZIERS (LES), h., cⁿᵉ de Beaumont. — *In aice Brivatensi, in villa quæ dicitur Roserios*, 869 (cart.
de Brioude, ch. 56). — *Villa quæ vocatur Rosarios* (*idem*, ch. 62). — *Rosers*, 1282 (la Chaise-
Dieu, Saint-Gervais). — *Roseyrs*, 1353 (coll.
J. Lachenal). — *Nemus et locus de Roziers*, 1445
(terrier de Faugères). — *Rozers*, 1635 (coll.
P. Le Blanc). — *Rosier* (cad.). — *Rozière*, 1820
(Deribier).

RUCHES (LES), f., cⁿᵉ des Estables. — *Les Rusches*,
1695 (capitation). — *Le Mas des Ruches*, 1784
(ét. civ.).

RUCHES (LES), affl. de la Veyradeyre près Tombarel,
cⁿᵉ des Estables. — *Rivus de Ruschiis*, 1410
(Rhône, cart. de Tence).

RUCHES (LES), h., cⁿᵉ du Mazet-Saint-Voy. — *Las
Ruschas*, 1343 (Rhône, H. 1016).

Ruches-Basses (Les), f., cⁿᵉ des Estables.

Ruelle (La), l'un des deux ruisseaux qui forment les Mazeaux, cⁿᵉ du Mas-de-Tence. — *Ruiss. de Crouzet* (cad.).

Ruisseau-de-Verne, m. i., cⁿᵉ de Monistrol-sur-Loire.

Ruisseau-de-Verne (Petit-), m. i., cⁿᵉ de Monistrol-sur-Loire.

Rulhier, f., cⁿᵉ de Chamalières. — *Mansus de Rulhier*, 1268 (prieuré de Chamalières). — *Foragas de Ruylherio*, 1342 (coll. C. Falcon). — *Rullier*, 1695 (capitation).

Rulletières (Les), f., cⁿᵉ de Saint-Didier-la-Séauve.

Rullière (La), vill., cⁿᵉ de Saint-Didier-la-Séauve. — *Ruylheria*, 1324 (coll. Chaleyer). — *La Ruylheyria per. S. Desiderii*, 1396 (hom. de Solignac). — *Reueleria*, 1482 (coll. Chaleyer). — *La Rulhere-en-Velay*, 1501 (coll. C. Falcon).

Ruillières (Les), h., cⁿᵉ de Saint-Julien-du-Pinet. — *Las Riouleyras*, 1320 (év.). — *Las Ruyleyras*, 1507 (év.). — *Las Rolheyres*, 1606 (A. Robert, nʳᵉ). — *Roulières*, 1878 (carte adm.).

Rullières, h., cⁿᵉ de Saint-Romain-Lachalm. — *Rulière*, 1820 (Deribier).

S

Sabadel, m. i., cⁿᵉ de Saint-Germain-Laprade. — *Sabadel ou Maisonneuve*, 1847 (dict. des postes).

Sabatier, écart, cⁿᵉ de Rosières. — *Sabattier*, 1714 (cad. de Laval-Emblavès).

Sabatier, m. i., cⁿᵉ de Saint-Maurice-de-Lignon.

Sabatou, m. i., cⁿᵉ de Montusclat.

Sables (Les), f., cⁿᵉ du Chambon.

Sablon (Le), h., cⁿᵉ d'Yssingeaux. — *Le Molin del Sable d'Erem*, 1296 (homm. de l'év.). — *Le Molin de Sablon*, 1308 (idem). — *La borie du Sablon*, 1548 (terrier de Verchères).

Sabot, m. i., cⁿᵉ de Lapte.

Sabot, m. i., cⁿᵉ de Saint-Didier-la-Séauve.

Sabot (Le), f., cⁿᵉ de Saint-Maurice-de-Lignon. — 1689 (cad. du Lignon).

Sadourcey, mine d'antimoine abandonnée, cⁿᵉ de Lubilhac. — 1795 (Legrand d'Aussy, voy. d'Auv., II, 215).

Saduit (Le), affl. de l'Allagnon à l'ouest de Bionsac, cⁿᵉ de Léotoing.

Sagnard, f., cⁿᵉ du Mazet-Saint-Voy.

Sagne (La), f., cⁿᵉ de Boisset.

Sagne (La), écart, cⁿᵉ de Coubon. — *La Sanie*, 1707 (cad. de Bouzols). — *Sagnas* (cad.).

Sagne (La), m. i., cⁿᵉ de Croisance. — *Les Saignes*, 1872 (Malègue).

Sagne (La), affl. de la Loire, cⁿᵉˢ de Malvalette et d'Aurec. — *La Sagne des Eyversions* (cad.).

Sagne (La), f., cⁿᵉ de Saint-Jeure.

Sagne (La), f., cⁿᵉ de Saint-Pierre-Eynac. — *La Sanhe*, 1555 (cad. de Mercœur). — *La Sagne*, XVIIIᵉ s. (Cassini). — *La Sogne*, 1861 (état-major).

Sagne-Bouchard, m. i., cⁿᵉ de Chassignolles.

Sagne-Bouret (La), m. i., cⁿᵉ de Lapte.

Sagne-d'Azoux, f., cⁿᵉ du Monastier.

Sagne-de-la-Naverte (La), h., cⁿᵉ d'Aurec.

Sagne-Foucher, l. détr., près la Roche-Haute, cⁿᵉ de Freycenet-Lacuche. — *Casale de Sania Foucher*, 1263 (Monastier).

Sagne-Première, écart, cⁿᵉ de Freycenet-la-Tour. — *Sanha Prumeyra*, 1523 (cad. du Monastier). — *Sanha Premyere*, 1565 (Nicolas, nʳᵉ).

Sagnère (La), f., cⁿᵉ de Champclause.

Sagne-Redonde, h., cⁿᵉ de Mercœur. — *Sanha Redonda*, 1339 (Bibl. nat., ms. fr., 14377, p. 190). — *Saigne-Redonde*, 1613 (Mercurial).

Sagne-Richard, écart, cⁿᵉ d'Alleyrac.

Sagne-Rousseire, m. i., cⁿᵉ de Saint-Martin-de-Fugères.

Sagnes (Les), f., cⁿᵉ du Chambon. — 1343 (homm. de l'év.). — *Les Saignes*, 1618 (Rhône, D. 150). — *La Sagne*, 1861 (état-major).

Sagnes (Les), l. détr., près Montgiraud, cⁿᵉ du Mazet-Saint-Voy. — *Territorium de Sanis*, 1281 (tit. de Bronac). — *Las Sanhas*, 1608 (cad. de Bonas).

Sagnes (Les), m. i., cⁿᵉ de Monistrol-sur-Loire. — *Les Saignes*, 1872 (Malègue).

Sagnes (Les), h., cⁿᵉ de Saint-Just-Malmont. — *Mansus de Sanhiis prope S. Justum in Vallavia*, 1381 (Arch. nat., P. 494², cote 102). — *Les Sagnies*, 1541 (coll. Chaleyer). — *Les Sanhes*, 1547 (idem). — *Les Saignes*, 1645 (capitation).

Sagnes (Moulin-des-), mⁱⁿ sur l'Herbret, cⁿᵉ de Saint-Just-Malmont.

Sagnes-de-Paulin (Les), m. i., c⁣ⁿᵉ de Monistrol-sur-Loire.

Sagnet (Le), mⁱⁿ sur la Cronce, cⁿᵉ d'Aubazac. — *In villa Salliente?* cart. de Brioude (Bibl. nat., ms. lat., 17078, p. 45). — *Le Sanhenc*, 1356 (Arch. nat., Z². 54, p. 113). — *Lo Senhenc*, 1364 (*idem*, p. 166). — *Le Sanhet, Saniet, Sanhyet*, 1625 (terrier du Chambon-de-Blau). — *Le Sagny*, 1858 (état-major).

Sagnette (La), bois, cⁿᵉ de Pinols. — *Bois de Messagnet*, xviiiᵉ s. (Cassini).

Sagnette (La), f., cⁿᵉ de Présailles. — *La Sanhette*, 1699 (cad. de Vachères).

Sagnimaud, h., cⁿᵉ de Vorey. — *Sanimaux*, 1880 (carte adm.).

Sagnol (Moulin-de-), mⁱⁿ sur le Lavaux, cⁿᵉ de Retournac.

Sagnoles (Les), h., cⁿᵉ de Saint-Julien-du-Pinet. — *Las Sanholas*, 1507 (év.). — *Las Sanholles*, 1553 (terrier de Liques). — *Les Sagnols*, xviiiᵉ s. (Cassini). — *Les Saignolles*, 1888 (Malègue).

Sagnoux (Moulin-de-), mⁱⁿ sur le Doulon, cⁿᵉ de Saint-Vert.

Sahuc, dom., cⁿᵉ de Vals-près-le-Puy.

Sahuc-la-Débauche, f., cⁿᵉ de Fay-le-Froid.

Saigneclause, l. détr., près la Garde, cⁿᵉ de Monistrol-d'Allier. — *Mansus de Sanha Clausa*, 1327 (Lozère, G. 98). — *Saigne-Clause*, 1532 (Thiolent).

Saigne-Redonde, lieu dit, cⁿᵉ de Laussonne. — *In loco qui dicitur Sania Rotunda, in aice de villa de Engeolis*, v. 1000 (cart. du Monastier, nᵒ 199). — *Nemus app. de Julharo, olim app. de Sanha Redonda*, 1526 (cad. du Monastier).

Saignes, vill., cⁿᵉ de Retournac. — *Locus quem vocant Sainas*, 1173 (cart. de Chamalières, nᵒ 93). — *Prata de Sainnaz*, xiiᵉ s. (*idem*, nᵒ 142). — *Sanias*, 1262 (Arch. nat., P. 1397², cote 554). — *Sanhas*, 1323 (Arch. nat., P. 494¹, cote 59). — *Sanhes*, 1553 (terrier de Liques). — *Sagnes*, xviiiᵉ s. (Cassini).

Saignes (Les), vill., cⁿᵉ d'Araules. — *Les Sanhes*, 1608 (cad. de Bonnas). — *Les Sagnes*, xviiiᵉ s. (Cassini).

Saignes (Les), affl. de la Loire au sud-est de Bransac, cⁿᵉ de Bauzac. — *Le rif de las Saignes sur l'estrade de Vaures à Beauzac*, 1689 (cad. du Lignon).

Saignes (Les), f., cⁿᵉ de Chomelix.

Saignes (Les), m. i., cⁿᵉ de Croisance.

Saignes (Les), h., cⁿᵉ de Grazac.

Saignes (Les), h., cⁿᵉ de Saint-Julien-Mollhesabate.

Saignes-Basses (Les), affl. de la Rimande au sud-ouest de la Bière, cⁿᵉ des Estables.

Saignes-Besses, f., cⁿᵉ des Vastres. — *Mansus de Sanhas Bessas*, 1464 (Ardèche, C. 624). — *Sanhes-Besses*, 1517 (Soc. d'agric., XVIII, 523). — *Sanhies-Besses*, 1673 (ét. civ.). — *Saignebesses*, xviiiᵉ s. (Cassini). — *Seignes-Besses*, 1888 (carte adm.).

Saignes-de-Culpéroux (Les), f., cⁿᵉ de Saint-Pal-de-Mons.

Sailhens, l. détr., cⁿᵉ de Saint-André-de-Chalencon. — *Villa de Assalenz*, xiᵉ s. (cart. de Chamalières, nᵒ 202). — *Villa de Sayllents*, 1293 (Arch. nat., P. 491¹, c. 13). — *Villa de Saillent*, 1334 (Arch. nat., P. 490², c. 185).

Saillus (Le), ruiss., prend sa source dans la cⁿᵉ de Leyvaux (Cantal), entre dans le département de la Haute-Loire à la limite des cⁿᵉˢ d'Autrac et de Saint-Étienne-sur-Blesle et se jette dans la Voirèze au Cheylat.

Sainaire, écart, cⁿᵉ de Freycenet-la-Tour. — *Mansus de las Sanieiras*, 1220 (tabl. du Velay, 1876-7, 358).

Saint-Agnève, collégiale et paroisse, au Puy. — *S. Agrippanus*, 985 (cart. du Monastier, nᵒ 139). — *Capitulum S. Egripani Anicii*, 1324 (Sᵗ Agrève).

Saint-Albe, lieu dit, cⁿᵉ d'Espaly-Saint-Marcel. — *Vinea Sancti Albani*, xiiiᵉ s. (coll. C. Falcon). — *Saint Alba*, 1408 (compois du Puy). — *Terroir app. Saint-Albe*, 1710 (cad. d'Espaly).

Saint-André, montic. sur lequel était bâti le château de Mercœur, cⁿᵉ de Malrevers. — *Sainct-Andriou*, 1555 (cad. de Mercœur).

Saint-André (Côte), lieu dit, cⁿᵉ de Prades. — *Terr. app. la Coste Sainct-Andrieu*, 1545 (terr. de Prades).

Saint-André (Le), affl. de la Senouire au-dessous de la Vaudieu.

Saint-André-de-Chalencon, cⁿ de Bas. — *Ecclesia S. Andreæ de Feschales*, v. 1040 (cart. de Chamalières, nᵒ 202). — *Ad Fescalcos*, 1213 (*idem*, nᵒ 325). — *Parochia S. Andreæ deus Felcos* ou *deus Felchos* ou *deus Felcholz*, xiiiᵉ s. (*idem*, nᵒˢ 155, 202 et 204 [rubr.]). — *Parochia S. Andreæ Chalanconii*, xiiiᵉ s. (*idem*, nᵒ 203 [rubr.]). — *Parochia S. Andreæ de Chalanconio*, 1341 (Arch. nat., P. 493³, cote 97). — *Capellanus S. Andreæ de Chalencon*, xvᵉ s. (Médicis, II, 171). — *Saint-André-en-Chalencon*, 1697 (Devinols, nᵒˢ). — *André-sur-Ance*, 1793.

En 1789, Saint-André-de-Chalencon était compris dans la province du Velay, la subdélégation et sénéchaussée du Puy. Son église paroissiale, diocèse du Puy et archiprêtré de Saint-Paulien, était sous le vocable de saint André; le prieur de Chamalières présentait à la cure.

Saint-Arcons-d'Allier, chât. détr., c^on de Langeac. — *Sanctus Archontius*, 1078 (spic. Brivat). — *Ecclesia S. Petri de Sancto Arcontio, et ecclesia ipsius Sancti Arcontii*, 1262 (*idem*). — *Sanctus Arconcius*, 1309 (*idem*). — *Castrum et villa Sancti Arcontii*, 1335 (Gall., chr., II, instr., col. 94). — *Cura Sancti Arcontii secus Elaverim*, 1406 (*idem*, II, col. 427). — *Le chastel de Saint-Arcons*, 1478 (Bibl. nat., ms. lat., n. acq., 1224, f° 198 v°). — *Sainct-Arcomps*, 1570 (terr. de Vissac). — *Saint-Alcons*, 1683 (Arch. nat., P. 503¹, cote 25). — *Arcons-sur-Allier*, 1793.

En 1789, Saint-Arcons-d'Allier dépendait de la province d'Auvergne, de l'élection de Brioude, de la subdélégation de Langeac et du ressort de Riom. Son église paroissiale, diocèse de Saint-Flour et archiprêtré de Langeac, était sous l'invocation de saint Loup; l'abbesse des Chazes présentait à la cure.

Saint-Arcons-de-Barges, c^on de Pradelles. — *Parochia S. Arconcii*, 1234 (la Chaise-Dieu, St-Paul-de-Tartas). — *S. Arcontius, prior secularis ecclesiæ S. Arconsii, Vivariens. dioc.*, 1459 (B. Girard, n^re). — *S. Arcons*, 1563 (Raph. Maurin, n^re). — *Arcons-Méjanne, Arcons-de-Barges*, 1793.

En 1789, Saint-Arcons-de-Barges appartenait à la province de Vivarais et au bailliage de Villeneuve-de-Berg. Son église paroissiale, diocèse de Viviers et archiprêtré de Sablières, était consacrée à saint Arcons.

Saint-Austremoine, c^on de la Voûte-Chilhac. — *S. Austremoini, S. Austremoni*, 1379 (compte de B. Flotenc). — *Sainct-Austremoyne*, 1613 (Mercurial). — *Saint-Austromoines*, 1689 (ét. civ. de Mercœur). — *Austremoine-d'Avesnes*, 1793.

En 1789, Saint-Austremoine était compris dans la province d'Auvergne, l'élection de Brioude, la subdélégation de Langeac et le ressort de Riom. Son église paroissiale, diocèse de Saint-Flour et archiprêtré de Langeac, était sous le vocable de la sainte Croix; le prieur de la Voûte-Chilhac présentait à la cure.

Saint-Beauzire, c^on de Brioude. — *Ciriaco Vico*, vii° s. (triens mérovingien). — *In comitatu Brivatensi, in vicaria Hieracensi*, 919 (cart. de Brioude, ch. 287). — *In aice Brivatensi, in vicaria Cheriacensi*, 924 (*idem*, ch. 16). — *In comitatu Brivatensi et in vicaria de Horiacensi*, 958 (*idem*, ch. 301).

— *In comitatu Arvenico, in vicaria de Heriacensi*, 962 (*idem*, ch. 69). — *Vicaria Chiriacensis*, x° s. (cart. de Sauxillanges, n° 603). — *Sanctus Baudelius*, 1281 (Lachenal, l'égl. de Brioude, I, 13). — *Saint-Bausire*, 1379 (compte de B. Flotenc). — *Sainct-Bauzille, Sainct-Bouzille*, 1401 (compte de B. Sannadre). — *Beauzire-l'Union*, 1793.

En 1789, Saint-Beauzire appartenait à la province d'Auvergne, à l'élection et subdélégation de Brioude et au ressort de Riom. Son église paroissiale, diocèse de Saint-Flour et archiprêtré de Brioude, était sous l'invocation de saint Bausille; l'abbé de la collégiale de Brioude présentait à la cure.

Saint-Benoit, écart, c^ne de Vals-près-le Puy. — *Sanctus Benedictus*, 1373 (hôtel-Dieu, B. 60). — *Saynt-Beneyt*, 1408 (compois du Puy). — *Capella Sancti Benedicti supra Vallem*, xv° s. (Médicis, II, 73). — *Præceptor Sancti Benedicti secus locum Vallis*, 1511 (J. Boyer, n^re). — *Prior Sancti Benedicti*, 1516 (Arch. nat., G^8*, 1, f° 435). — *Saint-Benoyt-de-Val*, 1561 (R. Maurin, n^re).

Saint-Berain, c^on de Langeac. — *Sanctus Berein*, 1208 (hôtel-Dieu). — *Parochia ecclesiæ Sancti Benigni*, 1320 (J. de Peyre, n^re). — *Prior Sancti Benigni, Aniciens. dyoc.*, 1365 (spic. Br.). — *Saint-Bereign*, 1379 (compte de B. Flotenc). — *Parochia Sancti Bereynh*, 1384 (Chamblas). — *Saint-Beraing*, 1398 (compte de B. Sannadre). — *Saint-Bourraing*, 1401 (spic. Br.). — *Sainct-Bereing*, 1483 (Bibl. nat., ms. lat., n. acq., 1224, f° 331). — *Sainct-Beren*, 1525 (terr. du Cluzel). — *Sainct-Benign*, 1547 (év.). — *Sainct-Bringu*, 1561 (R. Maurin, n^re). — *Saint-Verin*, 1596 (Doleson, n^re). — *La Roche-Berain*, 1793.

En 1789, Saint-Berain appartenait à la province d'Auvergne, à l'élection de Brioude, à la subdélégation de Langeac et au ressort de Riom. Son église paroissiale, diocèse du Puy et archiprêtré de Solignac-sur-Loire, était consacrée à saint Benigne; l'évêque du Puy en était collateur.

Saint-Berain (Le), affl. de l'Allier, c^ne de Saint-Berain. — *Riu Bereynh*, 1316 (chartr. de Chamblas). — *Les Moulins* (cad.).

Saint-Blaise, dom., c^ne de Cussac. — *Prior de Genzac*, v. 1135 (tabl. du Velay, 1870-1, 528). — *Ecclesia de Gensac*, 1238 (St-Vosy). — *Domus de Genssac*, 1310 (bibl. de l'éc. des ch., 1877, A. Bruel, visit. des mon. de Cluny, 121). — *S. Blazius*, 1321 (J. de Peyre, n^re). — *S. Blasius de Genzaco*, 1390 (év.). — *Prioratus S.*

Blasii de Gensaco, 1476 (terrier de S*.-Blaise). — *Prior S. Blasii de Gensacio subtus Sollempniacum*, 1514 (Maurin, n^re). — *S.-Blaise*, 1568 (Doleson, n^re). — *S.-Blaize de Jansac*, 1571 (A. Boyer, n^re). — *S.-Bleze*, 1637 (Brunel, n^re).

Prieuré dépendant de l'ordre de Cluny.

Saint-Bonnet-le-Froid, c^on de Montfaucon. — *Saint-Bonet-lo-Freit*, 1282 (bull. d'hist. eccl. des dioc. de Valence, etc., 1880, p. 53). — *S. Bonitus Frigidus*, 1328 (cart. de Tence, f° 4 v°). — *Bonnet-Libre*, 1793.

En 1789, Saint-Bonnet-le-Froid faisait partie de la province du Velay, de la subdélégation et sénéchaussée du Puy. Son église paroissiale, diocèse du Puy et archiprêtré de Monistrol-sur-Loire, était dédiée à saint Bonnet; l'évêque du Puy en était collateur.

Saint-Chartel, lieu dit, près Laniac, c^ne de Siaugues-Saint-Romain. — *Mesesium de Saint-Chartel vel Saint-Chardel*, 1477 (Bibl. nat., ms. lat., n. acq., 1994, f°s 181 et 229).

Saint-Christophe-d'Allier, c^on de Saugues. — *Ecclesia Sancti Christofori*, 1145 (tabl. du Velay, 1877-8, 211). — *Prior S. Christofori*, 1278 (la Chaise-Dieu, Bouchet-St-Nicolas). — *Parrochia Sancti Christophori*, 1445 (év.). — *Christophe-d'Allier*, 1793.

En 1789, Saint-Christophe-d'Allier dépendait de la province et du bailliage de Gévaudan. Son église paroissiale, diocèse de Mende et archiprêtré de Saugues, était sous l'invocation de saint Christophe; le prieur présentait à la cure.

Saint-Christophe-sur-Dolaison, c^on de Solignac-sur-Loire. — *Parochia S. Christofori*, 1163 (hospit. du Velay). — *La gleisa de S.-Cristoful*, v. 1204 (templiers du Puy). — *Crumiliac*, 1238 (St-Vosy). — *S.-Chrestofol*, 1408 (compois du Puy). — *Territorium S. Christofori, alias de Crumilhac*, 1470 (chap. N.-D.). — *Turris S. Christofori*, 1510 (J. Boyer, n^re). — *Vicaria S. Preiecti in ecclesia S. Christofori*, 1516 (Arch. nat., G^8*, 1, f° 447 v°). — *S.-Christofou*, 1534 (év.). — *La Tour de S.-Christophe*, 1594 (Burel, 376). — *Christophe-la-Montagne, Montpelé*, 1793.

En 1789, Saint-Christophe-sur-Dolaison était compris dans la province du Velay, la subdélégation et sénéchaussée du Puy. Son église paroissiale, diocèse du Puy et archiprêtré de Solignac-sur-Loire, était consacrée à saint Christophe; l'évêque du Puy en était collateur.

Saint-Cire, lieu dit, c^ne d'Araules. — *Terre app. de Saint-Cire*, 1608 (cad. de Bonnas).

Saint-Cirgues, h., c^ne de la Mothe. — *Sanctus Ciricus*, xive s. (terr. des Grèzes).

Saint-Cirgues, chât. détr., c^on de la Voûte-Chilhac. — *Ecclesia in hon. S. martyris Cyrici consecrata*, 1025 (spic. Br.). — *Sanctus Cericius*, 1281 (Thiolent). — *San Cergue*, 1286 (Mabillon, vet. anal., 342). — *Sanctus Ciricus*, 1288 (spic. Br.). — *Castrum de S. Syrico*, 1314 (Baluze, mais. d'Auv., II, 338). — *Saynt-Cyrgue*, 1341 (terr. de Charbonnier). — *Saint-Cierge*, 1395 (Baluze, mais. d'Auv., II, 341). — *Saint-Cirgue*, 1401 (spic. Br.). — *Cirgues-d'Allier*, 1793.

En 1789, Saint-Cirgues appartenait à la province d'Auvergne, à l'élection et subdélégation de Brioude et au ressort de Riom. Son église paroissiale, diocèse de Saint-Flour et archiprêtré de Langeac, était sous le vocable de saint Cirgues.

Saint-Clair, chapelle funéraire, à Aiguilhe. — *Capellanus S. Clari*, 1274 (St-Pierre-le-Monastier). — *Capella S. Clari Aculeæ prope Anicium, membrum hospitalis*, 1408 (hôtel-Dieu, B. 245). — *Le Temple de Diane*, 1778 (Faujas de St-Fond, 334).

Saint-Claude (Faubourg-), à Montfaucon.

Saint-Clément, f., c^ne de Pradelles. — *Ecclesia S. Clementis juxta fluvium Ilerium*, xie s. (cart. du Monastier, n° 273). — *Ecclesia S. Clementis*, 1179 (idem, n° 442). — *Prioratus secularis S. Clementis subtus villam Pratellarum*, 1453 (Bl. Girard, n^re). — *Par. S. Clementis subtus Pratellas*, 1464 (Ardèche, C. 592). — *Prioratus S. Clementi[s] Pratellarum*, 1516 (Arch. nat., G^8*, 1, f° 283 v°). — *S. Clément soubz Pradelles*, 1585 (J. Doleson, n^re). — *La chaussée [de géants] de S. Clément sous Pradelles*, 1778 (Faujas de St-Fond, 399). — *Robertin*, 1793.

Saint-Clément, avant 1790, dépendait du diocèse de Viviers et de l'archiprêtré de Sablières.

Commune supprimée par ordonnance du 28 octobre 1832 et réunie à celle de Pradelles.

Saint-Didier (Le), affl. de l'Allier, c^nes de Saint-Jean-Lachalm et de Saint-Didier-d'Allier.

Saint-Didier-d'Allier, c^on de Cayres. — *Gavarret(?)*, v. 1161 (hospit. du Velay). — *S. Desiderius*, 1217 (hôtel-Dieu, B. 304). — *Castrum sive munitio de S. Desiderio*, 1257 (Baluze, mais. d'Auv., II, 88). — *Castrum S. Desiderii in riperia Alerii*, 1331 (J. de Peyre, n^re). — *S. Desdier-lez-Alier*, 1506 (Médicis, II, 303). — *Didier-d'Allier*, 1793.

En 1789, Saint-Didier-d'Allier, qui était un prieuré annexe de celui de Saint-Privat-d'Allier, dépendait de la province du Velay, de la subdélé-

gation et sénéchaussée du Puy. Son église paroissiale, diocèse du Puy et archiprêtré de Solignac-
sur-Loire, était dédiée à saint Didier; l'abbaye de
la Chaise-Dieu présentait à la cure.

Saint-Didier-la-Séauve, arr. d'Yssingeaux. — *Parochia castri de S. Desiderio*, xɪᵉ s. (cart. de Chamalières, n° 99). — *Sant-Deyder*, v. 1140 (cart. de
S'-Sauveur-en-Rue, p. 31). — *S. Desiderius, Aniciensis dioc.*, 1265 (*idem*, p. 151). — *Saint-Leidier,
San-Leidier*, xɪɪɪᵉ s. (Bibl. nat., ms. fr., 854, p. 78
et 142). — *Sain Lesdier*, xɪɪɪᵉ s. (K. Bartsch, chrest.
prov., 2ᵉ édit., p. 298). — *S. Dederius*, 1303 (Vaissète, hist. de Lang., X, pr., c. 441). — *S. Desiderius in Vallavia*, 1335 (Arch. nat., P. 490³,
c. 262). — *Sainct Desdier de Joyeuse*, 1506
(Médicis, II, 303). — *La ville de Sainct-Didier
au bailliage de Vellay*, 1553 (coll. Chaleyer). —
Sainct-Deidier, 1561 (terr. de Joyeuse). — *Oppidum S. Desiderii Vallavensis*, 1715 (Gall. chr., II,
c. 780). — *Saint-Didier-de-Narestan*, 1720 (Saugrain). — *Sainct-Didier-Nérestang*, 1737 (Hᵗᵉ-
Loire, B. 49). — *Sainct-Didier-la-Ville*, 1737
(*idem*, B. 50). — *Mont-Franc*, 1793.

En 1789, Saint-Didier-la-Séauve, qui était le
siège de l'une des 18 baronnies diocésaines de la
province du Velay, appartenait à la subdélégation
et sénéchaussée du Puy. Son église paroissiale,
diocèse du Puy et archiprêtré de Monistrol-sur-
Loire, était consacrée à saint Didier; l'évêque en
était collateur.

Saint-Didier-sur-Doulon, cᵒⁿ de Paulhaguet. —
Parochia S. Desiderii, 1300 (la Chaise-Dieu,
Champagnac-le-Vieux). — *S. Disdeyr*, 1379
(compte de B. Flotenc). — *S. Disdier*, 1401
(spic. Br.). — *S. Desdier*, 1669 (*idem*). — *S. Didier*, xvɪɪɪᵉ s. (Cassini). — *Didier-les-Côtes*, 1793.

En 1789, Saint-Didier-sur-Doulon était compris dans la province d'Auvergne, l'élection et
la subdélégation de Brioude et le ressort de
Riom. Son église paroissiale, diocèse de Saint-
Flour et archiprêtré de Brioude, était sous l'invocation de saint Jean; comme prieuré de cette localité, l'abbesse de la Vaudieu présentait à la cure.

Saint-Domnin, lieu dit, cᵑᵉ de Beaulieu. — *Terroir
de Maleys app. Sainct-Dompny*, 1549 (Savin, nʳᵉ).

Saint-Domnin, lieu dit, cᵑᵉ de Queyrières. — *Le pré
Saint-Dony*, 1677 (cad. de Queyrières).

Saint-Douly, écart, cᵑᵉ de la Chapelle-Geneste. —
Mansus de Sandelis, 1316 (la Chaise-Dieu, S'-Al-
lyre). — *Sandeli*, 1325 (S'-Vosy). — *Sandalis*, 1373
(la Chaise-Dieu, la Chapelle-Geneste). — *Saindoli*,
1416 (*ibid.*). — *Sandoli*, 1449 (terrier de Clavelier).

Sainte-Anne, loc. détr., cᵑᵉ de Polignac. — *La chap-
pele de Saincte-Anne*, 1524 (hôtel-Dieu).

Prieuré dépendant de l'abbaye de la Chaise-
Dieu.

Sainte-Apollonie (Sucs-de-), lieu dit, cᵑᵉ de Vals-
près-le Puy. — *Terroir de Val app. aux Sucs-
Saincte-Apologne*, 1591 (Mᵉˢ Leblanc, nʳᵉ). —
Sainte-Poloigne, 1607 (Robert, nʳᵉ).

Saint-Éble, cᵒⁿ de Langeac. — *Sauteble*, 1214
(Paoli, cod. dipl., C.). — *Centebla*, xɪɪɪᵉ s. (obit.
de Br.). — *Parochia de Senteble*, 1310 (Cumignac). — *Sainct-Eble*, 1340 (Baluze, mais.
d'Auv., II, 317). — *Saint-Teble*, 1379 (compte
de B. Flotenc). — *Saint-Euble*, 1398 (compte de
B. Sannadre). — *Saint-Heble*, 1401 (spic. Br.).
— *Locus Sancti Ebuli, dioc. S. Flori*, 1458 (Bibl.
nat., ms. lat., n. acq., 1222, fᵒ 75). — *La
chastellenie du chapitre de S. Flour en la parroisse
de Saint-Ebble*, 1511 (coust. d'Auv., fᵒ 81). —
Coupet, 1793.

En 1789, Saint-Éble appartenait à la province
d'Auvergne, à l'élection de Brioude, à la subdélégation de Langeac et au ressort de Riom. Son
église paroissiale, diocèse de Saint-Flour et archiprêtré de Langeac, était dédiée à saint Maurice;
le prieur de la Voûte-Chilhac présentait à la cure.

Sainte-Catherine (Moulin-), mᵗⁿ sur la Borne, cᵑᵉ du
Puy. — *Molendinum Sancti Agrippani*, 1295
(hospit. du Velay). — *Molendinum voc. de Saint-
Agreve*, 1466 (Maltrait, nʳᵉ). — *Le Molin des
religieuzes Saincte-Catherine de Sienne*, 1624 (Duclaux, nʳᵉ).

Sainte-Croix, chapelle, cᵑᵉ d'Aurec.

Sainte-Croix, m. i., cᵑᵉ de Saint-Just-Malmont. —
Goute-Engelée, 1869 (abbé Theillère, S'-Just-
Malmont, 24).

Sainte-Eugénie-de-Villeneuve, cᵒⁿ de Paulhaguet. —
Villa Nova, 1222 (Martène, thes. nov. anecd., I,
897). — *Mansus de Villa Nova, par. S. Juliani de
Fis*, 1461 (Bibl. nat., ms. lat., n. acq., 1223,
fᵒ 18). — *Viala Nova*, 1491 (Arch. nat., Q. 513,
fᵒ 98). — *Villeneufve*, 1511 (coust. d'Auv.,
fᵒ 81 vᵒ). — *Sainte-Reine-de-Villeneuve*, 1762
(cal. d'Auv., 64). — *Villeneuve-de-Fix*, xvɪɪɪᵉ s.
(Cassini). — *Fix-Villeneuve*, 1820 (Deribier).

En 1789, Sainte-Eugénie-de-Villeneuve appartenait à la province d'Auvergne, à l'élection de
Brioude, à la subdélégation de Langeac et au ressort de Riom. Au spirituel, il relevait de la paroisse de Fix-le-Bas.

Une loi du 21 mai 1858 donna à cette commune
le nom de Villeneuve, et un décret du 18 février

1860 l'autorisa à porter celui de Sainte-Eugénie-de-Villeneuve.

Sainte-Florine, c^on d'Auzon. — *In cultura de Sancta Florina, in vicaria de Alson, in villa de Seveirag*, xi° s. (cart. de Sauxillanges, n° 677). — *Ecclesia de S. Florina*, xi° s. (*idem*, n° 689). — *Capellanus de S. Fludina*, v. 1110 (*idem*, n° 909). — *Villa de S. Flurina*, 1220 (spic. Br.). — *Conventus monacharum S. Florinæ*, 1293 (*idem*). — *Priorat del Saynta Florina*, 1341 (terr. de Charbonier). — *Sainte-Flourine*, 1401 (spic. Br.). — *Prieuré de S. Fleurine*, 1516 (A. Bruel, pouillés de Cl. et S^t-Fl., p. 271). — *Sainte-Florine*, xviii° s. (Cassini). — *Florine-le-Charbon*, 1793.

En 1789, Sainte-Florine faisait partie de la province d'Auvergne, de l'élection d'Issoire, de la subdélégation de Brioude et du ressort de Riom. Son église paroissiale, diocèse de Saint-Flour et archiprêtré de Brioude, était dédiée à saint Jacques; les religieuses de l'ordre de Fontevrault de Sainte-Florine présentaient à la cure.

Sainte-Luce, lieu dit, au sud de Brunelet, c^ne de Brives-Charensac. — *Las Vignes ou Sainte-Luce*, 1760 (communic. de M. Boulangier, avocat). — *Sainte-Luce*, 1778 (Faujas de St-Fond, 413).

Sainte-Magdelaine, chapelle, c^ne de Monistrol-d'Allier. — *Le roc ou couvert de la chapelle Sainte-Magdelaine*, 1717 (Thiolent).

Sainte-Marguerite de la Séauve (Pierre de), pèlerinage, à la Brosse, c^ne de Tence.

Sainte-Marie (Ruisseau de), affl. de gauche de l'Allier, c^ne de Langeac.

Sainte-Marie-des-Chazes, c^on de Langeac. — *Las Chasas*, 1199 (Baluze, mais. d'Auv., pr. II, 257). — *Parochia B. Mariæ de Rilhaco*, 1398 (carmes du Puy). — *Sainte-Marie*, 1401 (spic. Br.). — *Ecclesia B. Mariæ supra Casas*, 1460 (Bibl. nat., ms. lat., n. acq., 1222, f° 160 v°). — *Le prieuré de S. Marie près le lieu des Chases, dépend. du monast. des Chases*, 1461 (*idem*, f° 204). — *Marie-Pénible*, 1793.

En 1789, Sainte-Marie-des-Chazes était une collecte de la paroisse de Saint-Julien-des-Chazes. Son église paroissiale, diocèse de Saint-Flour et archiprêtré de Langeac, était consacrée à Notre-Dame; on ignore la qualité du présentateur.

Eglise érigée en succursale, le 20 février 1846.

Sainte-Reine, chapelle à pèlerinage, c^ne de Craponne-sur-Arzon.

Sainte-Reine, m. i., c^ne de Retournac.

Sainte-Sigolène, c^on de Monistrol-sur-Loire. — *Ecclesia S. Segolenæ*, 1164 (Médicis, I, 76). — *Sancta Seglona*, xv° s. (*idem*, II, 167). — *Saincte-Sigolesne*, 1595 (tabl. du Velay, 1873-4, p. 74). — *Sainte-Segolene*, 1695 (capitation). — *Sigolène-les-Bois*, 1793.

En 1789, Sainte-Sigolène faisait partie de la province du Velay, de la subdélégation et sénéchaussée du Puy. Son église paroissiale, diocèse du Puy et archiprêtré de Monistrol-sur-Loire, était dédiée à saint Barthélemy; l'évêque en était collateur.

Sainte-Sigolène (Fontaine-), près Sainte-Sigolène. — Pèlerinage pour l'hydropisie et les fièvres.

Saint-Étienne, chapelle, c^ne de Monistrol-d'Allier. — *Ecclesia de Duobus Canibus*, 1145 (tabl. du Velay, 1877-8, 211). — *La chapelle Sainct-Estienne des Deux-Chiens*, 1516 (Arch. nat., G^s*, 2, f° 582 v°). — *Sanctus Stephanus de Duobus Canibus*, 1527 (A. Besseyre, n^re). — *Saint-Étienne*, 1780 (cad. de Vabres).

Saint-Étienne-du-Vigan, c^ne de Pradelles. — *Ecclesia S. Stephani*, xi° s. (cart. du Monastier, n° 273). — *Eccl. de S. Stephano de Vigano*, 1348 (J. de Peyre, n^re). — *Villa S. Stephani del Viga*, 1370 (év.). — *Sainct-Estienne-de-Viguan en Vellay, dioc. de Vyvyers*, 1563 (R. Maurin, n^re). — *Vigan-d'Allier*, 1793.

Prieuré dépendant de l'abbaye du Monastier.

En 1789, Saint-Étienne-du-Vigan faisait partie de la province de Vivarais et du bailliage de Villeneuve-de-Berg. Son église paroissiale, diocèse de Viviers et archiprêtré de Sablières, était sous le vocable de saint Étienne; le chapitre cathédral de Viviers nommait à la cure.

Saint-Étienne-Lardeyrol, c^on de Saint-Julien-Chapteuil. — *Parochia S. Stephani de Combroilio*, v. 1010 (cart. de Chamalières, n° 189). — *Capella S. Stephani de Lardeyrol*, 1167 (Gall. chr., II, c. 335). — *Ecclesia S. Stephani prope castrum de Lardayrol*, 1329 (Bonneville). — *S. Stephanus prope Lardayrolium*, 1343 (la Chaise-Dieu, St-Étienne-Lardeyrol). — *Prioratus S. Estephani*, 1470 (Chamblas). — *Sainct-Esteve-de-Lardeyrol*, 1534 (év.). — *Sainct-Stienne*, 1555 (cad. de Mercœur). — *Paroisse de Sainct-Estienne-lès-Montferrat*, 1584 (état civil d'Yssingeaux). — *Freysselier*, 1793.

En 1789, Saint-Étienne-Lardeyrol, qui était un prieuré dépendant de l'abbaye de la Chaise-Dieu, faisait partie de la province du Velay, de la subdélégation et sénéchaussée du Puy. Son église paroissiale, diocèse du Puy et archiprêtré de Monistrol-sur-Loire, était dédiée à saint Étienne; le prieur présentait à la cure.

Saint-Étienne-près-Allègre, c^on de Paulhaguet. — *Saint-Estienne-près-d'Auroze*, v. 1370 (compte des arrérages du fouage). — *Parochia Sancti Stephani*, 1375 (Arch. nat., S. 3299, n° 2). — *Saint-Estienne*, 1401 (compte de B. Sannadre). — *La paroisse de Saint-Estienne-sur-Aurouze, alias de Sainte-Marguerite*, 1714 (Arch. nat., S. 3300). — *La Vizade*, 1793.

En 1789, Saint-Étienne-près-Allègre, qui était un prieuré dépendant de l'abbaye de la Chaise-Dieu, était compris dans la province d'Auvergne, l'élection de Brioude, la subdélégation de la Chaise-Dieu et le ressort de Riom. Son église paroissiale, diocèse de Saint-Flour et archiprêtré de Brioude, était sous le vocable de sainte Marguerite; la cure était à la présentation du prieur de Mazerat-Auronze.

Succursale érigée le 12 mars 1826.

Saint-Étienne-sur-Blesle, c^on de Blesle. — *Ecclesia S. Stephani*, 1185 (sp. Br.). — *Ecclesia S. Stephani prope Blasiliam*, xive s. (A. Bruel, reg. de G. Trascol, 155). — *Sainct-Estienne*, 1401 (spic. Brivat.). — *Mont-Étienne*, 1793.

En 1789, Saint-Étienne-sur-Blesle dépendait de la province d'Auvergne, de l'élection et subdélégation de Brioude et du ressort de Riom. Son église paroissiale, diocèse de Saint-Flour et archiprêtré de Blesle, était sous l'invocation de saint Étienne; l'abbesse du monastère de Blesle présentait à la cure.

Sainte-Trinité (La), chapelle détr., c^ne de Pradelles. — xviiie s. (Cassini).

Saint-Ferréol, h., c^ne de Brioude. — *In loco qui Vinicella voc.*, vi^e s. (Greg. Turon., de passione S. Juliani mart.). — *Ad basilicam S. Ferreoli*, vi^e s. (idem). — *In loco illo quo b. martyr [Ferreolus] percussus est, fons habetur... in quo et a persecutoribus caput amputatum est, de quibus aquis multæ sanitates tribuuntur infirmis (idem, de mirac. S. Juliani).* — *Vincella*, 920 (cart. de Brioude, ch. 206). — *Ecclesia S. Ferrioli*, xie s. (idem, ch. 20). — *Villa Sancti Ferreoli*, 1228 (spic. Brivat.). — *S.-Feriol*, 1379 (compte de B. Flotenc). — *Parr. de S. Ferriol*, 1401 (spic. Brivat.). — *S.-Ferreol-les-Minimes*, xviiie s. (Cassini).

Église paroissiale, à la collation du chapitre de Brioude, réunie, en 1760, à celle de Cohade, sous le nom de Saint-Ferréol de Cohade.

Saint-Ferréol, lieu dit, c^ne de Roche-en-Régnier. — *Terra S. Ferreoli juxta ortos villæ de Ursinhac*, 1302 (Arch. nat., P. 494¹, cote 11). — *Mansus de S. Ferriol*, 1333 (Arch. nat., P. 494¹, cote 1).

Saint-Ferréol (Le), affl. de la Vendage, c^nes de Saint-Laurent-Chabreuges, Brioude et Cohade. — Les Portes (cad.).

Saint-Ferréol-d'Auroure, c^on de Saint-Didier-la-Séauve. — *Villa Sancti Ferreoli*, 1322 (Arch. nat., P. 494¹, cote 44). — *Capellanus S. Ferreoli*, xve s. (Médicis, II, 167). — *Saint-Ferriol*, xvie s. (idem, II, 344). — *Saint-Fereol*, xviiie s. (Cassini). — *Saint-Ferreol*, 1767 (Alm. de Lyon). — *Mont-Sec*, 1793.

En 1789, Saint-Ferréol-d'Auroure était compris dans la province du Forez, la généralité de Lyon et l'élection de Saint-Étienne. Son église paroissiale, diocèse du Puy et archiprêtré de Monistrol-sur-Loire, était sous le vocable de saint Ferréol; le prieur de Firminy nommait à la cure.

Saint-Fortunat, église au Monastier. — *Ecclesia Sancti Fortunati*, xiie s. (cart. du Monastier, n° 42).

Saint-Front, c^on de Fay-le-Froid. — *In pago Vellaico, in arce Sancti Frontonis*, 987 (cart. du Monastier, n° 157). — *Ecclesia de Sancto Frontone*, v. 1095 (ibid., n° 17). — *Prior Sancti Frontonis*, 1255 (ibid., app., n° 449). — *Sanctus Frunto*, 1263 (Monastier-St-Chaffre). — *Parochia Sancti Fronti*, 1345 (J. de Peyre, n^re, reg. D., f° 24 v°). — *Mansus Sancti Frontis*, 1530 (cad. du Monastier). — *Saint-Froant*, 1534 (év.). — *Ardenne-la-Montagne*, 1793.

En 1789, Saint-Front dépendait de la province du Velay, de la subdélégation et sénéchaussée du Puy. Son église paroissiale, diocèse du Puy et archiprêtré de Monistrol-sur-Loire, était sous l'invocation de saint Front; depuis l'année 1096, l'abbé du Monastier présentait à la cure, comme succédant aux droits des seigneurs de Mazeugon.

Saint-Front (Lac de), c^ne de Saint-Front. — *Lacus d'Arcona*, 1344 (St-Chaffre).

Saint-Front (Peyron), vaste éboulis de rocs trachytiques, au nord d'Alambre, c^ne de Saint-Front. — *Al Peyro S. Fruntonis*, 1263 (Monastier). — *Locus dictus Peyro Frontes*, 1344 (idem).

Saint-Genest, m. i., c^ne d'Aurec.

Saint-Geneys-près-Saint-Paulien, c^on de Saint-Paulien. — *Parochia S. Genesii de Jaliaco*, 1038 (cart. de Chamalières, n° 235). — *Castrum et eccl. S. Genesii*, 1164 (Médicis, I, 77). — *S. Genezius*, 1331 (J. de Peyre, n^re, reg. C, f° 65). — *Ecclesia S. Bartholomæi de S. Genesio*, 1336 (St-Georges de St-Paulien). — *S.-Genès sur S.-Paulain*, 1379 (compte de B. Flotenc). — *S.-Genez de S.-Paulha*, 1401 (spic. Br.). — *Par. S. Genesii secus S. Paulhanum*, 1511 (J. Boyer, n^re). — *Par. de*

S.-Gineys en Auvergne, 1610 (Robert, n°°). — *S.-Genix*, 1616 (Rhône, H. 2153, f° 967 v°). — *Peyramont*, 1793.

En 1789, Saint-Geneys-près-Saint-Paulien appartenait à la province d'Auvergne, à l'élection de Brioude, à la subdélégation de la Chaise-Dieu et au ressort de Riom. Son église paroissiale, diocèse du Puy et archiprêtré de Saint-Paulien, était consacrée à saint Genès; le chapitre cathédral du Puy présentait à la cure.

Saint-George, lieu dit, c°° de Beaulieu. — *La Varenne de Saint-George*, 1714 (cad. de Laval-Emblavès).

Saint-George, lieu dit, c°° d'Ours-Mons. — *Lo pradal de Saint-Jorge*, 1222 (S‘-Georges du Puy).

Saint-Georges, chapelle, c°° de Saint-Georges-Lagricol.

Saint-Georges-d'Aurac, c°° de Paulhaguet. — *In comitatu Brivatensi, in vicaria de Aurato*, 927 (cart. de Brioude, ch., 174). — *In vicaria Auriacense*, 954 (cart. de Cluny, ch. 876). — *In vicaria de Aurado*, 994 (cart. de Cluny, ch. 2274). — *Aurath, Aurach*, 1078 (spic. Br.). — *Mansus de Aurat*, 1142 (cart. de Pébrac, n° 37). — *Ecclesia S. Georgii de Aurato*, 1289 (spic. Br.). — *Pedagium de S. Georgio de Dorato*, 1366 (Baluze, mais. d'Auv., II, 345). — *S.-George d'Aurat*, 1379 (compte de B. Flotenc). — *S.-George-le-Daurat*, 1398 (compte de B. Sannadre). — *S.-George-le-Dorat*, 1401 (spic. Br.). — *Parochia S. Georgii Deaurati*, 1455 (Bibl. nat., ms. lat., n. acq., 1222, f° 23). — *Aurac*, 1793.

En 1789, Saint-Georges-d'Aurac, qui était un prieuré uni à l'abbaye de Pébrac, appartenait à la province d'Auvergne, à l'élection de Brioude, à la subdélégation de Langeac et au ressort de Riom. Son église paroissiale, diocèse de Saint-Flour et archiprêtré de Langeac, était consacrée à saint Georges; l'abbé de Pébrac en était collateur.

Péage supprimé par arrêt du 26 octobre 1744 au préjudice du seigneur d'Allègre.

Saint-Georges de Saint-Paulien, chapitre collégial et église paroissiale à Saint-Paulien. — *S. Georgius Vetulæ Civitatis*, 1274 (S‘-Agrève). — *Ecclesia S. Georgii de S. Pauliani, Aniciens. dyoc.*, 1331 (J. de Peyre, n°°).

Saint-Georges-Lagricol, c°° de Craponne-sur-Arzon. — *Ecclesia dedicata in honore SS. martirum Agricolæ et Vitalis*, 1098 (cart. de Chamalières, n° 236). — *Sanctus Agricola*, 1213 (*idem*, n° 334). — *Mansus S. Agricolæ*, 1327 (S‘-Mayol). — *Capellanus S. Georgii Agricol*, xv° s. (Médicis, II, 171). — *S. Agricola Craponæ*, 1473 (Richon, n°°). — *La paroisse de Sainct-George près Crapone*, 1481 (Bibl. nat., ms. lat., n. acq., 1224, f° 296 v°). — *Parochia S. Georgii Agricolæ*, 1505 (J. Boyer, n°°). — *La cure de Sainct-Agricolle*, 1554 (la Chaise-Dieu, S‘-G.-Lagricol). — *Saint-Gorge*, 1569 (terr. de N.-D. de Chalencon). — *Saint-George-la-Gricolle*, xviii° s. (Cassini). — *George-l'Agricol*, 1793.

En 1789, Saint-Georges-Lagricol était compris dans la province du Velay, la subdélégation et sénéchaussée du Puy. Son église paroissiale, diocèse du Puy et archiprêtré de Saint-Paulien, était sous le vocable de saint Georges; la cure était à la présentation du prieur de Chamalières.

Saint-Germain-Laprade, c°° sud-est du Puy. — *Prata Sancti Germani prope Podium*, v. 990 (chr. S. Petri de Mon. Anic.). — *Parochia S. Germani*, 1164 (hospit. du Velay). — *Ecclesia et villa S. Germani*, 1164 (Médicis, I, 76). — *S. Jermanus*, 1271 (hôtel-Dieu, B. 146). — *Castrum de Sancto Germano*, 1349 (S‘-Mayol). — *Parochia S. Germani la Prada*, 1477 (Richon, n°°). — *Sainct-Germa*, xv° s. (Médicis, II, 168). — *Sainct-Germe*, 1534 (év.). — *Sainct-Germain-la-Prade en Vellay*, 1539 (Savin, n°°). — *S. Germanus de Pratis*, 1715 (nov. Gall. chr., II, 710). — *Prior S. Germani Pratensis*, 1715 (*ibid.*, II, 770). — *Germain-Laprade*, 1793.

En 1789, Saint-Germain-Laprade faisait partie de la province du Velay, de la subdélégation et sénéchaussée du Puy. Son église paroissiale, diocèse du Puy et archiprêtré de Monistrol-sur-Loire, était dédiée à saint Germain; l'abbé de Doue présentait à la cure.

Saint-Géron, c°° de Brioude. — *Terra S. Gereon*, v. 970 (cart. de Sauxillanges, n° 91). — *S. Gereo*, 1281 (J. Lachenal, l'église de Brioude, 16). — *S.-Girom*, 1379 (compte de B. Flotenc). — *S.-Giron*, 1401 (spic. Br.). — *S.-Geron*, 1669 (*idem*). — *Roche-Geron*, 1793.

En 1789, Saint-Géron dépendait de la province d'Auvergne, de l'élection de Brioude, de la subdélégation de Langeac et du ressort de Riom. Son église paroissiale, diocèse de Saint-Flour et archiprêtré de Brioude, était sous l'invocation de saint Géréon; l'évêque en était collateur.

Église érigée le 22 mars 1826 en chapelle vicariale et, le 31 mai 1840, en succursale.

Saint-Giraud (Croix), près Eynac, c°° de Saint-Pierre-Eynac.

Saint-Grimaud, lieu dit, près Pouzas, c°° de Saugues. — *Champs de Saint-Grimald*, 1499 (Thiolent).

SAINT-HAON, c^on de Pradelles. — *In patria Vellavensi, in aice qui dicitur Chalmes Ellarias*, 825 (cart. de Brioude, n° 341). — *In Calmesclarias, cum ipsa ecclesia in honore S. Abundi*, 927 (Baluze, mais. d'Auv., II, 20). — *Castrum S. Habundi*, 1164 (Médicis, I, 76). — *S.-Aont*, 1208 (hôtel-Dieu, B. 301). — *Ecclesiæ S. Habundi et S. Katerinæ prope castrum S. Habundi*, 1348 (J. de Peyre, n^re). — *S.-Ahond*, 1506 (Médicis, II, 303). — *S. Habondus*, 1526 (A. Besseyre, n^re). — *S.-Ahon*, 1530 (H^te-Loire, E.). — *S.-Tavung*, 1585 (J. Doleson, n^re). — *Laparro*, 1793.

En 1789, Saint-Haon appartenait à la province du Velay, à la subdélégation et sénéchaussée du Puy. Son église paroissiale, diocèse du Puy et archiprêtré de Solignac-sur-Loire, était consacrée à saint Haon; le chapitre cathédral du Puy présentait à la cure.

SAINT-HAON, lieu dit, c^ne de Prades. — *Terroir de Saint-Ahom*, 1545 (terrier de Prades).

SAINT-HAON (LE), affl. de l'Allier, c^ne de Saint-Haon.

SAINT-HILAIRE, c^on d'Auzon. — *Ecclesia S. Hilarii*, XIe s. (cart. de Brioude, ch. 8). — *Sainct-Alary*, 1379 (compte de B. Flotenc). — *Prior S. Ilarii supra Alzonium*, 1397 (la Chaise-Dieu, Azerat). — *Saint-Alire*, 1398 (compte de B. Sannadre). — *Saint-Alaire près d'Auzon*, 1401 (spic. Brivat.). — *S. Ylerus*, 1480 (Bibl. nat., ms. lat., n. acq., 1224, f° 242 v°). — *Mont-Hilaire*, 1793.

En 1789, Saint-Hilaire était compris dans la province d'Auvergne, l'élection d'Issoire, la subdélégation de Saint-Amand-Roche-Savine et le ressort de Riom. Son église paroissiale, diocèse de Saint-Flour et archiprêtré de Brioude, était sous le vocable de saint Hilaire; la cure était à la présentation du prieur, dont le bénéfice était possédé par l'abbaye de la Chaise-Dieu.

SAINT-HIPPOLYTE, lieu dit, c^ne de Vals-près-le Puy. — *Las Crozas sive Sanctus Apolitrus*, 1337 (St-Georges du Puy).

SAINT-HOSTIEN, c^on de Saint-Julien-Chapteuil. — *Parochia S. Ustiani*, 1224 (Bibl. nat., ms. lat., n. acq., 12745, f° 405). — *Prior S. Sustiani*, 1310 (Lardeyrol). — *Prior S. Hostiani prope castrum de Lardayrol*, 1319 (Lardeyrol). — *Saint-Sustia*, 1468 (idem). — *Sainct-Sustie*, 1534 (év.). — *Sainct-Sustien en Vellay*, 1547 (Savin, n^re). — *Sainct-Heustien*, 1549 (idem). — *Sainct-Hestien*, 1585 (Johany, n^re). — *Sainct-Hustion*, {1633 (Barret, n^re). — *Saint-Ostien*, XVIIIe s. (Cassini). — *Mont-Pigier*, 1793.

En 1789, Saint-Hostien, qui était un prieuré appartenant à l'abbaye de la Chaise-Dieu, faisait partie de la province du Velay, de la subdélégation et sénéchaussée du Puy. Son église paroissiale, diocèse du Puy et archiprêtré de Monistrol-sur-Loire, était dédiée à saint Barthélemy; le prieur présentait à la cure.

SAINTHOU (MOULIN-DE-), m^in sur le Pontajou, c^ne de Saugues.

SAINTIGNAC, vill., c^ne de Retournac. — *Sanctinac*, v. 1085 (cart. de Chamalières, n° 331). — *Villa quæ vocatur Sentiniacus*, v. 1158 (idem, n° 69). — *Sanctinacum*, 1213 (idem, n° 329). — *Santinhac*, 1323 (Arch. nat., P. 494¹, cote 59). — *Sanctinhac*, 1333 (Arch. nat., P. 494¹, cote 2). — *Sainct-Tyniac, Sainct-Thyniac*, 1514 (obit. de Bas). — *Saint-Ignac*, 1860 (état-major).

SAINTIGNAC, m. i., c^ne de Saint-Didier-la-Séauve. — *Sainte-Ignace*, 1879 (carte adm.).

SAINT-ILPIZE, c^on de la Voûte-Chilhac. — *Castrum S. Illidii (Ilpidii)*, 1238 (Baluze, mais. d'Auv., II, 260). — *Castrum de S. Ilpidio*, 1262 (idem, II, 268). — *S. Alpisius*, 1262 (spic. Br.). — *Seint-Ulpise*, 1327 (Bibl. nat., ms. fr., 14377, p. 21). — *Sent-Olpizi, Saint-Eolpizi*, 1339 (idem, p. 189 et 197). — *Castrum de S. Ulpisio*, 1362 (Arch. nat., JJ. 91, n° 307). — *Prioratus S. Ylpidii*, 1365 (spic. Brivat.). — *S.-Ulplise*, 1379 (compte de B. Flotenc). — *Le Chastel de S.-Ylipide en Auvergne*, 1380 (Arch. nat., JJ. 117, n° 117). — *Ecclesia B. Mariæ Magdalenæ S. Ylpidii*, 1387 (Arch. nat., Z². 4144, p. 229). — *Castrum S. Ulpidii*, 1392 (idem, 4145, p. 278). — *S.-Ulpize*, 1401 (spic. Br.). — *S.-Aupize*, XVe s. (Bibl. nat., ms. fr., 22297, p. 285). — *Ecclesia B. Mariæ Magdalenæ villæ S. Ilpidii*, 1467 (Arch. nat., ZZ. 359, p. 91). — *S.-Ilpise*, 1511 (coust. d'Auv., f° 81 v°). — *S.-Aulpige en Alvergnhe*, 1566 (R. Maurin, n^re). — *S.-Elpize*, 1699 (état civ. de Mercœur). — *Roc-Libre*, 1793.

En 1789, Saint-Ilpize, qui était une seigneurie appartenant aux dauphins d'Auvergne et relevant en fief des chanoines comtes de Brioude et en arrière-fief du duché d'Auvergne, dépendait de la province d'Auvergne, de l'élection et subdélégation de Brioude et du ressort de Riom. Son église paroissiale, diocèse de Saint-Flour et archiprêtré de Brioude, était sous l'invocation de sainte Marie-Madeleine; l'abbé de Pébrac présentait à la cure.

SAINT-ILPIZE (MOULIN-DE-), m^in sur l'Allier, c^ne de

Saint-Ilpize. — *Molendina S. Ylpidii*, 1335 (Arch. nat., T. 142³). — *Les Molins de Monseigneur*, 1476 (Arch. nat., Z². 4151, p. 836).

Saint-Jean, lieu dit, à Pouzols, c⁽ⁿ⁾ de Saint-Berain. — *Codercus vocat. de Sancto Johanne*, 1393 (Chamblas).

Saint-Jean (Le), affl. de l'Arzon, c⁽ⁿᵉˢ⁾ de Saint-Jean-d'Aubrigoux et de Craponne-sur-Arzon.

Saint-Jean (Moulin-), m⁽ⁱⁿ⁾ sur le Dolaizon, c⁽ⁿᵉ⁾ du Puy. — *Molendinum pauperum hospitalis Hierusalem juxta hospitale Aniciense Sancti Sepulcri*, 1162 (cart. des hospitaliers). — *Molendinum S. Johannis*, 1332 (*idem*).

Saint-Jean (Peyron-), l. détr., c⁽ⁿᵉ⁾ de Saint-Pierre-Duchamp. — *Petra S. Johannis*, xiiiᵉ s. (cart. de Chamalières, n° 325). — *Mansus del Peyro S.-Johan*, 1265 (Arch. nat., P. 494¹, cote 36). — *Lo Peyro S.-Joan prope mansum de la Monzia*, 1345 (Arch. nat., P. 494¹, cote 19).

Saint-Jean (Ravin de), affl. de l'Allier, c⁽ⁿᵉ⁾ de Saint-Jean-Lachalm.

Saint-Jean-d'Aubrigoux, c⁽ⁿ⁾ de Craponne-sur-Arzon. — *Ecclesia S. Johannis deus Bracos*, 938 (cart. de Chamalières, n° 253). — *In pago Arvernico, in vicaria Livratensi, in villa quæ dicitur S. Johannis ad Braconos*, 940 (cart. du Monastier, n° 54). — *Villa S. Johannis de Bracos*, 1163 (cart. de Chamalières, n° 72). — *Ecclesia S. Johannis de Bracas*, 1179 (cart. du Monastier, app., n° 442). — *Ad Brachones*, 1213 (cart. de Chamalières, n° 317). — *Ecclesia S. Johannis de Bracoa*, v. 1343 (cart. du Monastier, app., n° 452). — *S.-Jehan des Bregoux*, 1401 (spic. Brivat.). — *S.-Jehan deus Bregos*, 1406 (Hᵗᵉ-Loire, E.). — *S.-Jehan dous Bregoux*, 1511 (coust. d'Auv., f° 78 v°). — *S. Jean lous Brigous*, 1670 (Arch. nat., P. 502, cote 58). — *S.-Jean-Daubrigoux*, 1740 (calend. d'Auv.). — *S.-Jean des Brigoux*, 1762 (*idem*). — *Ous Brigoux*, 1793.

En 1789, Saint-Jean-d'Aubrigoux était compris dans la province d'Auvergne, l'élection d'Issoire, la subdélégation de Saint-Amand-Roche-Savine et le ressort de Riom. Son église paroissiale, diocèse de Clermont et archiprêtré de Livradois, était sous le vocable de saint Jean; la cure était à la présentation du prieur de Chamalières.

Saint-Jean-de-Nay, c⁽ⁿ⁾ de Loudes. — *Ecclesia Nai*, 1179 (cart. du Monastier, app., n° 442). — *Ecclesia de Nai*, 1262 (spic. Br.). — *La paroisse de Nay*, 1401 (*ibid.*). — *De Nayo*, 1513 (J. Boyer, nᵗᵉ). — *S.-Jean-de-Nay*, 1733 (Hᵗᵉ-Loire, B. 45). — *Nay-la-Montagne*, 1793.

En 1789, Saint-Jean-de-Nay faisait partie de la province d'Auvergne, de l'élection de Brioude, de la subdélégation de Langeac et du ressort de Riom. Son église paroissiale, diocèse du Puy et archiprêtré de Saint-Paulien, était dédiée à saint Jean; l'abbé du Monastier présentait à la cure.

Saint-Jean-Lachalm, c⁽ⁿ⁾ de Cayres. — *Parochia in honore S. Johannis Domini præcursoris consecrata*, 1025 (spic. Br.). — *Parochia S. Johannis de Mirmanda*, 1163 (hospit. du Velay). — *S. Johannes*, 1225 (hôtel-Dieu, B. 305). — *S. Johannes à la Chalm*, 1256 (Thiolent). — *S. Johannes de la Chalm*, 1288 (Arch. nat., P. 1376¹, cote 2631). — *Ecclesia S. Johannis de Calma*, 1293 (cordeliers). — *Prioratus de Calmo*, xivᵉ s. (bibl. Cluniac., 1739). — *S. Jean-la-Chalin*, 1587 (Sigaud, nᵗᵉ). — *Prieuré de S.-Jean-de-Lachaut*, v. 1660 (fact. jud.). — *Lachalm-la-Montagne*, 1793.

En 1789, Saint-Jean-Lachalm dépendait de la province du Velay, de la subdélégation et sénéchaussée du Puy. Son église paroissiale, diocèse du Puy et archiprêtré de Solignac-sur-Loire, était sous l'invocation de saint Jean; le prieur, qui relevait de l'abbaye de la Voûte-Chilhac, présentait à la cure.

Saint-Jean-la-Chevalerie, anc. comm⁽ʳⁱᵉ⁾ de l'O. S. J. J., au Puy. — *Domus Aniciensis Hospitalis Jherusalem*, 1153 (hospit. du Velay). — *Domus Podiensis Hospitalis Hierusalem*, 1159 (*idem*). — *Hospitale Podii*, 1163 (*idem*). — *Domus Hospitalis S. Johannis*, 1215 (*idem*). — *Hospitale S. Johannis Jherosolimitani Aniciensis*, 1248 (*idem*). — *Domus ordinis S. Johannis Jherosolymitani Anicii*, 1347 (*idem*). — *Un lieu lez la ville du Puy, nommé S.-Jehan de la Chevalerie, ouquel lieu est l'église de S.-Jehan*, 1388 (*idem*). — *Domus S. Johannis Anicii vocata la Chavalaria prope Anicium*, 1424 (*idem*). — *La place de S.-Jehan-la-Chevalerie hors les murs de la ville du Puy*, 1493 (mairie du Puy). — *Domus S. Johannis de Militia secus Anicium*, 1513 (hospit. du Velay). — *La commandarie de S.-Jehan de Jherusalem, desdiée à l'honneur de S. Jehan-Baptiste, que est perroisse*, 1544 (Médicis, II, 276).

Membre, depuis 1313, de la commanderie de Devesset.

Saint-Jeure, c⁽ⁿ⁾ de Tence. — *Parrochia S. Georgii*, v. 1020 (cart. de Chamalières, n° 57). — *Ecclesia de S. Georgio*, 1153 (gr. cart. d'Ainay, p. 50). — *Villa S. Jori* ou *S. Jueri*, 1314 (év.). — *Parochia de S. Jeurio*, 1324 (cart. de Tence, f° 2 v°). — *S. Jeorius*, 1368 (év.). — *Locus S. Jeorii de*

Bonassio, 1455 (Pradier, n^re). — *Sainct-Jeure*, 1507 (év.). — *Sainct-Juyre de Bonas*, 1550 (Rhône, D. 150). — *Sainct-Jeury*, 1595 (Galien, n^re). — *Sainct-Jurre*, 1713 (Rhône, D. 150). — *Mounier*, 1793.

En 1789, Saint-Jeure appartenait à la province du Velay, à la subdélégation et sénéchaussée du Puy. Son église paroissiale, diocèse du Puy et archiprêtré de Monistrol-sur-Loire, était consacrée à saint Jeure, *alias* saint Georges; comme succédant aux droits du collège des jésuites de Lyon, depuis 1762, l'évêque du Puy en était collateur.

Saint-Julia, loc. détr., c^ue de Saint-Maurice-de-Lignon. — *Mansus Sancti Juliani*, 1027 (cart. de Chamalières, n° 97). — *Mansus Sancti Julhani*, 1383 (év.). — *Saint-Julia*, 1505 (tabl. du Velay, 1874-5, p. 332).

Saint-Julien, vill., c^ne de Bas. — *Prior S. Juliani de Bas*, 1259 (cart. de St-Sauveur-en-Rue, p. 120). — *Prioratus S. Juliani prope Bas*, 1329 (J. de Peyre, n^re). — *Prior S. Julhani*, 1516 (Arch. nat., G^8*, 1, f° 440). — *S.-Julhien* ou *mand. de Rochebaron*, 1538 (obit. de Bas).

Prieuré dépendant de l'abbaye de la Chaise-Dieu et uni à celui de Saint-Sauveur-en-Rue.

Chapelle de N.-D. de Bon-Secours.

Saint-Julien, m^in sur la Gazeille, c^ue du Monastier.

Saint-Julien (Le), ruiss., affl. de la Sumène, c^nes de Montusclat et de Saint-Julien-Chapteuil. — *Le Fraysse* (cad.).

Saint-Julien (Ravin-du-), affl. de la Loire, c^ne de Bas.

Saint-Julien (Scie-de-), scierie sur le Picat, c^ne de Saint-Julien-Molhesabate.

Saint-Julien-Chapteuil, arr. du Puy. — *Domus S. Juliani*, 1220 (év.). — *Ecclesia S. Juliani de Captolio*, 1223 (St-Vosy). — *S. Julianus de Capitolio*, 1281 (la Chaise-Dieu, St-Paul-de-Tartas). — *Chapteuls*, 1381 (spic. Br.). — *Pedatgium S. Juliani prope Captolium*, 1385 (év.). — *S. Julianus de Captholio*, 1390 (év.). — *Sainct-Julhen*, 1507 (év.). — *Sainct-Jollie de Chapteulh*, 1534 (év.). — *Sainct-Julhen de Chapteulh en Vellay*, 1544 (Savin, n^re). — *Mont-Mégal*, 1793.

En 1789, Saint-Julien-Chapteuil était compris dans la province du Velay, la subdélégation et sénéchaussée du Puy. Son église paroissiale, diocèse du Puy et archiprêtré de Monistrol-sur-Loire, était sous le vocable de saint Julien; le prieur, dont le bénéfice relevait de l'abbaye de la Chaise-Dieu, présentait à la cure.

Saint-Julien-d'Ance, c^on de Craponne-sur-Arzon. — *Parochia Sancti Juliani*, v. 1021 (cart. de Chama-

lières, n° 233). — *Parochia Sancti Juliani d'Ansa*, 1311 (Arch. nat., P. 1397², cote 572). — *Sant-Jolia-d'Anse*, 1507 (év.). — *Par. de Sanct-Julien-d'Ansa en Vellay*, 1545 (Savin, n^re). — *Sainct-Julien-d'Ansse*, 1572 (A. Boyer, n^re). — *Ecclesia Sancti Juliani de Ansa*, 1715 (Gall. christ., II, 770). — *Montdance* (1793).

En 1789, Saint-Julien-d'Ance faisait partie de la province du Forez, de la généralité de Lyon et de l'élection de Montbrison. Son église paroissiale, diocèse du Puy et archiprêtré de Saint-Paulien, était dédiée à saint Paulien; comme prieur de cette localité, l'abbé de Doue présentait à la cure.

Saint-Julien-des-Chazes, c^on de Langeac. — *La paroisse des Chazes*, 1401 (spic. Br.). — *Saint-Jolia*, 1455 (Bibl. nat., ms. lat., n. acq., 1222 f° 23 v°). — *Parochia S. Juliani de Casis*, 1456 (*idem*, f° 31 v°). — *S.-Julien-des-Chases*, 1463 (spic. Br.). — *S.-Julhien en Auvergne*, 1587 (J. Doleson, n^re). — *Les Chazes-sur-Allier*, 1793.

En 1789, Saint-Julien-des-Chazes dépendait de la province d'Auvergne, de l'élection de Brioude, de la subdélégation de Langeac et du ressort de Riom. Son église paroissiale, diocèse de Saint-Flour et archiprêtré de Langeac, était sous l'invocation de saint Julien; la cure était à la présentation de l'abbé de la Chaise-Dieu.

Saint-Julien-du-Pinet, c^on d'Yssingeaux. — *Prior S. Juliani de Pineto*, 1303 (Gall. christ., II, eccl. Anic., col. 721). — *Parochia S. Juliani al Pinet*, 1451 (Rhône, H. 2633). — *Prior S. Julhani de Pineto*, 1516 (Arch. nat., G^8*, 1, f° 439 v°). — *Mont-Alibert*, 1793.

En 1789, Saint-Julien-du-Pinet appartenait à la province du Velay, à la subdélégation et sénéchaussée du Puy. Son église paroissiale, diocèse du Puy et archiprêtré de Monistrol-sur-Loire, était consacrée à saint Julien; comme succédant aux droits du prieur, après 1626, l'évêque du Puy en était collateur.

Saint-Julien-la-Tourrette, h., c^ue de Saint-Pal-de-Mons. — *Prior Turretæ*, 1258 (cart. de St-Sauveur-en-Rue). — *Sanctus Julianus de Turreta*, 1381 (spic. Br.). — *Saint-Julhen*, 1695 (capitation). — *S.-Julien-de-la-Torette*, 1762 (calend. d'Auv., p. 10).

Prieuré dépendant de la Chaise-Dieu.

Saint-Julien-Molhesabate, c^on de Montfaucon. — *S. Julianus Molhassabata*, 1408 (év.). — *Parochia S. Juliani de Molhasabata*, 1466 (Rivière, n^re). — *Curatus de Molia Sabatha*, 1516 (Arch.

nat., G⁸*, 1, f° 437). — *Sainct-Julien*, 1553 (ress. de Montfaucon). — *Saint-Julien-Mo-lhesabatte*, xviii° s. (Cassini). — *Molhesabate* (1793).

En 1789, Saint-Julien-Molhesabate faisait partie de la province du Velay, de la subdélégation et sénéchaussée du Puy. Son église paroissiale, diocèse du Puy et archiprêtré de Monistrol-sur-Loire, était dédiée à saint Julien; le collège du Puy qui présentait à la cure, avait remplacé comme présentateur, en 1762, les jésuites.

Saint-Just-Malmont, cᵒⁿ de Saint-Didier-la-Séauve. — *Ecclesia Sancti Justi in Jaresio*, 1213 (la Mure, hist. eccl. du dioc. de Lyon, p. 213). — *Ecclesia S. Justi en Vellay*, xiii° s. (cart. de Savigny, II, 904). — *Domus S. Justi en Velay*, 1290 (Arch. nat., P. 493, cote 45). — *Villa S. Justi supra Ferminio*, 1314 (Arch. nat., P. 493⁸, cote 179). — *Domus S. Justi in Vellavia*, 1318 (Arch. nat., P. 491¹, cote 49). — *Parochia S. Justi prope Valleriam*, 1539 (coll. Chaleyer). — *S. Just-lez-Velais*, xviii° s. (cart. de Savigny, II, 1034). — *S. Just-lès-Velay*, xviii° s. (Cassini). — *Mont-Blanc*, 1793.

En 1789, Saint-Just-Malmont dépendait de la province du Forez, de la généralité de Lyon et de l'élection de Saint-Étienne. Son église paroissiale, diocèse de Lyon et archiprêtré de Jarez, était sous l'invocation de saint Just; l'archevêque de Lyon en était collateur.

Saint-Just-près-Brioude, cᵒⁿ de Brioude. — *In vicaria Brivatense, ecclesia quæ ab incolis vocitatur Luciag, quæ est in honore S. Justi fundata*, 1011 (cart. de Brioude, ch. 323). — *Ecclesia S. Justi*, 1139 (cart. de Pébrac, n° 29). — *La vila de Saynt-Justz*, 1341 (terr. de Charbonnier). — *Just-l'Égalité*, 1793.

En 1789, Saint-Just-près-Brioude était compris dans la province d'Auvergne, l'élection et subdélégation de Brioude et les ressorts de Riom et de Montpensier. Son église paroissiale, diocèse de Saint-Flour et archiprêtré de Brioude, était sous le vocable de saint Just; la cure était à la présentation de l'abbé de Pébrac.

Saint-Laurent-Chabreuges, cᵒⁿ de Brioude. — *Parrochia Sancti Laurentii prope Brivatam*, 1429 (terr. du doyenné de Brioude, f° 48). — *Sainct-Laurent-près-Brioude*, 1670 (spic. Br.). — *Chabreuge*, 1793.

En 1789, Saint-Laurent-Chabreuges était compris dans la province d'Auvergne, l'élection et subdélégation de Brioude et le ressort de Riom.

Son église paroissiale, diocèse de Saint-Flour et archiprêtré de Brioude, était sous le vocable de saint Blaise.

Saint-Léger, écart, cⁿᵉ de Sainte-Sigolène. — *Saint-Lagier*, 1695 (capitation).

Saint-Léger, h., cⁿᵉ de Sembadel. — *Ecclesia Sancti Liautgerii*, 1252 (S'-Agrève). — *Locus S. Leodegurii*, 1324 (J. de Peyre, nᵉ). — *S.-Liegier, S.-Litgier, S.-Lutgier*, 1379 (compte de Bertrand Flotenc). — *S.-Ligier*, 1401 (spic. Brivat.). — *Curatus S. Ligerii*, 1506 (Arch. nat., G⁸*, 1, f° 441 v°). — *Sainct-Lagier*, 1561 (J. Chalvon, nᵉ). — *Léger-les-Côtes*, 1793.

Commune supprimée les 25-30 mai 1843 et réunie à celle de Sembadel.

Saint-Marcel, h., cⁿᵉ d'Espaly-Saint-Marcel. — *Ecclesia S. Marcelli*, 1256 (év.). — *Sainct-Marcel lez la ville du Puy*, 1549 (R. Maurin, nᵉ). — *Saint-Marsel*, 1638 (Demans, nᵉ). — *Marcel* (1793).

En 1789, Saint-Marcel possédait une église paroissiale, diocèse du Puy et archiprêtré de Saint-Paulien, sous le vocable de saint Marcel; le chapitre cathédral du Puy en était collateur.

Saint-Marsal, vill., cⁿᵉ de Saint-Julien-Chapteuil. — *Mansus de Saynt-Marsal*, 1343 (év.). — *Mansus S. Marcialis*, 1372 (S'-Agrève). — *S.-Marssal*, 1568 (Savin, nᵉ). — *S.-Marcial*, 1596 (Mᵉ Leblanc, nᵉ).

Saint-Martial, m. i., cⁿᵉ de Grazac.

Saint-Martin, h., cⁿᵉ de Saint-Pal-de-Mons.

Saint-Martin, lieu dit, cⁿᵉ de Siaugues-Saint-Romain. — *Iter quo itur de Fargiis ad territorium vocat. de Saint-Marti*, 1464 (Bibl. nat., ms. lat., n. acq., 1223, f° 168 v°).

Saint-Martin (L'Étable), lieu-dit, près Planzolle, cⁿᵉ de Léotoing. — 1756 (cad. de Léotoing).

Saint-Martin (Le Pas-), lieu dit, cⁿᵉ de Séneujols. — *Pratum situm in territorio de Bonofonte, appellatum Pratum de Passu S. Martini*, 1346 (J. de Peyre, reg. D, f° 90 v°).

Saint-Martin (Pierre de), près l'Herbret, cⁿᵉ de Saint-Just-Malmont. — Roche à bassins, où les nourrices apportent en pèlerinage leurs enfants trop lents à marcher.

Saint-Martin (Suc-), montic., cⁿᵉ de Beaulieu. — *Lo Suc S. Martini*, 1299 (hôtel-Dieu, B. 355). — *Lo Suc S.-Marti*, 1330 (idem, B. 433). — *Le Suc S.-Martin*, 1555 (cad. de Mercœur).

Saint-Martin-de-Fugères, cᵒⁿ du Monastier. — *Villa quæ dicitur Falgerias, in pago Vellaico*, v. 1000 (cart. du Monastier, n° 187). — *Parochia S. Martini de Feugeriis*, 1268 (Monastier). — *Sanctus Martinus de Feugeyras*, 1377 (S¹-Mayol). — *Saynt-Marti de Feugeyras*, 1408 (compois du Puy). — *Parrochia S. Martini de Frugeriis*, 1472 (Maltrait, n⁰ˢ). — *Sanctus Martinus de Frugeiras*, xvᵉ s. (Médicis, II, 171). — *Sanctus Martinus de Fougeyras*, 1510 (G. Maurin, n⁰ˢ). — *Peroche de Sainct-Marty*, 1518 (hôtel-Dieu). — *Prioratus regularis S. Martini Frugeriarum deppen. a monasterio Doœ*, 1520 (Gelet, n⁰ˢ). — *Sanctus Martinus Feugeriarum*, 1530 (J. Nicolas, n⁰ˢ). — *Sainct-Martin-Faugeyres*, 1534 (év.). — *Sainct-Martin-de-Faugières*, 1580 (A. Boyer, n⁰ˢ). — *Saint-Martin-de-Feugières*, 1602 (A. Robert, n⁰ˢ). — *Sainct-Martin-de-Fugères*, 1680 (Surrel, n⁰ˢ). — *Prior S. Martini de Fugeriis*, 1715 (Gall. chr., II, 770). — *Martin-de-Fugères*, 1793.

En 1789, Saint-Martin-de-Fugères faisait partie de la province du Velay, de la subdélégation et sénéchaussée du Puy. Son église paroissiale, diocèse du Puy et archiprêtré de Solignac-sur-Loire, était dédiée à saint Martin; l'abbé de Doue présentait à la cure, comme prieur de cette localité.

Saint-Maurice, mont. et église ruinée, cⁿᵉ de Coubon. — *Ecclesia S. Mauricii*, 1179 (cart. du Monastier, app., n° 442). — *Eccl. S. Mauricii secus Bousolium, membrum dependens a prioratu S. Petri de Monasterio Anicii*, 1484 (S¹-Pierre-le-Monastier). — *Le roc app. de S.-Mourice*, 1547 (Savin, n⁰ˢ). — *La chapelle S.-Maurice*, 1707 (cad. de Bouzols).

Saint-Maurice, chât., cⁿᵉ de la Voûte-Chilhac.

Saint-Maurice-de-Lignon, cᵒⁿ de Monistrol-sur-Loire. — *Villa de Podenciago, in territorio Bassensi*, 940 (cart. de Chamalières, n° 106). — *Parrochia Sancti Mauricii de Proenciaco*, 1027 (idem, n° 97). — *Parrochia Sancti Mauricii de Poenzac*, v. 1163 (hospitaliers du Velay). — *Prioratus Sancti Mauricii en Poensac*, 1285 (la Chaise-Dieu, S¹-Maurice-de-Lignon). — *Ecclesia Sancti-Mauricii de Linhone*, 1329 (J. de Peyre, n⁰ˢ). — *Curatus Sancti Maurizi de Lhinone*, 1408 (év.). — *Capellanus Sancti Mauricii de Linho*, xvᵉ s. (Médicis, II, 168). — *Saint-Mourisy*, 1507 (év.). — *Maurice-de-Lignon* (1793).

En 1789, Saint-Maurice-de-Lignon était compris dans la province du Velay, la subdélégation et sénéchaussée du Puy. Son église paroissiale, diocèse du Puy et archiprêtré de Monistrol-sur-Loire, était sous le vocable de saint Maurice; le

prieur, dont le bénéfice relevait de l'abbaye de la Chaise-Dieu, présentait à la cure.

Saint-Maurice-de-Roche, vill., cⁿᵉ de Roche-en-Régnier. — *Ecclesia S. Mauricii*, 1087 (cart. de Chamalières, n° 195). — *Eccl. S. Mauricii de Roca*, 1179 (cart. du Monastier, app., n° 442). — *Prior S. Mauricii prope Rocham*, 1268 (Arch. nat., P. 493²ᵇⁱˢ, cote 104). — *Capellanus S. Mauricii de Rupe*, xvᵉ s. (Médicis, II, 171). — *S. Mauricius Rupis*, 1514 (J. Boyer, n⁰ˢ). — *Prior S. Mauricii de Rocha*, 1516 (Arch. nat., G⁸*, 1, f° 443 v°). — *Locus S. Mauricii Ruppis en Reynier*, 1559 (Vacharel). — *Maurice-de-Roche-Marat*, 1793.

En 1789, Saint-Maurice-de-Roche possédait une église paroissiale, dédiée à saint Maurice et dépendant de l'archiprêtré de Saint-Paulien; le prieur présentait à la cure.

Saint-Médard, h., cⁿᵉ de Saint-Haon. — *Ecclesia S. Medardi*, 1348 (J. de Peyre, n⁰ˢ). — *Curatus S. Medardi prope Aligerim*, 1516 (Arch. nat., G⁸*, 1, f° 444). — *Prieur de S.-Mezard d'Alyer*, 1546 (Monastier).

Prieuré dépendant de l'abbaye du Monastier-Saint-Chaffre.

Saint-Méga, lieu dit, cⁿᵉ de Saugues. — *Lo Sochas de Saint-Méga*, 1499 (Thiolent).

Saint-Mérat (Le), ruiss., prend naissance dans le département de la Loire, entre dans celui de la Haute-Loire près de Tracol et se jette dans le Riotord au nord-ouest de Riotord.

Saint-Meyrat, vill., cⁿᵉ de Riotord. — *Sanctus Mayras*, v. 1095 (cart. de S¹-Sauveur-en-Rue). — *Sanctus Mœranus*, 1265 (idem). — *Sant-Meyras*, 1267 (idem).

Saint-Michel, mᵉⁿ de camp., cⁿᵉ de Brives-Charensac.

Saint-Pal, m. i., cⁿᵉ de Vieille-Brioude. — *In comitatu Brivatense, in eadem vicaria, in cultura de Septem Pollas*, 964 (cart. de Sauxillanges, ch. 87). — *Villa quæ dicitur Septem Pollis*, xiᵉ s. (cart. de Brioude, ch. 16).

Saint-Pal-de-Chalencon, cᵒⁿ de Bas. — *Parochia S. Pauli*, 1037 (cart. de Chamalières, n° 208). — *Castrum de S. Paulo*, 1264 (Arch. nat., P. 492², c. 160). — *Le Chastel de S.-Pal*, 1472 (Arch. nat., P. 1400¹, c. 847). — *Capellanus S. Pauli de Chalenco*, xvᵉ s. (Médicis, II, 170). — *S. Pal-de-Chalencon*, xviᵉ s. (idem, II, 343). — *Prioratus S. Pauli de Chalanconio*, 1516 (Arch. nat., G⁸*, 1, f° 442 v°). — *S.-Paul-en-Chalencon*, 1540 (terr. de S¹-Pal). — *Montalet*, 1793.

En 1789, Saint-Pal-de-Chalencon dépendait de la province du Forez, de la généralité de Lyon, de l'élection et bailliage de Montbrison. Son église paroissiale, diocèse du Puy et archiprêtré de Saint-Paulien, était sous l'invocation de saint Paul; comme succédant aux droits de l'abbé de la Chaise-Dieu, depuis 1787, l'évêque en était collateur.

Saint-Pal-de-Mons, c^{on} de Saint-Didier-la-Séauve. — *Ecclesia S. Pauli*, 1167 (Gall. chr., II, c. 335). — *S. Paulus juxta Montes*, 1251 (cart. de St-Sauveur-en-Rue, p. 70). — *Capellanus S. Pauli juxta Montz*, 1251 (la Chaise-Dieu, St-Sauveur-en-Rue). — *Terra de Saynt-Paules*, 1285 (Arch. nat., J. 1086, c. 22). — *S. Paulus prope Mons*, 1390 (év.). — *Pal-de-Mons*, 1793.

En 1789, Saint Pal de Mons appartenait à la province du Velay, à la subdélégation et sénéchaussée du Puy. Son église paroissiale, diocèse du Puy et archiprêtré de Monistrol-sur-Loire, était consacrée à saint Paul; l'abbé de la Chaise-Dieu présentait à la cure.

Prieuré appartenant à l'abbaye de la Chaise-Dieu.

Saint-Pal-de-Murs, c^{on} de la Chaise-Dieu. — *Ecclesia S. Pauli de Murs*, 1252 (St-Agrève). — *Parochia S. Pauli prope castrum de Murs, Aniciensis dioc.*, 1275 (spic. Br.). — *Saint-Paul*, 1379 (compte de Bertrand Flotenc). — *Saint-Poul*, 1401 (spic. Br.). — *Pal-Sénoire*, 1793.

En 1789, Saint-Pal-de-Murs était compris dans la province d'Auvergne, l'élection de Brioude, la subdélégation de la Chaise-Dieu et le ressort de Riom. Son église paroissiale, diocèse du Puy et archiprêtré de Saint-Paulien, était sous le vocable de saint Paul; l'abbé de la Chaise-Dieu présentait à la cure.

Prieuré appartenant à l'abbaye de la Chaise-Dieu.

Saint-Paul-de-Tartas, c^{on} de Pradelles. — *S. Paulus*, 1234 (la Chaise-Dieu, St-Paul-de-Tartas). — *S. Paulus de Tartassio*, 1282 (*idem*). — *Prior S. Pauli de Turtascio*, 1304 (*idem*). — *Parochia S. Pauli de Tartacio*, 1402 (Arch. nat., P. 1399¹, c. 751). — *Le Tartas*, 1567 (Doleson, n^{re}). — *Sainct-Pol-de-Tartas*, 1569 (A. Boyer, n^{re}). — *S.-Pal-de-Tartas*, 1591 (tit. de Surrel). — *Mont-Tartas*, 1793.

En 1789, Saint-Paul-de-Tartas faisait partie de la province du Vivarais et du bailliage de Villeneuve-de-Berg. Son église paroissiale, diocèse de Viviers et archiprêtré de Sablières, était dédiée à

saint Paul; l'abbé de la Chaise-Dieu présentait à la cure.

Prieuré appartenant à l'abbaye de la Chaise-Dieu et uni à la mense abbatiale.

Saint-Paulien, arrond. du Puy. — Πόλις Ρουέσσιον v. 140 (Ptolémée, liv. II, 6). — *Civitas Vellavorvm libera*, IIIe s. (inscr. d'Etruscille à St-Paulien). — *Revessione* (table Théodosienne). — *Civitas Vellavorum, Vallavorum, Ballavorum, Bellavorum, Vellatiorum*, ve s. (not. prov. Gall., éd. Guérard). — *Ribision, Ribiseon*, viie s. (Anon. Ravenn., éd. Pinder et Parthey). — *Vicaria de Civitate Vetula*, 940 (cart. de Brioude, ch. 265). — *Civitas quæ dicitur Vetula in pago Vellavorum* (brev. S. Barnardi, éd. 1518, f° 397). — *Castrum et burgus et ecclesiæ S. Pauliani*, 1164 (Médicis, I, 76). — *Sant Paula*, 1181 (cart. des hospitaliers). — *Sain Paulia*, v. 1187 (*idem*). — *Civitas Vetula, mutato postmodum nomine, hodie nuncupatur villa S. Pauliani, a nomine dicti sancti qui fuit episcopus ibidem*, xiiie s. (B. Gui, sanctorale, Bibl. nat., ms. lat., 7731, f° 215). — *Mensura Saynt Paulhaneza*, 1323 (J. de Peyre, n^{re}). — *Saint-Paulhain*, 1379 (compte de B. Flotenc). — *Saynt-Paulha*, 1408 (compois du Puy). — *Sanctus Poulhanus*, 1521 (J. Gelet, n^{re}). — *Saint-Paulhen en Auvergne*, 1598 (Gallien, n^{re}). — *Ladicte ville..., ainsi que j'ay sceu par curieuse investigation, se nommoyt premiérement Chastel-Fornel*, xvie s. (Médicis, I, 33). — *Saint-Poulhen en Aulvergne*, 1631 (A. Brunel, n^{re}). — *Velaune*, 1793.

En 1789, Saint-Paulien était compris dans la province d'Auvergne, l'élection de Brioude, la subdélégation de la Chaise-Dieu et le ressort de Riom. Il y avait dans cette ville, chef-lieu d'un des trois archiprêtrés du diocèse du Puy, deux églises paroissiales : la première, dédiée à saint Georges, était à la collation de l'évêque, la seconde, connue sous le nom de Saint-Paulien-hors-les-Murs et consacrée à saint Paul, était à la collation du chapitre collégial de Saint-Paulien.

Saint-Paulien (Les Faubourgs de), à Saint-Paulien. — *Les faulxbourgs Sainct-Paulhen*, 1585 (Johany, n^{re}).

Saint-Pierre, champ, près Veyrac, c^{ne} d'Yssingeaux. — *Terroir dou champ Sainct-Peire*, 1635 (cad. de Saussac).

Saint-Pierre (Mas-), à Dolaison, c^{ne} de Saint-Christophe-sur-Dolaison. — *Mansus voc. Sancti Petri*, 1305 (St-Georges du Puy).

Saint-Pierre-Duchamp, c^{on} de Vorey. — *Villa de*

Campo, 958 (cart. de Chamalières, n° 218). — *In pago Vellaico, in vicaria de Campo Valarino*, 960 (cart. du Monastier, n° 129). — *Ecclesia S. Petri de Campo*, 1096 (cart. de Chamalières, n° 210). — *Eccl. de Campo*, 1172 (S*-Georges du Puy). — *S.-Pierre-du-Chalm-en-Vellay*, 1607 (Robert, n°). — *Pierre-Duchamp* (1793).

En 1789, Saint-Pierre-Duchamp dépendait de la province du Velay, de la subdélégation et sénéchaussée du Puy. Son église paroissiale, diocèse du Puy et archiprêtré de Saint-Paulien, était sous l'invocation de saint Pierre; le prieur de Chamalières présentait à la cure.

Saint-Pierre-Eynac, c°ⁿ de Saint-Julien-Chapteuil. — *Prior S. Petri d'Aynac*, 1316 (la Chaise-Dieu, S*-Allyre). — *S. Petrus de Aynaco*, 1381 (spic. Br.). — *Prior d'Eynaco*, 1516 (Arch. nat., G⁸*. 1, f° 438 v°). — *Montplo* (1793).

En 1789, Saint-Pierre-Eynac appartenait à la province du Velay, à la subdélégation et sénéchaussée du Puy. Son église paroissiale, diocèse du Puy et archiprêtré de Monistrol-sur-Loire, était consacrée à saint Pierre; l'abbé de la Chaise-Dieu présentait à la cure.

Prieuré uni à la mense abbatiale de l'abbaye de la Chaise-Dieu.

Saint-Pierre-la-Tour, abbaye séculière et ancienne paroisse du Puy. — *Monasterium Sancti Petri*, 876 (cart. du Monastier, n° 71). — *Ecclesia Sancti Petri in suburbio Aniciensi*, 993 (*idem*, n° 140). — *Monasterium Beati Petri Podiensis*, 1158 (*idem*, n° 439). — *Abbas Sancti Petri de Turre*, 1242 (Saint-Georges du Puy). — *Prior Sancti Petri Aniciensis*, 1255 (cart. du Monastier).

Saint-Pierre-le-Monastier, prieuré conventuel et paroisse, au Puy. — Prieuré fondé en 993 et dépendant de l'abbaye de Saint-Chaffre. — *Ecclesia S. Petri in suburbio Aniciensi*, 993 (cart. du Monastier, n° 140). — *Prior S. Petri de Podio*, 1172 (S*-Georges du Puy). — *Ecclesia S. Petri de Monasterio Aniciensi*, 1253 (hospit. du Velay).

Saint-Pierre-le-Vieux, église, au Puy. — *Ecclesia S. Petri Veteris*, 1213 (tabl. du Velay, 1876-77, 351).

Saint-Préjet-Armandon, c°ⁿ de Paulhaguet. — *Ecclesia S. Prejecti*, 1204 (spic. Briv.). — *Ecclesia S. Preiecti, pertinens domui Baiassæ*, 1281 (*idem*). — *Saynt-Pregeyt*, 1341 (terr. de Charbonnier). — *S.-Pregeit*, 1379 (compte de B. Flotenc). — *S.-Priget*, 1401 (spic. Brivat.). — *S.-Preiect*,

1564 (Vals-le-Chastel). — *Saint-Préject*, xviii° s. (Cassini). — *Mont-Prégeix*, 1793. — *Saint-Préjet-Armandon*, 1802 (état officiel des c⁰ˢ).

En 1789, Saint-Préjet-Armandon, qui était un prieuré dépendant de la maladrerie de la Bajasse, était compris dans la province d'Auvergne, l'élection et subdélégation de Brioude et le ressort de Riom. Son église prieurale, diocèse de Saint-Flour et archiprêtré de Brioude, était sous le vocable de saint Préjet.

Saint-Préjet-d'Allier, c°ⁿ de Saugues. — *Ecclesia Sancti Prejeti*, 1145 (tabl. du Velay, 1877-78, 211). — *S. Prejectus, Mimat. dioc.*, 1280 (la Chaise-Dieu, Thoras). — *S. Prejectus d'Anssa*, 1280 (Lozère, G. 570). — *Parochia S. Pregecti*, 1291 (*idem*). — *Parochia S. Preiecti*, 1460 (Bibl. nat., ms. lat., n. acq., 1222, f° 140 v°). — *Luminariæ S. Anthonii et S. Georgii ecclesiæ S. Pregecti*, 1528 (A. Besseyre, n°). — *Sainct-Préject-en-Gevoudan*, 1565 (Doleson, n°). — *S. Prejetus prope Aligerim*, 1587 (la Chaise-Dieu, S*-Préjet-d'Allier). — *S.-Préjet*, xviii° s. (Cassini). — *Rive-d'Ance*, 1793.

En 1789, Saint-Préjet-d'Allier faisait partie de la province et bailliage de Gévaudan. Son église paroissiale, diocèse de Mende et archiprêtré de Saugues, était dédiée à saint Préjet; la cure était à la présentation du prieur.

Saint-Privat, 1. détr., c°ᵉ de Bauzac. — *Ecclesia consecrata in honore Sancti Privati martiris*, 1021 (cart. de Chamalières, n° 119). — *Ecclesia Sancti Privati*, 1179 (cart. du Monastier, app., n° 442). — *Mansus Sancti Privati*, 1346 (Arch. nat., P. 490³, cote 229).

Cette localité, située près du Monteil, c°ᵉ de Bauzac, fut détruite par la Loire au xv° siècle; en temps de sécheresse, la baisse des eaux en met à nu les vestiges dans le lit du fleuve.

Saint-Privat-d'Allier, c°ⁿ de Loudes. — *S. Privatus*, xi° s. (vita S. Roberti, AA. SS. april., III, 330). — *Oppidum S. Privati*, v. 1170 (hospit. du Velay). — *Castrum de S. Privato*, 1257 (Baluze, mais. d'Auv., II, 88). — *S. Privatus prope Alerium*, 1345 (J. de Peyre, n°). — *S.-Privat de Vellaic*, 1379 (compte de B. Flotenc). — *S. Privat-de-Vellay*, 1401 (spic. Brivat.). — *Privat-la-Roche*, 1793.

En 1789, Saint-Privat-d'Allier, qui était un prieuré uni à la mense conventuelle de l'abbaye de la Chaise-Dieu, dépendait de la province d'Auvergne, de l'élection de Brioude, de la subdélégation de Langeac et du ressort de Riom. Son église paroissiale, diocèse du Puy et archiprêtré de Solignac-sur-Loire, était sous l'invocation de saint Privat; l'abbé de la Chaise-Dieu présentait à la cure.

Cette localité se régissait par le droit écrit.

Saint-Privat-du-Dragon, c^{on} de la Voûte-Chilhac. — *Sanctus Privatus*, 1078 (spic. Br.). — *S. Privatus du Drahos*, 1288 (*idem*). — *S.-Privat-du-Drahon*, 1379 (compte de B. Flotenc). — *S.-Privat-du-Draiguon*, 1398 (compte de B. Sannadre). — *S.-Privat-du-Dragon*, 1401 (spic. Br.). — *Coteau-Libre*, 1793.

En 1789, Saint-Privat-du-Dragon appartenait à la province d'Auvergne, à l'élection et subdélégation de Brioude et au ressort de Riom. Son église paroissiale, diocèse de Saint-Flour et archiprêtré de Langeac, était consacrée à saint Privat; le prieur de la Voûte-Chilhac présentait à la cure.

Saint-Quintin, loc. détr., c^{ne} de Desges. — *Ecclesia Sancti Quintini*, 1262 (spic. Br.). — *Prioratus S. Quintini*, 1288 (*idem*). — *Saint-Quintin*, 1574 (terr. de Meyronne).

Saint-Quintin, loc. et chât. détr., c^{ne} de Saint-Quintin-Chaspinhac. — *Sanctus Quintinus*, v. 1090 (la Chaise-Dieu, Usson). — *Ecclesia S. Quintini*, 1119 (Chifflet, hist. de Tournus, 402). — *Castellum S. Quintini*, 1171 (Baluze, mais. d'Auv., II, 67). — *Saint-Quintin*, 1173 (hist. de Languedoc, VII, 297). — *Saint-Quinti*, 1191 (St-Georges du Puy). — *Saint-Quintin de Mons*, 1506 (Médicis, II, 304). — *Sainct-Quiquin*, XVIe s. (év.). — *Mont-Quinquin*, 1793.

En 1789, Saint-Quintin possédait une église paroissiale, diocèse du Puy et archiprêtré de Monistrol-sur-Loire, consacrée à saint Quintin; le prieur de la Voûte-sur-Loire, succédant aux droits de celui de Saint-Quintin, en était collateur.

Saint-Quintin-Chaspinhac, c^{on} nord-ouest du Puy. — Formée par la réunion des c^{nes} de Saint-Quintin et de Chaspinhac (loi du 22 décembre 1866).

En 1789, ces deux localités dépendaient de la province du Velay, de la subdélégation et sénéchaussée du Puy, et étaient l'une et l'autre le siège d'une église paroissiale du diocèse du Puy et de l'archiprêtré de Monistrol-sur-Loire.

Saint-Remy, h., c^{ne} de Vergezac. — *Prior S. Remigii*, 1235 (sp. Brivat.). — *S. Ramey*, 1534 (év.). — *S.-Remey*, 1585 (J. Doleson, n^{re}). — *Mont-Pignon*, 1793.

En 1789, Saint-Remy possédait une église paroissiale, dédiée à saint Remy et appartenant au diocèse du Puy et à l'archiprêtré de Solignac-sur-Loire; l'abbaye de la Chaise-Dieu, à laquelle était uni le prieuré de Saint-Remy, présentait à la cure.

Par ordonnance royale, du 25 septembre 1833, l'église de la section de Saint-Remy fut érigée en annexe vicariale.

Saint-Roch, chapelle, c^{ne} d'Aurec.

Saint-Roch, chapelle à pèlerinage, c^{ne} de Craponne-sur-Arzon.

Saint-Roch, chapelle détr., c^{ne} de Langeac. — *Mons sive puech de Rocos*, 1502 (Arch. nat., Q. 513, p. 201). — *La Montaigne de Racoux*, 1568 (*idem*, p. 118).

Saint-Roch, chapelle et font., c^{ne} de Laussonne.

Saint-Roch, chapelle, c^{ne} de Saint-Didier-la-Séauve.

Saint-Roch, chapelle, c^{ne} de Saint-Just-Malmont. — 1744 (Theillière, St-Just-Malmont, 83).

Saint-Romain, vill., c^{ne} de Sainte-Sigolène. — *Sanctus Romanus*, 1347 (J. de Peyre, n^{re}). — *Saint-Romain*, 1553 (ress. de Montfaucon).

Saint-Romain, dom., c^{ne} de Saint-Jean-de-Nay. — *Ecclesia S. Romani inter montes, juxta Ceresium castrum*, v. 1090 (cart. du Monastier, n° 236). — *Prior de S. Romano*, XIe s. (*idem*, n° 391). — *S. Romanus la Mongia*, 1321 (spic. Br.). — *S.-Romain-la-Monghe*, 1511 (coust. d'Auv., f° 79 v°). — *S.-Rome*, 1880 (aff. jud.).

Saint-Romain, chât. ruiné, c^{ne} de Siaugues-Saint-Romain. — *Castrum Sancti Romani*, 1210 (templiers du Puy). — *Ecclesia Sancti Romani*, v. 1250 (spic. Br.). — *Sanctus Romanus lo Chastel*, 1320 (J. de Peyre, n^{re}). — *Le Chastel de Saint-Roimans*, 1362 (Arch. nat., JJ. 93, n° 142). — *Castrum de Saint-Roma*, 1384 (Chamblas). — *Saint-Rome le Chastel*, 1462 (spic. Br.). — *Sainct-Romain le Chasteau*, 1597 (A. Robert, n^{re}). — *Saint-Romain de Siaugues*, 1789 (Chabrol, cout. d'Auv., IV, 557).

Saint-Romain-Lachalm, c^{on} de Saint-Didier-la-Séauve. — *Sant Roma*, v. 1190 (cart. de Saint-Sauveur-en-Rue, p. 38). — *S. Romanus a la Cham*, 1265 (*idem*, p. 152). — *Ecclesia Sancti Romani de la Chau*, 1266 (*idem*, p. 122). — *Ecclesia Sancti Romani de Chalma*, 1281 (*idem*, p. 139). — *S. Romanus la Chalm*, 1328 (Rhône, D. 182). — *Curatus S. Romani de Calma*, 1516 (Arch. nat., G^{8*}. 1, p. 437). — *Sainct-Rome-la-Chalm*, 1534 (év.). — *Sainct-Romans-la-Chaulx*, 1537 (Rhône, Marlhes-le-Temple). — *Sainct-Romain-la-Chalin*, 1613 (coll. Chaleyer). — *Romain-la-Chalm*, 1793.

En 1789, Saint-Romain-Lachalm était compris dans la province du Velay, la subdélégation et sénéchaussée du Puy. Son église paroissiale, diocèse

du Puy et archiprêtré de Monistrol-sur-Loire,
était sous le vocable de saint Romain; l'évêque
en était collateur.

Saint-Rome, l. détr., cⁿᵉ de Retournac. — *In territorio Bassense, villa Sancti Romani*, xiᵉ s. (cart.
de Chamalières, n° 129). — *Ad Sanctum Romanum*, 1213 (*idem*, n° 330). — *Territorium
de S. Romano*, 1343 (Arch. nat., P. 1398², cote 661).

Saint-Rosaire, chapelle, cⁿᵉ de la Chapelle-d'Aurec.

Saint-Saturnin, lieu dit, cⁿᵉ de Lantriac. — *Au terroir de Rochalbert app. Sainct-Sodroing*, 1549
(Savin, nʳᵉ). — *Saint-Sodornin*, 1707 (cad. de
Bouzols).

Saint-Sauveur, mᵉⁿ de camp., cⁿᵉ du Monteil. — *La metterie de Beaurepaire*, 1607 (Robert, nʳᵉ).
— *Beaurepère*, 1695 (capitation). — *Saint-Sauveur*, xviiiᵉ s. (Cassini).

Saint-Sébastien, anc. hôpital des pestiférés, cⁿᵉ du
Puy, construit en 1526, démoli en 1794. — *Le
Cloz S.-Sebastien*, 1526 (Médicis, II, 203). —
Clausus S. Sebastiani, 1530 (*idem*, II, 215).

Saint-Simon, m. i. et tunnel, cⁿᵉ de la Voûte-sur-Loire.

Saints-Innocens, chapelle, près la Fraisse, cⁿᵉ de
Bauzac. — xviiiᵉ s. (Cassini).

Saint-Uxori, lieu dit, cⁿᵉ de Vals-près-le Puy. —
*Campus app. de Saint-Uxori in territorio Sancti
Benedicti*, 1373 (hôtel-Dieu, B. 60).

Saint-Vénérand, cᵒⁿ de Saugues. — *Villa S. Venerandi*, 1302 (Lozère, G. 154). — *Vénérand-la-
Garde*, 1793.

En 1789, Saint-Vénérand appartenait à la province et au bailliage du Gévaudan. Son église paroissiale, diocèse de Mende et archiprêtré de Saugues, était consacrée à saint Vénérand; le prieur
présentait à la cure.

Succursale érigée le 12 mars 1826.

Saint-Vert, cᵒⁿ d'Auzon. — *Villa Sancti Veri quæ
fuit comitis Alverniæ*, v. 1260 (Arch. nat., J. 1031,
n° 2). — *Prioratus Sancti Veri*, 1291 (spic. Br.).
— *Saint-Ver*, 1379 (compte de B. Flotenc). —
Saint-Vée, 1398 (compte de B. Sannadre). —
Saint-Voir, 1401 (spic. Briv.). — *Sainct-Vairn*,
1614 (la Chaise-Dieu, Sᵗ-Vert). — *Saint-Vairi*,
1720 (Saugrain). — *Saint-Ver*, xviiiᵉ s. (Cassini).
— *Vert-les-Eaux*, 1793.

En 1789, Saint-Vert était compris dans la
province d'Auvergne, l'élection d'Issoire, la subdélégation de Lempdes et le ressort de Montpensier. Son église paroissiale, diocèse de Saint-Flour
et archiprêtré de Brioude, était sous le vocable de

saint Ver; l'infirmier de l'abbaye de la Chaise-Dieu présentait à la cure.

Saint-Victor, vill., cⁿᵉ du Monastier. — *Villa Sancti
Victoris*, 999 (cart. du Monastier, n° 144). —
Sainct-Victour, 1547 (Chaulet, nʳᵉ).

Saint-Victor-Malescours, cᵒⁿ de Saint-Didier-la-
Séauve. — *Ecclesia Sancti Victoris*, 1224 (Bibl.
nat., lat., 12745, fᵒ 405). — *Parochia S. Victoris,
Aniciensis dioc.*, 1265 (cart. de Sᵗ-Sauveur-en-
Rue, p. 151). — *Parochia S. Victoris de Malis
Curtibus*, 1398 (coll. Chaleyer). — *Parochia S.
Victoris de Malas Courtz*, 1461 (Rhône, H. 1180).
— *Sainct-Victour-de-Malescours*, xviᵉ s. (év.). —
Victor, Victor-de-Malescours, 1793.

En 1789, Saint-Victor-Malescours faisait partie
de la province du Velay, de la subdélégation et sénéchaussée du Puy. Son église paroissiale, diocèse
du Puy et archiprêtré de Monistrol-sur-Loire,
était dédiée à saint Victor; comme succédant aux
droits du prieur de Dunières, l'évêque en était
collateur.

Saint-Victor-sur-Arlanc, cᵒⁿ de la Chaise-Dieu. —
*Ecclesia... fundata in honore S. Victoris, et est
sita in patria Arvernica, in comitatu Tollornensi,
in vicaria Libratensi, in loco qui dicitur Sanctus
Victor*, 940 (cart. de Brioude, ch. 86). — *Domus
S. Victoris, Claromontensis dioc. et ord. S. Anthonii*, 1383 (Rhône). — *La maison de S.-Viteur*,
1392 (*ibid.*). — *S.-Victour*, 1400 (compte de B.
Sannadre). — *Victor-la-Montagne*, 1793.

En 1789, Saint-Victor-sur-Arlanc dépendait de
la province d'Auvergne, de l'élection d'Issoire,
de la subdélégation de Saint-Amand-Roche-Savine
et du ressort de Riom. Son église paroissiale,
diocèse de Clermont et archiprêtré de Livradois,
était consacrée à saint Victor; le commandeur de
cette localité, ordre de Saint-Antoine de Viennois,
présentait à la cure.

Saint-Vidal, cᵒⁿ de Loudes. — *Sanctus Vitalis*, 1208
(Rhône, Malte). — *Sainct-Vital*, 1572 (Hᵗᵉ-Loire,
B.). — *La Pinide, la Pénide*, 1793.

En 1789, Saint-Vidal faisait partie de la province du Velay, de la subdélégation et sénéchaussée
du Puy. Son église paroissiale, diocèse du Puy et
archiprêtré de Saint-Paulien, était dédiée à saint
Vidal; la cure était à la présentation de l'université Saint-Mayol.

Saint-Vidal était le siège de l'une des 18 baronnies diocésaines de la province du Velay.

Saint-Vidal (Moulin-de-), mⁱⁿ sur la Borne, cⁿᵉ de
Saint-Vidal.

Saint-Vincent, cᵒⁿ de Saint-Paulien. — *Ecclesia S.*

Vincentii, 1119 (Chifflet, hist. de Tournus, 402).
— *Prioratus S. Vincencii in Vallavia*, 1449 (H^te-Loire, E.). — *Parochia S. Vincentii Vallis Ambla-rensis*, 1481 (Richon, n^re). — *Mont-Clergot*, 1793.

En 1789, Saint-Vincent dépendait de la province du Velay, de la subdélégation et sénéchaussée du Puy. Son église paroissiale, diocèse du Puy et archiprêtré de Saint-Paulien, était sous l'invocation de saint Vincent; le prieur de la Voûte-sur-Loire en était collateur.

Saint-Vosy, anc. abb. sécul., collégiale et paroisse, au Puy. — *Ecclesia in hon. S. Evodii œdificata*, 1082 (Gall. chr., II, c. 758). — *L'abbaye S.-Vosi*, 1513 (Médicis, I, 170). — *S.-Voyse du Puy*, 1542 (Daurier, n^re). — *S.-Vozy*, 1630 (Jacmon, 37).

Saint-Voy, vill., c^ne du Mazet-Saint-Voy. — *Parochia S. Evodii Bonacensis*, 1021 (cart. de Chamalières, n° 61). — *Ecclesia S. Evodii*, 1256 (év.). — *Ecclesia Sancti Evodii prope Bonas*, 1342 (J. de Peyre, n^re). — *Sainct-Voy*, 1507 (év.). — *Sainct-Vozi-de-Bonnas*, 1554 (R. Maurin, n^re). — *Sainct-Voy-de-Bonas*, 1594 (M^ce Leblanc, n^re). — *Mont-Lizieu*, 1793.

En 1789, Saint-Voy dépendait de la province du Velay, de la sénéchaussée et subdélégation du Puy. Son église paroissiale, dédiée à saint Vosy, était du diocèse du Puy et de l'archiprêtré de Monistrol-sur-Loire; le chapitre du Puy présentait à la cure.

Succursale érigée, le 19 mars 1829, en cure de 2e classe.

Commune transférée au Mazet par décret du 7 juillet 1894.

Salabrine, f., c^ne de Chaudeyrolles.

Salavert, h., c^ne de Bellevue-la-Montagne. — *Salaver, Salavertz*, 1345 (terrier de Pons de Céaux). — *Salavert*, 1359 (terrier de Jean de Cereys).

Salayre (La), f., c^ne de Saint-Front.

Salazar, lieu dit, c^ne de Saint-Germain-Laprade. — *La prada de Piebulit app. de Salasard*, 1546 (Savin, n^re).

Salce, h., c^ne d'Araules. — *La Salsa*, 1507 (év.). — *La Salse*, 1549 (Savin, n^re). — *La Saulce*, 1723 (cad. de Bellecombe). — *Le Salse*, XVIIIe s. (Cassini). — *Lasalce*, 1820 (Deribier).

Salces, f., c^ne du Monastier. — *Villa quæ dicitur Salsas*, 889 (cart. du Monastier, n° 68). — v. 970 (*ibid.*, n° 90). — *Mansus de Salsas*, 1528 (cad. du Monastier). — *Saulses*, 1618 (ét. civ.). — *Sousses* (cad.).

Salcreux, f., c^ne de Saint-Vert. — *Mansus de Solacrup*, 1307 (la Chaise-Dieu, St-Vert). — *Salerut*, 1880 (carte adm.).

Salcrux, écart, c^nes de Beaulieu et de Chamalières. — *Mansus de Solacru*, 1314 (év.). — *Salecrut*, 1888 (Malègue).

Salecrup, fabrique, c^ne de Dunières. — *Salacrup*, 1469 (Rivière, n^re).

Salecrup, vill., c^ne de Saint-Jeure. — *Solacru*, 1309 (év.). — *Salacrup*, 1419 (cart. de Tence, f° 12). — *Sallecrup*, 1554 (R. Maurin, n^re). — *Salacreu*, 1695 (capitation).

Salecrup, vill., c^ne d'Yssingeaux. — *Mansus de Solacru*, 1314 (év.). — *Salacrup*, 1507 (év.). — *Sollacreut-lès-Bellecombe*, 1660 (Espanhon, n^re).

Salecrut, m. i., c^ne de Chamalières.

Salettes, h., c^ne d'Allègre.

Salettes, h., c^ne du Mazet-Saint-Voy. — *Villa Sallellas*, v. 1000 (cart. du Monastier, n° 255). — *Mansus de Salelas*, 1272 (Gall. chr., II, c. 774). — *Locus de Saletis*, 1343 (Rhône, H. 1016). — *Sallettes*, XVIIIe s. (Cassini).

Salettes, c^ne du Monastier. — *Sellita, cum ecclesia in honore Sancti Petri dedicata*, 870 (Chifflet, hist. de Tournus, 210). — *Ecclesia S. Petri de Salitas*, 1119 (*ibid.*, 402). — *Ecclesia S. Petri de Saletas*, 1179 (Juénin, nouv. hist. de Tournus, 175). — *Sainct-Peyre de Saletas*, 1517 (hôtel-Dieu). — *Sainct-Peyre de Salletes*, 1534 (év.). — *S.-Pierre de Celates*, 1546 (Savin, n^re).

En 1789, Salettes dépendait de la province du Velay, de la subdélégation et sénéchaussée du Puy. Son église paroissiale, diocèse du Puy et archiprêtré de Solignac-sur-Loire, était sous l'invocation de saint Pierre; la cure était à la présentation du prieur de Goudet.

Salettes, h., c^ne de Montregard. — *Salletas*, 1556 (terrier de Montregard). — *Salettes de Monregard*, 1695 (capitation). — *Salette*, 1879 (carte adm.).

Salettes, f., c^ne de Raucoules. — *Salette*, 1879 (carte adm.).

Salettes, m. i., c^ne de Saint-Didier-la-Séauve.

Salettes, f., c^ne de Saint-Martin-de-Fugères. — *Le Petit-Salettes*, 1879 (aff. jud.).

Salettes, vill., c^ne de Tence. — *Saletas*, 1294 (cart. de Tence, f° 2). — *Saletas prope Tensanum*, 1324 (chartr. de Lardeyrol).

Salettes (Le), l'un des trois ruisseaux qui forment l'Ulmet, c^ne de Raucoules.

Salettes (Les), f., c^ne de Saint-Christophe-d'Allier.

Salettes (Les), h., c^ne de Saugues. — *Mansus Sale-*

tarum, 1451 (coll. J. Lachenal). — *Le château
de Sallettes,* 1724 (L'Ouvreleul, 27).

Saleyron, loc. détr., c^ne de Chomelix. — *Saleyron-
lez-Chomelis,* 1548 (P. Galion, n^re).

Salgotier, h., c^ne de Saint-Didier-la-Séauve. — *Sagotier,* 1869 (Malègue).

Saliens (Les), f., c^ne de Saint-Préjet-Armandon. —
Essalans, 1078 (spic. Br.). — *Mansus de Salhens,*
1464 (Bibl. nat., ms. lat., n. acq., 1223, f° 162 v°).

Salinc (Le), vill., c^ne de Blavozy. — *Lo Sanhenc,*
1305 (St-Georges du Puy). — *Villa de Sanienc,*
1306 (tabl. du Velay, 1875-76, 518). — *Lo
Sailhenc,* 1459 (Bl. Girard, n^re). — *Le Salinc,*
1543 (Savin, n^re). — *Lo Salhenc,* 1555 (cad. de
Mercœur).

Saliques (Les), h., c^ne du Chambon.

Salle (La), écart, c^ne de Beaulieu. — *La Salsa,* 1346
(J. de Peyre, n^re). — *La Salce en Laval-Amblavès,* 1541 (Chamblas).

Salles (Les), h., c^ne de Bas. — *Ecclesia de Salis,*
1153 (grand cart. d'Ainay). — *Prior de Salas,*
1288 (év.). — *Les Sales,* 1691 (obit. de Bas).
— *Le prieuré de Saint-Pierre des Salles,* 1767
(alm. de Lyon).

Ce prieuré dépendait de celui de Saint-Romain-
le-Puy en Forez.

Salles (Les), vill., c^ne du Brignon. — *Las Salas,*
1327 (hôtel-Dieu, B. 417). — *Salœ,* 1386
(homm. de Solignac). — *Les Sales,* 1568 (Doleson,
n^re). — *Les Salles d'Outre (-Loire),* 1680 (Surrel,
n^re au Monastier).

Salles (Les), f., c^ne de Ceyssac. — 1561 (Savin, n^re).

Salles (Les), vill., c^ne de Saint-Martin-de-Fugères.
— *Villa quæ dicitur Salas,* v. 970 (cart. du Monastier, n° 85). — *Salas Monzils,* 1268 (Monastier). — *Territorium de Salis,* v. 1343 (cart. du
Monastier, app., n° 452). — *Locus de Salis Mon-
gials,* 1523 (cad. du Monastier). — *Les Salles-
Mongiaulx,* 1561 (Savin, n^re). — *Les Salles-Mo-
niaux,* 1680 (Surrel, n^re). — *Les Salles-Monjau,*
XVIIIe s. (Cassini).

Salles (Les), vill., c^ne de Sembadel. — *Las Salas,*
1331 (J. de Peyre, n^re).

Salles (Les), mont. et f., c^ne de Tence. — *Territorium de Salis,* 1258 (Rhône, D. 153). — *Mansus
de Salis,* 1290 (Gall. christ., II, instr., eccl. Anic.,
col. 238). — *Las Salas,* 1293 (Rhône, D. 153).
— *Succus seu garda de Salis,* 1294 (cart. de
Tence, f° 2).

Salles-Jeunes (Les), vill., c^ne de Saugues. — *Les
Sales-Jones,* 1539 (Thiolent).

Salles-Vieilles (Les), h., c^ne de Saugues. — *Mansus*

de Salis, 1327 (Lozère, G. 98). — *Las Salas,*
1499 (Thiolent). — *Les Salles-Vieilles,* 1564
(*idem*).

Salzède (La), h., c^ne de Saint-Georges-d'Aurac. —
In vicaria de Aurato, ad Salquedunum, 927 (cart.
de Brioude, ch. 111). — *Salgueda,* XIIe s. (cart. de
Pébrac, n° XLVI-5). — *La Sauseda,* 1309 (spic.
Brivat). — *Mansus de la Solzede,* 1490 (terr.
du Cluzel).

Salzuit, c^on de Paulhaguet. — *Solazuit,* 1181 (Gall.
chr., II, inst., c. 135). — *Castrum de Salazuit,*
1198 (Baluze, mais. d'Auv., II, 251). — *So-
lezoit,* 1201 (*idem*, II, 64). — *Solesuit,* 1223
(*idem*. II, 251). — *Castrum de Solazoit,* 1285
(spic. Br.). — *Solazueret,* 1324 (J. de Peyre, n^re).
— *Solezuet,* 1328 (Arch. nat., X^ta. 21, f° 303).
— *Sollezeuit,* 1379 (compte de B. Flotenc). —
Solazeuttum, 1388 (Arch. nat., Z^2. 4145, p. 8).
— *Soulazuit,* 1401 (spic. Briv.). — *Solezeust,*
1444 (*idem*). — *Solazoptum,* 1459 (B. Girard,
n^re). — *Solazeut,* 1464 (Bibl. nat., ms. lat., n.
acq., 1223, f° 197 v°). — *Solazuyt,* 1487 (spic.
Br.). — *Soplazuit,* 1543 (la Chaise-Dieu, Do-
meyrat). — *Solezuict,* 1612 (terr. de la Vaudieu).
— *Saleshuit,* 1720 (Saugrain). — *Salzuit,*
XVIIIe s. (Cassini).

En 1789, Salzuit appartenait à la province
d'Auvergne, à l'élection et subdélégation de
Brioude et au ressort de Riom. Son église paroissiale, diocèse de Saint-Flour et archiprêtré de
Brioude, était consacrée à saint Pierre; l'évêque en
était collateur.

Succursale érigée le 6 octobre 1843.

Samard, m. i., c^ne de Saint-Julien-du-Pinet. —
Jamard, 1878 (carte adm.).

Sameyre (Le), m. i., c^ne de Freycenet-la-Tour. —
Saleyre (cad.).

Saniaux (Les), h., c^ne de Saint-Front. — *Ansanials,*
1392 (év.). — *Los Sanials,* 1507 (év.).

Samioulouse, écart, c^ne de Mézères.

Sanis, h., c^ne de Vabres. — *Mansus de Sanheur,*
1452 (J. Rocher, n^re). — *Sanhens,* 1499 (Thiolent). — *Sanhyncs,* 1585 (Johany, n^re). — *Saignens,* 1622 (Thiolent). — *Sanhnens,* XVIIIe s.
(Cassini). — *Sagnens,* 1779 (cad. de Vabres).
— *Sanhis,* 1888 (Malègue).

Sannac, vill., c^ne d'Allègre. — *Villa de Sacnac,*
1263 (Martène, thes. nov. anecd., I, 1115). —
Sannhac en Auvergne, 1565 (Doleson, n^re).
— *Saunat* (état-major). — *Saunac,* 1888 (Malègue).

Sannay, f., c^ne de Chomelix. — *Sennetum,* 1213

(cart. de Chamalières, n° 320). — *Sanneyt*, 1507
(év.).

Sannay (Moulin-de-), m[in] sur l'Arzon, c[ne] de Chomelix.

Sansac, vill., c[ne] de Saint-Jean-Lachalm. — *Sensac*,
1331 (J. de Peyre, n[re]). — *Sansacum*, 1391
(hôtel-Dieu, B. 535).

Sansaguet, h., c[ne] de Saint-Jean-Lachalm. — *Sansaguetum*, 1453 (J. Rocher, n[re]). — *Sensaguet*,
1820 (Deribier).

Sanson, h., c[ne] de Torsiac.

Sanssac-l'Église, c[on] de Loudes. — *Villa de Sansac*,
1231 (St-Vosy). — *Sanssacum*, 1346 (J. de
Peyre, n[re]). — *Parochia Sansacii*, 1477 (Richon,
n[re]). — *Parochia Sanssacii*, 1513 (J. Boyer, n[re]).
— *L'esglise parochiale de S.-Simphorien et S.-An-
thoine de Sansac en Vellay*, 1548 (coll. C. Falcon). — *Le lieu de Sansac S.-Simphorien*, 1566
(idem). — *Sansac-l'Esglize*, 1634 (Jacmon, 70).
— *Sansac-la-Montagne*, 1793.

En 1789, Sanssac-l'Église était compris dans
la province du Velay, la subdélégation et sénéchaussée du Puy. Son église paroissiale, diocèse
du Puy et archiprêtré de Solignac-sur-Loire, était
sous le vocable de saint Symphorien; le prévôt du
chapitre cathédral du Puy présentait à la cure.

Sans-Souci, écart, c[ne] de Champclause.

Sans-Souci, m. i., c[ne] de Saint-Vincent.

Sans-Soucis, m. i., c[ne] de Saint-Romain-Lachalm.

Sap (Le), vill., c[ne] de Saint-Pal-de-Chalencon. —
Lo Sap, 1419 (Loire, A. 89, f° 244). — *Le
Sapt*, 1540 (terr. de St-Pal).

Sap (Le), h., c[ne] de Saint-Pal-de-Murs. — *Sap*,
1569 (J. Chalvon, n[re]).

Sap (Moulin-du-), m[in] sur le Chaudieu, c[ne] de Saint-
Pal-de-Chalencon. — *Le Moulin doz Peyretz*, 1540
(terr. de Saint-Pal).

Sapariot (Ravin-du-), affl. de la Loire, c[ne] de Bas.

Sapède (Ravin-de-la-), affl. de l'Allier, c[ne] de Vabres.

Sapet (Le), vill., c[ne] du Mazet-Saint-Voy. — *Mansus
del Sab*, 1163 (hospitaliers du Velay). — *Mansus
del Sapet*, 1296 (idem). — *Locus de Sapeto, lo
Sape*, 1343 (Rhône, H. 1016). — *Lou Sappe*,
1608 (cad. de Bonnas). — *Le Sappet*, 1820 (Deribier).

Sapet (Le), h., c[ne] de Saint-Jeure.

Sapet (Le), bois, c[ne] de Varennes-Saint-Honorat. —
Le boys nommé du Sappet, 1538 (Arch. nat., JJ.
254, n° 44). — *Le Sapet*, 1682 (cad. de Polignac).

Sapet-Bas (Le), m[in] et dom., c[ne] de Saint-Jean-
Lachalm. — *Molendini de Mirmanda*, 1256
(Thiolent).

Sapet-Haut (Le), dom., c[ne] de Saint-Jean-Lachalm.
— *Al Sapet de Mirmanda*, 1256 (Thiolent). —
Sab, 1286 (J. de Peyre, n[re], reg. A). — *Lo Sap*,
1288 (hôtel-Dieu, B. 341). — *Sappus*, 1344
(ibid., B. 482).

Sapine (La), bois, c[ne] de Croisance.

Sarcenat, loc. détr., c[ne] de Chambezon. — *Mansus
de Sarsenat*, 1330 (la Chaise-Dieu, Chambezon).

Sardat, m. i., c[ne] de Lapte.

Sardat, f., c[ne] du Pertuis. — *Le lieu de las Clau-
selles, aultrement Sarda*, 1602 (A. Robert, n[re]).

Sargnac (Ravin-du-), affl. des Vesseyres, c[ne] de Saint-
Christophe-d'Allier.

Sarlanges, vill., c[ne] de Retournac. — *Villa de Issarlangas*, 986 (cart. de Chamalières, n° 109). —
*In pago Vellaico, in vicaria Bassense, [villa] quæ
dicitur Sarliangas*, v. 1000 (cart. du Monastier,
n° 209). — *Sarlaugas*, 1167 (cart. de Chamalières, n° 88). — *Sarlanjas*, 1215 (abb. de
Doue). — *Sorlanges*, 1334 (Arch. nat., P. 490²,
cote 185).

Sarlis, vill., c[ne] d'Yssingeaux. — *Issarlhes*, 1300
(év.). — *Mansus d'Essarlhes*, 1314 (év.). — *Homines d'Essarlheus*, 1355 (év.). — *Sarlis*, 1507
(év.).

Sarniaguet, vill., c[ne] d'Agnat. — *Villa de Sarnhaguet*, XVIe s. (terr. de Grèzes). — *Sarniguet*, 1820
(Deribier).

Sarniat, vill., c[ne] d'Agnat. — *In vicaria Brivatensi,
ad Sirnac*, v. 1011 (cart. de Brioude, ch. 106).
— *Sarnhac*, XIVe s. (terr. des Grèzes).

Sarralier, l. détr., près Aunas, c[ne] de Chamalières.
— *Villa Lingurinas*, 1032 (cart. de Chamalières,
n° 101). — *Mansus de Lingurinis*, v. 1087
(idem, n° 23). — *Lengurinas*, 1400 (terr. du
Bois). — *Langorinas*, 1490 (cad. de Mézères).
— *Sarralier*, 1695 (capitation).

Sarrazine, f., c[ne] de Saint-Germain-Laprade. —
Le Coudert-Sarrasin, XVIIIe s. (Cassini).

Sarrazines (Les), lieu dit, près Bouzols, c[ne] de
Coubon. — 1707 (cad. de Bouzols).

Sarrazines (Pierres-), lieu dit, c[ne] d'Espaly-Saint-
Marcel. — *Le chemin tendant à Arboussel app.
Peyres-Sarrasines*, 1710 (cad. d'Espaly).

Sarrazins (Caves-des-), à Mazeyrac, c[ne] de Beaulieu.
— Grottes creusées de main d'homme.

Sarrazins (Château-des-), au-dessus du tunnel de
Saint-Simon, c[ne] de la Voûte-sur-Loire. — Roches
à bassins.

Sartre (La), m. i., c^{ne} de Lapte. — *La Sarte* (cad.).
— *La Satre,* 1878 (carte adm.).

Sarzien, m. i., c^{ne} du Chambon.

Sarzol, h., c^{ne} d'Allègre. — *Cerzols,* 1263 (Martène, thes. nov. anecd., I, 1116). — *Sarzols,* 1820 (Deribier).

Sassac, vill., c^{ne} d'Allègre. — *Sassac,* 1222 (Estiennot, fragm. hist. Aquit., IV, 169). — 1263 (Martène, thes. nov. anecd., I, 1116).

Sassac, h., c^{ne} de Chomelix. — *Ad Sazacum,* 1213 (cart. de Chamalières, n° 321). — *Cessac,* 1311 (Arch. nat., P. 1398¹, cote 650). — *Sassac,* 1548 (P. Galien, n^{re}).

Sassac, h., c^{ne} de Félines. — *Sassat-la-Tour,* 1669 (Arch. nat., P. 502, cote 109). — *Sasac,* 1888 (Malègue).

Sassenac, bois, c^{ne} de Vorey.

Sauce (La), l. détr., c^{ne} de Vorey. — *La Salsa,* 1288 (bénédictines de Vorey). — *La Saulce, mand. de Seneul,* 1593 (A. Boyer, n^{re}).

Sauces (Les), vill., c^{ne} de Chassagnes. — *Terra de Salsas,* v. 888 (cart. de Brioude, ch. 11). — *Las Salces,* 1490 (terrier du Cluzel). — *Saussces,* 1888 (carte adm.).

Sauces (Les), h., c^{ne} de Mazerat-Aurouze.

Sauces (Les), h., c^{ne} de Saint-Pierre-Eynac. — *Mansus voc. las Salsas,* 1285 (év.). — *Grangia de Salsis,* 1389 (cordeliers du Puy).

Sauciat, l. détr., c^{ne} d'Azerat. — *Villa Satiag,* v. 1011 (cart. de Brioude, ch. 31). — *Saciago,* (Bibl. nat., ms. lat., 17078, p. 17). — *Salsiacum,* 1156 (spic. Briv.). — *Salciac,* 1256 (*idem*). — *Sauciat,* 1439 (la Chaise-Dieu, Azerat).

Saugues, f., c^{ne} des Estables. — *Salgues,* 1516 (év.).

Saugues, arr. du Puy. — *Salga,* xiie s. (cart. de Pébrac, n° xlvi, 18). — *Ecclesia S. Mesardi de Salgue,* 1259 (Thiolent). — *Le chastiau de Salgues,* 1314 (Baluze, mais. d'Auv., II, 335). — *Curia Salguiacii,* 1334 (hôtel-Dieu, B. 463). — *Castrum de Salge,* 1343 (Lozère, G. 99). — *Ecclesia B. Medardi de Salgues,* 1365 (tabl. du Velay, 1876-77, 298). — *Villa de Salgue,* 1377 (Haute-Loire, E.). — *La Gleyza de S.-Mezart de Salgue, en l'evesquat de Mende en Gavalda,* 1396 (Ann. Soc. d'agric., XIV, 177). — *La ville de Saulgue,* xve s. (Bibl. nat., ms. fr., 22297, 69). — *Terra Salguarum,* 1450 (Baluze, mais. d'Auv., II, 391). — *Villa Salguiaci,* 1456 (Bibl. nat., ms. lat., n. acq., 1222, f° 34). — *Castrum Salguiaci,* 1490 (Haute-Loire, E.). — *Salvia vel Salices,* 1675 (Had. de Valois, not. Gall., 214). — *Saugues-la-Montagne,* 1793.

Avant 1790, Saugues était la capitale du Haut-Gévaudan. Cette ville, qui dépendait de la sirerie de Mercœur, mouvait en fief de l'évêché de Mende; mais, au xive siècle, les dauphins d'Auvergne, devenus sires de Mercœur, prétendirent que ce fief mouvait immédiatement de la couronne et l'hommagèrent au Roi. Son église paroissiale, diocèse de Mende et chef-lieu d'archiprêtré, était dédiée à saint Médard; l'évêque en était collateur.

Saumières, vill., c^{ne} de Retournac. — *Sommaires,* 1872 (Malègue).

Sauron, écart, c^{ne} de Berbezit.

Sauron, h., c^{ne} du Chambon.

Saussac, chât. détr., c^{ne} d'Yssingeaux. — *Celsac, Chalzac* (l'imprimé porte *Chatzac*), v. 1049 à 1109 (cart. de Cluny, ch. 3029). — *Castrum Sexagum,* 1079 (*idem*, ch. 3544). — *Celsac, Salsac,* v. 1100 (*idem*, ch. 3764). — *Celsiacum,* v. 1100 (*idem*, ch. 3792, VII). — *Salsacum,* 1303 (prieuré de Grazac). — *Curiales de Sulssaco,* 1370 (év.). — *Sausac,* 1602 (Jacmon, p. 8).

Siège de l'une des dix-huit baronnies diocésaines du Velay.

Sausse, m. i., c^{ne} de Saint-Didier-la-Séauve.

Sausse (La), écart, c^{ne} de Retournac. — *Salsa prope Retornac,* 1343 (Arch. nat., P. 1398², cote 661). — *La Sauce,* 1695 (capitation).

Sausses (Les), f., c^{ne} de Mazerat-Aurouze. — *Las Salsas,* 1445 (la Chaise-Dieu, Mazerat-Aurouze). — *Les Sauces* (cad.).

Saut (Le), m. i., c^{ne} de Saint-Maurice-de-Lignon.

Saut (Ravin-du-), affl. de l'Allier, c^{ne} de Saint-Vénérand.

Saut-de-Bauzit (Le), f., c^{ne} de Vals-près-le-Puy.

Saut-de-la-Jument-Borgne, affl. de la Veyradeyre, c^{ne} des Estables.

Saut-de-la-Vache (Le), m. i., c^{ne} de Raucoules.

Sauterat, m. i., c^{ne} de Laussonne.

Sauvage (Le), f., c^{ne} de Chanaleilles. — *Villa dels Salcatges,* 1217 (hôtel-Dieu, B. 304). — *Grangia vulg. appellata de Ribagenos sive del Salvatge,* 1329 (J. de Peyre, n^{re}). — *Lo Salvatges de Ripagenos,* 1334 (hôtel-Dieu, B. 464). — *Capella in loco del Salvaghe dicta Saint-Jacme,* 1446 (*idem,* B. 546). — *Le Solvaighe,* 1523 (*idem*). — *Le Souvage,* 1537 (*idem,* B. 303).

Sauvage (Le), f., c^{ne} de Saint-Pierre-Eynac.

Sauvagère (La), f., c^{ne} d'Aurec. — *La Souvareire* (cad.).

Sauvages (Les), chât. détr. et vill., c^{ne} d'Aurec. — *Als Salcatges,* 1325 (coll. Chaleyer). — *Une forte maison app. O Sauvages*, 1379 (hist. gén. de Lang., éd. Privat, X, pr., c. 1629). — *La Tour des Sauvages*, xviiie s. (Cassini).

SAUVAGES (Les), h., cne de la Farre. — *Les Salvaiges*, 1571 (A. Boyer, nre).

SAUVAGES (Les), f., cne de Queyrières. — *Villa quæ dicitur ad Salvatico, Salvaticis*, v. 952 (cart. du Monastier, n° 119).

SAUVAGET, h., cne de Josat. — *Souvayer* (cad.).

SAUVAGNAC, écart, cne de Chavagnac-Lafayette. — *Sauvaniac*, xviiie s. (Cassini).

SAUVAGNAT, h., cne d'Agnat. — *Salvanhac*, xive s. (terrier des Grèzes).

SAUVAGNAT, f., cne de Saint-Just-près-Brioude. — *Salveignac*, 1281 (J. Lachenal, l'égl. de Brioude, 11). — *Salvanhac*, 1392 (Arch. nat., Z². 4145, p. 227). — *Mansus de Sauvenhac*, 1459 (Arch. nat., ZZ. 359, p. 17). — *Sauvagnat-Haut*, 1888 (Malègue).

SAUVAGNAT, f., cne de la Vaudieu. — *Sauvaignat, Souvaignat*, 1612 (terrier de la Vaudieu).

SAUVAGNAT (Le), affl. du Criolat, cne d'Agnat. — *Rivus de Salvanhac*, xive s. (terrier de Grèzes).

SAUVAGNY, vill., cne de Lubilhac. — *Mansus de Salvigniaco*, 1426 (Bibl. nat., ms. fr., 11490, f° 12). — *Salveynhet*, 1428 (idem, f° 64). — *Sauvannet*, 1603 (Chanvon, nre). — *Sauvigny*, 1690 (ét. civ.). — *Souvagni*, 1820 (Deribier).

SAUVANT, m. i., cne de Cubelles.

SAUVAYER, h., cne de Josat. — *Souvayer* (cad.).

SAUVE (MOULIN-DE-), min sur le Doulon, cne de Saint-Vert.

SAUVETAT (LA), con de Pradelles. — Ancienne commrie de l'O. du Temple qui passa, en 1313, à l'O. de S. J. de Jérusalem et devint un membre de la commrie de Devesset ou le Bailliage. — *Villa et ecclesia quæ dicitur Salvitas*, 1164 (Médicis, I, 77). — *La Salvetat*, 1236 (templiers du Puy). — *Juxta domum de la Salvetat, capella in hon. B. Mariæ*, 1270 (Gall. christ., II, instr., c. 236). — *Pedagium villæ Salvitatis*, 1331 (J. de Peyre, nre). — *La Salvete ou bailliage de Velay*, 1376 (Vaissète, hist. gén. de Lang., X, pr., c. 1530). — *La Sauvetat*, 1720 (Saugrain).

En 1789, la Sauvetat était compris dans la province du Velay, la subdélégation et sénéchaussée du Puy. Au spirituel, il relevait de la paroisse de Landos.

SAUVETON, l. détr., cne de Saint-Pierre-Eynac. — xviiie s. (Cassini).

SAUZE (Le), vill., cne d'Aurec. — *Lo Sauze*, 1317 (Arch. nat., P. 1400³, cote 990). — *Lo Sauzer*, 1337 (common de M. Testenoire-Lafayette). — *Lo Salse*, 1389 (hist. gén. de Lang., éd. Privat, X, c. 1767).

SAUZE (Le), f., cne de Raucoules.

SAUZE (Le), f., cne de Salettes.

SAUZE (Le), m. i., cne d'Yssingeaux.

SAUZET, h., cne d'Aubazac.

SAUZET, dom., cne de Vazeilles-Limandres. — *Mansus... villulæ (Forsanguis) contiguus, qui vocatur Plania*, 1025 (AA. SS. O. S. B., sæc. vi, pars 1, 635; spic. Brivat.; cart. de Cluny). — *Plaigne*, 1809 (ét. civ.). — *Sauzet-Chamoux* (lire : Hameau), 1820 (Deribier). — *Vès-Sauzet*, 1866 (aff. jud.).

SAUZET, vill., cne de Venteuges. — *Mansus de Salzetz*, 1327 (Lozère, G. 98). — *Salzet*, 1479 (Bibl. nat., ms. lat., n. acq., 1224, f° 231).

SAUZET, dom. et min détr., cne de Vernassal. — *Sauzet*, 1210 (hôtel-Dieu, B. 607). — *Grangia dell Sauzet*, 1257 (idem, B. 316). — *La Saussette*, 1759 (tabl. hist. du Velay, 1874-1875, 215).

SAUZET (Le), h., cne d'Yssingeaux.

SAVEL, l. détr., cne d'Yssingeaux. — xviiie s. (Cassini).

SAVENNE (LA), affl. du Lignon, cnes de Champclause et du Mazet-Saint-Voy. — *Ris de Grueyre*, 1696 (cad. de Montusclat). — *Ruiss. de Gruaire* (cad.). — *Ruiss. de Sarenne*, 1880 (carte adm.).

SAVIGNAC, l. détr., cne de Cayres. — *Savinhac, par. de Cayres*, 1325 (Saint-Agrève). — *Savinhacum*, 1340 (J. de Peyre, nre).

SAVIGNAC, h., cne de Thoras. — *Mansus de Saviniaco*, 1276 (Thiolent). — *Savignac*, 1279 (idem). — *Savinhac*, 1499 (idem). — *Savinhacum*, 1526 (A. Besseyre, nre).

SAVIN (MOULIN-DE-), min, cne du Monastier.

SAVY (MOULIN-DE-), min sur le ruiss. de Gourgayre, cne d'Auvers.

SAY (Le), ruiss. qui prend naissance dans les prairies du Vernet et se jette dans la Musette, en amont du Charrouil, cne de Loudes. — *Rivus de Sal*, 1385 (terrier de Saint-Vidal). — *Riperia Salhis, rivus de Salh*, 1405 (Drôme). — *Lo riu del moli del Teulenc*, 1411 (terrier de Saint-Vidal). — *Rivus de Salli*, 1447 (ibid.).

SÇAY (Le), mins sur l'Estantole, cne de Vézézoux.

SCEYTHE (SCIE-DE-LA), scierie sur le Fultin, cne de Saint-Julien-Molhesabate.

SCIE (LA GRANDE-), h., cne de Saint-Julien-Molhesabate. — *Grand-Scie*, 1879 (carte adm.).

SCIE-DE-BOUTE (LA), cne de Saint-Just-Malmont. —

Le Moulin de Couillard, 1658 (Theillère, Saint-Just-Malmont, 185).

Scie-de-Leyricel (La), c⁰ᵉ de Dunières.

Scie-de-Rouchon (La), cᵘᵉ de Dunières.

Scie-des-Panens (La), cⁿᵉ de Riotord.

Scies (Les), h., cⁿᵉ de Saint-Julien-Molhesabate.

Séauve (La), vill., cⁿᵉ de Saint-Didier-la-Séauve. — *In Vellaico, in loco qui dicitur Sylva Lugdunense*, v. 970 (cart. du Monastier, n° 85). — *In loco ubi appellatur ad Silvam Lucdunensem*, xiᵉ s. (cart. de Chamalières, n° 129). — *Domus Silvæ*, 1226 (Guigue, obit. eccl. Lugd., p. 203). — *Domus de la Selve*, 1239 (tabl. du Velay, 1871-72, p. 297). — *Silva Monialium*, xiiiᵉ s. (anecd. hist. d'Ét. de Bourbon, p. 269). — *Sanctimoniales de Sylva*, 1270 (Lamure, hist. des ducs de Bourbon, III, p. 63). — *Conventus de Cilva*, 1279 (Arch. nat., P. 1399², cote 821). — *Nostra Domina de Lassova, la Saula*, 1310 (Mᶜᵉ de Boissieu, mais. de Saint-Chamond, p. 278-9). — *Monasterium Silvæ Benedictæ*, 1359 (cordeliers). — *Cilva Benedicta*, 1387 (év.). — *La Selva*, 1408 (compois du Puy). — *L'abbaye de la Serve-Benoiste*, 1426 (Arch. nat., P. 1400¹, cote 869). — *La Salve-Benoiste*, 1506 (Médicis, II, 302). — *La Seaulve-Benoiste lès S.-Didier*, 1597 (tabl. du Velay, 1870-71, p. 209). — *La Séauve-Bénite*, 1710 (Vernière, voy. hist. de Dom J. Boyer).

Ancienne abbaye de Cisterciennes, fondée au commencement du xii s., détruite à la Révolution.

Séauve (Chapelle de la), sous le vocable de Sainte-Marguerite de la Séauve, à la Séauve, construite en 1825; chapelle à pèlerinage.

Secreste (La), f., cⁿᵉ de Freycenet-la-Tour.

Seignazerd, m. i., cⁿᵉ de Tiranges. — *Saygnasart*, 1293 (Arch. nat., P. 491¹, c. 13). — *Saignasart*, 1334 (Arch. nat., P. 490², c. 153).

Séjallières, vill., cⁿᵉ de Saint-Jean-Lachalm. — *Segeleiras*, 1227 (hôtel-Dieu, B. 307). — *Segaleyras*, 1274 (idem, B. 309). — *Seghalieres*, 1476 (Bibl. nat., ms. lat., n. acq., 1224, f° 128). — *Seghalieras*, 1506 (Médicis, II, 303). — *Seialeyras*, 1299 (la Chaise-Dieu, Séjallières). — *Sezalières*, 1820 (Deribier).

Séjallières (La), affl. du Malaval, cⁿᵉˢ de Saint-Jean-Lachalm et d'Alleyras. — *Ruiss. de Séghalières*, 1614 (Duclaux, nʳᵉ).

Séjas (Le), bois, cⁿᵉ de Saugues.

Séjasset (Le), bois, cⁿᵉ de Saugues.

Sélerot (Moulin-de-), mⁱⁿ sur le Lignon, cⁿᵉ de Saint-Maurice-de-Lignon.

Selle (La), h., cⁿᵉ de Montregard. — *La Sella*, 1320 (cart. de Mazau, f° 138 v°). — *La Celle*, 1556 (terrier de Montregard). — *Laselle*, 1820 (Deribier).

Sembadel, c⁰ⁿ de la Chaise-Dieu. — *Ecclesia de Saint-Badel*, 1252 (Saint-Agrève). — *Parochia de Sambadel*, 1275 (la Chaise-Dieu, Saint-Allyre). — *Parochia Sancti Badelli*, 1331 (J. de Peyre, nʳᵉ). — *Parochia de Sambadello*, 1459 (idem, Vazeilhes). — *Sambadal*, 1548 (Rhône, Saint-Antoine-de-Viennois, Saint-Victor). — *Sembadel-Saint-Léger*, xixᵉ s. (nomencl. des postes).

Ancien péage des seigneurs d'Allègre supprimé par arrêt du Conseil du 26 octobre 1744.

En 1789, Sembadel faisait partie de la province d'Auvergne, de l'élection de Brioude, de la subdélégation de la Chaise-Dieu et du ressort de Riom. Son église paroissiale, diocèse du Puy et archiprêtré de Saint-Paulien, était dédiée à saint Roch; l'abbé de la Chaise-Dieu en était collateur.

Sembadou (Le), affl. de la Gampille, cⁿᵉˢ de Saint-Didier-la-Séauve et de Saint-Just-Malmont. — *Le Saint-Just* (cad.).

Semène, vill., cⁿᵉ d'Aurec. — *Semena*, 1386 (hom. de Solignac). — *Semena*, 1500 (obit. de Bas).

Semène (La), riv., prend naissance dans les montagnes de Saint-Genest-Malifaux (Loire), entre dans le département de la Haute-Loire par la Fayette, cⁿᵉ de Saint-Victor-Malescours, arrose les cⁿᵉˢ de Saint-Didier-la-Séauve, du Pont-Salomon et de Saint-Ferréol-d'Auroure et se jette dans la Loire au nord de la cⁿᵉ d'Aurec. — *Ripperia de Semena*, 1336 (Arch. nat., P. 492², c. 136).

Senat, vill., cⁿᵉ de Saint-Didier-sur-Doulon. — *Villa Semenago, in aice Brivatensi*, 819 (Bibl. de l'éc. des ch., XXVII, A. Bruel, chron. du cart. de Brioude, 508). — *Senac*, v. 1260 (Arch. nat., J. 1031, n° 2). — *Senat*, 1310 (Cumignac). — *Cenac*, 1888 (carte adm.).

Sénéol, vill., cⁿᵉ de Queyrières. — *Sonolium*, 1310 (Lardeyrol). — *Seneolum*, 1325 (Saint-Agrève). — *Cenoylh*, 1333 (Arch. nat., R². 39). — *Seneoulh*, 1534 (év.).

Séneujols, c⁰ⁿ de Cayres. — *Senolium*, v. 1160 (cart. des hospitaliers). — *Ecclesia de Senoiolo*, 1178 (cart. du Monastier, n° 442). — *Senogol*, v. 1213 (cart. des templiers). — *Seneiolum*, v. 1266 (cart. du Monastier, n° 452). — *Senoiol*, 1267 (hôtel-Dieu, B. 612). — *Senueiol*, 1313 (Vals). — *Sennuyol*, 1315 (hôtel-Dieu, B. 645). — *Senneiol, Senneyol*, 1342 (J. de Peyre, nʳᵉ). — *Perrochia de Senoyolio*, 1346 (hôtel-Dieu, B. 677). — *Cenoyelh*, 1349 (idem, 682). —

Senueylh, 1357 (cart. des hospitaliers). — *Lucus de Senholio*, 1383 (év.). — *Senulogium*, 1391 (*idem*). — *Senegol*, 1408 (compois du Puy). — *Cenologium*, 1419 (Saint-Mayol). — *Sennegol.* 1448 (Arch. nat., JJ. 179, n° 187). — *Senegolium*, 1449 (cart. des hospitaliers). — *Senogholium*, 1462 (V. Chauvin, n^re). — *Senegholium*, 1505 (Dompnin, n^re). — *Ceneujol*, 1507 (év.). — *Senejolium*, 1531 (Saint-Mayol). — *Senegonlh*, 1534 (év.). — *Seneghol*, 1535 (Chamblas). — *Seneujol*, 1567 (Doleson, n^re). — *Senajon, Sanajon, Cenajon*, 1590 (Burel, 240, 296 et 312). — *Seneughol*, 1607 (A. Robert, n^re). — *Seneuiol*, 1635 (cad.). — *Seneuge*, 1780 (terrier de Vabres, f° 348).

En 1789, Séneujols était compris dans la province du Velay, la subdélégation et sénéchaussée du Puy. Son église paroissiale, diocèse du Puy et archiprêtré de Solignac-sur-Loire, était sous le vocable de sainte Anne; l'abbé du Monastier en était collateur.

SENÈZE, vill., c^ne de Domeyrat. — *Senezes*, 1445 (la Chaise-Dieu, Mazerat-Aurouze). — *Senèse*, (cad.).

SENGLARANETS, l. détr., c^ne de Chassignolles. — *Mansus de Senglaranetz*, 1358 (spic. Briv.).

SÉNIAUTRE, f., c^ne de Saint-Geneys-près-Saint-Paulien. — *Mansus de Sumentres*, 1408 (Drôme). — *Soumeautre*, 1507 (év.). — *Chemeautre*, 1584 (terrier de la Rochelambert). — *Syniautres*, 1695 (capitation). — *Simiautre*, xviiie s. (Cassini).

SÉNICROSE, h., c^ne de Fay-le-Froid. — *Locus de Sanha Croza*, 1464 (Ardèche, C. 624). — *Sanha-Croze*, 1620 (Soc. d'agric., XVIII, 533). — *Sanic-Croze*, 1639 (él. civ.). — *Sénicroze*, 1673 (*idem*). — *Senicros*, xviiie s. (Cassini).

SÉNICROSE, f., c^ne de Présailles.

SÉNILHAC, vill., c^ne de Ceyssac. — *Senilhac*, 1343 (J. de Peyre, n^re, reg. 3, f° 163). — *Cenilhiac*, 1587 (Sigaud, n^re). — *Cinilhac*, 1613 (Brunel, n^re). — *Cenilhac*, 1695 (cad. de Ceyssac).

SÉNIQUETTE, vill., c^ne de Saint-Ilpize. — *Sanha Ceuta*, 1339 (Bibl. nat., ms. fr., 14377, p. 189). — *Senha Ceuyta*, 1357 (*idem*, p. 206). — *Sanha Queuyta*, 1386 (Arch. nat., Z². 4144, p. 60). — *Mansus de Sanhe Queuta*, 1444 (Bibl. nat., ms. fr., 11490, p. 338). — *Sanhe Queuta*, 1460 (Arch. nat., ZZ. 359, p. 10). — *Saignequeute*, 1612 (terrier de la Vaudieu). — *Séniqueute*, 1820 (Deribier).

SÉNOUIRE (La), riv., prend sa source près de la Chaise-Dieu, dans le bois du Breuil, arrose les c^nes de la Chapelle-Geneste, Connangles, Saint-Pal-de-Murs, Saint-Étienne-près-Allègre, Mazerat-Aurouze, Paulhaguet, Domeyrat, Frugières-le-Pin, la Vaudieu et Vieille-Brioude et se jette dans l'Allier près du pont de la Bajasse. — *Fluviolus qui dicitur Sinus Aureus*, v. 1148 (Gall. christ., II, col. 107). — *Aqua de Senoire*, 1452 (spic. Briv.). — *Senoyre*, 1279 (*idem*). — *Aqua Sinus Auri*, 1324 (la Chaise-Dieu, Mozun). — *Sirenueyra, Sirenieyra*, 1338 (Arch. nat., R4. 1143*, n° 114). — *Cenoyre*, 1359 (la Chaise-Dieu, bois de Mozun). — *Flumen Cynus Auri*, 1371 (*idem*, la Chapelle-Geneste). — *Cynioures*, 1373 (*idem*). — *La riv. de Sonoyre*, 1561 (Chalvon, n^re).

SENOUS, écart, c^ne de Saint-Germain-Laprade. — *Synoms*, 1256 (Arch. nat., P. 491², cote 113). — *Territorium de Senoms*, 1412 (terrier du Moulin-Neuf). — *Cenomps*, 1568 (Savin, n^re).

SENTENAC, h., c^ne de Chomelix. — *Ad Sentennachum*, 1213 (cart. de Chamalières, n° 320). — *Mansus de Sentenato*, 1404 (terrier de Chomelix).

SEPTSOLS, h., c^ne de la Besseyre-Saint-Mary. — *Mansus de Sept-Sols*, 1476 (Bibl. nat., ms. lat., n. acq., 1224, f° 135). — *Cessol*, 1749 (terrier du Besset). — *Sepsol*, 1820 (Deribier). — *Sept-Sols*, 1888 (carte adm.).

SERAILLE, m^ln sur la Musette, c^ne de Vazeilles-Limandres. — *Saraye*, 1888 (carte adm.).

SENAND, écart, c^ne de la Chapelle d'Aurec. — 1692 (ét. civ.). — *Serrand*, xviiie s. (Cassini). — *Saran*, 1860 (état-major). — *Seran*, 1888 (Malègue).

SEBASACRE, mont., près Vialette, c^ne de Saint-Paulien. — *Serasacre*, 1355 (terr. de P. Ravoux).

SEREYS, chât., c^ne de Chomelix. — *Ex oppido quod Ceresium nominatur*, xie s. (AA. SS. O. S. B., vi siec., vita S. Roberti, II, 13). — *Cereseum*, 1164 (Médicis, I, 76). — *Castrum de Cereis*, 1173 (lay. du trés. des ch., I, 105). — *Sereys*, 1507 (év.). — *Le chasteau de Sereix en Languedoc*, 1669 (Arch. nat., P. 499, cote 20).

SÉRIÈS, l. détr., c^ne de Coubon. — *In pago Vellaico, in villa Cedrirs, in vicaria de Bolziol*, v. 1031 (cart. du Monastier, n° 249). — *Ceiriers*, 1244 (Saint-Mayol). — *Vinetum de Seyreys*, 1326 (Saint-Agrève). — *Seyriers*, 1389 (plumit. de Bouzols). — *Ceyriès*, 1707 (cad. de Bouzols). — *Le Seriès*, xviiie s. (Cassini).

SERMONE (La), f., c^ne de Vals-près-le-Puy. — *Pratum de la Salamona*, 1448 (hôtel-Dieu, B. 203). — *Le ranc de la Salamonna*, 1587 (Doleson, n^re).

Serpeyres (Les), f., c^{ne} du Chambon. — *Las Serpeyras*, 1616 (Rhône, H. 2153). — *Les Sarpeyres*, xviii° s. (Cassini). — *Les Serpières*, 1820 (Deribier).

Serpolaires, lieu dit, c^{ne} de Taulhac. — *Cerpoleyres*, 1549 (Savin, n°).

Serpoller, terroir, c^{ne} de Chadrac. — *Sarpollerius*, v. 1187 (hosp. du Velay). — *Prata de Sarpoler* ou *Sarpolyer subtus Chausso*, 1294 (terrier de Saint-Mayol). — *Pratum voc. Serpolheyr*, 1334 (hosp. du Velay).

Serre, l. détr., c^{ne} d'Alleyrac. — *Serrum*, 1331 (Arch. nat., P. 1397², cote 587).

Serre, vill., c^{ne} d'Ally. — 1613 (Mercurial).

Serre (Le), affl. de l'Avène au sud-est de Saint-Austremoine; prend sa source près de Freycenet, c^{ne} d'Ally.

Serre (Le), h., c^{ne} de Léotoing. — *Le lieu de Serre*, 1520 (la Chaise-Dieu, Chambezon). — *Le Serre*, xviii° s. (Cassini). — *Les Serres*, 1820 (Deribier).

Serre (Le), f., c^{ne} de Raucoules.

Serre (Le), dom., c^{ne} de Saint-Arcons-de-Barges. — *Blanc del Serre*, 1225 (hôtel-Dieu, B. 305). — *Villa del Serre*, 1281 (la Chaise-Dieu, Saint-Paul-de-Tartas).

Serre (Le), m. i., c^{ne} de Saint-Maurice-de-Lignon.

Serre (Le), f., c^{ne} des Vastres.

Serre (Moulin-de-), mⁱⁿ à vent, c^{ne} d'Ally.

Serre-d'Ardenne (Le), m. i., c^{ne} de Fay-le-Froid.

Serre-du-Pin (Le), h., c^{ne} de Tence.

Serre-Rouge (Le), mont., c^{ne} d'Alleyras. — *Mons voc. Teuleynh*, 1327 (prieuré d'Alleyras).

Serres, vill., c^{ne} de Céaux-d'Allègre. — *R. de Serro de Castronovo*, 1288 (hôtel-Dieu, B. 341). — *Serre*, xviii° s. (Cassini).

Serres, h., c^{ne} de Félines. — *Serres*, 1249 (tabl. du Velay, 1875-76, p. 532).

Serres, l. dét., c^{ne} de Rauret. — 1285 (homm. de l'év.). — *Serras, par. de Roureto*, 1340 (J. de Peyre, n°).

Serres, vill., c^{ne} de Saint-Pal-de-Murs. — 1573 (comm^{on} de M. E. Grellet de la Deyte).

Serres (Les), h., c^{ne} de Saint-Pal-de-Mons.

Serret (Le), m. i., c^{ne} de Bessamorel.

Serret (Le), bois, c^{ne} de Saint-Just-Malmont.

Serry (Le), m. i., c^{ne} d'Alleyras.

Serry (Le), affl. de l'Allier, c^{ne} de Monistrol-d'Allier. — *Le ruisseau de Gratesol*, 1780 (terrier de Vabres, f° 259 v°).

Serry-de-l'Ouche (Le), rocher, c^{ne} des Estables.

Serves (Les), ravin et ruiss., affl. de droite de l'Arzon et limitant les c^{nes} de Bellevue-la-Montagne, de Saint-Geneys-près-Saint-Paulien et de Vorey.

Servey (Le), m. i., c^{ne} d'Araules. — *Le Servey-du-Mégal*, 1878 (carte adm.). — *Le Cervey*, 1888 (Malègue).

Servezeyres, h., c^{ne} de Rosières. — *Villa de Cerviseriis* (le ms. porte *Cerinseriis*), 985 (cart. de Chamalières, n° 185). — *Serveserie*, 1507 (Saint-Mayol). — *Servesières* ou *Moret*, 1820 (Deribier). — *Serrezeyres*, 1880 (carte adm.).

Servières, vill., c^{ne} de Blesle. — *Mansus de Serveyra*, 1364 (spic. Briv.). — *Servière*, 1730 (terr. d'Espalem).

Servières, chât., c^{ne} de Saint-Didier-sur-Doulon. — *Castrum de Servera*, v. 1250 (spic. Briv.). — *Cerveira* ou *Serveira*, xiii° s. (obit. de Br.). — *Cervière*, xviii° s. (Cassini). — *Servière* (cad.).

Servières, chât. et vill., c^{ne} de Saugues. — *Cerveira*, 1216 (hôtel-Dieu, B. 303). — *Serveira*, 1241 (cart. de Pébrac, n° 70). — *Castrum de Serveyra* (Lozère, G. 98). — *Le prieur de Serverye*, 1516 (Arch. nat., G⁸*. 2, f° 597 v°). — *Serveyras*, 1539 (Thiolent). — *Serveyres*, 1574 (terrier de Meyronne). — *Servières de Saugues*, 1794 (L'Ouvreleul, 26).

Succursale érigée le 21 mai 1826.

Servières (Le Mas-de-), l. détr., c^{ne} de Rauret. — 1349 (homm. de l'év.).

Servillange, vill., c^{ne} de Venteuges. — *Servilhangas*, 1327 (Lozère, G. 98). — *Servilongas*, 1499 (Thiolent). — *Servilanghes*, 1539 (idem).

Servillange (Le), affl. du Pontajou, c^{nes} de Saugues et de Venteuges. — *Ruiss. de Vysson*, 1574 (terr. de Meyronne).

Serville, source d'eaux minérales, c^{ne} de Beaulieu.

Servissas, chât. détr. et vill., c^{ne} de Saint-Germain-Laprade. — *Serviszac*, 1161 (hosp. du Velay). — *Servissas*, 1164 (Médicis, I, 76). — *Cervisas*, 1191 (Saint-Georges du Puy). — *Cervissaz*, 1210 (hôtel-Dieu). — *Sirvissas*, 1256 (Arch. nat., P. 491², cote 113). — *Cervissas*, 1274 (Saint-Georges du Puy). — *Servissacium*, 1389 (plumit. de Bouzols).

Fief vassal de l'év. du Puy.

Seigneurie possédée en pariage par trois coseigneurs, le baron de Bouzols, le baron de Solignac (depuis le xiv° s., le v^{te} de Polignac) et le seigneur de Mazengon.

Chapelle du château, sous le vocable de saint Sulpice.

Senzat, l. détr., c^{ne} de Mercœur. — *Metterie app. Sarazat où y a chazaulx*, 1613 (Mercurial).

Sétoux (Les), vill., cne de Riotord. — *Grangia des Sotons*, 1273 (cart. de Saint-Sauveur-en-Rue). — *Les Souttons*, 1606 (Jamon, nre).

Seuge (La), riv., prend naissance dans la cne de Chanaleilles et se jette dans l'Allier, à Prades, après avoir arrosé les cnes de Grèzes et de Saugues. — *Aqua de Suega*, 1377 (Thiolent). — *Rivus de Seugha*, 1464 (Bibl. nat., ms. lat., n. acq., n° 1223, f° 185 v°). — *Le rif de Seuge*, 1465 (idem, f° 226 v°). — *Aqua Seugiæ*, 1477 (Bibl. nat., ms. lat., n. acq., n° 1224, f° 166). — *Le ruisseau de Seujoles*, 1857 (hist. de Langeac, par Lagrave, p. 133).

Seuils (Les), f., cne de Chauderolles. — *Mansus deus Soyls* et *Sohyls*, 1301 (Bonnefoy). — *Mansus deus Soylhs*, 1309 (idem). — *Mansus de Soliis*, 1330 (idem). — *Los Seulhs*, 1387 (idem). — *Boria deus Sueylhs*, 1455 (Pradier, nre). — *Les Sueilx*, 1624 (ét. civ.).

Seuils (Les), mont., loc. détr., près le Bouchet, cne de Saint-Georges-Lagricol. — *In Suils*, 1163 (cart. de Chamalières, n° 77). — *El suc dous Solz*, 1447 (terr. de Piassac).

Seuils (Les), l. dét., cne de Saint-Pal-de-Chalencon. — *Villa quæ dicitur ad Solos*, xii° s. (cart. de Chamalières, n° 209).

Sevetrac, vill., cne d'Yssingeaux. — *Seveirachum*, 1213 (cart. de Chamalières, n° 330). — *Castrum de Seveyrac*, 1267 (Médicis, I, 80). — *Sevayrac*, 1327 (Guy Veriac, nre). — *Severacum lo Fromentail*, 1377 (Ord. des Rois de Fr., VI, 267; Ménard, hist. de Nîmes, III, pr., 85). — *Civeyrac*, 1506 (Médicis, II, 302). — *Ceveyrac*, 1548 (terrier de Verchères).

Siaugues-Saint-Romain, cne de Langeac. — *Ecclesia de Selgue*, 1315 (spic. Briv.). — *Celgue*, 1330 (Chamblas). — *Ceulgues*, 1379 (compte de B. Flotenc). — *Ceaulgues*, 1398 (compte de B. Sannadre). — *Cealgues*, 1401 (spic. Briv.). — *Ecclesia parochialis B. Petri de Selgue*, 1465 (Bibl. nat., ms. lat., n. acq., 1223, f° 237 v°). — *Le bourg de Seaulgue en Auvergne*, 1472 (spic. Briv.). — *Sealgue*, 1475 (Bibl. nat., lat., n. acq., 1224, f° 99). — *Sealgues*, 1495 (terrier de Vissac). — *Parochia Sialgii*, 1510 (Dompnin, nre). — *Siaugue*, 1561 (Savin, nre). — *Sialgue*, 1568 (Arch. nat., Q. 513, f° 212). — *Seaulgues*, 1597 (A. Robert, nre). — *Cyaugues-Sainct-Rome en Auvergne*, 1629 (Duclaux, nre). — *Siaulgues*, 1669 (spic. Briv.). — *Siaugues-Saint-Romain*, xviii° s. (Cassini). — *Siaugues-le-Romain*, 1793.

En 1789, Siaugues-Saint-Romain dépendait de la province d'Auvergne, de l'élection de Brioude, de la subdélégation de Langeac et du ressort de Riom. Son église paroissiale, diocèse de Saint-Flour et archiprêtré de Langeac, était sous l'invocation de saint Pierre; comme prieuré de cette localité, l'abbesse du monastère des Chazes présentait à la cure.

Siaume (La), riv., prend sa source à l'ouest de Granouillet, cne d'Yssingeaux, et se jette dans le Lignon, près du Pont de l'Enceinte. — *Aqua de Silma*, 1359 (Rhône, H. 2632). — *Sialma*, 1504 (terrier de Chailhans, f° 20). — *Riparia de Siolme*, 1523 (est. d'Yssingeaux, f° 11 v°). — *La Siaume*, 1600 (Mme Leblanc, nre). — *Le ruisseau de Syolme*, 1646 (terrier de Chailhans, f° 127). — *Les Tanneries*, 1878 (carte adm.).

Siberot (Moulin-de-), min sur la Borne occidentale, cne de Monlet. — *Moulin-Soubeyrot*, xviii° s. (Cassini). — *Moulin-Sibeyrot*, 1888 (carte adm.). — *Sibeyrat*, 1888 (Malègue).

Sicart (Moulin-de-), min sur la Dège, cne de la Besseyre-Saint-Mary. — 1749 (terr. du Bessel). Min bannier de la sie du Bessel.

Sigaud, h., cne de Chadron. — *Sigaud*, 1561 (Savin, nre). — *Siguaud*, 1579 (prieuré de Solignac).

Sigaud, f., cne de Saint-Arcons-de-Barges.

Signaure, f., cne du Chambon. — *Le Signon*, 1888 (Malègue).

Signauves (Raza-des-), affl. de la Senouire, limite les cnes de Collat et de Saint-Étienne-près-Allègre.

Signe (Le), min détruit, cne d'Allègre. — *Le Signe*, xviii° s. (Cassini). — *Moulin de Fix*, 1851 (Giraud).

Signolles (Les), f., cne de Riotord.

Signon, mont. et carrière de lauzes, cne de Chaudeyrolles. — *Sinho*, 1469 (Rivière, nre). — *La montagne de Signon*, 1764 (tabl. du Velay, 1877-78, 515). — *La mont. de Chignor*, 1867 (Lecoq, IV, 335).

Silcuzin, vill., cne de Siaugues-Saint-Romain. — *Salgusii*, v. 1250 (spic. Briv.). — *Salcuzi*, 1320 (J. de Peyre, nre). — *Celcuzi*, 1384 (Chamblas). — *Mansus de Selcuzi*, 1453 (Bibl. nat., ms. lat., n. acq., 1222, f° 9 v°). — *Sealcusi*, 1476 (idem, 1224, f° 140). — *Seaulcuzy*, 1495 (terrier de Vissac). — *Sealcuzin*, 1525 (terr. du Cluzel). — *Celcuzin en Auvernhe*, 1621 (Brunel, nre). — *Ciaulxcouzy*, 1660 (Espanhon, nre). — *Silcuzin*, xviii° s. (Cassini). — *Silusin*, 1820 (Deribier).

Sillards (Les), h., cne de Saint-Jeure.

Siméon, f., c^ne de Saint-Victor-Malescours.

Simet, m. i., c^ne de Tiranges. — *Simets* (cad.).

Simondon, f., c^ne du Chambon. — *Simodon*, 1888 (Malègue).

Simonet, f., c^ne de Saint-Haon.

Single (Le), f., c^ne de Montusclat. — *Lou Sengle*, 1696 (cad. de Montusclat). — *La Sengle*, xviiie s. (Cassini). — *Le Singe*, 1879 (carte adm.).

Sinzelles, h., c^ne de Blavozy. — *Sinzelæ*, 1305 (Saint-Georges du Puy). — *Sinzelas*, 1325 (hôtel-Dieu, B. 179). — *La borie de Sinzelles*, 1561 (Savin, n^re). — *Cinzeles*, xviiie s. (Cassini).

Domaine de l'ancienne maladrerie de Brives.

Sinzelles, h., c^ne de Polignac. — *Cinzelas prope grangiam de Moniauzi*, 1266 (léproserie de Brives). — *Cinselas*, 1374 (Saint-Agrève). — *Scinzelhas*, 1453 (prieuré de Polignac). — *Sinzelas*, 1510 (J. Boyer, n^re). — *Cinzelles*, 1585 (Johany, n^re).

Sionne (La), rivière qui prend sa source dans les montagnes de Cézallier (Cantal), entre dans le département de la Haute-Loire par le nord de la c^ne de Blesle et se jette dans l'Allagnon au-dessus de Babory. — *Rif de Syone*, 1493 (terrier de Blesle). — *La Sianne*, 1879 (carte adm.).

Siougue, bois, c^ne de Charraix. — *La Silva*, 1351 (Thiolent). — *Nemus de la Selva*, 1459 (Bibl. nat., ms. lat., n. acq., 1222, f° 119).

Sitron (Le Mas-de-), l. détr., c^ne de Saint-Maurice-de-Lignon. — *Le Mas-de-Sytron*, 1589 (Haute-Loire, E.).

Soddes, vill., c^ne de Saint-Paulien. — *Sosde*, xe s. (cart. de Chamalières, n° 222). — *Sodde*, 1306 (tabl. du Velay, 1875-76, 520). — *Sode*, 1345 (terrier de P. de Céaux). — *Sodes*, 1820 (Deribier).

Soleil (Le), h., c^ne de Laval. — *Mansus de Solerio*, 1307 (la Chaise-Dieu, Saint-Vert). — *Le Solier*, 1570 (J. Chalvon, n^re).

Soleil (Le), h., c^ne de Saint-Didier-sur-Doulon.

Soleilhac, h., c^ne de Saint-Front. — *Mansus de Sollelat*, 1217 (Gall. christ., XVI, instr., col. 240). — *Mansus Solelhat*, 1256 (cart. de Mazan, f° 111). — *Selelhat*, 1392 (év.). — *Mansus de Solelhaco*, 1398 (cart. de Mazan, f° 106). — *Soleilhac*, 1507 (év.).

Soleymet, f., c^ne de Saint-Pal-de-Mons. — *Souleymey* (cad.).

Soleymet, f., c^ne de Saint-Victor-Malescours. — *Soleymec*, 1388 (coll. Chaleyer). — *Solimet* (cad.). — *Solaymet*, 1820 (Deribier).

Soleyrol, l. détr., près l'Estang, c^ne de Saint-Christophe-d'Allier.

Soleyrol, f., c^ne de Saint-Didier-sur-Doulon. — *Lo Soleyrol*, 1516 (Vals-le-Chastel). — *Solerolle*, xviiie s. (Cassini). — *Soleyrolles* (cad.). — *Solérol*, 1888 (carte adm.).

Soleyrol, f. et m^in sur l'Ance, c^ne de Saint-Georges-Lagricol. — *Solayrol*, 1271 (hôtel-Dieu, B. 620). — *Lo Soleyrol*, 1447 (terrier de Piassac). — *Le Solleyrol*, 1569 (terrier de N.-D. de Chalencon). — *Solleyrol*, 1695 (capitation).

Solier (Le), vill., c^ne de Saint-Hilaire.

Solignac, l. détr. et mont., c^ne de Rosières. — *Villa de Sollempniaco*, 986 (cart. de Chamalières, n° 201). — *Mansus de Sollemniaco*, v. 1180 (idem, n° 131). — *Sollempnhac*, 1342 (col. C. Falcon).

Solignac, f., c^ne de Saint-Étienne-sur-Blesle.

Solignac, f. détr., c^ne de Saint-Georges-d'Aurac. — *Solompnhat*, 1416 (la Chaise-Dieu, Mazerat-la-Brequeille). — *Sollempnhac*, 1465 (terrier du Cluzel). — *La metterie de Solegnac*, 1670 (Arch. nat., P. 502, n° 112).

Solignac, vill., c^ne de Tence. — *Solempnhac*, 1308 (homm. de l'év.). — *Sollempniacum*, 1314 (év.). — *Sollampnhac*, 1327 (Rhône, D. 154). — *Sollempnhac*, 1328 (cart. de Tence, f° 18). — *Sollempnac*, 1507 (év.).

Solignac (Le Grand-), dom., c^ne de Monistrol-sur-Loire. — *Solempnec*, 1370 (év.). — *Domus de Solumpnhec*, 1431 (év.). — *Le Grand-Sollignac*, 1732 (ét. civ.).

Solignac (Le Petit-), f., c^ne de Monistrol-sur-Loire.

Solignac-sous-Roche, c^on de Bas. — *Villa de Sollempniaco*, 986 (cart. de Chamalières, n° 201). — *Ecclesia S. Juliani Sollempniacensis*, v. 1082 (idem, n° 200). — *Prior de Solyniac prope Rocham*, 1302 (Arch. nat., P. 494^1, c. 11). — *Prioratus S. Juliani de Sollempniaco prope Ruppem*, 1429 (Saint-Mayol). — *Capellanus de Sollempnhac-Charais*, xve s. (Médicis, II, 171). — *Prieur de S.-Julien-de-Solemieu*, 1490 (Arch. nat., P. 1397², c. 583).

Membre dépendant du prieuré de Saint-Michel de Charais en Vivarais, chef d'ordre.

En 1789, Solignac-sous-Roche appartenait à la province du Velay, à la sénéchaussée et subdélégation du Puy.

Solignac-sur-Loire, arr. du Puy. — *Vicaria de Solemniaco, in pago Vellaico*, 996 (cart. du Monastier, n° 141). — *Ecclesia S. Vincentii de Solemniaco*, 1080 (idem, n° 235). — *Sollempnia-*

cum, 1150 (hôtel-Dieu, B. 297). — *Solamnac*, v. 1160 (hosp. du Velay). — *Sollamniac*, 1173 (*idem*). — *Sollonac*, 1174 (*idem*). — *Solempnac*, v. 1179 (*idem*). — *Lo prior de Solamniac*, v. 1217 (templiers du Puy). — *Solannac*, 1227 (*idem*). — *Soligniacum*, 1256 (Arch. nat., JJ. 30ⁿ, fᵒ 42). — *Solempniac*, 1256 (év.). — *Solempnyacum*, 1278 (la Chaise-Dieu, Bouchet-Saint-Nicolas). — *Soleingnac*, 1299 (Ar. du parl. de Paris, II, nᵒ 3026). — *Soulognac*, 1318 (Baluze, II, 150). — *Sollompnhac*, 1331 (J. de Peyre, nʳᵉ). — *Sollompnac*, 1363 (Haute-Loire, E.). — *Sollompniacum*, 1390 (év.). — *Villa de Solemnhaco*, 1450 (tabl. du Velay, 1875-76, 53). — *Solinhac*, 1506 (Médicis, II, 302). — *Sollempnhacum*, 1514 (Maurin, nʳᵉ). — *Sollinac*, 1551 (R. Maurin, nʳᵉˢ). — *Solignhac*, 1561 (Savin, nʳᵉ). — *Solleignac*, 1574 (Haute-Loire, C.). — *Solignac*, 1589 (Burel, 133). — *Soliniach*, 1594 (tabl. du Velay, 1875-76, 55). — *Sollenhac*, 1602 (Jacmon, 7). — *Solenihac*, 1632 (*idem*, 54).

En 1789, Solignac-sur-Loire était compris dans la province du Velay, la subdélégation et sénéchaussée du Puy. Son église paroissiale, diocèse du Puy et chef-lieu d'archiprêtré, était sous le vocable de saint Vincent; l'évêque, qui avait la collation de la cure, avait remplacé comme collateur, en 1762, les jésuites du Puy, qui eux-mêmes avaient succédé, à partir de 1588, à l'abbé du Monastier.

Solilhac, chât. et dom., cⁿᵉ de Blanzac. — *Soleillac*, 1245 (Saint-Georges de Saint-Paulien). — *Villa de Soleliac*, 1272 (tabl. du Velay, 1875-76, 524). — *Suleilhac*, 1306 (*idem*, 513). — *Seleliacum*, 1306 (*idem*, 510).

Sollier (Le), m. i., cⁿᵉ de Josat.

Solnecoux, mⁱⁿ sur la Seuge, cⁿᵉ de Cubelles. — *Solrocos*, 1233 (cart. de Pébrac, nᵒ 59). — *Le molin de Solrocos*, 1539 (Thiolent).

Sommes (Suc des), mont., cⁿᵉ d'Agnat.

Sonnac, vill., cⁿᵉ de Malrevers. — *Seunhac*, 1288 (hôtel-Dieu, B. 342). — *Saunhac*, 1300 (*idem*, B. 358). — *Saunac*, 1314 (év.). — *Sonnacus*, 1470 (Chamblas). — *Sonacus*, 1476 (Richon, nʳᵉˢ). — *Sonac*, 1820 (Deribier).

Sonne (La), f., cⁿᵉ de Montfaucon. — *La Sone*, 1574 (Guèze, nʳᵉ).

Sorlhac, vill., cⁿᵉ d'Auteyrac. — *Villa quam vocant Sortiacum* (*Sorliacum*), 999 (cart. de Cluny, nᵒ 2482). — *Sorliac*, 1134 (cart. de Pébrac, nᵒ 31). — *Sorlac*, XIIᵉ s. (*idem*, nᵒ XLVI, 53). — *Mansus de Sorlhac*, 1461 (Bibl. nat., ms. lat.,

n. acq., 1222, fᵒ 192 vᵒ). — *Sourliac*, 1587 (Sigaud, nʳᵉ).

Soubeyros, m. i., cⁿᵉ de Saint-Pierre-Eynac.

Soubre-Mons, m. i., cⁿᵉ de Taulhac.

Soubrey, vill., cⁿᵉ de Salettes. — *Subregio*, 870 (Chifflet, hist. de Tournus, 210). — *Castrum sive fortalicium de Sobrey*, 1463 (la Chaise-Dieu, la Chapelle-Graillouse). — *Castrum de Soubrey*, 1559 (Vacherel, nʳᵉ). — *Le domaine de Soubrey*, 1666 (André, nʳᵉ).

Soubrey (Le), affl. de la Loire, cⁿᵉ de Salettes.

Souchaire (La), h., cⁿᵉ de Félines. — *Sucheria*, 1347 (la Chaise-Dieu, Jullianges). — *Le Mas de la Souchière*, 1401 (spic. Briv.). — *La Soucheyre*, 1888 (carte adm.).

Souche, m. i., cⁿᵉ de Taulhac.

Souche (La), h., cⁿᵉ du Chambon.

Souche (La), h., cⁿᵉ de Lapte. — *Feudum de la Zocha*, v. 1100 (cart. de Cluny, ch. 3764). — *La comanda de la Çucha*, v. 1100 (*idem*, ch. 3896). — *Villa de la Socha*, 1349 (Arch. nat., P. 1397², cote 540).

Souche (La), affl. de la Dunières, cⁿᵉˢ de Lapte et de Sainte-Sigolène.

Souche (La), écart, cⁿᵉ de Saint-Just-Malmont. — *Souchia Mali Montis*, 1455 (commᵒⁿ de l'abbé Theillière). — *Sochia*, 1465 (terr. de Saint-Just Malmont, fᵒ 6).

Soucherres, h., cⁿᵉ d'Yssingeaux.

Soucheyre (La), vill., cⁿᵉ de la Besseyre-Saint-Mary. — *Mansus de Socheria*, 1327 (Lozère, G. 98). — *La Socheyra*, 1479 (Bibl. nat., ms. lat., n. acq., 1224, fᵒ 231). — *La Souchière*, 1574 (terrier de Meyronne).

Soucheyre (La), l. détr., cⁿᵉ de Laval. — *Mansus de la Socheyra*, 1307 (la Chaise-Dieu, Saint-Vert).

Souchon, h., cⁿᵉ d'Araules, 1723 (cad. de Bellecombe).

Souchon, m. i., cⁿᵉ de Saint-Pierre-Eynac.

Souchon (Le Mas-de-), écart, cⁿᵉ de la Farre. — *Hospitium Stephani Sochonis, mand. de Fara*, 1383 (Rhône, E. 9). — *Sochon*, 1553 (commᵒⁿ de M. F. Experton).

Souchonne (La), h., cⁿᵉ de Monistrol-sur-Loire. — *La Suchonne*, 1553 (ress. de Montfaucon).

Soudar, écart, cⁿᵉ de Mézères. — *Soudard*, 1820 (Deribier).

Soufleix, h., cⁿᵉ de Bellevue-la-Montagne. — *Mansus del Sofflart*, 1321 (spic. Briv.). — *Souffley*, 1670 (Arch. nat., P. 502, cote 109).

Souhait (Le Grand-), f., cⁿᵉ de Riotord. — *Podium Sotis*, 1277 (cart. de Saint-Sauveur-en-Rue). — *Le Grand-Seut*, XVIIIᵉ s. (Cassini).

Souhait (Le Petit-), f., c^{ne} de Riotord.

Souils, vill., c^{ne} de Saint-Haon. — *Villa Solios, in pago Vellaico*, 947 (cart. du Monastier, n° 79). — *Villa Soilz*, v. 1015 (*idem*, n° 218). — *Solhes, Soils*, 1540 (V. Brunel, n^{re}).

Souils (Les), vill., c^{ne} d'Arlempdes. — *Los Solx*, 1462 (V. Chauvin, n^{re}). — *Les Souls*, xviiie s. (Cassini).

Soulage, l. détr., près Farigoules, c^{ne} de Bains. — *Solatge, par. d'Esbayns*, 1335 (J. de Peyre, n^{re}).

Soulage, vill., c^{ne} de Chavagnac-Lafayette. — *Solegas*, 1078 (spic. Briv.). — *Solatges*, v. 1260 (Arch. nat., J. 1031, n° 2). — *Soleghas*, 1474 (la Chaise-Dieu, Mazerat-Aurouze). — *Soleges*, 1490 (terrier du Cluzel).

Soulage, vill., c^{ne} de Craponne-sur-Arzon. — *Villa de Solaticis*, 938 (cart. de Chamalières, n° 256). — *Solatjes*, 1213 (*idem*, n° 336). — *Solatges*, 1289 (la Chaise-Dieu, Marus).

Soulage, loc. détr., c^{ne} de Saint-Hilaire. — *Soladge*, v. 1011 (cart. de Brioude, ch. 33).

Soulage, l. détr., c^{ne} de Saint-Préjet-d'Allier. — *Mansus de Solatges*, 1273 (Lozère, G. 412). — *Factum vulg. dictum de Solatgas*, 1325 (Thiolent).

Soulasset, loc. détr., c^{ne} de Mazerat-Aurouze. — *Solasset*, 1424 (la Chaise-Dieu, Mazerat-Aurouze).

Soulège (La), loc. détr., c^{ne} de Charraix. — *La Solegia*, 1351 (Thiolent). — *La Solegy*, 1608 (*idem*).

Souleyte, écart, c^{ne} de Saint-Privat-du-Dragon. — *Mansus de Solutet*, 1464 (Arch. nat., ZZ. 359, p. 88). — *Souliette*, 1820 (Deribier).

Soulhac, vill., c^{ne} de Bellevue-la-Montagne. — *Sollac*, 1201 (Saint-Mayol). — *Feudum de Solemniaco, Solempniac*, 1222 (Martène, thes. nov. anecd., I, 896 et 897). — *Soulliat*, 1670 (Arch. nat., P. 502, cote 109).

Soulhac, vill., c^{ne} de Saint-Cirgues. — *Soulhat*, 1613 (Mercurial). — *Soliat*, 1670 (Arch. nat., P. 502, c. 75). — *Soulia*, xviiie s. (Cassini).

Soulhac (Moulin-de-), h., c^{ne} de Bellevue-la-Montagne.

Soulier (Le), écart, c^{ne} de Bonneval.

Soulier (Le), f., c^{ne} de Dunières. — *Lo Solier*, 1469 (Rivière, n^{re}). — *Le Sollier*, 1615 (Rhône, D.185).

Soulier-Bas (Le), h., c^{ne} de Sainte-Sigolène. — *Lo Solet*, 1384 (év.). — *Le Solier-Bas*, 1695 (capitation). — *Le Soulier-Bas*, 1697 (ét. civ. de Monistrol). — *Le Soleil-Bas*, 1706 (*idem*).

Soulière, h. et mⁱⁿ sur le Doulon, c^{ne} de Saint-Didier-sur-Doulon. — *Le Solier*, 1522 (Vals-le-Chastel).

Soulier-Haut (Le), f., c^{ne} de Sainte-Sigolène. — *Le Solier-Haut*, 1695 (capitation).

Soulombres (Les), loc. détr., c^{ne} des Estables. — *Prata de las Solombras*, 1376 (Bonnefoy). — *Le lieu des Soulombres, par. des Estables*, 1633 (Brunel, n^{re}).

Soura (Ravin-du-), affl. de la Trioule, c^{ne} de Saint-Vénérand.

Sourde (Moulin-de-la-), mⁱⁿ sur le Ramel, c^{ne} d'Yssingeaux.

Sous-le-Calvaire, h., c^{ne} de Queyrières.

Sous-le-Theil (?), l. détr., c^{ne} de Bauzac. — *Sostellas*, 1162 (cart. de Chamalières, n° 71).

Souteyros, vill., c^{ne} de Saint-Front. — *Locus de Soteyros*, 1524 (cad. du Monastier). — *Los Soteiros*, 1534 (év.).

Soutoun (Le), h., c^{ne} des Vastres. — *Aicis Soltronensis*, v. 860 (cart. du Monastier, n° 71). — *Vicaria Soltronensis*, v. 970 (*idem*, n° 85). — *Lo Sotol*, 1330 (J. de Peyre, n^{re}). — *Locus de Sotulo*, 1464 (Ardèche, C. 624). — *Soutrou*, 1627 (ét. civ.). — *Soutou*, 1672 (*idem*). — *Soutoul*, xviiie s. (Cassini).

Souvanirgues, vill., c^{ne} de Saint-Privat-du-Dragon. — *In vicaria de Cantilio, villa Silvianicus*, 903 (cart. de Brioude, ch. 275). — *Villa Silvignanicus, in aice Cantolianico*, 906 (*idem*, ch. 294). — *Salvinargues*, 1241 (tit. de la Rochette). — *Salvynihierguers*, 1420 (Bibl. nat., ms. fr., 11490, p. 3). — *Mansus de Salvegniergues*, 1460 (Arch. nat., ZZ. 359, p. 25). — *Sauveniergues*, 1464 (Bibl. nat., ms. fr., 11491, p. 366). — *Souveniergues*, 1625 (terrier du Chambon de Blau). — *Sauvaningues*, 1880 (carte adm.).

Souves (Les), h., c^{ne} de Collat. — *Les Souvets*, 1860 (état-major).

Souveyrand, dom., c^{ne} de Bessamorel. — *Souverand*, (cad.). — *Jouverand*, 1878 (carte adm.).

Souvignet, vill., c^{ne} de Saint-Julien-Molhesabate. — *Salvinhec*, 1467 (Rivière, n^{re}). — *Souvinhec*, 1553 (ress. de Montfaucon). — *Sovinhet*, 1574 (Guèze, n^{re}).

Souvoux, f., c^{ne} de Boisset. — *Souvous*, 1614 (coll. C. Falcon).

Souvy, h., c^{ne} de Saint-Didier-sur-Doulon. — *Solvia*, 1516 (Vals-le-Chastel). — *Solvye*, 1564 (*idem*). — *Sauye*, xviiie s. (Cassini). — *Souye*, 1888 (carte adm.).

Soye, écart, c^{ne} de Polignac. — *M. Guiberni, alias Soya*, 1461 (prieuré de Polignac). — *Soye*, 1695 (capitation).

Suc (Le), h., c^{ne} d'Arlempdes. — *Lo Suc*, 1220

(hôtel-Dieu, B. 129). — *Le Suc*, 1570 (Benoit, n^re).

Suc (Le), vill., c^ne de Bauzac. — *Lo Suc*, xvie s. (obit. de Bauzac).

Suc (Le), loc. détr., près la Ribeyre, c^ne de Chaudeyrolles. — *Mansus del Suc*, 1301 (Bonnefoy).

Suc (Le), h., c^ne de Collat.

Suc (Le), h., c^ne de Sainte-Sigolène. — 1695 (capitation).

Suc (Le), vill., c^ne de Saint-Georges-d'Aurac. — *In vicaria de Aurato, in loco qui dicitur Illo Poio*, 955 (cart. de Brioude, ch. 139). — *Le Suc*, 1669 (Arch. nat., P. 499, cote 568). Fief vassal de la baronnie d'Aubusson.

Suc (Le), f., c^ne de Saint-Georges-Lagricol.

Suc (Le), écart, c^ne de Saint-Victor-Malescours.

Suc (Le), h., c^ne de Tence. — *Mon-Suc*, 1264 (homm. de l'év.). — *Lo Suc*, 1328 (cart. de Tence, f° 19 v°).

Suc (Le-Grand-), f., c^ne de Saint-Didier-la-Séauve.

Suc (Ravin-du-), affl. de l'Allier, c^ne d'Alleyras.

Sucard (Le), m. i., c^ne de Saint-Julien-du-Pinet.

Sucalard, m. i., c^ne du Chambon.

Suc-Blanc, écart, c^ne de Chamalières.

Suc-Blanc (Le), mont., c^ne de Rosières. — 1714 (cad. de Laval-Emblavès).

Suc-Cramat (Le), bois, c^ne de Mazeyrat-Aurouze.

Suc-d'Achon (Le), écart, c^ne d'Yssingeaux. — *In pede d'Apcho*, 1357 (Rhône, H. 2632). — *Lo Suc d'Apcho*, 1459 (idem, H. 2633). — *Achon* (cad.).

Suc-d'Amavis (Le), h., c^ne d'Yssingeaux.

Suc-d'Arnaud (Le), m. i., c^ne de Montregard.

Suc-de-Bard (Le), mont., c^ne de Saint-Julien-Chapteuil.

Suc-de-Chazalet (Le), h., c^ne d'Yssingeaux.

Suc-de-Claret (Le), mont., c^ne d'Araules. — *Le Suc-de-Clarel*, 1451 (Pradier, n^re). — *Mont-Clarel*, 1824 (Deribier, stat., p. 352).

Suc-de-Fournel (Le), m. i., c^ne de Saint-Romain-Lachalm.

Suc-de-Juge (Le), h., c^ne d'Yssingeaux.

Suc-de-Marnhac (Le), h., c^ne d'Yssingeaux.

Suc-de-Ribes, écart, c^ne de Coubon.

Suc-des-Perdrix (Le), m. i., c^ne de Montregard.

Suc-du-Carrat (Le), m. i., c^ne de Riotord.

Suc-du-Flot (Le), m. i., c^ne de Dunières.

Suc-du-Lac (Le), m. i., c^ne de Lapte. — *Le Lac*, xviiie s. (Cassini).

Suchas (Le), f., c^ne de Champclause. — *Le Suchas* ou *Suc-de-Blanc* (cad.).

Suchas (Le), f., c^ne de Montusclat. — *Lou Suchas*, 1696 (cad. de Montusclat).

Suchas (Le), m. i., c^ne de Saint-Didier-sur-Doulon. — *Le Suschal*, 1667 (chart. de Cumignac).

Suchas (Le), m. i., c^ne de Saint-Julien-Chapteuil.

Suchas (Le), f., c^ne des Vastres. — *Locus de Suchassio*, 1464 (Ardèche, C. 624).

Suchère (La), vill., c^ne du Chambon. — *Mansus de la Socheira*, 1314 (év.). — *La Socheyre*, 1324 (Gall. christ., II, instr., eccl. Anic., col. 242). — *La Sucheyra*, 1507 (év.). — *Sucheria*, 1510 (Rhône, D. 161). — *La Suchère*, 1616 (idem, H. 2153). — *La Suchière*, 1695 (capitation).

Suchère (La), écart, c^ne de Lapte. — *Sucheria*, 1504 (terrier de Chailhans). — *La Sucheyra*, 1507 (év.). — *La Souchère*, 1878 (carte adm.).

Suchène (La), f., c^ne de Saint-Romain-Lachalm.

Suchers (Les), h., c^ne de Montfaucon. — *Locus de Sucheriis*, 1465 (Rivière, n^re). — *Les Chuchères*, xviiie s. (Cassini).

Sucheyre (La), écart, c^ne de la Farre.

Sucheyre (La), h., c^ne de Tiranges. — *La Suchère*, (cad.).

Suchetron (Le), écart, c^ne de Roche-en-Régnier. — *Lo Sochayro*, 1323 (Arch. nat., P. 1397², cote 550). — *Lo Sucheyro*, 1406 (terrier du Bois).

Suc-Pelé, montic., près Ramourouscle, c^ne de Bains. — *Mons voc. Suc Pelat*, 1332 (hôtel-Dieu, B. 467).

Suc-Rouge (Le), montic., c^ne de Rosières. — *Le Suc-Rouge*, 1714 (cad. de Laval-Emblavès). — *Les Sucs-Rouges*, 1861 (état-major).

Suc-Rousset (Le), écart, c^ne d'Yssingeaux. — *Fons de Suc-Rosset*, 1359 (Rhône, H. 2632). — *Suc-Rousset*, 1635 (terrier de Saussac).

Sucs (Les), m. i., c^ne de Vorey. — *Lasseur*, 1880 (carte adm.).

Suc-Saint-Étienne (Le), montic., c^ne de Saint-Jean-Lachalm. — *Lo Suc Sancti Stephani*, 1274 (hôtel-Dieu, B. 309).

Suissesse (La), rivière qui prend sa source près Glavenas, c^ne de Saint-Julien-du-Pinet, arrose les c^nes de Rosières et de Beaulieu, et afflue à la Loire au-dessous de Conches. — *Aqua de Soyceza*, 1265 (hôtel-Dieu, B. 320). — *Soycea*, 1269 (idem, B. 323). — *Soiceza*, 1272 (idem, B. 326). — *Soysseza*, 1273 (idem, B. 327). — *Seyssessa*, 1310 (idem, B. 384). — *La riv. de Soicezes*, 1714 (cad. de Laval-Emblavès). — *Rivière de Beaulieu*, xviiie s. (Cassini; ét.-maj.).

Sumène (La), riv., prend sa source près de Monedeyres et se jette dans la Loire, au-dessus de Peyredeyre; coule sur les c^nes de Queyrières, Saint-Julien-Chapteuil, Saint-Pierre-Eynac, Blavosy et Saint-Quintin-Chaspinhac. — *Pons de Sumera*, 1254 (cart. des templiers). — *Aqua de Sumena*, 1305 (Saint-Georges du Puy). — *La rivière de Sumene*, 1546 (Savin, n^{re}). — *La rivière de Symène*, 1597 (A. Robert, n^{re}). — *Le ruisseau de Smiène ou de Sumine*, 1604 (cad. de Fay-la-Triouleyre, f° 18). — *Ruiss. de Sumenne*, 1685 (cad. de Chapteuil).

Sumène-Basse, h., c^{ne} de Saint-Julien-Chapteuil. — 1610 (Duclaux, n^{re}).

Sumène-Haute, vill., c^{ne} de Saint-Pierre-Eynac. — *Le Mas de Sumena*, 1318 (homm. de l'év.). — *Le lieu de Sumena Haulte*, 1547 (Savin, n^{re}). — *Semène*, 1695 (capitation). — *Sumène*, XVIIIe s. (Cassini).

Suquénant, h., c^{ne} de Vorey. — *Suquirant*, 1880 (carte adm.).

Suquet, écart, c^{ne} de Berbezit. — *Suguet* (cad.).

Suquirand, écart, c^{ne} de Chamalières. — *Sucus Ayraut*, 1400 (terrier du Bois). — *Sucq-Eyraud*, 1571 (Cl. Girard, n^{re}). — *Suqueyraut*, 1695 (capitation).

Surgère, h., c^{ne} de Malvières. — *Surgeiras*, 1414 (terrier de Malvières).

Surrel, h., c^{ne} de Retournac. — *Surellus*, 1212 (cart. de Chamalières, n° 156). — *Locus doux Surreaulx*, 1550 (terrier de Mons-Saint-Quintin).

Surrel (Moulin-), m^{in} sur la Méjeanne, c^{ne} de Saint-Paul-de-Tartas.

T

Tabard (Moulin-), m^{in} sur l'Ance, c^{ne} de Saint-Julien-d'Ance. — *Le Molin de Jacques Tabard*, 1540 (terrier de Saint-Pal-de-Chalençon).

Tabouret (Moulin-de-), m^{in}, c^{ne} de Grenier-Montgon.

Tachon, h., c^{ne} d'Aurec.

Tachon (Le), h., c^{ne} de Saint-Maurice-de-Lignon.

Tailhac, chât. détr., c^{on} de Pinols. — *Tagllac*, XIe s. (cart. de Pébrac, n° 45). — *Eccl. et castrum de Tautlac*, v. 1078 (idem, n° 18). — *Prior Tauliaci*, v. 1118 (idem, n° 25). — *Tautliacus*, v. 1130 (idem, n° 41). — *Taulliacus*, XIIe s. (idem, n° 10). — *Tautlag*, XIe s. (idem, n° XLVI-7). — *Tatlac*, 1218 (idem, n° 53). — *Talliacus*, 1222 (idem, n° 66). — *Tallac*, 1224 (idem, n° 55). — *Tallhac*, v. 1254 (idem, n° 75). — *Talhaç*, v. 1260 (spic. Briv.). — *Talliac*, 1266 (idem). — *Talhiacus*, 1275 (idem). — *Taillat*, 1377 (hist. gén. de Lang., éd. Privat, X, pr. 1595). — *Tailhat*, 1401 (idem).

En 1789, Tailhac faisait partie de la province d'Auvergne, de l'élection de Brioude, de la subdélégation de Langeac et du ressort de Riom. Son église paroissiale, diocèse de Saint-Flour et archiprêtré de Langeac, était dédiée à saint Jean-Baptiste; comme prieur de cette localité, l'abbé de Pébrac présentait à la cure.

Tailla (La), m. i., c^{ne} de Lapte. — *La Cailla*, 1878 (carte adm.). — *Taillas*, 1888 (Malègue).

Taillade (La), m. i., c^{ne} de Lapte.

Taillade (La), tèn. près l'Espitalet, c^{ne} de Siaugues-Saint-Romain. — Dimerie de l'abb. des Chazes. — *Decima bladorum de la Talhada*, 1461 (Bibl. nat., ms. lat., n. acq., 1222, f° 204).

Taillades, chât. détr., c^{ne} de Saint-Vénérand. — 1724 (L'Ouvreleul). — *La Taillide* (cad.).

Taillades (Les), ruiss., limite des c^{nes} de Chanaleilles et Thoras, se jette dans le Panis au-dessus de la Fajolette. — *Aqua app. Meyris veniens de las Talhadas*, 1499 (Thiolent).

Taillades (Les), bois, c^{ne} de Desges. — 1574 (terr. de Meyronne).

Fief dont la famille Brun a porté le nom au XVIe s.

Taillades (Les), affl. de l'Allier, c^{ne} de Saint-Vénérand.

Tailladisse (La), f., c^{ne} de Javaugues. — *Mansus de la Talhiadissa*, 1274 (Cumignac). — *La Taliadissa*, 1285 (spic. Briv.). — *La Tailhadisse*, 1544 (Cumignac).

Tailladisse (La), affl. du Cumignat, c^{ne} de Javaugues.

Taillas (Les), vill., c^{ne} de Sainte-Sigolène. — *Les Talhas*, 1514 (obit. de Bas). — *Las Tailhas*, 1553 (ress. de Montfaucon). — *Les Taillas*, 1695 (capitation). — *Le Tailla*, XVIIIe s. (Cassini).

Taillas (Las), f., c^{ne} de Tence.

Taillas (Les), m. i., c^{ne} de Tiranges.

Taillas (Scie-de-), scierie sur le Picat, c^{ne} de Saint-Julien-Molhesabate.

Taillas (Scies-de-), scierie, c^{ne} de Riotord.

35.

Taille (Le), bois, cⁿᵉ de Pinols.

Taillechausse, f., cⁿᵉ de Saint-Beauzire. — *In ricaria (Brivatensi), in loco cujus vocabulum est ad Illo Masale*, 956 (cart. de Brioude, ch. 61). — *Talha Chassa*, 1429 (terr. du doy. de Br.). — *Lo Mazal*, 1458 (terr., factum Fabre c. Tartel, 1759). — *Tailhechausse sive lo Mazal*, 1533 (terr., idem). — *Tailhechausse*, 1612 (terr., idem). — *Taille-Chausse*, 1635 (coll. P. Le Blanc).

Tailler, écart, cⁿᵉ de Rosières. — *Lo Talher*, 1550 (Chamblas). — *Talher*, 1695 (capitation). — *Taillier* (cad.).

Taillères, f., cⁿᵉ de Thoras. — *Tailleyras*, 1301 (Thiolent). — *Talhieyras*, 1499 (Thiolent). — *Talheyriæ*, 1527 (A. Besseyre, nʳᵉ). — *Les Tailheires*, 1624 (Peyret, nʳˢ).

Tailleysse, h., cⁿᵉ du Chambon. — *Nemus de Talhaessa*, 1343 (Rhône, H. 1016).

Talagrane, lieu dit, cⁿᵉ de Malrevers.

Talairat, vill., cⁿᵉ de Saint-Just-près-Brioude. — *Villa Tarrazat*, 1120 (Gall. chr., II, instr., col. 133). — *Talairac*, 1247 (spic. Briv.). — *Mansus de Talayrac*, 1406 (Arch. nat., Z². 4148, p. 7).

Talayrac, loc. détr., près Rioux, cⁿᵉ de Malrevers. — *Talayzac*, 1271 (hôtel-Dieu, B. 324). — *Thalayzac*, 1288 (idem, B. 153). — *Talayssac*, 1313 (év.) — *Talleysac*, 1555 (cad. de Mercœur).

Talhac, vill., cⁿᵉ de Bellevue-la-Montagne. — *Boria vocata Riu-Talhac*, 1344 (J. de Peyre, nʳˢ, reg. D, fᵒ 6). — *Boria de Talhiaco*, 1439 (év.). — *Tailhac*, 1507 (év.). — *Talhiac*, 1559 (Vacherel, nʳˢ). — *Talhac*, 1695 (capitation). — *Taliac*, xviiiᵉ s. (Cassini).

Tallobre, vill., cⁿᵉ de Saint-Christophe-sur-Dolaison. — *Talobre*, v. 1180 (hôtel-Dieu). — *Talosbre*, 1386 (hom. de Solignac). — *Homines de Talobrio*, 1513 (J. Boyer, nʳˢ).

Tallode, vill., cⁿᵉ de Saint-Christophe-sur-Dolaison. — *Talode*, 1308 (homm. de l'év.).

Talobre, h., cⁿᵉ de Chadron. — *Locus deus Talobres*, 1389 (plumit. de Bouzols). — *Tallobre*, 1820 (Deribier).

Tanaüs, h., cⁿᵉ de Saint-Pierre-Duchamp. — *Tanoiyolh*, 1311 (Arch. nat., P. 494¹, cote 14). — *Tanneol*, 1314 (Arch. nat., P. 1397³, cote 708). — *Tanneyol*, 1325 (Arch. nat., P. 493¹ bis, cote 81). — *Homines de Tanolio*, 1406 (terrier du Bois). — *Taneoux, Tannoux*, 1500 (coll. C. Falcon). — *Taneaux*, 1522 (Saint-Georges du Puy). — *Ta-*

nayour, 1695 (capitation). — *Tanahus*, 1820 (Deribier).

Tanlas, m. i., cⁿᵉ de Saint-Pal-de-Chalencon.

Tanneries (Les), sur le Dolaizon, quartier du Puy. — *Mansus de la Pelisseria*, 1313 (év.). — *Territorium Dolesonis sive Obradors*, 1383 (év.). — *Les Ourrois*, 1564 (Burel, 17). — *Les Ouvreurs*, 1593 (idem, 357).

Tanneries (Les), faubourg d'Yssingeaux. — *Villa quæ dicitur ad Illas Cocherias*, v. 960 (cart. du Monastier, nᵒ 125). — *La Chocheira*, 1314 (év.). — *Las Chaucheyras*, 1523 (est. gén. d'Yssingeaux). — *Chaucheries*, 1820 (Deribier). — *Soucherres*, 1861 (état-major).

Tanon, m. i., cⁿᵉ de Iotord.

Tany, h., cⁿᵉ de Lubilhac. — 1687 (ét. civ.). — *Tani*, 1820 (Deribier).

Tapon, vill., cⁿᵉ de Saint-Ilpize. — *Tapon*, 1339 (Bibl. nat., ms. fr., 14377, p. 189). — *Domus de Tapons*, 1361 (Baluze, mais. d'Auv., II, 439). — *Mansus de Tapponio*, 1459 (Arch. nat., ZZ. 359, p. 5). — *Tappont*, 1464 (Bibl. nat., ms. fr., 11491, p. 405). — *Tappon*, 1466 (Arch. nat., ZZ. 359, p. 31). — *Tapoan*, 1669 (ét. civ.).

Tapon (Moulin-de-), mⁱⁿ sur l'Allier, cⁿᵉ de Saint-Ilpize. — *Molendinus de Tapponio*, 1459 (Arch. nat., ZZ. 359, p. 15). — *Molendinum de Ulmeneta sive de Tappon*, 1463 (idem, p. 72).

Taponnet, h., cⁿᵉ de Saint-Privat-du-Dragon. — *Villa Taponetus* (Bibl. nat., ms. lat., 17078, fᵒ 25 vᵒ). — *Mansus de Tapponet*, 1469 (Arch. nat., ZZ. 359, p. 136).

Tardy, m. i., cⁿᵉ de Saint-Pal-de-Mons.

Tarret, h., cⁿᵉ du Brignon. — *[Ter]rito ?* 870 (Chifflet, hist. de Tournus, 210). — *De Terreto*, 1352 (prieuré de Solignac). — *Terret*, 1386 (homm. de Solignac).

Tarreyres, h., cⁿᵉ de Cussac. — *Terreiras*, 1231 (Saint-Pierre-le-Monastier). — *Tarreyras*, 1309 (hôtel-Dieu, B. 162). — *Terreriæ*, 1352 (prieuré de Solignac). — *Terreyras*, 1386 (homm. de Solignac). — *Tareyras*, 1490 (Servant, nʳˢ). — *Tarreyres*, 1569 (Doleson, nʳˢ). — *Terreyres*, 1587 (Sigaud, nʳˢ).

Tarrier, h., cⁿᵉ de Retournac.

Tarnos, m. i., cⁿᵉ des Villettes.

Tarnot (Le), m. i., cⁿᵉ de Lapte.

Tarnot (Le), écart, cⁿᵉ de Raucoules.

Tartany, écart, cⁿᵉ de Bonneval.

Tartas, mont., cⁿᵉ de Saint-Paul-de-Tartas. — *Tartas*, 1267 (la Chaise-Dieu, liasse Saint-Paul-de-Tartas). — *Tartassium*, 1282 (idem). — Signal.

TARTET, m. i., cⁿᵉ de Saint-Maurice-de-Lignon.

TATEVIN, f., cⁿᵉ de Chanteuges. — *Tastevi*, xviiiᵉ s. (Cassini). — *Taste-Vin* ou *la Nau*, 1820 (Deribier).

TAULHAC, cⁿᵉ sud-est du Puy. — *Villa de Tauliaco*, v. 993 (chron. Sancti Petri de Mon. Anic.). — *Taolac*, 1252 (tabl. du Velay, 1876-1877, 520). — *Tauliac*, 1252 (Saint-Agrève). — *Taulyac*, 1277 (hôtel-Dieu, B. 149). — *Taulhiac*, 1318 (Saint-Mayol). — *Taolhiac*, 1324 (Saint-Agrève). — *Fortalicium de Taulhac*, 1347 (Saint-Vosy). — *Tenolhac* (l'impr. porte *Cenolhac*), 1364 (Em. Molinier, vie d'Arn. d'Audrehem, 314). — *Toulhac*, par. de *Sainct-Agrève du Puy*, 1549 (Savin, nʳᵉ). — *Tolhac*, 1566 (R. Maurin, nʳᵉ). — *Thaullac*, 1629 (Demans, nʳᵉ).

En 1789, Taulhac dépendait de la province du Velay, de la subdélégation et sénéchaussée du Puy. Au spirituel, il relevait de la paroisse de Saint-Agrève du Puy.

TAULHAC, m. i., cⁿᵉ d'Yssingeaux.

TAUPE (MINE DE LA), houillière, cⁿᵉˢ de Vergongheon et de Vézézoux. — Découverte en 1774 par les souterrains d'une taupe (Legrand d'Aussy, voy. en Auv., II, 248; H. Mosnier, voy. de Monnet dans la Haute-Loire, 63). Concession des 13 septembre 1820 et 12 mars 1870.

TAURIAC, f., cⁿᵉ de Saint-Julien-d'Ance. — *Domus domini Arrivi, militis, quæ Tauriac vocatur*, 1264 (Arch. nat., P. 492², cote 160). — *Thaurias*, 1293 (cordeliers). — *Tauriec, Thauriec*, 1540 (terr. de Saint-Pal-de-Chalencon). — *Tauria*, 1820 (Deribier).

TAVAS (LES), chât., cⁿᵉ du Chambon. — *Locus deus Tavanos*, 1343 (Rhône, H. 1016). — *Lous Thavas*, 1616 (*idem*, H. 2153).

TAVERNAT, vill., cⁿᵉ de Chanteuges. — *Tivernat*, 1443 (spic. Briv.). — *Touvernac*, 1464 (Bibl. nat., lat., n. acq., 1223, fᵒ 191 vᵒ). — *Mansus de Tovernaco*, 1465 (*idem*, fᵒ 218).

TAVERNE (LA), h., cⁿᵉ du Pertuis. — *La Taverne du Pertuis*, 1695 (capitation).

TAVERNOLLE, vill., cⁿᵉ de Saint-Didier-sur-Doulon. — *Tavernoliæ*, 1462 (la Chaise-Dieu, Connangles). — *Tavernolles*, 1506 (Vals-le-Chastel). — *Tavernol*, xviiiᵉ s. (Cassini).

TEIL (LE), l. dét., cⁿᵉ de Saint-Maurice-de-Lignon. — *Lou Teilh lez Sainct-Maurice*, 1588 (Hᵗᵉ-Loire E.).

TEINAT, h., cⁿᵉ de Saint-Hilaire. — *Caisnago* (*Taisnago*), xiᵉ s. (cart. de Brioude, ch. 53). — *Villa quæ vocatur Talnag* (Bibl. nat., ms. lat., 17078,

p. 71). — *Taynac*, xivᵉ s. (terr. des Grèzes). — *Teynat*, 1420 (cart. d'Azerat). — *Mansus de Taynat*, 1421 (la Chaise-Dieu, Azerat).

TEIX, h., cⁿᵉ de Champagnac. — *Le Tain*, 1388 (Malègue).

TÉLÉGRAPHE (LE), m. i., cⁿᵉ de Sainte-Sigolène.

TEMPÈRE, écart, cⁿᵉ de Malrevers. — *Locus de Tempera*, 1482 (Richon, nʳᵉ).

TEMPLE (LES PRÉS DU), prairie à Solignac-sur-Loire. — *Pratum voc. del Temple, aux Pratz del Temple*, 1424 (Rhône, H. 2233).

TEMPLE (MOULIN-DU-), à Solignac-sur-Loire. — *Molendinum domus Templi*, 1233 (Rhône, Chantouin).

TENCE, arr. d'Yssingeaux. — *In pago Vallarense, in vicaria Tencianense*, v. 970 (cart. du Monastier, nᵒ 89). — *Vicaria Tansianensis*, 998 (*ibid.*, nᵒ 193). — *Parochia B. Mariæ Tencianensis*, 999 (cart. de Chamalières, nᵒ 65). — *Ecclesia de Tençanis*, 1153 (gr. cart. d'Ainay, p. 50). — *Prioratus de Tençans*, 1250 (*idem*, p. 11). — *Prior de Tenza*, 1258 (Rhône, D. 148). — *Prior domus de Tenciano*, 1273 (Rhône, D. 149). — *Parochia de Tensa*, 1276 (Gall. christ., XVI, inst., col. 255). — *Prior Sainct-Martini de Tensa*, 1294 (*idem*, II, inst., c. 1238). — *Prioratus de Tensano*, 1331 (cart. de Mazan). — *Tenssa*, 1507 (év.). — *Tense*, 1565 (Doleson, nʳᵉ). — *Tance*, 1720 (Saugrain). — *Tence*, xviiiᵉ s. (Cassini).

En 1789, Tence appartenait à la province du Velay, à la subdélégation et sénéchaussée du Puy. Son église paroissiale, diocèse du Puy et archiprêtré de Monistrol-sur-Loire, était consacrée à saint Martin; l'évêque du Puy, succédant aux droits des Jésuites de Lyon, depuis 1762, était collateur de la cure.

TÉNEZAIRE (LA), bois, cⁿᵉ d'Auvers.

TÉNEZIN (LE), bois, cⁿᵉ de Pinols. — *Boscus del Tenezenc*, 1347 (Arch. nat., Z². 54, p. 36). — *Nemus domini de Langiaco voc. Lo Tenezenc*, 1463 (Bibl. nat., ms. lat., n. acq., 1223, fᵒ 121). — *Bois de Tenezan*, xviiiᵉ s. (Cassini).

TENSON (MAS-DE-), m. i., cⁿᵉ de Moudeyres.

TÉOULE (LA), m. i., cⁿᵉ d'Araules. — *La Thoula*, 1608 (cad. de Bonnas). — *Ecoule*, 1820 (Deribier).

TERLE, f., cⁿᵉ de Saint-Étienne-près-Allègre.

TERMES (LES), l. détr., cⁿᵉ de Freycenet-Lacuche. — *Villa quæ dicitur Checrino vel Chexcrino*, 1094 (cart. du Monastier, nᵒ 240). — *Villa des Ternins*, xiᵉ s. (*ibid.*, nᵒ 360). — *Mansus deus Termes*, 1263 (Monastier).

TERNES (LES), h., cⁿᵉ de Chaspuzac. — 1348 (homm.

de l'év.). — *Locus de las Ternas*, 1385 (terr. de Saint-Vidal). — *Les Ternes*, 1401 (épic. Briv.).

TERNIVOL (Le), affl. de l'Allier, prend sa source dans la cⁿᵉ de Champagnac et traverse celles de la Mothe et de Fontannes. — *Terranivol*, 1338 (Arch. nat., Rᵗ. 1143*, n° 114). — *Le Breuil* (cad.).

TÉRONDEL, m. i., cⁿᵉ de Riotord. — *Thérondel*, 1879 (carte adm.).

TERRASSE (La), h. et mⁱⁿ sur la Dore, cⁿᵉ de Bonneval. — 1484 (la Chaise-Dieu, Malvières).

TERRASSE (La), vill., cⁿᵉ de Coubon. — *La Terrasse*, 1383 (Saint-Vosy). — *La Terrasse*, 1561 (Savin, nˢ).

TERRASSE (La), h., cⁿᵉ d'Yssingeaux. — *La Terrassa*, 1359 (Rhône, H. 2632). — *Molendinum de la Terrassa*, 1430 (Rhône, Bessamorel). — *La Terrasse d'Yssinghaux*, 1617 (Duclaux, nˢ).

TERRASSES (Les), f., cⁿᵉ du Mazet-Saint-Voy.

TERRASSES (Les), h., cⁿᵉ de Saint-Pierre-Duchamp.— *Terracias*, 1213 (cart. de Chamalières, n° 326). — *Las Terrassas*, 1352 (Arch. nat., P. 1398², cote 674).

TERRASSES (Les), vill., cⁿᵉ de Vorey. — *La Terrasse*, 1880 (carte adm.).

TERRASSON (Moulin-de-), mⁱⁿ sur le Montorgue, cⁿᵉ de Montclard.

TERRELONGE, f., cⁿᵉ de Saint-Julien-Chapteuil. — *Locus de Teyra Longha*, 1455 (Pradier, nˢ). — *Teirelonge*, 1685 (cad. de Chapteuil-Bas).

TERRE-ROUGE, f., cⁿᵉ de Paulhac. — *Le Domaine-Rouge*, 1888 (Malègue).

TERRES (Les), m. i., cⁿᵉ de Saint-Pal-de-Chalencon.

TERRET, vill., cⁿᵉ de Blesle. — *Mansus de Terreyr*, 1306 (terr. de Blesle). — *Terrès*, 1493 (*idem*). — *Tarré*, 1820 (Deribier). — *Terre*, 1888 (Malègue).

TERRIÈRES, h., cⁿᵉ de Saint-Pal-de-Mons. — *Terrerias*, 1326 (év.).— *Terreyras*, 1507 (év.).

TERRISSE (La), loc. détr., près la Boissonneyre, cⁿᵉ de Pinols. — *Pagesia de la Terrisse*, 1486 (terr. de Tailhac).

TERRISSES (Les), h., cⁿᵉ de Saint-Georges-d'Aurac. · *Mansus de las Terrissas*, 1458 (Bibl. nat., ms. lat., n. acq., 1222, f° 63 v°). — *L'Esterisse*, 1888 (carte adm.).

Fief vassal de Saint-Mayol du Puy.

TERSON (Suc-de-), mont., cⁿᵉ de Saint-Paulien. — *Mons Terso*, 1245 (Saint-Georges de Saint-Paulien). — *Le cratère éteint de Tarsou*, 1866 (Malègue, guide).

TESSIER, m. i., près le Piu, cⁿᵉ de Dunières.

TESTON, l. détr., cⁿᵉ de Saint-Didier-d'Allier. — *Testou*, XVIIIᵉ s. (Cassini).

TESTUD (Le Mas-de-), f., cⁿᵉ de Vielprat. — *Testut*, 1820 (Deribier).

TÉTONS DE L'ABBESSE (Les), surnom des Sucs d'Achon et des Ollières, près Bellecombe, cⁿᵉ d'Yssingeaux.

TÉVE, h., cⁿᵉ d'Yssingeaux.

TEYNES (Les), h., cⁿᵉ de Champclause. — 1298 (homm. de l'év.). — *Las Teyras*, 1480 (év.).

TEYSSIER, f., cⁿᵉ de Lissac.

TEYSSONNEYRE (La), h., cⁿᵉ de Saint-Front.

TEYSSONNEYRES (Les), lieu dit, cⁿᵉ d'Espaly-Saint-Marcel. — *La Tersoneira*, XIIIᵉ s. (coll. C. Falcon). — *Las Teyssonneyres*, 1710 (cad. d'Espaly).

THALATEY, h., cⁿᵉ de Saint-Just-Malmont. — *Tallatier*, 1569 (terr. de Saint-Didier). — *Tallatay*, XVIIIᵉ s. (Cassini). — *Thallatey*, 1860 (état-major). — *Tarathé*, 1869 (Malègue).

THAUNAT, vill., cⁿᵉ de Chassignolles. — *Caisnago*, XIᵉ s. (cart. de Brioude, n° 53). — *Toenat*, XIIᵉ s. (tabl. de la Haute-Loire, 1870-1871, p. 7). — *Taynat, Teynat*, 1420 (la Chaise-Dieu, Azerat). — *Thonnat*, 1888 (Malègue).

THEIL (Le), vill., cⁿᵉ de Bauzac. — *Villa de Tellas*, XIIᵉ s. (cart. de Chamalières, n° 145).— *Lo Teyl*, 1293 (Arch. nat., P. 491¹, cote 13). — *Mansus de Tillio*, 1346 (Arch. nat., P. 490², cote 229). — *Teilh*, 1499 (obit. de Bas). — *Tholinum*, 1618 (Papire Masson, desc. flum. Galliæ, p. 14).

THEMEYS, vill., cⁿᵉ de Bellevue-la-Montagne. — *Temei*, 1222 (Martène, thes. nov. anecd., I, 897). — *Thelemay*, XVIIIᵉ s. (Cassini). — *Thumeix* (cad.). — *Themey*, 1888 (carte adm.).

THÉOULES (Les), f., cⁿᵉ de Saint-Martin-de-Fugères.

THÉOULLE (La), vill., cⁿᵉ de la Farre. — *Villa quæ dicitur Teula*, XIIᵉ s. (du Cange, v° *Meisonegs*). — *Tegula*, 1363 (la Chaise-Dieu, Saint-Paul-de-Tartas). — *La Teülle*, 1553 (communicⁿ de M. F. Experton). — *La Teoule*, 1583 (tit. de Surrel). — *La chaussée [de géants] de la Toulle*, 1778 (Faujas de Saint-Fond, 389). — *La Théoule*, 1888 (carte adm.).

THERMES (Les) ou LA VIGNE, mont., cⁿᵉ de Mézères.

THEUIL (Le), f. et mⁱⁿ sur la Gazeille, cⁿᵉ des Estables. — *Mansus del Teule*, 1263 (Monastier-Saint-Chaffre).

THEUX, h., cⁿᵉ de Saint-Georges-Lagricol. · *Villa de Astodiis*, v. 1100 (cart. de Chamalières, n° 245). — *In Atuis*, 1163 (*idem*, n° 72). — *Ad Atodios*, XIIᵉ s. (*idem*, n° 334). — *Ad Astogios, Atois*, 1213 (*idem*, n° 372). — *Atoys*, 1327 (Saint-Mayol). — *Theulx*, 1543 (terr. de G. de Coysse).

Theux (Moulin-de-), m^in sur l'Arzon, c^ne de Craponne-sur-Arzon. — *Theux-Petit*, 1820 (Deribier).

Thève, m. i., c^ne d'Yssingeaux. — *Tève*, 1888 (Malègue).

Thève (La), écart, c^ne de la Chapelle-d'Aurec.

Thézard, chât., c^ne du Mazet-Saint-Voy.

Thézenac, vill., c^ne de Bas. — *Tesenacum*, 1494 (obit. de Bas). — *Tesinacum*, 1503 (*idem*). — *Thesinacum*, 1513 (*idem*). — *Thézinac*, 1820 (Deribier). — *Thezenat*, 1888 (Malègue).

Thiolas (Le), écart, c^ne de Saint-Pal-de-Chalencon.

Thiolent (Le), chât. et vill., c^ne de Vergezac. — *Lo Teolyn*, 1300 (hôtel-Dieu, B. 358). — *Lo Teuleynh*, 1344 (J. de Peyre, n^re). — *Mas del Teulenc*, 1348 (homm. de l'év.). — *Locus de Tegulo vel Theulen*, 1371 (la Chaise-Dieu, Saint-Rémy). — *Teullenc*, 1379 (compte de B. Flotenc). — *Le Tiolenc*, 1398 (compte de B. Sannadre). — *Mansus de Tieulenco*, 1476 (Bibl. nat., lat., n. acq., 1224, f° 126 v°). — *Capella fundata in domo de Teulenco ob honorem S. Christofori*, 1496 (Thiolent). — *Le Théolain*, xviie s. (la Chaise-Dieu, Saint-Rémy).

Tholence, h., c^ne de la Voûte-sur-Loire. — *Tolenssa*, 1410 (Dr Charreyre).

Thomarget, h., c^ne de Saint-Julien-Molhesabate. — *Thoumarget*, 1626 (év.). — *Thomarjet*, 1820 (Deribier).

Thomas (Les), loc. détr., c^ne de Saint-Préjet-Armandon. — 1534 (Vals-le-Chastel).

Thomas (Moulin-), m^in sur la Seuge, c^ne de Saugues.

Thor (Le), vill., c^ne de Saint-Haon. — *Lo Tor*, 1240 (la Chaise-Dieu, le Bouchet-Saint-Nicolas). — *Lo Tor de S. Habundo*, 1274 (*idem*). — *Lo Thor de S. Habundo*, 1278 (*idem*). — *Le Tor*, 1540 (V. Brunel, n^re). — *Le Thord*, 1888 (carte adm.).

Thoras, c^on de Saugues. — *Ecclesia de Thoras*, 1238 (spic. Briv.). — *Parochia ecclesiæ S. Johannis de Torascio*, 1159 (Thiolent). — *Ecclesia de Thoracio*, 1272 (la Chaise-Dieu, Thoras). — *Toracium*, 1280 (*idem*). — *Toras*, 1298 (hôtel-Dieu, B. 349). — *Castrum de Thoracio*, 1377 (tabl. du Velay, 1876-1877, 299). — *Torassium*, 1398 (Haute-Loire, E.). — *Thorassium*, 1400 (la Chaise-Dieu, Chanaleilles). — *Baronia Thoracii*, 1490 (Haute-Loire, E.). — *L'Esglize parrochielle Monsieur Saint-Jean-de-Thouras*, 1624 (Peyret, n^re).

En 1789, Thoras était compris dans la province et le bailliage de Gévaudan. Son église paroissiale,

diocèse de Mende et archiprêtré de Saugues, était sous le vocable de saint Jean-Baptiste; l'abbé de la Chaise-Dieu présentait à la cure.

Thorasset, l. détr., c^ne de Thoras. — *Mansus de Thorasset*, 1279 (Thiolent).

Thory, m^in sur la Borne, c^ne de Lissac.

Thybur, m. i., c^ne de Monistrol-sur-Loire.

Tialle, écart, c^ne de Chaudeyrolles.

Tignaux (Les), loc. détr., c^ne d'Auzon. — xviiie s. (Cassini).

Tignoux (Les), loc. détr., près le Bouchat, c^ne du Mazet-Saint-Voy. — *In loco qui dicitur Tignolos*, v.1000 (cart. du Monastier, n° 255). — *Le ruisseau dous Tinioux*, 1723 (cad. de Bellecombe).

Tillon, m. i., c^ne d'Aurec. — *Quilloux* (cad.).

Timouneyre (La), bois, c^ne de Pinols.

Tinabelle (La), écart, c^ne de Malvières. — *La Tynarela*, 1316 (la Chaise-Dieu, Saint-Allyre). — *La Tyranelle*, 1570 (J. Chalvon, n^re). — *La Tinarelle*, 1616 (la Chaise-Dieu, Belluc). — *La Quinarelle*, 1860 (état-major).

Tines, f., c^ne des Vastres. — *Le lieu d'Esquine*, 1688 (ét. civ.). — *La Maison de Tine*, 1775 (*idem*).

Tintamard, m. i., c^ne de Rosières.

Tiranges, c^on de Bas. — *Tiranias*, xiie s. (cart. de Chamalières, n° 143, rubrique). — *Tiranges*, 1293 (Arch. nat., P. 491^1, cote 13). — *Tirangas*, 1313 (Arch. nat., P. 1398^2, cote 671). — *Tyranges*, 1691 (obit. de Bas).

En 1789, Tiranges était compris dans la province de Forez, l'élection et bailliage de Montbrison. Son église paroissiale, diocèse du Puy et archiprêtré de Saint-Paulien, était sous le vocable de saint Martin-de-Tours; le prieur de Saint-Rambert-en-Forez présentait à la cure.

Tireboeuf (La Montée de), lieu dit, c^ne de Brives-Charensac. — *Campus de Tirabou*, 1185 (hospit. du Velay). — *Ulmus de Tirabeu*, 1279 (Saint-Georges du Puy). — *Arbor de Tirabueu*, 1316 (Saint-Vosy). — *Ulmus de Tyrabeu*, 1322 (Saint-Agrève). — *L'arbre de Tirebiou*, 1675 (comm^on de M. H. Vinay).

Tirebouras, h., c^ne du Mazet-Saint-Voy.

Tirepeyre, écart, c^ne de Monistrol-sur-Loire. — 1553 (ress. de Montfaucon). — *Tirebeyres*, 1888 (Malègue).

Tirevolet, vill., c^ne de Saint-Pal-de-Mons. — *Tirabolays*, 1390 (év.). — *Tira Valoys*, 1507 (év.). — *Tiravoloix*, 1564 (terrier de Saint-Didier). — *Tirevouley*, 1695 (capitation). — *Tirevoley*, xviiie s. (Cassini). — *Tirevolay*, 1820 (Deribier).

Tissac, vill., cⁿᵉ de Saint-Géron. — *Locus de Cheyssaco, Cheyssac*, 1445 (terrier de Faugères).

Titaud, f., cⁿᵉ de Chaudeyrolles. — *Titaudus*, 1347 (Chartreuse de Bonnefoy). — *Locus de Titaut*, 1464 (Ardèche, C. 626). — *Titaud*, 1619 (ét. civ.). — *Le domaine de Quitaud*, 1732 (ét. civ.).

Titulat (Moulin-de-), mⁱⁿ sur la Borne orientale, cⁿᵉ de Monlet. — *Moulin-de-Titulet* (cad.).

Tiveyrat, vill., cⁿᵉ de Vieille-Brioude. — *In villa Vertrago*, 870 (cart. de Brioude, ch. 57). — *Tivayrat*, 1387 (Arch. nat., Z². 4144, p. 204). — *Trayveras*, 1418 (Arch. nat., Z². 4149). — *Mansus de Tiveyrat*, 1452 (Bibl. nat., fr., 11490, f⁰ 496). — *Mansus de Tiveyraco*, 1459 (Arch. nat., ZZ. 359, p. 7).

Tizoux (Le), affl. de l'Arzon à Vorey, prend naissance au sud-ouest de Chanvers, cⁿᵉ de Saint-Geneys-près-Saint-Paulien.

Toirat, h., cⁿᵉ de Champagnac.

Tombarel, f., cⁿᵉ des Estables. — *Lo Tumbarel*, 1300 (Arch. nat., P. 1399², cote 828). — *Prata doux claux del Tombarel*, 1445 (Bonnefoy).

Tori, mⁱⁿ sur la Borne, cⁿᵉ de Lissac. — *Thory* (cad.).

Tors (Les), h., cⁿᵉ d'Araules. — *Les Tors*, 1314 (év.). — 1507 (év.). — *Les Torts*, 1861 (état-major).

Tonsiac, cⁿᵉ de Blesle. — *Ecclesia de Torsiac*, xivᵉ s. (A. Bruel, reg. de G. Trascol, 114). — *La paroisse d'Estoursiac*, 1401 (spic. Briv.). — *Toursiac*, xvᵉ s. (Bibl. nat., ms. fr., 22297, p. 57). — *Tourciac*, 1493 (terrier de Blesle). — *Cura S. Saturnini de Torciat*, xviᵉ s. (pouillé de Clermont, 793). — *Torciat*, 1511 (coust. d'Auv., f⁰ 69 v⁰). — *Torciac, Torssiac*, 1635 (coll. P. Le Blanc).

En 1789, Torsiac faisait partie de la province d'Auvergne, de l'élection d'Issoire, de la subdélégation de Lempdes et du ressort de Montpensier. Son église paroissiale, diocèse de Clermont et archiprêtré d'Ardes, était dédiée à saint Saturnin; la cure était à la présentation du seigneur temporel.

Torte (La), h., cⁿᵉ de Montusclat. — *Villa quæ dicitur Ad Illa Torta*, v. 970 (cart. du Monastier, n⁰ 94). — *La Tourte*, 1624 (Duclaux, nʳᵉ). — *La Torta*, 1696 (cad. de Montusclat). — *La Totte*, 1888 (Malègue).

Tortes (Les), écart, cⁿᵉ de Laussonne. — *Las Tortas, las Tourtas*, 1528 (cad. du Monastier). — *Les Tortes*, xviiᵉ s. (mairie de Monastier, CCᵉ.).

Touchard, f., cⁿᵉ de Raucoules. — *Touschard*, 1591 (Delafont, nʳᵉ).

Touche (La), f., cⁿᵉ du Chambon.

Touche (La), m. i., cⁿᵉ de Dunières.

Toucheronde, loc. détr., cⁿᵉ d'Auzon.

Touches (Les), f., cⁿᵉ de Saint-Romain-Lachalm.

Toulin, écart, cⁿᵉ de Saint-Just-Malmont. — *Touly*, 1569 (terrier de Saint-Didier). — *Thollin*, 1645 (capit.).

Toulouse, mⁱⁿ sur le Lignon, cⁿᵉ de Saint-Jeure.

Toulouse, écart, cⁿᵉ de la Voûte-sur-Loire. — *Homines de la Cour*, 1519 (Haute-Loire, E.). — *Tholouze*, 1606 (A. Robert, nʳᵉ). — *Tholose la Court*, 1606 (*idem*).

Toulouse (Moulin-de-), mⁱⁿ sur le Lignon, cⁿᵉ de Lapte.

Toupy, m. i., cⁿᵉ de Saint-Maurice-de-Lignon. — *Touly* (cad.).

Tour (La), chât., cⁿᵉ d'Aurec. — *Une forte maison app. O Sauvages*, 1379 (Vaissète, hist. de Lang., éd. Privat, X, pr., cote 1629). — *Turris de Salvagiis*, 1447 (hôtel-Dieu). — *La Tour des Sauvages*, xviiiᵉ s. (Cassini).

Tour (La), mⁱⁿ, cⁿᵉ de Brioude. — *Molendinum Turris*, 1453 (terr. du fordoy. de Br.). — *Le Molin de la Tour*, 1605 (Mᵐᵉ Leblanc, nʳᵉ).

Tour (La), écart, cⁿᵉ de la Chaise-Dieu. — 1569 (J. Chalvon, nʳᵉ).

Tour (La), chât. et vill., cⁿᵉ de Coubon. — *Turris del Niel*, 1282 (Saint-Georges du Puy). — *Turris Nielli*, 1347 (év.). — *Turris Nuelli*, 1394 (Saint-Agrève). — *La tor del Nyel*, 1408 (compois du Puy). — *Turris Danielis*, 1419 (Arch. nat., P. 492², cote 129). — *La Tour-Danyel*, 1549 (Savin, nʳᵉ). — *La Tour-de-Loire*, 1684 (Haute-Loire, B. 31). — *La-Tour-sur-Loire*, 1737 (*ibid.*, B. 49).

Tour (La), chât. ruiné et h., cⁿᵉ de Sainte-Sigolène. — *La Tor*, v. 1100 (cart. de Cluny, ch. 3764). — *Castrum de Turre*, 1164 (Médicis, I, 77). — *Castrum deus Maletz*, 1349 (Arch. nat., P. 1397², cote 540). — *La Tor de Malborc*, 1451 (Rhône, H. 2633). — *La Tour*, 1553 (ress. de Montfaucon).

    Fief vassal de l'év. du Puy.

    Chapelle dédiée à saint Laurent.

Tour (La), f., à Saint-Paulien.

    Fief possédé au xviiiᵉ s. par la famille de Chabron.

Tourchon, h., cⁿᵉ de Saint-Didier-sur-Doulon. — *Torchon*, xviiiᵉ s. (Cassini).

Toureille (La), écart, cⁿᵉ de Saint-Julien-du-Pinet. — *Turricula*, 1238 (chartrier de Bonneville). — *La Torrelha*, 1525 (commⁿ de M. le Dʳ Charreyre). — *La Torville*, 1553 (terrier de Liques).

Tourret (Le), écart, cⁿᵉ de Beaux. — *Lo Toreyl*, 1271 (év.). — *Lo Torreilh*, 1300 (év.). — *Mansus del Torrelh*, 1314 (év.).

Tourette, h., cⁿᵉ de Léotoing.

Tourette (La), écart, cⁿᵉ de la Chaise-Dieu. — *Tourettes* (cad.).

Tourette (La), loc. détr., cⁿᵉ de Chomelix. — *Torreta subtus Fronnat*, 1404 (terr. de Chomelix).

Tourette (La), l. détr., cⁿᵉ de Cubelles. — *Mansus de Turreta*, 1327 (Lozère, G. 98). — *Mansus de la Torreta*, 1499 (Thiolent).

Tourette (La), h., cⁿᵉ de Laussonne. — *Mansus de la Torreta*, 1258 (cart. du Monastier, n° 450); — 1524 (cad. du Monastier).

Tourette (La), lieu dit, cⁿᵉ de Mercœur. — *Terroir de la Tourette*, 1613 (Mercurial).

Tourette (La), chât. détr., cⁿᵉ de Pébrac. — *Le Suc du château de la Tourette*, 1774 (terr. de Digons).

Tourettes (Les), lieu dit, cⁿᵉ de Rosières. — *Las Torretes*, 1596 (coll. C. Falcon). — *Les Tourettes*, XVIIIᵉ s. (Cassini).

Tournecol, vill., cⁿᵉ de Saint-Pierre-Eynac. — *Tornacot*, 1544 (Savin, nʳᵉ), — *Tournequot*, 1570 (Benoit, nʳᵉ). — *Tournecol*, 1618 (Brunel, nʳᵉ). — *Tournecotte*, 1695 (capitation).

Tournelle (La), mont., cⁿᵉ d'Auvers.

Tournementon, m. i., cⁿᵉ de Riotord.

Tournon, h., cⁿᵉ de Raucoules. — *Toron*, 1465 (Rivière, nʳᵉ). — *Thouron*, 1553 (ress. de Montfaucon). — *Thoron*, 1609 (Jamon, nʳᵉ).

Tourrette (La), f., cⁿᵉ de Josat. — *Locus de Torreta*, 1469 (Bibl. nat., ms. latin, n. acq., 1223, f° 352). — *La Tourette*, 1888 (carte adm.).

Tourrette (La), h., cⁿᵉ de Saint-Victor-Malescours.

Tourte (La), mont., cⁿᵉ de Freycenet-Lacuche. — *Cleriat*, 1179 (hist. gén. de Lang., éd. Privat, VIII, 1925). — *Mons de Cleyrat*, 1263 (Monastier). — *Clariat, Clergeat*, 1344 (idem). — *Clergeacius*, 1618 (Papire Masson, flum. Gall., 3). — *Clergeac*, 1644 (L. Coulon, les riv. de France, I, 245). — *Rocher-Tourte*, 1861 (état-major).

Tourterd (Le), affl. du Lignon à l'est de la Basse-Vialle, cⁿᵉ de Saint-Maurice-de-Lignon. — *Rif de Tourtourel*, 1685 (cad. du Lignon).

Tourteries (Les), tènement, cⁿᵉ de Pinols. — *Les Tourtories*, 1588 (terr. d'Auvers).

Tourtinhac, h., cⁿᵉ du Brignon. — *Turtuniacus*, 870 (Chifflet, hist. de Tournus, 210). — *Tortinhac*, 1386 (homm. de Solignac). — *Tortinhat*, 1408 (compois du Puy). — *Trotinhac*, 1489 (Saint-Georges du Puy). — *Torthiniac*, 1571 (A. Boyer, nʳᵉ). — *Tortiniac*, 1586 (Sigaud, nʳᵉ).

Tourton, écart, cⁿᵉ de Monistrol-sur-Loire. — *Tortos*, 1333 (év.).

Touzel, écart, cⁿᵉ de Rosières. — *Tozel*, 1320 (hôtel-Dieu, B. 404). — *Touzel, Thouzel*, 1614 (Brunel, nʳᵉ).

Trabesson, vill., cⁿᵉ de Montclard. — *Tresbesson*, 1502 (la Chaise-Dieu, Connangles). — *Trebesson*, 1521 (idem). — *Trabusson* (cad.). — *Trabessou*, 1888 (Malègue).

Tracol (Le), h., cⁿᵉ de Riotord. — *Ecclesia hospitalis Sancti Maximi*, 1265 (cart. de Saint-Sauveur-en-Rue). — *Beatus Maximinus*, 1277 (idem). — *Tracollum Sancti Maximi*, 1331 (idem).

Traignac, vill., cⁿᵉ de Saint-Cirgues. — *Mansus de Triamnhiac situs juxta Sanctum Ciricum*, 1285 (spic. Briv.). — *Triannhac*, 1288 (idem). — *Triahanhac*, 1353 (Arch. nat., Z². 54, p. 91). — *Triempnhac*, 1355 (idem, p. 106). — *Trinhat*, 1428 (Bibl. nat., fr., 11490, f° 63). — *Traignhac*, 1613 (Mercurial). — *Treniat*, 1670 (Arch. nat., P. 502, cote 75). — *Treignac*, 1880 (carte adm.).

Tranchard, vill., cⁿᵉ de Monistrol-sur-Loire. — *Trancharderia*, 1391 (év.). — *Locus de Tranchardeira*, 1491 (obit. de Bas). — *La Tranchardière*, 1553 (ress. de Montfaucon). — *Tranchard*, 1695 (capitation).

Tranchebourse, loc. détr., cⁿᵉ de Saint-Georges-Lagricol. — *Trencha Borsa*, 1160 (cart. de Chamalières, n° 73). — *Trenca Borsa*, 1213 (idem, n° 322). — *La Chau de Tranche-Bource*, 1569 (terr. de N.-D. de Chalencon). — *La Malouteyre* (cad.).

La Chapelle de la Maladrerie de Tranche-Bourse est citée dans une reconnᶜᵉ de 1497 (communic. de M. Paul Le Blanc).

Tranchebourse, lieu dit, cⁿᵉ de Saint-Germain-Laprade. — *Territ. de Peyres-Albes, aultrement de Tranchebource*, 1561 (Savin, nʳᵉ). — *Trenche-Bource*, 1568 (idem).

Tranchesol, l. détr., cⁿᵉ de Saint-Cirgues. — *Le Mas app. de Trenchesolle*, 1613 (Mercurial).

Trapontin, mⁱⁿ sur le Lamandy, cⁿᵉ de Cistrières.

Trappe (La), h., cⁿᵉ de Saint-Pal-de-Mons.

Trau (Le), l. détr., cⁿᵉ d'Auteyrac. — *Mansus quem vocant Trucium*, 999 (cart. de Cluny, n° 2482). — *El Mas del Trauc*, XIIᵉ s. (cart. de Pébrac, n° XLVI-53).

Traverse (La), bois, cⁿᵉ de Sainte-Eugénie-de-Villeneuve.

Traverses (Les), bois, cⁿᵉ de Beaulieu. — *Nemus voc. de las Traversas*, 1265 (hôtel-Dieu, B. 317).

TRAVENSES (Les), h., c^{ne} de Blassac. — *Locus de las Traversas*, 1410 (spic. Briv.). — *Traverses*, 1511 (const. d'Auv., f° 81, v°).

TRAVERSIER (Le), f., c^{ne} de Freycenet-Lacuche.

TRÉDOS, vill., c^{ne} de Saint-Bonnet-le-Froid. — *Tresdos*, 1465 (Rivière, n^{re}). — *Tresdoux*, 1553 (ress. de Montfaucon). — *Tresdotz*, 1597 (Guèze, n^{re}).

TREICHES, vill., c^{ne} de Raucoules. — *Grangiæ de Treschas*, 1295 (maladrerie de Brives). — *Treiches*, 1606 (Jamon, n^{re}). — *Triche*, xviii° s. (Cassini). — *Treche*, 1860 (état-major). — *Treyches*, 1879 (carte adm.).

TRÉJEAN, écart, c^{ne} de Bellevue-la-Montagne.

TRELINS, l. détr. près la Chapuze, c^{ne} de Saint-Julien-Chapteuil. — *Le Mas de Trelis*, 1308 (homm. de l'év.). — *Mansus de Trelhins*, 1344 (J. de Peyre, n^{re}). — *Le commun de Treslins*, 1685 (cad. de Chapteuil-Bas).

TRÉMOUL (Le), vill., c^{ne} de Saint-Christophe-d'Allier. — *Trémont* (cad.).

TREMOULÈDES (Les), f., c^{ne} de Montclard. — *Las Tremoledas*, 1561 (J. Chalvon, n^{re}). — *Les Tremouillades*, xviii° s. (Cassini).

TRÉMOULEYRE (La), vill., c^{ne} de Chassignolles. — *La Trémoulière*, 1888 (Malègue).

TREMOULEYRE (La), affl. de la Malaure, c^{ne} de Chassignolles.

TRENDON, h., c^{ne} de Bournoncle-la-Roche.

TRESLEMONT, écart, c^{ne} d'Yssingeaux. — *Dominus de Retro Mundo*, 1523 (est. gén. d'Yssingeaux). — *Tres-lou-Serre*, 1523 (idem). — *Tres-le-Mond*, 1523 (idem). — *Tres-lo-Mond*, 1549 (terrier de Verchères).

TRESPEUIX, h., c^{ue} de Saint-Jean-Lachalm. — *Tres Pois*, 1235 (hôtel-Dieu, B. 310). — *De Tribus Podiis*, 1280 (ibid., B. 329). — *Tres-Pueys*, 1286 (ibid., B. 160). — *Tres-Puys*, 1310 (ibid., B. 377). — *Tropoys*, 1310 (la Chaise-Dieu, Bouchet-Saint-Nicolas). — *Tres-Peus*, 1391 (hôtel-Dieu, B. 536). — *Mansus de Trege Pis*, 1476 (Bibl. nat., lat., n. acq., 1224, f° 131 v°).

TRESPEYRES, vill., c^{ne} de Saint-Pal-de-Chalencon. — *Trespeyras*, 1540 (terr. de Saint-Pal). — *Trespeyres*, 1616 (Rhône, H. 2153).

TRES-RUAS, loc. détr., c^{ne} de Saint-Front. — *Mansus de Tres Ruas*, 1284 (cart. de Mazan, f° 25 v°). — *Tres Rivi de Bonofonte*, 1326 (idem, f° 112).

TRESSAC, vill., c^{ne} de Polignac. — *Tressac*, 1256 (év.). — *Tressacus*, 1330 (J. de Peyre, n^{re}, reg. C, f° 55). — *Trezac*, 1364 (Ém. Molinier, vic. d'Arm. d'Audrehem, 312).

TRESSAC, h., c^{ne} de Saint-Paulien. — *Mansus de Tressac*, 1497 (Haute-Loire, E.). — *Tressac ou Verday* (cad.).

TRÉTONCEL (Le), l. détr., c^{ne} de Malvières. — *Mansus del Trotoncel*, 1351 (la Chaise-Dieu, Malvières). — *Mansus del Tretonssel*, 1414 (ibid.).

TREUIL (Le), affl. de la Loire, à l'est de Damhois, c^{ne} d'Aurec.

TREUIL (Le), vill., c^{ne} de Mazeyrat-Crispinhac. — *Homines de Trolhio*, 1308 (Arch. nat., T. 142²). — *Mansus de Trolio*, 1458 (Bibl. nat., ms. lat., n. acq., 1222, f° 75). — *Mansus del Treulh*, 1459 (idem, f° 120).

TREUIL (Le), h., c^{ne} de Paulhac. — *La Costa de Trieu, de Triou*, 1445 (terr. de Faugères). — *Le Treil* (cad.).

TREUIL-DE-DOUE (Le), m. de vigne, c^{ne} de Brives-Charensac. — 1752 (communic. de M. H. Vinay).

TREVAS, vill., c^{ne} des Villettes. — 1296 (homm. de l'év.).

TRÈVE, m. i., c^{ne} du Pont-Salomon.

TRÈVE (Le), h., c^{ne} de Saint-Victor-Malescours. — *Le Treyre*, 1569 (terrier de Saint-Didier). — *Le Traive*, 1820 (Deribier).

TRÉVIS, vill., c^{ne} de Saint-Jean-d'Aubrigoux. — *In pago Arvernico, locus qui dicitur Trivico* (l'impr. porte *Trinico*), 996 (cart. du Monastier, n° 387). — *Tresvics*, 1201 (Saint-Mayol). — *Trivic*, 1209 (tabl. du Velay, 1876-1877, 350). — *A Tres Vicos*, 1213 (cart. de Chamalières, n° 317). — *Trevix, Trevis*, 1217 (Saint-Agrève). — *Trivis*, 1880 (cart. adm.).

TRÉVIS (MOULIN-DE-), m^{in} sur le Javoulx, c^{ne} d'Auteyrac. — *Moulin-de-Trevisse*, 1880 (carte adm.).

TRIADOUR (Le), h., c^{ne} de Saint-Hostien. — *Al Triador de Bonavilla*, 1329 (Bonneville). — *Lou Triadour*, 1653 (idem).

TRIDOULON, h., c^{ne} d'Agnat. — *Tredolo*, xiv° s. (terr. des Grèzes). — *Trioudoulon*, 1820 (Deribier).

TRIFOULON, vill., c^{ne} de Tence.

TRIFOULON (Le), affl. du Lignon, c^{nes} de Montregard et Tence. — *L'eau de Cherm*, 1556 (terr. de Montregard, f° 175). — *Chefs*, xviii° s. (carte du dioc. du Puy). — *La Ribeyre* (cad.).

TRIMOUX, m. i., c^{ne} de Saint-Julien-du-Pinet. — *Les Trémoux* (cad.).

TRINIAC, écart, c^{ne} de Beaulieu. — *Al Roure de Trinac*, 1265 (hôtel-Dieu, B. 317). — *Trinhac*, 1541 (Chamblas). — *Treniac*, 1474 (cad. de Laval-Emblavès). — *Trinac*, 1880 (carte adm.).

Trinité (La), chapelle, c^{ne} d'Ally. — xviiie s. (Cassini).

Trinité (La), chapelle à pèlerinage, c^{ne} de Montclard. — *Ecclesia de Cussa*, 1204 (spic. Briv.). — *Prior de Cussa, monasterii Bajassiæ*, xvie s. (pouillé de Saint-Flour, p. 236). — *Le prieuré de Cusse ou la Trinité*, 1539 (coll. J. Lachenal). — *L'esglize Sainte Aguatte soubz Cusse, alias de la Sainte-Trinité*, 1610 (*idem*). — *Le prieur de Sainte Agathe de la Trinité*, 1623 (Puy-de-Dôme, E. Montboissier).

Prieuré dépendant de la Bajasse.

Fief vassal de Vals-le-Chastel.

Trinité (La), affl. du Doulon, à l'ouest de Bousserolles, c^{nes} de Montclard et de Saint-Didier-sur-Doulon. — *La Cussette* (cad.).

Trintignac, vill., c^{ne} de Saint-Georges-d'Aurac. — *In villa Trintiniaco*, 888 (cart. de Brioude, ch. 38). — *Trentinhac*, 1310 (Cumignac). — *Trintinhac*, 1455 (Bibl. nat., ms. lat., n. acq., 1222, f° 23). — *Trintiniac*, xviiie s. (Cassini).

Trintinhac (Le Mas-de-), f., c^{ne} de Cayres. — 1296 (homm. de l'év.). — *Trintinhaccum, Trintiniacum*, 1346 (év.). — *Trentinhacum*, 1353 (*ibid.*) — *Molendinum de Trintinaco*, 1528 (Saint-Vosy).

Trioulares (Le), affl. du Malaval, c^{ne} d'Alleyras.

Trioule (La), affl. de l'Allier, c^{ne} de Saint-Vénérand.

Trioulet, f., c^{ne} de Saint-Jean d'Aubrigoux. — *Ad Teuletum*, 1213 (cart. de Chamalières, n° 318).

Triouley (Le), f., c^{ne} de Frugières-le-Pin.

Triouleyre, vill., c^{ne} de Saint-Jean-d'Aubrigoux. — *Ad Tres Olerias*, 938 (cart. de Chamalières, n° 256). — *Villa de Tres Oleriis*, 1014 (*idem*, n° 257). — *Theoleyre*, 1543 (terr. de G. de Coysse). — *Trioulayre*, 1820 (Deribier).

Triouleyre, h., c^{ne} de Saint-Julien-d'Ance. — *La Tryoleyre, Teoleyre, Theoleyre parr. de Sainct-Julhen-d'Ansa, Teoleyra*, 1545 (terr. de la Garde). — *Teouleyre, Teoulleyre*, 1604 (cad. de Chalencon). — *Trioulayre*, 1657 (ét. civ.).

Triouleyre (La), tuileries détruites, près Fay-la-Triouleyre, c^{ne} de Saint-Germain-Laprade. — *La Treulleyra*, 1547 (Savin, n^{re}).

Triozon, f., c^{ne} d'Azerat. — *Villa de Treazone*, xie s. (cart. de Brioude, ch. 53). — *Treuzo*, 1156 (spic. Briv.). — *Truizo*, 1256 (*idem*).

Trivalas (Les), m. i., c^{ne} d'Yssingeaux. — *Les Triviales*, 1878 (carte adm.).

Tronc (Le), l. détr., c^{ne} de Saint-Préjet-d'Allier. — *Mansus del Trun*, 1297 (Thiolent). — *Mansus del Tron*, 1339 (*idem*).

Tronchère, f., c^{ne} de Saint-Préjet-Armandon. — *Tronchières*, 1505 (Vals-le-Chastel). — *Troncheyres*, 1516 (*idem*).

Tronchère (La), f., c^{ne} de Mazeyrat-Crispinhac. — *Le Mas de la Troncheyre*, 1379 (homm. de Vissac). — *La Truncheyra*, 1458 (Bibl. nat., ms. lat., n. acq., 1222, f° 84 v°). — *La Troncheira*, 1463 (terr. de Vissac).

Tronchère (Moulin-de-la), mⁱⁿ sur la Gagne, c^{ne} de Cayres.

Tronchères (Les), f., c^{ne} de la Vaudieu. — *Les Tronchayres*, 1820 (Deribier).

Troncs (Les), lieu dit, c^{ne} de Blavozy. — *Les Troncs*, 1256 (Arch. nat., P. 491², cote 113); — 1318 (homm. de l'év.). — *Territorium dous Troncs*, 1418 (terrier du Moulin-Neuf). — *Le terroir de Servissas app. doux Tronc sive de Peu-Nastol*, 1539 (*idem*).

Trota, écart, c^{ne} de Chamalières.

Troubas (Les), h., c^{ne} du Mazet-Saint-Voy. — *Los Trobas*, 1507 (év.). — *Les Trobatz*, 1585 (Johany, n^{re}). — *Loux Troubas*, 1608 (cad. de Bonnas).

Trou de l'Oule, vallon, c^{ne} d'Auvers. — En patois : *Le Traü de l'Oure*.

Troupenat, h., c^{ne} de Saint-Just-près-Brioude. — *In aice Brivatensi, de villa Tropennaco*, 924 (cart. de Brioude, ch. 16). — *Tropenat*, 1429 (terr. du doy. de Br.).

Trousseyre, écart, c^{ne} de Champclause.

Truchefau, lieu dit, c^{ne} de Villeneuve-d'Allier. — *Trucha Fau*, 1339 (Bibl. nat., ms. fr., 14377, p. 190).

Truchet, m. i., c^{ne} de Saint-Geneys-près-Saint-Paulien. — 1820 (Deribier). — *Chabatou*, 1888 (carte adm.).

Truchon, vill., c^{ne} de Reilhac. — *Mansus de Trucho*, 1470 (Bibl. nat., ms. lat., n. acq., 1223, f° 377).

Truisson, mⁱⁿ, c^{ne} de Bessamorel. — *Troisso, Molendinum de Troysso*, 1359 (Rhône, H. 2632).

Truisson, vill., c^{ne} d'Yssingeaux. — *Troysson*, 1635 (cad. de Saussac).

Truisson (Le), affl. du Ramel, c^{nes} du Pertuis et de Bessamorel. — *Aqua de Troyssonet*, 1359 (Rhône, H. 2632). — *Aqua de Trossonnet*, 1451 (cart. de Mazan). — *La rivière de Troysonet*, 1549 (terr. de Verchères, f° 99). — *Ruiss. de Troisson*, 1603 (cad. de Glavenas).

Tsarlat, lieu dit, c^{ne} de Saint-Éble. — Découverte, en 1897, d'antiquités romaines.

Tubeys (Le), m. i., c^{ne} de Monistrol-d'Allier.

Tuilerie, h., c^{ne} d'Auzon. — *La Thuillière*, 1820 (Deribier).

Tuilerie, m. ruinée, cne de Berbezit. — *Tuilière*, 1880 (carte adm.).

Tuilerie (La), m. i., cne de Beaune.

Tuilerie (La), écart, cne de Domeyrat. — *Mansus de Treuleyras*, 1464 (Bibl. nat., ms. lat., n. acq., 1293, f° 162 v°). — *Le villaige des Triouleyres*, 1516 (Vals-le-Chastel).

Tuilerie (La), m. i., cne de Fontannes.

Tuilerie (La), m. i., cne de Saint-Georges-Lagricol.

Tuilerie (La), m. i., cne de Saint-Paulien.

Tuilerie (La), m. i., cne de Vergongheon.

Tuilerie de Chape, tuil., cne d'Auzon. — 1880 (carte adm.).

Tuilerie de Mezire (La), écart, cne de Vergongheon.

Tuileries (Les), m. i., cne de Blesle.

Tuilière (La), m. i., cne de Collat.

Tuilière (La), m. i., cne de la Mothe. — *La Tuilerie* (cad.).

Tuilière (La), tuilerie, cne de Sainte-Sigolène.

Tuilière-Basse (La), m. i., cne de Couteuges. — *Tuileries-de-Coudert* (cad.)

Tuillière (La), m. i., cne de Raucoules.

U

Uclas (Les), h., cne de Grazac. — *Los Uclas*, 1820 (Deribier).

Uclas (Les), m. i., cne du Mas-de-Tence. — *Les Vilas*, 1880 (carte adm.). — *Les Uclos*, 1888 (Malègue).

Uffarges, vill., cne de Saint-Julien-d'Ance. — *Usfargæ*, 1163 (cart. de Chamalières, n° 77). — *Usfaurgiæ, Usfargiæ*, xiiie s. (*idem*, n°ˢ 3ª4 et 334). — *Usfargiæ*, 1343 (J. de Peyre, nre). — *Uffarges, Usfaiges, Usfarges*, 1545 (terrier de la Garde). — *Usfarges*, 1604 (cad. de Chalencon). — *Uffarge*, 1820 (Deribier).

Uffernets (Les), vill., cne de Saint-Paul-de-Tartas. — *Los Ufrunits*, 1282 (la Chaise-Dieu, Saint-Paul-de-Tartas). — *Usfrinitz, Usfreneti*, 1330 (*idem*). — *Los Uffrunitz*, 1408 (comp. du Puy). — *Ufferneti*, 1462 (V. Chalvon, nre). — *Locus de Uffrenetis*, 1464 (Ardèche, C. 569). — *Les Uffernetz*, 1513 (tit. de Surrel). — *Les Infernets*, 1770 (Faujas de Saint-Fond, 380).

Uffour, vill., cne de Bellevue-la-Montagne. — *Commanda d'Usforns* (l'imprimé porte *Usfortis*), 1292 (Martène, thes. nov. anecd., I, 897). — *Usforns*, 1285 (templiers du Puy). — *Uffors*, 1584 (terrier de Louis de la Rochelambert). — *Lous Fours*, 1616 (Rhône, H. 2153, f° 968). — *Les Fours*, 1670 (Arch. nat., P. 502, cote 109). — *Huifous*, xviiie s. (Cassini). — *Ufour* (cad.).

Ulmet, h., cne de Raucoules. — *Ulmetum*, 1303 (prieuré de Grazac). — *Terra d'Olmes*, 1300 (tit. de Bronac). — *Castrum Ulmeti*, 1468 (Rivière, nre). — *Hulmet*, 1820 (Deribier).

Ulmet (L'), affl. de la Dunières, formé par la réunion à Ulmet des ruisseaux de Reynier, Chazalet et Salettes, cne de Raucoules.

Usclas (Les), h., cne du Chambon.

Usine (L'), m. i., cne de la Chapelle-Geneste.

Ussel, vill., cne du Brignon. — *Uscel*, 1386 (homm. de Solignac). — *Ucell*, 1390 (*idem*). — *Ucellus, Ussel*, 1441 (terrier de Solignac).

Ussel, f., cne de Laussonne. — 1695 (capitation).

Usson, f., cne de Chassignolles. — *In aice Brivatensi. villa Icio*, 843 (cart. de Brioude, ch, 199); — 926 (*idem*, ch. 155).

Usufruit (L'), h., cne d'Agnat. — *Mansus del Usfrustz*, xive s. (terrier des Grèzes).

Utiac, vill., cne de Tence. — *Utiac*, 1294 (cart. du prieuré de Tence, f° 1). — *Mansus de Utiacu*, 1324 (*idem*, f° 4). — *Uthiac*, 1693 (état civil). — *Hutiac*, 1694 (*idem*).

Uveyres, vill., cne de Saint-Geneys-près-Saint-Paulien. — *Oveyras ?*, 1285 (homm. de l'év.). — *Uveyras*, 1323 (J. de Peyre, nre). — *Dureyras*, 1373 (Haute-Loire, E.). — *Uveres*, 1616 (Rhône, H. 2153).

V

Vabres, con de Saugues. — *Castrum de Vabres*, 1219 (Baluze, mais. d'Auv., II, 86; — Vaissète, hist. de Lang., éd. Privat, VIII, c. 728). — *Feudum de Vabris*, 1266 (Lozère, év.). — *Parochia de Vabris Ripæ Aligerii*, 1452 (J. Rocher, nre). — *S. Gregorius de Vabris*, 1527 (A. Besseyre, nre).

*— La paroisse de Saint-Grégoire de Vabres en
Gevauldan*, 1585 (Johany, n^re).

Fief vassal de l'évêque de Mende.

En 1789, Vabres dépendait de la province et
bailliage de Gévaudan. Son église paroissiale, diocèse de Mende et archiprêtré de Saugues, était
sous l'invocation de saint Grégoire; l'évêque en
était collateur et le chapitre collégial de Marvéjols
prieur et nominateur.

VABRÈTES, h., c^ne de Saint-Jean-Lachalm. — *Affar
de Vabretis*, 1281 (Thiolent). — *Vabretas*, 1506
(Médicis, II, 303).

VABRÈTES (LA), affl. de l'Allier, c^ne de Saint-Jean-
Lachalm.

VACHELERIES, h., c^ne de Saugues. — *Mansus de
Bachalarias*, 1282 (Thiolent). — *Bachalarias
prope castrum de Rota*, 1327 (Lozère, G. 99). —
Vachalaries, 1537 (Thiolent). — *Vacheleries*,
1745 (idem). — *Vachelaries*, 1820 (Deribier).

VACHÈRES, h., c^ne de Monistrol-sur-Loire. — *Vacheyras*,
1394 (hôtel-Dieu, B. 691). — *Vachières*, 1657
(ét. civ.).

VACHÈRES, chât. et vill., c^ne de Présailles. — 1130
(Saint-Georges du Puy, inv^re). — *Castrum et villa
de Vacheriis*, 1327 (Arch. nat., P. 1397²,
cote 588). — *Vacheyras*, 1331 (Arch. nat.,
P. 1397², cote 587). — *Vachières*, 1666 (André,
n^re).

VACHÈRES (LE), affl. du Chabanis, c^ne de Présailles.

VACHERESSE, vill., c^ne de Félines.

VACHERESSE, vill., c^ne du Mazet-Saint-Voy. — *Vacharessas*, 1507 (év.). — *Vacharesses*, 1608 (cad.
de Bonnas).

VACHERESSE, vill., c^ne de Saint-Julien-d'Anse. —
Vacharecias, 1213 (cart. de Chamalières, n° 327).
— *Vacheressas*, 1269 (Arch. nat., P. 1398¹,
cote 655). — *Vacharessas*, 1311 (Arch. nat.,
P. 494¹, cote 14). — *Vacharessiæ*, 1400 (terrier
du Bois).

VACHERESSE, vill., c^ne de Siaugues-Saint-Romain. —
Mansus de Vacaritias, 999 (cart. de Cluny,
n° 2482). — *Vicharessas*, v. 1250 (spic. Br.).
— *Vacharessas*, 1459 (Bibl. nat., lat., n. acq.,
1222, f° 126). — *Vacharessæ*, 1460 (idem,
f° 171). — *Vacheyressas in Alvernha*, 1491
(Rhône, Chantoin, I, 10).

VACHERESSE (LA), vill., c^ne des Estables. — *Terra de
Vacharessis*, 1224 (Bonnefoy). — *La Vacharessa*,
1263 (Monastier-Saint-Chaffre). — *Vacheressia*,
1484 (Arcis, n^re). — *La Vacharesse*, 1561 (Savin,
n^re). — *La Vacheresse*, 1695 (capitation).

VACHERESSE (LA), f., c^ne de Venteuges. — *La Vacha-*

ressa, 1235 (cart. de Pébrac, n° 60). — *La
Vacharesse*, 1539 (Thiolent). — *Lavacheresse*,
1820 (Deribier).

VACHERESSON, h., c^ne de Bellevue-la-Montagne. —
Vacharesso, 1507 (év.). — *Vacharesson*, 1548
(P. Gallien, n^re).

VACHEROLLES, chât., c^ne de Saint-Julien-d'Ance. —
Ad Vachairolas, 1213 (cart. de Chamalières,
n° 327). — *Villa de Vacheyrolas*, 1293 (Arch.
nat., P. 491¹, cote 13). — *Vachiroles*, 1334
(Arch. nat., P. 490², cote 153). — *Vachyrolæ*,
1343 (la Chaise-Dieu, Saint-Étienne-Lardeyrol).
— *Vacheirolles*, 1581 (terr. de Frissonnet).

VACHERS (LES), h., c^ne de Rosières. — *Los Vachiers*,
1550 (Chamblas).

VACHES, h., c^ne de Thoras. — *Mansus de Vacha*,
1276 (Thiolent). — *La Vacha prope Castarium
d'Anse*, 1327 (Lozère, G. 99). — *Vaca*, 1499
(idem). — *Vache*, 1623 (Peyret, n^re).

VAILHAC, vill., c^ne de Vissac. — *In loco vocabulo
Valiaco*, 936 (cart. de Brioude, ch. 337). —
Mansus de Valhac, 1471 (Bibl. nat., ms. lat.,
n. acq., 1224, f° 11). — *Vailhacum*, 1478 (terr.
du Cluzel).

VAISSAIRE (LA), m. i., c^ne de Montregard.

VAISSE (LA), mont., c^ne de Chassagnes.

VAISSE (LA), f., c^ne de Saint-Georges-Lagricol.

VAISSE (LA), f., c^ne de Saint-Préjet-Armandon. —
Mansus de la Vayssa, 1464 (Bibl. nat., ms. lat.,
n. acq., 1223, f° 158). — *La Vaysse*, 1820 (Deribier).

VAISSIÈRE (LA), l. détr., c^ne de Saint-Didier-sur-
Doulon. — *Mansus de la Besseyra*, 1347 (Baluze,
mais. d'Auv., II, 197). — *La Besseire*, 1539
(Vals-le-Chastel). — *La Vaissière-Pin*, 1855 (état-
major). — Signal.

VALA, h., c^ne de Saint-Romain-Lachalm.

VALAT (LE), m. i., c^ne de Domeyrat.

VALATS (LES), h., c^ne de Montregard. — *Locus dour
Valas*, 1468 (Rivière, n^re). — *Loux Vallatz*,
1553 (ress. de Montfaucon). — *Les Valas*, 1879
(carte adm.).

VALENTIN, m^in sur l'Étang, c^ne de Berbezit. — *Vallantin*, 1593 (la Chaise-Dieu, Belluc). — *Le
Moulin-de-Valentin*, 1626 (ibid.).

VALENTIN, m. i., c^ne de Saint-Jeure.

VALENTIN (MOULIN-DE-), m^in sur la Senouire, c^ne de
Connangles.

VALENTINE (LA), écart, c^ne de Chadrac.

VALENTINS (LES), h., c^ne d'Yssingeaux.

VALÉRY, f., c^ne de Queyrières. — *Lous Valeris*, 1528
(terr. du Pertuis).

VALET (Lou), h., cne de Mézères. — *Le lieu doux Valia*, 1553 (terrier de Liques).

VALETTE, f., cne de Chaudeyrolles. — *Los Valetz*, 1347 (chartreuse de Bonnefoy). — *Locus de Valeta*, 1464 (Ardèche, C. 626). — *Valete*, 1639 (ét. civ.). — *Vallette*, 1646 (cad. de Bonnefont).

VALETTE (LA), f., cne de Bauzac. — *La Valeta*, 1179 (hospitaliers du Velay). — *Valeta*, 1318 (Arch. nat., P. 494¹, cote 27). — *Les Valettes*, 1869 (Malègue).

VALETTE (LA), écart, cne de Beaux.

VALETTE (LA), dom., cne de Chadron. — *Valeta*, 1346 (J. de Peyre, nre, reg. D, f° 137). — *La Valeta*, 1389 (plumit. de Bouzols). — *Locus de Valleta*, 1390 (spic. Br.). — *Lavalette*, 1820 (Deribier).

VALETTE (LA), f., cne du Chambon. — *Lavalette*, 1820 (Deribier).

VALETTE (LA), chât., cne de Chastel. — *La Valeta*, v. 1250 (spic. Br.). — *La Valete*, 1511 (coust. d'Auv., f° 81 v°).

VALETTE (LA), vill., cne de Chénéreilles. — *La Valeta*, 1290 (Rhône, D. 148). — *Villa de la Valeta Uner*, 1309 (év.). — *La Vallette*, 1553 (ress. de Montfaucon). — *La Vallette-Eynier*, 1615 (év.). — *Lavalette*, 1888 (Malègue).

VALETTE (LA), h., cne de Laval.

VALETTE (LA), h., cne de Monistrol-d'Allier. — *Mansus de Valeta prope Alerium*, 1327 (Lozère, G. 98). — *La Valeta*, 1377 (Thiolent). — *Lavalette*, 1820 (Deribier).

VALETTE (LA), loc. détr., cne de Saint-Arcons-d'Allier. — *In villa Valeta*, 909 (cart. de Brioude, ch. 44). — *In pertinenciis loci S. Arconcii, in territorio voc. de la Valeta, juxta rivum de Jahors*, 1457 (Bibl. nat., ms. lat., n. acq., 1222, f° 52 v°).

VALETTE (LA), écart, cne de Saint-Didier-la-Séauve. — *La Valeta*, 1321 (hospitaliers du Velay). — *Valleta*, 1377 (coll. Chaleyer). — *Lavalette*, 1888 (Malègue).

VALETTE (LA), chât. et dom., cne de Saint-Paulien. — *La Valeta*, 1325 (J. de Peyre, nre, reg. A, f° 117). — *La Vallette-lez-Saint-Paulhen*, 1621 (Haute-Loire, E.).

VALETTE (LA), affl. du Doulon, cnes de Saint-Préjet-Armandon et Domeyrat. — *Le Coureuge* (cad.).

VALETTE (LA), f., cne de Saint-Préjet-d'Allier. — *Mansus de la Valeta*, 1317 (la Chaise-Dieu, Saint-Préjet-d'Allier). — *Valeta*, 1470 (Bibl. nat., ms. lat., n. acq., 1223, f° 365). — *Lavalette*, 1820 (Deribier).

VALETTE (LA), vill., cne de Tence. — *La Valeta*, 1294 (cart. du prieuré de Tence, f° 1). — *Grange de la Valette*, 1694 (ét. civ.). — *Lavalette*, 1820 (Deribier).

VALETTE (LA), loc. détr., cne de Torsiac. — *Mansus de Valeta*, 1334 (Bibl. nat., ms. lat., 9084, n° 21).

VALETTE (MOULIN-DE-LA-), sur la Dège, cne d'Auvers. — 1588 (terr. d'Auvers). — *Lavalette*, 1888 (Malègue).

VALEYRE, m. i., cne de Retournac.

VALIOP, écart, cne de Saint-Pal-de-Murs. — *Baliop*, 1573 (communication de M. E. Grellet de la Deyte). — *Vailop*, 1820 (Deribier).

VALIONGUES (LES), h., cne de Chavagnac-Lafayette. — *Lou Valhiorgue, les Valhorgues*, 1576 (terr. du Cluzel).

VALIVIER, h., cne de Saint-Hilaire. — *Valivers*, xive s. (terr. des Grèzes). — *Valliviert*, 1406 (coll. de M. le marquis de Polignac).

Seigneurie relevant en fief de celle de Saint-Bonnet-de-Novacelle et en arrière-fief du duché d'Auvergne.

VALLA-PLANCE (LA), affl. de la Virlange, cne de Chanaleilles.

VALLENIE (LA), loc. détr., cne de Saint-Vert. — *Le Mas de la Vallenie*, 1426 (la Chaise-Dieu, Saint-Vert).

VALLET, h., cne de la Farre. — *La Vallette*, 1583 (tit. de Surrel). — *Valetz*, 1820 (Deribier).

VALLETTE (LA), écart, cne de Bains. — *La Baraque-de-Montbonnet*, 1808 (ét. des succurs.). — *La Baraque* (cad.).

VALLIS ANGUSTA, nom de la vallée de la Loire, à Goudet. — *Cella quæ vocatur Godith, in pago Vallavensi, in loco qui dicitur Vallis Angusta*, 877 (Juénin, nouv. hist. de Tournus, pr., 97).

VALOGIÈRES, vill., cne de Saint-Hostien. — *Val Augeria*, 1310 (Lardeyrol). — *Vallis Augeria*, 1329 (id.). — *Valaugeyras*, 1533 (Rhône, H. 2234). — *Vallaugeyre*, 1610 (Duclaux, nre). — *Vallougières*, 1653 (Lardeyrol). — *Valauzières*, xviiie s. (Cassini). — *Valogères*, 1879 (carte adm.).

VALONGEAN, h., cne d'Araules. — *Valonjon*, 1696 (capitation). — *Valaujon*, xviiie s. (Cassini). — *Valaugeon*, 1878 (carte adm.).

VALORY, écart, cne de Coubon. — *Valauria*, 1256 (év.). — *Vallauria*, 1315 (Haute-Loire, E.). — *Vallauric*, 1585 (Leblanc, nre). — *Valaoury*, 1820 (Deribier).

VALPILIÈRE, f., cne de Queyrières. — *La Vulpilheyra*, 1333 (Arch. nat., R². 39). — *La Voulpillière*, 1534 (év.).

Val-Ponson (La), lieu dit près les Salles, cne de Saint-Martin-de-Fugères. — *Vallis Ponso*, 1390 (homm. de Solignac). — *La Val-Ponsson*, 1561 (Savin, nre).

Valprivas, chât. ruiné, con de Bas. — *In vicaria Bassiensi, in pago Vellaico, in villa quæ dicitur Vallis Privata*, v. 990 (cart. du Monastier, n° 163). — *Valpryvas*, 1563 (obit. de Bas). — *Vauprivas*, 1580 (*idem*). — *Vaulprivas*, 1597 (Galien, nre).

En 1789, Valprivas appartenait à la province du Forez, à l'élection et bailliage de Montbrisson. Au spirituel, il relevait de la paroisse de Bas.

Vals-le-Chastel, con de Paulhaguet. — *Villa quæ vocatur Vallis*, 1078 (spic. Br.). — *Capella de Valle*, 1204 (*idem*). — *Castrum de Val*, v. 1250 (*idem*). — *Castellania de Valle prope Cussa*, 1310 (coll. J. Lachenal). — *Valh-le-Chastel*, 1379 (compte de B. Flotenc). — *Locus Vallis Castri*, 1466 (Maltrait, nre). — *La vicairie de Sainte-Catherine à Val-le-Chastel*, 1549 (coll. J. Lachenal). — *Anval-le-Chastel*, 1669 (Arch. nat., P. 499, c. 79). — *Vailh-le-Chastel*, 1670 (Arch. nat., P. 500², c. 104).

En 1789, Vals-le-Chastel, qui était une seigneurie relevant en fief de la baronnie d'Aubusson et en arrière-fief du duché d'Auvergne, était compris dans la province d'Auvergne, l'élection et subdélégation de Brioude et le ressort de Riom. Son église paroissiale, diocèse de Saint-Flour et archiprêtré de Brioude, était sous le vocable de saint Pierre.

Succursale érigée le 13 décembre 1836.

Vals-près-le Puy, con sud-est du Puy. — *Domus infirmarum Vallis*, 1223 (tab. de la Haute-Loire, 1870-1871, 197). — *Domus leprosarum de Valle*, 1232 (tabl. du Velay, 1876-1877, 370). — *Prior domus de Valle prope Anicium*, 1264 (Pébrac). — *Domus pontis de Valle*, 1306 (tabl. de la Haute-Loire, 1870-1871, 50). — *Monasterium Sanctæ Mariæ Magdelenæ de Valle prope Anicium*, 1330 (J. de Peyre, nre). — *En Val*, 1364 (É. Molinier, vie d'A. d'Audrehem, 314). — *Vals*, 1720 (Saugrain).

En 1789, Vals faisait partie de la province du Velay, de la subdélégation et sénéchaussée du Puy. Au spirituel il relevait de la paroisse de Saint-Vosy du Puy.

Église érigée en succursale, par ordonnance royale du 7 février 1821.

Valtaillet (La), vill., cne de Valprivas. — *Valles*, 1321 (J. de Peyre, nre). — *Mansus de Valle Ambrunia*, 1411 (Arch. nat., P. 492², cote 119). — *Vallis*, 1501 (obit. de Bas). — *Vallis Embruna*, 1514 (*idem*). — *La Val*, 1516 (*idem*). — *Laval-Tailhier*, 1555 (*idem*). — *Lavaltaillez* (cad.).

Varan, vill., cne de Saint-Ferréol-d'Auroure. — *Varens*, 1387 (homm. de Solignac). — *Varau*, 1890 (Deribier).

Varscenac, l. détr., auj. terroir, cne de Retournac. — *Varscenac, Varsennac*, 1160 (cart. de Chamalières, n° 73). — *Vaicenac*, 1166 (*idem*, n° 84).

Vareilles, h., cne de Lapte. — *La cabanaria de Vallielas*, v. 1100 (cart. de Cluny, ch. 3764). — *Mansus de Valelhas*, 1349 (Arch. nat., P. 1397², cote 540). — *Las Valhelhas*, 1465 (Rivière, nre). — *Les Varilles*, 1695 (capitation). — *Les Vareils*, xviii° s. (Cassini). — *Les Vareilles*, 1878 (carte adm.).

Vareilles, vill., cne de Saint-Jeure. — *Villa de Vadiliis*, v. 1145 (cart. de Chamalières, n° 47). — *Villa de Vazeillas*, 1256 (Gall. chr., II, c. 774). — *Valelhas*, 1402 (cart. de Tence, f° 14). — *Varelhas*, 1451 (dr Charreyre). — *Vareilhas*, 1507 (év.). — *Varelhes*, 1553 (ress. de Montfaucon).

Vareilles (Moulin-de-), min sur l'Auze, cne de Saint-Jeure. — *Molendinum in villa de Vadiliis*, v. 1145 (cart. de Chamalières, n° 47).

Vareillettes, h., cne d'Yssingeaux. — *Mansus de Valelhetas*, 1359 (Rhône, H. 2632). — *Valhelhetæ*, 1445 (Rhône, Bessamorel). — *Varilites*, 1615 (Rhône, H. 2153).

Varenne (La), m. i., cne d'Araules. — *Lavarenne*, 1888 (Malègue).

Varenne (La), h., cne d'Auteyrac. — Jadis div. en Haute et Basse. — *La Varena*, 1134 (cart. de Pébrac, n° 31). — *La Varena Sobeirana, el mas de la Varena Soteirana*, xii° s. (*idem*, n° xlvi-53). — *Varenas, in par. d'Auteyrac*, 1256 (év.). — *Mansus de la Varena*, 1467 (Bibl. nat., ms. lat., n. acq., 1223, f° 322 v°).

Varenne (La), vill., cne de Bauzac. — *Mansus de Varenis de Bausaco*, 1082 (cart. de Chamalières, n° 113). — *Ad Verenas*, xiii° s. (*idem*, n° 329). — *Mansus de la Varena*, 1346 (Arch. nat., P. 490³, cote 229). — *La Varena*, xvi° s. (obit. de Bauzac). — *Lavarenne*, 1820 (Deribier).

Varenne (La), m. i., cne de Bessamorel. — *Lavarenne*, 1820 (Deribier).

Varenne (La), f., cne de Chadron. — *Lavarenne*, 1888 (Malègue).

Varenne (La), h., cne de Chavagnac-Lafayette. — *Mansus Varenæ*, 1428 (la Chaise-Dieu, Mazerat-Aurouze).

VARENNE (LA), f., c^ne de Laussonne. — *Mansus de Varena, in arce (aice) Monasterii*, v. 990 (cart. du Monastier, n° 159). — *Mansus de la Varena*, 1258 (Monastier). — *Lavarenne*, 1820 (Deribier).

VARENNE (LA), affl. de la Laussonne, près de Laussonne. — *Rivus d'Ermante aliter de la Varena*, 1528 (ét. civ.).

VARENNE (LA), vill., c^ne du Mazet-Saint-Voy. — *Varena*, 1000 (cart. du Monastier, n° 255). — *La Varena*, 1343 (Rhône, H. 1016). — *Lavarenne*, 1820 (Deribier).

VARENNE (LA), vill., c^ne de Queyrières. — *La Varena*, 1333 (Arch. nat., R². 39).

VARENNE (LA), h., c^ne de Saint-Julien-du-Pinet. — *Lavarenne*, 1888 (Malègue).

VARENNES, vill., c^ne de Chamalières. — *Mansus de Varenis*, 1490 (cad. de Mézères). — *Varenes*, 1561 (Savin, n^re).

VARENNES, vill., c^ne de Ferrussac. — *Varenas*, 1479 (Bibl. nat., ms. lat., n. acq., 1224, f° 215 v°). — *Varenes*, 1486 (Arch. nat., Q. 513, f° 80).

VARENNES, f., c^ne de Laussonne. — *Villa de Varenas, in pago Vellaico*, xe s. (cart. du Monastier, n° 104). — *Villa quæ dicitur Varenas*, v. 1010 (idem, n° 196). — *Mansus de Varenis*, 1344 (Monastier). — *Varenes*, 1544 (Savin, n^re).

VARENNES, vill., c^ne de Monlet. — *Varenæ*, 1324 (J. de Peyre, n^re, reg. A, f° 97).

VARENNES, f., c^ne de Saint-Préjet-d'Allier. — *Affare de Varenis*, 1307 (Lozère, G. 757).

VARENNES, vill., c^ne de Saint-Privat-d'Allier. — *Varenas*, v. 1170 (hospit. du Velay). — *Varena*, 1263 (idem). — *Varennæ*, 1470 (Bibl. nat., ms. lat., n. acq., 1223, f° 371). — *Varenæ*, 1520 (Martel, n^re).

VARENNES (LES), m. i., c^ne de Saint-Romain-Lachalm.

VARENNES (LES), h., c^ne d'Yssingeaux. — *La Varenne* (cad.).

VARENNES-SAINT-HONORAT, c^on d'Allègre. — *Ecclesia S. Honorati*, 1252 (Saint-Agrève). — *Varennes*, 1401 (spic. Br.). — *Locus de Varenas*, 1456 (Bibl. nat., lat., n. acq., 1222, f° 18). — *Ecclesia parochialis S. Honorati de Varenis*, 1464 (idem, 1223, f° 181). — *Parochia de Varenis S. Honorati*, 1466 (idem, 1223, f° 284). — *Varennes-la-Raison*, 1793.

En 1789, Varennes-Saint-Honorat appartenait à la province d'Auvergne, à l'élection de Brioude, à la subdélégation de Langeac et au ressort de Riom. Son église paroissiale, diocèse du Puy et archiprêtré de Saint-Paulien, était consacrée à saint Honorat; l'abbesse des Chazes présentait à la cure.

Succursale érigée par ordonnance royale du 12 mars 1826.

VAREYROUX, écart, c^ne de Montregard. — *Vareyron*, 1879 (carte adm.).

VARNEYROUZE (LA), f., c^ne de Fay-le-Froid.

VASSEL (MOULIN-), m^in sur l'Arzon, c^ne de Vorey.

VASTRES (LES), c^on de Fay-le-Froid. — *In villa quæ dicitur Lavastris*, v. 1000 (cart. du Monastier, n° 181). — *Ecclesia Sancti Theotfredi de Vastris*, xie s. (idem, n° 17). — *Parochia S. Theoffredi de Lavastres*, v. 1186 (hospit. du Velay). — *Ecclesia de las Vastres*, v. 1343 (cart. du Monastier, app., n° 452). — *Las Vastras*, 1454 (terr. de Saint-Julien de Châteauneuf).

En 1789, les Vastres était compris dans la province du Vivarais et le bailliage de Villeneuve-de-Berg. Son église paroissiale, diocèse de Viviers et archiprêtré de Boutières, était sous le vocable de saint Théofred.

VASTRETS (LES), h., c^ne des Vastres. — *Mansus de Vastretis, Lavastretz*, 1464 (Ardèche, C. 634). — *Vastretes*, 1517 (Soc. d'agric., XVIII, 523).

VAUBARLET, h., c^ne de Sainte-Sigolène. — *Valbarlet*, 1469 (Rivière, n^re). — *Vauburlet*, 1507 (év.).

VAUBARLET (MOULIN-DE-), m^in sur la Dunières, c^ne de Grazac.

VAUCANSON, m. i., c^ne de Lapte.

VAUCENGE (LA), affl. de la Voirèze, c^ne de Saint-Étienne-sur-Blesle. — *La Ribeyre* (cad.).

VAUDIEU (LA), c^on de Brioude. — *In aice Cumicensi*, 909 (cart. de Brioude, ch. 204). — *Ecclesia Sancti Andreæ de Comps*, 1052 (Gall. chr., II, instr., c. 104). — *In territorio Brivatensi, ecclesia de Coms*, 1052 (spic. Br.). — *Vallis de Cumis*, v. 1148 (Gall. chr., II, instr., c. 107). — *Villa de Cumps*, 1177 (Bibl. nat., ms. lat., 12750, p. 200). — *Cums*, 1199 (Baluze, mais. d'Auv., pr., II, 257). — *Moniales de Coms*, 1213 (coll. P. Le Blanc). — *Perochia de Cons*, 1250 (spic. Br.). — *Domus de Comps*, 1262 (Baluze, mais. d'Auv., II, 269). — *Combs*, 1272 (Bibl. nat. ms. lat., 12766, f° 463). — *Conz*, 1284 (Mabillon, vet. anal., 339). — *Le prieuré de Vaudieu*, 1487 (spic. Br.). — *Le convent de la Val-Dieu, dict de Combs*, 1494 (la Chaise-Dieu, Javauges). — *Comps aultrement La Vauldieu*, 1511 (coust. d'Auv., f° 80). — *Lavaudieu*, 1820 (Deribier).

Par lettres patentes (Laval, 9 octobre 1487), Charles VIII, sur la prière de l'abbé de la Chaise-

Dieu, ordonna que le prieuré de Comps s'appelle-rait dorénavant le prieuré de la Vaudieu, «pour ce que le nom de Cons est vil et deshonneste à nommer aux religieuses» (spic. Br.).

En 1789, la Vaudieu, qui était le siège d'une abbaye bénédictine de femmes dépendant de celle de la Chaise-Dieu, appartenait à la province d'Auvergne, à l'élection et subdélégation de Brioude et au ressort de Riom. Son église paroissiale, diocèse de Saint-Flour et archiprêtré de Brioude, était consacrée à saint André; la prieure de l'abbaye présentait à la cure.

Vaugelas, f. et m^in sur la Dunières, c^ne des Villettes. — *Vallis Gelata*, 1415 (cart. de Tence, f° 15 v°). — *Vagelas*, 1456 (Arch. nat., P. 1396¹, c. 460).

Vaumaison, m. i., c^ne de Saint-Maurice-de-Lignon. — *Vaulmeysos, Vaulmeysoux*, 1529 (terr. de Saint-Maurice-de-Lignon). — *Vaulmeysons*, 1539 (*idem*). — *Vomaison* (cad.).

Vaunac, chât. et vill., c^ne d'Yssingeaux. — *Villa quæ dicitur Volnac*, 985 (cart. de Chamalières, n° 39). — *Villa de Volnaco*, 993 (*idem*, n° 41). — *A Vonac*, v. 1174 (*idem*, n° 95). — *Mansus de Vounac*, 1314 (év.). — *Vonnac, par. d'Essiniau*, 1346 (J. de Peyre, n^re). — *Vaunacum*, 1370 (év.). — *La Tour-Vaunac*, xviii° s. (Cassini).

Vaunat, h., c^ne de Sainte-Marie-des-Chazes. — *Villa quæ nuncupatur Volnatius*, 936 (cart. de Brioude, ch. 337). — *Mansus de Vaunas*, 1455 (Bibl. nat., ms. lat., n. acq., 1222, f° 23 v°). — *Volnas*, 1467 (*idem*, 1223, f° 308 v°). — *Vonac*, xviii° s. (Cassini). — *Vaunac*, 1857 (Lagrave, hist. de Langeac, 127).

Vauneyre, m. i., c^ne d'Yssingeaux. — 1296 (homm. de l'év.). — *Vouneyre*, 1548 (terrier de Verchères). — *Vaunaire* (cad.)

Vaur (Le), affl. de la Gourgueure, près du Villaret, c^ne de Desges. — 1477 (Bibl. nat., ms. lat., n. acq., 1224, f° 167).

Vaure (La), écart, c^ne de Saint-Just-Malmont. — *La Vaura*, 1543 (coll. Chaleyer).

Vaureilles, h., c^ne d'Auzon. — *Vaurellœ*, 1155 (spic. Br.). — *Vaurelhas, Vaureylhas*, xiv° s. (terr. des Grèzes). — *Vauzeilles*, 1880 (carte adm.).

Vaures, vill., c^ne de Bauzac. — *Vaure*, 1162 (cart. de Chamalières, n° 71). — *Locus de Vaures*, 1271 (év.). — *De Vauro*, 1433 (Arch. nat., P. 1398¹, cote 653). — *Locus de Vauris*, 1532 (terr. du Fraysse-Bas, f° 166). — *Vaure*, 1820 (Deribier).

Vaures, vill., c^ne de Loudes. — *Vaures*, 1245

(hôtel-Dieu, B. 4). — *Vauræ*, 1470 (la Chaise-Dieu, Vazeilles).

Vaux, chât., c^ne de Saint-Julien-du-Pinet. — *Locus vocatus Vaus*, 1269 (Arch. nat., P. 1398¹, cote 655). — *Valles, locus de Vaux*, 1383 (Rhône, E. 9). — *Vaulx-en-Vellay*, 1585 (Johany, n^re).

Vaux (Les), m. i., c^ne de Moudeyres.

Vaux-Bas, f., c^ne de Saint-Julien-du-Pinet.

Vauzelle, vill., c^ne de Josat.

Vauzelles, loc. détr., c^ne de Fontannes. — *In... vicaria (Brivatensi), in villa quæ dicitur Valdezella*, 934 (cart. de Brioude, n° 2). — *Villa Vallezella*, 936 (*idem*, ch. 249). — *Valzella* (*idem*, p. 6). — *Vauzelles*, 1612 (terr. de la Vaudieu). — *Vouzeles*, xviii° s. (Cassini).

Vayon (Le), vaine, c^ne de Champclause.

Vaysse (La), f., c^ne de Présailles.

Vaysse (La), écart, c^ne de Saint-Paul-de-Tartas. — *Vayssia*, 1464 (Ardèche, C. 592). — *La Vayse*, 1585 (M^ce Leblanc, n^re).

Vazeilles, écart, c^ne du Brignon. — *Vazeillias*, 1232 (hôtel-Dieu, B. 133). — *Vaselias*, 1233 (*idem*, B. 308). — *Vazeillas*, 1238 (*idem*, B. 135). — *Vazelhas, par. del Brunho*, 1348 (J. de Peyre, n^re).

Vazeilles, loc. détr., c^ne de Saint-Éble. — *Mansus de Vazelhas*, 1462 (Bibl. nat., ms. lat., n. acq., 1223, f° 38 v°). — *Molendinum de Vaseilhas desuper rivum defluentem de Chamaleriis a la Morgha*, 1490 (terr. du Cluzel).

Vazeilles, vill., c^ne de Vieille-Brioude. — *In vicaria (Brivatensi), in villa quæ dicitur Wallilias*, 867 (cart. de Brioude, ch. 150). — *Villa Vallilias*, 911 (*idem*, ch. 267). — *Valelhas*, 1476 (Arch. nat., ZZ. 359, p. 154).

Vazeilles-Bas, quartier de Vazeilles-Limandres, c^on de Loudes. — *Villa inferior de Vazelhas*, 1347 (la Chaise-Dieu, Vazeilles). — *Vazelhas Inferiores*, 1459 (*idem*). — *Las Vaselhas Bassas*, 1538 (Saint-Mayol).

Vazeilles-Haut, quartier de Vazeilles-Limandres, c^on de Loudes. — *Villa Superior de Vazelhas*, 1347 (la Chaise-Dieu, Vazeilles). — *Vazelhas Sobeyranas*, 1457 (*idem*). — *Vazelhas Superiores*, 1459 (*idem*).

Vazeilles-Limandres, c^on de Loudes. — *In pago Vellaico, in vicaria de Vetula Civitate, in villa quæ dicitur Vallilias*, 969 (cart. de Brioude, ch. 88). — *Vazeilhas Veteres*, 1252 (la Chaise-Dieu, Vazeilles). — *Prior ecclesiæ S. Petri de Vazelhas*, 1252 (*idem*). — *Vazelhæ*, 1321 (spic. Br.). — *Parochia de Vasillis*, 1470 (la Chaise-Dieu

Vazeilles). — *Vazaleiz*, 1511 (coust. d'Auv., f° 79 v°).

En 1789, Vazeilles-Limandres faisait partie de la province d'Auvergne, de l'élection de Brioude, de la subdélégation de la Chaise-Dieu et du ressort de Riom. Son église paroissiale, diocèse du Puy et archiprêtré de Saint-Paulien, était dédiée à saint Pierre-aux-Liens; comme prieur de cette localité, l'aumônier de la Chaise-Dieu présentait à la cure.

Vazeilles-près-Saugues, c⁰ⁿ de Saugues. — *Vaseillas*, xii° s. (cart. de Pébrac, n° 35). — *Ecclesia de Valleias*, 1238 (spic. Br.). — *Fortalitia de Valzellas*, 1257 (Baluze, mais. d'Auv., II, 88). — *Castrum de Valhelhas*, 1274 (Lozère, G. 99). — *Castrum de Vaselhas*, 1279 (Thiolent). — *Locus de Vazelhis*, 1398 (Haute-Loire, E.). — *Locus de Vazellas, par. de Thorassio*, 1461 (Bibl. nat., ms. lat., n. acq., 1222, f° 193 v°). — *Capella S. Blasii de Vasellis*, 1527 (A. Besseyre, n°ᵉ).

En 1789, Vazeilles-près-Saugues dépendait de la province et du bailliage de Gévaudan. Au spirituel, il relevait de la paroisse de Thoras.

Vazeillette, h., c⁰ⁿ de Saint-Beauzire. — *In aice Brivatensi, villa Valilia*, 924 (cart. de Brioude, ch. 16). — *Vazelhas*, 1281 (J. Lachenal, l'égl. de Br.). — *Vazeilhes*, 1533 (terr., factum Fabre c. Tartel, 1759). — *Vazeilhettes*, 1603 (terr., idem). — *Vazellette*, 1636 (coll. P. Le Blanc). — *Vaseliette* (cad.).

Véac, h., c⁰ⁿ de Craponne-sur-Arzon. — 1695 (capitation). — *Via*, xviii° s. (Cassini). — *Viac* (cad.).

Veaux (Le), affl. de la Loire au m⁰ⁿ du Vert, c⁰ⁿ de Retournac. — *La Sert* (cad.).

Vèce (La), m. i., c⁰ⁿ d'Araules.

Védière-Basse, h., c⁰ⁿ de Saint-Pal-de-Murs. — *Verderiæ Bassæ*, 1504 (la Chaise-Dieu, Saint-Pal-de-Murs).

Védière-Haute, chât. ruiné et h., c⁰ⁿ de Saint-Pal-de-Murs. — *Vederiæ*, 1386 (B. Maynier, n°ᵉ). — *Vedeyres*, 1511 (coust. d'Auv., f° 81 v°). — *Vedières*, 1543 (la Chaise-Dieu, Saint-Pal-de-Murs).

Védrine (La), f., c⁰ⁿ de Chassagnes. — *Locus de Vedrinas*, 1469 (Bibl. nat., ms. lat., n. acq., 1223, f° 352).

Védrine (La), affl. du Pontajou, c⁰ⁿ de Venteuges et de Saugues. — *Le Rieuclar*, 1574 (terr. de Meyronne). — *Le Mazel* (cad.).

Védrines, h., c⁰ⁿ de Chaniat. — *Villa Vedrinas*, v. 1011 (cart. de Brioude, ch. 300). — *Vidrinas*, xiv° s. (terr. des Grèzes).

Védrines, f., c⁰ⁿ de Lorlange. — *Vidrinas*, xi° s. (cart. de Sauxillanges, n° 662). — *Le Mas app. de Veudrines*, xv° s. (Arch. nat., R⁴. 1143*, n° 183).

Védrines, h., c⁰ⁿ de Saint-Étienne-sur-Blesle.

Védrines, h., c⁰ⁿ de Thoras. — *Vedrenac*, 1244 (hôtel-Dieu). — *Vidrinac*, 1245 (idem, B. 311). — *Mansus de Vedrinas*, 1276 (Thiolent). — *Vidrinas*, 1499 (idem). — *Vedrines de Thoras*, 1564 (idem).

Védrines, f., c⁰ⁿ de Venteuges. — *Vedrenac*, xii° s. (cart. de Pébrac, xlvi-44). — *Mansus de Vedrinas*, 1327 (Lozère, G. 99). — *Vedrinæ*, 1464 (Bibl. nat., ms. lat., n. acq., 1223, f° 185). — *Vedrines de Venteuges*, 1564 (Thiolent).

Védrines, vill., c⁰ⁿ de Vieille-Brioude. — *Villa Veterinas*, x° s. ? (Bibl. nat., lat., 17078, f° 36). — *Vedrinas*, 1139 (cart. de Pébrac, n° 29). — *La vila de Vidrinas*, 1341 (terr. de Charbonnier). — *Mansus de Vedrynes*, 1459 (Arch. nat., ZZ. 359, p. 7).

Commune supprimée le 4 juin 1845 et réunie à celle de Vieille-Brioude.

Védrines-le-Cerf, f., c⁰ⁿ de Saint-Hilaire. — *Mansus de Vedrinas*, 1397 (la Chaise-Dieu, Azerat).

Vedrinettes, f., c⁰ⁿ de Cubelles. — *Mansus de Vedrinettas*, xii° s. (cart. de Pébrac, n° xlvi-43).

Vège, m⁰ⁿ détruit, c⁰ⁿ de Saint-Jean-Lachalm. — *Le molin de Veghe*, 1609 (A. Robert, n°ᵉ).

Veilhas, h., c⁰ⁿ de Jullianges. — *Veylias*, 1554 (la Chaise-Dieu, Jullianges). — *Veillac*, 1888 (carte adm.).

Velay, l. détr., c⁰ⁿ de Saint-Privat-du-Dragon. — *Mansus de Vellay*, 1467 (Arch. nat., ZZ. 359, p. 112); — 1612 (terr. de la Vaudieu).

Velay (Mont-), mont. boisée, c⁰ⁿ de Cayres. — *Mons voc. vulgariter de Monte Velayc*, 1353 (év.). — *Mon-Vellayc*, 1370 (év.). — *Mon-Velayt*, 1482 (Pelisse, n°ᵉ). — *Mont-Vellaye*, 1558 (A. Boyer, n°ᵉ).

Velay (Pays de). — Ancienne province formant la partie principale du département de la Haute-Loire. — *Vellavæ urbis terminus, Vellavum, Vellavum territorium*, vi° s. (Greg. Turon. hist. Fr., IV, 27; X, 25, mir. S. Jul., 7). — Vellavos, Vellaus, vii° s. (triens mérovingiens). — *Vallagia*, ix° s. (Bouquet, VI, 88). — *Pagus Vellaicus*, 845 (idem, VIII, 357). — *Pagus Vallavensis*, 870 (idem, VIII, 631). — *Pagus Valagius*, 875 (Juénin, nouv. hist. de Tournus, 93). — *Pagus Vallaicus*, 985 (cart. du Monastier, n° 136). — *Pagus Vallavorum*, x° s. (AA. SS. O. S. B., sæc. iv, part. I, 588). — *Episcopatus Vellavensis*, 1025 (spic. Br.). — *Aniciensis pagus*, 1090 (cart. du Monastier, n° 16). — *In Vallavio*, 1173 (lay. du trés. des ch., I, 105). — *Vallavia*, 1282 (év.). — *Veilhac, evesquat de Veillac*, xiii° s. (Bibl. nat., ms. fr., 854, f° 78, 142, 164). — *Velai, Velay*, 1335 (Arch. nat., P. 1398¹, c. 658). — *Vellait, Vellayt, Velleyt*, 1379 (comptes de B. Flotenc). — *Patria de Vallayo*, 1404 (Drôme, terr. de Loudes, f° 37 v°). — *Velayct*, 1405 (Arch. nat., P. 1399¹, c. 785). — *El pays de Vellaic*, 1418 (Médicis, I, 240). — *La comté de Velay*, 1463 (Arch. nat., P. 1398³, c. 697). — *Le pais Velaunois, terroir Velaunien*, 1620 (Odo de Gissey, I, 1). — *La Vellavie*, 1826 (M. de la Lande, ant. de la Haute-Loire).

Velay (Peuples du). — *Vellavii, Vellavi, Vellauni, Velauni* (Cæsar, de bello Gall., VII). — Ουέλαυνοι, ii° s. (Strabon et Ptolémée, Bouquet, I, 71). — *Vellaus*, v° ou vi° s. (not. tiron., ann. de la Soc. des ant. de Fr., 1851, p. 279). — *Vellavi*, vi° s. (Greg. Tur., Gl. conf., 35). — *Vallaricus*, viii° s. (brév. goth. du Puy, 376 v°). — *Veilleyen, les Vellaunois*, 1630 (la Velleyade). — *Le Velaisien*, (G. Sand, marquis de Villemer).

Vendage, vill., c° de Saint-Beauzirc. — *In aice Brivatensi, villa Vendagia*, 924 (cart. de Brioude, ch. 16). — *Vendaia* (Bibl. nat., ms. lat., 17078, p. 49).

Vendage (La), ruiss., prend sa source au sud-est de Troupenat et se joint à l'Allier dans la c° de Cohade; coule sur les c° de Saint-Just-près-Brioude, Saint-Laurent-Chabreuges, Paulhac et Beaumont. — *Rivus de Vendagia*, 1323 (cart. d'Azerat). — *La Vendagha*, 1402 (*idem*). — *Rivus de Vendage*, 1445 (terr. de Faugères). — *Rif de Vendaige*, 1607 (terr. du chap. de Brioude, f° 294 v°).

Vendets, vill., c° de Grazac. — 1695 (terr. de Chabrespine).

Vendillon, h., c° de Connangles. — *Vendoliu*, 1319 (la Chaise-Dieu, Marus). — *Vin-de-Lion*, 1820 (Deribier).

Vendos, vill., c° de Loudes. — *Petrus Vendos*, 1244 (Saint-Mayol). — *Vendoas*, 1334 (prieuré de Polignac). — *Vemdos, Vendons*, 1431 (év.).

Veneyre, écart, c° de Cussac. — *Veneyda*, 1352 (prieuré de Solignac). — *Veneyres*, 1568 (Doleson, n°). — *Veneires*, 1585 (*idem*).

Ventadour, f., c° des Estables.

Ventajols, vill., c° de Thoras. — *Mansus de Ventagols*, 1275 (Thiolent). — *Ventaiol*, 1279 (*idem*). — *Mansus de Ventaiolo*, 1301 (Thiolent). — *Ventagolium*, 1499 (*idem*). — *Ventogolium*, 1526 (A. Besseyre, n°). — *Ventologium*, 1527 (*idem*).

Ventebrenc, f., c° des Estables. — *Ventabren*, 1739 (ét. civ.).

Ventecul, terroir, près Chavagnac, c° de Saint-Paulien. — *Campus voc. Ventacul*, 1340 (J. de Peyre, n°). — *Ventatiou*, 1880 (aff. jud.).

Venteuges, c° de Saugues. — *Ecclesia de Ventoiol*, 1298 (tabl. du Velay, 1874-1875, p. 222). — *Ventueiol*, 1320 (J. de Peyre, n°). — *Parochia S. Johannis de Ventuejol*, 1377 (tabl. du Velay, 1876-1877, p. 300). — *Venthoiolium*, 1458 (Bibl. nat., ms. lat., n. acq., 1222, f° 79). — *Eccl. paroch. b. Johannis Ventologii*, 1466 (Bibl. nat., ms. lat., n. acq., 1223, f° 304). — *Ventueghol*, 1471 (*idem*, 1224, f° 14 v°). — *Ventalogium*, 1527 (A. Besseyre, n°). — *Venteughol*, 1574 (terr. de Meyronne). — *Venteujou*, 1618 (Thiolent). — *Ventuejols* (L'Ouvreleul, 26).

En 1789, Venteuges était compris dans la province et bailliage de Gévaudan. Son église paroissiale, diocèse de Mende et archiprêtré de Saugues, était sous le vocable de saint Jean; l'abbesse des Chazes présentait à la cure.

Ventrenier, f., c° du Chambon.

Ventrenier, vill., c° de Montfaucon. — *Venter Niger*, 1468 (Rivière, n°). — *Ventrenyer*, 1695 (capitation).

Ventressac, chât. et vill., c° de Chamalières. — *Ventreciacus*, 937 (cart. du Monastier, n° 53). — *Ventrasac*, xii° s. (*idem*, n° 141). — *Ventresac*, xii° s. (*idem*, n° 132). — *Ventressac*, 1571 (A. Girard, n°).

Vénac (Le), m. i., c° du Chambon.

Verchères, vill., c° d'Yssingeaux. — *Vercherias*, v. 1100 (cart. de Cluny, n° 3896). — *Vercheriæ*, 1523 (est. gén. d'Yssingeaux). — *Verchières-lez-Masboier*, 1574 (assiette du dioc.).

Verde (La), f., c° de Montusclat. — 1696 (cad. de Montusclat).

Verdeyer (Le), h., c° de Bessamorel. — *Verdeiarium*, 1359 (Rhône, H. 2632). — *Viridarium*, 1441 (Rhône, Bessamorel). — *Locus del Verdier*, 1526 (terrier du Pertuis). — *Lou Verdeyer*, 1635 (terrier de Saussac). — *Les Verdeyers*, 1869 (Malègue). — *Verdoyers*, 1878 (carte adm.).

Verdeyer (Le), m° sur le Lignon, c° de Saint-Maurice-de-Lignon. — *Moulin-Verdier*, xviii° s. (Cassini).

Verdiange, l. détr., près Ombret, c° de Saugues. — *Præceptoria de Verdianges*, 1499 (Thiolent). —

La chappelle Sainct-Anthoine, 1516 (Arch. nat., G⁸*2, f° 597 v°).

Commanderie de l'O. de Saint-Antoine-de-Viennois.

Verdier (Le), h., cⁿᵉ de Céaux-d'Allègre.

Verdier (Le), m. i., cⁿᵉ de Saint-Didier-la-Séauve.

Verdier (Le), h., cⁿᵉ de Saint-Didier-sur-Doulon. — *Le Verdyer*, 1564 (Vals-le-Chastel). — *La Verdier*, 1888 (carte adm.).

Verdier (Le), écart, cⁿᵉ de la Voûte-sur-Loire. — *Lo Verdier prope Voutam in Valle Amblavense*, 1288 (bénédictines de Vorey). — *Viridarium*, 1480 (Richon, nʳᵉ). — *Le Verdier-lez-la-Volte*, 1571 (A. Boyer, nʳᵉ).

Vendoyer, m. i., cⁿᵉ du Pertuis.

Verdun, chât. détr. et vill., cⁿᵉ de Saint-Préjet-d'Allier. — *Castrum de Verduno*, 1259 (Thiolent). — *Verdu*, 1298 (hôtel-Dieu, B. 349). — *Viridunum*, 1526 (A. Besseyre, nʳᵉ).

Vereuge, mⁱⁿ sur le Guisson, cⁿᵉ de Saint-Julien-des-Chazes. — *Verueyol, Verueghol*, 1369 (Thiolent). — *Vereughol*, 1458 (Bibl. nat., ms. lat., n. acq., 1222, f° 73).

Vergeat, f., cⁿᵉ de Saint-Arcons-d'Allier. — *Lo Claux de Verghat*, 1455 (Bibl. nat., ms. lat., n. acq., 1222, f° 17 v°).

Vergeur (La), mont., cⁿᵉ de Saint-Just-près-Brioude. — *La Vergeure*, 1553 (terr. du doy. de Br.).

Vergezac, cᵒⁿ de Loudes. — *Vergedac*, v. 1161 (hospit. du Velay). — *Verjazac*, 1210 (templiers du Puy). — *Verjezac*, 1213 (les Chazes). — *Veriazac*, 1222 (Saint-Georges du Puy). — *Vergezac*, 1326 (J. de Peyre, nʳᵉ). — *Veriesacum*, 1370 (év.). — *Vergezat*, 1401 (spic. Br.). — *Vergasac*, 1408 (compois du Puy). — *Vergesacum*, 1466 (spic. Br.). — *Verghasac*, 1506 (Médicis, II, 304).

En 1789, Vergezac faisait partie de la province du Velay, de la subdélégation et sénéchaussée du Puy. Au spirituel il relevait de la paroisse de Saint-Remy.

Par ordonnance du 13 mai 1818, le chef-lieu de commune fut transféré de Saint-Remy à Vergezac, dont la chapelle rurale, autorisée par décret du 30 septembre 1807, prit le titre de succursale au lieu et place de Saint-Remy, en vertu d'une autre ordonnance du 18 mai 1820.

Vergnaux (Les), m. i., cⁿᵉ de Saint-Jeure.

Vergne (La), m. i., cⁿᵉ de Paulhac.

Vergonges, vill., cⁿᵉ de Saint-Jean-de-Nay. — *Mansus de Vergonguis*, 1432 (Bl. Girard, nʳᵉ). — *Ver-*gonges, 1469 (Bibl. nat., ms. lat., n. acq., 1223, f° 350 v°). — *Vergonghes*, 1517 (Martel, nʳᵉ).

Vergongueon, cᵒⁿ d'Auzon. — *Ecclesia Sanctæ Mariæ de Vergumici*, xiᵉ s. (cart. de Sauxillanges, n° 679). — *Ecclesia de Vergungo*, xiᵉ s. (idem, n° 680). — *Villa de Burgundione*, 1220 (spic. Br.). — *Vergonio*, xiiiᵉ s. (idem, n° 951). — *Vergonjo*, 1320 (J. de Peyre, nʳᵉ). — *Ecclesia B. Mariæ de Vergongione*, 1323 (spic. Br.). — *Vergonglo*, 1371 (Arch. nat., P. 1375², c. 2539). — *Vergonhon*, 1398 (compte de B. Sannadre). — *Vergonghon*, 1401 (spic. Br.). — *Verguonghon*, 1511 (coust. d'Auv., f° 80 v°).

En 1789, Vergongheon dépendait de la province d'Auvergne, de l'élection d'Issoire, de la subdélégation de Lempdes et du ressort de Riom. Son église paroissiale, diocèse de Saint-Flour et archiprêtré de Brioude, était sous l'invocation de l'Assomption; l'évêque en était collateur.

Vergonzac, vill., cⁿᵉ de Sainte-Marie-des-Chazes. — *Mansus de Vergongac*, 1252 (Saint-Agrève). — *Vergonzac*, 1351 (Thiolent). — *Vergonzacum*, 1465 (Bibl. nat., ms. lat., n. acq., 1223, f° 236 v°). — *Vergonsat*, 1857 (Lagrave, hist. de Langeac, 127).

Distrait, le 9 août 1847, de la commune de Siaugues-Saint-Romain et réuni à celle de Sainte-Marie-des-Chazes.

Vergoux, lieu dit, cⁿᵉ de la Sauvetat. — *Vergos*, 1229 (Rhône, la Sauvetat, I, 1).

Vergue, chât. détr. et vill., cⁿᵉ de Saint-Berain. — *Castrum de Vergue*, 1320 (J. de Peyre, nʳᵉ). — *Locus de Virgo*, 1531 (Thiolent). — *Vergne*, 1820 (Deribier).

Vérignac, écart, cⁿᵉ de Saint-Paulien. — *Verinhac*, 1497 (Haute-Loire, E.). — *Verenhac*, 1605 (Mᶜ Leblanc, nʳᵉ).

Verniac, l. détr., cⁿᵉ de Beaune. — *Vergezac*, 1289 (hôtel-Dieu, B. 634). — *Vergezacum*, 1334 (la Chaise-Dieu, Jullianges). — *Vergheac*, 1551 (terr. de Louis de la Salle).

Vermoyal, vill., cⁿᵉ de Saint-Pierre-Duchamp. — *Ad Verchmoialium*, 1213 (cart. de Chamalières, n° 321). — *Villa de Vermoals*, 1254 (Arch. nat., P. 1397³, cote 610). — *Vermoial*, 1266 (Arch. nat., P. 1397³, cote 597). — *As Vermoyal*, 1269 (Arch. nat., P. 1398², cote 674 bis). — *Vermoyalh*, 1311 (Arch. nat., P. 1398¹, cote 650).

Vernassal, chât. détr., cᵒⁿ d'Allègre. — *In villa quæ Venasals a vulgo appellatur*, 969 (cart. de Chamalières, n° 193). — *Ecclesia S. Victoris de Venassals*, 1234 (hôtel-Dieu, B. 610). — *Castrum de Vernasalis*, 1267 (Médicis, I, 80). — *Ecclesia de Venarsals*, 1329 (J. de Peyre, n°°, reg. C, f° 32 v°). — *Vernassals*, 1331 (*idem*, reg. C, f° 66 v°). — *Varnassals*, 1373 (hôtel-Dieu, B. 60). — *Vernassalx*, 1477 (terrier A du prieuré de Polignac). — *Ecclesia parochialis S. Victoris de Vernassaulx*, 1565 (Doleson, n°°). — *Vernassaux*, 1669 (spic. Br.). — *Vernasseaux*, xviii° s. (Cassini).

En 1789, Vernassal, qui était un fief mouvant de la vicomté de Polignac, était compris dans la province du Velay, la subdélégation et sénéchaussée du Puy. Son église paroissiale, diocèse du Puy et archiprêtré de Saint-Paulien, était sous le vocable de saint Victor; la cure avait pour collateurs les deux maîtres de l'hôtel-Dieu du Puy.

Vernassal, chât. et vill., c°° de Léotoing. — *Dominus de Vernassal*, 1377 (Gall. chr., II, col. 486). — *Le Mas de Vernasal ou Vernassaul*, xv° s. (Arch. nat., R¹. 1143*, n°° 323 et 362). — *Venaulx*, 1511 (coust. d'Auv., f° 81). — *Vernassaulx*, 1517 (la Chaise-Dieu, Chambezon).

Fief vassal de la seigneurie de Léotoing.

Verne, l. détr., c°° du Chambon. — *Locus de Verneto, par. de Chambonis*, 1481 (Pelisse, n°°).

Verne, vill., c°° de Lapte. — *Decimum de Vernei*, xi° s. (cart. de Cluny, ch. 3029). — *Mansus del Vernet*, 1314 (év.). — *Vernetum*, 1347 (maladrerie de Brives). — *Locus de Verne*, 1469 (Rivière, n°°).

Église érigée en succursale le 5 avril 1862.

Verne, h., c°° de Monistrol-sur-Loire. — *Verne*, 1507 (év.). — *Locus de Verneto, par. Monastrolii*, 1513 (obit. de Bas).

Vernède (La), m. i., c°° de Chassagnes.

Vernède (La), m. i., c°° de Monistrol-d'Allier.

Vernède (La), vill., c°° de Saint-Didier-sur-Doulon. — *In vicaria Brivatensi, in loco Illa Verneda*, 957 (cart. de Brioude, ch. 250). — *La Vernede*, 1564 (Vals-le-Chastel).

Vernède (La), vill., c°° de Sembadel.

Vernelle, vill., c°° de Chavagnac-Lafayette. — *Varnellæ*, 1078 (spic. Br.). — *Vernelhas*, 1321 (*idem*). — *Varnelas*, 1331 (Arch. nat., T. 142²). — *Vernelas*, 1448 (la Chaise-Dieu, Mazerat-Aurouze). — *Varnelles*, 1646 (terr. du Cluzel).

Vernelle (La), f., c°° de Dunières. — 1586 (Delafont, n°°). — *Lavernelle*, 1820 (Deribier).

Vernelles, m. i., c°° de Lapte.

Vernet, vill., c°° de Saugues. — *Mansus de Verneto*, 1282 (Thiolent).

Vernet (Le), vill., c°° de Craponne-sur-Arzon. — *In*

villa Vernetis, v. 990 (cart. du Monastier, n° 174). — *Vernetum prope Crapponam*, 1481 (coll. Chaleyer).

Vernet (Le), écart, c°° de Goudet.

Vernet (Le), c°° de Loudes. — *El Vernet*, v. 1170 (hospit. du Velay). — *Grangia de Verneto quæ est hospitalis B. M. Aniciensis*, 1244 (hôtel-Dieu).

En 1789, le Vernet faisait partie de la province d'Auvergne, de l'élection de Brioude, de la subdélégation de Langeac et du ressort de Riom. Au spirituel, il relevait de la paroisse de Saint-Jean-de-Nay.

Succursale érigée le 12 mars 1826.

Vernet (Le), h., c°° du Pertuis. — *Vernetum*, 1290 (cart. de Mazan, f° 33 v°).

Vernet (Le), h., c°° de Saint-Jean-d'Aubrigoux. — *Le Vernet-le-Pirache*, 1670 (Arch. nat., P. 502, cote 58).

Vernet (Le-Petit-), bois, c°° de Vieille-Brioude.

Vernet-Chabre, vill., c°° de Craponne-sur-Arzon. — *Terra dal Vernet*, 1289 (la Chaise-Dieu, Marus). — *Homines de Verneto Chabra*, 1289 (hôtel-Dieu, B. 632). — *Le Vernet-Chabre*, 1553 (Haute-Loire, E.).

Vernet-Chabre (Le), affl. de l'Arzon, c°° de Craponne-sur-Arzon.

Vernetoux, m. i., c°° de Lapte. — *Vierneton*, 1878 (carte adm.).

Vernette (La), affl. de la Dunières, c°° de Dunières.

Verneuges, vill., c°° de Saint-Just-près-Brioude. — *Vernogoe*, 1271 (spic. Br.). — *Homines de Vernojols*, 1281 (J. Lachenal, l'égl. de Brioude, 12). — *Mansus de Verneughol*, 1429 (terr. du doy. de Br.). — *Verneugeol*, 1744 (terrier du Mas).

Vernières, f., c°° de Craponne-sur-Arzon.

Vernières, chât. et vill., c°° de Lubilhac. — *Verneyras*, 1262 (spic. Br.). — *Varinieres*, xv° s. (Bibl. nat., ms. fr., 22297, p. 184). — *Varneyras*, 1453 (terrier du ford. de Br.).

Vernines, vill., c°° d'Ally. — *Mansus de Vernynes*, 1438 (Bibl. nat., ms. fr., 11490, f° 191).

Vernoux, l. détr., c°° d'Alleyras. — *Mansus de Vernonis*, 1295 (prieuré d'Alleyras). — *Vernom*, 1308 (*idem*).

Vernusse, vill., c°° de Malrevers. — *Vernussas*, 1288 (hôtel-Dieu, B. 342). — *Vernissas*, 1549 (Chamblas). — *Vernusses*, 1555 (cad. de Mercœur). — *Vernisses*, 1597 (Gallien, n°°).

Véron (Moulin-), m°° sur le Veyron, c°° de Saint-Bonnet-le-Froid.

Vénos, vill., c°° de Grazac. — *In arce (aice) Bassensi,*

in villa Veracio ou *Verocio*, v. 1000 (cart. du Monastier, n° 185). — *Veros*, v. 1100 (cart. de Cluny, n° 3764). — *Ad Averot*, v. 1100 (*idem*, n° 3896). — *Vérots*, 1695 (terr. de Chabrespine). — *Vérot*, 1878 (carte adm.).

Vénot, h., cⁿᵉ de Beaulieu. — *Feodum de Verotz*, 1282 (Nov. Gall. chr., II, 774). — *Vérotz*, 1605 (Mᵉᵉ Leblanc, nʳᵉ).

Verreyroles, vill., cⁿᵉ de Croisance. — *Ecclesia de Vairaroles*, 1145 (Bibl. nat., ms. lat., 12766, 234). — *Le prieur de la Magdelaine de Vereyrolles*, 1516 (Arch. nat., G. 8*2, f° 602). — *Prior B. Mariæ Magdalenes de Vereyrolis*, 1527 (A. Besseyre, nʳᵉ). — *Vereyroles*, 1622 (terrier de Vazeilles).

Prieuré dépendant de l'abbaye de la Chaise-Dieu.

Commune supprimée le 3 juillet 1846 et réunie à celle de Croisance.

Verreyrolles (Le), prend sa source près de Veyrière, cⁿᵉ de Saint-Symphorien (Lozère), et se jette dans le Panis près de Chouvel, cⁿᵉ de Croisance.

Verrières(?), l. détr., près Servillange, cⁿᵉ de Venteuges. — *Veireiras*, 1248 (cart. de Pébrac, n° 73). — *Mansus de Veyrieyras*, 1327 (Lozère, G. 99). — *Veyreyras*, 1477 (Bibl. nat., ms. lat., n. acq., 1224, fⁱ 165 v°).

Versailles (Petit-), mᵒⁿ de camp., cⁿᵉ de Chadrac.

Versanne (La), écart, cⁿᵉ de Beaux.

Versanne (La), h., cⁿᵉ de Lubilhac. — *Les Versannes*, 1879 (carte adm.).

Versas (Les), h., cⁿᵉ du Chambon.

Versilhac, vill., cⁿᵉ d'Yssingeaux. — *Villa Vesciliacipti*, 1079 (cart. de Cluny, ch. 3535). — *Versiliacum*, v. 1100 (*idem*, ch. 3792, XII). — *Verselliacum*, v. 1100 (*idem*, ch. 3896). — *Mansus Versiliaci*, 1142 (cart. de Chamalières, n° 22). — *Villa de Versilhac*, 1306 (Gall. christ., II, eccl. Anic., col. 759). — *Verselhac*, 1309 (hôtel-Dieu, B. 374). — *Versilhiac*, 1309 (Saint-Vosy). — *Castrum de Virgiliaco, gallice de Versilhac*, 1372 (la Chaise-Dieu, Versilhac). — *Vercelhacum*, 1515 (terrier des Bordes). — *Verceilhacum*, 1523 (est. gén. d'Yssingeaux). — *Verzillac*, 1720 (Saugrain, nouv. dénombr. du royaume). — *Versilliac*, xviiiᵉ s. (Cassini).

Prieuré dépendant de la Chaise-Dieu.

Église érigée en succursale le 9 mars 1838.

Vert (Le), vill., cⁿᵉ de Bas. — *Lo Vern*, 1321 (J. de Peyre, nʳᵉ). — *Locus de Verno*, 1498 (obit. de Bas).

Vert (Le), mⁱⁿ sur le Veaux, cⁿᵉ de Retournac. —

— *Tenementum del Vern*, 1219 (cart. de Chamalières, n° 231). — *Mansus del Vern*, 1262 (Arch. nat., P. 1397², cote 554). — *Vernus*, 1343 (Arch. nat., P. 1398², cote 661).

Vert (Le), m. i., cⁿᵉ de Saint-Just-Malmont.

Vert (Le), f., cⁿᵉ de Saint-Préjet-Armandon. — *Lo Vern*, 1281 (spic. Br.). — *La Seigneurie du Ver*, 1670 (Arch. nat., P. 500², n° 104). — *L'Hiver*, 1820 (Deribier).

Fief vassal de la seigneurie de Vals-le-Chastel.

Vertamise, mⁱⁿ sur la Loire, cⁿᵉ de Malvalette.

Vertamise, chât. ruiné et h., cⁿᵉ d'Yssingeaux. — *Vertamisis*, v. 1049 (cart. de Cluny, ch. 3029). — *Castrum Vertamisiæ*, v. 1100 (*idem*, ch. 3792, XII). — *Capellanus Vertamisiæ*, v. 1100 (*idem*, ch. 3792, IV). — *Vertemise*, 1506 (Médicis, II, 304). — *Verthamiza*, 1523 (estime d'Yssingeaux). — *Vertamise*, 1591 (Burel, 280).

Fief dépendant de la baronnie de Saussac.

Vertanède, lieu dit, cⁿᵉ d'Espaly-Saint-Marcel. — *Vertenede*, 1259 (invʳᵉ de Saint-Pierre-le-Monastier). — *Vertanede*, 1710 (cad. d'Espaly).

Vertaure, vill., cⁿᵉ de Vorey. — *Vertaude*, 1256 (év.). — *Villa de Verthaure*, 1258 (Arch. nat., P. 1397³, cote 613). — *Vertaure*, 1311 (Arch. nat., P. 1399¹, cote 783).

Vésinat (Le), h., cⁿᵉ d'Arlempdes. — *Le Voisinat*, xviiiᵉ s. (Cassini).

Vésolle (La), h., cⁿᵉ du Pertuis. — *La Visolle* (cad.).

Vésolle (La Grande-), bois, cⁿᵉ du Pertuis. — *Nemus de Vesola*, 1290 (cart. de Mazan, f° 31).

Vésolle (La Petite-), bois, cⁿᵉˢ du Pertuis et de Saint-Hostien.

Vessayre (La), affl. de la Virlange, cⁿᵉ de Chanaleilles.

Vesseyre (La), ruiss., prend sa source à l'ouest de Prassalat, cⁿᵉ de Roche-en-Régnier et se jette dans la Loire au sud de Flaceleyre, cⁿᵉ de Vorey.

Vessernes (Les), affl. de l'Allier, cⁿᵉ de Saint-Christophe-d'Allier.

Vestias (Les), f., cⁿᵉ d'Araules. — *Las Vesties*, 1633 (Barret, nʳᵉ). — *La Vestie* (cad.).

Veyrac, h., cⁿᵉ de Fix-Saint-Geneys. — *Veyrac*, 1461 (Bibl. nat., ms. lat., n. acq., n° 1222, f° 193). — *Veyracum*, 1474 (terrier du Cluzel).

Veyrac, h., cⁿᵉ de la Voûte-sur-Loire. — *Mansus de Veyrac*, 1460 (Bibl. nat., ms. lat., n. acq., 1222, f° 135).

Veyrac, vill., cⁿᵉ d'Yssingeaux. — *Voiriac*, 1300 (év.). — *Mansus de Veirac*, 1359 (Rhône, H. 2632). — *Veyrac*, 1614 (terr. de Saussac).

Veyrac (Le), affl. de la Siaume, au sud de la Prat,

c^{ne} d'Yssingeaux. — *Rivus de Tarabol*, 1451 (Rhône, H. 2633). — *Rivus de Tarebol*, 1504 (terr. de Chailhans). — *Le Tarraboulh*, 1655 (terr. de Saussac, f° 350).

Veyradeyre (La), riv., c^{ne} des Estables, limite des départements de l'Ardèche et de la Haute-Loire, se jette dans la Loire, à Ventalon, c^{ne} de la Chapelle-Graillouze (Ardèche). — *La Veyradère*, xviii° s. (Cassini). — *Veradeyre*, 1888 (carte adm.).

Veyrier, bois, c^{ne} de Desges.

Veyrines, h., c^{ne} de Chomelix. — *Mansus de Verenis, lo mas de Verenas supra Chalmelhes*, 1311 (Arch. nat., P. 1397³, cote 599). — *Veyrinas*, 1404 (terr. de Chomelix). — *Verines*, 1669 (Arch. nat., P. 500¹, cote 37).

Veyrines, loc. détr., c^{ne} de la Vaudieu. — *Le villaige de Verrines*, 1337 (spic. Br.). — *Mansus de Veirinis*, 1338 (*idem*).

Veyrines, h., c^{ne} de Monistrol-sur-Loire. — *Veirinas*, 1175 (cart. de Chamalières, n° 124). — *Veyrines*, 1614 (M^{ce} Leblanc, n^{re}).

Veyrines, vill., c^{ne} de Saint-André-de-Chalencon. — *Virinas*, xiii° s. (cart. de Chamalières, n° 324). — *Verenas*, xiii° s. (*idem*, n° 329). — *Veyrinas*, 1341 (Arch. nat., P. 493², cote 97). — *Vérines*, (cad.).

Veyrines, vill., c^{ne} de Sainte-Sigolène.

Veyrines, vill., c^{ne} de Saint-Julien-du-Pinet. — *Veyrinas*, 1271 (év.). — *Vérines*, 1878 (carte adm.).

Veyrines, l. détr., c^{ne} de Saint-Préjet-d'Allier. — *Los chasals de Veyrinas*, 1499 (Thiolent).

Veyrines, loc. détr., près Champlong, c^{ne} de Vieille-Brioude. — *Cazales de Verines*, 1470 (Arch. nat., ZZ. 359, p. 144).

Veyron (Le), ruiss., prend naissance au sud-ouest de Saint-Bonnet-le-Froid, traverse la c^{ne} de Saint-Julien-Molhesabate et se joint au Clavas à l'ouest de Leyricel, c^{ne} de Dunières. — *Ruiss. de Saint-Bonnet* (cad.).

Veysseyre (La), m. i., c^{ne} d'Araules.

Veysseyre (La), l. détr., c^{ne} de Bains. — *Villa de la Vaysseira*, 1329 (J. de Peyre, n^{re}). — *Mansus de la Vaysseyra vel de la Vayceira*, 1335 (hospit. du Velay). — *La Veysseyre de Montbonnet*, 1879 (aff. jud.).

Veysseyre (Le), mont. boisée, c^{ne} de Bains. — *La Vesseyre de Fayt*, 1880 (aff. jud.).

Veysseyre (La), mont., c^{ne} de Chassagnes.

Veysseyre (La), h., c^{ne} de Cussac.

Veysseyre (La), f., c^{ne} de Freycenet-Lacuche.

Veysseyre (La), h., c^{ne} de Saint-Hostien. — *Territ. voc. de la Vayseyra prope mansum voc. Foasser*, 1329 (Lardeyrol). — *La Vaysseyra*, 1463 (*idem*). — *La Veyssere*, 1879 (carte adm.).

Veysseyre (La), affl. de l'Allier, au nord de la commune de Saint-Privat-du-Dragon.

Veysseyre (La), vill., c^{ne} de Saugues. — *Mansus de Vayceria*, 1327 (Lozère, G. 98). — *La Vaysseyre*, 1564 (Thiolent). — *Laveysseire*, 1820 (Deribier).

Veysseyre (La), lieu dit, c^{ne} de Séneujols. — *La Vaiseira*, v. 1213 (templiers du Puy).

Veyssier, f., c^{ne} des Estables. — *Veychier*, xviii° s. (Cassini). — *Veyssier*, 1757 (ét. civ.).

Vèze (La), affl. du Doulon à l'est d'Auchamp, c^{nes} de Champagnac et de Saint-Didier-sur-Doulon.

Vèze (La), l. détr., c^{ne} de Roche-en-Régnier. — *Locus de la Vesa*, 1500 (coll. C. Falcon). — *La Veza prope Rupem*, 1504 (J. Boyer, n^{re}).

Vèze (La), h., c^{ne} de Saint-Didier-sur-Doulon. — *Mansus de la Veza*, 1347 (Baluze, mais. d'Auv., II, 197). — *La Vèze*, 1516 (Vals-le-Chastel).

Vézézoux, c^{on} d'Auzon. — *In vicaria Brivatensi, in villa Vezedoni*, v. 1033 (cart. de Brioude, ch. 328). — *Ecclesia Vesedoni*, xi° s. (cart. de Sauxillanges, n° 683). — *Parochia eccl. Vesedonensis*, xi° s. (*id.*, n° 682). — *Vesezon*, xi° s. (*id.*, n° 686). — *Veseon*, 1096 (*id.*, n° 472). — *Vesunnum*, 1112 (*id.*, n° 685). — *Vesedo*, xii° s. (*id.*, n° 909). — *Capellanus de Veezo*, v. 1260 (Arch. nat., J. 1031, n° 2). — *Vezezon*, 1379 (compte de B. Flotenc). — *Vezasoux*, 1401 (spic. Briv.). — *Veizezou*, xviii° s. (Cassini). — *Vézézoux-Haut* (cad.).

En 1789, Vézézoux faisait partie de la province d'Auvergne, de l'élection d'Issoire, de la subdélégation de Lempdes et du ressort de Riom. Son église paroissiale, diocèse de Saint-Flour et archiprêtré de Brioude, était dédiée à saint Préjet; le prieur présentait à la cure.

Vézézoux-Bas, vill., c^{ne} de Vézézoux.

Vezy (Le), quartier du vill. des Vialles, c^{ne} de Céaux-d'Allègre. — 1244 (homm. de l'év., Allègre). — *Vizin*, 1285 (templiers du Puy). — *Mansus del Vezi*, 1345 (terrier de Pons de Céaux). — *Le Vesy* (l'impr. porte *Le Vosq*), 1759 (tabl. hist. du Velay, 1875-76, 215).

Viabeysses, h., c^{ne} de Tiranges. — *Les Vias-Bessas*, 1820 (Deribier). — *Viabeissas*, 1879 (carte adm.).

Viaduc (Le), m. i., c^{ne} de Brives-Charensac.

Viafourche, m. i., c^{ne} de Saint-Jeure.

Vial, h. et mⁱⁿ, c^{nes} de Saint-Pal-de-Mons et de Saint-Victor-Malescours. — *Villa la Viala*, 1461 (Rhône,

H. 1180). — *Le molin de Vial*, 1549 (terrier de Saint-Didier).

VIALARD (LE), vill., cⁿᵉ de Bauzac. — *Villa del Vilar juxta Montem Dibiam*, xɪɪ° s. (cart. de Chamalières, n° 140). — *Mansus del Vilar*, 1336 (Arch. nat., P. 493², cote 95). — *Vilarium*, 1498 (obit. de Bas). — *Lo Viallar*, xvɪ° s. (obit. de Bauzac). — *Le Villar*, 1563 (obit. de Bas). — *Le Vialar*, xvɪɪɪ° s. (Cassini).

VIALARD (LE), f., cⁿᵉ de Mazeyrat-Crispinhac. — *In comitatu Brivatensi, in vicaria de Aurato, in villa quæ dicitur Vilario*, 955 (cart. de Brioude, ch. 139). — *Mansus del Vialar*, 1523 (Arch. nat., Q. 513, f° 185).

VIALARON, f., cⁿᵉ de Saint-Pal-de-Chalencon. — *La Goutte-Montchany, alias Vialaron*, 1540 (terr. de Saint-Pal).

VIALATTE (LA), f., cⁿᵉ de Saint-Pal-de-Mons.

VIALETTE, f., cⁿᵉ de Champclause.

VIALETTE, vill., cⁿᵉ de Saint-Paulien. — *Vileta*, 1347 (J. de Peyre, nʳᵉ). — *Violeta*, 1504 (J. Boyer, nʳᵉ).

VIALETTE (LA), vill., cⁿᵉ de Moudeyres. — *La Vila*, 1259 (Monastier). — *Villeta, la Vialeta*, 1524 (cad. du Monastier). — *La Vialleta*, 1571 (A. Boyer, nʳᵉ).

VIALETTE (LA), f., cⁿᵉ de Saint-Jeure.

VIALETTE (LA), vill., cⁿᵉ de Villeneuve-d'Allier.

VIALETTES, h., cⁿᵉ de Cayres. — *Vileta*, 1209 (hôtel-Dieu, B. 300). — *Vileta prope Cayres*, 1331 (J. de Peyre, nʳᵉ). — *Vialetas*, 1507 (év.).

VIALLARD (LE), h., cⁿᵉ de la Chapelle-Geneste. — *Vilare, Vilarium, lo Vialar*, 1371 (la Chaise-Dieu, la Chapelle-Geneste). — *Le molin du Vialard*, 1570 (J. Chalvon, nʳᵉ).

VIALLARD (LE), vill., cⁿᵉ de Josat. — *Vialars*, 1571 (J. Chalvon, nʳᵉ). — *Vialard*, xvɪɪɪ° s. (Cassini).

VIALLARD (LE), chât. ruiné et h., cⁿᵉ de Laval. — *Le Vialard*, 1528 (la Chaise-Dieu, Laval).

VIALLARD (LE), h., cⁿᵉ de Saint-Didier-sur-Doulon. — *Le Vialard* (cad.).

VIALLE, l. détr., cⁿᵉ d'Espaly-Saint-Marcel. — *Vinea... sobre Vila*, 1217 (Saint-Agrève). — *In quadam vico sex fere miliariis a Civitate Vetula seposito, quem, situm juxta fluvium Bornæ, vulgaris lingua Villam nuncupat antiquitus*, xɪv° s. (Bibl. nat., ms. lat., 9731, f° 214). — *Territorium de Viala*, 1456 (idem).

VIALLE (LA), h., cⁿᵉ de Chanteuges.

VIALLE (LA), vill., cⁿᵉ de la Mothe. — *In aice Brivatensi, in loco qui dicitur Villa*, 925 (cart. de Brioude, ch. 112). — *Ecclesia de Villa*, v. 1011 (idem, ch. 106). — *Ecclesia S. Saturnini quæ vulgari lingua dicitur Villa*, 1072 (cart. de Pébrac, n° 6). — *Villa supra Motam*, xɪɪ° s. (spic. d'Achery, II, 699). — *Ad Ville, prioratum de Piperaco*, 1284 (Mabillon, vet. anal., 339). — *Prioratus Villæ supra Motam*, 1365 (spic. Briv.). — *Viala supra Motam*, 1429 (terrier du doy. de Br.).

En 1789, la Vialle possédait une église paroissiale, faisant partie du diocèse de Saint-Flour et de l'archiprêtré de Brioude et consacrée à saint Saturnin; la cure était à la présentation de l'abbé de Pébrac.

VIALLE (LA), vill., cⁿᵉ de Saint-Étienne-sur-Blesle. — *Le Mas de la Ville*, xv° s. (Arch. nat., R⁴. 1143*, n° 165). — *Lavialle*, 1888 (Malègue).

VIALLE (LA), h., cⁿᵉ de Saint-Romain-Lachalm. — *Lavialle*, 1820 (Deribier).

VIALLE (LA), h., cⁿᵉ de Saugues. — *Mansus de Villa*, 1327 (Lozère, G. 99). — *La Viale*, 1539 (Thiolent). — *Lavialle*, 1820 (Deribier).

VIALLE (LA), h., cⁿᵉ de Tailhac. — *Mansus de Villa supra Talliacum*, 1458 (Bibl. nat., ms. lat., n. acq., 1222, f° 175 v°). — *La Viale sobre Talliac*, 1486 (terrier de Tailhac).

VIALLE (LA), h., cⁿᵉ de Vissac. — *Mansus de Villa*, 1459 (Bibl. nat., ms. lat., n. acq., 1222, f° 110 v°). — *La Viala*, 1463 (idem, 1223, f° 91). — Ce lieu formait deux mas, l'un : *Mansus de la Viala Chardonal*, 1478 (terrier du Cluzel) et l'autre : *La Vialle Chauchadis, le Mas del Chauchadis*, 1495 (terrier de Vissac).

VIALLE (LA BASSE-), vill., cⁿᵉ de Saint-Maurice-de-Lignon. — 1689 (cad. du Lignon).

VIALLE (RAVIN-DE-LA), affl. de la Vaucenge, cⁿᵉ de Saint-Étienne-sur-Blesle.

VIALLE-D'ESTOUR (LA), chât. détr. et vill., cⁿᵉ de Monistrol-d'Allier. — *Los Tornz*, 1105 (cart. de Conques, n° 475). — *Castrum dels Torns*, 1259 (Thiolent). — *Tornes*, 1259 (id.). — *Castrum de Turnis*, 1281 (idem). — *Mansus de Villa castri de Turnis*, 1377 (idem). — *La Viala dels Tours*, 1499 (idem). — *La Viale-des-Tours*, xvɪɪɪ° s. (Cassini). — *Lavialle-d'Estour*, 1888 (Malègue).

VIALLES (LES), vill., cⁿᵉ de Céaux-d'Allègre. — *Las Viallas*, 1464 (J. Maltrait, nʳᵉ). — *Vialles-lès-l'Isi*, 1656 (état civ. de Monistrol-sur-Loire). — *Les Viales*, 1759 (tabl. hist. du Velay, 1875-76, 215).

VIALLETONS (LES), vill., cⁿᵉ de Saint-Romain-Lachalm. — 1645 (capitation).

VIALLEVIEILLE, l. détr., cⁿᵉ de la Besseyre-Saint-Mary. — *Vialle-Veilhe*, 1574 (terrier de Meyronne).

VIALLEVIEILLE, f., cⁿᵉ de Saugues. — *Villa Vetus,*

1481 (Bibl. nat., ms. lat., n. acq., 1224, f° 291 v°).
— *Viala veille*, 1564 (Thiolent).

VIALLE-VIEILLE, h., cne de Varennes-Saint-Honorat.
— *Mansus de Villa Veteri*, 1466 (Bibl. nat., ms. lat., n. acq., n° 1223, f° 284). — *La Vialle-veille*, 1576 (communic. de M. E. Grellet de la Deyte).

VIALLEVIEILLE (LA), lieu dit, cne de Croisance.

VIALLEVIELLE (LA), h., cne de Pinols. — *Vilha Velha*, 1351 (Arch. nat. Z². 54, p. 84). — *Viala Velha*, 1367 (*ibid.*, p. 186). — *Viale-Veilhe*, 1588 (terrier d'Auvers).

VIALLEVIEILLE (LA), h., cne de Saint-Didier-sur-Doulon.

VIALON (LE MAS-DE-), l. détr., cne de Saint-Maurice-de-Lignon. — 1589 (Hte-Loire, E.).

VIAS (LES), m. i., cne de Saint-Pal-de-Mons.

VIASPRE (LE), affl. de la Loire au sud-ouest de la commune de Roche-en-Régnier.

VIASSE (LA), m. i., cne de la Chapelle-Geneste.

VIAYE-LE-CHÂTEAU, m. i., cne de Saint-Vincent. — *Vialle-le-Château* (cad.). — *Haute-Viaye*, 1888 (carte adm.).

VIAYE-LES-MOINES, abbaye d'hommes de l'ordre de Grandmont fondée, vers 1162, par Héracle II, vicomte de Polignac, et supprimée en 1772, cne de Saint-Vincent. — *Domus Viaiæ*, 1223 (Saint-Vosy). — *Domus de Via*, v. 1232 (*id.*). — *Viayha*, 1325 (Saint-Agrève). — *Vialle-les-Moines* (cad.). — *Viaye-les-Momes*, 1888 (Malègue).

VICTORIACUS CASTRUM, chât. édifié sur l'emplacement qu'occupe l'hôtel de ville actuel de Brioude. — *Castrum Victoriacus?* v. 532 (Grégoire de Tours, hist. Franc., III, XIV). — *Castrum Victuriacum* (Aimoin, gest. Franc., II, VIII). — *Castro Victuriaco*, 817 (cart. de Brioude, ch. 252). — *Ecclesia ubi S. Julianus martyr in corpore requiescit, quæ est constructa in vico Brivatensi, non procul a castro Victoriaco*, 825 (*id.*, ch. 339). — *Victoriacus in vicaria Brivatensi* (*idem*, tables, CCCXXXIII). — *Locus in quo turris et aliæ domus nostræ quondam fuerunt, qui appellatur vulgariter Comtalia*, 1223 (Baluze, mais. d'Auv., II, 255). — *Domus seu locus fortis capituli (ecclesiæ B. Juliani) in villa Brivatensi existens, vocata Palatium*, 1375 (spic. Briv.).

VIDALET (MOULIN-), min sur la Vidourne, cne de Varennes-Saint-Honorat.

VIDALLE (LA), f., cne de Riotord.

VIDALLE (LA), f., cne de Saint-Front. — *Le domaine de la Vidalle-d'Eyglet*, 1680 (Surrel, nre).

VIDALOU (MOULIN-), min sur la Gagne, cne de Montusclat.

VIDOURNE (LA), écart, cne de Roche-en-Régnier. — *Vidorna*, 1333 (Arch. nat., P. 494¹, cote 16). — *La Vidonne*, 1851 (carte Giraud).

VIDOURNE (LA), prend naissance au Sud de la cne de Varennes-Saint-Honorat qu'elle délimite avec celle de Jax, et se jette dans la Senouire à l'ouest d'Ostet, cne de Mazerat-Aurouze. — *Le Fioure*, 1888 (carte adm.).

VIDOURNE (MOULIN-DE-LA), min, cne de Roche-en-Régnier.

VIEILLE-BRIOUDE, con de Brioude. — *Ecclesia... vocabulo Vetus Brivate*, 833 (Gall. christ., II, inst., col. 108). — *Vetulæ Brivate*, v. 1000 (cart. de Brioude. ch. 237). — *Vetusta Brivate*, 1064 (Justel, mais. d'Auv., II, pr. 23). — *Ecclesia S. Vincencii et eccl. S. Mariæ de Vetula Brivate*, XIIᵉ s. (cart. de Pébrac, n° 45). — *Veila Briude*, v. 1200 (spic. Briv.). — *Frater Vetus Brivata*, 1241 (J. Delaville-le Roulx, les arch. de l'O.S.J.J. à Malte, 176). — *Veille-Bride*, 1241 (*idem*, 211). — *Castrum de Veteri Brivata*, 1269 (Baluze, mais. d'Auv., II, 272). — *Veli Briude*, 1271 (spic. Briv.). — *Vielle-Briode*, 1327 (Bibl. nat., fr., 14377, f° 21). — *El castel de Velhya Breyude*, 1341 (terrier de Charbonnier). — *Velha Brieude*, 1353 (spic. Briv.). — *Vielle-Brioude*, 1401 (*idem*). — *Veille-Brioude*, 1511 (coust. d'Auv., f° 80).

En 1789, Vieille-Brioude dépendait de la province d'Auvergne, de l'élection et subdélégation de Brioude et du ressort de Montpensier. Son église paroissiale, diocèse de Saint-Flour et archiprêtré de Brioude, était sous l'invocation de saint Vincent; l'abbé de Pébrac présentait à la cure.

Une loi, du 4 juin 1845, a réuni à cette commune celle de Védrines.

VIEILLE-ESPESSE, loc. détr., cne de Saint-Vert. — *Lo Mas de Vila Esparssa*, 1341 (terrier de Charbonnier).

VIEILLEGUERRE, écart, cne de Connangles. — *Vella-guerra*, v. 1190 (fragm. hist. Aquit., par D. Estiennot, t. IV, p. 44; cart. de Sauxillanges, ch. 954). — *Veilhe-guerre*, 1516 (terrier de Vals-le-Chastel).

VIELHERMAS, chât. détr., près Beaujeu, cne du Chambon. — *Mœnia antiqua castri Veteris Armati*, 1328 (cart. de Tence, f° 4 v°). — *Veilherma*, 1343 (Rhône, H. 1016). — *Vielharmat de Fay, Vielharmat de la Tour*, 1506 (Médicis II, 304). — *Villierma*, 1616 (Rhône, H. 2153).

VIELPRAT, con de Pradelles. — *Vielprat*, 1225 (hôtel-Dieu, B. 305.) — *Vetus Paratum*, 1290 (cart. de Mazan, f° 33 v°). — *Vetus Pratum*, 1298 (Arch. nat., P. 1397², cote 574). — *Ecclesia parochialis S. Martini de Veteri Prato. — Parochia Belli Prati*,

1484 (Arcis, n^re). — *Velprat*, 1521 (Gelet, n^re). —*Vilprat*, 1583 (tit. de Surrel).

En 1789, Vielprat appartenait à la province du Vivarais et au bailliage de Villeneuve-de-Berg. Son église paroissiale, diocèse de Viviers et archiprêtré de Sablières, était consacrée à saint Martin.

VIGERIE (MOULIN-DE-LA), m^in sur l'Allier, à Langeac.

VIGEYRE (LA), affl. de la Gagne, c^nes de Lantriac et de Coubon. — *Le ruceau de Lantriac app. la Vigeyre*, 1546 (Savin, n^re).

VIGIERS (LES), f., c^ne de Saint-Front. — *Locus de Vigeriis*, 1387 (Bonnefoy). — *Les Vigiers*, 1628 (ét. civ.).

VIGNAL (LE), l. détr., c^ne de Saint-Vincent. —1695 (capit.).

VIGNANCOURT, m. i., c^ne de Vieille-Brioude.

VIGNAUD, m^in sur le Dolaizon, c^ne de Vals-près-le Puy.

VIGNAUX (LES), vill., c^ne de Saint-André-de-Chalencon. — *Vinhalh*, 1406 (terr. du Bois). — *Les Vignaulx*, 1581 (terr. de Frissonnet).

VIGNAUX (MOULIN-DE-), m^in sur l'Ance, c^ne de Saint-André-de-Chalencon.

VIGNE (LA), m. i., c^ne d'Alleyras. — *La Coste de la Vigne*, 1779 (terrier de Vabres).

VIGNE (LA), h., c^ne de Montregard. —*Lavigne*, 1879 (carte adm.).

VIGNE (LA), f., c^ne de Raucoules.

VIGNE (LA), f., c^ne de Saint-Didier-la-Séauve.

VIGNE (LA), h., c^ne de Saint-Pierre-Eynac. — *La Vinha*, 1333 (Arch. nat., R². 39). —*Vinea*, 1468 (Lardeyrol). — *La Vinhe lez Montferrat*, 1607 (A. Robert, n^re).

VIGNE-DE-LAIGNE, m^in sur le Dolaizon, c^ne de Vals-près-le Puy.

VIGNE-DU-SOLDAT (LA), m. i., c^ne de Cussac. — *La Reyne du soldat*, 1888 (Malègue).

VIGNES (LES), m. i., c^ne d'Aurec.

VIGNES (LES), h., c^ne de Champclause.

VIGNES (LES), écart, c^ne de Chaudeyrolles.

VIGNES (LES), m. i., c^ne de Dunières.

VIGNETTES (LES), m. i., c^ne de Saint-Julien-Chapteuil.

VIGNON (LE), ruiss., prend sa source dans le canton de Saint-Germain-l'Herm (Puy-de-Dôme), entre dans le département de la Haute-Loire par le moulin de la Faye, c^ne de Saint-Vert, et se jette dans le Doulon à Saint-Vert.

VILLAR (LE), chât., c^ne de Saint-Germain-Laprade. — *Castrum de Vilari*, 1285 (év.). — *Fortalicium del Villard*, 1343 (tabl. de la Haute-Loire, 1870-1871, 479). — *Capella castri de Vilario ad hon. B. Catherinæ*, 1389 (cordeliers). — *Capellanus de Villario*, xve s. (Médicis, II, 168). —*Le chas-

teau du Vilar de Mr de Sainct-Vidal*, 1499 (mairie du Puy).

VILLARD (LE), h., c^ne de Chénéreilles. — *Locus del Vialar*, 1451 (Rhône, H. 2633). — *Locus de Villario*, 1510 (Rhône, D. 161). — *Lou Viallar*, 1553 (ress. de Montfaucon). — *Le Villar-Juny*, 1615 (év.). — *Le Villar-Juvy*, 1695 (capitat.). — *Vilar*, xviiie s. (Cassini).

VILLARD (LE), h., c^ne de Grazac. — *Le Villar de Grazac*, 1553 (ress. de Montfaucon).

VILLARD (LE), h., c^ne du Monastier. — *In villa Vilario*, v. 990 (cart. du Monastier, n° 153). — *Villa quæ nominatur Villare*, xie s. (ibid., n° 28). — *Locus del Vialar*, 1344 (Monastier-Saint-Chaffre). — *Le Villar du Monastier*, 1546 (Savin, n^re). — *Le Villar-lès-Monestier*, 1680 (Surrel, n^re). — *Le Viclard*, xviiie s. (Cassini).

VILLARD (LE), chât. et vill., c^ne de Saint-Arcons-de-Barges. — *Villa del Vilar*, 1281 (la Chaise-Dieu, Saint-Paul-de-Tartas). —*Vilarium*, 1456 (idem). — *Villarium*, 1510 (J. Boyer, n^re).
Découverte, en 1888, de 113 monnaies romaines en argent.

VILLARD (LE), chât., c^ne de Sainte-Sigolène. —*Villa del Villar*, 1233 (év.). — *Lo Vilar*, 1330 (G. Vériac, n^re). —*Le Villard du Chambon*, 1720 (Saugrain).

VILLARD (LE), vill., c^ne de Saint-Jean-Lachalm. —*Lo Vilar*, 1274 (hôtel-Dieu, B. 309). — *Vilarium*, 1345 (la Chaise-Dieu, Bouchet-Saint-Nicolas). —*Locus del Vialar*, 1423 (Saint-Agrève). — *Le Vilar d'Agrain*, 1641 (Robert, n^re).

VILLARD (LE), vill., c^ne de Saint-Pal-de-Chalencon. —*Le Mas du Vialar*, 1540 (terrier de Saint-Pal).

VILLARD (LE), vill., c^ne de Saint-Privat-d'Allier. — *Lo Vilar*, 1331 (J. de Peyre, n^re). — *Lo Vialar*, 1347 (la Chaise-Dieu, Saint-Privat-d'Allier). — *Locus de Vilario*, 1447 (id.). — *Villarium*, 1519 (Martel, n^re).

VILLARD (LE), écart, c^ne de Séneujols. — *Mansus del Vilar*, 1212 (hôtel-Dieu, B. 608). — *Lo Vilar prope Senneyol*, 1331 (J. de Peyre, n^re, reg. C, f° 64 v°). — *Territorium del Vialar*, 1531 (Saint-Mayol).

VILLARD (LE), vill., c^ne de Tence.

VILLARD (LE), l. détr., c^ne de Thoras. — *Mansus de Vilar*, 1274 (Lozère, G. 99). — *Mansus de Vilari*, 1275 (Thiolent). — *Pasturalia del Vialar*, 1499 (idem).

VILLARD (MOULIN-DU-), m^in sur le Villard-Arzac, c^ne de Saint-Jean-Lachalm. — *Moulin-d'Arzac*, 1888 (carte adm.).

VILLARD-ARSAC (LE), affl. de l'Allier, c⁰ˢ de Saint-Jean-Lachalm et d'Alleyras.

VILLAR-DES-GRISES (LE), vill., cⁿᵉ de Saint-Germain-Laprade. — *Villa de Villars*, 1240 (Bibl. nat., ms. lat., 12745, p. 415). — *Villa del Vilar*, 1285 (év.). — *Lo Vialar*, 1408 (compois du Puy). — *Villarium*, 1522 (Sobrier, nʳᵉ). — *Le Mas du Villar*, 1543 (Savin, nʳᵉ). — *Le Villar-des-Gresses*, 1624 (Duclaux, nʳᵉ). — *Le Vilard*, XVIIIᵉ s. (Cassini). — *Le Villar-les-Grises*, 1785 (Julien, nʳᵉ).

VILLARET (LE), h., cⁿᵉ de Coubon. — *In Vilareto*, 985 (cart. du Monastier, n° 137). — *Villa Vilareto*, v. 996 (*ibid.*, n° 143). — *Le Villaret*, 1547 (Savin, nʳᵉ).

VILLARET (LE), vill., cⁿᵉ de Desges. — *Lo Vilaret*, v. 1130 (terr. Piper., XXXIII). — *Vilaretum*, 1142 (*id.*, XXXVII). — *Mansus de Vilareto*, par. Degie, 1457 (Bibl. nat., ms. lat., n. acq., n° 1222, f° 58 v°). — *Le Villeret*, 1461 (*idem*, f° 224). — *Le Vialaret*, 1574 (terrier de Meyronne).

VILLARET (LE), vill., cⁿᵉ de Saint-Jeure. — *Decimum de Gunaleto (Vilareto)*, v. 1100 (cart. de Cluny, ch. 3792, X). — *Villaretum*, 1515 (terr. des Bordes).

VILLARET (LE), vill., cⁿᵉ de Saint-Julien-Chapteuil. — *Mansus del Vilaret*, 1336 (Saint-Agrève). — *Lo Vialaret*, 1455 (Pradier, nʳᵉ).

VILLATELLE (LA), vill., cⁿᵉ de Salettes. — *La Vilatela*, 1255 (tabl. du Velay, 1871-72, 133). — *Vialletelle*, 1546 (Savin, nʳᵉ). — *La Viallatelle*, 1569 (A. Boyer, nʳᵉ). — *Lavillatelle*, 1888 (Malègue).

VILLE, vill., cⁿᵉ de Dunières. — *Mansus de Villa*, 1363 (coll. Chaleyer). — *Vialle*, 1553 (Rhône, D. 185). — *La Vialle*, 1553 (ress. de Montfaucon).

VILLE-DE-MONS, vill., cⁿᵉ de Saint-Pal-de-Mons. — *Villa de Mons*, 1314 (év.). — *Viala de Mons*, 1507 (év.). — *Ville-de-Montz*, 1576 (Rhône, D. 190).

VILLEDEMONT, vill., cⁿᵉ de Grazac. — *La Villa de Mont, Villa de Munt*, v. 1100 (cart. de Cluny, n° 3896). — *Villa de Mons*, 1303 (prieuré de Grazac). — *Viala de Mons*, 1507 (év.).

VILLEDIEU, dom., cⁿᵉ de Roche-en-Régnier. — *Villa Dei*, 1325 (Arch. nat., P. 1397³, cote 603). — *La mestairie de Villedieu*, 1571 (A. Boyer, nʳᵉ).

VILLEDIEU, dom., cⁿᵉ de Saint-Julien-Chapteuil.

VILLELONGE, vill., cⁿᵉ des Vastres. — *Mansus de Vila Longha*, 1322 (hosp. du Velay). — *Villa Longa, Villa Longia, Villa Lonja*, 1343 (Rhône, H. 1016). — *Mansus de Villa Longua*, 1464 (Ar-dèche, C. 624). — *Vialle-Longe*, 1616 (Rhône, H. 2153). — *Villelonge*, XVIIIᵉ s. (Cassini).

VILLEMARCHÉ, f., cⁿᵉ de Montregard. — *Veui Marcha*, 1553 (ress. de Montfaucon). — *Velh Marcha*, 1584 (Guèze, nʳᵉ). — *Villemarche*, 1879 (carte adm.).

VILLENEUVE, f., près la Chartreuse, cⁿᵉ de Brives-Charensac. — *Villanova prope Brivam*, 1346 (J. de Peyre, nʳᵉ). — *Mansus Villæ Novæ qui est prope Plancherium aquæ Litgeris*, 1397 (Saint-Agrève). — *Viala Nova*, 1408 (compois du Puy). — *Villenova lès le Puy*, XVIᵉ s. (Médicis, II, 313). — *Villeneufve de Courssac lez le Puy*, 1549 (Savin, nʳᵉ). — *La chartreuze Nostre-Dame de Villeneufve-de-Courssac*, 1707 (cad. de Bouzols).

VILLENEUVE, h., cⁿᵉ de Riotord. — *Villanova*, 1328 (coll. Chaleyer).

VILLENEUVE, chât. et f., cⁿᵉ de Saint-Ferréol-d'Auroure. — *Villanova*, 1337 (commᵒⁿ de M. Testenoire-Lafayette).

VILLENEUVE, vill. cⁿᵉ de Saint-Pierre-Duchamp. — *Vila-Nova*, 1213 (cart. de Chamalières, n° 326). — *Mansus de Villa Nova*, 1269 (Arch. nat., P. 1398², cote 674).

VILLENEUVE, h., cⁿᵉ de Saint-Pierre-Eynac. — *Villanova*, v. 1175 (hospit. du Velay). — *Vilanova*, 1220 (hôtel-Dieu, B. 2). — *Villeneufve-d'Eynac*, 1568 (Savin, nʳᵉ).

VILLENEUVE, h., cⁿᵉ de Saugues. — *Mansus Villæ Novæ*, 1327 (Lozère, G. 98).

VILLENEUVE, h., cⁿᵉ de Tailhac. — *Villeneuve*, 1458 (Bibl. nat., ms. lat., n. acq., 1222, f° 64). — *Mansus de Villanova*, 1459 (*idem*, f° 109 v°). — *Le village de Villeneufve-sur-Taillac*, 1465 (*idem*, 1223, f° 221 v°). — *Vialenove*, 1486 (terrier de Tailhac).

VILLENEUVE, h., cⁿᵉ de Venteuges. — *Mansus Villæ Novæ*, 1327 (Lozère, G. 99). — *Villanova*, 1464 (Bibl. nat., ms. lat., n. acq., 1223, f° 177 v°).

VILLENEUVE, vill., cⁿᵉ d'Yssingeaux. — *Villa Nova*, 1028 (cart. de Chamalières, n° 48). — *Villa-Nova Yssinghacii*, 1511 (J. Boyer, nʳᵉ). — *Locus Villanovæ secus Yssinghacium*, 1528 (terrier du Pertuis). — *Villeneufve*, 1614 (terrier de Saussac).

VILLENEUVE-D'ALLIER, cᵒⁿ de la Voûte-Chilhac. — *Villa Nova Sancti Ilpidii*, 1459 (Arch. nat., ZZ. 359, p. 18). — *Villenove*, 1464 (Bibl. nat., ms. fr., 11491, f° 397). — *Mansus Villænovæ S. Ilpidii*, 1470 (Arch. nat., ZZ. 359, p. 120).

Vocable : la Sainte Vierge (Nativité).

Eglise érigée en succursale le 25 janvier 1829.

Commune créée par ordonnance du 30 décembre 1844 et distraite de celle de Saint-Ilpize.

VILLERET (LE), chât. détr. et vill., c⁰ᵉ de Chanaleilles. — *Capella de Vilareto*, 1179 (cart. du Monastier, n° 442). — *Villaretum*, 1257 (Baluze, mais. d'Auv., II, 88). — *Castrum de Vilareto*, 1274 (Thiolent). — *Capellanus B. Petri de Vilareto*, 1291 (tabl. du Velay, 1874-75, 218). — *La chapelle S. Pierre de Villaret*, 1516 (Arch. nat., G³*2, f° 601). — *Le Villaret d'Apchier*, 1602 (A. Robert, nᵗᵉ). — *Le Villeret d'Apcher*, 1614 (Duclaux, nᵗᵉ).

VILLERET (LE), h., cⁿᵉ de Saint-Préjet-d'Allier. — *Villa de Villareto*, 1259 (Thiolent). — *Mansus de Vilareto*, 1294 (idem). — *Le Villaret*, 1779 (cad. de Vabres).

VILLERET (LE), h., cⁿᵉ de Saugues. — *Mansus de Vilareto Marcheti*, 1327 (Lozère, G. 98). — *Mansus de Vilareto Folco*, 1327 (idem). — *Vilaretum, par. Salguiacii*, 1461 (coll. J. Lachenal). — *Le Villaret-Marchet*, 1564 (Thiolent). — *Le Villeret de Saugues*, 1724 (L'Ouvreleul, 27).

VILLETTE (LA), vill., cⁿᵉ de Dunières. — *Vialeta*, 1465 (Rivière, nᵗᵉ). — *Villeta*, 1500 (Rhône, D. 182). — *La Viallete*, 1553 (idem, D. 185).

VILLETTE (LA), vill., cⁿᵉ de Saint-Paul-de-Tartas. — *Mansus de Vileta*, 1363 (la Chaise-Dieu, Saint-Paul-de-Tartas). — *La Vialeta*, 1513 (tit. de Surrel). — *La Villete*, 1573 (idem). — *La Viallette*, 1583 (idem). — *Lavillette*, 1820 (Deribier).

VILLETTE (LA), affl. de la Méjeanne, cⁿᵉ de Saint-Paul-de-Tartas.

VILLETTE (LA), écart, cⁿᵉ de Saint-Romain-Lachalm. — *La Viallete, judis Vialle Vielhe*, 1584 (terrier de Saint-Didier). — *Lavillette*, 1820 (Deribier).

VILLETTE (LA), h., cⁿᵉ de Tiranges. — *La Vileta*, 1179 (hospit. du Velay). — *La Viallette*, 1614 (coll. C. Falcon).

VILLETTES (LES), cⁿ de Monistrol-sur-Loire. — *La Vialeta*, 1507 (év.). — *La Viallette*, 1553 (ress. de Montfaucon). — *La Villette*, 1656 (ét. civ.).

Commune érigée par une loi du 9 mai 1860 et distraite des communes de Monistrol-sur-Loire, Sainte-Sigolène et Grazac.

VILLEVIEILLE, lieu dit, cⁿᵉ d'Ally. — *Territorium de Villevielha*, 1460 (Arch. nat., ZZ. 359, p. 36).

VILLEVIEILLE, mine d'antimoine abandonnée, cⁿᵉ de Lubilhac. — *Vieillereille*, 1795 (Legrand d'Aussy, voy. d'Auv., II, 215).

VILLEVIEILLE, vill., cⁿᵉ du Pertuis. — *Viala Veylha*,

1408 (Chamblas). — *Mansus de Villa Veteri*, 1451 (cart. de Mazan, f° 52 v°).

VINCENT (MOULIN-DE-), mⁱⁿ sur le Montorgue, cⁿᵉ de Montclard.

VINCENTES (LES), l. détr., près Montorgue, cⁿᵉ de Paulhaguet. — *Locus de las Vincentas*, 1464 (Bibl. nat., ms. lat., n. acq., 1223, f° 159).

VINÇON, écart, cⁿᵉ de Saint-Romain-Lachalm. — *Vinson*, 1587 (Delafont, nᵗᵉ). — *Vinçoux* (cad.).

VINS, h., cⁿᵉ de Saint-Didier-sur-Doulon. — *In vicaria (Brivatensi), in villa Avexenco*, 898 (cart. de Brioude, ch. 231). — *Villa Avencus*, 912 (idem, ch. 205). — *Vens*, 1461 (la Chaise-Dieu, Connangles). — *Vain*, XVIIIᵉ s. (Cassini). — *Vinzé*, 1820 (Deribier).

VIOCHE, h., cⁿᵉ de Mézères. — *Veauche*, 1507 (év.). — *Veaucha*, 1553 (terrier de Liques). — *Viauche*, 1628 (Duclaux, nᵗᵉ).

VIO-DES-MORTS (LA), cⁿᵉ de Saint-Arcons-d'Allier. — *Iter publicum voc. la Via des Mortz, quo itur de S. Arconcio versus Bavat*, 1461 (Bibl. nat., ms. lat., n. acq., 1222, f° 216 v°).

VIO-DU-BREUIL (LA), m. i., cⁿᵉ de Saint-Julien-Chapteuil.

VIOLET, f., cⁿᵉ de Saint-Victor-Malescours.

VIOLETTE (LA), ruiss., prend sa source au nord-est de Momège, cⁿᵉ de Lubilhac, et se jette dans l'Allagnon à Grenier-Montgon. — *Le Montgon*, 1879 (carte adm.).

VIOLETTE (LA), mⁱⁿ, cⁿᵉ de Saint-Beauzire. — *In vicaria Cheriacensi, in Violarias*, 946 (cart. de Brioude, ch. 281).

VIOLON (LE), mⁱⁿ sur le Truisson, cⁿᵉ de Bessamorel.

VIO-MERCHADEYRE (LA), route de Saint-Privat à Monistrol-d'Allier. — *Via voc. la Merchadeyra*, 1374 (Saint-Georges du Puy). — *Via Mercatoria*, 1411 (Saint-Vosy).

VIRAS (LES), m. i., cⁿᵉ de Raucoules.

VIRAS (LES), f., cⁿᵉ de Saint-Bonnet-le-Froid.

VIRAT (MOULIN-), mⁱⁿ sur le Lindes, cⁿᵉ d'Azerat.

VIRINETTES (LES), f., cⁿᵉ de Saint-Maurice-de-Lignon.

VIRLANGE (LA), riv., prend sa source dans le plateau de la Margeride (Lozère) et se jette dans l'Ance, au moulin de Pouzas, après avoir arrosé les communes de Chanaleilles, Esplantas et Saugues. — *Aqua de Verdianges vel de Verdienge*, 1499 (Thiolent). — *La rivière de Verdianges*, 1618 (idem). — *La Virlange ou Verdicange*, 1824 (Deribier).

On pêche dans cette rivière des coquillages renfermant des perles fines.

Visade (La), vill., c⁹ᵉ de Saint-Étienne-près-Allègre. — 1469 (Bibl. nat., ms. lat., n. acq., 1223, f° 352).

Péage supprimé par arrêt du Conseil du 26 octobre 1744.

Visade (La), h., cⁿᵉ de Saint-Pierre-Eynac.

Visinetou, m. i., cⁿᵉ de Lapte.

Vissac, chât. ruiné, cᵒⁿ de Langeac. — *In patria Arvernica, in vicaria Cantilianico, in villa cui vocabulum est Niziaco (Viziaco)*, v. 900 (cart. de Brioude, ch. 274). — *Vizac*, xıᵉ s. (cart. du Monastier, app., n° 425). — *Viciacus*, 1078 (spic. Briv.). — *Vitiacus*, 1134 (cart. de Pébrac, n° 31). — *Senoria de Vissac*, xııᵉ s. (*idem*, n° xlvı, 53). — *Vizac*, 1161 (spic. Briv.). — *Castrum de Vissac*, 1269 (*idem*). — *Monsieur Estienne dou Vissac*, 1321 (Baluze, mais. d'Auv., II, 313). — *Vissat*, 1401 (spic. Briv.). — *Luminaria S. Juliani de Vissaco*, 1474 (terrier du Cluzel). — *L'esglise Monsieur Sainct-Jullien de Vissac*, 1537 (terrier de Vissac).

En 1789, Vissac, qui était un fief vassal de l'évêché du Puy, dépendait de la province d'Auvergne, de l'élection de Brioude, de la subdélégation de Langeac et du ressort de Riom. Son église paroissiale, diocèse de Saint-Flour et archiprêtré de Langeac, était sous l'invocation de saint Julien; le prieur de la Voûte-Chilhac présentait à la cure.

Péage supprimé par arrêt du conseil du 21 octobre 1738.

Église érigée en succursale le 12 mars 1826.

Vissac (Moulin-de-la), mᵏⁿ détr., cⁿᵉ de Brioude.

Vissacs (Les), h., cⁿᵉ de Chassagnes. — *Le Vissat*, xvıııᵉ s. (Cassini).

Vissaguet, chât. détr., cⁿᵉ de Vissac. — *Vissaguet*, 1458 (Bibl. nat., ms. lat., n. acq., 1222, f° 75). — *Vissaguetum*, 1474 (terrier du Cluzel).

Vistre (Le), m. i., cⁿᵉ de Saint-Maurice-de-Lignon.

Vivant, écart, cⁿᵉ de Rosières.

Vivas (Les), dom., cⁿᵉ de Bauzac. — *Vivatz*, v. 1180 (cart. de Chamalières, n° 131). — *Vivacius*, v. 1180 (*idem*, n° 154). — *Lous Vivaitz*, xvıᵉ s. (obit. de Bauzac). — *Les Vivasses*, xvıııᵉ s. (Cassini).

Vivier (Le), h., cⁿᵉ de Monistrol-d'Allier. — *Molendinum del Viver prope castrum Sancti Privati*, 1331 (J. de Peyre, nʳᵉ).

Vivier (Le), m. i., cⁿᵉ de Saint-Pal-de-Mons.

Viza (La), écart, cⁿᵉ de Malvalette.

Voirac, vill., cⁿᵉ de Saint-Julien-d'Ance. — *Vosairas*, v. 1143 (cart. de Chamalières, n° 215).

— *Villa de Vosairaco*, v. 1145 (*idem*, n° 234). — *Vosairac*, 1163 (*idem*, n° 77). — *Vozayrac*, 1316 (Arch. nat., P. 493², cote 116). — *Vosayrac*, 1343 (Arch. nat., P. 1398², cote 661). — *Voyrat*, 1419 (Loire, A. 89, f° 240). — *Voirac*, 1540 (terr. de Saint-Pal-de-Chalencon). — *Vairac*, 1888 (Malègue).

Voirèze (La), riv., affl. de l'Alagnon au-dessous de Babory; prend naissance dans les montagnes du Cezallier (Cantal), entre dans le département de la Haute-Loire à l'ouest de Chérèze, et arrose les communes de Saint-Étienne-sur-Blesle et de Blesle. — *Aqua de Voyresa*, 1306 (terrier de Blesle). — *Le Rarthau*, 1879 (carte adm.).

Volhac, chât. et vill., cⁿᵉ de Coubon. — *Voliacus*, 1097 (cart. du Monastier, n° 243). — *Voliac*, xıᵉ s. (*idem*, n° 360). — *Fortalicium de Volhiac citra Ligerim*, 1320 (Chamblas). — *Vouliac*, 1466 (Hᵗᵉ-Loire, E.). — *Voulhac*, 1607 (Mᶜᵉ Leblanc, nʳᵉ).

Volmat, m. i., cⁿᵉ d'Aubazac.

Volpilière (La), h., cⁿᵉ de la Chapelle-Geneste. — *Volpilieras*, 1252 (spic. Briv.). — *Volpilheyras*, 1361 (la Chaise-Dieu, la Chapelle-Geneste). — *Voulpilheres*, 1462 (*idem*).

Volpilière (La), dom., cⁿᵉ de Mazeyrat-Crispinhac. — *La Volpilheyra*, 1482 (Bibl. nat., lat., n. acq., 1224, f° 318 v°). — *La Volpiliere*, 1523 (Arch. nat., Q. 513, f° 190).

Volvige, f., cⁿᵉ de Lorlange. — *In vicaria Iheriacense, nomine Vulvigitis villa*, v. 930 (Baluze, maison d'Auv., II, 26). — *Voulviges*, xvᵉ s. (Arch. nat., Rⁱ. 1143*, n° 336). — *Hauvige*, xvıııᵉ s. (Cassini). — *Valvige*, 1879 (carte adm.).

Von, vill., cⁿᵉ de Langeac. — *Mansus de Vone*, 1459 (Bibl. nat., ms. lat., n. acq., 1222, f° 121). — *Vont*, 1515 (Arch. nat., Q. 513, f° 224).

Vorey, arr. du Puy. — Ancien prieuré de femmes de l'ordre de Saint-Benoît, dépendant de l'abbaye des Chazes. — *Territorium de Vourei*, xııᵉ s. (cart. de Chamalières, n° 147). — *Sorores de Voirey*, 1250 (Saint-Agrève). — *Vourey*, 1266 (Arch. nat., P. 1397³, c. 597). — *Villa Vouroi*, 1272 (tabl. hist. du Velay, 1875-76, p. 354). — *Conventus de Valle Regia*, 1300 (Gall. christ., II, 453). — *Parochia ecclesiæ Sancti Synforiani de Vourey, Anic. dyoc.*, 1312 (Arch. nat., P. 494⁴, c. 1220). — *Sanctus Saturninus de Vourei*, 1347 (J. de Peyre, nʳᵉ). — *Vaurey*, 1392 (év.). — *Parochia Vouresii*, 1442 (hôtel-Dieu). — *Ecclesia prioratus conventualis Beati Saturnini de Vaurey*, 1466 (Bibl. nat., ms. lat., n. acq., 1223, f° 276).

En 1789, Vorey était compris dans la province du Velay, la subdélégation et sénéchaussée du Puy. Son église paroissiale, diocèse du Puy et archiprêtré de Saint-Paulien, était dédiée à saint Symphorien; la prieure présentait à la cure.

VOULOUMADET, vill., c[ne] de Langeac. — *Volamadet*, 1367 (Arch. nat., Z². 54, p. 192). — *Volomadet*, 1535 (Arch. nat., Q. 513, f° 171). — *Toulmadet*, 1857 (Lagrave, hist. de Langeac, 83).

VOULOUMAS, h., c[ne] de Langeac. — *In pago Alvernico, in comitatu Brivatensi..., in vicaria de Cantoiole, in... villa quæ dicitur Volamata majore*, 939 (cart. de Cluny, n° 501). — *De villa Volomato majore*, 942 (idem, n° 547). — *Affarium de Volamat*, 1271 (spic. Briv.). — *Vouloumat*, XVIII° s. (Cassini). — *Voulmas*, 1857 (Lagrave, hist. de Langeac, 83). — *Volmat*, 1858 (état-major).

VOURETTE, mine de houille, c[ne] de Chanteuges. — *Territorium de Vauretas*, 1327 (la Chaise-Dieu, Chanteuges). — *Le bois de Vaurette*, XVIII° s. (idem).

VOURLHAC, vill., c[ne] de Frugières-le-Pin. — *Vorlhac*, 1492 (Vals-le-Chastel). — *Vourlhat*, 1612 (terrier de la Vaudieu).

VOURZAC, vill., c[ne] de Sanssac-l'Église. — *Vorzas*, 1226 (templiers du Puy). — *Vourzas*, 1453 (coll. C. Falcon).

VOURZAC (LE), prend sa source aux Bœufs, c[ne] de Bains, traverse la commune de Sanssac-l'Église et se jette dans la Borne près des Estreys, c[ne] de Polignac.

VOURZE, dom., c[ne] de Bauzac. — *Vorzet*, 1318 (homm. de l'év.). — *Voze*, 1346 (Arch. nat., P. 490³, cote 229). — *Lou Vorze*, 1553 (ress. de Monfaucon).

VOURZE, vill., c[ne] d'Yssingeaux. — *Vorzet*, 1296 (homm. de l'év.). — *Vorze*, 1309 (idem). — *Vorzetum*, 1523 (compois d'Yssingeaux). — *Vorzas*, 1523 (est. gén. d'Yssingeaux). — *Vourse*, 1820 (Deribier).

VOURZE (LE), écart, c[ne] de Saint-Pal-de-Mons. — *Le Vorze*, 1645 (capit.).

VOURZET, f., c[ne] des Estables. — *Le lieu doux Vorzes*, 1570 (Nicolas, n[re]). — *Vourzet*, 1748 (ét. civ.).

VOUSSE, vill., c[ne] de Retournac. — *Villa de Vouce*, 990 (cart. de Chamalières, n° 280). — *Voucer*, 1158 (idem, n° 281). — *Ad Voucium*, 1213 (idem, n° 328). — *Molendinum scitum subtus castrum d'Artias, supra flumen Ligeris, vulg. app. de Voucer*, 1317 (Arch. nat., P. 1397³,

c. 591). — *Vouzer*, 1335 (Arch. nat., P. 1398[1], c. 655). — *Vozer*, v. 1450 (Arch. nat., P. 1397[2], c. 582).

VOÛTE (LA), h., c[ne] de Grazac.

VOÛTE (LA), f., c[ne] du Pertuis. — *Vouta*, 1533 (Rhône, H. 2234). — *Volte*, 1633 (idem, H. 2232). — *Lavoûte*, 1888 (Deribier).

VOÛTE (LA), h., c[ne] de Saint-Julien-Molhesabate. — *Voulta*, 1467 (Rivière, n[re]). — *Lavoûte*, 1820 (Deribier).

VOÛTE (MOULIN-DE-LA), m[in] sur le Lignon, c[ne] de Grazac.

VOÛTE (SCIE-DE-LA-), scierie sur le Clavas, c[ne] de Saint-Julien-Molhesabate.

VOÛTE-CHILHAC (LA), arr. de Brioude. — Prieuré de l'ordre de Saint-Benoît, fondé en 1025 par Béraud de Mercœur, son frère saint Odilon, abbé de Cluny, et leur neveu Étienne, évêque du Puy. — *In... monticulo, qui Volta vocatur, eo quod, præterfluentibus aquis Hylaris fluminis, partibus ex tribus concluditur, et... quasi sinuatim involvitur*, 1025 (ch. de fond. de la Voûte). — *La Vouta*, 1262 (spic. Briv.). — *Prioratus de Volta in Alvernia*, 1314 (Baluze, mais. d'Auv., II, 337). — *La Voulte*, 1379 (compte de B. Flotenc). — *La Volte*, 1401 (spic. Briv.). — *Prioratus Voutæ de Chilhac*, 1447 (hôtel-Dieu). — *Locus de Volta, par. S. Cirici*, 1463 (Bibl. nat., ms. lat., n. acq., 1223, f° 127).

En 1789, la Voûte-Chilhac dépendait de la province d'Auvergne, de l'élection et subdélégation de Brioude et du ressort de Riom. Son église paroissiale, diocèse de Saint-Flour et archiprêtré de Langeac, était sous l'invocation de saint Cirgues; le prieur présentait à la cure.

VOÛTE (LA), chât. ruiné, c[ne] de la Voûte-sur-Loire. — *Volta*, 1239 (Saint-Mayol). — *Castrum de Volta*, 1267 (Médicis, I, 80). — *Castrum de Vouta*, 1274 (homm. du vicomte de Polignac à l'év. du Puy). — *Castrum de la Volta de Laval en Blanès*, 1389 (Baluze, mais. d'Auv., II, 405). — *Le chasteau de la Voulte en l'Amblavoys*, 1493 (mairie du Puy). — *Capella B. Mariæ Magdalenæ infra castrum de Volta*, 1516 (Arch. nat., G8*1, f° 439). — *La Volte de Polignac*, 1645 (pet. éphém. Vellav.). — *Château de Polignac*, XVIII° s. (Cassini).

VOÛTE-SUR-LOIRE (LA), c[on] de Saint-Paulien. — *Locus S. Mauricii Vallis Amblivinæ*, 1059 (Juénin, nouv. hist. de Tournus, 127). — *Ecclesia S. Mauricii Amblavensis*, 1119 (Chifflet, hist. de Tournus, 402). — *Ecclesia S. Mauricii Vallam-*

blavensis, 1179 (Juénin, *idem*, 175). — *Vouta in Valle Amblaves*, 1239 (tabl. du Velay, 1876-77, 388). — *Domus de la Vouta in Valle Amblavensi*, 1252 (templiers du Puy). — *La Vouta*, 1408 (compois du Puy). — *Le prieur de la Voulte*, 1506 (Médicis, II, 302). — *La Volte-en-l'Amblavez*, 1561 (Savin, n^re). — *La Volte en Vellay*, 1635 (A. Brunel, n^re). — *La Volte-de-Poligniac-sur-Loire*, 1642 (pet. éphém. Vellav.). — *La Volte-Basse*, 1645 (*idem*). — *Volta Podem-niacensis*, 1681 (Gallia christ., II, c. 751). — *La Voute-de-Polignac*, xviiie s. (Cassini). — *La Voute-sur-Loire*, 1793.

En 1789, la Voûte-sur-Loire faisait partie de la province du Velay, de la subdélégation et sénéchaussée du Puy. Son église paroissiale, diocèse du Puy et archiprêtré de Monistrol-sur-Loire, était dédiée à saint Maurice; le prieur présentait à la cure.

Voxeur, écart, c^ne du Bouchet-Saint-Nicolas.

Y

Yssacroux, bois, c^nes de Mézères et de Saint-Julien-du-Pinet.

Yssamas, vill., c^ne de Bellevue-la-Montagne. — *Ad Issamas* (l'imprimé porte *Illamas*), 1222 (Martène, thes. nov. anecd., I, 897). — *Ayssamas*, 1355 (terrier de Pons Ravoux). — *Yssamas*, 1359 (terrier de Jean de Cereys). — *Yssamat*, 1888 (carte adm.).

Yssingeaux, ch.-l. d'arrond. — *Parochia de Issinguaudo*, 985 (cart. de Chamalières, n° 39). — *Vicaria de Issingaudo*, v. 1000 (cart. du Monastier, n° 206). — *Territorium Singaudense*, 1079 (cart. de Cluny, ch. 3535). — *Ecclesia de Isingiaco*, 1106 (gr. cart. d'Ainay, 6). — *Ecclesia de Ysingiaco*, 1153 (*idem*, 50). — *Parrochia de Isingaudo*, 1163 (cart. de Chamalières, n° 77). — *Villa d'Essiniau*, 1233 (év.). — *Issiniau*, 1259 (Rhône, D. 149). — *Essyngau*, 1273 (*idem*). — *Castrum de Ysingiau*, 1314 (év.). — *Parochia de Syniau*, 1331 (J. de Peyre, n^re). — *Parochia Essingiacii*, 1368 (cart. des Hospit.). — *Yssingiau*, 1383 (év.). — *Yssingiacus*, 1390 (idem). — *Parrochia Yssingiacii*, 1402 (hôtel-Dieu, B. 540). — *Locus Yssingassii*, 1421 (év.). — *Yssinghacus*, 1438 (coll. Charreyre). — *Yssinghiacius*, 1453 (P. Pradier, n^re). — *Oppidum Yssingachii*, xve s. (J. Barbier, viator. juris). — *Perrochia Yssingualensis*, 1504 (terrier de Chailhans). — *Sincgeaulx*, 1552 (Ménard, hist. de Nîmes, IV, 210). — *Issinghaulx*, 1567 (Doleson, n^re). — *Essinghaulx*, 1570 (A. Boyer, n^re). — *Cure de Sainct-Pierre d'Yssinghaulx*, 1584 (ét. civ.). — *La ville de Cingaulx*, 1591 (Burel, 307). — *Sainct-Jaulx*, 1615 (Rhône, H. 2153). — *Esseingeaux*, 1621 (Burel, 517). — *Ensingeausium*, *Enseingeau*, 1661 (M. Zeiller, top. part. Gall., XI, 28). — *Issigeau*, *Issignaux* ou *Issingeaux*, 1740 (Br. de la Martinière, gr. dict. géogr.). — *Issigneaux*, 1774 (Denis, guide royal, I, 255).

En 1789, Yssingeaux était compris dans la province du Velay, la subdélégation et sénéchaussée du Puy. Son église paroissiale, diocèse du Puy et archiprêtré de Monistrol-sur-Loire, était sous le vocable de saint Pierre; l'université Saint-Mayol, qui en avait la collation, avait remplacé comme collateur, en 1413, l'abbaye d'Ainay de Lyon, laquelle avait succédé, vers 1087, aux droits de l'évêque.

Yverras (Les), h., c^ne de Saint-Maurice-de-Lignon. — *Lous Eyverratz*, 1560 (R. Maurin, n^re). — *Les Eyverras*, 1695 (capitation). — *Les Eyveras*, xviiie s. (Cassini). — *Yvarras*, 1860 (état-major).

Yversey (L'), écart, c^ne de Grazac. — *Les Versseil*, xviiie s. (Cassini).

Z

Zigas (Les), m. i., c^ne de Saint-Pal-de-Mons.

Zigaza *ou* Zizaga, h., c^ne de Monistrol-d'Allier.

Zubarlon (Le), affl. de la Loire, c^ne d'Arlempdes.

TABLE DES FORMES ANCIENNES.

A

Abadessa (L'). *Les Chastres.*

Abauzit. *Bauzic.*

Ablanzac. *Blanzac.*

Abousit. *Bauzit.*

Abre (L'). *L'Arbre,* c^ues de Chanteuges, de la Chapelle-Bertin, de Montusclat, de Saint-Just-près-Brioude et de la Voûte-sur-Loire.

Abres (Lous). *Les Arbres,* c^ne de Monlet.

Abrias, Abrigas, Abriges-Hautes. *Abriès-Haut.*

Abreuvoir. *Les Abreuvoirs.*

Abrigiæ Subteriores. *Abriès-Bas.*

Abrigiæ Superiores. *Abriès-Haut.*

Acculea. *Aiguilhe.*

Acgii. *Les Ages-Hauts.*

Achau. *Achaud.*

Acuillia. *Aiguilhe.*

Aculea, Acus. *Aiguilhe, Aiguille-Saint-Michel.*

Addinaco. *Ladignac,* c^ne de Mercœur.

Adiacum, Adiat. *Adiac.*

Adinhac. *Dignac.*

Adjuzos. *Agizoux.*

Adreyts (Los). *L'Adret.*

Adyacum. *Adiac.*

Aenac. *Eynac.*

Ængeolis. *Les Engouyoux.*

Æquales. *Les Égaux,* c^ne de Freycenet-Lacuche.

Æstivales, Æstivalis. *L'Estival,* c^ne de Saint-Front.

Aggula. *Aiguilhe.*

Aghas, Agii. *Les Ages-Hauts.*

Agirel. *Aguiret.*

Agisosc, Agisoux, Agissoux, Agitzaus, Agitzaux. *Agizoux.*

Agnhac, Agniac. *Agnat.*

Agran. *Agrain,* c^ne d'Ouïdes.

Agreilh. *Agrain,* c^ne de Moudeyres.

Agrein. *Agrain,* c^ne d'Ouïdes.

Agrein (Ruyss. d'). *Le Pain-Blanc.*

Agrel. *Agrain,* c^ne de Moudeyres.

Agren. *Agrain,* c^ne d'Ouïdes.

Agrenet (Ruyss. d'), Agreneto (Rivus de). *Le Pain-Blanc.*

Agrenium, Agrennium, Agrennum, Agrenum. *Agrain,* c^ne d'Ouïdes.

Aguas (Las). *Corsac.*

Aguilhe. *Aiguilhe.*

Aguillac. *Aguilac.*

Aguirellus. *Aguiret.*

Agulea. *Aiguilhe.*

Agulha. *Aguilac.*

Agulhe, Agulhie, Agulia. *Aiguilhe.*

Agurat. *Gurat.*

Aguzoux. *Agizoux.*

Ahenac, Aienac. *Eynac.*

Aigageires (Les). *Les Eygagères.*

Aiglinet. *Aiglet,* c^ne de Saint-Front.

Aignac. *Agnat.*

Aignacum. *Eynac.*

Aigue-Sallade (L'). *L'Aigue-Salade.*

Aiguille. *Aiguilhe.*

Ailegnon. *L'Allagnon,* ruiss.

Ailhat. *Ailhac.*

Aillier. *L'Allier.*

Ainiacum. *Eynac.*

Air (L'). *L'Herm,* c^ne de Saint-Julien-Chapteuil.

Air-de-Laussonne. *L'Herm,* c^ne de Laussonne.

Aires (Les). *Les Eyres.*

Ajusos. *Agizoux.*

Alagnon. *L'Allagnon,* ruiss.

Alaigre. *Allègre.*

Alairac, Alairas. *Alleyras.*

Alaisson (L'). *Le Jour.*

Alamances, Alamanciæ, Alamansas. *Allemance,* c^ne de Félines.

Alamansetas. *Allemancette.*

Alamansiæ. *Allemance,* c^ne de Félines.

Alambra. *Alambre.*

Alambre. *Braye-d'Alambre.*

Alan. *Allot.*

Alanho, Alanio, Alanihyo. *L'Allagnon,* ruiss.

Alantel, Alantelh, Alanten, Alantenium. *Allentin.*

Alaret, Alaretum. *Alleret.*

Alarum (Nemus), Alas de Meygal (Las). *Les Ailes du Mégal.*

Alau. *Allot.*

Alayous (Les). *Les Jalayour.*

Alayrac. *Alleyrac.*

Alayracum. *Alleyrac, Alleyras.*

Albagnat, Albaigniat, Albaniaco. *Aubagnat.*

Albaro. *Auburon.*

Albas Peiras, Albas Petras. *Albes-Peyres.*

Albazacum. *Aubazac.*

Albenas. *Aubenas.*

Albenas (Las). *Les Aubènes.*

Albenaz. *Aubenas.*

Albenes (Las). *Les Aubènes.*

Albennas (Los). *Les Aubenas.*

Albepinetum. *L'Aubépine.*

Albes. *Oubeys.*

Albespi (L'), Albespinus. *L'Aubépin.*

Albiac. *Aubiat.*

Albignac. *Aubignac*, cⁿᵉ de Rauret.
Albinac. *Aubignac*, cⁿᵉ de Bellevue-la-Montagne.
Albinhac. *Aubignac*, cⁿᵉ de Rauret.
Albinhacum. *Aubignac*, cⁿᵉ de Moulet.
Albinhat, Albiniac. *Aubignac*, cⁿᵉ de Bellevue-la-Montagne.
Albissoux. *Oubissoux*.
Albucio, Albuso. *Aubusson*.
Albusso. *Oubissous*.
Albusson, Albussonium. *Aubusson*.
Albussos. *Oubissous*.
Albutio. *Aubusson*.
Aldagerii. *Les Augiers*.
Alegre, Alegrium, Aleigre. *Allègre*.
Aleirac. *Alleyrac*.
Aleiras. *Alleyras*.
Aleisson. *Alleysson*.
Alemances. *Allemances*.
Alenten. *Allentin*.
Aler. *L'Allier*, rivière.
Aleras. *Alleyras*.
Aleret. *Alleret*.
Aleris, Alerius. *L'Allier*, rivière.
Alevier. *Alvier*.
Alexis, Aleyr. *L'Allier*, rivière.
Aleyrac. *Alleyrac*.
Aleyracium. *Alleyras*.
Aleyracum. *Alleyrac*.
Aleyrassium, Aleyratum. *Alleyras*.
Aleysso. *Alleyson*.
Alhac, Alhat. *Ailhac*.
Alheres (Les). *Les Allières*.
Ali. *Ally*.
Aliac. *Ailhac*.
Alier. *L'Allier*, rivière.
Alières (Les). *Les Allières*.
Alierus. *L'Allier*, rivière.
Alieyras (Las). *Les Allières*.
Aliger. *L'Allier*, rivière.
Aligerio. *L'Allier*, cⁿᵉ de Dunières.
Aligerius. *L'Allier*, rivière.
Alignac, Alinhac, Alinhacum, Aliniac. *Alinhac-Bas*.
Alirolz (Les). *Les Allirols*.
Alis. *Ally*.
Alis (Nemus de). *Les Ailes du Mégal*.
Alivier. *Alvier*.
Allamanses. *Allemances*.
Allaux (Ruiss. d'). *La Freyde*.
Allegrium. *Allègre*.
Allemansses. *Allemance*.
Allemanssites. *Allemancette*.
Allemences. *Allemance*.
Alliat. *Ailhac*.
Alliger, Alligerius. *L'Allier*, rivière.
Almayrac. *Domeyrat*.

Alpinhac, Alpinhacum, Alpinnac. *Aupinhac*.
Alpis. *Ardenne*, cⁿᵉ de Saint-Front.
Also (Rivus d'). *L'Alzon*.
Also, Alson, Alsonensis (adjectif), Alsos. *Auzon*.
Altairac. *Auteyrac*, cⁿᵉ de Langeac et cⁿᵉ de Saint-Martin-de-Fugères ; *Le Mas-d'Auteyrac*.
Altariaco. *Auteyrac*, cⁿᵉ de Cohade.
Alta Villa. *Hautevialle*, cⁿᵉˢ d'Azerat et de Rosières.
Altayrac. *Auteyrac*, cⁿᵉ de Sembadel ; *Le Mas-d'Auteyrac*.
Altchamp. *Auchamp*.
Alteirac. *Auteyrac*, cⁿᵉ de Cohade.
Alteracum. *Auteyrac*, cⁿᵉ de Langeac ; *Le Mas-d'Auteyrac*.
Alteriacum. *Auteyrac*, cⁿᵉ de Langeac.
Alteyrac. *Auteyrac*, cⁿᵉ de Langeac et cⁿᵉˢ de Saint-Martin-de-Fugères et de Venteuges.
Alteyraco (Rivus de). *Le Chantuzier*.
Alteyracum. *Auteyrac*, cⁿᵉ de Langeac et cⁿᵉˢ de Saint-Julien-Chapteuil et de Venteuges.
Altrenacum. *Larcenat*.
Alveir, Alver, Alverius. *Alvier*.
Alvernago. *Auvernat*.
Alvers. *Auvers*.
Alveyr, Alveyrius. *Alvier*.
Aly (Moulin d'). *Ally (Moulin d')*.
Alyer. *L'Allier*, rivière.
Alyrols (Les). *Les Allirols*.
Alzo. *Auzon*.
Alzon. *Auzon*, *Moulin-de-Mazan*.
Alzonium. *Auzon*.
Amalgerii. *Amargiers*.
Amans. *Mans-Haut*.
Amargerii, Amargers. *Amargiers*.
Amarucium, Amarus. *Marus*.
Amarziès. *Amargiers*.
Amberg. *Ambert*.
Ambessiez (Les). *Croix-de-la-Gardelle*.
Amblards (Les). *Amblard*.
Amblaves. *Emblaves*.
Ambre (L'). *Alambre*.
Amorec, Amoret, Amouret. *Mouret*.
Ampagho, Ampajio, Ampajo, Ampajou, rivus. *Le Pontajou*.
Ampilhacum, Ampillac. *Ampilhac*, cⁿᵉ de Vernassal.
Amveyac. *Anviac*.
Anasac. *Anazac*.
Anayzac. *Neyzac*.
Ance-d'Arabon. *Araby*.

Anceta. *Ancette*, cⁿᵉ de Bas.
Ancia. *Ancette*, cⁿᵉ de Saint-Julien-d'Ance ; *L'Ance*, rivière.
Andable, Andrable. *L'Andrable*, ruiss.
Andregoli, Andrejouls, Andreuje. *Andreujols*.
André-sur-Ance. *Saint-André-de-Chalencon*.
Andreughol. *Andruejolet*.
Audrichon (Moulin de l'). *Rouchon (Moulin de)*.
Androgeletz. *Andruejolet*.
Androiol, Androiols, Andrueiol, Andruejols. *Andreujols*.
Andrugolet, Andruiolet. *Andruejolet*.
Andunisa, Anduniza. *Denise*, montagne.
Aneria. *Dunières*.
Anesacum, Anezac. *Anazac*.
Angelars. *Angelard*.
Anglada. *L'Anglade*.
Anglari. *Anglard*, cⁿᵉ d'Alleyras.
Anglars. *Anglard*, cⁿᵉˢ d'Alleyras, Chavagnac-Lafayette et Venteuges.
Anglata. *L'Anglade*.
Angoillis, Angoyalx, Angoyaulx. *Les Engouyoux*.
Anguli. *Les Angles*.
Aniciensis (adjectif), Anicio, Anicium, Anitiensis (adjectif), Anitium, Anito. *Le Puy*.
Anjanaire (L'). *Les Injancyres*.
Annhanc. *Agnat*.
Annicium. *Le Puy*.
Anpilhac. *Ampilhac*, cⁿᵉ de Langeac.
Ansa. *L'Anse*, rivière.
Ansa Blancha. *Ance-la-Blanche*.
Ansa d'Arbo. *Araby*.
Ansa la Major. *Ance-la-Blanche*.
Anseta. *Ancette*, cⁿᵉˢ de Bas et de Saint-Julien-d'Ance.
Ansse (L'). *L'Ance*, rivière.
Anterius, Anterivest. *Antérif*.
Anthouianas, Antonianne, Antouniannes. *Antonianes*.
Antremons. *Entremons*.
Antreulx, Antreulz, Antreux. *Antreuil*, cⁿᵉ de Craponne-sur-Arzon.
Antrolhium, Antrolium, Antrollyum, Antruls. *Antreuil*, cⁿᵉ d'Yssingeaux.
Anval-le-Chastel. *Vals-le-Chastel*.
Anveac. *Anviac*.
Anvers. *Auvers*.
Aolnhac. *Onnat*.
Aorsacum. *Arsac*, cⁿᵉ de Saint-Jean-Lachalm.
Aozac. *Auzat*.

Apcho, Apchon (L'). *Achon*, mont. et ruiss.

Apilac, Apilhat, Apiliacum, Apilias, Apillac, Apilliac, Appilhacum, Appiliacs. *Apilhac.*

Apsacum. *Arssac*, cⁿᵉ de Saint-Jean-Lachalm.

Arago. *Arzon.*

Araulas. *Araules.*

Arbocel. *L'Arbousset.*

Arbor. *L'Arbre*, cⁿᵉˢ de Chanteuges, Montusclat et Saint-Just-près-Brioude.

Arbor de Monte Rogi, Arbor de Montroz. *L'Arbre de Montroux.*

Arbor de Sancto Jacobo. *Arbre-Saint-Jacques.*

Arborenc, Arboret (L'). *L'Arbre*, cⁿᵉ de Saint-Just-près-Brioude.

Arbor Sancti Evodii. *L'Arbre-Saint-Vosy.*

Arbor Sancti Jacobi. *Arbre-Saint-Jacques.*

Arbosel, Arbotsel. *L'Arbousset.*

Arbre-Saint-Jacme (L'). *Arbre-Saint-Jacques.*

Arcellet. *Arcelet.*

Arceroles. *Orcerolles.*

Archalm, Archamp, Archaulm, Archault. *Archaud.*

Archimond. *Bois-d'Orcimond.*

Archinauc, Archinault, Archinaut. *Archinaud.*

Arciaco. *Arsac*, cⁿᵉ de Coubon; *Arzac.*

Arcicii. *Les Arcis.*

Arcogiæ, Arcojas. *Arquejols.*

Arcona (Lacus d'). *Lac de Saint-Front.*

Arcons-de-Barges, Arcons-Mejanne. *Saint-Arcons-de-Barges.*

Arcons-sur-Allier. *Saint-Arcons-d'Allier.*

Ardeinere. *Ardemès*, mont.

Ardena. *Ardenne*, cⁿᵉˢ de Coubon et Pradelles; *Ardennes.*

Ardenne-la-Montagne. *Saint-Front.*

Ardeyroles (L'). *Lardeyroles.*

Ardonessa, Ardonesse. *Ardonèze.*

Arestes. *Aveste.*

Arfeulhie, Arfolha. *Arfeuille.*

Argelier (L'). *Largealier.*

Argentayres, Argenterias, Argenteyras. *Argentières.*

Argenteyre (L'). *L'Argentière.*

Argenteyres. *Argentières.*

Argentoleyras, Argentoulleyras. *Argentoleyres.*

Arlande. *Arlempdes.*

Arlate. *Arlet.*

Arlemde, Arlemdi, Arlempde, Arlempdiacum, Arlempdium, Arlende, Arlendus. *Arlempdes.*

Arletum. *Arlet.*

Armenault. *Armenauds.*

Arnassac, Arnhassac. *Arnissac.*

Arnaud. *Les Arnauds*, cⁿᵉ de Tiranges.

Arnaudz (Lous), Arnaultz (Lous). *Les Arnauds*, cⁿᵉ de Beaulieu.

Arnissacum. *Arnissac.*

Arnolt, Arnoltus. *Arnould.*

Arnos, Arnosc, Arnouc. *Arnoux.*

Aroles. *Araules.*

Arquejas. *Arquejols.*

Arresta Soyra. *Bonnefont*, cⁿᵉ de Saint-Front.

Arret. *Arlet.*

Arsac. *Arzac.*

Arsacum. *Arsac*, cⁿᵉ de Coubon; *Arzac.*

Arsenac. *Larcenac.*

Arsiaco. *Arsac*, cⁿᵉ de Chaudeyrolles.

Arsilhac, Arsilhacum. *Arsilhac.*

Arso. *Arzon*, *l'Arzon*, rivière.

Arson (L'). *L'Arzon*, *Le Pradal.*

Arssac. *Arsac*, cⁿᵉ de Coubon.

Arssacum, Arssat. *Arsac*, cⁿᵉ de Chaudeyrolles.

Artasse. *Mondasse.*

Artault. *Artaud*, cⁿᵉ du Monastier.

Artaut. *Artaud*, cⁿᵉˢ de Bauzac et de Tence.

Arthaud. *Artaud*, cⁿᵉ du Monastier.

Arthias. *Artias.*

Arthietas. *Artites.*

Arthimont. *Orsimont.*

Artiac, Articas, Artiers, Arties. *Artias.*

Artietas. *Artites.*

Artiga. *Artiges.*

Artigas. *Artias*, *Artiges.*

Artigetas. *Artites.*

Artighas. *Artiges.*

Artigiæ. *Artias.*

Artigietas. *Artites.*

Artijas. *Artiges.*

Artis. *Artias.*

Artitiæ, Artitte. *Artites.*

Artizias. *Artias.*

Artuc, Artus, Artut. *Artucs.*

Artyas. *Artias.*

Artytas. *Artites.*

Aruzum. *Arzon.*

Arvée (L'). *La Criselle*, ruiss.

Arzilarium. *L'Arzalier*, cⁿᵉ de Saint-Julien-du-Pinet.

Arzilerium. *L'Arzalier*, cⁿᵉ de Saint-Front.

Arzo, Arzon. *L'Arzon*, rivière.

Arzonium. *Arzon.*

Aseneras. *Azinières.*

Aseracum, Aserat. *Azerat.*

Asinaires, Asineriæ, Asinerias. *Azinières.*

Asineyras. *Azinières.*

Assalenz. *Sailhens.*

Astier. *Les Astiers.*

Astodii, Astogii. *Theux.*

Astorgues (Los), Astors (Los). *Les Astorgs.*

Aszineyras. *Azinières.*

Atodii, Atois, Atoys, Atui. *Theux.*

Aubaziacum. *Aubazac.*

Aubeines (Les), Aubennes (Les). *Les Aubènes.*

Auberas. *Aubérat.*

Aubigna, Aubigniat. *Aubignac*, cⁿᵉ de Bellevue-la-Montagne.

Aubinhac. *Aubignac*, cⁿᵉ de Monlet.

Aubiniat. *Aubignac*, cⁿᵉ de Rauret.

Aubissoux. *Oubissous.*

Aubornac. *Aubournac.*

Aubouzat. *Aubazac.*

Aubuisson. *Oubissous.*

Aubunhacum. *Aubignac*, cⁿᵉ de Bellevue-la-Montagne.

Aucas (Las). *Les Ouches.*

Aucteirat. *Auteyrac*, cⁿᵉ de Saint-Martin-de-Fugères.

Aucteyrac. *Auteyrac*, cⁿᵉ de Saint-Julien-Chapteuil.

Audo. *L'Audon*, ruiss.

Audonnès (L'). *L'Audonès*, ruiss.

Audounès (Ruisseau d'). *Ravin-de-Jonchères.*

Audus. *L'Audi*, ruiss.

Audy. *Audi.*

Aufiossac. *Fiossac.*

Aughac, Aughacum. *Augeac.*

Augnhac. *Agnat.*

Augrein. *Agrain*, cⁿᵉ d'Ouïdes.

Aulac. *Ollias.*

Aulagnères (Les). *Les Aulagnières.*

Aulagny. *Aulanys.*

Aulainhes (Los), Aulanetis. *Les Aulanais.*

Aulanhe. *Aulanys.*

Aulanher (L'). *L'Aulanier.*

Aulanheris (Las). *Les Aulagnières.*

Aulanherium. *L'Aulagnier-Grand*, *Ollanières.*

Aulanhes (Lous). *Les Aulanais*

Aulanhetum. *Aulanys.*
Aulanhiers. *Les Aulagnières.*
Aulanières. *Ollanières.*
Aulannis. *Les Aulanais.*
Aulberas. *Aubérat.*
Aulbiniat. *Aubignac*, cne de Monlet.
Aulchac. *Ollias.*
Aulhaneys (Los). *Les Aulanais.*
Aulhunie. *Ollanières.*
Aulier. *L'Ollier.*
Aullanes (Los). *Les Aulanais.*
Aultayrac. *Auteyrac*, cn de Langeac.
Aulteyrac. *Auteyrac*, cne de Saint-Martin-de-Fugères.
Aulteyrat. *Auteyrac*, con de Langeac et cne de Cohade.
Aulzon. *Auzon.*
Aunhac. *Agnac.*
Aupilières. *Olpilière.*
Aurac, Aurach, Auradus. *Saint-Georges-d'Aurac.*
Aurandet. *Orandet.*
Aurat, Auratus. *Saint-Georges-d'Aurac.*
Auraulas. *Araules.*
Aureac. *Auriac*, cne de Saint-Front.
Aureacum. *Aurec; Auriac*, cne de Saint-Front.
Aurea Vallis. *La Borie-Darles.*
Aurec-Nérostang, Aurecyum. *Aurec.*
Aurendet. *Orandet.*
Aurfolia. *Doulioux.*
Auriacensis (adjectif). *Saint-Georges-d'Aurac.*
Auriacum, Auriec. *Aurec.*
Auriel. *Oriol*, cne de Saugues.
Auriffoleum, Aurifolium. *Arfeuille.*
Auriol. *Oriol*, cne d'Aurec.
Auriola. *L'Éculerie.*
Auriolum. *Oriol*, cne d'Aurec.
Aurondet. *Orandet.*
Aurosa, Auroza, Auroze. *Aurouze.*
Auryol. *Oriol*, cne d'Aurec.
Aurzic. *Ourzic.*
Aurzum. *Arzon.*
Ausa. *L'Auze*, ruiss.
Ausac. *Auzat.*
Ausepy. *Les Auzepis.*
Ausona, Ausonia. *Laussonne.*
Ausoniæ (Rivulus). *La Laussonne.*
Aussa. *L'Auze*, ruiss.
Aussacus. *Aussac.*
Aussona (Aqua d'). *La Laussonne.*
Austremoine-d'Avesne. *Saint-Austremoine.*
Antariacum. *Auteyrac*, cn de Langeac.

Auta Vila. *Haute-Vialle*, cne de Rosières.
Autayrac. *Auteyrac*, cne de Pradelles; *Le Mas-d'Auteyrac.*
Autayracum. *Auteyrac*, cnes de Pradelles et de Saint-Martin-de-Fugères.
Autevialle. *Haute-Vialle*, cne de Rosières.
Auteyracus. *Auteyrac*, cne de Saint-Martin-de-Fugères.
Auteyrat. *Auteyrac*, cne de Cohade.
Autgeyrs (Los). *Les Augiers.*
Autinhac. *Autinac.*
Auvercium. *Auvers.*
Auvergne, Auvergny (Les). *Les Auvergnes.*
Auvier. *Alvier.*
Auza. *L'Auze*, ruiss.
Auzac. *Auzat.*
Auzé. *L'Auze.*
Auzic. *Ourzic.*
Avencus. *Vins.*
Averot. *Véros.*
Avexacum. *Baissac.*
Avitz (Lous). *Les Avits.*
Avoac, Avoacum, Avohac, Avojacum. *Avouac.*
Avytz (Lous). *Les Avits.*
Aycellas. *Les Essiales.*
Aygles, Ayglet, Ayglos, Aygluet, *Aiglet.*
Aymaron. *Eymarou.*
Aymes (Ravin-des-). *Ravin-des-Agnès.*
Aynac, Aynacum. *Eynac.*
Ayrat, Ayraut. *Chastel-Ayraut.*
Ayravas. *Eyravas.*
Ayssac, Ayssacum. *Eyssac.*
Ayssamas. *Yssamas.*
Aysselas. *Les Essiales.*
Ayssenac. *Eycenac.*
Azeneriæ, Azeneyras, Azeneyres. *Azanières.*
Azenières, Azenyères. *Azinières.*
Azerac, Azeracus. *Azerat.*
Azineriæ. *Azinières.*
Azorag. *Azerat.*
Azuzos. *Agizour.*

B

Babones, Babonesium, Babonets, Babonnet. *Babonnès.*
Baborie, Baboris. *Babory.*
Bacconet. *Baconnet.*
Bacelles. *Basselles.*

Bacha (Le). *Le Bachas*, cne de Sainte-Sigolène.
Bachalarias. *Vacheleries.*
Bachas. *Roche-Basse.*
Bachassou (Le). *Le Rioux*, ruiss.; *Le Bachassou.*
Bacon. *Bacou.*
Baconet, Baconnay. *Baconnet.*
Badia (La). *La Badie.*
Badinenc, Badineus. *Les Badinens.*
Badiui. *Les Badioux.*
Badynenc. *Les Badinens.*
Baghasse (La). *La Bajasse.*
Bahibaud. *Balibaud.*
Babits. *Bayt.*
Baiasse (La). *La Bajasse.*
Baings. *Bains.*
Bairuel. *Les Barriols.*
Baisac, Baisacum. *Baissac*, cne de Craponne-sur-Arzon.
Baisam. *Beaulieu.*
Baissac. *Beyssac*, cne de Saint-Jean-de-Nay.
Baissacum. *Baissac*, cne de Craponne-sur-Arzon.
Bajassa, Bajassia. *La Bajasse.*
Bajou. *Bajoux.*
Baluy. *Balais.*
Balayas (Las). *Les Balayes*, cne de Tence; *Les Balayes-de-Marnhier.*
Balays (Les). *Balais.*
Baldeirac. *Baldeyrac.*
Balestre. *Balistre.*
Baleyr. *Balier.*
Baliop. *Valiop.*
Balioutier. *Baloutier.*
Balistrousse. *Balistroux.*
Ballavorum civitas. *Saint-Paulien.*
Balma (La). *La Baume*, cnes de Solignac-sur-Loire et de Thoras.
Balmat, Balmatus. *Beaumat.*
Balme (La). *La Baume*, cnes d'Alleyras, de Saint-Arcons-d'Allier, de Solignac-sur-Loire et de Thoras.
Balne. *Beaune.*
Balneæ. *Bains.*
Balsac, Balssac, Balziacus. *Balzac.*
Banat. *Bannat.*
Bancel. *Le Bancel*, cne de Dunières.
Banchillon. *Bancillon, Le Bancillon*, ruiss.
Bancilho (Lo), Bancilion (Le). *Le Bancillon.*
Bancillou (Le). *Le Bos*, ruiss.
Banhieyres, Bannière. *Banières.*
Bansel (Lou). *Le Bancel*, cne de Dunières.
Bansilho (Lo). *Le Bancillon.*

Bansillon. *Bancillon.*

Banssillon (Le). *Le Bancillon.*

Bar. *Bard*, c^nes de Bournoncle-la-Roche et de Saint-Julien-Chapteuil.

Baraque (La). *La Baraque-Basse, Baraque-de-Barthomeuf; Les Baraques*, c^nes de Domeyrat et du Mazet-Saint-Voy; *La Vallette.*

Baraque-Baganel. *La Baraque-Sabatier.*

Baraque-de-Bayon (La). *La Baraque-de-la-Bomberie.*

Baraque-de-Chaumat. *La Baraque-de-Choumas.*

Baraque-de-Dignac (La). *La Baraquette.*

Baraque-de-la-Fagette. *Baraque-de-la-Champ*

Baraque-dè-Lanthenas. *La Baraque-de-Jacarou.*

Baraque-de-Montbonnet. *La Vallette.*

Baraque-de-Ratapey. *La Baraque-du-Maréchal.*

Baraque-de-Retournac. *La Baraque*, c^ne de Roche-en-Régnier.

Baraque-de-Saint-Arcons (La). *Bac-de-Saint-Arcons.*

Baraque-de-Saint-Victor (La). *La Baraque*, c^ne de Pébrac.

Baraque-de-Sénat. *La Baraque-de-Cénac.*

Baraque-de-Vigouroux (La). *La Baraque-de-Cordes.*

Baraque-du-Breuil (La). *La Baraque*, c^ne de Saint-Vincent.

Baraque-du-Lougé (La). *Baraque-Journet.*

Baraque-Francolon. *La Baraque-Ostalier.*

Baraques (Les). *La Baraque*, c^nes de la Mothe, de Saint-Paulien, de Saint-Vénérand et de Valprivas.

Baraques-de-Malpas (Les). *La Baraque*, c^ne de Cussac.

Baraques-de-Touzet (Les). *La Baraque*, c^ne de Bellevue-la-Montagne.

Baraud. *Barrot.*

Barbasta. *Barbaste.*

Barbathe (La). *La Barbatte.*

Barbesit. *Barbezit.*

Barbouteyre (Lo). *Le Lonnac*, ruiss.

Bard (La montagne de). *Bar.*

Bardinenc. *Les Badinens.*

Bardissoux (Les). *Les Bardissons.*

Bardz. *Bard*, c^ne de Bournoncle-la-Roche.

Baret. *Barret*, c^nes du Pont-Salomon et de Saint-Georges-d'Aurac.

Bargas. *Barges.*

Bargelioux. *Brugelioux.*

Bargeta (La). *La Bargette.*

Bargetas, Bargetes. *Bargettes.*

Bargiæ. *Barges.*

Bargier. *Berger.*

Bargitas. *Bargettes.*

Baria (La). *La Barge.*

Barias. *Barges.*

Bariba, Baribac, Baribas. *Barribas.*

Baries. *Barges.*

Barietæ, Bariettas, Barjitas. *Bargettes.*

Barle. *Barlet.*

Barleyras. *Barlières*, c^ne de Bournoncle-la-Roche.

Barlhot. *Barthol*, c^ne de Domeyrat.

Barlière. *Barlières*, c^nes de Connangles et de Bournoncle-la-Roche.

Barnaldus, Barnauts (Los). *Les Bernauds.*

Barouillet. *Bois-Royer.*

Barquantou. *Bafoulet.*

Barrals (Lous), Barras (Lous), Barreaux (Les). *Les Barraux.*

Barreira (La). *La Barrière.*

Barret (Le). *La Conque.*

Barretum. *Barret*, c^ne de Sanssac-l'Église.

Barrey. *Barray.*

Barri (Lo). *Les Barris*, c^ne d'Yssingeaux.

Barribac, Barribacum, Barribal. *Barribas.*

Barriol. *Les Barriols.*

Barrits (Les). *Les Bordes*, ruiss.

Barro. *Bard*, c^ne de Bournoncle-la-Roche.

Barruol. *Les Barriols.*

Barrus. *Bard*, c^ne de Bournoncle-la-Roche.

Barry. *Les Barris*, c^ne de Saint-Maurice-de-Lignon.

Bars. *Bard*, c^ne de Bournoncle-la-Roche.

Barsenda. *Barsende.*

Bartas (Las). *Les Barthes*, c^ne de Moudeyres.

Barte (La). *La Barthe*, c^ne de la Besseyre-Saint-Mary.

Bartes (Les). *Les Barthes*, c^ne des Vastres.

Bartha (La). *La Barthe*, c^ne de la Besseyre-Saint-Mary.

Bartha pavoroze (La). *La Barthe*, c^ne de Saint-Germain-Laprade.

Barthes (Les). *La Barthe*, c^ne de Jullianges.

Baruol. *Les Barriols.*

Basac. *Beaulieu.*

Bascelas. *Basselles.*

Basfourn. *Baffour.*

Basii (Rivus). *Ravin-du-Grisaillou.*

Basila, Basilla. *Blesle.*

Bas-Oubrus. *Petits-Brus.*

Bassa. *Bas.*

Basseales, Bassealles, Basselli. *Basselles.*

Bassensis (adjectif). *Bas.*

Bassetum. *Basset*, c^ne de Bas.

Bassialles. *Basselles.*

Bassiensis (adjectif). *Bas.*

Bassii (Rivus). *Ravin-du-Grisaillou.*

Bassius, Bassus. *Bas.*

Basthie (La). *La Bastie.*

Bastia (La). *La Bastie; La Bastide*, c^ne de Retournac; *La Batie*, c^ne de Sainte-Sigolène.

Bastias (Las). *La Bastie.*

Bastida (La). *La Bastide*, c^nes d'Azerat, de Céaux-d'Allègre, de Chambezon, de Fix-Saint-Geneys, de Retournac, de Saint-Paulien, de Saint-Préjet-d'Allier, de Venteuges, de Vielprat et de Vorey; *La Bastie; Les Bastides*, c^ne de Saint-Pierre-Eynac; *La Bâtie*, c^ne de Chaudeyrolles.

Bastidæ. *Les Bastides*, c^ne de Saint-Pierre-Eynac.

Bastidde (La). *La Bastide*, c^ne de Léotoing.

Bastide (La). *La Bastie; Les Bastides*, c^nes de Saint-Front et de Saint-Pierre-Eynac.

Bastideta (La). *La Bastidette.*

Bastie (La). *La Batie*, c^ne de Sainte-Sigolène; *Les Granges*, c^ne de Montregard.

Basties (Les), Bastyes. *Les Bastides*, c^ne de Saint-Front.

Bataille (La). *La Bataille*, c^ne d'Araules.

Batailhet. *Bataillet*, c^ne de Valprivas.

Batailla. *La Bataille*, c^ne d'Araules.

Batailleu. *Bataillet*, c^ne de Valprivas.

Batalha (La). *La Bataille*, c^ne de la Mothe.

Batalher, Batalheyr. *Bataillet*, c^ne de Mazeyrat-Crispinhac.

Batalheyra (La). *La Bataillère.*

Batalhia (La). *La Bataille*, c^ne d'Araules.

Batalhiet. *Bataillet*, c^ne de Valprivas.

Batarcilis, Battarel. *Batarel.*
Bateaux (Les). *Le Bateau*, c^{ne} de Léotoing.
Bateliers (Les). *Le Batelier.*
Bathalicyra (La), Bathaillieyres (Las). *La Bataillière.*
Bathaloux (Lous). *Batailloux.*
Bathalyer. *Bataillet*, c^{ne} de Valprivas.
Batpalmas. *Bapaumes.*
Battau (Le). *Le Bateau*, c^{ne} de Solignac-sur-Loire.
Batusaco, Batusat, Batuzac. *Batuzat.*
Batyffol (Lo). *Le Moulin-de-Pontageon.*
Baubas. *Baubac.*
Baucha, Bauche, Bauchia. *La Bauche*, c^{ne} de Vergezac.
Baudous (Lous). *Les Boudoux.*
Baulhie. *Baulie.*
Baulme (La). *La Baume*, c^{nes} d'Alleyras et de Solignac-sur-Loire.
Baume de Vahres. *La Baume*, c^{ne} d'Alleyras.
Bausac, Bausachium, Bausacum. *Bauzac.*
Bausic. *Bauzit.*
Bauzacum. *Bauzac.*
Bauzic. *Bauzit.*
Bauzolet. *Boussoulet-Haut.*
Bayban. *Balibaud.*
Baygua (Rivus dou). *L'Aubaigne.*
Bayns. *Bains, Bayt.*
Bayoneria. *La Chifletière.*
Baysac. *Baissac*, c^{ne} de Malvières.
Bayssac. *Beyssac*, c^{nes} de Monlet et de Saint-Jean-de-Nay.
Bayssacum. *Baissac*, c^{ne} de Malvières; *Beyssac*, c^{nes} de Saint-Jean-de-Nay et d'Yssingeaux.
Bayssat. *Beyssac*, c^{ne} de Saint-Jean-de-Nay.
Baystz. *Bayt.*
Bazau. *Bazan.*
Bazensis (adjectif). *Bas.*
Bealhs. *Beaux.*
Beals. *Beaux, Les Beaux.*
Beanes. *Beaune*, c^{on} de Craponne-sur-Arzon.
Beata Maria Casæ Dei. *Laire.*
Beata Maria de Rilbaco. *Sainte-Marie-des-Chazes.*
Beata Maria des Torns. *Notre-Dame-d'Estour.*
Beata Maria extra muros. *Laire.*
Beata Maria Magdalenæ. *La Madeleine*, c^{ne} de Retournac.
Beata Maria supra Casas. *Sainte-Marie-des-Chazes.*

Beatus Egidius. *Chamalières.*
Beatus Maximinus. *Le Tracol.*
Beau. *Beaux.*
Beaubac. *Baubac.*
Beauche. *La Bauche*, c^{ne} de Vergezac.
Beaudac, Beaudéac. *Baudéac.*
Beaudet. *Baudet.*
Beaulaigua. *Beaul'aigue.*
Beaulieu (Rivière de). *La Suissesse.*
Beaulio. *Baulie.*
Beaulmont. *Beaumont*, c^{on} de Brioude.
Beaulne. *Beaune*, c^{on} de Craponne-sur-Arzon et c^{ne} de Saint-Arcons-d'Allier.
Beaulx. *Beaux.*
Beaume (La). *La Baume*, c^{ne} de Solignac-sur-Loire; *l'Ourzie*, ruiss.
Beaumes (Les), Beaumes-de-Veyssier (Les). *Les Baumes.*
Beaumontel. *Le Monteil*, c^{ne} d'Espalem.
Beaunes. *Beaune*, c^{on} de Craponne-sur-Arzon.
Beaurepaire, Beaurepère. *Saint-Sauveur.*
Beauvezer. *Belvezet.*
Beauzac. *Bauzac.*
Beauzic. *Beauzit.*
Beauzire-l'Union. *Saint-Beauzire.*
Beay (Le). *Le Bief.*
Bebrac. *Pébrac.*
Becei Sobeiram (Lo). *Le Besset*, c^{ne} de Valprivas.
Beceria. *La Besseyre*, c^{ne} de Chassignolles; *La Besseyre-Basse, La Besseyre-Haute, Grosse-Besseyre.*
Becet. *Le Besset*, c^{ne} d'Yssingeaux.
Beceyra (La). *La Besseyre*, c^{ne} de Saint-Préjet-d'Allier.
Béchamp. *Belchamp.*
Becha Soleih. *Bêche-Soleil.*
Bechay. *Bichaix.*
Bechoux. *Le Bessioux.*
Beciadellus. *Le Bessatel.*
Beciaria. *La Besseyre*, c^{ne} de Saint-Georges-d'Aurac.
Beciatellus. *Le Bessatel.*
Becieria. *La Besseyre-Haute.*
Bedals. *Beaux.*
Begnaco. *Bénac.*
Begoux (Loz). *Les Bégons.*
Beiller. *Belair*, c^{ne} de Saint-Julien-Molhesabate.
Beissac. *Baissac*, c^{ne} de Malvières; *Beyssac*, c^{ne} de Monlet.
Beissat. *Baissat.*
Belabre-lez-Bonnefoy. *Belarbre.*

Belacumba. *Bellecombe.*
Bela Val. *Belval.*
Bel-Estar. *Belistar.*
Belfort. *Beaufort.*
Belhoc. *Beaulieu*, c^{on} de Vorey.
Beliacus. *Bilhac.*
Belijoc. *Beaujeu.*
Bel-Istar, Belistard, Belistat. *Belistar.*
Beljoc. *Beaujeu.*
Bellacomba, Bellacumba. *Bellecombe.*
Bellaire. *Bel-Air*, c^{ne} de Saint-Pal-de-Mons.
Bella Vallis. *Belval.*
Bellavorum civitas. *Saint-Paulien.*
Bellecumbo. *Bellecombe.*
Belleoc. *Beaulieu*, c^{ne} de Saint-Ilpize.
Bellerue. *Bellevue*, c^{ne} de Vieille-Brioude.
Belleval. *Belval.*
Bellevue. *Bel-Air*, c^{ne} d'Yssingeaux.
Bellins (Les). *Esbelin.*
Bellioc. *Beaulieu*, c^{ne} de Saint-Ilpize et c^{ne} de Vorey.
Bellistar. *Belistar.*
Belloc. *Beaulieu*, c^{ne} de Vorey.
Bellon. *Belon.*
Belluc. *Bellut.*
Bellum Pratum. *Fielprat.*
Belluoc. *Beaulieu*, c^{ne} de Vorey.
Bellus Campus. *Belchamp*, c^{ne} de Chanteuges.
Bellusfortis, Bellusfortis de Godeto vel Godeti. *Beaufort.*
Bellus Jocus. *Beaujeu.*
Bellus Locus. *Beaulieu*, c^{nes} de Saint-Ilpize et de Saugues et c^{ne} de Vorey.
Bellus Mons. *Beaumont*, c^{on} de Brioude et c^{ne} de Saint-Victor-sur-Arlanc.
Bellus Regardus. *Beauregard*, c^{ne} de Vazeilles-Limandres.
Bellus Visus. *Beauvoir, Belvezet.*
Bellvezer. *Belvezet.*
Belmond. *Beaumont*, c^{on} de Brioude; *Belmont.*
Belmont. *Beaumont*, c^{on} de Brioude et c^{ne} de Saint-Victor-sur-Arlanc.
Belna. *Beaune*, c^{on} de Craponne-sur-Arzon.
Beion. *Pont-de-Belon.*
Bel Regar, Belregard. *Beauregard*, c^{ne} de Vazeilles-Limandres.
Belregarda. *Beauregard*, c^{ne} des Estables.
Bel-Regart. *Beauregard*, c^{nes} de Chassignolles et de Lempdes.
Bel-Regartz. *Beauregard*, c^{ne} de la Voûte-Chilhac.

Bethoue. *Bêthe.*
Bethz (Le). *Le Betz.*
Betoa. *Bêthe.*
Betz (Lo). *Le Bets*, c^ne de Monistrol-sur-Loire; *Le Bez.*
Beulmont. *Beaumont.*
Beulz. *Bœur.*
Beuna. *Beaune*, c^ne de Saint-Étienne-du-Vigan.
Beune. *Beaune*, c^on de Craponne-sur-Arzon, c^nes de Saint-Arcons-d'Allier et de Saint-Étienne-du-Vigan.
Beux. *Bœur.*
Bex (Lo). *Le Bels*, c^ne de Monistrol-sur-Loire.
Beysac. *Beyssac*, c^ne d'Yssingeaux; *Le Blaizat.*
Beyssac. *Baissac*, c^ns de Craponne-sur-Arzon.
Beyssache (La). *Bayssaille.*
Beyssacum. *Baissac*, c^ne de Craponne-sur-Arzon.
Beysseyra. *La Besseyre*, c^ne de Chastel.
Bezæ. *Besse*, c^ne de Saint-Pierre-Du-champ.
Bezairolæ. *La Besseyrolle.*
Bezanho, Bezanjon. *Le Mas-de-Bayon.*
Bezis. *Le Suc de Bézy.*
Bichais, Bichays. *Bichaix.*
Biéla (La). *La Béala.*
Bigorra, Bigoura, Biguorra. *Bigorre.*
Bilhac. *Rilhac.*
Bilhangii. *Billanges.*
Bilhard. *Billard.*
Bilhiac. *Bilhac.*
Bilho, Bilhon. *Billon.*
Billiacus. *Bilhac.*
Billiange. *Billanges.*
Binaset. *Buniazet.*
Bineriæ. *Les Binières.*
Bineyras (Las). *Les Bineyres, Les Binières.*
Binhac (Del). *Aubignac*, c^ne de Belle-vue-la-Montagne.
Binlhac. *Bilhac.*
Bintis. *Bains.*
Bisa. *Dize.*
Bisac. *Bizac.*
Bise. *Bize.*
Bislago. *Bilhac.*
Bisliacus. *Bilhac.*
Bissioux (Le). *Le Bessioux.*
Bistour (La). *Labistour.*
Bithlacus. *Bilhac.*
Bitirites. *Brioude.*
Biza. *Bize.*
Bizacum. *Bizac.*

Bize (La). *La Fioure.*
Blacha (La). *La Blache*, c^nes de Malrevers et de Saint-Front.
Blachaira (La). *La Blachère.*
Blacha Redonda. *Blache-Redonde.*
Blachas (Les). *Les Blaches.*
Blacheira (La), Blacheyra (La). *La Blachère.*
Blachia. *La Blache*, c^ne de Malrevers.
Blaciac, Blaciago. *Blassac.*
Bladenavas, Bladenave. *Bladenaves.*
Blaella. *Blesle.*
Blaiose. *Blavozy.*
Blaisac, Blaisat. *Blaizat.*
Blalhac, Blallac. *Blanlhac.*
Blanal. *Blannat.*
Blanchier. *Blanchet.*
Blanhac. *Blanlhac.*
Blannac. *Blannat.*
Blansacum, Blansat. *Blanzac.*
Blaoser, Blaoze, Blaozer. *Blavozy.*
Blasilia, Blasilis, Blasilla. *Blesle.*
Blassacum, Blassat, Blassiat. *Blassac.*
Blatlhac, Blatulago, Blatusago. *Blanlhac.*
Blavoser, Blavosium, Blavoze, Blayoser. *Blavozy.*
Blayssac. *Blaizat.*
Blazella, Blazilia, Bleelle, Bleille. *Blesle.*
Blelhac. *Blanlhac.*
Blelle, Bleolle, Blere. *Blesle.*
Blesacum. *Blassac.*
Blesilia. *Blesle.*
Blessacum. *Blaizat.*
Blevozy. *Blavozy.*
Bleyla, Bleyle, Bleylle. *Blesle.*
Bleyose, Bleyoze. *Blavozy.*
Bleysac, Bleyzac. *Blaizat.*
Blius. *Bleu*, c^ne de Saint-Vidal.
Blivus. *Bleu*, c^ne de Polignac.
Blonde (Ruiss. de la). *Le Robecque.*
Blozer. *Blavozy.*
Boaria (La). *La Borie*, c^nes du Monastier, de Pébrac et de Pradelles.
Boaria Sollempniaci. *La Borie*, c^ne de Solignac-sur-Loire.
Boayros (Los). *Lous Boiroux.*
Bobeiras, Boberias. *Boubaire.*
Bochats (Lo). *Le Bouchat*, c^ne du Mazet-Saint-Voy.
Bochet (Le). *Le Bouchet*, c^ne de Dunières; *Le Bouchet-Saint-Nicolas.*
Bochet (Le lac). *Lac-du-Bouchet.*
Bocinaricus. *Bousselargues.*
Boc Navat. *Bonnavat.*
Bocs-Huon. *Bostigon.*
Bocz. *Bosc.*

Bodos (Los). *Les Boudoux.*
Bognavat. *Bonnavat.*
Boheria (La). *La Borie*, c^ne de Saint-Privat-du-Dragon.
Boheyra (Rivus de la). *La Boyère.*
Boicetum. *Boisset.*
Bois-Bonparent (Le). *Le Bos-Bomparent.*
Bois-d'Arbiou (Le). *Le ruiss. du Cros.*
Bois-de-Fruge. *Le Bois-de-Fruges.*
Bois-de-Géa. *Le Bois-de-Jas.*
Bois-de-Genat, Bois-de-Genest. *Le Bois-du-Genest.*
Bois-de-Jeu. *Le Bois-de-Jean.*
Bois-de-la-Moule (Le). *Le Bois-de-la-Moure.*
Bois-de-Lau (Lou). *Bois-de-l'Eau.*
Bois del Rey. *Le Pied-du-Roi.*
Bois-des-Botes. *Le Bois-de-Lirat.*
Bois-d'État (Lo). *L'Échapré*, rivière.
Bois-du-Chaxeaux. *Le Bois-de-Chazaux.*
Boiseiras. *Boissière*, c^ne de Pinols.
Boisoletum. *Boisset-Bas.*
Boisolum. *Boisset-Haut.*
Boisonade (La). *La Buissonnade.*
Bois-Roux. *Lous Boiroux.*
Bois-Rulher. *Bois-Roger.*
Boissariolas. *Bousscrolles.*
Boissayretas. *Boisserette.*
Boisseau-Bas. *Boisset-Bas.*
Boisseira, Boisseiras. *Boissière*, c^ne de Vernassal.
Boissel-Bas. *Boisset-Bas.*
Boisserargues. *Rousselargues.*
Boisseuge. *Boissouges.*
Boisseughol. *Boisseuge.*
Boissi-du-Mas. *Boissy-du-Mas.*
Boissière (Ruiss. de). *La Rochette.*
Boisson (Le). *Le Buisson*, c^ne de Vieille-Brioude.
Boissonnade. *La Buissonnade.*
Boissonnière (La). *La Boissonneyre.*
Boissou. *Le Buisson*, c^nes de Fay-le-Froid et de Vieille-Brioude.
Boiteux (Le), Boitoux. *Boitout.*
Boizol. *Bouzols.*
Bolba (La). *La Boube.*
Bolbas. *Boubas.*
Bolbayrac. *Baubeyrac.*
Bolceyraud. *Bousserolles.*
Bolziol, Bolzol. *Bouzols.*
Bomat. *Beaumat.*
Bomba. *Bombe.*
Bombarye (La). *La Bomberie.*
Bonacensis (adjectif), Bonaciensis (adjectif), Bonacius. *Bonnas.*

Bona Foan. *Bonnefont*, c^{ne} de Saint-Front.

Bona Foant. *Mas-de-Bonnefont.*

Bona Fons. *Bonnefont*, c^{nes} de Fontannes et de Saint-Georges-Lagricol.

Bonafont. *Bonnefont*, c^{nes} de Chassignoles, de Saint-Georges-Lagricol, de Saint-Martin-de-Fugères et de Séneujols.

Bona Nox. *Bonnenuit.*

Bonarme. *Bonharmes.*

Bonas, Bonascius. *Bonnas.*

Bonaud. *La Chabane*, c^{ne} de Saint-Germain-Laprade.

Bonaval, Bona Vallis. *Bonneval.*

Bonavila. *Bonneville.*

Bonavilla. *Bonnevialle*, c^{ne} de Rosières.

Bonba. *Bombe.*

Bonbarie (La). *La Bomberie.*

Boneta (La), Bonete-les-Monbonet. *La Bonnette.*

Boneti (Molendinum), Boneto (Monnerius de). *Moulin de Bonnet.*

Boneval. *Bonnaval.*

Bonjorn. *Bonjour.*

Bonnafont. *Bonnefont*, c^{ne} de Saint-Jeure.

Bonnarme. *Bonharmes.*

Bonnassous. *Bonnassou.*

Bonna Viale. *Bonnevialle.*

Bonnefond. *Bonnefont*, c^{nes} de Chassagnes et de Saint-Georges-Lagricol.

Bonnet. *Les Bonnettes, Fauries.*

Bonnet-Libre. *Saint-Bonnet-le-Froid.*

Bonnevial. *Bonnevialle*, c^{ne} de Saint-Romain-Lachalm.

Bonus Fons. *Bonnefont*, c^{nes} du Mazet-Saint-Voy, de Saint-Front, de Saint-Pal-de-Mons et de Séneujols; *Mas-de-Bonnefont.*

Boquelarie (La). *La Bouquelerie.*

Borange (La), Borangha (La), Borangia. *La Bourange.*

Borbolhion, Borholo. *Le Bourbouillou*, ruiss.

Bordæ. *Les Bordes*, c^{ne} d'Yssingeaux.

Bordas. *Les Bordes*, c^{ne} de Saint-Beauzire.

Bordel. *Bourdeille.*

Bordellum. *Bordel.*

Bordeyracum. *Bourdeyrac.*

Bordis (Rivus de). *Les Bordes.*

Borengia. *La Bourange.*

Borga (La). *La Bourghea.*

Borget-Nou, Borgetum Novum. *Bour-*

geneuf, c^{nes} de Saint-Julien-Chapteuil et d'Yssingeaux.

Borghada (La), Borghoda (La). *La Bourgeade.*

Borghat (Le). *Bourgeat*, c^{ne} de Saint-Ferréol-d'Auroure.

Borghetum Novum. *Bourgeneuf*, c^{ne} de Saint-Julien-Chapteuil.

Boria (La). *La Borie*, c^{nes} de Beaulieu, de Coubon, du Monastier, de Monistrol-d'Allier, de Monistrol-sur-Loire, de Pébrac, de Pradelles et de Saint-Privat-du-Dragon; *La Borie-du-Fau.*

Boria de Chambarel. *La Borie*, c^{ne} de Céaux-d'Allègre.

Borias (Las). *Les Boires.*

Boria Sollempniaci (La). *La Borie*, c^{ne} de Solignac-sur-Loire.

Borie (La). *Les Bories.*

Borie-Blanche (La). *Laval*, c^{ne} de Vals-près-le-Puy.

Borie-Chambarel (La). *La Borie*, c^{ne} de Céaux-d'Allègre.

Borie de Saint-Jeure (La). *La Borie*, c^{ne} de Chénereilles.

Borie-du-Faux (La). *La Borie-du-Fau.*

Borie-lez-Solinac. *La Borie*, c^{ne} de Solignac-sur-Loire.

Boritte (La). *La Boriette*, c^{ne} d'Aiguilhe.

Borlada (La). *La Bourlade.*

Borlaiche (La). *La Bourlèche.*

Borleria, Borleriæ, Borleyras, Borleyres. *Bourleyre.*

Borlho. *Bourlione.*

Borlhoncle Sancti Juliani. *Bournoncle-Saint-Julien.*

Borlières. *Bourleyre.*

Borloncle, Borloncrum. *Bournoncle-la-Roche.*

Born. *Borne, Bourg.*

Borna. *Borne, La Borne*, rivière.

Bornac, Bornacum. *Bournac*, c^{ne} de Saint-Front.

Bornacz. *Bournac*, c^{ne} de Solignac-sur-Loire.

Borna la Mura. *Bornette.*

Bornat. *Bournac*, c^{ne} de Solignac-sur-Loire.

Borne-la-Mure, Borneta. *Bornette.*

Bornette (Moulin de). *Bournette.*

Bornhoncle. *Bournoncle-la-Roche.*

Borrengia. *La Bourange.*

Borvet. *Bourvain.*

Borye (La). *La Borie*, c^{nes} de Chénereilles, de Coubon, du Monas-

tier, de Monistrol-sur-Loire et de Saint-Privat-du-Dragon; *les Crozes*, ruiss.

Borytte (La). *La Cocoulogne.*

Bos (Lo). *Le Bois*, c^{ne} de la Voûte-Chilhac; *Le Bos-d'Orchinon.*

Bos (Les). *Le Monteil*, c^{ne} d'Espalem.

Bosac (Molendinum de). *Les Piles-de-Bauzac.*

Bos-Alichier (Lo). *Boscaliger.*

Bos-Bomparant, Bos-Bonparent. *Le Bos-Bomparent.*

Bosc (Lo). *Lous Bau; Le Bos*, c^{ne} de Bas.

Boscalichet, Bosc-Allichier. *Boscaliger.*

Bosc-Buisson. *Bost-Buisson.*

Bosc del Cros. *Le Bois-du-Cros.*

Bosc-d'Eytac. *Bois-d'État.*

Bosc-Geofroy (Lo). *Le Bois-Geoffre.*

Boscha (La). *La Bauche*, c^{ne} de Tence.

Boschage (Lo). *Le Bouchage*, c^{ne} de Félines.

Boschaghe (Lo). *Le Bouchage*, c^{ne} de Chomelix.

Boscharain (Lo). *Le Boucherand.*

Boscharenc (Lo). *Le Boucharinc.*

Boschas (Le). *Le Bouchas*, c^{nes} de Retournac et de Saint-Hostien; *Le Bouchat*, c^{ne} du Mazet-Saint-Voy.

Boschassium. *Le Bouchas*, c^{ne} de Saint-Hostien.

Boschat (Lo). *Le Bouchat*, c^{nes} du Mazet-Saint-Voy et de Saint-Pal-de-Mons.

Boschatges (La). *Le Bouchage*, c^{ne} de Chomelix.

Boschats. *Le Bouchas*, c^{ne} de Retournac.

Bos-Chau, Bos-Chaud. *Boichaud.*

Boschaylo (Lo). *Le Boussillon.*

Boschayrolas. *Boucherolle.*

Boscheran (Lo), Boscherent (Lo). *Le Boucherand.*

Boscherolles. *Boucherolle.*

Boschet (Lo). *Le Boisset; Bouchet*, c^{nes} de Lapte et de Raucoules; *Le Bouchet*, c^{nes} de Chanteuges, de Mazerat-Aurouze, de Présailles, de Queyrières, de Riotord, de Saint-Berain, de Saint-Jeure, de Saint-Laurent-Chabreuges, de Saint-Vincent et de Thoras; *Le Bouchet-Haut, Le Bouchet-Saint-Nicolas, Le Boussit, Le Boussy.*

Boschet (Lacus del). *Lac-du-Bouchet.*

Boschet-de-Queyrières (Le). *Le Bouchet*, c^{ne} de Queyrières.

Boschet-Jelye, Boschet-la-Masche. *Le Bouchet*, c^{ne} de Présailles.

Boschet-Mahenc. *Le Bouchet-Mahenc.*

Boscheto. *Le Bouchet-Haut.*

Boschet-Tolleyres. *Le Bouchet*, c^{ne} de Valprivas.

Boschetum. *Auli; Bouchet*, c^{nes} de Lapte et de Raucoules; *Le Bouchet*, c^{nes} de Beaux, de Chanteuges, de Lissac, de Présailles, de Queyrières, de Saint-Berain, de Saint-Jeure, de Saint-Just-Malmont, de Saint-Maurice-de-Lignon, de Saint-Vincent et de Thoras; *Le Bouchet-Mahenc.*

Boschetum Salzada. *Le Boussy.*

Boschetum Sancti Nicolai. *Le Bouchet-Saint-Nicolas.*

Boschilhonum. *Boussilon.*

Boschillo. *Boussillon, Le Boussillon.*

Boschit. *Bouchet*, c^{ne} de Lapte; *Le Bouchet*, c^{ne} de Thoras.

Boschito. *Le Bouchet*, c^{ne} de Présailles.

Boschus. *Le Bos*, c^{ne} de Blesle.

Bosc-Long. *Bois-Long.*

Bosc-Mea, Boscmeia. *Bosméa.*

Bos-Comtal (Al). *Le Bois-Comtal.*

Boscus. *Le Bois*, c^{nes} de Roche-en-Régnier et de la Voûte-Chilhac; *Le Bos*, c^{nes} de Blesle, de Pébrac et de Saint-Julien-Chapteuil; *Boscaliger, Le Bos-Bomparent, Bost-Buisson.*

Boscus Bomparent, Boscus Boni Parentis. *Le Bos-Bomparent.*

Boscus Gaufridi, Boscus Jauffre, Boscus Jauffrey. *Le Bois-Geoffre.*

Boscus Magnus. *Le Bos-Grand.*

Boscus Medius. *Bosméa.*

Boscusses. *Boscusse.*

Bos-d'Eytac. *Bois-d'État.*

Bose. *Bosc.*

Boserium. *Boissier.*

Bosgernas. *Bougerne.*

Bos-Grant (Lo). *Le Bos-Grand.*

Bos-Jehan (Le). *Le Bois-Jean.*

Bos Major, Bos-Majour. *Bois-Majour.*

Bos-Monparant (Le). *Le Bos-Bomparent.*

Bos Montium. *Le Bos*, c^{ne} de Saint-Julien-Chapteuil.

Bosol, Bosolium, Bosolum. *Bouzols.*

Bosquetum. *Le Bouchet*, c^{ne} de Thoras.

Bos-Redon, Bos-Redond. *Bois-Redond.*

Bossac. *Boussac.*

Bos Saint-Peyre. *Bois-du-Père.*

Bosser, Bosserium, Bossers. *Boissier.*

Bosseyragus, Bosseyrargues. *Bousselargues.*

Bossier, Bossiers. *Boissier.*

Bossiet (Lo). *Le Bouchet*, c^{ne} de Mazerat-Aurouze.

Bossit. *Le Bouchet*, c^{ne} de Queyrières.

Bossit-Saint-Nicolau. *Le Bouchet-Saint-Nicolas.*

Bossol, Bossole, Bossolel, Bossolet, Bossolhetum. *Boussoulet-Haut.*

Bost. *Le Bos*, c^{ne} de Bas.

Bostredon. *Bois-Redond.*

Bostz (Lo). *Le Bois*, c^{ne} de Roche-en-Régnier.

Bostz-Bon-Parenc. *Le Bos-Bomparent.*

Botachart. *Pot-à-Chard.*

Botaressa (La). *La Boutaresse.*

Botayrolæ, Botayrolas, Botayrolles. *Bouteyrolles.*

Boteyre. *Bouteyre*, c^{ne} de Riotord.

Botho (Lo). *Le Bouton.*

Botieyra (Rivus). *La Boyère.*

Boto. *Le Bouton.*

Bots. *Bosc.*

Botte. *Boute.*

Botz. *Bosc.*

Boubeyrac. *Baubeyrac.*

Boubières. *Boubaire.*

Boucharine. *Le Boucharinc.*

Boucheirolles. *Boucherolle.*

Boucherain. *Le Boucharinc.*

Bouchet (Le). *Le Bouchat, Le Bouchet-Mahenc, l'Oubois,* ruiss.

Bouchet-le-Lac. *Le Bouchet-Saint-Nicolas.*

Bouchetum. *Le Bouchet*, c^{nes} de Saint-Georges-Lagricol et de Valprivas.

Bouchilhon. *Bancillon.*

Bouchit (Le). *Le Bouchet*, c^{nes} de Chanteuges et de Queyrières.

Bouchy (Le). *Le Boussy.*

Boudeac. *Baudéac.*

Boudons (Los). *Les Boudoux.*

Boudor. *Baudor.*

Boufelore. *Bouffelaure*, c^{ne} d'Allègre.

Bouffelore. *Bouffelaure,* c^{ne} de Berbezit.

Bouffevent. *La Chausse.*

Bougère (La). *La Brayre.*

Bougernas. *Bougerne.*

Bougie. *Bauzit.*

Bouisset. *Boisset.*

Bouissonnade (La). *La Buissonnade.*

Boujernas. *Bougerne.*

Boulant. *Bouland.*

Boulbas. *Boubas.*

Boulheu. *Beaulieu.*

Bouneffont. *Bonnefont*, c^{ne} de Beaulieu.

Bouquellerie (La), Bouqueterie (La). *La Bouquelerie.*

Bourbonloncle. *Bournoncle-la-Roche.*

Bourbouillion. *Le Bourbouillou,* ruiss.

Bourc-l'Oncle. *Bournoncle-la-Roche.*

Bourdel. *Bordel.*

Bourdelle (La), Bourdelles (Les). *La Grassette,* ruiss.

Bourdelles. *Bourdeille.*

Bourga (La). *La Bourghea.*

Bourgada (La), Bourgade (La). *La Bourgeade.*

Bourgeneufs, Bourget-Nou. *Bourgeneuf*, c^{ne} de Saint-Julien-Chapteuil.

Bourghaa (La). *La Bourghea.*

Bourghade (La). *La Bourgeade.*

Bourghéar (La). *La Bourghea.*

Bourguade. *Bergouade.*

Bouriane. *Les Bouriannes.*

Bourie (La). *La Borie*, c^{ne} de Céaux-d'Allègre.

Bourier (La). *Labourier.*

Bourite (La). *La Boriette*, c^{ne} d'Aiguilhe.

Bourja (La). *Bourgeat*, c^{ne} de Saint-Victor-Malescours.

Bourlarette. *Bourlaratte.*

Bourleyche (La). *La Bourlèche.*

Bourlloncle. *Bournoncle-la-Roche.*

Bourloncle-Sainct-Julhien. *Bournoncle-Saint-Julien.*

Bourloncle-Saint-Pierre. *Bournoncle-la-Roche.*

Bournacz. *Bournac*, c^{ne} de Solignac-sur-Loire.

Bournette. *Bornette.*

Bouroyer. *Bois-Royer.*

Bourrianne. *Bourianne*, c^{ne} de Saint-Julien-d'Ance.

Boursier. *Brossier.*

Bourzai (Le), Bourzès, Bourzeys. *Bourzey.*

Bouschaige (Le). *Le Bouchage*, c^{ne} de Chomelix.

Bouschal (Le), Bouscham (Lo). *Le Boissial.*

Bouscharenc, Bouscharent. *Le Boucharinc.*

Bouschatel. *Bouchetel.*

Bouschet (Le). *Le Bouchet*, c^{nes} de Lissac, de Saint-Georges-Lagricol et de Valprivas; *Le Bouchet-Haut, Bouchet-Pilhac, Le Boussit.*

Bouschet-la-Masche (Le). *Le Bouchet*, c^{ne} de Présailles.

Bouschet-Mahenc. *Le Bouchet-Mahenc.*

Bouschetum. *Le Bouchet*, c^ne de Saint-Georges-Lagricol.
Bouschial (Le). *Le Boissial.*
Bouserol. *Bousserolles.*
Bousic, Bousicum. *Bauzit.*
Bousmea. *Bosméa.*
Bousos. *Bouzols.*
Bousseraignes. *Bousselargues.*
Bousseroles. *Bousserolles.*
Boussi. *Le Bouchet*, c^ne de Chanteuges.
Boussias. *Le Bouchas*, c^ne de Saint-Hostien.
Boussilhon. *Boussillon.*
Boussit (Le). *Le Bouchet*, c^ne de Saint-Berain.
Boussolet. *Boussoulet-Haut.*
Boussy. *Le Bouchet*, c^ne de Mazerat-Aurouze.
Boutherolle. *Bouteyrolles.*
Boutte. *Boute.*
Bouvais. *Borvet.*
Bouyer. *Boyer.*
Bouys (Les). *Les Bouis.*
Bouzac. *Bauzac.*
Bouzai. *Bourzey.*
Bouziol. *Bouzols.*
Bouxit. *Bauzit.*
Bouzol, Bouzouls. *Bouzols.*
Bovaria. *La Borie*, c^ne du Monastier.
Boyceol Sobeyra. *Boisset-Haut.*
Boycet. *Boisset.*
Boyceux. *Boissieux.*
Boyceyras. *Boissière*, c^ne de Pinols.
Boyciels. *Boissieux.*
Boyes. *Bains.*
Boyros, Boyroux (Lous). *Lous Boiroux.*
Boys (Le). *Le Bois-de-Fruges.*
Boys-Montparent (Le). *Le Bos-Bomparent.*
Boyson (Lo). *Le Buisson*, c^ne de Cerzat.
Boysoneyra (La). *La Boissoneyre.*
Boysseau-Bas. *Boisset-Bas.*
Boysseghol. *Boisseuges.*
Boysseires. *Boissières.*
Boysseol, Boyssealz. *Boisset-Haut.*
Boysserargues. *Bousselargues.*
Boysseretas. *Boisserette.*
Boysseriæ. *Boisseyre.*
Boysset. *Boisset, Le Boisset.*
Boyssetum. *Boisset.*
Boysseughol. *Boisseuges.*
Boysseyras. *Boissière*, c^ne de Pinols; *Boissières.*
Boysseyre. *Boissière*, c^ne de Pinols.
Boysseyretas. *Boisserette.*

Boysseyria. *La Boisserie.*
Boyssiel Sobeyre. *Boisset-Haut.*
Boyssiols. *Boissieux.*
Boysso. *Le Buisson*, c^nes de Fay-le-Froid, de Loudes et de Saint-Pal-de-Mons.
Boysson (Le). *Bost-Buisson; Le Buisson*, c^ne de Saint-Pal-de-Mons.
Boyssoneria, Boyssoneyra (La). *La Boissoneyre.*
Boyssonia (La). *La Boissonnie.*
Boyssouneyres. *La Boissoneyre.*
Boz (Le). *Le Bos*, c^ne de Saint-Étienne-près-Allègre.
Boza (Le). *Le Boutaya.*
Bozac. *Boussac.*
Bos-Bomparant. *Le Bos-Bomparent.*
Bozeyrargues. *Bousselargues.*
Bozo, Bozol, Bozolium, Bozolum. *Bouzols.*
Brachinac, Brachinhac, Brachinhat. *Bréchiniac.*
Bracones. *Saint-Jean-d'Aubrigoux.*
Bragayère. *Bragayre.*
Brahonac. *Bronac*, c^ne du Mazet-Saint-Voy.
Bramar. *Brame (Moulin-de-).*
Branchade (La). *Ébranchade*, c^ne de Saint-Georges-Lagricol.
Branchades (Les). *Ébranchade*, c^ne des Estables.
Branchata. *Ébranchade*, c^ne de Saint-Georges-Lagricol.
Branchinac. *Bréchiniac.*
Branciacum. *Bransac.*
Brancolium. *La Brequeille.*
Brandi. *Brandy-Bas, Brandy-Haut.*
Brandic, Brandi-Haut. *Brandy-Haut.*
Brandis-Bas. *Brandy-Bas.*
Brandis-Haut. *Brandy-Haut.*
Brandty-Bas. *Brandy-Bas.*
Brangeires. *Brangeirets.*
Braule. *Les Branles.*
Brannacum. *Brenat.*
Bransa (Nemus de la). *La Branse.*
Branssac. *Bransac.*
Brantallon (Rif de). *Le Brantalon.*
Brantalo. *Brantalon.*
Branti, Branti-Bas. *Brandy-Bas.*
Branzac. *Bransac.*
Braonac. *Bronac*, c^ne du Mazet-Saint-Voy.
Brasselz. *Brassel*, ruiss.
Brassey. *Brassay.*
Brat (Le). *Lebrat.*
Braunac, Braunacum. *Bronac*, c^ne du Mazet-Saint-Voy.

Braye (La), Braye-de-Lambre. *Braye-d'Alambre.*
Brechignac. *Brechiniac.*
Brecolia. *La Brequeille.*
Bregelioux. *Bargelioux.*
Bregnon (Le). *Le Brignon*, c^ne de Chomelix.
Bregnou. *Brignon.*
Breignhon (Le). *Le Brignon*, c^nes de Chomelix et de Saint-Romain-Lachalm.
Breinho (Lo). *Le Brignon*, c^ne de Tailhac.
Breisas, Breiza. *Breysse.*
Brenati, Brenatus, Brenatz. *Brenas.*
Brengeyres. *Brangeirets.*
Brenho (Lo), Brenhou (Lou). *Le Brignon*, c^en de Solignac-sur-Loire.
Brennacum, Brennago, Brennhac. *Brenat.*
Brenoncel. *Le Brunoncel.*
Brenssac. *Bransac.*
Brequeughol. *La Brequeille.*
Bressac. *Brassac.*
Brestilhacus, Brestiliac. *Brestillac.*
Bretagnol (La), Bretagnola (La), Bretagola (La), Bretanhola (La), Bretaniola (La), Bretanola (La). *La Bretagnolle.*
Bretmat. *Brame (Moulin-de-).*
Bretoinhelle (La). *La Bretagnolle.*
Bretonia (La). *La Bretogne.*
Breude. *Brioude.*
Breuere (La). *La Bruère*, ruiss.
Breuil (Le). *Le Ternivol*, ruiss.
Breul. *Le Breuil*, c^ne de Chomelix.
Breulh. *Le Breuil*, c^ne de la Chaise-Dieu; *Breuil*, c^ne de Saint-Pierre-Duchamp.
Breuls (Les), Breulx (Los). *Les Breux.*
Breyde, Breyude. *Brioude.*
Breyras (Le), Breyres (Le). *Le Breyre.*
Breyssa, Breyssoux. *Breysse.*
Briançon (Le). *La Ramade*, ruiss.
Brianso. *Briançon.*
Brial. *Bruac.*
Bricasol, Bricoiol, Bricusol. *La Brequeille.*
Brida, Bridda, Bride, Brieude. *Brioude.*
Brigeyre (La). *La Bruyère*, c^ne de Saint-Victor-sur-Arlanc.
Brighonne (La). *La Bretogne.*
Brignols. *Brigols.*
Brignou (Le). *Le Brignon*, c^ne de Chomelix.

Brigoux (Ous). *Saint-Jean-d'Aubrigoux.*

Brinho (Lo), Brinio (Lo), Brinion (Le). *Le Brignon, c⁰ᵉ de Solignac-sur-Loire.*

Brinho Soteyra (Lo). *Brignon-Bas.*

Briniereta. *La Brugerette.*

Brinioux. *Le Brignon, cⁿᵉ de Tailhac.*

Briode, Brioudes. *Brioude.*

Briqueille (La). *La Brequeille.*

Bristilhac, Bristiliac. *Brestillac.*

Britonia. *La Bretogne.*

Briude. *Brioude.*

Briuiereta. *La Brugerette.*

Briva. *Brives.*

Brivas. *Brioude, Brives.*

Brivata, Brivate. *Brioude.*

Brivatensis (adjectif). *Brioude, Brives.*

Brivatim, Brivices. *Brioude.*

Bro (La). *Labrot, cⁿᵉ de Charraix.*

Broa (La). *La Broë, cⁿᵉˢ d'Azérat et de Saint-Berain.*

Broc (La). *La Broë, cⁿᵉ de Saint-Berain.*

Broche (La). *Labro.*

Brochers (Les). *Brocher.*

Brocia. *La Brosse; La Brousse, cⁿᵉˢ de Chanial, de Mazerat-Aurouze et de Retournac.*

Bro de Charais (La). *Labrot, cⁿᵉ de Charraix.*

Broha (La), Brohe (La). *Labro.*

Broilhac. *Brouilhac.*

Brolhac, Brolhacus. *Brouilhac, Brouillac.*

Brolhiac. *Brouilhac.*

Brolhet. *Broullit.*

Brolhiet. *Les Broulis.*

Brolhium. *Breuil.*

Brolia. *Les Breux.*

Brolium. *Breuil; Le Breuil, cⁿᵉ de la Chaise-Dieu.*

Bronnac. *Bronac, cⁿᵉ du Mazet-Saint-Voy.*

Brossa (La). *La Bourse, La Brosse; La Brousse, cⁿᵉˢ de Mazerat-Aurouze, de Retournac et de Saint-Quintin-Chaspinhac.*

Brossetas, Brossettes. *Brossette.*

Brossia. *La Brosse; La Brousse, cⁿᵉ de Saint-Quintin-Chaspinhac.*

Brossac, Brossacum, Brossat. *Broussat.*

Brosse (La). *La Brousse, cⁿᵉˢ de Chaniat et de Saint-Quintin-Chaspinhac.*

Brostalsix. *Bertouzis.*

Brotas (Les). *Les Brottes, cⁿᵉ du Chambon.*

Brottas (Las). *Les Brottes, cⁿᵉ du Mazet-Saint-Voy.*

Broue (La). *Labro.*

Brouillet (Le). *Les Broulis.*

Broulhet, Broulhit. *Broullit.*

Brouly (Lo). *Les Broulis.*

Brousse (La). *La Bourse.*

Broussette (La). *Brossette.*

Broutousitz. *Bertouzis.*

Brozy. *La Broze.*

Bru. *Le Brus, Praneuf-Brun.*

Bruallhes, Bruallhia. *Bruaille.*

Bruatz. *Bruas.*

Bruayreta (La). *La Brugerette, La Bruyerette.*

Brucher. *Bruchers.*

Bruchet. *Bruge.*

Brucz (Lo). *Le Brus.*

Brude. *Brioude.*

Bru-de-Chanteloube. *Bru.*

Brucilh. *Le Breuil, cⁿᵉ de Saint-Pal-de-Murs.*

Brueira (La), Brueria. *La Bruyère, cⁿᵉ du Chambon.*

Brueyra (La). *La Brueyrette; La Bruyère, cⁿᵉˢ du Chambon et de Lapte; Moulin-de-Bruyère.*

Brueyre (La). *La Bruyère, cⁿᵉˢ d'Araules et de Lapte; Moulin-de-Bruyère.*

Brueyreta. *La Brugerette, La Brueyrette.*

Brueyrette (La). *La Brugerette, ruiss.*

Brueyria. *La Bruyère-Basse.*

Brugarreta (La). *La Brugerette.*

Brugayreta. *La Brugeirette.*

Brugeille. *Brugeilles.*

Brugeira. *La Brugeire; La Brugère, cⁿᵉ de Saint-Arcons-de-Barges.*

Brugeire (La). *La Brugère, cⁿᵉ de Saint-Arcons-de-Barges.*

Brugeireta. *La Brugeirette.*

Brugeirolles. *Brugerolle.*

Brugeles, Brugelhas. *Brugeilles.*

Brugeria. *La Breure, La Brugeire; La Brugère, cⁿᵉ de Saint-Arcons-de-Barges; Les Bruyères.*

Brugerias. *Les Brières.*

Brugerolle (La). *La Brugerette.*

Brugeyra. *La Breure, La Brugeire; La Brugère, cⁿᵉ de Saint-Arcons-de-Barges.*

Brugeyre (La). *La Bruyère, cⁿᵉ de Saint-Arcons-de-Barges.*

Brugeyrolas. *Brugerolle.*

Brugeyros. *Brugeyroux.*

Brugière (La). *La Bruyère, cⁿᵉ de Saint-Arcons-de-Barges.*

Brugiroux. *Brugeyroux.*

Bruias (Lo), Bruiatz. *Bruas.*

Bruilhac. *Brouillac.*

Bruino (Lo). *Le Brignon, cⁿᵉ de Solignac-sur-Loire.*

Brujairolas. *Brugerolle.*

Brujairos. *Brugeyroux.*

Brulhac. *Brouilhac.*

Brun. *Bru.*

Bruneaulx (Lous). *Les Breniaux.*

Brunelle, Brunellect, Brunellet. *Brunelet.*

Brunencel (Le). *Le Brunoncel.*

Brunhiou. *Le Brignon, cⁿᵉˢ de Saint-Romain-Lachalm.*

Brunho (Lo). *Le Brignon, cⁿᵉˢ de Chomelix et de Tailhac, et cⁿᵉ de Solignac-sur-Loire.*

Brunho Soteyra (Lo). *Brignon-Bas.*

Brunio (Lo). *Le Brignon, et cⁿᵉ de Solignac-sur-Loire.*

Brunoncel (Le). *Le Brunoncel.*

Brun-Praneuf. *Brun.*

Brusachum, Brusacum. *Bruac.*

Brusc (Lo), Bruscum. *Le Brus.*

Bruschet (La). *Le Brus, Ravin-du-Bouchet.*

Bruso. *Brison.*

Brusq (Le). *Le Brus.*

Brussac. *Broussac.*

Brustilhacus. *Brestillac.*

Brux (Los). *Grands-Brus.*

Bruyals (Lo). *Le Bruas.*

Bruyera (Lo). *La Bruyère, cⁿᵉ du Chambon.*

Bruyère (La). *La Brugère, cⁿᵉ de Cistrières.*

Bruyères (Les). *La Bruyère, cⁿᵉˢ de Dunières et de Riotord.*

Bruyerette. *La Brueyrette.*

Buchez (Moulin-de-). *Moulin-de-Buchet.*

Buco Navato. *Bonnavat.*

Buesoiolensis (adjectif). *Boissenges.*

Bueynhacum. *Buniac.*

Bueys. *Bœux.*

Bufanos. *Buffamès.*

Buffac. *Buffat.*

Buffanez. *Buffamès.*

Buffard. *Buffat.*

Bufetis, Buffetis. *Les Buffets.*

Bughona (La). *La Bujone.*

Bugniac. *Buniac.*

Bugniazet. *Buniazet.*

Buiac, Bujiacum. *Bugeac.*

Buildoira (La). *La Bidoire.*

Buinhac, Buinhazet. *Buniazet.*
Buis. *Bœux.*
Buisseras. *Boisseyre.*
Buissonade (La). *La Buissonnade.*
Bulbitorium, Buldoyra (La), Buldoyria. *La Bidoire.*
Bulhurutus, Bulurut. *Bellerue.*
Bunhasetum, Bunhiac, Buniaset. *Buniazet.*
Bunsag, Bunsat, Bunssat. *Bionsac.*
Burgata. *La Bourghea.*
Burgetum Novum. *Bourgeneuf,* c^{ne} de Saint-Julien-Chapteuil.
Burgundio. *Vergongheon.*
Burgus Novus. *Bourgeneuf,* c^{ne} d'Yssingeaux.
Buriana (La). *La Bourriane.*
Burnulculo, Burnunculo. *Bournoncle-Saint-Julien.*
Burriana. *Bouriane,* c^{ne} de Rosières.
Burriane (La). *La Bourriane.*
Burrienne. *Bourianne,* c^{ne} de Saint-Julien-d'Ance ; *La Bourriane.*
Buschières. *Buchères.*
Bussac Sobeyra. *Bussac-Haut.*
Bussac-Soubteyran, Bussac-Souterrain. *Bussac-Bas.*
Bussac-Souverain. *Bussac-Haut.*
Bussacus inferior, Bussacus subterior. *Bussac-Bas.*
Bussacus superior. *Bussac-Haut.*
Bussayroles. *Bousserolles.*
Busseughol. *Boisseuges.*
Busso. *Oubissous.*
Buttes (Les). *Les Buffets.*
Buysseras. *Boisseyre.*
Buysson (Le). *Le Buisson,* c^{ne} de Saint-Pal-de-Mons.
Buzet, Buzetum. *Buse.*
Buzilium, Buzillum, Buzilum. *Boussillon.*
Byniac (Dal). *Aubignac,* c^{ne} de Bellevue-la-Montagne.

C

Cabanæ. *Chabannes,* c^{ne} de Moudeyres.
Cabanas. *Chabannes-Hautes.*
Cabanerias. *La Chabannerie.*
Cabanerie-Nalberte (La). *Les Chabanneries.*
Cabannas. *Chabanne.*
Cabannellas. *Chabanelles.*
Cabannulas. *Chabanoles.*
Cabareton. *Cabaretou.*
Cabaretz (Les). *Les Cabarets.*

Cabassola (La). *La Chabassolle.*
Cabriacus. *Chabriac.*
Cabrogallo, Cabrogile, Cabrogilo, Cabroiolo, Cabrologium. *Chabreuges.*
Cacha-Pezoil. *Cachepour.*
Cachavessa. *Cacheresse.*
Cacherat. *Les Mazeaux,* c^{ne} de Saint-Didier-la-Séauve.
Cacherrat (Moulin-de-). *Moulin-de-Cacherat.*
Cachevesse. *Cacheresse.*
Caciliacus. *Chassilhac.*
Cadernagum. *Chadernac,* c^{ne} de Céaux-d'Allègre.
Cadignaco. *Ladignat.*
Cadri. *Cayres,* arrond. du Puy ; *Les Cayres.*
Cadri Villæ. *Cayres-la-Ville.*
Cadro. *Chadron.*
Cagalis, Cagiles, Cagilis. *Chazieux.*
Cailla (La). *La Tailla,* ruiss.
Caiou. *Cailloux.*
Caires. *Caire; Cayres,* arrond. du Puy ; *Les Cayres.*
Caires la Vila. *Cayres-la-Ville.*
Cairi. *Cayres,* arrond. du Puy.
Caisnago. *Teinat.*
Calauco, Calauconus. *Chalencon.*
Caldeirobes. *Chaudeyrolles.*
Calderiaco. *Chaudeyrac,* c^{ne} de Saint-Front.
Calencon. *Chalencon.*
Calida Auris. *Chaude-Oreille.*
Calm. *La Champ,* c^{ne} de Brioude.
Calma. *La Chalm; La Champ,* c^{nes} de Retournac et de Saint-Pierre-Eynac ; *La Chaud,* c^{nes} de la Chapelle-Geneste, de Lantriac, de Lubilhac et de Vissac ; *Chaux.*
Calma de Baut. *Chambe-de-Baud.*
Calma de Chausso. *Plaine-de-Rome.*
Calma de Montbusa. *La Chaud-de-Fay.*
Calma de Pis. *La Champ-du-Pin,* c^{ne} de Champclause.
Calma de Podio. *La Chalm-du-Puy.*
Calma dicta Montes. *Agrain,* c^{ne} de Moudeyres.
Calma d'Ois, Calma d'Oyos, Calma d'Oys. *La Chaud-de-Rougeac.*
Calma prope Meseras. *La Chaud-de-Mézères.*
Calma Vetus. *Champviel.*
Calmen. *La Champ,* c^{ne} de Retournac.
Calme Ortigosa. *La Champ-de-l'Hort.*

Calmesclarias. *Saint-Haon,* c^{ne} de Pradelles.
Calmiliis. *Chomeil,* c^{ne} du Brignon.
Calmilisius. *Chomelix-le-Haut.*
Calmilius. *Le Monastier.*
Calmilliacus. *Chomelix-le-Haut.*
Calmis. *La Chaud,* c^{ne} de Lubilhac.
Calmo (Prioratus de). *Saint-Jean-Lachalm.*
Calmo (Villa de). *La Chaud,* c^{ne} de Saint-Geneys-près-Saint-Paulien.
Calvellus. *Chauvel.*
Camagon, Camajou. *La Grangette-de-Camageon.*
Camalarie, Camalariensis (adjectif), Camaleriæ. *Chamalières.*
Camalerias. *Chamalière,* c^{ne} de Saint-Eble, *Chamalières.*
Camaleriensis (adjectif). *Chamalières.*
Cambarel. *Chambarel.*
Cambolivas. *Chamboulive.*
Cambo Nanto. *Le Chambon,* c^{ne} de Vorey.
Cambriols, Cambriolz. *Combriaux.*
Caminus Sancti Ægidii. *Faubourg du Breuil,* au Puy.
Camp (Lou). *Le Champ,* c^{ne} de Dunières.
Campanacus. *Champagnac,* c^{ne} de Mercœur.
Campanencha, Campanescha, Campanesche. *La Campanèche.*
Campaniaco. *Le Grand-Champagnac.*
Campaniacum. *Champagnac,* c^{ne} d'Auzon.
Campels. *Champels.*
Campus. *Le Champ,* c^{nes} de Beaux et de Saint-Hostien ; *Le Champ-de-Saint-Just, Saint-Pierre-Duchamp.*
Campus Albus. *Champ-Blanc,* c^{ne} d'Yssingeaux.
Campus Clausus. *Champclause.*
Campus Dolens. *Champ-Dolent.*
Campus Gala. *Changala.*
Campus Longus. *Champlong.*
Campus Mortuus. *Champmort.*
Campus Valarinus. *Saint-Pierre-Duchamp.*
Canaberias. *La Chabannerie.*
Canaleillas. *Pourcheresse,* c^{ne} de Chanteuges.
Canalellæ, Conanilæ. *Chanalcilles.*
Canales. *Les Chanceaux.*
Canards. *Canard.*
Canascus. *Channat.*
Canbo (Lo). *Le Chambon,* c^{ne} de Cerzat.

Cancade (Ruiss. de). *La Rochette,* c^ne de Saint-Bonnet-le-Froid.

Cancolas. *Cancoules.*

Candit. *Gandil.*

Caneleyra (La). *La Canelière.*

Cannabarias. *Chanebeyres,* c^ne de Retournac.

Cantaduco. *Chanteduc,* c^ne de Laval.

Cantalopa. *Chanteloube,* c^ne de Valprivas.

Canta Lupa. *Chanteloube,* c^ne de la Farre.

Canta Luppa. *Chanteloube,* c^ne de Chaudeyrolles.

Conteniacum. *Chassignolles,* c^on d'Auzon.

Canthiolum, Canthogolium, Canthogolum, Cantilanicum, Cantilianicum, Cantinalicum. *Chanteuges.*

Cantodière (La). *Contodières, La Coutaudière.*

Cantogilium, Cantogilla, Cantogilum, Cantoiol, Curtoiolensis (adjectif), Cantoiolis, Cantoiolo, Cantoiolum, Cantola. *Chanteuges.*

Cantus Lupæ. *Chantelonbe,* c^no de Chaudeyrolles.

Capalat. *Capala.*

Capdolium, Capduelh, Capduoill. *Chapteuil.*

Capel. *Capet.*

Capella. *La Chapelette, La Chapelle-Allagnon, La Chapelle-Bertin, La Chapelle-Geneste.*

Capella Alanhonis. *La Chapelle-Allagnon.*

Capella Berti, Capella Bertini. *La Chapelle-Bertin.*

Capella d'Alanho. *La Chapelle-Allagnon.*

Capella de la Ganesta, Capella de la Janesta, Capella de las Genestas. *La Chapelle-Geneste.*

Capellæ. *Les Chapelles.*

Capella Genesta, Capella Ghanesta, Capella Janesta, Capella Jenesta. *La Chapelle-Geneste.*

Capella prope Monastrolium. *La Chapelle-d'Aurec.*

Capella Sancti Andeoli. *Chapteuil.*

Capiliacum. *Ampilhac,* c^ne de Vernassal.

Capitalium, Capitoliensis (adjectif), Capitolium. *Chapteuil.*

Capperière (La). *La Caperière.*

Caprariæ, Caprarias. *Chabreyres.*

Caprespina. *Chabrespine.*

Caprologium. *Saint-Laurent-Chabreuges.*

Captholium, Captolium. *Chapteuil.*

Capuchet, Capuchier. *Capussier.*

Carasium, Carazium. *Charraix.*

Carbonerii. *Charbonnier.*

Carbonerius mons. *Suc nord de Breysse.*

Carbonesii. *Charbonnier.*

Carbonosa. *Charbounouse.*

Cardaillac. *Gardaillac.*

Cardazetum. *Cordaget.*

Cardonaa. *Cardona.*

Cares. *Cayres,* arrond. du Puy.

Caria (La). *La Queyrie.*

Cariaco vico. *Saint-Bauzire.*

Carlet. *Chier-Blanc,* c^ne de Coubon.

Carmes (Les). *Brignon, Le Carme.*

Carreria. *La Charreyre.*

Carriela (La), Carrière (La). *La Carrielle.*

Carres. *Cayres,* arrond. du Puy.

Carteyre (La). *La Cartaire.*

Cartiva. *Les Cartives.*

Carturilago, Cartusago. *Lantriac.*

Cary-du-Fay (Le). *Le Carry.*

Casa. *Lahouzon.*

Casa Dei. *La Chaise-Dieu.*

Casæ. *Les Chazes,* c^ne de Saint-Julien-des-Chazes.

Casalcus. *Les Chazaloux,* c^ne de Saint-Front.

Casalellas. *Chazelles,* c^ne d'Azerat.

Casales. *Chazaux,* c^nes de Borne, de Chanaleilles et d'Yssingeaux; *Les Chazaux,* c^nes de la Chapelle-Geneste, de Saint-Jeure et des Vastres; *Chazeaux,* c^ne de Salettes.

Casales inferiores, Casales superiores. *Chazeaux,* c^ne de Coubon.

Casaletto. *Le Chazellet,* c^ne de Vieille-Brioude.

Casali. *Chazaux,* c^ne de Lapte.

Casalia. *La Chazalie,* c^ne d'Yssingeaux.

Casalis. *Chazaux,* c^ne de Saint-Germain-Laprade.

Casallestis. *Chales.*

Casa Nova. *Chaiseneuve, Novechaze.*

Casellas. *Chazelles,* c^ne d'Azerat.

Caseneufve. *Caseneuve.*

Caslucium. *Chalus,* c^ne de Laval.

Casota. *La Chazotte,* c^ne de Retournac.

Caspiniacum. *Chaspinhac.*

Cassa Dei. *La Chaise-Dieu.*

Cassanea. *La Chassagne,* c^ne de Malvières.

Cassanias. *Chassagnes,* c^ne de Paulhaguet.

Cassanyolas. *Chassagnolles,* c^ne de Saint-Just-près-Brioude.

Casse-Dieu. *La Chaise-Dieu.*

Cassellas. *Chazelles,* c^ne d'Azerat.

Cassoled. *Chassoulet.*

Cassotz (Lous). *La Malouteyre,* r^ne d'Espaly-Saint-Marcel.

Castanarius. *Chataignier.*

Castellæ. *Le Châtelard,* c^ne de Saint-Maurice-de-Lignon.

Castel-la-Ville. *Château-la-Ville.*

Castellum Vilanum. *Chastel-Volle.*

Castra. *Les Chastres.*

Castra Duneriæ. *Les Châteaux.*

Castris. *Château-la-Ville.*

Castrum. *Chastel,* c^on de Pinols.

Castrum Ayrat. *Chastel-Ayraud.*

Castrum de Lignone, Castrum de Linhone. *Le Châtelard,* c^ne de Saint-Maurice-de-Lignon.

Castrum de Stabulis. *Le Château.*

Castrum Duneriæ. *Les Châteaux.*

Castrum Noel, Castrum Novellum. *Chastenuel.*

Castrum Novum. *Chastenuel; Châteauneuf,* c^nes d'Allègre et du Monastier.

Castrum supra Piperacum. *Le Chastelet.*

Castrum Vilanum. *Chastel-Volle.*

Castrum Villæ. *Château-la-Ville.*

Catet. *Gire.*

Catolium. *Chapteuil.*

Catonis. *Les Chatons.*

Cauce. *Le Chausse,* c^ne de Blesle.

Cauceniolo, Caucinogile, Caucinogilo, Caucinogolo, Caucionogilo. *Chassignolles,* c^on d'Auzon.

Caunacum. *Connac,* c^ne de Lissac.

Causo, Causso. *Chausson.*

Cavaniaco. *Chavagnac-Lafayette.*

Cayrayra. *Queyrières.*

Cayre (Lou). *Le Caire.*

Cayreria. *Queyrières.*

Cayres. *Caire.*

Cayrolles (Les). *Coirolles.*

Cazalendis. *Les Chazelets.*

Cazales. *Chazeaux,* c^nes de Salettes et des Vastres.

Cazales de Fayeto. *Chazaux,* c^ne de Saint-Germain-Laprade.

Cazaletis. *Les Chazalets.*

Cazalos. *Les Chazalour,* c^ne de Saint-Front.

Cazas (Las). *Les Chazes,* c^ne de Saint-Julien-des-Chazes.

Cazeneuve. *Caseneuve.*

Cazota. *La Chazotte,* c^ne des Vastres.

Cealgues, Ceaulgues. *Siaugues-Saint-Romain.*

Ceaulx. *Céaux*, cne de Saint-Étienne-Lardeyrol; *Céaux-d'Allègre.*

Ceaux-d'Ebde. *Céaux*, cne de Saint-Etienne-Lardeyrol.

Cedrirs, Ceireirs. *Sériès.*

Ceissac. *Ceyssac; Cissac*, cne de Saint-Just-près-Brioude.

Ceissous (Lous). *Le Ceyssoux.*

Celates. *Salettes*, con du Monastier.

Celcuzi, Celcuzin. *Silcuzin.*

Celeyras, Celleriæ, Celleyras, Celleyres. *Cellières.*

Celgue. *Siaugues-Saint-Romain.*

Celier (Le). *Le Cellier.*

Celiers (Los). *Cellier*, cne du Chambon.

Cella (La). *La Celle, Celles.*

Cellariæ. *Cellière.*

Cellarius. *Cellier*, cne de Saint-Jeure.

Celle (La). *La Selle.*

Celsac, Celsiacum. *Saussac.*

Celtos. *Céaux-d'Allègre.*

Cenajon, Ceneujol. *Séneujols.*

Cenilhiac. *Sénilhac.*

Cenita (La). *L'Enceinte.*

Cenoil. *Ceneuil.*

Cenologium. *Séneujols.*

Cenomps. *Senous.*

Cenon. *Cenoux.*

Cenoyelh. *Séneujols.*

Cenoyre. *La Senouire*, ruiss.

Censac-Lavaux, Censat, Censsac. *Censac.*

Centebla. *Saint-Éble.*

Ceraizet. *Cereyzet.*

Cerassac. *Cerzat*, con de la Voûte-Chilhac.

Cerazac. *Cerzat*, cne de Saint-Privat-du-Dragon et cne de la Voûte-Chilhac.

Cerazacum, Cerazat. *Cerzat*, cne de Saint-Privat-du-Dragon.

Cercenacius. *Cercenas.*

Cereis. *Cereix, Sereys.*

Ceresac, Ceresacum. *Cerzat*, cne de Saint-Privat-du-Dragon.

Cereseum. *Sereys.*

Ceresiacus. *Cerzat*, cne de la Voûte-Chilhac.

Ceresium. *Cereix, Sereys.*

Cereys. *Cereix.*

Cereyset. *Cereyzet.*

Cerigola. *La Cérigoules*, ruiss.

Cerinseriæ. *Servezeyres.*

Cero (Rivus de). *Le Céroux.*

Cerpoleyres. *Serpolaires.*

Cerveira. *Servières*, cnes de Saint-Didier-sur-Doulon et de Saugues.

Cervey (Le). *Le Servey.*

Cervière. *Servières*, cne de Saint-Didier-sur-Doulon.

Cervisas, Cervissas, Cervissaz. *Servissas.*

Cerviseriæ. *Servezeyres.*

Cerzat-de-Drols, Cerzat-du-Dragon. *Cerzat*, cne de Saint-Privat-du-Dragon.

Cerzols. *Sarzol.*

Cesilhas. *Cézilles.*

Cessac. *Sassac.*

Cessacum. *Cyssac.*

Cesse-de-Chère (La). *La Cesse.*

Cessereda. *Cizière.*

Cessol. *Septsols.*

Cestrouse (La). *La Cistrouse.*

Ceulgues. *Siaugues-Saint-Romain.*

Ceux. *Céaux*, cnes de Saint-Étienne-Lardeyrol et de Saint-Privat-d'Allier; *Céaux-d'Allègre.*

Ceyriès. *Sériès.*

Ceyroux (Le). *Le Céroux*, ruiss.

Ceyssac. *Cissac*, cnes de Saint-Ilpize et de Saint-Just-près-Brioude.

Ceyssacium, Ceyssacum. *Ceyssac.*

Ceyssoux (Les). *La Bèthe.*

Cezerat. *Cerzat*, con de la Voûte-Chilhac.

Cezilhas. *Cézilles.*

Chaaletz. *Challe, Challes.*

Chaanova. *Chanove.*

Chabaceneles, Chabacenelles. *Chabassenelle.*

Chabana (La). *La Chabane*, cne de Saint-Germain-Laprade; *La Chabanne*, cne de Chomelix.

Chabanaa (La). *La Chabane*, cne de Dunières.

Chabanæ. *Chabanes.*

Chabanaries (Les). *Les Chabanneries.*

Chabanas (Las). *Chabonnes.*

Chabane. *Chabannes*, cne de Moudeyres; *Chabonnes.*

Chabanelas, Chabanellæ. *Chabanelles.*

Chabaneriæ. *Les Chabanneries.*

Chabanerie (La). *La Chabannerie.*

Chabanerie-Narbete (La). *Les Chabanneries.*

Chabanis (Le). *L'Orcheval*, ruiss.

Chabannariæ. *Les Chabanneries.*

Chabannas. *Chabannes*, cne de Saint-Paul-de-Tartas; *Les Chabannes*, ruiss.

Chabanne. *Chabannes*, cne d'Allègre.

Chabannolas, Chabannolles. *Chabanoles.*

Chabanolas. *Chabanoles*, cnes de Grazac et de Retournac.

Chabasse (La). *La Chabane*, cne de Dunières.

Chabassola (La). *La Chabassole.*

Chabatou. *Truchet.*

Chabaut. *Chabaud.*

Chabazanellas. *Chabassenelle.*

Chabertes, Chabertos. *Le Chabertès.*

Chabesseyre, Chabessière. *Chavissière.*

Chabestral, Chabestras. *Chabestrat.*

Chabeyron. *Chapeyron.*

Chabin. *Mas-Chabin.*

Chabotes (Les). *La Chabote.*

Chabrac. *Chabriac.*

Chabraighol. *Chabreuges.*

Chabraria (La). *La Chèvrerie.*

Chabre (Molin-de-la). *Moulin-de-la-Chèvre.*

Chabreghol. *Chabreuges.*

Chabreriæ. *Chabreyres.*

Chabrespina. *Chabrespine.*

Chabreuge, Chabreughol, Chabreughoul, Chabreuiols. *Chabreuges.*

Chabreyras. *Chabreyres.*

Chabriacus. *Chabriac.*

Chabrueghol. *Chabreuges.*

Chadacole, Chadacolt. *Chadecol.*

Chadaire. *Chadaix.*

Chadarnac. *Chadernac*, cnes de Céaux-d'Allègre et de Langeac.

Chadarnacum. *Chadernac*, cnes du Brignon et de Langeac.

Chadarssac. *Chadarsac.*

Chadecold, Chadecole. *Chadecol.*

Chadernacum. *Chadernac*, cne de Langeac.

Chadernas. *Chadernac*, cne de Brignon.

Chadersac. *Chadarsac.*

Chadoars, Chadoart. *Chadouart.*

Chadrat. *Chadrac.*

Chadriac. *Chadriat.*

Chadro. *Chadron.*

Chadussias, Chaduziac, Chaduzias, Chaduziat. *Chadusias.*

Chaene, Chaenet. *Cheyne*, cne du Chambon.

Chaese-Dieu (La). *La Chaise-Dieu.*

Chagels, Chagielz. *Chazieux.*

Chagniolz. *Chaniaux.*

Chagny. *Les Chagnes.*

Chaias (Las). *Les Chazes*, cne de Saint-Julien-des-Chazes.

Chaila. *Chaylot.*

Chailas. *Le Cheylard.*
Chailhe. *Le Cheylon.*
Chaillar (Lo). *Le Chailas.*
Chailo. *Chaylot.*
Chairac. *Cheyrac,* cne de Saint-Victor-sur-Arlanc.
Chairet. *Chirel.*
Chairiac. *Cheyrac,* cne de Saint-Vincent.
Chaisac. *Cheyssac.*
Chaise (La). *Les Chaizes, Le Riboules,* ruiss.
Chaissac. *Cheyssac.*
Chaize-Dieu (La). *La Chaise-Dieu.*
Chajourne (La). *La Chasorne.*
Chal (La). *La Chaud,* cne de Champagnac.
Chalage (La). *La Chalaye.*
Chalamandier. *Galamandier.*
Chalanc. *Le Chalan,* ruiss.
Chalanchonium, Chalanco, Chalancolium, Chalanco. *Chalencon.*
Chalanconeria. *La Chalenconnière.*
Chalanconium. *Chalencon.*
Chalançonnière (La). *La Chalenconnière.*
Chaland. *Le Chalan,* ruiss.
Chalantic, Chalanticum. *Charenti.*
Chalar (Lo). *Le Chailas; Le Chaylat,* cne de Pinols.
Chalar (Suc du). *Suc du Chalat.*
Chalas. *Le Chalat.*
Chalbertos. *Le Chalbertès.*
Chalce (Lo). *Chausse, Le Chausse.*
Chalcornac, Chalcornacum, Chalcournac. *Chacornac.*
Chaldeirac. *Chaudeyrac,* cne de Cayres.
Chaldernac. *Chadernac,* cne du Brignon.
Chaleda (La). *La Chalède.*
Chalenco, Chalenconium. *Chalencon.*
Chalendard. *Chalendar,* cne de Saint-Front.
Chalendars (Los). *Chalendar,* cne de Mézères.
Chales. *Challe.*
Chaletz. *Challe, Challes.*
Chalhergue (Le). *Le Chaliergue.*
Chaligniac, Chalinac. *Chalignac.*
Chalin-de-Baud. *Chambe-de-Baud.*
Chalinhac, Chalinhacum, Chaliniac, Chalinhac. *Chalignac.*
Challaignat. *Chalagnat.*
Challan. *Le Chalan,* ruiss.
Challantic. *Charenti.*
Challat (Le). *Le Chalat.*
Challetz. *Chales.*

Challiers (Les). *Escalier.*
Chalm. *La Chaud,* cnes d'Autrac, de Champagnac et de la Chapelle-Geneste.
Chalm (La). *La Chaud,* cnes de Lapte et de Vissac; *La Chaud-de-Fay, La Chaud-de-Mézères, La Chaud-du-Pertuis.*
Chalma de Baut. *Chambe-de-Baud.*
Chalmæ. *La Chomette,* cne de Craponne-sur-Arzon.
Chalmagest. *Chomaget.*
Chalmairac. *Chambeyrac,* cne de Polignac.
Chalmar. *Chaumard.*
Chalmargays, Chalmarghays, Chalmariays. *Chaumargeais.*
Chalmaro, Chalmaros, Chalmaroux. *Choumouroux.*
Chalmars, Chalmart. *Chaumard.*
Chalmassas (Las). *Les Chaumasses.*
Chalmasts (Los). *Les Chaumats.*
Chalmatz (Loux). *Les Chomats.*
Chalmayracum. *Chambeyrac,* cne d'Alleyras.
Chalm-de-Baut. *Chambe-de-Baud.*
Chalm del Pertus. *La Chaud-du-Pertuis.*
Chalm del Pi. *La Champ-du-Pin,* cne de Vals-près-le-Puy.
Chalm del Puey (La). *La Chalm-du-Puy.*
Chalm d'Oys. *La Chaud-de-Rougeac.*
Chalmeana. *Chaumène.*
Chalmeil, Chalmeils. *Chomeil,* cne de Rosières.
Chalmelhac. *Chomeil,* cne de Bains.
Chalmelhes lo Soteyra. *Chomelix-le-Bas.*
Chalmelhis. *Chomelix-le-Haut.*
Chalmelhis inferior sive lo Sotra. *Chomelix-le-Bas.*
Chalmelhs. *Chomeil,* cne de Rosières.
Chalmelhys. *Chomelix-le-Bas, Chomelix-le-Haut.*
Chalmelis. *Chomelix-le-Haut.*
Chalmenne. *Chaumène.*
Chalmes Ellarias. *Saint-Huon.*
Chalmeta (La). *La Chomette,* cnes de Craponne-sur-Arzon, du Pertuis et de Saint-Jeure; *Chomettes.*
Chalmetæ. *Chomettes.*
Chalmetas. *La Chomette,* cne des Villettes; *Chomettes.*
Chalmeylh. *Chomeil,* cne de Rosières.
Chalmeyllis. *Chomelix-le-Bas.*
Chalmeyls. *Chomeil,* cne de Rosières.
Chalmeys (Los). *Les Chomets.*

Chalm-Forestier. *Champ-Forestier.*
Chalmier. *Chaumier.*
Chalmilis, Chalmillis. *Chomelix-le-Haut.*
Chalm Meiana. *Chaumène.*
Chalmont. *Chaumont.*
Chalm-Plaine, Chalm Plana. *Champlonne.*
Chalms (Las). *La Champ,* cne de Saint-Pierre-Eynac; *La Champ-des-Bruyères; Les Champs,* cne de Saint-Pal-de-Mons.
Chalm Usclada, Chalm Uscladas. *Chambusclade.*
Chalm-Velha. *Champriel.*
Chalo. *Chalon.*
Chalonc. *Le Chalan,* ruiss.
Chalons. *Chalon.*
Chalos (Los). *Les Chaloux.*
Chalser. *Chausse.*
Chalssabrot. *Cherchabrot.*
Chalut. *Chalus,* cne de Laval.
Chalvel. *Chauvel, Chouvel.*
Chalvellus. *Chouvel.*
Chalvels. *Chauvel.*
Chalvencs. *Chauvains.*
Chalzac. *Saussac.*
Chalzel (Rif de). *Ravin-du-Chausse.*
Cham (La). *La Chaud,* cne de Vissac.
Chamaleira. *Chamalière,* cne d'Azerat.
Chamaleriæ. *Chamalière,* cne de Saint-Éble.
Chamaleyra (La). *La Chamalière,* bois.
Chamaleyras. *Chamalière,* cnes d'Azerat et de Saint-Éble.
Chamalières. *Chamalière,* cne d'Azerat.
Chamaras. *Chamard.*
Chamarecha (La), Chamarèche (La), Chamarescha (La), Chamaresche (La), Chamareschia (La). *La Chamalèche.*
Chamareux. *Chamercix.*
Chamars, Chamarz. *Chamard.*
Chamasse (La). *La Chaumasse.*
Chamayrac. *Chambeyrac,* cne de Césaux-d'Allègre.
Chamba. *Chambe.*
Chambairacum. *Chambeyrac,* cne de Polignac.
Chambaireu, Chambairo. *Chambeyron.*
Chambaleva. *Chambelère,* cnes de Chanteuges et de Charraix.
Chambareil. *Le Chambarel,* ruiss., *Chambarel-le-Vieux.*
Chambareilh. *Chambarel-le-Vieux.*

Chambarelh. *Le Chambarel*, ruiss.

Chambarelh-lo-Velh. *Chambarel-le-Vieux.*

Chambareilum. *Le Chambarel*, ruiss.

Chambareyl. *Chambarel-le-Vieux.*

Chambareylh. *Chambarel.*

Chambareyl-lo-Jone. *Chambarel-le-Jeune.*

Chambau, Chambaud. *Chambeau.*

Chambayracum. *Chambeyrac*, cne de Polignac.

Chambayro. *Chambeyron, Le Chambeyron*, ruiss.

Chambe-de-Bos. *Chambe-de-Baud.*

Chambelevette. *Chambelère*, cne de Chanteuges.

Chambera. *Chambeyrac*, cne de Céaux-d'Allègre.

Chamberand. *Chambereaud.*

Chamberon. *Chambeyron.*

Chambertes. *Le Chabertès.*

Chamberteyra (La), Chamberteyre (La), Chamberteyria. *La Chambertière-Haute.*

Chambertie. *Chamberty.*

Chambeyracum. *Chambeyrac*, cnes de Céaux-d'Allègre et de Polignac.

Chambeyrat. *Chambeyrac*, cne de Céaux-d'Allègre.

Chambilacus, Chambilhac, Chambillat. *Chambillac.*

Chamblanc. *Champ-Blanc*, cnes de Saint-Didier-la-Séauve et d'Yssingeaux.

Chamblars. *Chamblard.*

Chamblas (Ruiss. de). *La Fouragette.*

Chamblassium. *Chamblas.*

Chambo. *Le Chambon*, cnes de Cerzat, de la Chapelle-d'Aurec, de Chastel, de Cohade, de Coubon, de Saint-Victor-sur-Arlanc, de Solignac-sur-Loire et de Vorey; *La Faye*, cne de Vorey.

Chambo del Cros. *David.*

Chamboles. *Chamboules.*

Chambolivæ, Chambolivas. *Chamboulive.*

Chambon (Le). *La Gazeille, Héraud.*

Chambonal del Cros. *David.*

Chambon-de-Blau, Chambon-de-Blaut. *Le Chambon*, cne de Cerzat.

Chambon de Labot, Chambon de Labout. *Chambon.*

Chambon-de-Laigue. *Chambon-de-l'Aigue.*

Chambon-de-Peyre. *Le Chambon*, cne de Cerzat.

Chambonet. *Chambonnet*, cne de Saint-Préjet-d'Allier; *Le Chambonnet*, cnes de Retournac, de Vorey et d'Yssingeaux.

Chambonetum. *Chambonnet*, cnes de Retournac et d'Yssingeaux.

Chambon-Gompnha. *David.*

Chambonus. *Rognac*, cne de Saugues.

Chambos (Los). *Les Chambons*, cnes de Monistrol-d'Allier, de Saint-Arcons-d'Allier et de Saugues.

Chamboles. *Chamboules.*

Chambovet. *Chambouvet.*

Chambusetot. *Chambusclat.*

Chamclausa. *Champclause.*

Chamcros. *Champcros.*

Cham-de-Pie. *La Champ-du-Pin*, cne de Champclause.

Chamellum. *Chomelix-le-Haut.*

Chameyrat. *Chambeyrac*, cne de Céaux-d'Allègre.

Chamfourrestier. *Champ-Forestier.*

Chamgac. *Changeac.*

Chamgas (Los). *Les Changeas.*

Chamgat, Chamiac, Chamiacus. *Changeac.*

Chamias (Los). *Les Changeas.*

Chamiat. *Changeac.*

Chamilhac. *Chambilhac.*

Chaminac. *Cheminiac.*

Chaminada. *La Cheminade, Riffard.*

Chamlas. *Chamblas.*

Chammayrac. *Chambeyrac*, cne d'Alleyras.

Chammayrat. *Chambeyrac*, cne de Céaux-d'Allègre.

Chamnhac. *Chaniat*, con de Brioude.

Chamnove. *Chanove.*

Chamonteilz. *Agrain*, cne de Moudeyres.

Chamoroux. *Choumouroux.*

Champ (La). *Les Champs*, cne de Tiranges.

Champaignac, Champaignac-le-Viel. *Champagnac*, con d'Auzon.

Champaigne. *Champagnes.*

Champaignhac. *Champagnac*, cne de Mercœur.

Champal. *Champlonne.*

Champanha. *Champagne.*

Champanhac. *Champagnac*, cne de Saint-Préjet-d'Allier; *Le Grand-Champagnac.*

Champanhac-lo-Velh. *Champagnac*, con d'Auzon.

Champanhacum. *Champagnac*, cne de Saint-Préjet-d'Allier.

Champanhacus Vetus. *Champagnac*, cnes d'Auzon.

Champanhas. *Champagnes.*

Champanhat. *Champagnac*, cne de Mercœur.

Champaniac, Champaniacum. *Champagnac*, cne de Saint-Préjet-d'Allier.

Champbaré. *Chambarel-le-Vieux.*

Champ Cealva, Champceauve, Champ-Celve. *Champscauve.*

Champces. *Champse.*

Champ-Chani. *Champcheny, Chancheni.*

Champ-Chany. *Chancheni.*

Champclausa. *Champclause.*

Champ-Cunis. *Champ-Cumis.*

Champ-d'Appe, Champ-d'Appy. *Champdappe.*

Champ-de-Cayres (La). *Le Champ*, cne de Beaux.

Champ-de-Davo. *Champ-de-Davon.*

Champ-de-Faet. *La Chaud-de-Fay.*

Champ-del-Forn (Lo). *Le Champ-du-Four.*

Champ-de-Loste. *La Champ-de-l'Hoste.*

Champ-Dieu. *Chandieu.*

Champ-d'Oys. *La Chaud-de-Rougeac.*

Champ-du-Pà. *Le Champ-du-Pal.*

Champeaulx. *Champaux, Champot.*

Champel. *Champaix.*

Champellæ. *Champels.*

Champ-Embarbe. *Chantebarbe.*

Champestières. *Champetières.*

Champeux. *Champaux.*

Champ-Gala. *Changala.*

Champias (Los). *Les Changeas.*

Champis. *Champaix.*

Champlas. *Chamblas.*

Champmeses. *Gamon.*

Champnacum. *Channat.*

Champnhac. *Chaniat*, con de Brioude.

Champ-Palm, Cham-Plana. *Champlonne.*

Champ-Ravy. *La Champravie.*

Champrigauld. *Champrigaud.*

Champrivas, Cham-Privat. *Champrivat.*

Champs. *Achaud.*

Champs (Las). *La Champ*, cnes de Brioude et de Retournac; *La Champ-des-Bruyères.*

Champs (Les). *La Champ*, cne de Saint-Pierre-Eynac; *Le Champ*, cne de Malvières.

Champ-Saint-Johan. *Le Garay-Saint-Jean.*

Champseux. *Chanceaux.*

Champssas. *Champse.*

Champsseauve. *Champseauve.*

Champt-en-Barbe, Champthubarbe. *Chantebarbe.*

Champtilhac. *Chantilhac.*

Champtogel. *Chante-Oiseau.*

Champtuel. *Chaptenil.*

Champus Clausus. *Champclause.*

Champverns, Champvers. *Chanvers.*

Champveysseyre. *Chavissière.*

Champvieille. *Champviel,* cne de la Chapelle-Geneste.

Chamrigau. *Champrigaud.*

Chams (Los). *Les Champs,* cne de Tence.

Chams Verns. *Chanvers.*

Chamusclade. *Chambusclade.*

Chamvern. *Chanvers.*

Chana. *Chaniat,* cne d'Auzon.

Chanaberias. *Chanebeyres,* cne de Retournac.

Chanac. *Chanat.*

Chanal. *La Chanale.*

Chanaleilas, Chanaleilhe. *Chanaleilles.*

Chanaleilles. *Chanalettes.*

Chanalelhœ. *Chanaleilles.*

Chanalelas. *Chénéreilles.*

Chanales. *Chanalez, Les Chanaux.*

Chanalestes (Las). *Chanalettes.*

Chanaleta (La). *La Chanalète.*

Chanalets, Chanaletz. *Chaaalez.*

Chanalhelhas, Chanalilhas. *Chanaleilles.*

Chanalis (La). *Les Chanaux.*

Chanalletes. *Chanalettes.*

Chanallez. *Chanalez.*

Chananilhes. *Chanaleilles.*

Chanat. *Channat.*

Chanavilhes. *Cheneville.*

Chanbo, Chanbon. *Le Chambon,* cne de Cerzat.

Chance (Al). *Le Chausse.*

Chancellade. *Chansselade.*

Chances. *Champse.*

Chanceux. *Chanceaux.*

Chancheny. *Champceny.*

Chancheny-lez-Espaly. *La. Bernarde.*

Chanclausa, Chanclause, Chanclauza. *Champclause.*

Chandaile (La). *La Chaudeyre,* ruiss.

Chandeou (Rivus de). *Le Chandieu.*

Chandeus. *Chandieu.*

Chandeus (Rivus de). *Le Chandieu.*

Chandiou, Chandyou (Rif de). *Le Chandieu.*

Chaneberiæ. *Les Chenebiers.*

Chanebeyre. *Chanebeyres,* cne de Beaux.

Chanebeyres (Ruiss. de). *Le Riou-grand.*

Chanebiere, Chanebiers (Les). *Les Chenebiers.*

Chaneira. *Chaneire.*

Chanelette. *Chenelette.*

Chanelets. *Chanalez.*

Chanenchas. *Chenenches.*

Chanetum. *Chanet.*

Chanfrontier. *Moulin-de-Champ-Forestier.*

Changhac. *Changeac.*

Changhas (Los). *Les Changeas.*

Changhat, Changiacus. *Changeac.*

Chanhat. *Chaniat,* con de Brioude.

Chania (La). *La Chaigne.*

Chanialx. *Chaniaux.*

Chaninhyac. *Chalagnat.*

Chanlhont, Chanlonc. *Champlong.*

Chanmayracum. *Chambeyrac,* cne de Céaux-d'Allègre.

Channacum. *Channat.*

Channat (Moulin-de-). *Moulin-de-Fouillouse.*

Channax. *Channat.*

Channhac. *Chaniat,* con de Brioude.

Chanocz. *Chanou.*

Chanoia. *Chanove.*

Chanon, Chanosc. *Chanou.*

Chanovo. *Chanove.*

Chans (Lac de las). *Lac de Montagnac.*

Chansas. *Champse.*

Chanse (La). *La Chance.*

Chanseaulve. *Champseauve.*

Chanseus. *Chanceaux.*

Chanta-Aucel. *Chante-Oiseau.*

Chantaduc. *Chanteduc,* cnes de Bauzac et de Laval.

Chanta-Ghail. *Chantejail.*

Chantagre. *Chantegris,* cne de Vorey.

Chantagrel, Chantagrelh, Chantagrell. *Chantegris,* cne de Vernassal.

Chantagret. *Chantegris,* cnes de Tiranges.

Chantaloba. *Chanteloube,* cnes de Chaudeyrolles, des Estables, de Saint-Pal-de-Mons et de Valprivas.

Chantalobe. *Chanteloube,* cnes de Saint-Pal-de-Mons.

Chantalopa. *Chanteloube,* cne de Valprivas.

Chantaloube. *Chanteloube,* cnes de Chaudeyrolles, de Saint-Pal-de-Mons et de Valprivas.

Chantamerle. *Chantemerle.*

Chantaront, Chantaroux. *Chanteroux.*

Chantaussel. *Chantoiseau.*

Chanteau. *Chantoin.*

Chante-en-Barbe. *Chantebarbe.*

Chanteghol. *Chanteuges.*

Chanteguy. *Chantegris,* cne de Vernassal.

Chantejol. *Chanteuges.*

Chantemulle, Chante-Myolle. *Chantemule.*

Chante-Ouzel. *Chante-Oiseau.*

Chantoughol, Chanteugholh. *Chanteuges.*

Chantilhangas. *Chantillanges.*

Chantoen, Chantoenc, Chantoent. *Chantoin.*

Chantogolium. *Chanteuges.*

Chantohenc. *Chantoin.*

Chantoine (Moulin-de-). *Moulin-de-Milhit.*

Chantoiol, Chantoiolum, Chantojol. *Chanteuges.*

Chantor. *Chadouard.*

Chantoreia, Chantoreyra. *Chantoreyre.*

Chantotoen. *Chantoin.*

Chantouzel. *Chante-Oiseau.*

Chantres. *Chantre.*

Chantueiol, Chantueiols, Chantuol. *Chanteuges.*

Chantusias, Chantusier, Chantuzias. *Chantuzier.*

Chanverns, Chanvert. *Chanvers.*

Chapairolas, Chapayrolas. *Chapayrolles.*

Chapdarot. *Chadecol.*

Chapela (La), Chapela de Saint-Marsal. *La Chapelette.*

Chapelaude. *Chappelaude.*

Chapelle (La). *La Chapelette.*

Chapelle-Alaignon (La), Chapelle-Alanbon (La). *La Chapelle-Allagnon.*

Chapelle-d'Auriec (La). *La Chapelle-d'Aurec.*

Chapelle-de-Loude (La). *La Chapelette.*

Chapelle-Nostre-Dame, *Beaulieu,* cne de Saugues.

Chapelo. *Chapelon-de-Maisonneuve.*

Chapelou. *Chapelon.*

Chapely. *La Chapelue.*

Chapeucha. *La Chapuze.*

Chapial (Lo), Chapiel (Lo). *Le Chépial.*

Chaplats. *Chapelas.*

Chapona, Chaponas, Chaponat, Chaponhac. *Chaponac.*

Chapotte (La). *La Chapelue.*

Chappelauda. *Chappelaude.*

Chappelle-Berti (La). *La Chapelle-Bertin.*

Chappelle-de-Lode (La). *La Chapelette.*

Chappelle-Geneste (La). *La Chapelle-Geneste.*

Chapponacum, Chapponnac. *Chaponac.*

Chappoux (Lous). *Les Chapoux.*

Chappuze (La). *La Chapuze.*

Chaprès (Le). *L'Échapré,* rivière.

Chaptholium, Chaptol. *Chapteuil.*

Chapusa (La), Chapusia, Chapussa (La). *La Chapuze.*

Chapussonetz (Los), Chapuzonet (Los). *Les Chapuzonets.*

Chapuzos (Los). *Les Chapuzons.*

Charailhs, Charais. *Charraix.*

Charaisach, Charaisogo. *Cheyrac,* cne de Saint-Victor-sur-Arlanc.

Charraix. *Charraix.*

Charaizac. *Cheyrac,* cne de Saint-Victor-sur-Arlanc.

Charansac, Charanssac. *Charensac.*

Charantus, Charantusium. *Charentus.*

Charassium, Charays. *Charraix.*

Charbadeulh, Charbadueyl, Charbaduil, Charbadulh, Charbedeulh. *Charbadeuil.*

Charboneiras (Las). *Charbonnière,* cne de Saint-Étienne-près-Allègre.

Charboner, Charbonerii, Charbonerius. *Charbonnier,* cne de Landos.

Charboneuse. *Charbounouse,* cne de Varennes-Saint-Honorat.

Charboneyr. *Charbonnier,* cne de Malrevers.

Charboneyras. *Charbonnière,* cne de Saint-Jeure; *Les Charbonnières.*

Charbonnerie (La). *La Chabannerie.*

Charbonneyrette. *Charbonnerette.*

Charbonniers. *Charbonnier,* cne de Landos.

Charbonnouses. *Charbounouse,* cne de Varennes-Saint-Honorat.

Charbonnouzes, Charbonosas. *Charbounouse.*

Charbouyer. *Charbonnier,* cne de Malrevers.

Charbounouze. *Charbounouse,* cnes de Saint-Front et de Varennes-Saint-Honorat.

Charbounozas. *Charbounouse,* cne de Saint-Front.

Charchabrol, Charchebrol. *Cherchabrot.*

Chardac. *Chardas.*

Chardassac. *Chadarsac.*

Chardats. *Chardas.*

Chardayre. *Chardaire.*

Chardernacum. *Chadernac,* cno du Brignon.

Chardom. *Chardon.*

Chareæ, Chareas. *Charrées,* cne de Retournac.

Charées. *Charrées,* cne de Malrevers.

Charel. *Chirel.*

Charencon. *Chalencon.*

Charendarou. *Chalandaroux.*

Charenssac. *Charensac.*

Charentic. *Charenti.*

Chareyas. *Charrées,* cnes de Malrevers et de Retournac.

Charincoya. *La Bertèche.*

Charinssac. *Charensac.*

Chariol (Le). *Le Charriol.*

Chariolh. *Le Charrouil.*

Charles. *Charlas.*

Charleti. *Charlette-Basse.*

Charmant. *Charnaud.*

Charmelhes. *Chomelix-le-Bas.*

Charners. *Charnier.*

Charolh. *Le Charrouil.*

Charraix. *Charrées,* cne de Malrevers.

Charrais (Las). *Les Charraux.*

Charrayrols. *Charreyrols.*

Charreas. *Charrées,* cne de Malrevers.

Charreyrat. *Charreyraud.*

Charreyrolum. *Charreyrols.*

Charreyrot. *Charreyraud.*

Charril-Velh. *Les Charraux.*

Charriots (Les). *Charriaux.*

Charrioulx (Les). *Le Charriol.*

Charroilh, Charrolium, Charroyl. *Le Charrouil.*

Charryolz (Les). *Le Charriol.*

Chartris. *Château-la-Ville.*

Charval, Charvols. *Charvol.*

Chasa Dei, Chasa Deu (La). *La Chaise-Dieu.*

Chasagnes. *Chassagnes,* cne de Paulhaguet.

Chasala (La). *La Chazalie,* cne d'Yssingeaux.

Chasalœ. *Chazaux,* cne d'Yssingeaux.

Chasalea (La). *La Chazalie,* cne d'Yssingeaux.

Chasales. *Le Chazalet; Chazaux,* cne d'Yssingeaux.

Chasalet. *Chazalet,* cnes de Bessamorel et d'Yssingeaux; *Chazelet,* cne de Raucoules.

Chasalets. *Chazaletz.*

Chasaletz. *Challe; Chazalet,* cnes de Bessamorel et de Montregard; *Le Chazalet, Les Chazalets; Chazellet,* cnes de Bauzac et de Valprivas.

Chasalia (La). *La Chazalie,* cne d'Yssingeaux.

Chasalis. *Chazaux,* cne de Lapte.

Chasalletz. *Les Chazalets.*

Chasallie (La). *La Chazalie,* cne d'Yssingeaux.

Chasalon. *Chazalon.*

Chasalos (Los). *Chazaloux; Les Chazaloux,* cnes de Cussac et de Saint-Jean-de-Nay.

Chasaloul. *Chassaleuil.*

Chasals. *Chazaux,* cnes de Chanaleilles et d'Yssingeaux; *Les Chazaux,* cnes de Desges, Saint-Berain, Saint-Jeure et Sainte-Sigolène; *Chazeaux,* cnes de Coubon, de Salettes et de Séneujols.

Chasalx. *Chazaux,* cne de Lapte; *Les Chazaux,* cne de Saint-Jeure.

Chasalx de Mandarat (Los). *Mandarat.*

Chasalz. *Chazaux,* cne d'Yssingeaux; *Les Chazaux,* cne de Vastres.

Chasanescha (La). *La Chasonesche.*

Chasanhas, Chasanias. *Chassagnes,* cne de Paulhaguet.

Chasanova. *Chizeneuve.*

Chasas (Las). *Les Chazes,* cne de Saint-Julien-des-Chazes; *Sainte-Marie-des-Chazes.*

Chasaulx. *Chazaux,* cnes de Borne et d'Yssingeaux; *Les Chazaux,* cnes de Saint-Jeure et de Sainte-Sigolène.

Chasaux. *Les Chazaux,* cne de Desge; *Chazeaux,* cne de Salettes.

Chasedieu (La). *La Chaise-Dieu.*

Chaselæ. *Chazelles,* cne de Monistrol-sur-Loire.

Chaselas. *Chazelles,* cne de Pinols et cnes de Saint-Vidal et de Thoras.

Chaseletz. *Chazalet.*

Chaselie. *La Chazalie,* cne d'Yssingeaux; *Chazelie.*

Chasellæ. *Chazelles,* cne de Thoras.

Chaselles. *Chazelles,* cne de Monistrol-sur-Loire.

Chaseloux. *Chazalous.*

Chases-Vialles. *Chazevielles.*

Chaseto (La). *La Chazette.*

Chasette (La). *Les Chazettes.*

Chasia. *La Chièse.*

Chasla. *Chaylot.*

Chaslar (Succus del). *Suc-de-Chalat.*

Chasles. *Challes.*

Chaslo. *Le Cheylon, La Croix-de-Paille.*

Chasloux (Los). *Les Chaloux.*

Chaslus. *Chalus*, c^nes de Bauzac et de Saint-Vert.

Chaslutz. *Chalus*, c^ne de Bauzac.

Chasonescha. *La Chasoncache.*

Chasorna (La). *La Chasourne.*

Chasota (La). *La Chazotte*, c^nes de Borne et de Sainte-Marie-des-Chazes.

Chasotœ. *Chasotte.*

Chasote. *Chazottes*, c^ne de Saint-Romain-Lachalm.

Chasote (La). *La Chazotte*, c^nes de Borne et de Sainte-Marie-des-Chazes.

Chasottes. *Chasotte.*

Chaspinac, Chaspiniac, Chaspiniacum, Chaspinnac. *Chaspinhac.*

Chaspounac. *Chaponac.*

Chaspusac, Chaspusacum. *Chaspuzac.*

Chassaignes. *Chassagnes*, c^on de Paulhaguet.

Chassaignoles. *Chassignolles*, c^ne de Ferrussac.

Chassaignolles. *Chassignolles*, c^on d'Auzon.

Chassaletz. *Chazelet*, c^ne de Beauzac.

Chassaleus, Chassaleutz, Chassaleux, Chassaloy. *Chassaleuil.*

Chassanas, Chassanhas, Chassanhes. *Chassagnes*, c^on de Paulhaguet.

Chassang. *Chassaing*, *Chassant.*

Chassanha (La). *La Chassagne*, c^nes de Laval, de Malvières et de Saint-Just-près-Brioude.

Chassanhas. *Chassagnes*, c^ne de la Chapelle-Geneste.

Chassanhe (La). *La Chassagne*, c^ne de Malvières.

Chassanhia (La). *La Chassagne*, c^ne de Saint-Just-près-Brioude.

Chassanho (Lo). *Le Chassagnon*, c^nes de Mazeyrat-Crispinhac et de Saint-Georges-d'Aurac.

Chassanholœ. *Chassagnolles*, c^ne du Brignon; *Chassignoles.*

Chassanholas. *Chassagnolles*, c^nes du Brignon et de Saint-Just-près-Brioude; *Chassignolles*, c^on d'Auzon et c^nes de Blesle et de Ferrussac.

Chassanholes. *Chassignoles.*

Chassanholles. *Chassagnolles*, c^ne du Brignon; *Chassignolles*, c^on d'Auzon et c^nes de Blesle et de Ferrussac.

Chassanioles. *Chassagnolles*, c^ne de Saint-Paulien.

Chassaniolles. *Chassagnolles*, c^ne du Brignon; *Chassignoles.*

Chasseignes. *Chassagnes*, c^on de Paulhaguet.

Chasse-Marez. *Les Marécs.*

Chassemde. *Chassende*, Farnier.

Chassempde. *Chassende.*

Chassende. *Farnier.*

Chassenholles. *Chassignolles*, c^on d'Auzon.

Chassier (Le). *Les Chassiers.*

Chassignon. *Le Chassagnon*, c^ne de Saint-Georges-d'Aurac.

Chassinholles. *Chassignolles*, c^on d'Auzon.

Chassolet. *Chassoulet.*

Chassolieu. *Chassaleuil.*

Chassore, Chassoure. *Chassaure.*

Chastaignier. *Chatagnier*, *Chataigner.*

Chastaneuil. *Chastenuel.*

Chastanheyr (Lo). *Chataignier.*

Chastanhier (Lo). *Chatagner.*

Chastanier. *Chatagnier*, *Chataignier.*

Chastanuel. *Chastenuel.*

Chasleau-la-Ville, Chastel. *Château-la-Ville.*

Chastelar (Le). *Le Châtelard*, c^nes de Lapte et de Montregard.

Chastel-Ayraut. *Chastel-Ayraud.*

Chastel-Borrianes. *Chastel-Bourrianne.*

Chasteletum, Chastellet (Lo). *Le Chastelet.*

Chastel-Eyraud. *Chastel-Eyraut.*

Chastel-Fornel. *Saint-Paulien.*

Chastel-la-Dieu-Grace. *Chastel*, c^ne de Rosières.

Chastellar (Lou). *Le Châtelard*, c^ne de Montregard.

Chastellas (Le). *Le Mézenc.*

Chastel-la-Viale, Chastel-la-Ville. *Château-la-Ville.*

Chastel-Malazeit. *Chastel-Malaise.*

Chastel-Noel, Chastel-Novel. *Chastelnuel.*

Chastel-Vela. *Chastel-Volle.*

Chastel Vila, Chastel Villa. *Guittard.*

Chastillac. *Chatilhac.*

Chastras (Las). *Les Chastres.*

Chastretas. *Chastrette.*

Chatagner. *Chataigner.*

Chatain-Barbe. *Chantebarbe.*

Chatanier. *Chatagnier.*

Chatbertesium. *Le Chabertès.*

Châteauviel. *Beaufort.*

Chatelar. *Le Châtelard*, c^ne de Montregard.

Chateur. *Chaptenil.*

Chatilhacum. *Chatilhac.*

Chatilhangas. *Chatillanges.*

Chatilhat, Chatiliac, Chatillac, Chatilliac. *Chatilhac.*

Chatiso. *Chatison.*

Chatmairacum. *Chambeyrac*, c^ne d'Alleyras.

Chatoner. *Chatonet.*

Chatones. *Les Chatons.*

Chatonnet. *Chatonet.*

Chatout. *Les Chatons.*

Chatrac. *Chadrac.*

Chatuzanges. *Chaturanges.*

Chatuzo, Chatuzon. *Chatison.*

Chatzac. *Saussac.*

Chau. *Chaux.*

Chau (La). *La Chaud*, c^nes de Saint-Etienne-près-Allègre et de Vissac.

Chaure (La). *La Chausse.*

Chàuce (Lo). *Chausse*, *Le Chausse*, c^ne d'Yssingeaux.

Chaucer (Lo). *Le Chausse*, c^ne d'Yssingeaux.

Chauchadis. *La Vialle.*

Chauchadis (Lo). *Chaussadis*, c^nes de Saint-Front et de Saint-Paul-de-Tartas.

Chaucheries, Chaucheyras (Las). *Les Tanneries*, c^ne d'Yssingeaux.

Chauchon. *Chausson.*

Chaud (La). *La Chau*, c^nes de la Chaise-Dieu et de Chamalières; *Chaux.*

Chaud (Moulin-de-la-). *Moulin-de-la-Champ.*

Chauda Aurelha. *Chaude-Oreille.*

Chaudairac. *Chaudeyrac*, c^ne de Cayres.

Chaudappe. *Champdappe.*

Chaudarac. *Chaudeyrac*, c^ne de Saint-Front.

Chaudarachon, Chaudarachou. *Chaudeyrachon.*

Chaudaurel, Chaudaurelhe. *Chaude-Oreille.*

Chaudayrac. *Chaudeyrac*, c^ne de Saint-Front.

Chaudayracum. *Chaudeyrac*, c^ne de Cayres.

Chaudayrolœ, Chaudayrolas. *Chaudeyrolles.*

Chaud-de-Moulin. *La Chaud-de-Tulamont.*

Chaud-de-Paux (La). *La Chaud-de-Pot.*

Chau-de-Carles. *Lachaud-de-Carle.*

Chaudeet. *Chaudier.*

Chaudeirac. *Chaudeyrac*, c^ne de Cayres.

Chauderac. *Chaudeyrac*, c^ne de Saint-Front.

Chaudeyrolariæ. *Chaudeyrolles.*

Chaudeyroletas, rivus, Chaudeyrolles, ruiss. *Les Matagots.*

Chaudier. *Choudier.*

Chaudoreilhe, Chaudoreille, Chaudorelhe. *Chaude-Oreille.*

Chaufaige (Le). *Le Chauffage.*

Chauforn. *Le Chauffour.*

Chaugne. *Les Chagnes.*

Chaulac. *Chaulhac.*

Chau-la-Croix (La). *Lachaud-de-la-Croix.*

Chaulet. *Choulet.*

Chauletum. *Le Chaulet.*

Chaulhiac. *Chaulhac.*

Chaulière (La). *Le Chaulaire.*

Chaulin, Chaulm. *Achaud.*

Chaulm (Lo). *La Chau,* cne de la Chaise-Dieu.

Chaulmaroux. *Choumouroux.*

Chault-Forn. *Chauffour,* cnes de Bauzac et de Saint-Jean-de-Nay.

Chaumador (La). *Le Choumadou.*

Chaumaget. *Chassoulet.*

Chaumain, Chaumaine. *Chaumène.*

Chaumassaz (Las). *Les Chaumasses.*

Chaumat (Le). *Les Chaumats.*

Chaumeles, Chaumelis. *Chomelix-le-Haut.*

Chaumelis-le-Bas. *Chomelix-le-Bas.*

Chaumelis-l'Hault. *Chomelix-le-Haut.*

Chaumellys-le-Soubzterin. *Chomelix-le-Bas.*

Chaumette. *La Chomette,* con de Paulhaguet.

Chaumilhy. *Chomelix-le-Haut.*

Chaumyene. *Chaumène.*

Chaunes (Les), Chaunies. *Les Chagnes.*

Chauplate. *La Chaux-Plate.*

Chauras. *Chouras.*

Chausac. *Chaussac, Chouras.*

Chause (La). *La Chausse.*

Chauser. *Chausse; Le Chausse,* cne de Blesle.

Chaussa (La). *Le Chausse,* cne d'Yssingeaux.

Chaussade (La). *La Chaussa.*

Chaussades (Las). *La Malouteyre,* cne de la Vaudieu.

Chaussée (La). *Les Orgues-d'Espaly.*

Chaussempde. *Chassende.*

Chausser (Lo). *Le Chausse,* cnes de Blesle et de Domeyrat.

Chausset (Lo). *La Chausse,* cne de Blesle.

Chaussiol. *Chaussiol.*

Chaussis (Le). *Le Chausse,* cne de Paulhaguet.

Chausso. *Chausson.*

Chaussonet. *Chaussonnet.*

Chaussy. *Le Chausse,* cne de Blesle.

Chausunescha (La). *La Chasonesche.*

Chaul. *Chaux.*

Chaulforn. *Chauffour,* cne de Bauzac.

Chauvéa. *Chouvéa.*

Chaux (La). *La Chaud,* cnes de Chassagne, de Lapte, de Saint-Étienne-près-Allègre et de Saint-Julien-Molhesabate.

Chaux-de-Fay (La). *La Chaud-de-Fay.*

Chaux-de-Paux (La), Chaux-de-Pot (La). *La Chaud-de-Pot.*

Chauzac. *Chouras.*

Chauzcer (Lo). *Le Chausse,* cne d'Yssingeaux.

Chauzo. *Chausson.*

Chava (La). *La Chave,* cnes de Montusclat et de Saint-Bonnet-le Froid.

Chavagnac. *Chavagnac-Lafayette.*

Chavaignac. *Chavagnac,* cne de Saint-Paulien.

Chavaignat. *Chavagnac,* cne de Salzuit.

Chavail-Marc. *Chavalmard.*

Chavalar. *Roche-Chevalar.*

Chavalaria (La). *Saint-Jean-la-Chevalerie,* au Puy.

Chavaletz. *Le Chazalet.*

Chavalier. *Chevalet.*

Chavalinard. *Chavalmard.*

Chavallier. *Chevalier,* cne de Bauzac.

Chavalmarc. *Chalimard, Chavalmard.*

Chavana (La). *La Chabane,* cne de Dunières.

Chavanac. *Chavagnac,* cne de Saint-Paulien.

Chavanes (Les). *La Chabane,* cne de Dunières.

Chavanhac. *Chavagnac,* cnes de Saint-Paulien et de Salzuit; *Chavagnac-Lafayette.*

Chavaniac. *Chavagnac-Lafayette.*

Chavannacum. *Chavagnac,* cne de Saint-Paulien.

Chavany. *Chavagny.*

Chavaynhac. *Chavagnac,* cne de Léotoing.

Chavaynhac (Rivus de). *Le Chavagnac.*

Chavaysseyra, Chavaysseyre. *Chavissière.*

Chave-d'Ourbe (La). *La Chave,* cne de Champclause.

Chavogiou, Chavojot. *Chavozon.*

Chayenetum. *Cheyne,* cne du Chambon.

Chaylar (Le). *Le Cheylat,* cnes de Charraix et de Saint-Étienne-sur-Blesle.

Chaynetum. *Cheyne,* cne du Chambon.

Chayrac. *Cheyrac,* cne de Polignac; *Chirac.*

Chayracus. *Cheyrac,* cne de Polignac.

Chayrat. *Cheyrac,* cne de Saint-Vincent.

Chayriac, Chayriacus. *Chiriac.*

Chayros. *Chéron.*

Chaysilhac. *Chassilhac.*

Chayssa. *La Cheuse,* ruiss.

Chaza (La). *La Chance.*

Chaza Deu. *La Chaise-Dieu.*

Chazaleas (Las), Chazaleias (Las). *Les Chazalies.*

Chazalest. *Challes; Chazalet,* cne de Bessamorel.

Chazalet. *Chazelet,* cnes de Bauzac et de Raucoules; *Chazellet,* cne de Valprivas.

Chazaloti. *Chazalet,* cne d'Yssingeaux.

Chazaletz. *Challes; Chazelet,* cnes de Bauzac et de Raucoules.

Chazaletz lo Sobeyra, Chazaletz lo Soteyra. *Chazalet,* cne d'Yssingeaux.

Chazalez. *Chazalet,* cne de Montregard.

Chazalezas (Las). *Les Chazalies.*

Chazalhetz (Los). *Le Chazellet,* cne de Mercœur.

Chazalia (La). *La Chazalie,* cne d'Yssingeaux.

Chazalis. *Les Chazalies.*

Chazalle. *La Chazalie,* cne d'Yssingeaux.

Chazallets (Les). *Les Chazalets.*

Chazalletz, Chazallez. *Chazelet,* cne de la Chapelle-d'Aurec.

Chazallis. *La Chazalie,* cne du Pont-Salomon.

Chazalloux (Les). *Les Chazaloux,* cne de Saint-Front.

Chazaloux. *Champ-de-Davon, Les Chazalies.*

Chazals. *Chazaux,* cne d'Yssingeaux; *Les Chazaux,* cnes de la Chapelle-Geneste et de Saint-Berain; *Chazeaux,* cne de Coubon.

Chazals Sobeyras. *Chazeaux,* cne de Coubon.

Chazalx. *Chazeaux,* cne de Séneujols.

Chazalz. *Chazaux*, c^ne de Chanaleilles.

Chaza Nova. *Chanove*.

Chazar. *Chazal*.

Chazas Vielhas. *Chazes-Vieilles*.

Chazaulx. *Chazaux*, c^ne de Lapte.

Chazaute. *Chazotte*, c^ne de Champclause.

Chazaux. *Chazeaux*, c^ne de Coubon.

Chaze (La). *Les Chazes*, c^ne de Saint-
Hostien.

Chazeau. *Chazaux*, c^nes de Chanaleilles et de Lapte.

Chazeaux. *Chazaux*, c^ne de Lapte.

Chazeaux (Les). *Les Chazaux*, c^nes
de Desge et de Sainte-Sigolène;
Les Chazeaux, c^ne de la Chapelle-
Geneste; *Le Piat*.

Chaze-Dieu (La). *La Chaise-Dieu*.

Chazela. *Chazelles*, c^ne de Pinols.

Chazelas. *Chazelles*, c^ne de Pinols et c^nes
de Monistrol-sur-Loire et de Saint-
André-de-Chalencon; *Chazelles-
Bas*.

Chazelas (Molendinum de). *Chazelles-Haut*.

Chazelas (Riperia de). *Le Lindes*.

Chazelet. *Chazellet*, c^ne de Valprivas.

Chazelettes (Les). *Bonnefont*, c^ne de
Coubon.

Chazellæ. *Chazelles*, c^ne de Pinols et
c^nes de Saint-André-de-Chalencon,
de Saint-Didier-la-Séauve et de
Saint-Vidal.

Chazellas. *Chazelle*, c^ne de Rosières;
Chazelles, c^ne d'Azerat.

Chazelles (Les). *Cluzelles*.

Chazellet. *Chazelet*, c^ne de Bauzac,
de la Chapelle-d'Aurec et de Raucoules.

Chazelelts (Les). *Le Chazellet*, c^ne de
Mercœur.

Chazellettes. *Les Chazettes*.

Chazes (Les), Chazes-sur-Allier.
Saint-Julien-des-Chazes.

Chazes-Vieillhes. *Chazes-Vieilles*.

Chazeta (La), Chazetas (Las). *La
Chazette*.

Chazete (La). *Bonnefont*, c^ne de Coubon.

Chazevieille. *Chazevieilles*.

Chazorne (La). *La Chasorne*.

Chazota. *Chazotte*, c^ne de Champclause; *La Chazotte*, c^nes de Montclar et des Vastres.

Chazote-Olaninche. *Chazottes*, c^ne de
Saint-Romain-Lachalm.

Chazotte (La). *Chasotte*.

Chazottes. *Chazotte*, c^ne de Montregard.

Chazottes (La). *La Chazotte*, c^ne de
Retournac.

Chazottes-Oulanienches. *Chazottes*, c^ne
de Saint-Romain-Lachalm.

Cheerino. *Les Termes*.

Chefs. *Le Trifoulou*, ruiss.

Che i a pauc. *Paucheville*.

Cheillo. *Le Cheylon*.

Cheir. *Chirac*.

Cheir (Lo). *Le Chier*, c^ne d'Allègre.

Cheirac. *Cheyrac*, c^ne de Saint-Vincent; *Chiriac, Chyrac*.

Cheirneir. *Charnier*.

Cheiros. *Mont-Chéron*.

Cheirosa. *Chirac*.

Cheisac. *Cissac*.

Cheissac. *Ceyssac, Cheyssac*.

Cheissilbac. *Chassilhac*.

Cheize-Dieu (La). *La Chaise-Dieu*.

Chelaret. *La Clare*.

Chemaresche (La). *La Chamalèche*.

Chembeirac. *Chambeyrac*, c^ne d'Alleyras.

Chemeautre. *Séniautre*.

Chenebeyre. *Chanebeyres*, c^ne de
Beaux.

Chenevier. *Chenevières*.

Chenevilles. *Cheneville*.

Chenils. *Chaniaux*.

Cheppial (Lo). *Le Chépial*.

Cher (Le). *Le Chez*; *Le Chier*, c^nes
d'Allègre, de Saint-Didier-d'Allier
et d'Yssingeaux.

Cher-Blanc. *Chier-Blanc*, c^ne de
Brives-Charensac.

Cherchebro, Cherchebrot. *Cherchabrot*.

Cherèze. *Chirel*.

Cheriacensis (adjectif). *Saint-Beauzire*.

Cherius. *Le Chier*, c^nes de Saint-Didier-d'Allier et de Solignac-sur-
Loire.

Cherm. *Le Trifoulou*, ruiss.

Chers (Los). *Le Cher*, c^ne de Présailles.

Cher Sancti Petri. *Chier-Saint-Pierre*.

Chesa-Deu (La), Chesadieu (La). *La
Chaise-Dieu*.

Chesanova. *Chaiseneuve, Chizeneuve*.

Chesas (Las). *Les Chazes*, c^ne de
Saint-Julien-des-Chazes.

Chèse (La). *La Chaise*.

Chesia. *La Chièse*.

Cheval-de-Mars. *Chalimard*.

Chevalier. *Chevalet*.

Chevaliers. *Chevalier*, c^ne de Bauzac.

Chevallier. *Chevalier*, c^ne d'Araules.

Chevalmare. *Chalimard*.

Chevissières (Les). *Charissière*.

Chexerino. *Les Termes*.

Cheycilhac. *Chassilhac*.

Cheyla. *Chaylot*.

Cheylar (Lo). *Le Cheylat*, c^ne de
Charraix et de Pinols.

Chaylaret (Lou). *Chilaret*.

Cheylas (Lo). *Le Chailas*.

Cheyllo. *Le Cheylon*.

Cheylo. *Chaylot*.

Cheylou. *La Croix-de-Paille*.

Cheynenches (Las). *Chenenches*.

Cheynes (Lous). *Les Chânes*.

Cheynel. *Cheyne*, c^ne du Chambon.

Cheyrac. *Cheyrac-l'Aigue, Chiriac*.

Cheyrac-Laigue. *Moulin-de-Cheyrac*.

Cheyrac-Laygue. *Cheyrac-l'Algue*.

Cheyrat. *Cheyrac*, c^ne de Saint-Victor-
sur-Arlanc; *Cheyrac-l'Aigue*.

Cheyrat-Laygue. *Cheyrac-l'Aigue*.

Cheyret. *Chirel*.

Cheyriac, Cheyriacus. *Chiriac*.

Cheyros. *Mont-Chéron*.

Cheyssa. *La Cheisse*, ruiss.

Cheyssac, Cheyssacus. *Tissac*.

Cheyssilhacus. *Chassilhac*.

Chez (Le). *Le Chier*, c^ne d'Allègre.

Chezadeu (La), Chezadeuf (La).
La Chaise-Dieu.

Chezalis (Les). *Les Chazalies*.

Chezaulx (Los). *Joat*.

Chezaux de la Bastide (Los). *La
Bastide*, c^ne de la Vaudieu.

Chèze (La). *La Chaise, Les Chaises,
La Chièze*.

Chezelets (Los). *Le Chazellet*, c^ne de
Vieille-Brioude.

Chezeneuve. *Chaiseneuve*.

Chèzes (Les). *Les Chaises*, c^ne de
Dunières.

Chez Sancti Petri. *Chier-Saint-
Pierre*.

Chiasa (La). *La Chièze*.

Chicabonet. *Chicabonel*.

Chieliæ. *Chelles*.

Chier (Le). *Le Cher*, c^nes de Présailles et de Tence; *Les Chiers*.

Chier-Albeu. *Chier-Blanc*, c^ne de
Brives-Charensac.

Chier-Blanc. *Le Cher-Blanc*.

Chier-Cortansenc. *Le Cher*, c^ne de
Présailles.

Chier-de-Neyzac. *Les Chiers*.

Chier de Tabourier, Chieriu de Tabourier. *Le Roc-de-Tabourier*.

Claustras (Las). *Les Clastres*, c^{ne} de Mazeyrat-Crispinhac.

Claustra Sanctæ Mariæ. *Le Cloître*, au Puy.

Claustres (Las). *Les Clastres*, c^{ne} de Pinols.

Clausus Sancti Sebastiani. *Clos-Saint-Sébastien*, au Puy.

Claux (Lou). *Les Clos*.

Clauze (La). *La Clause*.

Clauzel (Le). *Le Cluzel*, c^{nes} de Coubon et de Saint-Martin-de-Fugères.

Clauzelas. *Clauzelles*.

Clauzes. *Les Clauses*, c^{ne} de Raucoules.

Clava. *Clavas*.

Clavac, Clavacii (Rivus). *Le Clavas*, ruiss.

Clavacium. *Clavas*.

Clavaretæ, Clavarettes. *Clavarette*.

Clavarine (La). *Le Clavas*, ruiss.

Clavasius, Clavata, Clavay. *Clavas*.

Clavenacius, Clavenacus, Clavenhas. *Glavenas*.

Claveres. *Clavières*.

Claveretes. *Clavarette*.

Claveyras. *Clavières*.

Clayssacum. *Cleyssac*.

Cleda (La), Cledde (La). *La Clède*.

Cledde (Molin-de-la). *Moulin-de-la-Clède*.

Cleisac. *Cleyssac*.

Clemensac, Clementiag. *Clémensat*.

Clemonet. *Clamonet*.

Clemont. *Clamon*.

Clerc (Le). *Leclerc*.

Clereglot. *Mont-Clergot*.

Clergat, Clergeac, Clergeacius, Cleriat. *La Tourte*.

Clerssanghas. *Clersange*.

Cleyrat. *La Tourte*.

Cleysacum. *Cleyssac*.

Cleyssac. *La Clède*.

Clioux (Lous). *Lous Clos*.

Clissac. *Cleyssac*.

Clodz (Lous). *Les Clos*.

Clostres (Les). *Les Claustres*.

Clotz (Lo). *Lous Clos*.

Clotz (Loux), Cloz (Louz). *Les Clos*.

Clubellæ, Clubelles. *Cubelles*.

Clusel (Lo). *Le Cluzel*, c^{nes} de Chénereilles, d'Ouïdes, de Saint-Éble, de Saint-Martin-de-Fugères et de Saint-Pal-de-Mons.

Cluselhi. *Le Clusel*, c^{ne} de Saint-Éble.

Clusellæ. *Escluzel*.

Clusellus. *Le Cluzel*, c^{nes} de Chéne-

reilles, de Saint-Éble et de Saint-Martin-de-Fugères.

Clusels (Les). *Le Cluzel*, c^{ne} de Saint-Éble; *Escluzel*.

Cluzel (Le). *Cluzelles*.

Cluzel-de-Coumarcès. *Le Cluzel*, c^{ne} de Saint-Martin-de-Fugères.

Cluzel de la Terrasse, Cluzel-lès-les-Alirols. *Le Cluzel*, c^{ne} de Coubon.

Cluzellus. *Le Cluzel*, c^{nes} de Saint-Martin-de-Fugères et de Saint-Pal-de-Mons.

Cluzels (Los). *Le Cluzel*, c^{ne} de Saint-Éble.

Co (La). *Les Cots*.

Coade. *Cohade*.

Coain (Lo). *Le Coin*, c^{ne} de Dunières.

Coairolles (Las). *Coirolles*.

Coaraza. *Coraze*.

Coarda (La). *La Cobarde*.

Coardi. *Cordes*, c^{ne} de Saint-Julien-Chapteuil.

Cobchac. *Couchat*.

Cobenus. *Coubon*.

Coblador, Cobledeur. *Coubladour*.

Coblelas. *Cubelles*.

Coblesolas. *Cubizoles*.

Coblezas. *Cublaise*.

Coblezolas. *Cubizoles*.

Cobo, Cobon. *Coubon*.

Cocaulonie (La). *La Cocoulogne*.

Çocha (La). *La Souche*, c^{ne} de Lapte.

Cocherias (Illas). *Les Tanneries*, c^{ne} d'Yssingeaux.

Cochoux. *Cochon*.

Cocologne. *La Cocoulogne*.

Cocoro, Cocoron. *Coucouron*.

Cocossanges. *Cossanges*, c^{ne} de Salettes.

Cocunhyo. *Cucuniou*.

Coderc. *Les Couderts*.

Coderc (Molendinum de). *Moulin-de-Couder*.

Coderc desoubz l'Olme. *L'Orme-du-Coudert*.

Coderchet. *Couderchet*.

Codercus. *Les Couderts*.

Codoignoux (Les). *Coudinioux*.

Codonho. *Le Cougny*.

Codonhos (Lous), Codonhoux (Lous), Codonnios (Los), Codoyner (Lo). *Coudinioux*.

Coffolencium. *Confolent*, c^{ne} de Bauzac.

Coffolenx-Ladreix. *Confolent*, c^{ne} de Saint-Hilaire.

Coffors, Coffortz, Cofoles. *Les Couffours*.

Cofolens, Cofolent. *Confolent*, c^{ne} de Saint-Hilaire.

Cofores. *Les Couffours*.

Coghac. *Cougeat*, c^{ne} de La Mothe; *Coujac*.

Coghat. *Cougeat*, c^{ne} de La Mothe; *La Cougeat*.

Cogiacos. *Cougeat*, c^{ne} de La Mothe.

Cognaguet. *Connaguet*.

Cogne (La). *La Coque*.

Cogociago. *Cougoussac*, c^{ne} de Mercœur.

Cogolongnie. *La Cocoulogne*.

Cogoreughol. *Coureuge*.

Cogossac. *Cougoussac*, c^{ne} de Charraix.

Cogossacum. *Cougoussac*, c^{ne} de Saint-Front.

Cogossacum (Molendinum). *Moulin-de-Cougoussac*.

Cogossangas, Cogossanias. *Cossanges*, c^{ne} de Salettes.

Cogossat. *Cougoussac*, c^{nes} de Charraix et de Saint-Front; *le Cougoussac*, ruiss.

Cogoussac. *Cougoussac*, c^{ne} de Pinols.

Cogossat. *Cougoussat*, c^{ne} de Charraix.

Cogulonha (La), Cogulonia (La). *La Cocoulogne*.

Coguossanges. *Cossange*, c^{ne} de Laval.

Coguossanghas. *Cossanges*, c^{ne} de Salettes.

Cogyac. *Cougeat*, c^{ne} de la Mothe.

Cohada. *La Cohade*.

Cohandres. *Cordes*, c^{ne} de Bains.

Coharasa, Coharase, Coharaze. *Corase*.

Cohardes. *Cordes*, c^{ne} de Saint-Julien-Chapteuil.

Coiac. *Cougeat*, c^{ne} de la Mothe.

Coilde. *Cohade*.

Coindres. *Cordes*, c^{ne} de Bains.

Coign (Lo). *Le Coin*, c^{ne} de la Vaudieu.

Coing (Le). *Le Coin*, c^{nes} de Berbezit et de la Vaudieu.

Coingn (Lo). *Le Coin*, c^{ne} de Berbezit.

Coino. *Le Coin*, c^{ne} de la Vaudieu.

Coiriers (Les). *Les Coudiers*.

Coitoiol. *Cotéol*.

Cojac (La). *La Cougeat*.

Cojiaco. *Cougeat*, c^{ne} de la Mothe.

Col. *Le Collet*.

Cola (La). *Coula*.

Colagnet. *Colany.*
Colampce. *Colance.*
Colampdes, Colampdres, Colandes, Colandres. *Collandre.*
Colangas. *Colange.*
Colangia. *La Collange.*
Colat. *Collat.*
Colempce. *Colance, la Colence,* ruiss.
Colence. *Colance.*
Colencia. *Colence.*
Colencia (Riperia), Colencie. *La Colence.*
Colendres. *Collandre.*
Colen·a. *Colance, Colence, la Colence,* ruiss.
Colensola. *Colence.*
Colentia. *Colance, Colence; la Colence,* ruiss.
Colentiola. *Colence.*
Colet (Lo), Coletum. *Le Collet.*
Coleyras (Las). *La Couleyre,* cne d'Yssingeaux.
Coleyre (La). *La Couleyre,* cne de Saint-Vincent.
Coleyres (Las). *Les Couleyres.*
Colgorato. *Chagourla.*
Colhde, Colide. *Cohade.*
Collange (La). *La Colange.*
Collatum. *Collat.*
Collempce (La), Collence (La). *La Colence,* ruiss.
Colletum. *Le Collet.*
Coloange (La). *La Collange.*
Coloignet. *Colany.*
Coloinde. *Collandre.*
Coloing. *Coloin.*
Collence (La). *La Colence,* ruiss.
Colleti (Capella). *Hermitage-du-Collet.*
Collombiers. *Colombier.*
Colmicetus, Colmisset. *Coumis.*
Coloange (La). *La Collange.*
Colombarii. *Colombier.*
Colombet (Le), Colombetz (Les). *Les Colombets.*
Colombs. *Coulombs.*
Colomde, Colompde. *Collandre.*
Colomps. *Coulombs.*
Colon. *Coloin.*
Colonga, Colongæ. *Collange.*
Colongas. *Colange, Collange, Collanges, Les Pabiers.*
Colonge (La). *La Collange.*
Colongha (La). *La Collange.*
Colonghas. *Collange.*
Colongiæ. *Colange.*
Colonh. *Coloin.*
Colonhac. *Coloniat.*

Colonia, Colonias. *Les Pabiers.*
Coloynh. *Coloin.*
Coltejolo. *Couteaux,* cne de Lantriac.
Colteughol. *Couteuges.*
Colligulus. *Couteaux,* cne de Lantriac.
Coltoughol. *Couteuges.*
Columberia. *Colombier.*
Columbetum. *Colombet.*
Columde. *Collandre.*
Columpuhac. *Coloniat.*
Colungia (La). *La Collange.*
Colyn (Le Mas-de-). *Le Mas-de-Colin.*
Comarces. *Coumarcès.*
Comba. *La Combe,* cnes de Chanteuges et de Fay-le-Froid.
Comba Amblavensis. *Caraby.*
Combabou. *Combabaures.*
Combacimet. *Combe-Chemin.*
Comba de Nyole. *La Ribeyre,* cne de Langeac.
Combadisme. *Combadine.*
Combæ. *Les Combes,* cnes d'Espaly-Saint-Marcel et de Saint-Haon.
Comba Girard. *Combe-Girard.*
Combalaire. *Combeneire.*
Combaloux. *Escombaloux.*
Combas (Las). *Les Combes,* cnes de Saint-Haon et de Saint-Vert.
Combassinet. *Combe-Chemin.*
Combauria, Combaurie. *Comborie.*
Combaveilhe, Combavielle. *Combeveille.*
Combe (La). *Les Combes,* cne de Raucoules.
Combeau-du-Ménage. *Le Ménager.*
Combe-de-Queyrière. *Les Combes,* cne de Queyrières.
Combedixme. *Combadine.*
Combe-Géral. *Combe-Girard.*
Combelas. *Les Combelles.*
Combellade. *Combelade.*
Combellas. *Les Combelles.*
Combemard. *Combomard.*
Combenaire. *Combeneire.*
Combeneire. *Combaneyre.*
Combeneyre. *Combeneire.*
Combes. *Caraby; La Combe,* cne de Bas; *La Garde,* cne d'Auvers.
Combes-Basses (Les). *Mas-Grasset.*
Combeulh. *Combeuil.*
Combe-Veilhe, Combevielle, Combeveuilhe. *Combeveille.*
Combinal. *Combemale.*
Combledeur. *Coubladour.*
Combomat, Combosmard. *Combomard.*
Combræ. *Combre.*
Combre. *Combret,* cne de Julliauges.

Combreaulz. *Combreaux.*
Combrecum. *Combret,* cne de Saint-Berain.
Combreus. *Combreus.*
Combreol. *Combriol.*
Combres (Les). *Les Ombres,* cne de Domeyrat.
Combret. *Bergerat.*
Combretum. *Combret,* cnes de Saint-Berain, de Saint-Just-près-Brioude et de Venteuges.
Combreulx. *Combreus.*
Combreuol. *Combriol.*
Combreuss. *Combreus.*
Combri. *Combré.*
Combrials, Combrialz, Combriols, Combriolz. *Combriaux.*
Combriot. *Combreaux.*
Combroilium, Combruolh, Combruolhium. *Combriol.*
Combrus. *Combré.*
Combs. *La Vaudieu.*
Combullit. *Pébélit.*
Comenac, Comenacum. *Communac.*
Commarces, Commarcos. *Coumarcès.*
Commenac, Commenacum. *Communac.*
Como. *Le Coin,* cne de la Vaudieu.
Comps. *La Vaudieu.*
Comptal (Lo). *Le Condal.*
Coms. *La Vaudieu.*
Comtalia. *Victoriacus.*
Conaguet. *Connaguet.*
Conangles, Conangliæ. *Connangies.*
Conarguetum. *Connaguet.*
Conbacinet. *Combe-Chemin.*
Conbæ. *Les Combes,* cne d'Espaly-Saint-Marcel.
Conbreol. *Combriol.*
Conbres. *Combres,* cne de Roche-en-Régnier.
Conbret. *Combres,* cne de Saint-Just-près-Brioude.
Conbretum. *Combret.*
Conbrus. *Combre.*
Concas. *Conches,* cne de Saint-Pal-de-Chalencon.
Conchæ, Conchas. *Conches,* cne de Beaulieu.
Conchia. *La Conche,* cnes de Bas, de Malrevers et de Rosières.
Conchiæ. *Conches,* cne de Beaulieu.
Conchis, Conchy. *Couchy.*
Conchy (La). *La Conche,* cnes de Malrevers et de Saint-Pierre-Eynac.
Concolas, Concoles, Concolhas. *Cancoules.*
Concon. *Coucou.*

Concores, Concorres, Concoures. *Concourret.*

Condado. *Confolent,* cne de Saint-Hilaire.

Condalis. *Le Condal.*

Condamina (La). *La Condamine,* au Puy.

Condamina Langiaci (La). *La Condamine,* cne de Langeac.

Condounioux. *Condiniour.*

Condres. *Condros,* cne de Saint-Étienne-Lardeyrol; *Cordes.*

Condros (Ruiss. de). *Le Pradal.*

Condroux. *Condros,* cne de Saint-Étienne-Lardeyrol.

Confolencium, Confolencum, Confolentis. *Confolent,* cne de Bauzac.

Confy. *Le Coufy.*

Congay. *Couquet.*

Conhac. *Connac,* cne de Lissac.

Conilhetz. *Conilis.*

Conilhs. *Conil.*

Conillitz. *Conilis.*

Conilx. *Conil.*

Connacum. *Connac,* cnes de Lissac et de Saint-Privat-d'Allier.

Connhac. *Connac,* cne de Lissac.

Conquist (Le). *Le Compty.*

Conraux. *Condros,* cne de Villeneuve-d'Allier.

Conros. *Condros,* cnes de Saint-Étienne-Lardeyrol et de Villeneuve-d'Allier.

Conrous, Conroux. *Condros,* cne de Villeneuve-d'Allier.

Cons. *Comps, La Vaudieu.*

Consis. *Concis.*

Constance. *Mariac.*

Constanso, Constansson. *Coutansson.*

Consteughol, Conteughol. *Couteuges.*

Conti. *Le Compty.*

Contodières. *La Coutaudière.*

Contuoiol. *Couteuges.*

Conventus. *Couvent.*

Conz. *La Vaudieu.*

Copa (La). *La Coupe.*

Copangho. *Le Compagnon.*

Copchac. *Couchat, Coujat.*

Copeil, Coppel, Coppet. *Coupet.*

Copulatorium. *Coubladour.*

Coquoro. *Coucouron.*

Corant. *Courant.*

Corba Gerret. *Courbe-Jarret.*

Corbeira, Corberia. *Courbière.*

Corbo. *Courbon.*

Corcet (Lo). *Le Corset.*

Corcolas. *Courcoules.*

Corcozes. *Les Coussouzes.*

Cordacus. *Cordac.*

Cordajet, Cordaset. *Cordaget.*

Cordatis. *Cordes,* cne de Bains.

Cordazet. *Cordaget.*

Corde. *Cordes.*

Cordes (Ruiss. de). *La Ceysse.*

Cordre (Le). *Le Cordu.*

Corein, Coreinh, Coren, Corenc. *Courent.*

Corentz (Lo). *Courant.*

Corcolas. *Courcoules.*

Coreughol. *Coureuge,* cnes de Charraix, de Saint-Préjet-Armandou et de Siaugues-Saint-Romain.

Coreyn, Coreynh. *Courent.*

Corgo, Corgon, Corguo (Rivus de). *Le Courgoux.*

Cormacès, Cormacetum. *Courmacès.*

Corna. *Cornut.*

Cornar. *La Cornas.*

Cornde. *Cordes,* cne de Bains.

Corneilhe, Cornelia, Cornelium. *Corneille.*

Cornesac. *Cornassac.*

Corneton. *Le Petit-Cornet.*

Cornilha. *Corneille.*

Cornilhia. *Cornille.*

Cornilia, Cornille. *Corneille.*

Cornossac. *Cornassac.*

Correrios (Illos). *Les Coudiers.*

Corrossoses, Corrossozas. *Les Coussouses.*

Corscet (Lo). *Le Corset.*

Corssac. *Le Peyron-de-Corsac.*

Corteughol. *Courteuge.*

Corthiac. *Cortial.*

Cortial-Haut. *Le Cortial,* cne de Bauzac.

Cortiel. *Cortial.*

Cortil. *Le Cortial,* cnes de Bauzac et de Retournac.

Cortilhas, Cortilias. *Courtille.*

Cortilis. *Cortial; Le Cortial,* cnes de Bauzac et de Retournac.

Cortilium. *Cortial.*

Cortoiol, Cortojol, Cortugul. *Courteuge.*

Cortz (Las). *Lascourt.*

Cossac. *Coujac.*

Cossanges. *Cassange,* cne de Saint-Pal-de-Chalencon.

Costa (La). *La Coste,* cnes de Blavosy, de Bonneval, de Champclause, de Saint-Étienne-Lardeyrol et de Saint-Just-près-Brioude; *La Côte.*

Costa Borel. *La Coste-Borel.*

Costa Calida, Costa Chalda, Costa Chauda. *Coste-Chaude.*

Costa Ciergue. *Coste-Cirgues.*

Costa d'Orba (La). *La Coste,* cne de Champclause.

Costæ Rubeæ. *Costaros.*

Costa Pelada. *Côte-Pelade.*

Costa Rossa. *Coste-Rousse.*

Costas (Las). *Les Côtes,* cnes de Mazerat-Aurouze, de Saint-Jeure et de Villeneuve-d'Allier.

Costa Sarge. *Coste-Cirgues.*

Costas del Bes (Las). *Les Côtes-du-Bès.*

Costas Roas. *Costaros.*

Coste (La). *Les Costes.*

Coste-Barral, Coste-Barrauld. *Coste-Barraud.*

Coste-Boret, Coste-Bourret. *Coste-Borel.*

Coste-Chaude. *Côte-Chaude.*

Coste de Chapella (La). *La Côte-de-Chapelon.*

Coste-d'Ourbe (La), Coste-d'Urbe (La). *La Coste,* cne de Champclause.

Costelle. *Costette.*

Coste-Rousse. *Côterousse.*

Costes (Las). *Les Côtes,* cne de Villeneuve-d'Allier.

Costes (Les). *Les Cots.*

Costete (La). *La Cotète.*

Costirgues. *Coste-Cirgues.*

Cot (La). *Les Cots.*

Cotarel, Cotarellus, Cotarels. *Coutarel.*

Cotas (Las). *Les Goutes,* cne de Lapte.

Côte (La). *La Côte-des-Biots, Les Cots.*

Coteau-Libre. *Saint-Privat-du-Dragon.*

Coteaulx. *Couteaux,* cne de Lantriac.

Cote-de-Chapelain. *La Côte-de-Chapelon.*

Côte-de-Farre. *La Côte-du-Faure.*

Côte-de-Malhon (La). *La Côte-de-Maton.*

Cotegoly. *Couteuges.*

Coteire. *Coteyre.*

Cotel. *Cotéol.*

Cotelle (La). *La Cotète.*

Cotey (Ruiss. de). *L'Éroutay.*

Coteyrou. *Gouteyron,* cne d'Aiguilhe.

Coteys, Cothuis. *Coutaix.*

Cothuol. *Le Four-de-Cotuol.*

Coti. *Coty.*

Cotonna. *Le Cotonat.*

Cottais. *Coutaix; l'Étang,* ruiss.

Cottaix. *Coutaix.*

Cotte (La). *Les Côtes,* cne de Saint-Julien-Molhesabate.

Cotteaux. *Couteaux*, cne de Saint-Front.
Cottonas, Cottonat. *Le Cotonat.*
Cotueyol. *Cotéol.*
Coluols. *Couteaux*, cne de Saint-Front.
Coualoup. *Conaloup.*
Couarda (La). *La Coharde.*
Couarde (La). *La Coharde, La Quoarde.*
Couayte (La). *La Couyte*, ruiss.
Couchac. *Couchat, Coujac.*
Coucologne. *La Cocoulogne.*
Coucoussanges. *Cossanges*, cne de Saint-Romain-Lachalm.
Coucoussat (Le). *Le Cougoussac,* ruiss.
Couder, Coudere (Le). *Coudert.*
Couderc-de-Queyrière (Lou). *Le Coudert-de-Queyrières.*
Couderchoux. *Couderchon.*
Couderes (Loux). *Les Couderts.*
Couders. *Les Couderts.*
Coudart-Sarrasin (Le). *Sarrazine.*
Coudiniox, Coudougnoux (Les). *Coudinioux.*
Coudres. *Cordes*, cne de Bains.
Coudroffre. *Goudoffre.*
Coueytte. *Moulin-de-Couyte.*
Couffous (Lous). *Les Couffours.*
Couffy. *Le Coufy.*
Couforz. *Les Couffours.*
Coufours. *Les Couffours, Le Coufour,* ruiss.
Coufous (Lous). *Les Couffours.*
Cougeac. *Cougeat*, cne de la Mothe; *Coujac.*
Coughat. *Cougeat*, cne de la Mothe; *La Cougeat.*
Cougoussat. *Cougoussac,* cne de Mercœur.
Couiac. *Cougeat*, cns de Vorey; *Coujac.*
Couiacum. *Coujac.*
Couillard. *La Scie-de-Boute.*
Coujac. *Cougeat*, cne de Vorey.
Coujat (Le). *La Cougeat.*
Coujeat. *Cougeat*, cne de Vorey.
Couland. *Coulon.*
Couletum. *Le Collet.*
Couliat. *Collat.*
Coulombet. *Colombet.*
Coulombs (Le). *Le Barlet*, ruiss.; *les Gouttes,* ruiss.
Coulons. *Coulombs.*
Coulteaux. *Couteaux*, cne de Saint-Front.
Coulteughol. *Couteuges.*
Coumys. *Coumis.*

Coupeilh. *Coupet*, mont.
Coupet. *Saint-Éble.*
Couppe (La). *La Coupe.*
Cour (La). *Toulouse.*
Courand. *Courant.*
Courba Gharret. *Courbe-Jarret.*
Courbeau (Moulin-de-). *Moulin-Cour.*
Courbevaysse. *Courbevaisse.*
Courbeyre. *Escourbeyre.*
Courbiart. *Moulin-de-Courbière.*
Courbières. *Corbière.*
Courcet (Le). *Le Corset.*
Courcou. *Courcon.*
Courdac. *Cordac.*
Courdaget. *Cordaget.*
Courdes. *Cordes*, cns de Bains et de Saint-Julien-Chapteuil.
Coureghol. *Coureuge*, cne de Saint-Préjet-Armandon.
Couren. *Courent.*
Coureuge (Le). *La Valette*, ruiss.
Coureuges. *Coureuge*, cne de Saint-Préjet-Armandon.
Courioles. *Courcoules.*
Cournadouire. *Cornadouire.*
Courset. *Le Corset.*
Coursouzes. *Les Coussouses.*
Courtel. *Courtel.*
Courtet. *Courtel.*
Courtial (Le). *Le Cortial*, cns de Bauzac et de Grazac.
Courtil. *Le Cortial*, cne de Bauzac.
Courtilles. *Courtille.*
Courtz (Les). *Lascourt.*
Coussanges. *Cossange*, cns de Saint-Pal-de-Chalencon.
Cousta Borrel. *La Coste-Borel.*
Cousta Chalda. *Coste-Chaude.*
Coustanson. *Coutanson.*
Cousta Porreta. *La Coste-Borel.*
Coustaros. *Costaros.*
Cousta Rossa, Cousta Roussa. *Coste-Rousse.*
Couste (La). *La Coste*, cns d'Aubazac, de Blavozy et de Saint-Étienne-Lardeyrol.
Cousteta. *La Cotète.*
Coutarret. *Coutarel*, cne de Bellevue-la-Montagne.
Couteal, Contealx. *Couteaux*, cns de Saint-Front.
Coutealz. *Couteaux*, cns de Lantriac.
Couteaulx. *Couteaux*, cnss de Lantriac et de Saint-Front.
Couteaux (Rivus de). *L'Écoutay.*
Coutelli. *Couteaux*, cne de Lantriac.
Coutelou. *Coutelon.*
Coutelx. *Couteaux*, cne de Saint-Front.

Couteol, Coutenalz, Couteyol. *Couteaux*, cne de Lantriac.
Couvert. *Convert.*
Covent. *Couvent.*
Coyacum. *Coyac.*
Coylde. *Cohade.*
Coymegha. *Coymège.*
Coyng (Le). *Le Coin*, cne de La Vaudieu.
Coyrers (Les), Coyriers (Les). *Les Coudiers.*
Coyrolas. *Coirolles.*
Coyta. *Moulin-de-Couyte.*
Coyteol. *Couteaux*, cne de Lantriac.
Cozealgue rivus. *Le Chadriat.*
Cracholles, Crachoulas, Crachoulles. *Crachoules.*
Crances (Les). *Les Granges*, cne de Cronce.
Crapona, Craponensis vicaria, Craponne. *Craponne-sur-Arzon.*
Crapou (Lo). *Le Crépoux.*
Crappone. *Craponne-sur-Arzon.*
Crassoule. *Crachoules.*
Crauchetis, Crauchetz (Los). *Les Crochets*, cne de Laussonne.
Cré (Le). *Les Crets.*
Créaus. *Créaux.*
Crébasset. *Crébassy.*
Cremayrolas, Crémeroles. *Crémérolles.*
Cremerolles. *Crémerol.*
Cremeyroles. *Crémérolles.*
Cremeyrolles. *Crémerol.*
Crémiliac, Créminac, Crenilhac, Crenilhacum, Creniliac. *Crénillac.*
Crepinac. *Crespignac.*
Crepo. *Le Crépon.*
Crépon. *Le Crépoux.*
Crerest. *Geré.*
Crescela (Aqua de). *La Griselle.*
Crespi. *Crespin.*
Crespiac, Crespiat. *Crispiac.*
Crespin. *Crespy.*
Crespinac. *Crespignac.*
Crespinhac. *Crespignac, Crispinhac.*
Crespinhacum, Crespiniac. *Crespignac.*
Crespon (Lou). *Le Crépon.*
Cresselie. *Criscelle.*
Cresti Subteriores, Cresti Superiores. *Le Crest*, cne de Saint-André-de-Chalencon.
Creux. *Créaux.*
Creux-de-Lavoute. *Creux-du-Loup.*
Creuze-Mouton. *Crouse-Mouton.*
Greycela, Greycele, Greysela. *La Griselle*, ruiss.
Creysele. *Criscelle.*

Creyssela. *La Criselle*, ruiss.

Cricinago. *Crochiniat.*

Cri-du-Devès (Le), Crin (Le). *Le Cri.*

Crisailloux. *Ravin-du-Grisaillou.*

Crispiago, Crispiat. *Crispiac.*

Crispinac, Crispinhac. *Crespignac.*

Crispinhacum. *Crispinhac.*

Grizailloux. *Crisailloux.*

Griziacus. *Crochiniat.*

Croance. *Cronce; la Cronce,* ruiss.

Croanseta. *Cronsette.*

Croanssa, Crocansia. *Cronce.*

Crochetz (Lous). *Les Crochets,* cne de Laussonne.

Crohense. *Cronce.*

Croiset (Le). *Le Croizet,* cnes de Bonneval et de Saint-Beauzire; *Le Crouzet,* cne de Chanaleilles.

Croisette (La). *La Crouzette.*

Croix-de-Boutière (La), Croix-de-Boutières (La). *La Croix-des-Boutières.*

Croix-de-la-Magdalleyne. *Croix-de-la-Madelaine.*

Croix-de-la-Paille (La). *La Croix-de-Paille.*

Croix-deux-Couderez. *La Croix-des-Couders.*

Croizet (Le). *Le Crouzet,* cnes de Chanaleilles et de Craponne-sur-Arzon.

Crojozole. *Crouziols.*

Croiautia. *Cronce.*

Cromarie. *Cros-Marie.*

Cromce-Lorbe. *Cronce-Lorbe.*

Cronce. *Crance.*

Cronc-l'Orbe. *Cronce-Lorbe.*

Cronsa. *Cronce.*

Cronse (Rivus de). *La Cronce.*

Cronseta, Cronsettes. *Cronsette.*

Cros. *Cros-de-la-Grange.*

Cros (La). *La Croix,* cnes de Malvières et de Sainte-Marie-des-Chazes.

Cros (Le). *Le Cros-de-Béraudon, Cros-de-Brives, Le Cros-de-Mortesagne, Le Cros-de-l'Âne, Le Cros-de-Montroy, Les Cros.*

Cros (Les). *Cros-de-Brives.*

Cros (Lous). *Le Ducrau.*

Crosœ. *Les Crozes,* cne de Saint-Jeure.

Crosances. *Croisance.*

Crosancia. *Cronce.*

Crosanciæ, Crosansa, Crosantia. *Croisance.*

Crosanza. *Cronce.*

Cros Ardana, Cros-Ardenne. *Le Cros-Pouget.*

Crosas (Las). *Les Crozes,* cne de Saint-Jeure.

Cros-Borel (Le), Cros-Bourel. *Les Cros.*

Cros Chanuda. *Le Cros-Chanude.*

Cros-Conguet (Le). *Le Cros,* cne de Bonneval.

Cros-d'Araules. *Le Cros-de-Beraudon.*

Cros-d'Ardenne. *Le Cros-Pouget.*

Cros-de-Beaune. *Le Cros,* cne de Saint-Étienne-du-Vigan.

Cros-de-Brandoux (Le). *Le Cros-de-Beraudon.*

Cros-de-Gaches. *Le Cros,* cne de Saint-Bonnet-le-Froid.

Cros-de-l'Aze (Lou), Cros-de-l'Azi. *Le Cros-de-l'Âne.*

Cros del lop pendut (La). *La Croix-du-loup-pendu.*

Cros del Pouget (Lo). *Le Cros-Pouget.*

Cros de Mal-Sane (La). *La Croix-de-Malsang.*

Cros-de-Mortessagnes. *Le Cros-de-Mortesagne.*

Cros-de-Peyre.leyre. *Le Cros,* cne de Saint-Quintin-Chaspinhac.

Cros-de-Saint-Martin. *Le Cros,* cne de Saint-Martin-de-Fugères.

Cros-Dos. *Le Crosdo.*

Cros dous Jails, Cros doux Gaits, Cros doux Jailz. *Cros-du-Jay.*

Cros-du-Poget (Le), Cros-du-Pouget. *Le Cros-Pouget.*

Crosences. *Croisance.*

Croset. *Crouset; Le Crouzet,* cne de Thoras.

Croset (Lo). *Le Croizet,* cne de Mercœur; *Le Crouzet,* cne de Dunières; *Crouzet-de-Meyzous, Le Crouzet-de-Ranc, Le Crouzet-de-Ruelle.*

Croset-de-Langlade. *Le Crouzet,* cne de Thoras.

Croset-de-Madrieyras. *Le Crouzet,* cne de Chanaleilles.

Croset-de-Taillières, Crosets. *Le Crouzet,* cne de Thoras.

Crosets. *Le Crouzet,* cne de Thoras.

Crosetum. *Le Croizet,* cnes de Mercœur et de Saint-Privat-du-Dragon; *Le Croz,* cne de Saint-Geneys-près-Saint-Paulien; *Crouzet; Le Crouzet,* cnes de Chadron et de Thoras; *Le Crouzet-de-Ranc, Le Crouzet-de-Ruelle, Le Grand-Crouzet.*

Crosetum d'Anglada. *Le Crouzet,* cne de Thoras.

Crosetus, Crosetus de Ultra Aquam. *Le Crouzet,* cne de Chadron.

Crosetus Neymi. *Le Crozet.*

Cros-Gelier. *Le Cros-Jallier; les Engayaux,* ruiss.

Crosioux. *Crouziols.*

Cros-Jalhier. *Le Cros-Jallier.*

Cros-Juzeu (Lo). *Le Cros,* cne d'Azerat.

Croslocum. *Le Cros,* cne de Ferrussac.

Cros-Marcet. *Courmacès.*

Cros Maria. *Cros-Marie.*

Cros-Mezire. *Le Cros-Mesire.*

Cros N'Avifos. *Le Cros-de-Montroy.*

Cros-Neymi (Le). *Le Crozet.*

Cros-Reynauld. *Pissavy.*

Cros Romaldi. *Le Cros-de-Montroy.*

Crossac. *Le Peyron-de-Corsac.*

Crosso (Illo). *Le Cros,* cne d'Azerat.

Crosteil, Crosteilhs, Crostel, Crostelhs. *Croustet.*

Crosum. *Le Cros,* cnes de Mercœur, de Saint-Geneys-près-Saint-Paulien et de Saint-Haon.

Crosuolx. *Crouziols.*

Crosus. *Le Cros,* cnes de Chomelix, de Dunières, de Ferrussac, de Laval, de Monistrol-sur-Loire, de Saint-Martin-de-Fugères et de Saugues.

Crosus Do. *Le Crosdo.*

Crosus dous Jays. *Cros-du-Jay.*

Crosus Farant. *Le Cros,* cne de la Farre.

Crosus Montis Rubei. *Le Cros-de-Montroy.*

Crosus subtus Vulpem. *Les Cros.*

Crosus Yaler. *Le Cros-Jallier.*

Cros-Verdier. *Le Cros,* cne de la Farre.

Cros-Vezo. *Le Cros,* cne d'Azerat.

Crotas (Las). *Les Crottes.*

Crotes, Crottæ, Crottes. *Moulin-de-la-Crotte.*

Crouchetz (Lous). *Les Crochets,* cne de Laussonne.

Croue. *Le Cros,* cne de Ferrussac.

Crouense. *Cronce.*

Crous-de-Montrouy (Lo). *Le Cros-de-Montroy.*

Crouset-de-Madrières. *Le Crouzet,* cne de Chanaleilles.

Crouset-Langlade (Le). *Le Crouzet,* cne de Thoras.

Croussac. *Crossac.*

Croux (Lo). *Le Cros,* c^nes de Ferrussac et de Monistrol-sur-Loire.
Croux-Chanude. *La Cros-Chanude.*
Croux-Velha (La). *La Croix,* c^ne de Malvières.
Crouze-Mouton. *Crouse-Mouton.*
Crouzers (Les). *Crouzace.*
Crouzet. *Crouzet-de-Meyzous.*
Crouzet (Le). *Crouse-Mouton, Crouzet-de-Meyzous, Le Crouzet-de-Ranc, Le Crouzet-de-Ruelle, Le Crozet; la Ruelle,* ruiss.
Crouzet-de-Chadron (Le), Crouzet-de-Lalau (Le), *Le Crouzet,* c^ne de Chadron.
Crouzet-de-la-Leau (Le). *Le Crouzet,* c^ne de Chadron.
Crouzet-de-Litaud. *Le Crouzet,* c^ne de Saint-Front.
Crouzet-de-Maisoux, Crouzet-de-Mejou. *Crouzet-de-Meyzous.*
Crouzet-de-Ranci. *Le Crouzet-de-Ranc.*
Crouzette (La). *Le Crouzet,* c^ne du Chambon.
Crouziols (Le). *La Colence,* rivière.
Croz. *Le Cros,* c^ne de Mercœur.
Crozailler, Crozallier. *Cros-Jallier.*
Crozansas. *Croisance.*
Crozas (Las). *Saint-Hippolyte.*
Croze-Marie. *Cros-Marie.*
Croze-Mouton. *Crouse-Mouton.*
Crozes (Les). *Le Cheneville,* ruiss.; *Malsang.*
Crozes (Lo). *Le Crozet,* c^ne de Saint-Privat-du-Dragon.
Crozes-petits. *Le Petit-Crouzet.*
Crozet (Lo). *Le Crozet,* c^nes de Bonneval, de Saint-Beauzire et de Saint-Privat-du-Dragon; *Crouzet; Le Crouzet,* c^nes de Dunières et de Saint-Front; *le Crouzet,* ruiss.; *Le Crouzet-de-Ranc.*
Crozet-de-Madreyres. *Le Crouzet,* c^ne de Chanaleilles.
Crozet-de-Ranc. *Le Crouzet-de-Ranc.*
Crozet-de-Ruel (Le). *Le Crouzet-de-Ruelle.*
Crozet-Mouton. *Crouse-Mouton.*
Crozetum. *Le Crouzet,* c^nes de Jax, de Saint-Front et de Thoras.
Crozetus. *Crouzet-de-Meyzous, Le Crozet.*
Crozetz. *Les Crochets, Crouzet; Le Crouzet,* c^nes de Chadron, de Chanaleilles, de Saint-Didier-la-Séauve et de Saint-Pierre-Eynac.
Crozilhac (Las), Crozilhes (Les). *Les Crouzilles.*

Croz-Joly-lez-Colombet. *Crozoly.*
Croz-Marcet. *Courmacès.*
Crozojole. *Crouziols.*
Crozolat. *Criolat.*
Crozus. *Le Cros,* c^nes de Chomelix, de Dunières, de la Farre, de Ferrussac, de Saint-Étienne-du-Vigan et de Saint-Martin-de-Fugères.
Crozus Ardena. *Le Cros-Pouget.*
Crozus Do. *Le Crosdo.*
Crubizolles. *Cubrizolles.*
Crucineras. *Crussinières.*
Crumairolas. *Crémerol, Crémérolles.*
Crumayrolas. *Crémerol.*
Crumeyrolas, Crumeyroles. *Crémérolles.*
Crumilac. *Crumilhac.*
Crumilhac. *Saint-Christophe-sur-Dolaison.*
Crumilhacum. *Curmilhac.*
Crumiliac. *Saint-Christophe-sur-Dolaison.*
Crumiliacum. *Curmilhac.*
Cruseol, Crusolum, Crusseol. *Crouziols.*
Crussyneyres. *Crussinières.*
Crux. *La Croix,* c^nes de Malvières et de-Sainte-Marie-des-Chazes.
Crux Beati Marcialis. *Croix-Saint-Martial.*
Crux Boteriæ. *La Croix-des-Boutières.*
Crux Canuta, Crux Chanuda. *La Cros-Chanude.*
Crux dels Treylhs. *La Croix-des-Treilhs.*
Crux de Mal-Tochy. *La Croix-du-Mauvais-Tuchin.*
Cruzeuols, Cruziols. *Crouziols.*
Cry (Le), Cry-lès-Chantemerle (Le). *Le Cri.*
Cubairolas, Cubayrolas, Cubeirolas. *Cuberolles.*
Cubel, Cubellæ. *Cubelles.*
Cubelles. *Cubelle.*
Cubesolas. *Cubizoles.*
Cubeyrolles. *Cuberolles.*
Cubisolles, Cubizole. *Cubizoles.*
Cublelæ. *Cubelles.*
Cublelas. *Cubelle, Cubelles; Cublaise,* c^ne des Villettes.
Cublesas. *Cublaise,* c^nes de Saint-Maurice-de-Lignon et des Villettes.
Cubleses, Cubleses-de-Sicard, Cublezas. *Cublaise,* c^ne des Villettes.
Cublezes. *Cublaise,* c^ne de Dunières.
Cubonus. *Coubon.*

Cubresolas, Cubressolas, Cubrisolas, Cubrisolles. *Cubrizolles.*
Cucia. *Cusse.*
Cuciacus. *Cussac,* c^on de Solignac-sur-Loire.
Cucugniou. *Cucuniou.*
Cuelha, Cueulha. *La Grande-Queille.*
Cugulonia (La). *La Cocoulogne.*
Cuinas. *Cunes.*
Culerie (La). *L'Écurlerie.*
Culetum, Culhetum, Culletum. *Choulet.*
Culpéron, Culpérouse, Culpeyroux. *Culpéroux.*
Cultoiolis villa. *Couteuges.*
Cumæ. *La Vaudieu.*
Cumas. *Cunes.*
Cumba (La). *La Combe,* c^ne de Bas; *Grand-Combe.*
Cumbæ. *Les Combes,* c^ne de Saint-Vert.
Cumbas. *Les Combes,* c^nes de Bournoncle-la-Roche, d'Espaly-Saint-Marcel et de Saint-Hilaire.
Cumbes (Las). *Les Combes,* c^ne de Saint-Vert.
Cumbroiol. *Combriol.*
Cumbulit. *Pébelit.*
Cumeaulx. *Cumiaux.*
Cumicensis (adjectif). *La Vaudieu.*
Cumieaulx. *Cumiaux.*
Cumignat, Cuminhac, Cuminiac, Cumininiacus. *Cumignac.*
Cuminiaux. *Cumiaux.*
Cumps, Cums. *La Vaudieu.*
Cumynhat. *Cumignac.*
Cunet. *Canel.*
Cuoq (Riou de). *Le Communac.*
Curelarie (La). *L'Écurlerie.*
Curmillac. *Curmilhac.*
Cursons, Cursous. *Cursoux.*
Curtemarcis villa. *Coumarcès.*
Curtile. *Le Cortiul,* c^nes d'Aurec et de Bauzac.
Curtilias, Curtillas. *Courtille.*
Curtimercis villa. *Coumarcès.*
Cusa. *Cusse.*
Cussa. *Cusse, La Trinité.*
Cussacius. *Cussac,* c^on de Solignac-sur-Loire.
Cussacum. *Cussac,* c^on de Solignac-sur-Loire et c^nes de Bessamorel et de Polignac.
Cusse. *La Trinité.*
Cussete. *La Cussette,* ruiss.
Cussette (La). *La Trinité,* ruiss.
Cuesia. *Cusse.*
Cussus. *Cusson.*

Cutia. *Cusse.*
Cuynas, Cuynes. *Cunes.*
Cuzac. *Cussac.*
Cyaugues-Sainct-Rome. *Siaugues-Saint-Romain.*
Cyaux. *Céaux-d'Allègre.*
Cyndrat. *Cindrat.*
Cynioures, Cynus Auri. *La Senouire, ruiss.*
Cyvairac, Cyvayrac. *Civérac.*

D

Dabeuot. *Benot.*
Dahu. *Daü.*
Dail (Le). *Daille.*
Dalacium, Dalas. *Dallas.*
Dalmas (Los). *La Roche-Dumas.*
Dalmaso, Dalmasonus. *Dolmazon.*
Dalmayrac, Dalmayracs, Dalmeyrac. *Domeyrat.*
Dame-Blanche (La). *Mariac.*
Daniela (La), Daniella (La). *La Danielle.*
Danis. *Denise,* mont.
Darbon. *Le Cri.*
Dardelenc (Molendinum), Dardellent (Le). *Moulin-du-Dardelin.*
Darna (La). *La Darne; Darnes,* cᵉ de Charraix.
Darna pessa, Darna pessaa, Darna pessada. *Darnapsal,* cᵉ d'Yssingeaux.
Darnapessat. *Darnapsal,* cᵉ du Mazet-Saint-Voy.
Darnas. *Darnes,* cᵉ de la Besseyre-Saint-Mary.
Darnebessa. *Darnapsal,* cᵉ d'Yssingeaux.
Darnes. *Darne.*
Darssac. *Darsac.*
Darssac (Molendinum de). *Moulin-de-Biasse.*
Dasrois. *Desrois.*
Daublet. *Doublet.*
Daunas. *Donaze.*
Daveine. *Davagne.*
Dega. *Desges.*
Deganhac. *Jayaut.*
Dege. *Desges.*
Deghe. *La Dège,* rivière; *Desges.*
Degia. *Desges.*
Degie. *La Dège,* rivière.
Degrand (Scie-de-). *Scie-de-Deyraud.*
Deia. *La Dège,* rivière.
Dembois. *Dambois.*
Dempère. *Dempeyre.*

Deneyroles-Basses. *Deneyrolles-Basses.*
Deneyroles-Hautes. *Deneyrolles-Hautes.*
Deneyroliœ. *Deneyrolles-Basses.*
Denize. *Denise,* mont.
Dens (Las). *Dents de Montaboule.*
Denyse. *Denise,* mont.
Derlhu. *Le Dourlion,* ruiss.
Dernebiou (Le). *L'Hivernebœuf,* ruiss.
Desbregati. *Breysse,* mont.
Desghe, Desja. *Desges.*
Despelin. *Les Pelens.*
Dessayres. *Eyres (Les).*
Desteilh (Lo). *Le Destal.*
Destorba (La). *La Détourbe,* cᵉˢ d'Araules, de Raucoules et de Vernassal.
Destourbe (La). *La Détourbe,* cᵉˢ d'Araules et de Raucoules.
Deu gracia, Deu gratia. *Chastel,* cᵉ de Rosières.
Deumas. *Farges,* cᵉ de Coubon.
Deux-Chanetz, Deux-Chiens. *Douchanet.*
Devès. *Le Deve; Le Pied-du-Roi.*
Deves Hospitalis. *Devèze.*
Devesium. *Le Devez.*
Devest (Le). *Le Devès.*
Didier-d'Allier. *Saint-Didier-d'Allier.*
Didier-les-Côtes. *Saint-Didier-sur-Doulon.*
Diège. *La Dège,* rivière.
Dieu gracia (La). *Chastel,* cᵉ de Rosières.
Digna (La). *Ladignac.*
Digon (Moulin-de-). *Moulin-de-Digons.*
Digoncius. *Digons.*
Digonneir (La). *La Digonnière.*
Digonnet. *Guigonnet.*
Digonz, Diguons. *Digons.*
Dimiengeat. *Dimengeal.*
Dinac. *Dignac,* cᵉ de Roche-en-Régnier.
Dinementz (Lous). *Dinamand.*
Dinhac. *Dignac,* cᵉˢ de Roche-en-Régnier et de Sembadel.
Dintilhac. *Dintillat.*
Dio gracia. *Chastel,* cᵉ de Rosières.
Diot. *Diat.*
Dioudounat. *Dioudonnat.*
Dirandes. *La Durande,* mont.
Dissou. *Guisson.*
Doa. *Doue.*
Doas Rabas. *Deux-Rabes.*
Doe, Doensis (adjectif), Dohe. *Doue.*
Dolazo, Doledo. *Le Dolaizon,* rivière.
Doleso. *Dolaison; le Dolaizon,* rivière; *Les Tanneries,* au Puy.

Dolesonus. *Le Dolaizon,* rivière.
Doleu, Doleus, Doleus-Dorat, Doleus-la-Chalm, Doleus-lo-Coper, Doleuys. *Doulioux.*
Dolezo. *Dolaison, le Dolaizon,* rivière.
Dolezon. *Dolaison.*
Doliou-Dourat. *Doulioux.*
Dollezo. *Le Dolaizon,* rivière.
Dolmarget. *Domarget.*
Dolo, Dolon. *Le Doulon,* ruiss.
Dolozo. *Le Dolaizon,* rivière.
Domaine-Rouge. *La Métairie-Rouge, Terre-Rouge.*
Domaison, Domeso, Domesonum. *Domezon.*
Domeyrac. *Domeyrat.*
Dompeyre, Dompierre. *Dempeyre.*
Domus. *Meyzous.*
Domus infirmorum (vel) leprosorum de Briva. *La Malouteyre,* cᵉ de Brives-Charensac.
Domus Nova. *Maisonneuve,* cᵉˢ des Estables et de Saint-Just-près-Brioude.
Domus Sola. *Maisonseule,* cᵉˢ de Ceyssac, d'Ouïdes, de Pradelles, de Retournac et d'Yssingeaux.
Donasacum. *Donazac.*
Donasius. *Donaze.*
Donassac. *Donazac.*
Donat. *Onnat.*
Donazaeris, Donazer, Donazeris. *Donaze.*
Donezac. *Donazac.*
Donnat (Le). *Le Donat.*
Don Peire, Don Peyre. *Dempeyre.*
Dorillere. *La Dorlière.*
Dorlhares (Les). *La Dorlière.*
Dorlhio, Dorlho. *Le Dourlion,* ruiss.
Doschanetz, Doschas. *Douchanet.*
Dotia. *Doue.*
Doubra. *Doubrac.*
Douchanetz, Douchanez. *Douchanet.*
Douhe. *Doue.*
Doulhioux, Douliouse, Doulioux-Daurat. *Doulioux.*
Dounaze. *Donaze.*
Dourelhière (La), Dourleyre (La). *La Dorlière.*
Dourlhon. *Le Dourlion,* ruiss.
Dous. *Ours.*
Douspix. *Douspis.*
Drages (Les). *Les Draves.*
Dragoneyre (La). *Dargonnier.*
Drahos. *Le Dragon,* rivière; *Suc-du-Dragon, Drols.*
Draoçangas. *Drossanges.*

Draols. *Drols.*
Draos (Lo). *Suc-du-Dragon.*
Draosangis. *Drossanges.*
Draussac. *Drossac.*
Draussangiæ. *Drossanges.*
Draves (Les). *Les Drayes.*
Dreittes (Les). *Les Dreytes.*
Drens. *Dreins.*
Dreyt (La). *La Dreit.*
Dreyttes (Las). *Les Dreytes.*
Dria. *Drie.*
Driaudes. *Driaude.*
Driol, Driot. *Drie.*
Drossange, Drossangiæ. *Drossanges.*
Droulz, Droux. *Drols.*
Drualde, Druaude, Druaudres. *Driaude.*
Drulha. *Droulhe.*
Dua. *Doue.*
Duæ Rabæ, Duæ Rabbæ, Duæ Rap-
pæ. *Deux-Rabes.*
Dubic, Dubie. *Duby.*
Duchanès. *Douchanet.*
Dugier. *Moulin-d'Augier.*
Dumignac, Duminac. *Duminiac.*
Dumingeal, Duminghac. *Dimengeal.*
Duminhac, Duminhacum. *Duminiac.*
Dunareta (Aqua de). *Le Riotord,*
ruiss.
Duneira, Duneires, Dunera, Dune-
ria. *Dunières.*
Duneria de Gaudiosa. *Les Châteaux.*
Duneriæ. *La Dunières,* ruiss.
Duneyra. *Dunière; la Dunières,* ruiss.
Duneyrette. *Le Riotord,* ruiss.
Dunhac. *Dignac,* cⁿᵉ de Sembadel.
Dunière-de-Joyeuse, Duniere-les-
Joyeuse. *Les Châteaux.*
Dunise. *Denise,* mont.
Dunyere. *Dunière; la Dunières,* ruiss.
Duo Canes. *Douchanet.*
Duo Pini. *Douspis.*
Duo Rupes. *Roche-Haute.*
Duos Roures. *Auroure.*
Durand. *Durant.*
Duransa. *Suc de la Duranse.*
Durantz (Loux). *Durant.*
Durbiac. *Durbiat.*
Duriana. *Durianne.*
Duriaudes. *Driaude.*
Duriene, Durienne. *Durianne.*
Durlbo, Durlo. *Le Dourlion,* ruiss.
Dymberte (La). *La Gimberte.*
Dynhacum. *Dignac,* cⁿᵉ de Sembadel.

E

Eauzon (L'). *La Gazeille,* ruiss., cⁿᵉ
de Saint-Paulien.

Ebais, Ebayns. *Bains.*
Ebracz (Los), Ebrards (Los). *Les*
Hébrards.
Ecclesia Nova. *Glizeneuve.*
Échanols. *Échanaux.*
Écharfounets. *Écherfounets.*
Échassier. *Les Chassiers.*
Éclausas (Las). *Les Clauses.*
Écleuni. *Esclunes.*
Écorchat (L'). *L'Écorché.*
Écoule. *La Téoule.*
Écourlerie. *L'Écurlerie.*
Edde. *Eble.*
Effruiclz (Les), Effrus (Los). *Les*
Effruits.
Égals (Los). *Les Égaux,* cⁿᵉ de Frey-
cenet-Lacuche; *Légal; Miaune,*
mont.
Égalz (Les), Égaulx (Los). *Les*
Égaux, cⁿᵉ de Freycenet-Lacuche.
Éguals (Los). *Les Égaux,* cⁿᵉˢ de
Freycenet-Lacuche et de Saint-Pré-
jet-d'Allier.
Éguille. *Aiguilhe.*
Einac. *Eynac.*
Elacris, Elarius, Elaver, Elavio, Ele-
rius, Elier, Eliger. *L'Allier,* ri-
vière.
Ellenio. *L'Allagnon,* ruiss.
Embert. *Ambert.*
Emblardz. *Amblard.*
Emblavensis villa. *Emblaves.*
Emblavès (L'). *Laval-Emblavès.*
Embrancaz. *Ébranchade.*
Empetepas, Empeyta-Pas. *Empeytepas.*
Empèzes (Les). *Lempèze.*
Enchastrada (L'). *L'Enchastrade.*
Enclavas. *Clavas.*
Eneyras. *Inaires.*
Engalatz (Los). *Les Enjalats.*
Engazelas. *La Gazelle,* au Puy.
Engelard. *Angelard.*
Engelbaud. *Angelbaud.*
Engeolis. *Les Engouyoux.*
Enghalatz (Les), Enghelatz (Les). *Les*
Enjalas.
Englars (Los). *Les Anglars.*
Engoniole (L'). *Lengoniole.*
Engouyaux (Les), Engoyaux (Les).
Les Engouyaux.
Enjalatz (Les). *Les Enjalas.*
Enjalier (L'). *Lanjalier.*
Enjarriade (L'). *Lanjariade.*
Enseingeau, Enseingeausium. *Yssin-*
geaux.
Entérif, Entérisse. *Anterif.*
Entrague, Entranges. *Intrange.*
Entremons, Entremontz. *Entremont.*

Entressacum. *La Garde,* mont., cⁿᵉ
de Saint-Étienne-du-Vigan.
Entreux. *Autreuil,* cⁿᵉ de Craponne-
sur-Arzon.
Epinassos (Los). *Lespinassou.*
Érabe (D'). *Deux-Rabes.*
Éraules. *Araules.*
Erbetas. *Hierbettes.*
Erm (L'). *L'Air,* cⁿᵉ de Langeac;
L'Herm, cⁿᵉˢ de Cayres, du Mo-
nastier, de Saint-Julien-Chapteuil
et de Saint-Pierre-Duchamp.
Ermante (Rivus d'). *La Varenne.*
Erm de Cholmeilhs (L'). *L'Herm,*
cⁿᵉ du Pertuis.
Erm de Laussonne (L'). *L'Herm,* cⁿᵉ de
Laussonne.
Ermens (Lous). *Les Herments.*
Ermet. *L'Hermet,* cⁿᵉ de Chassagnes.
Ermeto (Illo). *L'Hermet,* cⁿᵉˢ de
Chassagnes et de Saint-Privat-du-
Dragon.
Ermetum. *L'Hermet,* cⁿᵉ de Riotord.
Ermitaigne (L'). *L'Hermitagne.*
Ermum. *L'Herm,* cⁿᵉ de Cayres.
Esbais, Esbayns. *Bains.*
Esbellin. *Esbelin.*
Esboyer. *Les Boyers.*
Esbranchade. *Brancassy.*
Esbranchades. *Ébranchade,* cⁿᵉ des
Estables.
Esbranchaz. *Ébranchade,* cⁿᵉ de Saint-
Georges-Lagricol.
Esbrunel. *Les Brunets.*
Escarçayrat. *L'Écorchade.*
Eschabrac, Eschabracum, Eschabrat.
Échabrac.
Eschadafalc (L'), Eschadafaut (L').
Gouteyron, au Puy.
Eschaleyr (L'). *Escalier.*
Eschalias (Les). *Échalier.*
Eschaliers. *Escalier.*
Eschandalisses (Las). *Les Échande-*
lisses.
Eschones (Les). *Les Oussour.*
Esclachos (Las), Esclanches (Les).
Les Esclaches.
Escleünes. *Esclunes.*
Escobeyras, Escobeyres, Escoborie.
Escoubeyre.
Escogossanges. *Cossanges.*
Escoguas. *Escoge.*
Escombelle. *Les Combelles.*
Escombladour. *Coubladour.*
Escorchade (L'). *L'Écorchade.*
Escorche-Chats. *Escorge-Chat.*
Escorchet (L'). *L'Écorché.*
Escotay (L'). *L'Écoutay,* rivière.

Escoubeyras. *Escoubeyre.*
Escoursonge. *Les Coussouses.*
Escroc, Escros-Ladreyt, Escros-lo-Versanh. *Escros.*
Escubla. *Escublas.*
Escublac. *Estublat,* cⁿᵉ de Monlet.
Escublacum. *Escublac.*
Escublaset. *Escublazet.*
Escuplac. *Escublac; Estublat,* cⁿᵉ de Monlet.
Escupliac. *Escublac.*
Escure (L'). *Lescure,* cⁿᵉ d'Yssingeaux.
Esfruitz (Les), Esfrus (Los). *Les Effruits.*
Esgaux (Les). *Les Égaux,* cⁿᵉ de Freycenet-Lacuche.
Esglise-Neuve. *Glizeneure.*
Esmeral. *Eymeran.*
Espailly. *Espaly-Saint-Marcel.*
Espala. *Espale.*
Espaladon. *Espaladour.*
Espale, Espalede, Espali. *Espaly-Saint-Marcel.*
Espalieu. *Espaliou.*
Espalla. *Espale.*
Espallion. *Espaliou.*
Espally, Espaly. *Espaly-Saint-Marcel.*
Espanadou. *Espaladour.*
Espanhac. *Espagnac.*
Espavi. *Espaly-Saint-Marcel.*
Espeleu. *Espaliou.*
Espellucas, Espeluchas. *Espeluches.*
Esperenc (Rivus del). *L'Espérin.*
Esperens. *Baraque-des-Esperens.*
Espétavit. *Espeitavy.*
Espigol. *L'Espigour.*
Espinaces. *Espinasse,* cⁿᵉ de Cayres.
Espinas Pastor. *Montpastour.*
Espinassas. *Espinasse,* cⁿᵉˢ de Cayres et de Saint-Pal-de-Mons.
Espinasses. *Espinasse,* cⁿᵉ de Monistrol-sur-Loire.
Espinatzolas. *Espinasolle.*
Épinedes. *La Pénide,* cⁿᵉ de Saint-Just-près-Brioude.
Espoutus. *Arcis.*
Espytavys. *Espeitavy.*
Esquine. *Tinès.*
Esquivaulx (Les). *L'Estival,* cⁿᵉ de Saint-Front.
Essalans. *Les Saliens.*
Essarlhes, Essarlheus. *Sarlis.*
Esscingeaux. *Yssingeaux.*
Esseones (Los). *Oussoux.*
Essials. *Les Essialles.*
Essinghaulx, Essingiacus, Essiniau, Essyngau. *Yssingeaux.*

Estabila. *Les Estables.*
Estampes. *Étampe.*
Estieu. *Estiou.*
Estigeolet (L'). *Lestigeolet.*
Estival (Moulin-d'). *Moulin-du-Chambon,* cⁿᵉ de Cerzat.
Estivalelhas. *Estivareille.*
Estivalis. *L'Estival,* cⁿᵉ de Saint-Front.
Estivarel. *Estivareille.*
Estivaulx. *L'Estival,* cⁿᵉ de Saint-Front.
Estivus. *Estiou.*
Estords. *Le Mas-d'Estors.*
Estrata. *L'Estrade,* cⁿᵉ de Beaux.
Estrectz, Estreytz (Lous). *Les Estreys.*
Estublac. *Escublac.*
Eszineyras. *Azanières.*
Étienne-Fils. *Étiennefy.*
Euchastrade (L'). *L'Enchastrade.*
Excleunii, Exclunes. *Esclunes.*
Expaille. *Espale.*
Expailly. *Espaly-Saint-Marcel.*
Exploctz. *Esplot.*
Extors. *Le Mas-d'Estors.*
Eybranquassy. *Brancassy.*
Eycenacium, Eycenacum, Eycenat. *Eycenac.*
Eycialles. *Les Essialles.*
Eyde. *Ebde.*
Eygaux (Les). *Les Égaux,* cⁿᵉ de Freycenet-Lacuche.
Eygles, Eyglet. *Iglet.*
Eymaroux (Moulin-d'). *Moulin-d'Eymarou.*
Eymerail, Eymeral. *Eymeran.*
Eynacum. *Eynac, Saint-Pierre-Eynac.*
Eyras (Las). *Les Eyres.*
Eyraud. *Héraud.*
Eyrauds (Les). *Les Eygrets.*
Eyrault. *Heraud.*
Eyravaset. *Eyravazet.*
Eyrelet (L'). *Leyrelet.*
Eyrols (Les). *Les Allirols.*
Eysealas. *Les Essialles.*
Eyssacum. *Eyssac.*
Eysseales. *Les Essialles.*
Eyssenac. *Eycenac.*
Eytaus (Los). *Luitaud.*
Eyvoras (Les). *Les Eyrauds.*
Eyvarralx, Eyveras, Eyverras. *Les Yverras.*
Eyverts (Les). *Hivery.*

F

Fa. *Le Fô.*
Fabia. *Fay-le-Froid.*

Fabri. *Les Fabres,* cⁿᵉ de Tiranges.
Fabrica. *La Farge.*
Fabricas. *Farges,* cⁿᵉˢ de Coubon et de Siaugues-Saint-Romain; *Fauries,* cⁿᵉ de Malrevers.
Fabrigas. *La Faurie,* cⁿᵉ de Saint-Maurice-de-Lignon.
Fachis (Les), Facys (Los). *Esfacy.*
Fadaise. *Fadesse.*
Fadas (Las). *Pré-des-Fades.*
Fadas (Peyras dey las). *Les Pierres des Fées.*
Fadas (La Tombe de las), Fades (Trioulas de la). *Tuile des Fées.*
Faet. *Fay, Fay-la-Triouleyre.*
Faeta (La). *La Fayette,* cⁿᵉ de Saint-Ferréol-d'Auroure.
Faetum. *Fay-la-Triouleyre.*
Fage (La). *Le Besque,* ruiss.
Fages (Les). *Les Farges,* cⁿᵉ de Josat.
Fageta (La). *La Fayette,* cⁿᵉˢ de Saint-Paul-de-Tartas, de Thoras et de Venteuges; *La Fayette,* cⁿᵉ d'Yssingeaux.
Fageta superior. *La Faye-Haute.*
Fagete (La). *La Fayette,* cⁿᵉ d'Yssingeaux.
Fagha (La). *La Fage,* cⁿᵉ de Lubilhac.
Fagha Longua. *Fagelongue.*
Faghe (La). *La Fage,* cⁿᵉ de Saint-Étienne-sur-Blesle.
Faghette (Haute et Basse). *La Fagette,* cⁿᵉ de Saint-Didier-sur-Doulon.
Fagia. *La Faye,* cⁿᵉ de Freycenet-Lacuche.
Faginus. *Fay-le-Froid.*
Fagoleta Sobeyrana, Fagoleta Soteyrana. *La Fajolette.*
Fagus. *Le Faux.*
Fagus Volesi, Fagus Voloza. *Le Fau,* cⁿᵉ de Saint-Just-Malmont.
Fabetum. *Fay-la-Triouleyre.*
Fai. *Fay-le-Froid.*
Faia (La). *La Faye,* cⁿᵉˢ de Landos et de Saint-Front.
Faiæ. *Les Fayes.*
Faiet. *Fay, Fay-la-Triouleyre.*
Fain, Fainus. *Fay-le-Froid.*
Faiola (La). *La Fageolle; La Fayolle,* cⁿᵉ de Chamalières.
Fajeta (La). *La Fagette,* cⁿᵉ de Venteuges; *La Fayette,* cⁿᵉ d'Yssingeaux.
Fajola (La). *La Fageolle.*
Falcouy, Falcoy. *Faucouy.*

Falgeras. *Faugères.*
Falgeriæ. *Fougère.*
Falgerias. *Fugères, Saint-Martin-de-Fugères.*
Falgeyras. *Fougère.*
Falgeyret. *Faugères.*
Falgeyretas. *Fougeirette.*
Falgos. *Fiaugoux.*
Falourdon (Lo). *Le Foulourdon.*
Falsimanias. *Faussemagne.*
Falzets, Falzetum. *Le Falzet.*
Fangat (Lo). *Le Fangeat.*
Fangeriæ. *Les Fangères.*
Fangette. *Fanget.*
Fans (Los). *Osfont.*
Fara. *La Farre,* cᵒⁿ de Pradelles.
Fardou (Moulin de). *Moulin-d'Ally.*
Fare (La). *La Farre,* cᵒⁿ de Pradelles.
Fareyrolas. *Furreyroles.*
Fargeta (La). *La Fargette.*
Fargetas. *Fargette.*
Farghas. *Farges,* au Puy et cⁿᵉ de Siaugues-Saint-Romain.
Farghe (La). *La Farge.*
Farghetas. *Fargette.*
Fargia (La). *La Farge.*
Fargiæ. *Farges,* cⁿᵉ de Siaugues-Saint-Romain.
Farias. *Farges,* au Puy et cⁿᵉ de Saint-Pal-de-Murs; *Les Farges,* cⁿᵉ de Saint-Vert.
Faridoï, Faridoie, Faridoix, Faridoue. *Faridouaix.*
Farrayre. *Furreyre,* cⁿᵉ de Mazerat-Aurouze.
Farreyre (La). *La Ferrière.*
Farreyrolæ. *Furreyroles.*
Farsa Boysson. *Port-Buisson.*
Fassis, Fassy. *Esfacy.*
Fau (Lo). *Le Faux; Les Faux,* cⁿᵉ de Chaudeyrolles; *Le Fö.*
Fauc (Lou). *Chalimard.*
Fauchiers (Les). *Les Fauchers,* cⁿᵉ de Saint-Préjet-Armandon.
Faucony. *Faucouy.*
Faud (Le). *Le Fau,* cⁿᵉ de Cistrières.
Faugeirettes. *Fougeirette.*
Faugère. *Faugères.*
Faugères. *Fougères,* cⁿᵉˢ de Montregard et de Saint-Étienne-Lardeyrol.
Faugerias. *Fougères,* cⁿᵉ de Montregard.
Faugeyras. *Fougère; Fougères,* cⁿᵉ de Saint-Étienne-Lardeyrol.
Faugeyroles. *Fougerolles.*
Faugières. *Fugères.*
Faugiroles. *Fougerottes.*
Faulcon (Le). *Faucon.*

Faulgeyret. *Fougères,* cⁿᵉ de Saint-Cirgues.
Faulgière. *Fougère.*
Foulsimainhe (La). *Faussemagne.*
Faulx (Les). *Les Faux,* cⁿᵉ de Connangles.
Fau-Montchau (Le). *Le Fau,* cⁿᵉ de Cistrières.
Faure (Molin del). *Moulin-du-Fauron.*
Fauregolas. *Farigoules.*
Faurges. *Farges,* cⁿᵉ de Siaugues-Saint-Romain.
Faurghas. *Farge; Les Farges,* cⁿᵉ d'Arlet.
Fauria. *La Faurie,* cⁿᵉˢ de Connangles et de Montregard; *Fauries,* cⁿᵉ de Saint-Front.
Fauriæ. *Fauries,* cⁿᵉ de Dunières.
Faurias. *Fauries,* cⁿᵉˢ d'Araules, de Dunières, de Malrevers, du Mazet-Saint-Voy et de Saint-Front.
Faurie. *Fauries,* cⁿᵉ de Dunières.
Faurietas. *Fauriettes.*
Faurigolas, Faurigolles. *Farigoulles.*
Fauriot. *Fauries,* cⁿᵉ de Saint-Front.
Faurison. *Faurcsson.*
Faurites. *Fauries,* cⁿᵉ d'Araules; *Les Fauriettes.*
Fauritos. *Fauriettes.*
Faus (Les). *Les Faux,* cⁿᵉ de Connangles; *Osfont.*
Faussier. *Foussier.*
Faussimagne, Faussimagnes, Faussimanhe. *Faussemagne.*
Fauvet (Lo). *Le Fouret.*
Fau-Voloux. *Le Fau,* cⁿᵉ de Saint-Just-Malmont.
Faux (Les). *Le Fau,* cⁿᵉ de Saint-Just-Malmont; *Osfont.*
Favairiolas, Favairolias, Favayroles. *Faveyrolles.*
Favenc (Lo). *Le Faval.*
Favetum. *Le Favet,* cⁿᵉ de la Chapelle-Geneste.
Faveyrolas. *Faveyrolles.*
Favus. *Le Fau,* cⁿᵉ de Saint-Christophe-d'Allier; *Le Favet,* cⁿᵉ de Félines; *Le Fö.*
Fay. *Fay-le-Froid.*
Fay (La). *La Fage,* cⁿᵉ de Saint-Didier-sur-Doulon.
Faya (La). *Le Fayat; La Faye,* cⁿᵉˢ de Boisset, de Landos, de Saint-Maurice-de-Lignon, des Vastres, de Vorey et d'Yssingeaux; *La Faye-Haute.*
Fayaa (Lo). *Le Fayat.*
Faya Borrelli. *La Faye-Bourret.*

Faya Escura. *Fau-Escure.*
Faya Monsial, Faya Monzil. *La Faye-Leygras.*
Fayard (Le). *Les Faux,* cⁿᵉ de Saint-Romain-Lachalm.
Fayas (Las). *Les Fayes.*
Fayat (Le), Fayatz (Le). *Le Fayard.*
Faye-Bourrel (La). *La Faye-Bourret.*
Faye-la-Vaisse. *Fay.*
Faye-les-Gras (La), Faye-Montzial. *La Faye-Leygras.*
Fayes (Les). *La Faye,* cⁿᵉ de Saint-Julien-Molhesabate.
Fayet. *Fay, Fay-la-Triouleyre.*
Fayeta (La). *La Fayette,* cⁿᵉˢ de Saint-Ferréol-d'Aurouse et d'Yssingeaux.
Fayetum. *Fay, Fay-la-Triouleyre, Fey.*
Fayias (Las). *Les Fayes.*
Fayiolette (La). *La Fayolette.*
Fay-la-Teulière, Fay-la-Trioulière. *Fay-la-Triouleyre.*
Fay-la-Vaisse. *Fay.*
Fay-le-Freit, Fay-le-Froit, Faynesa, Faynus. *Fay-le-Froid.*
Fayola (La). *La Fayolle,* cⁿᵉˢ de Montregard, de Saint-Pal-de-Mons, de Saint-Préjet-Armandon et de Sembadel.
Fayole (La). *La Fayolle,* cⁿᵉ de Montregard.
Fayolles (Les). *La Fayolle,* cⁿᵉ de Saint-Front.
Fay pauc. *Faypau.*
Fays. *Fay-le-Froid.*
Fayt. *Fay, Fay-le-Froid.*
Fayt-en-l'Élection, Fayt-en-Montagne. *Fay-le-Froid.*
Fayt-la-Theuleyre, Fayt-la-Tuyllière. *Fay-la-Triouleyre.*
Fayt-Saint-Nicolas. *Fay-le-Froid.*
Fealgoux. *Le Cumignat,* ruiss.; *Fiaugoux.*
Felgeiras. *Fougère.*
Felgerias. *Faugères.*
Felgeyras. *Fougère.*
Felgos, Felgous. *Fiaugoux.*
Feliciago, Feliciano. *Fiossac.*
Felieiras. *Fougère.*
Felinas. *Félines.*
Felzet, Felzetum. *Le Falzet.*
Fenayrols. *Féneyrolles,* cⁿᵉ de Saint-Privat-du-Dragon.
Feneiroulx, Fénérol. *Féneyrolles,* cⁿᵉ de Cistrières.
Fénérolles. *Féneyrolles,* cⁿᵉ de Saint-Privat-du-Dragon.

43

Feneyrols. *Féneyrolles*, c⁰ᵉ de Cistrières.

Feneyrolx, Feneyros, Feneyrouix. *Féneyrolles*, cⁿᵉ de Saint-Privat-du-Dragon.

Fenius, Feniss, Fenys. *Bellevue*, cⁿᵉ du Puy.

Feo (Lo). *Le Feuil; Le Fiou*, cⁿᵉ de Mazerat-Aurouse; *Le Fioux*, cⁿᵉ de Saint-Vert.

Feoux (Le). *Le Fioux*, cⁿᵉ d'Agnat.

Ferapy. *Ferrapie.*

Fercire. *Farreyre*, cⁿᵉ de Mazerat-Aurouze.

Feriers. *Plaine de Ferrières.*

Fernier. *Farnier.*

Fernis. *Bellevue*, cⁿᵉ du Puy.

Ferrainhe, Ferranhe. *Ferraigne.*

Ferrapis. *Ferrapie.*

Ferrayrolas. *Farreyroles.*

Ferreire. *Farreyre*, cⁿᵉ de Vorey.

Ferreirolas. *Farreyroles.*

Ferrete (La). *La Ferrette.*

Ferret-le-Meunier. *Ferret.*

Ferreyres. *Farreyre.*

Ferreyrolas. *Farreyroles.*

Ferrier. *La Peyreyre*, cⁿᵉ de Saint-Pierre-Eynac.

Ferriol. *Ferréol.*

Ferriolo. *Mas-Ferriol.*

Ferroussac, Ferrusac, Ferrusacum, Ferrussat, Ferussat. *Ferrussac.*

Fescalcos. *Saint-André-de-Chalencon.*

Fescla (Rivus de la). *Les Côtes.*

Fespecles, Fespescles. *Fespesche.*

Feu (Lo). *Le Favet*, cⁿᵉ de la Chapelle-Geneste; *Le Fiou*, cⁿᵉˢ de Mazerat-Aurouze et de Saint-Germain-Laprade; *Le Fioux*, cⁿᵉˢ d'Agnat, de Saint-Vert et de Tence.

Feudum. *Le Fieu*, cⁿᵉ de Saint-Julien-d'Ance.

Feugeras, Feugères. *Fugères.*

Feugeriæ. *Fougères*, cⁿᵉˢ de Montregard et de Saint-Étienne-Lardeyrol; *Fugères.*

Feugeyras. *Fougères*, cⁿᵉ de Saint-Étienne-Lardeyrol.

Feugières. *Fougères*, cⁿᵉ de Saint-Étienne-Lardeyrol; *Fugères.*

Feuil (Le). *Le Feu.*

Feuillaval. *La Chaudeyre.*

Feus (Lo), Fevet (Lo), Fevum. *Le Fieu*, cⁿᵉ de Saint-Julien-d'Ance.

Feypau. *Faypau.*

Feypescle. *Fespescle.*

Feypot. *Faypau.*

Feyri. *Fery.*

Feys. *Fey.*

Feytermes (Les), Feyterne. *Feyterme.*

Fiala pauc. *Philypaux.*

Fiala Trama. *Filletrame.*

Fialit. *Fialet.*

Fialle pauc. *Philypaux.*

Fica. *Ficat.*

Ficalma. *La Champ*, cⁿᵉ de Retournac.

Fieu (Lo). *Le Fiou*, cⁿᵉ de Saint-Germain-Laprade; *Le Fioux*, cⁿᵉ de Tence.

Fieuf (Le). *Le Fiou*, cⁿᵉ de Saint-Germain-Laprade.

Fieufz (Le). *Le Fieu*, cⁿᵉ de Saint-Julien-d'Ance.

Fifaliou, Fiffailhou. *Fifailloux.*

Figheon. *Figeon.*

Fila Trama. *Filletrame.*

Filayre. *Chapeau-Dugone.*

Filciago. *Fiossac.*

Filis. *Fougères*, cⁿᵉ d'Yssingeaux.

Fille-pau, Fillepauc. *Philypaux.*

Filletrasme. *Filletrame.*

Fillinas. *Félines.*

Finnes, Fimum Canis, Fini. *Fix-le-Bas.*

Fiola. *Moulin-Joubert.*

Fio-la-Fan. *Fieu-le-Feu.*

Fiolsat, Fiolssat. *Fiossac.*

Fiossat. *Le Cumignat*, ruiss.; *Fiossac.*

Fiou (Lou). *Le Fieu*, cⁿᵉˢ de Saint-Julien-d'Ance et des Vastres; *Les Fioux*, cⁿᵉ de Tence.

Fiougoux. *Fiaugoux.*

Fioule (La). *Le Jaroulx*, ruiss.

Fioullayre (Le). *Le Fioulayre.*

Fioulssac. *Fiossac.*

Fioure (Le). *La Vidourne.*

Fioussat. *Fiossac.*

Firmi. *Frimas.*

Fis. *Fix-le-Bas, Fix-Saint-Geneys.*

Fiusac. *Fiossac.*

Fix. *Fix-le-Bas, Fix-Saint-Geneys.*

Fix-d'Auvergne. *Fix-le-Bas.*

Fix-de-Velay, Fix-la-Montagne, Fix-le-Haut. *Fix-Saint-Geneys.*

Fix-Villeneuve. *Fix-le-Bas.*

Fiz. *Fix-le-Bas, Fix-Saint-Geneys.*

Flaceleyras. *Flaceleyre.*

Flacelier, Flacellier. *Freysselier.*

Flachac, Flachatz (Lo). *Le Flachat.*

Flache. *Flachet.*

Flacheria. *La Flachère*, cⁿᵉ de Rosières.

Flachetum. *Flachet.*

Flacheyra (La). *La Flachère*, cⁿᵉˢ de Rosières et de Saint-Julien-Molhesabate.

Flacheyria. *La Flachère*, cⁿᵉ de Rosières.

Flagago, Flageat. *Flaghac.*

Flaghac, Flaghacum. *Flageac.*

Flaghat. *Flageac, Flaghac.*

Flagiacus, Flaiac. *Flaghac.*

Flamangas, Flamangiæ, Flamiangas, Flamianges, Flamienchas, Flaminghas. *Flaminges.*

Flaschatz (Lo). *Le Flachat.*

Flasseleyras. *Flaceleyre.*

Flasselher, Flasselier, Flassilher. *Freysselier.*

Flaute (La). *La Flotte.*

Flaviacum. *Flaviac.*

Flaxadier. *Freysselier.*

Flaxelleriæ. *Flaceleyre.*

Flaya, Flayac, Flayacum. *Flayat.*

Flérieux. *Fleurieux.*

Fleuret. *Fleury.*

Fleurit, Fleury-de-Maisonnette. *Mas-de-Fleury.*

Fleurival. *Florival.*

Fleytisse (La). *La Frétisse.*

Floiracum. *Florac.*

Floriacus vicus. *Fleurac.*

Florimon, Florimond. *Florimont.*

Flota (La). *La Flotte.*

Flourdon. *Le Foulourdon.*

Floyrac. *Fleurac, Florat.*

Floyrat. *Florac.*

Flumiangas. *Flaminges.*

Fluyracum. *Fleurac.*

Fluyrat. *Florac.*

Foan del Arbre. *La Font-de-l'Arbre.*

Foans nemus. *Les Fonts*, cⁿᵉ de Freycenet-la-Tour.

Foant-Argenteyra. *L'Argentière.*

Foant Freyde. *Fontfreide*, cⁿᵉ du Monastier.

Foasser, Foasseyr, Foassier. *Foussier.*

Fociers. *Les Fauchers*, cⁿᵉ de Chomelix.

Fogoleyras (Las). *Fougoulliers.*

Foilhioza (La). *La Fouillouse*, cⁿᵉ de Malrevers.

Foita. *La Foyte.*

Folcoy (Le). *Faucouy.*

Folestier. *Foletier.*

Folgeras. *Faugères.*

Folharada, Folherada (La). *La Feuillarade.*

Folhetu (La). *Le Bouchet-Haut.*

Folhiosa (La). *La Fouillouse*, cⁿᵉ d'Auteyrac.

Folhosa. *Fouillouse; La Fouillouse*, cⁿᵉ de Chaudeyrolles.

Folhoux. *Fouilloux.*

Follioza (La). *La Fouillouse*, cne d'Auteyrac.
Folias (Las). *Les Feuilles.*
Folletier. *Foletier.*
Follie (La). *Les Feuilles.*
Follioza (La). *La Fouillouse*, cne de Malrevers.
Folordon, Folordont. *Le Foulourdon.*
Foltier. *Foletier.*
Fomoreta. *Foumourette.*
Fonchava. *Fonchave.*
Fonchiers. *Les Fauchers*, cne de Chomelix.
Fondefaux (La). *La Font-de-Fau.*
Fonds (Les). *Les Fons.*
Fonds-de-Blein. *Font-Bleins.*
Fondz-du-Breul (Le). *La Pierre-Plantée.*
Fons (Las). *Les Fons; Les Fonts*, cne de Freycenet-la-Tour.
Fons (Les). *Losfons.*
Fons Argenteira, Fons Argenteria. *L'Argentière.*
Fons Beati Theoffredi. *Font-Saint-Chaffre.*
Fons Borzes. *La Font-Bourzès.*
Fons Daniel. *Font-Daniel.*
Fons de Arbore. *La Font-de-l'Arbre.*
Fons de Fago. *La Font-du-Fau.*
Fons de la Chayrosa. *Fontaine de Montchiroux.*
Fons del Fau. *La Font-du-Fau.*
Fons Frenaldus. *Font-Frenant.*
Fons Frigidus. *Fontfreide*, cnes du Monastier et de Saint-Jean-Lachalm.
Fons Montis Boniti. *Font-Sainte*, cne de Bains.
Fons Prati. *La Font-du-Prat.*
Fons Sancti Evodii. *Font-Saint-Vosy.*
Fons Sancti Johannis. *Fontaine Saint-Jean.*
Fons Sancti Marcelli. *Fontaine Saint-Firmin.*
Fons Sancti Martini. *Fontaine Saint-Martin.*
Fons Sancti Petri. *Font-Saint-Pierre.*
Fons Sancti Prejecti. *Fontaine Saint-Préjet.*
Fons Ugo. *Fontugon.*
Font (La). *Les Fons.*
Fontade (Ruiss. de). *Le Rioutord.*
Fontagier, Fontagiers. *La Barbeyre.*
Fontaine (La). *Le Lacombe*, ruiss.
Fontanæ. *Fontanes*, cne du Brignon; *Fontannes*, con de Brioude.
Fontanas. *Fontanes*, cnes du Brignon, de Chaspuzac et de Monistrol-d'Allier; *Fontannes*, con de Brioude.

Fontanas (Las). *Fontanes*, cne de Retournac.
Fontanel. *Fontenay.*
Fontanelhes. *Les Fontanilles.*
Fontanes. *Fontannes*, con de Brioude et cne de Jullianges.
Fontanet. *Fontenay.*
Fontaneyres. *Fontaraby.*
Fontannes. *Fontanes*, cnes du Brignon et de Chaspuzac.
Fontannet. *Fontenay.*
Fontannette. *Fontanette.*
Font-Arabie, Font-Arabye. *Fontaraby.*
Fontarida. *Fontaride.*
Fontasenta, Fontaxent, Fontazentus. *Font-Sainte*, cne de Bains.
Fontbleus. *Font-Bleins.*
Font bonna, Fontbonne. *Fonbonne.*
Fontbouchard. *Faubouchard.*
Font-Chapelle, Font-Chappela (La). *Cacheresse.*
Fontchava. *Fonchave.*
Font-del-Fau (La). *La Font-du-Fau.*
Font-del-Rat (La). *La Font*, cne de Freycenet-Lacuche.
Font-de-Saint-Jean (La). *Fontaine-Saint-Jean.*
Font-du-Faux (La). *La Font-du-Fau.*
Font-du-Lac (La). *La Font-de-l'Arbre.*
Fonte (Nemus de). *Les Fonts*, cne de Freycenet-la-Tour.
Fontemauro. *Fontmauro.*
Fontenaco. *Fournat.*
Fonteniauro. *Fontmauro.*
Fontes. *Les Fons, La Fontaine; Fontannes*, con de Brioude.
Fontes (Les). *Les Fonts*, cne d'Espalem.
Fonteulada. *Fonteulade.*
Fontfrède. *Fontfreide*, cne du Monastier.
Font-Frenalt. *Font-Frenaut.*
Fontfreyda. *Fontfreide*, cne de Saint-Jean-Lachalm.
Fonthanilles (Les). *Les Fontanilles.*
Font-Hugo, Font-Hugon. *Fontugon.*
Fontilhas (Las). *Les Fontilles.*
Font Maura. *Fontmaure.*
Font Moreta. *Foumourette.*
Fontrioulade. *Fonteulade.*
Fonts (Les). *Les Fons.*
Font-Saincte (La). *Font-Sainte*, cne de Saint-Germain-Laprade.
Forchaet. *Fourchet.*
Forcharetum. *Fourcherit.*
Forchas (Las). *Suc des Fourches.*
Fores. *Fouret*, cne d'Azerat.

Forge. *Farge.*
Forghes. *Porte des Farges*, au Puy.
Forisius. *Forès.*
Formaignes, Formanhas. *Fourmagne.*
Fornac. *Fournac*, cne de Chomelix.
Forn del Veyre (Lo). *Le Four-des-Veyres.*
Forn du Poisson. *Le Four-du-Poisson.*
Forne-Alvergne. *Forn-Alvergne.*
Fornel (Rivus del). *Ravin-de-Fournet.*
Fornella (La), Fornelle (La). *La Fournelle.*
Fornelli. *Fournels.*
Fornet (Lo). *Fournat; Le Fournet*, cne de Saint-Julien-Molhesabate.
Forneta (La). *La Fournette.*
Fornetz (Les). *Fournet.*
Forneux. *Fourneaux.*
Forniel (Lo). *Le Fournial.*
Fornier. *Fournier.*
Fornil (Lo). *Le Fournial.*
Forns (Los). *Les Fours*, cne de Vastres.
Fornyl (Lo). *Le Fournial.*
Fornz (Alz). *Ouffour.*
Forsanguæ. *Fressange-Haut.*
Fort-du-Pré (Le). *Le Faure-du-Pré.*
Fossiers. *Les Fauchers*, cne de Chomelix; *Foussier.*
Fouant (La). *La Font-du-Bès.*
Fouant-del-Bos (La). *La Font-del-Bos.*
Fouant-Vieille. *Fontvieille.*
Foucherii grangia, Fouchiers. *Les Fauchers*, cne de Chomelix.
Fougère. *Fougères*, cnes de Montregard, de Saint-Cirgues et d'Yssingeaux.
Fougerette. *Fougeirette.*
Fougeriæ, Fougeyras. *Fougères*, cne d'Yssingeaux.
Fougeyres. *Fugères.*
Fougières. *Fougères*, cne de Montregard.
Fougouleyre (La), Fougoulier. *Fougoulliers.*
Fouillara (La). *La Feuillara.*
Fouletenc (Lo). *Foultier.*
Foulhetz (Los). *Les Fouillets.*
Foulhouze (La). *La Fouillouse*, cne de Chaudeyrolles.
Fouliara (La). *La Feuillara.*
Fouliouze (La). *La Fouillouse.*
Foulordou. *Le Foulourdon.*
Foumet. *Fournet*, cne de Tence.
Four. *Les Fours*, cne de Montregard.
Fouragettes. *Le Riou-Cros*, ruiss.
Fourchayet. *Fourchet.*

Fourcherit. *Fourcherie.*

Four-del-Veyre (Lou). *Le Four-des-Veyres.*

Fourhes. *Suc des Fourches.*

Fourigolas, Fourigolles. *Farigoules.*

Fourmagnes. *Fourmagne.*

Fournat. *Jourdat.*

Fourneaulx. *Fourneaur.*

Fournels. *Fournel.*

Fourneries (Les). *Fournerie (La).*

Fournetz. *Fournet,* cne de Tence; *Les Fournets.*

Fourns (Lous). *Les Fours,* cne des Vastres.

Fourrès. *Fouret.*

Fours (Lous). *Uffour.*

Fourlon. *Foureton.*

Fourzon (Le). *Fauresson.*

Fouvol. *Fauret.*

Fouvinière (La). *La Fauvinière.*

Fovetum. *Le Fouret.*

Fovyneyre (La). *La Fauvinière.*

Fouassier. *Foussier.*

Foyers (Les). *Les Foyes.*

Foyssuers. *Foussier.*

Fraccius. *Le Fraysse,* cne de Saint-Georges-Lagricol.

Fracheire (La). *La Flachère,* cne de Saint-Julien-Molhesabate.

Frachette (Ruiss. de la). *La Rochette,* cne de Saint-Bonnet-le-Froid.

Fracsenetum. *Freycenet,* cne d'Yssingeaux.

Fracsinus. *Le Fraysse,* cne de Saint-Georges-Lagricol.

Fragsinetum. *Freycenet,* cne de Saint-Hilaire.

Fraice. *Le Fraysse,* cne de Saint-Georges-Lagricol.

Fraiconet. *Freissenet; Freycenet,* cnes de Saint-Christophe-sur-Dolaison et de Saint-Vénérand.

Fraicenetum. *Freycenet-la-Tour.*

Fraicinet-la-Lebouze. *Freissenet.*

Fraise. *Le Fraysse,* cne de Saint-Georges-Lagricol.

Fraisenet. *Le Freycenet,* cne de Riotord.

Fraisenet lo Cuja. *Freycenet-Lacuche.*

Fraisenetum. *Freycenet,* cne de Rauret; *Freycenet-la-Tour.*

Fraiser. *Le Fraysse,* cnes de Chanaleilles et de Saint-Georges-Lagricol.

Fraisse. *Le Fraysse,* cnes de Chanaleilles, de Cubelles, de Laussonne et de Saint-Georges-Lagricol.

Fraisse-Fordoyen (Lo). *Le Fraysse,* cne de Laussonne.

Fraissene. *Freycenet,* cne de Saint-Jeure.

Fraissenet. *Freycenet,* cne de Céaux-d'Allègre; *Freyssenet,* cnes d'Arlempdes et de Saint-Jean-de-Nay; *Frissonet,* cne de Cistrières.

Fraissenet-des-Mazes. *Freycenet,* cne de Saint-Arcons-de-Barges.

Fraissenetum. *Freycenet,* cne de Saint-Christophe-sur-Dolaison.

Fraisser (Lo). *Le Fraysse,* cne de Saint-Julien-Chapteuil.

Fraisses (Los). *Le Fraysse,* cne de Laussonne.

Fraisset-Bas. *Le Fraysse-Bas.*

Fraisset-Haut. *Le Fraysse-Haut.*

Fraissinet. *Freycenet,* cne de Tence.

Fraissinetum. *Freycenet,* cne de Monistrol-d'Allier.

Fraissonnet. *Frissonnet,* cnes de Cistrières et de Saint-Pal-de-Chalencon.

Fraissonet lo Sobra. *Freycenet,* cne de Saint-Hilaire.

Fraixé. *Le Fraysse,* cnes du Monastier et de Saint-Georges-Lagricol; *Le Fraysse-Bas.*

Fraixe-de-Laussonne. *Le Fraysse,* cne de Laussonne.

Fraixe-de-Loucéa, Fraixe-de-Monestier. *Le Fraysse-Haut.*

Fraixe-du-Fortdoyen (Lo). *Le Fraysse,* cne de Laussonne.

Fraixe-lès-Chapteulh. *Le Fraysse,* cne de Saint-Julien-Chapteuil.

Fraixer. *Le Fraysse,* cne de Saint-Georges-Lagricol.

Français (Moulin-). *Moulin-François.*

Franceis. *Les Français.*

Francia. *La France.*

Françoy (Moulin). *Moulin-François.*

Franceillon. *Francillon.*

Frappier. *Ferrapie.*

Frassengha (La). *La Fressange.*

Frau (Lo). *La Boyère.*

Fraunac. *Fournac,* cne de Cayres.

Fraust (Lo). *Le Mas-du-Frau.*

Fraxenetum. *Freycenet,* cnes d'Ally et de Saint-Hilaire.

Fraxinetum. *Freycenet,* cnes de Retournac, de Saugues et de Tence; *Freycenet-la-Tour.*

Fraxinum. *Le Fraisse,* cne de Lubilhac.

Fraxinus. *Le Fraisse,* cne du Chambon; *Le Fraysse,* cnes de Chanaleilles, de Cubelles, de Dunières, de Laussonne, du Monastier, de Saint-Georges-Lagricol et de Saint-Julien-Chapteuil; *Le Fraysse-Haut.*

Frayce. *Le Fraysse,* cnes de Chanaleilles et de Saint-Julien-Chapteuil.

Fraycenet. *Freycenet,* cnes de Monistrol-d'Allier, de Saint-Christophe-sur-Dolaison et de Saugues.

Frayceneto (La). *La Freycenède.*

Fraycenetum. *Freycenet,* cne de Céaux-d'Allègre; *Freyssenet,* cnes d'Arlempdes et de Borne; *Freycenet-la-Tour.*

Fraycenetum de Arbore. *Freycenet,* cne de Rauret.

Fraycenetum d'Auza. *Freycenet,* cne d'Yssingeaux.

Fraycenetum de Bonne. *Freycenet,* cne de Rauret.

Fraycenetum la Cucha. *Freycenet-Lacuche.*

Fraycenetum la Torre, Fraycenetum Turris. *Freycenet-la-Tour.*

Fraycer (Lo), *Le Fraisse,* cne de Lubilhac; *Le Fraysse,* cnes de Cubelles, de Laussonne, de Saint-Georges-Lagricol et de Saint-Jeure; *Le Fraysse-Haut.*

Fraycer Lestrada. *Le Fraysse,* cne de Chanaleilles.

Fraycet. *Le Fraysse-Haut.*

Fraycinetum. *Froissenet.*

Fraysenetum. *Freycenet-la-Tour.*

Fraysse. *Le Fraisse,* cnes du Chambon, de la Chapelle-Bertin et de Lubilhac; *Le Saint-Julien,* ruiss., cne de Montusclat.

Frayssec (Lo). *Le Fraysse,* cne de Saint-Julien-Chapteuil.

Fraysse-d'Avoac. *Le Fraysse,* cne du Monastier.

Frayssenet. *Freycenet,* cnes de Monistrol-d'Allier, de Saint-Georges-d'Aurac et de Saint-Hilaire; *Frissonet,* cne de Cistrières.

Frayssenet-de-Salgue. *Freycenet,* cne de Saugues.

Frayssenet Superior. *Freycenet,* cne de Saint-Hilaire.

Frayssenetum. *Freycenet,* cne de Saint-Arcons-de-Barges; *Freycenet-la-Tour; Freyssenet,* cnes d'Arlempdes et de Borne.

Frayssenghas. *Fressange-Haut.*

Fraysser. *Le Fraysse,* cne du Monastier.

Frayssot-Bas. *Le Fraysse-Bas.*

Frayssinet. *Freycenet,* cne de Monistrol-d'Allier.

Frayssinus. *Le Fraysse*, cne de Laussonne.

Frayssonet-l'Hôpital. *Freycenet*, cne de Saint-Hilaire.

Fraytessa (La). *La Frétisse.*

Fraytis (Lo). *Les Freytis.*

Fraytissa (La). *La Frétisse.*

Fraytitz (Lo). *Les Freytis.*

Fredeira (La). *La Freydeyre*, cne de Monistrol-d'Allier.

Freicenet. *Freycenet*, cne de Tence.

Freicenet-la-Cruche. *Freycenet-La-cuche.*

Freicenetum. *Freycenet*, cne de Monistrol-d'Allier.

Freicenetum a Turre. *Freycenet-la-Tour.*

Freicinet-de-Braunac (Le). *Freycenet*, cne de Saint-Jeure.

Freidera (La). *La Freydeyre*, cne de Monistrol-d'Allier.

Freissenet. *Freycenet*, cne de Saint-Arcons-de-Barges.

Freissenet-le-Monestier. *Freycenet*, cne de Rauret.

Freissones. *Frissonnet*, cne de Saint-Pal-de-Chalencon.

Freissonet. *Freycenet*, cne de Saint-Georges-d'Aurac; *Frissonnet*, cne de Cistrières.

Frentennago. *Fournat.*

Frespecle. *Fespescle.*

Fressalher. *Freysselier.*

Fresse (Le). *Le Fraisse*, cne de Saint-Étienne-sur-Blesle.

Fressenet. *Freycenet*, cnes d'Ally et de Céaux-d'Allègre; *Freycenet-la-Tour.*

Fressengia. *La Fressange.*

Fresset-Bas. *Le Fraysse-Bas.*

Fresset-Haut. *Le Fraysse-Haut.*

Fressinet. *Freycenet*, cne de Céaux-d'Allègre.

Fressonet. *Freycenet*, cne de Saint-Hilaire.

Fretis (Lo). *Les Freytis.*

Fretisse (La). *La Freytisse.*

Frexenet-la-Tour. *Freycenet-la-Tour.*

Freycené. *Freycenet*, cne de Tence.

Freyceneda (La). *La Freycenède.*

Freycenet. *Freissenet*; *Freyssenet*, cnes de Borne et de Saint-Jean-de-Nay; *Frissonet*, cne de Cistrières.

Freycenet-d'Arlempdes. *Freyssenet*, cne d'Arlempdes.

Freycenet-d'Auze. *Freycenet*, cne d'Yssingeaux.

Freycenet-de-l'Arbre, Freycenet-de-Rauret. *Freycenet*, cne de Rauret.

Freycenet-des-Mazes. *Freycenet*, cne de Saint-Arcons-de-Barges.

Freycenet juxta Screyzet. *Freycenet*, cne de Saint-Christophe-sur-Dolaison.

Freycenet-la-Cucha. *Freycenet-La-cuche.*

Freycenet-le-Conil. *Freycenet*, cne de Saint-Christophe-sur-Dolaison.

Freycenetum. *Freycenet*, cnes de Saint-Arcons-de-Barges, de Saint-Jeure et de Saint-Vénérand; *Freycenet-la-Tour*; *Freyssenet*, cne de Borne.

Freycinède (La). *La Freycenède.*

Freycinet. *Freycenet*, cne de Saint-Arcons-de-Barges; *Le Freycenet*, cne de Riotord.

Freyda (La). *La Freyde.*

Freydamaisons. *Freide-Maison.*

Freydeira (La). *La Freydeyre*, cne de Saint-Hostien.

Freydeyra (La). *La Freydeyre*, cnes de Moudeyres et de Saint-Hostien.

Freydières. *Fridières.*

Freysselier. *Saint-Étienne-Lardeyrol.*

Freyssenet à l'Arbre. *Freycenet*, cne de Rauret.

Freyssenet-la-Lebouze. *Freissenet.*

Freyssenet-le-Conil. *Freycenet*, cne de Saint-Christophe-sur-Dolaison.

Freyssenetum. *Freyssenet*, cne de Saint-Jean-de-Nay.

Freyssenges, Freyssengiæ. *Fressange-Haut.*

Freysser. *Le Fraysse*, cne de Saint-Georges-Lagricol.

Freytissa (La). *La Frétisse, La Freytisse.*

Freytisse (La). *La Frétisse.*

Freytitz (Le). *Le Freytis.*

Frideville, Frigiavilla. *Freideville.*

Frigidæ Domus. *Freide-Maison.*

Frimatz. *Frimas.*

Frissenet. *Freycenet*, cne de Saint-Georges-d'Aurac.

Fritils (Les). *Les Freytis.*

Frocze. *Fruges.*

Frodegarias. *Frugières-le-Pin.*

Frodiairolas. *Frugerolles.*

Frogeras. *Frugières-le-Pin.*

Frogerias. *Frugères-les-Mines.*

Froidemaison. *Freide-Maison.*

Fromatget. *Fromaget.*

Fromentailh (Le). *Le Fromental.*

Fromentinum, Fromenty. *Fromenti.*

Froneills. *Frontès.*

Fronnac. *Fournac*, cne de Chomelix; *Fournat.*

Fronnacum. *Fournac*, cne de Cayres.

Fronteelhs, Fronteilhs. *Frontès.*

Frontenago. *Fournat.*

Fronteyls. *Frontès.*

Frontilhas (Las). *Les Frontilles.*

Front-Veilh. *Fronvel.*

Frotge. *Fruges.*

Frotgeres. *Frugières-le-Pin.*

Frotgeriæ. *Frugères-les-Mines.*

Frotgerias. *Frugières-le-Pin.*

Frotgeyrolas. *Frugerolles.*

Froucze. *Fruges.*

Froulayre (Le). *Le Fioulayre.*

Frounhac. *Fournac*, cne de Cayres.

Froute. *Frontès.*

Frouvelle (La). *Fronvel.*

Fructus. *Les Effruits.*

Frugeirolles, Frugerol, Frugerolas. *Frugerolles.*

Frugières. *Frugères-les-Mines.*

Frugy. *Fruges.*

Frussachum. *Ferrussac.*

Frutgeres. *Frugières-le-Pin.*

Frutgeriæ, Frutgeyras. *Frugères-les-Mines.*

Fulherada (La). *La Feuillarade.*

Fulhias (Las). *Les Feuilles.*

Fulletin (Le). *Fultin.*

Fultin. *Folletin.*

Funtanæ. *Fontanes*, cne de Monistrol-d'Allier.

Funtanas. *Fontanes*, cne de Chaspuzac; *Fontannes*, cne de Brioude.

Fuola. *Moulin-Joubert.*

Furchæ, Furchiæ. *Fourches.*

Furni. *Les Fours*, cnes de Montregard et des Vastres; *Ouffour.*

Furnus Inferior. *Le Four-de-Cotuol*

Furnus Vitreus. *Le Four-des-Veyres.*

Fys. *Fix-Saint-Geneys.*

G

Gabia, Gabiane, Gabier, Gabies. *Jabier.*

Gabreille. *Jabrel.*

Gachas. *Gaches.*

Gaday. *Gadair.*

Ga Frances. *Le Gué-Français.*

Gagaires (Les). *Les Gagères.*

Gaigne. *Gagne*, cnes de Mazeyrat-Crispinhac et de Saint-Germain-Laprade.

Gailharde (La). *La Gaillarde.*

Gaillardou. *Gaillardou.*

Gainbe. *Gagne*, cne de Saint-Germain-Laprade.

Gaitilh (Lhia). *La Guetial.*

Gajet. *Gay.*

Galamandeschas. *Galamandier.*

Galandes. *Les Galendres*, ruiss.

Galandeys. *Les Galandres; Les Galendres*, ruiss.

Galanoux. *Jalavoux.*

Galateires (Les), Galateyre (La). *Galatier.*

Galavellum. *Galavel.*

Galavoux. *Jalavoux.*

Galdissart. *Godissart.*

Galendes. *Les Galandres.*

Galhardes (Las). *Les Gaillardes.*

Galhardu. *Gaillardon.*

Galhardos (Los), Galhardz. *Gaillard.*

Galhartz (Los), Galhiars (Lous). *Les Gaillards.*

Galiardoux. *Gaillardon.*

Gallandes. *Les Galendres*, ruiss.

Gallateyra (La). *Galatier.*

Gallavel. *Galavel.*

Galliarde (La). *La Gaillarde.*

Galt (Lo). *Le Gaud*, cne de Pinols.

Galvague. *Javaugues.*

Galy (Le). *Le Gally.*

Gambonnet. *Le Doux*, ruiss.; *Gamounet.*

Gamonet. *Gamounet.*

Gamoux. *Gamon.*

Gampilhie. *La Gampille*, ruiss.

Gampnha. *Gagne*, cne de Saint-Germain-Laprade.

Gampylhie (Rieu de). *La Gampille.*

Gangetica. *Javaugues.*

Ganha. *Gagne*, cne de Saint-Germain-Laprade.

Ganhe. *La Gagne*, rivière.

Ganhillo. *Ganillon.*

Ganilhada (La). *La Genillade*, cne de Montclard.

Ganilho, Ganillo, Ganillou. *Ganillon.*

Ganulliac. *Nolhac*, cne de Saint-Paulien.

Garain. *Guérin*, cne de Pinols.

Garait (Le). *Le Garay.*

Garait-Saint-Jehan (Le). *Le Garay-Saint-Jean.*

Garamentes. *Garde-d'Ours.*

Garat (Le). *Le Garait.*

Garayt (Lo). *Le Garay*, cnes de Coubon et de Rosières.

Garayt la Rocha. *Le Garayt-la-Roche.*

Garaytz (Loux). *Le Garay*, cne de Rosières.

Garceta (La), Garcete (La). *La Grassette.*

Garda (La). *La Garde*, cnes d'Espalem, de Monistrol-d'Allier, de Saint-Vert et de Tailhac.

Garda de Lampnhac (La). *La Garde-de-Laniat.*

Garda de Montanhaco. *La Garde-de-Montagnac.*

Gardalhacum, Gardaliac, Gardallac. *Gardaillac.*

Gardata (La). *La Gardette*, cne de Saint-Didier-la-Séauve.

Garde (La). *La Garde-d'Eycenac.*

Garde de Breisse. *La Garde*, cne de Présailles.

Gardes. *Suc de Garde.*

Gardès (Les). *Les Gardes.*

Gardeta (La). *La Gardette*, cne de Saint-Didier-la-Séauve.

Gardia. *La Garde*, cne de Saint-André-de-Chalencon.

Gardilias. *Gardaillac.*

Gardille (La), Gardilles (Les). *Croix-de-la-Gardelle.*

Garena regis Franciæ. *Le Pied-du-Roi.*

Garenc. *Guérin*, cne d'Aubazac.

Gargarida. *Gargaride.*

Garindonne (La). *Mas-de-Garendon.*

Garmentes. *Garde-d'Ours.*

Garnassa (La). *La Garnasse*, cne de Saint-Geneys-près-Saint-Paulien.

Garnaudz (Les). *Les Bineyres.*

Garneil (Rivus de). *Le Clary.*

Garneir, Garneyr. *Grenier*, cne de Saint-Ilpize.

Gartusa. *Gratuze.*

Gasella. *La Gazeille*, ruiss., cne des Estables.

Gaud (Le). *Gaud.*

Gaude (La). *La Garde*, cne d'Espalem.

Gaudetum. *Goudet.*

Gauldissard. *Godissard.*

Gaulz. *Les Eygoles.*

Gauriago. *Jauria.*

Gautayro. *Gouteyron*, cne d'Aiguilhe.

Gautz. *Les Eygoles.*

Gavalgue. *Javaugues.*

Gavarret. *Saint-Didier-d'Allier.*

Gazela (La). *La Gazelle*, cnes de Desges et de Saint-André-de-Chalencon.

Gazella (Rivus de la). *La Gazelle.*

Gazelle (La). *La Gazeille*, ruiss., cne des Estables.

Gazende. *Jazende.*

Gazum de Mota. *Gué-de-la-Mote.*

Gearllier. *Jarlier.*

Gelaitivos. *Les Jalayoux.*

Gelaos. *Jalavour.*

Gelasset. *Jallasset.*

Gelletz. *Jalès.*

Gendriacus. *Gendriac.*

Genecense. *Chassignolles.*

Genest (Le). *Le Genêt.*

Genestoza, Genestozas. *Genestouze.*

Genestum. *Le Genest.*

Genets (Les). *Le Genêt.*

Geneva. *Genève.*

Géney (Le). *Le Genêt.*

Genezet (Al). *Le Genne.*

Geniliade (La). *La Genilhade*, cne de Connangles.

Genoliacus. *Nolhac*, cne de Saint-Paulien.

Genouire (La). *La Genoirie*, ruiss.

Gensac. *Genzac, Saint-Blaise.*

Genssac. *Saint-Blaise.*

Gentianedo. *Jansenet.*

Gentilhomme (Ruiss. du). *La Gromme-Somme.*

Genzac. *Saint-Blaise.*

Genzat. *Genzac.*

Geôlier (Le). *Jaurey.*

Georat. *Jorat.*

Georce. *La Gorce*, cne de Chomelix.

George-L'Agricol. *Saint-Georges-L'Agricol.*

Gerbarie. *Gerberie.*

Gerbeso, Gerbezou. *Gerbizon*, cne de Polignac.

Gerbiso, Gerbisou. *Gerbizon*, cne de Chamalières.

Gerbot. *Gerbaud.*

Gerbuzon. *Gerbizon*, cne de Chamalières.

Gereseyra (La). *La Gergière.*

Gerlier. *Jarlier.*

Germayrat, Germeyrac. *Germeyrac.*

Gerossa (La). *La Jarousse.*

Gerrossier (El). *Le Jarroussier.*

Gervays (La). *La Gervais.*

Gervilh. *Gervil.*

Gerzail. *Jerzat.*

Geuraac. *Jorat.*

Geynet (Lou). *Le Genne.*

Gezende. *Jazende.*

Ghabreilh. *Jabrel.*

Ghail. *Geay.*

Ghaloux. *Jalore.*

Gharlier. *Jarlier.*

Giband. *Giban*, cne de Saint-Hostien.

Gibanda (La), Gibande (La). *Giban*, cne du Pertuis.

Gibergiæ. *Giberges.*
Giberte (La). *La Gimberte.*
Gibertesius. *Le Gibertès.*
Gibon. *Giban*, cⁿ° du Pertuis.
Gieurensa. *Jaurence.*
Gilbertès (Le), Gilbertez. *Le Gibertès.*
Gimbert. *Gombert.*
Ginestoze. *Genestouze.*
Gineys de Fix. *Fix-Saint-Geneys.*
Giourac. *Jorat.*
Giourand. *Jaurence.*
Giourat. *Jorat.*
Giouzat. *Jozat.*
Gipeyras. *Les Gipeyres.*
Giral. *Girard*, cⁿ° de Freycenet-La-cuche.
Giraldès. *Giraudès.*
Girauda. *La Giraude*, cⁿᵉˢ de Malre-vers et de Rosières.
Giraudenc, Giraudencs (Les). *Les Chapaux.*
Giraulde (La). *La Giraude*, cⁿ° de Saint-Pal-de-Murs.
Girmayrac. *Germeyrac.*
Girode (La). *La Giraude*, cⁿ° de Mal-revers.
Girodon. *Giraudon*, cⁿᵉˢ do Montre-gard et de Retournac.
Gironda. *La Gironde*, ruiss.
Girondon. *Giraudon*, cⁿ° de Retournac.
Giros (Los), Girotz (Los). *Les Giroux.*
Giroudencs (Los). *Les Chapaux.*
Giry (Moulin-de-). *Moulin-de-Géry.*
Gisago. *Gizac.*
Gisbergas. *Giberges.*
Gisso. *Guisson*, ruiss.
Githanda (La). *Giban*, c⁰ˢ du Pertuis.
Githertes (El). *Le Gibertès.*
Girodon. *Giraudon.*
Giuretum. *Giorec.*
Gizos. *Agizoux.*
Gizoumal. *Le Juzoumal.*
Glassacum. *Glassat.*
Glaudière (La). *La Glandière.*
Glavenacius. *Glavenas.*
Glavenas (Podium de). *Pey-de-Gla-venas.*
Glavenassus, Glavenaz. *Glavenas.*
Gleyza Nova, Gleyze-Neuve. *Glizeneuve.*
Gliat (Le). *Le Glial.*
Glitougne (La). *La Glutonie*, c⁰ˢ de Chomelix.
Glotonia (La), Gloutonie (La), Glou-tonnie (La). *La Glutonie*, cⁿ° de Saint-Jean-Lachalm.
Goalt, Goault, Goau. *Gaud*, cⁿ° de Desges.
Godala. *La Goutelle.*

Godet, Godeth, Godetum, Godit, Godith, Godithus. *Goudet.*
Godomarre (La). *La Godomare.*
Goldissart. *Godissart.*
Golonteyres. *Galontière.*
Gomha, Gomias. *La Gagne*, rivière.
Gomnia. *Gagne*, cⁿ° de Saint-Ger-main-Laprade.
Gompnha. *La Gagne*, rivière.
Gompnhe, Gonha. *Gagne*, cⁿ° de Saint-Germain-Laprade.
Gonhe. *La Gagne*, rivière.
Gonnots (Les). *Luguenot.*
Gontaldes. *Contaldès.*
Gorces. *La Gorce*, cⁿ° de Chomelix.
Gorcia. *La Gorce*, cⁿᵉˢ de Beaux et de Chomelix.
Gorc-Lonc. *Gourlong.*
Gordarel, Gordaret. *Coutarel*, cⁿ° de Bellevue-la-Montagne.
Gordo. *Gourlon.*
Gor-Gayas. *Gourgayat.*
Gorgua Longua, Gorlo. *Gourlong.*
Gorlonc. *Le Mas-de-Gourlong.*
Gorlong. *Gourlong.*
Gornier. *Le Gournier*, ruiss.
Gornyer. *Gournier.*
Gorsa (La). *La Gorce*, cⁿᵉˢ de Beaux et de Chomelix.
Gorses. *Les Gorces*, cⁿᵉˢ de Montre-gard et de Saint-Bonnet-le-Froid.
Gorsses. *La Gorce*, cⁿ° de Chomelix.
Gorssia. *La Gorce*, cⁿ° de Beaux.
Gortaret, Gortarret. *Coutarel*, cⁿ° de Bellevue-la-Montagne.
Gort-Gayas. *Gourgayat.*
Gort Terret. *Coutarel*, cⁿ° de Bellevue-la-Montagne.
Cory. *Rioussct*, cⁿ° de Coubon.
Gosabaud. *Gouzabeau.*
Gosenas, Gosenes. *Gouscnes.*
Gotas (Las). *Les Goutes*, cⁿᵉˢ de Lapte et de Saint-Pal-de-Chalen-con.
Gotele (La). *La Goutelle.*
Goternes. *Gouterne.*
Gotmia. *Gagne*, cⁿ° de Saint-Ger-main-Laprade.
Gotolet (La). *La Goutelle.*
Gouauld. *Gaud*, cⁿ° de Desges.
Gouderts (Les). *Les Couderts.*
Gounes (Les), Gounets (Les). *Les Gonnets.*
Gourgaizieux. *Gourguaizieux.*
Gourgayre (La), Gourgoyre (La). *La Gourgueure*, ruiss.
Gourguezieux. *Gourguaizieur.*
Gourmesaume. *Groumesaume.*

Goutaret. *Coutarel*, cⁿ° de Bellevue-la-Montagne.
Goutay (Moulin-). *Coutair.*
Goute-Engelée. *Sainte-Croix.*
Gouterme. *Gouterne.*
Gouts (Les). *Les Goutes*, cⁿ° du Pont-Salomon.
Gouttaret. *Coutarel*, cⁿ° de Bellevue-la-Montagne.
Goutte-Montchany. *Vialaron.*
Gouttes (Les). *Les Goutes*, cⁿ° de Saint-Pal-de-Chalencon; *La Plan-chette.*
Gouzabet, Gozabaut. *Gouzabeau.*
Gozealgue. *La Bastide*, ruiss.
Grachiagum, Graciago, Graciensis (adjectif). *Grazac*, c⁰ⁿ d'Yssin-geaux.
Gradac. *Allègre; Grazac*, c⁰ⁿ d'Yssin-geaux.
Gragengho. *Grazengheon.*
Grailleyre, Graillières. *Grailleire.*
Graine (Moulin-de-). *Moulin-de-la-Grane.*
Graissago. *Greissac.*
Graleire. *Grailleire.*
Graly. *Graye.*
Gramaisa de Giourande, Gramayze. *Grammaise.*
Granag, Granago. *Granat.*
Granat (Le). *Le Mazel*, cⁿ° de Saint-Didier-sur-Doulon.
Granchamp. *Grand-Champ*, cⁿ° de Villeneuve-d'Allier.
Grande. *Grandet.*
Grand-Freycenet. *Freycenet-la-Tour.*
Grandis Campus. *Grand-Champ*, cⁿ° de Villeneuve-d'Allier.
Grandrobec. *Le Grand-Robecque.*
Grand-Scie. *La Grande-Scie.*
Grand-Sollignac (Le). *Le Grand-So-lignac.*
Grand-Sue. *Grand-Duc.*
Granegeolas, Granegolles, Graneguo-las. *Granegoules.*
Granet (Mansus de). *Moulin-Grenier.*
Granga (La). *La Grange*, cⁿᵉˢ de Bau-zac et de Saint-Julien-Chapteuil.
Grangas (Las). *Les Granges*, cⁿ° de Rosières.
Grange (La). *La Grange-de-Michel, La Grange-de-Selle; Les Granges*, cⁿᵉˢ de Cronce, de Montregard et de Saint-Berain; *Gravy.*
Grangeatte. *La Grange-Haute.*
Grange-de-Soubrey. *Mas-de-la-Grange.*
Grange-dou-Bost (La), Grange-du-Bois (La). *La Grange-des-Bois.*

Grange-du-Fieux (La). *La Grange-du-Fieu.*
Granger. *Les Grangers.*
Granges (Les). *Le Chastan; La Grange,* cne de Roche-en-Régnier; *Les Grangers,* cne de Champclause.
Grangeta (La). *La Grangette,* cne de Saint-Jeure.
Grangette-de-Doublet (La). *Doublet.*
Grangette-de-Joanou (La). *La Grangette-de-Camageon.*
Grange-Valla. *La Grange-Valat.*
Grangha (La). *La Grange,* cnes de Mazeyrat-Crispinhac et d'Yssingeaux; *La Grangeade.*
Granghas (Las). *Les Granges,* cnes du Pertuis, de Rosières, de Saint-Berain et de Saint-Jean-de-Nay.
Granghe (La). *La Grange,* cnes de Bauzac et de Vieille-Brioude.
Granghes (Les). *Les Granges,* cne de Bauzac.
Grangia. *La Grange,* cnes de Desges, de Roche-en-Régnier et de Saint-Julien-Chapteuil.
Grangia de Cussac. *La Grange,* cne d'Yssingeaux.
Grangiæ. *Les Granges,* cnes de Rosières, de Saint-Berain et de Saint-Jean-de-Nay.
Grangiæ Chaspinhacii. *Les Granges,* cne de Saint-Quintin-Chaspinhac.
Grangiers (Les). *Les Grangers,* cne de Champclause.
Grangoniere (La). *Jamon.*
Graniers (Les). *Grenier,* cne de Saint-Julien-des-Chazes.
Granieyr. *Grenier,* cne de Saint-Ilpize.
Granigoules. *Granegoules.*
Granjon. *Granjeon.*
Granoe. *Granou.*
Granoletus. *Granouillet,* cne de Ceyssac.
Granolhet. *Granouillet,* cne de Cubelles.
Granolhette (La), Granolhetum. *Granouillet,* cne d'Yssingeaux.
Granon, Granos, Granosc. *Granou.*
Granouilloux. *Les Grenouilloux.*
Grant-Champ. *Grand-Champ,* cne de Villeneuve-d'Allier.
Grasac. *Allègre; Grazac,* cne d'Yssingeaux.
Grasacum. *Allègre; Grazac,* cne de Saint-Vidal et cne d'Yssingeaux.
Grateda, Gratade. *Grattade.*
Grata Palha. *Gratte-Paille.*

Grata Sola. *Gratte-Saule.*
Grate-Pailhe, Gratepaille. *Gratte-Paille.*
Gratesol (Ruiss. de). *Le Serry.*
Grathuse. *Gratuze.*
Gratiacus. *Grazac,* cne d'Yssingeaux.
Gratia Dei. *Chastel,* cne de Rosières.
Gratuza. *Gratuze.*
Grauliere (La). *La Grouleyre,* cne de Monlet.
Graveira. *Gousenes; La Gravière,* cne de la Mothe.
Graveria, Graveyra (La). *La Gravière,* cne de Mazerat-Aurouze.
Graveyre (La). *La Gravière,* cne de Saint-Didier-sur-Doulon.
Graxedi. *Grazac,* cne d'Yssingeaux.
Graye. *Gris.*
Grays. *Grais.*
Grazacum. *Allègre; Grazac,* cnes de Saint-Vidal et d'Yssingeaux.
Grazat. *Allègre.*
Grazi. *Gris.*
Gredona. *Grèzes.*
Grefoleyra (La). *La Grifouleyre.*
Greises (Les). *Les Grèzes.*
Greissat. *Greissac.*
Grely (Lo). *Le Grelet.*
Greniac. *Griniac.*
Grenigolles. *Granegoules.*
Grenouillete (La). *Granouillet,* cne d'Yssingeaux.
Gresac. *Grazac,* cne de Saint-Vidal et cne d'Yssingeaux.
Gresas. *Grèzes.*
Gresengho, Grésingheon. *Grazengheon.*
Greynhac. *Griniac.*
Greys. *Gris.*
Greyssac. *Greissac.*
Grez (Le). *Le Grès.*
Grezas. *Grèzes, Les Grèzes.*
Greze. *Grèzes.*
Grezengeou, Grezenjou. *Grazengheon.*
Grial (Le). *Le Glial.*
Griffoleyra (La), Griffoulière (La). *La Grifouleyre.*
Grifol (La), Grifole (La). *La Grifolle.*
Grimat. *Griniac.*
Grioutoux (Les). *Les Grioutoux.*
Grioutouze (La). *L'Oubois,* ruiss.
Grisard (Le). *Le Grisail.*
Grisolle (Lo). *La Grifolle.*
Grissat. *Greissac.*
Grizail, Grizaly. *Le Grisail.*
Grommenier. *Grosménil.*

Grosologus. *Le Cros,* cne de Saint-Geneys-près-Saint-Paulien.
Grossa Bessera. *Grosse-Besseyre.*
Grosset. *Grousset.*
Grossou. *Grosson.*
Grostalum. *Crouzeraille.*
Grouleria. *La Grouleyre,* cne de Bauzac.
Groumessaume, Groumessonne. *Groumesaume.*
Gruaire. *La Savenne,* ruiss.
Grueyra. *Grueyre.*
Grueyre (Rif de). *La Savenne.*
Guachepoux. *Cachepour.*
Gualandes. *Les Galandres; les Galendres,* ruiss.
Guallavel. *Galavel.*
Guamonnet. *Gamounet.*
Guaraytum. *Le Garay.*
Guarda (La). *La Garde,* cne de Monistrol-d'Allier.
Guardette (La). *La Gardette,* cne de Saugues.
Guarent. *Guérin,* cne d'Aubazat.
Guassotz (Lous). *La Malouteyre,* cne d'Espaly-Saint-Marcel.
Guaytiel (La). *La Guetial.*
Guazela (La). *La Gazelle,* cne de Saint-André-de-Chalencon.
Guempa (La), Guempe (La). *La Guimpe.*
Guesa (La). *La Guèze.*
Guetyal (Le). *La Guetial.*
Gueuse (La). *La Guèze.*
Gueytial (La). *La Guetial.*
Guictard. *Guittard.*
Guignamands, Guignamaux (Les). *Dinamand.*
Guigonet. *Guigonnet.*
Guilberta (La). *La Gimberte.*
Guilhaumanges (Les), Guilhaumenches (Les), Guillelmanchiæ, Guillelmus Mancus, Guillomenches (Les). *Guillaumanche.*
Guilhoumette. *Guilhoumet.*
Guinebode. *Guinebaude.*
Guirandes. *La Durande,* mont.
Guirazacz. *Jorat.*
Guirensa. *Jaurence.*
Guissac (Lo). *Le Guisson,* ruiss.
Guitard. *Guittard.*
Guitbanda (La). *Giban,* cne du Pertuis.
Guizoumal (Le), Guizoumas (Le). *Le Juzounal.*
Gulanetum. *Le Villaret,* cne de Saint-Jeure.
Guntaldes. *Contaldès.*

Guodet, Guodetum. *Goudet.*
Guosabalt. *Gouzabeau.*
Gurges Longus, Gurges Longuus. *Gourlonc.*
Gusac. *Gurat.*
Gutæ. *Les Goutes,* c^{ne} de Saint-Pal-de-Chalencon.
Guttula. *La Goutelle.*
Guynhamans (Los). *Dinamand.*
Guyrandas, Guyrandelas. *La Durande,* mont.
Guxe. *Joux,* c^{ne} de Céaux-d'Allègre.
Gyberges. *Giberges.*

H

Habasanelas. *Chabassenelle.*
Haboline. *Aboulin.*
Habriès-Bas. *Abriès-Bas.*
Haïe (La). *Les Haies.*
Halerius. *L'Allier,* rivière.
Hallat. *Allot.*
Harnempde. *Arlempdes.*
Haulpilliaire. *Olpilière.*
Haulte-Ville. *Hauteville.*
Hautaville. *Haute-Vialle.*
Haute-Viaye. *Viaye-le-Château.*
Haut-Oubrus. *Grands-Brus.*
Hauvige. *Volvige.*
Hebdes. *Ebde.*
Hebrartz (Les). *Les Hébrards.*
Heras (Las). *Les Eyres.*
Herem. *L'Herm,* c^{ne} de Salettes.
Heremi. *Les Hers.*
Heremum. *L'Herm,* c^{ne} de Cayres.
Heremus. *L'Herm,* c^{nes} du Monastier, du Pertuis, de Rosières, de Saint-Julien-Chapteuil, de Saint-Pierre-Duchamp et de Salettes.
Heriacensis (adjectif). *Saint-Beauzire.*
Herm (L'). *L'Air,* c^{nes} d'Auvers et de Boisset.
Hermæ. *Les Hers.*
Hermans (Les). *Les Herments.*
Herm-de-Masclaux (L'). *L'Herm,* c^{ne} de Salettes.
Herm-du-Monastier (L'). *L'Herm,* c^{ne} du Monastier.
Herme (L'). *L'Herm,* c^{ne} de Saint-Julien-Chapteuil.
Herme-Hault, Hermenaud. *Armenauds.*
Hermenez (Los), Hermentz (Los), Hermes (Les). *Les Herments.*
Hermetum. *L'Herm,* c^{ne} du Monastier; *L'Hermet,* c^{ne} de Saint-Berain.
Hermitage (L'). *L'Hermitagne.*

Hermis (Les). *Les Hermes, Les Hers.*
Hermum. *L'Herm,* c^{ne} du Monastier.
Hermum Adrianum. *L'Hermet,* c^{ne} de Chassagnes.
Hermus. *L'Herm,* c^{nes} de Laussonne et du Monastier.
Hertaud. *Bertaud.*
Hespaly. *Espaly-Saint-Marcel.*
Heyrault. *Héraud.*
Heyseales. *Les Essialles.*
Hibdes. *Ebde.*
Hieracensis (adjectif). *Saint-Beauzire.*
Hihosa (Aqua). *Le Houzon.*
Hileris. *L'Allier,* rivière.
Hillas (Las). *Les Iles,* c^{ne} de Saint-Maurice-de-Lignon.
Hirusalem (Molendinum hospitalis). *Moulin-Saint-Jean.*
Hispali. *Espaly-Saint-Marcel.*
Hiver (L'). *Le Vert,* c^{ne} de Saint-Préjet-Armandon.
Hivernaux (Les). *Les Hivernoux.*
Holivas (Las). *Les Olives.*
Holme (L'). *L'Herm,* c^{ne} de Rosières.
Homenade (L'). *Lomenède.*
Homes (Les). *Les Hommes.*
Honnas. *Aunas.*
Hontels-Soubeyres (Les). *Hontès-Haut.*
Hontels-Souteyres. *Hontès-Bas.*
Horiacensis (adjectif). *Saint-Beauzire.*
Hospitale de Limanias. *L'Espitallet.*
Hospitale Hierusalen, Hospitale Jherusalem, Hospitale Podii, Hospitale Sancti Johannis, Hospitale Sancti Johannis Jherosolimitani. *Saint-Jean-la-Chevalerie.*
Hospitaletum. *L'Hospitalet.*
Hospitallet (L'). *L'Espitallet.*
Hosté. *Ostet.*
Hotesson (L'). *Les Hôtes.*
Houmest. *Oumey.*
Hours. *Ours.*
Houzou (La). *Lahouzon.*
Hueles. *Huelle.*
Huelles. *Huels.*
Huells. *Huelle, Huels.*
Huifous. *Uffour.*
Hulmet. *Ulmet.*
Humbret. *Ombret.*
Humiliou. *Émilleux.*
Hutiac. *Utiac.*
Hylaris. *L'Allier,* rivière.

I

Iabrel. *Jabrel.*
Iaon, Iaond. *Jahon.*
Icio. *Usson.*

Igurago. *Gurat.*
Iharanciacus. *Charensac.*
Ihassendus. *Chassende.*
Iheretum. *Chirel.*
Ilario. *L'Allier,* rivière.
Illes (Les). *Les Iles,* c^{ne} de Saint-Maurice-de-Lignon.
Ineyres. *Inaires.*
Infangati. *Les Changeas.*
Infernets (Les). *Les Uffernets.*
Infirmaria Magdalenæ, Infirmaria Magdalenensis, Infirmaria Langiaci. *La Magdelaine,* c^{ne} de Langeac.
Infirmi de ponte Brivæ. *La Malouteyre,* c^{ne} de Brives-Charensac.
Ingelados. *Les Jalayoux.*
Inhas (Las). *Les Ignes.*
Inpilhac. *Ampilhac,* c^{ne} de Langeac.
Insula. *Les Iles,* c^{ne} de Saint-Maurice-de-Lignon.
Inter Montes, Intermonts. *Entremont.*
Intrangiæ. *Intrange.*
Inzoumal (L'). *Le Juzoumal.*
Irbes. *Ilierbes.*
Irbettes. *Hierbettes.*
Isingaudus, Isingiacus. *Yssingeaux.*
Ispalidus, Ispalius. *Espaliou.*
Ipaly. *Espaly-Saint-Marcel.*
Issamas. *Yssamas.*
Issange. *Issanges.*
Issarlangas. *Sarlanges.*
Issarlhes. *Sarlis.*
Isseuge. *Issanges.*
Issigeau, Issignaux, Issigneaux, Issiniau, Issingaudus, Issingeaux, Issinghaulx, Issinguaudus. *Yssingeaux.*
Iter Romeu. *Chemin-Romieu.*

J

Jabia, Jabianus, Jabie, Jahio, Jabiou. *Jabier.*
Jabreil, Jabrelh, Jabrelles, Jabreulh, Jabril. *Jabrel.*
Jabrusacus. *Jabruzac.*
Jacamet. *Jacquet.*
Jacassi. *Jacassy.*
Jacques-de-Jean. *Jacques-de-Zean.*
Jacs, Jacx, Jacz. *Jax.*
Jaffeurs, Jaffueilh. *Jaffeur.*
Jagonacium, Jagonacum, Jagonas, Jagonassium. *Jagonnas.*
Jagonzacus. *Jagonzac.*
Jagunnacium. *Jagonnas.*
Jagunzac. *Jagonzac.*

Juhont. *Jahon.*
Jahors, Jahours. *Le Javoulx*, ruiss.
Jal (Le). *Geay.*
Jaladiu. *Le Jaladif.*
Jalaghouc, Jalajoc, Jalajouc. *Jalajour.*
Jalaos. *Jalavoux.*
Jalassetum. *Jalasset.*
Jalaure, Jalaury. *Jalore.*
Jalayoc. *Jalajour.*
Jalesset. *Jalasset.*
Jaletz. *Jalès.*
Jalinieyres. *Jalinières.*
Jallaoux (Lous). *Les Jalayoux.*
Jallès. *Jalès.*
Jalory, Jaloure, Jaloyre. *Jalore.*
Jalvaigues. *Javaugues.*
Jalzac, Jalzat. *Josat.*
Jamard. *Samard.*
Jambe-de-Bois. *Chambe-de-Baud.*
Jambeton. *Jameton.*
Jamilloux. *Les Jamillons.*
Janallelles. *Chanaleilles.*
Jancenet. *Jansenet.*
Jandriac, Jandriacus. *Gendriac.*
Janebret. *Genebret.*
Janestum. *Le Genest.*
Jangeoli. *Jean-Joly.*
Jani. *Janisse.*
Janilhada (La). *La Genilhade.*
Janilieyres. *Janilières.*
Jaont. *Jahon.*
Jaquassi. *Jacassy.*
Jarisso. *Jarisson.*
Jarlhier, Jarlière. *Jarlier.*
Jarmeyrac. *Germeyrac.*
Jarniaux. *Jarniou.*
Jarrigha (La), Jarrija. *La Jarrige.*
Jarrisson (Suc de). *Chouty.*
Jarrosier, Jarrossier. *Jarroussier.*
Jarrousse (La). *La Jarousse.*
Jarroussou. *Jarousson.*
Jarvilh. *Gervil.*
Jarzaylh. *Jerzat.*
Jastre-Basse (La). *Lugeastre-Bas.*
Jastre-Haute (La). *Lugeastre-Haut.*
Jaules. *Lanjalier.*
Jaulzac. *Josat.*
Jauriac, Jauriacus, Jauriag, Jau-
    riago, Jauriat. *Jauria.*
Jausas, Jausatum. *Josiat.*
Jauseranda (La). *Le Jousserand*, ruiss.
Jaux. *Jax.*
Jauzac. *Josat.*
Jauzans. *Josan.*
Jauzas. *Josiat.*
Javaiac. *Charagnac-Lafayette.*
Javalgue, Javalgues, Javaulgue. *Ja-
    vaugues.*

Jave (Le). *La Lempèze*, ruiss.
Javelon, Javelou. *Javeloux.*
Javignères (Les). *Les Javignières.*
Javinhac. *Javignac.*
Javois, Javours. *Le Javoulx*, ruiss.
Jay (Le). *Pradoux.*
Jaynes (Lo). *Le Genne.*
Jayx. *Geay, La Joie.*
Jazemde, Jazinde. *Jazende.*
Jeancenet. *Jansenet.*
Jean-Maras. *Jamarat.*
Jean-Nec (Moulin-de-). *Moulin-de-
    Plantin.*
Jeinsac. *Genzac.*
Jeloyre. *Jalore.*
Jencenet. *Jansenet.*
Jenebret. *Genebret.*
Jenest. *Le Genest.*
Jenestoze. *Genestouze.*
Jenets (Les). *Le Genêt.*
Jenne (Le). *Le Genne.*
Jenoyrio (La). *La Genoirie*, ruiss.
Jeorat. *Jorat.*
Jeune (Lo). *Le Genne.*
Jeuriec. *Giorec.*
Jevalgues. *Javaugues.*
Joaloure. *Jalore.*
Jocz. *Joux*, c^nes de Céaux-d'Allègre
    et de Tence.
Joiacensis (adjectif). *Josat.*
Joinctas (Les). *Les Jointes.*
Jonchères (Ravin-de-). *L'Audonès*,
    ruiss.
Joncherette. *Joncherettes.*
Joncheyras, Jonchières. *Jonchères.*
Jorda. *Six-Jourdes.*
Jorgoiola. *Gourgoux.*
Joriat. *Jauria.*
Jornal. *Le Besson.*
Jornet. *Journet.*
Josand. *Josan.*
Josant. *Le Josan*, ruiss.
Josias. *Josiat.*
Josserand (Le). *Le Jousserand*, ruiss.
Jouque-Gray. *Joucagray.*
Jourchanes, Jourchanne. *Jourchane.*
Jourdic. *Jourdy.*
Jourez. *Jouret.*
Jousac. *Josiat.*
Jouverand. *Soureyrand.*
Jouzan, Jouzans. *Josan.*
Jouzat. *Jozat.*
Jox. *Joux*, c^nes d'Allègre et de Tence.
Juchès, Juchetz. *Juchet.*
Jugeniat. *Le Juzoumal.*
Juilhac. *Juillat.*
Juilhard. *Juillard.*
Julanges. *Jullianges.*

Julhac. *Juillat, Julliat.*
Julhacum. *Juillat.*
Julhangas, Julhanzas. *Jullianges.*
Julharo (Nemus de). *Saigne-Redonde.*
Julhat, Julhyac. *Julliat.*
Julhec. *Juillec, Juillet.*
Julhiec, Julhiec-lez-la-Mure. *Juillec.*
Juliac. *Julliat.*
Juliacium. *Juillat.*
Juliangiæ. *Jullianges.*
Juliard. *Juillard.*
Julianias, Jullenges. *Jullianges.*
Jullet. *Juillet.*
Julliac. *Juillat.*
Jumetaux. *Jameton.*
Junchayretas. *Joncherettes.*
Juncheiras. *Jonchères.*
Juncheire (La). *La Jonchère.*
Juncheiretes. *Joncherettes.*
Juncheriæ. *Jonchères.*
Juncheyretes. *Joncherettes.*
Junctas (Las). *Les Jointes.*
Jungeriæ, Juntgeyras. *Jonchères.*
Jurchalm. *Rossignol*, c^ne de Saint-
    Jean-Lachalm.
Jurchanas. *Jourchane.*
Jurdic, Jurdit, Juridic. *Jourdy.*
Juruna, Juruyna, Juryne. *Jurine.*
Jusalmal. *Le Juzoumal.*
Jussacum, Jussat. *Jussac.*
Jusso, Jusson. *Guisson*, ruiss.
Just-l'Égalité. *Saint-Just-près-Brioude.*

K

Kagilis. *Chazieux.*
Kamalariæ, Kamalariensis (adjectif).
    Chamalières.
Karaisacum, Karasiachum. *Cheyrac*,
    c^ne de Saint-Victor-sur-Arlanc.
Karolium. *Le Charrodil.*

L

Labadial. *La Badial.*
Labadier. *La Badie.*
Labaresse. *Lobaresse.*
Labatie. *La Bastie; La Bâtie*, c^nes
    d'Araules, de Chaudeyrolles et de
    Sainte-Sigolène.
Labatie-de-Chesne. *La Bastie.*
Labauche. *La Bauche*, c^ne de Tence.
Laberche. *La Berche.*
Labetrit. *La Bétrix.*
Labiacum, Labiet. *Labiec.*
Laborat (Lo). *Le Labourat.*
Laborier. *Labourier.*

Laborithe. *Cocoulogne.*
Labot, Laboue. *Labout.*
Labraud. *Labro.*
Labrict, Labrie. *La Brie.*
Labrot. *Labro.*
Labroue. *Labrot*, c⁰ᵉ de Saint-Vincent.
Labrousse. *La Brousse*, cⁿᵉ de Retournac.
Labrugerete, Labrugerette. *La Brugerette*, cⁿᵉ de Saint-Jeure.
Labruyère. *La Bruyère*, cⁿᵉˢ de Lapte et de Saint-Victor-Malescours.
Labry. *La Brie.*
Labsède. *La Bessède.*
Labte. *Lapte.*
Lac (Le). *Le Suc-du-Lac.*
Lac del Prevost. *Le Lac*, cⁿᵉ de Cohade.
Lacelle. *La Celle*, cⁿᵉ du Chambon.
Lacgers (Les). *Les Lagers.*
Lachabanne. *La Chabanne.*
Lachalm-la-Montagne. *Saint-Jean-Lachalm.*
Lachamp. *Les Champs*, cⁿᵉ de Tiranges.
Lachampravy. *La Champravie.*
Lachamps. *La Champ*, cⁿᵉ de Saint-Pierre-Eynac.
Lachaud. *Achaud; La Chaud*, cⁿᵉˢ d'Autrac, de Champagnac, de la Chapelle-d'Aurec, de Lapte et de Saint-Julien-Molhesabate.
Lachaud-de-Carle. *La Chaud-de-Carle.*
Lachaud-de-Mézères. *La Chaud-de-Mézères.*
Lachaud-des-Hermands. *La Chaud-de-la-Croix.*
Lachaud-du-Pertuis. *La Chaux-du-Pertuis.*
Lachaux. *La Chau*, cⁿᵉ de la Chaise-Dieu.
Lachazotte. *La Chazotte*, cⁿᵉˢ de Lapte et de Retournac.
Laci. *Les Lacs.*
Lacombe. *La Combe*, cⁿᵉˢ de Fay-le-Froid, de Lapte, du Pont-Salomon et de Tence.
Lacombes. *La Combe*, cⁿᵉ de Bas.
Lacoste. *La Coste*, cⁿᵉˢ d'Arlempdes et d'Aubazac.
Lacouleyre. *La Couleyre*, cⁿᵉˢ de Saint-Vincent et d'Yssingeaux.
Lacs (Les). *Le Lac*, cⁿᵉ de Chadrac.
Lacus. *Le Lac*, cⁿᵉˢ de Cohade et de Saint-Front.
Lacz (Lous). *Les Lacs.*
Ladignaco. *Ladignat.*

Ladignat, Ladignhac. *Ladignac.*
Ladinhac. *Ladignac, Ladignat.*
Ladinhacum. *Ladignac.*
Ladinhyac. *Ladignat.*
Ladrait. *Ladray.*
Ladreit. *Billard.*
Ladrey. *Ladray; Ladreyt*, cⁿᵉ de Saint-Julien-Molhesabate.
Ladunière. *La Dunière.*
Lafagette. *La Fagette*, cⁿᵉ de Venteuges.
Lafarge. *La Farge.*
Lafarre. *La Farre*, cⁿᵉ de Cussac.
Lafaurie. *La Faurie*, cⁿᵉ de Saint-Maurice-de-Lignon.
Lafaye. *La Faye*, cⁿᵉˢ de Boisset, du Chambon, de Saint-Maurice-de-Lignon, de Saint-Romain-Lachalm, des Vastres et de Vielprat; *La Faye-Leygras.*
Lafayette. *La Fayette*, cⁿᵉˢ de Saint-Ferréol-d'Auroure et d'Yssingeaux.
Lafayolle. *La Fayolle*, cⁿᵉˢ du Chambon et de Saint-Pal-de-Mons.
Lafayollette. *La Fayolette.*
Lafleur. *La Fleur*, cⁿᵉˢ de Saint-Maurice-de-Lignon et de Saint-Pal-de-Chalencon.
Lafont-de-Faux. *La Font-de-Fau.*
Lafont-de-Trédos. *La Font-de-Trédos.*
Lafovinière. *La Fauvinière.*
Lafrache. *La Frache.*
Lagarde. *La Garde*, cⁿᵉˢ de Monistrol-d'Allier et de Saint-André-de-Chalencon.
Lagenoirie. *La Genoirie*, ruiss.
Lagirande. *La Giraude*, cⁿᵉ de Rosières.
Lagnac. *Laniat.*
Lagrange. *La Grange*, cⁿᵉ du Chambon.
Lagrave. *La Grave.*
Laignat. *Leignat.*
Laignel. *Laniel.*
Laignon (Le). *L'Allagnon*, rivière.
Lair. *L'Air*, cⁿᵉˢ d'Auvers et de Ferrussac.
Laisac. *Leyssac.*
Laissa (La). *La Laisse.*
Laissac, Laizac. *Leyssac.*
Lalamanda. *L'Allemande.*
Lalaubie. *La Laubie*, cⁿᵉ de Champclause.
Lalbines. *Laubinet.*
Lalèche. *La Lèche*, cⁿᵉˢ de Lapte et de Saint-Étienne-Lardeyrol.
Lalicheyre. *La Licheyre.*

Lalier. *L'Allier*, rivière; *Lallier; La Malouteyre*, cⁿᵉ d'Yssingeaux.
Laligier. *Alligier.*
Lalouzo. *Lahouzon.*
Lamandis. *Lamandy.*
Lamathe. *La Mathe*, cⁿᵉ de Saint-Julien-Molhesabate.
Lamauria. *La Maurie.*
Lamberta (Molendinum). *Moulin-de-la-Roche.*
Lamberta de Rocha. *La Roche-Lambert.*
Lambre. *Alambre.*
Lambres. *L'Ombre.*
Lambron (Le). *Le Lembron*, ruiss.
Lamiago. *Laniat.*
Lamnugol. *Les Fabres*, cⁿᵉ de Mazeyrat-Crispinhac.
Lamolle. *La Molle*, cⁿᵉ de Monistrol-d'Allier.
Lamotte. *La Motte*, cⁿᵉ de Saint-Pal-de-Mars.
Lamourie. *La Maurie.*
Lampnhac, Lampnhat, Lampniac. *Laniat.*
Lampnighoulh, Lampnigol. *Les Fabres*, cⁿᵉ de Mazeyrat-Crispiniac.
Lamudat. *La Mude.*
Lamure. *La Mure*, cⁿᵉˢ de Bas, de Raucoules, de Rosières et de Saint-Victor-Malescours.
Lanau. *Lannau.*
Landa, Landainus. *Lempdes.*
Landas (Les). *Les Landes.*
Landes. *Lempdes.*
Landoas, Landocium, Landons, Landoz. *Landos.*
Laneyrs (Los). *Les Laniers.*
Langacum, Langado, Langat, Languhacum. *Langeac.*
Langhalier. *Lanjalier.*
Langhat, Langhiacum, Langiacum. *Langeac.*
Langielbeau. *Langelbeau.*
Langlada. *L'Anglade, Langlade.*
Langorinas. *Sarralier.*
Langougnial (Le). *La Lengouniole*, ruiss.
Laniac. *Laniat.*
Laniers (Les). *Le Lanier.*
Lanjac, Lanjat. *Langeac.*
Lanjoulbeau. *Langelbeau.*
Lanley. *Lanlet.*
Lannago, Lannhacum. *Laniat.*
Lanpadent. *Labadent.*
Lanten. *Allentin.*
Lanthenas. *Font-Chaude.*
Lantin. *Allentin.*

44.

Lantre. *Lentre-Jeune.*

Lantre-Vallias. *Lentre-Vieux.*

Lantriacium, Lantriacum. *Lantriac.*

Laoulta. *Lauta.*

Lapadenc. *Labadent.*

Laparade. *La Parade*, c^ne de Bauzac.

Laparro. *Saint-Haon.*

Lapède. *La Pède.*

Lapinède. *La Pinède*, c^ne de Salettes.

Lapis. *La Peyre*, c^ne de Saint-Jean-de-Nay.

Lapotée. *La Potée.*

Lapra. *Laprat*, c^nes de Saint-Jeure et de Saint-Julien-d'Ance.

Laprade. *La Prade*, c^ne d'Alleyrac; *Le Rozier*, ruiss.

Lapras. *Laprat*, c^ne de Saint-Julien-d'Ance.

Laprat. *Lapra, La Prat.*

Lapsonna. *Laussonne.*

Lapthe, Laptus. *Lapte.*

Larasat, Larassacum. *Larassac.*

Larbertescha. *La Bertèche.*

Larbousset. *L'Arbousset.*

Larboutel. *L'Arboulet.*

Larcenac (Le). *Le Dévès.*

Larcenat. *Larcenac.*

Larcisse. *Les Arcisses.*

Lardairol, Lardarolium, Lardayrol, Lardayrolium, Lardeirol. *Lardeyrol.*

Lardene. *Ardennes.*

Lardescha. *La Lardèche.*

Lardeybrelium, Lardeyrolium, Lardeyrolles. *Lardeyrol.*

Lardo. *Les Lardons.*

Laréolle. *La Rialle.*

Lareculade. *La Reculade.*

Lareveure. *La Reveure*, c^ne de Vorey.

Larévolte. *La Révolte.*

Largeallier. *Largealier*, c^ne de Josat.

Largier (Le). *Le Besset*, ruiss.

Largiers (Loux). *Les Lagers.*

Largue. *Larque.*

Laribe. *La Ribe*, c^ne des Vastres.

Laribeyre. *La Ribeyre*, c^nes de Dunières et de Saugues.

Larivalière. *La Rivalière.*

Larive. *La Rive.*

Larivoire. *La Rivoire.*

Larjier. *Largier.*

Larmet. *L'Hermet*, c^ne de Varennes-Saint-Honorat.

Laro. *Laroux*, c^ne de Mazeyrat-Crispiniac.

Laroche. *La Roche*, c^nes de Fay-le-Froid, de Saint-Christophe-sur-Dolaison et de Saugues.

Laros. *Laroux*, c^ne de Vorey.

Larou. *Laroux*, c^ne de Mazeyrat-Crispiniac.

Laroucheyre (La). *La Rouchaire.*

Laroue. *La Roue*, c^nes de Dunières, de Sainte-Sigolène et de Saint-Voy; *La Roulle.*

Laroule. *La Roulle.*

Larssenac. *Larcenac.*

Larzalier. *L'Arzalier*, c^nes de Prades et de Saint-Julien-du-Pinet; *Largealier*, c^ne de Josat.

Larzilher, Larziller. *L'Arzalier*, c^ne de Saint-Julien-du-Pinet.

Lasagnat. *Corsac.*

Lasalce. *Salce.*

Lascombes. *Le Lacombes*, ruiss.

Lascourbes. *Les Courbes*, c^ne de Freycenet-la-Tour.

Lascours. *Lascourt.*

Laselle. *La Selle.*

Lasseux. *Les Sucs.*

Lassimes. *Les Ignes.*

Lassistrouze. *La Cistrouse.*

Lassova. *La Séanve.*

Latiniaco. *Ladignat.*

Latta. *Lapte.*

Laubairat. *Loubeyrat.*

Laubia. *La Laubie*, c^ne de Champclause.

Laucea, Lauceacum. *Loucéa.*

Laudrac. *Landos.*

Laugiacum. *Langeac.*

Laulagnier. *L'Aulagnier*, c^ne de Riotord.

Laulanher-Grand. *L'Aulagnier-Grand.*

Laulanhier-Petit. *L'Aulagnier-Petit.*

Laulas. *Les Lots.*

Lauleygner, Laulhaner. *Ollanières.*

Laulta. *Lauta.*

Laumenede. *Lomenède.*

Lausta, Lautarius, Lautat, Lauterius. *Lauta.*

Lauthen (Moulin-de-). *Moulin-de-Lanthenas.*

Laurec. *Lioriac.*

Lauriac, Lauriacum. *Lauriat.*

Lauriago. *Jauria, Lauriat.*

Lauriol. *Oriol*, c^ne d'Aurec.

Lausac. *Lioussac.*

Lausedat. *Laulas.*

Lausona, Lausonna, Lausono. *Laussonne.*

Laussona. *La Laussonne*, rivière.

Lauvengnœ. *Les Lozanges.*

Lauvesche (La). *La Louvèche.*

Lauzanges (Les), Lauzenghas (Les). *Les Lozanges.*

Lauziacus. *Lugeac.*

Lavacheresse. *La Vacheresse*, c^ne de Venteuges.

Lavador, Lavadour. *Le Lavadou.*

Lavailh. *Laval*, c^ne de la Chaise-Dieu.

Laval-Bardiou. *Laval-Bardieu.*

Lavalemblavez. *Laval-Emblavès.*

Lavalette. *La Valette*, c^nes d'Auvers, de Chadron, du Chambon, de Chénereilles, de Monistrol-d'Allier, de Saint-Didier-la-Séauve, de Saint-Préjet-d'Allier et de Tence.

Lavall. *Laval-Bardieu.*

Laval-Taillhier, Lavaltaillez. *La Valtaillet.*

Lavarenne. *La Varenne*, c^nes d'Araules, de Bauzac, de Bessamorel, de Chadron, de Laussonne, du Mazet-Saint-Voy et de Saint-Julien-du-Pinet.

Lavastres. *Les Vastres.*

Lavastretz. *Les Vastrets.*

Lavastris. *Les Vastres.*

Lavator. *Le Lavadou.*

Lavau. *L'Orsier*, ruiss.

Lavaudieu. *La Vaudieu.*

Lavaur. *Lavaux, Lavort.*

Lavaux (Le). *L'Orsier*, ruiss.

Lavectz. *Lavès*, c^ne de Connangles.

Lavée (Ruiss. de). *La Criselle.*

Laveis. *Lavès*, c^ne de Venteuges.

Lavernelle. *La Vernelle.*

Laves. *Lavet.*

Lavesium. *Lavès*, c^ne de Venteuges.

Lavetz. *Lavès*, c^ne de Connangles; *Lavet.*

Laveysseire. *La Veysseyre*, c^ne de Saugues.

Lavez. *Lavet.*

Lavèze. *Lavès*, c^ne de Connangles.

Lavialle. *La Vialle*, c^nes de Saint-Étienne-sur-Bleslo, de Saint-Romain-Lachalm et de Saugues.

Lavialle-d'Estour. *La Vialle-d'Estour.*

Lavigne. *La Vigne*, c^ne de Montregard.

Lavillatelle. *La Villatelle.*

Lavillette. *La Villette*, c^nes de Saint-Paul-de-Tartas et de Saint-Romain-Lachalm.

Lavinhac. *Livinhac.*

Lavoûte. *La Voûte*, c^nes du Pertuis et de Saint-Julien-Molhesabate.

Luynas, Laynhas. *Leignat.*

Layratz. *Layrats.*

Layre. *Laire.*

Layssa (La). *La Laisse.*

Layssac. *Leyssar.*

Laytoyol. *Lestigeolet.*
Lazalier. *Largealier,* c^ne de Saint-Just-Malmont.
Lazassac, Lazassat. *Larassac.*
Lebratus. *Lebrat.*
Lebrayre, Lebreyre. *Le Breyre.*
Lebreyres, Lebrière. *Les Brières.*
Lecha (La). *La Lèche,* c^me de Lapte.
Lechede, Lechelde. *Lichide.*
Lecho (La). *La Lèche,* c^me de Saint-Étienne-Lardeyrol.
Lecurlerie. *L'Écurlerie.*
Ledene. *La Lidène,* ruiss.
Legeret. *Leyret.*
Léger-les-Côtes. *Saint-Léger.*
Legeyr. *La Loire,* fleuve.
Lego. *Le Got.*
Leguau. *Légal.*
Leier. *La Loire,* fleuve.
Leiga. *Leygas,* c^ne d'Araules.
Leignas (Les). *Leignat.*
Leigua. *Leygas,* c^ne d'Araules.
Leinde. *Lende.*
Lembron (Le). *L'Ambron,* ruiss.
Lemda. *Lempdes.*
Lemnegeol. *Les Fabres,* c^ne de Mazeyrat-Crispinhac.
Lempda. *Lompdes.*
Lempde. *Lempdes, Lende.*
Lempeza. *La Lompèze,* ruiss.
Lenda. *Beauregard,* c^ne de Lempdes; *Lempdes.*
Lendan, Lendanus, Lende. *Lempdes.*
Leneyrils. *Le Neyrial.*
Lengac. *Langeac.*
Lengalbaud. *Langelbeau.*
Lenganiole. *La Lengouniole,* ruiss.
Lenghalbaud. *Langelbeau.*
Lenghalier. *Lanjalier.*
Lengiacum. *Langeac.*
Lengialbaud. *Langelbeau.*
Lengoignolle, Lengonhola. *La Lengouniole,* ruiss.
Lengurinas. *Sarralier.*
Lengyacum, Lenjac, Lenjacum. *Langeac.*
Lentenas, Lenthenas. *Lanthenas.*
Lentilac, Lentilhat, Lentillac. *Dintillat.*
Leotour. *Lioutour.*
Ler. *L'Air,* c^ne de Bauzac; *L'Herm,* c^nes du Pertuis et de Salettes.
Lerbret. *L'Herbret.*
Lereza. *Lérèze.*
Lericel. *Leyricel.*
Lerm. *L'Air,* c^nes d'Auvers, de Boisset, de Ferrussac, de Langeac, de Laval, de Pébrac et de Siaugues-

Saint-Romain; *Lerveuil; L'Herm,* c^nes du Pertuis et de Rosières.
Lerm-du-Doyenné. *L'Herm,* c^ne de Cayres.
Lermet. *L'Hermet,* c^nes d'Aurec, de Pinols, de Saint-Berain et de Saint-Hostien.
Lermet-Hault. *L'Hermet-Haut.*
Lermetum. *L'Hermet-Haut; L'Hermet,* c^ne de Saint-Berain.
Lermitagne. *L'Hermitagne.*
Lerm-Jone. *L'Air,* c^ne de Siaugues-Saint-Romain.
Lermp. *L'Air,* c^ne de Ferrussac.
Lermum. *L'Air,* c^nes d'Auvers et de Ferrussac.
Lermus, Lerm-Veilh, Lerm-Vieille. *Lerveuil.*
Lermytanie. *L'Hermitagne.*
Lern. *L'Air,* c^ne d'Auvers.
Leromitto. *L'Herm,* c^ne de Salettes.
Lerp, Lerpm. *L'Air,* c^ne de Boisset.
Lesbinières. *Les Binières.*
Lescarcelle. *L'Escarcelle.*
Lescluzel. *Escluzel.*
Lescombelles. *Les Combelles.*
Lescondier. *Les Coudiers.*
Lescorchet. *L'Écorché.*
Lescoussouzes. *Les Coussouses.*
Lescoydiers. *Les Coudiers.*
Lescura. *Lescure,* c^ne de Saugues.
Lesio, Lesion. *Pic de Lizieux.*
Lesquival. *L'Estival,* c^ne de Saint-Front.
Lespelins. *Les Pelens.*
Lespigoux. *L'Espigoux.*
Lespinassa. *Lespinasse.*
Lespinasse. *Espinasse,* c^ne de Malrevers; *L'Espinasse,* c^ne d'Araules.
Lespinasso, Lespinasson. *Lespinassou.*
Lespital, Lespitalet. *L'Espitalet.*
Lestang. *L'Étang,* c^nes de Montfaucon, de Raucoules et de Saint-Christophe-d'Allier; *Le Mas-de-l'Étang.*
Lestande. *L'Estandot,* ruiss.
Lestiva. *L'Estival,* c^nes de Langeac et de Saint-Front.
Lestival sobre Jahont. *L'Estival,* c^ne de Langeac.
Lestival-sur-Desghe. *L'Estival,* c^ne de Desges.
Lestrade. *L'Estrade,* c^ne de Beaune.
Leuciacum. *Lioussac.*
Leugas. *Leygas,* c^ne de Riotord.
Leugha (La), Leughe (La). *La Leuge; La Leuge,* ruiss.
Levez. *Lavet.*
Levinhac, Levinhacum. *Lievinhac.*

Ley. *La Loire,* fleuve.
Leygat. *Leygas,* c^ne de Tence.
Leygua. *Leygas,* c^me de Riotord.
Leyre. *La Loire,* fleuve.
Leyreceil, Leyrecel. *Leyricel.*
Leyrenoux. *Les Renoux.*
Leyri. *La Loire,* fleuve.
Leyriceilh. *Leyricel.*
Leyris (Le). *Le Mas,* ruiss.
Leysac, Leyssacus. *Leyssac.*
Leyteughol, Leytugholet. *Lestigeolet.*
Lhacum. *Liac.*
Lhauriacum. *Lioriac.*
Lhauta. *Lauta.*
Lher. *L'Air,* c^ne d'Auvers.
Lheret. *Leyret.*
Lhermetum. *L'Hermet,* c^ne de Saint-Hostien.
Lhimandras. *Limandres.*
Lhimanhas. *Limagne.*
Lhimar. *Limas.*
Lhinars. *Linard.*
Lhintilhiacus. *Dintillat.*
Lhioutour. *Lioutour.*
Lhoriacum. *Lioriac; Naves,* c^ne de Bas.
Lhoutaud. *Luitaud.*
Lhoyre. *La Loire,* fleuve.
Lhupiac. *Lupiat.*
Lhymaniæ. *Limagne.*
Liacum, Lialhac. *Liac.*
Liausac. *Lioussac.*
Liautour. *Lioutour.*
Liber. *Libeyre.*
Licha Meailhie, Licha Mealham, Lichemailhe, Liche-Miailhe, Lichemailhe. *Lichemaille.*
Lichière (La). *La Licheyre.*
Lichilde. *Lichide.*
Lict. *Lic.*
Lidena, Lidènes, Lidenne. *La Lidène,* ruiss.
Lieuss, Lieux. *L'Œuf.*
Liger. *La Loire,* fleuve.
Lignac. *Alignac-Bas.*
Ligneralum, Ligneyriaulx. *Le Neyrial.*
Lignio. *Le Lignon,* rivière.
Ligno, Lignon. *Le Châtelard,* c^ne de Saint-Maurice-de-Lignon.
Ligonhe, Ligonia. *Ligogne.*
Ligonzac, Ligosac. *Ligouzac.*
Ligostras, Ligoustres. *Lingoustre.*
Ligouzat. *Ligouzac.*
Limaignes, Limainhes, Limanas. *Limagne.*
Limandras. *Limandres.*
Limanhas. *Limagne, Lac de Limagne.*

Limania in montanis. *Limagne.*
Limanias. *L'Espitalet, Limagne.*
Limur, Limars. *Limas.*
Linairial, Linairil, Linairils. *Le Ney-rial.*
Linayrolas. *Ninirolles.*
Lindes. *Lende.*
Lineyrioulx. *Le Neyrial.*
Lineyrolas. *Ninirolles.*
Lingostras. *Lingoustre.*
Lingurinæ, Lingurinas. *Sarralier.*
Lingustras. *Lingoustre.*
Linhiac. *Alinhac-Bas.*
Linhio. *Le Châtelard, c^{ne} de Saint-Maurice-de-Lignon; le Lignon, rivière.*
Linho. *Le Châtelard, c^{ne} de Saint-Maurice-de-Lignon.*
Liniayrils. *Le Neyrial.*
Linio, Lino. *Le Lignon, rivière.*
Linon. *Le Long.*
Lionnet. *Lioumet.*
Lioride. *Lioriac.*
Liotour. *Lioutour.*
Liouriac. *Lioriac.*
Lioux. *L'Œuf.*
Lisacus. *Lissac.*
Lisio. *Lizieux.*
Lissacus. *Lissac.*
Lit. *Lic.*
Litger. *La Loire, fleuve.*
Liuteir. *Lioutour.*
Livinhacum. *Lirinhac.*
Lizeuc, Liziou. *Lizieux.*
Loba Penduda. *La Louve-Pendue.*
Lobayrac. *Loubeyrat.*
Loberia. *La Loubeyre, c^{ne} de Cubelles.*
Loberias. *Libeyre, Lubière.*
Lobeyra (La). *La Loubeyre, c^{nes} de Chassignolles et de Cubelles.*
Lobeyrac. *Loubeyrat.*
Lobeyras. *Lubière.*
Lobeyria. *La Loubeyre, c^{ne} de Cubelles.*
Lobières. *Lubière.*
Lobieyra (La). *La Loubeyre, c^{nes} de Chanaleilles et de Cubelles.*
Locha. *La Lèche, c^{ne} de Saint-Étienne-Lardeyrol.*
Lodde, Loddes. *Loudes, arr. du Puy.*
Lode. *Loudes, c^{ne} de Tailhac.*
Lode (Molendinum de). *Moulin-de-Loudes.*
Lodes, Lodesius. *Loudes, arr. du Puy.*
Logia (La), Loia (La). *La Leuge.*
Loiacensis (adjectif). *Josat.*

Loiere. *La Loire, fleuve.*
Lolanhier, Lolalier. *L'Aulagnier, c^{ne} de Riotord.*
Lolier, Lollier. *L'Ollier, c^{ne} de Fay-le-Froid.*
Lolme. *L'Holme; L'Olme, c^{ne} de Rosières.*
Lolmeneda. *Lomenède.*
Lolvesegha (La). *La Louvêche.*
Lombac, Lombar, Lombat. *Le Lombard.*
Lompnac, Lompnhacum. *Lonnac.*
Loncprat. *Lomprat.*
Long. *Farreyre, c^{ne} de Vorey.*
Longa Sanha. *Longe-Sagne.*
Longa Troya. *Longetraye.*
Longa Val, Longa Vallis. *Longeval.*
Longa Vila. *Longevialle.*
Longuesaigne, Longesaignes, Longessanhe. *Longe-Sagne.*
Longetrée, Longe-Treuilhe, Longe-Treüye, Longe-Truie. *Longetraye.*
Longha Font. *Longefont.*
Longha Sania. *Longe-Sagne.*
Longha Truya. *Longetraye.*
Longheval. *Longeval.*
Longiroux. *Le Croizet, ruiss.*
Longprat. *Lomprat.*
Longua Rivieyra, Longne. *Farreyre, c^{ne} de Vorey.*
Longue-Truye. *Longetraye.*
Longus Fons. *Longefont.*
Lonia Sanha. *Longe-Sagne.*
Lopcha. *La Lèche, c^{ne} de Saint-Étienne-Lardeyrol.*
Lopiag. *Lupiat.*
Lopzac. *Lugeac, c^{ne} de la Vaudieu.*
Lordo. *Lourdau.*
Loriat. *Lauriat.*
Lorilhot, Lorillot. *Laurillaud.*
Lorme. *L'Orme, c^{ne} de la Chaise-Dieu.*
Losegaux. *Loségal.*
Losfonts. *Losfons.*
Lotberias. *Lubière.*
Lothnacs, Lotnac. *Lonnac.*
Lotzac, Lotzat. *Lugeac, c^{ne} de la Vaudieu.*
Loubet. *Le Betz, c^{nes} du Chambon et d'Yssingeaux.*
Loubinet. *Laubinet.*
Louceanus. *Loucéa.*
Louclos. *Le Clos, c^{ne} de Saint-André-de-Chalencon.*
Loudde. *Loudes, arr. du Puy.*
Loude. *Loudes, arr. du Puy et c^{ne} de Tailhac.*
Loudo. *Loudon.*

Louere. *La Loire, fleuve.*
Loughat. *Lugeac, c^{ne} de la Vaudieu.*
Loulagner. *L'Aulagnier, c^{ne} d'Araules.*
Loulanier. *L'Aulagnier-Grand.*
Louparel. *Lous Pareils.*
Loupzat. *Lugeac, c^{ne} de la Vaudieu.*
Lourda. *Lourdau.*
Lourèche (La). *La Louvêche.*
Lousea. *Loucéa.*
Louso (La). *La Houzon.*
Louspareils. *Lous Pareils.*
Louspis. *L'Ouspis, Lous Pis.*
Loussoissoux. *Les Ceyssoux.*
Louta. *Lauta.*
Louxfours. *Ouffour.*
Louzis (Moulin de). *Louzet.*
Lovescha (La), Lovesche (La). *La Louvêche.*
Loyre. *La Loire, fleuve.*
Loytau, Loytaus. *Luitaud.*
Luberias, Lubert. *Lubière.*
Lubeyras, Lubeyres. *Libeyre.*
Lubieres. *Lubière.*
Luc. *Lux.*
Luchador, Luchadoux. *Luchadou.*
Luciacus. *Lugeac, c^{ne} de la Vaudieu.*
Luciag, Ludiacum. *Lugeac, c^{ne} de Saint-Just-près-Brioude.*
Lughastre-Bas. *Lugeastre-Bas.*
Lughastre-Haut, Lughastre-Sobeyra. *Lugeastre-Haut.*
Lughastre-Sobteira. *Lugeastre-Bas.*
Lughiac. *Lugeac, c^{ne} d'Auzon.*
Lugnot. *Luguenot.*
Luitau. *Luitaud.*
Lumenesses, Lumesse, Lumines. *Lumenesse.*
Lupiac, Lupiago. *Lupiat.*
Lumpnacum, Lumpnhacum, Lumpniat. *Lonnac.*
Luqus, Luquus. *Lux.*
Lurlanges (Rivus de). *L'Espalem.*
Luschadou. *Luchadou.*
Lutaud. *Luitaud.*
Lutchador. *Luchadou.*
Luxtz. *Lux.*
Luytan. *Mas-de-Fleury.*
Luytau. *Luitaud.*
Luzacus. *Lugeac, c^{ne} de la Vaudieu.*
Luziac. *Lugeac, c^{ne} d'Auzon.*
Lyac. *Liac.*
Lygozac. *Ligouzac.*
Lymaigne. *Limagne.*
Lymandres. *Limandres.*
Lymanyes. *Limagne.*
Lymar. *Limas.*
Lynho. *Le Lignon, rivière.*
Lyounet. *Lioumet.*

Lyouric, Lyouriec. *Lioriac.*
Lyoutour. *Lioutour.*
Lyoux. *Le lac de l'Œuf, l'Œuf.*
Lyssac. *Lissac.*

M

Macants (Les). *Les Marquants.*
Macelli. *Les Mazeaux,* cne de Tence.
Macellum Girardi. *Mazelgirard.*
Macellus. *Le Mazel,* cnes du Brignon, de la Chapelle-Geneste, de Grèzes, de Saint-Préjet-d'Allier et de Tence.
Macellus dous Geralz. *Mazelgirard.*
Macellus prope Tensanum. *Le Mazel,* cne de Tence.
Maceriaco, Maceriacum. *Mazeyrat-Crispinhac.*
Maciag. *Massiac.*
Madelonnettes, Madelounettes. *Madelonet.*
Madenas, Madènes. *Madène.*
Madreyras. *Madrières.*
Madriac. *Madriat.*
Madrière, Madrieyras. *Madrières.*
Maenselas. *Maniencelle.*
Magdalena. *La Madeleine; La Magdelaine,* cne de Langeac.
Magdalenensis (adjectif), Magdalenes. *La Magdelaine,* cne de Langeac.
Magdalleyne (La). *La Magdelaine,* cne de Chilhac.
Magdelonet. *Madelonet.*
Mageladecus. *Margealat.*
Magnaret (Le). *Le Magneret.*
Magnus Campus. *Grand-Champ,* cnes de Bauzac et de Villeneuve-d'Allier.
Magny. *Magne.*
Mahuchia. *La Mahuche.*
Maiguesi. *Maiguezin.*
Maillac. *Malhac.*
Maillevieille. *Malvieille.*
Mailloc. *Mailhot.*
Mainil (Lo). *Le Ménial,* cne de Grèzes; *Le Meynis,* cne de Saint-André-de-Chalencon.
Mainilium. *Le Ménial,* cne de Rosières.
Maioc. *Mayol.*
Maionos, Maiossos. *Le Malosse,* ruiss.
Mairia. *Le Meyrial.*
Mairona, Mairone, Maironna. *Meyronne.*
Maison-Blanche (La). *Laval,* cne de Vals-près-le-Puy.
Maisoncelas. *Maniencelle.*
Maison-d'Orvy. *La Boriette.*

Maisonnette. *Maisonnettes,* cnes de Fay-le-Froid et de Montregard; *Maisonny.*
Maison-Neufve (La). *Maisonneuve,* cne des Estables; *La Maisonneuve,* cnes de Saint-Didier-sur-Doulon et des Vastres.
Maisonneuve. *Sabadel.*
Maisonneuve-de-la-Brugea, Maisonneuve-de-la-Grange. *Maisonneuve,* cne du Chambon.
Maisonnial (Le). *Le Meysonnial.*
Maisonny. *Le Meysonny,* cnes de la Chapelle-d'Aurec et de Monistrol-sur-Loire.
Maisons-Neuves (Les). *Maisonneuve,* cne des Estables.
Maisonsolle. *Maisonseule,* cnes de Ceyssac et de Saint-André-de-Chalencon.
Maisonsoulle. *Maisonseule,* cne de Saint-André-de-Chalencon.
Maiso Sola. *Maisonseule,* cne d'Yssingeaux.
Maisoux. *Meyzous.*
Maistre-Hugon. *Maître-Hugon.*
Maix (Le). *Le Mas,* cne de Charraix.
Maizonetas. *Maisonnettes,* cne de Saint-Pierre-Duchamp.
Maizonial. *Le Meysonnial.*
Maizonil. *Maisonnial.*
Maizo Sola. *Maisonseule,* cne de Lissac.
Mala Bessa. *Malabesse.*
Mala Brocia, Malabrossa. *Malabrousse, Malebrousse.*
Malac. *Mallat.*
Mala Charreyra. *Malcharer.*
Mala Corsa. *Rif de Malecourse.*
Malacourt. *Malacours.*
Malader (Le). *La Chapelle,* ruiss.
Maladière (La). *La Malouteyre,* cne de Bauzac.
Malæ Curtes. *Malescours.*
Mala Fagia. *Malefaye.*
Malafossa. *Malafosse,* cnes d'Allègre et de Coubon.
Malafosse (Riv. de la). *Le Croizet,* ruiss.
Mala Garda. *Malagarde.*
Malagay. *Malaguet.*
Mala Gayta. *Malagayte.*
Mala Guarda. *Malegarde.*
Malaguette. *Malagayte.*
Malaliers (Les). *Les Malaguets.*
Mala Peira, Mala Petra. *Malepeyre.*
Malas Auras. *Malsaures.*
Malas Chaelas, Malas Choles, Malas Chellas, Malas Cheylas. *Malachelle.*

Malas Corls, Malas Curtz. *Malescours.*
Mala Taberna, Mala Taverna. *Malataverne,* cnes de Beaux et de Dunières.
Malatavernus. *Malataverne,* cne de Dunières.
Malatgier (Le). *Le Ménager.*
Malatrayt. *Malatray.*
Malaury. *Mialaure,* cne de Saint-Pal-de-Mons.
Malautaire (La). *La Malouteyre,* cne de Polignac.
Malauteira (La). *La Malouteyre,* cnes de Brives-Charensac et de la Sauvetat.
Malauteire (La). *La Malouteyre,* cne de la Vaudieu.
Malauteyra (La). *La Malouteyre,* cnes de Bauzac, de la Chapelle-Geneste, de Roche-en-Régnier, de Saint-Just-près-Brioude et de Thoras.
Maulauteyras. *La Malouteyre,* cne de Brives-Charensac.
Malauteyre (La). *La Malouteyre,* cne de Polignac.
Mala Val. *Malaval.*
Mala Valeta, Mala Valleta. *Malvalette.*
Malaveilhe, Malavelha. *Malaveille.*
Mala Vetula. *Malevieilles.*
Malavey. *Malavay.*
Malbey. *Malbec.*
Malbos, Malbosc. *Malbost, Maubois.*
Malboyer. *Le Masboyer.*
Mal-Cosselhe, Mal-Cosselhz. *Mal-Conseil.*
Maleguet. *Malaguet.*
Male Rocha. *Maleroche.*
Males-Aurez. *Malsaures.*
Malet. *Mallet.*
Male-Taverne. *Malataverne,* cnes de la Chomette et de Dunières.
Maletrayt. *Malatray.*
Maletz (Loux). *La Tour,* cne de Sainte-Sigolène.
Maleval. *Malavay.*
Maleys. *Malleys.*
Maleys (Le Peu de). *Le Pey-de-Malleys.*
Malfont. *Malfant.*
Malforn. *Malfour.*
Malfrey. *Malfrayt,* cne de Monistrol-sur-Loire.
Malfreyt. *Malfrayt,* cne de Retournac.
Mal-Gasco. *Malgascon.*
Malguines (Lo). *Maudine.*
Malguy. *Chasotte.*
Malhacum. *Malhac.*

Malhe (La). *La Mathe.*
Malhes-Velhas. *Malreilhs.*
Malhoc. *Mailhot.*
Malissernati, Mali Isvernati, Malisvernati. *Malivernas.*
Mali Vetuli. *Malevieilles.*
Malla. *Malleys.*
Mallagayte. *Malagayte.*
Mallat (Ruiss. de). *Le Morange.*
Mallauteyra (La), Mallauteyre (La). *La Malouteyre,* cne d'Yssingeaux.
Malle-Marande. *Malmarande.*
Malle-Morte. *Malemort.*
Malles-Aures. *Malsaures.*
Mallet (Le). *Le Malet,* cne d'Allègre.
Malletaverne. *Malataverne,* cne de Dunières.
Malleveilhe. *Malaveille.*
Malley. *Malleys.*
Malliat. *Malhac.*
Mallouteyra (La). *La Malouteyre,* cne de Saint-Étienne-Lardeyrol.
Mallouteyre (La). *La Malouteyre,* cne de Bas.
Malmi. *Malmy.*
Mal-Obreyr. *Maloubrier.*
Malone-de-Gibert. *Malosse-de-Gibert.*
Malos Evernatos, Malos Yvernatis. *Malivernas.*
Malouteyra (La). *La Malouteyre,* cnes de Chomelix et de Freycenet-la-Tour.
Malouteyre (La). *Tranchebourse,* cne de Saint-Georges-Lagricol.
Mal-Pertus. *Malperdut.*
Malpertus. *Malpertuis.*
Malravet. *Malrevers,* cne du Puy.
Malreverd, Malrevert. *Malrevers,* cne du Puy et cne de Saint-Front.
Malriguet (Rivus de). *Le Mazel,* cne de Saint-Préjet-d'Allier.
Malsaing, Malsant. *Malsang.*
Malsiou. *Malzieu.*
Maltel. *Martel.*
Maltraicte. *Le Fieu,* cne de Taulhac.
Malum Uvernatum, Malum Vernetum. *Malivernas.*
Malus Boschus. *Maubois.*
Malus Furnus. *Malfour.*
Malus Mons. *Malmont.*
Malus Passus. *Malpas.*
Malussac. *La Planche.*
Malvanhac, Malvanhacum. *Mauvagnat.*
Malvanhaguet. *Mauvagnaguet.*
Malvanhyac, Malvaniacum. *Mauvagnat.*
Malveiras. *Malvières.*

Malvenhac. *Mauvagnat.*
Malvenhaguet. *Mauvagnaguet.*
Malveriæ, Malveyras, Malveyres. *Malvières.*
Mal-Yvern. *Le Bouchet,* cne de Mazerat-Aurouze.
Malyvernas. *Malivernas.*
Malzaure, Malzore. *Malsaures.*
Maméas (Moulin-de-). *Moulin-de-Breuve.*
Maméas-Basses, Mamias-Basses. *Maméas-Bas.*
Mamias-Hautes. *Maméas-Haut.*
Manatgier (Lo). *Le Ménager.*
Mancros. *Malcros,* cne de Saint-André-de-Chalencon.
Mandaille, Mandais. *Mandaix.*
Mandaros, Mandarous. *Mandarour,* cne de Champclause.
Mandas (Las). *Los Mandes.*
Mandays. *Mandaix.*
Mandelas. *Mandelles,* cne de Cistrières.
Mandeles, Mandellas. *Mandelles,* cne de Laval.
Manderat. *Mandarat.*
Mandigolas, Mandigoul. *Mauligoules.*
Mandorosus. *Mandaroux,* cne de Champclause.
Maneille. *Manellier.*
Manescheyra (La). *La Manisseyre.*
Manhaure. *Maniaure.*
Manhe. *Magne.*
Manhoure. *Maniaure.*
Maniasolle. *Manissolle.*
Manni, Mans. *Mans-Haut.*
Mansiones. *Meyzous.*
Mansionetis. *Maisonnettes,* cne de Fay-le-Froid.
Mansus. *Lestrade,* cns de Saint-Privat-d'Allier; *Le Mas,* cnes de Charraix, des Estables, de Saint-Just-près-Brioude et de Siaugues-Saint-Romain; *Les Mas, Le Mas-de-Gourlong, Le Mas-de-Queyrières, Le Mas-de-Tence, Mazet, Mozun.*
Mansus Alauzenc. *Le Mas-Alauzenc.*
Mansus Alric, Mansus Alricus. *Mazonric.*
Mansus Amblardus, Mansus Amblarts. *Mazamblurd.*
Mansus Armar. *Mazard.*
Mansus Boerii, Mansus Boverii, Mansus Boyerii. *Le Masboyer.*
Mansus Chatbert. *Machabert.*
Mansus Clausus. *Masclaux.*
Mansus Cortet. *Mascourtet,* cnes de Bains et de Tence.

Mansus Cortetus. *Mascourtet,* cne de Tence.
Mansus Crozus. *Malcros,* cne de Malvières.
Mansus del Mas Richart. *Le Mas,* cne de Siaugues-Saint-Romain.
Mansus de Nole. *Madelonet.*
Mansus de Tensano. *Le Mas-de-Tence.*
Mansus Ferriolas. *Mas-Ferriol.*
Mansus Fractus. *Masfrayt.*
Mansus Heremus. *Le Mazel,* cne de Pradelles; *Le Mazer,* cne de Chamalières.
Mansus Herm. *Le Mazer,* cne de Chamalières.
Mansus Landric. *Mazonric.*
Mansus Librant. *Mazalibrant.*
Mansus Marcherii. *Le Mas-Marchet.*
Mansus Moizet. *Harmeisse.*
Mansus Rougier. *Le Mas,* cne de Malvalette.
Mansus Sancti Juliani. *Le Mas-Saint-Julien.*
Mansus Sicbrandi. *Massibrand.*
Mansus Silius. *Le Mazilhour.*
Manysseire (La). *La Manisseyre.*
Marades (Les). *La Marade.*
Marais (Le). *Le Maraix.*
Maraoudou. *Le Marandon,* ruiss.
Maray (Le). *Le Marais,* cne de la Chapelle-d'Aurec.
Marazac, Maraziacus. *Mazerat-Aurouze.*
Marçanges. *Mursanges.*
Marcel. *Saint-Marcel.*
Marceur. *Mercœur,* cne de Boisset.
Marcharia (La). *La Marcherie.*
Marchefy. *Marchefin.*
Marchidiaux. *La Grange,* cne de Roche-en-Régnier.
Marchiliac. *Marcillac,* cne de Saint-Paulien.
Marcilhac, Marcilhacum. *Marcillac,* cne de Saint-Julien-Chapteuil.
Marcilhiac. *Marcillac,* cne de Saint-Paulien.
Marcillac. *Marsilhac.*
Marcillacus. *Marcilhat.*
Marcones (Le), Marconnes (Le), Marconnez (Le), Marconnois (Le). *Le Marconnais.*
Marcons. *Marcous.*
Marcou. *Marcon,* cne du Pont-Salomon.
Marcours. *Marcous.*
Marcyol. *Saint-Martial.*
Marée. *Les Marés.*
Marel (Moulin-de-). *Moulin-Maret.*

Marès. *Maret.*

Maresc (Le). *Le Marais,* cne de la Chapelle-d'Aurec.

Mares-Fornes. *Le Marais,* cne des Vastres.

Marette (La). *Maret.*

Marelz (Lou). *Le Marais,* cne de la Chapelle-d'Aurec.

Mareyre (La). *La Maraire.*

Mareziacus. *Mazerat-Aurouze.*

Margais. *Margeaix.*

Margary (Le). *Marguerit.*

Margasacs. *Margeassac.*

Margelac. *Margealat.*

Marghaix. *Margeaix.*

Marghalac, Marghalacum, Marghalat, Marghealat. *Margealat.*

Marghust. *Marjus.*

Margnac. *Marnhac,* cnes de Saint-Germain-Laprade et de Saint-Pierre-Eynac.

Margnec. *Marnhier.*

Margniac. *Marnhac,* cnes de Saint-Germain-Laprade et de Saint-Pierre-Eynac.

Maria (La). *Le Marin.*

Marie-Pénible. *Sainte-Marie-des-Chazes.*

Marion. *Mariol, Marion-le-Pic.*

Maritone, Maritton. *Mariton.*

Mariust. *Marjus.*

Marjala. *Margealat.*

Marjanges. *Marlanges.*

Marjust. *Marjus.*

Marland (Rivus de). *Le Merlan.*

Marlangas. *Marlanges.*

Marlhieu, Marlho, Marliou. *Marlhioux.*

Marlust. *Marjus.*

Marmaisse. *Marmeisse.*

Marmeissat. *Marmaissat.*

Marmesse, Marmeyssa, Marmeysse. *Marmeisse.*

Marminhiac, Marminiac. *Marminhac,* cne de Polignac.

Marminiacus. *Marminhac,* cnes de Polignac et de Siaugues-Saint-Romain.

Marnac. *Marnat; Marnhac,* cnes de Saint-Germain-Laprade et d'Yssingeaux.

Marnas. *Marnhac,* cne de Chénereilles.

Marnayssac. *Marmaissat.*

Marnhacum. *Marnhac,* cnes de Polignac, de Saint-Germain-Laprade et d'Yssingeaux.

Marnhec. *Marnhier.*

Marnhiac. *Marnhac,* cnes de Saint-Germain-Laprade et d'Yssingeaux.

Marnhiac-les-Vignes. *Marnhac,* cne de Polignac.

Marniacum, Marnihac. *Marnhac,* cne d'Yssingeaux.

Marnihacum. *Marnhac,* cne de Saint-Germain-Laprade.

Maroiol, Maroiolum. *Marijols.*

Marquet. *Marquès.*

Marringue. *Maringue.*

Marsanghas. *Marsanges.*

Marsilhac. *Marcilhat; Marcillac,* cnes de Saint-Paulien et de Saint-Pierre-Eynac.

Marsilhacum, Marsillac. *Marcillac,* cne de Saint-Pierre-Eynac.

Marsilliat. *Marcillac,* cne de Saint-Paulien.

Marsi villa. *Mars,* cne de Malrevers.

Marssanghas. *Marsanges.*

Marsseiria (La). *La Marcherie.*

Marssilhac. *Marcilhat.*

Mart. *Mars.*

Marletum, Marthetum. *Maltret.*

Marthouret. *Le Martouret,* cne de Malrevers.

Martin. *Les Martins.*

Martin-de-Fugères. *Saint-Martin-de-Fugères.*

Martines. *Le Martinet.*

Martinet. *Martinas.*

Martoret (Le). *Le Martouret,* cnes du Brignon, de Coubon, de Cussac, de Malrevers, d'Ouïdes, de Pébrac, de Polignac, de Saint-Georges-Lagricol et de Taulhac.

Martoretum. *Le Martouret,* cne de Polignac.

Martouretz (Lous). *Les Martourets.*

Martres, Martret. *Maltret.*

Marts. *Mars,* cne de Malrevers.

Marturet. *Le Martouret,* cne de Villeneuve-d'Allier.

Marty. *Martin.*

Martz. *Mars,* cne de Landos.

Maryne (La). *Marine.*

Marz. *Mars,* cne de Landos.

Mas (Le). *Le Mas-de-Bernard, Le Mas-de-Queyrières, Le Mas-de-Tence, Les Mats, Lou Matz, Le Petit-Mazelet.*

Masairat. *Mazeyrat-Crispinhac.*

Masalers (Lous). *Les Mazelets.*

Masales. *Les Mazeaux,* cne de Tence.

Masales-Fayartz. *Les Mazeaux,* cne de Raucoules.

Mas-Alibrand, Masalibrandus, Mas-Alibrant. *Mazalibrant.*

Mas-Alricq. *Mazonric.*

Masals. *Maziaux.*

Masamblard, Mas-Amblart. *Mazamblard.*

Mas-Andrau. *Montcendreau.*

Masars, Mas Arst. *Mazard.*

Masayrac, Masayrat. *Mazeyrat-Crispinhac.*

Maschabert. *Le Machabert,* ruiss.; *Mas-Chaben.*

Mas-Chabert, Machabertum. *Machabert.*

Mas-Chalvet. *Mas-Chauvet.*

Maschousit. *Mas-Chauzit.*

Masclau, Mascloz. *Masclaux.*

Mas-Cogul. *Le Mas-Coudiol.*

Mas-Cortet (Lo). *Mas-courtet,* cne de Tence.

Mascros. *Malcros,* cne de Malvières.

Masdalounet. *Bel-Air,* cne du Mazet-Saint-Voy.

Mas-de-Boissi (Le). *Boissy-du-Mas.*

Mas-de-la-Salle (Le). *Moulin-de-Roche.*

Mas-de-l'Estrade. *Lestrade,* cne de Saint-Privat-d'Allier.

Masdelone, Mas-de-Nelle, Mas de Nole, Mas-de-Noullet. *Madelonet.*

Mas-de-Pin. *Le Mas-de-Pis.*

Mas-de-Voxeur. *Mas-de-Pertuis.*

Masdolene. *Madelonet.*

Maseaulx (Les). *Les Mazeaux,* cne de Tence.

Masoiras. *Mazeyrat-Crispinhac.*

Masel (Le). *Le Mazel,* cnes de Bellevue-la-Montagne, de Couteuges, de Saint-Préjet-d'Allier et de Saint-Victor-Malescours.

Masel-Girard (Lo). *Mazelgirard.*

Masellum. *Le Mazel,* cne de Retournac.

Masellus. *Le Mazel,* cnes de Mazerat-Aurouze, de Saint-Préjet-d'Allier et de Venteuges.

Masengalt. *Mazengaud.*

Masengo. *Mazengon.*

Masenguaud. *Mazengaud.*

Mascrac. *Mazerat,* cne de Vieille-Brioude.

Maseracum. *Mazerat-Aurouze.*

Maserat. *Mazerat-Aurouze, Mazeyrat-Crispinhac.*

Mascrm. *Le Mazer,* cne de Chamalières.

Mas-Erm (Le). *Le Mazel,* cne de Pradelles.

Maset (Lo). *Le Mazet,* cne du Mazet-Saint-Voy.

Masetum. *Le Mazet*, cnes du Mazet-Saint-Voy et des Vastres.

Maseus (Los). *Les Mazeaux*, cne de Tence.

Maseyrac. *Mazeyrac, Mazeyrat-Crispiniac.*

Maseyracum. *Mazeyrat-Crispiniac.*

Mas-Feriol. *Mas-Ferriol.*

Masfrait. *Masfrayt.*

Mas-Freyt. *Malfrayt*, cne de Retournac.

Mas-Ganhat (Le). *Le Mas*, cne de Connangles.

Masguezin. *Maiguezin.*

Mas-Henry. *Mazonric.*

Mas-Ilerem (Le). *Le Mazer*, cne d'Espalem.

Mas-Herm. *Le Mazel*, cne de Pradelles.

Masials, Masialx. *Les Maziaux.*

Mas-Julhos. *Le Guizoumas, Le Mazilhoux.*

Mas-Julhoux. *Le Mazilhoux.*

Mas-Jus. *Marjus.*

Mas-la-Socha (Lo), Mas-la-Souche. *Malassouche.*

Mas-Marcheyr (Lo), Mas-Marchieyr (Lo). *Le Mas-Marchet.*

Masméa. *Maméa.*

Mas-Meas. *Maméas-Haut.*

Masmeas-Basses. *Maméas-Bas.*

Mas-Mega. *Masméat.*

Mas-Meia. *Maméas-Haut.*

Mas-Meya. *Maméa.*

Masperent. *Roc-de-Masparet.*

Mas-Richart. *Le Mas*, cne de Siagues-Saint-Romain.

Mas-Rousers, Mas-Roziers. *Le Mas*, cne de Malvalette.

Massardera (La), Massarderia, Massardeyra (La). *La Massardière.*

Massec. *Masset.*

Masse-Gailh. *Massejail.*

Massellus. *Le Mazel*, cnes du Brignon et de Venteuges.

Massiat. *Massiac.*

Massibram, Massibran. *Massibrand.*

Massou (Le). *Le Masson.*

Massus Marcii. *Prademar.*

Mas Testa (Lo). *Lestrade*, cne de Saint-Privat-d'Allier.

Mastrenac. *Mestrenac.*

Matagot-lez-Chantamerle, Matagot. *Matagot.*

Matetta. *La Mathe.*

Matieyra (La). *La Mouteyre*, cne de Landos.

Mats (Les). *Les Mas.*

Mats-de-Bayon (Les). *Le Mas-de-Bayon.*

Matte (La). *La Mathe.*

Mattron. *Maton.*

Matussac. *Estiou.*

Matz (Lou). *Le Mas*, cne de Grazac.

Maubec. *Malbec.*

Maubourg (Bois de). *Bois de Crouzilhac.*

Maüche (La). *La Mahuche.*

Mauderiæ. *Moudeyres.*

Maugaçon. *Malgascon.*

Maulfreyt. *Malfrayt*, cne de Retournac.

Maunac, Maunacum, Maunhac. *Monnac.*

Maupas. *Mauvas.*

Maupatere. *La Maupateyre.*

Mauranges, Mouranghas, Maurangiæ. *Moranges*, cne de la Chapelle-Geneste.

Maurevert. *Malrevers*, cn du Puy et cne de Saint-Front.

Mauria (La). *La Maurie.*

Mauriacum. *Mauriac*, cnes de Chaspuzac et de Saint-Julien-Chapteuil.

Maurice-de-Lignon. *Saint-Maurice-de-Lignon.*

Maurice-de-Roche-Marat. *Saint-Maurice-de-Roche.*

Maurincianigas. *Morissanges.*

Maurlerias. *Mourleyre.*

Mausun, Mausuz, Mauzus. *Mozun.*

Maximiacus. *Meyssignac*, cne de Bessamorel.

Mayadas. *Mayasse.*

Mayana. *La Méanne.*

Maycer. *Mézard.*

Mayegal, Maygal. *Le Meygal*, mont.

Maygasi. *Maiguezin.*

Maygra. *Les Maigres.*

Maynghal. *Le Meygal*, mont.

Maynial (Lo). *Le Ménial*, cnes de Rosières et de Saint-Jean-de-Nay.

Maynial-Golfier (Le), Mayniel (Lo). *Le Ménial*, cne de Venteuges.

Maynihal (Lo). *Le Ménial*, cne de Rosières.

Maynil. *Le Ménial*, cnes de Grèzes, de Saint-Christophe-d'Allier, de Saint-Jean-de-Nay et de Saugues.

Maynilis. *Le Ménial*, cne de Saint-Jean-de-Nay.

Maynilium. *Le Ménial*, cne de Venteuges.

Mayoc, Mayocum, Mayouc. *Mayol.*

Mayrac, Mayras. *Meyrac*, cne de Bellevue-la-Montagne.

Mayre (Rivus de). *Le Pain-Blanc.*

Mayrona (Rivus de). *La Meyronne.*

Mayso. *La Baraque*, cne de Pébrac.

Maysonetæ. *Maisonnettes*, cne de Dunières.

Maysonetas, Maysonetes. *Maisonnettes*, cne de Saint-Pierre-Duchamp.

Maysonis. *Le Maisonny.*

Maysos. *Meyzous.*

Mayso Sola. *Maisonseule*, cnes de Ceyssac, d'Ouïdes et d'Yssingeaux.

Mayssanbacum, Mayssimnhac, Mayssinhac. *Meyssignac*, cne de Bessamorel.

Mayssinhacum. *Meyssignac*, cne de Sainte-Sigolène.

Mayssonny. *Le Maisonny.*

Mayssunhac. *Meyssignac.*

Mayzayrat. *Mazeyrat-Crispinhac.*

Mayzonetas. *Maisonnettes*, cnes de Montregard et de Saint-Pierre-Duchamp.

Mayzonia (La). *La Meyzonie.*

Mayzonial (Le), Mayzonil (Lo). *Le Meysonial.*

Maz (Le). *Le Mas*, cne de Vielprat.

Mazairac. *Meyrac*, cne de Bellevue-la-Montagne.

Mazal (Lo), Mazale (Illo). *Taillechausse.*

Mazali. *Les Mazeaux*, cne de Riotord.

Mazalibron. *Mazalibrant.*

Mazals. *Les Mazeaux*, cnes de Raucoules, de Riotord, de Saint-Vert et de Tence.

Mazam. *Mazan.*

Mazame (Rivière de). *La Roudesse.*

Maz-Andra. *Montcendrau.*

Mazanric (Le). *Mazonric.*

Mazarac. *Mazeyrac.*

Mazaracum, Mazarat. *Mazerat-larouze.*

Mazards, Mazars. *Mazard.*

Mazaulx (Les). *Les Mazeaux*, cnes de Riotord et de Saint-Didier-la-Séauve.

Mazayracum. *Mezeirat.*

Mazayrat. *Mazeirac.*

Mazeau (Le). *Le Mazel*, cne du Monastier.

Mazeirac. *Mazeyrac, Mazeyrat-Crispinhac.*

Mazeiradetum. *Mazeirac.*

Mazel (Le). *Le Mazet*, cnes du Mazet-Saint-Voy, de Montfaucon et d'Yssiogeaux; *Le Mazer*, c^{ne} de Chamalières; *La Védrine*, ruiss.

Mazel-de-Jucs. *Le Mazel*, c^{ne} de Bellevue-la-Montagne.

Mazel-de-Mathe. *Le Mazel*, c^{ne} du Brignon.

Mazel dous Girardz. *Mazelgirard*.

Mazelet. *Le Malet*, c^{ne} de Saint-Jeand'Aubrigoux; *Les Mazelets*.

Mazel-Fazendier. *Le Mazel*, c^{nes} de Saint-Préjet-d'Allier et de Vabres.

Mazel-Giraud. *Mazelgirard*.

Mazelibrand. *Mazalibrant*.

Mazel-la-Matte. *Le Mazel*, c^{ne} du Brignon.

Mazelletz (Loux). *Les Mazelets*.

Mazel-Librand. *Mazalibrand*.

Mazellum. *Le Mazel*, c^{ne} du Monastier.

Mazellus. *Le Mazel*, c^{nes} de Mazerat-Aurouze, du Monastier et de Saint-Didier-sur-Doulon.

Mazelric (Lo). *Mazonric*.

Mazengo. *Mazengon*.

Mazerac. *Mazerat*, c^{ne} de Vieille-Brioude; *Mazerat-Aurouze*.

Mazeracs. *Mazerat-Aurouze*.

Mazerag. *Mazerat*, c^{nes} de Cohade et de Vieille-Brioude.

Mazerat. *Mazeyrat-Crispinhac*.

Mazerat-la-Brequeille. *Mazerat-Aurouze*.

Mazcre. *Mézères*.

Mazes (Les). *Le Mas*, c^{ne} de Vieilprat.

Mazet (Le). *Le Mazel*, c^{ne} de Pradelles; *Les Mazets*.

Mazets (Los). *Le Mazet*, c^{ne} des Vastres.

Mazeyrac. *Mazeyrat-Crispinhac*.

Mazeyras. *Mazeyrac*.

Mazeyrat-Chrispinhac. *Mazeyrat-Crispinhac*.

Mazialz, Maziaulx. *Les Maziaux*.

Mazilibrant. *Mazalibrand*.

Mazillou (Lou). *Le Mazilhoux*.

Mazioux. *Les Maziaux*.

Mazoeyrs (Les). *Les Mazoyers*.

Mazonzic. *Mazonric*.

Mazot. *Mazat*.

Mealeis, Mealeys. *Malleys*.

Mealbada (La). *Les Meillades*.

Méallet. *Méalet*.

Méane (La). *La Méanne*.

Meaulx. *Meaux*.

Méaune (La). *La Méanne*.

Meaux. *Maux*.

Meduze (La). *La Méduse*.

Mégal. *Le Meyggal*, mont.

Megnis (Le). *Le Meynis*, c^{ne} de Sainte-Sigolène.

Meigal. *Le Meygal*, mont.

Meilhers (Lous). *Les Milliers*.

Meinial (Le). *Le Ménial*, c^{ne} de Venteuges.

Meinitz (Loux). *Le Meynis*, c^{ne} de Sainte-Sigolène.

Meisonitz. *Le Meysonny*, c^{ne} de la Chapelle-d'Aurec.

Meisonsoule. *Maisonseule*, c^{ne} de Saint-André-de-Chalencon.

Meisou (La). *La Baraque*, c^{ne} de Pébrac.

Meissinhacum. *Meyssignac*, c^{ne} de Bessamorel.

Meleis. *Malleys*.

Meley. *Méalet*.

Meleys. *Malleys*.

Melhers (Lous). *Les Milliers*.

Melhier (Lo). *Le Méallier*.

Melhiers (Los). *Les Milliers*.

Mellerius. *Le Méallier*.

Melleys (Mons de). *Le Pey-de-Malleys*.

Melzeius, Melzeu (Lo), Melzevius, Melzieu (Lo). *Malzieu*.

Memoyrac. *Montmoirac*.

Ménage (Le). *Le Ménager*.

Menayrol (Lo). *Le Ménérol*.

Mendigolas. *Mandigoules*.

Meneirol, Menerol (Lo). *Le Ménérol*.

Menillum. *Le Ménial*, c^{ne} de Saint-Jean-de-Nay.

Mensencum. *Le Mézenc*, c^{ne} de Chaudeyrolles.

Menteiras, Menteriæ, Menteyras, Montières. *Menteyres*.

Meona. *Miaune*.

Meraly (Lo). *Eymoran*.

Meranciæ, Meransas, Meranzas. *Mérances*.

Meravila. *Mirabel*, c^{ne} de Retournac.

Merceriacus. *Mézeyrac*.

Merchorius. *Mercœur*, c^{ne} de Malrevers.

Mercoira Superior. *Mercœurette*.

Mercoiret, Mercoiretum. *Mercuret*.

Mercoirol. *Mercurol*.

Mercolius. *Mercœur*, c^{ne} de Malrevers.

Mercor. *Mercœur*, c^{ne} de Saint-Privat-d'Allier.

Mercoret. *Mercuret*.

Mercoria, Mercoriæ. *Mercœur*, c^{ne} de Saint-Privat-d'Allier.

Mercorius. *Mercœur*, c^{nes} de Malrevers et de Saint-Privat-d'Allier.

Mercoyret, Mercoyretum. *Mercuret*.

Mercqueyras, Mercuayras. *Mercœur*, c^{ne} de Saint-Privat-d'Allier.

Mercuer. *Mercœur*, c^{ne} de Malrevers.

Mercueretes, Mercueurettes, Mercurette. *Mercœurette*.

Mercueyras, Mercueyres, Mercure. *Mercœur*, c^{ne} de Saint-Privat-d'Allier.

Mercuret. *Mercury*.

Mercuri, Mercuril, Mercurinum, Mercurium. *Mercury*.

Mercurius. *Mercœur*, c^{ne} de Malrevers.

Merdalhac, Merdalhacum. *Merdaillac*.

Merdanso, Merdanson. *Le Mardenson*, ruiss.

Merdant. *La Magnaure*, ruiss.

Merdaret (Le). *Le Goudaret*.

Merdariacum. *Merdaillac*.

Merdaric (Rivus de). *Le Merdarj*, *Le Merlary*.

Merdary (Ruiss. de). *La Merdarie*.

Merdelhac. *Merdaillac*.

Meriailh. *Le Mirial*.

Merlage. *Merlager*.

Merlans (Le). *Le Merlan*, ruiss.

Merlansson (Riu). *Le Marandon*.

Merlaric (Rivus de). *Le Merlary*.

Merlary (Le). *Les Hiverts*.

Merlatz. *Merlhac*.

Merles (Les). *L'Ourbe*, ruiss.

Merqueuras, Merqueures. *Mercœur*, c^{ne} de Saint-Privat-d'Allier.

Merroine. *Meyronne*.

Mesairolas. *Mezeirolles*.

Mesayrac. *Mézeirac*.

Mesayracum. *Mézeyrac*.

Meseinc. *Mézenc*.

Meseirachum. *Meyrac*, c^{ne} de Craponne-sur-Arzon.

Meseiracum. *Mazeyrat-Crispinhac*.

Meseirag. *Mazerat*, c^{ne} de Vieille-Brioude.

Mesencus. *Le Mézenc*, mont.

Meseræ, Meseras. *Mézères*.

Meserat. *Mézeyrac*.

Meseres, Meseriæ. *Mézères*.

Meseroliæ. *Mezeirolles*.

Meseyracum. *Mazerat-Crispinhac*.

Meseyracus. *Mézeirat*.

Meseyrolæ. *Mezeirolles*.

Mesique. *Mécique*.

Mésonnet (Le). *Le Meysonny*, c^{ne} de la Chapelle-d'Aurec.

Molendinum Sancti Vitalis. *Le Moulin*, cne de Saint-Vidal.
Molendinum Sancti Ylpidii. *Moulin-Saint-Ilpize.*
Molendinum Soleyra. *Le Moulin-Bas.*
Molendinum Vetus Doæ. *Audinet.*
Molendinum vicecomitatus, Molendinum vicecomitis Podompuhiaci. *Moulin-de-Chouvon.*
Molens (Los), Molentz (Lous). *Les Moulins*, cne de Laussonne.
Molergues. *Moulergue.*
Moleria. *La Mouleyre.*
Moleson. *Molezon.*
Molet. *Monlet.*
Moleyra (La), Moleyre (La). *La Mouleyre.*
Molhada (La), Molhata (La). *La Moulhiade.*
Molhesabate, Molia Subatha. *Saint-Julien-Molhesabate.*
Moli-Beraut. *Moulin-Beraud.*
Moli-Chaval (Lo). *Le Moulin-Cheval.*
Molières (Les). *La Morlière, La Moulière.*
Moli-Giri (Lo). *Moulin-de-la-Chabane.*
Molimard, Molimart. *Montlimard.*
Moli-Meya. *Le Molinet.*
Molinac (Le). *Le Moulinas*, ruiss.
Molin-à-draps. *Moulin-des-draps.*
Molinæ. *Moulines.*
Molinas. *Molines; Le Moulinas*, ruiss.
Molin-Blanc (Le). *Le Moulin-Blanc.*
Molin-de-Biasse (Le). *Le Moulin-de-Biasse.*
Molin-de-Bonnet. *Moulin-de-Bonnet.*
Molin-de-Brame. *Moulin-de-Brame.*
Molin-de-Chausser (Le). *Le Moulin-de-Chausse.*
Molin-de-Cheyrac-Laigue. *Moulin-de-Cheyrac.*
Molin-de-Conte. *Le Moulin-de-Comte.*
Molin-de-Dinat. *Le Moulin-de-Dinat.*
Molin de Fiola, Molin-de-Fiole. *Moulin-Joubert.*
Molin-de-la-Cledde (Le). *Moulin-de-la-Cledde.*
Molin-de-la-Maison-Dieu. *Moulin-de-l'Hôpital.*
Molin-de-la-Maison-maladiere-de-Brive. *Belle-Onde.*
Molin-de-la-Pailhe, Molin-de-la-Palhe. *Moulin-de-Payrard.*
Molin-de-Monsieur. *Le Grand-Moulin*, cne de Chamalières.
Molin-de-Pont-de-Tres. *Le Moulin-de-Pierre.*

Molin-des-couteaux. *Moulin-des-draps.*
Molin-de-Vazelhes. *Le Moulin-de-Vazeilles.*
Molinet. *Le Moulinet.*
Molin-Gire. *Moulin-de-la-Chabane.*
Molin-Mé. *Le Moulinet.*
Molin-Neuf, Moli-Nou. *Moulin-Neuf.*
Molin-Rodier. *Le Moulin-Rodier.*
Molins-de-Monseigneur (Les). *Moulin-de-Saint-Ilpize.*
Molins-des-Estreylz, Molins-des-Streitz. *Moulin-de-Chouvou.*
Molinum de Bramar. *Moulin-de-Brame.*
Molin-Vieulx-de-Doe. *Audinet.*
Molis. *Les Moulins*, cne de Saint-Jeure; *Moulis*, cne de Vernassal; *Les Moulis.*
Mollada (La). *La Moulhiade.*
Mollard. *Le Malard.*
Mollatz (Le). *Moulat.*
Mollet, Molletum. *Monlet.*
Mollibrand. *Monibrand.*
Mollin Cheval. *Le Moulin-Cheval.*
Mollinearias. *Moudeyres.*
Mollinez (Les). *Les Moulins*, cne de Laussonne.
Molneriæ, Molnerias. *Moudeyres.*
Moly. *Moulis*, cne de Saint-Julien-d'Ance.
Molybran. *Monibrand.*
Moly-Chaval (Le). *Le Moulin-Cheval.*
Moly-de-Doe (Le). *Audinet.*
Moly dou Pra (Lo). *Le Moulin-du-Pré.*
Molymar. *Montlimard.*
Moly-Mé, Moly-Mea. *Le Molinet.*
Moly-Rodié (Lo). *Le Moulin-Rodier.*
Molys. *Les Moulins*, cne de Saint-Jeure; *Moulis*, cne de Vernassal.
Moly-Sobeyra (Lo). *Le Moulin-Haut.*
Molys-Poghos (Lous). *Le Moulin-de-Barrande.*
Momairat, Momayrac. *Montmoirac.*
Moméa. *Maméa.*
Mon (Lo). *Le Mont*, cnes de Cubelles, de Lantriac, du Monastier et de Saint-Préjet-d'Allier.
Monac. *Monnac.*
Monadière. *Mounadières.*
Monasterium, Monasterium Beati Theofredi, Monasterium Carmiliacensium, Monasterium Sancti Theofredi, Monasterium Sancti Theofridi, Monastier-Sainct-Chaffroy. *Le Monastier.*
Monastrolium. *Monistrol-d'Allier, Monistrol-sur-Loire.*

Monastrols. *Monistrol-d'Allier.*
Monbonet. *Montbonnet.*
Monbrac, Monbrat. *Montbrac.*
Monbusa. *Montbuzat.*
Moncellum. *Le Moncel.*
Monchalm. *Montchamp*, cne de Laussonne; *Montchaud*, cne d'Yssingeaux.
Mon-Chalm, Mon-Chalms. *Suc-de-Montchaud.*
Monchalvet. *Montchauvet*, cne de Bas.
Monchani. *Montchany*, cne de Saint-Julien-Chapteuil.
Mon-Cheyros, Monchiros. *Mont-Chiroux*, cne de Cussac.
Moncius. *Mons*, cne d'Ours-Mons.
Monclair. *Montclard.*
Monclaos. *Montclaux*, cne de Craponne-sur-Arzon.
Monclar, Monclars. *Montclard.*
Monclaus. *Montclaux*, cne de Thoras.
Monclergue. *Monclergues.*
Moncolonge, Moncolonghe. *Montrolonge.*
Moncolum. *Montcoulon.*
Moncouguiol. *Moncoudiol.*
Mond (Lo). *Le Mont*, cnes de Cubelles, de Grèzes, de Jax, de Lantriac et du Monastier.
Mondezi, Mondazin. *Montdésir.*
Mond-de-Saint-Pregect (Le). *Le Mont*, cne de Saint-Préjet-d'Allier.
Mon-de-Coarasa (Lo). *Le Mont*, cne de Lantriac.
Mon-de-Saint-Pregeyt (Lo). *Le Mont*, cne de Saint-Préjet-d'Allier.
Mondesi, Mondezi, Mondezin. *Montdésir.*
Mondolhioux, Mondolioux, Moudoulion. *Mondoulioux.*
Mondus. *Le Mont*, cnes de Cubelles et de Lantriac.
Monedeiras. *Mounadières.*
Monederiæ, Monedeyræ. *Monedeyres.*
Monedeyras. *Monedeyres, Mounadières.*
Moneiras. *Les Meunières.*
Mones. *Mounès.*
Monestier-Saint-Cheffroy (Le). *Le Monastier.*
Monestrol. *Monistrol-d'Allier.*
Monestrolium. *Monistrol-d'Allier, Monistrol-sur-Loire.*
Monet (Le). *Le Couteaux*, ruiss.
Monetz. *Mouneis.*
Monfarner. *Mont-Farnier.*
Monfaullat. *Mont-Fauvat.*

Monfol. *Montfoy.*
Mongausi. *Montjauzi.*
Mongautier. *Montgontier.*
Mongavilio. *Ganillon.*
Mongi. *Monget.*
Mongieu. *Montgieux.*
Mongiraut. *Montgiraud.*
Mongomtier. *Montgontier.*
Mongon. *Montgon.*
Mongonteirt, Mongonterius, Mongonteyr, Mongontier. *Montgontier.*
Mon-Gros, Mons Grossus. *Montgros*, cne d'Alleyras.
Moniauzi. *Montjauzi.*
Monistrolium. *Monistrol-d'Allier.*
Monito. *Monet.*
Monjevin. *Montjuvin.*
Mon-Johanet, Mon-Johannet. *Mont-Jonet.*
Monledum, Monleth. *Monlet.*
Monlhada (La), Monliada (La). *La Moulhiade.*
Monliol. *Le Montliol.*
Monlonc. *Montlong.*
Monmarcher. *Montmarchet.*
Monmauron, Monmaurus. *Montmouret.*
Monmayrac. *Montmoirac.*
Monmege, Monmeia. *Momège*, cne de Montclard.
Monnacum. *Monnac.*
Monnet. *Monet.*
Monnetz. *Mouncis.*
Monneyras (Las). *Les Meunières.*
Monneys. *Mounès.*
Monniers (Loux). *Les Mouniers.*
Monpastor. *Montpastour*, cne de Bains.
Monpeiros, Monpeyrose. *Montpeyroux*, cne de Chazelles.
Monpinhos. *Montpinoux*, cne d'Yssingeaux.
Monpinos. *Montpignon; Montpinoux*, cne de Mazerat-Aurouze.
Monpinoux. *Montpinoux*, cne de Mazerat-Aurouze.
Monpla. *Mont-Plaux, Montplot.*
Monple, Monplo, Monplot. *Montplot.*
Monprahes. *Montpret.*
Monrecors, Monrecoux, Monrocho. *Montrecoux.*
Monrochs. *Montroux.*
Monroco. *Montrecoux.*
Mons. *Le Mont*, cnes d'Aurec, de Jullianges, de Lantriac et de Saint-Didier-la-Séauve.
Mons (Le). *Le Mont*, cne de Jax.
Mons Acutus. *Mont-Aliu.*

Mons Affanus. *Montafa.*
Mons Andrau. *Montrendrau.*
Mons Auri. *Montauri.*
Mons Aurosa. *Montauroux.*
Mons Aymari. *Monteyremard.*
Mons Bellus. *Montbel.*
Mons Bonetus, Mons Bonitus. *Montbonnet.*
Mons Brachus, Mons Bracus. *Montbrac.*
Mons Busanus, Mons-Buzat. *Montbuzat.*
Mons Calmus. *Monchaud*, cne d'Yssingeaux.
Mons Calvus. *Monchaud*, cne d'Yssingeaux; *Montrchamp*, cne de Laussonne.
Mons Caninus. *Montchany*, cne de Saint-Julien-Chapteuil.
Mons Carbonerius. *Choulet.*
Mons Chayros, Mons Cheyros. *Montchiroux*, cne de Freycenet-Lacuche.
Mons Cinis. *Montcenis*, cne de Riotord.
Mons Clarus. *Montclard.*
Mons Clausus. *Montclaux*, cne de Thoras.
Mons Cocullus. *Montcoudiol.*
Mons Cogul. *Moncoudiol.*
Mons Columbus. *Montcoulomb.*
Monsdaleus. *Mondoulioux.*
Monsdibia. *Les Peidibles.*
Monseigneur, Monseignour. *Montseigneur.*
Mons Falco. *Montfaucon.*
Mons Ferratus. *Montferrat.*
Mons Fol. *Montfoy.*
Mons Fructus. *La Garde-de-Mons.*
Mons Gaudii, Mons Gaudium. *Montjauzi.*
Mons Geraldi, Mons Geraut. *Montgiraud.*
Mons Godo. *Mont-Goyon.*
Mons Gonterius. *Montgontier.*
Mons Granatus. *Montgranat.*
Mons Granerii. *Montgrenier.*
Mons Grossus. *Montgros*, cnes du Pertuis et de Pinols.
Mons Hustus. *Montusclat.*
Monsia (La). *La Mongie.*
Mons Ibie. *Les Peidibles.*
Mons Jovis. *Montgieux.*
Mons Junius, Mons Juvinus, Mons Juvy, Mons Juvynus. *Montjuvin.*
Mons-lez-Saint-Pol. *Mons*, cne de Saint-Pal-de-Mons.
Mons Medius. *Masméat, Montméa; Montméat*, cne de Bas.

Mons Meghanus. *Montméat*, cne de Mézères.
Mons Mejanus. *Momège*, cne de Frugières-le-Pin; *Montméat*, cne de Mézères.
Mons Monedarius. *Montmonedier.*
Mons Olivus. *Mondoulioux.*
Mons Pedorsus. *Montpeyroux*, cne de Saint-Pierre-Duchamp.
Mons Petrosus, Mons Petrozus. *Montpeyroux*, cnes de Chazelles et de Saint-Pierre-Duchamp.
Mons Petrusius. *Montpeyroux*, cnes de Chazelles.
Mons Planus. *Mont-Plaux, Montplot.*
Mons Redont. *Montredon*, cne du Puy.
Mons Regardus. *Montregard.*
Mons Ribrandus. *Monibrand.*
Mons Rocheti. *Les Rapoints.*
Mons Rocosus, Mons Rocozus. *Montrocoux.*
Mons Rogi. *Montroux.*
Mons Rotundus. *Montredon*, cne de Bellevue-la-Montagne.
Mons Rotundus. *Genebret; Montredon*, cnes de Bellevue-la-Montagne et du Puy.
Mons Rubeus. *Montroux.*
Monssandrau, Monssendrau. *Montcendrau.*
Mon-Suc. *Le Suc*, cne de Tence.
Mons Torterius. *Montortier.*
Mons Usclatus, Mons Usthatus. *Montusclat*, cne de Saint-Julien-Chapteuil.
Mons Ustus. *Montusclat*, cne de la Chapelle-d'Aurec et cne de Saint-Julien-Chapteuil.
Mons Velaye. *Mont-Velay.*
Mons Viridis. *Montvert.*
Mont. *Montjuvin.*
Monta (Le). *Les Montas.*
Montabolle. *Dents-de-Montaboule.*
Montaduc. *Mont-Aliu.*
Montaffo. *Montafa.*
Montagier. *Montager.*
Montagu, Montagud. *Montaigut.*
Montaguet. *Mont-Aliu.*
Montagut. *Montaigut.*
Montahuc. *Mont-Aliu.*
Montaignac. *Montagnac*, cnes de Saint-Germain-Laprade et de Solignac-sur-Loire.
Montainac. *Montagnac*, cne de Vernassal.
Montainnac. *Montagnac*, cne de Venteuges.

Montal (Le). *Le Monteil*, c^ne d'Espalem.

Montale. *Montalet.*

Montalet. *Saint-Pal-de-Chalencon.*

Montalhet (Lou), Montalhetum. *Montaillet.*

Mont-Alibert. *Saint-Julien-du-Pinet.*

Montaliet. *Le Monteillet*, c^ne du Mazet-Saint-Voy.

Montalivert. *Montalivet.*

Montanhac. *Montagnac*, c^nes de Saint-Jean-de-Nay, de Solignac-sur-Loire et de Venteuges.

Montanhac (Lac de). *Lac de Montagnac.*

Montanhac-lo-Rey. *Montagnac*, c^ne de Vernassal.

Montanhac-lez-Dohë. *Montagnac*, c^ne de Saint-Germain-Laprade.

Montanhacum. *Montagnac*, c^ne de Saint-Jean-de-Nay.

Montanhacum lo Roy. *Montagnac*, c^ne de Vernassal.

Montanhacus. *Montagnac*, c^nes de Saint-Germain-Laprade et de Solignac-sur-Loire.

Montanhaguet. *Montagnazet.*

Montaniac. *Montagnac*, c^ne de Solignac-sur-Loire.

Montaniacus. *Montagnac*, c^ne de Saint-Germain-Laprade.

Montaniacus Rubeus, Montaniat. *Montagnac*, c^ne de Vernassal.

Montaure, Montaury. *Montauri.*

Montavid. *Montavit.*

Mont-Banc. *Saint-Just-Malmont.*

Mont-Bas (Lo). *Le Mont*, c^ne de Saint-Didier-la-Séauve.

Montboissier. *Montmouchet.*

Montborc. *Montbort.*

Montbordet. *Montbourdet.*

Montbrat. *Montbrac.*

Montbressos. *Montbressous.*

Mont-Breysse. *Le Monastier.*

Montbuisson. *Montbrison.*

Mont-Busa, Montbusac, Mont-Buzat, Montbusol. *Montbuzat.*

Montcel (Lou). *Le Moncel.*

Montcers. *Mont-Serre.*

Montcervier. *Montservier.*

Montchalin. *Montchamp*, c^ne de Laussonne.

Montchalm. *Montchamp*, c^ne de Saint-Paul-de-Tartas; *Montchany*, c^ne de Saint-Julien-Chapteuil; *Montchaud*, c^ne de Cistrières.

Montchalvet. *Montchouvet*, c^nes de

Saint-Julien-Chapteuil et de Saugues.

Montchanis. *Montchany*, c^nes de Saint-Julien-Chapteuil et de Saint-Pal-de-Chalencon.

Mont-Chany. *Montcenis*, c^ne de Rosières.

Montchau. *Montchaud*, c^nes de Cistrières et d'Yssingeaux.

Montchaulm. *Montchaud*, c^ne de Cistrières.

Montchault. *Montchamp*, c^ne de Saint-Paul-de-Tartas.

Montchauvet. *Montchouvet*, c^ne de Saugues.

Mont-Cheiroux. *Mont-Chiroux*, c^ne de Cussac.

Mont-Chérou. *Mont-Chiroux*, c^ne de Saint-Hostien.

Mont-Cholvet. *Montchouvet*, c^ne de Saint-Étienne-Lardeyrol.

Montchouvet. *Montchauvet*, c^nes de Bas et de Saint-Romain-Lachalm.

Mont-Chovet. *Montchauvet*, c^ne de Saint-Romain-Lachalm.

Montclar. *Montclard.*

Mont-Clarel. *Le Suc de Claret.*

Mont-Clergeot. *Saint-Vincent.*

Montcodiol-l'Hault, Mont-Cogniol-l'Hault, Mont-Cogulh. *Montcoudiol-Haut.*

Montcoguol. *Montcoudiol.*

Montcoudiol. *Moncoudiol.*

Mont-Courro. *Montcouroux.*

Montdance. *Saint-Julien-d'Ance.*

Mont-de-Coharaze (Le), Mont-de-Lantriac (Le). *Le Mont*, c^ne de Lantriac.

Mont-Denise. *Polignac.*

Mont-de-Queue-Raze (Le). *Le Mont*, c^ne de Lantriac.

Mont-de-Rochet. *Les Rapoints.*

Montdoleus. *Mondoulioux.*

Montegnac. *Montagnac*, c^ne de Venteuges.

Monteil-Chaton (Le). *Le Monteil*, c^ne de Sainte-Sigolène.

Monteil-de-Chomelix. *Le Monteil*, c^ne de Chomelix.

Monteilh (Le). *Le Monteil*, c^ne du Puy.

Monteilh (Lo). *Le Monteil*, c^nes de Bauzac, de Chomelix, de Léotoing, de Mazeyrat-Crispinhac, de Monistrol-sur-Loire et de Saint-Privat-d'Allier.

Monteilhet-d'Auza. *Le Monteillet*, c^ne d'Yssingeaux.

Monteilh-lez-Sollinhac. *Le Monteil*, c^ne de Solignac-sur-Loire.

Monteilh-Roys (Le). *Le Monteil*, c^ne de Saint-Didier-la-Séauve.

Monteill. *Le Monteil*, c^ne de Vernassal.

Monteilliet (Lo). *Le Monteillet*, c^ne du Mazet-Saint-Voy.

Monteillo (Le). *Le Montillon.*

Monteilz. *Monteils.*

Montel (Lo). *Le Monteil*, c^nes de Bauzac, de Cistrières, d'Espalem, de Mazerat-Aurouze, de Saint-Julien-des-Chazes, de Vergongheon, de Vernassal et d'Yssingeaux.

Montelart. *Montclard.*

Montelh. *Le Monteil*, c^nes de Mazeyrat-Crispinhac, de Riotord, de Saint-Pierre-Duchamp, de Solignac-sur-Loire, des Vastres et de Vernassal; *Monteils.*

Montelhada (La). *La Monteillade.*

Montelh-Chatenc (Lo). *Le Monteil*, c^ne de Sainte-Sigolène.

Montelhet. *Monteillet.*

Montelhet (Lo). *Le Montaillet; Le Monteillet*, c^nes de Malvières et d'Yssingeaux.

Montelhetum, Montelhitum. *Monteillet.*

Montelhon (Lou). *Montillon, Le Montillon.*

Montelhs. *Le Monteil*, c^nes de Bauzac et de Mazerat-Aurouze.

Montelhs Sobeyras. *Monteils.*

Montelietum, Montelletus. *Le Monteillet*, c^ne du Mazet-Saint-Voy.

Montellius. *Le Monteil*, c^nes de Mazerat-Aurouze.

Montelly. *Le Montellier.*

Montels Soteyras. *Monteils.*

Montelz. *Le Monteil*, ruiss., c^ne de Grazac; *Monteils.*

Monteremat, Montereyma. *Monteyremard.*

Montes. *Mons*, c^nes d'Aurec, d'Ours-Mons et de Saint-Georges-Lagriol; *Le Monteil*, c^nes de Bauzac, de Saint-Arcons-de-Barges et de Saint-Julien-des-Chazes.

Montet (Le). *Le Monteil*, c^nes de Craponne-sur-Arzon, de Laussonne, de Montregard, de Saint-Arcons-de-Barges et de Vielprat.

Montet-Conchiu. *Beauregard*, c^ne de Laussonne.

Montetum. *Le Monteil*, c^nes de Craponne-sur-Arzon et de Laussonne.

Montclz. *Le Monteil*, c⁰ᵉ de Bauzac.
Monteylh (Lo). *Le Monteil*, c⁰ᵉ de Saint-Pierre-Duchamp.
Monteylh lo Soteyra. *Monteils.*
Montoyl-Roer. *Le Monteil*, c⁰ᵉ de Saint-Didier-la-Séauve.
Mont-Farneir. *Mont-Farnier.*
Montfaucon (Ruiss. de). *La Brossette.*
Montfaulcon. *Montfaucon.*
Montferrat. *Champ-de-Bard.*
Montfoal, Montfois. *Montfoy.*
Montfolcon. *Montfaucon.*
Mont-Foulat. *Mont-Fauvat.*
Montfraicl. *La Garde-de-Mons.*
Mont-Franc. *Saint-Didier-la-Séauve.*
Montfrays. *La Garde-de-Mons.*
Montgen. *Montgieur.*
Mont-Geuri. *Montjeur.*
Montgon (Le). *La Violette*, ruiss.
Mont-Gori. *Montjeur.*
Montgrasset. *Mas-Grasset.*
Montguerry, Montguéry. *Montreguerri.*
Monthel (Le). *Le Monteil*, c⁰ᵉ des Vastres.
Mont-Hilaire. *Saint-Hilaire.*
Monthon. *Montouan.*
Montilia, Montilia superiora, Montilii, Montilii superiores. *Monteils.*
Montiliis. *Le Monteil*, c⁰ᵉ de Vieille-Brioude.
Montilio. *Le Monteil*, c⁰ᵉˢ des Vastres et de Vieille-Brioude.
Montilium. *Le Monteil*, c⁰ⁿ du Puy et c⁰ᵉˢ de Bauzac, de Craponne-sur-Arzon, de Monistrol-sur-Loire, de Rosières, de Saint-Pierre-Duchamp, de Saint-Privat-d'Allier et de Solignac-sur-Loire; *Le Monteil-de-Chabriar*, *Monteils*, *Montreguerri.*
Montilium Inferior. *Monteils.*
Montilium Tardiou. *Le Monteil*, c⁰ᵉ de Saint-Didier-la-Séauve.
Montiol. *Le Montiol.*
Montivallo, Montivar, Montivel. *Montival.*
Mont-Ivernos. *Mont-Hivernoux.*
Montjausi. *Montjauzi.*
Montjeurs. *Montjeur.*
Montjoie. *Champ-de-Bard.*
Mont-Jounet. *Mont-Jonet.*
Mont-Jovy, Mont-Juvy. *Montjuvin.*
Montlibrand. *Monibrand.*
Montliolh, Montliou (Le). *Le Montliol.*
Mont-Lizieu. *Saint-Voy.*
Montmaira. *Montmoirac.*
Montmarti. *Montmartin.*
Montméa. *Montméat*, c⁰ᵒ de Mézères.

Montméat. *Montméa.*
Mont-Mégal. *Saint-Julien-Chapteuil.*
Montmège. *Momège*, c⁰ᵉ de Lubilhac.
Mont-Megya. *Momège*, c⁰ᵉ de Montclard.
Mont-Meia. *Momège*, c⁰ᵉˢ de Lubilhac et de Montclard.
Mont-Meja. *Momège*, c⁰ᵉ de Frugières-le-Pin.
Montmeya. *Masmeat*, *Montméa*; *Montméat*, c⁰ᵉˢ de Bas et de Mézères.
Montmirail, Montmirat. *Montmurat.*
Mont-Molier. *Mont-Maillot.*
Montmorat. *Montmoirac.*
Montmoyen. *Montméa.*
Montmoyrat. *Montmoirac.*
Montoam, Montoan, Montohan, Montoin. *Montouan.*
Mont-Oliou. *Moudoulioux.*
Mont-Olyvet. *Montalivet.*
Monton. *Montouan.*
Montorgue, Montorgus. *Montorgues.*
Montorser. *Mont-Orsier.*
Montouroux. *Montaurour.*
Montpastor. *Montpastour*, c⁰ᵉ de Barges.
Mont-Pelé. *La Garde-d'Eyconac*, *Saint-Christophe-sur-Dolaison.*
Montpeyros. *Montpeyroux*, c⁰ᵉˢ de Chazelles et de Saint-Pierre-Duchamp.
Mont-Pidgier. *Mont-Pigier.*
Mont-Pigier. *Saint-Hostien.*
Mont-Pignon. *Saint-Remy.*
Montpinhoux, Montpinos. *Montpinoux*, c⁰ᵉ d'Yssingeaux.
Mont-Pinos. *Montpinoux*, c⁰ᵉ de Mazerat-Aurouze.
Montpiroux. *Montpeyroux*, c⁰ᵉ de Saint-Pierre-Duchamp.
Montpla, Montplo, Montplot. *Mont-Plaux.*
Mont-Poble (Lou). *Le Mont*, c⁰ᵉ de Sainte-Sigolène.
Mont-Prahes, Montpré. *Montpret.*
Mont-Pregeix. *Saint-Préjet-Armandon.*
Mont-Premier. *Monthaud.*
Montpreys, Montpreyt. *Montpret.*
Mont-Quintin. *Saint-Quintin.*
Mont-Racoux. *Montrecoux.*
Montreguery. *Montreguerri.*
Mont-Recours. *Montrecourt.*
Mont-Redont. *Montredon*, c⁰ᵉˢ de Bellevue-la-Montagne et du Puy.
Mont-Regart. *Montregard.*
Montreguerry. *Montreguerri.*
Mont-Ribran, Mont-Ribrand. *Monibrand.*

Mont-Riobant. *Monibrant*, mont.
Mont-Rocos. *Montrecoux.*
Mont-Roma, Mont-Roman. *Montrome.*
Montrouge. *Montchouret*, c⁰ˢ de Saint-Julien-Chapteuil.
Montroume. *Montrome.*
Montroy (Le), Montroyet. *Montroyer.*
Montroz. *Montroux.*
Mont Saint-Marti. *Le Mont*, c⁰ᵉ de Tence.
Mont-Salio. *Mont-Saléon.*
Montsebeyrat. *Mont-Soubeyre.*
Mont-Sec. *Saint-Ferréol-d'Auroure.*
Montseignau. *Montseigneur.*
Montserfz, Montsers. *Mont-Serre.*
Montservier. *Montcervier.*
Mont-Sobeyra (Le), Montsubeyre. *Mont-Soubeyre.*
Mont-Tartas. *Saint-Paul-de-Tartas.*
Montuscla. *Montusclat*, c⁰ᵉ de la Chapelle-d'Aurec.
Mont-Vachel (Lo), Mont-Vachiul (Lo), Mont-Vachiel (Lo), Mont-Vachil (Lo). *Mauvarhal.*
Mont-Vellaye. *Mont-Velay.*
Montz. *Mons*, c⁰ᵉˢ d'Ours-Mons et de Saint-Georges-Lagricol.
Montzia (La), Montzie (La), Montzea (La). *La Monzie.*
Mon-Velayt, Mon-Vellaye. *Mont-Velay.*
Monzia (La). *La Monge*, *La Monzie.*
Moranciæ. *Mérances.*
Morandes. *Eymourandes.*
Morangas, Moranghas, Morangias. *Moranges*, c⁰ᵉ de Mazeyrat-Crispinhac.
Moras. *Mauras.*
Morebrant. *Monibrand.*
Morecon. *Montrecour.*
Morenæ, Morenos. *Mourennes.*
Moret. *Sereceyres.*
Moretz (Els). *Les Morets.*
Moreyra (La). *La Morière.*
Morgat. *Mourgeat.*
Morge (La). *La Chamalière*, ruiss.
Morgeac. *Mourgeat.*
Morgha (La). *La Chamalière*, ruiss.; *La Morge.*
Morghat, Morgheal. *Mourgeat.*
Morgue (Nemus del). *L'Église.*
Moriat. *Mauriac*, c⁰ᵉ de Chaspuzac.
Morleyre, Morleyres, Morlière. *Mourleyre.*
Morrasso, Morrason, Morreso, Morreson, Morresonus. *Montrazon.*
Morta Saigna Inferior. *Morte-Sagne-Bas.*

Morta Saigna Superior. *Morte-Sagne-Haut.*

Morta Sanha. *Morte-Sagne-Haut, Morte-Saigne.*

Morta-Sanhe. *Morte-Saigne, Mortessagne.*

Mortassanhe. *Morte-Saigne.*

Morta Veylha. *Mortevieille.*

Morte-Sagne, Morte-Saigne. *Mortessagne.*

Mortesainhes. *Morte-Sagne-Haut.*

Mortessaigne. *Mortessagne.*

Mortua Sana. *Mortesaigne.*

Morye (La). *La Maurie.*

Mosu. *Mozun.*

Mota. *La Mothe, La Motte.*

Mota Canilhaci, Mote (La). *La Mothe.*

Moteria. *La Mouteyre,* c^nes de Croisance et de Landos.

Motetz. *Garde-de-Motet.*

Moteyra (La), Moteyre (La). *La Mouteyre,* c^nes de Croisance et de Landos.

Motgo, Motgonius, Motguon. *Montgon.*

Mothe-Barentin (La), Mothe-Canilhac (La). *La Mothe.*

Motiere (La). *La Mouteyre,* c^ne de Landos.

Motlhol (Lo). *Le Monliol.*

Motta. *La Motte.*

Moty (Le). *Mouty.*

Motz. *Maux.*

Mouderiæ. *Moudeyres.*

Moudet. *Mondet.*

Moudeyras. *Moudeyres.*

Mouguon. *Montgon.*

Moulas. *Moulat.*

Moulet (Le). *Moulet.*

Mouleyre. *La Moulière, Mourleyre.*

Moulhade (La). *La Moulhiade.*

Moulibrand. *Monibrand.*

Moulin (Le). *Les Moulins,* ruiss.

Moulina (Le). *Le Moulinas,* ruiss.

Moulin-Barreyre. *Moulin-de-Barreyre.*

Moulin-Blanc. *Moulin-de-Breure.*

Moulin-d'Arzac. *Moulin-du-Villard.*

Moulin-de-Bouches. *Le Moulin-de-Boucherand.*

Moulin-de-Chantoine. *Moulin-de-Milhit.*

Moulin-de-Fix. *Le Signe.*

Moulin-de-la-Salle (Le). *Le Moulin-de-Roche.*

Moulin-de-Razes. *Moulin-de-Raze.*

Moulin-des-Estables (Le). *Le Grand-Moulin.*

Moulin-de-Titulet. *Moulin-de-Titulat.*

HAUTE-LOIRE.

Moulin-d'Eyraud. *Moulin-d'Héraud.*

Moulin-du-Pic. *Le Moulin-du-Pré.*

Moulin-du-Pont-de-Try. *Le Moulin-de-Pierre.*

Moulin-Louger. *Moulin-du-Longer.*

Moulin-Pragailhard. *Moulin-Pagaillard.*

Moulins (Les). *Le Grand-Moulin,* c^ne des Estables; *le Saint-Berain,* ruiss.

Moulin-Soubeyrot. *Moulin-de-Siberot.*

Moulin-Verdier. *Le Verdeyer.*

Moullinez (Les). *Les Moulins,* c^ne de Laussonne.

Moulmé. *Moulines.*

Mounet. *Monnet, Mouneis.*

Mounets. *Mounès.*

Mounier. *Saint-Jeure.*

Mounjust. *Monjust.*

Mounpla. *Montplot.*

Mounyers (Loux). *Les Mouniers.*

Mourand. *Morand.*

Mourandes. *Eymourandes.*

Mourangiæ. *Moranges,* c^ne de Mazeyrat-Crispinhac.

Moureyre (La). *La Morière.*

Mouriacum. *Mauriac,* c^ne de Saint-Julien-Chapteuil.

Mouriat. *Mauriac,* c^ne de Chaspuzac.

Mourissange. *Morissanges.*

Mouristel. *Moristel.*

Mourjeac. *Mourgeat.*

Mourleyres. *Mourleyre.*

Moussandrau. *Montcendrau.*

Moutas (Les). *Les Moutas.*

Moute (La). *La Mothe.*

Mouteire (La). *La Mouteyre,* c^ne de Landos.

Mouvaniat. *Mauvagnat.*

Mouvert. *Montvert.*

Movachales. *Mauvachal.*

Moyssac. *Moissac.*

Moyssac-Soteyra. *Moyssac-Bas.*

Moyssacum. *Moissac.*

Mozatz (Loz). *Les Mauzats.*

Mundaros. *Mandaroux,* c^ne de Champclause.

Mundus. *Le Mas-du-Mont; Le Mont,* c^nes de Cubelles, du Monastier, de Saint-Étienne-Lardeyrol, de Saint-Préjet-d'Allier et de Tence.

Mundus de Coha Rasa. *Le Mont,* c^ne de Lantriac.

Mundus Inferior. *Le Mont-Dernier.*

Mundus Sancti Martini. *Le Mont,* c^ne de Tence.

Mundus Superior. *Monthaut.*

Muntel-Guari. *Montreguerri.*

Mura (La). *La Mure,* c^ne de Bas et de Rosières.

Muraire (La). *La Maraire.*

Mure (La). *La Maure.*

Mures (Las). *La Mure,* c^ne de Rosières.

Mureta. *La Murette.*

Murs (Les). *Les Mures.*

Musa. *Chazaux,* c^ne de Borne; *la Musette,* ruiss.

Musique. *Mécique.*

Musnier (Lou). *Ferret.*

Musniers (Les). *Le Grand-Moulin,* c^ne des Estables.

Musona. *Miaune.*

Mussazelle, Mussezelle. *Missicelle.*

Mussicq. *Mussic.*

Mussicum. *L'Audi,* ruiss.; *Mussic.*

Mussie (La). *L'Audi,* ruiss.

Mussizilha, Mustela. *Missicelle.*

Mutafosse (Le). *Le Croizet,* ruiss.

Muza. *La Musette.*

Mylio, Myliou. *Émilleux.*

Myonne. *Miaune.*

Myronne. *Meyronne.*

N

Nabinariæ. *Les Binières.*

Nabineiras. *Les Bineyres, Les Binières.*

Nabineyras, Nabyneiras. *Les Bineyres.*

Nadaud (Mas de). *Les Clauses,* c^ne de Chadron.

Nai. *Saint-Jean-de-Nay.*

Nairaval. *Neyraval.*

Naisaco. *Neyzac.*

Naiva. *Le Bellecombe,* ruiss.

Nan. *Nant,* c^ne de Vorey.

Nantel. *Nantet.*

Nanti. *Nant,* c^ne de Vorey.

Narce (La). *Moulin-d'Augier.*

Narce-de-Coulteaux (La). *La Narce.*

Nasat. *Anazat.*

Nastol. *Noustoulet; le Riounastre,* ruiss.

Nastolet, Nastoletum, Nastollet, Nastoullet. *Noustoulet.*

Nau (La). *Tatevin.*

Naud. *Nau.*

Nauta (La). *La Naute.*

Nautas (Las). *Les Nautes.*

Navas. *Naves,* c^ne de Saint-Christophe-sur-Dolaison.

Navasta. *La Naverte.*

Nave. *Naves,* c^ne de Bas.

46

Ormes (Les). *Les Hommes.*
Ors. *Ours.*
Orsairolas. *Orcerolles*, c⁰ˢ de Craponne-sur-Arzon.
Orsayrolas. *Orcerolles*, cⁿᵉ de Roche-en-Régnier.
Orscer (L'), Orseir (L'). *L'Orsier*, ruiss.
Orsenac. *Orcenac.*
Orsic. *Ourzie.*
Orsier. *Oursier.*
Orsignac (L'). *Le Gaudy*, ruiss.
Orsilhac. *Orzilhac.*
Orsimond. *Orsimont.*
Orsinas. *Orcine.*
Orsival (L'). *Le Chazau*, ruiss.
Orssinac. *Orsignac.*
Ort (L'). *L'Hort.*
Oryval. *La Borie-Darles.*
Orzerolles. *Orcerolles*, cⁿᵉ de Roche-en-Régnier.
Orzic. *Ourzie.*
Orzie. *L'Ourzie*, ruiss.
Orzines. *Orcine.*
Orzis. *Ourzie.*
Os. *Ours.*
Osde. *Ouïdes.*
Osfond. *Losfons, Osfont.*
Oson. *Auzon.*
Ospital (L'). *L'Espitalet.*
Ossoubz. *Oussoux.*
Ostel. *Ostet.*
Olbazac, Oubazac, Oubbazac. *Aubazac.*
Oubeis, Oubey, Oubeytz. *Oubeys.*
Oubournas. *Aubournac.*
Oucéa (L'). *Loucéa.*
Oucel (L'). *Loucel.*
Oucha (L'), Ouchas (L'). *Les Ouches.*
Oudinet-lès-Charensac. *Audinet.*
Oudy. *Audi; l'Audy*, ruiss.
Ὀυέλαυυοι. *Peuples du Velay.*
Oufous. *Oussoux.*
Oughac. *Aujeac.*
Ougiers (Les). *Les Augiers.*
Ouillon. *Oulion.*
Oulanais (Les). *Les Aulanais.*
Oulany. *Aulanys.*
Ouleyras, Ouleyres. *Ollières.*
Oulhias, Ouliac. *Ouillas.*
Ouliandre. *Ouillandre.*
Ouliou. *Oulion.*
Oulme (L'). *L'Olme*, cⁿᵉ de Coubon.
Oulmeit. *Oumey.*
Ouls. *Os.*
Oumay. *Oumey.*
Ounac. *Aunac.*

Ounas. *Aunas.*
Ourbes. *La Courbeyre*, ruiss.; *Ourbe.*
Ourcines. *Orcine.*
Ourier. *Aurec.*
Ourilles (Les). *Les Ourlhes*, ruiss.
Ourlac. *Orlac.*
Ourouze (L'). *L'Aurouze.*
Oursier. *Orcier.*
Ourze (L'). *L'Ourzie.*
Ourzilhac. *Orzilhac.*
Ous. *Ours.*
Ouspis. *Lou Pis.*
Ousseix (L'). *Lousseix.*
Oussoubz. *Oussoux.*
Oustet, Outet. *Ostet.*
Outignat, Outinhac-les-Arzac. *Autinac.*
Ouvreurs (Les), Ouvroirs (Les). *Les Tanneries*, au Puy.
Oux. *Os.*
Ouyde. *Ouïdes.*
Ouzou. *Moulin-d'Eauzou, Moulin-Portal.*
Ouzou (L'). *La Gazeille*, cⁿᵉ de Saint-Paulien.
Oveyras. *Uveyres.*
Oyde. *Ouïdes.*
Oytaus. *Luitaud.*
Oz. *Os.*
Ozon, Ozun. *Auzon.*

P

Pabias (Los). *Les Pabiers.*
Paciagas. *Peyssanges.*
Pacqueyreyre (La). *La Caperière.*
Padeaux (Les). *Les Pradaux*, cⁿᵉ de la Chapelle-d'Aurec.
Pagnac. *Polignac.*
Paiasac. *Payzat.*
Paigat, Paigule. *Paigut.*
Paillacium, Pailhanum, Pailhec. *Montregard.*
Pailhère. *Pailler.*
Paira. *Peyre*, cⁿᵉ de Beaux.
Paire (Ruiss. de). *Le Peyre.*
Paisac. *Payzat.*
Paisensanges. *Peyssanges.*
Pala (La). *La Palle.*
Palaecum. *Montregard.*
Palandrau. *Les Pandraux.*
Palatium. *Victoriacus.*
Pal-de-la-Fachinaire. *Le Pal-de-la-Sorcière.*
Pal-de-Mons. *Saint-Pal-de-Mons.*
Paleyecum. *Montregard.*
Palhaire. *Pailhaire.*

Palharon. *Pailharon.*
Palhayre. *Pailhaire.*
Palheacum, Palhec. *Montregard.*
Palheirs (Los). *Pailler.*
Palheta. *Paillette.*
Palhiou, Palhon. *Palhou.*
Paliayre. *Pailhaire.*
Palière (La). *La Paulière.*
Palières (La). *Les Pallettes.*
Pallaro, Pallaron. *Pailharon.*
Pallayhet, Pallegiagum. *Montregard.*
Pallet. *La Palle.*
Pallete. *Paillette.*
Pal-Sénoire. *Saint-Pal-de-Murs.*
Paly (Lou). *La Palle.*
Pammac, Pamnac. *Polignac.*
Panassac. *Pannessac.*
Panasseyra. *La Panasseyre.*
Panaveyra. *Panavaire.*
Pancier. *Pansier.*
Pandrau, Pandros (Los). *Les Pandraux.*
Panencs (Als). *Les Panens*, cⁿᵉ de Saint-Didier-la-Séauve.
Panencz (Lous), Panent. *Les Panens*, cⁿᵉ de Riotord.
Panents (Les). *Les Panens*, cⁿᵉ de Saint-Didier-la-Séauve.
Panhac. *Polignac.*
Panic, Panicz, Panyc. *Le Panis.*
Papelenga. *Marijols.*
Papelengue (Soubz-). *Roche-Arnaud.*
Papeteries-d'Apini (Les). *La Papeterie.*
Papier, Papiers. *Les Pabiers.*
Para (La), Paraa (La). *La Parade*, cⁿᵉ de Bauzac.
Parabès. *Parabesc.*
Parada (La). *La Parade*, cⁿᵉˢ d'Alleyras et de Bauzac.
Paradis. *Champ-de-Bard.*
Parens (Les). *Les Panens*, cⁿᵉ de Saint-Didier-la-Séauve.
Parevent (La). *Le Paravent.*
Paris. *Parry.*
Parredon, Parredont. *Paredon.*
Parsonne, Parsouve, Parsson. *Parson.*
Partal (La). *Le Portal.*
Partus (Lo). *Le Pertuis.*
Parvus Pons. *Le Pont-de-la-Chartreuse.*
Pas-Bertrant. *Pasbertrand.*
Pasiers (Lous). *Les Paziers.*
Pas-Redont. *Paredon.*
Passaa (La). *Le Passa.*
Passaghas. *Peyssanges.*
Passaran, *Passeran.*
Passas (Les). *Le Passa.*
Passas de Dolezo, Passas de Sol-

lempnhac (Las), Passas de Sol-lempniaco. *Les Passières.*
Passayres (Les). *Les Passeyres.*
Passe-Barrial, Bassebarrial. *Passe-barial.*
Passel (Le). *Le Passet.*
Passerand, Passerant. *Passeran.*
Passeriæ. *Les Passeyres.*
Passers de Sollempniaco (Les). *Les Passières.*
Passevète. *Passe-Vite.*
Passoyras (Las). *Les Passoyres.*
Passi de Sollempniaco. *Les Passières.*
Passus Rotundus. *Paredon.*
Passus Sancti Martini. *Le Pas-Saint-Martin.*
Pasteaux (Les). *Les Pas.*
Paternault. *Paternaud.*
Pâtres (Les). *La Pâtre.*
Pau (Le). *Le Pauc.*
Pauca Villa. *Paucheville.*
Pauchardeyre (La). *La Pouchardière.*
Paucha Villa. *Paucheville.*
Paucus. *Le Pauc.*
Paulagetum. *Paulhaguet.*
Paulagnac. *Polagnac.*
Pauleiguet. *Paulhaguet.*
Paulhacum, Paulhat. *Paulhac,* c⁰ᵉ de Blassac.
Paulhagum, Paulhat. *Paulhac,* c⁰ⁿ de Brioude.
Paulhiac. *Paulhac,* c⁰ᵉ de Tence.
Paulhyacum. *Paulhac,* c⁰ⁿ de Brioude.
Pauli. *Paulin.*
Paulia (La). *La Pouille.*
Pauliac. *Paulhac,* c⁰ᵉ de Brioude.
Pauliacum. *Paulhac,* c⁰ⁿ de Brioude; *Paulhaguet.*
Pauliaguetum. *Paulhaguet.*
Paulianum. *Paulin.*
Paulignac. *Polagnac.*
Paulinchon. *Pauliachon.*
Paulinh. *Paulin.*
Paulinhac. *Paulinac.*
Paulinum. *Paulin.*
Paulnhat. *Paulinac.*
Pausier. *Pansier.*
Pautès, Pauteti, Pautetz. *Poutès.*
Pautus (Los), Pautut, Paututs, Paututz. *Les Pautuds.*
Paux. *Pot.*
Pavettes (Les). *Le Lindes,* ruiss.
Payasac, Payasacum, Payezat. *Paysat.*
Paylen. *Peylenc.*
Paylhayre. *Pailhaire.*
Payradayra. *Peyredeyre.*
Payrère (La). *La Peyreyre,* c⁰ᵉ de Ceyssac.

Payron. *Peyron,* c⁰ᵉ des Estables.
Pazeres (Les). *Les Paziers.*
Pealleprat. *Pialleprat.*
Pebelier. *Pébélit.*
Pe Boysso. *Puy-Buisson.*
Pebracum, Pebrat. *Pébrac.*
Pebulhit, Pebulit, Pebullit. *Pébélit.*
Péchauzat. *Péchozet.*
Pech-Giraudet. *Pey-Girodet.*
Peda, Pedde (La). *La Pède.*
Pedes Bulhitus. *Pébélit.*
Pegeriæ. *Pigeyres,* c⁰ᵉ de Saint-Arcons-de-Barges.
Peiboudry. *Puy-Baudry.*
Pei lo. *Peylenc.*
Peir. *Piès.*
Peira. *La Peyre,* c⁰ᵉ de Saint-Jean-de-Nay.
Peira Fichada. *La Pierre-Plantée.*
Peire. *Peyre,* c⁰ᵉ de Beaux.
Peirelas. *Peyrelas.*
Peiremorte. *La Peyre,* c⁰ᵉ de Saint-Front.
Peirinhacum. *Pérignac.*
Peirizy. *Peyrisey.*
Peiron. *Le Peyron,* c⁰ᵉ de Charraix.
Peiro Saint-Johan (Lo). *Le Peyron-Saint-Jean.*
Peirussa, Peiruza. *Peyrusse.*
Peissis. *Pissis,* c⁰ᵉ de Monistrol-d'Allier.
Pejairolas. *Pegeyrolles.*
Pela Vela. *Pealleviale.*
Pelavie, Pelavizi. *Pelavis.*
Pelegri (Rivus de). *Le Pélegrin.*
Peleprat. *Pialleprat.*
Pelhissac. *Pélissac.*
Pélicier (Moulin-). *Moulin-Pélissier.*
Pelignac, Pelinhac. *Pélinac.*
Pelisacum, Pelissacum. *Pélissac.*
Pelisseria (La). *Les Tanneries,* au Puy.
Pelissier. *La Petite-Cesse.*
Pellarit. *Pelavis.*
Pellenctz (Les), Pellens (Les), Pelleux (Les). *Les Pelens.*
Pelliciers (Lous). *Les Pélissiers.*
Pelluche (Haulte et Basse). *La Peluche.*
Penæ, Penas. *Peines.*
Pendilheyras (Las). *Les Pendilhères.*
Pénide (La). *Saint-Vidal.*
Pennes (Les). *Peines.*
Peoble. *Piboulet.*
Pepynet. *Pépinet.*
Perar. *Moulin-de-Payrard.*
Pereir (Lo). *Le Perrier.*
Peremet. *Prumet.*

Perer (Lo). *Le Perrier.*
Pererz. *Périer.*
Pérésy. *Peyrisey.*
Peretum. *Péret.*
Perideriæ, Perideyres. *Peyredeyre.*
Perier (Lou). *Le Perrier.*
Péron (Le). *Le Peyron,* c⁰ᵉ de Monistrol-sur-Loire.
Peroseta. *La Peyrousette.*
Pérots (Les). *Les Perrots.*
Perrel. *Perel.*
Perres (Les). *Parry.*
Perret. *Peret.*
Perreyr (Lo). *Le Périer.*
Perrière (La). *La Peyreyre,* c⁰ᵉ de Sainte-Sigolène.
Perrosse. *Peyrusse.*
Perrot. *Perault.*
Perrucia. *Peyrusse.*
Pertus (Lo). *Le Pertuis.*
Pertusada. *Pertusade.*
Pertusium, Pertuys (Lo), Pertuzium. *Le Pertuis.*
Peruce, Perucia, Perussa. *Peyrusse.*
Pervenchère. *Pervenchères.*
Pervencheyres. *Pervenchère, Pervenchères.*
Pervinchère. *La Pervenchère.*
Peryderes. *Peyredeyre.*
Pesa Mezel. *Pessemezelle.*
Pes Bulhitus. *Pébélit.*
Pescheir de la Boza (Lo), Pescher. *La Marade.*
Pescher (Lo), Peschier (Lo). *Le Pécher,* c⁰ᵉ de Tence.
Peschoire (La). *La Péchoire.*
Pes d'Apcho. *Le Suc-d'Achon.*
Pessa Enchairada. *Pesse-Queyrade.*
Pesse-Mezel. *Pessemezelle.*
Pessier (Lou). *Le Pécher,* c⁰ᵉ de Saint-Hostien.
Pessis. *Pissis,* c⁰ᵉˢ de Connangles et de Monistrol-d'Allier.
Pessolas. *Pouzols,* c⁰ᵉ de Monlet.
Pestelh, Pestellum. *Cacheresse.*
Pète-Loup. *La Mandaronne,* c⁰ᵉ de Saint-Front.
Petit-Devesset (Le). *Devesset.*
Petit-Freyconet (Le). *Freycenet-La-cuche.*
Petit-Maruy. *Le Petit-Marais.*
Petit-Mont (Le). *Le Mont-Dernier.*
Petit-Moulin (Le). *Chyère.*
Petit-Salettes. *Salettes,* c⁰ᵉ de Saint-Martin-de-Fugères.
Petra. *Peyre,* c⁰ᵉ de Beaux; *La Peyre,* c⁰ᵉ de Saint-Jean-de-Nay.
Petra Fixa. *La Pierre-Plantée.*

Petra Grossa. *Peyragrosse.*
Petra Sancti Johannis. *Le Peyron-Saint-Jean.*
Petrosa. *La Peyrousse.*
Petrucia. *Peyrusse.*
Petrus Auvernhe. *Les Auvergnes.*
Petrussa. *Peyrusse.*
Peu-Berault. *Puy-Beraud.*
Peu-Bernenc. *Peybernenc.*
Peubeulhect. *Pébélit.*
Peu-Brunel, Peu-Brunenc. *Peybernenc.*
Peubulit. *Pébélit.*
Peuch-Auxel. *Pechozet.*
Peuch-Boudric. *Puy-Baudry.*
Peuch-Espaleo. *Peuch-Espaleu.*
Peuch-Martel. *Peu-Martet.*
Peuchs (Lous). *Lous Pechs.*
Peu-de-la-Chabonne. *Le Peu-de-Chazotte.*
Peu-de-Maleys (Le). *Le Peu-de-Maleys.*
Peu-du-Prat. *Pey-du-Prat.*
Peu-Giraudet, Peu-Giroudet. *Pey-Girodet.*
Peu-Gros. *Peygros.*
Peu-Grosset. *Pey-Grosset.*
Peugut. *Paigut.*
Peuh-Auxel. *Péchozet.*
Peuh-Espaleu. *Peuch-Espaleu.*
Peulenc. *Peylenc.*
Peu-Martin. *Pey-Martin.*
Peumean, Peumie. *Peymion.*
Peu-Nastol. *Peynastre, Les Troncs.*
Peu-Nastoul. *Peynastre.*
Peunyer. *Pugnier.*
Peu-Palla. *Peupara.*
Peupinet. *Pépinet.*
Peut-Gros. *Pey-Gros.*
Peuts-Marchié. *Peu-Marchet.*
Peutz (Le). *Le Peuch.*
Peutz (Les). *Lous Pechs.*
Peutz-Gros. *Puy-Gros.*
Peutz-Maury. *Peu-Maury.*
Peu-Veulh. *Peyveux.*
Peux (Les). *Lous Pechs.*
Pey (Lo). *Le Puy.*
Pey-Berninc. *Peybernenc.*
Peychevalas. *Pichevalat.*
Peychier (Le). *Le Pêcher, cne de Tence.*
Peycis. *Pissis, cne de Monistrol-d'Allier.*
Peydieu, Peyduc. *Paigut.*
Peygros. *La Garnasse, cne de Saint-Jean-Lachalm.*
Peygut. *Paigut.*
Peyleroux. *Peyrebaud.*
Peylon. *Peylenc.*

Peymiant. *Peymion.*
Peyra. *Peyre, cnes de Beaux et de Cerzat.*
Peyra (La). *La Peyre, cnes de Blesle et de Saint-Jean-de-Nay.*
Peyra-Brosson. *Peyrebrousson.*
Peyra Grossa. *Peyragrosse.*
Peyralaa. *Peyrelas.*
Peyramont. *Saint-Geneys-près-Saint-Paulien.*
Peyra-Pesol, Peyra-Pesou. *Perpezoux.*
Peyrard. *Moulin-de-Payrard.*
Peyras de las Fadas (Las). *Les Pierres-des-Fées.*
Peyrebeille. *Peyrebille.*
Peyredeyra, Peyredeyras. *Peyredeyre.*
Peyre frese (Ruiss. de). *Le Ram.*
Peyre-Grosse. *Peyragrosse.*
Peyroire (La). *La Peyreyre, cne de Sainte-Sigolène.*
Peyrela, Peyrellas. *Peyrelas.*
Peyremole. *Peyremule.*
Peyreueyre. *Peyredeyre.*
Peyrepezon. *Perpezoux.*
Peyre-Plantada. *La Pierre-Plantée.*
Peyre-Rome, Peyre-Roume. *Peyrôme.*
Peyres (Jean-des-). *Jean-Despeyres.*
Peyres-Albes. *Tranchebourse, cne de Saint-Germain-Laprade.*
Peyres-Rouges. *Pieyres, cne de Beaulieu.*
Peyres-Sarrasines. *Pierres-Sarrazines*
Peyretz (Molin doz). *Moulin-du-Sap.*
Peyreyra (La). *La Peyreyre, cne de Sainte-Sigolène.*
Peyrideriœ. *Peyredeyre.*
Peyrier. *La Peyreyre, cne de Saint-Pierre-Eynac.*
Peyrière. *La Peyreyre, cne de Monistrol-sur-Loire.*
Peyrière (La). *La Peyreyre, cne de Sainte-Sigolène.*
Peyrignac, Peyrinhac, Peyrinhacum. *Pérignac.*
Peyrisis. *Peyrisey.*
Peyro (Lo). *Le Peyron, cnes de Charraix, de Monistrol-sur-Loire, de Saint-Didier-la-Séauve et de Tailhac; Piès.*
Peyro-Deydier. *Peyron-Didier.*
Peyro-Froutes. *Peyron-Saint-Front.*
Peyron-de-Coursac. *La Chartreuse.*
Peyrosa (La). *La Peyrousse.*
Peyro Sancti Fruntonis. *Peyron-Saint-Front.*
Peyro-Saynt-Joan (Le). *Le Peyron-Saint-Jean.*

Peyrot. *Perault; Peyron, cnes des Estables.*
Peyrou. *Peyron, cne des Estables.*
Peyrou (Le). *Le Peyron, cne de Charraix.*
Peyrouses. *Les Peyrousses.*
Peyroux. *Le Peyron, cne de Lapte.*
Peyrozette (La). *La Peyroussette.*
Peyrucette. *Peyrussette.*
Peyrussa. *Peyrusse.*
Peyrusse (Ruiss. de). *La Ramade.*
Peyrusseta. *Peyrussette.*
Peysis, Peyssini, Peyssis. *Pissis, cne de Monistrol-d'Allier.*
Peyvey. *Peyveuy.*
Peza (La). *La Pèze.*
Phenix. *Bellevue, cne du Puy.*
Phila Trama. *Filletrame.*
Philepaut, Philipot, Philpeaux, Philypeaux. *Philypaux.*
Pi (Lo). *Le Pin, cnes d'Agnat, de Dunières et de Saint-Germain-Laprade.*
Piaciagum. *Piassác.*
Piala. *La Béala.*
Piala Viala, Pialeviales, Pialle-Vialle. *Péallevialle.*
Piasac, Piassacum. *Piassac.*
Pibolet, Piboulle. *Piboulet.*
Pi Chals (Lo). *Le Pin, cne de Chanaleilles.*
Pichaulet. *Picholet.*
Pichevala. *Pichevalat.*
Pichollet, Pichoulet, Pichoulète, Pichoutete. *Picholet.*
Picondrit. *Puy-Baudry.*
Picoudrit. *Piéboudry, Puy-Baudry.*
Picoyeria, Picoyeyra (La). *La Pichoire.*
Piebelyt, Pébulit. *Pébélit.*
Piéboudry. *Puy-Baudry.*
Pièce (La). *La Pesse.*
Pied-Boli. *Pébélit.*
Pied-Bondry. *Puy-Baudry.*
Pied-Boudry. *Piéboudry, Puy-Baudry.*
Pieds. *Piès.*
Piègres. *Pieyres, cne de Beaulieu.*
Pialle (La). *La Puelle.*
Pier. *Piès.*
Pieræ. *Pières-Bas; Pieyres, cne de Beaulieu.*
Piere. *Piès.*
Pieres. *Pières-Bas; Pieyres, cnes de Beaulieu et de Saint-Pal-de-Chalencon.*
Pieres-Altes. *Pières-Haut.*
Pieres-Rouges. *Pieyres, cne de Beaulieu.*

Pons Strolaciorum. *Le Pont-d'Estrouilhas.*

Pons Viennæ. *Pontvianne.*

Pons Voltæ. *Le Pont,* cne de la Voûte-Chilhac.

Pont (Le). *Le Pont-de-Vabres.*

Pontagho, Pontaghou, Pontajo. *Pontageon.*

Pont-Asteir. *Pont-Astier.*

Pont-Aubert. *Le Pont-des-Cendres.*

Pont-de-Brossette. *Le Pont,* cne de Raucoules.

Pont-de-Chazeau. *Le Pont-de-Chazaux.*

Pont-de-Fauryes (Le). *Le Pont-de-Faurie.*

Pont-de-la-Cendres. *Le Pont-des-Cendres.*

Pont-de-Lempereur. *Pontempeyrat.*

Pont-de-l'Enceinte. *L'Enceinte.*

Pont-de-l'Estang, Pont-de-l'Estain, Pout-de-l'Estaing. *Le Pont-d'Estaing.*

Pont-de-Males-Aures (Le), Pont-de-Malzaure, Pont-de-Malzore. *Le Pont-de-Malsaures.*

Pont-de-Martz. *Le Pont-de-Mars.*

Pont-d'Emperat. *Pontempeyrat.*

Pont-de-Reynaud. *Font-de-Reynaud.*

Pont-des-Candres. *Le Pont-des-Cendres.*

Pont-de-Solignac. *Les Piles-de-Bauzac.*

Pont-des-Trolhas, Pont-d'Estrouilhac, Pont-Destrouilias, Pont-deus-Strolhars. *Le Pont-d'Estrouilhas.*

Pont-de-Villeneuve. *Le Pont-de-la-Chartreuse.*

Ponté. *Le Pontet.*

Ponteilh. *Le Ponteil,* cne de Boisset.

Ponteilhs (Los). *Les Ponteils.*

Pontel. *Le Ponteil,* cne de Saint-Pierre-Eynac.

Pontelh, Pontelhs. *Ponteils.*

Pontelhs (Los). *Les Ponteils.*

Pont-Empeyrat. *Pontempeyrat.*

Ponteughol. *Pontageon.*

Ponteyl. *Le Ponteil,* cne de Boisset.

Ponteyls. *Ponteils.*

Pontgilbert. *Pontgibert.*

Pontiau (Le). *Le Poutiou.*

Ponticulum. *Le Ponteil,* cne de Saint-Pierre-Eynac.

Pontilia. *Ponteils.*

Pont-Imperat. *Pontempeyrat.*

Pont-la-Sainte (Le). *Le Pont-de-l'Enceinte.*

Pont-Nou. *Le Pont-Neuf,* cne de Polignac.

Pontpeyratus, Pontpeyrenc. *Pompeyrin.*

Pont-Plancheir (Lou), Pont-Planchier (El). *Le Pont-de-la-Chartreuse.*

Pontrainart, Pont-Reynard (Le). *Pont-Renard.*

Pont-Rousier. *Pont-Rougier.*

Pont-Salamon, Pont-Sallamon. *Le Pont-Salomon.*

Pont-Servel (Le). *Le Pont-Cervier.*

Pont-Tempeyrat. *Pontempeyrat.*

Pontughou. *Le Pontajou,* ruiss.

Pontus Asterii. *Pont-Astier.*

Pont-Vyana. *Pontvianne.*

Ponzuille. *Pont-Jules.*

Poomnac. *Polignac.*

Popenac. *Poupenac.*

Porc.rias, Porcarerias, Porcaricias. *Pourcheresse,* cne de Lempdes.

Porcharessa. *Pourcheresse,* cne de Vabres.

Porcharessæ. *Pourcheresse,* cnes de Chanteuges, de Pébrac et de Vabres.

Porcharessas. *Pourcheresse,* cnes de Chanteuges, de Lempdes et de Pébrac.

Porcharesse. *Pourcheresse,* cne de Pébrac.

Porcharessiæ. *Pourcheresse,* cne de Vabres.

Porcheiroux. *Les Porcherons.*

Porsanghes, Porssanges. *Poursanges.*

Porta Decanatus. *Jayant.*

Portalle (La). *La Portal.*

Portas (Las). *Les Portes.*

Port-Bouisson (Le). *Le Port-Buisson.*

Porte (Moulin-de-). *Le Moulin-de-Portal.*

Portes (Les). *Le Saint-Ferréol,* ruiss.

Portus Navis. *La Navette.*

Pos (Lo). *Pologne; Le Poux,* cnes de Saint-Jean-de-Nay et de Saint-Laurent-Chabreuges.

Pos (Mas del). *Le Poux,* cne de Saint-Julien-d'Ance.

Posac. *Poussac.*

Posacium. *Pouzas.*

Posarot. *Le Pouzarot.*

Posas. *Pouzas.*

Posassangas, Posassanges. *Poursanges.*

Posassium. *Pouzas.*

Posat (Lou). *Le Pouzat,* cne du Monastier.

Posatium. *Pouzas.*

Posatum. *Le Pouzat,* cne du Monastier.

Posc (Lo). *Le Poux,* cne de Saint-Maurice-de-Lignon; *Le Poyet,* cne de Chamalières.

Posemniac. *Polignac.*

Posoli. *Pouzols,* cne de Saint-Berain.

Posolles. *Pouzols,* cne de Monlet.

Posols. *Pouzols,* cnes de Bellevue-la-Montagne et de Saint-Jeure.

Posolx. *Pouzols,* cne de Moulet.

Posolz. *Pouzols,* cnes de Bellevue-la-Montagne, de Loudes et de Monistrol-sur-Loire.

Possac, Possacus. *Poussac.*

Possasanias. *Poursanges.*

Post-Asteir. *Pont-Astier.*

Postée (La). *La Potée.*

Potachart. *Pot-à-Chard.*

Potage. *Le Poulage.*

Potaget. *Potage.*

Potences (Ruiss. des). *L'Hivernebœuf.*

Potet. *Poutet.*

Pothée (La). *La Potée.*

Pots. *Pot.*

Potus (Les). *Les Pautuds.*

Polz (Lo). *Le Poux,* cne de Malvières.

Pouchou. *Pouchour.*

Poudreire (La). *Moulin-de-la-Poudrière.*

Pouget (Le). *Pépouget.*

Poughon. *Pougheon.*

Pouit (Le). *Le Poyet,* cne de Chamalières.

Poulagnac. *Polagnac.*

Poulalio. *Poulaille.*

Poulanon, Poulenou. *Poulenon.*

Poules (Ruiss. des). *La Malaure.*

Poulhac, Poulhiac. *Paulhac,* cne de Brioude.

Poulhiachon. *Pauliachon.*

Poulhie (La). *La Pouille.*

Poulhilhot. *Poulaille.*

Pouli. *Paulin.*

Poulignac. *Polignac.*

Poulinum, Pouly, Poulyn. *Paulin.*

Poume (La). *La Pomme.*

Pounta (Le). *Le Poutiou.*

Pourcheyroux. *Les Porcherons.*

Pourrat. *Pourra.*

Pourssange. *Poursanges.*

Pourtalle (La). *La Portal.*

Pous (Lo). *Le Poux,* cne de Saint-Jean-de-Nay.

Pousas. *Pouzas.*

Pousolz. *Pouzols,* cne de Saint-Berain.

Pousolz-Jousserand. *Pouzols,* cne de Loudes.

Poutads (Les). *Les Pautuds.*
Poutand. *Poutaud.*
Pontée (La). *La l'otée.*
Pouternal. *Ponternal.*
Poutès. *Poutet.*
Poutis. *Pouty.*
Poutrant. *Patron.*
Poutus (Lous). *Les Pautuds.*
Poutz (Le). *Le Poux,* cⁿᵉ de Malvières.
Pouy. *Le Poyet,* cⁿᵉ de Chamalières.
Pouya (Le). *Les Pouyas.*
Pouyat (Le). *Le Poujat.*
Pouyet. *Le Poyet,* cⁿᵉ de Saint-Didier-la-Séauve.
Pouzet (Lo). *Le Lantriac, ruiss.*
Ponzol, Pouzoletz. *Pouzols,* cⁿᵉ de Vernassal.
Pouzols-de-Loudes, Pouzols-Jousserand. *Pouzols,* cⁿᵉ de Loudes.
Pouzoulx. *Pouzols,* cⁿᵉ de Torsiac.
Poyas (Las). *Les Pouyas.*
Poy Dibya. *Les Peidibles.*
Poyet (Lo). *Le Pouget,* cⁿᵉˢ de Javaugues et de Laval.
Poyet-de-Males-Aures, Poyet-de-Malessaures. *Le Poyet,* cⁿᵉ de Saint-Victor-Malescours.
Poyetum. *Le Poyet,* cⁿᵉ de Saint-Didier-la-Séauve.
Poymean. *Peymion.*
Poynssacus. *Poinsac,* cⁿᵉ de Coubon.
Poyntel (Lo). *Le Pontcil,* cⁿᵉ de Saint-Pierre-Eynac.
Poyt-Pellat. *Peupara.*
Pozaget. *Le Poyet,* cⁿᵉ de Chamalières.
Pozans. *Pouzas.*
Pozarot. *Le Pouzarot.*
Pozas. *Pouzas; Le Pouzat,* cⁿᵉ de Saint-Quintin-Chaspinhac.
Pozassanges, Pozassanghas. *Pouzsanges.*
Pozat (Lo). *Le Pouzat,* cⁿᵉ de Saint-Haon.
Pozemniac, Pozemniacensis (adjectif), Pozeniacum. *Polignac.*
Poziaco. *Pouzat.*
Pozolis. *Pouzols-Vieux.*
Pozols. *Pouzols,* cⁿᵉˢ de Bellevue-la-Montagne, de Loudes, de Monistrol-sur-Loire, de Monlet, de Saint-Berain, de Saint-Jeure, de Torsiac et de Vernassal.
Pozols-Vieux. *Pouzols-Vieux.*
Pra (La). *La Prade,* cⁿᵉ de Saint-Front; *Laprat,* cⁿᵉ de Saint-Jeure.

Praa (La). *Laprat,* cⁿᵉˢ de Saint-Jeure et de Saint-Julien-d'Ance.
Praalles. *Prailes.*
Praals. *Praux, Les Préaux.*
Praas. *Laprat,* cⁿᵉ de Saint-Jeure.
Pracorp, Pracort. *Pratcourt.*
Prada. *Prades,* cⁿᵉ de Langeac.
Prada (La). *La Prade,* cⁿᵉˢ de Coubon et de Saint-Front; *La Prade-Haute.*
Pradaas. *Laprat,* cⁿᵉ de Saint-Julien-d'Ance; *Prades,* cⁿᵉ de Saint-André-de-Chalencon.
Prada Langiaci. *La Prade,* cⁿᵉ de Langeac.
Pradals. *Pradal, Le Pradal, Pradaux.*
Pradals (Los). *Les Pradaux,* cⁿᵉ de Cussac.
Pradas. *Prades,* cⁿᵉ de Langeac.
Pradas (Les). *Le Pradat.*
Pradaulx. *Le Pradal.*
Pradaus. *Pradel.*
Pradaux (Les). *Pradoux.*
Pradavhyolh, Pradavol (Illo). *Pradavel.*
Prade (La). *Gumon; Laprat,* cⁿᵉ de Saint-Julien-d'Ance.
Prade (Moulin-de-la-). *Moulin-de-la-Pradasse.*
Prade-de-Chapteuil (La). *La Prade-Haute.*
Pradeils, Pradeilz. *Pradel.*
Pradel (Le). *Le Rioube, ruiss.*
Pradela (La). *La Pradelle.*
Pradelas. *Pradelles.*
Pradell (Lo). *Le Pradel.*
Pradella (La). *La Pradelle.*
Pradelles. *Pradel.*
Pradollum. *Le Pradel.*
Prademac, Prademart. *Prademar.*
Pradette-Basse (La). *La Prade-Basse.*
Pradette-Haute (La). *La Prade-Haute.*
Pradeul. *Pradel.*
Pradous (Lous). *Pradoux.*
Praelas. *Prailes, Prol.*
Praelles. *Presles.*
Pragaillard. *Le Pagaillard, ruiss.*
Prahalhas. *Présailles.*
Prahuls. *Praux.*
Prahalz. *Les Préaux.*
Prahelas. *Prel.*
Praheletæ. *Prailettes.*
Pr..ix. *Preix.*
Prameyrac. *Promeyrat.*
Pranaud. *Praneuf,* cⁿᵉ de Raucoules.
Praneuf. *Les-Prats-Neufs.*
Pranlas. *Pralas.*

Pranou. *Praneuf,* cⁿᵉ de Raucoules.
Prantlavi, Prantlavit, Prantlavy. *Pranlary.*
Prassala. *Prassalat.*
Prastalias. *Présailles.*
Prat (Le). *Lapra.*
Prata. *La Prade-Haute; Prades,* cⁿᵉ de Langeac.
Prata de la Chevaleira. *Prés-Saint-Jean.*
Pratalias. *Présailles.*
Prat-Andrald. *Les Pandraux.*
Prat-Besso, Prat-Bezo, Prat-Breco. *Prat-Besson.*
Prat-Claus. *Pratclaux,* cⁿᵉ de Saint-Privat-d'Allier.
Pratclaux. *Praclaux.*
Pratcourps. *Pratcourt.*
Prat-Cros. *Pracros.*
Prat-de-Mart. *Prademar.*
Pratelas. *Pradelles.*
Pratella. *La Pradelle.*
Pratellæ. *Pradelles.*
Pratellum. *Le Pradel,* cⁿᵉ de Sainte-Marie-des-Chazes.
Prates. *Prades,* cⁿᵉ de Langeac.
Pratlas, Pratlatz. *Pralas.*
Pratlavy. *Pranlary.*
Pratmeyrat. *Promeyrat.*
Prat-Neir, Prat-Ner. *Pranier.*
Pratneuf. *Praneuf,* cⁿᵉ de Cussac; *Praneuf-Brun.*
Pratniers, Prat-Nyer. *Pranier.*
Prat-Redond. *Paredon.*
Prat-S.lat. *Prassalat.*
Pratum. *Le Prat,* cⁿᵉ de Chaudeyrolles; *Le Pré.*
Pratum Andrald, Pratum Andraldum. *Les Pandraux.*
Pratum Clausum. *Praclaux; Pratclaux,* cⁿᵉ de Saint-Privat-d'Allier.
Pratum Nigrum. *Pranier.*
Pratum Novum. *Praneuf,* cⁿᵉ de Raucoules.
Pratum Redunt, Pratum Rotundum. *Paredon.*
Pratum Salat. *Prassalat.*
Prat-Veilh. *Pravel.*
Pratz (Loux). *Les Prats.*
Pratz-Sainct-Jehan (Loux). *Les Prés-Saint-Jean.*
Praulx. *Praux.*
Praux. *Les Préaux.*
Praylas, Prayles. *Prailes.*
Prayletas, Prayletes. *Prailettes.*
Prazalæ, Prazalhæ, Prazalhas. *Présailles.*
Preaulx (Loux). *Les Préaulx, Praux.*

Pré-Haut. *Préaux.*
Preissac, Preissat. *Pressac.*
Prelas. *Prel.*
Prémerol, Prénérol. *Preneyrolles.*
Preneuf. *Praneuf,* cne de Cussac; *Praneuf-Brun.*
Prentegarde. *Printegarde.*
Présailloux. *La Garde,* cne de Présailles.
Presallies. *Présailles.*
Preslettes. *Prailettes.*
Pressat. *Preissat.*
Prestilhac. *Brestilhac.*
Preueghe, Preughe (Le). *Le Prège.*
Prey. *Preix.*
Preyssac. *Preissac,* cnes de Cayres et de Mazeyrat-Crispinhac; *Pressat.*
Preyssat. *Preissac,* cne de Jullianges.
Prigneyrolæ. *Preneyrolles.*
Primayrac. *Promeyrat.*
Prior (Lo), Priour (Le). *Le Priou.*
Priude, Privata. *Brioude.*
Privat-la-Roche. *Saint-Privat-d'Allier.*
Privaudière (La), Privodière (La). *La Prévaudière.*
Proalhac, Prohalhac, Prolhacum, Prolhiacum. *Pralhac.*
Propche (Al), Propge (Lo). *Le Prège.*
Proricol, Proriolh, Proriolz. *Proriol.*
Prossards (Les). *Le Rossard.*
Prouriol. *Proriol.*
Provert. *Praterne.*
Provis. *Le Prège.*
Prualiacs. *Pralhac.*
Prugnier. *Pugnier.*
Prugniroles. *Pruneyrolles.*
Pruiliac, Pruilliac. *Brouilhac.*
Prumeyrac. *Promeyrat.*
Prunairolæ. *Prencyrolles.*
Prunayrolas. *Pruneyrolles.*
Pruneiras. *Prunières.*
Prunoria (Illa). *La Pruneyre,* cne de Vieille-Brioude.
Prunet. *Prumet.*
Prunetum. *Prunet.*
Pruneyras. *Prunières.*
Pruneyrolas, Pruneyroles. *Pruneyrolles.*
Prunheyra (La). *La Pruneyre,* cne de Laval.
Prunhol. *Pignols.*
Prunière (La). *La Pruneyre,* cne de Vieille-Brioude.
Prunyères. *Prunières.*
Pruyliacs. *Pralhac.*
Puaut, Puaut Magnum. *Puaut-Grand.*
Puaut Parvum. *Puaut-Petit.*
Pubanchy. *Peubanchy.*

Pubelier. *Pubellier.*
Pubelly. *Pébélit.*
Pubereau. *Puy-Beraud.*
Puech-Bulhit. *Pébélit.*
Puech de Rocos. *Saint-Roch.*
Puech Nier. *Peunier.*
Puech Pinet. *Pépinet.*
Pueh (Lo). *Le Peuch.*
Puei (Lo). *Le Puy.*
Pueich-Maury. *Peu-Maury.*
Puet-Chevalier. *Le Puy-Chevalar.*
Puey-Aures. *Péaure.*
Puey-Debya. *Les Peidibles.*
Puey-Moury. *Peu-Maury.*
Puey-Pouget. *Pépouget.*
Puez-Chalm. *Peuchaud.*
Pugner, Pugnet. *Pugnier.*
Pui. *Le Puy.*
Pui-Buisson. *Puy-Buisson.*
Puis-du-Roy. *Le Pied-du-Roi.*
Puis-en-Velay (Le). *Le Puy.*
Puissant-Ferme. *Pré-du-Breuil.*
Pulcer Locus. *Beaulieu,* cne de Saint-Ilpize.
Pulcher Visus. *Belvezet.*
Pulinacum, Pulinhac, Pulinhacum. *Pelinac.*
Pullegnac. *Polignac.*
Pulveric. *Pulvéry.*
Pulynac. *Pelinac.*
Puoi (Lo). *Le Puy.*
Puoig-del-Cluzel (Lo). *Le Peu-du-Cluzel.*
Puparoux. *Pimparoux.*
Pussac. *Poussac.*
Puteus. *Le Peuch, Le Poutiou; Le Poux,* cnes de Malvières, de Saint-Jean-de-Nay, de Saint-Maurice-de-Lignon et de Vorey.
Puy-Agut. *Paignt.*
Puy-Boudry. *Puy-Baudry.*
Puy-d'Anis (Le). *Le Puy.*
Puy-du-Roi. *Le Pied-du-Roi.*
Puy-Hault. *Puaut-Grand.*
Puy-Haut-Petit. *Puaut-Petit.*
Puy-Nostre-Dame (Le). *Le Puy.*
Puy-Pallat. *Peyparat.*
Py (Lo). *Le Pin,* cnes de Chanaleilles, de Dunières et de Frugières-le-Pin.
Pyassac. *Piassac.*
Pyer. *Piès.*
Py-Fol (Lou). *Pifoy,* cne de Raucoules.
Pyjalet. *Pijalet.*
Pymparou. *Pimparoux.*
Pyne (Lou). *Le Pin,* cne de Tence.

Pyneda (La). *La Pénide,* cne de Cubelles.
Pynet (Lo). *Le Pinet,* cne de Saugues.
Pyrmet. *Prumet.*
Pys (Lous). *Lous Pis.*

Q

Quadreria. *Queyrières.*
Quaires. *Cayres,* arr. du Puy.
Quantoilum. *Chanteuges.*
Quayres. *Cayres,* arr. du Puy.
Quercus. *Le Roure,* cnes de Bas et de Saint-Pal-de-Mons.
Quercus Parva. *Le Petit-Roure.*
Querière. *Queyrières.*
Queue-Raze. *Coraze.*
Queyreyra. *Queyrières.*
Queyria (La). *La Queyrie.*
Queyrible. *Malmarande.*
Queyrière (La). *Le Merlan,* ruiss.
Quiblesas. *Cublaise,* cne de Dunières.
Quilloux. *Tillon.*
Quinarelle (La). *La Tinarelle.*
Quintilanicum. *Chanteuges.*
Quitaud. *Titaud.*
Quitial (La). *La Guetial.*

R

Rabayrinas. *Rabeyrines.*
Rabbassart. *Rabassac.*
Rabes (Les Deux-). *Les Deux-Raves.*
Rabeyrinas. *Rabeyrines.*
Raboulet. *Reboulet.*
Rachac. *Rachat,* cnes de Blanzac et de Craponne-sur-Arzon.
Rachacum. *Rachat,* cne de Blanzac.
Rachap. *Rachat,* cne de Craponne-sur-Arzon.
Rachapt. *Rachat,* cne de Blanzac.
Rachassacum, Rachassat. *Rachassac.*
Raches (Ruiss. des). *Le Jousserand.*
Rachessac. *Rochassac.*
Racoux. *Saint-Roch.*
Rafael, Rafaeli. *Rafayet.*
Rafet. *Raffet.*
Rafeyroux. *Raffeyroux,* cne de Lempdes.
Raffaye, Raffayel. *Rafayet.*
Raffi, Raffinus. *Raffy.*
Rafy. *Raffet.*
Ragatias. *Rageasse.*
Rahel, Rahyel. *Le Raël.*
Raifray. *Rioufreyt.*
Railha, Rails (Les). *Les Riails.*

Rairacus, villa. *Reyrac.*
Raisin. *Espaly-Saint-Marcel.*
Ralhiac. *Reilhac.*
Ralhie. *Les Riails.*
Ram. *Moulin-de-Chauvel; Le Ramel,* ruiss.; *Ranc,* c^{nes} de Saint-Maurice-de-Lignon et d'Yssingeaux.
Ramada (La). *La Romanelle.*
Ramets, Rametz. *Le Ramet,* ruiss.
Ramigière (La). *La Romigière.*
Ramodoscle, Ramoroscle. *Ramou-rouscle.*
Rams. *Le Ram,* ruiss.
Ranc. *Le Ramel,* ruiss.; *Le Rond.*
Ranc (Molin-de-). *Moulin-de-Chauvel.*
Ranc-de-la-Donzella (Lo). *Le Rond-de-la-Donzelle.*
Ranc-de-las-Triouleyres(Le). *Le Ranc-des-Triouleyres.*
Ranc-de-Prallavi (Lo). *L'Allemande.*
Ranc-de-Sainct-Peyre. *Ranc-de-Saint-Pierre.*
Rancha Volp, Rauchavolx, Ranche-volpt. *Ranchevoux.*
Ranchoup, Ranchout. *Ranchoux.*
Ranchus de Vesola. *Le Rand.*
Rancolæ. *Raucoules,* c^{ou} de Montfaucon.
Rancon (Le). *Ruiss. de La Planche.*
Rancus del Taborlayre. *Le Roc-de-Tabourin.*
Rancus de Mala Mort. *Ranc-de-Malemort.*
Rancus de Malseser, Rancus de Malsiser. *Le Ranc-de-Malsezer.*
Rang (Ruiss. de). *Le Ram, Le Ramel.*
Rans (Ruiss. de). *Le Ram.*
Rantes. *Rentes.*
Raosta. *La Rotte.*
Rapchacum, Rapchat. *Rachat,* c^{ne} de Craponne-sur-Arzon.
Raphael, Raphaellum. *Rafayet.*
Raphy. *Raffy.*
Rapina. *Rapine.*
Rarthau (Le). *La Voirèze,* ruiss.
Raschacum. *Rachat,* c^{ne} de Craponne-sur-Arzon.
Raschas. *Les Ruches.*
Raschassac. *Rachassac.*
Rascos (Lo), Rascosus, Rascous (Les), Rascoux (Loux). *Les Rascours.*
Rase (La). *Les Rases.*
Raseles. *Rascles.*
Rasonet. *Razonnet.*
Rassacum, Rassat. *Rassac.*
Rasus. *Rajus.*
Rasus Cambo. *Raschambon.*
Rat (Le). *Duchet.*

Ratbodisca, Ratbosdisca. *La Rollan-desse.*
Ratiassas. *Ragcusse.*
Rat-Péala. *Rat-Piala.*
Raucolæ. *Recoules.*
Raulhac. *Roulhac.*
Rauquet (Le). *Le Ranquet.*
Rauret-Inférieur. *Rauret-Bas.*
Rauzet. *Rauze, Ronzet.*
Rauzet (Lo). *Le Rouzet.*
Rozet-lo-Soteyra. *Rauret-Bas.*
Rauzetum. *Rauze, Ronzet.*
Ravarinas, Ravazine. *Ravarines.*
Ravet (Moulin-de-). *Moulin-de-Ravel.*
Raviet (Le). *Le Rivier,* c^{ne} de Lapte.
Ravin-de-l'Iliver (Le). *Le Romagnaguet,* ruiss.
Raymons (Les). *Les Reymonds,* c^{ne} de Tence.
Raynaldes. *Reynaldès.*
Raynaudesius. *Reynaudès.*
Raynaudi Grangia. *Reynaud,* c^{ne} de Brives-Charensac.
Raynaudus de Pies. *Reynaud,* c^{ne} de Champclause.
Razeta (La). *La Razette.*
Razus. *Rajus.*
Réalle. *Le Réal.*
Réals (Les). *Les Riails.*
Réaux (Les). *Les Riaux.*
Reauze. *Rauze.*
Rebol, Rebole, Reboul, Reboule. *Reboulet.*
Rebrassac. *Rabassac.*
Rechabaro. *Rochebaron,* c^{ne} de Saint-Julien-Chapteuil.
Rechalbert. *Rochaubert.*
Recharanges, Recharangue, Recharengas, Recharenges. *Recharengo.*
Rechassac. *Rachassac.*
Rechasset. *Rouchasset.*
Rechier. *Richier.*
Recipon. *Rocipon.*
Recol. *Recolle.*
Recolæ. *Raucoules,* c^{ou} de Montfaucon.
Recolas. *Recoules.*
Recolles. *Recolle.*
Recomene, Recommene. *Moulin-de-Recoumène.*
Recos, Recosium, Recourts. *Recours.*
Recoux (Moulin-de-). *Moulin-Dumas.*
Reddonda (La). *La Redonde,* c^{ne} de Saint-Ilpize.
Reddonde (La). *La Redonde,* c^{ne} de Saint-Front.
Redonda (La). *La Redonde,* c^{nes} de Saint-Front et de Saint-Ilpize.

Redondes (Les). *La Redonde,* c^{ne} de Céaux-d'Allègre.
Reel. *Le Raël.*
Refforgons, Refolgon, Refolgons, Refolgoux, Refourgans, Refolgons. *Refourgans.*
Regardum, Regart (Lo), Regartz. *Le Regard.*
Reges. *Rois.*
Regons. *Rigon.*
Regos, Reguo. *Rigoux.*
Reignarand. *Reignarant.*
Reilbac, Reillac. *Rilhac,* c^{nes} de Sainte-Marie-des-Chazes et de Vergongheon.
Reilliacus. *Reilhac.*
Reiufreyt. *Rioufreyt.*
Rejully. *Rejale.*
Relhac, Relhacum. *Reilhac.*
Relharant. *Reignarant.*
Reliacus. *Reilhac.*
Relliade. *La Reillade.*
Reluxes (Les). *Les Reluscs.*
Remenhacus. *Ramenac.*
Remodoscle, Remoroscle. *Ramou-rouscle.*
Renaude (La). *Reynaud,* c^{ne} de Brives-Charensac.
Renharant, Reniarand. *Reignairant.*
Reonso. *Ronzon.*
Requos. *Rocoux.*
Reschassat. *Rachassac.*
Rescouz (Le). *Les Rascours.*
Réserve (La). *Les Réserves.*
Respans (Lous), Respons (Lous). *Les Rapoints.*
Ressenchiæ. *Les Grandes-Rossanges.*
Resso. *Roussoux.*
Retornac, Retornacius, Retornacus. *Retournac.*
Retornaget, Retornaguetum. *Retour-naguet.*
Retornat, Retornatius. *Retournac.*
Retourin (Ravin-de-). *Le Ritourain.*
Retournat. *Retournac.*
Retro Mundus. *Treslemont.*
Retunda. *La Retonde,* c^{ne} de Saint-Front.
Reveleria. *La Rullière.*
Revenet. *Ravenet,* c^{ne} des Estables.
Revengus (Loux), Revengut. *Les Revendus.*
Reverolles. *Reveyrolles,* c^{nes} de Monistrol-sur-Loire et de Sainte-Sigolène.
Revessione. *Saint-Paulien.*
Revest (Lo). *Le Rivier,* c^{ne} de Lapte.
Reveura (La). *La Rivoire-Haute.*

Reveyra (La). *Les Rerères.*

Revicotte. *La Revicole.*

Reviest (Lo). *Le Rivier,* c^ne d'Yssingeaux.

Reviestz. *Le Rivier,* c^ne de Lapte.

Revolta (La). *La Révolte.*

Revoure (La). *La Reveure,* c^ne de Retournac.

Reyac. *Reyrac.*

Reylhacum. *Rilhac,* c^ne de Vergongheon.

Reymons (Los). *Les Reymonds,* c^ne de Tence.

Reynaldesium. *Reynaldès.*

Reynaudes (Les). *Reynaud,* c^ne de Brives-Charensac.

Reynaudez (La). *Reynaudès.*

Reyne-du-Soldat (La). *La Ligne-du-Soldat.*

Reyneraud, Reynharant. *Reignaraut.*

Reynier. *Régnier.*

Reyracus. *Reyrac.*

Reyroliæ. *Reyrolles.*

Rezonet. *Razonnet.*

Rezonzio, Rezonzo. *Ronzon.*

Riailago. *Reilhac.*

Rialhac. *Reilhac; Rilhac,* c^ne de Vergongheon; *Rilhat.*

Rialhat. *Rilhat.*

Rialiaco. *Reilhac.*

Rialiat. *Rilhac,* c^ne de Vergongheou.

Rialle (Le). *La Riaille,* c^ne de Lapte.

Rialliac. *Rilhat.*

Riallie (La). *La Riaille,* c^ne de Riotord.

Riaunhac. *Rognac,* c^ne de Saugues.

Riausfris. *Rioufreyt.*

Ribagenos, Ribaginos. *L'Hospitalet.*

Ribas. *Ribes.*

Ribbes-du-Cros, Ribbes-du-Pauc. *La Ribe.*

Ribbeyre (La). *La Ribeyre,* c^ne de Chaudeyrolles.

Ribe. *La Ribeyre,* c^ne de Dunières.

Ribens. *Ribains.*

Riberas. *Ribeyre,* c^ne de Saint-Ilpize.

Ribeta. *Les Chabannes, La Ribette-Haute.*

Ribette-N'haulte (La). *La Ribette-Haute.*

Ribeyra (La). *La Ribeyre,* c^nes de Chaudeyrolles, de Langeac, de Saint-Vincent et de Saugues; *La Ribeyre,* ruiss.

Ribeyras. *Ribeyre,* c^ne de Saint-Ilpize.

Ribeyre (La). *La Croze,* c^ne de Vissac;

le *Trifoulon,* ruiss.; *la Vaucenge,* ruiss.

Ribeyres. *Ribeyre,* c^nes du Chambon, de Raucoules et de Saint-Ilpize.

Ribeyrines. *Rabeyrines.*

Ribeyros (Los). *Ribeyroux.*

Ribeyrous (Les). *Les Ribeyroux.*

Ribisson, Ribission. *Saint-Paulien.*

Ricart. *Ricard.*

Ricart (Molendinum de). *Moulin-de-Ricard.*

Richaran, Richarenchas. *Recharenge.*

Richier. *Chanat.*

Ricomena (Molendinum de). *Moulin-de-Recoumène.*

Ricomène (La). *La Colence,* ruiss.

Ridiliacus. *Reilhac.*

Rieu (Le). *Le Riou,* c^ne des Villettes.

Rieuclar. *La Védrine,* ruiss.

Rieu Peholios (Lo). *Le Riou-Pezouliou,* ruiss.

Rieutort. *Rieutord.*

Rifayro. *Raffeyroux,* c^ne de Bains.

Rigaudana. *Giraudès.*

Rigmanda (Aqua de). *La Rimande.*

Rignago. *Rignac.*

Rigond, Rigou, Rigoud. *Rigon.*

Rihilac. *Rilhac,* c^ne de Vergongheon.

Rilacus. *Rilhac,* c^ne de Sainte-Marie-des-Chazes.

Rilago. *Rilhac,* c^ne de Vergongheon.

Rilhac. *Reilhac.*

Rilhacus. *Rilhac,* c^ne de Sainte-Marie-des-Chazes.

Rilharant. *Reignairant.*

Rilhat. *Reilhac.*

Riliacum. *Reilhac; Rilhac,* c^ne de Vergongheon.

Rimaudière (La). *La Rimandière.*

Rinharant. *Reignairant.*

Riniac, Riniacus. *Rignac.*

Rintes. *Rentes.*

Riomarti (Le). *Le Rioumarquis,* ruiss.

Riopaille. *Rioupaille.*

Rios. *Le Riou,* c^ne du Chambon.

Riosta (La). *La Rotte.*

Riotort. *Riotord.*

Riou (Le). *Le Dourlion,* ruiss.; *La Roue,* c^ne de Chaudeyrolles; *Les Rioux,* c^ne de Lantriac.

Rioubes, Riou-Bes. *Le Rioube,* ruiss.

Riou-Estremer. *Riou-Estremier.*

Riouf (Lo). *Le Rif.*

Rioufrait, Rioufrey. *Rioufreit.*

Rioufreyt. *Rioufrey.*

Riouftz (Mas-doux-). *Mas-des-Rioux.*

Riouleyras (Las). *Les Ruillières.*

Rioumartin. *Riomartin.*

Rioumastel. *Le Rioumastre,* ruiss.

Riou-Pezelbos, Riou-Pezolioux, Riou-Pezoulioux, Riou-Pezoulloux, Riou-Pezzoulio. *Le Riou-Pezouliou,* ruiss.

Rious (Los). *Les Rioux,* c^ne de Bauzac.

Riou-Sec. *Riousset.*

Rioutort. *Riotord; le Rioutord,* ruiss.

Rioux (Les). *Le Riou,* c^ne de Taulhac.

Rioux-de-Pichon. *Les Rioux,* c^ne de Bauzac.

Ripæ. *Ribes.*

Ripagenos. *L'Hospitalet.*

Riperia, Riperiæ. *Ribeyre,* c^ne de Saint-Ilpize.

Ripes (Les). *Les Rippes.*

Riphart. *Riffard.*

Rippæ. *Ribes.*

Ripperia. *Ribeyre,* c^ne de Saint-Jean-d'Aubrigoux; *La Ribeyre,* c^nes de Chaudeyrolles et de Saugues.

Riquard. *Ricard.*

Riquard (Molendinum de). *Moulin-de-Ricard.*

Rislago. *Rilhac,* c^ne de Sainte-Marie-des-Chazes.

Risolles. *Risolle.*

Rispa (La). *La Rispe.*

Riu (Le). *Le Riou,* c^nes du Mazet-Saint-Voy et de Taulhac.

Riu-Agenos. *L'Hospitalet.*

Riu-Freyt. *Rioufrey.*

Riufreyt. *Rioufreyt.*

Riu-Peolhos, Riu-Pezolhos, Riu-Pezolos. *Le Riou-Pezouliou.*

Rius. *Rioux.*

Riu-Talhac. *Talhac.*

Rivacus. *Rilhac,* c^ne de Sainte-Marie-des-Chazes.

Rival (Lo). *Vès-Rivaux.*

Rivallière (La). *L'Écoutay,* ruiss.

Riveaux (Les). *Les Rivaux,* c^nes de Malrevers et de Riotord.

Rive-d'Ance. *Saint-Préjet-d'Allier.*

Rivestz, Riveti. *Rivets.*

Rivetum. *Le Rivet.*

Rivetz. *Rivets.*

Rivi. *Rioux.*

Riviet (Le). *Le Rivier,* c^ne de Lapte.

Rivi Torti (Aqua). *Le Riotord.*

Rivo Martino. *Riomartin.*

Rivus. *Monachon, Le Rif; Le Riou,* c^nes de Saint-Front et du Mazet-Saint-Voy.

Rivus de Sancto Privato. *Le Rouchoux,* ruiss.

Rivus Frigidus. *Rioufreit, Rioufrey.*

Rivus Grand. *Le Riougrand,* ruiss.

Rivus Martini. *Riomartin.*

Rivus Peolios, Rivus Peszolhos, Rivus Pezolios. *Le Riou-Pezouliou*, ruiss.

Rivus Tortus. *Riotord.*

Rizolas. *Risolle.*

Roac, Roacus. *Rohac.*

Roane. *Rouëne.*

Roanet. *Ravenet*, cne de Saint-Préjet-Armandon.

Roassacum. *Roussac.*

Roayroles. *Reyrolles.*

Robec (Petit-). *Le Petit-Robecque.*

Robeca. *Le Grand-Robecque.*

Robecqua (Le Petit-). *Le Petit-Robecque.*

Robecqua (Le Grand-). *Le Grand-Robecque.*

Robertin. *Saint-Clément.*

Robertz (Loux). *Les Roberts.*

Roboulet. *Reboulet.*

Robur. *Le Roure*, cne de Frugières-le-Pin.

Roca. *La Roche*, cne de Bournoncle-la-Roche; *Roche-en-Régnier.*

Rocabaro. *Rochebaron*, cne de Bas.

Rocafortis. *Rochefort*, cne d'Alleyras.

Roc-du-Martouret. *Le Martouret*, cne de Cussac.

Rocellas (Las), Rocelle (La). *La Rousselle.*

Rocgacum. *Rougeac*, cne de Saint-Privat-d'Allier.

Rocha. *Rochaubert; La Roche*, cnes de Fay-le-Froid, des Vastres et de la Voûte-sur-Loire; *Roche-en-Régnier.*

Rocha (La). *La Roche*, cnes de Brioude, de la Chapelle-Geneste, de Chomelix, de Coubon, de Montregard, de Queyrières, de Saint-Christophe-sur-Dolaison, de Saint-Front, de Saint-Hilaire, de Saugues et de Villeneuve-d'Allier; *La Roche-de-Couteaux, Roche-Haute, La Roche-Lambert.*

Rocha (Molendinum de). *La Roche*, cne de Bas.

Rocha Aguda. *Rochegude.*

Rocha Albert. *Rochaubert.*

Rocha Arnaudi. *Roche-Arnaud.*

Rochabaro, Rocha Baronis. *Rochebaron*, cne de Bas.

Rocha Buffeyra. *La Condamine*, cne de Langeac.

Rocha Cath. *Rochaubert.*

Rocha Chabreyra. *Roche-Chabreyre.*

Rocha Clausa. *La Rousseille.*

Rocha Colombeyre. *Roche-Colombeyre.*

Rocha Corbeyra. *Les Orgues-d'Espaly, Roche-Corbeyre.*

Rochacum. *Rougeac*, cne de Villeneuve-d'Allier.

Rocha Dalmatii. *La Roche-Dumas.*

Rocha de Bercard. *La Roche*, cne de Bas.

Rocha de Cotualz. *La Roche-de-Couteaux.*

Rocha del Bachas. *Roche-Haute.*

Rocha del Blauf. *La Roche-du-Blau.*

Rochaduys. *Rochedix.*

Rochæ. *Roche-en-Régnier.*

Rocha Eyglina. *Roche-Aigline.*

Rocha Ferrandi. *La Rochette*, cne de Saint-Didier-la-Séauve.

Rocha Fola. *Rochefolles*, cne de Connangles.

Rocha Forchada. *Roche-Fourchade.*

Rocha Fornia. *La Roche*, cnes de Fay-le-Froid et des Vastres.

Rochafort, Rochafortis. *Rochefort*, cne d'Alleyras.

Rocha Frayrit, Rocha Freyrit, Rocha Frezic, Rocha Frizit. *Roche-Frézit.*

Rochaguda. *Rochegude.*

Rocha Lamberte (La). *La Roche-Lambert.*

Rocha Laura, Rocha Lauro. *Rochelaure.*

Rochalbern. *Rochaubert; Roche-Aubert*, cne des Estables.

Rocha Lhautart. *Roche-Liotard.*

Rocha Limainha, Rocha Limanbas. *Rochelimagne.*

Rocha Longa. *Roche-Longue.*

Rocha Maffre (La). *La Roche*, cne de Saugues.

Rocha Moeira. *Rochemaure.*

Rochamun, Rochan (Lo). *Le Rochain*, cne de Saint-Jeure.

Rocha Nidi Aquilini. *La Roche*, cne de Saint-Berain.

Rocha Pertusada. *Pertusade.*

Rocha Pistola. *Rochépitre.*

Rocharnaud, Rocharnaut. *Roche-Arnaud.*

Rochas (Las). *La Roche*, cne des Vastres.

Rocha Selva. *Rochesauve.*

Rocha Sauneyra (La). *La Roche*, cne de Saint-Christophe-sur-Dolaison.

Rocha Serveyra. *Roche-Servière*, cnes d'Alleyras et de Prades.

Rochas Folas. *Rochefolles*, cne de Connangles.

Rochas Royas. *Roches-Royes.*

Rochassac. *Rachassac.*

Rochasset. *Rouchasset.*

Rochata (La). *La Rochette*, cne de Pébrac.

Rocha Useyre. *Rechausseyre.*

Rocha Visatge. *Roche-Visage.*

Rochay. *Rocher*, cne de Mercœur.

Roch Ayglina. *Roche-Aigline.*

Rochayn (Lo). *Le Rochain*, cne du Pont-Salomon.

Rochayuh (Lo). *Le Rochain*, cnes du Pont-Salomon et de Saint-Jeure.

Rochayrols (Los). *Les Rocherols.*

Roche. *La Grangette-de-Camageon.*

Roche (La). *La Roche-Brocard, La Roche-Lambert.*

Roche (Moulin-de-). *Moulin-d'Inaires: La Roche*, cne de Bas.

Roche-Agude, Roche-Aigude. *Rochegude.*

Roche-Arnaut. *Roche-Arnaud.*

Roche-Aubert. *Rochaubert*, cne de Lantriac.

Roche-Aussayre. *Rechausseyre.*

Roche-Berain (La). *Saint-Berain.*

Roche-Bleau. *La Rochette*, cne de Cubelles.

Roche-Brocart. *La Roche-Brocard.*

Roche-Chabreughol (La). *La Roche*, cne de Bournoncle-la-Roche.

Roche-de-Cobo. *La Roche*, cne de Coubon.

Roche-de-Dolmas, Roche-de-Dommas. *La Roche-Dumas.*

Roche-de-Hiu. *La Roche-de-Glops.*

Roche-des-Sauniers. *La Roche*, cne de Saint-Christophe-sur-Dolaison.

Rochedis, Rochedise. *Rochedix.*

Roche-du-Bachat. *Montchiroux*, cne de Freycenet-la-Cuche.

Rocheduis. *Rochedix.*

Roche-du-Tour (La). *La Roche*, cne de la Voûte-sur-Loire.

Rocheduys. *Rochedix.*

Roche-Ferrand. *La Rochette*, cne de Saint-Didier-la-Séauve.

Roche-Folleteyre (La). *La Roche-Fouleteyre.*

Roche-Forte (La). *Rochefort*, cne de Vals-près-le-Puy.

Roche-Geron. *Saint-Géron.*

Roche-Girard (La). *La Roche*, cne de Queyrières.

Roche-Joan. *Roche-Jean.*

Roche-Limanhie. *Rochelimagne.*

Roche-Marat. *Roche-en-Régnier.*

Rochenezelle. *Rochemezelle.*

Roche-Platte (La). *La Roche-Plate.*

Roche-Pontude (La). *La Roche-Pointue.*

Roche-Reboud, Roche-Rebout, Rocherebourd. *La Roche*, c^{ne} de Saint-Just-Malmont.

Rocherenges. *Rocharenge.*

Rocherol. *Les Rocherols.*

Roche-Sainct-Polien. *La Roche-Lambert.*

Roche-Sauneyre. *La Roche*, c^{ne} de Saint-Christophe-sur-Dolaison.

Roches-Folles-Basses. *Rochefolle*, c^{ne} de Connangles.

Roche-Sonneyre. *La Roche*, c^{ne} de Saint-Christophe-sur-Dolaison.

Roche-Soubre-Cobon. *La Roche*, c^{ne} de Coubon.

Rochespistolla. *Rochépitre.*

Rochet (Lo). *Le Rocher.*

Rocheta. *La Rochette*, c^{ne} de Chaniat et de Saint-Jeure.

Rocheta (La). *La Rochette*, c^{nes} de Chaniat, de la Chapelle-d'Aurec, de Chassignolles, de Craponne-sur-Arzon, de Pébrac, de Saint-Front, de Saint-Jeure, de Saint-Préjet-d'Allier et de Villeneuve-d'Allier.

Rochete (La). *La Rochette*, c^{nes} de Cubelles et de Pébrac.

Rochette-de-Verdun (La). *La Rochette*, c^{ne} de Saint-Préjet-d'Allier.

Rochey. *Rocher*, c^{ne} de Mercœur.

Rocheyrolii, Rocheyrolx (Los), Rocheyroux (Loux). *Les Rocherols.*

Rochia Laura. *Rochelaure.*

Rochibaron. *Rochebaron*, c^{ne} de Bas.

Rochiers. *Rocher*, c^{ne} de Mercœur.

Rochos. *Recours.*

Rocilha. *Roussille, La Roussille.*

Rocinhol. *Rossignol*, c^{ne} de Saint-Jean-Lachalm.

Rocipo. *Rocipon.*

Roclandescha. *La Rollandesse.*

Rocolæ. *Raucoules*, c^{nes} de Montfaucon et de Vorey.

Rocolas. *Raucoules*, c^{nes} de Montfaucon et de Queyrières; *Recoules.*

Rocones. *Recoux.*

Rocos. *Recours, Recour, Saint-Roch.*

Rocoules. *Raucoules*, c^{ne} de Montfaucon.

Rocoulles. *Recoules.*

Rocous. *Recours.*

Roculæ. *Reroules.*

Roculas. *Raucoules*, c^{ne} de Montfaucon.

Roda (La). *La Rode*, c^{nes} de Saint-Just-près-Brioude et de Saugues.

Rodaria. *Roderie.*

Rodda (La). *La Rode*, c^{ne} de Saint-Just-près-Brioude.

Rodde (La). *La Rode*, c^{ne} de Saugues.

Roddes (Les). *Le Moulin-du-Mazel.*

Roddete (La). *La Rodette.*

Roddier (Le). *Moulin-du-Rodier.*

Roderius. *Raudet.*

Rodessa, Rodesse, Rodesses, Rodèze. *La Roudesse*, ruiss.

Roë (La). *La Roue*, c^{ne} de Sainte-Sigolène.

Roenzo. *Ronzon.*

Roffiacum. *Rossiac.*

Roffiage (La), Roffiagha (La). *La Rouffiage.*

Rogago. *Rougeac*, c^{ne} de Villeneuve-d'Allier.

Rogat. *Rougeac*, c^{nes} de Rosières et de Villeneuve-d'Allier.

Rogeac. *Rougeac*, c^{ne} de Rosières.

Rogeiras (Las), Rogeyra (La). *Les Rozières.*

Roghac. *La Chamalière*, ruiss.; *Rougear*, c^{nes} de Rosières, de Saint-Éble et de Saint-Privat-d'Allier.

Roghacum. *Rougeac*, c^{nes} de Saint-Privat-d'Allier et de Villeneuve-d'Allier.

Rogiacum. *Rougeac*, c^{ne} de Saint-Éble et de Saint-Privat-d'Allier.

Rogiacus. *Rougeac*, c^{ne} de Villeneuve-d'Allier.

Rogo, Roguo. *Rigoux.*

Rohac (Riou de). *La Prade*, c^{ne} de Coubon.

Rohacus. *Rohac.*

Roiac. *Rougeac*, c^{nes} de Saint-Éble et de Saint-Privat-d'Allier.

Roiacum. *Rougeac*, c^{ne} de Saint-Privat-d'Allier.

Roiago. *Rougeac*, c^{ne} de Villeneuve-d'Allier.

Roiche. *Roche-en-Régnier.*

Roicheharon. *Rochebaron*, c^{ne} de Bas.

Roithertenc. *Robertin.*

Rolhac, Rolhacum. *Roulhac.*

Rolheyra (La), Rolheyre (La). *La Roullière.*

Rolheyres (Las). *Les Ruillières.*

Rollandesche (La), Rollandisse (La). *La Rollandesse.*

Rollant (Comba de). *Combe-de-Roland.*

Romaignhac. *Romagnac.*

Romain-la-Chalm. *Saint-Romain-La-chalm.*

Romanaghetum. *Romagnaguet.*

Romanela (La). *La Romanelle.*

Romanetus. *Romanet.*

Romanhac, Romanhacum. *Romagnac.*

Romanhaguet. *Romagnaguet.*

Romegeira, Romegeriæ. *La Romigière.*

Romegerias. *Romières.*

Romieiras. *Romières.*

Romieu, Romieu-lès-Charensac. *Romiou.*

Romigeira. *La Romigière.*

Romigeriæ, Romigerias. *Romières.*

Romigeyra. *La Romigière.*

Romoroscle. *Ramouroscle.*

Romp (Le). *Le Rond.*

Roncha Volp. *Ranchevoux, Ranchoux.*

Ronchia Volp. *Ranchevoux.*

Rongeyra (La). *La Rouzière.*

Rongier (Moulin-de-). *Moulin-de-Rouzier.*

Ronhac, Ronhacum. *Rognac*, c^{ne} de Saint-Arcons-d'Allier.

Ronhaguet. *Rognaguet.*

Ronhat. *Rognac*, c^{ne} de Saugues.

Ronnac. *Rognac*, c^{ne} d'Agnat.

Ronson. *Ronzon.*

Ronzeaux (Lous). *Les Rouzeaux.*

Ropago. *Rougear*, c^{ne} de Villeneuve-d'Allier.

Rophiac, Rophiacum, Rophihac. *Rossiac.*

Roquelaire, Roquelaure. *Rochelaure.*

Roqueta. *La Rochette*, c^{ne} de Chaniat.

Roquoues, Roquos. *Recoux.*

Rore (Lo). *Le Roure*, c^{ne} de Saint-Georges-Lagricol.

Roret Inferior. *Rauret-Bas.*

Rorheta. *La Rorhette*, c^{ne} de Saint-Jeure.

Rosada. *Ronzade.*

Rosariæ. *Rosières.*

Rosarios. *Les Roziers.*

Rosa Sobeyrana, Rosa Soteyrana. *Rose.*

Rosayretæ, Rosayretz. *Rouzairets.*

Roscalicbe (Le). *Roscaliger.*

Rose. *Rauze.*

Roseires. *Rosières.*

Roseiros (Los). *Les Rouzeyroux.*

Roseriæ. *Roziers.*

Roserias. *Rosières.*

Roserios. *Les Roziers.*

Roserium (Molendinum). *Moulin-du-Rodier.*

Rosers. *Roziers, Les Roziers.*
Roseyriæ. *Roziers.*
Roseyrs, Rosier. *Les Roziers.*
Rosiers. *Roziers.*
Roso. *Roussoux.*
Rossada. *Ronzade.*
Rossanghos (Les Petits-). *Les Petites-Rossanges.*
Rossaria (La). *La Rousserie.*
Rossella (La), Rossellas (Las). *La Rousselle.*
Rossenges (Les). *Les Grandes-Rossanges.*
Rossengiæ Parvæ. *Les Petites-Rossanges.*
Rosseriæ. *Roziers.*
Rosilha, Rossilias. *Roussille,* cᵉ de Roche-en-Régnier.
Rossinhol. *Rossignol,* cᵉ du Monastier.
Rossinholæ. *Rossignol,* cᵉ de Saint-Jean-Lachalm.
Rosso. *Roussoux.*
Rota. *La Rode,* cᵐ de Saugues.
Rotbertenc. *Robertin.*
Rotbertz (Loux). *Les Roberts.*
Rotgac. *Rougeac,* cᵉ de Saint-Privat-d'Allier.
Rotgeiras (Las). *Les Rozières.*
Rotgeyras. *Rozières,* cᵉ des Estables; *Les Rozières.*
Rotisse (La). *La Routisse.*
Rouac. *Rohac.*
Roubert. *Robert.*
Rouchabaro. *Rochebaron,* cᵉ de Bas.
Rouchac. *Rougeac,* cᵉ de Rosières.
Rouche-Sainct-Poulian. *La Roche-Lambert.*
Rouchette (La). *La Rochette,* cᵉˢ de la Chapelle-d'Aurec et de Saint-Front.
Rouchey. *Rocher,* cᵉ de Mercœur.
Roucheytiou. *Rochesquiou.*
Rouchia Volp. *Ranchevoux.*
Rouchin (Le). *Le Rochain,* cᵉ du Pont-Salomon.
Rouchoubert. *Rochaubert.*
Rouchoux (Le). *La Faye,* ruiss.
Roucolæ. *Raucoules,* cᵒⁿ de Montfaucon.
Roucoul. *Raucoules,* cᵉ de Vorey.
Roucoules. *Raucoules,* cᵉˢ de Queyrières.
Ρουέσσιον. *Saint-Paulien.*
Roufeyroux, Rouffeyroux. *Raffeyroux,* cᵉ de Lempdes.
Rouffiac. *Roffiac.*
Rougebac. *Rougeac,* cᵉ de Saint-Éble.

Rougeyres (Los). *Les Rozières.*
Roughacum, Roughat. *Rougeac,* cᵐ de Villeneuve-d'Allier.
Rouler (Les). *Roullys (Les).*
Rougières (Les). *Les Rozières.*
Rougniat. *Rognac,* cᵉ de Saint-Arcons-d'Allier.
Roulhes. *Roulier.*
Roulier. *Rouillier.*
Roulières. *Les Rullières.*
Roumagnac. *Romagnac.*
Roumagnaguet. *Romagnaguet.*
Roumanelle (La). *La Romanelle.*
Roumourouscle. *Ramourouscle.*
Roure (Lo). *Le Roure.*
Roured. *Rouret.*
Roureda (La). *La Reveure,* cᵐ de Vorey.
Rourate. *La Rouratte.*
Rouret, Rouret-Sobeyre. *Rauret.*
Rouret-Soteyra. *Rauret-Bas.*
Rouretum. *Rauret.*
Rouretus Inferior. *Rauret-Bas.*
Rouretus Superior. *Rauret.*
Rouset. *Ronzet.*
Rouseyretæ. *Rouzairets.*
Rousinholz. *Rossignol,* cᵐ de Saint-Jean-Lachalm.
Rousoux. *Roussoux.*
Roussat. *Roussac.*
Roussaveaux. *Ronsavaux.*
Roussenches (Les Grandz-). *Les Grandes-Rossanges.*
Roussenches (Les Petites-). *Les Petites-Rossanges.*
Roussets (Les). *Roussel.*
Roussilloux. *Roussillon.*
Roussinhol. *Rossignol,* cᵐ du Monastier.
Rousson. *Roussoux.*
Roussou (Le). *Le Rousson.*
Rouveirolles-de-Mavres. *Reveyrolles,* cᵐ de Sainte-Sigolène.
Rouvellet. *Rouvelet.*
Rouveuse (La). *La Rouveyre,* cᵉ d'Yssingeaux.
Rouveyra (La), Rouveyre. *La Reveure,* cᵉ de Vorey.
Roux (La). *Laroux,* cᵐ de Vorey.
Rouze. *Rauze.*
Rouzet. *Ronzet.*
Rouzet-lo-Soteyra. *Rauret-Bas.*
Rouzetum. *Rauze.*
Rouzeyres. *Rouzairets.*
Rouzeyrons (Les). *Les Ronzoyroux.*
Rouzières. *Rosières.*
Rouzou. *Rousson.*

Rovanec, Rovanet. *Ravenet,* cᵉ de Saint-Préjet-Armandon.
Rovayrolas. *Reveyrolles,* cᵉˢ de Monistrol-sur-Loire et de Sainte-Sigolène.
Rovenet. *Rouvenet; Rovenet,* cᵐ de Saint-Préjet-Armandon.
Rover (Lo). *Le Roure.*
Rovereto. *Rouret.*
Roveria. *Le Reveure,* cᵐ de Retournac; *La Rouveyre,* cᵐ de Saugues.
Roveria Superior. *La Rivoire-Haute.*
Roveura (La). *La Reveure,* cᵐ d'Espaly-Saint-Marcel; *La Rivoire.*
Roveure (La). *La Rouveyre,* cᵐ de Saugues.
Roveyra (La). *La Reveure,* cᵐˢ d'Espaly-Saint-Marcel et de Retournac.
Roveyre (La). *Les Revères.*
Rovoira (La). *La Reveure,* cᵐ d'Espaly-Saint-Marcel.
Rovoure. *La Reveure,* cᵐ de Retournac.
Rovoyra. *La Rivoire.*
Rovoyra (La). *La Reveure,* cᵐˢ d'Espaly-Saint-Marcel et de Retournac.
Rovoyre (La). *La Rivoire.*
Royac. *Rougeac,* cᵐ de Saint-Privat-d'Allier.
Royago. *Rougeac,* cᵐ de Villeneuve-d'Allier.
Royro, Royron. *Roiron.*
Roys. *Rois.*
Rozada, Rozade. *Ronzade.*
Rozeirets. *Rouzairets.*
Rozers. *Roziers, Les Roziers.*
Rozeyras. *Rosières.*
Rozeyrettes. *Rouzairets.*
Rozeyros (Los). *Les Rouzeyroux.*
Rozière. *Les Roziers.*
Rozières. *Rosières.*
Roziers. *Les Rosiers.*
Rozonet. *Razonet.*
Rualx (Los), Ruaulx (Lous). *Les Riaux.*
Rucherengiæ. *Recharenge.*
Rueaulx (Los). *Les Riaux.*
Rufferon. *Raffeyroux,* cᵐ de Lempdes.
Rufiacus. *Roffiac.*
Ruilhat. *Roulhac.*
Ruillacensis (adjectif). *Rilhac,* cᵐ de Vergongheon.
Ruillier. *Monachon.*
Ruinac. *Rognac,* cᵐˢ de Saint-Arcons-d'Allier.
Rulhacum. *Roulhac.*
Rulhere-en-Velay. *La Rullière.*
Rulhier. *Rouillier.*

Rulière. *Rullières.*
Rullier. *Rouillier, Rulhier.*
Runhac. *Rognac,* cⁿᵉˢ de Saint-Arcons-d'Allier et de Saugues.
Runhacum. *Rognac,* cⁿᵉ de Saugues.
Runhaguet. *Rognaguet.*
Runniac. *Rognac,* cⁿᵉ de Saint-Arcons-d'Allier.
Rupalhe. *Riopaille.*
Rupes. *La Roche,* cⁿᵉˢ de Bas, de Brioude et de Saint-Berain.
Rupes Accuta, Rupes Acuta. *Rochegude.*
Rupes Baro, Rupes Baronis. *Rochebaron,* cⁿᵉ de Bas.
Rupes Blavi. *La Roche-du-Blau.*
Rupes Fortis. *Rochefort,* cⁿᵉ d'Alleyras.
Rupes in Reyneria. *Roche-en-Régnier.*
Rupes Lamberta, Rupes Lamberti. *La Roche-Lambert.*
Rupes Limanha. *Rochelimagne.*
Rupes prope Cobo. *La Roche,* cⁿᵉ de Coubon.
Rupes prope Sanctum Paulhanum. *La Roche-Lambert.*
Rupes Reboul. *La Roche,* cⁿᵉ de Saint-Just-Malmont.
Rupes Regnerii, Rupes Rignaci. *Roche-en-Régnier.*
Rupes Sauneria. *La Roche,* cⁿᵉ de Saint-Christophe-sur-Dolaison.
Rupes supra Cobonem. *La Roche,* cⁿᵉ de Coubon.
Rupes Urseria. *Rechausseyre.*
Rupeta. *La Rochette,* cⁿᵉ de Saint-Jeure.
Rupis del Blau. *La Rochette,* cⁿᵉ de Cubelles.
Rupis Lauræ. *Rochelaure.*
Rupis Matfredi. *La Roche,* cⁿᵉ de Saugues.
Ruppes. *La Roche,* cⁿᵉˢ de Brioude, de la Chapelle-Geneste, de Tence, des Vastres et de Villeneuve-d'Allier; *Roche-en-Régnier.*
Ruppes Albertus. *Rochaubert.*
Ruppes Baro. *Rochebaron,* cⁿᵉ de Bas.
Ruppes Blavi. *La Rochette,* cⁿᵉ de Cubelles.
Rupes de Couteaulx. *La Roche-de-Couteaur.*
Ruppes del Bachas. *Roche-Haute.*
Ruppes deux Dalmas. *La Roche-Dumas.*
Ruppes Ferrandi. *La Rochette,* cⁿᵉ de Saint-Didier-la-Séauve.
Ruppes Forchata. *Roche-Fourchade.*

Ruppes Fortis. *Rochefort,* cⁿᵉ d'Alleyras.
Ruppes Niaygli, Ruppes Nidi Aygliui. *La Roche,* cⁿᵉ de Saint-Berain.
Ruppes prope Brivatam. *La Roche,* cⁿᵉ de Bournoncle-la-Roche.
Ruppes prope Sanctum Paulum. *La Roche,* cⁿᵉ de Saint-Pal-de-Mons.
Ruppes Robodi. *La Roche,* cⁿᵉ de Saint-Just-Malmont.
Ruppes Superior. *La Roche-Brocard.*
Ruppeta. *La Rochette,* cⁿᵉ de Saint-Jeure.
Ruschas (Las). *Les Ruches,* cⁿᵉ du Mazet-Saint-Voy.
Ruschcs (Les). *Les Ruches,* cⁿᵉ des Estables.
Ruschiis (Rivus de). *Les Ruches.*
Ruthat. *Roulhac.*
Ruvere. *Le Roure,* cⁿᵉ de Lantriac.
Ruveyra (La). *La Reveure,* cⁿᵉˢ de Retournac et de Vorey.
Ruyleyras. *Les Rullières.*
Ruylhacum. *Roulhac.*
Ruylheria. *La Rullière.*
Ruylherium. *Roulier.*
Ruylheyria (La). *La Rullière.*
Ryalhac. *Rilhac,* cⁿᵉ de Vergongheon.
Ryberines. *Rabeyrines.*
Rylhat. *Rilhac,* cⁿᵉ de Vergongheon.
Ryous. *Rioux.*
Ryval (Le). *l'ès-Rivaux.*
Ryvet (Lo). *Le Rivet.*

S

Sab (Lo). *Le Sapet,* cⁿᵉ du Mazet-Saint-Voy; *Le Sapet-Haut.*
Sabattier. *Sabatier.*
Sable-d'Érem (Lo). *Le Sablon.*
Sabletz (Rivus de). *Ravin-de-Grisallou.*
Sachinolles. *Chassignoles.*
Saciago. *Sauciat.*
Sacnac. *Sannac.*
Sacsiacus. *Ceyssac.*
Sagnas. *La Sagne,* cⁿᵉ de Coubon.
Sagne (La). *Les Sagnes,* cⁿᵉ du Chambon.
Sagne-des-Eyversions (La). *La Sagne,* ruiss.
Sagnens. *Sanis.*
Sagnes. *Saignes.*
Sagnes (Les). *Les Saignes,* cⁿᵉˢ d'Araules.
Sagnies (Les). *Les Sagnes,* cⁿᵉ de Saint-Just-Malmont.

Sagnols (Les). *Les Sagnoles.*
Sagny (Le). *Le Sagnet.*
Sagotier. *Salgotier.*
Saignasart. *Seignazerd.*
Saignebesses. *Saignes-Besses.*
Saignens. *Sanis.*
Saignequeute. *Séniquette.*
Saigne-Redonde. *Sagne-Redonde.*
Saignes (Les). *La Sagne,* cⁿᵉ de Croisance; *Les Sagnes,* cⁿᵉˢ du Chambon, de Monistrol-sur-Loire et de Saint-Just-Malmont.
Saignolles (Les). *Les Sagnoles.*
Sailhenc. *Le Saline.*
Saillent. *Sailhens.*
Sainas, Sainnaz. *Saignes.*
Saindoli. *Saint-Douly.*
Saint. — Nota. Pour la facilité des recherches, on a réuni, dans un ordre alphabétique unique, les noms de lieux anciens commençant par les mots *Sainct* et *Saint.*
Saint-Agrève (Molendinum). *Moulin-Sainte-Catherine.*
Sainct-Agricolle. *Saint-Georges-Lagricol.*
Saint-Ahom. *Saint-Haon,* cⁿᵉ de Prades.
Saint-Ahon, Saint-Ahond. *Saint-Haon,* cⁿᵉ de Pradelles.
Saint-Alaire, Sainct-Alary. *Saint-Hilaire.*
Saint-Alba. *Saint-Albe.*
Saint-Alcons. *Saint-Arcons-d'Allier.*
Saint-Alire. *Saint-Hilaire.*
Sainct-Andrieu (La Coste-). *Côte-Saint-André.*
Saint-Andriou. *Saint-André.*
Sainct-Anthoine. *Verdiange.*
Saint-Aont. *Saint-Haon,* cⁿᵉ de Pradelles.
Sainct-Arcomps. *Saint-Arcons-d'Allier.*
Saint-Arcons. *Saint-Arcons-de-Barges.*
Saint-Aulpige, Saint-Aupize. *Saint-Ilpize.*
Saint-Austremoini, Saint-Austremoni, Sainct-Austremoyne. *Saint-Austremoine.*
Saint-Badel. *Sembadel.*
Saint-Bausire, Sainct-Bauzille. *Saint-Beauzire.*
Sainct-Benign. *Saint-Berain.*
Saint-Benoyt-de-Val. *Saint-Benoit.*
Saint-Beraing, Saint-Bereign, Sainct-Bereing, Sainct-Beren. *Saint-Berain.*
Saint-Blaise-de-Jansac, Saint-Bleze. *Saint-Blaise,* cⁿᵉ de Cussac.

Saint-Bonet-lo-Freit. *Saint-Bonnet-lo-Froid.*

Saint-Bonnet (Ruiss. de). *Le Veyron.*

Saint-Bourraing. *Saint-Berain.*

Sainct-Bouzille. *Saint-Beanzire.*

Sainct-Bringn. *Saint-Berain.*

Saint-Bruno. *La Chartreuse.*

Saint-Chardel. *Saint-Chartel.*

Saint-Cierge. *Saint-Cirgues,* c^on de la Voûte-Chilhac.

Saint-Claude. *La Gardette,* c^ne do Saugues.

Saint-Cristofou. *Saint-Christophe-sur-Dolaison.*

Sainct-Deidier. *Saint-Didier-la-Séauve.*

Saint-Desdier. *Saint-Didier-sur-Doulon.*

Saint-Desdier-de-Joyeuse. *Saint-Didier-la-Séauve.*

Saint-Desdier-lez-Alier. *Saint-Didier-d'Allier.*

Saint-Didier-de-Narestan, Sainct-Didier-la-Ville, Saint-Didier-Néres-tang. *Saint-Didier-la-Séauve.*

Saint-Disdeyr, Saint-Disdier. *Saint-Didier-sur-Doulon.*

Sainct-Dompny. *Saint-Domnin,* c^ne de Beaulieu.

Saint-Dony. *Saint-Domnin,* c^ne de Queyrières.

Saint-Ebble. *Saint-Éble.*

Saint-Éble (Rif de). *Le Morange.*

Saint-Eolpizi. *Saint-Ilpize.*

Saint-Estève-de-Lardeyrol. *Saint-Étienne-Lardeyrol.*

Sainct-Estienne. *Saint-Étienne-près-Allègre.*

Sainct-Estienne-de-Viguan. *Saint-Étienne-du-Vigan.*

Saint-Estienne-lès-Montferrat. *Saint-Étienne-Lardeyrol.*

Sainct-Étienne-des-Deux-Chiens. *Saint-Étienne.*

Saint-Estienne-près-d'Auroze, Saint-Estienne-sur-Aurouze. *Saint-Étienne-près-Allègre.*

Saint-Euble. *Saint-Éble.*

Saint-Fereol. *Saint-Ferréol-d'Auroure.*

Saint-Feriol. *Saint-Ferréol,* c^ne de Brioude.

Saint-Fermin. *Fontaine-Saint-Firmin.*

Sainct-Ferreol. *Saint-Ferréol-d'Auroure.*

Saint-Ferréol-de-Cohade. *Cohade.*

Saint-Ferreol-les-Minimes. *Saint-Ferréol,* c^ne de Brioude.

Saint-Ferriol. *Saint-Ferréol,* c^nes de Brioude et de Roche-en-Régnier; *Saint-Ferréol-d'Auroure.*

Saint-Firmin. *Mathias.*

Saint-Froant. *Saint-Front.*

Saint-Generde, Saint-Genès. *Saint-Geneys-près-Saint-Paulien.*

Sainct-Genès-de-Fix. *Fix-Saint-Geneys.*

Saint-Genix. *Saint-Geneys-près-Saint-Paulien.*

Sainct-George-Agricol, Saint-George-la-Gricolle, Sainct-George-près-Craponne. *Saint-Georges-Lagricol.*

Saint-Georges-le-Daurat, Saint-George-le-Dorat. *Saint-Georges-d'Aurac.*

Saint-Gereon. *Saint-Géron.*

Sainct-Germa, Sainct-Germain-la-Prade, Sainct-Germe. *Saint-Germain-Laprade.*

Saint-Gineys. *Saint-Geneys-près-Saint-Paulien.*

Saint-Girom, Saint-Giron. *Saint-Géron.*

Saint-Gorge. *Saint-Georges-Lagricol.*

Saint-Grimald. *Saint-Grimaud.*

Saint-Hablou (Ruiss. de). *Ravin-de-la-Grande-Bleu.*

Saint-Heble. *Saint-Éble.*

Sainct-Hestien, Sainct-Heustien, Sainct-Hustion. *Saint-Hostien.*

Saint-Ignace. *Saintignac,* c^ne de Retournac.

Sainct-Jaulx. *Yssingeaux.*

Saint-Jean. *Le Chambon,* c^ne de Cohade.

Saint-Jean-Daubrigoux. *Saint-Jean-d'Aubrigoux.*

Saint-Jean-de-Lachant. *Saint-Jean-Lachalm.*

Saint-Jean-des-Brigoux. *Saint-Jean-d'Aubrigoux.*

Saint-Jean-la-Chalin. *Saint-Jean-Lachalm.*

Saint-Jean-lous-Brigoux. *Saint-Jean-d'Aubrigoux.*

Saint-Jehan-de-Jhérusalem, Saint-Jehan-la-Chevalerie. *Saint-Jean-la-Chevalerie.*

Sainct-Jehan-des-Bregoux, Sainct-Jehan-deus-Bregos, Sainct-Jehan-doux-Breguoux. *Saint-Jean-d'Aubrigoux.*

Sainct-Jeury. *Saint-Jeure.*

Saint-Joan-Peyro. *Peyron-Saint-Jean.*

Saint-Jolia. *Saint-Julien-des-Chazes.*

Sainct-Jollie-de-Chapteulh. *Saint-Julien-Chapteuil.*

Saint-Jorge. *Saint-George.*

Saint-Jori. *Saint-Jeure.*

Saint-Julhen. *Saint-Julien-Chapteuil, Saint-Julien-la-Tourrette.*

Saint-Julhen-de-Chapteulh. *Saint-Julien-Chapteuil.*

Saint-Julhien. *Saint-Julien, Saint-Julien-des-Chazes.*

Sainct-Julien. *Saint-Julien-Molhesabate.*

Sainct-Julien-d'Ansse. *Saint-Julien-d'Ance.*

Sainct-Julien-de-Chapteuil. *Saint-Julien-Chapteuil.*

Sainct-Julien-de-Filx, Sainct-Julien-de-Fis, Sainct-Julien-de-Fix. *Fix-le-Bas.*

Saint-Julien-de-la-Torette. *Saint-Julien-la-Tourrette.*

Saint-Julien-des-Chuses. *Saint-Julien-des-Chazes.*

Saint-Julien-de-Solemieu. *Solignac-sous-Roche.*

Saint-Julien-en-Auvergne. *Saint-Julien-des-Chazes.*

Saint-Julien-Molhesabatte. *Saint-Julien-Molhesabate.*

Sainct-Jurre. *Saint-Jeure.*

Saint-Just. *Bellevue-la-Montagne; Le Sembadou, ruiss.*

Saint-Just-près-Chomelix. *Bellevue-la-Montagne.*

Sainct-Juyre. *Saint-Jeure.*

Sainct-Lagier. *Saint-Léger,* c^nes de Sainte-Sigolène et de Sembadel.

Sainct-Laurent-près-Brioude. *Saint-Laurent-Chabreuges.*

Saint-Liegier, Saint-Ligier, Saint-Litgier, Saint-Lutgier. *Saint-Léger,* c^ne de Sembadel.

Saint-Marcial. *Saint-Marsal.*

Saint-Marsel. *Saint-Marcel.*

Saint-Marssal. *Saint-Marsal.*

Saint-Marti. *Saint-Martin.*

Sainct-Martin-de-Faugières, Saint-Martin-de-Feugières, Sainct-Martin-Faugeyres, Sainct-Marty. *Saint-Martin-de-Fugères.*

Saint-Mezard-d'Allier. *Saint-Médard.*

Saint-Michel. *Aiguille-Saint-Michel.*

Saint-Mourice. *Saint-Maurice.*

Saint-Mourisy. *Saint-Maurice-de-Lignon.*

Saint-Olpize. *Saint-Ilpize.*

Saint-Ostien. *Saint-Hostien.*

Saint-Pal. *Saint-Pal-de-Chalencon.*

Saint-Pal-de-Tartas. *Saint-Paul-de-Tartas.*

Saint-Paul. *Saint-Pal-de-Murs.*

Saint-Paul-en-Chalencon. *Saint-Pal-de-Chalencon.*

Salsiacum. *Sauciat.*
Salssacum. *Saussac.*
Salvaghe. *Le Sauvage.*
Salvaiges (Les). *Les Saurages,* cne de
la Farre.
Salvanhac. *Sauragnat,* cnes d'Agnat
et de Saint-Just-près-Brioude.
Salvatge. *Le Sauvage.*
Salvatges. *Le Sauvage; Les Saurages,*
cne d'Aurec.
Salvatgiis (Turris de). *La Tour,* cne
d'Aurec.
Salvaticis, Salvatico. *Les Sauvages,*
cne de Queyrières.
Salve-Benoiste (La). *La Séauve.*
Salvegniergues. *Souvanirgues.*
Salveignac. *Sauvagnat,* cne de Saint-
Just-près-Brioude.
Salvetat (La), Salvete (La). *La Sau-
vetat.*
Salveynhet. *Sauvagny.*
Salvia. *Saugues,* arr. du Puy.
Salvigniacus. *Sauvagny.*
Salvinargues. *Souvanirgues.*
Salvinhec. *Souvignet.*
Salvitas. *La Sauvetat.*
Salvynihierguers. *Souvanirgues.*
Salzet, Salzetz. *Sauzet,* cne de Ven-
teuges.
Sambadal, Sambadel, Sambadellus.
Sambadel.
Sanæ. *Les Sagnes,* cne du Mazel-Saint-
Voy.
Sanajon. *Séneujol.*
San-Cergue. *Saint-Cirgues.*
San-Crestofol, San-Cristofol. *Saint-
Christophe-sur-Dolaison.*
Sancsacum. *Censac.*
Sancta Florina, Sancta Fludina,
Sancta Flurina. *Sainte-Florine.*
Sancta Maria (Mansus de). *Mas-de-
Notre-Dame.*
Sancta Seglona, Sancta Segolena.
Sainte-Sigolène.
Sancti Agrippani molendinum. *Mou-
lin-Sainte-Catherine.*
Sancti Clari capella. *Saint-Clair.*
Sancti Honorati ecclesia. *Varennes-
Saint-Honorat.*
Sancti Johannis molendinum. *Moulin-
Saint-Jean.*
Sancti Johannis petra. *Peyron-Saint-
Jean.*
Sancti Martini passus. *Le Pas-Saint-
Martin.*
Sancti Martini Suc. *Suc-Saint-Martin.*
Sanctinac, Sanctinacum, Sanctinhac.
Saintignac, cne de Retournac.

Sancti Petri mansus. *Mas-Saint-
Pierre.*
Sancti Philiberti monasterium. *Goudet.*
Sancti Romani castrum. *Saint-Ro-
main,* cne de Siaugues-Saint-Ro-
main.
Sancti Ylpidii molendina. *Moulin-de-
Saint-Ilpize.*
Sanct-Julien-d'Ansa. *Saint-Julien-
d'Ance.*
Sancto Johanne (Codercus de). *Saint-
Jean.*
Sanctus Abundus. *Saint-Haon,* cne de
Pradelles.
Sanctus Agricola, Sanctus Agricola
Craponæ. *Saint-Georges-Lagricol.*
Sanctus Agrippanus. *Saint-Agrève,
Moulin-de-Sainte-Catherine.*
Sanctus Albanus. *Saint-Albe.*
Sanctus Alpisius. *Saint-Ilpize.*
Sanctus Anatolius. *Le Peuch.*
Sanctus Andreas Chalanconii, Sanctus
Andreas de Chalancon, Sanctus
Andreas de Chalanconio, Sanctus
Andreas de Feschales, Sanctus An-
dreas deus Felchos, Sanctus An-
dreas deux Felchols. *Saint-André-
de-Chalencon.*
Sanctus Antonius. *Antoniannes.*
Sanctus Apolitus. *Saint-Ihppolyte.*
Sanctus Archontius. *Saint-Arcons-
d'Allier.*
Sanctus Arconcius. *Saint-Arcons-d'Al-
lier, Saint-Arcons-de-Barges.*
Sanctus Arconsius. *Saint-Arcons-de-
Barges.*
Sanctus Arcontius. *Saint-Arcons-d'Al-
lier, Saint-Arcons-de-Barges.*
Sanctus Badellus. *Sembadel.*
Sanctus Baudelius. *Saint-Beauzire.*
Sanctus Benedictus. *Saint-Benoît.*
Sanctus Bereign, Sanctus Berein,
Sanctus Bereynh. *Saint-Berain.*
Sanctus Blasius de Gensacio, Sanctus
Blasius de Genzaco. *Saint-Blaise,*
cne de Cussac.
Sanctus Bonitus Frigidus. *Saint-Bon-
net-le-Froid.*
Sanctus Cericius. *Saint-Cirgues,* cne
de la Voûte-Chilhac.
Sanctus Christoforus. *Saint-Christophe-
d'Allier, Saint-Christophe-sur-Dolai-
son.*
Sanctus Christophorus. *Saint-Chris-
tophe-d'Allier.*
Sanctus Ciricus. *Saint-Cirgues,* cne de
la Mothe.
Sanctus Clemens. *Saint-Clément.*

Sanctus Cyricus. *Saint-Cirgues,* con de
la Voûte-Chilhac.
Sanctus Dederius. *Saint-Didier-la-
Séauve.*
Sanctus Desiderius. *Saint-Didier-d'Al-
lier, Saint-Didier-la-Séauve, Saint-
Didier-sur-Doulon.*
Sanctus Ebulus. *Saint-Éble.*
Sanctus Egidius. *Chamalières.*
Sanctus Egripanus. *Saint-Agrève.*
Sanctus Estephanus. *Saint-Étienne-
Lardeyrol.*
Sanctus Evodius. *Le Mazet-Saint-Voy,
Saint-Vosy.*
Sanctus Evodius Bonacensis, Sanctus
Evodius prope Bonnas. *Le Mazet-
Saint-Voy.*
Sanctus Ferreolus. *Saint-Ferréol,*
cnes de Brioude et de Roche-en-
Régnier; *Saint-Ferréol-d'Auroure.*
Sanctus Ferriolus. *Saint-Ferréol,* cne
de Brioude.
Sanctus Fortunatus. *Saint-Fortunat.*
Sanctus Frunto. *Peyron-Saint-Front.*
Sanctus Fruntus. *Saint-Front.*
Sanctus Genesius, Sanctus Genesius
de Juliaco, Sanctus Genezius. *Saint-
Geneys-près-Saint-Paulien.*
Sanctus Georgius. *Saint-Jeure.*
Sanctus Georgius Agricol. *Saint-
Georges-Lagricol.*
Sanctus Georgius Deaurati, Sanctus
Georgius de Aurato, Sanctus Geor-
gius de Dorato. *Saint-Georges-
d'Aurac.*
Sanctus Georgius Sancti Pauliani,
Sanctus Georgius Vetulæ Civitatis.
Saint-Georges-de-Saint-Paulien.
Sanctus Germanus, Sanctus Ger-
manus de Pratis, Sanctus Ger-
manus la Prada, Sanctus Germa-
nus Pratensis, Sanctus Germanus
prope Podium. *Saint-Germain-La-
prade.*
Sanctus Guabriel. *Saint-Gabriel.*
Sanctus Habondus, Sanctus Ha-
bundus. *Saint-Haon,* con de Pra-
delles.
Sanctus Hilarius. *Saint-Hilaire.*
Sanctus Honoratus de Varenis. *Va-
rennes-Saint-Honorat.*
Sanctus Hostianus. *Saint-Hostien.*
Sanctus Iermanus. *Saint-Germain-La-
prade.*
Sanctus Ilarius. *Saint-Hilaire.*
Sanctus Illidius. *Saint-Ilpize.*
Sanctus Jeorius, Sanctus Jeurius.
Saint-Jeure.

Sanctus Johannes. *Saint-Jean, Saint-Jean-Lachalm.*

Sanctus Johannes ad Braconos. *Saint-Jean-d'Aubrigoux.*

Sanctus Johannes a la Chalm. *Saint-Jean-Lachalm.*

Sanctus Johannes Baptista. *Montregard.*

Sanctus Johannes de Bracns, Sanctus Johannes de Bracoa, Sanctus Johannes de Bracos. *Saint-Jean-d'Aubrigoux.*

Sanctus Johannes de Calma, Sanctus Johannes de la Chalm. *Saint-Jean-Lachalm.*

Sanctus Johannes de Militia. *Saint-Jean-la-Chevalerie.*

Sanctus Johannes de Mirmanda. *Saint-Jean-Lachalm.*

Sanctus Johannes deus Bracos. *Saint-Jean-d'Aubrigoux.*

Sanctus Johannes Jherosolymitanus. *Saint-Jean-la-Chevalerie.*

Sanctus Julhanus. *Saint-Julia, Saint-Julien.*

Sanctus Julhanus de Pineto. *Saint-Julien-du-Pinet.*

Sanctus Julianus. *Saint-Julia, Saint-Julien-Chapteuil, Saint-Julien-d'Anse.*

Sanctus Julianus al Pinet. *Saint-Julien-du-Pinet.*

Sanctus Julianus d'Ansa, Sanctus Julianus de Ansa. *Saint-Julien-d'Anse.*

Sanctus Julianus de Capitolio, Sanctus Julianus de Captholio, Sanctus Julianus de Captolio. *Saint-Julien-Chapteuil.*

Sanctus Julianus de Casis. *Saint-Julien-des-Chazes.*

Sanctus Julianus de Finis. *Fix-le-Bas.*

Sanctus Julianus de Molhasabata. *Saint-Julien-Molhesabate.*

Sanctus Julianus de Pineto. *Saint-Julien-du-Pinet.*

Sactus Julianus de Sollempniaco. *Solignac-sous-Roche.*

Sanctus Julianus de Turreta. *Saint-Julien-la-Tourrette.*

Sanctus Julianus Molhassabata. *Saint-Julien-Molhesabate.*

Sanctus Julianus prope Bas. *Saint-Julien.*

Sanctus Julianus Sollempniacensis. *Solignac-sous-Roche.*

Sanctus Justus. *Bellevue-la-Montagne, Saint-Just-Malmont, Saint-Just-près-Brioude.*

Sanctus Laurentius prope Brivatam. *Saint-Laurent-Chabreuges.*

Sanctus Leodegarius, Sanctus Liautgerius, Sanctus Ligerius. *Saint-Léger, cⁿᵉ de Sembadel.*

Sanctus Marcellus. *Saint-Marcel.*

Sanctus Marcialis. *Saint-Marsal.*

Sanctus Martinus, Sanctus Martinus de Feugeriis, Sanctus Martinus de Feugeyras, Sanctus Martinus de Fougeyras, Sanctus Martinus de Frugciras, Sanctus Martinus de Frugeriis, Sanctus Martinus de Fugeriis, Sanctus Martinus Feugeriarum, Sanctus Martinus Frugeriarum. *Saint-Martin-de-Fugères.*

Sanctus Mauricius. *Saint-Maurice, Saint-Maurice-de-Roche.*

Sanctus Mauricius Amblavensis. *La Voûte-sur-Loire.*

Sanctus Mauricius de Lhinone, Sanctus Mauricius de Linho, Sanctus Mauricius de Linhone, Sanctus Mauricius de Poensac, Sanctus Mauricius de Poenzac, Sanctus Mauricius de Proenciaco. *Saint-Maurice-de-Lignon.*

Sanctus Mauricius de Rupe, Sanctus Mauricius prope Rocham, Sanctus Mauricius Rupis, Sanctus Mauricius Ruppis. *Saint-Maurice-de-Roche.*

Sanctus Mauricius Vallamblavensis. *La Voûte-sur-Loire.*

Sanctus Maximus. *Le Tracol.*

Sanctus Mayras. *Saint-Meyrat.*

Sanctus Medardus. *Saint-Médard.*

Sanctus Mœranus. *Saint-Meyrat.*

Sanctus Paulianus. *Saint-Paulien.*

Sanctus Paulus. *Saint-Pal-de-Chalencon, Saint-Pal-de-Mons, Saint-Paul-de-Tartas.*

Sanctus Paulus de Chalanco, Sanctus Paulus de Chalanconio. *Saint-Pal-de-Chalencon.*

Sanctus Paulus de Murs. *Saint-Pal-de-Murs.*

Sanctus Paulus de Tartacio, Sanctus Paulus de Tartasrio, Sanctus Paulus de Tartassio. *Saint-Paul-de-Tartas.*

Sanctus Paulus prope Mons. *Saint-Pal-de-Mons.*

Sanctus Petrus. *Saint-Pierre-le-Monastier, Saint-Pierre-la-Tour.*

Sanctus Petrus d'Aynac. *Saint-Pierre-Eynac.*

Sanctus Petrus de Arenis. *Les Enjalas.*

Sanctus Petrus de Aynaco. *Saint-Pierre-Eynac.*

Sanctus Petrus de Campo. *Saint-Pierre-Duchamp.*

Sanctus Petrus de Monasterio, Sanctus Petrus de Podio. *Saint-Pierre-le-Monastier.*

Sanctus Petrus de Sollempnaco. *Les Enjalas.*

Sanctus Petrus de Turre. *Saint-Pierre-la-Tour.*

Sanctus Petrus Vetus. *Saint-Pierre-le-Vieux.*

Sanctus Poulhanus. *Saint-Paulien.*

Sanctus Pregectus. *Saint-Préjet-d'Allier.*

Sanctus Preiectus, Sanctus Projectus. *Saint-Préjet-Armandon, Saint-Préjet-d'Allier.*

Sanctus Prejetus. *Saint-Préjet-d'Allier.*

Sanctus Privatus. *Saint-Privat, Saint-Privat-d'Allier, Saint-Privat-du-Dragon.*

Sanctus Privatus del Drahos, Sanctus Privatus du Drahos. *Saint-Privat-du-Dragon.*

Sanctus-Quintinus. *Saint-Quintin, cⁿᵉ de Saint-Quintin-Chaspinhac et de Desges.*

Sanctus Remigius. *Saint-Rémy.*

Sanctus Romanus. *Saint-Romain, cⁿᵉ de Sainte-Sigolène, de Saint-Jean-de-Nay et de Siaugues-Saint-Romain; Saint-Rome.*

Sanctus Romanus a la Chalm, Sanctus Romanus de Calma, Sanctus Romanus la Chalm. *Saint-Romain-Lachalm.*

Sanctus Romanus la Mongia. *Saint-Romain, cⁿᵉ de Saint-Jean-de-Nay.*

Sanctus Romanus lo Chastel. *Saint-Romain, cⁿᵉ de Siaugues-Saint-Romain.*

Sanctus Sebastianus. *Saint-Sébastien.*

Sanctus Stephanus. *Saint-Étienne-du-Vigan, Saint-Étienne-près-Allègre.*

Sanctus Stephanus de Combriolo. *Saint-Étienne-Lardeyrol.*

Sanctus Stephanus de duobus Canibus. *Saint-Étienne.*

Sanctus Stephanus de Lardayrol. *Saint-Étienne-Lardeyrol.*

Sanctus Stephanus del Viga, Sanctus Stephanus de Vigano. *Saint-Étienne-du-Vigan.*

Sanctus Sustianus. *Saint-Hostien.*

Sanctus Teaufredus. *Le Monastier.*

Sanctus Ustianus. *Saint-Hostien.*
Sanctus Venerandus. *Saint-Vénérand.*
Sanctus Verus. *Saint-Vert.*
Sanctus Victor. *Saint-Victor, Saint-Victor-Malescours.*
Sanctus Victor de Malas Courtz, Sanctus Victor de Malis Curtibus. *Saint-Victor-Malescours.*
Sanctus Vincencius, Sanctus Vincentius. *Saint-Vincent.*
Sanctus Vitalis. *Saint-Vidal.*
Sanctus Ylarius, Sanctus Ylerius. *Saint-Hilaire.*
Sandeli, Sandelis, Sandoli, Sandolis. *Saint-Douly.*
Sanha Ceuta. *Séniquette.*
Sanha Clausa. *Saigneclause.*
Sanha Croza. *Sénicroze.*
Sanha deux Eschampeulx. *Champot.*
Sanha Premyere, Sanha Prumeyra. *Sagne-Première.*
Sanha Queuyta. *Séniquette.*
Sanha Redonda. *Sagne-Redonde, Saigne-Redonde.*
Sanhas. *Saignes.*
Sanhas (Las). *Les Sagnes,* cne du Mazet-Saint-Voy.
Sanhas Bessas. *Saignes-Besses.*
Sanhe (La). *La Sagne,* cne de Saint-Pierre-Eynac.
Sanhe-Croze. *Sénicroze.*
Sanhenc. *Lo Sagnet, Lo Saline.*
Sanhens. *Sanis.*
Sanhe-Queta, Sanhe-Queuta. *Séniquette.*
Sanhes. *Saignes.*
Sanhes (Les). *Les Sagnes,* cne de Saint-Just-Malmont; *Les Saignes,* cns d'Araules.
Sanhes-Besses. *Saignes-Besses.*
Sanhet. *Le Sagnet.*
Sanhette (La). *La Sagnette.*
Sanheux. *Sanis.*
Sanhiæ. *Les Sagnes,* cne de Saint-Just-Malmont.
Sanhies-Besses. *Saignes-Besses.*
Sanhis, Sanhnens. *Sanis.*
Sanholas (Las), Sanholles (Las). *Les Sagnolles.*
Sanhyns. *Sanis.*
Sania Foncher. *Sagne-Foucher.*
Sanials (Les). *Les Saniaux.*
Sania Rotunda. *Saigne-Redonde.*
Sanias. *Saignes.*
Sanie (La). *La Sagne,* cns de Coubon.
Sanie-Croze. *Sénicroze.*
Sanieiras (Las). *Sainaire.*

Sanienc. *Le Saline.*
Saniet. *Le Sagnet.*
Sanimaux. *Sagnimaud.*
San-Leidier, San-Lesdier. *Saint-Didier-la-Séauve.*
Sanneyt. *Sannay.*
Sannhac. *Sannac.*
Sansac. *Censac, Sanssac-l'Eglise.*
Sansac-la-Montagne. *Sanssac-l'Église.*
Sansacum. *Sansac, Sanssac-l'Église.*
Sansaguetum. *Sansaguet.*
Sans-Crainte. *Scie-des-Crozes.*
Sansiacum. *Censac.*
Sanssacum. *Sanssac-l'Église.*
Sant-Deyder. *Saint-Didier-la-Séance.*
Santeble. *Saint-Éble.*
Santerra. *Cistère.*
Santinhac. *Saintignac,* cne de Retournac.
Sant-Johan-Peyro. *Peyron-Saint-Jean.*
Sant-Jolia-d'Ance. *Saint-Julien-d'Ance.*
Sant-Meyras. *Saint-Meyrat.*
Sant-Paula. *Saint-Paulien.*
Sant-Roma. *Saint-Romain-Lachalm.*
Sanyet (Le). *Le Sagnet.*
Sap (Lo). *Le Sapet-Haut.*
Sape (Lo). *Le Sapet,* cne de Mazet-Saint-Voy.
Sapet-de-Mirmande (Al). *Le Sapet-Haut.*
Sapetum, Sappe (Lou). *Le Sapet,* cne du Mazet-Saint-Voy.
Sappet (Le). *Le Sapet,* cnes du Mazet-Saint-Voy et de Varennes-Saint-Honorat.
Sappus. *Le Sapet-Haut.*
Sapsonita (Rivus). *La Laussonne.*
Sapt (Le). *Le Sap.*
Saran. *Seran.*
Saraye. *Seraille.*
Sarazacus, Sarazagus. *Cerzat,* cne de la Voûte-Chilhac.
Sarazat. *Serzat.*
Saraziacellus. *Cersaguet.*
Saraziacus. *Cerzat,* cne de la Voûte-Chilhac.
Sarcenas. *Cercenas.*
Sarda. *Sardat.*
Sardanenche (La). *Jamon.*
Sarennes (Ruiss. de). *La Savenne.*
Sarigolas, Sarigoulas (La). *La Cérigoules,* ruiss.
Sarlangas, Sarlanjas, Sarliangas. *Sarlanges.*
Sarnhac. *Sarniat.*
Sarnhaguet, Sarniguet. *Sarniaguet.*
Sarpeyres (Les). *Les Serpeyres.*

Sarpoler, Sarpolheyr, Sarpollerius, Sarpolyer. *Serpollor.*
Sarsac. *Cerzat,* cne de la Voûte-Chilhac.
Sarsenat. *Sarcenat.*
Sarte (La). *La Sartre.*
Sarzaguet. *Cerzaguet.*
Sarzier (Lo). *Cérigiers.*
Sarzols. *Sarzol.*
Sasac, Sassat-la-Tour. *Sassac,* cne de Félines.
Satiag. *Sauciat.*
Satilhec. *Les Merles.*
Satre (La). *La Sartre.*
Sauce (La). *La Sausse.*
Saucès (Les). *Les Sausses.*
Saucias. *Josiat.*
Saugues-la-Montagne. *Saugues,* arr. du Puy.
Saula (La). *La Séauve.*
Saulas (Lo). *Laulas.*
Saulce (La). *Salce, La Sauce.*
Saulgue. *Saugues,* arr. du Puy.
Saulses. *Salces.*
Sault-de-Laygua. *Coymège.*
Saulx. *Céaux,* cne de Saint-Étienne-Lardeyrol.
Saunac. *Sannac, Sonnac.*
Saunat. *Sannac.*
Saunhac. *Sonnat.*
Sausac. *Saussac.*
Sauseda (La). *La Salzède.*
Sausses. *Les Sauces,* cne de Chassagnes.
Saussette (La). *Sauzet,* cne de Vernassal.
Sauvagnat-Haut. *Sauvagnat,* cne de Saint-Just-près-Brioude.
Sauvaignat. *Sauvagnat,* cne de la Vaudieu.
Sauvaniac. *Sauvagnac.*
Sauvaningues. *Souvanirgues.*
Sauvannet. *Sauvagny.*
Sauvenhac. *Sauvagnat,* cne de Saint-Just-près-Brioude.
Sauveniergues. *Souvanirgues.*
Sauvigny. *Sauvagny.*
Sauye. *Souvy.*
Sauzer (Lo). *Le Sauze.*
Sauzet-Chamaux. *Sauzet,* cne de Vazeilles-Limandres.
Savinhac, Savinhacum. *Savignac,* cnes de Cayres et de Thoras.
Saviniacum. *Savignac,* cne de Thoras.
Sayesacus. *Ceyssac.*
Saygnasard. *Seignazerd.*
Sayllents. *Sailhens.*
Saynt-Beneyt. *Saint-Benoît.*

Saynt-Cirgue. *Saint-Cirgues*, c^{en} de la Voûte-Chilhac.
Saynt-Justz. *Saint-Just-près-Brioude.*
Saynt-Marti de Feugeyras. *Saint-Martin-de-Fugères.*
Saynt-Paules. *Saint-Pal-de-Mons.*
Saynt-Paulha, Saynt-Paulhancza (adjectif). *Saint-Paulien.*
Saynt-Pregeyt. *Saint-Préjet-Armandon.*
Saysac. *Cissac*, c^{ne} de Saint-Just-près-Brioude.
Sazacum. *Sassac*, c^{ne} de Chomelix.
Schabracum. *Eschabrac.*
Scie (La). *Scie-des-Crozes.*
Scie-de-l'Hermet. *Cherrat.*
Scie-de-Rouchon (La). *Scie-des-Crozes.*
Scingeaulx. *Yssingeaux.*
Scinzelhas. *Sinzelles*, c^{ne} de Polignac.
Sciveyracum. *Civeyrac.*
Scobarctas, Scobeyras. *Escoubeyre.*
Scublac, Scublacum. *Escublac.*
Scupliat. *Estublat*, c^{ne} de Monlet.
Scura. *Lescure*, c^{ne} de Saugues.
Sealcusi, Sealcuzin. *Silcuzin.*
Sealgue, Sealgues. *Siaugues-Saint-Romain.*
Seaulcuzy. *Silcuzin.*
Seaulgue, Seaulgues. *Siaugues-Saint-Romain.*
Séaulve-Benoiste (La). *La Séauve.*
Seaulx. *Céaux*, c^{nes} de Saint-Étienne-Lardeyrol et de Saint-Privat-d'Allier; *Céaux-d'Allègre.*
Séauve-Bénite (La). *La Séauve.*
Seaux. *Céaux*, c^{ne} de Saint-Privat-d'Allier.
Seçat. *Cissac*, c^{ne} de Saint-Ilpize.
Sechalie. *Seychalles.*
Segaleyras. *Séjallières.*
Segalier. *Les Farges*, c^{ne} de Tailhac.
Segeleiras, Seghalieras. *Séjallières.*
Seghalieres. *La Séjaillière*, ruiss.; *Séjallières.*
Seguys. *Fougerolles.*
Seialeyras. *Séjallières.*
Seignes-Besses. *Saignes-Besses.*
Seilhac. *Celhac.*
Selcuzi. *Silcuzin.*
Selelhat. *Soleilhac.*
Seleliacum. *Solilhac.*
Selgues. *Siaugues-Saint-Romain.*
Selhac. *Celhac.*
Sella (La). *La Selle.*
Sellerias. *Cellière.*
Sellier (Le). *Cellier*, c^{ne} du Chambon.
Sellita. *Sallettes*, c^{ne} du Monastier.

Selva (La). *La Séauve, Siougue.*
Selve (La). *La Séauve.*
Sembadel-Saint-Léger. *Sembadel.*
Semena. *Semène; La Semène*, ruiss.
Semenago. *Senat.*
Semène. *Sumène-Haute.*
Senac. *Senat.*
Senajon, Seneghol, Senegholium, Senegol, Senegolium, Senegoulh, Seneiolum, Senejolium. *Séneujols.*
Senenches. *Chenenches.*
Seneolium, Seneolum, Seneoulh. *Sénéol.*
Senèse. *Senèze.*
Seneuge, Seneughol, Seneuiol, Seneujol. *Séneujols.*
Seneulh. *Ceneuil.*
Senezes. *Senèze.*
Sengle (Lou). *Le Single.*
Senha-Ceuyta. *Séniquette.*
Senhenc (Lo). *Le Sagnet.*
Senholium. *Séneujols.*
Senicros, Sénicroze. *Sénicrose.*
Seniqueute. *Séniquette.*
Senneiol. *Séneujols.*
Sennetum. *Sannay.*
Senneyol, Sennuyol. *Séneujols.*
Senoculium, Senoculum. *Ceneuil.*
Senogol, Senogholium. *Séneujols.*
Senoil, Senoilh. *Ceneuilh.*
Senoiol, Senoiolum. *Séneujols.*
Senoire. *La Senouire*, ruiss.
Senolium. *Ceneuil, Séneujols.*
Senomlium. *Ceneuil.*
Senoms. *Senour.*
Senoups, Senoux. *Cenoux.*
Senouylh, Senoyl. *Ceneuil.*
Senoyolium. *Séneujols.*
Senoyre. *La Senouire*, ruiss.
Sensac. *Sansac.*
Sensaguet. *Sansaguet.*
Senteble. *Saint-Éble.*
Sentenatum, Sentennachum. *Sentenac.*
Sentiniacus. *Saintignac*, c^{ne} de Retournac.
Senuegol, Senusiol, Senucylh, Senulogium. *Séneujols.*
Sepsol. *Septsols.*
Septem Pollas, Septem Pollis. *Saint-Phal.*
Sept-Sols. *Septsols.*
Seran. *Serand.*
Serazis, Serayset. *Cereyset.*
Serazac. *Cerzat*, c^{ne} de Saint-Privat-du-Dragon.
Serce. *Cerces.*
Sercenas. *Cercenas.*

Sorces. *Cerces.*
Sereis. *Cereix.*
Sereix. *Sereys.*
Seresio (Rivus de). *Ruisseau de Cereix.*
Sereys. *Cereix.*
Sereyzet. *Cereyzet.*
Serezac. *Cerzat*, c^{ne} de Saint-Privat-du-Dragon.
Serezat. *Cerzat*, c^{ne} de la Voûte-Chilhac.
Serezium. *Cereix.*
Sérigoule (La), Sérigoules (La). *La Cérigoules*, ruiss.
Sérisiers. *Cérigiers.*
Serpeyras (Las), Serpières (Les). *Les Serpeyres.*
Serrand. *Serand.*
Serras. *Serres*, c^{ne} de Rauret.
Serre. *Serres*, c^{ne} de Céaux-d'Allègre.
Serre-de-Chaumaget. *Chassoulet.*
Serres. *Le Serre.*
Serrezeyres. *Servezeyres.*
Serroilz. *Farouil.*
Serrum. *Serre.*
Serrum de Castronovo. *Serres*, c^{ne} de Céaux-d'Allègre.
Sert (La). *Le Veaux*, ruiss.
Serve (Le). *Le Serre.*
Serve-Benoiste (La). *La Séauve.*
Serveira. *Servières*, c^{nes} de Saint-Didier-sur-Doulon et de Saugues.
Servera. *Servières*, c^{ne} de Saint-Didier-sur-Doulon.
Serverye. *Servières*, c^{ne} de Saugues.
Servoserie, Servesières. *Servezeyres.*
Servey-du-Mégal. *Le Servey.*
Serveyra. *Servières*, c^{nes} de Blesle et de Saugues.
Serveyras, Serveyres. *Servières*, c^{ne} de Saugues.
Servière. *Servières*, c^{ne} de Blesle.
Servilanghes, Servillangas, Servilongas. *Servillange.*
Servissacium, Serviszac. *Servissas.*
Serzaguet. *Cerzaguet.*
Serzier (Le). *Cérigiers.*
Sesterra. *Cistère.*
Seugha, Seugia. *La Seuge*, ruiss.
Seuilhs (Les). *Les Seuils*, c^{ne} de Chaudeyrolles.
Seujoles. *La Seuge*, ruiss.
Seulhs (Los). *Les Seuils*, c^{ne} de Chaudeyrolles.
Seunhac. *Sonnac.*
Seus. *Céaux*, c^{ne} de Saint-Privat-d'Allier; *Céaux-d'Allègre.*
Seut (Le Grand-). *Le Grand-Souhait.*

Sevayrac, Seveirachum. *Seveyrac.*

Seveirag. *Civérac.*

Severacum. *Seveyrac.*

Severat, Severiaco. *Civérac.*

Sexagum. *Saussac.*

Seyçat. *Cissac,* cⁿᵉ de Saint-Ilpize.

Seyreys, Seyriers. *Sériés.*

Seysac. *Cissac,* cⁿᵉ de Saint-Just-près-Brioude.

Seyssaac. *Cissac,* cⁿᵉˢ de Saint-Ilpize et de Saint-Just-près-Brioude.

Seyssacum. *Cissac,* cⁿᵉ de Saint-Just-près-Brioude.

Seyssaguet. *Ceyssaguet.*

Seyssat. *Cissac,* cⁿᵉ de Saint-Just-près-Brioude.

Seyssessa. *La Suissesse,* ruiss.

Seyssos (Los). *Les Ceyssoux.*

Sezalières. *Séjallières.*

Sezeyras. *Cizière.*

Sezilhes. *Cézilles.*

Sialgius, Sialgue. *Siaugues-Saint-Romain.*

Sialma. *La Siaume,* ruiss.

Sianne (La). *La Sionne,* ruiss.

Siaugue, Siaugues-le-Romain, Siaulgues. *Siaugues-Saint-Romain.*

Siaulx. *Céaux-d'Allègre.*

Sibeyrat. *Siberot.*

Sicabonnel. *Chicabonel.*

Sigolène-les-Bois. *Sainte-Sigolène.*

Signon (Le). *Signaure.*

Sigon. *Figon.*

Siguaud. *Sigaud.*

Silhac. *Chilhac.*

Sillaguet. *Chillaguet.*

Silma. *La Siaume,* ruiss.

Silusin. *Silcuzin.*

Silva (La). *Siougue.*

Silva Comtal. *Le Bois-Comtal.*

Silva Lucdunensis. *La Séauve.*

Silvianicus, Silvignanicus. *Souvanirgues.*

Simets. *Simet.*

Simiautre. *Séniautre.*

Simodon. *Simondon.*

Singaudensis (adjectif). *Yssingeaux.*

Singe (Le). *Lo Single.*

Singues. *Chiengue.*

Sinho. *Signon,* mont.

Sinus Aureus, Sinus Auri. *La Senouire,* rivière.

Sinzelæ. *Sinzelles,* cⁿᵉ de Blavozy.

Sinzelas. *Sinzelles,* cⁿᵉˢ de Blavozy et de Polignac.

Siolme. *La Siaume,* ruiss.

Sioulac. *La Narce,* cⁿᵉ de Saint-Front.

Sirenieyra, Sirenueyra. *La Senouire,* rivière.

Sirnac. *Sarniat.*

Sirvissas. *Servissas.*

Sistre. *Citre.*

Sistreyras, Sistreyres. *Cistrières.*

Situla, Situlense oppidum. *Céaux-d'Allègre.*

Siveyrat, Siveyracum. *Civeyrac.*

Sizeræ. *La Cisière.*

Sizeyras. *Cisière.*

Sizeyres. *La Cisière.*

Smiène. *La Sumène,* ruiss.

Sobrey. *Soubrey.*

Socha (La). *La Souche,* cⁿᵉ de Lapte.

Sochayro (Lo). *Le Sucheyron.*

Socheira (La). *La Suchère,* cⁿᵉ du Chambon.

Socheria. *La Souchère,* cⁿᵉ d'Auvers.

Socheyra (La). *La Souchère,* cⁿᵉˢ d'Auvers et de Laval.

Socheyre (La). *La Suchère,* cⁿᵉ du Chambon.

Sochia. *La Souche,* cⁿᵉ de Saint-Just-Malmont.

Socho, Sochon. *Mas-de-Souchon.*

Sodde, Sode, Sodes. *Soddes.*

Sofflart. *Soufleix.*

Sogne (La). *La Sagne,* cⁿᵉ de Saint-Pierre-Eynac.

Sohyls (Les). *Les Seuils,* cⁿᵉ de Chaudeyrolles.

Soiceza, Soicezes. *La Suissesse,* ruiss.

Soilz. *Les Seuils,* cⁿᵉˢ de Saint-Georges-Lagricol et de Saint-Pal-de-Chalencon; *Souils.*

Soils. *Souils,* cⁿᵉ de Chaudeyrolles.

Solacru. *Salcrux; Salecrup,* cⁿᵉˢ de Saint-Jeure et d'Yssingeaux.

Solacrup. *Salcroux.*

Soladge. *Soulage,* cⁿᵉ de Saint-Hilaire.

Solamnac, Solamniac, Solannac. *Solignac-sur-Loire.*

Solasset. *Soulasset.*

Solatgas. *Soulage,* cⁿᵉ de Saint-Préjet-d'Allier.

Solatge. *Soulage,* cⁿᵉ de Bains.

Solatges. *Soulage,* cⁿᵉˢ de Chavagnac-Lafayette, de Craponne-sur-Arzon et de Saint-Préjet-d'Allier.

Solaticæ, Solatjas. *Soulage,* cⁿᵉ de Craponne-sur-Arzon.

Solaymet. *Soleymet,* cⁿᵉ de Saint-Victor-Malescours.

Solayrol. *Soleyrol,* cⁿᵉ de Saint-Georges-Lagricol.

Solazeultum, Solazeut, Solazoit, Solazoptum, Solazueret, Solazuit. *Salzuit.*

Solegas, Soleges, Soleghas. *Soulage,* cⁿᵉ de Chavagnac-Lafayette.

Solegia (La). *La Soulège.*

Solegnac. *Solignac,* cⁿᵉ de Saint-Georges-d'Aurac.

Solegy (La). *La Soulège.*

Solehacum. *Soleilhac.*

Soleil-Bas (Le). *Le Soulier-Bas.*

Soleilhac. *Solilhac.*

Soleilhac (Le). *Le Machabert,* ruiss.

Soleingnac. *Solignac-sur-Loire.*

Solelhat. *Soleilhac.*

Solemnhacum. *Solignac-sur-Loire.*

Solemniacum. *Solignac-sur-Loire; Souliac,* cⁿᵉ de Bellevue-la-Montagne.

Solempnac. *Solignac-sur-Loire.*

Solempnec. *Le Grand-Solignac.*

Solempnhac. *Solignac,* cⁿᵉ de Tence.

Solempniac. *Solignac-sur-Loire; Souliac,* cⁿᵉ de Bellevue-la-Montagne.

Solempnyacum, Solenihac. *Solignac-sur-Loire.*

Solerium. *Le Soleil.*

Solérol, Solerolle. *Soleyrol,* cⁿᵉ de Saint-Didier-sur-Doulon.

Solesuit. *Salzuit.*

Solet (Lo). *Le Soulier-Bas.*

Soleymec. *Soleymet,* cⁿᵉ de Saint-Victor-Malescours.

Soleyrolles. *Soleyrol,* cⁿᵉ de Saint-Didier-sur-Doulon.

Solezeust, Solezuet, Solezuict. *Salzuit.*

Solhes. *Souils.*

Soli. *Les Seuils,* cⁿᵉˢ de Saint-Georges-Lagricol et de Saint-Pal-de-Chalencon.

Solia. *Les Seuils,* cⁿᵉ de Chaudeyrolles.

Soliat. *Soulhac,* cⁿᵉ de Saint-Cirgues.

Solier (Le). *Le Soleil, Le Soulier, Soulière.*

Solier-Bas (Lo). *Le Soulier-Bas.*

Solier-Haut. *Picard, Le Soulier-Haut.*

Solignhac, Soligniacum. *Solignac-sur-Loire.*

Solimet. *Soleymet,* cⁿᵉ de Saint-Victor-Malescours.

Solinhac, Soliniach. *Solignac-sur-Loire.*

Solios. *Souils.*

Sollac. *Soulhac,* cⁿᵉ de Bellevue-la-Montagne.

Sollacreut. *Salecrup,* cⁿᵉ de Saint-Jeure.

Sollamniac, Solleignac. *Solignac-sur-Loire.*
Sollelat. *Soleilhac.*
Sollemniacum. *Solignac,* cne de Rosières.
Sollempnac. *Solignac,* cne de Tence.
Sollempnhac. *Solignac,* cnes de Saint-Georges-d'Aurac, de Rosières et de Tence.
Sollompnhac-Charais. *Solignac-sous-Roche.*
Sollempnhacum. *Solignac-sur-Loire.*
Sollempniacum. *Solignac,* cnes de Rosières et de Tence; *Solignac-sous-Roche, Solignac-sur-Loire.*
Sollenhac. *Solignac-sur-Loire.*
Solleyrol. *Soleyrol,* cne de Saint-Georges-Lagricol.
Sollezeuit. *Salzuit.*
Sollier (Le). *Le Soulier.*
Sollinac, Sollompnac, Sollompnhac, Sollompnhat, Sollompniacum. *Solignac-sur-Loire.*
Solombras (Las). *Les Soulombres.*
Solompnhat. *Solignac,* cne de Saint-Georges-d'Aurac.
Solrocos. *Solrecoux.*
Soltronensis (adjectif). *Le Soutour.*
Solumpnhec. *Le Grand-Solignac.*
Solutet. *Souleyte.*
Solvaighe (Le). *Le Sauvage.*
Solvia, Solvye. *Souvie.*
Solx. *Les Souils.*
Solyniac prope Rocham. *Solignac-sous-Roche.*
Solz. *Les Seuils,* cne de Saint-Georges-Lagricol.
Solzede (La). *La Salzède.*
Sommaires. *Saumières.*
Sonac, Sonacus. *Sonnac.*
Sone (La). *La Sonne.*
Sonnacus. *Sonnac.*
Sonoyre. *La Senouire,* rivière.
Soplazuit. *Salzuit.*
Sorlac. *Sorlhac.*
Sorlanges. *Sarlanges.*
Sorliac, Sorliacum, Sortiacum. *Sorlhac.*
Sosdes. *Soddes.*
Sosias. *Josiat.*
Sostellas. *Sous-le-Theil.*
Soteiros (Los), Soteyros. *Souteyros.*
Sotis. *Le Grand-Souhait.*
Sotol (Le). *Le Soutour.*
Sotons (Les). *Les Sétoux.*
Sotulus. *Le Soutour.*
Souchère (La). *La Suchère,* cne de Lapte.

Soucherres. *Les Tanneries,* cne d'Yssingeaux.
Souches (Les). *Guilhaumet.*
Soucheyre (La). *La Souchaire.*
Souchez (Les). *Guilhaumet.*
Souchia Mali Montis. *La Souche,* cne de Saint-Just-Malmont.
Souchière (La). *La Soucheyre,* cne de la Beysse-Saint-Mary.
Souchiol. *Chousiol.*
Soudard. *Soudar.*
Souffley. *Soufleix.*
Souleymey. *Soleymet,* cne de Saint-Pal-de-Mons.
Soulhat, Soulia. *Soulhac,* cne de Saint-Cirgues.
Soulliat. *Soulhac,* cne de Bellevue-la-Montagne.
Souliette. *Souleyte.*
Soulognac. *Solignac-sur-Loire.*
Souls (Les). *Les Souils.*
Soumeautre. *Séniautre.*
Sourliac. *Sorlhac.*
Sousses. *Salses.*
Soutou, Soutoul, Soutrou. *Le Soutour.*
Souttons (Les). *Les Sétoux.*
Souvage (Le). *Le Sauvage.*
Souvager. *Sauvaget.*
Souvagni. *Sauvagny.*
Souvaignat. *Sauvagnat,* cne de la Vaudieu.
Souvareire (La). *La Sauvagère.*
Souvayer. *Sauvayer.*
Souveniergues. *Souvanirgues.*
Souverand. *Souveyrand.*
Souvets (Les). *Les Souves.*
Souvinhec. *Souvignet.*
Souvous. *Souvour.*
Souye. *Soucy.*
Sovinhet. *Souvignet.*
Soya. *Soye.*
Soyceza. *La Suissesse,* ruiss.
Soylhs (Los), Soyls (Les). *Les Seuils,* cne de Chaudeyrolles.
Soysseza. *La Suissesse,* ruiss.
Spalado, Spaladon. *Espaladour.*
Spalatum, Spaletum, Spali. *Espaly-Saint-Marcel.*
Spalion, Spalion. *Espalion.*
Spanhac. *Espagnac.*
Spetavy. *Espeitavy.*
Spinassas. *Espinasse,* cne de Cayres.
Spinassiæ. *Espinasse,* cne de Salettes.
Spinatia (Illa). *Lespinasse.*
Spinatium. *Espinasse,* cnes de Salettes.
Stables. *Estables.*

Stables (Los). Stabula, Stabulas. *Les Estables.*
Stabulis (Aqua de). *La Gazeille.*
Stivus. *Estiou.*
Strata. *L'Estrade,* cnes de Freycenet-Lacuche, de Loudes et de Retournac.
Streitz, Strictus. *Les Estreys.*
Stublat. *Estublat.*
Subregio. *Soubrey.*
Suc (Lo). *Brunelet,* mont.; *Suc-du-Dragon.*
Suc-Abonel. *Chicabonel.*
Succus. *Montsuc.*
Suc-d'Apcho (Lo). *Le Suc-d'Achou.*
Suc-de-Blanc (Le). *Le Suchas,* cne de Champclause.
Suc-de-Clarel (Le). *Le Suc-de-Claret.*
Suc-de-Dralios (Lo). *Suc-du-Dragon.*
Suchassium. *Le Suchas,* cne des Vastres.
Sucheire (La). *L'Oubois,* ruiss.
Suchère (La). *La Sucheyre.*
Sucheris. *La Souchaire; La Suchère,* cnes du Chambon et de Lapte.
Sucheriæ. *Les Surhers.*
Sucheyra (La). *La Suchère,* cnes du Chambon et de Lapte.
Sucheyro (Lo). *Le Sucheyron.*
Suchière (La). *La Suchère,* cne du Chambon.
Suchonne (La). *La Souchonne.*
Suc-Pelat. *Suc-Pelé.*
Sucq-Eyraud. *Suquirant.*
Suc-Rosset. *Le Suc-Rousset.*
Suc Sancti Stephani. *Le Suc-Saint-Étienne.*
Sucs-Rouges (Les). *Le Suc-Rouge.*
Suctz (Les). *Les Côtes-de-Denise.*
Sucus Ayraut. *Suquirand.*
Suega. *La Seuge,* ruiss.
Sueilx (Les), Sueylhs (Los). *Les Seuils,* cne de Chaudeyrolles.
Suguet. *Suquet.*
Sumena. *Semène; la Sumène,* rivière; *Sumène-Haute.*
Sumena Haulte. *Sumène-Haute.*
Sumenne, Sumera. *La Sumène,* rivière.
Sumeutres. *Séniautre.*
Sumine. *La Sumène,* rivière.
Suqueyraut. *Suquirand.*
Suquirant. *Suquérant.*
Surellus. *Survel.*
Surgeiras. *Surgère.*
Surreaulx (Lous). *Survel.*
Suschal. *Le Suchas,* cne de Saint-Didier-sur-Doulon.

Sylva Lucdunensis, Sylva Lugdunensis. *La Séauve.*
Symène. *La Sumène*, rivière.
Syniautres. *Séniautre.*
Synoms. *Senous.*
Syolac. *Sioulac.*
Syone. *La Sionne*, ruiss.
Syroi. *Ceneuil.*
Systreyras. *Cistrières.*
Sytron (Le Mas-de-). *Le Mas-de-Sitron.*

T

Taborier (Rancus de), Taborlayre (Nemus dei). *Le Ranc-du-Tabourier.*
Tagilac. *Tailhac.*
Tailhac. *Talhac.*
Tailhadisse (La). *La Tailladisse.*
Tailhas (Les). *Les Taillas.*
Tailhat. *Tailhac.*
Tailhe-Chausse. *Taillechausse.*
Tailheires (Les). *Les Taillères.*
Tailhiacus. *Talhac.*
Tailla (Le). *Les Taillas.*
Taillas. *La Tailla.*
Taillat. *Tailhac.*
Tailleyras. *Taillières.*
Taillide (La). *Taillades.*
Taillier. *Tailler.*
Tain (Le). *Teix.*
Taisnago. *Teinat.*
Talairac, Talayrac. *Talairat.*
Talayssac, Talayzac. *Taleyzac.*
Talhac. *Tailhac.*
Talha Chassa. *Taillechausse.*
Talhada (La). *La Taillade.*
Talhaessa. *Tailleysse.*
Talhas (Les). *Les Taillas.*
Talher (Lo). *Tailler.*
Talheyriæ. *Taillières.*
Talhiac, Talhiacus. *Talhac.*
Talhiacus. *Tailhac.*
Talhiadissa (La). *La Tailladisse.*
Talhieyras. *Taillières.*
Taliac. *Talhac.*
Taliadissa. *La Tailladisse.*
Tallac. *Tailhac.*
Tallatay, Tallatier. *Thalatey.*
Talloysac. *Taleyzac.*
Tallhac, Talhac, Talliacus. *Tailhac.*
Tallobre. *Talobre.*
Talnag. *Teinat.*
Talobre. *Tallobre.*
Talobres. *Talobre.*
Talobrius. *Tallobre.*

Talode. *Tallode.*
Talosbre. *Tallobre.*
Tanahus, Tanayoux, Taneaux, Taneoux. *Tanaüs.*
Tani. *Tany.*
Tanneol, Tanneyol. *Tanaüs.*
Tanneries (Les). *La Sianne*, ruiss.
Tannoux, Tanolium, Tanoyolh. *Tanaüs.*
Tansianensis (adjectif). *Tence.*
Taolac, Taolhac. *Taulhac.*
Tapoan. *Tapon.*
Taponetus. *Taponet.*
Tapous, Tappon. *Tapon.*
Tappon (Molendinum de). *Moulin-de-Tapon.*
Tapponet. *Taponnet.*
Tapponium, Tappont. *Tapon.*
Tarabol. *Le Veyrac*, ruiss.
Tarathé. *Thalatey.*
Tarebot. *Le Veyrac*, ruiss.
Tareyras. *Tarreyres.*
Tarraboulh (Le). *Le Veyrac*, ruiss.
Tarrazat. *Talairat.*
Tarré. *Terret.*
Tarreyras. *Tarreyres.*
Tarsou. *Suc-de-Terson.*
Tartas (Le). *Saint-Paul-de-Tartas.*
Tartassium. *Tartas.*
Tastevi, Taste-Vin. *Tatevin.*
Tatlac. *Tailhac.*
Taulhiac, Tauliac, Tauliacus. *Taulhac.*
Tauliacus, Taulliacus. *Tailhac.*
Taulyac. *Taulhac.*
Tauricc. *Tauriac.*
Tautlac, Tautlag, Tautliacus. *Tailhac.*
Tauvia. *Tauriac.*
Tavauos (Los). *Les Tavas.*
Tavernol, Tavernoliæ, Tavernolles. *Tavernolle.*
Taynac. *Teinat.*
Taynat. *Teinat, Thaunat.*
Tegula. *La Théoulle.*
Tegulum. *Le Thiolent.*
Teilh. *Le Teil, Le Theil.*
Teirelonge. *Terrelonge.*
Tellas. *Le Theil.*
Temei. *Themeys.*
Tempera. *Tempère.*
Temple de Diane. *Saint-Clair.*
Templi (Molendinum). *Moulin-du-Temple.*
Templi (Ouchia). *La Gazelle*, au Puy.
Templo (Ecclesia de). *Montredon*, cᵐᵉ de Bellevue-la-Montagne.

Tençanis, Tençans, Tencianensis (adjectif), Tencianus. *Tence.*
Tenezan, Tenezenc (Lo). *Le Ténezin.*
Tensa, Tensanus, Tense, Teussa, Tenza. *Tence.*
Teoleyn (Lo). *Le Thiolent.*
Teoleyra, Teoleyre. *Triouleyre*, cᵐᵉ de Saint-Julien-d'Ance.
Teoule (La). *La Théoulle.*
Teouleyra, Teoulleyre. *Triouleyre*, cᵐᵉ de Saint-Julien-d'Ance.
Ternas (Las). *Les Ternes.*
Ternins (Les). *Les Termes.*
Terracias. *Les Terrasses*, cᵐᵉ de Saint-Pierre-Duchamp.
Terranivol. *Le Ternivol*, ruiss.
Terrassa (La). *La Terrasse*, cᵐᵉˢ de Coubon et d'Yssingeaux.
Terrassas (Las). *Les Terrasses*, cᵐᵉ de Saint-Pierre-Duchamp.
Terrasse (La). *Les Terrasses*, cᵐᵉ de Vorey.
Terre. *Terret.*
Terre-du-Père (La). *Le Bois-du-Père.*
Terreiras. *Tarreyres, Terrière.*
Terreriæ. *Tarreyres.*
Terre-Rouge. *La Métairie-Rouge.*
Terrès. *Terret.*
Terrot, Terreto. *Tarret.*
Terreyr. *Terret.*
Terreyras. *Tarreyres, Terrière.*
Terrissas (Las). *Les Terrisses.*
Territo. *Tarret.*
Terso, mons. *Suc-de-Terson.*
Tersoneira (La). *Les Teyssonneyres.*
Tesinacum. *Thézenac.*
Testou. *Teston.*
Testut. *Le Mas-de-Testud.*
Teula. *La Théoulle.*
Teula (Molendinum de la). *Moulin-de-Courtial.*
Teule (Lo). *Le Thenil.*
Teulenc (Lo), Teulencum. *Le Thiolent.*
Teuletum. *Trioulet.*
Teuleynh. *Le Serre-Rouge, Le Thiolent.*
Teulle (La). *La Théoulle.*
Teullenc. *Le Thiolent.*
Teuloani (Rivus dei). *Ruisseau-de-Rohac.*
Teuolhac. *Taulhac.*
Tève. *Thève.*
Teynat. *Teinat, Thaunat.*
Teyra Longha. *Terrelonge.*
Teyras (Las). *Les Teyres.*
Teyres (Les). *Lasteyres.*

Thalayzac. *Taleyzac.*
Thallatey. *Thalatey.*
Thaullac. *Taullac.*
Thaurias, Thauriec. *Tauriac.*
Thavas (Lous). *Les Tavas.*
Thelemay, Themey. *Themeys.*
Théolain (Le). *Le Thiolent.*
Theoleyre. *Triouleyre*, c^{nes} de Saint-Jean-d'Aubrigoux et de Saint-Julien-d'Ance.
Théoule (La). *La Théoulle.*
Thérondel. *Tirondel.*
Thesinacum. *Thézenac.*
Theula (La). *La Téoule.*
Theulen. *Le Thiolent.*
Theulx. *Theux.*
Theux-Petit. *Moulin-de-Theux.*
Thezenat, Thézinac. *Thézenac.*
Tholinum. *Le Theil.*
Thollin. *Toulin.*
Tholose la Court, Tholouze. *Toulouse.*
Thomarjet. *Thomarget.*
Thonnat. *Thaunat.*
Thoracii (Riperia). *Le Crouzet.*
Thoracium, Thorassium. *Thoras.*
Thord (Le). *Le Thor.*
Thoron. *Touron.*
Thory. *Tori.*
Thoula (Lo). *La Téoule.*
Thoumarget. *Thomarget.*
Thouron. *Touron.*
Thouzel. *Touzel.*
Thullière (La). *Tuilerie*, c^{ne} d'Auzon.
Thumeix. *Themeys.*
Tibia Leva. *Chambelève*, c^{ne} de Charraix.
Tieulenc. *Le Thiolent.*
Tignolos. *Les Tignioux.*
Tillium. *Le Theil.*
Tinc. *Tines.*
Tinioux (Lous). *Les Tignoux.*
Tiolenc (Le). *Le Thiolent.*
Tirabeu. *Montée-de-Tirebœuf.*
Tirabolayt. *Tirevolet.*
Tirabou, Tirabueu. *Montée-de-Tirebœuf.*
Tirangas, Tiranias. *Tiranges.*
Tira Valoys, Tiravoloix. *Tirevolet.*
Tirebeyres. *Tirepeyre.*
Tirebiou. *Montée-de-Tirebœuf.*
Tirevolay, Tirevoley, Tirevouley. *Tirevolet.*
Titaudus, Titaut. *Titaud.*
Titulet. *Titulat.*
Tivayrat. *Tiveyrat.*
Tivernat. *Tavernat.*
Tiveyracus. *Tiveyrat.*

Toenat. *Thaunat.*
Tolenssa. *Tholence.*
Tolhac. *Taulhac.*
Tor (Lo). *Le Thor.*
Toras, Torascium, Torassium. *Thoras.*
Torchou. *Tourchou.*
Torciac. *Torsiac.*
Tor del Nyel (La). *La Tour*, c^{ne} de Coubon.
Tor de Malborc (La). *Maubourg; La Tour*, c^{ne} de Sainte-Sigolène.
Toreyl (Le). *Le Tourret.*
Tornacot. *Tournecol.*
Tornes, Torns (Los). *La Vialle-d'Estour.*
Torns (Ecclesia dels). *Notre-Dame-d'Estours.*
Tornz (Los). *La Vialle-d'Estour.*
Toron. *Touron.*
Torreilh (Lo), Torrel (Lo). *Le Touret.*
Torrelha (La). *La Toureille.*
Torreta (La). *La Tourette*, c^{nes} de Cubelles et de Laussonne.
Torreta sublus Fronnat. *La Tourette*, c^{ne} de Chomelix.
Torretes (Las). *Les Tourettes.*
Torrille (La). *La Toureille.*
Tors (Los). *Le Mas-d'Estors.*
Torssiac. *Torsiac.*
Torta. *La Torte.*
Tortas (Las). *Les Tortes.*
Torthiniac, Tortinhac, Tortinhat, Tortiniac. *Tourtinhac.*
Tortos. *Tourton.*
Torts (Les). *Les Tors.*
Tortue (La). *Le Pey-de-Montusclat.*
Tortz (Los). *Le Mas-d'Estors.*
Totte (La). *La Torte.*
Toulhac. *Taulhac.*
Toulle (La). *La Théoulle.*
Touly. *Toulin, Toupy.*
Tour (La). *La Cour.*
Tour (Molin-de-). *La Tour*, c^{ne} de Brioude.
Tour-Danyel (La), Tour-de-Loire (La). *La Tour*, c^{ne} de Coubon.
Tour-de-Malbourg (La). *Maubourg.*
Tour-des-Sauvages (La). *La Tour*, c^{ne} d'Aurec.
Tourettes. *La Tourette*, c^{ne} de la Chaise-Dieu.
Tournecotte, Tournecquot. *Tournecol.*
Tour-sur-Loire (La). *La Tour*, c^{ne} de Coubon.
Tourtas (Las). *Les Tortes.*
Tourte (La). *La Torte.*
Tourtories (Les). *Les Tourteries.*
Tourtourel (Rif de). *Le Tourterd.*

Tour-Vaunac (La). *Vaunac.*
Touschard. *Touchard.*
Touvernac, Toveracum. *Tavernat.*
Tozel. *Touzel.*
Trabessou, Trabusson. *Trabesson.*
Tracollum. *Le Tracol.*
Traive (Le). *Le Trève.*
Trignhac. *Traignac.*
Tranchard (Le). *Le Cluzel*, ruiss.; *l'Hivernebœuf*, ruiss.
Tranchardeira, Trancharderia. *Tranchard.*
Tranchebource. *Tranchebourse*, c^{nes} de Saint-Georges-Lagricol et de Saint-Germain-Laprade.
Transchardière (La). *Tranchard.*
Trauc (Lo). *Le Trau.*
Traü-de-l'Oure (Le). *Le Trou-de-l'Oule.*
Traversas (Las). *Les Traverses*, c^{nes} de Beaulieu et de Blassac.
Trayveras. *Tiveyrat.*
Treazo. *Triozon.*
Trebesson. *Trabesson.*
Treche. *Treiches.*
Tredolo. *Tridoulon.*
Trege-Pis. *Trespeur.*
Treignac. *Traignac.*
Treil (Le). *Le Treuil*, c^{ne} de Paulhac.
Trelhins, Trelis. *Trelins.*
Tremoledas (Las). *Les Tremoulèdes.*
Trémont. *Le Trémoul.*
Tremouillades (Les). *Les Trémoulèdes.*
Tremoulière (La). *La Trémouleyre.*
Trémoux (Les). *Trimour.*
Trenca Borsa, Trencha Borsa. *Tranchebourse*, c^{ne} de Saint-Georges-Lagricol.
Trenche-Bource. *Tranchebourse*, c^{ne} de Saint-Germain-Laprade.
Trenchesolle. *Tranchesol.*
Treniac. *Triniac.*
Treniat. *Traignac.*
Trentinhac. *Trintignac.*
Trentinhacum. *Le Mas-de-Trintinhac.*
Tresbesson. *Trabesson.*
Treschas. *Treiches.*
Tresdos, Tresdotz, Tresdoux. *Trédos.*
Tres-le-Mond. *Treslemont.*
Treslins. *Trelins.*
Tres-lo-Mond, Tres-lou-Serre. *Treslemont.*
Tres Oleriæ. *Triouleyre*, c^{ne} de Saint-Jean-d'Aubrigoux.
Tres Peus. *Trespeur.*
Trespeyras. Trespeyres. *Trespeyre.*

Tres Podia, Tres Pois, Tres Pueys, Tres Puys. *Trespeuix.*
Tres Rivi. *Tres-Ruas.*
Tressacus. *Tressac,* c^ne de Polignac.
Tres Vicos, Tresvics. *Trévis.*
Tretonssel (Le). *Le Trétoncel.*
Treuleyras. *La Tuilerie,* c^ne de Domeyrat.
Treulh (Lo). *Le Treuil,* c^ne de Mazeyrat-Crispinhac.
Treulleyra (La). *La Triouleyre.*
Treuzo. *Triozon.*
Trevisse (Moulin-de-). *Moulin-de-Trévis.*
Trevix. *Trévis.*
Treyches. *Treiches.*
Treyve (Le). *Le Trève.*
Trezac. *Tressac,* c^ne de Polignac.
Triador. *Le Triadour.*
Triahanhac, Triamnhiac, Triannhac. *Traignac.*
Triche. *Treiches.*
Triempnhac. *Traignac.*
Trieu. *Le Treuil,* c^ne de Paulhac.
Trinac, Trinhac. *Triniac.*
Trinhat. *Traignac.*
Trintinhac. *Trintignac.*
Trintinhaccum. *Le Mas-de-Trintinhac.*
Triatiniac, Trintinhiaco. *Trintignac.*
Trintiniacum. *Le Mas-de-Trintinhac.*
Trioudoulon. *Tridoulon.*
Trioulayre. *Triouleyre,* c^nes de Saint-Jean-d'Aubrigoux et de Saint-Julien-d'Ance.
Triouleyres (Les). *La Tuilerie,* c^ne de Domeyrat.
Triuleyras (Las). *Rouchasset.*
Triviales (Les). *Les Trivalas.*
Trivic, Trivico, Trivis. *Trévis.*
Trobas (Los), Trobatz (Les). *Les Troubas.*
Troisso. *Truisson,* c^ne de Bessamorel.
Troisson. *Le Truisson,* ruiss.
Trolhium, Trolium. *Le Treuil,* c^ne de Mazeyrat-Crispinhac.
Tron (Lo). *Le Tronc.*
Tronc. *Les Troncs.*
Tronchayres (Les). *Tronchère.*
Troncheira (La), Troncheyre (La). *La Tronchère.*
Troncheyres, Tronchières. *Tronchère.*
Tropenat, Tropennaco. *Troupenat.*
Tropoys. *Trespeuix.*
Trossonet. *Le Truisson,* ruiss.
Trotinhac. *Tourtinhac.*
Trotoncel (Lo). *Le Trétoncel.*
Troyssonet. *Le Truisson,* ruiss.
Troysso. *Truisson,* c^ne de Bessamorel.

Troysson. *Truisson,* c^ne d'Yssingeaux.
Trucha Fau. *Trurhefau.*
Truchestz, Truchet, Truchetz. *Petas.*
Trucho. *Truchon.*
Trucium. *Le Trau.*
Truizo. *Triozon.*
Trun (Lo). *Le Tronc.*
Trucheyra (La). *La Tronchère.*
Tryoleyre (La). *Triouleyre,* c^ne de Saint-Julien-d'Ance.
Tuilerie (La). *La Tuilière.*
Tuileries-de-Coudert. *La Tuilière-Basse.*
Tuilière. *Tuilerie,* c^ne de Berbezit.
Tumbarel (Lo). *Tombarel.*
Turreta. *Saint-Julien-la-Tourette; La Tourette,* c^ne de Cubelles.
Turricula. *La Toureille.*
Turris. *La Tour,* c^nes de Brioude et de Sainte-Sigolène.
Turris Danielis. *La Tour,* c^ne de Coubon.
Turris de Malo Burgo. *Maubourg.*
Turris de Salvagiis. *La Tour,* c^ne d'Aurec.
Turris Mali Burgi. *Maubourg.*
Turris Nielli, Turris Nuelli. *La Tour,* c^ne de Coubon.
Turtuniacus. *Tourtinhac.*
Tusset. *Cusset.*
Tynarela (La); Tynarelle (La). *La Tinarelle.*
Tyrabeu. *Montée-de-Tirebœuf.*
Tyranges. *Tiranges.*

U

Ucel, Ucellus. *Ussel.*
Ucha, Uche. *Huche-Pointue.*
Uclos (Les). *Les Uclas,* c^ne du Mas-de-Tence.
Uelas (Les). *Les Uclas,* c^ne de Grazac.
Uelles. *Huelle.*
Ufarges, Ufargiæ. *Uffarge. Uffarges.*
Ufferneti. *Les Uffernets.*
Uffors. *Uffour.*
Uffreneti, Uffrinitz. *Les Uffernets.*
Uffructz (Lous). *Les Effruits.*
Ufour. *Uffour.*
Ufrunits (Los). *Les Uffernets.*
Ufrutz (Lous). *Les Effruits.*
Uihande. *Ouillandre.*
Ulmet. *L'Olmet.*
Ulmeta (Molendinum de). *Moulin-de-Tapon.*
Ulmetum. *Ulmet.*
Ulmi. *Les Hommes.*

Ulmus. *L'Olme,* c^nes de Coubon et de Rosières; *L'Orme,* c^nes de la Chaise-Dieu et de Roche-en-Régnier.
Ulmus Beatæ Mariæ. *L'Orme-de-Notre-Dame.*
Ulmus Sancti Marcelli. *L'Orme-de-Saint-Marcel.*
Umbretus. *Ombret.*
Umilheu, Umilliou. *Émilleur.*
Ungeoli. *Les Engouyoux.*
Unzilio. *Onzillon.*
Urba. *Ourbe; l'Ourbe,* ruiss.
Urbanus. *Ourbe.*
Urbetes. *Hierbettes.*
Urciliacum. *Orzilhac.*
Urcinhac, Urciniac. *Orsinhac.*
Urcynes. *Orcine.*
Ursairolas. *Orcerolles,* c^ne de Graponne-sur-Arzon.
Ursayrolas. *Orcerolles,* c^ne de Roche-en-Régnier.
Ursier (Rivus d'). *L'Orsier.*
Ursilhac, Ursilhacus, Ursilhiacum, Ursiliac. *Orzilhac.*
Ursinac, Ursiniacum. *Orsignac.*
Ursival (Rivus d'). *L'Orcheval.*
Urssus. *Ours.*
Urtas. *Hurtes.*
Urzilac. *Orzilhac.*
Uscel. *Ussel.*
Usclenii, Uscleynes. *Esclunes.*
Usfaiges, Usfarges, Usfargiæ, Usfaurgiæ. *Uffarges.*
Usforns. *Uffour.*
Usfreneti. *Les Uffernets.*
Usfrustz. *L'Usufruit.*
Usseiol. *Issanges; l'Issanges,* ruiss.
Ussenge, Usseuiol. *Issanges.*
Usufruictz (Les). *Les Effruits.*
Uthiac, Utiacum. *Utiac.*
Uveres, Uveyras. *Uveyres.*

V

Vabretæ, Vabretas. *Vabrètes.*
Vabri. *Vabres.*
Vaca. *Vaches.*
Vacarissas. *Vacheresse,* c^ne de Siaugues-Saint-Romain.
Vacha, Vacha (La). *Vaches.*
Vachairolas. *Varherolles.*
Vachalaries. *Vacheleries.*
Vacharesias. *Vacheresse,* c^ne de Saint-Julien-d'Ance.
Vacharesiis (Molendinum de). *Moulin-de-Bernardon.*

Vacharessa (La). *La Vacheresse,* cⁿᵉˢ des Estables et de Venteuges.

Vacharessæ. *Vacheresse,* cⁿᵉ de Siaugues-Saint-Romain; *La Vacheresse,* cⁿᵉ des Estables.

Vacharessas. *Vacheresse,* cⁿᵉˢ du Mazet-Saint-Voy, de Saint-Julien-d'Ance et de Siaugues-Saint-Romain.

Vacharesse (La). *La Vacheresse,* cⁿᵉˢ des Estables et de Venteuges.

Vacharesses. *Vacheresse,* cⁿᵉ du Mazet-Saint-Voy.

Vacharessia. *La Vacheresse,* cⁿᵉ des Estables.

Vacharessiæ. *Vacheresse,* cⁿᵉ de Saint-Julien-d'Ance.

Vacharesso, Vacharesson. *Vacheresson.*

Vache. *Varhes.*

Vacheirolles. *Vacherolles.*

Vachelaries. *Vacheleries.*

Vacheresse (La). *L'Aiguelle,* ruiss.

Vacheriæ. *Vachères,* cⁿᵉ de Présailles.

Vacheyras. *Vachères,* cⁿᵉˢ de Monistrol-sur-Loire et de Présailles.

Vacheyressas. *Vacheresse,* cⁿᵉ de Siaugues-Saint-Romain,

Vacheyrolas. *Vacherolles.*

Vachières. *Vachères,* cⁿᵉˢ de Monistrol-sur-Loire et de Présailles.

Vachiers (Los). *Les Vachers.*

Vachiroles, Vachyrolæ. *Vacherolles.*

Vadiliis (Molendinum in). *Moulin-de-Varcilles.*

Vadillæ. *Varcilles,* cⁿᵉ de Saint-Jeure.

Vagelas. *Vaugelas.*

Vagiles. *Chazieux.*

Vahont. *Jahon.*

Vaicenac. *Varcenac.*

Vailh le Chastel. *Vals-le-Chastel.*

Vailhacum. *Vailhac.*

Vailop. *Valiop.*

Vain. *Vins.*

Vairac. *Voirac.*

Vairaroles. *Verreyrolles.*

Vaiseira (La). *La Vesseyre,* cⁿᵉ de Séneujols.

Vaissac. *Beyssac,* cⁿᵉ de Saint-Jean-de-Nay.

Vaissière-Pin. *La Vaissière.*

Val. *Vals-le-Chastel, Vals-près-le-Puy.*

Val (La). *Le Valtaillet.*

Valagius pagus. *Pays de Velay.*

Valamont. *La Chaud-de-Valamont.*

Valaoury. *Valory.*

Valas (Loux). *Les Valats.*

Valaugeon. *Valongean.*

Val Augeria, Valaugeyras. *Valogières.*

Valaujon. *Valongean.*

Valauria. *Valory.*

Valauzières. *Valogières.*

Valbarlet. *Vaubarlet.*

Val del Cros (La). *Laral,* cⁿᵉ de Vals-près-le-Puy.

Valdezella. *Vauzelles.*

Val-Dieu (La). *La Vaudieu.*

Valhelhas. *Varcilles,* cⁿᵉ de Lapte et de Saint-Jeure; *Vazeilles,* cⁿᵉ de Vieille-Brioude.

Valelhetas. *Varcillettes.*

Valeris (Lous). *Valéry.*

Valeta. *Valette,* cⁿᵉ de Chaudeyrolles; *La Valette,* cⁿᵉ de Torsiac.

Valeta (La). *La Valette,* cⁿᵉˢ de Bauzac, de Chastel, de Chadron, de Chénereilles, de Monistrol-d'Allier, de Saint-Arcons-d'Allier, de Saint-Didier-la-Séauve, de Saint-Paulien, de Saint-Préjet-d'Allier et de Tence.

Valeta Uner (La). *La Valette,* cⁿᵉ de Chénereilles.

Valete. *Valette,* cⁿᵉ de Chaudeyrolles.

Valete (La). *Valette,* cⁿᵉ de Chastel.

Valettes (Les). *La Valette,* cⁿᵉ de Bauzac.

Valetz. *Vallet.*

Valetz (Los). *Valette,* cⁿᵉ de Chaudeyrolles.

Valhac. *Vailhac.*

Vallelhas. *Bronac, Vazeilles-près-Saugues.*

Valhelhas (Las). *Varcilles,* cⁿᵉ de Lapte.

Valhelhetæ. *Varcillettes.*

Valhiorgue (Lou). *Les Valiorgues.*

Valh-le-Chastel. *Vals-le-Chastel.*

Valhorgues (Les). *Les Valiorgues.*

Valiaco. *Vailhac.*

Valilia. *Vazeillette.*

Valis (Loux). *Lou Valet.*

Valivers. *Valivier.*

Vallaicus pagus. *Pays de Velay.*

Vallantin. *Valentin.*

Vallat. *Riousset,* cⁿᵉ de Cussac.

Vallatz (Loux). *Les Valats.*

Vallaugeyre. *Valogières.*

Vallauria, Vallauric. *Valory.*

Vallavensis pagus, Vallavia. *Pays de Velay.*

Vallavicus. *Peuple du Velay.*

Vallavius. *Pays de Velay.*

Vallavorum civitas. *Le Puy, Saint-Paulien.*

Vallarorum pagus, Vallayus. *Pays de Velay.*

Valleias. *Vazeilles-près-Saugues.*

Valles. *Vaux.*

Valleta. *La Vallette,* cⁿᵉˢ de Chadron et de Saint-Didier-la-Séauve.

Vallete. *Valette,* cⁿᵉ de Chaudeyrolles.

Vallette (La). *La Valette,* cⁿᵉˢ de Chénereilles et de Tence; *Vallet.*

Vallette-Eynier (La). *La Valette,* cⁿᵉ de Chénereilles.

Vallette-lez-Saint-Paulhen. *La Valette,* cⁿᵉ de Saint-Paulien.

Vallezella. *Vauzelles.*

Vallielas. *Varcilles,* cⁿᵉ de Lapte.

Vallilias. *Vazeilles,* cⁿᵉ de Vieille-Brioude; *Vazeilles-Limandres.*

Vallis. *Vals-le-Chastel, Vals-près-le-Puy, La Valtaillet.*

Vallis Amblava, Vallis Amblavensis, Vallis Amblevensis, Vallis Amblivina. *Laval-Emblavès.*

Vallis Ambrunia. *La Valtaillet.*

Vallis Anicii. *Creux du Puy.*

Vallis Augeria. *Valogières.*

Vallis Castri. *Vals-le-Chastel.*

Vallis de Croso, Vallis del Cros. *Laral,* cⁿᵉ de Vals-près-le-Puy.

Vallis Embruna. *La Valtaillet.*

Vallis Gelata. *Vaugelas.*

Vallis Podii. *Creux du Puy.*

Vallis Ponso. *La Val-Ponson.*

Vallis Privata. *Valprivas.*

Vallis prope Cussa. *Vals-le-Chastel.*

Vallis Regia. *Vorey.*

Valliviert. *Valivier.*

Vallougières. *Valogière.*

Valmeysoux. *Vaumaison.*

Valogères. *Valogières.*

Valonjon. *Valongean.*

Val-Ponsson (La). *La Val-Ponson.*

Valpryvas. *Valprivas.*

Vals. *Vals-près-le-Puy.*

Valseiralz, Valserol. *Bousscrolles.*

Valvige. *Volvige.*

Valzella. *Vauzelles.*

Valzellas. *Vazeilles-près-Saugues.*

Varau. *Varan.*

Vareilhas. *Varcilles,* cⁿᵉ de Saint-Jeure.

Vareilles (Les), Vareils (Les). *Varcilles,* cⁿᵉ de Lapte.

Varelhas. *Bronac; Varcilles,* cⁿᵉ de Saint-Jeure.

Varena. *La Varenne,* cⁿᵉˢ de Chavagnac-Lafayette, de Laussonne et de Monlet; *Varennes,* cⁿᵉ de Saint-Privat-d'Allier.

Varena (La). *La Varenne,* cⁿᵉˢ d'Auteyrac, de Bauzac, du Mazel-Saint-Voy et de Queyrières.

Varenæ. *La Varenne*, cne de Bauzac; *Varennes*, cnes de Chamalières, de Laussonne, de Saint-Préjet-d'Allier et de Saint-Privat-d'Allier; *Varennes-Saint-Honorat*.

Varenas. *La Varenne*, cnes d'Auteyrac, de Ferrussac, de Laussonne et de Saint-Privat-d'Allier; *Varennes-Saint-Honorat*.

Varena Sobeirana (La), Varena Soteirana (La). *La Varenne*, cne d'Auteyrac.

Varenes. *Varennes*, cnes de Chamalières, de Ferrussac et de Laussonne.

Varenna (Rivus de la). *La Varenne*.

Varennæ. *Varennes*, cne de Saint-Privat-d'Allier.

Varenne (La). *Les Varennes*.

Varennes, Varennes-la-Raison. *Varennes-Saint-Honorat*.

Vareus. *Varan*.

Vareyre (La). *La Maison-Blanche*.

Vareyron. *Vareyroux*.

Varilites. *Varcillettes*.

Varilles (Les). *Varcilles*, cne de Lapte.

Varinieres. *Vernières*.

Varnassals. *Vernassal*, con d'Allègre.

Varnelas, Varnellæ, Varnelles. *Vernelle*.

Varneyras. *Vernières*.

Varscenac, Varsennac. *Varcenac*.

Vaseilhas. *Vazeilles*, cne de Saint-Éble.

Vaseillas. *Bronac*.

Vaselhas. *Vazeilles-près-Saugues*.

Vaselhas Bassas. *Vazeilles-Bas*.

Vaselias. *Vazeilles*, cne du Brignon.

Vaseliette. *Vazeillette*.

Vasellæ. *Vazeilles-près-Saugues*.

Vasillæ. *Vazeilles-Limandres*.

Vastras (Las). *Les Vastres*.

Vastretes, Vastreti. *Les Vastrets*.

Vastri. *Les Vastres*.

Vaudieu, Vauldieu (La). *La Vaudieu*.

Vaulmeysons, Vaulmeysos. *Vaumaison*.

Vaulprivas, Vauprivas. *Valprivas*.

Vaulx. *Vaux*.

Vaulx (Las). *L'Orcier*, ruiss.

Vaunac. *Vaunat*.

Vounacum. *Vaunac*.

Vaunaire. *Vauneyre*.

Vaunas. *Vaunat*.

Vaura (La). *La Vaure*.

Vauræ. *Vaures*, cne de Loudes.

Vaure. *Vaures*, cne de Bauzac.

Vaurelhas, Vaurellæ. *Vaureilles*.

Vauretas, Vaurette. *Vourette*.

Vaurey. *Vorey*.

Vaureylhas. *Vaureilles*.

Vauri, Vaurus. *Vaures*, cne de Bauzac.

Vaus. *Vaux*.

Vausseyrauld. *Bousserolles*.

Vaux (Les). *L'Aubépin*, ruiss.; *l'Orcier*, ruiss.

Vavalriolas. *Faveyrolles*.

Vayceira (La). *La Vesseyre*, cne de Bains.

Vayceria. *La Vesseyre*, cne de Saugues.

Vaylet de Peyrocha (Lo). *Le Nau-de-Piroche*.

Vayse (La). *La Vaysse*.

Vaysera (La). *La Veysseyre*, cne de Saint-Hostien.

Vayssa (La), Vaysse (La). *La Vaisse*, cne de Saint-Préjet-Armandon.

Vaysseira (La). *La Veysseyre*, cne de Bains.

Vaysseyra (La). *La Besseyre*, cne de Blesle; *La Veysseyre*, cne de Saint-Hostien.

Vaysseyre (La). *La Veysseyre*, cne de Saugues.

Vayssia. *La Vaysse*.

Vazaleis. *Vazeilles-Limandres*.

Vazeilhas. *Varcilles*, cne de Saint-Jeure.

Vazeilhas Veteres. *Vazeilles-Limandres*.

Vazeilhes, Vazeilhettes. *Vazeillette*.

Vazeillas, Vazeille. *Vazeilles*, cne du Brignon.

Vazeilles. *Bronac*.

Vazeillias. *Vazeilles*, cne du Brignon.

Vazelhæ. *Vazeilles-Limandres*.

Vazelhas. *Vazeilles*, cnes du Brignon et de Saint-Éble; *Vazeilles-près-Saugues, Vazeillette*.

Vazelhas Inferiores. *Vazeilles-Bas*.

Vazelhas Sobeyranas, Vazelhas Superiores. *Vazeilles-Haut*.

Vazellette. *Vazeillette*.

Veaucha, Veauche. *Vioche*.

Vederiæ, Vedeyres, Vedières. *Védière-Haute*.

Vedrenac. *Védrines*, cnes de Thoras et de Venteuges.

Vedrinæ. *Védrines*, cne de Venteuges.

Vedrinas. *La Védrine; Védrines*, cnes de Chaniat, de Thoras, de Ven-

teuges et de Vieille-Brioude: *Védrines-le-Cerf*.

Vedrinettas. *Vedrinettes*.

Vedrynes. *Védrines*, cne de Vieille-Brioude.

Veezo. *Vézézoux*.

Véfabre. *Fabre*.

Veghe. *Vège*.

Veila Briude. *Vieille-Brioude*.

Veilhac. *Pays de Velay*.

Veilherma. *Vielhermas*.

Veillac. *Veilhas*.

Veille-Bride, Veille-Brioude. *Vieille-Brioude*.

Veilleyen. *Peuple du Velay*.

Veine (La). *L'Avène*, ruiss.

Veirac. *Veyrac*, cne d'Yssingeaux.

Veireiras. *Héraud, Verrières*.

Veirinæ. *Veyrines*, cne de la Vaudieu.

Veirinas. *Veyrines*, cne de Monistrol-sur-Loire.

Veissoire (La). *Brayc-de-la-Vesseyre*.

Veizezou. *Vézézoux*.

Velai. *Pays de Velay*.

Velaisien, Velauni. *Peuple du Velay*.

Velaunien terroir, Velaunois pais, Velay, Velayet. *Pays de Velay*.

Velha Brieude. *Vieille-Brioude*.

Velh Marcha. *Villemarché*.

Velhya Breyude, Veli Briude. *Vieille-Brioude*.

Vella Guerra. *Vieille-Guerre*.

Vellaic, Vellaicus pagus, Vellait. *Pays de Velay*.

Vellatiorum civitas. *Saint-Paulien*.

Vellauni, Vellaunois. *Peuple du Velay*.

Vellaus. *Pays de Velay, Peuple du Velay*.

Vellava urbs, Vellavæ urbis terminus, Vellavensis (adjectif). *Pays de Velay*.

Vellavi. *Peuple du Velay*.

Vellavie (La). *Pays de Velay*.

Vellavii. *Peuple du Velay*.

Vellavorum civitas. *Le Puy, Saint-Paulien*.

Vellavos, Vellavum. *Pays de Velay*.

Vellay. *Velay*.

Vellayt, Velleyt. *Pays de Velay*.

Velpra. *Pravel*.

Velprat. *Vielprat*.

Vemdos. *Vendos*.

Venassals. *Vernassal*, con d'Allègre.

Venaulx. *Vernassal*, cne de Léotoing.

Vendagha (La). *La Vendage*, ruiss.

Vendagia. *Vendage; la Vendage*, ruiss.

Vendaia. *Vendage*.

Vendaige (Rif de). *La Vendage.*
Vendoas. *Vendos.*
Vendoliu. *Vendillon.*
Vendons. *Vendos.*
Veneires. *Veneyre.*
Vénérand-la-Garde. *Saint-Vénérand.*
Veneyde, Veneyres. *Veneyre.*
Vens. *Vins.*
Ventabren. *Ventebrenc.*
Ventacul. *Ventecul.*
Ventagolium; Ventagols, Ventaiol, Ventaiolum. *Ventajols.*
Ventalogium. *Venteuges.*
Ventatiou. *Ventecul.*
Venter Niger. *Ventrenier.*
Venteughol, Venteujou, Venthoilium. *Venteuges.*
Ventogolium. *Ventajols.*
Ventoiol, Ventologium. *Venteuges.*
Ventrasac, Ventreciacus. *Ventressac.*
Ventrenyer. *Ventrenier.*
Ventresac. *Ventressac.*
Ventueghol, Ventueiol, Ventuejol, Ventuejols. *Venteuges.*
Ver (Le). *Le Vert,* cⁿᵉ de Saint-Préjet-Armandon.
Veracio. *Véros.*
Veradeyre. *La Veyradeyre,* ruiss.
Verceilhacum, Vercelhacum. *Versilhac.*
Vercheriæ, Vercherias, Verchières-les-Masboier. *Verchères.*
Verchmoialium. *Vermoyal.*
Verday. *Tressac,* cⁿᵉ de Saint-Paulien.
Verdeiarium. *Le Verdeyer,* cⁿᵉ de Bessamorel.
Verderiæ Bassæ. *Védière-Basse.*
Verdeyers (Les). *Le Verdeyer,* cⁿᵉ de Bessamorel.
Verdianges. *Verdiango; La Virlange,* ruiss.
Verdicanche, Verdienges. *La Virlange,* ruiss.
Verdier (Lo). *Le Verdeyer,* cⁿᵉˢ de Bessamorel et de Saint-Maurice-du-Lignon.
Verdoyers. *Le Verdeyer,* cⁿᵉ de Bessamorel.
Verdu, Verdunum. *Verdun.*
Verdyer (Le). *Le Verdier,* cⁿᵉ de Saint-Didier-sur-Doulon; *Le Verdeyer,* cⁿᵉ de Bessamorel.
Verenæ. *Veyrines,* cⁿᵉ de Chomelix.
Verenas. *La Varenne,* cⁿᵉ de Bauzac; *Veyrines,* cⁿᵉˢ de Chomelix et de Saint-André-de-Chalencon.
Verenhac. *Vérignac.*

Vereughol. *Vereuge.*
Vereyrolæ, Vereyroles. *Verreyrolles.*
Vergazac, Vergedac, Vergesacum. *Vergezac.*
Vergeure (La). *La Vergeur.*
Vergezac, Vergezacum. *Verjat.*
Vergezat, Verghasat. *Vergezac.*
Verghat. *Vergeat.*
Vergheac. *Verjac.*
Vergongac. *Vergonzac.*
Vergonghes. *Vergonges.*
Vergongho, Vergonghon, Vergongio. *Vergongheon.*
Vergonguæ. *Vergonges.*
Vergonho, Vergonio, Vergonjo. *Vergonghcon.*
Vergonsat, Vergonzacum. *Vergonzac.*
Vergos. *Vergoux.*
Vergumicus, Vergungus, Verguonghon. *Vergongheon.*
Veriasac, Veriesacum. *Vergezac.*
Vérines. *Veyrines,* cⁿᵉ de Chomelix, de Saint-André-de-Chalencon, de Saint-Julien-du-Pinet et de Vieille-Brioude.
Verinhac. *Vérignac.*
Verjazac, Verjezac. *Vergezac.*
Vermoals, Vermoial, Vermoyalh. *Vermoyal.*
Vern (Lo). *Le Vert,* cⁿᵉˢ de Bas, de Retournac et de Saint-Préjet-Armandon.
Vernasal. *Vernassal,* cⁿᵉ de Léotoing.
Vernasais. *Vernassal,* cⁿᵉ d'Allègre.
Vernasaul. *Vernassal,* cⁿᵉ de Léotoing.
Vernassalx. *Vernassal,* cⁿᵉ d'Allègre.
Vernassaulx. *Vernassal,* cⁿᵉ d'Allègre et cⁿᵉ de Léotoing.
Vernassaux, Vernasseaux. *Vernassal,* cⁿᵉ d'Allègre.
Verneda (Illa). *La Vernède.*
Vernei. *Verne,* cⁿᵉ de Lapte.
Vernelas, Vernelhas. *Vernelle.*
Vernet. *Verne,* cⁿᵉ de Lapte; *Vernet-Chabre.*
Vernetis. *Le Vernet,* cⁿᵉ de Craponne-sur-Arzon.
Vernet-le-Pirache (Le). *Le Vernet,* cⁿᵉ de Saint-Jean-d'Aubrigoux.
Vernetum. *Verne,* cⁿᵉˢ du Chambon, de Lapte et de Monistrol-sur-Loire; *Vernet,* cⁿᵉ de Saugues; *Le Vernet,* cⁿᵉˢ de Craponne-sur-Arzon, de Loudes et du Pertuis.
Vernetum Chabra. *Vernet-Chabre.*
Verneugeol, Verneughol. *Vernouges.*
Verneyras. *Vernières.*

Vernhac, Vernhiac. *Auvernat.*
Vernissas, Vernisses. *Vernusse.*
Verno. *Vernoux.*
Vernogol, Vernojols. *Verneuges.*
Vernom. *Vernoux.*
Vernus. *Le Vert,* cⁿᵉˢ de Bas et de Retournac.
Vernussas. *Vernusse.*
Vernusse. *Carcaret.*
Vernusses. *Vernusse.*
Vernynes. *Vernines.*
Verocio. *Véros.*
Verolz. *Vérot.*
Verot, Vérots. *Véros.*
Verotz. *Vérot.*
Verreyrolles (Le). *L'Alzon,* ruiss.
Verrines. *Veyrines,* cⁿᵉ de la Vaudieu.
Versannes (Les). *La Versanne.*
Verselhac, Verselliacum, Versilhiac, Versiliacum, Versilliac. *Versilhac.*
Versseil (Les). *L'Yversert.*
Vert (Le). *L'Hivert.*
Vertamisæ, Vertamisiæ, Vertamizis, Vertanise. *Vertamise.*
Vertaude. *Vertaure.*
Vertemise. *Vertamise.*
Vertenede. *Vertanède.*
Verthamiza. *Vertamise.*
Verthaure. *Vertaure.*
Vert-les-Eaux. *Saint-Vert.*
Vertrago. *Tiveyrat.*
Verueghol, Verueyol. *Vereuge.*
Verzillac. *Versilhac.*
Vesa (La). *La Vèze,* cⁿᵉ de Roche-en-Régnier.
Vesciliacipti villa. *Versilhac.*
Vesedo, Vesedonensis (adjectif), Vesedonum, Vescon. *Vézézoux.*
Vès-Matras. *Matras.*
Vesola. *La Grande-Vésolle.*
Vès-Sauzet. *Sauzet,* cⁿᵉ de Vazeilles-Limandres.
Vesseyre (La). *La Veysseyre,* cⁿᵉ de Saint-Hostien.
Vessieyra (La). *La Besseyre,* cⁿᵉ de Saint-Préjet-d'Allier.
Vestie (La), Veslies (Las). *Las Vestias.*
Vesunnum. *Vézézoux.*
Vesy (Le). *Le Vezy.*
Veterinas. *Védrines.*
Vetula Brivate. *Vieille-Brioude.*
Vetula Civitas. *Saint-Paulien.*
Vetulum Pratum. *Pravel.*
Vetus Armatus. *Vielhermas.*
Vetus Brivata, Vetus Brivate. *Vieille-Brioude.*

Vetus Paratum, Vetus Pratum. *Viel-prat.*

Vetusta Brivate. *Vieille-Brioude.*

Veudrines. *Védrines,* c^ne de Lorlange.

Veui Marcha. *Villemarché.*

Veychier. *Veyssier.*

Veylias. *Veilhas.*

Veyracum. *Veyrac,* c^ne de Fix-Saint-Geneys.

Veyradère (Le). *La Veyradeyre,* ruiss.

Veyreiras. *Verrières.*

Veyreyras, Veyreyres. *Héraud.*

Veyrieyras. *Verrières.*

Veyrinas. *Veyrines,* c^nes de Saint-André-de-Chalencon, de Saint-Julien-du-Pinet et de Saint-Préjet-d'Allier.

Veysserolle. *La Besseyrole-Haute.*

Veza (La). *La Vèze,* c^ne de Saint-Didier-sur-Doulon.

Veza prope Rupem (La). *La Vèze,* c^ne de Roche-en-Régnier.

Vezasoux, Vézedonum, Vezezon, Vezezoux-Haut. *Vézézoux.*

Via. *Véac, Viaye-les-Moines.*

Viabeissas. *Viabeysses.*

Viac. *Véac.*

Via des Mortz (La). *La Vio des Morts.*

Viaia. *Viaye-les-Moines.*

Viala. *Vialle; La Vialle,* c^nes de la Mothe et de Vissac.

Viala (La). *Vial.*

Viala Chardonal. *La Vialle.*

Viala del Tours. *La Vialle-d'Estour.*

Viala de Mons. *Ville-de-Mons, Villedemont.*

Viala Nova. *Sainte-Eugénie-de-Villeneuve; Villeneuve,* c^ne de Brives-Charensac.

Vialar (Lo). *Le Vialard,* c^ne de Bauzac et de Mazeyrat-Crispinhac; *Le Viallard,* c^nes de la Chapelle-Geneste, de Chénereilles, du Monastier, de Saint-Jean-Lachalm, de Saint-Pal-de-Chalencon, de Saint-Privat-d'Allier, de Séneujols et de Thoras; *Le Villar-des-Grises.*

Vialard. *Le Viallard,* c^ne de Josat.

Vialard (Lo). *Le Viallard,* c^nes de la Chapelle-Geneste, de Laval et de Saint-Didier-sur-Doulon.

Vialaret (Le). *Le Villaret,* c^nes de Desges et de Saint-Julien-Chapteuil.

Vialars. *Le Viallard,* c^ne de Josat.

Viala supra Mutam. *La Vialle,* c^ne de la Mothe.

Vialaveille. *Viallevieille,* c^ne de Saugues.

Viala Velha. *La Viallevieille,* c^ne de Pinols.

Viala Veylha. *Villevieille,* c^ne du Pertuis.

Viale (La). *La Vialle,* c^nes de Saugues et de Tailhac.

Viale-des-Tours. *La Vialle-d'Estour.*

Vialenove. *Villeneuve,* c^ne de Tailhac.

Viales (Les). *Les Vialles.*

Viale sobre Talliac. *La Vialle,* c^ne de Tailhac.

Vialeta (La). *La Vialette; La Villette,* c^nes de Dunières et de Saint-Paul-de-Tartas; *Les Villettes.*

Vialetas. *Vialettes.*

Viale-Veilhe. *La Viallevieille,* c^ne de Pinols.

Vialiar (Lo). *Le Vialard,* c^ne de Bauzac; *Le Villard,* c^ne de Chénereilles.

Viallas (Las). *Les Vialles.*

Viallatelle (La). *La Villatelle.*

Vialle. *Le Chier-de-Marre, Ville.*

Vialle-Chauchadis. *La Vialle,* c^ne de Vissac.

Vialle-le-Château. *Viaye-le-Château.*

Vialle-les-Moines. *Viaye-les-Moines.*

Vialle-Longe. *Villelonge.*

Vialles-lès-Visi. *Les Vialles.*

Vialleta (La). *La Vialette.*

Viallete (La). *La Villette,* c^ne de Saint-Romain-Lachalm.

Vialletelle. *La Villatelle.*

Viallette (La). *La Villette,* c^nes de Dunières, de Saint-Paul-de-Tartas et de Tiranges; *Les Villettes.*

Vialle-Veilhe. *Viallevieille,* c^ne de la Besseyre-Saint-Mary; *La Villette,* c^ne de Saint-Romain-Lachalm.

Vialle-Veille. *Vialle-Vieille.*

Viallotres, Vialoutres. *Chevalier,* c^ne d'Araules.

Via Mercatoria, Via Merchadeyra. *La Vio Merchadeyre.*

Viana Pons. *Pontvianne.*

Viauche. *Vioche.*

Viaye-les-Momes. *Viaye-les-Moines.*

Vicharessas. *Vacheresse,* c^ne de Siaugues-Saint-Romain.

Viciacus. *Vissac.*

Victor, Victor-de-Malescours. *Saint-Victor-Malescours.*

Victor-la-Montagne. *Saint-Victor-sur-Arlanc.*

Victuriacus. *Victoriacus.*

Vidal (Moulin-de-), Vidal-Pajo (Moulin de). *Moulin-de-Besson.*

Vidonne (La), Vidorna. *La Vidourne.*

Vidrinac. *Védrines,* c^ne de Thoras.

Vidrinas. *Védrines,* c^nes de Chanial, de Lorlanges et de Thoras.

Veilhe-Guerre. *Vieilleguerre.*

Vieilleveille. *Villevieille,* c^ne de Lubilhac.

Vielharmat. *Vielhermas.*

Vielle-Briode, Vielle-Brioude. *Vieille-Brioude.*

Vierneton. *Vernetoux.*

Vigan-d'Allier. *Saint-Étienne-du-Vigan.*

Vigerii. *Les Vigiers.*

Vignaulx (Les). *Les Vignaux.*

Vignes (Las). *Sainte-Luce.*

Vila. *Vialle.*

Vila (La). *La Vialette.*

Vila Esparssa. *Vieille-Espesse.*

Vilanova. *Villeneuve,* c^nes de Saint-Pierre-Duchamp et de Saint-Pierre-Eynac.

Vilar (Lo). *Le Vialard,* c^ne de Bauzac; *Le Villar; Le Villard,* c^nes de Chénereilles, de Saint-Arcons-de-Barges, de Saint-Jean-Lachalm, de Saint-Privat-d'Allier, de Sainte-Sigolène, de Séneujols et de Thoras; *Le Villar-des-Grises.*

Vilar-d'Agrain (Le). *Le Villard,* c^ne de Saint-Jean-Lachalm.

Vilare. *Le Viallard,* c^ne de la Chapelle-Geneste.

Vilaret (Lo). *Le Villaret,* c^nes de Desges et de Saint-Julien-Chapteuil.

Vilaretum. *Le Villaret,* c^nes de Coubon, de Desges et de Saint-Jeure; *Le Villeret,* c^nes de Chanaleilles, de Saint-Préjet-d'Allier et de Saugues.

Vilaretum Folcum, Vilaretum Marcheti. *Le Villeret,* c^ne de Saugues.

Vilari. *Le Villard,* c^ne de Thoras.

Vilario. *Le Vialard,* c^ne de Mazeyrat-Crispinhac.

Vilarium. *Le Vialard,* c^ne de Bauzac; *Le Viallard,* c^ne de la Chapelle-Geneste; *Le Villar; Le Villard,* c^nes du Monastier et de Saint-Privat-d'Allier.

Vilas (Les). *Les Uclas,* c^ne du Mas-de-Tence.

Vilatela (Le). *La Villatelle.*

Vilela. *Vialette, Vialettes; La Villette,* c^ne de Saint-Paul-de-Tartas.

Vileta (La). *La Villette,* c^ne de Tiranges.

Vilha Velha. *La Viallevieille*, c^ne de Pinols.

Vilherma. *Vielhermas.*

Villa. *Vialle; La Vialle*, c^nes de la Mothe, de Saugues et de Tailhac; *Ville.*

Villa castri de Turnis. *La Vialle-d'Estour.*

Villa Dei. *Villedieu.*

Villa de Mons. *Ville-de-Mons, Villedemont.*

Villa de Mont, Villa de Munt. *Ville-demont.*

Villa Esparssa. *Vieille-Espesse.*

Villa Longa, Villa Longha, Villa Longia, Villa Longua, Villa Lonja. *Villelonge.*

Villanova *vel* Villa Nova. *Sainte-Eugénie-de-Villeneuve; Villeneuve*, c^nes de Brives-Charensac, de Riotord, de Saint-Pierre-Duchamp, de Saint-Ferréol-d'Auroure, de Saint-Pierre-Eynac, de Saugues, de Tailhac, de Venteuges et d'Yssingeaux.

Villa Nova Sancti Ilpidii. *Villeneuve-d'Allier.*

Villar (Le). *Le Vialard*, c^ne de Bauzac; *Le Villard*, c^ne de Sainte-Sigolène.

Villard (Lo). *Le Villar.*

Villar-de-Grazac (Le). *Le Villard*, c^ne de Grazac.

Villar-des-Grosses. *Le Villar-des-Grises.*

Villare. *Le Villard*, c^ne du Monastier.

Villaret (Le). *Le Villeret*, c^nes de Chanaleilles et de Saint-Préjet-d'Allier.

Villaret-Marchet (Le). *Le Villeret*, c^ne de Saugues.

Villaretum. *Le Villaret*, c^ne de Saint-Joure; *Le Villeret*, c^nes de Chanaleilles et de Saint-Préjet-d'Allier.

Villarium. *Le Villar; Le Villard*, c^nes de Chénereilles, de Saint-Arcons-de-Barges et de Saint-Privat-d'Allier.

Villar-Juny (Le), Villar-Juvy. *Le Villard*, c^ne de Chénereilles.

Villar-les-Grises. *Le Villar-des-Grises.*

Villar-lès-Monestier. *Le Villard*, c^ne du Monestier.

Villars. *Le Villar-des-Grises.*

Villa supra Motam. *La Vialle*, c^ne de la Mothe.

Villa supra Talliacum. *La Vialle*, c^ne de Tailhac.

Villa Vetus. *Vialle-Vieille; Viallevieille*, c^ne de Saugues; *Villevieille*, c^ne du Pertuis.

Ville (Ad). *La Vialle*, c^ne de la Mothe.

Ville (La). *La Vialle*, c^ne de Saint-Étienne-sur-Blesle.

Ville-de-Montz. *Ville-de-Mons.*

Villeneufve. *Blanc, Sainte-Eugénie-de-Villeneuve; Villeneuve*, c^ne de Brives-Charensac.

Villeneufve-d'Eynac. *Villeneuve*, c^ne de Saint-Pierre-Eynac.

Villeneufve-sur-Taillac. *Villeneuve*, c^ne de Tailhac.

Villeneuve-de-Fix. *Sainte-Eugénie-de-Villeneuve.*

Villenovà. *Villeneuve*, c^ne de Brives-Charensac.

Villenove. *Villeneuve-d'Allier.*

Villeret (Le). *Le Villaret*, c^ne de Desges.

Villeta. *La Vialette; La Villette*, c^ne de Dunières.

Villete (La). *La Villette*, c^ne de Saint-Paul-de-Tartas.

Villette (La). *Les Villettes.*

Ville-Vieilha. *Villevieille*, c^ne d'Ally.

Villierma. *Vielhermas.*

Vilprat. *Vielprat.*

Vincella. *Saint-Ferréol*, c^ne de Brioude.

Vincentas (Las). *Les Vincentes.*

Vinçoux. *Vinçon.*

Vin-de-Lion. *Vendillon.*

Vinea, Vinha. *La Vigne.*

Vinicella. *Saint-Ferréol*, c^ne de Brioude.

Vinhalh. *Les Vignaux.*

Vinhe. *La Vigne.*

Vinson. *Vinçon.*

Vinzé. *Vins.*

Violarias. *La Violette.*

Vio Marchadeyre. *Coloin.*

Virdunum. *Verdun.*

Virgiliacum. *Versilhac.*

Virgo, Virgum. *Vergue.*

Viridarium. *Le Verdier*, c^ne de la Voûte-sur-Loire; *Le Verdeyer.*

Virinas. *Teyrines*, c^ne de Saint-André-de-Chalencon.

Visolle (La). *La Vésolle.*

Vissacus. *Vissac.*

Vissaguetum. *Vissaguet.*

Vissat. *Vissac.*

Vissat (Lo). *Les Vissacs.*

Vitiacus. *Vissac.*

Vivacins, Vivaitz, Vivasses (Les), Vivatz. *Les Vivas.*

Viver (Lo). *Le Vivier.*

Vizac. *Vissac.*

Vizade (La). *Saint-Étienne-près-Allègre.*

Vizin. *Le Vezy.*

Voirey. *Vorey.*

Voiriac. *Veyrac*, c^ne d'Yssingeaux.

Voisinat (Le). *Le Vésinat.*

Volamadet. *Vouloumadet.*

Volamat, Volamata. *Vouloumas.*

Volamon. *La Chaud-de-Valamont.*

Volhandre, Volhandres. *Ouillandre.*

Volhiac, Voliac, Voliacus. *Volhac.*

Vollandre, Volliandre. *Ouillandre.*

Volmat. *Vouloumas.*

Volmeysoux. *Vaumaison.*

Volnac, Volnacum. *Vaunac.*

Voinas, Volnatius. *Vaunat.*

Volomadet. *Vouloumadet.*

Volomato. *Vouloumas.*

Volpaconeyra (La). *Devèze.*

Volpilheyra (La). *La Volpilière*, c^ne de Mazeyrat-Crispinhac.

Volpilheyras, Volpilieras. *La Volpilière*, c^ne de la Chapelle-Geneste.

Volsairos. *Bousserolles.*

Volta. *La Voûte-Chilhac, La Voûte-sur-Loire.*

Volta Pudemniacensis. *La Voûte-sur-Loire.*

Volte. *La Voûte*, c^ne du Pertuis.

Volte (La). *La Voûte-Chilhac, La Voûte-sur-Loire.*

Volusanius mons. *Pic de Lizieux.*

Vomaison. *Vaumaison.*

Vonac. *Vaunac, Vaunat.*

Vonc, Vont. *Von.*

Vonnac. *Vaunac.*

Vorlhac. *Vourlhac.*

Vorz (La). *Lavort.*

Vorzas. *Vourze*, c^ne d'Yssingeaux; *Vourzac.*

Vorze. *Vourze*, c^ne d'Yssingeaux.

Vorze (Le). *Vourze*, c^nes de Bauzac et de Saint-Pal-de-Mons.

Vorzes (Lous). *Vourzet.*

Vorzet. *Vourze*, c^nes de Bauzac et d'Yssingeaux.

Vorzetum. *Vourze*, c^ne d'Yssingeaux.

Vosairac, Vosairacum, Vosayrac. *Voirac.*

Vosq (Le). *Le Vezy.*

Vouce, Voucer, Voucius. *Vousse.*

Voulesyrauld. *Bousserolles.*

Voulhac. *Volhac.*

Voulhandres. *Ouillandre.*

Vouliac. *Volhac.*

Voulmadet. *Vouloumadet.*

Voulmas, Vouloumat. *Vouloumas.*

Voulpilheres (La). *La Volpilière*, c^{ne} de la Chapelle-Geneste.
Voulpillière (La). *Valpilière*.
Voulpt (La). *Lavoux*.
Voulta. *La Voûte*, c^{ne} de Saint-Julien-Molhesabate.
Voulte (La). *La Voûte*, c^{ne} de La Voûte-sur-Loire; *La Voûte-Chilhac*.
Voulviges. *Volvige*.
Vounac. *Vaunac*.
Vouneyre. *Vauneyre*.
Vourei, Vouresius, Vourey. *Vorey*.
Vourlhat. *Vourlhac*.
Vouroi. *Vorey*.
Vourse. *Vourze*, c^{ne} d'Yssingeaux.
Vourzac (Le). *L'Audon*, ruiss.
Vourzas. *Vourzac*.
Vouta. *La Voûte*, c^{ne} du Pertuis; *La Voûte-Chilhac, La Voûte-sur-Loire*.
Voute-de-Polignac (La). *La Voûte-sur-Loire*.
Vouzeles. *Vauzelles*.

Vouzer. *Vousse*.
Voyrat. *Voirac*.
Voyresa (La). *La Voyrèze*, ruiss.
Vozayrac. *Voirac*.
Voze. *Vourze*, c^{ne} de Bauzac.
Vulnatis. *Onnat*.
Vulpa, Vulpes. *Lavoux*.
Vulpilheyra (La). *Valpilière*.
Vulvigitus. *Volvige*.
Vysson (Ruiss. de). *Le Servillange*.

W

Wallilias. *Vazeilles*, c^{ne} de Vieille-Brioude.

Y

Yabia. *Jabier*.
Yahont. *Jahon*.

Ygnes (Les), Ynhas (Las). *Les Ignes*.
Ysingiacus, Ysingiau. *Yssingeaux*.
Yspaly. *Espaly-Saint-Marcel*.
Yssartades (Las). *Les Essartades*.
Yssingachius, Yssingasius, Yssinghacus, Yssinghaulx, Yssinghiacus, Yssingiacius, Yssingiacus, Yssingiau, Yssingualensis (adjectif). *Yssingeaux*.
Yvarras. *Les Yverras*.
Yvernos (Loux), Yvernoux (Les). *Les Hivernoux*.
Yz (Les). *Les Îles*.

Z

Zabruzacus. *Jabruzac*.
Zeurazac. *Jorat*.
Zocha (La). *La Souche*, c^{ne} de Lapte.

ERRATUM.

P. 81, col. 1, l. 44. Supprimer : *Castrum . . . Calmiliacus*, xıᵉ s. (A. SS. mirac. S. Fidis, oct. III, 306 F), et l'intercaler plus loin (p. 180, col. 2) à l'article Monastier (Le) et à son ordre chronologique.

www.ingramcontent.com/pod-product-compliance
Lightning Source LLC
LaVergne TN
LVHW050829060726
842527LV00001BA/165